2024년도 국토의 계획 및 이용에 관한 연차보고서

국토교통부

이 연차보고서는 국토기본법 제24조에 따라 국토의 계획 및 이용의 현황과 주요 시책에 관한 내용을 2023.12.31. 기준으로 관계부서에서 작성한 자료를 종합하여 2024년도 정기국회에 제출하기 위하여 작성한 것임

목 차

제 1 편 국토현황 ·· 1

제1장 국토환경 ··· 3

제1절 자연환경 ·· 3
1. 위치와 영역 ·· 3
2. 지 형 ·· 3
3. 기 후 ·· 4

제2절 인문사회적 환경 ·· 6
1. 인 구 ·· 6
2. 인구의 변화 ·· 8
3. 행정구역 ·· 12
4. 도시지역 인구현황 ·· 18
5. 경제성장과 산업구조의 변화 ·· 18

제2장 국토이용현황 ··· 21

제1절 국토이용계획 체계 ·· 21

제2절 토지의 용도 관리 ·· 22
1. 용도지역 관리 ·· 22
2. 용도지구·구역 관리 ·· 25

제3절 지목별 토지이용 ·· 26

- i -

제4절 국·공유지 ·· 27

    1. 국유지 ··· 27

    2. 공유지 ··· 28

    3. 공공기관의 토지취득 ··· 28

제5절 토지이용전환 ·· 30

    1. 농 지 ·· 30

    2. 산 지 ·· 33

    3. 공유수면 매립현황 ·· 37

제6절 토지거래 ·· 40

    1. 토지거래 현황 ·· 40

    2. 토지거래허가 ·· 42

제2편 국토의 계획 및 이용에 관한 사항 ·············· 47

제1장 국토계획 ·· 49

제1절 국토계획체계 ·· 49

제2절 국토종합계획 ·· 50

    1. 국토종합계획의 개요 ·· 50

    2. 국토종합계획 추진경위 ·· 52

    3. 제5차 국토종합계획(2020~2040) ·· 56

제3절 초광역권 계획 ·· 58

제4절 도종합계획 ·· 59

    1. 도종합계획의 개요 ·· 59

2. 도종합계획의 수립 ·· 60
  3. 국토계획평가 제도 ·· 62

제5절 동·서·남해안 및 내륙권 발전종합계획 ······································ 65
  1. 추진배경 ··· 65
  2. 동·서·남해안 및 내륙권 발전특별법령 제정 및 개정 ············ 67
  3. 해안권 및 내륙권 발전 종합계획 수립 ································· 71
  4. 추진현황 및 향후 추진계획 ·· 75

제2장 국토·지역발전정책 ···································· 77

제1절 수도권정책 ·· 77
  1. 수도권정책의 개요 ·· 77
  2. 수도권정책의 시대별 전개 ·· 79
  3. 제4차 수도권정비계획(2021~2040) ····································· 80
  4. 권역 및 행위제한 현황 ··· 91
  5. 수도권정책의 방향 ·· 95

제2절 행정중심복합도시 건설 ·· 98
  1. 사업추진 기반 마련 ··· 98
  2. 각종 계획 수립 ·· 99
  3. 건설사업 추진 ·· 101
  4. 자족성 확보 추진 ·· 104
  5. 향후 추진 계획 ·· 107

제3절 공공기관 지방이전 및 혁신도시 건설 ···································· 108
  1. 추진배경 ··· 108
  2. 혁신도시 건설 및 공공기관 지방이전 추진 ························ 108
  3. 혁신도시 정주여건 개선 ·· 119
  4. 향후 추진계획 ·· 121

제4절 기업도시 건설 ·· 123

1. 추진배경 ·· 123
2. 기업도시개발 특별법령 제정 ······································· 124
3. 기업도시 시범사업 ·· 129
4. 기업도시 활성화를 위한 기업혁신파크 도입 추진 ······· 133

제5절 제주국제자유도시 개발 ··· 135

1. 제주국제자유도시의 개요 ·· 135
2. 제주국제자유도시종합계획 ·· 137
3. 제주국제자유도시개발센터 시행계획 ························· 142
4. 개발전략 ·· 147
5. 개발시책 및 사업추진 ··· 148

제6절 새만금 사업 추진 ·· 150

1. 새만금사업의 개요 ·· 150
2. 새만금 기본계획(MP) ·· 152
3. 새만금 사업 추진 ·· 156

제7절 지역개발계획 ··· 160

1. 지역개발계획의 개요 ·· 160
2. 지역개발계획의 수립 ·· 164
3. 지역개발계획 추진현황 및 향후 추진계획 ················ 166

제8절 낙후지역 개발 ··· 168

1. 낙후지역 등 시·군·구 생활권 개요 ····························· 168
2. 성장촉진지역 개발 ·· 169
3. 농산어촌지역 개발 ·· 175
4. 도시활력증진지역 개발사업 ·· 188

제9절 거점지역 개발 ··· 191

1. 지역발전정책 및 거점지역 개발 제도 변화 ·············· 191
2. 거점지역 개발 ·· 192

제10절 도시재생사업 추진 ·· 196

  1. 도시재생사업 추진배경 ·· 196

  2. 도시재생특별법 및 도시재생사업 개요 ····················· 198

  3. 도시재생사업 추진현황 ·· 201

  4. 주택도시기금을 활용한 도시재생사업 활성화 ··········· 205

제11절 산업입지정책 ·· 218

  1. 산업입지정책의 개요 ·· 218

  2. 산업단지 개발 현황 ·· 220

  3. 국가산업단지 조성 ·· 224

  4. 도시첨단산업단지 조성 ·· 227

  5. 노후 산업단지 재생사업 추진 ································· 229

제12절 경제자유구역 추진 ··· 233

  1. 추진배경 ·· 233

  2. 경제자유구역법 주요내용 ·· 234

  3. 지역별 경제자유구역지정 현황 ······························· 236

제13절 노후계획도시정비 추진 ····································· 246

  1. 노후계획도시정비 추진배경 ···································· 246

  2. 노후계획도시정비 추진경과 ···································· 247

  3. 노후계획도시정비 향후계획 ···································· 247

제3장 도시 및 토지이용정책 ······································ 249

제1절 지속가능한 도시관리 ·· 249

  1. 도시·군기본계획 수립 ·· 249

  2. 토지적성평가 제도 ·· 251

  3. 도시방재 ·· 253

제2절 토지이용규제의 합리적 운용 ·· 259

   1. 토지이용규제 단순화 ··· 259
   2. 토지이용규제 투명화 ··· 260
   3. 토지이용규제 정보화 ··· 261

제3절 개발제한구역 관리 ··· 265

   1. 개발제한구역의 지정 및 해제 ·· 265
   2. 개발제한구역 제도개선 경과 ·· 266
   3. 개발제한구역의 향후 관리방향 ··· 267

제4절 건축제도의 선진화 ··· 268

   1. 추진배경 ·· 268
   2. 2023년 주요 개선내용 및 기대효과 ··································· 268

제4장 주택정책 ················ 274

제1절 부동산시장 안정 및 선진화 ··· 274

   1. 주택 및 택지 공급 현황 ·· 274
   2. 부동산시장 안정화를 위한 제도 ··· 279
   3. 토지은행 제도 ··· 282
   4. 부동산투자회사 활성화 ·· 285

제2절 도심주택 공급 ·· 289

   1. 재개발·재건축사업의 투명성 강화 등 ······························· 289
   2. 도시재정비사업 지원 ··· 290
   3. 도시형 생활주택 제도 개선 ··· 291
   4. 신도시 개발 ·· 298

제3절 보편적 주거복지 실현 ·· 303

   1. 공공주택 공급 ··· 303
   2. 저소득 취약계층 주거지원 ·· 304

3. 공공지원 민간임대주택 공급 활성화 ··· 311
   4. 공동주택 주거환경 향상 및 유지관리 강화 ·· 313

제5장 국토조사 및 국토정보체계 ················ 314

제1절 국토조사 ··· 314

   1. 국토지형 기준 ·· 314
   2. 측량 및 지도화 ·· 316
   3. 국토 영상정보 DB구축 ·· 318
   4. 국토측량과 지형정보 제공 ·· 319
   5. 국토조사 및 지명관리 ·· 323

제2절 해양조사 ··· 329

   1. 개 요 ·· 329
   2. 주요 추진사업 ·· 331
   3. 종합해양정보시스템 구축 ·· 342

제3절 국가공간정보체계(NSDI) 구축 ··· 345

   1. 국가공간정보정책 개요 ··· 345
   2. 국가공간정보정책 추진경위 및 주요 추진계획 ···························· 347
   3. 추진성과 ·· 351
   4. 공간정보산업육성정책 ·· 362

제6장 교통·물류정책 ···································· 374

제1절 효율적인 교통체계 구축 ··· 374

   1. 제2차 국가기간교통망계획(2021~2040) ····································· 374
   2. 국가교통DB 구축 ··· 381
   3. 첨단교통기술의 개발 및 실용화 ··· 385

제2절 물류산업 육성기반 마련 ········· 388

1. 제3자물류 전환 컨설팅 지원 ········· 388
2. 녹색물류 확산 ········· 390
3. 우수물류기업 육성 ········· 391
4. 5대 권역별 내륙물류기지 건설 ········· 395
5. 물류단지 조성 ········· 398

제3절 도로망 확충 ········· 404

1. 도로정책 여건 및 방향 ········· 404
2. 도로망 확충·정비 ········· 411
3. 안전한 도로환경 조성 ········· 425

제4절 철도망 확충 ········· 428

1. 철도산업 발전전략 및 운영체계 개선 ········· 428
2. 고속철도 개통 ········· 430
3. 경부고속철도 2단계사업 추진 ········· 440
4. 호남고속철도 건설 ········· 443
5. 수도권고속철도 건설 추진 ········· 449
6. 수도권광역급행철도 건설 추진 ········· 451
7. 일반 및 광역철도 건설 ········· 453
8. 유라시아 및 남북철도 연결 ········· 463

제5절 대중교통 편의 증진 ········· 470

1. 수도권 광역급행버스(M-Bus) 운행 확대 ········· 470
2. 광역버스 준공영제 도입 ········· 471
3. 고속버스 환승휴게소 도입 ········· 472
4. 수요응답형 교통서비스 제공 ········· 474

제6절 공항개발 ········· 476

1. 공항개발 방향 ········· 476
2. 공항개발 현황 ········· 477
3. 공항복합도시 건설 ········· 484

제7절 항만개발 ·· 487
　　　　1. 현 황 ·· 487
　　　　2. 개발방향 ·· 488
　　　　3. 주요 항만개발계획 ··· 489
　　　　4. 항만개발 ·· 491
　　　　5. 항만재개발 ·· 495
　　　　6. 마리나항만 ·· 507

제7장 물관리정책 ··· 511

　　제1절 수자원장기수급계획 ·· 511
　　　　1. 수자원 현황 ·· 511
　　　　2. 물 수급 전망 ··· 513
　　　　3. 수자원 정책추진 ·· 515
　　　　4. 맑은 물 공급 ··· 527

　　제2절 자연친화적 하천관리 ·· 539
　　　　1. 현 황 ·· 539
　　　　2. 하천관리 정책 방향 및 제도개선 ·· 541
　　　　3. 하천정비 현황 ·· 544

　　제3절 물산업 육성 및 해외진출 추진 ··· 548
　　　　1. 현 황 ·· 548
　　　　2. 추진전략 ·· 553
　　　　3. 기대효과 ·· 556

제8장 환경정책 ··· 557

　　제1절 자연환경보전 ··· 557
　　　　1. 자연환경의 여건 및 전망 ··· 557

2. 자연환경보전정책 발전방향 ································· 559
　　3. 자연환경보전 세부추진계획 ································· 560

제2절 자연공원 관리 ··· 587
　　1. 자연공원 지정현황 ··· 587
　　2. 국립공원 관리기반 확립 ····································· 588
　　3. 국립공원 관리방향 ··· 590

제3절 환경질 관리 ··· 596
　　1. 대기질 ··· 596
　　2. 수 질 ··· 615
　　3. 폐기물 ··· 627

제4절 해양환경관리 ··· 635
　　1. 해양환경관리 인프라 구축 ··································· 635
　　2. 해양환경 개선사업 ··· 643
　　3. 해양생태계 보전 및 복원 ··································· 647
　　4. 해양오염사고 방제 ··· 652

제3편 자 료 편 ··· 659

제1편
국토현황

제1장 국토환경

제1절 자연환경

1. 위치와 영역

우리나라는 유라시아대륙 동단에서 남으로 뻗어 나온 남북길이 약 1,100km (육지부), 동서 평균 폭 약 300km의 반도와 그 부근에 산재하는 3,300여개의 섬(남한)으로 구성되어 있다.

국토의 위치를 경위도로 표현하면 남쪽 끝은 제주특별자치도 서귀포시 대정읍 마라도 맨 남쪽의 북위 33°06′45″이고, 북쪽 끝은 함북 온성군 유포면 풍서리 맨 북쪽의 북위 43°00′42″이며, 서쪽 끝은 평북 신도군 비단섬 맨 서쪽 동경 124°10′51″이고, 동쪽 끝은 경북 울릉군 울릉읍 독도 동도 맨 동쪽의 동경 131°52′22″로서 남북 약 10°, 동서 약 8°의 범위를 차지하고 있다. <자료편 표 1 참조>

2023. 12. 31. 남한의 면적은 전년 100,444㎢('22년 말 기준)에서 5.8㎢ 증가한 100,449㎢('23년 말 기준)이다. 이는 10년 전 국토에 비해 여의도1)의 63배인 183㎢ 증가한 것이다.

2. 지 형

우리나라는 전체 면적의 3/4이 산지로서 동쪽이 높고 서쪽이 낮은 경동성 지형(傾動性地形)을 이루며, 남한의 태백산맥과 북한의 낭림산맥이 지형의 등줄기를 이루고 있다.

산지는 해발고도 1,000m가 넘는 높은 산이 북쪽과 동쪽에 치우쳐서 지형의 등줄기를 이루어 동쪽으로는 급경사를 이루면서 동해안에 이르지만, 서쪽으로는 완만한 경사를 이루면서 서해안에 이른다. 이들 산지는 오랜 동안의 침식에 의하여 북부의 개마고원과 일부 지역을 제외하고는 중위면 또는 저위면의 산지지형을 이루고 있다.

---

1) 여의도 면적(윤중로 제방안쪽) : 2.9㎢

하천은 지형관계로 황해 및 남해쪽으로는 큰 하천이 완만히 흐르는데 반하여, 동해로 유입하는 하천은 길이가 짧은 급류가 많다. 강수량은 여름에 많고 겨울에는 적어 계절에 따른 강수량의 변화가 세계의 다른 하천에 비하여 큰 편이다. 따라서 수력발전과 각종 용수공급에 불리하여 하천의 중·상류에 댐을 건설해 생긴 인공호수가 많다.

우리나라의 평야는 화강암 차별침식으로 형성된 낮고 평평한 구릉성 침식평야가 넓게 펼쳐져 있어 도시가 발달하고 있다. 大하천 하구에 생성된 범람원과 넓은 삼각주는 대부분 중요한 농경지로 이용되고 있으며, 대표적인 평야로는 김포평야, 안성평야, 논산평야, 호남평야, 나주평야, 김해평야 등이 있다.

우리나라의 국토는 삼면이 바다로 둘러싸인 반도로 동·서·남 삼면의 해안은 각각 그 특색을 달리한다. 동해안은 함경산맥과 태백산맥의 급사면이 그대로 해저와 연속되어 수심이 깊고 해안선이 단조로우며, 사구(砂丘)와 석호(潟湖)가 발달되어 있고, 해수욕장으로 이용되는 반월형의 사빈(沙濱) 해안 등이 동해안을 특징짓는 경관이다.

남해안은 해안선이 매우 복잡한 리아스식 해안을 이루고, 남해안에 2,300개 이상의 섬이 집중적으로 분포되어 있어 다도해를 이룬다. 서해는 연안의 해저지형이 비교적 평탄하고 조차(潮差)가 매우 커서 곳곳에 넓은 간석지가 형성되어 있다.

3. 기 후

우리나라는 지리적으로 중위도 온대성 기후대에 위치하여 봄, 여름, 가을, 겨울의 사계절이 뚜렷하게 나타난다. 겨울에는 한랭 건조한 대륙 고기압의 영향을 받아 춥고 건조하고, 여름에는 고온 다습한 북태평양 고기압의 영향으로 무더운 날씨를 보이며, 봄과 가을에는 이동성 고기압의 영향으로 맑고 건조한 날이 많다.

기상 요소별로 전국 기상현상을 분석해보면 다음과 같은 특징을 보인다. (평년값 : 1991~2020년 평균, 62개 지점 평균)

2023년 우리나라 전국 연평균기온은 13.7℃이며, 평균최고기온은 19.2℃, 평균최저기온은 8.9℃로 전년보다 각각 0.8℃, 0.6℃, 0.9℃ 높았다. 계절별 특징을 보면 봄철의 전국 평균기온은 13.5℃, 평균최고기온은 19.7℃, 평균최저기온은 7.4℃, 여름철의 전국 평균기온은 24.7℃, 평균최고기온은 29.3℃, 평균최저기온은 21.1℃, 가을철의 전국 평균기온은 15.1℃, 평균최고기온은 20.6℃, 평균최저기온은 10.5℃, 겨울철(2023.12.~2024.2.)의 전국 평균기온은 2.4℃, 평균최고기온은 7.3℃, 평균최저기온은 -1.8℃이었다(※참고 : 2022년 겨울철(2022.12.~2023.2.) 전국 평균기온은 0.2℃, 평균최고기온은 5.8℃, 평균최저기온은 -4.8℃) 전국 월평균기온이 가장 높은 달은 8월로 26.4℃, 가장 추운 달은 1월로 -0.6℃이었다.

전국 평균 연강수량은 1746.0mm로 평년(1331.7mm)대비 131.1%이며, 계절별로는 봄철 평균강수량 284.5mm, 여름철 평균강수량 1018.5mm, 가을철 평균강수량 278.5mm, 겨울철 평균강수량 236.7mm이었다(※참고 : 2022년 겨울철 평균강수량 71.6mm). 월강수량은 7월이 506.4mm로 가장 많았고, 2월이 15.4mm로 가장 적었다.

전국 평균 연강수일수는 108.2일로 월별로는 7월이 17.7일로 가장 많았고, 3월이 3.6일로 가장 적었다.

전국 평균 연일조시간은 2282.8시간이며, 10월이 222.4시간으로 가장 많았고, 7월이 147.3시간으로 가장 적었다.

제2절 인문사회적 환경

1. 인구

2023년 7월 1일 기준 우리나라 인구는 51,713천 명이며, 그 중 남자 인구는 25,860천 명, 여자 인구는 25,853천 명으로 여자 인구 100명당 남자 인구의 비인 성비는 100.0이다. 인구성장률은 1970년 2.18%에서 계속 낮아져 1985년에는 1% 미만인 0.99%로 낮아졌고, 2023년에는 0.08%이다.

2023년 우리나라 인구는 인구규모면에서 세계 29위로 세계 인구 80억 8천만 명의 0.6%를 차지하고 있으며, 인구밀도는 515명/㎢으로 소규모 국가를 제외하면 방글라데시, 대만, 네덜란드에 이어 높은 수준이다.

2023년 인구를 연령계층별로 살펴보면, 2023년 유소년인구(0-14세)는 5,934천 명(11.5%), 생산연령인구(15-64세)는 36,572천 명(70.7%), 65세 이상 고령인구는 9,436천 명(18.2%)인 것으로 나타났다. 한편, 생산연령인구 1백 명당 유소년인구의 비인 유소년부양비는 15.6, 생산연령인구 1백 명당 고령인구의 비인 노년부양비는 25.8이며, 유소년부양비와 노년부양비의 합인 총부양비는 41.4이다.

〈그림 1-1-1〉 2023년 인구 피라미드

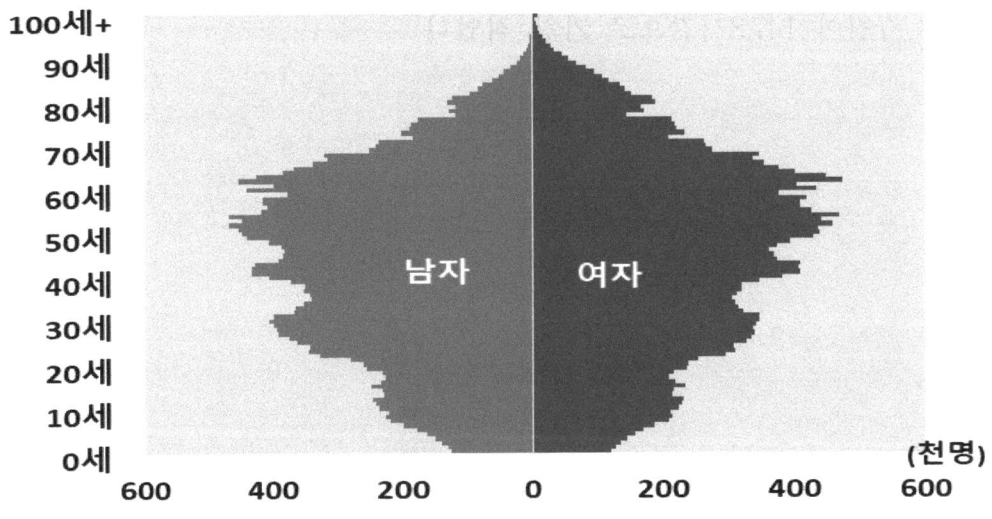

자료: 통계청(203), 「장래인구추계: 2022-2072」, 중위 추계

〈표 1-1-1〉 2023년 인구밀도[1] 비교

구 분	면적(km²)	인구(천 명)	밀도(명/km²)
방글라데시	130,170	172,954	1,329
대 만	35,410	23,923	676
네덜란드	33,671	17,618	523
한 국[2]	100,449	51,713	515
일 본	376,824	123,295	327
영 국	242,741	67,737	279
독 일	348,560	83,295	239
스 위 스	39,992	8,797	220
이탈리아	295,974	58,871	199
중 국	9,600,028	1,425,671	149
덴 마 크	42,394	5,911	139
프 랑 스	551,378	64,757	117
미 국	9,147,561	339,997	37
브 라 질	8,358,015	216,422	26
뉴질랜드	264,902	5,228	20
캐 나 다	9,092,917	38,781	4
호 주	7,681,322	26,439	3

자료 : 1) UN(2022), 「World Population Prospects, 2022 Revision」
    2) 통계청(2023), 「장래인구추계: 2022-2072」, 국토교통부(2023) 지적통계
주) 국가별 면적은 UN(2022)의 국가별 인구와 인구밀도에 기초하여 산출하였음.

2. 인구의 변화

가. 인구 규모의 변화 추이

2023년 우리나라 인구는 51,713천 명으로 2022년의 51,673천 명보다 40천 명이 증가한 것으로 나타났다. 우리나라 인구는 2020년을 정점으로 인구가 감소하기 추세를 보이며 2072년에는 36,222천 명에 이를 것으로 전망되고 있다.

인구성장률은 1960년대 초반에는 높은 출생률 등의 영향으로 3% 수준을 보였으나, 가족계획 사업의 성공과 경제 성장, 여성의 사회활동 참여증가 등에 힘입어 1970년에는 2%, 1985년에는 1% 이하 수준까지 낮아졌다.

그 이후 1992~1995년 기간중 연평균 1.0%로 약간 높아졌으나, 1996년 이후 다시 1% 미만으로 다시 낮아져 2022년에는 -0.19%까지 낮아졌고, 2023년에는 0.08%로 소폭 증가하였다. 인구성장률이 낮아지는 주요 원인은 지속적인 출산력 저하에 기인한 것이다. 1㎢에 몇 명이 사는가를 나타내는 인구밀도는 1970년에 328명/㎢에서 1982년 401명/㎢으로 400명을 넘어섰고, 이후 계속 높아져 2023년 현재 515명/㎢으로 다른 국가들에 비해 높은 편이다. <자료편 표 2 참조>

〈표 1-1-2〉 총인구 및 인구성장률 추이

(단위 : 천 명, %)

구 분	1970	1980	1990	2000	2010	2020	2023
총 인 구	32,241	38,124	42,869	47,008	49,554	51,836	51,713
남 자	16,309	19,236	21,568	23,667	24,881	25,926	25,860
여 자	15,932	18,888	21,301	23,341	24,673	25,911	25,853
성 비	102.4	101.8	101.3	101.4	100.8	100.1	100.0
인구성장률[1]	2.21	1.57	0.99	0.84	0.50	0.14	0.08
인구밀도(명/㎢)	328	389	434	473	495	516	515

주 1) 인구성장률은 전년대비 인구증가율임
자료 : 통계청(2023) 「장래인구추계: 2022-2072」, 국토교통부(2023) 지적통계

나. 연령계층별 인구 구조 및 부양비의 변화 추이

(1) 인구 구조 및 구성비 추이

인구 구조를 연령계층별로 살펴보면, 총인구에서 0-14세에 해당하는 유소년인구가 차지하는 비율은 1970년 42.5%에서 저출산의 영향으로 계속 낮아져 1980년 34.0%, 2000년 21.1%, 2023년에는 11.0% 수준을 보이고 있다.

다음으로, 15-64세에 해당하는 생산연령인구의 비율은 1970년 54.4%에서 꾸준히 증가하다가 2012년에 73.4%로 정점에 이른 후 감소하여, 2022년에는 70.7%인 것으로 나타났다. 마지막으로, 65세 이상 고령인구의 비율은 유소년인구의 감소와 기대수명의 연장 등으로 인해, 1970년 3.1%, 1980년 3.8%, 2000년 7.2%, 2023년 18.2%로 급격히 높아지고 있다.

〈표 1-1-3〉 연령계층별 인구 및 구성비 추이

(단위 : 천 명, %)

구 분	1970	1980	1990	2000	2010	2020	2023
총인구 (구성비)	32,241 (100.0)	38,124 (100.0)	42,869 (100.0)	47,008 (100.0)	49,554 (100.0)	51,836 (100.0)	51,713 (100.0)
0~14세	13,709 (42.5)	12,951 (34.0)	10,974 (25.6)	9,911 (21.1)	7,979 (16.1)	6,306 (12.2)	5,705 (11.0)
15~64세	17,540 (54.4)	23,717 (62.2)	29,701 (69.3)	33,702 (71.7)	36,209 (73.1)	37,379 (72.1)	36,572 (70.7)
65세+	991 (3.1)	1,456 (3.8)	2,195 (5.1)	3,395 (7.2)	5,366 (10.8)	8,152 (15.7)	9,436 (18.2)

자료 : 통계청(2023), 「장래인구추계: 2022-2072」

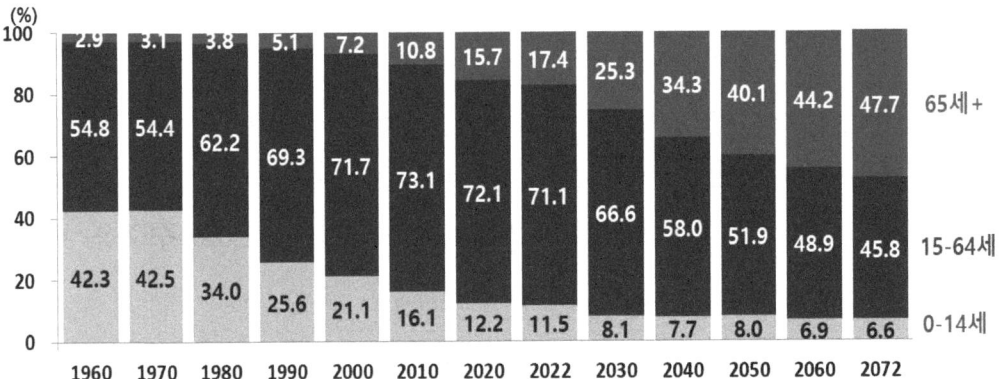

〈그림 1-1-2〉 연령계층별 인구구성비 변화 추이

자료 : 통계청(2023), 「장래인구추계: 2022-2072」

(2) 부양비 및 노령화지수

생산연령인구(15-64세)가 부양해야 할 유소년인구(0-14세)와 고령인구(65세 이상)의 비인 총부양비는 1970년 83.8에서 계속 감소하여 1980년 60.7, 2000년 39.5, 2016년 36.2까지 낮아진 후, 다소 증가하여 2023년 현재 41.4이다. 유소년부양비는 1970년 78.2였으나 그 이후 지속적으로 감소하여 1980년 54.6, 2000년 29.4, 2023년 15.6이며, 노년부양비는 1970년의 5.7에서 계속 증가하여 2023년 25.8로 높아졌다.

고령인구를 유소년인구로 나눈 노령화지수는 1970년 7.2에서 1980년 11.2, 2000년 34.3, 2023년 165.4로 계속 높아지고 있다.

〈표 1-1-4〉 부양비 및 노령화지수 추이

	1970	1980	1990	2000	2010	2020	2023
총 부양비	83.8	60.7	44.3	39.5	36.9	38.7	41.4
유소년 부양비	78.2	54.6	36.9	29.4	22.0	16.9	15.6
노년 부양비	5.7	6.1	7.4	10.1	14.8	21.8	25.8
노령화지수	7.2	11.2	20.0	34.3	67.2	129.3	165.4

자료 : 통계청(2023), 「장래인구추계: 2020-2072」

다. 지역별 인구분포 변화 추이

2023년 지역별 인구분포를 살펴보면 경기도가 13,781천 명으로 전국 인구에서 26.6%를 차지하고 있으며, 서울은 9,400천 명으로 18.2% 수준이다. 2010년에 비해 인구가 감소한 지역은 서울(688천 명), 부산(192천 명), 대구(120천 명), 대전(41천 명), 광주(30천 명), 전북(27천 명), 전남(10천명), 경북(19천명)이며, 그 외 8개 지역은 인구가 증가하였다.

수도권 인구는 2010년 24,431천 명(49.4%)에서 1,760천 명이 증가하여 2023년에는 26,190천 명(50.6%)으로 나타났다. 특·광역시 인구는 2023년 22,484천 명(43.5%)으로 2010년 22,876천 명(46.2%)보다 392천 명 감소하였다. <자료편 표3 참조>

3. 행정구역

행정구역은 모든 행정수행의 지역적 기본단위가 되는 동시에 국민생활의 한 영역으로서 일상생활과도 밀접한 관계를 맺고 있다. 현재의 행정구역은 1894년 갑오경장을 계기로 현대적 기틀을 갖춘 이래 정치·경제·사회·문화 등 제반 여건 변화에 따라 수시로 조정하여 왔다.

특히 근래에 들어 급속한 도시화·산업화의 진전과 교통·통신의 발달은 주민생활에 큰 변화를 주었고, 본격적인 지방화시대의 개막에 따라 여러 지역에서 행정구역 개편을 요구하게 되었다.

이에 따라 정부는 1994년과 1995년에 대대적인 행정구역개편을 단행함으로써 지방자치단체의 경쟁력을 제고 하였고, 생활권과 행정권을 일치시켜 주민생활의 편익을 증진시켰다.

그 개편내용은 경기도 남양주시 등 40개 도농복합형태의 시 설치, 부산 등 3개 광역시의 확장, 서울특별시 성동구 등 9개 과대자치구의 분구, 강원도 춘천시 신북면 등 15개 면의 읍 전환, 충청북도 청주시 상당구 등 5개 일반구 설치, 77개 지역에 대한 시·도 및 시·군·구간의 경계조정 등이었다.

1996년에 경기도 파주군 등 5개 과대군의 도농복합형태의 시로 승격, 고양시에 덕양구·일산구 설치, 포천군 소홀면 등 6개 면의 읍 전환에 이어, 1997년에는 울산시가 4개의 자치구와 1군을 가진 울산광역시로 발족되어 우리나라의 광역시는 6개로 늘어나게 되었다.

또한 민선 지방자치제도 실시이후 처음으로 도농간 균형발전과 지방자치단체의 경쟁력 제고를 위해 전라남도 3개 시·군(여수시·여천시·여천군)이 지역적 합의에 의한 자율 통합으로 1998년 4월 통합 여수시가 발족되었고, 같은 날 경기도 안성군과 김포군도 도농복합형태의 시로 승격되었다.

아울러 그동안 농지정리사업, 주택건설사업 등으로 일부 변경되었거나 불합리한 시·도 및 시·군·구간의 경계조정이 1997년에 6개 지역, 1998년에 7개 지역, 1999년에 10개 지역, 2000년에 6개 지역에서 이루어졌고, 1998년과

1999년에는 지방행정 구조조정차원에서 인구 5천명 미만의 274개 과소동을 통·폐합하는 등 지역주민의 생활편의와 행정능률의 향상을 도모하기 위해 행정구역을 조정한 바 있다.

2005년에는 경기도 고양시 일산구를 일산동구와 일산서구로 분구하고, 대규모 택지개발로 인구가 급증하고 있는 용인시에 처인구 등 3개 구를 설치하여 4개의 일반구가 신설되었다. 또한 용인시 구성읍·기흥읍과 화성시 태안읍의 동전환, 용인시 포곡면의 읍 전환이 있었으며, 부산광역시 서구 등 10개 시·군·구간의 관할구역을 조정하였다.

지방자치법, 제주특별자치도 설치 및 국제자유도시 조성을 위한 특별법이 개정되어 2006. 7. 1. 종전의 제주도가 제주특별자치도로 개편되었으며, 2007년에는 전라남도 나주시 등 4개 시·군 간의 관할구역이 조정되었다.

2008년에는 충청남도 천안시에 일반구인 서북구와 동남구를 신설하고, 인구과다 지역인 경남 거제시 신현읍을 장평동 등 7개 법정동으로 전환하였다. 아울러, 서울 구로구와 금천구간, 부산 강서·북·사상구간, 전남 목포시와 무안군간 일부 불합리한 행정구역을 조정하였다.

2009년에는 도시팽창 등으로 인구가 급격히 증가한 아산시 배방면, 김포시 고촌면, 당진군 송악면이 읍으로 전환 되었으며, 충청남도 천안시와 아산시의 관할 구역이 조정 되었다.

특히, 지방행정의 효율성 제고 등을 위해 2007년부터 추진한 소규모 동 통·폐합에 따라 2009년까지 전국에서 160개의 행정동이 감축되었다.

2010년에는 지방행정체제 개편 논의로 시작된 지방자치단체 자율통합으로 경남 창원시·마산시·진해시가 창원시로 통합되었으며, 전남 무안군 삼향면이 읍으로 전환 되었다.

2011년에는 세종특별자치시 설치(2012.7.1. 출범)를 위한 위원회 등이 설치·운영되었고, 광주광역시 동구 등 4개 자치구의 관할구역 경계변경 및 대전광역시 중구 등 4개 자치구의 관할구역 변경이 있었다.

2012년에는 충남 당진시가 2012.1.1.자로 도농복합형태의 시로 승격되었으며, 세종특별자치시가 2012.7.1.자로 출범하였다.

2013년에는 충북 청주시와 청원군이 통합 청주시로 통합이 확정(2014.7.1. 출범) 되었고, 경기도 여주군이 2013.9.23.자로 도농복합형태의 시로 승격되었으며, 경기 수원시와 의왕시의 관할구역 경계변경, 부산 강서구와 경남 창원시의 관할구역 경계변경 및 전북 전주시와 완주군의 관할구역 경계변경이 있었다.

2016년에는 맞춤형 서비스 제고, 주민밀착형 기능강화를 위한 "행정복지센터 체계"로의 개편에 따라 부천시 일반구 3개(원미구·소사구·오정구)가 폐지되었다.

2018년에는 광주광역시 서구와 남구의 관할구역 경계변경이 있었고, 대구광역시 달성군 옥포면·현풍면 등이 읍으로 전환되었다.

2019년에는 경기도 수원시·용인시, 부산광역시 북구·사상구의 관할구역 경계변경이 있었고, 남양주시 퇴계원면, 진천군 덕사면이 읍으로 전환되었다. 그리고 경기도 부천시의 광역동 제도 실시로 전체적으로 읍면동 19개가 감소하였다.

2020년에는 경북 경산시 압량면, 울산 울주군 삼남면이 각각 압량읍, 삼남읍으로 전환하였고, 세종시 다정동 신설 등을 포함하여 전국 행정동 10개가 증가하였다.

2021년에는 경기도 용인시 남사면, 경북 구미시 산동면이 각각 남사읍, 산동읍으로 전환하였고, 강원도 홍천군 동면이 영귀미면으로 명칭 변경하였으며 대구시 진천동 분동 등을 포함하여 전국 행정동 14개가 증가하였다.

2022년에는 대전광역시 서구 가수원동에서 도안동 분동, 경기도 용인시 수지구 상현1동에서 상현3동 분동, 죽전1동에서 죽전3동 분동, 처인구 역삼동에서 역북동, 삼가동 분동 등으로 인하여 전국 행정동 10개가 증가하였다.

2023년에는 강원도특별자치도가 2023.6.11.자로 출범하였고, 경상북도 군위군이 대구광역시의 관할구역으로 편입되었다. 또한, 「전북특별자치도 설치 등에 관한 특별법」 제정(2023.1.17.)에 따라 전북특별자치도가 2024.1.18.자로 출범할 예정이다.

이로써 2023.12.31. 현재 우리나라의 행정구역 현황은 아래 그림과 같이 1특별시·6광역시·1특별자치시·6도·3특별자치도*, 75시·82군·69자치구로 구성되어 있으며, 지방자치단체 하부행정구역은 2행정시, 32자치구가 아닌 구, 234읍, 1,177면, 2,122동으로 이루어져 있다. <자료편 표 5 참조>

〈그림 1-1-3〉 행정구역체계

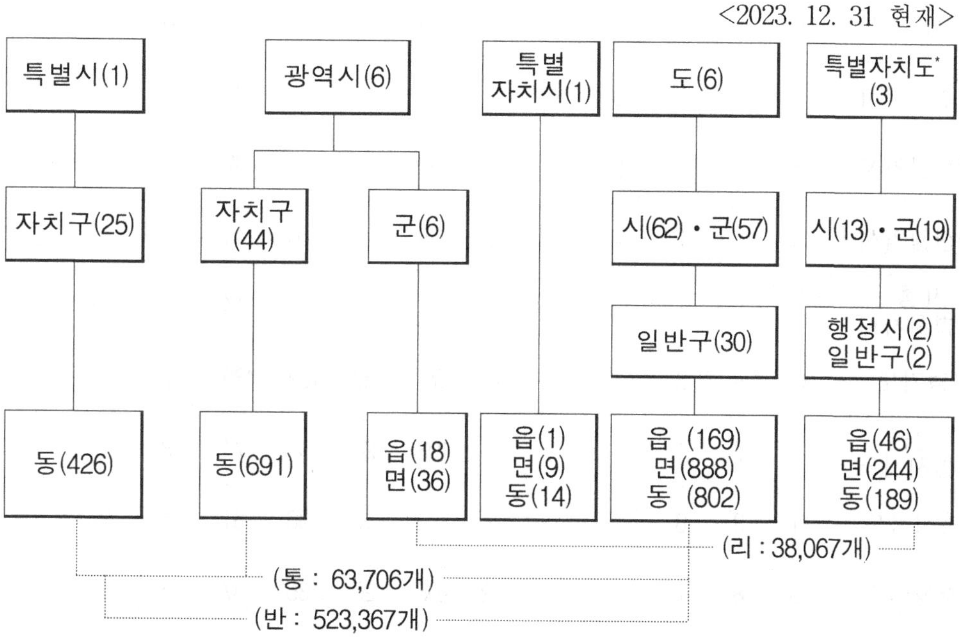

<2023. 12. 31 현재>

특별시(1)	광역시(6)		특별자치시(1)	도(6)	특별자치도*(3)
자치구(25)	자치구(44)	군(6)		시(62)·군(57)	시(13)·군(19)
				일반구(30)	행정시(2) 일반구(2)
동(426)	동(691)	읍(18) 면(36)	읍(1) 면(9) 동(14)	읍(169) 면(888) 동(802)	읍(46) 면(244) 동(189)

(통 : 63,706개)
(반 : 523,367개)
(리 : 38,067개)

* 전북특별자치도(2024.1.18. 출범) 포함
자료 : 행정안전부

〈표 1-1-5〉 전국 행정구역 현황

구분 시·도별	시·군·구				행정시·자치구가 아닌 구		읍·면·동				출장소			
	계	시	군	구	시	구	계	읍	면	동	계	시도	시군구	읍면
계(17)	226	75	82	69	2	32	3,533	234	1,177	2,122	84	10	12	62
서울특별시	25			25			426			426				
부산광역시	16		1	15			205	4	1	200	1		1	
대구광역시	9		2	7			150	7	10	133	2			2
인천광역시	10		2	8			155	1	19	135	6	1	1	4
광주광역시	5			5			97			97	1	1		
대전광역시	5			5			82			82				
울산광역시	5		1	4			56	6	6	44	1	1		
세종특별자치시							24	1	9	14				
경기도	31	28	3			17	574	37	102	435	7	1	4	2
강원특별자치도	18	7	11				193	24	95	74	8	2		6
충청북도	11	3	8			4	153	16	86	51	5	3		2
충청남도	15	8	7			2	208	25	136	47	5	1	1	3
전북특별자치도	14	6	8			2	243	15	144	84				
전라남도	22	5	17				297	33	196	68	27		1	26
경상북도	22	10	12			2	322	37	193	92	14		1	13
경상남도	18	8	10			5	305	21	175	109	7		3	4
제주특별자치도					2		43	7	5	31				

주: 특별시(1), 광역시(6), 특별자치시(1), 도(6), 특별자치도(3)
 * 전북특별자치도('24.1.18. 시행)

(2023.12.31. 현재)

통·리			반			인구 (명)	면적 (km²)	세대수
계	통	리	계	동	읍·면			
101,773	63,706	38,067	523,367	388,386	134,981	51,325,329	100,449.36	23,914,851
12,900	12,900		96,199	96,199		9,386,034	605.20	4,469,417
4,695	4,507	188	28,237	26,230	2,007	3,293,362	771.31	1,564,588
4,027	3,514	513	26,223	22,850	3,373	2,374,960	1,499.47	1,094,148
4,978	4,712	266	24,373	22,845	1,528	2,997,410	1,067.09	1,350,912
2,496	2,496		12,249	12,249		1,419,237	500.97	655,433
2,655	2,655		15,058	15,058		1,442,216	539.78	680,261
1,652	1,268	384	11,549	9,436	2,113	1,103,661	1,062.83	490,690
587	330	257	3,307	2,005	1,302	386,525	464.96	160,835
18,146	13,899	4,247	102,061	84,070	17,991	13,630,821	10,199.73	5,978,724
4,477	2,181	2,296	23,778	13,015	10,763	1,527,807	16,830.84	760,635
5,102	2,013	3,089	20,593	9,862	10,731	1,593,469	7,407.01	779,967
5,897	1,423	4,474	25,784	7,692	18,092	2,130,119	8,247.54	1,035,449
8,326	3,016	5,310	25,002	14,045	10,957	1,754,757	8,073.34	861,193
8,772	1,855	6,917	25,551	9,814	15,737	1,804,217	12,362.33	911,442
7,944	2,840	5,104	41,899	17,778	24,121	2,554,324	18,424.14	1,282,500
8,360	3,510	4,850	35,890	21,836	14,054	3,251,158	10,542.53	1,525,502
759	587	172	5,614	3,402	2,212	675,252	1,850.27	313,155

4. 도시지역 인구현황

도시지역 인구비율은 전국인구에 대한 도시지역내 거주인구의 비율로 정의할 수 있다. 이 경우 우리나라의 도시지역 인구비율은 1960년 39.7%에 불과하였으나 1970년에는 53.7%, 2023년 말 현재 92.1%의 도시지역 인구비율을 기록하였다. 구체적으로 지난 1960년대 이후의 도시지역 인구비율 현황을 살펴보면 아래 그림과 같다.

〈그림 1-1-4〉 도시지역 인구비율현황

(단위 : 천명, %)

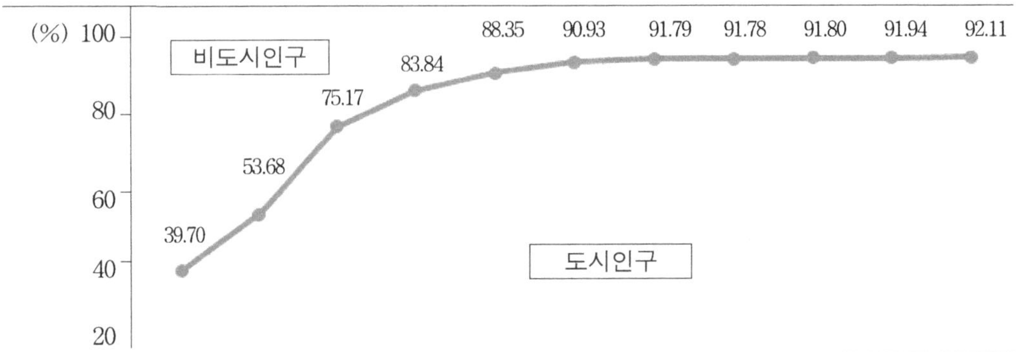

연도별 구 분	1960	1970	1980	1990	2000	2010	2015	2020	2021	2022	2023
전국인구	24,989	31,469	37,449	43,520	47,964	50,516	51,529	51,829	51,639	51,439	51,325
·도시인구	9,925	16,891	28,150	36,489	42,357	45,933	47,297	47,571	47,403	47,294	47,275
·비도시인구	15,064	14,578	9,299	7,031	5,589	4,583	4,232	4,258	4,236	4,144	4,050
도시지역 인구비율	39.70	53.68	75.17	83.84	88.35	90.93	91.79	91.78	91.80	91.94	92.11

주) 도시인구는 2000년까지는 도시계획구역내에 거주하는 인구이며, 그 이후는 도시지역내 거주하는 인구임
자료 : 국토교통부 도시정책관
※ 위 자료는 통계공표('24. 9.) 전 잠정치이며 일부 수치가 변경될 수 있음.

5. 경제성장과 산업구조의 변화

2023년 연간 국내총생산(GDP, 실질) 성장률은 고금리·고물가 영향이 지속되면서 내수회복 둔화 및 수출 실적 부진 등으로 1.4%를 기록했다.

국내 최종소비지출은 가계 원리금 상환 부담 증가 등에 따라 민간소비가 둔화된 가운데 정부소비 증가폭도 줄어들며 전년대비 1.6% 증가했다.

투자(총고정자본형성 기준)는 지식재산생산물 투자가 감소했으나, 건설 및 설비투자가 늘면서 1.4% 증가했다. 설비투자는 제조업 경기 둔화에 따른 기계류 도입 감소에도 불구하고, 항공기 등 운송장비 투자 증가에 힘입어 1.1% 증가했다. 건설투자는 고금리·고물가 영향으로 신규착공이 부진했지만, 건설자재 공급차질 완화에 따라 기착공 공사가 늘어나면서 1.5% 증가했다. 지식재산생산물투자는 기업실적 부진 등에 따라 1.7%로 다소 작은 폭 증가했다.

소비자물가 상승률은 전년대비 3.6%로 물가안정목표(2.0%)를 상회했으나, 곡물 등 국제 원자재 가격 안정에 따라 2022년 5.1%에 비해서는 큰 폭 감소했다. 다만, 기상여건 악화에 따른 농산물 작황부진 등에 따라 하반기에 농산물 가격을 중심으로 다소 오름폭이 확대되었다가 점차 둔화되는 모습을 보였다.

근원물가 상승률은 둔화 추세를 이어가며 전년(3.6%)보다 낮은 3.4%를 나타냈다. 연초 4.0%였던 근원물가는 6월 3.3%로 상당폭 낮아진 이후 완만히 둔화되어 12월에는 2.8%를 기록하면서 기조적 물가 안정세를 보였다.

수출은 글로벌 IT 경기 부진, 중국 성장세 둔화 등에 따라 전년대비 7.5% 감소하면서 6,322억 달러를 기록했다. 특히, 글로벌 금리인상, 반도체 부문 공급과잉 등에 따라 IT제품 수출이 부진했으며, 철강 등 경기민감 품목 수출도 감소했다. 다만, 연말로 갈수록 반도체 수출이 점차 개선되면서 4분기에는 전년동기비 5.7% 증가했다.

노동시장은 견조한 모습을 보였다. 취업자 수는 2,841.6만명으로 전년대비 32.7만명 증가했고, 2021년 이후 증가세를 지속하여 코로나19 이전 수준을 크게 상회했다. 고용률은 취업자 수 증가에 힘입어 전년대비 0.5%p 상승했다. 전체 실업률은 2.7%로 전년대비 0.2%p 하락했고, 청년(15~29세) 실업률은 5.9%로 전년대비 0.5%p 하락했다.

2023년 실질국내총생산(GDP)의 산업별 구성을 살펴보면, 광공업이 27.7%, 서비스업이 63.0%, 건설업은 5.9%를 차지했다.

〈표 1-1-6〉 경제성장과 산업별 구조변화

(단위 : %)

구분		2010	2011	2012	2013	2014	2015	2016
경제성장률		7.0	3.7	2.5	3.3	3.2	2.9	3.2
산업별구성비	농림어업	2.2	2.3	2.3	2.2	2.1	2.1	1.9
	광공업	30.9	31.8	31.5	31.5	30.8	30.3	30.1
	(제조업)	30.8	31.6	31.3	31.3	30.7	30.2	29.9
	건설업	4.8	4.6	4.6	4.7	4.8	5.1	5.5
	서비스업	60.1	59.7	59.9	59.6	59.9	59.8	59.8
구분		2017	2018	2019	2020	2021	2022	2023
경제성장률		3.4	3.2	2.3	△0.7	4.6	2.7	1.4
산업별구성비	농림어업	1.9	1.7	1.6	1.7	1.8	1.6	1.5
	광공업	30.6	30.3	28.7	28.1	28.7	28.9	27.7
	(제조업)	30.5	30.2	28.6	28	28.6	28.8	27.6
	건설업	5.8	5.7	5.8	5.8	5.6	5.7	5.9
	서비스업	59.4	60.2	61.8	62.0	62.0	63.1	63.0

주) 산업별 구성비는 실질GDP(기초가격)에 대한 구성비임(2020년 연쇄가격 기준)
자료 : 한국은행

제2장 국토이용현황

제1절 국토이용계획 체계

남한의 인구밀도는 세계적으로 매우 높은 편이다. 더구나 국토면적의 3/4정도가 산지이거나 내수면이기 때문에 토지자원이 매우 부족한 실정이다.

토지자원이 한정되어 있는 우리나라의 국토현실에서 국토의 효율적인 이용과 「선계획-후개발」의 국토이용체계를 구축하기 위하여 종전 국토이용관리법 및 도시계획법에 의하여 도시지역과 비도시지역으로 이원화되어 관리되던 이용체계를 「국토의 계획 및 이용에 관한 법률」(2003.1.1 시행)로 통합·일원화함으로써 그간의 경제성장과정에서 발생한 토지수요의 급격한 증가, 도시의 과밀화와 그에 따른 난개발 등 토지이용상 발생하는 여러 문제를 종합적으로 조정하면서 국토를 계획적으로 관리하게 되었다.

〈그림 1-2-1〉 국토이용계획 체계

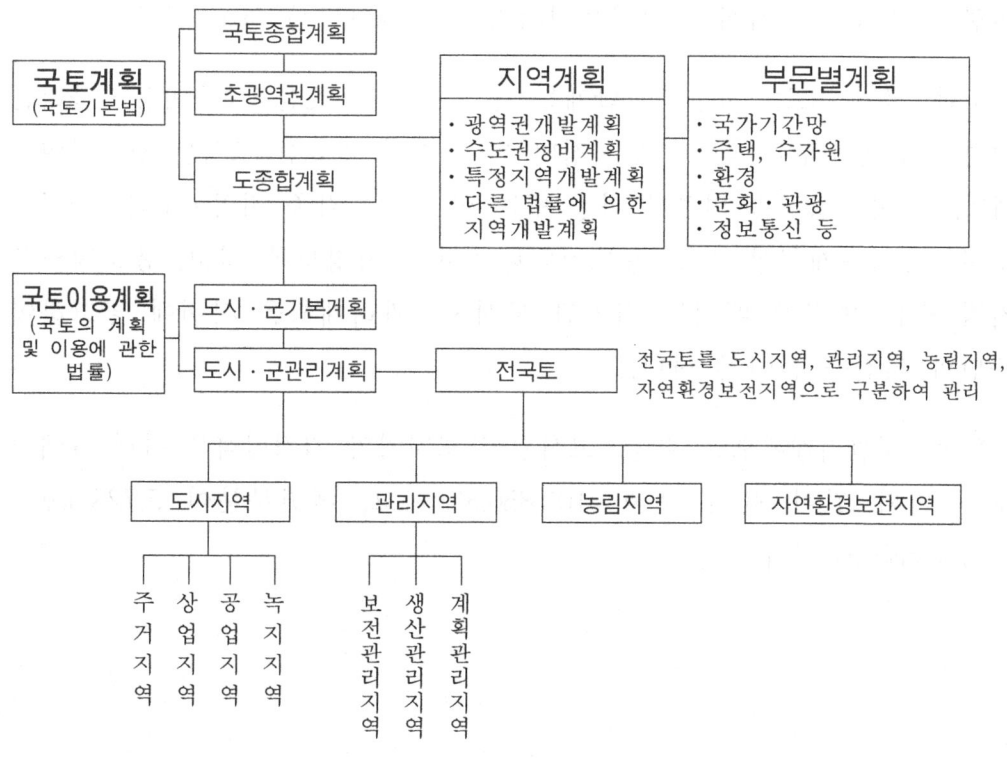

제2절 토지의 용도 관리

1. 용도지역 관리

가. 지정현황

「국토의 계획 및 이용에 관한 법률」에 의해 종전 국토이용계획상의 도시, 준도시, 준농림, 농림, 자연환경보전지역의 5개 용도지역을 도시, 관리, 농림, 자연환경보전지역의 4개 용도지역으로 개편하고 각 용도지역별 특성을 감안하여 합리적으로 행위제한을 함으로써 토지이용의 효율성을 제고하고 난개발을 방지하여 지속가능한 국토이용의 기반을 마련하게 되었다.

용도지역내에서 토지소유자는 당해 용도지역의 지정목적에 적합하게 토지를 이용하여야 할 의무가 있으며, 행정기관의 장은 토지이용행위를 허가·인가 또는 승인함에 있어 「국토의 계획 및 이용에 관한 법률」에 의한 이용범위 안에서 토지이용행위가 이루어지도록 하고 있다.

또한 국가 또는 지방자치단체는 용도지역의 효율적인 이용·관리를 위하여 당해지역에 대한 개발·정비 및 보전에 필요한 조치를 강구하여야 하며, 각 개별법령에 의하여 획정 또는 설치하는 각종 지역·구역·지구는 도시·군관리계획상 적정 용도지역내에서만 지정토록 하고, 용도지역을 지정 또는 변경할 때에는 입안된 도시·군관리계획을 사전에 공고하여 주민의 의견을 들어야 한다.

도시·군관리계획으로 결정·고시된 용도지역의 지정면적은 아래 표에서 보는 바와 같이 육지부분이 100,856.8㎢이고, 해면부분이 5,728.6㎢로 총 106,585.3㎢이다.

<표 1-2-1> 용도지역 지정현황

(2023.12.31., 단위 : ㎢, %)

구 분	계		육 지		해 면	
	면 적	비율	면 적	비율	면 적	비율
합 계	106,585.3	100	100,856.8	100	5,728.6	100
도 시 지 역	17,609.0	16.5	17,024.1	16.9	584.9	10.2
관 리 지 역	27,325.9	25.6	27,318.5	27.1	7.4	0.1
농 림 지 역	49,252.8	46.2	49,252.8	48.8	-	-
자연환경보전지역	11,870.7	11.1	6,995.5	6.9	4,875.2	85.1
미지정지역	526.9	0.5	265.9	0.3	261.0	4.6

자료 : 국토교통부 도시정책관 <자료편 표6 참조>

(1) 도시지역

도시지역은 인구와 산업이 밀집되어 있거나 밀집이 예상되어 당해 지역에 대하여 체계적인 개발·정비·관리·보전 등이 필요한 지역으로, 「택지개발촉진법」에 의한 택지개발지구, 「산업입지 및 개발에 관한 법률」에 의한 국가산업단지와 일반산업단지 및 도시첨단산업단지, 「전원개발촉진법」에 의한 전원개발사업구역 및 예정구역 등이 포함되며, 전국적으로 육지부 17024.1㎢와 해면부 584.9㎢ 등 총 17,609.0㎢가 지정되어 있어 전체 용도지역 지정면적의 16.5%를 차지하고 있다.

육지부의 시·도별 지정현황은 면적을 기준으로 할 때 수도권지역의 경기도가 3,370.8㎢로 가장 넓은 면적이 지정되어 있고, 그 다음으로 동남권지역의 경상북도·경상남도, 서남권지역의 전라남도 등의 순으로 지정되어 있다.

해면부에 있어서는 부산광역시가 160.8㎢로 제일 넓고, 그 다음으로 경상남도, 전라남도, 전북특별자치도, 충청남도 등의 순으로 지정되어 있다.

(2) 관리지역

관리지역은 종전 준도시지역과 준농림지역을 통합한 것으로, 도시지역의 인구와 산업을 수용하기 위하여 도시지역에 준하여 체계적으로 관리하거나 농림업의 진흥, 자연환경 또는 산림의 보전을 위하여 농림지역 또는 자연환경보전지역에 준하여 관리가 필요한 지역으로서, 이를 계획관리, 생산관리, 보전관리지역으로 2008년 말까지 세분하여 개발할 곳과 보전할 곳을 구분함으로써 관리지역이 친환경적·계획적으로 개발될 수 있도록 하였다.

관리지역은 서울특별시와 부산광역시를 제외한 15개 시·도에 육지부 27,318.5㎢와 해면부 7.4㎢가 지정되어 있어 전체 용도지역 지정면적의 25.6%를 차지한다. 육지부의 시·도별로 지정면적을 기준으로 할 때 동남권지역의 경상북도가 4,844.1㎢로 제일 넓은 면적이 지정되어 있고, 그 다음으로 전라남도, 강원특별자치도 등의 순이다. 해면부에 있어서는 동북권지역의 강원특별자치도가 6.6㎢로 제일 넓고, 그 다음으로 전북특별자치도, 전라남도 등의 순으로 지정되어 있다.

(3) 농림지역

농림지역은 도시지역에 속하지 아니하고 「농지법」에 의한 농업진흥지역 또는 「산지관리법」에 의한 보전산지 등으로서 농림업의 진흥과 산림의 보전을 위하여 필요한 지역으로, 서울특별시와 부산광역시를 제외한 15개 시·도에 총 49,252.8㎢가 지정되어 있어 전체 용도지역 지정면적의 46.2%, 육지부 용도지역 지정면적의 48.8%를 점하고 있다. 시·도별로는 강원특별자치도가 10,868.4㎢로 가장 넓은 면적이 지정되어 있다.

(4) 자연환경보전지역

자연환경보전지역은 자연환경·수자원·해안·생태계·상수원 및 「국가유산기본법」 제3조에 따른 국가유산의 보전과 수산자원의 보호·육성 등을 위하여 필요한 지역으로 「자연공원법」에 의한 공원구역, 「수도법」에 의한 상수원보호구역, 「문화유산의 보존 및 활용에 관한 법률」에 의한 지정문화유산과 그 보호구역, 「자연유산의 보존 및 활용에 관현법률」에 의한 지정된 천연기념물등과 그 보호구역, 「해양생태계의 보전 및 관리에 관한 법률」에 의한 해양보호구역 등으로서 서울특별시, 광주광역시를 제외한 15개 시·도에 육지부 6,995.5㎢와 해면부 4,875.2㎢가 지정되어 있어 전체 용도지역 지정면적의 11.1%를 차지하고 있다.

육지부의 시·도별 지정현황은 면적을 기준으로 할 때 강원특별자치도가 1,682.5㎢로 가장 넓은 면적이 지정되어 있고, 그 다음으로 경상북도, 전라남도, 경상남도 등의 순으로 지정되어 있다. 해면부에 있어서는 서남해안지역의 수산자원보호구역과 다도해해상국립공원이 지정되어 있는 전라남도가 2,933.0㎢로 가장 넓고, 그 다음으로 경상남도, 충청남도 등의 순으로 지정되어 있다.

나. 변경현황

'22년 대비 '23년 용도지역 변경현황은 아래 표에서 보는 바와 같이 도시지역 182.7㎢가 줄어들었고, 관리지역 22.3㎢가 늘어났다.

〈표 1-2-2〉 용도지역 변경현황

(2023.12.31.현재, 단위 : ㎢)

구 분	계	도시지역	관리지역	농림지역	자연환경 보전지역	미 지정지역
면 적	353.1	△182.7	22.3	8.4	△0.3	505.5

자료 : 국토교통부 도시정책관 〈자료편 표7 참조〉

2. 용도지구·구역 관리

「국토의 계획 및 이용에 관한 법률」에 의하여 4개 용도지역 중 도시·군관리계획상 토지이용은 21개 용도지역, 10개 용도지구, 5개 용도구역으로 세분하여 토지를 계획적·체계적으로 이용토록 하고 있다. 〈자료편 표8 참조〉

또한 도시의 무질서한 확산을 방지하고 도시주변의 자연환경을 보전하여 도시민의 건전한 생활환경을 확보하기 위하여 도시의 개발을 제한할 필요가 있거나 국방부장관의 요청으로 보안상 도시의 개발을 제한할 필요가 있다고 인정되는 지역을 개발제한구역으로 지정하여 운영하고 있다.

2022년 말 현재 개발제한구역의 면적은 수도권, 부산·대구·광주·대전·울산광역시 등을 포함하여 총 3,792.8㎢이다. 〈자료편 표10 참조〉

제3절 지목별 토지이용

지목별 토지이용현황은 2023년말 현재 임야는 지목별 전체 면적의 63.1%인 63,369,784천㎡, 농지는 18.9%인 19,017,973천㎡를 차지하고 있으며, 대, 공장용지, 공공용지와 같은 도시지역은 전 국토의 11.6%인 11,612,408천㎡ 이용되고 있다. <자료편 표 11 참조>

그러나 도시화와 산업화의 급진전은 인구의 도시권 유입으로 공장용지와 대지의 계속적인 증가현상을 초래하여 대지는 2023년말 현재 3,382,643천㎡로서 2022년에 비하여 39,989천㎡가, 공장용지는 1,101,399천㎡로서 전년대비 14,691천㎡, 공공용지는 7,128,366천㎡로서 전년대비 33,643천㎡가 각각 증가하였다.

한편, 1990년부터 2023년까지의 주요 지목별 증가율은 <표 1-2-3>과 같이 대지가 74.6% 증가한 반면, 전·답이 15.1%, 13.7% 각각 감소하였다.

<표 1-2-3> 주요 지목별 면적변동 추세

(단위 : ㎡)

구분	1990(기준)	2007	2008	2009	2010	2011	2012	2013	2014
전	8,802,539,850 (100.0)	7,889,373,937 (89.6)	7,852,439,168 (89.2)	7,821,009,466 (88.8)	7,782,569,792 (88.4)	7,801,921,520 (88.6)	7,795,945,723 (88.6)	7,758,863,187 (88.1)	7,715,831,357 (87.7)
답	12,680,995,111 (100.0)	12,012,257,572 (94.7)	11,945,473,834 (94.2)	11,894,640,431 (93.8)	11,834,204,379 (93.3)	11,763,159,672 (92.8)	11,689,819,179 (92.2)	11,619,898,359 (91.6)	11,517,755,469 (90.8)
임야	65,571,369,384 (100.0)	64,638,529,070 (98.6)	64,545,559,098 (98.4)	64,471,988,636 (98.3)	64,504,380,772 (98.4)	64,336,666,633 (98.1)	64,216,388,223 (97.9)	64,175,703,689 (97.9)	64,080,691,335 (97.7)
대	1,937,034,973 (100.0)	2,611,095,676 (134.8)	2,659,462,690 (137.3)	2,705,755,824 (139.7)	2,743,526,675 (141.6)	2,784,671,338 (143.8)	2,826,572,630 (145.9)	2,872,100,312 (148.3)	2,929,543,520 (151.2)

구분	2015	2016	2017	2018	2019	2020	2021	2022	2023
전	7,678,637,633 (87.2)	7,636,991,436 (86.8)	7,611,004,021 (86.5)	7,609,862,589 (86.5)	7,582,405,784 (86.1)	7,555,304,299 (85.8)	7,527,846,290 (85.5)	7,501,268,820 (85.2)	7,474,837,850 (84.9)
답	11,429,081,824 (90.1)	11,357,223,597 (89.6)	11,282,071,407 (89.0)	11,223,353,718 (88.5)	11,162,125,105 (88.0)	11,099,132,598 (87.5)	11,042,683,641 (87.1)	10,986,196,545 (86.6)	10,938,018,188 (86.3)
임야	64,002,722,621 (97.6)	63,918,388,504 (97.5)	63,834,414,168 (97.4)	63,710,517,598 (97.2)	63,635,490,717 (97.0)	63,558,296,646 (96.9)	63,488,337,177 (96.8)	63,427,357,383 (96.7)	63,369,784,315 (96.6)
대	2,983,050,703 (154.0)	3,040,603,686 (157.0)	3,093,504,064 (159.7)	3,143,013,432 (162.3)	3,195,788,319 (165.0)	3,243,161,521 (167.4)	3,291,133,346 (169.9)	3,342,654,203 (172.6)	3,382,643,054 (174.6)

자료 : 국토교통부 공간정보제도과

제4절 국·공유지

1. 국유지

국가가 관리하고 있는 국유지 현황은 아래 표에서 보는 바와 같이 2023년말 현재 25,455㎢로 국토면적(25,455㎢)의 100%를 차지하고 있다. 이는 전년도에 비해 54.0㎢ 증가한 규모이다.

전체 국유지의 97.0%인 24,687㎢는 행정재산이고, 나머지 3.0%인 769㎢는 일반재산이며, 국유지의 64.2%인 16,339㎢가 임야이다. <자료편 표 12 참조>

〈표 1-2-4〉 국유지 현황

(단위 : ㎢, %)

구분	2010	2011	2012	2013	2014	2015	2016
합계	16,660 (100)	24,024 (100)	24,057 (100)	24,236 (100)	24,521 (100)	24,718 (100)	24,940 (100)
행정재산	15,585 (93.5)	23,031 (95.9)	23,129 (96.1)	23,359 (96.4)	23,668 (96.5)	23,875 (96.6)	24,109 (96.7)
보존재산	-	-	-	-	-	-	-
일반재산	1,075 (6.5)	993 (4.1)	927 (3.9)	877 (3.6)	853 (3.5)	843 (3.4)	831 (3.3)
구분	2017	2018	2019	2020	2021	2022	2023
합계	24,996 (100)	25,062 (100)	25,158 (100)	25,239 (100)	25,355 (100)	25,401 (100)	25,455 (100)
행정재산	24,193 (96.8)	24,276 (96.9)	24,370 (96.9)	24,426 (96.8)	24,543 (96.8)	24,617 (96.9)	24,687 (97.0)
보존재산	-	-	-	-	-	-	-
일반재산	803 (3.2)	786 (3.1)	788 (3.1)	813 (3.2)	812 (3.2)	784 (3.1)	769 (3.0)

주) 1. 도로·하천 등 공공용 재산은 '11년부터 포함됨
2. 2009년부터 분류체계 변경으로 보존재산이 행정재산에 편입됨
자료 : 2023회계연도 국유재산관리운용총보고서(d-Brain 기준), 기획재정부

2. 공유지

지방자치단체가 관리하고 있는 공유지는 아래 표에서 보는 바와 같이 2023년말 현재 9,368㎢로 국토면적의 9.3%를 차지하고 있다. <자료편 표 13~14 참조>

재산구분별 내역을 보면 행정재산이 7,990㎢, 일반이 1,378㎢이다.

〈표 1-2-5〉 공유지 현황

(단위 : ㎢)

2020			2021			2022			2023		
계	행정	일반	계	행정	일반	계	행정	일반	계	행정	일반
8,896 (100%)	7,535 (84.7%)	1,361 (15.3%)	9,235 (100%)	7,869 (85.2%)	1,366 (14.8%)	9,355 (100%)	7,995 (85.5%)	1,360 (14.5%)	9,368 (100%)	7,990 (85.3%)	1,378 (14.7%)

3. 공공기관의 토지취득

최근 20년간(2004~2023년) 사회간접시설·국민편의시설 등 공공사업의 시행을 위하여 국가·지방자치단체 및 정부투자기관 등이 취득한 토지는 총 2,425,307천㎡(300조 4,168억원)로서 2004년부터 행정중심복합도시 및 혁신도시건설 등에 따른 토지보상으로 급격하게 증가하였으며, 수도권 택지조성이 집중적으로 시행된 2009년에는 216,547천㎡(29조 7,051억원)으로 최고치를 달성한 후 감소 추세를 보이다 최근 3기 신도시, 장기미집행 도시계획시설 등 사업으로 증가 추세에 있다.

2023년에 공공사업의 시행을 위하여 취득한 토지는 표<표 1-2-6>에서 보는 바와 같이 60,872천㎡(16조 7,976억원)이며, 이 중 중앙행정기관(정부투자기관 포함)이 24,113천㎡(7조 4,533억원), 지방자치단체가 36,759천㎡(9조 3,443억원)을 각각 취득하였다. 2022년도 대비 토지면적은 1.1%가 증가하였고 보상액은 4.9%가 감소하였다.

사업별로는 도로 16,485천㎡(2조 6,283억원), 공원·댐 8,408천㎡(1조 3,575억원), 공업·산업단지 6,714천㎡(7,286억원), 주택·택지 13,250천㎡(10조 2,758억원) 순이다.

또한 2022년에 대비해서 공원·산단 사업의 증가가 두드러져 보상액과 면적이 모두 증가하였다.<자료편 표 15조 참조>

한편 2023년도 보상액을 보상대상 물건별로 분류하여 보면, 토지보상 16조 7,977억원(88.61%), 지장물보상 1조 8,228억원(9.62%), 영업보상 1,605억원(0.85%), 농업보상 860억원(0.45%) 등이다.<자료편 표 16 참조>

〈표 1-2-6〉 기관별 공공용지취득 및 손실보상 현황

(단위 : 천㎡, 백만원)

구 분		합 계	중앙행정기관	지방자치단체
합 계	면 적	2,425,307	1,268,763	1,152,664
	금 액	300,416,818	176,036,438	124,380,380
2004	면 적	155,931	84,408	71,523
	금 액	14,058,325	10,163,246	3,895,079
2005	면 적	137,274	85,612	51,662
	금 액	15,142,525	8,281,599	6,860,926
2006	면 적	393,012	143,702	249,310
	금 액	26,847,723	17,701,610	9,146,113
2007	면 적	159,842	98,563	61,279
	금 액	22,368,842	14,932,580	7,436,262
2008	면 적	164,428	96,128	68,300
	금 액	17,745,373	10,905,535	6,839,838
2009	면 적	216,547	108,978	107,569
	금 액	29,705,125	16,416,910	13,288,215
2010	면 적	150,780	90,042	60,738
	금 액	20,839,350	12,552,641	8,286,709
2011	면 적	120,089	67,329	52,760
	금 액	14,530,955	8,305,235	6,225,720
2012	면 적	91,182	54,230	36,952
	금 액	12,157,824	7,376,896	4,780,928
2013	면 적	113,009	51,785	61,224
	금 액	10,660,019	5,653,688	5,006,331
2014	면 적	94,289	46,188	48,101
	금 액	8,643,494	4,119,247	4,524,247
2015	면 적	82,408	40,955	37,573
	금 액	8,481,603	4,621,827	3,859,776
2016	면 적	73,417	41,091	32,326
	금 액	9,269,154	5,017,319	4,251,835
2017	면 적	73,484	44,378	29,106
	금 액	7,787,917	3,963,576	3,824,341
2018	면 적	65,683	41,272	24,411
	금 액	8,521,969	4,406,675	4,115,294
2019	면 적	74,247	43,542	30,705
	금 액	10,346,754	5,853,061	4,493,693
2020	면 적	71,306	39,289	32,017
	금 액	13,807,395	7,942,638	5,864,757
2021	면 적	67,289	38,865	28,424
	금 액	15,035,095	9,521,385	5,513,710
2022	면 적	60,218	28,293	31,925
	금 액	17,669,706	10,847,433	6,822,273
2023	면 적	60,872	24,113	36,759
	금 액	16,797,670	7,453,337	9,344,333

주) 중앙행정기관에는 정부투자기관도 포함
자료 : 국토교통부 주택토지실

제5절 토지이용전환

1. 농지

식량생산 및 농가소득기반인 농지는 <표 1-2-7>에서 보는 바와 같이 '90년 21,088㎢에서 '23년 15,121㎢로 매년 지속적인 감소 추세에 있다. 다만, '12년 말에는 농지면적이 전년대비 320㎢가 증가하였는데, 이는 농지면적 조사방식을 종전의 현장 조사에서 원격탐사* 기술을 활용한 위성영상판독방식으로 변경 조사한 결과로 풀이된다.

* 원격탐사(Remote Sensing) 방법이란, 실제 관찰하고자 하는 목적물에 접근하지 않고 위성영상 등 멀리 떨어진 거리에서 관찰하여 대상체의 정보를 추출해 내는 기법

〈표 1-2-7〉 농지면적 감소 추이 (단위 : ㎢, %)

연 도 별	농지면적	감소면적	감 소 율
1990	21,088	179	0.84
1995	19,853	474	2.33
1996	19,455	398	2.00
1997	19,235	220	1.13
1998	19,101	134	0.70
1999	18,989	112	0.59
2000	18,888	101	0.53
2002	18,626	135	0.72
2003	18,460	166	0.89
2004	18,356	104	0.56
2005	18,240	116	0.63
2006	18,005	235	1.29
2007	17,816	189	1.04
2008	17,588	228	1.28
2009	17,368	220	1.25
2010	17,153	215	1.24
2011	16,980	173	1.01
2012	17,300	-320	-1.88
2013	17,114	186	1.08
2014	16,911	203	1.19
2015	16,790	121	0.7
2016	16,436	354	2.1
2017	16,028	408	2.5
2018	15,956	72	0.4
2019	15,809	147	0.9
2020	15,647	162	1.0
2021	15,467	180	1.1
2022	15,282	185	1.2
2023	15,121	161	1.1

주) 농지면적은 지목을 막론하고 경지의 형태를 가지고 농작물을 재배할 수 있는 면적임
자료 : 통계청

'07~'10년에는 국토의 균형발전정책과 대규모 신도시개발 등으로 농지가 매년 20천ha 정도 전용되었으나, '10년부터 농지전용 면적은 점차 감소하다가 '15년부터 꾸준히 증가하여 '21년에는 19,435ha, '22년에는 16,666ha 면적이 전용되었다.

농지전용이 전년보다 감소한 사유는 공공주택을 포함한 주거시설, 공업시설 등의 개발수요가 전년에 비해 감소했기 때문인 것으로 분석된다.

* 농지전용면적 : ('01) 10.2천ha → ('05) 15.7 → ('07) 24.7 → ('09) 22.7 → ('10) 18.7 → ('11) 13.3 → ('12) 12.7 → ('13) 11.0 → ('14) 10.7 → ('15) 12.3 → ('16) 14.2 → ('17) 16.3 → ('18) 16.3 → ('19) 16.5 → ('20) 17.4 → ('21) 19.4 → ('22) 16.7

향후 경제 활성화를 위한 규제완화 및 경기부양정책 등으로 공공·민간 부문의 농지전용 수요는 꾸준하게 증가할 가능성이 있으므로 집단화되고 생산기반이 정비된 농업진흥지역 등 우량농지는 적극 보전하고, 각종 개발 수요는 농업진흥지역 밖으로 유도하여 경제 활성화 정책에 탄력적으로 대응해 나가고 있다.

〈표 1-2-8〉 연도별 농지증감 현황

(단위 : ㎢)

구 분	1995	2000	2005	2006	2007	2008	2009	2010	2011
증 가	156.18	89.87	17.31	45.47	42.9	56.1	266.9	95	63.1
개 간	51.01	56.53	10.08	41.59	33.9	46.4	230.1	78.8	51.7
간 척	90.14	9.57	4.11	0.16	5.5	4.4	26.9	3.5	4.1
기 타	15.03	23.77	3.12	3.72	3.5	5.26	9.93	12.7	7.3
감 소	630.67	191.47	133.26	281.16	231.8	284	486.9	310	235.7
공공시설	112.06	52.24	35.17	63.15	42.0	51.6	139.4	93.2	56.3
건물건축	246.87	53.36	52.09	98.19	100.3	98.3	151.6	83.6	79.4
기 타	271.74	85.87	46.00	119.82	89.5	134.1	195.9	133.2	100.0
증 감	△474.49	△101.60	△115.95	△235.69	△188.9	△227.9	△220	△215	△172.6

주) '95년이후 유실매몰은 기타에 포함
자료 : 농림축산식품부 농림축산식품통계연보 2014, 통계청(2011년 이후부터 미공표)

2023년 임차농지비율은 47.1%로 2022년의 46.9%보다 0.2%p 증가하였다. 전체농가 중 임차농가는 44.5%(자작+임차 37.9, 순임차 6.6), 자작농가는 55.2%, 경지 없는 농가 0.3%로서, 순임차 농가 비중은 낮은 편이다.
(출처 : 통계청 「농가경제조사」)

* 농지법에서는 임차농이 안정적으로 농업경영에 임할 수 있도록 농지임대차 기간 3년 이상 보장, 농지임대차계약 확인 제도 도입 등 임차농을 보호하는 내용으로 제도를 개정하여 2012년 7월 18일부터 시행되고 있다. 2020년 8월 12일부터는 다년생식물 재배지 등에 대한 농지 임대차 기간이 기존 3년에서 5년으로 연장되었다.

한편 농지의 감소에 대응하는 간척사업으로 인한 대체농지 조성실적은 아래와 같다.

〈표 1-2-9〉 간척농지 조성실적

(단위 : ㎢)

구 분	대상면적	2022년까지	2023년 이후
합 계	1,133	1,035	98
정 부	731	633	98
민 간	402	402	-

주) 산업용지·관광용지·기업도시 등 비농업적 이용면적 제외
자료 : 농림축산식품부

2. 산지

우리나라의 산지면적은 2023년 말 기준으로 63,386km²이며, 농지, 택지, 공장용지, 도로시설, 골프장시설 등 타용도 전용, 지적복구, 연속지적도 상 오류 정정 등으로 아래와 같은 변화 추이를 보이고 있다.

〈표 1-2-10〉 연도별 산지면적 추이

(단위 : ㎢, %)

연도별	산지면적	증감면적	증감률
2012	64,224	-	-
2013	64,144	△80	△0.12
2014	64,075	△69	△0.1
2015	64,055	△20	△0.03
2016	63,854	△201	△0.31
2017	63,818	△36	△0.06
2018	63,950	132	0.2
2019	63,590	△360	△0.57
2020	63,503	△87	△0.14
2021	63,456	△47	△0.07
2022	63,452	△4	△0.01
2023	63,386	△66	△0.1
연평균 증감면적		△76	△0.11

주) 「공간정보의 구축 및 관리 등에 관한 법률」에 의한 지목이 임야인 면적이므로, 「산림자원의 조성 및 관리에 관한 법률」에 의한 실제 산림면적과는 차이가 있음.

국토의 63%를 차지하는 산지는 임업생산의 장이며, 생태·환경자원인 동시에 토지공급원의 역할을 담당하고 있다. 최근 공익적 가치를 고려한 산지의 보전 요구가 더욱 커지고 있지만, 도로용지, 산업용지, 주택용지, 레저용지 등의 산지 개발수요도 지속되고 있다. 제5차 국토종합계획(2020~2040)상에는 그동안 경제성 중심의 개발로 단절된 주요 생태축 및 훼손된 생태계의 복원과 기후변화에 대응한 저탄소 국토환경 조성,

산림자산을 활용한 산촌 발전 유도를 목표로 하고 있어 앞으로 체계적인 산지 자원의 이용과 개발이 요구된다.

산지의 개발은 산림이 지니는 다양한 기능의 저해를 최소화할 수 있도록 자연친화적으로 개발하는 것이 중요하다. 그러나 그동안 이런 점을 충분히 고려하지 않고 경사진 산지를 평지로 만든 후 시설물을 설치하는 방식으로 개발함에 따라 개발과정에서 토사유출, 경관저해 등 재해를 유발하는 요인이 발생했다.

특히 1990년대 말부터 수도권 지역을 중심으로 산지 난개발이 심각한 사회문제로 대두되고 이로 인하여 체계적인 산지관리 제도의 필요성이 제기됨에 따라 「산지관리법」을 제정(2002.12.30. 공포, 2003.10.1. 시행)하였다. 「산지관리법」은 종전 「산림법」에 규정되어 있던 산지관리, 채석 및 복구 등에 관한 부분을 별도로 분리하여 규정한 법으로서, 보전산지에서의 행위제한, 자연친화적 산지개발을 위한 산지전용허가기준 및 토석채취허가기준, 산지전용 타당성을 심의하기 위한 산지관리위원회의 구성·운영 등 산지의 합리적인 보전과 이용을 위한 제도를 다수 포함하고 있다.

가. 산지구분체계 정비

전국의 산지는 보전산지와 준보전산지로 구분되고, 보전산지는 다시 임업생산 기능증진을 위한 임업용산지와 자연생태계보전·국민보건휴양 증진 등 공익기능을 위한 공익용산지로 구분되어 있다. 1997년에 정비한 산지구분체계를 기반으로 2008년 정비를 통해 전국 보전산지를 지정고시 하였으며, 이후 산지개발 수요의 증가, 현지 여건의 변화 등을 반영하여 2018년에 산지구분타당성 조사를 실시하여 산지구분체계를 정비하였다. 정비 결과, 전국 산지 639만ha 중 78%는 보전산지(임업용 334만ha, 공익용 168만ha)로, 나머지 22%는 준보전산지(137만ha)로 지정하였다.

이후 환경변화와 용도지역·지구·구역 변경 등에 따라 지속적으로 보전산지의 지정·변경·지정해제를 실시함으로써 산지의 합리적인 보전과 이용을 위해 최적화된 산지구분 체계를 관리하고 있다.

〈그림 1-2-2〉 산지구분 현황

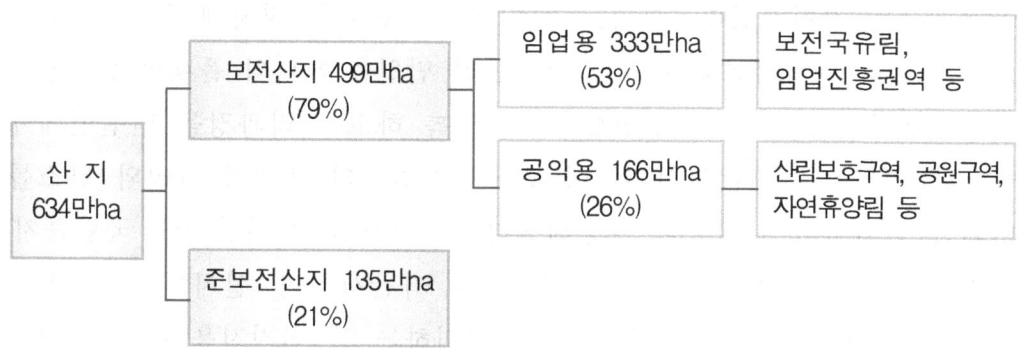

주) 지목이 임야인 것(2023년 말 기준)
자료 : 산림청 산림복지국

나. 산지관리 제도개선

산림청은 국민 불편 해소를 위해 불합리한 규제를 개선하는 것과 동시에 산지보전과 이용의 합리적 조화를 위해 산리관리제도에 대한 개선을 지속적으로 추진하고 있다.

2020년도에는 산지전용지 등의 재해안전성 강화와 불합리한 규제정비에 중점을 두고 산지관리 제도를 개선했다. 산지에 신·재생에너지 설비를 설치한 자에게 정기적으로 해당 산지의 관리 현황 등을 조사·점검·검사하도록 의무를 부여했으며, 지방자치단체의 장이 산지전용허가 등 처분을 하면서 지역 여건에 따라 강화된 산지전용허가 기준을 적용할 수 있도록 근거를 마련했다. 불합리한 규제정비로는 지하부 토석채취 시 산지경관영향 모의실험을 생략한 것을 들 수 있다. 산지경관을 훼손하지 않고 지하에서 토석을 채취하는 경우에도 산지경관영향 모의실험을 해야만 했던 불합리를 해소한 것이다. 또한, 광산안전법에 따라 안전교육을 이수했다면, 토석채취 현장관리 업무 담당자 교육 중 재해예방 및 안전관련 교육 이수 의무를 면제함으로써 유사 교육 중복 이수 관련 불편을 해결했다.

2021년도에는 산지의 재해예방을 위한 재해안전성 강화와 국민불편 해소에 중점을 두었다. 산지태양광발전시설을 설치하려는 자 또는 660제곱미터 이상의 산지를 전용하려는 자는 사면안정성 검토결과를 포함한 재해위험성검토의견서를 제출하도록 하여 산지전용, 산지일시사용에 대한 안전관리를 강화하였다. 그리고 산림청, 소속기관, 지자체 등이 개별적으로 처리하던 산지전용허가 등 산지관리 민원을 하나의 플랫폼(산지전용통합정보시스템)을 통해 신청할 수 있도록 하고 처리과정을 민원인에게 공개할 수 있도록 하여 산지분야 인·허가업무의 체계적 관리와 원스톱 비대면 민원서비스 제공이 가능해졌다. 그 외에도 보전산지에 국립묘지, 국가·지방정원 설치를 가능하게 하여 기반시설의 설치를 지원하고, 대체산림자원조성비 차감징수 기준을 마련하는 등 산지전용 등을 하려는 자의 경제적 부담을 완화하였다.

2022년도에는 국민 불편 해소, 산업진흥 등을 위한 규제개선 요구가 지속됨에 따라 '산지규제 선진화 TF'를 구성·운영하여 임업인 등 산지이용자의 수요와 변화된 여건에 부응하도록 산지규제 개선을 추진하였다. 가뭄으로 인한 임가의 피해 최소화를 위해 공익용산지에서 관정 설치가 가능하도록 하는 등 현장의 의견을 반영하였으며, 지역경제 활성화와 국토 균형발전을 위해 미군반환공여구역주변지역 및 첨단투자지구 관련 시설에 대해 대체산림자원조성비 감면대상으로 규정하였다. 또한, 산지전용통합정보시스템의 전국서비스 실시(2022. 7월)로 산지전용 등 인허가 처리와 대체산림자원조성비의 체계적 관리가 가능하게 되었다.

2023년도에는 산림경영 여건개선 및 산림산업 활성화를 위해 산지일시사용신고를 통한 조경수 재배허용면적을 기존 3ha에서 5ha로 확대하였고, 임업용산지 내 "숲경영체험림" 조성을 허용하여 국민들에게 임업경영 체험 기회를 제공하는 한편 임업인과 지역주민들의 소득증대 기반을 마련하였다. 또한 풍력발전시설의 산지일시사용허가기간을 기존 20년에서 최대 30년까지 연장할 수 있도록 하여 산업경쟁력 제고를 지원하였으며, 660㎡ 이상 산지전용허가 신청 시 제출하던 재해위험성검토의견서를 5천㎡ 이상에 대해서는 「자연재해대책법」에 따른 재해영향평가 협의 결과로 제출하도록 제도간 중복을 제거하여 개발예정지의 재해위험성을 심도있게 검토하되 국민 부담을 최소화하였다.

3. 공유수면 매립현황

공유수면 매립은 국토의 전체적인 기능과 용도에 맞고 환경과 조화되도록 공유수면의 체계적인 관리를 통하여 기후·해양환경 변화에 능동적으로 대응하고 공유자산의 가치 보전을 우선하도록 추진하고 있다.

과거에는 간척지, 산업용지 목적 등 대규모 매립이 함께 추진되었으나, 최근에는 대규모 공유수면 매립 수요는 크게 감소하는 반면, 어촌지역 정주여건 개선을 위한 어항시설 확충 및 친수공간 조성 등 소규모 공공사업 위주로 공유수면 매립이 추진되는 추세이다.

공유수면 매립사업은 「공유수면 관리 및 매립에 관한 법률」에 근거하여 해양수산부장관이 10년 단위로 수립되는 공유수면매립 기본계획에 따라 시행된다. 1991년 제1차 기본계획 수립 이후 2001년 제2차, 2011년 제3차, 2016년에 「제3차 공유수면매립 기본계획 수정계획」을 수립하였고, 2021년 8월 「제4차 공유수면매립 기본계획」을 수립하여 발표하였다. 그 밖에 국가정책사업, 재해예방 등 매립수요가 발생하는 경우 수시로 기본계획에 반영하고 있다.

2023년까지 총 862개 지구, 약 2,070㎢의 매립면허가 시행되었으며, 그 중 국토면적의 약 0.73%에 해당하는 약 733㎢(서울 면적의 약 1.2배)의 매립지가 준공되어 토지등록이 되었다.

〈표 1-2-11〉 공유수면 매립현황

(단위 : ㎢) (Unit : ㎢)

구분	면허		준공	
	건수	면적	건수	면적
1971	1	0.13		
1972				
1973				
1974	7	3.76		
1975	1	0.03		
1976	2	0.63		
1977	2	3.9		
1978	1	245.74		
1979	3	154.39		
1980	8	49.16		
1981	15	79.6		
1982	9	129.07	3	0.75
1983	11	4.55		
1984	10	7.35		
1985	22	58.11	1	0.03
1986	24	20.9	2	1.85
1987	19	322.91	2	0.15
1988	21	11.67	3	0.14
1989	15	84.66	10	0.53
1990	36	68.64	4	5.56
1991	35	487.23	19	2.89
1992	50	65.61	14	1.7
1993	24	5.35	14	1.49
1994	31	15.14	13	136.2
1995	34	77.22	19	157.78
1996	16	10.1	17	5.49
1997	22	17.32	28	100.23
1998	11	47.04	22	5.67
1999	7	4.28	14	11.75
2000	40	4.19	12	5.79

(단위 : ㎢)　　　　　　　　　　　　　　　　　　　　　　　　　　　(Unit : ㎢)

구분	면허		준공	
	건수	면적	건수	면적
2001	52	14.18	19	1.99
2002	42	15.82	17	11.23
2003	18	1.7	18	1.17
2004	26	6.29	25	33.36
2005	18	5.27	18	102.9
2006	21	1.47	27	19.18
2007	31	18.69	26	23.35
2008	23	4.35	22	44.2
2009	36	4.33	18	33.31
2010	24	13.25	18	1.84
2011	15	0.41	24	4.59
2012	13	0.43	18	14.13
2013	13	2.02	16	0.7
2014	11	1.06	12	0.44
2015	2	0.58	11	1.22
2016	7	0.11	1	0.00
2017	3	0.06	4	0.05
2018	2	0.05	2	0.14
2019	5	0.21	4	0.67
2020	4	0.03	5	0.13
2021	11	0.64	8	0.13
2022	4	0.08	7	0.12
2023	4	0.05	2	0.04
합계	862	2,069.76	519	732.89

제6절 토지거래

1. 토지거래 현황

가. 총 괄

최근 5년간(2019년~2023년)의 평균 토지 거래량은 2,747천필지, 1,855백만㎡가 거래되었다. 2023년 기준 토지 총 거래량은 1,826천필지에 1,362백만㎡가 거래되어 전년도에 비해 거래필지 수는 17.3% 감소, 면적은 24.1% 감소하였다.

〈표 1-2-12〉 연도별 토지거래 현황

(단위 : 천필지, 천㎡)

구 분	2011	2012	2013	2014	2015	2016	2017	2018	2019	2020	2021	2022	2023
필지수	2,329	2,045	2,242	2,644	3,086	2,995	3,315	3,186	2,902	3,506	3,297	2,209	1,826
(증가율)	(12.5)	(△12.2)	(9.6)	(17.9)	(16.8)	(△29.6)	(10.7)	(△3.9)	(△8.9)	(20.8)	(△6.0)	(△33.0)	(△17.3)
면 적	1,971	1,824	1,827	1,969	2,181	2,176	2,206	2,071	1,870	2,051	2,195	1,795	1,362
(증가율)	(△0.1)	(△7.4)	(0.2)	(7.8)	(10.8)	(△0.2)	(1.4)	(△6.1)	(△9.7)	(9.7)	(7.0)	(△18.2)	(△24.1)

주) 2007년 이후 통계부터 신탁 및 해지로 인한 토지거래는 제외함
자료 : 부동산통계정보시스템

나. 행정구역별

행정구역별 토지거래현황을 보면 수도권의 거래가 활발하여 서울, 인천, 경기가 전체 거래필지수의 40.5%를 차지하였으며, 거래면적은 전체 거래면적의 15.9%를 차지하였다.

〈표 1-2-13〉 행정구역별 토지거래 현황

(2023년 전체) (단위 : 필지, ㎡, %)

구 분	합계	서울	부산	대구	인천	광주	대전	울산	세종
필지수	1,825,728	168,373	83,012	52,390	100,069	38,598	40,253	28,531	12,736
(비율)	100.0%	9.2%	4.5%	2.9%	5.5%	2.1%	2.2%	1.6%	0.7%
면 적	1,362,141	8,762	10,740	12,808	19,089	8,944	6,362	12,958	6,669
(비율)	100.0%	0.6%	0.8%	0.9%	1.4%	0.7%	0.5%	1.0%	0.5%
구 분	경기도	강원도	충북	충남	전북	전남	경북	경남	제주
필지수	471,465	95,466	85,373	145,949	91,540	123,938	130,718	129,256	28,061
(비율)	25.8%	5.2%	4.7%	8.0%	5.0%	6.8%	7.2%	9.8%	1.5%
면 적	189,403	144,156	106,046	142,985	115,163	198,000	218,200	133,413	28,716
(비율)	13.6%	10.6%	7.8%	10.5%	8.5%	14.5%	16.0%	9.8%	2.1%

자료 : 부동산통계정보시스템

다. 용도지역별

도시지역 내에서의 토지거래 필지수는 전체거래의 72.8%인 1,328,559필지에 달하나, 거래면적은 전체면적의 27.2%인 370,123천㎡에 불과하며, 도시지역 외의 토지거래 필지수는 전체거래의 27.2%인 497,169필지이며 전체면적의 72.8%인 992,290천㎡로 나타났다.

〈표 1-2-14〉 용도지역별 토지거래 현황

(2023년 전체) (단위 : 필지, ㎡, %)

구 분	계	도 시 지 역							비도시 지역
		소계	주거	상업	공업	녹지	개발 제한	용도 미지정	
필지수	1,825,728	1,328,559	940,822	145,357	37,469	121,507	12,950	70,454	497,169
(비율)	100.0%	72.8%	51.5%	8.0%	2.1%	6.7%	0.7%	3.9%	27.2%
면 적	1,362,414	370,123	167,092	7,136	28,183	130,768	19,220	17,725	992,290
(비율)	100.0%	27.2%	12.3%	0.5%	2.1%	9.6%	1.4%	1.3%	72.8%

자료 : 부동산통계정보시스템

2. 토지거래허가

가. 토지거래계약허가구역 지정

토지거래계약허가제는 토지의 투기적 거래와 지가의 급격한 상승이 있거나 그러한 우려가 있는 지역에 시행하며, 토지거래계약허가를 신청한 토지에 대한 이용목적과 기타 요건의 적정성을 심사하여 토지의 투기수요를 억제하고 실수요자 중심의 거래가 이루어지도록 유도함으로서 지가의 안정을 도모하는데 그 목적이 있다.

1985년부터 지정되기 시작한 토지거래계약허가구역은 1989년까지 전국토의 14.0%인 13,931㎢에 머물렀다.

그러나 1990년대에 들어와서 중소도시 녹지지역의 용도변경에 대한 기대심리, 임야매매증명제의 시행 전에 임야를 구입하려는 경향 및 경부고속철도·서해안개발·신공항건설 등 개발사업에 대한 기대 등으로 토지의 투기적 거래가 성행할 우려가 있는 지역이 많이 발생하였다.

특히 1991년부터는 일부지역의 산업단지개발이나 특정지역개발 등 대단위 개발사업의 시행, 도시계획구역내 농지매매증명제의 폐지, 도농복합형 도시·광역시 등 행정구역 개편 등으로 읍·면지역의 녹지지역 등에 투기가 우려되어 이들 지역을 신고구역에서 허가구역으로 변경함으로써 허가구역이 대폭 확대되었다.

허가구역은 1998년말까지 총38차에 걸쳐 지정되었으나 외환위기 직후인 1998년 4월 일제히 해제되었다가, 1998년 11월 전체 개발제한구역(5,397.1㎢)을 허가구역으로 지정하였으며, 2001년 11월 도시권과 광역권의 개발제한구역(4,294.0㎢)을 제외하고 중소도시의 개발제한구역은 허가구역에서 해제하였으며, 2001년 12월 성남 판교지역의 택지개발예정지구와 그 인접지역에 대하여 허가구역으로 지정하였다.

또한 2002년부터 2004년에는 고속철도건설, 수도권 신도시개발, 서울 강북(뉴타운)개발, 개발제한구역의 점진적인 조정, 세종시 건설, 기업도시 건설, 혁신도시 건설, 경제자유구역 지정 등 개발계획 발표에 따라 해당

지역의 지가급등으로 토지시장불안요인이 발생하여 그 주변지역을 허가구역으로 지정하였다.

2005년에는 기업도시건설 추진과 관련하여 전남 영암, 해남, 무안과 세종시 건설과 관련하여 그 영향권에 포함되는 충남 서산시 등 1시 7군, 혁신도시 후보지인 전북, 전주, 완주에 대해 허가구역으로 지정하였으며 수도권 및 광역권의 개발제한구역과 수도권(서울, 인천, 경기)의 녹지 및 비도시지역을 토지거래계약허가구역으로 재지정 하였다.

2007년에는 판교신도시 건설과 관련하여 그 영향권에 포함되는 성남시 및 용인시 등 14동 2리에 대하여 허가구역을 재지정 하였다.

2008년 상반기에는 수도권 및 일부 지방을 중심으로 지가상승이 이어져 수도권·광역권 개발제한구역, 수도권 녹지·비도시지역, 충청권(행복도시 건설 등)에 대한 허가구역을 1년간 재지정하고 특히, 전북 군산시의 경우 경제자유구역 지정, 새만금사업에 따른 기대감 등으로 지가가 급등세를 보임에 따라, 군산시에 대해서도 허가구역을 추가로 지정하는 등 토지시장 안정대책에 중점을 두었으나, 2008년 하반기에는 미국발 금융위기로 인하여 2000년 4분기 이후 처음으로 지가변동률의 전국 평균이 마이너스 상승률을 기록하는 등 토지시장이 하강국면을 보임에 따라 어려운 경제사정 등을 감안하여 서울 길음·왕십리 뉴타운지역 및 진해경제자유구역과 개발사업이 완료되는 영종지구 및 판교신도시 사업지구 내(35㎢) 일부지역을 해제하였다.

2009년 상반기에는 전국토지거래허가 재조정 등을 통하여 국토해양부에서 지정한 허가구역을 대폭 해제(10,241㎢) 하였으며, 2010년 12월에도 토지시장의 안정추세(지가 하락세 전환 및 토지거래량 감소 등)와 장기간 토지거래허가구역 지정에 따른 주민불편 해소 등을 위하여 지가불안 우려가 없다고 판단되는 국·공유지, 중첩규제지역 등을 허가구역에서 해제(2,408㎢)하고, 2011년 5월에도 허가구역 중 일부지역을 해제(2,154㎢) 하였다.

2012년 1월에도 허가구역 중 지정사유가 소멸되거나 투기우려가 없는 지역을 추가 해제키로 결정함에 따라 국토부 지정 허가구역(2,342.71㎢) 중 일부지역(1,244.02㎢)을 해제하여 토지거래허가구역 지정현황은 총

1,756.89㎢(국토부 지정 1,098.69㎢, 지자체 지정 658.2㎢)로 국토면적의 1.75%가 되었다.

2013년 5월에는 분당 신도시 면적(19.6㎢)의 30배가 넘는 국토교통부 지정 토지거래허가구역을 해제하였다. 해제 면적은 616.319㎢로 국토부 지정 토지거래허가구역(1,098.69㎢)의 56.1%에 해당하며, 이에 따라 허가구역은 국토 면적의 1.1%에서 0.5% 수준으로 줄어들게 되었다.

2014년 2월에는 장기간 사업이 지연된 국책 사업지와 사업추진이 불투명한 지자체 개발사업지 등을 포함하여 허가구역 중 287.228㎢를 해제하였으며, 11월에는 개발계획이 없거나, 이미 완료된 지역, 개발이 곤란한 지역 등을 허가구역 45.688㎢ 추가 해제하여 허가구역은 국토 면적의 0.15% 수준으로 줄어들게 되었다.

2015년 12월에는 사업계획이 취소되거나 사업완료된 지역 등을 허가구역에서 36.9㎢ 해제하여 국토부장관이 지정한 허가구역은 110.5㎢으로 국토 면적의 0.11% 수준으로 줄어들었다.

2018년부터 2023년까지는 「수도권 주택공급 확대방안」, 「공공주도 3080+, 대도시권 주택공급 획기적 확대방안」 등 신규 공공주택지구 발표 및 신규 산업단지 후보지 발표에 따라 개발사업에 의한 투기 방지를 위해 허가구역으로 신규지정 및 재지정되었으며, 2023년 기준 허가구역은 1,571.4㎢로 국토면적의 1.6% 수준이다. <자료편 표17 참조>

나. 토지거래계약허가 현황

2023년에 처리한 토지거래계약허가내용을 보면 총 신청 5,834필지의 96.8%인 5,650필지가 허가되었고, 3.15%인 184필지가 불허가 처분되었다.

불허가처분사유로는 토지이용 및 관리에 관한 계획 부적합, 거주지, 농업·임업인 여부 미충족 등 위법사항 존재 등으로 확인되었다.

또한, 지역별 신청현황을 보면 서울이 가장 많은 3,061필지이고 다음으로 경기도, 제주도 순으로, 이들 지역의 허가신청 필지수가 전체의 86.9%를 차지하고 있다.

〈표 1-2-15〉 토지거래계약허가 신청 현황

(2023.12.31. 기준) (단위 : 필지)

구분	2019 허가	2019 불허	2020 허가	2020 불허	2021 허가	2021 불허	2022 허가	2022 불허	2023 허가	2023 불허
전국	2,492	23	5,011	54	12,542	145	6,510	89	5,650	184
서울	104	1	737	7	1,684	10	1,492	18	3,001	60
부산	200	1	193	-	701	4	436	-	293	-
대구	-	-	79	2	237	-	425	-	12	3
인천	72	3	145	-	118	2	184	4	72	1
광주	4	-	1	-	66	2	28	-	2	-
대전	49	1	80	1	76	1	62	1	67	2
울산	46	-	56	-	102	6	14	1	2	-
세종	150	1	236	-	288	21	173	5	151	2
경기	857	4	2,670	33	8,343	83	3,115	52	1,519	75
강원	65	-	54	-	149	1	76	-	30	-
충북	168	5	178	2	56	-	19	-	17	-
충남	8	-	3	-	67	-	20	-	18	1
전북	9	-	7	-	9	-	-	-	-	-
전남	40	-	17	1	41	5	20	-	14	-
경북	56	-	38	1	90	-	35	-	45	2
경남	138	4	75	1	30	2	24	-	31	1
제주	526	3	442	6	485	8	387	8	376	37

자료 : 부동산통계정보시스템

제 2 편

국토의 계획 및 이용에 관한 사항

제1장 국토계획

제1절 국토계획체계

종전의 국토계획체계는 국토건설종합계획법, 국토이용관리법, 도시계획법을 기본으로 하여 약 90여개의 개별 법령에 의해 토지이용규제 및 개발행위 허가가 이루어짐에 따라 일관성 있고 효율적인 국토계획 및 국토관리가 어려워 국토의 난개발을 초래하였다.

이와 관련하여 국토 및 토지이용계획체계를 개편하여 국토의 난개발을 방지하고 국토의 지속가능한 발전을 도모하기 위하여 2003년에 국토건설종합계획의 절차법 성격이 강한 국토건설종합계획법을 국토관리의 기본이념과 국토의 균형 있는 발전, 경쟁력 있는 국토여건의 조성, 환경친화적 국토관리에 관한 사항을 명기한 「국토기본법」으로 개편하였다.

또한, 「국토기본법」에서는 국토계획체계를 명확히 하기 위하여 국토종합계획은 초광역권계획, 도종합계획 및 시군종합계획의 기본이 되며, 부문별계획과 지역계획은 국토종합계획과 조화를 이루어야 하고, 도종합계획은 당해 도의 관할 구역내에서 수립되는 시군종합계획의 기본이 된다고 명시하였다.

〈그림 2-1-1〉 국토종합계획의 위상과 다른 계획과의 관계

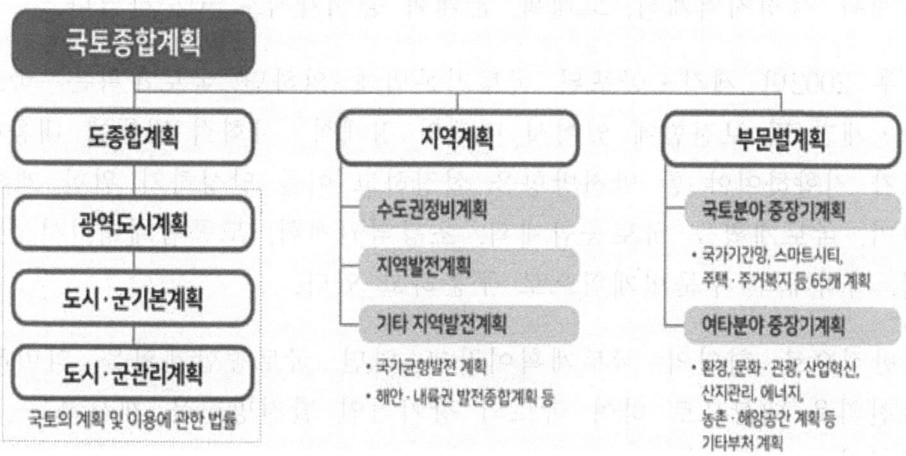

자료 : 국토교통부 국토정책관

또한, 시군종합계획을 「국토의 계획 및 이용에 관한 법률」에 따라 수립되는 도시계획인 도시기본계획과 도시관리계획으로 갈음함으로써 국토계획체계를 국토종합계획부터 도시관리계획까지 체계화하였다.

제2절 국토종합계획

1. 국토종합계획의 개요

국토종합계획은 국가를 구성하는 기본요소인 국토라는 거대한 자원을 공간적·시간적으로 요청되는 가치관과 국가운영전략에 맞게 효율적으로 운영하기 위하여 수립하는 기본계획을 말한다.

국토종합계획에는 국토의 이용과 개발, 보전에 관한 기본적인 가이드라인이 제시되며, 국토를 매개로 하여 이루어지는 국가정책의 기본방향을 담게 된다.

국토종합계획의 법적 근거는 헌법에서 찾아볼 수 있다. 헌법 제120조 제2항에 "국토와 자원은 국가의 보호를 받으며, 국가는 그 균형 있는 개발과 이용을 위하여 필요한 계획을 수립한다"고 규정되어 있는 바, 국토종합계획은 국토에 관한 최상위 국가계획이라 할 수 있다.

1963년에 제정된 국토건설종합계획법에 의하면 국토에 관한 계획은 전국계획, 특정지역계획, 도계획, 군계획 등 4가지로 구분하였다.

이후 2002년 제정·공포된 국토기본법에 의하면 국토계획은 '국토를 이용·개발 및 보전함에 있어서 미래의 경제적·사회적 변동에 대응하여 국토가 지향하여야 할 발전방향을 설정하고 이를 달성하기 위한 계획'을 말하며, 국토계획을 국토종합계획, 초광역권계획, 도종합계획, 시군종합계획, 지역계획, 부문별계획으로 구분하고 있다.

일반적으로 협의의 국토계획이라고 하면 국토종합계획을 의미하며, 국토전역을 대상으로 하여 국토의 장기적인 발전방향을 제시하는 종합계획이다.

국토종합계획은 초광역권계획, 도종합계획 및 시군종합계획의 기본이 되며, 부문별계획과 지역계획도 국토종합계획과 조화를 이루도록 하고 있다.

국토종합계획의 내용은 국가마다 그 나라가 처해 있는 여러 가지 여건에 따라 각각 다르게 나타난다. 우리나라의 국토종합계획의 내용은 국토기본법에서 다음의 사항에 대하여 기본적이고 장기적인 정책방향을 포함하도록 하고 있다.

· 국토의 현황 및 여건변화 전망
· 국토발전의 기본이념 및 바람직한 국토 미래상의 정립
· 국토 공간구조의 정비 및 지역별 기능분담방향
· 국토의 균형발전을 위한 시책 및 지역산업육성
· 국가경쟁력 제고 및 국민생활의 기반이 되는 국토기간시설의 확충
· 토지·수자원·산림자원·해양자원 등 국토자원의 효율적 이용 및 관리
· 주택·상하수도 등 생활여건의 조성 및 삶의 질 개선
· 수해·풍해 그밖에 재해의 방지
· 지하공간의 합리적 이용 및 관리
· 지속가능한 국토발전을 위한 국토환경의 보전 및 개선

위 내용은 그 동안 수차례에 걸쳐 수립되었던 국토종합계획의 내용을 모두 포함하고 있다. 그러나 각각의 계획들은 계획수립 당시의 시대적인 상황과 여건에 따라 중요시하는 내용들이 달라졌다.

국토종합계획은 국토기본법에서 정하는 법정절차에 따라 수립된다. 중앙행정기관 및 광역자치단체의 장 등이 국토교통부장관의 요청에 따라 작성·제출한 소관별 계획안을 국토교통부장관이 조정·총괄하여 국토종합계획(안)을 마련한다.

이 계획(안)을 토대로 공청회를 통하여 국민 및 관계전문가 등으로부터 의견을 수렴한 후 국무회의 심의를 거쳐 대통령의 승인을 받은 후 공고한다.

2. 국토종합계획 추진경위

가. 추진경위와 정책변화

우리나라에서 근대적 의미의 국토개발과 계획은 1960년대 이후부터 비롯되었으며, 국토종합계획은 1970년대부터 수립되어 국가발전에 필요한 각종 사회간접시설의 건설, 국토 정주여건의 개선 등에 공헌하였다.

현재는 제5차 국토종합계획(2020~2040)을 운영중에 있다.

제1차 국토종합개발계획(1972~1981)은 고도경제성장을 위한 기반시설 조성을 목표로 수도권과 동남해안 공업벨트 중심의 거점개발 추진에 중점을 두었다.

제2차 국토종합개발계획(1982-1991)은 인구의 지방정착과 생활환경 개선을 목표로 수도권 집중억제와 권역 개발을, 제3차 국토종합개발계획(1992~2001)은 개발과 보전의 조화, 복지향상을 목표로 서해안 신산업지대 육성 및 분산형 국토개발에 중점을 두었다.

한편 21세기에 전개될 새로운 여건변화에 주도적으로 대응하기 위하여 제3차 국토종합개발계획을 조기종료하고 계획의 명칭도 국토종합계획으로 변경하였다.

이에 따라 제4차 국토종합계획이 2000년부터 수립·시행되었으며, 그 계획기간도 종전과 달리 20년(2000~2020)으로 연장하였다.

제4차 국토종합계획은 과거 국토개발과정에서 누적되어 온 국토의 불균형, 환경훼손 등의 문제점을 해소하면서 한반도가 세계로 도약하기 위한 새로운 국토발전의 마스터플랜을 제시하고자 계획의 추진방식과 경제·사회 공간융합을 통한 『21세기 통합국토 실현』을 기본이념으로 하였다.

제5차 국토종합계획은 계획수립과정에서부터 국민이 처음으로 참여한 '소통형 계획'으로서의 의미를 가지며, 국가 주도의 성장과 개발시대 관성에서 벗어나 지역과 함께 성숙시대에 부합하기 위해 '모두를 위한 국토, 함께 누리는 삶터'를 비전으로 설정하였다.

우리나라 국토종합계획은 해방이후 지금까지 지속되면서 몇 가지 특성을 가지고 변천되어 왔는데, 국토계획적 관점에서 그 시대적 특성을 보면 다음 표와 같다.

<표 2-1-1> 국토계획의 시대적 배경에 따른 변화 추이

시대 구분	시대적 특성	시대상황	국토계획의 추진상황	계획의 지향점
1950 년대	혼란기	·해방공간과 한국동란으로 국토의 피폐 ·지역 불균형시작	·50년대말에 국토개발 정책이 논의된 정도	
1960 년대	발아기	·50년대부터 누적된 국가 전반적인 분야의 불안정성 계속	·국토건설종합계획법 제정 ·제1, 2차 경제개발5개년 계획구상 시도	·산업구조의 근대화
1970 년대	부흥기	·60년대 추진한 산업 구조의 변화로 효율성은 증대되었으나 사회적 불균형 노정	·제1차 국토종합개발 계획의 추진 ·제3, 4차 경제개발5개년 계획실시	·국토의 효율적 이용 ·환경보전 ·대도시인구집중 억제
1980 년대	성숙기	·고도성장 달성 ·대도시인구집중 ·난개발, 부동산 투기 심화	·제2차 국토종합개발 계획 실시 ·제5, 6차 경제개발5개년 계획실시	·개발가능성 전체확대 ·인구의 지방 분산 ·자연환경 보존
1990 년대	안정기	·국토개발의 불균형 심화 ·지가상승 ·환경오염의 확산 ·기반시설의 미약	·제3차 국토종합개발 계획의 추진 ·제7차 경제개발5개년 계획 실시	·수도권과밀억제 ·지역격차해소 ·환경보존 ·국가경쟁력 고도화 ·국토기반시설의 확충
2000 년대	총체적 융합기	·다양성의 시대 ·고도의 첨단과학 및 지식정보화 시대 도래 ·세계적 경쟁력의 시대 ·지방화 본격적 시작 ·지구환경문제와 에너지·자원위기 도래	·제4차 국토종합계획 추진(수정계획 포함) ·제1차 국가균형발전 5개년계획 추진 ·지역발전 5개년계획 추진 ·광역경제권·초광역권 개발 추진 ·저탄소 녹색성장 추진	·세계화 및 동북아 성장에 적극대응 ·지방화 및 지식정보화 ·남북한 경제협력과 국토통합 촉진 ·국토의 지속가능성

자료 : 국토교통부 국토정책관

나. 국토종합계획의 시대별 추진내용

국토종합계획은 수립 당시의 시대적 여건과 필요성을 반영하고 있다. 최근에 수립된 제5차 국토종합계획과 제4차 계획과의 차이점과 역대 국토종합계획의 시대별 주요 추진내용을 정리하면 다음 표와 같다.

〈표 2-1-2〉 제4차 및 제5차 국토종합계획 비교

구분	제4차 국토종합계획 수정계획 (2011-2020)	제5차 국토종합계획 (2020-2040)

비전	● 새로운 도약을 위한
	  글로벌 녹색국토
		● 모두를 위한 국토,
		  함께 누리는 삶터

목표	● 경쟁력 있는 통합국토 ● 지속가능한 친환경국토 ● 품격있는 매력국토 ● 세계로 향한 열린국토	● 어디서나 살기좋은 균형국토 ● 안전하고 지속가능한 스마트국토 ● 건강하고 활력 있는 혁신국토

공간전략	● 개방형 국토발전축
	  5+2 광역경제권 중심 거점도시권
		● 연대와 협력을 통한
		  유연한 스마트국토 구축

발전전략	<6대 전략> ● 국토경쟁력 제고위한 지역 특화 및 광역적 협력 강화 ● 자연친화적, 안전한 국토 조성 ● 쾌적하고 문화적인 도시·주거환경 ● 녹색교통·국토정보 통합 네트워크 구축 ● 세계로 열린 신성장 해양국토 기반 ● 초국경적 국토경영 기반 구축	<6대 전략> ● 개성있는 지역발전과 연대·협력 촉진 ● 지역산업 혁신과 문화관광 활성화 ● 세대와 계층을 아우르는 안심 생활공간 조성 ● 품격있고 환경 친화적 공간 창출 ● 인프라의 효율적 운영과 국토 지능화 ● 대륙과 해양을 잇는 평화국토 조성
지역발전방향	● 광역경제권 형성하여 지역별 특화 발전, 글로벌 경쟁력 강화 ● 지역특성을 고려한 전략적 성장 거점 육성(대도시와 KTX 정차도시 중심으로 도시권 육성)	● 공간 재배치를 통해 압축적 발전, 지역 간 다양한(하드웨어 + 소프트웨어) 연계·협력으로 경쟁력 강화 ● 혁신도시 등 균형발전 거점을 지속 육성하고 수도권과 지방의 상생
집행	● 지역개발사업 남발 방지위한 효율적인 지역개발 시스템 구축 ● 재원조달방식 다양화	● 계획 모니터링 및 평가 연동 ● 국토-환경 계획 통합관리

<표 2-1-3> 국토종합계획의 변천

구분	제1차 국토계획 (1972~1981)	제2차 국토계획 (1982~1991)	제3차 국토계획 (1992~1999)	제4차 국토계획 (2000~2020)	제4차 국토계획 (2006~2020)	제4차 국토계획 (2011~2020)
1인당 GNP	319달러 ('72)	1,824달러 ('82)	7,007달러 ('92)	11,865달러 ('00, GNI)	20,795달러 ('06, GNI)	24,226달러 ('11, GNI)
기본 목표	- 국토이용 관리의 효율화 - 사회간접 자본 확충 - 국토자원 개발과 자연보전 - 국민생활 환경의 개선	- 인구의 지방정착 유도 - 개발 가능성의 전국적 확대 - 국민 복지수준의 제고 - 국토자연 환경의 보전	- 지방분산형 국토 골격 형성 - 생산적·자원 절약적 국토이용 체계 구축 - 국민복지 향상과 국토 환경 조성 - 남북통일 대비 기반 조성	- 21세기 통합 국토의 실현을 위한 4대 목표 - 균형국토 녹색국토 개방국토 통일국토	- 약동하는 통합국토의 실현을 위한 5대 목표 - 균형국토 개방국토 복지국토 녹색국토 통일국토	- 대한민국의 새로운 도약을 위한 5대 목표 - 경쟁력있는 통합국토, 지속가능한 친환경 국토, 품격 있는 국토, 세계로 향한 열린 국토
개발 전략 및 정책	- 대규모 공업기반의 구축 - 교통통신, 수자원 및 에너지 공급망 정비 - 부진지역 개발을 위한 지역기능 강화	- 국토의 다핵구조 형성과 지역생활권 조성 - 서울, 부산 양대 도시의 성장억제 및 관리 - 지역기능 강화를 위한 교통·통신 등 사회간접 자본 확충 - 후진지역의 개발 촉진	- 지방육성과 수도권 집중 억제 - 신산업지대 조성과 산업구조의 고도화 - 종합적 고속교류망 구축 - 국민생활과 환경 부문의 투자증대 - 남북교류 지역의 관리	- 개방형 통합 국토축 형성 - 지역별 경쟁력 고도화 - 건강하고 쾌적한 국토환경 조성 - 고속교통·정보망 구축 - 남북한 교류협력 기반 조성	- 자립형 지역발전 기반구축 - 동북아 시대의 국토경영과 통일기반 조성 - 네트워크형 인프라 구축 - 아름답고 인간적인 정주환경 조성 - 지속가능한 국토 및 자원관리 - 분권형 국토계획 및 집행체계 구축	- 국토경쟁력 제고를 위한 지역특화 및 광역적 협력 강화 - 자연친화적이고 안전한 국토공간 조성 - 쾌적하고 문화적인 도시·주거 환경 조성 - 녹색교통·국토정보 통합네트워크 구축 - 세계로 열린 신성장 해양국토 기반 구축 - 초국경적 국토경영 기반 구축

자료 : 국토교통부 국토정책관

3. 제5차 국토종합계획(2020~2040)

가. 계획의 개요

국토종합계획은 국토기본법 제10조에 근거한 최상위 공간 계획으로 인구변화, 4차 산업혁명 등 국토정책에 큰 영향을 미치는 메가트렌드가 가시화 되면서 이에 대응한 국토공간의 새로운 비전과 전략을 제시할 필요성에 따라 향후 20년간 국토개발·관리의 방향을 제시할 제5차 국토종합계획(2020~2040)을 마련하였다.

2019.12.11 대통령공고 제295호로 공고된 제5차 국토종합계획(2020~2040)의 주요 구성내용은 다음과 같다.

제1편에서는 계획의 수립배경에 대해 간략히 언급하였으며, 제2편에서는 계획의 비전과 목표가 포함된 국토계획의 기본방향을, 제3편에서는 6대 전략별 추진계획에 대한 내용을 담고 있다.

또한 제4편에서는 계획의 실행 방안에 관한 사항을, 제5편에서는 지역별 발전방향을 수록하고 있다. 그 외 부록으로 제5차 국토종합계획 수립에 직접 참여한 국민참여단의 국토계획헌장 내용을 담고 있다.

나. 계획의 비전과 주요내용

제5차 국토종합계획의 비전은 '모두를 위한 국토, 함께 누리는 삶터이다.' 이 비전은 다양한 세대와 계층, 지역이 균형 있는 포용국가의 기반을 갖추고 좋은 일자리가 있는 안전 국토조성과 함께 국민의 삶의 질과 건강, 가치를 국토공간에서 구현해 나겠다는 의미를 담고 있다.

3대 기본목표는 어디서나 살기 좋은 균형 국토, 안전하고 지속가능한 스마트 국토, 건강하고 활력 있는 혁신국토이며, 각각의 기본목표가 의도하는 바는 의도하는 바는 다음과 같다.

첫째, '어디서나 살기 좋은 균형 국토'는 국토균형발전 정책에 대한 성과와 체감도를 높이는 한편, 인구 감소와 저성장 시대에 체계적으로 대비하여 어디서나 살기 좋은 균형국토를 조성한다.

둘째, '안전하고 지속가능한 스마트 국토'는 접근성 기반의 생활 SOC 확충, 국토의 회복력 제고 등 국민 누구나 어디에서나 품격 있고 안전한 삶을 누릴 수 있는 안심 생활국토 조성하고, 초연결·초지능화 시대로의 전환과 4차 산업혁명에 따른 기술발전을 국토관리와 이용에 활용하여 국민의 편리함과 국토의 지능화 실현한다.

셋째, '건강하고 활력 있는 혁신국토'는 신산업 육성기반 조성, 지역산업 생태계의 회복력 제고 등 여건 변화에 맞는 산업기반을 구축하고, 문화·관광 활성화를 통한 일자리 창출 및 활력 제고하는 것이다.

위와 같은 3대 목표를 달성하기 위한 추진전략으로 ① 개성있는 지역 발전과 연대·협력 촉진, ② 지역 산업혁신과 문화·관광 활성화, ③ 세대와 계층을 아우르는 안심 생활공간 조성, ④ 품격있고 환경 친화적 공간 창출, ⑤ 인프라의 효율적 운영과 국토 지능화, ⑥ 대륙과 해양을 잇는 평화국토 조성의 6개 전략을 설정하였다.

〈그림 2-1-2〉 계획의 기조: 비전, 목표, 전략

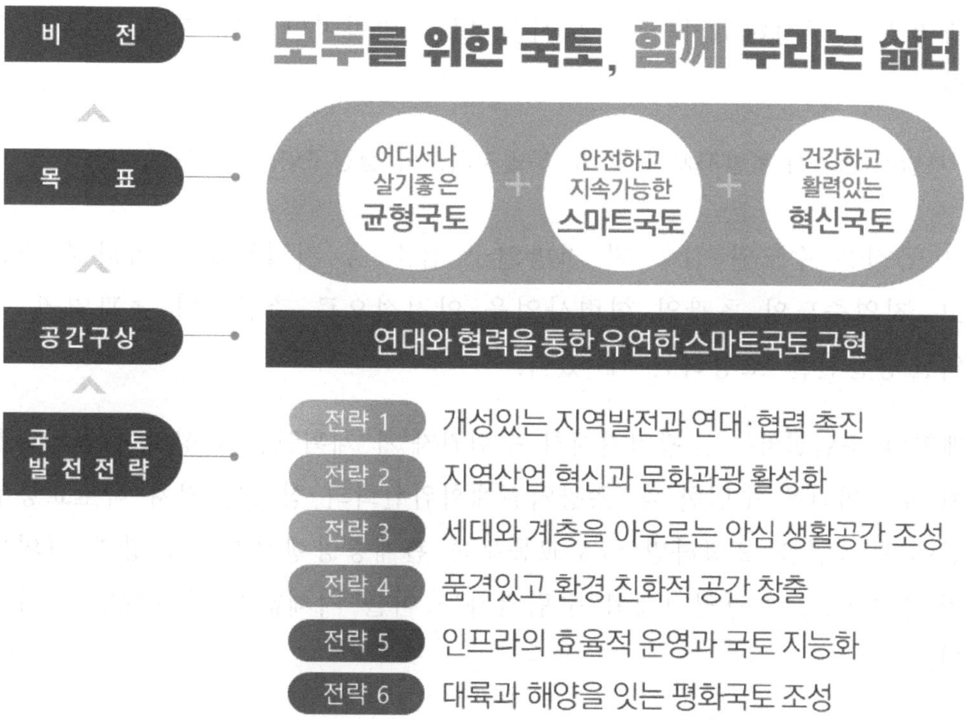

비전	모두를 위한 국토, 함께 누리는 삶터
목표	어디서나 살기좋은 균형국토 + 안전하고 지속가능한 스마트국토 + 건강하고 활력있는 혁신국토
공간구상	연대와 협력을 통한 유연한 스마트국토 구현
국토 발전전략	전략 1 개성있는 지역발전과 연대·협력 촉진 전략 2 지역산업 혁신과 문화관광 활성화 전략 3 세대와 계층을 아우르는 안심 생활공간 조성 전략 4 품격있고 환경 친화적 공간 창출 전략 5 인프라의 효율적 운영과 국토 지능화 전략 6 대륙과 해양을 잇는 평화국토 조성

자료 : 국토교통부 국토정책관, 제5차 국토종합계획(2020-2040)

제3절 초광역권 계획

　비수도권 지역에서는 수도권과의 격차 해소와 지역의 경쟁력을 강화하기 위해 메가시티 등 광역 지방자치단체 간 협력을 기반으로 하는 자생적 발전방안을 논의하고 있으며, 구체적으로 지역 발전을 위한 핵심 플랫폼 육성을 위해 초광역권계획을 수립을 추진하고 있다. 이에 체계적인 계획의 수립과 효과적인 사업의 추진을 지원하기 위하여,「국토기본법」을 개정('22.2.3)하여 초광역권계획 수립의 법적 근거를 마련하였다.

　초광역권계획이란 지역의 경제 및 생활권역의 발전에 필요한 연계·협력사업 추진을 위하여 2개 이상의 지방자치단체 또는 특별지방자치단체가 설정한 초광역권의 장기적인 발전 방향에 관한 계획으로, 초광역권의 발전을 도모하고 국토균형발전의 기반을 조성하기 위한 계획을 말한다.

　초광역권계획은 국토기본법에 의하여 수립하는 법정계획으로, 국토종합계획과 도종합계획 사이에 초광역권*을 대상으로 하는 기본계획으로 초광역권을 구성하고자는 시·도시자 및 특별자치단체의 장이 수립할 수 있다.

　* 특별시·광역시·특별자치시 및 도·특별자치도의 행정구역을 넘어서는 권역

　그 목적은 수도권 집중 및 지방인구 감소 등 지역경쟁력 약화에 대응하고, 지역주도의 초광역 협력사업을 안정적으로 추진하여 초광역권 및 지역균형발전을 조성하는 데 있다.

　계획의 수립절차는 초광역권계획 수립권자*가 계획안을 작성하여 공청회를 거쳐 주민의견을 수렴한 후 초광역권계획위원회의 심의를 거쳐 국토교통부장관에게 승인을 요청하면 국토교통부는 관계중앙행정기관의 장과 협의를 거쳐 승인하고, 초광역권계획 수립권자는 이를 지체없이 공고하도록 되어 있다.

　* 초광역권을 구성하고자 하는 2개 이상의 지방자치단체 또는 특별자치단체

제4절 도종합계획

1. 도종합계획의 개요

국토기본법에서 국토계획은 국토를 이용·개발 및 보전함에 있어서 미래의 경제적·사회적 변동에 대응하여 국토가 지향하여야 할 발전방향을 설정하고 이를 달성하기 위한 계획을 말한다.

국토계획은 ①국토종합계획, ②도종합계획, ③시군종합계획, ④지역계획, ⑤부문별계획 등 다섯 가지로 구분되는데, 국토종합계획은 도종합계획 및 시군종합계획의 기본이 되며, 부문별계획과 지역계획은 국토종합계획과 조화를 이루어야 하고 도종합계획은 당해 도의 관할 구역내에서 수립되는 시군종합계획의 기본이 된다.

도종합계획은 국토기본법에 의하여 수립하는 법정계획으로, 그 목적은 道가 보유하고 있는 인적·물적 자원을 효율적으로 이용·개발·보전하기 위한 장·단기 정책방향과 지침을 설정·추진함으로써 도민의 복지향상과 지역발전에 기여하는 데 있다. 계획기간은 20년 단위로 수립되며, 계획대상구역은 도의 행정구역을 기본으로 하고 있다.

계획의 수립절차는 도지사가 계획안을 작성하여 공청회를 거쳐 주민의견을 수렴한 후 道도시계획위원회의 심의를 거쳐 국토교통부장관에게 승인을 요청하면 국토교통부는 관계중앙행정기관의 장과 협의를 거쳐 승인하고, 도지사는 이를 지체 없이 공고하도록 되어 있다.

도종합계획의 성격은 다음의 세 가지로 요약할 수 있다.

첫째, 도종합계획은 전국계획 등 중앙정부가 수립하는 상위계획의 기본방향과 정책의 골격을 수렴하여 지역차원에서 이를 구체화하는 계획이다.

둘째, 도종합계획은 국토계획에서 다루지 못한 도 차원의 정책방향을 설정하고 지역의 경제, 사회, 문화, 토지이용 등 각 부문별 시책을 담는 계획이다.

셋째, 도종합계획은 도시계획, 군계획 등 기초자치단체가 수립하는 하위계획에 대한 개발방향과 지침을 제시하는 계획이다.

2. 도종합계획의 수립

도종합계획 수립이 최초로 시도된 것은 국토건설종합계획이 제정된 후 1년만인 1964년의 일이다.

당시에 특정지역계획을 수립하는 과정에서 도계획수립방침이 정해졌고, 이에 따라 도건설종합계획조례준칙이 제정되어 도계획심의회, 군계획위원회 등을 구성한 바 있었다.

이듬해인 1965년에는 도와 시범군에 대한 계획구상발표회를 개최하였다. 1966년에는 도계획 및 군계획의 작성기준을 마련하였고, 1967년에는 道계획 및 郡계획의 기본계획자료조사서를 작성하였다. 1971년에 도계획 3차안이 작성되었으나, 확정하지 못하여 제1차 국토종합개발계획(1972~1981)은 하위계획인 도계획이 없는 채로 시행될 수밖에 없었다.

1981년에 제2차 국토종합개발계획(1982~1991)이 수립될 즈음에는 건설부 국토계획국의 주관하에 도계획수립특별팀이 구성되어 국토개발연구원의 협조아래 구체적인 도계획수립지침을 마련하였고, 1982년말까지는 도계획을 모두 확정하는 것으로 계획하였으나 계획수립과 확정 절차에 필요한 불가피한 시간소요로 말미암아 1983년말에 경기도와 제주도를 제외한 7개도의 계획을 확정하게 되었다. 제주도는 1년 후인 1984년에 확정되었고, 경기도는 역시 같은 해에 확정된 수도권정비기본계획으로 대체되었다.

제1차 도계획의 계획기간이 완료된 1991년에는 다시 제3차 국토종합개발계획(1992~2001)의 수립과 연계하여 제2차 도종합개발계획을 수립·시행하였다. 다만 지방자치제도가 도입되면서 계획 수립의 주도권을 둘러싸고 광역시와 도간의 마찰이 발생하여 道계획의 모습이 상당히 왜곡되는 결과를 보이게 되었다.

즉, 당시 건설부의 도계획지침에 의하면 道와 그 도의 중심에 위치한 광역시는 공간적으로 통합하여 하나의 도계획을 수립하도록 하였으나, 도와 광역시간의 협조가 이루어지지 못하여 도의 중심부에 해당하는 광역시를 제외하고 주변지역만으로 도계획을 수립하게 되었다.

2002년 제정된 국토기본법에서는 상기의 문제점을 반영하여 광역시를 제외한 도의 행정구역을 도계획수립 범위로 규정함으로써 2002년에 7개도에서 제4차 국토종합계획을 반영하여 2001~2020년을 계획기간으로 하는 제3차 도종합계획 수립, 2005년말에 수정된 제4차 국토종합계획(2006~2020)에 따라 2007년도에 제3차 도종합계획 수정계획(2008~2020년)을 수립하였으며, 이후 2011년에 수정된 제4차 국토종합계획(2011~2020)에 따라 2012년도에 도종합계획(2011~2020년)을 수립하였고, 현재 제5차 국토종합계획(2020~2040년)에 따라 제4차 도종합계획(2021~2040년)을 수립 중에 있다.

〈표 2-1-4〉 도종합계획 수립 현황

구 분	기 간	계 획 내 용	비고
1차 계획	1982 ~1991	・생활환경형성 ・산업진흥기반 확충, 자원이용・교통・통신체계 확립	
2차 계획 (수도권, 제주제외)	1992 ~2001	・도시 농어촌 정비 ・교통통신망 확충 ・생활 및 복지환경개선・관광 및 위락 시설 개발 등	
3차 계획 (수도권, 제주제외)	2000 ~2020	・산업・기술경쟁력 강화 ・선진생활・복지환경조성 ・자연환경 보전관리	
3차 수정 계획 (수도권, 제주제외)	2008 ~2020	・지방도시 및 농어촌 개발 ・산업 및 기술 경쟁력 강화 ・교통・물류 및 정보통신망 구축	
3차 수정계획 (수도권, 제주제외)	2012 ~2020	・기후변화 대응 등 국토발전여건 변화에 능동적인 대응 ・글로벌 경쟁체제의 심화에 대응한 개방적 국토기반 형성전략 반영 ・저출산・고령화 등 다양한 사회・경제적 환경변화 부합	

자료 : 국토교통부 국토정책관

3. 국토계획평가 제도

가. 제도도입 배경 및 경과

국토계획평가는 국토관리의 기본이념을 구현하고 국토관련 계획간의 정합성·연계성을 확보할 수 있는 수단이 필요함에 따라 정부입법으로 도입('11.5.30. 국토기본법 개정)하였으며, 평가대상, 평가기준 등 세부 시행방안에 관하여 법률에서 위임한 사항을 국토기본법 시행령에 마련하고 2012년 5월 31일부터 시행하였다.

또한, 국토계획평가의 세부 평가기준과 평가방법, 평가요청서의 작성 등 국토계획평가 업무처리를 위한 세부사항을 구체적이고 명확하게 규정하기 위하여 "국토계획평가에 관한 업무처리 지침" 제정·고시('12.6.18.)하였으며, 이후 환경성 검토 강화 및 운영상 미비점 등 개선을 위해 지금까지 총 7회의 개정('13.09.09., '13.12.30., '14.12.23., '15.01.01., '16.01.13., '17.01.03., '18.01.02., '18.12.26.)을 거쳐 운영하고 있다.

나. 제도 개요

국토계획평가는 국토계획 수립시 국토관리 기본이념인 '효율성, 형평성 및 친환경성'을 균형 있게 고려하고, 최상위 계획인 국토종합계획과 연계될 수 있도록 계획수립권자가 스스로 사전 검증하는 제도로서, 계획수립권자는 국토계획의 내용이 지속가능한 국토발전에 기여하는지를 국토기본법령 등에서 제시하는 평가기준과 평가절차에 따라 스스로 자체평가하고 필요한 경우 미흡사항에 대하여 보완하여야 한다.

국토계획평가는 계획의 성과를 사후적으로 평가하는 것이 아니라 계획 수립 과정에서 민주성, 정당성 확보 등을 가능하게 함으로써 계획수립권자의 국토계획 수립을 지원하고, 계획수립기관이 국토계획평가의 전 과정에 주도적으로 참여하여 국토관리의 효율성, 형평성, 친환경성 등에 대한 종합적 평가를 통하여 해당계획이 지속가능한 국토발전에 기여하도록 하는 것에 목적이 있다.

국토계획평가 제도는 평가대상 및 평가범위 등에 있어 환경영향평가 등 국내의 기존 평가제도와 다음과 같은 차이가 있다.

- 평가 대상이 개발사업·사업계획이 아닌, 전략적·지침적 성격의 중장기 계획이므로 환경영향평가·전략환경영향평가 제도 등과 차별
- 평가범위가 환경적 측면뿐만 아니라 효율성·형평성 측면도 포함하므로 재해영향평가·전략환경평가 등과 차별

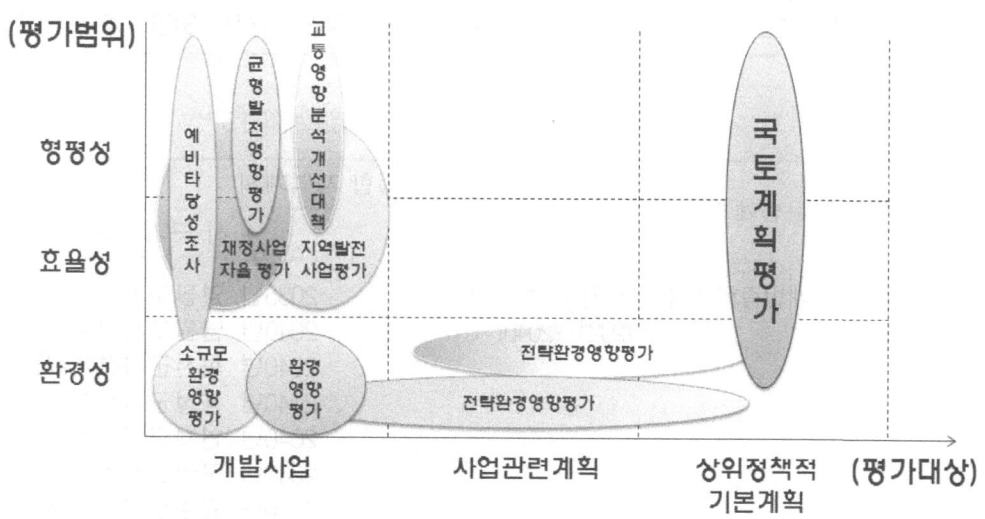

〈그림 2-1-3〉 국내 평가제도와 평가대상 및 평가범위 비교

현재 국토기본법 시행령 별표에 따른 국토계획평가 대상 계획은 총 28개이며, 구체적인 목록은 다음과 같다.

〈표 2-1-5〉 국토계획평가 대상 계획

구분	국토계획평가 대상계획
종합·지역계획 (5개)	도종합계획, 수도권정비계획, 광역도시계획, 도시·군기본계획, 해안권 및 내륙권 발전종합계획
기간시설계획 (11개)	국가기간교통망계획, 광역교통기본계획, 국가도로망종합계획, 국가철도망구축계획, 항만기본계획, 마리나항만에 관한 기본계획, 항공정책기본계획, 공항개발종합계획, 국가물류기본계획, 물류시설개발종합계획, 댐관리기본계획
부문별 계획 (12개)	주거종합계획, 농어촌 정비종합계획, 산촌진흥기본계획, 수자원장기종합계획, 지하수관리기본계획, 산림기본계획, 하천유역수자원관리계획, 연안통합관리계획, 연안정비기본계획, 해양환경종합계획, 관광개발기본계획, 산림문화·휴양기본계획

다. 운영 현황

2012년 5월 31일 제도 시행 이후 2023년까지 총 199의 계획이 국토정책위원회 국토계획평가분과의 심의를 거쳐 국토계획평가를 완료하였다.

〈표 2-1-6〉 연도별 국토계획평가 실적

연도	'12년	'13년	'14년	'15년	'16년	'17년	'18년	'19년	'20년	'21년	'22년	'23년
평가계획	4건	13건	5건	11건	33건	14건	11건	14건	17건	34건	28건	15건

〈표 2-1-7〉 2023년 국토계획평가 완료 계획(15건)

기간시설·부문별계획	종합·지역계획	
		도시·군기본계획
제4차 물류시설개발종합계획	경기도 종합계획 (2021~2040)	2035년 영월군기본계획, 2040년 남원도시기본계획, 2040년 화천군기본계획, 2040년 홍성군기본계획, 2040년 인제군기본계획, 2040년 구미도시기본계획, 2040년 광주도시기본계획, 2040년 철원군기본계획, 2040년 제주도시기본계획, 2040년 양산도시기본계획, 2040년 세종도시기본계획, 2040년 김천도시기본계획, 2040년 광양도시기본계획

제5절 동·서·남해안 및 내륙권 발전종합계획

1. 추진배경

우리나라는 3면이 바다에 접한 해양국가로서 해안권의 발전을 통한 국가경쟁력 확보는 매우 중요한 과제이다. 이에 따라 제4차 국토종합계획 수정계획(2006~2020)에서도 미래의 국가 성장 동력 창출을 위하여 대외적으로 유라시아 대륙과 환태평양을 지향하는 개방형(π형) 국토발전축의 구축을 제시하였으며, 제5차 국토종합계획(2020~2040)에서는 지역 간 협력적 관광자원 발굴을 제시하고 있다.

개방형 국토축이란, 환태평양, 환황해경제권, 환동해경제권으로 뻗어나가는 '해안권 국토축'으로 한반도가 환태평양의 전략적 중심지라는 강점을 활용하는 동시에 환황해경제권, 환동해경제권과 상호연계 발전되는 국토축을 말한다. 국토의 3면인 바다를 활용하는 개방형 국토발전축은 다음과 같은 3개의 축으로 구성되어 있다.

첫째, 환태평양으로 뻗어가기 위한 '남해안축'이다. 이는 환동해경제권, 환황해경제권을 남쪽으로 연계하는 동시에 중국, 동남아시아, 일본 나아가 환태평양으로 향하는 국토축이다.

둘째, 환황해경제권으로 뻗어나가기 위한 '서해안축'이다. 이는 환황해경제권 발전의 중심적 역할을 담당하면서 북으로는 중국, 유럽대륙을 향하며, 남으로는 중국과 동남아시아로 향하는 국토축이다.

셋째, 환동해경제권으로 뻗어나가기 위한 '동해안축'인데, 환동해경제권 발전의 중심적 역할을 담당하는 동시에, 북으로는 극동러시아, 중국, 유럽대륙으로 향하고 남으로는 일본으로 향하는 국토축이다.

이러한 개방형 국토축을 실질적으로 실현하고 동·서·남해안권을 동북아의 새로운 경제권 및 국제적 관광지역으로 발전시키기 위하여 동·서·남해안권의 발전종합계획을 수립하여 시행하게 되었다.

아울러 개방형벨트의 발전효과를 내륙으로 확산시키고, 내륙의 성장동력을 초광역적으로 연계하기 위해 기존 동·서·남해안권의 발전축과 더불어 내륙권 발전종합계획을 수립하여 시행중에 있다.

〈그림 2-1-4〉 권역별 주요 구상도

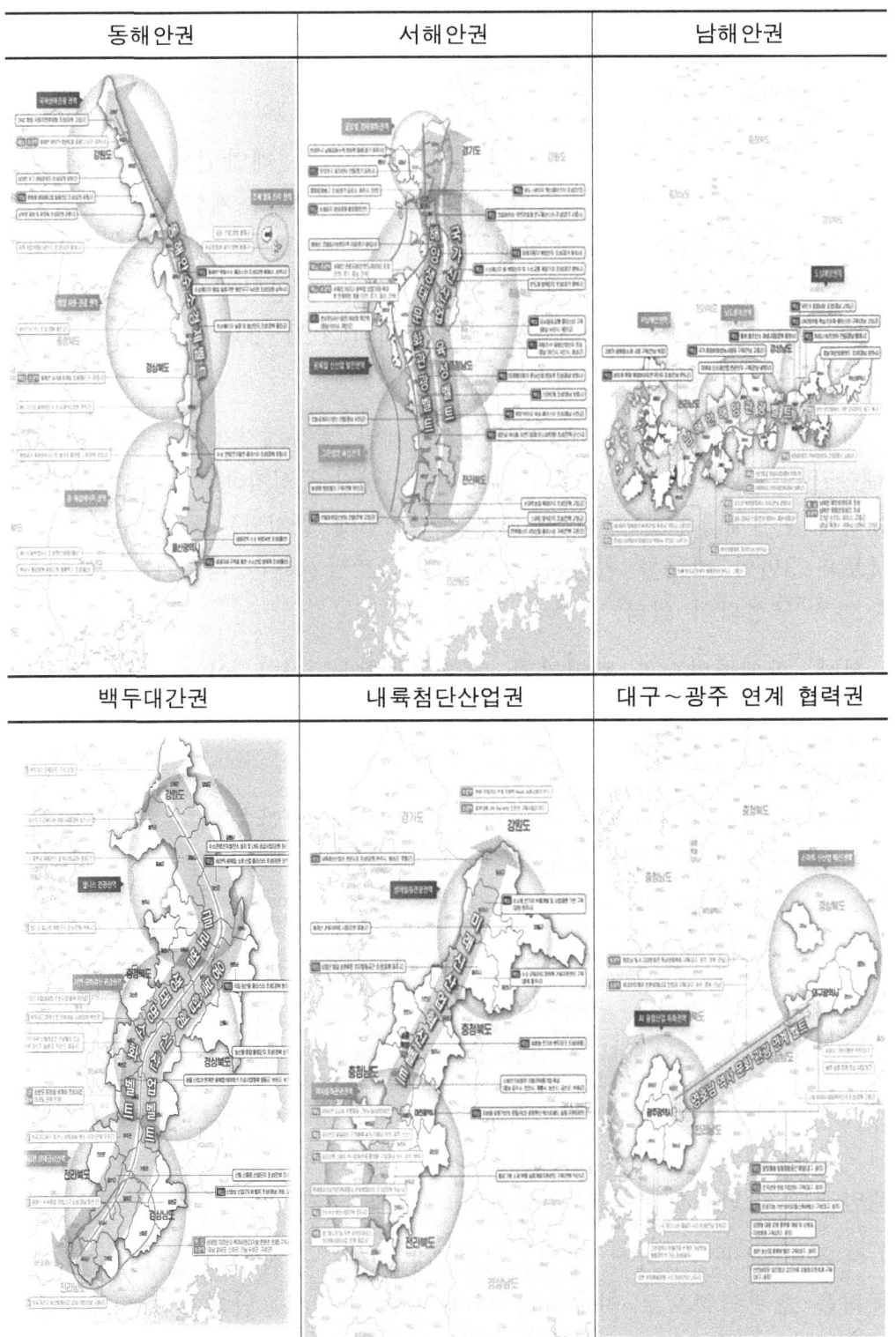

2. 동·서·남해안 및 내륙권 발전특별법령 제정 및 개정

가. 추진 경위

『동·서·남해안권발전 특별법』은 낙후된 해안권의 발전을 도모하여 지역산업을 육성하고, 국가경쟁력 강화를 추진하기 위해 의원입법을 통해 2007.12.27. 제정되었다. 이후 특별건축구역제도, 총괄계획가제도 등을 도입(2008.3.28. 개정·공포)하였으며, 개발권역을 '내륙권'까지 확장하는 개정안이 2010.3.18 국회를 통과(2010.4.15. 개정·공포)함에 따라 법률명도 『동·서·남해안 및 내륙권 발전 특별법』으로 변경되었다. 또한, 당초 법률의 유효기간('20.12.31)이 도래함에 따라 사업의 안정적 추진 등을 통해 당초 입법취지를 달성하기 위해 유효기간을 '30.12.31까지 10년간 연장하였다.

나. 주요내용

『동·서·남해안권 및 내륙권 발전 특별법』에서는 대상권역을 동·서·남해안권의 3개 권역과 내륙권 3개 권역으로 구분하고, 각 권역별 발전종합계획 수립을 통해 해당 권역별로 장기적이고 거시적인 방향을 설정하도록 하고 있다.

〈표 2-1-8〉 해안권 및 내륙권의 범위

권역		광역지자체	기초지자체
해안권	동해안권	울산광역시	남구, 동구, 북구, 울주군(4개 구·군)
		강원도	강릉시, 동해시, 속초시, 삼척시, 고성군, 양양군(6개 시·군)
		경상북도	포항시, 경주시, 영덕군, 울진군, 울릉군(5개 시·군)
	서해안권	인천광역시	중구, 동구, 남구, 연수구, 남동구, 서구, 강화군, 옹진군 (8개 구·군)
		경기도	안산시, 평택시, 시흥시, 화성시, 파주시, 김포시(6개 시)
		충청남도	보령시, 아산시, 서산시, 당진시, 서천군, 홍성군, 태안군 (7개 시·군)
		전라북도	군산시, 김제시, 고창군, 부안군(4개 시·군)

권역	광역지자체	기초지자체
해안권	남해안권	
	부산광역시	중구, 서구, 동구, 영도구, 남구, 해운대구, 사하구, 강서구, 수영구, 기장군(10개 구·군)
	전라남도	목포시, 여수시, 순천시, 광양시, 고흥군, 보성군, 장흥군, 강진군, 해남군, 영암군, 무안군, 함평군, 영광군, 완도군, 진도군, 신안군(16개 시·군)
	경상남도	창원시, 통영시, 사천시, 거제시, 고성군, 남해군, 하동군 (7개 시·군)
내륙권	백두대간권	
	강원도	태백시, 홍천군, 평창군, 정선군, 인제군(5개 시·군)
	충청북도	보은군, 옥천군, 영동군, 괴산군, 단양군(5개 군)
	전라북도	남원시, 진안군, 무주군, 장수군(4개 시·군)
	전라남도	곡성군, 구례군(2개 군)
	경상북도	김천시, 안동시, 영주시, 상주시, 문경시, 예천군, 봉화군 (7개 시·군)
	경상남도	산청군, 함양군, 거창군, 합천군(4개 군)
	내륙첨단산업권	
	대전광역시	동구, 중구, 서구, 유성구, 대덕구(5개 구)
	강원도	원주시, 횡성군, 영월군(3개 시·군)
	충청북도	청주시, 충주시, 제천시, 청원군, 증평군, 진천군, 음성군 (7개 시·군)
	충청남도	천안시, 공주시, 논산시, 계룡시, 금산군, 부여군(6개 시·군)
	전라북도	전주시, 익산시, 정읍시, 완주군(4개 시·군)
	세종특별자치시	
	대구광주연계권	
	대구광역시	중구, 동구, 서구, 남구, 북구, 수성구, 달서구, 달성군 (8개 구·군)
	광주광역시	동구, 서구, 남구, 북구, 광산구(5개 구)
	전라남도	나주시, 담양군, 화순군, 장성군(4개 시·군)
	경상북도	구미시, 영천시, 경산시, 고령군(4개 시·군)

발전종합계획에서는 해안권 및 내륙권 발전 기본시책, 자연환경의 보전 및 오염방지, 동북아 관광휴양 거점구축, 미래형 항만물류산업 육성, 지역 주력산업 등 제조업 혁신, 농수산업 구조 고도화, 사회간접자본시설, 투자재원 조달, 국제행사 유치·개최·지원에 관한 사항 등 다양한 분야계획을 망라하여 수립하도록 하였다.

특히 관광, 제조업 등 개발에 관한 사항뿐만 아니라 자연환경의 보전에 관한 사항도 필수로 포함토록 하고 있어 해안·내륙권의 지속가능한 발전을 도모하고 있다. 또한, 동법은 종합계획의 원활한 추진을 위한 다양한 지원책을 포함하고 있다.

우선 해안권에 넓게 분포되어 있는 해상국립공원 및 수산자원보호구역과 관련하여 개발이 필요한 지역에 대해서는 합리적 규제완화 방안을 제공하고 있다.

개발계획의 승인 시 도시·군관리계획 변경·결정을 의제하여 원활한 사업추진을 지원하며, 실시계획의 수립시 사업의 신속한 추진을 지원하기 위해 건축법·공유수면 관리 및 매립에 관한 법률 등 42개 법률에 대한 인·허가 의제를 규정하고 있다.

그리고, 첨단과학기술단지, 투자진흥지구의 지정을 통해 입주기업의 자금지원 등 집중적 지원을 통한 사업의 활성화 대책과 더불어 사업시행자에게 토지수용권 및 부담금 감면 등의 제도적 뒷받침도 규정하고 있다.

특히, 사업을 원활히 추진하기 위해 각 권역별로 해안권발전공동협의회 또는 내륙권발전공동협의회를 구성·운영하고 있으며, 해안권과 내륙권 발전에 관한 정책 및 제도 입안·기획 등을 위하여 국토교통부장관 소속의 동·서·남해안 및 내륙권 발전기획단을 두고 있다.

다. 주요 개정내용

『동·서·남해안권 발전 특별법』은 제정 이후 현재까지 총 8회 개정되었으며, 주요 개정 내용으로는 먼저, 해안권과 연계하여 내륙권의 발전도 도모할 수 있도록 개발권역을 '내륙권'까지 확장하는 개정안이 2010.3.18. 국회를 통과하여 2010.4.15. 공포되었으며, 이에 따라 법률명도 『동·서·남해안 및 내륙권 발전 특별법』(이하 '해안내륙발전법'이라 한다)으로 변경되었다. 또한, 해양 관광·휴양 거점 육성 및 투자활성화를 위하여 우리나라 해안의 높은 관광잠재력을 활용하여 해양관광을 촉진할 수 있는 지역을 개발할 수 있도록 해양관광진흥지구를 도입하고, 해당 지구에 지정 절차 간소화 및 입지규제 완화 등의 특례를 적용하기 위한 개정안이 국회의결을 거쳐

2017.2.8. 공포되었으며, 법령의 유효기간 도래(당초 '20.12.31.)에 따라 사업의 안정적 추진과 입법취지 달성을 위해 유효기간을 '30년까지 연장하였으며, 도서 지역의 폐교를 '문화·집회시설, 수련시설, 야영장' 등으로 활용할 수 있도록 개정('19.4.)하였다.

〈표 2-1-9〉 동·서·남해안 및 내륙권 발전특별법 연혁 및 주요내용

(1) 연혁

〈개발권역 확대(내륙권 3개 권역)〉
↓
동·서·남해안 발전 특별법 제정(2007) ➡ 동·서·남해안 및 **내륙권** 발전 **특별법**(2010)

※ 법 제정 이후 제8차 개정(현재~), 유효기한(~2030)

(2) 주요내용

❶ 발전종합계획의 결정 (제5조, 제6조)
 - 시·도지사가 공동으로 입안하고 국토부장관이 국토정책위 심의를 거쳐 결정

❷ 각종 계획 승인·결정·지정·수립의 의제처리 (제12조, 제16조)
 - 개발계획 승인 시 국토계획법에 따른 **도시·군관리계획 결정** 등 **15건 의제처리**, 토지보상법에 따른 사업인정(토지수용) 의제처리

❸ 각종 인·허가 의제처리 (제14조, 제15조)
 - 실시계획 승인 시 건축법에 따른 건축허가 등 **43개 법률에 의한 인·허가 의제처리**

❹ 산업발전 및 해양·문화관광 진흥을 위한 특례 (제24조~제30조)
 - 첨단과학기술단지·투자진흥지구의 지정, 입주기업 자금지원 등 특례사항 규정

❺ 해양관광진흥지구 지정 및 특례 (제20조2, 제20조3)
 - (지정요건) ①10만㎡ 이상, ②해안선 1km이내 육지 및 도서지역, ③민간투자 200억원 이상

3. 해안권 및 내륙권 발전 종합계획 수립

가. 해안권 발전종합계획 개요

동·서·남해안 및 내륙권(백두대간권, 내륙첨단권, 대구-광주연계협력권) 6개 권역의 경제·문화·관광 등 지역산업을 활성화하고 지역 간 교류와 국제협력 증대를 통한 국가경쟁력 강화와 지역균형발전을 위하여 「동·서·남해안 및 내륙권 발전 특별법」(이하, '해안내륙발전법'이라 한다.) 제5조, 제6조에 따라 권역별 관련 시·도지사가 주민 및 전문가 의견 청취, 공청회를 거쳐 공동으로 발전종합계획을 입안하고 입안된 발전종합계획에 대해 국토교통부 장관이 관계 중앙행정기관의 장과 협의 후 「국토기본법」 제26조에 따른 국토정책위원회 심의를 거쳐 결정한다.

발전 종합계획은 해안권 또는 내륙권 발전을 위한 기본시책에 관한 사항, 자연환경의 보전 및 오염방지에 관한 사항, 동북아 관광휴양 거점 구축에 관한 사항, 미래형 항만물류산업 육성에 관한 사항, 지역주력산업 등 제조업 혁신에 관한 사항, 농수산업 구조 고도화에 관한 사항, 사회간접자본시설의 정비와 확충에 관한 사항, 개발사업 등에 필요한 투자재원의 조달에 관한 사항, 국제행사의 유치·개최 및 지원에 관한 사항, 해안권 또는 내륙권 인근 지역과의 산업·문화·관광 및 교통 등의 연계·협력 사업에 관한 사항, 그 밖에 시·도지사가 필요하다고 인정하는 사항을 포함한다.

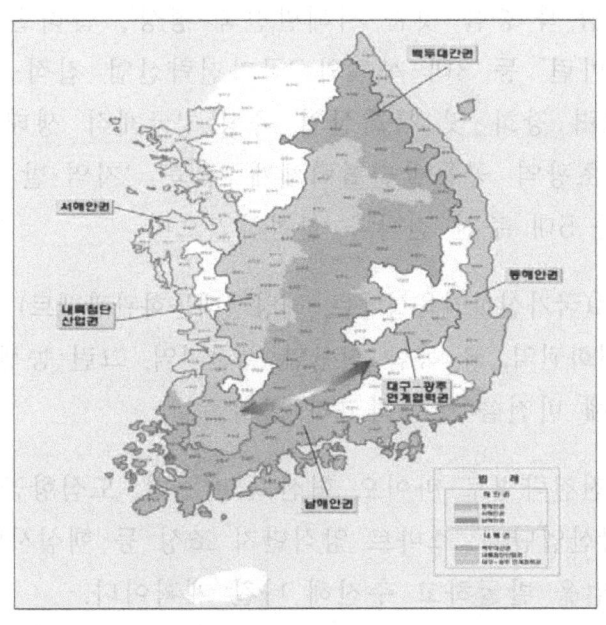

나. 권역별 발전종합계획 주요내용

(1) 동해안권

"지속가능한 환동해 블루 파워벨트"를 비전으로 비전에 도달하기 위하여 '함께 잘사는 경제공동체 구현'과 '연대와 협력의 환동해권 형성' 등 2대 목표와 에너지산업 신성장 동력화, 글로벌 신관광 허브 구축, 산업 고도화 및 신산업 육성, 환동해권 소통 연계 인프라 확충을 4대 추진 전략을 설정하였으며

특히, 1개 벨트(수소경제벨트)×4대 발전권역(국제생태관광권역, 해양자원·관광권역, 융·복합에너지 권역, 동해영토관리권역)의 공간구상을 통해 비전을 구현하고자 한다.

또한, 4대 추진전략별로 동해안 액화수소 클러스터, 수소산업 생태계조성, 환동해 해양메디컬 힐링센터, 동해안 내셔널 트레일 조성 등 핵심사업 7건을 포함하여 83개 사업을 발굴하고 추진해 나갈 계획이다.

(2) 서해안권

"혁신과 융합의 글로벌 경제협력지대 : 모두를 위한 일터, 함께 누리는 삶터, 서해안권"을 비전을 설정하고 비전에 도달하기 위하여 '미래형 신산업 생태계 구축', '남·북·중을 잇는 서해발전축 형성', '글러벌·광역이슈 대응 공동협력기반 마련' 등 3대 목표와 '국가전략산업 집적·클러스터 조성', '지역산업 경쟁력 강화 및 특화산업 육성', '국제적 생태·문화·관광거점 조성', '초국경·초광역 공동발전협력체계 구축', '지역·발전거점 간 연계 인프라 확충' 등 5대 추진 전략을 설정하였으며

특히, 2개 벨트(국가신산업육성벨트, 해양생태문화관광벨트) × 3대 발전권역(글로벌 경제·평화권역, 융·복합 신산업 발전권역, 그린·농생명 육성권역)의 공간구상을 통해 비전을 구현하고자 한다.

또한, 5대 추진전략별로 바이오 혁신 클러스터, 도심항공교통 클러스터, 자동차-IT 융합산업단지, 스마트 양식단지 조성 등 핵심사업 26건을 포함하여 106개 사업을 발굴하고 추진해 나갈 계획이다.

(3) 남해안권

"상생과 번영의 남해안 공동체"를 비전으로 비전에 도달하기 위하여 '동북아 4위 경제권 도약', '새로운 국토성장축 형성', '2시간대 통합생활권 달성' 3대 목표와 상생과 번영의 남해안 공동체 조성을 비전으로 해안권 연계 광역관광벨트 형성, 미래산업 육성으로 광역경제권 조성, 산업·관광거점 연계 인프라, 동서간 상생·협력벨트 조성 4대 추진 전략을 설정하였으며

특히, 1개 벨트(남해안 해양관광벨트) × 3대 발전권역(서남해안권역, 남도문화권역, 도심해양권역)의 공간구상을 통해 비전을 구현하고자 한다.

또한, 4대 추진전략별로 남해군 남해대교 관광자원화, 광양시 섬진강 복합형 휴게소, 부산 센트럴베이 기반조성, 통영 폐조선소 재생사업 등 핵심사업 19건을 포함하여 96개 사업을 발굴 추진해 나갈 계획이다.

(4) 백두대간권

"자연과 사람이 어울어지는 글로벌 그린 벨트"를 비전으로 비전에 도달하기 위하여 '글로벌 명소화 플랫폼 구축', '사람·자원·공간의 연결성 확대', '백두대간 주도의 고도화 및 특화 생태계 조성' 등 3대 목표와 지역산업 고도화 및 신산업 창출, 융복합형 녹색여가 벨트, 지속가능한 녹색환경, 연결성 극대화를 통한 네트워크형 공간을 4대 추진 전략을 설정하였으며

특히, 2개 벨트(글로벌 생태명소화 벨트, 융복합형 신산업 벨트) × 3대 발전권역(웰니스 관광권역, 자연·문화유산 관광권역, 체험형 생태관광권역)의 공간구상을 통해 비전을 구현하고자 한다.

또한, 4대 추진전략별로 한반도 트레일 세계화 조성, 신비한 지리산 D-백과사전 구축사업, 국립 임산물 클러스터 조성 등 핵심사업 30건을 포함하여 155개 사업을 발굴 추진해 나갈 계획이다.

(5) 내륙첨단산업권

"미래 첨단산업의 중심, 국가 혁신성장 선도지역"을 비전으로 비전에 도달하기 위하여 '미래산업을 선도하는 첨단산업지역', '지속가능한 혁신성장지역', '모두가 행복한 균형발전지역' 등 3대 목표와 미래 첨단산업의

중심, 국가 혁신성장 선도지역을 비전으로, 미래지향 과학기술 혁신인프라 조성, 지역 주력산업 경쟁력 강화 기반 구축, 지역자산 기반 문화관광 거점, 지역인프라 구축을 4대 추진 전략을 설정하였으며

특히, 1개 벨트(미래 신산업 혁신벨트) × 2개 발전권역(역사문화관광권, 생태힐링관광권)의 공간구상을 통해 비전을 구현하고자 한다.

또한, 4대 추진전략별로 수소 모빌리티 파워팩 기술지원센터 구축, 초소형 전기차 부품개발, 금강권역 역사문화관광 플랫폼 구축 등 핵심사업 11건을 포함하여 146개 사업을 발굴 추진해 나갈 계획이다.

(6) 대구-광주 연계협력권

"끈끈한 영호남 연계·협력, 모범적인 동반성장"를 비전으로 비전에 도달하기 위하여 '문화·관광 및 인적 자원 연계·협력을 통한 상생발전 도모', '첨단·융합산업의 고도화를 통한 지역경쟁력 강화', '지역특화산업 육성 및 지원을 통한 일자리 창출', '초광역 연계 인프라 구축을 통한 삶의 질 제고' 등 4대 목표와 문화·관광·인적자원 활용·연계, 첨단·융합산업 중심 산업구조 고도화, 지역특화산업 육성·지원, 초광역 연계 인프라 구축을 4대 추진 전략을 설정하였으며

특히, 1개 벨트(영호남 역사·문화·관광연계벨트) × 2대 발전권역(AI 융합산업 특화권역, 스마트 신산업 혁신권역) 등 공간구상을 통해 비전을 구현하고자 한다.

또한, 4대 추진전략별로 영호남 동서 고대문화권 역사·관광루트, 인공지능 기반 바이오 헬스케어 밸리, 달빛예술 힐링체험공간 등 핵심사업 19건을 포함하여 87개 사업을 발굴 추진해 나갈 계획이다.

<표 2-1-10> 권역별 발전종합계획 수립(변경) 현황

권역별 발전종합계획	법적근거	최초 수립일	계획변경(유효기한)		비고
			1차	2차	
동해안권 발전종합계획	동서남해안 및 내륙권 발전특별법	2010.12	2016. 6 (2016~2020)	2021.11 (2021~2030)	
서해안권 발전종합계획		2010.12	2017. 2 (2017~2020)	2021.11 (2021~2030)	
남해안권 발전종합계획		2010. 5	2020.6 (2020~2030)		
백두대간권 발전종합계획		2014. 6	2021.11 (2021~2030)		
내륙첨단산업권 발전종합계획		2014. 6	2021.11 (2021~2030)		
대구·광주연계협력권 발전종합계획		2014. 6	2021.11 (2021~2030)		

<표 2-1-11> 발전종합계획 권역별 추진현황

(단위 : 건 수)

구 분	합 계	동해안	서해안	남해안	백두대간	내륙첨단	대구-광주
전체건수	673	83	106	96	155	146	87
완료(예정)	18	5	0	6	0	7	0
계 속	250	47	54	40	48	50	11
신 규	9	2	1	0	3	2	1
건수 (%)	41.2%	65.1%	51.9%	47.9%	32.9%	40.4%	13.8%

4. 추진현황 및 향후 추진계획

가. 발전종합계획

해안 및 내륙의 각 권역별 발전종합계획은 지역발전위원회 심의를 거쳐 2009.12.30. 수립된 『초광역개발권 기본구상』을 바탕으로 하여, 해안권별 시·도지사의 입안과 주민의견 청취 및 공청회, 관계부처 협의 및 국토정책위원회 심의 등을 거쳐 남해안권은 2010.5.28., 동해안권과 서해안권은 2010.12.30. 백두대간권, 내륙첨단권 및 대구-광주권은 2014.6.17. 각각 결정·

고시하였으며, 이후 여건변화와 정책환경 변화에 따라 동해안권은 2016.6.21. 서해안권은 2017.2.20. 각각 변경·고시하였다.

2018년 말, 당초 법률의 유효기간('20.12.31.)이 도래함에 따라 사업의 안정적 추진 등 당초 입법취지를 달성하기 위해 유효기간을 '30.12.31.까지 10년간 연장하였다. 이에 따라 남해안권은 기존의 계획내용을 새로운 경제·사회·지역적 여건에 맞추어 사업체계 및 내용 등을 수정하고 핵심사업을 발굴하여 2020.6.29. 변경·고시하였으며, 나머지 5개 권역 발전종합계획은 2021.11.18. 변경·고시하였다.

나. 발전사업 등 추진

발전종합계획의 본격적 추진을 위해 2010년 부터 2014년까지 '남해서상항 기반시설 정비사업' 등 10개 사업을 추진·완료하였고

해안권 및 내륙권 발전의 조기 가시화를 위해 시범사업과 연계 시 효과극대화, 지역 간 연결 및 주요 거점조성, 고유 관광자원의 특화 및 해외관광객 유치, 지역에 미치는 파급효과 등을 고려하여 2012.5.9. 선도사업 36개 사업을 선정하여 2013년부터 25개 사업을 추진하여 '고창 세계프리미엄 갯벌생태지구 사업' 등 20개 사업을 완료하고 '영덕 축산 블루시티 조성사업' 등 5개 사업을 현재 추진 중에 있으며

윤석열 정부 국정과제인 강소도시의 차별화된 공간조성과 낙후지역 삶의 질 개선을 위하여 권역별 우수한 자연경관, 생태환경 등을 갖춘 지역에 관광거점 조성, 주요 관광지 간 연계 강화, 관광인프라 확충 등을 위해 2022.5.31. 테마형 관광벨트 조성을 위한 30개 사업을 선정하여 2023년부터 17개 사업을 추진 중에 있다.

2023년 사업규모는 25개 사업(완료 2, 신규 11, 계속 12)에 국비 396억원 투입 추진 중에 있으며 2024년에는 32개 사업(신규 9, 계속 23)에 국비 270억원 투입 추진계획이다.

향후 관광개발중심의 사업추진에서 해안권 및 내륙권의 지역의 다양한 수요를 충분히 반영하여 권역별로 산업기반, 교통망, 정주여건 등 다양한 발전거점을 조정해 나갈 계획이다.

제2장 국토·지역발전정책

제1절 수도권정책

1. 수도권정책의 개요

가. 수도권의 범위

정부는 전국적으로 모든 지역이 경쟁력을 갖추고 상생적인 발전을 할 수 있도록 수도권에 대한 관리정책을 추진하여 왔다. 1964년 "대도시 인구집중 방지책"으로부터 오늘에 이르기까지 다양한 정책을 추진하였으며, 시대적 여건 변화에 따라 정책의 대상과 내용도 점진적으로 변화되어 왔다.

수도권정책의 대상인 수도권은 현재 서울특별시와 인천광역시 및 경기도 전역을 포함하는 지역이다. 1960년대까지도 수도권의 공간적 범위에 대해 확실한 경계가 설정되지 않았으나, 1978년에 제1무임소장관실의 주도하에 수도권 인구 재배치 계획이 수립되면서 수도권의 경계가 최초로 확정되었다. 당시 수도권은 서울시와 주변의 6개 시, 2개 읍, 33개 면을 포괄하는 총 면적 약 3,000km²의 지역이었다.

그 후 1982년 수도권정비계획법을 제정하는 과정에서 수도권의 광역화 현상을 반영하여 현재의 경계로 수도권의 범위가 확장되었으며, 현재까지 동일한 지역적 범위를 대상으로 수도권정책을 추진하고 있다.

나. 수도권정책의 배경

2023년 말 현재 수도권의 면적은 11,872km²로서 국토면적의 11.8%이며, 수도권 인구수는 26,014천명으로 전국 인구 51,325천명(주민등록기준, 외국인 제외)의 50.7%가 수도권에 거주하고 있다. 수도권 집중현상은 1960년대부터 나타나기 시작했으며, 1970년대 이후 정부가 경제개발 최우선 정책과 거점개발 전략을 추진하면서 집적경제의 이점이 있는 서울과 수도권으로 각종 경제활동 집중이 가속화되어 현재에 이르고 있다.

수도권 집중이 인프라 확충 속도를 초과하는 수준까지 지속됨에 따라 교통난 심화와 환경오염 등 수도권의 삶의 질 저하 문제가 대두되었다. 2019년 우리나라에서 교통 혼잡으로 발생한 경제적 비용 70.61조원 중 수도권에서 발생한 혼잡비용은 36.83조원으로, 국가 전체의 약 52%이며, 배기가스로 인한 대기 질 악화 등의 사회적 비용도 문제로 제기되고 있다.

정부는 수도권 집중으로 인한 이러한 문제들을 해소하는 동시에, 집중으로 인해 발생하고 있는 사회적 비용을 감소시킴으로써 궁극적으로 수도권의 삶의 질을 개선하여 경쟁력을 강화하기 위한 시책을 추진하고 있다.

다. 수도권정책의 목표와 수단

현 수도권정책의 목표는 두 가지로 요약할 수 있다.

첫째, 수도권으로의 인구 및 산업 집중을 분산하고,

둘째, 수도권 내부의 공간구조를 효율적으로 정비하는 것이다.

즉 수도권의 집중억제 및 완화를 통해 국토의 균형발전을 도모하는 동시에 수도권 내부적 문제 해결을 위하여 공간구조를 재편성하는 것으로 정리할 수 있다.

집중억제 목표를 달성하기 위하여 수도권에 집중된 중앙행정기관 및 권한의 지방이전, 고용 창출원인 제조업(공장)의 증가 억제, 고등교육기관의 신·증설 억제 등을 주요 관리수단으로 활용하여 왔다. 이밖에도 대형건축물 등의 수도권 입지를 억제하기 위한 과밀부담금제도, 공장 및 대학의 총량규제와 산업단지 등의 신규조성 억제 등도 적용되어 왔다.

최근에는 세계 대도시권간의 경쟁이 심화되는 가운데, 수도권이 국제적 대도시권으로 성장할 수 있도록 종래의 관리방식을 벗어난 새로운 관리 패러다임이 요구되고 있으며, 이에 따라 수도권의 인구 안정화를 통해 양적 팽창은 억제하는 한편, 질적인 성장을 통해 선진국 수준의 삶의 질을 확보하고 높은 국제경쟁력을 갖춘 대도시권으로 발전할 수 있도록 하기 위한 수도권 관리전략을 모색하고 있다.

2. 수도권정책의 시대별 전개

수도권시책은 1964년 9월에 대도시 인구집중 방지책을 시작으로 현재까지 시기 및 시책방향에 따라 구분해 보면 크게 6단계로 구분할 수 있으며, 그 내용은 아래 표와 같다.

〈표 2-2-1〉 수도권정비시책 전개

추진단계	연도	시 책 명	주 관
문제인식기	1964 1969	대도시 인구집중방지책 대도시 인구 및 시책의 조정대책	건 설 부 무임소장관
시책형성기	1970 1970 1972 1973 1975	수도권인구과밀억제에 관한 기본지침 제1차 국토종합개발계획 (1972-1981) 대도시 인구분산시책 대도시 인구분산책 서울시 인구소산계획	건 설 부 건 설 부 대통령비서실 경제기획원 서 울 시
정비추진기	1977 1981 1982 1982 1984 1991	수도권 인구재배치 기본계획 제2차 국토종합개발계획 (1982-1991) 수도권내 공공청사 및 대규모 건축물 규제계획 수도권정비계획법 제정 수도권정비계획기본계획 (1984-1996) 제3차 국토종합개발계획 (1992-2001)	무임소장관 건 설 부 〃 〃 〃 〃
시책전환기	1994 1997 1998 2000 2001 2002 2004 2005 2005 2006 2006 2008	수도권정비계획법 및 시행령 전부개정 제2차 수도권정비계획 (1997-2011) 수도권정비계획법시행령 개정 제4차 국토종합계획(2000-2020) 수도권정비계획법시행령 개정 수도권정비계획법시행령 개정 수도권정비계획법 및 시행령 개정 수도권정비계획법시행령 개정 제4차 국토종합계획 수정계획 제3차 수도권정비계획(2006-2020) 수도권정비계획법시행령 개정 수도권정비계획법 전부개정	건설교통부 〃 〃 〃 〃 〃 〃 〃 〃 〃 〃 〃
규제조정기	2009 2011	수도권정비계획법시행령 전부개정 수도권정비계획법 및 시행령 전부개정	국토해양부 〃
정책관리기	2017 2018 2019 2020	수도권정비계획법 및 시행령 전부개정 수도권정비계획법 개정 수도권정비계획법 개정 제4차 수도권정비계획(2021-2040)	국토교통부 〃 〃 〃

3. 제4차 수도권정비계획(2021~2040)

행정중심복합도시 건설, 공공기관 지방이전 등 국내적 여건 변화 및 중국의 급속한 성장과 경제 개방화 진전 등에 따라 수립된 제3차 수도권정비계획(2006~2020)의 계획기간이 만료됨에 따라, 국토공간구조에 영향을 미치는 전략프로젝트 추진과 함께, 상위계획인 제5차 국토종합계획(2021~2040)이 수립되고 수도권 광역도시계획 등 다양한 유관·하위 계획들이 동시에 수립중인 시기적 특성을 고려하여 수도권에 대한 최상위계획으로서 장기비전을 제시하는 제4차 수도권정비계획을 수립하였다.

성장관리 성격이 대폭 강화되었던 제3차 수도권정비계획과는 달리 저성장, 고령화, 인구감소, 4차 산업혁명 등 급격한 여건변화에 대응하여 수도권 주민 삶의 질 향상, 수도권의 질적 발전 및 대도시 문제 해결 등을 위한 관리방향을 마련한 것이 특징이며, 주요내용은 다음과 같다.

(1) 인구와 산업의 배치

수도권의 인구비중은 지속적으로 증가하여 2020년 50.2%로 이미 전 국민의 절반을 넘어섰고 이후 인구 감소추세에도 증가가 전망된다. 이에 제5차 국토종합계획과 연계하여 상생발전과 혁신성장을 위한 기본방향을 제시하고 수도권-비수도권, 수도권 내, 남북 등 다양한 관계를 고려하는 한편, 계획 집행·관리에 대한 중앙정부·지자체 간 협력증진 방안과 중장기적으로 균형발전 성과에 따라 협력적 성장관리로의 단계적 이행을 검토하는 방안을 마련하였다.

(2) 공간구조 구상

특화산업 분포 및 네트워크 분석, 수도권 지자체별 공간계획 및 주요 개발 예정지 검토를 통해 수도권 공간구조를 구상하였다.

① 글로벌 혁신 허브

서울은 대학, 연구기관, 기업 연구소 등 풍부한 R&D 기능을 기반으로 우리나라 전체의 혁신·첨단 산업의 성장을 이끌어나가며 세계적인 경쟁력을 갖춘 글로벌 경제도시로 육성하고,

경기도 주요 거점도시의 자족기능 확보 및 테크노밸리 혁신역량 강화 등을 통해, 점차 확장해 나가는 형태의 글로벌 혁신 허브를 구축한다.

② 국제 물류·첨단산업 벨트

세계 최고 수준의 인천국제공항의 확장 및 스마트화 등을 통해 초격차를 확보하고, 인천항·평택항 배후단지 조성과 거점 유통·물류단지 조성 등을 통해 인천을 국제적인 물류 중심지로 육성한다.

수도권 남서부의 자동차 등 기계 및 전기·전자산업 등의 지속적인 집적화를 추진하고, 첨단화 등 산업고도화를 통해 첨단산업으로 도약을 도모한다.

인천 서부지역을 중심으로 로봇·소재부품·바이오 등 혁신형 첨단산업 유치 및 산학협력을 지원하고, 이를 기반으로 인천 기존 도심을 전통적인 산업 중심지로 하여 혁신역량을 도모한다.

③ 스마트 반도체 벨트

경기 남부에 집중하여 입지하고 있는 반도체 등 스마트 제조업 부문의 집적·연계를 통한 특화벨트를 구축한다.

용인 반도체 클러스터 신규조성을 통해 반도체 산업 거점을 마련하고, 수원·화성·평택·이천 등 반도체 생산·지원시설 확충 및 제도적 지원 등을 통해 연계기능을 강화한다.

④ 평화경제 벨트

남북협력 관문으로서의 지정학적인 특성·중요성을 감안하여 평화경제 체계 구축의 거점지역으로 조성한다.

수도권 북부 지역에서 산업 특화도가 높은 의류·식품·화장품 등 생활 밀착형 산업 등 지역 특화산업을 육성·지원한다.

인천 강화·옹진 및 경기 북부 등 접경지역이 평화경제의 중심지 역할을 수행할 수 있도록 지원한다.

⑤ 생태 관광·휴양 벨트

경기 동부지역은 팔당 상수원 등 수도권 식수원의 안전 확보와 수질 개선 및 양호한 생태·자연환경 보전 등을 위해 관리한다.

신규 개별입지 억제 및 기존 개별입지의 계획입지 유도 등을 통한 난개발 방지를 위해 계획적으로 성장하도록 지원한다.

이를 기반으로 친환경 관광산업 육성, 휴양단지 조성 등을 통해 관련 산업을 육성하는 등 생태 관광·휴양 벨트를 구축한다.

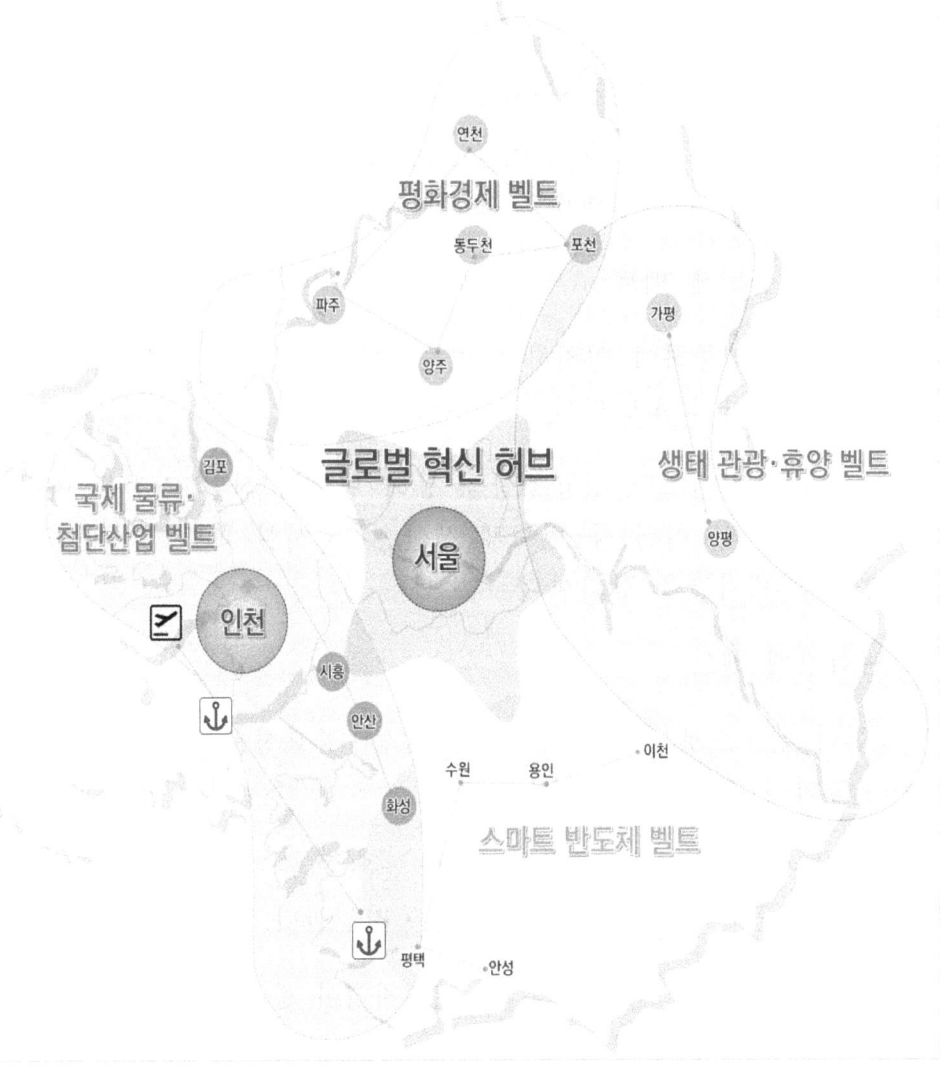

〈 제4차 수도권정비계획 공간구조 구상 〉

(3) 권역의 구분과 정비

단기적으로 인구·산업집중 억제를 위한 과밀억제권역, 이전하는 인구·산업을 수용하기 위한 성장관리권역, 수질 및 녹지보전 등을 위한 자연보전권역의 3개 권역 체제는 유지한다.

다만, 동일권역 내에서도 지역특성 등 차이를 고려하여 맞춤형으로 차등 관리를 추진하고, 중장기적으로 균형발전 정책의 성과 가시화 및 여건변화 등을 고려하여 권역체제 변경을 검토한다.

① 과밀억제권역

여전히 높은 과밀억제권역내 인구·산업 집중도 완화를 위해 인구집중유발시설 및 대규모 개발사업 등에 대한 입지제한, 수도권정비위원회 심의 등을 통해 지속적으로 관리한다.

서울의 경우 인구는 감소하고 있지만 여전히 높은 인구밀도 등을 고려하여, 과밀부담금 부과 및 서울로의 대학이전 제한 등 관리제도를 통해 과밀완화를 지속 추진한다.

과밀억제권역 주변지역으로의 과밀화 확산을 관리하기 위해 중장기적으로 과밀화 추세를 평가하여 과밀억제권역 범위 조정 등을 검토한다.

② 성장관리권역

성장관리권역 공업지역 공급물량은 권역내 균형발전을 고려하여 배정하고, 북부지역에 공업지역 물량 추가공급 근거를 마련하는 등 수도권 남부지역 개발수요를 북부로 유도한다.

현재는 공장총량제로 관리중인 산업단지 외 공업지역도 산업단지와 함께 "공업지역 공급물량"으로 관리하여 계획입지 유도기능을 강화한다.

성장관리권역 공업용지 관리를 위해 타법상의 주요 난개발 방지 정책들과 연계하여 운영함으로서 난개발 방지 및 해소 중심으로 운영한다.

③ 자연보전권역

공장총량제 운영시 자연보전권역에 대해서는 성장관리방안 수립과 연계하여 공장물량을 배정하는 등 신규 개별입지 공장을 억제하고 계획적으로 관리한다.

기존 개별입지 공장 정비 목적의 경우 공업용지 조성 허용면적 조정 등 유도방안을 마련하여 개별입지 공장 집단화 및 기반시설 확충 등을 통한 난개발 해소를 추진한다.

팔당 상수원 수질 및 자연환경에의 영향정도 등 지역특성 차이를 고려한 차등 관리방안을 검토한다.

(4) 인구집중유발시설 및 개발사업의 관리

1) 공업용지 및 권역별 관리방안

□ 수도권 제조업 집중 관리

사업체 수 및 종사자 수 등 수도권 제조업의 양적 집중도는 안정화되고 있는 추세이나, 주요국 대비 우리나라 수도권의 제조업 비중이 여전히 높기 때문에 총량규제, 면적규제, 수도권정비위원회 심의 등을 통한 제조업 집중관리를 지속하고, 전통적인 제조업 중심에서 혁신형 산업구조로 전환하고 인구·산업집중 완화·분산을 도모한다.

□ 계획적 개발과 정비를 통한 난개발 저감

공장 및 공업용지 관리체계 개편으로 수도권 개별입지 밀집지역 및 환경보전 필요지역의 신규 개별입지 공장을 억제한다.

신규 개발수요는 계획입지로 이루어질 수 있도록 유도하고, 기존 개별입지 공장은 정비를 유도하여 난개발을 해소한다.

□ 산업측면에서의 수도권 내적 균형발전 도모

수도권 신규 산업단지 개발수요 등을 남부지역에서 북부지역으로 유도하여 남부-북부간 균형발전을 도모한다.

① 과밀억제권역

과밀억제권역은 인구·산업 집중 억제를 위해 기존 공업지역의 총면적을 증가시키지 않는 범위에서 대체지정만 허용한다.

대체지정은 해제와 지정을 동시에 하는 것이 원칙이며, 수도권정비위원회 심의를 통해 불가피성을 인정받은 경우에 한하여 일정기간 내에 선해제 후 지정하는 것을 제한적으로 허용한다.

② 성장관리권역

□ 기본방향

산업단지만 관리하던 기존 '산업단지 공급계획'을 산업단지 외 공업지역까지 포함하여 관리하는 '공업지역 물량 공급계획'으로 개편하여 계획입지 유도 기능 강화 및 균형발전을 도모한다.

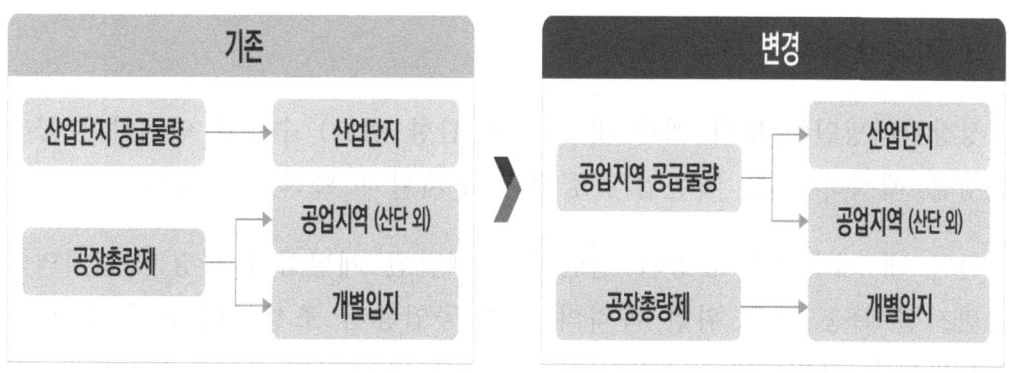

□ 공업지역 물량 공급계획

국토교통부 장관은 수도권정비위원회 심의를 거쳐 3년마다 '공업지역 물량 공급계획'을 수립하여 시·도지사에 통보하고, 시·도지사는 배정된 물량의 범위에서 세부 공급계획을 수립하여 국토교통부 장관의 승인을 받아 시행한다.

공업지역 물량은 수도권 내 균형발전을 고려하여 배정하고, 성장관리권역 남부-북부간 배정 규모는 남부-북부간 제조업 비중차이 등을 고려하여 '공업지역 물량 공급계획' 수립시 결정한다.

제4차 수도권정비계획에 따라 공급한 공업지역 공급물량 중 시·도 보유분 및 사업계획의 취소·변경 등으로 축소되는 물량은 최초 공급 후 3년이 지나면 소멸된 것으로 간주한다.

□ 추가물량 공급

공업지역 물량 규제의 유연성 확보 및 난개발 정비 등 정책적 목표 달성을 위해 개별입지 공장의 집단화를 위한 산업단지를 조성하는 경우, 공공사업으로 인해 이전하는 공장의 수용을 위한 산업단지를 조성하는 경우에는 산업단지 공급물량의 30% 범위에서 국토교통부 장관의 승인을 얻어 추가 공급 가능하도록 한다.

기타 국가적 필요에 의해 관계중앙행정기관의 장이 요청하여 수도권정비위원회에서 불가피하다고 인정하는 경우 국토교통부장관은 공업지역 공급물량 외 추가 공급이 가능하도록 한다.

③ 자연보전권역

성장관리방안(국토의 계획 및 이용에 관한 법률) 수립과 연계하여 공장총량을 배정하는 등 개별입지 공장의 무계획적 확산을 억제한다.

권역 내 개별입지 공장의 집단화, 난개발된 개별입지 공장 밀집지역의 기반시설 확충 등을 위한 목적의 경우 공업용지 조성 허용면적 조정 등 유도방안을 검토한다.

2) 인구집중유발시설 관리

<공장>

□ 기본방향

지방과의 상생발전 등 국토균형발전 달성을 위해 공장건축 총허용량 제한 등을 통한 수도권 제조업을 집중 관리한다.

수도권 북부지역 공업지역 물량 비중확대 등을 통해 남부의 개발수요를 북부로 유도하여 수도권의 내적 균형발전을 도모한다.

신규 개별입지 공장의 설립은 억제하고 기존 개별입지 공장은 집단화 및 기반시설 정비 등을 통하여 계획입지화를 추진한다.

□ 공장총량제 운영 방향

수도권 개별입지 공장 난개발 집중관리를 위해 공장총량제는 개별입지 공장에 대해서만 적용한다.

시·도지사는 연도별 배정계획 뿐만 아니라 지역별 배정계획도 수립한 후 국토교통부 장관의 승인을 받아 시행하도록 하여 개별입지 과다 등 난개발 우려지역에 대한 관리를 강화한다.

공장총량제를 통한 개별입지 물량은 단계적으로 축소하고, 이를 수용하기 위한 공업지역 물량 공급 등을 통해 신규 공장을 산업단지 등 계획입지로 유도한다.

<대학>

권역별로 대학의 유형에 따라 신설 및 이전을 엄격하게 제한하고 입학정원은 총량 제도를 활용하여 관리한다.

수도권 대학 입학정원 총량은 저출산·인구감소 등으로 인한 학령인구 감소 추세를 감안하여 조정한다.

국가적 필요에 의해 교육부장관이 요청하여 수도권정비위원회에서 불가피하다고 인정하는 경우 국토교통부 장관은 수도권 대학 입학정원 총량 조정이 가능하도록 한다.

<공공청사>

권역별로 기관의 종류에 따라 청사의 신축·증축·용도변경 등을 제한하고, 수도권정비위원회 심의 등을 통해 지속 관리한다.

수도권을 관할하는 기관이 아닌 경우 원칙적으로 수도권에 신설하는 것을 금지하고, 공공기관 신설이 가능한 경우에 대해서도 추가 관리방안을 검토한다.

국가균형발전 정책 추진에 따라 지방으로 이전할 가능성이 있는 공공기관 청사의 경우 신·증축 등을 보다 엄격히 관리한다.

<연수시설>

과밀억제권역에서는 연수시설의 입지를 금지하고, 성장관리권역·자연보전권역에서는 심의를 통해 신·증축 등을 관리한다.

중장기적으로 연수시설의 소형화 추세 및 수도권 연수시설 신규입지 감소 추세 등을 고려하여 연수시설 관리방안을 검토한다.

<대형 건축물>

서울시내 일정규모 이상의 판매용·업무용·복합 건축물에 대해 과밀부담금을 부과하여 집중을 억제하고, 이를 통해 마련된 재원은 국토균형발전 및 과밀로 야기된 문제 해결에 사용한다.

중장기적으로 대형건축물 입지에 따른 과밀화 확산추세 및 인구유발 효과 등을 평가하여 과밀부담금 부과 범위, 대상 및 활용방안 등 체계 개선을 검토한다.

〈 과밀부담금 부과·징수 현황('23.12월 기준) 〉

구 분	부과		징수	
	건수	금액(억원)	건수	금액(억원)
'94 ~ '96	84	859	53	147
'97 ~ '05	532	9,580	432	6,120
'06 ~ '20	1,289	18,685	731	16,928
'21	102	3,251	35	692
'22	72	1,470	28	383
'23	74	1,927	26	1,143
합 계	2,153	35,772	1,305	25,413

<종전대지 관리>

종전대지는 기본적으로 선계획 및 후이용 하는 것을 원칙으로 하고, 이를 위해 심의안건 상정 이전에도 종전대지 활용 관련 이슈 발생시 해당 지자체는 국토부와 사전협의한다.

분할 매각 및 분할된 필지에 순차적으로 인구집중유발시설이 입주하는 경우에도 심의대상은 기본적으로 전체 종전대지를 대상으로 하는 것을 원칙으로 하여 관리한다.

종전대지 지위의 존속기간은 심의 받은 이용계획에 대한 이행완료 시점까지로 설정한다.

③ 개발사업 관리

<기본방향>

수도권내 대규모 개발사업에 대해 수도권정비위원회 심의를 통한 인구유발효과 검토 및 계획적 개발 유도 등을 관리 지속한다.

권역지정 취지 및 개발사업 유형별 특성 등을 중점적으로 고려하여 심의를 내실화(심의기준 검토 등)한다.

중장기적으로 수도권의 대규모 개발사업 추이 등을 평가하여 수도권 정비위원회 심의대상 기준 및 사업유형 등 적정성을 검토한다.

<권역별 관리방향>

□ 과밀억제권역, 성장관리권역

사업유형별 법적기준 이상의 대규모 개발사업을 심의하고, 과밀억제권역은 인구유발 최소화, 성장관리권역은 계획적 개발 및 수도권 남부-북부지역 균형발전 등을 고려하여 심의한다.

□ 자연보전권역

상수원 및 자연환경 보전 등을 위해 다른 권역 대비 소규모 개발사업에 대해서도 수도권정비위원회 심의를 통해 관리한다.

현행과 같이 오염총량관리제 시행지역과 비시행지역에 대한 차등관리를 지속하는 등 지역특성을 고려한 운용방안을 검토한다.

(5) 광역시설

2025년까지 수도권 주요 거점 광역급행철도 연결사업을 조속히 추진하고 급행화 등 운영개선을 통해 세계적 수준의 광역철도망을 구축하고, 수도권내 어디에서나 빠르고 편리하게 접근이 가능한 대도시권 철도 네크워크를 구축한다.

수도권 순환고속도로망 조기완성을 통해 고질적인 문제로 제기되고 있는 수도권 도심의 극심한 교통량 분산을 추진하고 빠르고 편리한 대중교통수단인 광역 BRT 구축사업을 확대, 지하철 수준의 서비스를 제공하는 S-BRT로 단계적으로 고도화 한다.

수도권의 국제경쟁력 강화를 위해 인천국제공항, 항만, 물류시설 등을 확충하고, 수도권 광역상수도의 노후화된 시설을 정비하고 스마트관리체계를 도입하여 하수도 안전관리를 강화한다.

(6) 환경보전과 관리

수도권 대기관리권역의 맞춤형 대기오염 관리를 추진하여 미세먼지 집중관리구역 지정을 통해 미세먼지 노출저감 및 배출관리사업 등을 추진하고, 2050 탄소중립 달성을 위해 에너지·산업·건물·수송 등 중점분야별 특성을 고려한 탄소저감을 추진한다.

폐기물의 발생억제 및 폐기물의 자원화 촉진을 위해 환경 주민친화형으로 개선하여 안정적 폐기물 처리 기반을 조성하고, 지역내 생태복원사업을 추진하고 비무장지대 주변 등 수도권의 주요한 녹지축을 보존하고 산림, 연안 등의 자연자원을 도심지의 공원, 녹지 등 녹색인프라를 확충한다.

기후변화 취약성 평가 및 대응방안 마련 등 기후변화에 따른 물환경 인프라를 최적 관리하여 안전한 물환경 기반을 조성하고 유역통합관리로 깨끗한 물을 확보하도록 노력한다.

(7) 계획의 집행과 관리

중앙행정기관의 장은 소관별로 계획을 수립하여 사업을 추진하고, 광역지자체장은 시도별 관리계획을 수립하여 계획간의 정합성을 확보한다.

또한 수도권 경쟁력 및 삶의 질 지표에 대한 모니터링을 실시하고, 연차보고서를 발간하여 주요 내용을 수도권정비위원회에 보고하며, 5년 주기로 계획을 평가·보완하여 계획의 실효성을 제고한다.

4. 권역 및 행위제한 현황

가. 권역지정현황

수도권 3개 권역의 지정현황과 지정기준은 아래 표와 같다.

<표 2-2-2> 수도권정비권역 현황

(2023.12.31 현재)

구 분	과밀억제권역	성장관리권역	자연보전권역
면 적 (11,872㎢)	2,017㎢ (17.0%)	6,025㎢ (50.7%)	3,830㎢ (32.3%)
인 구 (26,014천명)	18,574명 (71.4%)	6,166천명 (23.7%)	1,274천명 (4.9%)
행 정 구 역	서울, 구리, 하남, 고양, 수원, 성남, 안양, 부천, 광명, 과천, 의왕, 군포, 의정부, 인천·남양주·시흥(일부) (16시)	안산, 오산, 평택, 파주, 김포, 화성, 포천, 양주, 동두천, 연천, 인천·남양주·시흥·용인·안성(일부) (14시, 1군)	이천, 광주, 가평, 양평, 여주, 남양주·용인·안성(일부) (6시, 2군)
정 비 전 략	과밀화 방지 도시문제 해소	이전기능 수용 자족기반 확충	한강수계 보전 주민불편 해소
지 정 기 준	인구 및 산업이 과도하게 집중되었거나 집중의 우려가 있어 그 이전 또는 정비가 필요한 지역	과밀억제권역으로부터 이전하는 인구 및 산업을 계획적으로 유치하고 산업의 입지와 도시의 개발을 적정하게 관리할 필요가 있는 지역	한강 수계의 수질 및 자연환경의 보전이 필요한 지역

자료 : 통계청 및 지자체

나. 권역별 행위제한

수도권정비계획법에 의한 수도권내 과밀억제권역, 성장관리권역, 자연보전권역 내 행위제한을 요약하면 아래 표와 같다.

〈표 2-2-3〉 3개 권역내 행위제한 주요내용

규제유형			주요내용		
권역			과밀억제권역	성장관리권역	자연보전권역
공장총량제			• 500㎡이상 공장은 3년 단위 시·도별 공장건축 총허용량 범위 내에서 건축 가능		
공업지역 총량			• 해당없음	• 3년 단위 공급계획에 따라 총허용량 내에서 조성 가능	• 해당없음
공업지역 지정			• 금지(대체지정만 가능)	• 가능(30만㎡이상 심의)	• 6만㎡ 초과 금지
개발사업	택지조성		• 100만㎡이상 심의		<오염총량제 시행> • 도시: 10만㎡이상 심의 • 비도시: 10~50만㎡ 심의
	도시개발		• 100만㎡이상 심의		<오염총량제 시행> • 공통: 3만㎡ 미만 가능, 3~6만㎡ 심의 • 도시: 10만㎡이상 심의 • 비도시: 10~50만㎡ 심의
	공업용지 조성		• 30만㎡이상 심의		• 3만㎡미만 가능 • 3만~6만㎡이하 심의
	관광지 조성		• 10만㎡이상 심의		• 3만㎡이상 심의
대학	4년제 및 교육대학		• 신설 금지 • 권역내 이전 가능	• 신설 금지 • 권역내 또는 타권역에서의 이전 가능	• 신설 금지 • 권역내, 권역간 이전 금지
	산업 및 전문대학		• 신설 및 이전 가능	• 신설 및 이전 가능	• 심의 후 신설 및 이전 가능
대형건축물 (판매 15천㎡, 업무 25천㎡이상)			• 과밀부담금 부과(서울시에 한함) * 단, 금융중심지내 금융업소, 산업단지내 R&D 시설 면제	• 규제 없음	• 금지 * 단, 오염총량제 시행지역은 허용
공공청사 등			• 신축, 증축 심의후 허용	* 비수도권 시설 이전 시 신축 금지	
연수시설			• 금지	• 신축, 증축 심의 후 허용	• 신축, 증축 심의 후 허용
공장입지 (산집법)	산업단지	대기업	• 제한없이 신·증설		• 기존공장 1천㎡내 증설 • 첨단업종/현지근린공장 : 1천㎡내 신·증설
		중소			• 제한없이 신·증설
	공업지역	대기업	• 기존공장 3천㎡내, 부지내 증설 • 첨단업종 200% 이내 증설 • 현지근린 1천㎡내 신·증설	• 과밀·자연권역에서의 이전 • 첨단업종 제한없이 증설 • 기타지역에서 허용되는 행위	• 기존공장 1천㎡내 증설 • 첨단업종/현지근린공장 : 1천㎡내 신·증설
		중소기업	• 도시형공장 신증설 • 기존부지내 증설 • 기타지역에서 허용되는 행위	• 제한없이 신·증설	• 기존공장 1천㎡내 증설 • 첨단업종/현지근린공장 : 1천㎡내 신·증설 • 도시형공장 3천㎡내 증설
	기타지역	대기업	• 기존공장 1천㎡내 증설 • 첨단업종 100% 이내 증설 • 현지근린 1천㎡내 신·증설	• 기존공장 3천㎡내, 부지내 증설 • 첨단업종 200%내 증설 • 현지근린 5천㎡내 신·증설	• 기존공장 1천㎡내 증설 • 첨단업종/현지근린공장 : 1천㎡내 신·증설
		중소기업	• 기존공장 증설 • 첨단업종 신·증설 • 현지근린 신·증설	• 제한없이 신·증설	• 기존공장 1천㎡내 증설 • 첨단업종/현지근린공장 : 1천㎡내 신·증설 • 도시형공장 3천㎡내 증설

자료 : 국토교통부 국토도시실

다. 과밀부담금제도

(1) 목 적

과밀부담금 제도는 수도권의 과밀해소와 지역균형발전이라는 국가적 목표를 달성하고 직접적인 물리적 규제제도의 부작용을 해소하기 위하여 도입되었다. 경직적인 규제방식으로 야기되는 수도권의 공간기능의 저하를 예방하고 수도권 입지에 따라 수반되는 집적경제에 의한 이득을 수익자로부터 환수하여 상대적 낙후된 지역의 개발에 투자하기 위한 목적과 대형건축물 입지에 따른 도시기반시설에 대한 수요증가 및 과밀유발 비용을 원인자에게 부담시키기 위한 목적으로 도입, 운영되고 있다.

(2) 부과대상

과밀부담금 부과대상지역은 과밀억제권역중 서울특별시 지역에 한하며, 대상건축물은 업무용건축물(건축연면적 25천㎡이상), 판매용건축물(15천㎡이상), 복합용건축물(25천㎡이상), 공공청사(1,000㎡이상)이다. 대형건축물 및 공공청사의 신·증축 또는 용도 변경시 부담금을 부과하고 있다.

(3) 부담금의 산정과 배분

부담금은 기본적으로 건축연면적에 표준건축비와 부과율을 곱하여 산정되며, 부과율은 부과기준면적 초과면적은 10%, 부과기준면적 이하는 5%이다. 징수된 부담금의 50%는 지역균형발전특별회계로, 나머지 50%는 부담금을 부과한 시·도에 귀속된다. 연도별 징수실적은 아래 표와 같다.

〈표 2-2-4〉 연도별 과밀부담금 징수실적

연도별	부과		징수	
	건 수	금 액(백만원)	건 수	금 액(백만원)
합계	2,153	3,577,312	1,305	2,541,360
2023	74	192,721	26	114,351
2022	72	147,090	28	38,295
2021	102	325,059	35	69,152
2020	57	90,716	19	132,567
2019	50	204,485	34	48,146
2018	70	63,512	45	79,910
2017	83	162,084	51	211,900
2016	85	78,557	44	147,571
2015	93	96,887	40	96,509
2014	134	141,254	66	99,549
2013	71	45,853	41	114,792
2012 이전	1,262	2,029,094	876	1,388,618

자료 : 국토교통부 국토도시실

라. 공장총량규제

공장총량규제 제도는 공장 신·증설을 업종·규모에 따라 개별적으로 규제함에 따른 부작용을 해소하면서 수도권에 과도한 공장 집중을 억제하기 위해 1994년 수도권정비계획법령의 전면 개정시 도입되었다.

공장총량규제 제도의 대상은 「산업집적활성화 및 공장설립에 관한 법률」에 의한 공장으로서 건축물의 연면적이 500㎡(제조시설이 설치되는 건축물 및 사업장의 각 층 바닥면적 합계) 이상인 공장이며, 이의 신축·증축 또는 용도변경 시 적용된다.

2001년부터 공업지역 지정 규제와 공장총량규제가 중복 적용되는 산업단지와 공업지역을 적용대상에서 제외하고 개별입지 공장에 대해서만 공장총량규제를 적용하다가 제3차 수도권정비계획 수립에 따른 공업용지 공급제도 개편으로 2006년부터 공업지역 내 공장도 공업지역 지정 규제 대신 공장총량규제를 통해 관리하고 있다.

2004년부터는 경기변동 등 여건변화에 따라 탄력적인 제도운영을 통해 기업의 안정적인 투자계획 수립이 가능하도록 공장총량 설정주기를 1년에서 3년 단위로 전환하였다.

〈표 2-2-5〉 연도별 공장건축 총량설정 및 집행실적

(단위 : 천㎡, '24.5월말 기준)

연도별	'06~'08	'09~'11	'12~'14	'15~'17	'18~'20	'21~'23	'24~'26
총량설정	12,845	10,064	5,696	5,908	5,520	2,838	2,838
총량집행	10,462	4,505	4,805	4,898	3,450	1,040	301

자료 : 국토교통부 국토도시실

마. 대학규제

대학규제는 크게 대학 신설 및 이전 등에 대한 입지규제와 입학정원을 총량으로 규제하는 총량규제가 있다. 대학의 입학정원에 대한 총량규제는 다음과 같으며, 연도별 입학정원 현황은 다음 표와 같다.

첫째, 대학·교육대학의 입학정원의 증원 및 소규모대학의 신설의 허용여부 및 그 총 증가수는 국토교통부장관이 수도권정비위원회의 심의를 거쳐 결정한다.

둘째, 산업대학·전문대학의 입학정원 총 증가수는 전년도 전국 총 증가수의 10% 이내에서 교육부장관이 결정하되, 10% 초과시에는 국토교통부장관이 수도권정비위원회의 심의를 거쳐 결정한다.

셋째, 대학원대학의 입학정원 총 증가수는 수도권전체에서 300인 이내(첨단분야 제외)에서 교육부장관이 결정하되, 300인 초과시에는 국토교통부장관이 수도권정비위원회의 심의를 거쳐 결정한다.

〈표 2-2-6〉 수도권내 대학 입학정원 현황

구 분	'09	'10	'11	'12	'13	'14	'15	'16	'17	'18	'19	'20	'21	'22	'23
전국 (천명)	581	576	573	560	551	540	522	506	496	488	486	483	476	468	483
수도권 (천명)	208	209	208	206	205	202	200	197	194	193	192	192	190	189	186
수도권 (%)	35.8	36.3	36.3	36.8	37.2	37.4	38.3	38.9	39.1	39.5	39.5	39.7	39.9	40.3	38.5

자료 : 국토교통부 국토도시실

5. 수도권정책의 방향

가. 수도권정책의 여건

1982년 「수도권정비계획법」 제정 이후 30년 이상 공장·대학 등 인구집중유발시설과 대규모 개발 사업 등에 대해 입지규제 중심의 수도권의 정비를 추진하고 있으며, 1994년에는 권역제도를 개편하면서 총량규제와 과밀부담금 등 경제적 규제도 도입하였다. 그럼에도 불구하고 수도권의 인구 수는 2020년부터 비수도권 인구를 추월했으며, 향후에도 그 격차는 더욱 벌어질 것으로 전망되고 있다. 청년 인구 비중은 2023년 기준 55.6%로 비수도권의 청년 인구 비중인 44.4%에 비해 매우 높은 수준이며, 지역

내총생산(GRDP) 비중도 2015년 50.1%로 수도권이 비수도권의 총생산량을 넘어서기 시작했다. 이에, 수도권 과밀로 인한 교통혼잡, 환경오염 등의 문제점과 주민 삶의 질 문제도 꾸준히 제기되는 상황이다.

또한, 개발압력이 높은 도시지역 주변부를 중심으로 시가지가 확산되고, 난개발이 진행됨에 따라 수도권 내부적인 공간적 문제 해결이 필요하나, '입지 규제' 중심의 수도권 관리만으로는 수도권의 계획적 공간정비를 적절히 추진하는 데 한계가 있다.

일각에서는 국가경쟁력이 대도시권간의 경쟁으로 치환되는 추세에 따라, 수도권이 글로벌 경쟁력을 갖춘 동북아 중심 대도시권 중 하나로서 위상을 선점하고, 이를 확고히 하는 데에 경직적 규제 중심의 관리가 걸림돌이 된다는 비판의 목소리가 높아지고 있다.

나. 단기적인 규제 합리화

정부는 수도권 주민과 기업의 활동을 저해하는 규제를 우선적으로 발굴하여 개선함으로써 수도권 등 국토환경의 변화에 대응하여 왔다.

수도권 규제는 수도권 주민의 삶의 질에 직접적인 영향을 미칠 뿐만 아니라 비수도권의 지역경제 및 경쟁력 등과도 연계된 사항으로 충분한 논의를 통해 공론화를 전제로 추진되어야 하는 사항이다.

따라서 단기적으로는 수도권 규제의 기본적인 틀을 유지하면서 수도권 주민 삶의 질, 환경, 국가 경쟁력 등을 종합적으로 고려한 방향으로 규제 개선 검토가 필요하다.

다. 수도권의 관리방식 전환 추진

중장기적으로는 수도권의 체계적인 공간정비와 경쟁력 강화를 위하여 종래의 수도권 규제 및 정비계획의 틀을 벗어나는 새로운 관리방식으로의 전환을 모색할 필요가 있다.

새로운 관리방식은 중앙정부가 주도하여 경직적인 규제를 바탕으로 공간을 관리하던 종래의 방식을 벗어나, 중앙정부와 관련 지자체가 상호 협력하여 계획을 수립하고, 이를 통하여 수도권의 질적 발전과 성장관리를 도모하는 방식이다. 기존의 수도권 관리가 획일적인 입지규제에 중점을 두었다면, 새로운 관리방식은 계획 중심의 탄력적 관리를 통해 수도권 주민 삶의 질 향상과 공간의 개편전략을 추진해 나가는 데 초점을 두고 있다.

이에 따라, 중앙정부와 지자체가 상호 협력하여 수도권의 관리목표를 설정하고 상세계획을 통하여 수도권의 토지이용 등을 관리하는 계획관리 체계로의 전환이 필요하다. 또한, 현재 고착화되어 있는 수도권과 지방의 갈등 구도를 극복하고, 수도권과 지방의 상생발전을 도모할 수 있는 사회적인 여건 성숙도 전제되어야 한다. 이러한 점을 감안할 때, 계획적 관리로의 전환을 위해서는 단계적인 준비와 제도개선을 추진해 나가는 것이 중요하다.

라. 향후계획

향후 지역발전시책의 성과와 연계하여 충분한 사회적 합의를 거쳐 정책 개편을 추진함으로써 세계적인 경쟁력과 삶의 질을 갖춘 대도시권으로 성장시키고자 노력할 예정이다.

제2절 행정중심복합도시 건설

1. 사업추진 기반 마련

가. 행정중심복합도시(이하 "행복도시") 건설 특별법 제정

「신행정수도 건설을 위한 특별조치법」에 대한 헌법재판소의 위헌 결정('04.10.21)에 따른 후속대책으로 국회와 정부는 「신행정수도 후속대책을 위한 연기·공주지역 행정중심복합도시 건설을 위한 특별법(이하 "행복도시법"이라 한다)」을 의결·공포('05.3.18)하였다.

행복도시법은 행복도시 예정지역의 지정, 중앙행정기관 등의 이전계획, 건설기본계획, 개발계획 및 실시계획 수립·시행 및 추진기구 등을 규정하고 있다.

나. 행정중심복합도시 예정지역 및 주변지역의 지정

행복도시법이 공포됨에 따라 주민공청회, 관계 지방자치단체장의 의견수렴 및 관계 중앙행정기관과 협의 등을 거쳐 '05.5.24. 행복도시 예정지역 및 주변지역을 지정·고시하였다. 이후 '21.1.8. 행복도시 북측 외곽순환도로 선형 개선 등을 위해 예정지역을 추가 지정하였다.

'09.12.29. 주변지역 도시관리계획을 결정하여 체계적이고 계획적인 개발이 가능토록 하였으며, 이와 함께 주변지역이 해제되어 토지이용에 대한 각종 규제로 인한 주변지역 주민들의 불편이 해소되었다.

다. 세종특별자치시 설치 특별법 제정

행복도시를 관할하는 지방자치단체인 세종특별자치시의 지위 및 관할구역 등을 골자로 하는 「세종특별자치시 설치 등에 관한 특별법」이 '10.12.27. 제정되어 세종특별자치시의 모습이 구체화되었으며, '12.7.1. 세종특별자치시가 출범되었다. 세종특별자치시의 위치 및 관할구역은 아래 그림과 같다.

〈그림 2-2-1〉 세종특별자치시 관할구역 및 행정중심복합도시 위치도

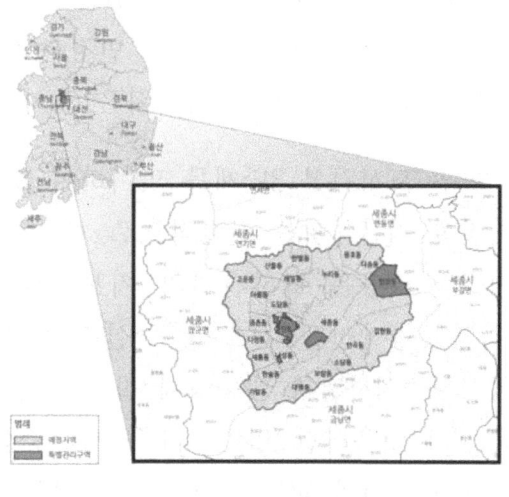

〈세종특별자치시 관할구역〉　　　　〈행정중심복합도시 위치도〉

〈표 2-2-7〉 행정중심복합도시 예정지역 및 세종특별자치시 관할구역

구 분	예정지역	세종특별자치시 전체
지정면적	73.01㎢	465.23㎢
편입행정구역	연기군, 공주시	연기군, 공주시, 청원군
	5면 33리	1읍 11면 135리
거주인구(세대)	30.3만명	39.2만명

자료 : 행정중심복합도시건설청('23.12월 기준)

2. 각종 계획 수립

가. 기본·개발·실시계획의 수립

국토교통부와 행정중심복합도시건설청(이하 "건설청")은 행복도시 건설의 마스터플랜, 개발계획 등 일련의 계획수립을 '07.6월까지 일단락한 후 생활권별 지구단위계획 등을 순차적으로 수립하면서 개발계획을 변경하는 등 기존 계획을 지속적으로 보완하고 있다.

'05년에 추진된 도시개념 아이디어 국제공모('05.5~11)를 통하여 환상(Ring)형 도시구조를 마련하였고 이를 바탕으로 기본계획('06.7)과 개발계획('06.11), 실시계획('07.6)을 단계별로 수립하여 사업착공('07.7)에 이르렀고, 환경변화에 따른 변경수요를 기존계획에 지속적으로 반영하여 개발계획을 68차례, 실시계획은 60차례에 걸쳐 변경하였다.

이후 도시건설 3단계를 맞이하여 도시건설의 방향과 이념을 담는 행복도시건설 기본계획을 전반적으로 재검토하여 변경 수립('23.12.)하였다. 새롭게 변경한 내용은 도시건설의 기본방향을 기존 '복합형 행정·자족도시'에서 '지역균형발전을 선도하는 실질적 행정수도'로 바꾼 것과 이를 토대로 국회세종의사당과 대통령제2집무실 등 국가중추기능을 반영하여 '입법·행정·문화'가 어우러진 '열린공간'을 도시중심부에 설정한 것이 대표적이다. 또한 단계별 성과와 교통, 주거 등 부문별 계획도 보완하였다.

나. 광역도시계획 수립

개발계획 수립이후 광역도시계획('07.6)과 주변지역 도시계획기준('07.12)을 수립하여 인근 지역 간 공간구조와 기능을 상호 연계하고 광역시설을 체계적으로 정비하도록 하였다.

행복도시와 인접한 충청권 22개 시·군을 행정중심복합도시 광역계획권으로 확대 지정('21.4)함으로써, 기존 5개 광역계획권 중복 지정으로 인해 발생하였던 계획 간 일관성 저해, 과도한 행정비용 발생 등의 비효율을 해소하였다. 이후 건설청장과 4개 시·도지사(대전광역시, 세종특별자치시, 충청북도, 충청남도)가 공동으로 광역도시계획을 수립·고시('22.12)하여 행복도시 광역권의 미래상을 정립하였다.

다. 광역교통개선대책 수립

교통체계에 있어서도 광역·대중·도시교통으로 세분화하여 구체적인 계획을 수립하였다. 전국 주요도시에서 2시간 내외에 접근할 수 있도록 광역교통개선대책을 수립('07.6)하고, 서울~세종고속도로 건설('25년 개통) 등 광역교통시설의 정비·확충을 본격 추진하고 있다.

총 21개 노선(165km) 중 행복도시 연결도로 12개 노선(대전 유성·오송역·정안IC·테크노밸리·남청주 IC·청주·오송~청주공항·오송~조치원·공주·부강역·오송~청주·조치원)을 개통하였고, 3개 노선이 공사 중(공주·외삼~유성·회덕IC)이다. 사업의 완공 시 광역교통 편의 향상에 크게 기여할 것으로 기대된다.

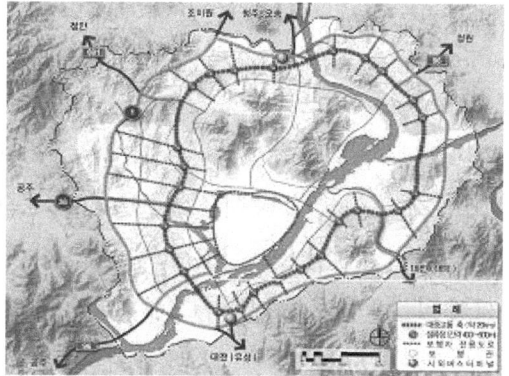

〈그림 2-2-2〉 광역교통체계 및 도시교통체계도

자료 : 행정중심복합도시건설청

라. 도시교통체계

행복도시는 대중교통중심도시 구현을 목표로, 도시교통시설(도로, 주차장, 공공자전거 등) 확대 등 대중교통망을 구축하고 있다. '22.12월 기준, 전체 390km 도로망 중 315km를 준공하였고, 자전거 도로는 465km 중 349km를 준공하였다. 또한 BRT 4개 광역노선과 연계하여 내부순환 BRT 2개 노선 및 광역버스 4개 노선이 운행 중에 있다.

3. 건설사업 추진

가. 행복도시 건설사업의 안정적 추진

행복도시 건설사업은 각종 계획수립 및 토지보상 등을 완료하고 '07.7월 본격적인 건설사업에 착수한 이후 정부청사, 광역도로 등 주요 건설사업을 차질 없이 시행하고 있다.

'중앙행정기관 등의 이전계획'('05.10 수립·고시, '10.8 변경·고시)에 따라 '12.9월, 중앙행정기관 1단계 이전이 시작되었고, 이후 4년('12~'16)에 걸쳐 44개 중앙행정기관 및 16개 정부출연연구기관의 대규모 이전을 차질 없이 완료하였으며, '21년에는 중소벤처기업부가 추가 이전을 완료하였다.

중앙행정기관의 집적을 통한 업무 효율성 제고를 지원하기 위해 2006년부터 2014년까지 정부세종청사를 건립하였으며, 기관 추가 이전 등으로 발생한 청사 확장 수요에 대응해 정부세종청사 중앙동을 추가로 건립('22.10 준공)하였다.

또한, 지방행정서비스 제공을 위해 세종시청사('15.5), 세종시교육청사('14.12), 세종소방서('15.10), 선거관리위원회('18.12), 세종세무서('21.5), 세종경찰서('21.9), 119특수구조대 청사('22.2), 창의진로교육원('23.3)과 생활권 별 복합커뮤니티센터 등을 건립하였으며, 4-2생활권·5-1생활권·5-2생활권·6-3생활권 복합커뮤니티센터, 평생교육원, 도담어진지구대 및 세종경찰청 등의 설계 및 공사를 시행하고 있다.

이외에도 쾌적한 도시 환경을 조성하여 안정적인 정착 여건을 마련하기 위한 각종 사업을 추진하고 있으며, 도시 내 23개 생활권 중 20개 생활권 부지조성과 외곽순환도로, 수질복원센터 등 주요기반시설 공사 등에 '23.12월 기준 11.71조원을 집행하였다.

한편, 대다수의 중앙행정기관이 세종시에 이전하여 자리잡음에 따라, 국회 등 국가의 주요한 기능이 위치한 서울과의 물리적 거리로 인해 발생하는 행정 비효율 문제가 꾸준히 제기되어 왔다. 이를 타개하고 국가균형발전 정책을 부양하기 위해 국회 세종의사당과 대통령 제2집무실 설치에 대한 논의가 진행되었다. 이에 따라 국회는 '21.10월과 '22.6월 각각 국회법과 행복도시법 개정을 통해 행복도시 내 국회 세종의사당과 대통령 제2집무실 건립의 법적 근거를 마련하였다. 이에 발맞춰 정부는 '22.7월 발표한 새로운 정부의 국정과제에 양 시설의 설치를 포함하였고, 건립사업 추진을 위한 기본계획을 마련하고 있다.

나. 공간계획의 구체적 보완

기본·개발·실시계획 등 각종 계획을 여건변화에 맞게 보완하여 원활한 사업 추진을 적극 지원하였으며, 행복도시 도시계획, 지구단위계획, 공원녹지계획 수립 등을 통해 도시의 체계적 발전과 관리방향을 제시하였다.

행복도시를 「디자인 도시」로 조성하고자 도시디자인, 공공시설물, 건축 분야 등 부문별로 디자인 개념을 적극 도입하였다. 생활권별 특색 있는 공간 창출을 위해 19개 생활권에 대한 지구단위계획을 공모를 통해 수립하였으며, 건축물 미관, 도시환경·색채, 옥외광고물 등 7개 디자인 요소에 대한 디자인 가이드라인을 지속적으로 보완하여 적용하였다.

또한, 공동주택, 상업시설 등은 토지공급 시점에서부터 고품질의 건축물이 건립될 수 있도록 설계공모와 사업제안공모, BA(Block Architect) 제도 등을 도입하고, 최고가 낙찰의 공급 방식에서 탈피하여 가격 이외에 설계, 품질, 유치업종 등을 종합적으로 평가하여 공급하는 방식으로 개선하였다.

다. 미래지향적 선진 정주여건 조성

행복도시에는 '08년부터 '23년까지 약 12.7만호의 주택이 공급되었으며, '23년까지 총 11.8만호가 준공되어 입주하였다. 주민들에게 최적의 정주 정주환경을 제공하기 위해 세계적 수준의 교육·문화 인프라를 구축하고, 탄소중립·스마트시티 등 미래지향적 선진 정주여건 조성을 적극 추진하고 있다.

지역커뮤니티 활성화를 위해 행정·문화·복지·교육시설 등을 복합화한 복합커뮤니티센터(15개소 준공, 7개소 예정)를 운영하고 있으며, 세종호수공원('13.5), 국립세종도서관('13.12), 대통령기록관('15.5), 유아숲체험원(원수산 '17.9, 전월산 '18.9), 국립세종수목원('20.10), 세종중앙공원 1단계('20.11), 도시상징광장 1단계('21.5), 세종 예술의전당('21.5), 국립박물관단지(~'27) 등 건설을 통해 세계 최고 수준의 친환경 문화도시 인프라를 건설하고 있다.

또한, 기후변화와 디지털 대전환에 선제적으로 대응하여 탄소중립·제로에너지 스마트시티 환경을 구축해, 미래를 선도하는 새로운 도시모델을 제시하고 있다. 도시개발 단계에 맞춰 교통·에너지·환경·방재 등 스마트시티 인프라를 구축하고, 2040 탄소중립 달성을 위해 부문별 탄소감축 방안을 마련하여 제로에너지 주택 시범단지 건설, 수소충전소 설치, 신재생에너지 확대 등 부문별 정책을 추진 중이다.

'스마트시티 국가시범도시'로 선정('18.1.29)된 5-1생활권에는 모빌리티·헬스케어·에너지 등 7대 혁신요소를 구현하는 다양한 스마트서비스를 도입할 계획이며, '21.4월 민·관 공동사업에 참여할 우선협상대상자를 예비사업자로 승인하고, '22.5월에는 민·관이 공동 출자하여 SPC를 설립하는 등 사업 본격화를 위한 기반을 마련하였다.

라. 주변지역 및 인근도시와의 상생발전

행복도시 건설사업 초기에는 주변지역을 계획적으로 관리함으로써 상생발전방향을 모색하고 주변지역 주민이 겪는 불편을 최소화하기 위한 규제완화를 추진하고, 주변지역 지원 사업을 시행하였다.

행복도시와 인근도시 간 공간구조와 기능을 연계하기 위해 건설청과 충청권 4개 시·도가 광역도시계획을 공동으로 수립하고, '22.12월 고시하였다. 이를 바탕으로 광역시설의 체계적 정비와 광역권 상생발전을 위한 다양한 협력사업을 발굴·추진 중이다.

4. 자족성 확보 추진

가. 산·학·연 연계 혁신산업 생태계 조성

현재, 행복도시 자족성 확충을 위해 중앙행정·국책연구기관 등 공공부문 이전은 순조롭게 진행 중에 있다. '07년부터 '15년까지 중앙행정기관 이전 및 도시인프라 구축의 1단계 개발 목표를 달성하고 '16년부터 '20년까지의 2단계 개발 기간 동안 자족기능 확충 및 도시인프라 향상을 추진하였다. '21년 행복도시건설사업 3단계에 들어서면서 국가 핵심기능의 설치와 도시 인프라의 성숙을 통해 국토균형발전의 상징 거점으로서 도시를 완성하는 데 집중하고 있다.

연구기관, 기업, 대학 등이 연계되어 R&D 성과-창업확대-일자리 창출이 선순환 될 수 있도록 기업 지원시설 유치를 추진하고 있으며, 대학 및 연구기관은 연구성과의 사업화를 통해 고용창출에 기여할 수 있도록 BT, IT 분야 등에 강점이 있는 국내외 우수대학 및 연구기관을 유치할 예정이다. 이를 통해 산학연 클러스터를 중심으로 '인재양성↔연구개발↔창업·취업↔혁신기업육성'이 선순환하는 혁신생태계가 구축되어 상호 시너지 효과가 발생될 것으로 기대된다.

나. 자족기능 유치

세종특별자치시 주변에 분포되어 있는 오송생명과학단지, 오창산업단지, 대덕테크노밸리 등 첨단산업단지와 연계하여 첨단기업을 유치하기 위해 도시 동남측(집현동)에 도시첨단산업단지인 세종테크밸리를 지정·조성(822천㎡)하였다.

도시첨단산업단지 산업용지 분양을 통해 IT·BT·ET 등 첨단 산업분야 강소기업 등 총 48개 기업의 입주를 확정하였으며, 4차 산업혁명 시대의 핵심기반인 데이터 집적시설 '네이버 제2데이터센터'를 유치하여 '23.8월 준공하였다.

공공 지식산업센터인 '산학연클러스터지원센터'에는 미래차연구센터(산자부 R&D), 자율주행빅데이터관제센터(중기부 R&D), 고려대 바이오메디컬활성소재연구단(산자부 R&D) 등 3개 민·관 연구센터를 중심으로 미래 신산업(자율주행·미래차·바이오 등) 관련 연구개발, 기술사업화 지원 등 창업·벤처기업의 보육기반을 구축하고 있으며, 산학연클러스터지원센터 및 인근의 민간 지식산업센터에는 350여개의 창업·벤처기업이 입주했다.

또한, 기업지원을 위한 시설로 공공기관인 창업진흥원과 중소기업기술정보진흥원을 유치하여 기업활동여건을 개선하였다. 이를 통해 산학연 클러스터 연계가 강화되어 행복도시 자족기능이 활성화 될 것으로 기대된다.

위의 기관을 포함해 '23년 기준 총 15개 공공기관의 본사 및 지사를 유치하여 9개 기관이 행복도시 입주를 완료하였다.

다. 신산업 인재 육성 기반 마련

행복도시에는 다수의 대학과 연구기관이 입주하여 교사·연구시설을 공동 활용하고 융합 교육·연구를 통해 신산업 인재를 육성할 수 있도록 신개념 공동캠퍼스를 조성하고 있으며, 국가정책 및 IT·BT·ET 융·복합 분야의 우수 대학을 유치하고 있다. ['23년 기준 유치완료대학: 서울대·KDI(행정·정책 분야 대학원), 공주대(AI/ICT 분야 대학·대학원), 충남대(의학·AI/ICT 분야 대학·대학원), 충북대(수의학 분야 대학·대학원), 한밭대(AI/ICT 분야 대학·대학원), 고려대(행정 분야 대학원, IT·AI 분야 대학)]

앞으로, 제도적 지원 및 적극적인 유치 활동 등 범정부적인 노력과 관심이 계속된다면, 도시첨단산업단지 개발이 완료되고 공동캠퍼스가 개교하는 '24년에는 도시자족기능이 본격 운용되면서 도시 인프라가 크게 향상될 것으로 기대된다.

〈표 2-2-8〉 세종특별자치시 출범 후 주요지표 변화

출범('12년)			현재('23.12)
100,751명	인구	⇒ 289% 증	392,311명
42,531세대	세대수	⇒ 278% 증	160,835세대
6,640개	사업체	⇒ 398% 증	33,076개 ('22년 기준)
46,512명	종사자수	⇒ 240% 증	158,168명 ('22년 기준)
57개	학교수	⇒ 219% 증	182개
12,682명	학생수	⇒ 611% 증	90,189명
115개	의료기관	⇒ 457% 증	610개
71.4%	상수도 보급률	⇒ 28.4%p 증	99.8%
47,580대	자동차등록대수	⇒ 316% 증	198,110대
41대	대중교통 (시내버스, BRT)	⇒ 324대 증	365대
0대	공영자전거	⇒ 3,422대 증	3,422대

5. 향후 추진 계획

국가기능 및 중앙행정 기능의 확충과 광역도로 등 각종 기반시설의 설치를 차질없이 수행하여 도시의 활성화를 도모하는 한편, 기업·대학 유치 등 산학 융합의 도시성장 기반을 마련하고 세종 스마트시티 국가시범도시 및 첨단 친환경 교통체계 구축 등 미래도시 구현을 지속적으로 추진할 계획이며,

공공·민간건축물의 적기 건립 및 디자인·기능을 향상하고 안전하고 편리한 교통체계 구축 등을 통해 품격 있는 정주여건 조성, 자연과 조화로운 친환경 개발, 문화예술 인프라 확충 및 여가·체육 시설 조성 등을 통해 쾌적하고 여유로운 친환경 문화도시로 건설해나갈 계획이다

아울러, 대전광역시, 세종특별자치시, 충청북도, 충청남도 등 인근지역 간 상생발전을 통해 균형발전 완성도도 제고해 나갈 것이다.

제3절 공공기관 지방이전 및 혁신도시 건설

1. 추진배경

우리나라는 과거 일극 중심의 불균형 발전전략에 따른 수도권 집중을 해소하고 낙후된 지방 경제를 지역 특화발전을 통해 활성화함으로써 국가경쟁력을 확보해야 하는 과제를 안고 있으며, 이를 해결하기 위한 대안의 하나로 정부는 2005년 이후 수도권에 소재하는 공공기관을 지방으로 이전하고 11개 광역시·도에 10개 혁신도시를 건설하는 지역발전정책을 추진한 이후 혁신도시 활성화 등을 위해 다양한 정책을 추진하고 있다.

2. 혁신도시 건설 및 공공기관 지방이전 추진

가. 공공기관 지방이전 추진

(1) 추진경위

정부는 2003년 6월 수도권 소재 공공기관의 지방이전 방침을 발표하고 2004년 1월 공공기관 지방이전의 법적·제도적 근거인 「국가균형발전 특별법」의 제정과 함께 2004년 8월 공공기관 이전방안의 기본원칙과 추진방향을 발표함에 따라 정부와 12개 시·도지사간의 '중앙·지방간 기본협약'(2005.5) 및 '노·정간 기본협약'(2005.6) 체결, 국무회의 심의를 거쳐 2005.6.24 '공공기관 지방이전계획'을 발표하였다.

(2) 이전 대상기관 선정

이전 대상기관은 공공기관 지방이전계획(2005.6.24) 발표 당시 전체 공공기관(409개) 중 수도권 소재 공공기관(345개)을 대상으로 기관의 성격 및 수행기능 등을 분석하여 수도권 잔류의 불가피성이 인정되는 기관은 제외하고 최종적으로 175개 기관을 선정하였으며, 이후 수도권에 신설·분리된 관세국경관리연수원 등 4개 기관과 농촌진흥청이 추가되고, 세종시로 이전하는 23개 중앙행정기관이 제외되었다. 또한, 2008.8월 공기업 선진화 방안 등에 따른 통폐합 등으로 12개 기관이 감소되었고, 개별이전

2개 기관과 '12년부터 '14년까지 농림식품기술기획평가원 등 7개 기관이 추가되고, 기초기술연구회와 산업기술연구회가 기관 통합되어 최종적으로 153개 기관이 지방이전대상 기관으로 확정되었다.

〈표 2-2-9〉 이전대상 공공기관 현황

이전대상기관 (합계)	지방이전대상		
	혁신도시	개별이전	세종시
153개	112	22	19

자료 : 국토교통부 혁신도시발전추진단

(3) 시·도별 배치 기본원칙 및 내용

지방이전대상 공공기관의 이전지역은 수도권과 대전을 제외한 11개 광역시·도를 대상으로 하였다.

시·도별 배치 기본원칙은 첫째, 형평성의 원칙에 따라 지역의 발전정도를 감안하여 배치하였고, 둘째, 효율성에 근거하여 지역여건과 각 기관의 특성을 종합적으로 고려하여 이전지역을 결정하였으며, 마지막으로 가능한 범위 내에서 지역의 유치희망기관, 기관의 이전희망지역 등을 고려하도록 하였다.

〈표 2-2-10〉 시·도별 이전기관 배치결과(전체 153개 기관)

지역	이 전 기 관	지역	이 전 기 관
부산 (13)	주택도시보증공사, 한국자산관리공사 영화진흥위원회 등 13개 기관	대구 (10)	한국가스공사, 한국산업기술평가관리원, 한국사학진흥재단 등 10개 기관
광주/ 전남 (16)	한국전력공사, 한전KPS(주), 한국전력거래소 등 16개 기관	울산 (9)	한국석유공사, 한국산업인력공단 국립재난안전연구원 등 9개 기관
강원 (12)	한국광물자원공사, 국민건강보험공단 한국관광공사 등 12개 기관	충북 (11)	정보통신정책연구원, 한국과학기술기획평가원, 한국교육개발원 등 11개 기관
전북 (12)	농촌진흥청, 한국식품연구원, 국민연금공단 등 12개 기관	경남 (11)	한국토지주택공사, 중소벤처기업진흥공단, 국방기술품질원 등 11개 기관

지역	이 전 기 관	지역	이 전 기 관
경북 (12)	한국도로공사, 한국전력기술(주) 국립농산물품질관리원 등 12개 기관	개별 이전(22)	국방대학교, 국립경찰대학, 경찰수사연수원 등 22개 기관
제주 (6)	국세공무원교육원, 국토교통인재개발원, 공무원연금공단 등 6개 기관	세종시 (19)	한국개발연구원, 한국법제연구원 등 19개 기관

자료 : 국토교통부 혁신도시발전추진단

* 공공기관 지방이전 계획 발표(2005.6.24) 이후, 공기업 선진화 방안(2008.8) 등으로 인하여 일부 기관들은 통폐합되어 이전지역 등이 변경되고, 이전공공기관이 추가·제외되어 153개로 확정되었음.

(4) 지방이전계획 수립지침 마련

혁신도시 건설과 함께 혁신도시법 제4조에 따라 이전대상공공기관이 수립토록 되어 있는 지방이전계획도 청사 설계·신축공사 등의 소요기간을 감안하여 조속히 확정할 필요가 있었다.

이를 위해 이전공공기관별 지방이전계획에 포함될 세부 내용과 작성 양식 등에 관한 통일된 기준 등을 담은 「지방이전계획 수립지침」(2007.3.27) 및 지방이전계획 수립 세부기준(2007.11.23)과 정부소속기관에 대한 '정부소속기관 공통 적용기준'(2007.12.20) 및 보완방안(2008.2.13) 등의 수립 기준 및 지침 등을 마련하였다.

(5) 공공기관 지방이전계획 수립

공공기관의 지방이전계획은 이전대상 공공기관에서 지방이전계획 수립 지침에 따라 수립하고 소관부처의 검토·조정 및 국가균형발전위원회의 심의, 국토교통부장관의 승인 등의 절차로 진행되었다.

지방이전계획 수립은 2007년 12월에 한국도로공사 등 28개 기관, 2008년 10월에 한국수력원자력(주) 등 13개 기관, 2008년 12월에 농촌진흥청 등 27개 기관을 국가균형발전위원회 심의를 거쳐 승인하였고, 이후 2009년 6월에 한국자산관리공사 등 20개 기관, 8월에 한국가스안전공사 등 18개 기관, 10월에 한국지방행정연구원 등 11개 기관을 승인하였다. 2010년 1월에 법무연수원 등 11개 기관, 5월에는 공기업 선진화 방안 등으로 통폐합된 한국인터넷진흥원 등을 포함하여 9개 기관을,

8월에는 그동안 세종시 수정안 논의로 이전계획 수립이 지연된 세종시 이전 15개 출연 연구기관을 포함한 17개 기관을 승인하고, 2011. 12월에 한국정보화진흥원 지방이전계획을 승인하였다. 아울러, 2013년에는 신규 지정된 농림식품기술기획평가원 등 3개 기관, 2014년에는 신규 지정된 농업기술실용화재단 등 4개 기관에 대한 지방이전계획을 승인하여 총 153개 이전대상 기관에 대한 지방이전계획 수립을 완료하였다.

나. 혁신도시 건설 추진

(1) 혁신도시의 개념

혁신도시는 지방이전 공공기관 및 산·학·연·관이 서로 긴밀히 협력할 수 있는 최적의 혁신여건과 수준 높은 주거·교육·문화 등 정주환경을 갖춘 새로운 차원의 미래형 도시를 지향하고 있다.

(2) 10개 혁신도시 입지 선정(2005.12)

정부는 공공기관 지방이전계획에 따라 이전하는 공공기관이 입지하게 되는 혁신도시의 입지선정을 위해 선정기준 및 절차 등이 포함된 '혁신도시입지선정지침'을 발표(2005.7)하였으며, 입지선정의 공정성 및 객관성을 확보하기 위해 각 시·도에 구성된 혁신도시 입지선정위원회(시·도지사 추천 10인, 이전기관협의회 추천 10인 등 총 20명 이내로 구성)에서 혁신도시 입지선정지침에 따라 입지선정 방향 및 세부 평가기준을 마련하고 후보지 평가 작업 등을 통해 2005년도 말까지 광주·전남 공동혁신도시를 포함하여 모두 10개의 혁신도시 입지선정을 마무리하였다.

〈표 2-2-11〉 혁신도시 지정현황

강 원	원 주	경 남	진 주
충 북	진천·음성	대 구	동 구
전 북	완주·전주	울 산	중 구
광주·전남	나 주	부 산	해운대구 등
경 북	김 천	제 주	서 귀 포

자료 : 국토교통부 혁신도시발전추진단

(3) 혁신도시 개발 기본구상 수립(2006.2~2006.12)

2005년 12월 혁신도시 입지선정이 마무리됨에 따라 혁신도시별로 특색 있고 차별화된 혁신도시 건설을 위해 기본구상 및 개발계획 등 각종 계획 수립을 위한 혁신도시 기본구상 방향을 확정, 지자체에 시달(2006.4.)하였다.

혁신도시 기본구상방향은 첫째, 산·학·연·관 연계를 통해 혁신을 창출하는 거점도시, 둘째, 지역별 테마를 가진 개성있는 특성화 도시, 셋째, 학습과 창의적 교류가 가능한 교육·문화도시, 넷째, 누구나 살고 싶은 친환경 전원도시를 목표로 하였으며, 기 개발지인 부산을 제외한 9개 혁신도시의 각 지자체는 혁신도시별 기본구상 수립 용역에 착수하여 사업시행자, 이전기관 및 노조, 지자체, 전문가 등의 다양한 의견 수렴 및 각종 토론회, 전문가 자문 등을 거쳐 혁신도시 기본구상을 마련하였다.

〈표 2-2-12〉 혁신도시별 개발방향

구분	지역 발전 전략	개발방향
부산	해양수산·영화·금융의 중심	21세기 동북아시대 해양수도
대구	교육·학술산업과 동남권 산업클러스터 중심	지식창조혁신도시 Brain City
광주·전남	하나로 빛나는 첨단미래산업 클러스터	신재생에너지 및 농업, 생물산업 중심도시 Green-Energypia
울산	친환경 첨단 에너지 메카	경관중심의 Energypolis
강원	생명·건강산업의 수도	건강·생명·관광으로 생동하는 비타민 City
충북	IT·BT산업의 테크노폴리스	교육·문화 이노밸리
전북	전통과 첨단을 잇는 농생명산업의 중심	농업생명의 허브 Agricon City
경북	첨단과학기술과 교통의 허브	KTX와 물이 흐르는 경북 Dream-Valley
경남	남해안 산업벨트의 중심 거점	Inno Hub City 산업지원 거점, 첨단주거 선도도시
제주	국제교류·교육연수도시	국제교류·연수 폴리스

자료 : 국토교통부 혁신도시발전추진단

(4) 「공공기관 지방이전에 따른 혁신도시 건설 및 지원에 관한 특별법령」 제정 및 개정

정부는 공공기관 지방이전 및 혁신도시 건설을 안정적이고 일관되게 추진하기 위한 제도적 장치로 특별법 제정의 필요성에 따라 지방이전 공공기관이 들어설 혁신도시의 개발절차, 특별회계 설치 및 이전기관과 직원에 대한 지원 등을 포함하는 「공공기관 지방이전에 따른 혁신도시 건설 및 지원에 관한 특별법」을 2007.1.11 공포하였고, 같은 해 2월 12일 시행함으로써 공공기관 지방이전 및 혁신도시 건설을 위한 법적·제도적 기반이 확보되어 사업추진에 탄력을 받을 수 있게 되었으며, 특별법 제정과 함께 특별법의 적용범위, 절차, 서식 등을 구체화하는 하위법령인 시행령 및 시행규칙을 마련하여 특별법시행과 동시에 시행(2007.2.12)하였다.

이후 혁신도시 개발예정지구내 원주민의 재정착을 위한 지원대책의 일환으로 직업전환훈련, 소득창출사업 지원, 그 밖에 주민의 재정착에 필요한 지원대책 등을 대통령령으로 정하는 바에 따라 수립·시행토록 하는 조항을 신설(법 제47조의 2, 2007.10.17)하고 시행령을 개정·시행 (시행령 제44조의 2 신설, 2008.1.11)하였다.

아울러, 혁신도시 외로 개별 이전하는 공공기관 중 정부 소속기관이 아닌 공공기관의 경우에는 공익사업으로 인정받지 못해 토지 등의 수용권한이 부여되지 않아 주민들의 토지 등에 대한 과도한 보상요구로 인하여 공공기관의 부지 확보 등이 곤란하고 공공기관의 이전을 원활히 추진하기 어려운 측면이 있어 혁신도시 외로 개별 이전하는 경우에도 토지 등을 수용 또는 사용할 수 있는 근거를 신설하고, 혁신도시개발사업에 관한 실시계획 승인 시 다른 법률에 따른 인허가의 의제에 관한 협의기간을 30일에서 20일로 단축하여 그 기간에 관계 행정기관의 장이 의견을 제출하지 않으면 의견이 없는 것으로 봄으로서 혁신도시 개발사업이 신속하게 추진될 수 있도록 법률개정(법률 제11183호, '12.1.17)을 추진하였다.

또한, 혁신도시에서 양질의 지역일자리 창출을 위해 이전기관이 이전지역 인력을 우선하여 고용할 수 있는 근거 조항을 신설(법 제29조의2, '13.3) 하였으며 혁신도시내 기업, 대학, 연구소 등의 유치 및 지원을 위하여 도입한 산학연 유치지원센터(법 제47조의3, '13.3.22)를 혁신도시를 지역성장

거점으로 육성하기 위한 혁신도시 발전지원센터로 변경하고 역할 및 기능 등의 근거(법 제47조의3, '17.12.26)를 개정하였다

(5) 혁신도시 개발예정지구 지정

혁신도시별 기본구상의 개발 컨셉, 도시규모 등이 구체화됨에 따라 지구지정에 착수하게 되어 혁신도시특별법에 따라 사업시행자로 내정된 한국토지주택공사 등으로부터 혁신도시 개발예정지구 지정을 위한 제안서를 받아 관계 중앙부처, 지자체 등 유관기관과의 협의 및 중앙도시계획위원회 및 혁신도시위원회 심의를 거쳐 혁신도시 개발 예정 지구를 확정·고시하였다.

〈표 2-2-13〉 혁신도시 개발예정지구 지정 현황

구 분	지구지정일	위 치	면적 (천 ㎡)	사업시행자
부 산	2007.4.16 2007.3.19(2007.2.7)	계 동삼지구 문현지구 센텀지구 대연지구(군수사부지)	935 616 102 61 156	부산도시공사
대 구	2007.4.13(2005.3.25)	동구 신서동 일원	4,216	한국토지주택공사
광 주 · 전 남	2007.3.19(2006.11.23)	나주 금천·산포면 일원	7,361	한국토지주택공사 광주도시공사 전남개발공사
울 산	2007.4.13(2005.5.30)	중구 우정동 일원	2,991	한국토지주택공사
강 원	2007.3.19(2006.10.30)	원주 반곡동 일원	3,585	한국토지주택공사, 원주시
충 북	2007.3.19(2006.10.30)	진천·음성군 일원	6,899	한국토지주택공사
전 북	2007.4.16(2006.11.23)	전주시, 완주군 일원	9,852	한국토지주택공사 전북개발공사
경 북	2007.3.19(2006.10.30)	김천 율곡동 일원	3,812	한국토지주택공사 경북개발공사
경 남	2007.3.19(2006.10.30)	진주 충무공동 일원	4,093	한국토지주택공사 경남개발공사, 진주시
제 주	2007.4.16	서귀포 서호동 일원	1,135	한국토지주택공사

자료 : 국토교통부 혁신도시발전추진단

(6) 개발·실시계획 수립

국토교통부에서는 2007.5월부터 개발계획 및 실시계획 수립 절차를 진행하여 2008.12월 부산 문현·대연지구의 실시계획 수립을 마지막으로 10개 혁신도시의 개발·실시계획 수립을 모두 완료하였다.

〈표 2-2-14〉 혁신도시 현황

지역 (사업시행자)	위치	면적 (천㎡)	인구 (만명)	개발계획		실시계획	도시컨셉
부산 (부산도시공사)	영도구 해운대구 남구	935	0.7	동삼 센텀	2007.9.3	2007.12.13	• 21세기 동북아시대 해양수도
				문현 대연	2008.6.24	2008.12.12	
대구 (LH)	동구	4,216	2.2	2007.5.30		2007.9.5	• BrainCity(지식창조)
광주·전남 (LH, 광주도시공사, 전남개발공사)	나주시	7,361	4.9	2007.5.31		2007.10.26	• Green-Energypia
울산 (LH)	중구	2,991	2.0	2007.5.30		2007.9.3	• 경관중심 에너지 폴리스
강원 (LH, 원주시)	원주시	3,585	3.1	2007.5.31		2007.10.31	• Vitamin City
충북 (LH)	진천군 음성군	6,899	3.9	2007.5.31		2007.12.17	• 교육·문화 이노벨리
전북 (LH, 전북개발공사)	전주시 완주군	9,852	2.9	2007.9.4		2008.3.4	• Agricon City
경북 (LH, 경북개발공사)	김천시	3,812	2.7	2007.5.31		2007.9.3	• 경북 Dream-Valley
경남 (LH 경남개발공사, 진주시)	진주시	4,093	3.8	2007.5.31		2007.10.26	• 산업지원과 첨단주거를 선도하는 Inno-Hub City
제주 (LH)	서귀포시	1,135	0.5	2007.7.16		2007.9.5	• 국제교류·연수 폴리스

자료 : 국토교통부 혁신도시발전추진단

(7) 용지보상 및 문화재 조사 등 추진

10개 혁신도시의 용지보상은 개발 및 실시계획 변경 등으로 추가로 발생하는 보상용지를 포함하여 100% 완료 하였으며, 시간이 많이 소요되는 문화재 시·발굴조사도 조기에 100% 완료하여 부지조성공사에 지장이 없도록 조치하였다.

(8) 혁신도시 부지조성 공사 추진

혁신도시 부지조성공사는 혁신도시별로 2~9개 공구로 구분하여 공사를 착공하였으며, 세부적으로 혁신도시별로 우선 1공구 조성공사에 대해 2007년 9월 제주와 경북을 시작으로 2009년 말까지 10개 혁신도시 42개 전공구를 착공하고, 2017. 12월말 강원혁신도시를 마지막으로 계획대로 차질 없이 부지조성 공사를 완료하였다.

(9) 첨단정보 혁신도시 건설 추진

이와 함께 인구유입 촉진을 통한 혁신도시 조기 활성화를 위해서는 혁신도시를 살기좋고 아름다운 도시로 조성할 필요가 있으며, 이를 위해 혁신도시별 지역 특성 및 유지관리를 고려하여 적정한 범위내에서 다양한 첨단도시 기법 도입을 추진하였다.

이를 위해 2008년 하반기에 첨단도시기법 도입을 위한 기본계획을 수립하여 통신관로 및 시스템 구축 사업을 2015년 말에 완료하였다.

(10) 혁신도시 안정적 추진을 위한 국고 지원 추진

혁신도시의 차질 없는 건설 지원과 도시조성원가 인하를 위해 진입도로, 상수도 등의 기반시설에 대해 국고를 지원하였다.

10개 혁신도시별 국고지원은 도시규모 및 특성, 시설수요 및 지역별 형평성 등을 종합적으로 고려하여 결정하였으며, 2007년부터 2013년까지 10개 혁신도시의 진입도로, 상수도 설치비로 총 7,080억원을 지원하여 진입도로 등 기반시설을 2014. 7월말에 완료하였다.

(11) 종전부동산 처리 및 활용방안 마련 추진

지방으로 이전하는 공공기관의 이전비용 조달과 수도권의 계획적 관리를 위해 혁신도시법 제43조(종전부동산의 처리계획 수립 등)에 따라 이전기관별 종전부동산 처리 및 활용 방안을 마련해 나가고 있다.

2023년말 기준 총 119개 종전부동산 중 115개를 매각하고, 미매각 4개 종전부동산에 대하여는 기관별 지방이전 재원마련 등을 위해 매각절차 이행 등 조속히 매각을 추진 중에 있다.

또한, 매입공공기관(한국토지주택공사, 한국농어촌공사, 한국자산관리공사)이 매입한 종전부동산에 대해 활용계획에 따라 개발사업 및 재매각을 추진해 나가고 있다.

(12) 혁신도시 정주여건 조성

정부는 지방이전 공공기관 종사자의 정주여건 조성을 위해 10개 혁신도시에 공동주택 총 9.1만호를 공급할 계획이다. 이를 위해 2023년까지 공동주택 8.7만호를 우선 공급하여 이전공공기관 직원들의 주거마련을 지원하고, 나머지 0.4만호도 유입 인구를 감안하여 순차적으로 착공하여 혁신도시에 안정적으로 주거시설을 공급할 계획이다.

또한 혁신도시 내에 총 54개의 학교 설립을 목표로 2023년까지 49개의 학교가 개교하였으며, 2024년 이후에도 우수한 교육시설을 적극 유치하여 이전기관 직원들과 가족이 이전지역에서 생활하는데 불편이 없도록 지원할 계획이다.

혁신도시내 유치원은 45개소를 설립할 계획으로 2023년까지 공립 27개, 사립 15개 등 총 42개의 유치원을 개원하였으며 2024년 이후에는 남은 3개의 유치원을 설립 완료할 계획이다.

기타 공공시설은 10개 혁신도시에 총 30개소 신설계획이 수립되었으며, 2023년 말 기준 총 27개소(주민센터 6, 파출소 9, 소방서 6, 우체국 6)의 공공시설이 설립되었다.

(13) 이전기관 및 이주 직원에 대한 지원 방안 마련 추진

정부는 「공공기관 지방이전계획」(2005.6.24)에서 지방이전 공공기관 및 이전직원을 위해 38개 정부지원과제를 발표하였으며, 소관 부처별로 각 과제를 이행하고 있다.

그간 이주 직원을 위한 주택 특별공급제도 도입, 주택 취득세 감면, 이주수당 및 이사비 지급 등을 추진하였고 이전기관의 경영상 어려움을 완화하기 위해 경영평가지표 개선, 경영자율성 확대 등 31개 지원과제를 이행하여 이전 공공기관 및 직원들의 원활한 이주를 지원할 수 있는 기반을 마련하고 있다.

앞으로도 우수 학교설립, 종합병원 설치 지원 등 중·장기 과제를 단계적으로 추진하여 정주환경을 개선해 나갈 예정이다.

또한, 2011년 4월에는 혁신도시특별법 제5조에 따라 공공기관이 이전하는 지역의 각 시·도에서 「혁신도시 관리위원회」를 개최하여 지자체 「이전지원계획」을 모두 수립하였다.

지자체 이전지원계획은 지방세 감면, 이주 정착비 지원, 자녀 전·입학 및 장학금 지원, 보육·문화·복지시설 건립 등을 내용으로 하고 있으며, 지자체별로 단계적으로 이행 중에 있다.

(14) 공공기관 연관산업 기업유치 등 지원사업

혁신도시 기업입주 촉진을 위해 산학연 클러스터 내에 입주 기업·대학·연구소 등에 사무공간 임차료 또는 부지매입·건축비·분양비의 대출이자를 지원하는 등 혁신도시를 지역 성장거점으로 육성하는 각종 사업을 추진하고 있다.

산학연 클러스터 용지는 전체 혁신도시 개발면적 중 6.9%(3,111천㎡)로 구성되었으며, 2014년 4월 매각공고 이후 2023년 말 기준으로 분양률은 79.3%이며, 클러스터 용지가 조성되지 않은 부산 혁신도시 외 9개 혁신도시 중 경남·강원·제주 혁신도시는 분양을 완료하였다.

혁신도시별 입주기업은 2023년 12월 말 기준 총 3,724개 업체로 광주·전남(986개 업체), 제주(661개 업체), 경남(493개 업체) 혁신도시가 전체의 57.4%를 차지하고 있다.

3. 혁신도시 정주여건 개선

가. 추진배경

혁신도시 건설 및 이전공공기관의 지방이전이 완료되어 감에 따라 공공기관 이전 중심의 혁신도시 정책에서 벗어나, 혁신도시를 국가균형발전을 위한 新지역성장 거점으로 육성하는 정책 방안을 '18년에 마련하여 지속 추진중이다.

〈표 2-2-15〉 시간별 정책 여건 비교

	패러다임1 ('05.~'17.)	패러다임2 ('18.~'30.)
추진 주체	중앙정부 (Top Down방식)	지방정부 (Bottom Up방식)
정책 비전	수도권집중 완화 및 자립형 지방화	국가균형발전을 위한 新지역성장거점 육성
추진 목표	공공기관 이전 완료	가족동반 이주율 제고, 삶의 질 만족도 향상, 지역인재 채용 확대, 기업입주 활성화
정책 대상	수도권 소재 공공기관	혁신도시 이전 공공기관, 지역주민, 지방대학생, 혁신도시 입주기업 등
추진 과제	공공기관의 차질없는 이전 이전기관 종사자 지원 수도권 종전부동산 매각	이전기관의 지역발전 선도, 미래형 스마트 혁신도시 조성, 산업 클러스터 활성화, 주변지역과의 상생발전, 추진체계 재정비
법적 근거	공공기관 지방이전에 따른 혁신도시 건설 및 지원에 관한 특별법	혁신도시 조성 및 발전에 관한 특별법

자료 : 국토교통부 혁신도시발전추진단

나. 혁신도시 정주여건 개선정책 추진방안

(1) 이전 공공기관의 지역발전 선도

지역일자리 창출 및 지역인재 지역 정착을 위해 혁신도시 등 지방으로 이전한 공공기관의 지역인재 채용 의무화('18년 18%→'22년 30%) 제도를 2018년 1월부터 시행하고, 지역인재 채용 의무화와 연계하여 인재양성을 위해 오픈캠퍼스를 55개 공공기관(101개 과정)에서 운영 중이다.

또한, 2018년부터 이전공공기관의 지역발전계획을 수립하도록 하고, 이전지역에서 생산되는 재화나 서비스의 우선 구매를 촉진하는 등 이전기관의 지역발전 역할을 강화하였다.

(2) 혁신도시 산업 클러스터 활성화

혁신도시를 중심으로 지방에 혁신-창업 생태계를 조성하기 위한 혁신도시 기업입주 및 창업 활성화 방안을 마련('18.8. 경제장관회의)하여, 이전공공기관의 연관산업 유치를 위한 입주자금(건축·부지매입비 등 대출이자)과 초기 정착을 위한 임차료 지원, 중소기업과 씨앗·새싹기업의 창업을 지원하기 위하여 혁신도시 내 공실을 활용한 코워킹 스페이스, 공용회의실 등이 있는 공유오피스를 5개소(부산, 강원, 경남, 충북, 전북) 조성하고 입주하는 기업에 대해서는 임대료를 지원 등을 하였으며, 그간 산·학·연 클러스터의 시설입지기준 상 금지시설인 기숙사를 입주기업 종사자의 복지 및 주거 개선을 위하여 금지시설에서 제외하도록 개선하였다.

클러스터 활용도가 낮은 혁신도시에 단지 규모로 기업업무공간, 공공지원시설, 일자리 연계형 주택 등 복합개발이 가능토록 혁신도시형 도시첨단산업단지인 '혁신도시 비즈파크' 조성을 추진하고 있으며 입주기업들이 다양한 특구의 지원 혜택을 받을 수 있도록 관계부처와 지자체 협업을 통한 특구를 지정(4개 분야 24개 지정)하였다.

또한, 클러스터의 산·학·연 협력체계를 강화하고, 창업생태계 조성을 통한 지역 일자리 창출 등의 기반 조성에 필요한 지역 정주형 인력을 확충하기 위해 지역대학의 혁신도시 내 혁신융합캠퍼스를 부산(해양대), 전남(동신대), 대구(대구한의대), 전북(전주기전대) 등 4개 대학을 선정하여 조성 중에 있다.

(3) 혁신도시 정주여건 개선 및 상생발전

혁신도시는 수도권에서 이전한 가족들이 불편함을 느끼지 않도록 수준 높은 정주환경 조성을 목표로 각종 사업 등을 추진해 왔으나, 문화·교육·의료 분야 등에 대한 주민들의 갈증이 큰 상황이다.

이에, 2018년부터 혁신도시의 부족한 정주인프라 개선을 위해 혁신도시별 보육·문화·체육 등 편의시설이 융합된 복합혁신센터 건립(총 11개소)을 추진하여 2023년 말 기준 9개소를 준공하였으며,

혁신도시와 주변지역의 양극화 극복을 위해 중앙정부-지자체-이전기관이 연계하는 상생협력 사업도 추진하고 있다.

(4) 추진체계 재정비

혁신도시를 지역균형발전의 新성장거점으로 발전시키기 위한 중장기(5년) 마스터플랜으로서 시·도별 발전계획을 토대로 정책방향을 구체화한 제2차 혁신도시 종합발전계획('23~'27)을 수립 후 시행하였다.

4. 향후 추진계획

공공기관 지방이전 및 혁신도시 조성 사업은 중앙정부, 지자체, 사업시행자 등의 적극적인 협력을 통해 차질 없이 추진하였으며, 이전 대상 153개 공공기관이 2019년 말에 이전을 모두 완료하였다.

정부는 혁신도시 건설의 성공적인 추진을 위해 공공기관 지방이전과 혁신도시 건설 사업의 추진상황에 맞춰 공공기관의 지방이전을 지원하기 위한 여러 가지 지원책을 강구함은 물론, 혁신도시가 지역성장거점으로 보다 성공적으로 발전할 수 있도록 인프라 확충 등 정주여건 개선사업 등을 지자체와 이전공공기관이 중심이 되어 추진할 계획이다.

공공기관 이전이 완료된 혁신도시를 지역의 자생적 성장을 위한 지역성장거점으로 기능을 강화하기 위하여 이전공공기관과 연관된 기업·대학·연구소 등의 유치를 확대하기 위한 입주 및 정착 자금을 지속 지원하고, 중소기업 또는 씨앗·새싹기업의 창업을 지원하기 위한 공유오피스의 조성을 확대할 계획이며, 더불어 클러스터 내 산·학·연 협력체계 강화 및 창업생태계 조성을 위하여 지역대학의 혁신도시 내 혁신융합캠퍼스 조성을 확대할 계획이다.

또한, 산학연 클러스터 활성화를 위하여 양도가격의 무기한 제한을 완화하고 시설입지기준은 혁신도시별 특성에 따라 탄력적으로 운영할 수 있도록 개선해 나갈 계획이다.

원도심 등 주변 지역과의 상생을 도모하기 위해 혁신도시와 연계한 도시재생사업 및 로컬푸드 소비체계 구축 지원 등을 추진하고, 혁신도시 발전성과를 주변 지역으로 확산시키는 기반을 구축하기 위해 상생발전 협의체 구축·운영 및 사회적 경제조직 활성화 등 다양한 상생협력 사업을 지속적으로 발굴·육성해 나갈 계획이다.

제4절 기업도시 건설

1. 추진배경

가. 기업도시의 개념

기업도시란 산업입지와 경제활동을 위해 민간기업 주도로 개발되는 도시로서, 기업 자신이 필요한 용지를 개발하여 생산·연구 개발 등 유관산업과의 연계성 및 효율성을 극대화함과 동시에 정주에 필요한 주택·교육·의료 등 자족적 복합기능을 가진 도시를 말한다.

나. 기업도시 추진배경

우리나라는 지난 40년간 수도권 집중억제를 위한 지속적인 노력에도 불구하고 인구·산업 등 수도권 집중현상이 지속되어 왔다. 그 결과 산업·금융 등 경제활동의 60% 이상이 수도권에 집중되어 지방은 인구감소를 겪는 실정으로 산업공동화에 따른 소득감소 및 실업증가로 지방의 자립기반이 크게 약화되었다.

이에 정부는 민간자본을 활용한 도시개발을 통해 기업의 국내투자를 확대하고 지역경제의 활성화를 통한 지역발전을 도모하기 위하여 기업도시의 개발을 추진하게 되었다. 기업도시는 기업이 투자 이전계획을 가지고 직접 개발한다는 점에서 주택수요를 충족시키기 위한 신도시와 산업용지 공급을 위한 산업단지와 차이점이 있다.

〈그림 2-2-3〉 기업도시의 특징

2. 기업도시개발 특별법령 제정

가. 추진경위

2003년 10월 전국경제인연합회(全經聯)는 기업의 투자의욕 고취와 일자리 창출을 위해 기업도시 개발을 정부에 제안하였다. 이에 정부는 민간기업의 국내 투자촉진과 지역발전의 견인차로 활용한다는 차원에서 전경련의 제안을 긍정적으로 수용하여 특별법 제정을 추진하여 2004년 6월 「기업도시개발 특별법안」을 마련하였고 관계기관·전문가·시민단체 등과의 협의 및 의견수렴과정을 거쳐 2004년 12월 31일 제정·공포하였다.

「기업도시개발 특별법」 하위법령에 대해 관계부처 협의 등을 거쳐 시행령과 시행규칙을 제정하여 2005년 5월 1일부터 시행하고 있다.

나. 기업도시 개발제도

(1) 기업도시의 유형 및 면적

기업도시를 주된 기능에 따라 산업교역형·지식기반형·관광레저형으로 유형화하여 도시의 규모 및 지원내용 등을 차등화하고, 기업도시로서의 복합기능과 자족성을 확보하기 위하여 유형별 최소면적기준과 주된 용도로 사용되는 토지의 최소 조성비율을 정하는 한편, 시행자가 산업투자보다 부동산 개발에 치중하는 것을 방지하기 위하여 시행자가 기업도시 조성 토지의 일정면적을 직접 사용하도록 의무화하였으나,

2015년 12월 민간기업의 기업도시 신규 참여 활성화를 위한 제도개선을 추진하면서, 최근 융·복합화 추세에 맞추어 기업의 탄력적 개발이 가능하도록 개발유형을 통·폐합하고, 이에 따른 유형별 최소개발면적과 주된 용지율 및 사업시행자 직접사용비율도 완화하였다.

<표 2-2-16> 유형별 주된 기능 및 최소면적 등

구 분	종전('15.12. 이전)			개정('15.12. 이후)
개발유형 (주된기능)	지식기반형 (R&D 중심)	산업교역형 (제조업 중심)	관광레저형 (관광·레저 중심)	유형 통합
최소 개발면적	330만㎡	500만㎡	660만㎡	100만㎡ (관광중심 150만㎡, 골프장 포함시 200만㎡)
가용토지 중 주된 용지율	30%이상	40%이상	50%이상	30%이상
주된용지 중 직접사용율	20%	30%	50%	20% (부득이한 사유로 시장·군수 요청시 10%)

자료 : 국토교통부 국토정책관

(2) 기업도시 입지요건

(가) 기업도시 우선 입지대상

「국가균형발전 특별법」상 성장촉진지역으로 선정된 지역, 지역경제 활성화 및 고용증대 등 국민경제 발전에 효과가 큰 지역 또는 지식기반 산업집적지구로 지정된 지역을 우선적으로 입지대상으로 선정하고 있다.

(나) 기업도시 입지제한지역

수도권·광역시(郡지역은 지정대상에 포함) 지역과 대규모 개발 사업이 집중된 지역으로서 기업도시위원회의 심의를 거쳐 국토교통부장관이 고시하는 지역은 입지지역으로서 제한을 두고 있었으나, '15년 5월 수도권을 제외한 광역시 및 충청권 지역에 대한 입지제한을 폐지하여 수도권을 제외한 모든 지역에 기업도시 개발이 허용되고 있다.

(3) 기업도시 개발구역의 지정

(가) 지정 제안권자

기업도시 개발의 공익성을 확보하고 사업추진 과정에서 지역주민과의 분쟁 최소화 등 원활한 업무협조를 위하여 민간기업이 기업도시를 개발할 때에는 관할 시장·군수와 공동으로 구역의 지정을 제안하도록 하고 있다.

또한 협의가 현저히 지연될 우려가 있거나 도와 공동으로 사업을 시행하고자 하는 경우에는 도지사와 공동제안이 가능하도록 하고 있다.

(나) 지정권자 : 국토교통부장관

국토교통부장관은 관계 행정기관과 협의, 공청회, 중앙도시계획위원회 및 도시개발위원회 심의를 거쳐 개발구역을 지정·고시하며, 필요시 중앙도시계획위원회와 도시개발위원회를 공동심의토록 규정하고 있다.

(4) 시행자 유형 및 지정요건

기업도시 사업시행자는 단일 민간기업 또는 다수 민간기업이 전담기업을 설립·추진하거나 공공기관(지자체, 정부투자기관, 지방공사 등)과 함께 추진할 수 있도록 하고 있다. 특히 기업도시 개발사업의 시행능력이 검증되지 않은 부실시행자의 난립을 방지하고 개발사업을 안정적으로 추진하기 위하여 재무건전성이 높고 최소 자기자본을 확보한 기업이 사업에 참여하도록 시행자의 요건을 정하고 있으며, 시행자가 도산하거나 사업계획에 따른 사업체의 이전 등을 이행하지 않는 경우에는 대체 시행자를 지정할 수 있도록 하고 있다.

(5) 개발이익의 환수

기업도시의 개발에 따른 개발이익이 민간기업 등에게 집중되는 것을 방지하고 지역발전을 위한 조치를 마련하기 위하여 해당지역의 낙후도에 따라 개발이익의 20%(성장촉진지역은 10%)를 기반시설 등에 재투자하도록 규정하고 있다.

첫째, 전문기관의 조사·분석에 의하여 개발이익을 추정한다.

둘째, 지역별 낙후도를 감안하여 적정한 개발이익을 산정하되, 그 초과분은 구역 밖의 간선시설과 구역안의 공공편익시설 설치에 재투자하여 환수(개발계획 승인시 산정)할 수 있다.

셋째, 실시계획 승인시 산정기초가 된 중요사항의 변동이 있는 경우는 개발이익을 재 산정하되, 그 결과 개발계획 승인시 산정내용과 현저한 차이가 발생하면 환수계획을 재조정할 수 있다. 그 후 준공 검사시 집행

결과를 검토하여 일정기준 이상의 이익발생이 인정되는 경우 공공편익 시설 등을 추가 설치하도록 하고 있다.

(6) 사업시행자에 대한 지원

(가) 제한적인 토지수용권 부여

민간기업이 단독으로 사업을 시행할 경우에는 토지면적의 50% 이상을 확보한 후에 수용재결을 신청할 수 있도록 하고 있다. 다만, 공공과 공동 시행시에는 수용권에 제한이 없다. 수용재결기간은 개발계획 고시일부터 4년 이내로 제한하고, 부득이한 경우 1년 연장할 수 있다.

(나) 학교·병원·체육시설 설치상의 특례

기업도시의 정주여건을 확보할 수 있도록 시행자에게 교육기관, 의료기관 및 체육시설의 설치·운영에 관하여 일부 특례를 적용한다.

시행자는 교육행정청과의 협의 및 기업도시위원회의 심의를 거쳐 기업도시 개발과 동시에 학교설립이 가능하다. 우선 학교시설사업을 시행하고 이후 학교법인(비영리법인)을 설립하여 학교설립인가를 신청할 수 있다. 학사운영에 자율성이 부여되는 자립형사립고·특수목적고 등 자율학교를 유치할 수 있으며, 아울러 외국학교법인은 기업도시내 도시개발위원회 심의·의결을 거쳐 교육과학기술부장관의 승인을 얻어 외국교육기관(전문대학 이상)을 설립·운영할 수 있다.

(다) 투기지역 외에서 조성토지와 주택공급상의 예외 인정

원칙적으로 조성토지와 입주업체 종사자 등에 대한 공동주택 등의 처분에 일정한 자율성을 부여한다. 조성토지의 처분에 있어 주용도 토지(산업용지 등)는 개발계획 승인신청시 시행자가 정한 기준에 따라 공급(자율처분)하며 임대주택용지($85m^2$이하) 및 공공시설용지에 대해서는 감정가기준으로 추첨방식으로 행한다. 다만, 기업도시 활성화를 위해 필요하다고 인정하는 경우에는 조성원가 등 그 이하의 금액으로 공급이 가능하다.

상업·업무용지 등 기타용지는 감정가기준으로 추첨 또는 경쟁입찰을 통해 처분하도록 한다. 또한 주택공급상 예외자로 인정되는 입주기업의 종사자, 교육기관의 교원·종사자 및 국가·지자체·정부투자기관·연구기관의 종사자에게는 특별 공급할 수 있다.

(라) 조세 및 부담금 감면

기업도시 개발사업의 원활한 시행을 위해 시행자에게 조세 및 부담금 감면, 기업도시내 신설·창업기업에게는 세제 및 자금지원 등을 할 수 있다.

〈표 2-2-17〉 국세(법인세·소득세) 감면내용

구 분	감 면 내 용
사업시행자	3년간 50%, 2년간 25%
신설 또는 창업기업	3년간 100%, 2년간 50%

한편, 지방세(취·등록세, 재산세)는 15년 범위내에서 지자체가 감면기간, 감면비율 등을 조례로 자율 결정하도록 하고 있다. 또한 개발부담금, 교통유발부담금 등 각종 부담금에 대해서는 다음과 같이 감면한다.

〈표 2-2-18〉 부담금 감면내용

종 류	감 면
개발부담금 (개발이익환수법)	· 면 제
교통유발부담금 (도시교통정비촉진법)	· 면 제
공유수면점·사용료 (공유수면관리법)	· 면 제
대체초지조성비 (초지법)	· 50% 감면
대체산림자원조성비 (산지관리법)	· 준보전산지 50% 감면
농지보전부담금 (농지법)	· 농업진흥지역 밖 50% 감면

(마) 선택적 규제특례 적용

기업도시별 특화된 자율적인 발전을 유도하기 위하여 규제특례 계획을 수립하여 개발계획에 포함하는 경우 해당 특례를 적용하도록 2009년 9월 제도개선을 추진하였다.

<표 2-2-19> 선택적 규제특례 내용

종 류	내 용
건축허가의 완화 (건축법)	야외 전시 및 촬영시설은 신고 대상으로 완화
지방도매시장 개설 (농수산물유통 및 가격안정에 관한 법률)	시장·군수가 지방도매시장을 개설토록 함
차마의 통행제한 (도로교통법)	입주기업의 경영을 위하여 필요한 경우 차마의 도로 통행금지 또는 제한
공동연구·기술개발 허용 (독점규제 및 공정거래에 관한 법률)	입주기업의 공동연구·기술개발 등을 허용
외국어 교원 자격기준 완화 (초·중등교육법)	외국어 전문교육을 실시하기 위한 외국인 교원 및 강사의 자격요건 규정
외국인 사증 발급 기준 완화 (출입국관리법)	외국인에 대한 사증발급의 절차와 1회에 부여할 수 있는 체류자격별 체류기간 상한 완화
외국인 투자기업에 관한 특례	- 국가유공자 고용의무, 장애인 고용의무, 고령자 고용의무 제외 - 고유업종에 의한 대기업의 참여제한 제외 - 근로자 파견대상 업무, 파견기간을 연장 완화
외국어 서비스 제공	문서 등을 외국어로 발간·접수·처리하는 외국어 서비스를 제공

3. 기업도시 시범사업

가. 시범사업 추진경위

정부는 법적 근거가 마련됨에 따라 기업도시 개발사업을 조기에 가시화하여 지자체의 관심을 제고하고 기업의 적극적인 투자를 유도하기 위해 시범사업을 추진하였다. 이를 위하여 2005년 1월 시범사업 추진계획을 고시한 결과 8개 지역이 신청하였으며, 현지조사 및 평가작업, 기업도시위원회의 심의 등을 거쳐 6개 지역이 2005년 8월 최종 선정되었다.

6개 지역에 대한 시범사업은 각 사업별 참여기업과 지자체 주도로 전담기업을 설립한 결과, 계획수립을 가장 먼저 마무리한 태안('07. 10.)을 비롯하여 충주('08. 6.), 원주('08. 7.)가 착공되었으나, 무주는 국제 금융위기로 인한 경영악화 및 국내 부동산 경기 침체로 사업시행자가 사업을 포기하여 문화체육관광부에서 2011. 1월 개발구역 지정 해제함에 따라 사업이 중단되었고, 무안은 SPC청산('12. 6) 이후 사업추진을 지속하기 위해 대체투자자를 물색하였으나, 기업 유치 실패로 2013. 2월에 개발구역을 지정 해제하였다.

나. 추진현황

충주기업도시는 개발사업을 차질없이 추진하여 2012년 12월에 준공되었고, 2023.12월말 기준 99% 분양과 22개사가 입주를 완료하여 가동 중에 있으며 '18년에는 분양성 확대를 위해 지구단위계획을 변경한 바 있다.

원주기업도시는 사업 추진상 가장 큰 걸림돌인 사업비 조달문제를 해결하여, '19년 9월 준공하여 바이오 헬스케어를 중심으로 50개 기업을 유치하였으며, 35개사가 입주를 완료하여 가동 중이다.

태안기업도시는 2023.12월말 기준 공정률 60.5%로 골프장 4개소, 숙박시설 2개소, 한국타이어 주행센터, UV 랜드(드론 교육장) 등을 운영 중이며, 바이오 농업단지, 산업연구단지 등 부지조성공사 준공 등을 목표로 사업이 차질 없이 추진 중이다.

또한, 영암·해남 기업도시는 그동안 공유수면 매립면허권 양도·양수 지연으로 사업추진이 곤란하였으나, 구성지구는 매립면허권 양도·양수 문제가 해결되어 2017.8월 공유수면 토지소유권을 취득 후 태양광발전소(48만평, 98MW), 골프장 1개(18홀)를 운영 중이고, 삼호지구는 2014.5월 실시계획 승인을 거쳐 2018.6월에 공유수면 매립 준공 후 골프장(3개 63홀)을 운영 중이며, 삼포지구는 최근 목포도시가스를 사업시행자로 추가하고 개발계획 변경·실시계획 수립(자동차연관산업 유치)을 통해 사업을 본격 추진할 계획이다.

<그림 2-2-4> 기업도시 시범사업 지역

원주 (지식기반형)
충주 (지식기반형)
태안 (관광레저형)
영암·해남 (관광레저형)

□ 기업도시별 개요

<그림 2-2-5> 충주기업도시(지식기반형)

○위 치 :
 충주시 주덕읍,
 이류면, 가금면 일원
 (701만㎡)

○사업기간 :
 2007~2012년

○참여기업 :
 포스코건설, LH공사,
 현대엔지니어링 등

○도입시설 :
 첨단산업연구단지,
 첨단전기·전자부품
 소재산업,
 종합레포츠시설 등

<그림 2-2-6> 원주기업도시(지식기반형)

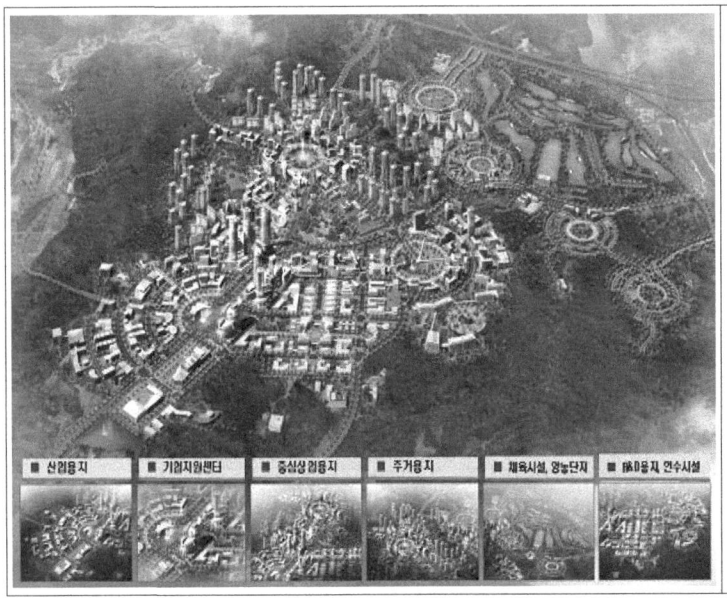

○ 위 치 :
  원주시 지정면 가곡리·
  신평리·일원 등 (528만㎡)

○ 사업기간 :
  2007~2019년

○ 참여기업:
  롯데건설, 경남기업,
  IBK투자증권 등

○ 도입시설:
  첨단의료·연구단지,
  건강바이오 산업단지 등

<그림 2-2-7> 태안기업도시(관광레저형)

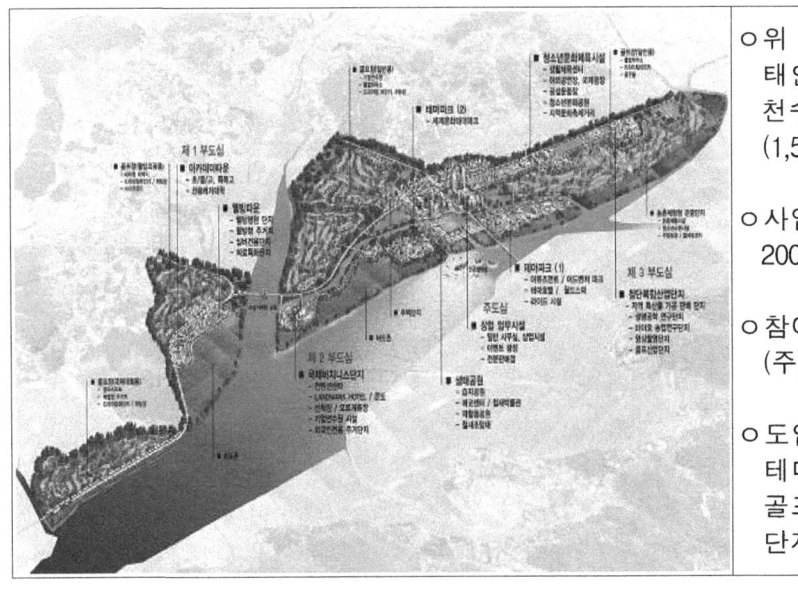

○ 위 치 :
  태안군 태안읍·남면
  천수만 B지구 일원
  (1,546만㎡)

○ 사업기간 :
  2007~2025년

○ 참여기업 :
  (주)현대도시개발

○ 도입시설 :
  테마파크, 생태공원,
  골프장, 국제비즈니스
  단지 등

<그림 2-2-8> 영암·해남기업도시(관광레저형)

○ 위 치 :
  영암군 삼호읍, 해남군 산이면 (3,439만㎡)
○ 사업기간 :
  2006~2025년
○ 참여기업:
  -(삼호)에이스투자, 한국관광공사 등
  -(구성)보성산업(주), ㈜한양 등
  -(삼포)전라남도, 전남개발공사 등
○ 도입시설:
  테마파크, 마리나, 호텔, 골프장, 주거/교육시설 등

4. 기업도시 활성화를 위한 기업혁신파크 도입 추진

가. 추진경위

2004년도에 도입된 기업도시는 제도 도입 당시 기대에 비해 사업활성화가 크게 미흡하였다. 6개 시범사업 중 충주·원주는 준공되었으나 무주와 무안은 사업이 무산되었으며, 태안 및 영암·해남은 2023년 현재까지 개발이 진행 중이다.

준공된 기업도시(충주·원주)는 민간주도개발 가능성을 입증했으나 시범사업 이후 기업도시는 추진실적이 전무한 상황으로, 이는 '08년 이후 부동산 경기침체, 공공목적 요구에 따른 각종 규제에 기인한 측면이 있다.

이에, 국토교통부는 기업도시 활성화를 위한 제도개선방안을 2014년 발표하고 수도권을 제외한 광역시, 충청권 입지규제 완화, 최소면적기준 완화(330만㎡이상→100만㎡이상), 개발유형 통합 등의 개발방식을 도입하고, 인센티브 강화를 위해 전폐율·용적율 특례도입과 개발이익 환수비율 완화 등을 도입하였다.

그럼에도 불구하고 기업도시의 입지규제, 개발면적 기준 등 규제는 타 사업에 비하여 엄격한 반면 산업단지 등의 사업이 민간참여 복합개발이 대폭 허용되고 상대적으로 재정지원 미흡, 입주기업 대상지원 부족 등으로 민간주도형 지역개발이라는 기업도시 제도의 비교우위는 감소하였다.

수도권과 비수도권간에 심화되는 격차를 완화하기 위해 비수도권 지역에 양질의 일자리 창출 주체인 기업 역량을 적극 활용하는 정책의 필요성이 부각됨에 따라 기업주도로 개발한 공간에 지방성장을 위한 정부지원을 연계, 기업투자여건을 개선하는 방향으로 기업도시 제도를 보완하는 기업혁신파크(국정과제)를 추진하고 제도 활성화를 위해 선도사업을 통한 성공모델을 우선 발굴할 계획이다.

나. 기업도시 제도개선을 통한 기업혁신파크 추진

비수도권 지역에 실제 기업이 입지하고 투자할 수 있도록 기업이 주도하는 개발과 투자를 촉진하기 위해 기업·지자체 수요를 적극 반영하여, 기업이 만든 공간에 지방성장을 위한 정부지원을 연계하는 기업혁신파크 선도사업을 통해 민간이 주도하는 지방시대를 추진하기 위한 제도개선방안이 2022년 12월 법안 발의 되었으며, 2024년 상반기 기업도시법 개정 이후 시행령 등 하위법령 개정을 통해 선도사업을 지원할 계획이다.

다. 향후 추진계획

기업도시 활성화를 위한 제도개선과 동시에 기업혁신파크 선도사업을 추진('24년~)할 계획이며, 지역별 설명회와 개별 면담을 통해 기업 및 지자체의 사업이해도를 높이고, 개별 맞춤형 컨설팅, 평가 및 선정부터 계획수립까지 범정부 협업체계를 구축하는 등 기업도시 선도사업의 성공모델 구축을 위해 노력할 예정이다.

또한, 개발사업을 계속 진행 중인 기존 시범사업 지역(태안, 영암·해남)에 대해서도 사업 주관부처인 문체부와 협업하여 기업 투자애로 사항의 적극적 해소노력과 업무지원 등으로 가시적인 성과를 거둘 수 있도록 지속 지원할 계획이다.

제5절 제주국제자유도시 개발

1. 제주국제자유도시의 개요

가. 추진배경

 제주국제자유도시 구상은 세계적인 흐름에 맞추어 제주도를 사람·상품·자본의 이동이 자유로운 국가전략지역으로 개발하여 외국자본과 관광객을 유치함과 동시에, 교육과 인적자원 개발에 투자하여 새로운 미래산업을 개척하고자 하는 21세기의 국가전략이며 생존전략이기도 하다.

 제주국제자유도시 전략은 싱가포르·홍콩·두바이 등 작은 국내시장, 부족한 부존자원 등 불리한 여건을 극복하고 최고의 비즈니스 환경을 구축한 지역들을 벤치마킹하여, 특색 있고 경쟁력 있는 국제 비즈니스 중심지로 육성하겠다는 전략이며, 한국경제의 재도약을 위한 경제 자유화 시범지역으로서 제주의 미래를 설계하고 실현해 나가는 작업이라고 할 수 있다.

 제주국제자유도시를 성공적으로 개발하기 위해 정부는 제주도를 국제적인 관광휴양도시로 만들어 관광객 유치를 확대하고, IT·BT 등 첨단산업을 육성하여 지역기반산업의 경쟁력을 강화하는 한편, 법령 및 제도개선을 통하여 적극적인 투자환경을 조성하여 나갈 계획이다.

나. 그간의 경위 및 추진기구

 제주국제자유도시 개발의 타당성 검토와 기본계획 수립을 위하여 1999년 9월 미국의 국제적 컨설팅회사인 존스 랑 라살(Jones Lang Lsalle)사를 용역사로 지정하여 약 1년간에 걸쳐 '제주도 국제자유도시 개발 타당성 조사 및 기본계획 수립'을 위한 연구용역을 시행하였다.

 그리고 제주를 세계속의 국제자유도시로 조성하기 위하여 2001년 1월 건설교통부내에 「제주국제자유도시 추진지원단」을 발족하였고, 2001년 8월에 대통령령으로 국무조정실에 「제주국제자유도시 추진기획단」을 설치하였다.

2001년 11월에는 '제주국제자유도시기본계획'을 확정하고, 2002년 1월 「제주국제자유도시특별법」을 전면개정·공포하였으며, 2003년 2월에는 '제주국제자유도시종합계획'을 수립함으로써 제주국제자유도시 개발을 위한 제도적 기반과 추진체계를 구축하였다.

특별법에 근거하여 중앙정부차원의 추진지원 및 조정기구로서 「제주국제자유도시 추진위원회」(위원장 : 국무총리)를 구성하고, 2002년 5월 제주국제자유도시 개발을 위한 전담 추진기구로 「제주국제자유도시개발센터」를 설립하였으며, 2004년 3월 '제주국제자유도시시행계획'을 수립·시행함으로써 7대 선도프로젝트 추진과 함께 전문적인 홍보·마케팅을 통하여 국내외 투자유치 활동을 본격적으로 추진하였다.

제주도의 행정구조개편을 통하여 자치와 분권의 모범지역으로 발전시키고자 고도의 자치권을 부여하는 '제주특별자치도 기본구상'을 2005년 5월 확정하고, 국무총리실에 「제주특별자치도 추진기획단」을 설치하였으며, 2006년 2월 「제주국제자유도시특별법」을 전면 개정한 「제주특별자치도 설치 및 국제자유도시 조성을 위한 특별법」을 공포하였고, 2006.7.1 '제주특별자치도'가 출범하였으며, 2006년 12월 '제주국제자유도시종합계획 보완계획'을 마련하였고, '제주국제자유도시개발센터 시행계획'을 2007년 6월과 2008년 12월에 2회 수정 보완하였다.

2011년 12월 제주국제자유도시 추진 10년을 맞이하여 제주특별자치도에서 새롭게 '제2차 제주국제자유도시 종합계획'을 수립하였으며, 2012년 '제2차 제주국제자유도시종합계획'에 따라 '제2차 제주국제자유도시개발센터 시행계획'을 수립하였다.

2017년 3월 변화된 환경 및 도민의 정책수요를 반영하여 제주특별자치도에서 '제2차 제주국제자유도시 종합계획 수정계획'을 수립하였으며, 그에 따라 2018년 1월 '제2차 제주국제자유도시개발센터 시행계획 수정계획'을 재수립하였다.

2021년 12월 기존 계획의 만료에 따라 '제3차 제주국제자유도시 종합계획'을 제주특별자치도에서 수립하였고, 이에 따른 '제3차 제주국제자유도시개발센터 시행계획'을 2022년 12월에 수립하였다.

다. 국제자유도시 추진방향 설정

제주국제자유도시 기본계획상 추진전략은 외국인이 선호하는 환경친화적 관광·휴양도시로 개발, 비즈니스·첨단지식산업·물류·금융 등 복합기능도시로 발전, 제주도민의 소득향상과 국제화의 선도기능 함양 등이며, 국제자유도시가 명실상부한 국가전략사업으로 추진될 수 있도록 보다 과감한 선택과 집중을 위해 전략산업 선정 및 글로벌 수준의 규제완화, 중앙정부의 적극적 지원을 계획하고 있다.

제주국제자유도시 건설의 효율적 추진을 위해 1단계 전략으로 2011년까지 국제적 수준의 관광·휴양·교육·의료 등 관련 인프라 집중 육성, 국제화 능력 함양, 행정·세제 등 과감한 투자인센티브 부여를 통하여 경쟁력 있는 혁신적 국제자유도시 인프라를 구축하고, 1단계 목표 달성 후 2020년까지 2단계 전략으로 제주의 청정환경과 국제자유도시 인프라를 활용한 우수 첨단 IT·BT·ET·물류·금융·지식기반산업이 연계된 특화 클러스터를 구축하여, "관광휴양도시와 지식기반 산업단지 결합"이라는 선진국형 산업구조를 갖춘 동북아의 중심이 되는 국제자유도시로 육성하도록 중점 추진사업을 전개해왔다. 2022년부터는 "사람과 자연이 공존하는 스마트 사회, 제주"를 비전으로 "안전하고 편안한 행복제주, 지속가능한 청정제주, 활력있고 상생하는 혁신제주, 세계와 교류하는 글로벌 제주"라는 목표 달성을 위해 제주국제자유도시의 완성도를 높여나갈 예정이다.

2. 제주국제자유도시종합계획

가. 제1차 제주국제자유도시 종합계획(2002~2011)

제주국제자유도시종합계획은 제주국제자유도시특별법에 근거하여 제주도지사가 종합계획안을 작성하여 제주국제자유도시추진위원회의 심의와 대통령의 승인을 거쳐 2003년 2월 확정되었다. 동 계획은 제주국제자유도시 개발의 기본방향 및 전략, 구체적인 투자계획이 포함된 종합계획으로 계획기간은 2002년~2011년(10년)이며, 총 투자규모는 29조 4,969억원이다.

제1차 제주국제자유도시 종합계획의 기본방향은 제주도를 국제적인 관광·휴양, 첨단 지식산업 등의 복합기능을 갖춘 동북아 중심도시로 발전시켜 국가발전에 기여함과 동시에 제주도민의 소득과 복지를 향상시키겠다는 것이다. 이를 실현하기 위한 추진계획은 국제교류도시, 문화관광도시, 지식기반도시, 청정산업도시, 복지중심도시, 녹색정주도시, 환경생태도시 조성 등을 기본내용으로 하고 있다.

나. 제1차 제주국제자유도시종합계획 보완계획(2006~2011)

2002년부터 제주를 국제자유도시로 조성하기 위해 노력해 왔음에도 불구하고 제도적 기반, 정부지원, 자치역량 등의 미흡으로 추진에 한계를 보임에 따라 '제주특별자치도 기본계획'에 제시된 4대 핵심산업(관광·청정1차산업·교육·의료)과 이에 기반한 첨단산업(IT, BT)을 중심으로 제주특별자치도를 고도의 자치권이 부여되는 국제자유도시로 육성하여 21세기 한국의 새로운 성장거점으로 육성하기 위한 전략 마련을 위해 기존 종합계획의 비전과 기본목표 및 전략적 틀을 유지하면서 산업적 측면에서의 전략을 강화하고 보완한 '제주국제자유도시종합계획 보완계획'을 2006년 12월에 마련하였다.

보완계획은 제주국제자유도시 현황 및 여건분석, 제주국제자유도시 기본구상, 4+1 핵심산업 육성전략, 투자유치전략, 경쟁지역의 차별화 전략사업 발굴·육성, 지역균형발전 시책, 계획의 집행과 관리 등을 내용적 범위로 하고 있으며, 보완계획의 투자규모는 3조 9,926억원으로 기존 종합계획의 변경사항까지 고려할 때 총 투자규모는 35조 3,739억원에 달한다.

다. 제2차 제주국제자유도시 종합계획(2012~2021)

2003년 수립된 '제1차 제주국제자유도시종합계획'이 2011년으로 계획기간이 만료됨에 따라 제주국제자유도시특별법에 근거하여 제주특별자치도지사가 '제2차 제주국제자유도시종합계획'을 작성하여 제주특별자치도의회 동의를 거쳐 2011년 12월 확정되었다. 동 계획은 제주국제자유도시 개발의 기본방향 및 전략, 구체적인 투자계획이 포함된 종합계획으로 계획기간은 2012년~2021년(10년)이며, 총 투자규모는 33조 7,779억원이다.

제2차 제주국제자유도시종합계획의 기본방향은 세계경제의 개방화와 다극화, 지구 온난화, 고령화 사회로의 진전 등 급변하는 시대적 조류에 적극적으로 대처하고 지역의 창의적인 발전 체제를 구축하기 위하여 제주의 강점분야인 관광산업의 경쟁 우위 확보, 1차 산업의 지속적 육성 및 고부가 가치화, 국제자유도시 도약을 위한 정주환경 개선, 취약한 2차 산업분야 경쟁력 확보를 목표로 새로운 비전과 전략을 설정하였다.

현재 전 세계 최대의 소비시장으로 급성장하고 있는 '대중국 공략'을 기조 전략(prime strategy)으로 상정하고 국제적 경제가치 극대화, 관광·휴양경쟁력 강화, 지역사회 개방성 제고를 일반 전략(general strategy)으로 하는 1+3 전략틀을 구상하였다.

또한 1차 계획은 제주가 지향하는 국제자유도시의 개념 및 교류, 문화, 관광, 지식부문 등 각 부문별 발전모델을 정립하는 성과를 도출하기 위하여 기초 인프라를 구축에 중점을 두었다면 2차 계획은 1차 계획에서 정립된 발전모델 및 각 부문별 사업들을 계승, 발전시키는 한편 국제자유도시로서 실질적 성과를 확산하기 위하여 소프트웨어 측면의 인프라 사업들을 신규로 발굴하고 제한된 지역자원 활용을 극대화 하고, 유사자원과 기능을 보유·수행할 수 있는 지역들을 하나의 권역 묶어 4개의 발전권역을 설정하였다.

〈그림 2-2-9〉 지역발전권역별 핵심기능

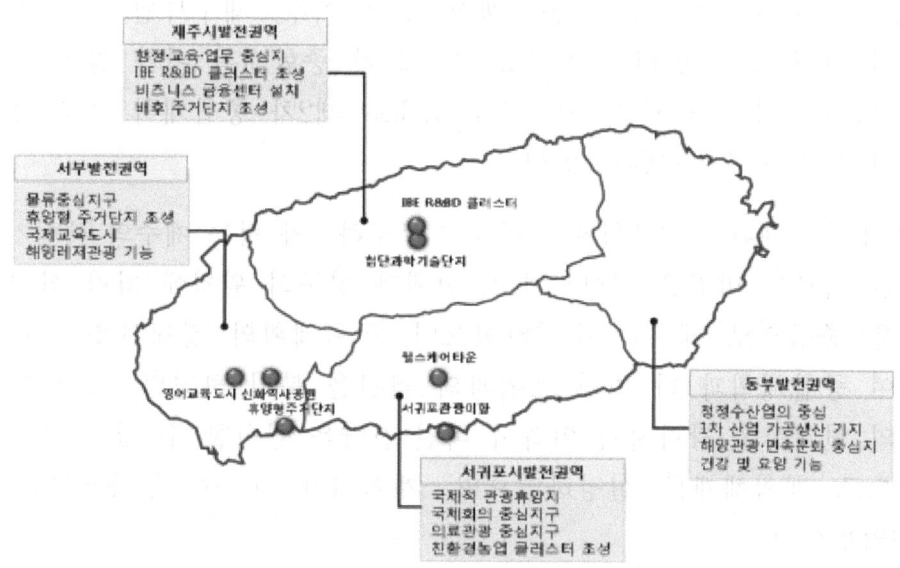

첫째, 제주시발전권역은 제주시를 중심으로 조천읍, 애월읍을 포함하는 지역으로서 제주특별자치도의 중추기능 중심지역으로 발전시키기 위하여 제주시는 행정·교육·문화·업무의 중심지 기능을 강화 하고, IBE R&BD 클러스터와 비즈니스 금융센터를 설치하고 애월읍과 조천읍은 배후주거지구를 개발하고 해안 관광휴양지, 체험형 관광지로 조성해 나갈 계획이다.

둘째, 서귀포시발전권역은 서귀포시를 중심으로 남원읍을 포함하는 지역으로 서귀포 혁신도시, 제주 ICC(컨벤션센터), 헬스케어타운 조성사업과 연계하여 국제적인 관광휴양지로 조성할 계획이다.

셋째, 동부발전권역은 성산읍과 표선면, 구좌읍, 우도면을 포함하는 지역으로서 해양·관광·민속문화 중심지와 청정 수산업의 중심지, 1차 산업 가공생산 기지로 육성할 계획이다.

마지막으로 서부발전권역은 한림읍과 한경면, 대정읍, 안덕면을 포함하는 지역으로서 한림읍과 한경면은 서부지역의 중추관리 기능지구로 한림항의 항만기능을 강화하고 협재해수욕장과 비양도를 활용한 해양레저기능 지구를 조성할 예정이며 대정읍은 안덕면을 포함한 서남부지역의 중심지로서 국제교육도시, 전원도시 및 역사유적관광지로 개발해 나갈 계획이다.

라. 제2차 제주국제자유도시 종합계획 수정계획(2017~2021)

제2차 제주국제자유도시 종합계획 수립 이후, 제주특별자치도지사는 변화된 환경 및 도민의 정책수요 및 제2차 종합계획 평가 결과를 반영하여 비전·전략을 재설정하고, 이를 토대로 제2차 종합계획 프로젝트 및 부문별 계획을 수정·보완하였다.

제2차 종합계획 수정계획은 도민들이 추구하고자 하는 제주의 핵심가치를 반영한 새로운 비전을 재설정하고, 선택과 집중의 원칙에 따라 산업육성 전략을 중심으로 계획을 수립하였으며, 종합계획의 정체성을 확보하기 위하여 종합계획과 타 법정 계획과의 역할을 분리 하였다. 그리고 계획체계의 연계성을 강화하기 위하여 비전·전략을 실현할 수 있는 프로젝트 중심으로 계획체계를 설정하였으며, 계획기간 내 총 투자규모는 3조 2,284억 원이다.

제2차 종합계획 수정계획은 '지속가능한 공존, 스마트 제주'라는 비전 아래, 이를 실현하기 위한 전략으로 '환경자원 총량 관리', '인적 자원, 물적자원, 정보 자원의 유동화 플랫폼 구축', '자원 유동화 플랫폼을 활용한 산업육성 프로젝트 추진'을 설정하였다. '환경자원 총량 관리'는 지속가능성 담보를 위한 제도 구축 전략이며, '인적자원, 물적자원, 정보자원의 유동화 플랫폼 구축'은 산업과 환경, 지역과의 공존을 실현하기 위해 각 자원의 유동화를 목적으로 인프라(플랫폼)을 구축하는 전략이다. '자원 유동화 플랫폼을 활용한 산업육성 프로젝트 추진'은 자원 유동화 플랫폼을 활용하여 6차 산업화, ICT 융·복합화, 녹색성장, 사회적 경제 활성화를 위한 프로젝트를 추진하는 것을 주요 내용으로 하고 있다.

마. 제3차 제주국제자유도시 종합계획(2022~2031)

'제1차 제주국제자유도시종합계획'이 2021년으로 계획기간이 만료됨에 따라 제주국제자유도시특별법에 근거하여 제주특별자치도지사가 '제3차 제주국제자유도시종합계획'을 작성하여 제주특별자치 도의회 동의를 거쳐 2021년 12월 확정되었다. 동 계획은 제주국제자유도시 개발의 기본방향 및 전략, 구체적인 투자계획이 포함된 종합계획으로 계획기간은 2022년~2031년(10년)이며, 총 투자규모는 20조 4,165억 원으로 추정된다.

제3차 제주국제자유도시종합계획은 제주도민의 삶의 질, 아름다운 자연환경의 보존과 관리, 제주 특성에 부합하는 혁신적 경제가 조화를 이루는 지속가능한 국제자유도시 제주를 지향하며 "사람과 자연이 공존하는 스마트 사회, 제주"를 비전으로 설정하였다.

본 비전을 구현하기 위해 사람, 환경, 경제, 국제교류 등 네가지 영역에서 쾌적하고 건강한 생활공간 조성, 깨끗한 환경관리와 매력적인 경관 창출, 제주 산업기반 확충, 세계적 수준의 문화예술 자원 발굴·육성 등 8대 전략을 도출하였다.

이에 따라 기존계획의 핵심사업들을 전면 재평가하여 선정한 7대 핵심사업과 새로운 18대 핵심사업을 도출하였다. 특히 새로운 핵심사업의 경우 각종 국가계획, 초광역개발권과 광역개발권 핵심사업 선정 기준 등에 따라 선정되었으며, 효과성, 실현가능성, 지역사회 수용가능성, 시급성 및 경제성 등을 기준으로 하여 우선순위를 선정하였다. 대표적으로 제주 동부지역의 발전기반 마련을 위한 스마트혁신도시 조성 등이 있다.

이 밖에도 8대 전략별 관리사업으로 총 120개 사업을 발굴했다.

3. 제주국제자유도시개발센터 시행계획

가. 제주국제자유도시 시행계획(2003~2011)

'제주국제자유도시시행계획'은 「제주국제자유도시특별법」에 근거하여 제주국제자유도시개발센터가 종합계획에 따라 추진하여야 할 사업을 구체화하는 실행계획으로서, 2004년 3월 제주국제자유도시개발센터가 마련한 계획안에 대하여 건설교통부장관이 승인함으로써 확정·고시 되었으며, 시행계획에서 정하고 있는 7대 선도프로젝트 중 첨단과학기술단지조성, 휴양형주거단지 조성, 신화·역사공원 조성, 서귀포관광미항 개발, 쇼핑아울렛 개발 등 5개 프로젝트를 제주국제자유도시개발센터에서 추진하고, 제주공항자유무역지역 조성사업은 제주도, 중문관광단지 확충사업은 한국관광공사에 각각 추진하도록 계획하였다

나. 제1차 제주국제자유도시개발센터 시행계획(2007~2011)

'제주국제자유도시개발센터 시행계획'은 「제주특별자치도 설치 및 국제자유도시 조성을 위한 특별법」에 근거하여 기존의 시행계획 명칭을 변경한 것으로, 종합계획 보완계획에서 기존 7대 선도프로젝트와 후속프로젝트를 핵심프로젝트와 전략프로젝트로 재조정함에 따라 제주국제자유도시개발센터는 4+1 핵심산업 육성계획을 적극 수용하고 이를 주도적으로 육성·추진할 수 있도록 제주국제자유도시시행계획을 보완하여 2007년 6월에 확정하였다.

시행계획의 내용적 범위는 특별법 제170조(舊 265조)에 의한 국제자유도시 개발을 위한 사업, 국제자유도시와 관련된 투자유치업무, 국제자유도시

개발에 소요되는 자금조성을 위한 수익사업 및 종합계획에서 제주국제자유도시개발센터가 추진하도록 되어 있는 사업들을 대상으로 하고 있으며, 종합계획의 목표를 근거로 제주를 사람·상품·자본의 이동이 자유롭고 기업 활동의 편의가 최대한 보장되는 동북아 중심도시로 발전시킴으로써 국가 개방거점 및 제주도민의 소득·복지를 향상시키는 것을 기본목표로 하고 있다.

계획의 주요내용으로는 제주국제자유도시 개발사업 시행의 기본방향, 첨단과학기술단지 및 투자진흥지구의 조성·관리 등에 관한 추진계획, 재원조달계획, 국내외 투자유치 촉진을 위한 홍보·마케팅 및 투자자 편의제공 등에 관한 사항, 제주국제자유도시 개발사업의 효율적 추진을 위한 법령 및 제도개선방안 등이 포함되어 있다. 그 중에서도 특히 국제자유도시 개발촉진을 위한 선도프로젝트의 추진 주체, 사업내용, 재원조달계획 등이 핵심내용을 이루고 있다.

구체적으로 7대 선도프로젝트는 주거·레저·의료기능이 통합된 휴양형 주거단지 개발, 제주의 신화·역사를 소재로 한 대형 테마파크인 생태·신화·역사공원 조성, 해중전망대·해양박물관 등이 구비된 서귀포 관광미항 개발, 명품 매장 등 테마형 복합 쇼핑센터인 쇼핑아울렛 개발, 상업센터·해양전시관 등이 구비된 종합 위락관광단지 조성을 통한 중문관광단지 확충 등 관광·휴양분야 5개 사업과, 첨단산업(IT·BT), 연구개발단지 등이 구비된 첨단과학기술단지 조성, 제조·가공·항공물류시설 등이 구비된 제주공항 자유무역지역 조성 등 비즈니스·첨단산업분야 2개 사업으로 구성되어 있으며, 선도프로젝트는 원칙적으로 민간투자를 유치·개발하되 기반시설 조성 등은 공공부문에서 지원토록 계획하고 있다.

변경된 시행계획에서는 기존 7대 선도프로젝트를 단기적이고 중점적으로 추진하는 6대 핵심프로젝트와 장기적 검토가 필요한 5대 전략프로젝트로 구분하였다.

<표 2-2-20> 7대 선도 프로젝트

당초 시행계획('03~'07.6)		변경 시행계획('07.6~'11)	
7대 선도 프로젝트	첨단과학기술단지	6대 핵심 프로젝트	첨단과학기술단지
	휴양형주거단지		휴양형주거단지
	생태·신화·역사공원		신화·역사공원
	서귀포관광미항		서귀포관광미항
	쇼핑아울렛		제주헬스케어타운
	공항자유무역지역(제주도 추진)		제주영어교육도시
	중문관광단지확충(관광공사 추진)	5대 전략 프로젝트	쇼핑아울렛
			생태공원
			제2첨단과학기술단지
			공항자유무역지역(제주도 추진)
			중문관광단지확충(관광공사 추진)

자료 : 국토교통부

또한, 제1차 제주국제자유도시개발센터 시행계획은 2008년 12월에 6대 핵심프로젝트의 민간투자자 확정, 개발계획 수립·변경 등 그간의 추진실적과 여건변화를 반영하여 보완하였다.

다. 제2차 제주국제자유도시개발센터 시행계획 (2012~2021)

'제2차 제주국제자유도시개발센터 시행계획'은 「제주특별자치도 설치 및 국제자유도시 조성을 위한 특별법」에 근거하여 제주특별자치도에서 수립한 제2차 제주국제자유도시종합계획에 따라 기존 사업의 우선순위를 조정하고 수요예측을 통한 신규사업 추진계획을 포함하여 2012년 9월에 국토교통부장관의 승인을 받아 확정하였다.

개발프로젝트의 특성과 추진시기 등을 고려하여 핵심사업(성과확산), 전략사업(신규추진), 관리사업(행정지원)으로 구분하고 지역주민의 소득 향상 및 국제화 의식향상을 위한 도민지원사업을 추가하여 2021년까지 총 투자규모 7조 1,610억원으로 개발 사업비 6조 9,840억원, 도민지원사업 560억원, 홍보·마케팅 및 토지비축에 1,210억원 투자할 계획이다.

〈표 2-2-21〉 제1차, 제2차 제주국제자유도시개발센터 시행계획 비교

구분		제1차 시행계획 (2003~2011)		제2차 시행계획 (2012~2021)
계획 기조		• 인프라 중심 산업기반 마련		• 프로그램 중심 성과 확산
추진 방향		• 산업의 성장기반 마련을 위한 부지조성 및 기반시설 건립		• 성과 창출 위한 산업진흥 프로그램 강화 • 수요예측에 따른 추가 인프라 구축 (해양 인프라, 관광단지, 산업단지 등)
내용 구성		• 토지이용, 개발사업 추진절차 등 물리적인 개발계획 중심		• 목표와 추진전략, 세부 추진과제 등 성과창출 위한 운영관리 방안에 초점
추진 사업	6대 핵심 프로 젝트	첨단과학기술단지	핵심 사업 (연계 사업)	첨단과학기술단지 (IBE R&BD Cluster)
		영어교육도시		영어교육도시 (Edu-MICE)
		헬스케어타운		헬스케어타운 (뷰티케어빌리지)
		신화역사공원		신화역사공원 (항공우주박물관)
		휴양형주거단지(BJR합작법인)	관리 사업	휴양형주거단지
		서귀포관광미항		제주곶자왈생태공원
	5대 전략 프로 젝트	제2첨단과학기술단지	전략 사업	제2첨단과학기술단지
		중문관광단지 확충		오션마리나시티
		자유무역지역		복합관광단지
		제주곶자왈생태공원 (도립공원)		서귀포미항 2단계사업
		쇼핑아울렛	도민 지원 사업	도민 국제화 함양
				지역인재 육성
				글로벌 네트워크 지원

라. 제2차 제주국제자유도시개발센터 시행계획 수정계획(2017~2021)

'제2차 제주국제자유도시 개발센터시행계획 수정계획'은 제주특별자치도에서 수립한 제2차 제주국제자유도시종합계획 수정계획과 연계, 제주국제자유도시 프로젝트 추진방향 및 신규사업 발굴 등을 통해 개발센터 시행계획을 수정·보완하여 2018년 1월에 국토교통부장관의 승인을 받아 확정하였다.

변경된 시행계획에서는 개발센터의 명확한 미래방향성 도출, 기존사업 여건변화 및 추진상황을 반영한 기본방향 및 목표 개선, 국제자유도시 완성을 위해 제주의 가치 증진 및 지역사회 발전에 이바지할 수 있는 신규 사업영역으로 적극 검토하여 도출 하였다. 기존 사업의 성격과 개발센터가

참여하는 비중에 따라 개발프로젝트의 특성과 추진시기 등을 고려하여 7대 핵심사업, 3대 전략사업 및 3대 상생관리사업으로 구분하였으며, 제2차 개발센터시행계획 계획기간 내(2012년~2021년) 사업비는 기존 시행계획과 비교할 때 2조 425억원이 증가(6조 9,840억원 → 9조 265억원)하였다.

〈표 2-2-22〉 사업 재정의 및 재분류

구분	재정의	재분류 Concept

핵심 사업	기존 제2차 개발센터시행계획 상 핵심사업과 국제화 수준 향상, 도시의 가치 향상 및 삶의 질 제고, 제주의 환경적 가치 증진 등 제주형 국제자유도시 조성을 위해 개발센터의 자원을 우선적으로 투입하고 성과 창출이 이루어질 수 있는 사업으로 재정의	1) 국제화사업
		2) 스마트시티 실증단지 조성
		3) Up-cycling 클러스터
		4) 첨단과학기술단지
		  4-1) 제주첨단과학기술단지
		  4-2) 제2첨단과학기술단지
		5) 영어교육도시(Edu-MICE 사업)
		6) 헬스케어타운(뷰티케어 빌리지 조성)
		7) 신화역사공원

전략 사업	제2차 개발센터시행계획 수정계획의 사업환경 변화와 추진전략에 맞춘 개발센터의 미래주력 사업으로서 지속 가능 성장을 위해 인프라 조성, 운영 관리 및 수익창출 기능을 할 수 있는 미래 신성장 사업	1) 전기자동차 시범단지 조성 (제2첨단과학기술단지 내) 2) 첨단 농식품 단지 3) 드론사업
상생 관리 사업	지역상생, 교육 가치 편익 증진 등 지역 주민들과 소통하고 협업하여 지역경제 및 사회적 가치를 향상시킬 수 있는 Software적 Win-Win 사업과 소송 진행 중인 관리 대상 사업	1) 항공우주박물관 2) 휴양형 주거단지 3) 사회공헌 사업

마. 제3차 제주국제자유도시개발센터 시행계획(2022~2031)

'제3차 제주국제자유도시개발센터 시행계획(이하 '제3차 시행계획')'은 제주특별자치도의 '제3차 제주국제자유도시 종합계획('21.12)'을 반영하여 국제자유도시 조성을 위한 미래방향, 추진전략 및 추진사업의 개발계획 등을 도출하였으며, 2022년 12월 국토교통부장관의 승인을 받아 최종 확정되었다.

제3차 시행계획은 대내·외 환경 변화, 기존 시행계획 및 제3차 종합계획에 대한 분석을 통해 '국제자유도시 인프라 강화, 산업 혁신기반 확보, 제주 고유가치 증진'이라는 3대 추진전략과 전략 이행을 위한 11개 추진사업을 도출하였다. 추진사업은 사업의 목표달성도, 파급성, 적합성 등을 고려하여 기존사업 중 완성도 제고를 위해 지속 추진이 필요한 사업의 경우 '계속사업'으로 분류하였으며, '제3차 제주국제자유도시 종합계획'에 따라 신규 추진이 필요한 사업의 경우 '신규사업'으로 분류하였다.

제3차 시행계획 기간(2022~2031) 내 추진사업 이행을 위해 공공·민간 투자를 모두 포함한 총 투자계획은 4조 839억원이며, 이 중 JDC 투자계획은 1조 9,988억원으로 계속사업의 경우 9,790억원, 신규사업의 경우 1조 198억원 규모로 투자계획을 이행할 예정이다.

〈표 2-2-23〉 제3차 시행계획 추진전략별 추진사업

구 분		추진사업(11)	
		계속사업(5)	신규사업(6)
JDC 투자계획		9,790억원	1조 198억원
추진전략	국제자유도시 인프라 강화	• 영어교육도시	• 글로벌 교류 허브 • 트램 활용 도심 리노베이션
	산업 혁신기반 확보	• 첨단과학기술단지(제1·2) • 헬스케어타운	• 스마트혁신도시 • 혁신물류단지
	제주 고유가치 증진	• 신화역사공원 • 휴양형주거단지	• 미래농업센터 • 곶자왈 생태공원

4. 개발전략

제주국제자유도시 개발전략은 사람·자본·상품의 유통이 원활하게 이루어질 수 있도록 장애가 되는 법과 제도를 개선하고, 강력한 인센티브를 제공하여 국제적으로 경쟁력을 갖춘 투자환경을 조성하는 것이다.

우선, 보다 많은 외국인이 제주도를 찾을 수 있도록 무사증 입국제도를 도입(불허국가 23개국) 하였으며, 제주도에 대한 투자를 촉진하기

위하여 투자진흥지구, 외국인투자지역에 대해서는 법인세, 소득세, 관세 등을 감면하는 세제혜택을 부여하고 있으며, 기업 이전 시에는 세제혜택과 더불어 부지비용과 임대료 지원, 건축비 및 시설장비 구입비 등의 보조금도 지원하고 있다.

또한 외국인 유치를 더욱 촉진하기 위하여 행정기관에서는 각종 법령과 민원서류에 대한 외국어 서비스를 제공하는 한편, 외국인학교를 적극적으로 유치하고, 내·외국인 관광객에 대한 유인을 강화하기 위하여 골프장의 입장료 인하 등 각종 조세감면시책을 추진하고 있다.

향후에는 제주의 생태적 가치를 반영한 자연환경과의 조화, 혁신기술 기반의 스마트 사회 조성을 추구함으로써 경제·사회·환경적으로 지속가능한 개발정책을 추진해나갈 계획이다.

5. 개발시책 및 사업추진

정부는 사업추진을 위한 제도적 기반 및 추진체계 구축을 통하여 투자환경을 조성하고, 정부의 제주도 개발의지를 가시화함으로써 민간투자를 촉발시킬 계획이다.

2002년 12월 제주공항과 항만에 내국인 면세점을 설치하여 내국인의 제주도 접근비용을 낮추어 관광 활성화를 위한 계기를 마련하였으며, 2005년 1월 대통령의 승인을 받아 제주도가 '세계 평화의 섬'으로 지정되었으며, 평화사업을 추진하기 위한 국제평화재단을 2006년 1월 설립하였고, 2006년 9월 전국에서 최초로 도 전역을 국제회의 개최 도시로 지정하였다.

제주국제자유도시개발센터를 중심으로 핵심·전략프로젝트 등 개발사업에 대한 투자를 촉진하기 위해 국내·외 투자설명회를 통해 잠재 투자자를 확보하고 투자합의각서를 체결하는 등 성과를 거두고 있으며, 첨단과학기술단지 조성사업은 2004년 10월 국가산업단지로 지정·고시된 이후 2010년 3월까지 지원시설(업무 1동, 생산 1동) 건립을 완료하였으며, 2007년 산업용지 분양 및 지원시설 입주를 시작하여 2023년말 기준 산업용지

분양을 100% 완료하였고, 카카오를 포함한 206개社를 유치하여 매출액 약 7조 7,000억원을 달성함으로써 제주권 지식기반산업의 성장거점으로 자리매김 하였다. 또한 단지 내 2018년 12월 제주혁신성장센터 개소를 통해 일자리 창출 및 스타트업 생태계 조성하였고, 제주산학융합지구를 유치하여 ICT와 BT 융·복합산업 생태계 구축 및 우수 인력 양성에 기여하고 있다. 또한 2017년 6월 산업단지 근로자와 제주도내 청년 및 주거 약자 등을 위한 행복주택 및 10년 임대주택 건설사업계획을 승인 받아 2018년 3월 착공하여 2020년 8월에 입주개시 하였다.

첨단 1단지 사업의 성공적 분양과 단지가 활성화됨에 따라 1단지와 연계하여 IT·BT·CT 등 첨단산업 수요에 부합하는 제2첨단과학기술단지 조성을 위해 2019년 6월 손실보상에 착수 하였으며, 2020년 12월에 사업부지 확보와 2022년 12월에 개발실시계획 관련 인·허가를 완료하였다. 2023년 7월에는 실시설계를 완료하였으며, 향후 부지조성공사를 착공하는 등 제2첨단과학기술단지 조성을 본격화할 예정이다.

광역경제권 30대 선도프로젝트 중 하나인 영어교육도시 조성사업은 교육분야의 개방과 특화를 통한 글로벌 리더 양성을 위한 국제적 교육도시 조성을 목표로, 2011년 9월 NLCS Jeju 및 KIS-Jeju의 성공적인 개교에 이어, 2012년 10월 BHA(Branksome Hall Asia), 2017년 10월 SJA Jeju(St.Johnsbury Academy Jeju)가 각각 성황리에 개교하였다. 현재 영어교육도시 내 4개교(공립1, 사립3)의 국제학교가 운영 중이며, 국제학교에 약 4,800여명의 학생들이 재학 중이다. 또한, 순수 민간자본 유치를 통해 설립 추진 중인 5번째 국제학교 Fulton Science Academy Atherton은 2026년 9월 개교를 목표로 2023년 12월 설립계획 승인을 신청하였다. 이 밖에도 지원시설(행정지원센터, 119센터), 영어교육센터, 다목적 운동장, 주택 등의 공급을 통해 도시 기능을 확충해 나가고 있다.

제6절 새만금 사업 추진

1. 새만금사업의 개요

가. 추진배경

1960년대의 빈번한 가뭄과 1970년대 초에 있었던 세계적인 식량파동은 전쟁의 후유증이 남아있는 우리 국민들에게는 치명적이었다. 국민의 기아해결을 위한 식량 증산이 농림수산부(현 농림축산식품부)의 중요한 정책 추진목표였다. 가뭄 피해 없이 많은 양의 식량을 생산하기 위해서는 기존 농경지에 대한 농업용수 개발 등 농업생산기반 정비와 함께 간척과 야산개발 등을 통한 새로운 농경지 확대가 절실하였다.

그래서 1987년 5월 12일 당시 농림수산부는 새만금사업과 서남해안 간척농지 개발계획을 발표하였으며, 12억원의 농지기금을 농업진흥공사(현 한국농어촌공사)에 배정하여 새만금사업 기본계획을 수립하였다.

나. 그간의 경위

새만금 간척사업은 1989년 「새만금종합개발사업」 발표와, 1991년 11월 방조제 공사의 착공으로 본격적으로 시작되었으나, 이후 담수호 수질, 갯벌 보전 등의 환경문제가 제기되면서 공사가 중지되는 과정을 거쳐, 2006년 4월 물막이 공사를 완료하였다.

2007년 12월말에는 새만금사업을 법적으로 뒷받침할 수 있는 「새만금사업 촉진을 위한 특별법」을 제정하여 2008년 12월 27일 시행하였다.

2008년 2월 새정부 출범과 함께 새만금사업에 대한 농업용지 조성 위주의 개발 기조를 산업·관광·신재생에너지·국제업무 등 복합용지로 조성하기로 하고, 2008년 9월 공청회와 10월 21일 국무회의 보고를 거쳐 새만금사업의 기본구상을 변경 발표 하였다.

2009년 2월에는 새만금 기본구상 변경(안)을 법적으로 뒷받침하기 위해 정부합동으로 「새만금사업 촉진을 위한 특별법」을 개정하기로 하고 2008년 6월 개정(안)을 마련하여 12월말까지 관계부처 협의를 통해 2009년 2월 국회 상정 4월에 통과되었고, 9월 10일 개정(안)이 공포·시행되었다.

한편, 새만금사업의 중요사항을 심의·확정하기 위하여 국무총리실에 새만금위원회가 설치('09.1월)되었으며, 위원회의 행정업무를 지원하고 새만금 종합개발사업의 효율적인 추진과 관계기관간 업무협의·조정을 위하여 「새만금사업 추진기획단」을 설치하여 운영('08.12월~'13.9월)하였다.

2010년 1월에는 정부합동으로 「새만금 내부개발 기본구상 및 종합실천계획」을 수립하였고, 2010년 4월에는 세계 최장(33.9km) 새만금방조제가 준공되었으며, 2011년 3월에는 토지이용계획을 구체화한 「새만금 종합개발계획」을 확정하였으며, 2021년 2월 새만금 미래상과 역할을 재정립하여 「새만금 기본계획」을 변경하였다.

그리고, 개발사업의 민간투자를 활성화하기 위한 제도적인 지원방안 등이 담겨진 「새만금사업 추진 및 지원에 관한 특별법」이 2012년 12월 11일 제정·공포(시행: '13.9.12, 국토해양부 소관)되고, 2013년 5월 6일에 새만금개발청설립준비단을 발족하고 개청을 준비하여 2013년 9월 12일새만금 사업을 보다 효율적으로 추진하기 위하여 사업추진체계를 일원화한 "새만금개발청"을 국토해양부 소속 외청으로 설립하였다.

2018년 9월에는 지속적이고 안정적인 사업 추진을 위해 "새만금개발공사"를 설립하였으며, 새만금개발공사는 스마트 수변도시·항만배후도시 조성과 산단관리·관광사업 등 부대사업을 추진하고 있다. 다만, 이 경우에도 농지조성과 수질관리는 농림축산식품부와 환경부에서 계속 담당하게 된다.

다. 새만금사업 추진방향

새만금지역은 지정학적으로 우리나라 서해안축의 중앙지대에 위치하고 있고, 국가균형발전전략의 하나인 초광역개발권계획상 서해안신산업벨트에 속해 있어, 남해안선벨트, 남북교류·접경벨트, 동해안에너지·관광벨트와 연계하여 개발할 경우 파급효과가 수도권, 충청권, 호남권, 강원권, 대경권 등 내륙으로의 확산이 가능할 뿐만 아니라, 중국, 일본, 유라시아, 태평양 등 세계로 진출할 수 있는 전략적 요충지이므로 환황해권의 전략적 거점 지역으로서 국가발전의 교두보 역할이 가능하다.

또한 새만금지역은 409㎢(서울면적의 2/3)에 달하는 광활한 공간이며, 매립에 의해 조성되므로 토지수용 및 보상에 따른 갈등에 의한 지연 등이 없이 국가의지에 따라 신속한 국책사업 추진이 가능한 지역이다.

따라서 정부에서는 기업유치 본격화를 통해 새만금 2.0 시대를 개막할 수 있도록 국제투자진흥지구를 개발하는 등 기업하기 좋은 환경을 조성하고, 스마트 수변도시 등 도시조성 기반을 마련할 계획이며, 핵심 인프라를 구축하고 새만금사업을 체계적으로 관리하면서 새만금 개발을 가속화할 계획이다.

2. 새만금 기본계획(MP)

가. 단계별 개발목표

새만금 개발을 효율적으로 추진하기 위해 전체 개발면적 약 291㎢를 4단계로 구분 하여 '50년까지 새만금 全지역 사업완료하기 위해 단계별로 해당기간 내 매립 추진 용지를 기준으로 개발율을 설정하였다.

〈표 2-2-24〉 단계별 개발계획 목표치

(단위 : ㎢)

구분		1단계(2020년)	2단계(2030년)		3단계(2040년)		4단계(2050년)	
		계획	계획	누계	계획	누계	계획	누계
합계		124.5	102.9	227.4	24.6	252.0	39.0	291.0
구성비(%)		42.7	35.4	78.1	8.5	86.6	13.4	100.0
1권역		8.3	44.1	52.4	1.0	53.4	21.0	74.4
	산업연구용지	8.3	10.4	18.7	-	18.7	14.8	33.5
	공항용지	-	7.2	7.2	1.0	8.2	-	8.2
	환경생태용지	-	26.5	26.5	-	26.5	6.2	32.7
2권역		14.8	24.8	39.6	4.5	44.1	18.0	62.1
	복합개발용지	6.6	10.6	17.2	2.6	19.8	-	19.8
	산업연구용지	-	4.3	4.3	-	4.3	10.0	14.3
	관광레저용지	5.2	-	5.2	-	5.2	8.0	13.2
	신항만	3.0	-	-	1.9	4.9	-	4.9
	환경생태용지	-	9.9	9.9	-	9.9	-	9.9
3권역		10.7	11.8	22.5	9.1	31.6	-	31.6
	관광레저용지	9.9	5.6	15.5	8.9	24.4	-	24.4
	환경생태용지	0.8	6.2	7.0	0.2	7.2	-	7.2
4권역(배후도시용지)		-	-	-	10.0	10.0	-	10.0
농생명권역		81.4	22.2	103.6	-	103.6	-	103.6
기타용지		9.3	-	9.3	-	9.3	-	9.3

* 환경생태용지는 비매립지역(개방수역) 등 계획적 관리구간도 포함

<그림 2-2-10> 단계별 개발에 따른 토지이용 구상도

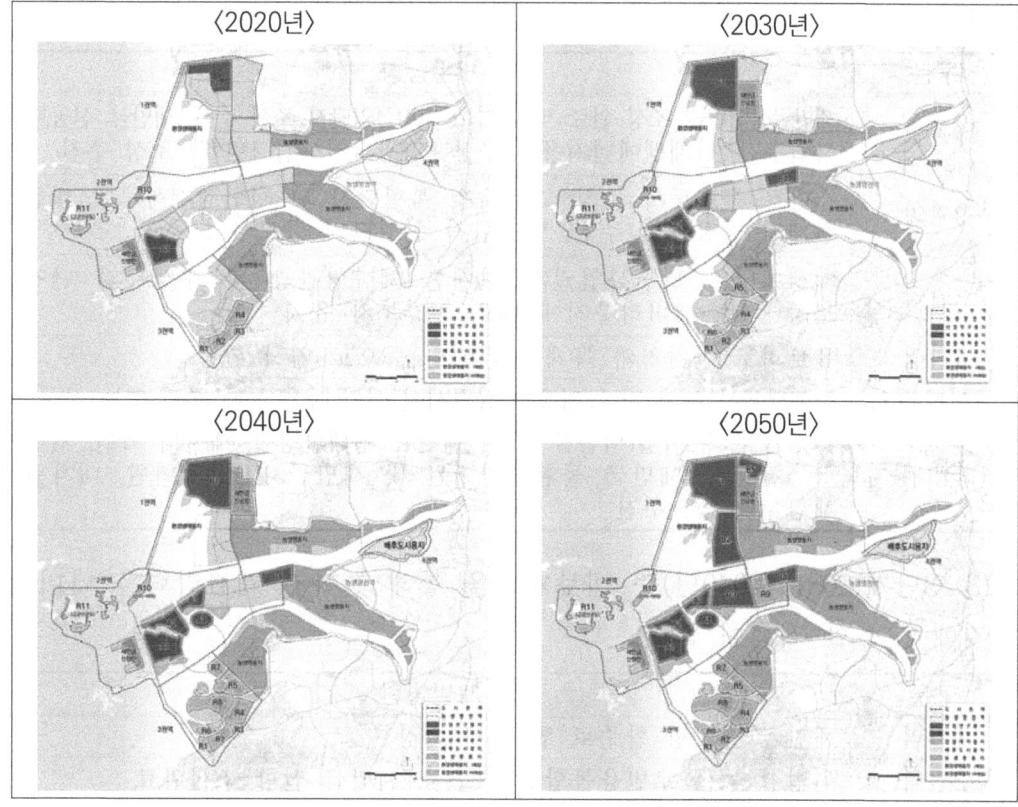

나. 단계별 개발방향

(1) 1단계(~2020년)는 첨단농업 클러스터 육성을 위한 농생명용지 및 새만금 국가산업단지 조성을 추진하였다.

구분	개발방향
1권역	군산국가산업단지와 연계한 새만금국가산업단지 일부 조성
2권역	새만금 신항만(1단계, 6선석) 및 스마트 수변도시 추진, 신시·야미 관광레저 용지 등을 개발 추진
3권역	초입지 및 잼버리대회 개최 부지 조성 추진(잼버리 대회 개최 이후 농업 용지로 활용하되, 개발수요 발생시 새만금개발청장이 지정하는 자에게 양도)
4권역	유보지로서 산림청에서 목재 에너지림으로 임시 활용
농생명권역	방수제 축조 및 농생명용지 조성공사 추진
환경생태용지	관광·레저용지 일부를 맑은물 재생습지 조성 추진

(2) 2단계(2021~2030년)는 공기업 추가 참여를 통해 개발 가속화 및 민간투자 유치형 재생에너지 사업 등을 통하여 새만금 내부개발을 본격 추진할 계획이다.

구분	개발방향
1권역	새만금산업단지 조성 완료 및 스마트 그린산업단지 조성 추진, 새만금 신공항 사업추진, 신재생에너지용지(수상태양광발전사업 1단계) 조성 추진
2권역	스마트 수변도시 조성, 그린수소 복합단지 및 항만경제특구에 대한 선제적 공공개발 추진, 민간합작 산업단지 공모사업 추진
3권역	재생에너지 발전사업권과 연계한 체류형관광 및 수상레저 단지 조성 추진, 잼버리부지에 대한 민간투자 유치
4권역	유보지로 산림청의 목재 에너지림 등으로 임시 활용
농생명권역	농생명용지 조성 및 농업용수 공급시설 설치 등을 통해 본격 영농 실시
환경생태용지	1~3권역 내 사업(맑은물 습지, 새만금 생태환경원, 새들의 낙원, 염생식물천이지, 새만금 물환경연구원 및 새만금 EEID체험원, 대자원 체험지역 등) 추진

(3) 3단계(2031~2040년)는 내부개발을 통해 높아진 개발압력을 나머지 부지에 수용할 계획이다.

구분	개발방향
1권역	새만금 신공항 활주로 및 부지 확장
2권역	원형섬 등 글로벌융복합단지 조성, 새만금 신항 조성완료
3권역	관광·레저용지 잔여지역 사업추진(민간공모 추진 또는 공기업 참여)
4권역	배후도시용지 사업추진(주거단지와 산업단지 복합개발 추진)
농생명권역	본격 영농활동 계속 추진 및 농산업클러스터, 농업테마파크, 스마트팜, 농촌도시·마을 등 상부시설 개발
환경생태용지	잔여 사업(자연형성유도섬, 수생비오톱, 새만금 숲 등) 추진

(4) 4단계(2041~2050년)는 태양광 발전사업 종료 후 개발수요, 신재생에너지 용지 수요 등을 고려하여 해당 부지에 대한 개발을 추진할 계획이다.

구분	개발방향
1권역	육상·수상태양광발전부지에 대해 신재생에너지 및 산업수요를 고려 개발 추진
2권역	자연노출 이후 생태적으로 보전가치가 높은 유보지의 생태관광 자원화 추진, 수상태양광발전단지(2단계)에 대해 신재생에너지 및 산업수요를 고려 개발
3권역	관광·레저용지의 효율적 운영 및 관리, 수요에 따른 개발계획 변경
4권역	배후도시용지 조성 완료
농생명권역	농생명권역 내 추진사업 운영 및 유지관리
환경생태용지	환경생태용지에 대한 유지관리 및 상부시설물 운영

<표 2-2-25> 새만금 토지이용계획 구상안

(단위 : ㎢, %)

구분	총계	도시권역				농생명 권역	기타
		1권역	2권역	3권역	4권역		
계	291.0	74.4	62.1	31.6	10.0	103.6	9.3
주거	10.8~13.3	1.4~1.8	3.8~4.6	2.3~2.8	1.6~2.0	1.7~2.1	-
산업	26.0~32.0	15.5~18.9	6.7~8.3	0.9~1.2	2.7~3.3	0.2~0.3	-
상업업무	3.8~4.8	0.9~1.1	1.7~2.1	0.9~1.1	0.2~0.3	0.1~0.2	-
관광레저	16.2~20.0	-	6.1~7.5	9.8~12.0	0.3~0.5	-	-
농업	90.0	-	-	-	-	90.0	-
기반시설	54.8~67.0	19.7~24.1	21.1~25.8	8.0~9.8	4.1~5.0	1.9~2.3	-
환경생태용지	59.1	32.7	9.9	7.2	-	9.3	-
기타	17.6	-	8.3	-	-	-	9.3

주 1. 2권역의 기타용지(8.3㎢)의 경우 기업투자시 용도변경을 유연하게 검토
 2. 고군산군도(3.3㎢) 신시·야미(1.9㎢)를 2권역으로 포함
 3. 3권역의 관광레저용지의 경우 새만금개발청장과 농림축산식품부장관이 협의한 잼버리대회 예정부지(약8.8㎢)에 대해서는 대회부지로 활용 후 일정기간 농업용지(유보용지)로 관리하며, 농림축산식품부장관은 새만금개발청장이 매각 요청시 새만금개발공사 등 새만금개발청장이 지정하는 자에게 양도한다. 이 경우 해당 부지는 양도전까지 농생명용지로 본다.
 4. 농생명용지(94.3㎢)는 농업용지(90.0㎢), 농촌도시·마을(4.3㎢)로 구성(환경생태용지 9.3㎢ 제외)
 5. 환경생태용지는 각 권역별로 배분하되 농생명용지내 환경생태용지를 제외하고 환경부 소관
 6. 기타는 방조제, 방조제녹지대, 다기능부지, 4호방조제 종점부지 등임

<그림 2-2-11> 새만금 권역별 용지계획도

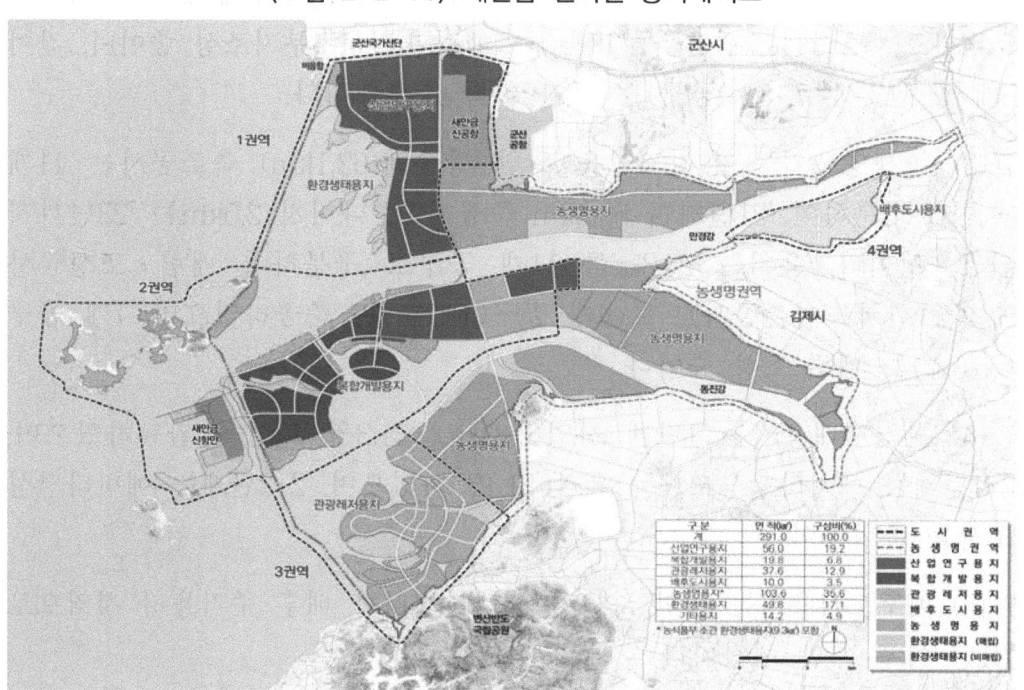

3. 새만금 사업 추진

가. 주요 용지별 개발 현황

(1) 2권역 및 3권역은 당초 민간투자로 계획되어 있었으나 속도감 있는 사업추진을 위해 공공주도 매립으로 전환하고 그 전담기구로 새만금개발공사를 설립('18.9.21.)하였다.

- (2권역) 방조제 인근 노출지 중심으로 6.6㎢에 저밀도 수변도시를 조성하여 문화관광, 공공클러스터, 첨단산업, 중심산업 및 중·저밀도 주거용지 등을 배치할 계획으로 '20년 12월 매립공사 착공(새만금개발공사)

- (3권역) 세계잼버리부지(8.8㎢)에 대한 우선 매립공사를 '20. 1월 착공하여 '22년 12월 준공하였으며(농어촌공사), 대회 이후 농업용지로 활용하되, 개발수요 발생시 새만금개발청장이 지정하는 자에게 양도, 초입지는 '21년 11월 매립공사를 준공하였으며(전북개발공사), 향후 민간투자자 유치를 통해 사업 추진

(2) 1권역은 한국농어촌공사가 사업시행자로 지정되어 18.5㎢를 9개 공구로 분할하여 매립·조성공사를 추진중으로 1공구(1.8㎢)·2공구(2.6㎢)는 조성완료, 5공구(1.8㎢)·6공구(1.9㎢)는 매립완료 후 부지조성 중이며, 잔여 5개 공구(3, 4, 7, 8, 9공구)는 아직 미착공 상태이다.

(3) 농생명용지는 용지조성을 위한 방수제(62.1km) 축조공사는 11개 공구로 구분하여 '21년까지 59.6km 준공하고, 나머지 2.5km는 '23년까지 완공예정이다. 용지는 94.3㎢를 11개 공구로 구분하여 매립·조성공사 추진중(한국농어촌공사)으로 4개 공구(40.7㎢)는 준공하였으며, 7개 공구(53.6㎢)는 매립·조성 중이다.

(4) 환경생태용지는 1단계 사업(0.81㎢) '21.3월 조성을 완료하였으며, 2-1단계는 예비타당성조사를 통과('21.12.)하였으며, 2-2단계는 예비타당성조사를 준비중이다.

(5) 배후도시용지는 새만금의 활성화에 대비한 배후 주거용지 지역으로 '31년 이후 개발 예정이다.

나. 주요 기반시설 추진 현황

〈그림 2-2-12〉 주요 기반시설 계획도

【 주요 기반시설 계획도 】

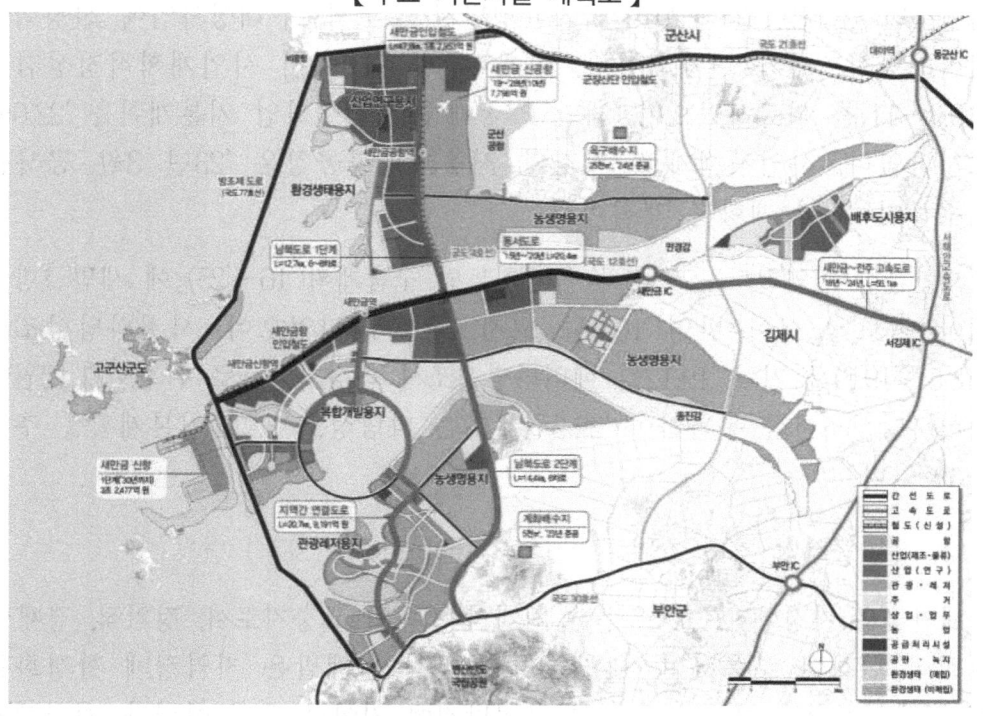

새만금 내부간선도로 중 동서2축인 동서도로는 '15.11월 착공하여 '20.11월 개통하였으며, 남북2축인 남북도로는 1단계를 '17.11월 착공하여 '22.12월 개통하였고, 2단계는 '18.12월 착공하여 '23.7월 개통했다. 2·3권역을 연결하는 지역간 연결도로는 '22.10월 예비타당성조사를 통과하였으며, '23년 6월 기본계획을 고시했고 '23년 7월 대형공사 입찰방법 심의를 통해 입찰방식이 설계·시공 일괄 입찰로 결정돼 2024년 사업을 발주할 계획이다.

한국도로공사에서 건설 중인 새만금~전주 간 고속도로는 실시설계('16.2~'17.8) 완료 후 '18.5월 착공하여 '23년 12월 공정률 66.5% 달성, '25년 준공을 목표로 공사하고 있다.

새만금 신항만은 군산지방해양수산청에서 건설 중으로, 방파제 공사는 '16.11월 완공하였고, 진입도로·방파호안 및 가호안·매립호안은 '17.12월 착공, '22.1월에 항로 및 박지준설공사를 발주하여 '22.8월 접안시설 2선석을 착공, '26년 2선석을 개항할 계획이다.

새만금 국제공항은 「제5차 공항개발 중장기 종합계획('16~'20)」에 새만금 지역 공항 건설 방안에 대해 검토하는 것으로 반영('16.5 고시)되어 항공수요조사('16.12~'17.12) 후 사전타당성 조사('18.7~'19.6)를 국토부에서 시행하던 중 '19.1월 「2019 국가균형발전 프로젝트」 대상사업에 선정되어 예비타당성조사가 면제되었다. 이에 따라 KDI에서 사업계획적정성검토('19.3~11)를 완료하였으며, 새만금 국제공항 건설사업 기본계획을 '22.6월 고시하였다. 사업시행자로 지정된 서울지방항공청은 '23년 3월 공사를 발주하여 '29년 개항할 계획이다.

새만금항 인입철도는 「제3차 국가철도망 구축계획('16~'25)」에 새만금항~대야 철도 노선이 반영('16.6월 고시, 국토부)되었으며, 사전타당성조사('18.5~'19.6)를 거쳐 '19.12월 예비타당성조사 대상사업으로 선정, '21.12월에 예비타당성조사를 통과하여 '22.5월부터는 타당성조사 및 기본계획을 추진하고 있다.

다. 새만금사업 기대 효과 - 새만금 사업 현황도(그림) 변경

새만금은 지정학적으로 우수한 입지의 전략적 요충지로서, 정치적, 경제적, 사회적 변화에 부응하며, 새만금의 성공적인 개발은 지역경제 활성화를 통한 지역경쟁력 강화와 국토의 균형발전에 기여할 뿐만 아니라, 환황해권 경제 공동체의 중심지로서 국가의 경쟁력 제고와 신성장 엔진으로서의 역할을 할 것으로 기대된다.

〈표 2-2-26〉 단계별 개발규모

구분		총사업비(억원)	규모	사업기간
새만금 동서도로		3,623	16.47km(4차로)	'13~'20
새만금 남북도로		10,230	27.1km(6~8차로)	'16~'23
	1단계	6,008	12.7km(6~8차로)	'16~'22
	2단계	4,222	14.4km(6차로)	'18~'23
지역간 연결도로		11,293	20.7km(6차로)	'23~'29
새만금-전주 고속도로		24,207	55.10km	'18~'24
새만금 신항만		30,698	방파제 3.35km, 호안 16.3km 도로 3.1km, 부두 9선석	'09~'40
	1단계	24,359	방파제 3.35km, 호안 14.7km, 도로 3.1km, 부두 6선석	'09~'30
	2단계	6,339	호안 1.6km, 부두 3선석	'31~'40
새만금항 인입철도		13,282	47.6km(단선전철)	'21~'30
새만금 국제공항		8,077	3,403천㎡(약 103만평)	'20~'29

제7절 지역개발계획

1. 지역개발계획의 개요

가. 「지역 개발 및 지원에 관한 법률」 시행에 따른 제도변화

과거 다양한 지역개발제도에 따른 각종 권역·지역·지구·구역의 과다 지정으로 인하여 국토의 난개발 우려, 실효성 없는 계획 수립 등 문제점이 지적되었다. 이에 따라 국토의 체계적 이용·개발, 종합적·체계적 지역 발전 및 지역개발사업의 효율적 시행·관리를 위하여 유사·중복된 지역 개발제도를 통합한 「지역 개발 및 지원에 관한 법률」(이하 "지역개발지원법" 이라 한다)을 제정('15.1.1 시행)하였다.

〈표 2-2-27〉 지역개발지원법 시행('15.1.1) 이전 지역개발제도

구분	근거법령	목적	지정현황
신발전지역	신발전지역법	성장 잠재력을 보유한 낙후지역을 성장동력 거점으로 육성	9개 종합구역, 115개 지구, 2,775㎢
개발촉진지구	지역균형개발법	개발수준이 현저하게 낮은 낙후지역 지원	41개 지구, 4,598㎢
특정지역	지역균형개발법	지역의 역사·문화·경관자원 활용과 특정산업 육성·활성화	8개 문화권, 6,819㎢
지역종합개발지구	지역균형개발법	공공기관의 유치 등 지역의 혁신거점을 구축하고 특화발전을 선도하기위한 종합개발	1개 지구, 0.75㎢
광역개발권	지역균형개발법	지방 대도시권과 신산업지대를 광역적으로 개발, 수도권에 대응하는 지방발전 거점으로 육성	10개 권역, 53,274㎢

지역개발지원법 시행에 따라 기존 지역개발제도를 통합하기 위한 지역 개발계획, 지역거점육성을 위한 투자선도지구, 낙후지역 지원을 위한 지역 활성화지역 등의 제도가 신규 도입되었다.

"지역개발계획"은 종전에 「지역균형개발 및 지방중소기업 육성에 관한 법률」과 「신발전지역 육성을 위한 투자촉진 특별법」에 분산되어 있었던 5종의 지역개발제도를 지역개발지원법 제정('15.1.1)을 통해 하나의 "지역개발계획" 및 "지역개발사업계획"으로 통합·단일화하여, 계획 및 지구의 남발을 방지하고, 지역개발사업이 체계적·효율적으로 시행·관리될 수 있도록 도입된 제도이다.

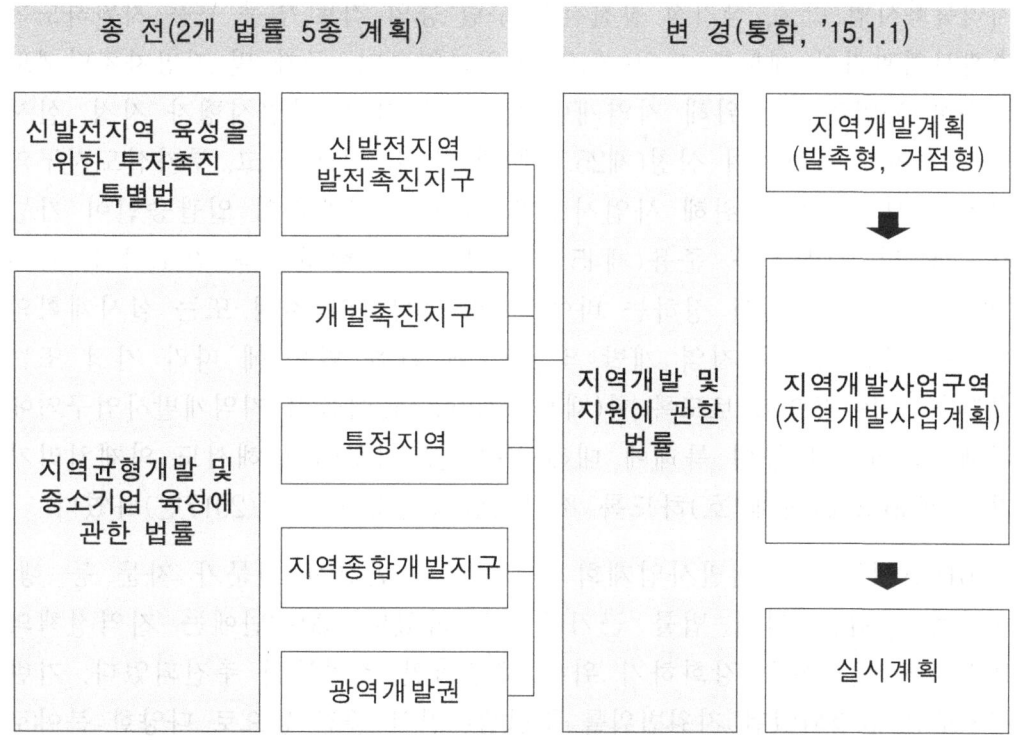

〈그림 2-2-13〉 지역개발지원법 제정에 따른 지역개발제도 변경

이에 따라 신발전지역, 개발촉진지구는 발전촉진형 지역개발계획(사업)으로, 특정지역, 지역종합개발지구, 광역개발권은 거점지역형 지역개발계획(사업)으로 통합되었으며, 유사 중복된 사업, 수요를 고려하지 않은 무리한 사업계획 등을 제외하여 국비지원사업을 효율적으로 지원할 뿐 아니라, 각 제도별로 차이가 있는 지원제도를 종합하여 지원규정을 마련하였다. 또한, 권역 지정제도를 폐지하여 불필요한 2중의 종합권역-사업구역 체계를 개선하고, 지역주도의 사업추진이 가능하도록 지역개발사업구역 지정권한을 시도지사에게 이양하였다.

다만, 폐지된 「지역균형개발 및 지방중소기업 육성에 관한 법률」에 따라 수립된 개발촉진지구, 특정지역, 지역개발종합지구 및 「신발전지역육성을 위한 투자촉진을 위한 특별법」에 따라 수립된 신발전지역 발전·투자촉진지구의 이미 승인된 사업은 사업의 시행 및 필요한 지원을 계속 할 수 있도록 경과규정을 마련하였다. 법률의 주요 개정사항으로는 열악한 지방자치단체 재정여건을 고려하여 지역개발사업 실행력을 확보하고, 민자유치 등 개발주체를 다양화하기 위해 대행개발이 가능하도록 허용(제19조)하고, 지역개발계획 구상단계부터 사업경험이 많은 공공기관 등이 참여하여 지역특화사업 발굴, 장기적 발전전략 수립 등의 검토 업무 등을 지원하도록 총괄사업관리자 제도를 도입(제19조의2)하였으며, 국가 및 지방자치단체도 신속한 사업추진을 위해 지역개발사업구역 지정, 사업시행자 지정, 실시계획 승인을 일괄하여 신청(제25조제1항)할 수 있게 하고, 투자선도지구의 신속한 사업추진을 위해 사업시행자 지정, 실시계획의 일괄승인이 가능하도록 법 제25조를 준용(제45조제7항)하며, 행정절차 간소화를 위해 「관광진흥법」 등에서 정하는 바에 따라 시행자의 지정 또는 실시계획의 승인을 받은 경우 「지역 개발 및 지원에 관한 법률」에 따라 지정 또는 승인을 받은 것으로 보도록 함(제45조제8항)과 아울러 지역개발사업구역에 의제처리되는 14종의 특례에 대해 투자선도지구에 대해서도 의제처리가 가능(제46조제1항제4호)하도록 지역개발지원법을 개정(2017년)하였다.

2018년에는 지역개발사업계획 수립 또는 변경시 전문가 자문 등 행·재정적 강화를 위해 법률 근거를 보완하였다. 2022년에는 지역정책의 체감성과 실효성을 강화하기 위해 세부적인 조치들이 추진되었다. 기반시설로만 한정되었던 지원범위를 주민생활편의 증진 등으로 다양한 분야로 확대하도록 하고, 지역의 성장거점을 육성하고 민간투자를 활성화하기 위한 투자선도지구의 지정요건을 완화하도록 지역개발지원법을 개정하였다.

나. 지역개발계획의 위계 및 타 계획과의 상호관계

「국토기본법」 제6조에 따른 국토계획은 국토종합계획, 초광역권계획, 도종합계획, 시·군 종합계획, 지역계획 및 부문별계획으로 구분되며, 이 중 지역계획*은 「국토기본법」 제16조에 따라 지역개발계획과 수도권발전계획, 그 밖에 다른 법률에 따라 수립하는 지역계획으로 구분된다.

* 특정 지역을 대상으로 특별한 정책목적을 달성하기 위하여 수립하는 계획

국토계획상 지역계획에 해당하는 지역개발계획은 성장잠재력을 보유한 낙후지역 또는 거점지역 등과 그 인근지역을 종합적·체계적으로 발전시키기 위해 지역개발사업을 추진하려는 경우 지역개발지원법 제7조에 따라 수립(10년 단위)하여야 하는 실행계획의 성격으로 지역의 장기적인 발전 방향을 제시하는 도종합계획과 차별화되며,「국토기본법」제7조에 따라 국토 전역을 대상으로 하여 국토의 장기적인 발전 방향을 제시하는 종합계획인 국토종합계획과는 조화를 이루어 수립하여야 한다.

또한 각 중앙부처의 지역발전정책인 '부문별 발전계획안'과 시·도별 특성이 반영된 '시·도 발전계획'을 기초로 수립하는 범정부계획이자 지역발전을 위한 전략적 종합계획의 특징을 지닌 지역발전 5개년계획(국무회의를 거쳐 대통령 승인을 받아 확정)은 「국가균형발전특별법」 제4조에 따라 국토계획과 연계하여 수립하도록 되어 있으며, 성장촉진지역 개발사업, 투자선도지구 지정 등 지역개발지원법에 따른 지역개발제도를 활용한 지역발전계획이 반영되어 있다. 지역개발계획은 균형발전 5개년계획에 반영된 실천과제의 추진 등 균형발전 5개년계획의 지역발전 기조에 부합·연계되는 계획이 수립될 수 있도록 하여야 한다.

2024년도는 「국가균형발전특별법」과 「지방자치분권 및 지방행정체제개편에 관한 특별법」을 통합한 「지방자치분권 및 지역균형발전에 관한 특별법('23.7월 시행)」과 현정부 국정과제를 연계하여 지역개발계획의 변경 등 검토를 추진할 예정이다.

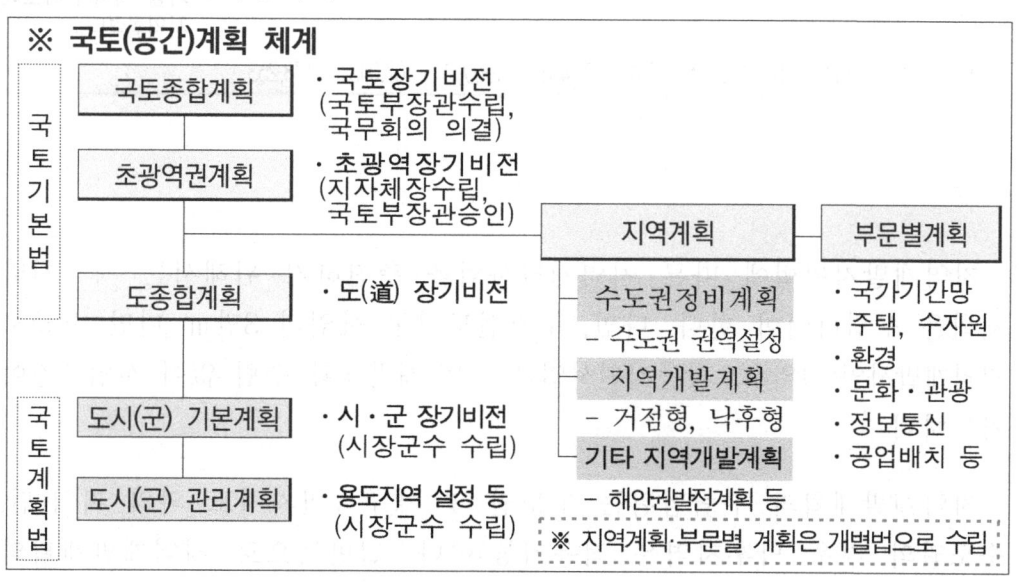

□ 지역개발계획 수립 현황(2023년 12월 기준)

지역	사업개수			사업비 (억원)					주요 사업
	계	발촉	거점	총사업비	국비	타부처	지방비	민자	
강원	88	70	18	7조 5,617	2,403	2,391	7,346	63,477	• 인제 지역활력타운 인:제부터 • 영월 한옥마을 조성사업
충북	56	42	14	2조 6,902	1,804	3,739	5,281	16,078	• 괴산 성산별곡·성산별 빛마을 조성사업 • 고수–천동간 관광도로 확포장 사업
충남	93	32	61	4조 1,892	2,673	4,071	12,110	23,038	• 예산 신활력 up–타운 • 부여 노인복합단지 조성
전북	46	34	12	1조 3,119	2,682	1,216	3,788	5,433	• 남원 지리산 활력타운 • 정읍 내장산리즈토 연결도로 개설
전남	119	106	13	4조 2,333	5,950	2,780	13,749	19,854	• 담양 대덕매산 지역 활력타운 • 나주 영산강저류지 주차장조성
경북	132	105	27	7조 3,455	4,653	12,072	16,778	39,952	• 영천 미래형 첨단복합도시 개발사업 • 청도 청(춘)려(유) 도원 지역활력타운
경남	67	48	19	2조 2,413	2,268	1,733	7,991	10,421	• 함양 산삼휴양밸리 조성 • 거창 지식in 아로리 지역활력타운
계	601	437	164	29조 5,731	22,433	28,002	67,043	178,253	

2. 지역개발계획의 수립

지역개발지원법에 따른 지역개발사업을 추진하기 위해서는 지역개발계획을 수립하여야 한다. 다만, 투자선도지구 사업과 3만㎡ 미만 소규모 지역개발사업(지역수요맞춤지원사업)은 지역개발계획 수립 없이 사업추진이 가능하다.

지역개발계획의 수립범위는 수도권 및 제주특별자치도 외의 지역(단, 수도권의 경우 낙후지역은 적용가능)이다. 일반적으로 지역개발계획의 수립권자는 광역시장, 특별자치시장 및 도지사가 되나, 국가 경제에 중대한 영향을 미치는 국책사업 등과 연계하여 추진할 필요가 있거나, 관계중앙행정기관의 요청에 따라 추진할 필요가 있다고 인정하는 경우에는 국토교통부장관이 지역개발계획을 수립할 수 있다.

지역개발계획은 낙후지역 또는 낙후지역과 그 인근지역을 연계하여 종합적·체계적으로 개발하기 위한 발전촉진형 지역개발계획과 거점지역과 그 인근지역을 연계하여 지역발전의 전략적 거점으로 육성하거나 특화산업을 발전시키기 위하여 수립하는 거점육성형 지역개발계획으로 구분할 수 있다.

낙후지역이란 「지방분권균형발전법」 제2조 제9호에 따른 성장촉진지역 및 같은 조 제10호에 따른 특수상황지역으로 발전촉진형 지역개발계획 수립 대상지역이며, 거점지역이란 산업·문화·관광·교통·물류 등의 기능수행에 필요한 인적·물적 기반을 갖추고 있어 인근지역과의 관계에서 중심이 되는 지역으로 거점지역과 그 인근지역이 거점육성형 지역개발계획의 수립 대상지역이 된다. 낙후지역에서 시행되는 지역개발사업은 「지방분권균형발전법」, 「조세특례제한법」, 「지방세특례제한법」에 따라 사업시행자 및 입주기업에 기반시설 설치에 대한 재정지원 및 세금감면이 가능하다.

지역개발계획은 종전 제도에 따라 추진 중인 기존사업을 재검토하여 실현가능성 있고 추진 가능한 수준으로 조정(현행화)함과 동시에 향후 10년간 사업을 추진하기 위한 새로운 사업 계획을 수립하는 것을 기본으로 한다. 지역개발사업이 추진되는 일반적인 절차는 시·도지사가 관할 시군 사업을 통합·조정하여 지역개발계획을 수립·신청하면, 국토교통부는 관계기관 협의 및 실현가능성 검증 등을 통해 계획의 적절성 등을 검토·보완한 후 국토정책위원회 심의(위원장 국무총리)를 거쳐 최종 국토교통부장관이 승인한다.

〈그림 2-2-14〉 지역개발계획 수립절차

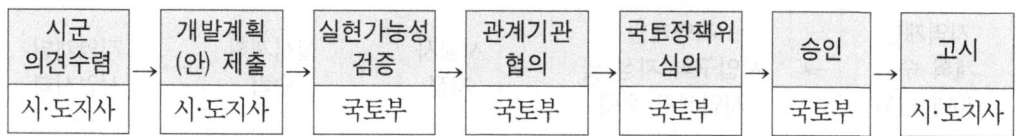

이에 따라, '16.12월 경북·충북도가 발전촉진형 지역개발계획 수립을 완료하였으며, '17.12월 강원·충남·경남·전북·전남 5개 도가 발전촉진형·거점육성형 지역개발계획을 수립하고, '18년 12월 경북·충북도가 거점육성형 지역개발계획의 수립를 완료하였으며, 각 지역개발계획은 지역의 고유 자원에 기반을 둔 발전전략 수립과 특화 사업 발굴을 통해 새로운 성장 동력을 창출하고 인구 감소 등에 적극 대응할 수 있는 실효성 높은 계획을 수립하는 것에 중점을 두었다.

〈표 2-2-28〉 7개도 지역개발계획 개요

도	지역개발계획 비전	사업건수(총사업비)
강 원 도	'약동하는 행복 강원'	88건(7조 5천억 원)
충 청 북 도	충북, 대한민국 중심에 서다, 지역·부문·계층·산업간 균형발전	56건(2조 6백억 원)
충 청 남 도	'행복한 성장지대, 충남'	93건(4조 1천억 원)
전 라 북 도	'환황해 거점! 전라북도'	46건(1조 3천억 원)
전 라 남 도	'활기가 넘치는 생명의 땅, 청년이 돌아오는 전남'	119건(4조 2천억 원)
경 상 북 도	지역의 새로운 가치창조를 통해 주민이 행복한 경상북도	132건(7조 3천억 원)
경 상 남 도	'더불어 성장하는 웰니스 경남'	67건(2조 2천억 원)

자료 : 국토교통부 국토정책관

3. 지역개발계획 추진현황 및 향후 추진계획

현재 각 도와 시·군은 소관 지역개발계획을 바탕으로 각종 지역개발사업을 추진 중에 있으며, 지역개발계획에 반영된 사업에 대한 사전타당성 평가 및 예산협의 등을 결과에 따라 우선 순위에 따라 추진 중에 있다.

〈그림 2-2-15〉 지역개발사업 추진절차

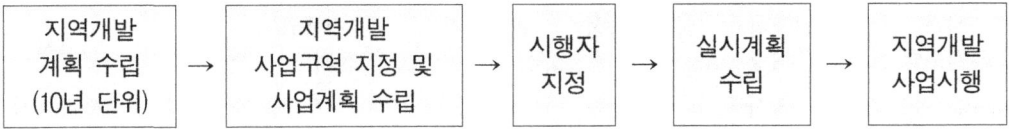

지역개발계획 수립 이후 현장 여건 등을 변화를 감안해 연 2회 이상 지역개발계획 변경을 추진하였으며, 향후에도 각 지자체 여건, 상황 변화 등으로 인해 계획 변경이 필요한 사항이 발생할 경우 지역개발계획 변경을 통해 지자체가 사업을 원활하게 추진하도록 조력할 계획이다. 이와 별개로 변경사항이 경미한 경우에는 수시로 계획 변경이 가능하다. 또한, 지역개발계획의 변경 시에는 관계기관 협의, 국토정책위원회 심의를 거쳐 국토교통부장관의 승인을 받아야 하나, 경미한 변경에 해당할 경우 협의·심의·승인의 생략이 가능하다.

〈그림 2-2-16〉 지역개발계획 변경절차

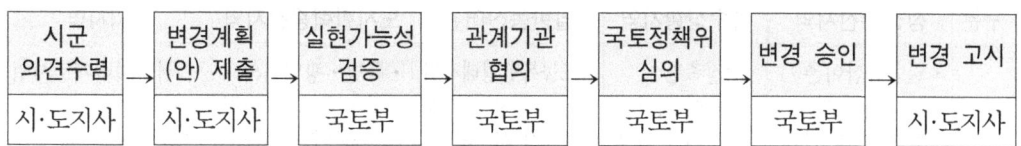

'24년에는 지역개발사업을 지속적으로 추진함과 동시에 은퇴자·청년층 등의 지역 정착 지원을 위하여 8개 부처*가 통합공모로 선정한 지역활력타운 조성사업(10개소)을 지역개발계획에 반영하여 사업 추진을 지원할 예정이다('23년은 시범사업 7개소 지역개발계획 반영).

  * 국토부, 교육부, 행안부, 문체부, 농식품부, 복지부, 해수부, 중기부

제8절 낙후지역 개발

1. 낙후지역 등 시·군·구 생활권 개요

낙후지역(성장촉진지역+특수상황지역) 등 시·군·구 생활권은 지역특성별로 일반농산어촌지역, 도시활력증진지역, 성장촉진지역, 특수상황지역으로 유형화하여 차등지원체계가 아래와 같이 마련되어 있다.

〈표 2-2-29〉 시·군·구 생활권 개요

구분	성장촉진지역	특수상황지역	일반농산어촌	도시활력증진지역	취약지역
대상지자체	· 일반농산어촌 중 낙후도가 심한 70개 지역 및 183개 도서 * 균형위 심의를 거쳐 행안부 장관 및 국토부 장관이 공동으로 고시 (균특법 시행령 제2조의 2)	· 성장촉진 지역이 아닌 도서개발 대상 도서 · 접경지역	· 도농복합형태시의 읍·면 및 군 지역 (123개 시·군) * 세종특별자치시 제주특별자치도 행정시의 읍·면 포함 * 광역시의 군 제외 * 특수상황지역 해당지역 제외	· 특별·광역시의 군·구 및 일반시, 도농복합시의 동 지역	· 취약지역개조사업 : 전국 시군구(농어촌)
	※ 전체 229개 시·군·구는 우선 일반농산어촌, 특수상황지역, 도시활력증진 지역으로 구분되며 그 중 낙후도가 심한 70개 지역은 추가적으로 성장촉진지역으로 지정				
주관부처	· 국토교통부	· 행정안전부	· 농림축산식품부	· 국토교통부	· 농림축산식품부
국고보조율	· 100%	· 80%	· 70%	· 40~80%	· 70~80%
대상사업	· 특수상황지역 : 지역생활기반확충, 지역소득 증대, 지역경관개선, 지역역량 강화 사업으로 구성 · 일반농산어촌개발 : 기초생활거점조성, 권역단위거점개발, 농촌중심지활성화, 시군역량강화, 신활력플러스사업으로 구성 · 도시활력증진지역 개발 : 우리동네살리기(도시재생), 취약지역개조사업(도시) · 성장촉진지역 : 지역접근성시설지원, 성장기반시설 지원 · 지역행복생활권지역 : 취약지역 생활여건 개조사업(농어촌)				
관련법령	· 지역개발 관련 기본법은 국가균형발전특별법				
	· 지역개발 및 지원에 관한 법률	· 접경지역지원법 · 도서개발촉진법	· 농어촌정비법 · 어촌·어항법 · 산림개발법 등	· 도시 및 주거 환경정비법, · 지방소도읍 육성법 등	· 관련사업 법률준용

2023년에는 새정부의 국정과제에 따라 「국가균형발전특별법」과 「지방자치분권 및 지방행정체제개편에 관한 특별법」을 통합한 「지방자치분권 및 지역균형발전에 관한 특별법지방자치분권법」 체계로 개편하였다.

2. 성장촉진지역 개발

가. 성장촉진지역의 개요

성장촉진지역이란 「국가균형발전특별법」에 따라 생활환경이 열악하고 개발수준이 현저하게 저조하여 해당 지역의 경제적·사회적 성장을 촉진하기 위하여 필요한 도로, 상수도 등의 지역사회기반시설의 구축 등에 국가와 지방자치단체의 특별한 배려가 필요한 지역으로서 소득, 인구, 재정상태 등을 고려하여 행안부·국토부 장관이 공동으로 지정(5년단위, '09.6월 최초지정)한 지역으로 현재 70개 시·군이 지정('19.9월)되어 있다.

〈표 2-2-30〉 성장촉진지역 시·군 현황

도별	성장촉진지역
강원(8)	삼척시 태백시 양양군 영월군 정선군 평창군 홍천군 횡성군
충북(5)	괴산군 단양군 보은군 영동군 옥천군
충남(6)	공주시 금산군 부여군 서천군 예산군 청양군
전북(10)	김제시 남원시 정읍시 고창군 무주군 부안군 순창군 임실군 장수군 진안군
전남(16)	강진군 고흥군 곡성군 구례군 담양군 보성군 신안군 영광군 영암군 완도군 장성군 장흥군 진도군 함평군 해남군 화순군
경북(16)	문경시 상주시 안동시 영주시 영천시 고령군 군위군 봉화군 성주군 영덕군 영양군 울릉군 울진군 의성군 청도군 청송군
경남(9)	밀양시 거창군 고성군 남해군 산청군 의령군 하동군 함양군 합천군
합 계	70개 시·군

자료 : 국토교통부 국토정책관

성장촉진지역은 과거 신발전지역, 개발촉진지구, 도서종합개발계획제도로 개발 및 지원(국비지원규모 연평균 2,091억원 규모)되어 왔으나, 「지역개발 및 지원에 관한 법률」이 제정('15.1.1시행)되면서, 신발전지역 및 개발촉진지구 제도는 발전촉진형 지역개발계획에 따른 지역개발사업, 지역수요맞춤지원사업, 지역활성화지역 제도를 통해 개발 및 지원되며, 도서개발촉진법에 따른 도서종합개발계획제도는 지속 운영된다. 제도변화에 관한 사항은 7절-1-가(지역개발지원법 시행에 따른 제도변화)를 참고하기 바란다.

나. 발전촉진형 지역개발계획에 따른 지역개발사업

발전촉진형 지역개발계획 제도는 '15.1.1일 신규 시행된 「지역개발 및 지원에 관한 법률」에 따라 도입된 것으로, 지역개발지원법('15.1.1시행) 제7조에 따라 발전촉진형 지역개발사업을 추진하려는 경우에는 발전촉진형 지역개발계획을 수립하도록 되어있다.

지역개발계획 수립대상인 7개 도(강원, 충남, 충북, 전북, 전남, 경북, 경남)가 모두 발전촉진형 지역개발계획을 수립 완료하였고, 각 지자체는 이 계획에 따라 산업단지 조성, 관광지 개발 등 각종 지역개발계획을 수행하고 있다. 국토교통부는 지역개발사업이 성공적으로 수행될 수 있도록 각 지방자치단체에 포괄보조금을 지급하고 있으며, 이를 위해 지역균형발전특별회계에 '18년 2,091억원, '19년 2,118억원, '20년 2,098억원, '21년 2,127억원, '22년 2,077억원, '23년 2,224억원의 예산을 편성·운영하였다.

다. 지역수요맞춤지원 사업

성장촉진지역의 발전 및 주민 편의증진을 위해 주민생활과 밀접한 소규모 하드웨어(H/W)에 다양한 소프트웨어(S/W) 콘텐츠를 결합하여 새로운 부가가치를 창출할 수 있는 사업을 지원할 수 있도록 지역수요맞춤지원 사업을 추진하였다.

지역수요맞춤지원 사업은 매년 지자체 공모를 통해 선정하였으며, 선정된 사업은 사업당 최대 25억원의 국비를 지원하여 낙후지역 주민들의 생활 불편 해소와 삶의 질 향상을 이루고자 추진하였다.

2017년도에는 '태백 매봉산 슬로우트레일 조성사업' 등 19개 사업을 선정·지원하였고, 2018년도에는 '괴산 몽도래언덕 조성사업' 등 18개 사업을 선정·지원하였다. 2019년도에는 고령친화형 사업인 '신안 건강나들이길 조성사업' 등 26개 사업, 2020년도에는 '함평 함께먹는 대동면 나눔경로식당 조성사업' 등 20개 사업을 선정·지원하였고, 2021년도에서는 거창·영동·옥천의 폐교위기 초등학교를 살리기 위한 공공임대주택과 생활기반시설을 공급하는 주거플랫폼 사업 등 11개 사업을 선정·지원하였다.

그리고, 2022년도에는 산업단지 입주기업 근로자, 귀농귀촌인 등의 정주여건 개선을 위한 공공임대주택 사업, 창업을 희망하는 청년들을 위한 창업교육센터 사업 등 10개 사업을 선정·지원하였고, 2023년에는 '정선 아트플랫폼', '괴산의 한지복합문화센터' 등 지역의 주거·관광여건 등을 개선하기 위한 7개 사업을 선정·지원하였다.

지역수요맞춤지원 사업은 소규모 사업을 대상으로 하여 실현 가능성이 높고 지역 고유자원을 토대로 지역 매력을 극대화할 수 있는 사업들이 다양하게 발굴·선정됨에 따라 지역주민의 체감도와 만족도가 높은 사업으로 지속적인 추진이 필요하다.

〈표 2-2-31〉 '23년도 지역수요맞춤지원 사업 선정사업

지역		사업명
강원	정선	그림바위 마을, 아트플랫폼 조성
충북	괴산	한지복합문화센터 조성
	보은	동거동락 나누는 어울터
충남	공주	100년 역사 정안초 작은학교 살리기
전남	구례	워킹 촌스데이 in 구례
경북	영주	보행로길(테마길) 설치사업
경남	하동	하동차(茶) 엑스포 가든

라. 섬발전사업

섬발전사업은 「섬발전촉진법」에 의해 발전대상섬을 선정하고, 선정된 섬에 대해 10년 단위 중장기 계획인 섬발전종합계획으로 예산규모와 개발내용을 확정(행정안전부)하고 추진하는 사업을 말한다.

섬발전종합계획은 '88년부터 '27년까지 제1차~제4차계획이 10년단위로 추진되고 있으며, '10년부터는 성장촉진지역 제도 도입('09년)에 따라 성장촉진지역 내 섬에 대해서는 국토교통부가 예산지원 및 사업관리를 하고 있으며, 이에 따라 현재 제3차 섬발전종합계획에서 국토교통부가 지원하는 185개 도서에 대한 사업비는 총사업비 5,682억원(이중 국비는 5,682억원)이며 사업 수는 526건이다.

섬발전사업은 여건이 열악한 도서의 생산·소득 및 생활기반시설의 정비·확충으로 도서주민의 소득증대·복지향상을 도모하기 위해 선착장·방파제·물양장·호안시설·급수시설·마을안길·해안도로·연륙연도교 등 다양한 사업이 추진되고 있다.

〈표 2-2-32〉 성장촉진지역 내 섬현황(제4차 도서종합개발계획)

시도	시·군·구	섬 수	섬 명
총계	16개	183개	전체 개발대상 도서 371개
충남	소계	1	
	서천군	1	유부도
전북	소 계	7	
	고창군	1	내죽도
	부안군	6	위도, 식도, 정금도, 거륜도, 상왕등도, 하왕등도
전남	소 계	167	
	고흥군	13	득량도, 시산도, 상화도, 하화도, 거금도, 연홍도, 첨도, 죽도, 사양도, 애도, 수락도, 진지도, 우도
	보성군	3	장도, 해도, 지주도
	강진군	1	가우도
	해남군	4	상마도, 중마도, 하마도, 어불도
	영광군	6	상낙월도, 하낙월도, 송이도, 대각이도, 안마도, 대석만도
	완도군	39	평일도, 충도, 우도, 다랑도, 황제도, 신도, 원도, 생일도, 덕우도, 금당도, 비견도, 노화도, 노록도, 마삭도, 서넙도, 넙도(노화), 마안도, 후장구도, 어룡도, 보길도, 예작도, 사후도, 고마도, 토도, 흑일도, 백일도, 서화도, 동화도, 넙도(고금), 청산도, 장도, 대모도, 소모도, 여서도, 소안도, 당사도, 횡간도, 구도, 소랑도

시도	시·군·구	섬 수	섬 명
	진도군	33	금호도, 모도(의신), 상구자도, 하구자도, 장도, 관매도, 동거차도, 서거차도, 상하죽도, 하조도, 대마도, 소마도, 관사도, 나배도, 상조도, 성남도, 죽항도, 독거도, 슬도, 탄항도, 청등도, 모도(조도), 맹골도, 죽도(조도), 곽도, 진목도, 옥도, 눌옥도, 외병도, 내병도, 가사도, 저도, 혈도
	신안군	68	어의도, 대포작도, 선도, 증도, 화도, 병풍도, 대기점도, 소기점도, 소악도, 임자도, 수도, 재원도, 자은도, 비금도, 수치도, 상수치도, 도초도, 우이도, 동소우이도, 서소우이도, 대흑산도, 장도, 영산도, 대둔도, 다물도, 홍도, 상태도, 중태도, 하태도, 가거도, 만재도, 하의도, 개도, 장병도, 능산도, 대야도, 신도, 옥도, 상하태도, 기도, 평사도, 고사도, 장산도, 백야도, 막금도, 마진도, 율도, 안좌도, 자라도, 부소도, 박지도, 반월도, 사치도, 팔금도, 매도, 암태도, 추포도, 당사도, 초란도, 압해도, 우간도, 가란도, 고이도, 매화도, 마산도, 황마도, 문병도, 장재도
경북	소 계	2	
	울릉군	2	울릉도, 죽도
경남	소 계	6	
	고성군	2	와도, 자란도
	남해군	3	노도, 조도, 호도
	하동군	1	대도

* '19.9.10 성촉지역 재지정 고시에 따라 충남 태안군 2개 섬 제척

마. 지역활성화지역

그간 정부는 개발촉진지구, 성장촉진지역 등 전국 차원의 격차해소와 국가 균형발전에 중점을 둔 제도를 운영하였으나, 낙후심화지역 지원법 발의('13.4, 이낙연 의원) 등 지역 내 불균형 해소와 낙후지역 내 격차해소를 위한 차등지원의 필요성 제기 등에 따라 「지역개발 및 지원에 관한 법률(이하 "지역개발지원법"이라 함)」을 제정('15.1.1. 시행)하면서 낙후 심화지역 지원 강화를 위한 '지역활성화지역' 제도를 도입하였다.

지역활성화지역은 성장촉진지역(전국 70개 시·군)을 대상으로 해당 도지사가 낙후도 수준을 평가하고 차등지원 함으로써 도(道) 지역 내 불균형을 해소하기 위한 제도이다.

국토교통부는 지역활성화지역 제도 운영을 위하여 2014. 12. 29. '지역활성화지역 평가기준'을 고시하였고, 각 도지사는 △ 지역총생산, △ 재정력지수, △ 지방소득세, △ 근무 취업인구 비율, △ 인구변화율 등 법령에서 정하고 있는 5개 법정지표와 도별 여건을 반영하는 특성지표를 통하여 해당 시군을 선정한 후 국토교통부에 지역활성화지역 지정을 신청한 바 있다.

〈표 2-2-33〉 지역활성화지역 선정지표

구분	공통지표		특성지표	
성격	기본지표		자율지표	
근거	지역개발지원법 67조3항		지역개발지원법시행령 제63조	
배점	최소 60% 이상		40% 미만	
내용	법정요건	지표구성	예시요건	지표구성
	지역총생산	대상 시군 GRDP	지역접근성	주요교통시설과의 거리
	재정상황	재정력지수(3개년 평균)	재난·재해	피해규모, 횟수 등
	지역산업	지방소득세(3개년 평균)	토지이용규제 지역 비율	개발제한구역, 상수원보호구역 등 비율
		근무 취업인구 변화율(10년)		
	인구변화율	평균 인구변화율(10년) * 인구주택총조사 상주 인구 적용	고령화수준	65세 이상 인구 비율

이에 따라 국토교통부는 2015. 3. 30. 전체 성장촉진지역 중 31.4%에 해당하는 낙후도가 심한 전국 22개 시·군(7개도)을 10년간 지역활성화지역으로 지정하여 고시하였다.

〈표 2-2-34〉 지역활성화지역 지정 현황

도별	지역활성화지역	
	시·군수	시·군 명칭 〈가나다 順〉
강 원 도	2	양양군, 태백시
충청북도	2	단양군, 영동군
충청남도	2	청양군, 태안군
전라북도	3	임실군, 장수군, 진안군
전라남도	5	고흥군, 곡성군, 신안군, 완도군, 함평군
경상북도	5	군위군, 영양군, 의성군, 봉화군, 청송군
경상남도	3	산청군, 의령군, 합천군
합 계	22	

자료 : 국토교통부

지역활성화지역으로 지정된 시·군에 대해서는 타당성이 인정되는 도로 등 기반시설 사업에 대해 일반 성촉지역 시군에 비하여 국비를 차등·우선 지원하고, 국토교통부에서 공모를 추진중인 「지역수요맞춤 지원사업」 선정 시 가점을 부여한다.

바. 지역정착거점 조성 지원

수도권에 집중된 경제·인구·인프라를 지방으로 분산하여 지역간 격차를 해소하기 위해서는 지역에 매력적인 정주거점 조성을 통해 수도권·대도시권에서의 이주희망자를 수용하고 지역의 성장거점화가 필수적이다.

이를 위해 2021년 주거플랫폼 시범사업 23곳을 통해 주거·일자리·생활 인프라가 결합된 지역정착거점 조성지원을 착수하였으며 2022년에는 유형을 다변화(청년창업형, 학교살리기, 일자리연계)하고 공공임대주택과 생활 SOC 중심의 정주기반 공급을 추진하였다.

2023년에는 7개 부처가 공동공모를 통해 각 기관별 특성에 따라 사업을 지원함으로써 지방인구소멸 및 저출산 등에 대응할 수 있는 지역활력타운 사업을 시행하여 강원 인제, 충북 괴산 등 7개 지역을 선정·지원한다.

3. 농산어촌지역 개발

가. 농어촌 동향

2020.12.31. 말 기준 전국의 농가수는 1,035천호, 농가인구는 2,317천명으로 전년에 비해 농가수는 28천가구(2.8%), 농가인구는 72천명(3.2%)이 증가한 것으로 나타났다.

2020년 총인구(51,781천명) 대비 농가인구의 비중은 4.5%로 농가수와 농가인구가 약간 늘어남에 따라 가구당 농가인구도 평균 2.24명으로 조금 높아진 것으로 나타났다.

<표 2-2-35> 농가수 및 농가인구

(단위 : 천명, %)

구 분	농 가	연평균 증감률	농가인구	총인구 대비	연평균 증감률	가구당 농가인구
1980	2,155	-	10,827	28.4	-	5.02
1990	1,767	△2.0	6,661	15.5	△4.7	3.77
1995	1,501	△3.2	4,851	10.8	△6.1	3.23
2000	1,383	△1.6	4,031	8.6	△3.6	2.91
2001	1,354	△2.2	3,933	8.3	△2.4	2.91
2002	1,280	△5.4	3,591	7.5	△8.7	2.80
2003	1,264	△1.3	3,530	7.4	△1.7	2.79
2004	1,240	△1.9	3,415	7.1	△3.3	2.75
2005	1,273	△2.6	3,434	7.1	0.6	2.70
2006	1,245	△2.2	3,304	6.8	△3.8	2.65
2007	1,231	△1.1	3,274	6.7	△0.9	2.66
2008	1,212	△1.5	3,187	6.5	△2.7	2.63
2009	1,195	△1.4	3,117	6.3	△2.2	2.61
2010	1,177	△1.5	3,063	6.2	△1.6	2.60
2011	1,163	△1.2	2,962	6.0	△3.3	2.55
2012	1,151	△1.0	2,912	5.8	△1.7	2.53
2013	1,142	△0.8	2,847	5.7	△2.2	2.49
2014	1,121	△1.9	2,752	5.5	△3.4	2.45
2015	1,089	△2.9	2,569	5.1	△7.1	2.36
2016	1,068	△1.9	2,496	4.8	△2.9	2.34
2017	1,042	△2.4	2,422	4.6	△2.9	2.32
2018	1,021	△2.0	2,315	4.5	△4.4	2.27
2019	1,007	△1.4	2,245	4.3	△3.0	2.23
2020	1,035	2.8	2,317	4.5	3.2	2.24

자료 : 통계청, 「농업조사」

한편 2021.12.1. 기준 전국의 어가수는 43천호, 어가인구는 94천명으로 전년대비 어가수는 0.4% 증가, 어가인구는 3.5%가 감소한 것으로 나타났다.

<표 2-2-36> 어가수 및 어가인구

(단위 : 명, %)

구 분	어 가	연평균 증감률	어가인구	총인구대비	연평균 증감률	가구당 어가인구
1980	134,109	-	725,314	1.9	-	5.41
1990	121,525	△1.0	496,089	1.2	△3.7	4.08
1995	104,480	△3.0	347,210	0.8	△6.9	3.32
2000	81,571	△4.8	251,349	0.5	△6.3	3.08
2001	77,717	△4.7	234,434	0.5	△6.7	3.02
2002	73,124	△5.9	215,174	0.5	△8.2	2.94
2003	72,760	△0.5	212,104	0.4	△1.4	2.92
2004	72,513	△0.3	209,855	0.4	△1.1	2.89
2005	79,942	△10.2	221,132	0.5	△5.4	2.77
2006	77,001	△3.7	211,610	0.4	△4.3	2.75
2007	73,934	△4.0	201,512	0.4	△4.8	2.73
2008	71,046	△3.9	192,341	0.4	△4.6	2.71
2009	69,379	△2.3	183,710	0.4	△4.5	2.65
2010	65,775	△5.2	171,191	0.4	△6.8	2.60
2011	63,251	△3.8	159,299	0.3	△6.9	2.52
2012	61,493	△2.8	153,106	0.3	△3.9	2.49
2013	60,325	△1.9	147,330	0.3	△3.8	2.44
2014	58,791	△2.5	141,344	0.3	△4.1	2.40
2015	54,793	△6.8	128,352	0.3	△9.2	2.34
2016	53,221	△2.9	125,660	0.2	△2.1	2.36
2017	52,808	△0.7	121,734	0.2	△3.1	2.31
2018	51,494	△2.5	116,883	0.2	△4.0	2.27
2019	50,909	△1.1	113,898	0.2	△2.6	2.24
2020	43,149	△18.0	97,062	0.2	△17.3	2.25
2021	43,327	0.4	93,798	0.2	△3.5	2.16

자료 : 통계청, 「농어업조사」

나. 농어촌 개발

(1) 농촌 개발

우루과이 라운드(Uruguay Round, UR)이후 농촌 경제는 농가 소득감소, 도·농간 소득·문화 수준 격차 심화, 생활환경 낙후 등으로 어려움에 직면하였으며, DDA/FTA 등 시장개방이 확대되면서 대응책이 요구되었다. 이에 정부는 2003.11월 「농업·농촌 종합대책」을 발표하였고, 2007.4월 한미 FTA 협상 타결을 계기로 2007.11월에는 기존 대책을 보완 발전시킨 「농업·농촌 발전 기본계획」을 발표하였으며, 투융자 규모도 2003년 기존 대책(119조원)보다 4조원을 증액하였다. 「농업·농촌 발전 기본계획」은 농업·농민뿐만 아니라 식품과 농촌까지 정책대상을 확대하여 농촌 복지대책을 포괄하였으며, 농정현장의 목소리와 외부전문가의 의견이 반영되었다.

2013.4월부터 생산자·소비자 단체, 학계, 연구기관 및 언론, 일반국민 등 각계각층이 참여하는 국민공감농정위원회를 구성하여 26개 중점과제를 발굴, 심도 있는 논의를 토대로 '농업·농촌 및 식품산업 발전계획(안)'을 마련하였다. 이후 관계부처 협의 및 '중앙 농업·농촌및식품산업정책심의회' 심의를 거쳐 2013.10월에 「2013년~2017년 농업·농촌 및 식품산업 발전계획」을 수립하고, 2018.1월에는 「2018년~2022년 농업·농촌 및 식품산업 발전계획」을 수립하였다.

2023년 4월에는 윤석열 정부 정책 기조, 국정 목표에 따라 새로운 농정 목표 정립을 위해 각계각층의 의견을 수렴하여 '농업·농촌 및 식품산업 발전계획(안)'을 마련하고, 관계부처 협의 및 '중앙 농업·농촌 및 식품산업 정책 심의회'의 심의를 거쳐 「2023년~2027년 농업·농촌 및 식품산업 발전계획」을 수립하였다.

한편 2004.3월 농어촌 주민의 삶의 질 향상을 위해 「농어업인 삶의 질 향상 및 농어촌지역 개발 촉진에 관한 특별법」을 제정하고, 국무총리를 위원장으로 하는 농어업인 삶의 질 향상 및 농어촌지역 개발위원회 중심의 범정부적 추진체계를 구축하였다.

2005.4월 11개 부처 합동으로 제1차 농림어업인 삶의 질 향상 5개년 계획을 수립하여 교육·복지·지역개발·산업 분야 133개 과제를 추진하였다.('05년~'09년간 22.3조원 투융자)

2009.12월 농림어업인 복지실태조사결과('08.12) 및 제1차 기본계획 평가 결과 등을 토대로 제2차 농림어업인 삶의 질 향상 5개년 계획을 수립·추진하였다.(7대 부문 133개 과제에 34.5조원 투융자)

2011년에 농어촌 생활여건을 개선하고 도농간 공공서비스 격차를 완화하기 위한 농어촌서비스기준과 각종 정책이 농어촌에 불리한 영향을 미치지 않도록 하기 위한 농어촌영향평가제를 도입하였다.

2014년에 농어업인 삶의 질 향상 시행계획을 차질없이 추진(7조 7,099억원 계획 대비 97.2%인 7조 4,919억원 집행) 하고, 제2차 기본계획을 마무리 하였다.

2014.12월 '제3차 농어업인 복지실태조사('13.12) 결과, '제2차 기본계획 평가' 및 '제3차 농어업인 삶의 질 향상 기본계획 수립방향 연구' 등을 반영하여, 18개 부처·청 합동으로 182과제, 46.5조원 투융자 규모의 '제3차 농어업인 삶의 질 향상 기본계획('15~'19)'을 수립('14.12) 하였다.

2020.2월 제1차~제3차 농어업인 삶의 질 향상 기본계획의 성과와 한계를 분석하고 제4차 농어업인 복지실태조사('19.12) 결과 등을 반영하여 21개 부처·청 합동으로 178과제, 51.1조원 투융자 규모의 '제4차 농어업인 삶의 질 향상 기본계획('20~'24)'을 수립하였다. '제4차 농어업인 삶의 질 향상 기본계획'에 따라, 2020.10월 '농어촌 영향평가제도 운영지침'을 제정하였고 '21년부터 매년 농어촌 영향평가(연 2건)를 진행하여 관련 정책 개선 및 환류체계를 구축하였다. 또한 2021.11월 「농어업인 삶의 질 향상 및 농어촌지역 개발 촉진에 관한 특별법」 개정을 통해 사전협의제도를 도입하였다. 이후 2022.11월 시행령을 개정하여 사전협의제도 대상사업 선정 및 통보에 관한 기준과 추진 절차 등을 마련하였다.

2023년에는 농어업인 삶의 질 향상을 위한 시행계획을 차질없이 시행(12조 1,878억원 계획 대비 95.9% 수준인 11조 6,937억 원)하였으며, 또한, 「농어업인 삶의 질 향상 및 농어촌지역 개발 촉진에 관한 특별법」 개정을 통해 농어촌의 문화예술 여건 개선을 국가와 지방자치단체의 책무의 하나로 규정하고, 농어촌서비스기준 달성 정도 평가 결과를 지자체에 통보하여 개선방안을 마련하도록 하는 등 현행 제도의 운영상 나타난 일부 미비점을 개선·보완하였다.

(2) 농촌지역 개발사업

2009년까지 농어촌 지역개발사업은 농림수산식품부, 안전행정부, 국토교통부를 중심하여 각 부처별 특성에 따라 전국토를 대상으로 세부사업을 추진함에 따라 행정구역단위 분산투자, 중앙부처의 과도한 간섭, 지역간 유사·중복사업 추진 등 문제점이 제기되었다.

이를 개선하기 위해 2010년부터 국토를 초광역개발권, 5+2광역 경제권 기초생활권 3차원으로 구분하고, 대도시를 제외한 기초생활권은 163개 시·군을 대상으로 도시활력증진지역은 국토해양부에서, 접경도서지역은 안전행정부에서, 일반농산어촌지역은 농림수산식품부에서 지원키로 하였다.

포괄보조사업으로 추진하는 일반농산어촌개발사업은 일반농산어촌지역 123개 시·군을 대상으로 첫째 농촌중심지활성화, 둘째 기초생활거점조성, 셋째 시·군 역량강화, 넷째 농촌신활력플러스, 다섯째 권역단위거점개발으로 구성하여 추진하고 있다.

일반농산어촌개발사업은 일반농산어촌지역에 거주하는 지역주민들에게 최소한의 기초생활수준을 보장하고, 도시민들의 농촌유입을 촉진함으로써 농산어촌의 인구 유지 및 지역별 특색 있는 발전을 도모함을 목적으로 시·도, 시·군에서 수립하는 시도발전계획, 기초생활권 발전계획 등 상위계획과 연계하여 시·군단위로 농업·농촌 및 식품산업 발전계획(5개년 계획)을 수립하여 시·군에서 예산한도 내에서 지역 특성과 여건에 맞고 지자체에서 필요로 하는 사업을 지자체가 자유롭게 기획·시행하도록 하였다.

2013년도에는 117개 시·군 1,162개 내역사업에 9,182억원 지원, 2014년도에는 117개 시·군 1,381개 내역사업에 8,723억원 지원, 2015년도에는 116개 시·군 1,515개 내역사업에 8,733억원 지원, 2016년도 123개 시·군 대상 1,548개 내역사업에 8,723억원 지원, 2017년도 123개 시·군 대상 1,634개 내역사업 8,723억원 지원, 2018년도에는 123개 시·군 대상 1,875개 내역사업에 8,794억원을 지원, 2019년도에는 123개 시·군 대상 1,964개 내역사업에 9,256억원을 지원, 2020년도에는 마을만들기 등 사업을 지방이양하여 123개 시·군 대상 662개 내역사업에 5,359억원을 지원하였고, 2021년도에는 123개 시·군 대상 663개 내역사업에 6,259억원을 지원, 2022년도에는 123개 시·군 대상 659개 내역사업에 5,847억원을 지원, 2023년도에는 123개 시·군 대상 682개 내역사업에 5,784억원을 지원하여 농산어촌 지역의 기초 인프라를 확충함으로써 지역주민들의 삶의 질 향상과 정주환경 개선에 기여하였다.

또한, 농림축산식품부는 농어촌 취약지역(30가구 이상이며 슬레이트 지붕 주택 비율이 40% 이상이거나, 30년 이상 노후주택이 40% 이상인 행정리)을 대상으로 안전·위생 등 생활인프라 정비, 주택정비, 휴먼케어, 주민역량강화를 지원하여 주민의 기본적 생활수준을 보장하는 취약지역 생활여건 개조사업도 추진하고 있다.

2015년 처음 사업을 시작한 이래로 2023년에는 80개소를 신규지구로 선정하였으며, 선정된 신규지구에 대해 4년간 국고 1,200억 원을 지원할 예정이다. 2023년도에 사업 추진 중인 사업 지역은 주택의 슬레이트 지붕 철거·개량 1,777동, 노후집수리 2,307동, 재래식화장실 950동의 정비를 희망하고 있다(사업 신청 당시 계획 기준). 이뿐만 아니라 마을안길, 위험 경사지, 주민공동시설 등도 정비하여 마을의 주거환경이 획기적으로 개선될 예정이며, 80개소의 주택 4,849호, 인구는 8,219명이 혜택을 본다.

〈표 2-2-37〉 일반농산어촌 123개 시·군(2023년 기준)

구분	해당 시·군
경기(10)	평택시, 남양주시, 용인시, 이천시, 안성시, 화성시, 광주시, 여주시, 양평군, 가평군
강원(9)	원주시, 강릉시, 삼척시, 홍천군, 횡성군, 영월군, 평창군, 정선군, 양양군
충북(11)	청주시, 충주시, 제천시, 보은군, 옥천군, 영동군, 증평군, 진천군, 괴산군, 음성군, 단양군
충남(15)	천안시, 공주시, 보령시, 아산시, 서산시, 논산시, 계룡시, 당진시, 금산군, 부여군, 서천군, 청양군, 홍성군, 예산군, 태안군
전북(13)	군산시, 익산시, 정읍시, 남원시, 김제시, 완주군, 진안군, 무주군, 장수군, 임실군, 순창군, 고창군, 부안군
전남(21)	여수시, 순천시, 나주시, 광양시, 담양군, 곡성군, 구례군, 고흥군, 보성군, 화순군, 장흥군, 강진군, 해남군, 영암군, 무안군, 함평군, 영광군, 장성군, 완도군, 진도군, 신안군
경북(23)	포항시, 경주시, 김천시, 안동시, 구미시, 영주시, 영천시, 상주시, 문경시, 경산시, 군위군, 의성군, 울릉군, 청송군, 영양군, 영덕군, 청도군, 고령군, 성주군, 칠곡군, 예천군, 봉화군, 울진군
경남(18)	창원시, 진주시, 통영시, 사천시, 김해시, 밀양시, 거제시, 양산시, 합천군, 의령군, 함안군, 창녕군, 고성군, 남해군, 하동군, 산청군, 함양군, 거창군
세종(1)	세종시
제주(2)	제주시, 서귀포시

(3) 어촌 개발

(가) 어촌종합개발사업 추진

최근 '삼시세끼', '도시어부', '안싸우면 다행이야' 등 어촌을 소재로 한 TV 프로그램의 영향으로 어촌이 국민들의 여가생활 및 휴식의 공간이자 삶의 안식처로 탈바꿈하고 있다. 그럼에도 불구하고, 어촌은 일부 지역을 제외하고 도시나 농촌지역에 비해 상대적으로 거주인구가 적어, 개발 우선 순위에 밀려 기초생활 인프라에 대한 투자가 적기에 이루어지지 않고 있다. 그 결과 정주여건은 갈수록 열악해지고 있으며, 인구유출과 고령화로 인해 지역공동화 및 활력저하 문제가 발생되고 있다.

이에 정부는 1994년부터 「어촌·어항법」 제9조에 따라 수산업 생산기반 시설, 기초생활인프라, 어촌관광기반 시설 등의 확충 및 종합적이고 체계적인 개발을 통해 국가균형발전과 어촌주민의 삶의 질의 향상 및 살기 좋은 어촌 건설을 위해 어촌종합개발사업을 추진해 왔다.

동 사업('94~'13년)은 낙후도가 높고, 개발 잠재력과 개발 후 파급효과가 클 것으로 기대되는 전국의 어촌계 및 어업계가 소재하는 연안 및 내수면 어촌지역을 대상으로 1단계와 2단계로 나누어 총 230개 권역을 설정하여 실시하였다. 사업의 지원규모는, 1단계 사업 160개 권역은 1994~2007년까지 권역당 평균 35억 원, 2단계 사업 70개 권역은 2007~2013년까지 대·중·소 권역으로 구분하고, 권역당 최대 50억 원까지 지원하였다. 그 결과 낙후된 어촌지역의 기초생활 및 소득기반 시설 확충이 전국적으로 이루어져 주민의 정주여건 개선과 소득증대에 기여한 바가 있다.

〈표 2-2-38〉 어촌종합개발사업 사업개요

사업주체	사업기간	총사업비	사업규모	지원형태	사업내용
지자체	1994~2013년	8,754억 원	230개 권역	국고보조80%, 70%, 50%	생산기반 및 소득기반시설 등

* 특수상황지역 80%, 일반농산어촌지역 70%, 도시활력증진지역 50%

낙후지역개발사업 지원체계 개편('10년)에 따라 어촌종합개발사업은 타 부처의 14개 지역개발과 함께 농어촌(邑·面)지역은 농식품부의 일반농산어촌개발사업으로, 도시(洞)지역은 국토부의 도시활력증진사업으로, 도서 및 접경지역은 행안부의 특수상황지역개발사업으로 통합되어 추진 중에 있다.

또한, 어촌지역의 특수성을 반영하고 투자저조 문제를 해결하기 위해 2017년부터 일반농산어촌개발사업의 일부 어촌지역(31개 시·군 124개 읍·면) 사업을 농식품부로부터 분리·이관(2019년까지 연간 국비 850억 원, 2020년부터 연간 국비 450억원 규모) 받아 해수부 주도의 '어촌분야 일반농산어촌개발사업'으로 시행 중에 있다. 어촌종합개발사업은 주로 어민을 위한 기능적 측면의 개발사업임에 반해, 동 사업은 소관지역 주민 전체를 위한 공간적 측면의 종합개발사업이라는 차이를 가치고 있다. 사업비 지원기준은 국비 70%, 지방비 30%이며, 사업비는 국비 기준으로 연간 450억원 규모(지방비까지 포함할 경우 연간 640억 원 규모)이다.

* 2020년부터 어촌분야 일반농산어촌개발사업 중 마을단위 특화개발과 생활기반정비가 지방으로 이양됨에 따라 사업비가 기존 국비 850억 원 규모에서 450억 원 규모로 축소

〈표 2-2-39〉 어촌분야 일반농산어촌개발사업 사업개요

사업주체	사업기간	사업비	사업규모	지원형태	사업내용
지자체	2017년~계속	연간 450억원 (국비기준)	31개 시·군 124개 읍·면	국고보조 70%	기초생활기반 확충, 소득증대, 경관개선, 역량강화 등

〈표 2-2-40〉 어촌분야 일반농산어촌개발사업지역

구분	전담 시·군 (10개 시·군 93개 읍·면)	전담 읍·면 (21개 시·군 31개 읍·면)
강원	-	강릉시(주문진읍), 삼척시(원덕읍)
충남	태안군	당진시(석문면), 보령시(오천면, 주교면), 서천군(서면)
전북	-	부안군(변산면, 진서면, 위도면), 고창군(심원면)
전남	신안군, 진도군, 완도군, 고흥군, 여수시	영광군(낙월면), 해남군(송지면), 보성군(회천면), 강진군(마량면, 신전면), 장흥군(안양면, 회진면),
경북	울릉군	포항시(구룡포읍, 호미곶면), 경주시(감포읍), 영덕군(강구면, 축산면), 울진군(죽변면, 후포면)
경남	남해군, 통영시, 거제시	하동군(금성면), 사천시(서포면), 창원시(구산면, 진동면)
제주	-	제주시(구좌읍, 한림읍), 서귀포시(성산읍)

* 「도서개발촉진법」제4조제1항에 다른 특수상황지역에 포함된 도서는 제외

어촌분야 일반농산어촌개발사업은 전국 연안 읍·면 중 어가가 상대적으로 많이 분포하고 있는 31개 시·군 124개 읍·면 지역을 대상으로 기초생활기반 확충, 소득증대, 경관개선, 역량강화 등을 내용으로 하는 지역종합 개발사업이다.

동 사업의 유형으로는 어촌지역 중심지(읍·면 소재지, 어항 등)와 주변지역의 통합·개발을 통해 생활권·경제권 확대 및 상생발전을 위한 권역단위 거점개발(5년 이내, 100억 원 이내), 지역민의 경쟁력 제고를 위한 시·군 역량강화(단년도 2억 원 이내) 등이 있다.

(나) 어촌관광 S/W 지원 강화

국민들의 소득증가, 여가시간 증대 및 교통여건 개선 등으로 어촌체험관광 수요 증가함에 따라 지역관광 자원과 연계한 체험 등 다양한 프로그램 운영을 통해 어업인에게는 어업 외 소득 증대, 도시민에게는 새로운 휴식공간을 제공하고자 어촌관광 개발사업을 추진하고 있다. 사업초기에는 관광기반시설 조성에 치중되어 사업성과를 도출하는데 한계가 있어 2005년 이후부터 본격적으로 체험·휴양·관광 등의 어촌관광 수요 증대를 위한 프로그램 및 홍보 등 어촌관광 활성화 지원 정책을 추진하고 있다.

〈표 2-2-41〉 어촌관광 활성화 지원사업

사업주체	사업기간	총사업비	사업규모	지원형태	사업내용
지자체, 민간보조 (한국어촌어항공단 등)	2005년 ~계속	해당 없음	어촌체험휴양마을 132개소, 자매결연체결2,392개소	민간보조 국비100%, 지자체 국비 50%	어촌관광 홍보, 특화프로그램 개발 및 컨설팅 지원 등

2023년에는 어촌체험휴양마을 사무장 채용지원 73개소, 어촌체험휴양마을 특화 조성 4개소, 어촌마을 워케이션 11개소, 어촌체험휴양마을 안전사고 보험료 지원 등을 실시하였다. 개별화된 취향의 관광수요와 급변하는 관광 트렌드에 맞춰 차별화된 특화 프로그램 개발·운영을 통해 체험객은 156만명, 관광수익은 221억 원으로 전년 대비 증가하였다.

한편, 국가중요어업유산은 2015년부터 2023년까지 총13개소를 지정하였으며, 이를 활용하여 어촌방문객 증대 및 지역경제 활성화로 이어지도록 자원정비계획 수립, 환경개선 및 가치창조 사업 추진을 3년간 지원한다.

(다) 어항시설 확충

수산업의 근거지가 되는 어항은 어촌·어항법에 따라 국가어항, 지방어항, 어촌정주어항, 마을공동어항으로 구분하여 지정권자인 해양수산부장관, 시·도지사, 시·군·구청장이 어항개발계획을 수립하여 어항개발을 추진하고 있다.

〈표 2-2-42〉 어항 지정 현황

('22.12월 말 기준)

구 분		항수	지정권자	투입재원	비 고
법정항	국가어항	115	해양수산부장관	국 비 100%	
	지방어항	289	시·도지사·대도시시장(50만이상)	지방비 100%	
	어촌정주어항	632	시장·군수·구청장	〃	
	마을공동어항	2	시장·군수·구청장	〃	
비법정항	소규모항포구	1,251	시장·군수·구청장	지방비 100%	

자료 : 해양수산부 어촌양식정책관

해양수산부장관이 지정·개발하는 국가어항은 1972년 최초로 62개 항을 지정하여 개발에 착수한 이후 2023년 말 현재 115개 항을 지정하여 개발 중에 있다.

시·도지사가 지정·개발하는 지방어항은 1972년에 최초로 255개 항을 지정한 이후 2023년 말 현재 289개 항을 지정하여 개발 중에 있으며, 1972~1994년까지 일반회계, 1995~2004년까지 농특회계, 2005~2009년까지 균특회계, 2010~2013년까지 광특회계, 2014~2018년까지 지특회계, 2019년은 균특회계, 2020년부터는 지방비를 투입하여 개발을 추진하고 있다.

시장·군수·구청장이 지정·개발하는 어촌정주어항은 2002년에 최초로 213개 항을 지정한 이후 2023년 말 현재 632개 항이 지정되어 있으며, 2005~2009년까지 균특회계, 2010~2013년까지 광특회계, 2014~2018년까지 지특회계, 2019~2022년은 균특회계, 2023년부터는 지방비를 투입하여 개발을 추진하고 있다.

(4) 산림휴양 인프라 등 기반 확충

정부의 국정과제 이행계획에 따라 국민들의 다양한 여가 수요 충족 및 국토균형 발전을 통한 지역경제 활성화 등을 위해 자연휴양림, 산림욕장, 숲속야영장 등 다양한 산림휴양시설을 조성하고 있다.

〈그림 2-2-17〉 자연휴양림 전경

자료 : 산림청 산림복지국

산림의 다목적 경영이란 취지 아래 공익적·문화적 기능을 수행하고자 '88년부터 자연휴양림 조성·운영을 시작해 '23년까지 197개소의 자연휴양림을 조성하였으며, 연간 1천9백만명 이상이 방문하는 대표적인 국민여가공간으로 인식되고 있다.

〈표 2-2-43〉 자연휴양림 조성현황

(단위 : 개소)

구 분	계	'19년까지	'20	'21	'22	'23
계	197	175	6	5	6	5
국립	46	43	1	2	-	-
공립	127	109	4	3	6	5
사립	24	23	1	-	-	-

주 : 실제 운영 중인 자연휴양림 현황과 상이할 수 있음(보수 등에 따른 미운영)
자료 : 산림청 산림복지국

<표 2-2-44> 자연휴양림 이용객 추이

(단위 : 천명)

구 분	'18	'19	'20	'21	'22	'23
계	15,331	15,989	10,430	14,007	19,098	19,289
국립	4,572	4,657	3,061	3,644	4,428	4,140
공립	9,674	10,286	6,708	9,438	13,946	14,575
사립	1,085	1,046	661	925	724	574

자료 : 산림청 산림복지국

산림욕장은 생활권 가까이에서 산림휴양서비스를 제공하고자 생활권 근교에 위치한 산림 안에 산책로, 자연관찰로, 탐방로, 간이 체육시설 등 산림욕과 체험·체육시설 등을 기본시설로 조성하는 시설로 '23년까지 218개소를 조성·운영 중이다.

<표 2-2-45> 산림욕장 조성현황

(단위 : 개소)

계	'18년까지	'19	'20	'21	'22	'23
218	200	4	7	2	3	2

주 : 산림욕장은 지방자치단체 및 민간에서 조성하여 운영하고 있음
자료 : 산림청 산림복지국

국민들의 캠핑수요가 폭발적으로 증가하면서 무분별한 야영장 조성으로 산림훼손 및 이용객의 안전사고 위험이 증가하였다. 이에 '15년 산림 내 숲속야영장 조성을 위한 법적근거를 마련하여 '16년부터 본격적인 조성을 시작하였고, '23년까지 40개소를 조성·운영 중이다.

<표 2-2-46> 숲속야영장 조성현황

(단위 : 개소)

계	계	'18년까지	'19	'20	'21	'22	'23
계	40	11	5	9	3	7	6
국립	3	1	-	-	-	2	-
공립	9	1	-	1	-	2	5
사립	28	8	5	8	3	3	1

자료 : 산림청 산림복지국

4. 도시활력증진지역 개발사업

가. 도입배경

지역의 특화발전을 지원하고 광역경제권의 경쟁력 향상을 위한 사업을 효율적으로 추진하기 위하여 국가균형발전특별법을 개정(2009.4)하고 광역·지역발전특별회계가 설치됨에 따라 지자체 스스로의 발전을 유도하기 위해 각 부처에서 개별적으로 추진되던 '살고 싶은 도시만들기', '주거환경개선', '신활력 지원', '소도읍 육성', 농촌마을종합개발, 농촌생활환경정비 등 17개 사업을 통합하여 '10년도부터 '도시활력증진지역 개발사업'을 추진하게 되었다.

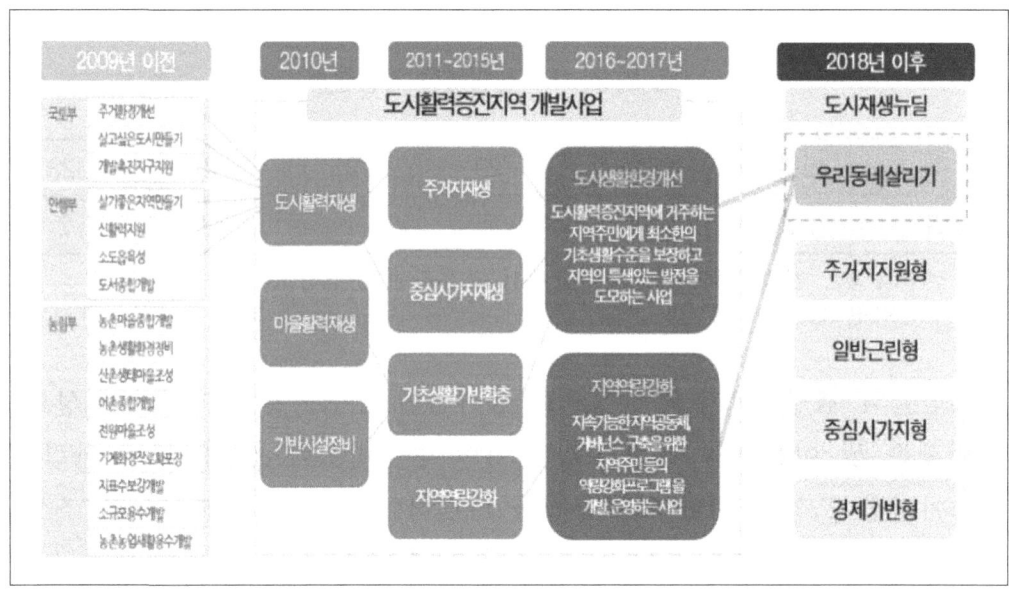

〈그림 2-2-18〉 도시활력증진사업 유형 연도별 변화과정

나. 추진현황

「도시활력 증진지역 개발사업」은 특별·광역시의 군·구 및 시지역 143곳(단 시 지역 중 도농복합형태의 시는 동지역만 해당)을 대상으로 한다. 첫 번째 유형인 도시생활환경개선사업은 소규모 마을단위의 주거지·상업지 등에 대한 생활기반시설 정비 및 확충이 필요한 지역을 대상으로 소규모 마을단위의 생활기반시설 확충, 거주환경 개선, 골목상권 개선 등과

함께 공동체 활성화를 추진하여 지역에 거주하는 지역주민에게 최소한의 기초생활수준을 보장하고 지역의 특색 있는 발전을 도모하는 사업이다. 두 번째 유형인 지역역량강화사업은 지역공동체 활성화, 거버넌스 구축을 위한 지역주민의 역량강화 프로그램 개발 및 운영, 지역공동체 회복을 위한 사업이다.

국토교통부에서는 동 사업이 효율적·체계적으로 추진될 수 있도록 계획수립 가이드라인 제공, 계획수립 및 사업추진 과정에 대한 전문가 모니터링 및 컨설팅을 제공하고 있으며, 다양한 역량강화 프로그램을 지원함으로써 도시계획의 전문가적 안목을 갖는 지역주민을 지속적으로 양성하고 있다.

사업시행 초년도인 '10년도 100개 사업에 1,013억원 지원을 시작으로 2011년도에는 113개 사업에 964억원, 2012년도에는 50개 115개 사업에 964억원, 2013년도에는 120개 사업에 1,086억원, 2014년에 155개 사업, 2015년도에는 183개 사업에 1,042억원, 2016년에는 186개 사업에 971억원, 2017년에는 208개 사업에 934억원, 2018년에는 189개 사업에 1,114억원, 2019년에는 110개 사업에 753억원을 지원하여 쇠퇴한 도시지역 지역주민들의 삶의 질에 대한 만족수준 향상을 도모하고 있다.

또한, 동네 단위의 주민생활 밀착형 공공시설을 신속히 공급하기 위해 도시재생사업의 유형으로 '우리동네살리기'를 신설('17년)하여 생활권 내에 도로 등 기초 기반시설은 있으나, 주거지 노후화로 활력을 상실한 지역을 대상으로 노후주거지 정비, 공동이용시설, 생활편의시설 등을 공급하고 있으며, '23년까지 총 89곳의 우리동네살리기 사업을 선정하여 지원하고 있다.

아울러, 2018년부터 주민공동체가 지원기관과 함께 소규모 점 단위 재생사업을 추진할 수 있는 기회를 제공함으로써, 주민참여 확대 및 공동체 중심의 도새재생사업 추진 역량을 도모하기 위한 '소규모 재생사업'을 추진하였고, 도시재생 뉴딜사업 성과제고를 위해 기존의 유사한 역량강화사업*을 '도시재생예비사업'으로 통합하여('20.9월) 2022년 도시재생예비사업 145곳을 선정하였다.

* (역량강화사업) 소규모재생사업, 주민참여프로젝트사업, 사업화지원사업

'23년부터는 취약지역생활여건개조사업(농어촌, 도시) 중 도시부분을 포함하여 취약지역 주민의 기본적인 생활수준 보장을 위해 안전·위생 등 생활 인프라 확충, 주거환경 개선, 주민역량 강화 등 지원사업 추진

다. 향후 추진계획

앞으로 '우리동네살리기'와 '도시 취약지역생활여건개조사업' 특성 및 취지에 적합한 지역을 중점적으로 지원하고, 해당지역의 건축·문화·환경적 자산 등 지역자산을 활용하여 특화된 발전을 이루도록 유도하고 효과적인 사업추진을 위해 지자체가 지역의 전문성을 활용하여 다양한 사업추진체계를 선택할 수 있도록 자율성을 강화할 계획이다.

제9절 거점지역 개발

1. 지역발전정책 및 거점지역 개발 제도 변화

우리나라 지역발전정책은 초기에는 제한된 자원의 효율적 배분과 경제성장의 기반 구축에 정책적 관심이 집중되었지만 산업화·도시화에 따른 수도권 집중과 지역 간 격차가 심화되면서 지역 간 균형발전, 사회통합, 지역주민의 삶의 질 개선 등에 대한 사회적 요구가 높아졌다. 이에 대응하기 위해 지역발전정책의 방향과 전략이 지속적으로 수정·보완되어 왔다고 볼 수 있다.

거점지역 개발은, 1963년에 제정된 국토건설종합계획법에 근거하여 최초의 특정지역제도가 도입되며 본격 실시되었다. 서울·인천·제주 등 주요개발입지를 특정지역으로 선정하여 빈곤탈피와 성장기반구축을 위한 개발방향을 제시하였다. 이후 1980년대에는 경제발전과정에서 나타난 지역간 불균형 해소를 위해 수도권 정비계획 제정 및 지방중소도시·농어촌 육성 정책이 추진되었고 이러한 기조에 따라 1994년 1월 「지역균형개발 및 지방중소기업 육성에 관한 법률」이 제정되면서 광역권개발계획 및 개발촉진지구제도가 도입되고, 특정지역제도는 폐지되었다.

이후 지방자치제의 발전으로 지역 간 연계개발의 필요성이 증가하고 소득수준의 향상과 함께 문화·관광분야 등에서 지역개발수요가 증가됨에 따라 성장거점방식의 광역권 개발계획, 낙후지역 개발수단인 개발촉진지구만으로 지역개발수요를 수용하는 데 한계가 발생하였고, 이에 2002년 1월 「지역균형개발 및 지방중소기업 육성에 관한 법률」을 개정하여 특정지역제도를 재도입하였다. 재도입 후 지역의 역사문화, 경관자원 활용과 특정산업 육성 등을 위하여 최초 10개의 특정지역을 지정하였으나, 지정기간 만료 및 개발계획 미수립 등으로 인해 최종 8개의 특정지역이 지정되었다.

2015년 특정지역제도는 지역개발지원법의 시행으로 인하여 거점형 지역개발계획으로 전환되었다. 거점형 지역개발계획은 각 도별로 수립하는 것으로, 산업·문화·관광 등 인근지역과의 관계에 중심이 되는 거점지역을 개발하기 위하여 10년 단위의 종합적·체계적 발전계획을 수립한 것이다. 제도의 연속성 유지를 위하여, 법 개정 시 기존 특정지역개발계획 및 특정지역을 지역개발지원법 상 지역개발계획 및 지역개발구역으로 의제하는 경과규정을 두었고, 더불어 지역개발지원법에 따른 신규 지역개발계획 수립 시 거점육성형 지역개발사업에 기존 특정지역 사업을 포함시킬 수 있도록 하였다.

2. 거점지역 개발

가. 거점육성형 지역개발계획에 따른 지역개발사업

거점육성형 지역개발계획 제도는 '15.1.1일 신규 시행된 「지역개발 및 지원에 관한 법률」에 따라 도입되었다. 지역개발지원법('15.1.1시행) 제7조에 따라 "거점육성형 지역개발사업(거점지역과 그 인근지역을 연계하여 지역발전의 전략적 거점으로 육성하거나 특화산업을 발전시키기 위하여 종합적·체계적으로 개발하기 위한 지역개발사업)"을 추진하려는 경우에는 거점육성형 지역개발계획을 수립하여야 한다.

* 거점지역이란 산업·문화·관광·교통·물류 등의 기능수행에 필요한 인적·물적 기반을 갖추고 있어 인근지역과의 관계에서 중심이 되는 지역

거점육성형 지역개발계획의 수립대상지역은 거점지역과 그 인근지역으로, 종전 특정지역, 지역종합개발지구, 광역권개발 제도로 추진 중인 기존사업과 신규사업(사업기간 10년)에 대한 계획이 수립된다. 거점지역개발사업을 수립한 각 도는 수립된 지역개발계획에 따라 향후 각종 지역개발사업을 추진한다.

나. 투자선도지구

투자선도지구는 발전 잠재력이 있는 지역전략사업을 발굴하여 민간투자를 활성화하고 지역성장거점으로 육성하기 위한 제도로, '15.1.1일 신규 시행된 「지역개발 및 지원에 관한 법률」에 따라 도입되었다.

유형에 따라 성장촉진·특수상황지역에 적용되는 발전촉진형 투자선도지구와 거점지역에 적용되는 거점육성형 투자선도지구로 구분하고 있다.

투자선도지구는 민간투자·일자리 창출 등 지역 내 파급효과가 큰 기존 지역개발사업 또는 신규 추진 지역개발사업을 대상으로 공모 방식을 통해 선정하고 있으며, 지정될 경우 각종 규제특례, 조세감면(발전촉진형), 지자체의 자금지원, 기반시설 국고보조 등이 종합지원된다.

2015년 이후 총 26곳의 투자선도지구가 선정되었으며, 2022년에는 지역의 성장거점을 육성하고 민간투자를 활성화하기 위해 투자선도지구의 지정 요건을 완화하도록 지역개발지원법을 개정하였다.

* (지역개발지원법 시행령, '22.12.20) 지역경제를 활성화하고 다양한 성장거점을 발굴·육성하기 위하여 투자선도지구의 지정 기준을 총투자금액 1천억원 이상에서 500억원, 신규고용창출은 300명 이상에서 100명 이상으로 완화

〈표 2-2-47〉 투자선도지구 유형별 요건 및 혜택

유형	발전촉진형		거점육성형	
	성장촉진지역	특수상황지역	일반형	KTX지역경제거점형
투자·고용*	500억 투자 또는 100인 고용			
혜택	사업당 100억원이내	-	-	-
	조세감면(법인세, 소득세 등)		-	-
	규제특례(건폐율·용적률 완화, 특별건축구역, 인허가의제 등 73종)			
	자금지원(지자체)			
	인허가 지원 등			

* 필요시, 국토정책위원회 심의를 거쳐 투자·고용규모 기준 완화 가능
자료 : 국토교통부 국토정책관

투자선도지구는 수도권 및 제주특별자치도를 제외한 시·도에서 공모에 응모하고 있으며, 외부 전문가로 평가위원회를 구성하고 신청된 사업을 대상으로 서면·현장평가 및 발표회를 거쳐 최종 선정하고 있다. '15~'23년 공모를 통해 총 26개의 투자선도지구가 선정되었으며 이 중 16개 사업은 지구지정이 완료되었고, 다른 나머지는 예비타당성 조사, 환경영향평가 등 절차를 이행하여 지구지정을 추진 중이다.

그간의 투자선도지구 거점지역개발 제도에 대한 성과를 바탕으로 2024년에는 첨단산업 육성과 관련 민간투자에 중점을 두고 투자선도지구 3개소 내외를 선정할 계획이다.

<표 2-2-48> 투자선도지구 선정 사업(2015년~2023년)

구분		지자체	사업명	주요 내용
'15	발전촉진	전북 순창	한국전통 발효문화산업	전통 장류산업을 관광과 융·복합된 고부가가치 미래산업으로 육성
		경북 영천	미래형 첨단복합도시	군사시설로 단절되었던 도시공간을 항공·군수·ICT 등 도시형 첨단산업·물류 시설로 개발
	거점육성	강원 원주	남원주 역세권 개발	'18년 남원주역 준공에 따른 역세권 개발 및 의료기기산업 육성
		울산	에너지융합	에너지융합 산업에 특화된 산업단지 개발 등
'16	발전촉진	충북 영동	레인보우 힐링타운	지역자원(포도, 국악, 일라이트 등)을 매개로 복합 치유공간 개발
		전남 진도	진도 해양복합관광	숙박시설(콘도)을 중심으로 진도군내 이색관광자원 연계
	거점육성	충남 홍성	내포 도시 첨단산업단지	IT, 자동차부품 등에 특화한 도시첨단산업단지 조성
		광주	광주송정 KTX역	광주송정역 네트워크체계 구축(복합환승센터 개발) 및 융복합단지 조성
'17	발전촉진	강원 춘천	수열에너지 융복합 클러스터	친환경 생태주거단지와 수열원 에너지 네트워크
		충북 괴산	자연드림타운	자연을 향유하는 생태순환형 테마단지 조성
		전남 함평	축산특화산업	청정 농축산물을 활용한 6차산업 특화단지 조성
	거점육성	충북 청주	화장품뷰티 투자선도지구	바이오기술과 연계한 화장품산업 육성 및 청년 일자리 창출 기반 조성
		대전	첨단국방 융합단지	국내 최대 국방인프라와 대덕특구 연계한 첨단국방융합단지 조성
'18	발전촉진	경남 고성	고성 무인기 종합타운	무인기 관련 연구개발, 제작, 테스트, 등이 집적된 무인기 종합타운 조성
		충남 보령	원산도 해양관광	콘도미니엄 등 숙박시설, 스포츠 파크, 마리나, 편의시설 등을 포함한 리조트 조성
		전남 나주	빛가람 클러스터	혁신도시와 연계하여 에너지 관련 창업타운, 체험 파크 등 조성

구분		지자체	사업명	주요 내용
'20	발전촉진	전북 김제	특장차혁신 클러스터	특장차 종합지원센터, 지역상생거점단지 등 글로벌 특장 기계 혁신클러스터 조성
'21	발전촉진	경남 함양	e-커머스 물류단지	물류·복합·지원·공공시설용지 등 물류단지 인프라 조성
'22	발전촉진	전남 신안	자은도 지오 국제문화	서·남해권 국제 문화예술 교류 관광단지 조성
	거점육성	경북 경주	신경주 역세권	철도와 연계한 복환환승센터 등 역세권 개발
		강원 속초	속초 역세권	
		경남 통영	통영 역세권	
'23	발전촉진	강원 양구	스포츠 행정복합타운	양구역 중심, 스포츠행정타운, 빌더업센터 등을 조성하여 사계절 생활스포츠 산업 발전
		강원 양양	양양역세권 개발	양양역 중심, 공공업무시설 등 역세권 복합개발
		전남 영광	e-모빌리티 클러스터 조성	e-모빌리티를 특화산업으로 육성하기 위해 e-모빌리티 지원 Complex, 특화공원 조성
	거점육성	강원 동해	무릉별 유천지 관광자원화	폐광산을 문화·관광시설로 활용하기 위해 모노레일, 수상교량, 정원 조성

자료 : 국토교통부 국토정책관

제10절 도시재생사업 추진

1. 도시재생사업 추진배경

정부는 전국적으로 심화되는 도시 쇠퇴*에 대응하고 국가차원의 종합적인 지원을 위해 「도시재생활성화 및 지원에 관한 특별법」을 제정(2013년)하고 2014년부터 도시재생사업을 본격 추진**하였다. 또한, 2015년에는 주택기금을 주택도시기금으로 개편하여 도시재생사업 등에 대한 금융지원 수단을 마련하였다.

* 전국 3,470개 읍면동 중 64.5% 쇠퇴진단('13)
** '14년 국가선도사업(13곳) 선정, '16년 일반지역 사업(33곳) 선정 등

이어 2017년에는 도시재생 뉴딜정책을 국정과제로 채택하고 5년간 매년 공공재원을 연간 약 10조*원씩 투입하여 2021년까지 전국에 약 500곳의 사업을 추진하였다.

* 年 10조원 투자계획 : 재정 2조(국비 0.8조), 기금 4.9조(도시계정 1.1조), 공기업 3조

이후, 2022년에는 변화된 정책환경 등을 고려하여 「새정부 도시재생 추진방안」을 마련하였다. 이에 따라, 기존 5개 사업유형을 「경제재생」, 「지역특화재생」 2가지 유형으로 통·폐합하고 신규 사업은 매년 40곳 내외로 선정하여 선택과 집중을 통해 규모 있는 사업을 지원하도록 하였다.

〈그림 2-2-19〉 사업유형 개편내용

< 기 존 >		< 개 편 >	
사업유형		사업유형	수단 및 절차
활성화계획	혁신지구	경제재생 거점사업	• 혁신지구 제도 활용
	경제기반형	지역특화 재생	• 마중물 사업을 활성화계획에 반영하여 공모 절차를 거쳐 선정 • 큰 규모 사업은 혁신지구 활용 가능
	중심시가지형		
	일반근린형		
	주거지지원형		
인정사업		인정사업	• 활성화계획 수립없이 공모로 선정
우리동네살리기		우리동네살리기	• 「균형발전특별법」에 따라 공모로 선정

<그림 2-2-20> 새정부 도시재생 추진방안

경제거점 조성 및 지역 특화재생을 통한 도시공간 재창조

기본 방향
- ◆ 쇠퇴한 지역에 복합개발을 통한 경제거점을 조성하여 도시공간 혁신 도모
- ◆ 지역별 고유자원을 활용한 맞춤형 재생사업을 통해 도시경쟁력 강화
- ◆ 지역과 민간의 적극적인 참여를 통한 지역간 균형발전 선도

주요 추진 방향
1. 성과 중심으로 사업체계 개편
2. 일자리를 창출하는 경제거점 조성 확산
3. 지역·민간 주도의 특화재생 추진
4. 민간 참여 활성화
5. 노후 주거지 정비 활성화
6. 지자체 자율성 확대 등 사업추진체계 개선

	현 행		개 선
사업물량	연 100곳 내외	⇨	연 40곳 내외
사업내용	생활SOC 공급 등 근린재생 중심	⇨	경제거점 조성 및 지역특화재생
공모방식	활성화계획 중심	⇨	사업성과 중심
추진체계	모든 사업에 필수 거버넌스 구축	⇨	사업에 따라 참여방식 다양화

2. 도시재생특별법 및 도시재생사업 개요

2013.6.4일 제정된 「도시재생 활성화 및 지원에 관한 특별법」(10개 장 62개 조문)은 지자체·주민 중심의 계획수립체계, 조직, 국가의 지원, 혁신지구 지정·지원 등의 내용을 담고 있다.

계획수립체계는 국가가 향후 10년간 도시재생 정책방향과 선도지역 지정기준 등을 담은 「국가도시재생기본방침」을 수립하면, 지자체가 주민 참여를 기반으로 「도시재생전략계획」과 「도시재생활성화계획」을 수립하는 방식으로 되어 있다. 도시재생전략계획은 해당 지자체의 도시재생의 정책 방향을 결정하고, 자원과 역량을 집중하여 도시재생사업을 추진하기 위한 전략적 대상지역(도시재생활성화지역)을 지정하는 계획이다. 도시재생전략 계획이 수립되면, 지자체의 장이 해당 지역의 주민과 함께 도시재생전략 계획에서 지정된 도시재생활성화지역에 대해 세부 실행계획인 도시재생 활성화계획을 수립하게 된다. 도시재생활성화계획을 수립할 때 해당 지역 내에서 국가·지자체, 민간투자자, 주민공동체 등이 개별적이고 산발적으로 추진하고 있는 다양한 사업들을 연계·융합하여 종합적인 도시재생계획을 수립하게 된다.

※ 개별적·산발적 사업 ⇨ 다양한 사업을 융·복합한 종합계획 (예시)

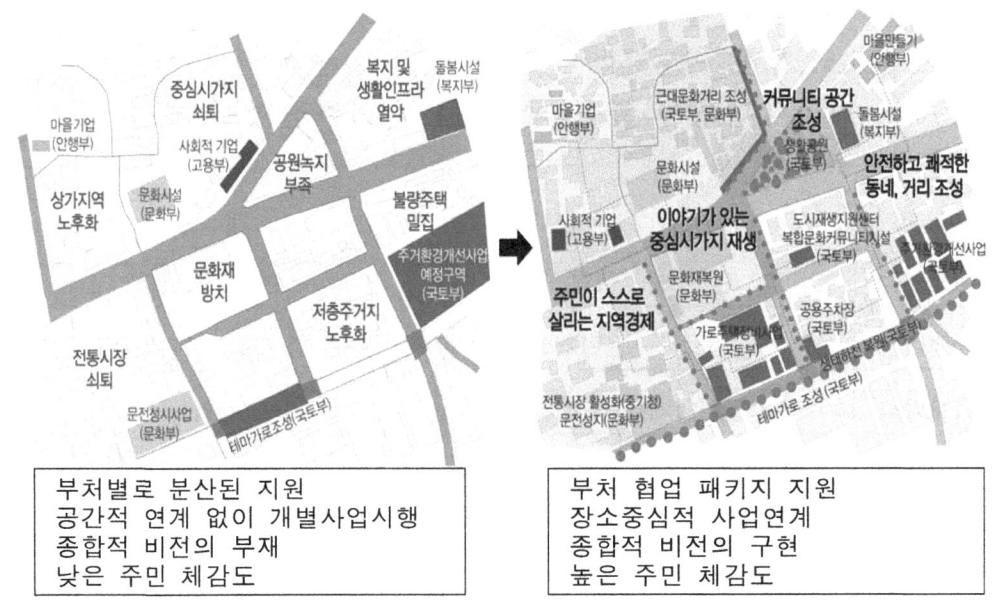

현재 도시재생사업은 경제재생(혁신지구), 지역특화재생, 인정사업, 우리동네 살리기 등 4가지 유형으로 구분된다.

경제재생은 쇠퇴지역에 주거·업무·상업 등 도시기능을 복합개발하여 일자리를 창출하는 도시재생 혁신지구를 조성하는 사업으로, 기존 활성화 계획의 점단위 패키지 사업이 아닌 면단위 개발방식으로 규모가 크고 신속한 사업추진이 가능하다.

지역특화재생은 역사·문화 등 고유자산을 활용하여 스토리텔링 및 도시브랜드화를 추진하고 중심·골목상권을 활성화하는 사업으로, 지역 역사·문화·건축 등 고유자산을 활용하여 관광·문화거점 및 방문코스를 개발하고, 지역 자산을 활용한 스토어 브랜드 개발, 특화거리 조성, 상권 컨설팅 등 공간 조성과 프로그램을 통합하여 지원한다.

인정사업은 소규모 도시재생사업의 신속한 시행을 목적으로 도시재생 활성화계획을 수립하지 않고 시행하는 '점 단위' 사업으로, 기초생활 인프라 개선 및 확충을 통해 지역거점을 조성할 수 있도록 지원한다.

우리동네살리기는 생활권 내에 도로 등 기초 기반시설은 갖추고 있으나 인구유출, 주거지 노후화로 활력을 상실한 지역에 대해 소규모주택정비 사업 및 생활편의시설 공급 등으로 마을공동체를 회복하는 사업이다.

〈표 2-2-49〉 도시재생사업 유형별 개요

구분	경제재생 (혁신지구)	지역특화재생	인정사업	우리동네살리기
면적 규모 (m^2)	200만 이하	제한없음	10만 내외	5만 내외
사업 내용	주거·상업·산업 기능을 복합한 지역거점 조성	지역자산을 활용한 도시브랜딩 및 중심·골목상권 활성화	기초생활인프라 개선 및 확충을 통해 지역거점 조성	노후주거지정비, 공동이용시설, 생활편의시설 등 공급
국비 지원	250억 원/5년	150억 원/4년	50억 원/3년	50억 원/4년

자료 : 국토교통부 도시재생과

도시재생 정책 및 사업추진을 뒷받침하기 위한 조직으로서, 중앙정부에는 총리가 위원장이고 관계부처 장관 및 민간위원으로 구성된 도시재생특별위원회를 설치(2013.12.16.) 하였고, 지자체의 계획수립을 지원하고 도시재생 전문가의 양성·파견 등을 담당하기 위한 도시재생지원기구로 주택도시보증공사(HUG) 등을 지정·운영하고 있다.

〈그림 2-2-21〉 도시재생특별법 계획수립 및 사업시행 체계도

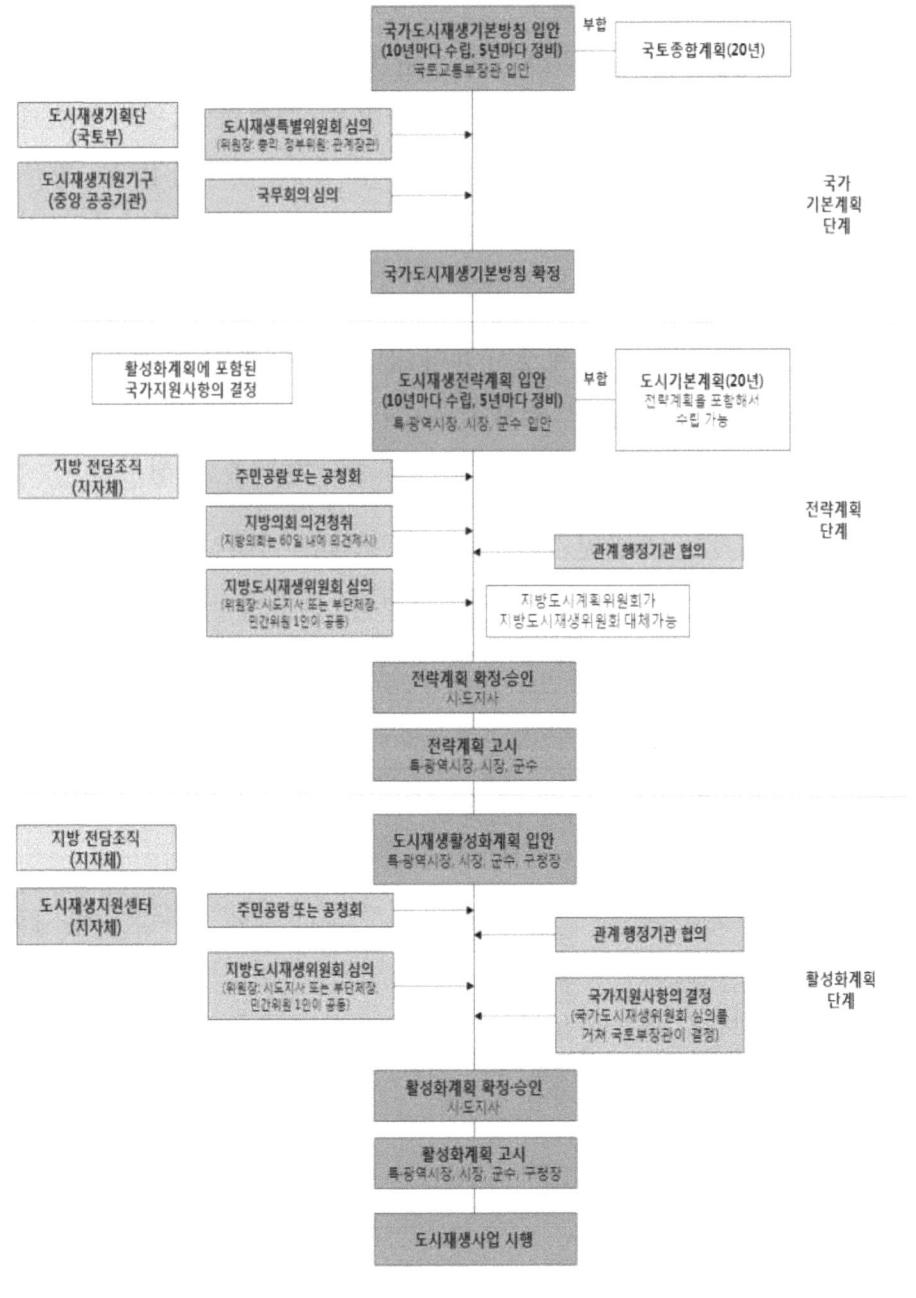

3. 도시재생사업 추진현황

2013년 「도시재생 활성화 및 지원에 관한 특별법」 제정 이후, 도시재생사업 공모를 거쳐 2014년도에는 13곳을 도시재생 선도사업으로 지정하였고, 2016년에는 33곳을 신규로 선정하였다.

〈 2014, 2016년 도시재생사업 선정 현황 〉

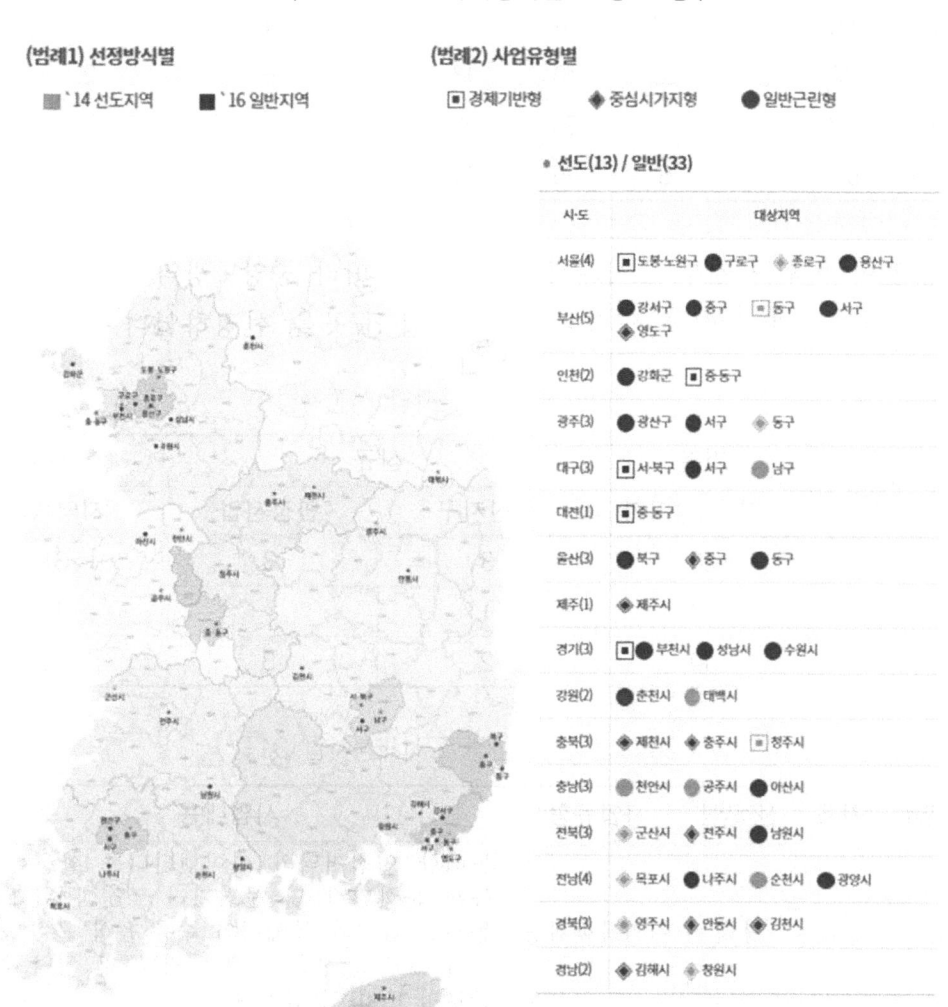

2017년에 들어서 국토교통부에 도시재생 뉴딜사업을 전담하는 '도시재생사업기획단'을 신설('17.6)하면서, 주민이 체감할 수 있는 현장중심의 지역 혁신거점을 조성하기 위한 도시재생 뉴딜사업을 추진하였으며, 2017년부터 2021년까지 공모사업을 통해 총 488곳의 도시재생 뉴딜사업을 선정하였다.

〈 도시재생 뉴딜사업 선정 현황 〉

구분		기존 유형						신규 제도		
		경제 기반형	중심 시가지형	일반 근린형	주거지 지원형	우리동네 살리기	특별 재생	혁신 지구	총괄 사업	인정 사업
계	488	8	63	147	76	69	1	9	26	89
'17년	68	1	19	15	16	17	-	-	-	-
'18년	100	3	17	34	28	17	1	-	-	-
'19년	116	2	20	40	18	18	-	4	2	12
'20년	117	1	1	33	4	10	-	2	22	44
'21년	87	1	6	25	10	7		3	2	33

2022년 이후 새정부 도시재생 추진방안에 따라 중앙·광역 공모를 통하여 실현 가능성과 사업 타당성이 높은 사업 57곳을 선정하였다.

〈 새정부 도시재생 사업 선정사업 〉

구분		기존	신규		개편
		우리동네살리기	혁신지구	인정사업	지역특화
계	57	20	3	3	31
'22년	26	10	1		15
'23년	31	10	2	3	16

〈 2023년 신규 선정 도시재생사업 31곳 〉

광역	기초	선정방식	사업유형	사업내용
강원 (3)	동해	광역	지역특화재생	동해항 인접지역의 아이덴티티를 활용한 환동해 문화거점 및 문화거리 조성과 함께 환동해권 국가와 동해시의 주류·음식 문화 기반 지역 브랜드 구축과 해군 장병 및 청년 대상 글로벌 F&B 창업지원
	평창	광역	지역특화재생	농특산물 브랜드(HAPPY 700)와 서울대학교 그린바이오과학기술연구원, 산·학·연 협력기업 연계를 통한 관광 허브 플랫폼, 그린바이오 아카데미, 지역 특화거리 조성 등 지역 경제 및 로컬 관광 활성화 도모
	홍천	광역	우리동네살리기	공영주차장 부지를 복합화하여 스마트 어린이 광장 및 스마트 안전안심 학교가는길 등 조성으로 아이가 안전하게 살기 좋은 마을 만들기

광역	기초	선정방식	사업유형	사업내용
경기 (3)	김포	광역	인정사업	복합문화교류센터를 조성하여 지역 내 부족한 기초생활인프라(생활체육시설, 공영주차장, 도시공원, 노인교실)를 향상시키고, 상호문화교류센터 리모델링 및 여울마당을 조성하여 문화복지 프로그램 및 창업교육을 지원하여 지역활성화를 도모
	연천	광역	지역특화재생	선사특화자원을 활용하여 민간조직 EBS와 함께 전곡역 앞 플레이파크를 조성하고 선사특화거리 조성, 재난대응형 도시환경개선사업을 통해 배후수요 방문객을 유입하여 지역 활성화 도모
	의왕	광역	우리동네살리기	동행사업, 안전마을 조성 등 정주 환경개선 및 내손애(愛)행복센터, 내손애(愛)어울더울(놀이·쉼터) 조성, 주차장·안심가로 조성 등 추진
경남 (4)	사천	광역	지역특화재생	관광객 유인 위한 앵커시설로서 다양한 콘텐츠 가능한 공간인 팔포팔락 플랫폼 조성, 전통시장 및 음식특화지구 정비 및 기존 기반시설 개선과 연결로 근린상권 활성화 유도, 특산물 살린 콘텐츠 마련과 정주환경 개선
	의령	광역	지역특화재생	체험시설 조성, 놀이 중심 환경개선 및 프로그램 운영 등 체류 시간 및 생활인구 증대를 목적으로 하는 체류·체험형 '놀이' 중심 도시 브랜드화를 통해 지역 경제 활성화 도모
	함안	광역	우리동네살리기	거북이 주택 정비사업, 백년 골목길 조성사업 등 주거개선을 통해 마을 안전성 및 주거 쾌적성을 확보하고, 혜휼당 및 혜율원 조성 등 문화복지 공간 조성으로 지역 활성화 추진
	함양	광역	우리동네살리기	집수리, 골목길 정비, 생활가로 정비 등 정주 환경을 개선하고, 주민공용시설·생활편의시설 확충으로 공동체 활성화 및 생활서비스 개선
경북 (2)	영덕	광역	우리동네살리기	동행사업, 주차장정비사업, 주민공동이용시설 조성사업 등을 통한 주민의 삶의 질 개선 및 마을 정주환경 개선
	청도	광역	지역특화재생	화양만의 문화를 즐기고 체험할 수 있는 화양문화거점 조성과 함께 지역활력타운 연계 지역 고유자원 기반의 로컬크리에이터 양성 및 로컬브랜드 확산 기반을 마련으로 경북 유일 읍성 마을, 화양 도시 브랜드 활성화
광주 (1)	남구	중앙	혁신지구	노후 산단을 전장 정비인력 양성, 애프터마켓 스타트업 육성, 미래모빌리티 실감콘텐츠 체험, 일자리 연계 주택조성을 통해 애프터마켓 전 과정에 대한 생애주기별 혁신기반으로 구축하여 산단 경쟁력확보 및 지역 경제 활성화

광역	기초	선정방식	사업유형	사업내용
부산 (2)	남구	광역	인정사업	방치된 유휴 국유지를 활용, 대상지 내 부족한 공영주차장을 비롯하여 어린이·청소년·노인 등 가족 모두가 이용 가능한 복합문화공간조성으로 주민편의증진도모
	사상구	광역	지역특화재생	다문화 문제를 지역상권 특화로 해결하고, 지역자산을 활용한 덕포시장 리브랜딩을 위한 거점공간 조성과 삼락천 교량을 활용한 문화공간 조성 등을 통해 지역상권 활성화 도모
울산 (1)	북구	광역	지역특화재생	철도유휴부지 내 역사·문화 자원을 활용한 여가·문화거점공간을 조성하고, 지역의 정체성을 살린 콘텐츠 개발, 호계시장 브랜딩 사업 및 호라카이펍 운영을 통해 재래상권 활성화 및 도시활력 기반 조성
인천 (2)	강화	광역	우리동네살리기	경로당 신설 및 마을 책방을 활용한 동문안 동행센터 조성, 골목길 정비와 주택 집수리, 마을쉼터 조성 등으로 주민 생활환경 개선
	서구	광역	지역특화재생	민·관·산·학이 참여하는 환경회복 거버넌스 구축을 통한 도시생태네트워크 회복 및 친환경 실증도시 조성
전남 (1)	무안	광역	지역특화재생	대학자원·로컬콘텐츠 연계, 청년·로컬기업·장인이 함께하는 지역 특산물 활용 F&B 콘텐츠 거점시설과 특화거리 조성으로 방문객 유인 및 상권 활성화 도모
전북 (5)	군산	광역	인정사업	지역관광자원을 활용한 건강관리 및 치매 예방 교육 프로그램 운영을 통해 노인 건강증진과 노인거점공간 시설을 마련하여 지역 활성화 도모
	남원	광역	우리동네살리기	노후건물부지와 공폐가부지를 활용한 거점공간 조성(어울림센터, 활력센터), 수재민 이주정착 마을의 서사를 담은 특화 동행사업 추진, 고령주민 주거안심마을 조성
		광역	지역특화재생	남원시의 특화된 목공예산업 인프라를 바탕으로 지역특성화학교와 연계한 창업플랫폼을 조성하고, 전통문화유산인 옻칠 및 목공예의 현대화 및 대중화를 통하여 지역브랜드 구축
	장수	광역	지역특화재생	레드푸드 특화거점 조성과 지역상권 활성화를 위한 기반 마련을 통해 취·창업지원, 소비공간 마련을 통한 등을 통한 일자리 창출 및 지역 상권 활성화 도모
	정읍	광역	우리동네살리기	'사람은 마을을, 마을은 사람을 돌보는 장명:長命' 이라는 비전속에서 마을에서 오래 생활 할 수 있도록 동행사업 등 보행환경을 개선하고 각시다리거점을 조성하는 등 지역 활성화 추진

광역	기초	선정방식	사업유형	사업내용
제주 (1)	서귀포	광역	지역특화재생	생태·역사·관광자원을 활용한 상생-체류형 워케이션 마을 조성을 통한 도시 활력 회복과 도시 경쟁력 회복 도모 및 생태공원, 웰니스 거리, 안전한 마을 조성 등 웰니스 워케이션 인프라 구축을 통한 도시환경 개선
충남 (2)	태안	광역	지역특화재생	태안시장(동부·서부시장)을 중심으로 형성된 원도심 중심상권지역 내 '수산물'을 활용한 특화음식개발 거점 조성과 함께 창업 및 상권 활성화 기반을 마련하며, 안전·효과적인 인프라 환경조성을 통한 매력적인 상권 조성
	홍성	광역	우리동네살리기	집수리 및 안길정비사업,, 마을유휴공간을 활용한 기반시설 확충 및 휴식 공간, 주민교류 공간 조성 등 주민 삶의 질 향상
충북 (4)	괴산	광역	지역특화재생	지역 자산인 자전거 및 관광을 주요 테마로 관광거점 조성을 통한 도시브랜드 구축, 지역 주요 관광지와 연계한 콘텐츠를 운영하여 분산된 생활인구를 도심으로 유입하고 체류시간을 증진하여 지역 골목상권 활성화
	제천	광역	우리동네살리기	저층 노후주택 주거환경 개선, 생활가로 조성, 생활밀착형 커뮤니티시설 및 신규주택 공급 등 노후 주거환경 개선
		광역	지역특화재생	고착화된터미널 일원 관문지역 내 제천국제음악영화제, 미디어 아트 등의 새로운 콘텐츠 기반을 강화하고 스마트 기술을 도입하여 일상 속 다양한 문화콘텐츠를 향유 할 수 있는 체계 구축
	청주	중앙	혁신지구	농수산물도매시장 이전적지에 업무·지원시설, 창업지원시설, 직주근접주거 등 환경 구축으로 도시성장을 견인하고, 도심복합문화공간 등 도시의 활력을 담는 New Market｜Place｜Home 조성

자료 : 국토교통부 도시재생과

4. 주택도시기금을 활용한 도시재생사업 활성화

가. 도입배경

  쇠퇴지역의 재활성화 및 주거환경 개선을 위해서는 국고 지원 외, 주택도시기금의 활용을 통해 재원을 확보하여야 하고, 주택도시기금 지원을 통해 도시재생사업에 대한 민간자본을 적극 유치하여, 민·관이 협력하는 도시재생 활성화 모델이 필요하다.

이에, '13.12월 도시재생특별법 시행 이후, '14년부터 도시재생사업을 추진하고, '17년부터는 도시재생 뉴딜정책으로 총 487곳 사업을 추진하였다. 이후에는 새정부 도시재생 추진방안('22.7월)에 따라 경제거점 조성, 민간참여 활성화 등에 집중하게 됨에 따라 민간자본의 유치가 더욱 중요해졌다.

주택도시기금 도시계정은 기존 복합개발형 사업, 소규모 도시재생사업, 소규모주택정비사업 등에 융자를 지원하여 지역 골목 경제활성화를 통한 일자리 창출을 도모하는 한편, 지역 일자리 창출 효과가 높은 대규모 도시재생사업에 대한 민간참여 활성화를 통해 대국민 체감도를 향상하고자 한다.

나. 추진실적

2015년 7월 「주택도시기금법」이 시행됨에 따라 주택사업 뿐 아니라, 도시재생사업에 대한 기금의 출자·융자 및 주택도시보증공사의 보증지원이 가능하게 되었다.

2016년도는 천안 동남구청사 부지에 신축청사, 어린이회관, 대학생기숙사, 주상복합을 도입하여 쇠퇴한 구도심을 활성화하겠다는 목적으로 리츠를 설립('16.10월)하여, 기금지원의 공공성 및 안정성 확보를 위한 LH와 HUG 2단계의 기금지원심사*('16.11월)를 거쳐 기금을 집행('16.12월)하였다.

〈그림 2-2-22〉 주택도시기금 도시재생지원 심사체계

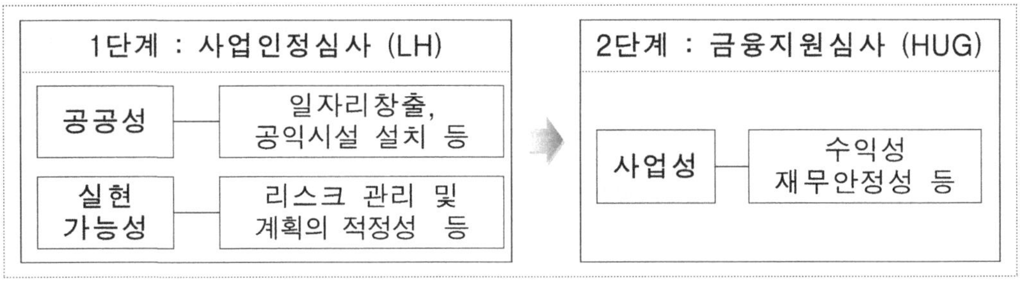

1단계 : 사업인정심사 (LH)	2단계 : 금융지원심사 (HUG)
공공성 — 일자리창출, 공익시설 설치 등	사업성 — 수익성 재무안정성 등
실현가능성 — 리스크 관리 및 계획의 적정성 등	

2017년도는 청주시가 소유한 옛 연초제조창(담배공장) 일원에 비즈니스센터, 호텔, 복합문화레저시설을 유치하며, '17년 하반기 민간사업자 공모를 통하여 리츠를 설립하고, 기금 출·융자를 지원하였다.

2018년도는 도시재생 복합개발리츠 제도개선으로 주택도시기금의 지원 금리·한도·기간 등 전반적인 지원 조건을 완화하여, 기금의 융자 금리를 기존 2.5%에서 2.2%로, 출자에 대한 요구수익률을 2.7%에서 2.5%까지

인하하는 한편, 지원 한도도 융자는 총사업비의 최대 50%까지, 출자는 총사업비의 최대 20%까지 확대하였으며, 복합역사 개발처럼 장기간이 소요되는 사업에 대해서는 사업특성에 맞게 최장 35년까지 융자가능하게 하였다.

2019년도는 도시재생리츠 활성화 측면에서 모자리츠구조를 도입하여, 高·低수익사업 교차보전, 민간자본 유치확대를 도모하는 한편, 국내 최초로 부동산 담보 중심 지원 방식에서 탈피하여 성장성이 유망한 도시재생기업에 대한 성장사다리 역할을 하는 모태펀드를 조성하였다.

2020년도는 2019년 신규 도입한 혁신지구 사업에 선정된 고양혁신지구 사업 등이 원활히 추진될 수 있도록 출자 지원하였으며, 2019년 새롭게 출시한 노후산단재생지원 융자 상품 내 리모델링형 융자를 신규 출시하고, 소규모 주택정비사업인 가로주택 활성화 방안의 일환으로 사업시행 면적 확대, 주차장 설치의무 완화 등을 추진하였다.

2021년도는 제2호 공간지원리츠를 설립하였으며, 도시재생사업에 보다 많은 민간투자를 유치할 수 있도록 기금 출자 대상을 리츠에서 SPC, PFV까지 확대하고, 기금 출·융자 지원한도를 조정하는 등 투자 활성화를 위한 제도개선을 추진하였다.

2022년도는 2016년에 시작한 천안미드힐타운(동남구청사 부지) 사업을 청산하였고, 새로 마련된 「새정부 도시재생 추진방안('22.7월)」에 따라 도시재생혁신지구 및 지역 특화재생에 기금을 집중 지원할 수 있도록 홍보 및 사업발굴을 시작하였다.

2023년도는 공공이 사업시행자로 참여·지원하는 공공재개발사업의 속도 제고 및 증가하는 가로주택정비 기금 융자 수요에 안정적으로 대비하고자 시중금리와 정책금리 차이를 보전해주는 이차보전 사업을 도입하였다.

2024년도에는 기금 건전성 확보 등을 위하여 도시재생지원융자, 도시재생 씨앗융자, 노후산단재생지원융자 상품의 금리를 인상하는 한편, 효율적인 도시재생지원 출·융자 제도 운영을 위한 개선방안을 마련하고, 쇠퇴도심 상권 활성화 및 소상공인 지원을 위해 도시재생 씨앗융자의 지원가능 업종제한 완화 등 제도개선을 추진할 계획이다.

다. 추진계획

'19.8월 준공한 청주 리츠는 '29.12월까지 상업시설과 지자체 문화·예술 공간으로 운영될 예정이며, '21.6월 준공한 서대구 산단 리츠는 '31.7월까지 업무시설과 판매시설, 제조용 공장 등을 임대하는 지식산업센터로 운영될 예정이다. 서울 창동 리츠는 '23.7월 준공 후 업무시설 및 판매시설을 임대 운영중이며, 고양 성사 혁신지구 리츠는 '24.10월 준공 후 주택 및 상업시설 등을 분양·임대할 예정이고, 천안역세권 혁신지구 리츠는 '24.하반기 착공하여 '25.12월 준공·청산할 계획이다. 또한, 성남 지식산업센터 리츠는 '24.5월 준공 후 지식산업센터는 임대하고 상업시설 등은 분양할 예정이다.

〈표 2-2-50〉 '16년 ~ '22년 주택도시기금 리츠사업 현황

대상 지역	사업내용 (총사업비, 기금 지원액)	도입시설	진행상황
천안	동남구청 부지 복합개발 - 총사업비 : 2,407억원 - 기금 승인 : 50억 출자, 411억 융자	주상복합, 공공시설	'22.1 청산 완료
청주	연초제조창 본관동 리모델링 - 총사업비 : 980억원 - 기금 승인 : 50억 출자, 204억 융자	공예관, 상업시설	준공('19.08) 후 임대 운영 중
서대구	서대구산단 내 aT공사 이전부지 개발 - 총사업비 : 673억원 - 기금 승인 : 131억 출자, 330억 융자	복합지식산업센터	준공('21.06) 후 임대 운영 중
서울 창동	창동역 환승주차장 개발 - 총사업비 : 6,555억원 - 기금 승인 : 1,310억 출자, 1,960억 융자	문화, 업무, 주거 등	'23.7월 준공 예정
고양 성사 혁신지구	원당역 환승주차장 개발 - 총사업비 : 2,916억원 - 기금 승인 : 523억 출자, 875억 융자	주택, 상업, 업무시설 등	건설 중 ('21.10 ~ '24.10)
천안 역세권 혁신지구	철도 복합환승센터 개발 - 총사업비 : 2,271억원 - 기금 승인 : 200억 출자, 381억 융자	주택, 상업, 업무시설 등	'24.下 착공 예정
성남 지식산업센터	노후산업단지 정비 및 개발 - 총사업비 : 2,177억원 - 기금 승인 : 392억 출자, 1,088억 융자	지식산업센터, 상업시설 등	건설 중 ('21.07 ~ '24.05)
제1호 공간지원리츠	도시재생 조성 자산을 선매입하여 임대운영 - 총사업비 : 1,800억원 - 기금 승인 : 252억 출자, 900억 융자	주거, 비주거 시설 등	매입 중('20.10 ~) 준공자산 임대운영 중
제2호 공간지원리츠	도시재생 조성 자산을 선매입하여 임대운영 - 총사업비 : 1,506억원 - 기금 승인 : 295억 출자, 738억 융자	주거, 비주거 시설 등	매입 중('23.12 ~)

자료 : 국토교통부 도시정책과

<도시재생 민간참여사업 개요>

(1) 천안 동남구청부지 도시재생사업

□ 추진경위

○ 도시재생 선도지역 지정('14.5), 활성화계획 수립('15.12)

○ 도시재생 리츠 설립('16.10) 및 리츠 영업인가('16.11)

○ 기공식 개최('16.12월, 장관님 참석) 및 기금 집행(출자 50억원, 융자 411억원) 완료

○ 리츠 청산('22.1월)

□ 사업개요

○ (위치/면적) 천안시 동남구 문화동 동남구청사 일원 / 19,833㎡

○ (사업비) 약 2,407억원

○ (재무구조) 천안시 326억원·기금 50억원 출자, 기금융자 411억원, 민간융자 20억원, 매각대금 710억원, 분양대금 890억원 등으로 조달

○ (도입기능) 노후 동남구청사 부지에 구청사, 대학생기숙사, 어린이회관, 지식산업센터, 주상복합 유치

〈 위치도 〉   〈 조감도 〉

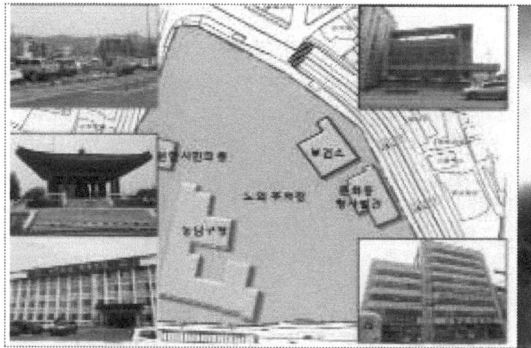

(2) 청주 연초제조창 도시재생사업

□ 추진경위

   ○ 경제기반형 도시재생 선도지역 지정('14.5), 활성화계획 수립('15.12)

   ○ 도입시설 구상안 마련 및 민간사업자 면담, 수요조사 등(~'15.12)

   ○ 활성화계획 변경('16.12월) ☞ 민간참여사업 성공가능성 제고를 위한 도입시설의 포괄적 명시 및 복합공영주차장 설치 등 재정사업 추가

   ○ 도시재생 리츠 설립('17.10) 및 리츠 영업인가('17.12)

   ○ 기금 승인('17.12) 후 집행(출자 50억원, 융자 204억원) 완료

   ○ 준공('19.8) 후 임대계약 체결('19.10~)

□ 사업개요

   ○ (위치/면적) 청주시 청원구 내덕동 옛 연초제조창 일대 / 12,850㎡

   ○ (사업비) 980억원

   ○ (재무구조) 리츠의 자본금은 청주시, LH 및 기금 출자로 구성하고, 차입금은 기금 및 민간융자로 조달

   ○ (도입기능) 문화·예술관련 업무 및 복합 상업기능 등 조성

□ 향후계획

   ○ '29.12월까지 상업시설 및 문화·예술 공간으로 운영 예정

〈 종전 〉   〈 계획(안) 〉

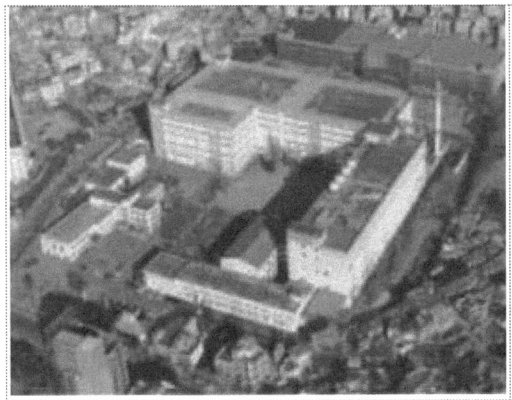
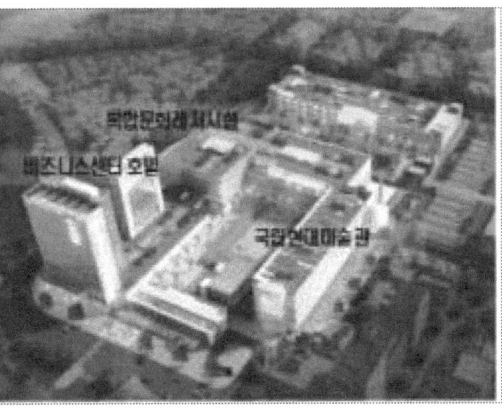

(3) 서대구 지식산업센터 도시재생사업

□ 추진경위

- ○ 도시재생 일반지역 선정('16.4), 활성화계획 수립('16.12)
- ○ 민간사업자 공모('17.7) 및 사업자 선정('17.10)
- ○ 도시재생 리츠 설립('18.8) 및 리츠 영업인가('18.11)
- ○ 기공식 개최('18.12) 및 착공('19.6)
- ○ 기금 승인('18.12) 후 출자(131억원), 융자(295억원/330억원) 집행
- ○ 준공('21.6) 후 임대개시('21.7)

□ 사업개요

- ○ (위치/면적) 대구광역시 서구 이현동 / 5,433㎡
- ○ (사업비) 약 673억원
- ○ (재무구조) 기금, 대구시, LH공사, 민간사업자가 출자한 도시재생 리츠(REITs)를 통하여 사업추진
- ○ (도입기능) 공장·업무시설, 근린생활시설 등을 포함한 지식산업센터를 건립하여 노후한 서대구 산업단지의 환경개선 도모

□ 향후계획

- ○ '31.9월까지 업무시설, 제조용 공장 등 임대운영

(4) 서울 창동 창업·문화 도시재생사업

□ 추진경위

  ○ 도시재생 일반지역 지정('17.1), 활성화계획 수립('17.3)

  ○ 민간사업자 공모('18.9) 및 사업자 선정('18.10)

  ○ 도시재생 리츠 설립('18.8) 및 리츠 영업인가('18.12)

  ○ 기금 승인('18.12) 후 출자 집행(1,310억원) 완료, 융자 집행 중(1,106억원/1,960억원)

□ 사업개요

  ○ (위치/면적) 서울시 도봉구 창동(창동역주변) / 10,746㎡

  ○ (사업비) 약 6,555억원

  ○ (재무구조) 기금, SH공사, 민간사업자가 출자한 도시재생 리츠(REITs)를 통하여 사업추진

  ○ (도입기능) 문화(공연·전시), 업무시설, 상업시설 등을 유치하여 산업 및 여가 기능이 없는 창동·상계지역에 새로운 경제기반을 조성

□ 향후계획

  ○ '23.7월 준공 후 오피스텔, 판매시설 등 임대 중

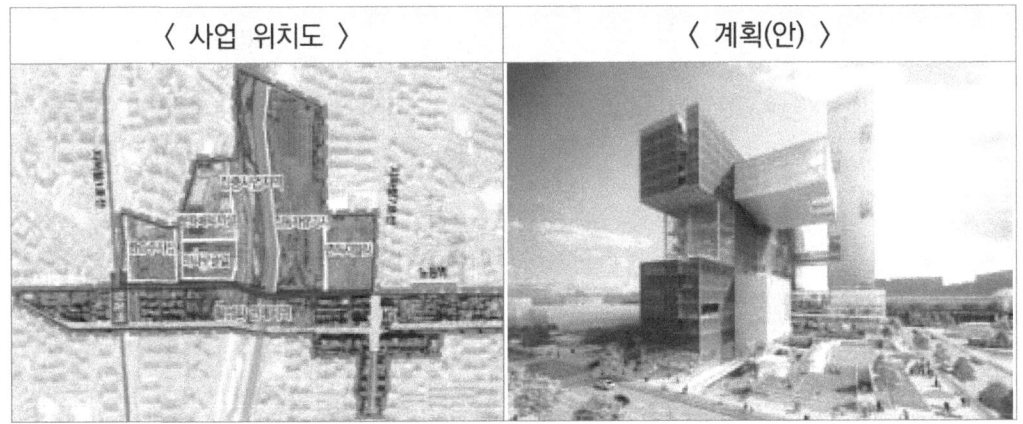

| 〈 사업 위치도 〉 | 〈 계획(안) 〉 |

(5) 고양 성사 도시재생 혁신지구 사업

□ 추진경위

- ○ 도시재생 리츠 설립('19.11)
- ○ 도시재생 혁신지구 지정('19.12)
- ○ 도시재생 리츠 영업인가('20.11)
- ○ 기금 승인('20.11) 후 출자 집행(523억원) 완료

□ 사업개요

- ○ (위치/면적) 고양시 덕양구 성사동(원당역주변) / 12,355㎡
- ○ (사업비) 약 2,916억원
- ○ (재무구조) 기금, 고양시, 고양도시관리공사가 출자한 도시재생 리츠(REITs)를 통하여 사업추진
- ○ (도입기능) 복합환승시설, 공공행정시설 등을 조성하여 주민생활의 편의성을 제공하고, 주거취약계층을 위한 임대주택 및 공동주택을 공급

□ 향후계획

- ○ '24.10월 준공 후 상업시설 및 주택 등을 분양·임대할 예정

〈 사업 위치도 〉 〈 계획(안) 〉

(6) 천안 역세권 도시재생 혁신지구 사업

□ 추진경위

  o 도시재생 리츠 설립('19.11)

  o 도시재생 혁신지구 지정('19.12)

  o 도시재생 리츠 영업인가('22.1)

  o 기금 승인('22.6) 후 출자 집행(200억원) 완료

□ 사업개요

  o (위치/면적) 충북 천안시 서북구 와촌동 / 15,215㎡

  o (사업비) 약 2,271억원

  o (재무구조) 기금, 천안시, 코레일이 출자한 도시재생 리츠(REITs)를 통하여 사업추진

  o (도입기능) 철도 복합환승센터를 중심으로 주거, 상업, 산업, 공공 기능이 복합된 입체적 공간 조성

□ 향후계획

  o '24.11월 착공, '28.3월 준공 후 상업시설 및 주택 등을 분양·임대할 예정

〈 사업장 배치도 〉   〈 계획(안) 〉

(7) 성남 지식산업센터 도시재생사업

□ 추진경위

- ○ 노후산단 경쟁력강화사업 선정('15.7)
- ○ 도시재생 인정사업 선정('19.12)
- ○ 도시재생 리츠 설립('20.11) 및 영업인가('20.12)
- ○ 기금 승인('20.12) 후 출자 집행(392억원) 완료

□ 사업개요

- ○ (위치/면적) 성남시 중원구 상대원동 / 11,088㎡
- ○ (사업비) 약 2,177억원
- ○ (재무구조) 기금, LH공사, 시공사가 출자한 도시재생 리츠(REITs)를 통하여 사업추진
- ○ (도입기능) 노후산업단지에 지식산업센터, 상업시설 등을 조성하여 고부가가치 첨단산업을 유치

□ 향후계획

- ○ '24.5월 준공 후 지식산업센터는 임대하고 상업시설 등은 분양 예정

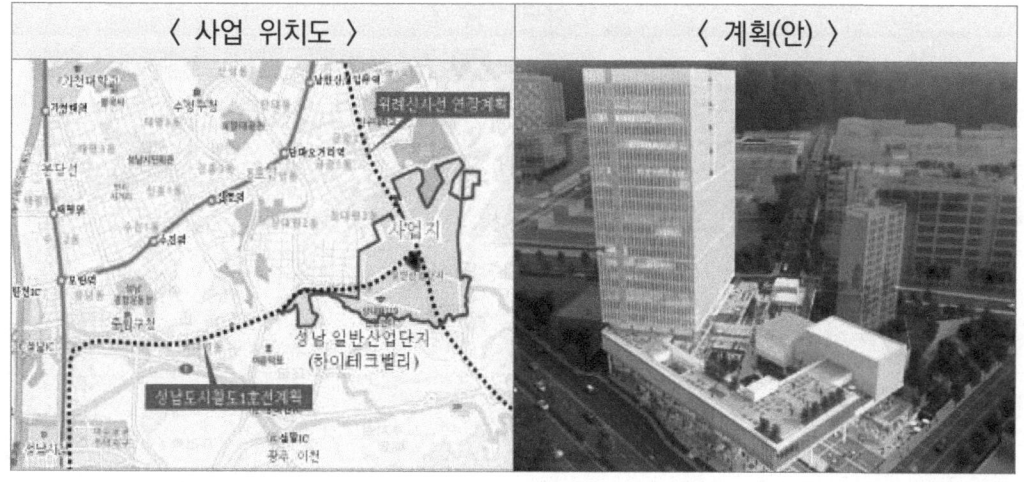

(8) 제1호(서울 SH) 공간지원사업

□ 추진경위

- ㅇ 공간지원리츠 설립('19.11) 및 영업인가('20.3)
- ㅇ 기금 승인('20.6) 후 출자 집행(252억원) 완료
- ㅇ 매입자산 공모('20.10~12) 및 수시 접수
- ㅇ 매입자산(목동) 임대개시('20.4)

□ 사업개요

- ㅇ (위치/면적) 천호1 도시환경정비사업구역 外 공모를 통해 매입
- ㅇ (사업비) 약 1,800억원
- ㅇ (재무구조) 기금, SH공사가 출자한 도시재생 리츠(REITs)를 통하여 사업추진
- ㅇ (사업내용) 도시재생사업 등을 통해 조성되는 시설을 선 매입하여 10년 이상 운영 및 청산

□ 향후계획

- ㅇ 도시재생활성화지역 내 주거시설, 상업·업무시설 등을 매입 후 임대운영 중

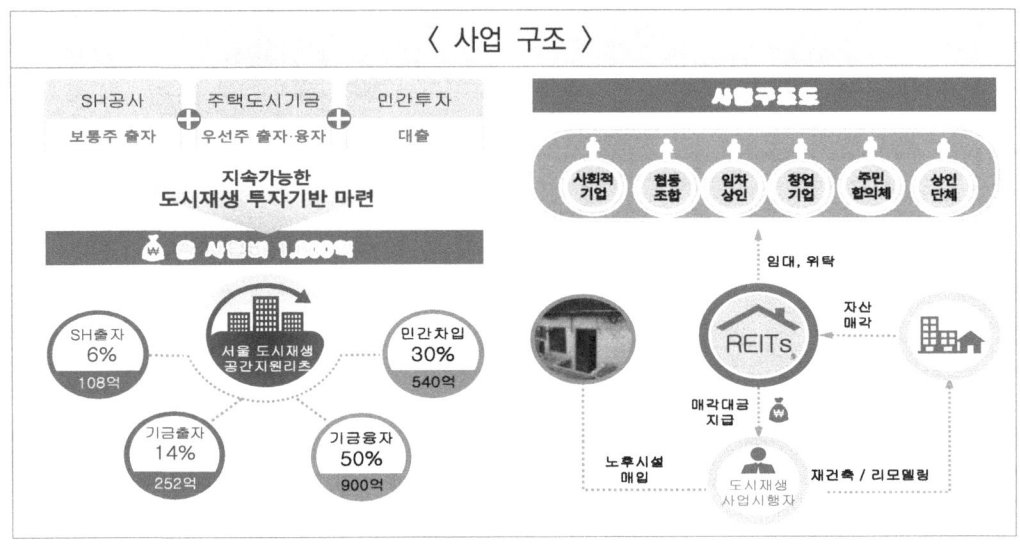

(9) 제2호(HUG) 공간지원사업

□ 추진경위

  ○ 공간지원리츠 설립('21.11) 및 영업인가('21.12)

  ○ 기금 승인('21.12) 후 출자 집행(236억원/295억원)

□ 사업개요

  ○ (위치/면적) 천안역세권 혁신지구 및 주거재생혁신지구사업으로 조성된 부동산을 매입할 계획

  ○ (사업비) 약 1,506억원

  ○ (재무구조) 기금이 출자한 도시재생 리츠(REITs)를 통하여 사업추진

  ○ (사업내용) 도시재생사업 등을 통해 조성되는 시설을 선매입하여 10년 이상 운영 및 청산

□ 향후계획

  ○ 자산 매입 및 임대 운영할 예정('25~)

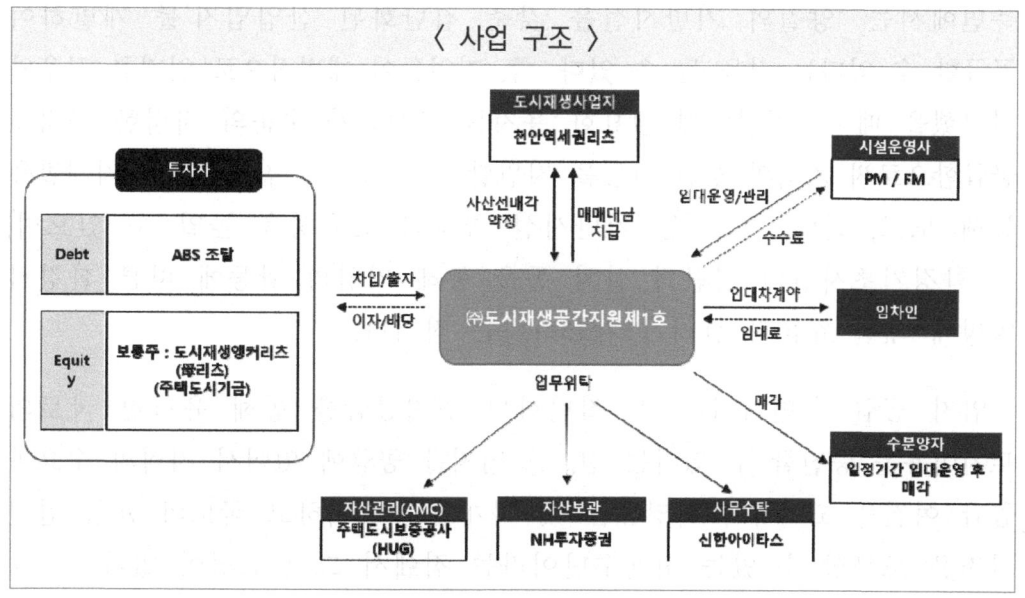

〈 사업 구조 〉

제11절 산업입지정책

1. 산업입지정책의 개요

가. 산업입지정책의 의의

 산업입지정책이란 산업입지의 원활한 공급과 합리적 배치를 통해 균형 있는 국토발전과 지속적인 산업발전을 촉진하기 위한 정책으로, 궁극적으로는 이를 통해 국민경제의 건전한 발전에 이바지하는데 목적을 두고 있다. 산업입지란 기업이 생산 활동을 하는 데 필수적인 생산 활동 3요소(인력, 자본, 토지) 중 하나인 용지와 제반 인프라를 지칭하는 용어로, 산업입지정책의 의의는 양질의 기반시설을 갖춘 산업입지를 계획적·집단적으로 개발·공급하여 ① 산업의 생산 및 활동공간을 확보함과 동시에 ② 유한한 국토공간의 합리적 토지이용을 도모하고, ③ 국가와 지역의 경제발전을 도모하는 데 있다.

나. 산업입지정책의 필요성과 목표

 산업입지정책은 입지의 개발과 공급이라는 두 측면을 아우르고 있으며 산업입지 정책의 필요성 또한 이 두 측면에 두고 있다. 먼저, 입지의 개발 측면에서는 '양질의 기반시설을 갖춘 집단화된 산업입지'를 개발하여 공급할 수 있다는 점을 들 수 있다. 즉, 기업들이 개별적으로 입지할 경우와 비교했을 때 ① 기업에게 필요한 용지를 조성원가 수준의 저렴한 가격에 공급함으로써 기업의 생산 활동을 지원할 수 있고, ② 집단화된 입지개발을 통해 도로, 전력, 용수 등 기반시설 공급의 효율성을 높일 수 있으며, ③ 환경기초시설의 집단적 설치 등을 통해 기업의 활동에 따른 환경적 영향에 대한 효율적 관리가 가능하다는 점이다.

 입지 공급 측면에서는 ① 집단화된 입지공급을 통해 유한한 국토의 토지이용을 증진할 수 있다는 점, ② 입지를 공급에 있어서 지역의 수요과 공급 여건을 고려하여 과잉공급 및 과개발을 제어하고 국토의 균형 잡힌 발전을 도모할 수 있는 정책수단이라는 점에서 그 필요성이 있다.

산업입지정책의 정책목표는 균형 있는 국토발전과 지속적 산업발전을 촉진하여 국민경제에 기여하는 것이다. 실제로 산업입지정책이 있었기 때문에 지난 50년간 우리나라 산업화 기반을 구축하고 지방에 양질의 기반시설을 갖춘 입지를 공급하는 등 국가와 지역의 경제발전을 견인할 수 있었다고 할 수 있다. 과거의 산업입지정책에서는 기업의 생산 활동에 있어서 규모의 경제 달성과 대규모 용지의 저렴한 공급에 초점을 두고 있었다면, 근래에는 산업구조 고도화, 첨단·지식산업 등 혁신성장산업의 중요성 대두, 4차 산업혁명 전개, 탄소중립 등 여건변화에 따라 산업입지정책도 캠퍼스 혁신파크, 스마트그린 산업단지 등 다양한 각도에서 변화를 모색하고 있다.

다. 정책수단과 집행체계

산업입지정책은 「산업입지 및 개발에 관한 법률」과 「산업단지 인·허가 절차 간소화를 위한 특례법」의 두 법을 토대로 운용되고 있으며, 국토교통부와 시·도에 산업단지개발지원센터를 설치하여 인허가 서비스를 지원하고 있다.

정책 목표를 달성하기 위한 수단은 크게 두 가지가 있다. 첫째가 입지의 개발을 위한 정책수단으로서의 산업단지다. 산업단지에는 국가산업단지, 일반산업단지, 도시첨단산업단지, 농공단지의 네 가지 유형이 있다. 이 중 국가산업단지는 국토교통부장관이 지정하고, 일반산업단지나 도시첨단산업단지(국가정책적으로 필요한 경우에는 국토교통부장관이 지정 가능)는 시·도지사가 시장·군수와 협의를 하거나 신청을 받아 관계행정기관의 장과 협의 등을 거쳐 지정·고시하고 있다. 다만 지역실정에 맞는 소규모 맞춤형 산업단지의 활성화를 위하여 인구 50만 이상 대도시의 시장도 산업단지를 지정할 수 있으며, 30만m^2 이하의 소규모 산업단지의 경우 시장·군수·구청장도 산업단지를 지정할 수 있다. 또한 이를 기반으로 스마트그린 산업단지, 캠퍼스 혁신파크 등을 정책적으로 활용하고 있다.

둘째, 입지 공급의 전국적 수급관리를 위한 정책 수단인 산업입지수급 계획과 산업단지 지정계획이다. 산업입지수급계획은 지침에 따라 10년마다 시·도별로 수립되며 각 지역의 산업입지 수요-공급에 대한 전망과 연간 수요 면적 등을 담고 있는 중·장기 계획이다. 지역별 산업입지정책의 기본방향, 지역별·종류별 산업용지의 공급전망, 지역별·산업단지 종류별 공급에 대한 사항 및 산업용지의 원활한 공급을 위한 각종 지원 사항 등을 포함하여 수립토록 하고 있다.

산업단지 지정계획은 매년마다 각 시·도에서 수립하는 일종의 물량배정계획이다. 각 시·도별로 정해진 면적범위 내에서 산업단지 공급이 체계적으로 이루어지도록 하는데 목적을 두고 있으며, 산업입지수급계획상 시도별 연간 수요면적과 연동되어 지역 내에 남아있는 미분양·미개발 면적과 지정계획에 포함시킬 면적의 합이 전술한 연간수요의 10년분을 초과하지 않는 범위에서 수립토록 하고 있다.

2. 산업단지 개발 현황

2023년도 12월말 기준 전국에는 1,306개의 산업단지가 지정(지정면적 1,448㎢, 산업시설용지 713㎢)되어 있으며, 이중 956개의 산업단지가 조성 완료된 상황이다.

〈표 2-2-51〉 산업단지 지정현황(2023년 12월 기준)

(단위 : 개, 천㎡)

유형	단지수	지정면적	산업시설용지			
			분양대상 면적	분양공고 면적	분양	미분양
계	1,306	1,448,201	713,402	619,233	603,673	15,559
국가	50	785,505	302,976	277,183	272,956	4,227
일반	731	573,293	346,535	281,943	272,711	9,232
도시첨단	44	11,373	4,903	2,869	2,600	269
농공	481	78,029	58,988	57,237	55,406	1,831

자료 : 국토연구원 산업입지정보시스템

산업단지 신규 지정단계에서 시·도의 연도별 산업단지 지정계획을 수립할 때 산업입지정책심의회 심의를 거치도록 의무화하고, 전문기관 수요검증을 통해 입주수요가 확보된 경우에만 반영토록 관리한 결과, 산업단지 신규 지정 면적이 2019년 14.0㎢, 2020년 7.8㎢, 2021년 8.7㎢, 2022년 4.0㎢, 2023년 12.6㎢로 과거('08~'10년) 대비 상당폭 감소되었다.

<표 2-2-52> 산업단지 신규 지정현황(2023년 12월 기준)

(단위 : ㎢)

연도별	'09	'10	'11	'12	'13	'14	'15	'16	'17	'18	'19	'20	'21	'22	'23
산단수	79	86	51	50	53	44	54	42	41	20	20	25	25	20	34
면적	46.2	30.3	12.6	12.6	15.9	9.8	11.9	8.7	11.6	4.5	14.0	7.8	8.7	4.0	12.6

자료 : 국토연구원 산업입지정보시스템(산업시설용지면적 기준)

신규지정의 감소뿐만 아니라, 그간 개발이 지연되어왔던 산업단지의 지정해제 사례가 증가하기도 하였다. '08~'10년(3년간) 산업시설용지 면적이 연평균 40㎢씩 증가하였으나, 최근 5년간('19~'23) 산업시설 용지 연평균 순증면적(지정면적-해제면적)은 5.6㎢ 수준으로 과거대비 산업시설용지 공급이 안정화되고 있는 경향이다.

<표 2-2-53> 연간 산업단지 증감현황(2023년 12월 기준)

(단위 : ㎢)

연도별	'09	'10	'11	'12	'13	'14	'15	'16	'17	'18	'19	'20	'21	'22	'23
지정면적	46.2	30.3	12.6	12.6	15.9	9.8	11.9	8.7	11.6	4.5	14.0	7.8	8.7	4.0	12.6
해제면적	1.8	0.4	0.4	1.9	4.3	2.2	1.6	7.2	2.2	0.7	9.3	8.1	0.8	0.3	0.5
순증면적	44.4	29.9	12.2	10.7	11.6	7.6	10.3	1.5	9.4	3.8	4.7	△0.3	7.9	3.7	12.1

자료 : 국토연구원 산업입지정보시스템(산업시설용지면적 기준)

'08년 이후 지정된 산업단지들의 산업시설용지가 시장에서 본격적으로 분양되고 있으며, 특히 '11년 이후에는 매년 분양면적이 순증면적을 초과하고 있는 상황이다.

<표 2-2-54> 연도별 산업단지 분양현황(2023년 12월 기준)

(단위 : ㎢)

연도별	'09	'10	'11	'12	'13	'14	'15	'16	'17	'18	'19	'20	'21	'22	'23
산단수	109	137	199	218	214	236	241	258	221	218	205	203	232	196	162
면적	15.0	23.8	25.7	20.6	15.3	16.2	20.7	13.0	10.9	11.0	10.3	9.3	13.5	11.4	7.6

자료 : 국토연구원 산업입지정보시스템(산업시설용지면적 기준)

〈그림 2-2-23〉 연도별 산업단지 분양현황(2023년 12월 기준)

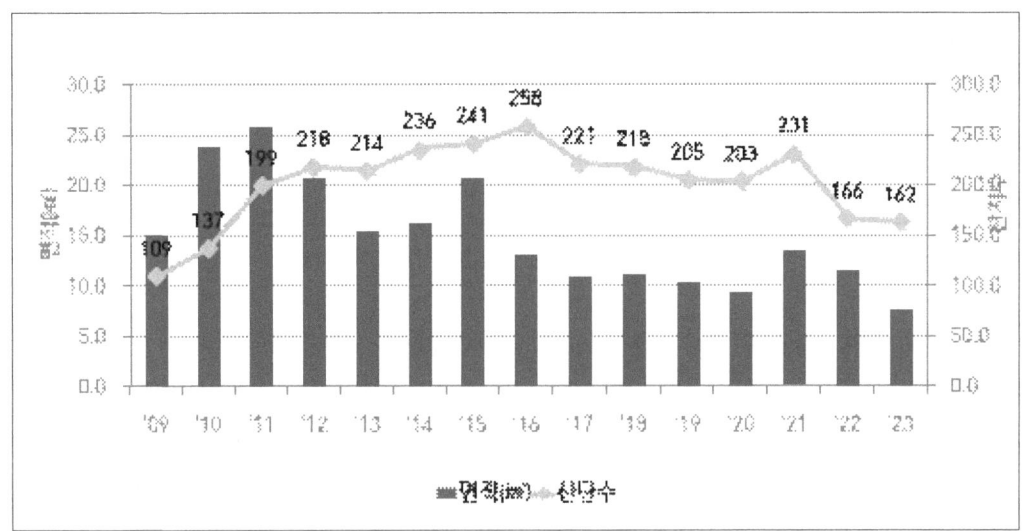

자료 : 국토연구원 산업입지정보시스템(산업시설용지면적 기준)

'23년도 산업시설용지 분양면적을 지역별로 보면 아래 표와 같이 경기 1.31㎢, 충북 1.14㎢, 경북 0.96㎢ 順으로 분양되었으며,

〈그림 2-2-24〉 시도별 산업단지 분양현황(2023년 12월 기준)

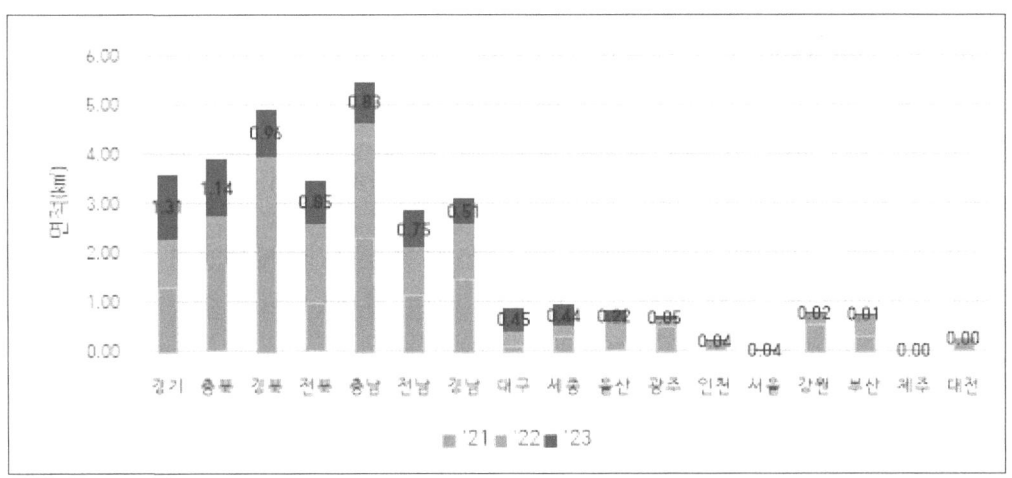

자료 : 국토연구원 산업입지정보시스템(산업시설용지면적 기준)

산업단지의 분양이 활성화되면서 산업단지에서의 입주기업 및 고용인원도 완만한 증가 추세를 보이고 있다.

〈표 2-2-55〉 산업단지내 기업의 생산·고용 추이(2023년 12월 기준)

(단위 : 각 항목 참조)

연도별	'09	'10	'11	'12	'13	'14	'15	'16	'17	'18	'19	'20	'21	'22	'23
입주기업 (천개)	61.3	66.8	72.3	75.8	80.5	80.5	85.8	92.2	96.3	100.8	102.9	107.1	113.1	119.3	124.1
고용인원 (천명)	1,474	1,577	1,714	1,878	2,011	2,080	2,161	2,157	2,166	2,157	2,223	2,218	2,263	2,304	2,337
생산액 (조원)	699	844	985	1,037	1,032	1,056	979	985	1,066	1,056	991	949	1,114	1,257	1,263
수출액 (억불)	2,801	3,431	4,120	4,301	4,297	4,464	3,863	3,687	4,223	4,053	3,548	3,346	4,049	4,449	4,200

자료 : 한국산업단지공단

한편, 1994년부터 국가산업단지의 분양가 인하 및 물동량의 원활한 처리를 위해 지원을 시작하여, 1997년에는 국가산업단지와 함께 100만㎡ 이상의 일반산업단지, 도시첨단산업단지에 대하여도 산업단지 진입도로 건설에 소요되는 사업비 전액을 국가에서 지원하였다.

2005년부터는 산업단지 활성화를 위하여 산업단지 진입도로 국고지원 대상을 국가산업단지 및 30만㎡ 이상 일반산업단지, 도시첨단산업단지로 확대하여 추진 중에 있으며, 1994년 사업에 착수한 이후 2022년까지 117,803억원(260건) 투자하여 637.5km를 완료하였고, 2023년에는 2,383억원을 투자해 60건, 109.5km의 사업을 추진 중이다.

〈표 2-2-56〉 산업단지 진입도로 연차별 투자비(국고) 현황

(단위 : 억원)

연도	~2016년	2017년	2018년	2019년	2020년	2021년	2022년	2023년
예산	99,953	3,718	2,587	2,644	2,316	3,045	3,540	2,383

자료 : 국토교통부 국토정책관

3. 국가산업단지 조성

가. 개관

1960년 울산공업지구와 한국수출산업단지를 조성한 것을 시작으로, 우리나라는 국가기간산업육성, 국가균형발전 등을 위해 47개 국가산업단지를 조성하였다. 국가산업단지는 우리나라 전체 산업단지 1,276개 중 산단 개수로는 3.7%에 불과함에도 우리나라 제조업 생산, 수출, 고용의 30% 이상을 차지하는 등 국가경제의 중추적인 역할을 담당하고 있다.

나. 1960~70년대

우리나라의 산업단지는 1962년 『제1차 경제개발 5개년 계획』 발표 이후, 『공업지구 조성을 위한 토지수용 특례법』이 마련되면서 조성기반이 마련되었다. 1960년대는 국가주도의 산업화가 시작된 시기로 산업단지 개발은 산업화의 기반을 구축하여 수출산업을 육성하는데 주목적을 두고 있었고, 1962년 울산공업기지(現 울산·미포국가산업단지), 1964년 한국수출산업단지, 1969년 구미제1국가산업단지 조성이 착수되면서 국가산업단지 조성이 본격화되기 시작하였다.

1970년대는 국가 주도하에 중화학공업 육성을 위해 공장과 함께 원료와 제품 운송을 위한 항만이 필요하였기에 임해(臨海)지역을 중심으로 대규모 산업단지의 개발을 추진하였다. 이에 1974년 창원국가산단(종합기계), 여수국가산단(종합화학), 온산국가산단(석유정제 및 비철금속), 옥포국가산단(조선), 안정국가산단(조선), 죽도국가산단(조선) 등 6개 국가산단이 지정되었고, 추가로 1974년 울산·미포국가산단, 포항국가산단을 지정하였으며, 1977년에는 전자공업진흥계획에 따라 구미국가산업단지(2·3·4·확장단지)를 지정하였다. 또한 서울시 공업 분산책의 일환으로 반월국가산단, 북평국가산단, 고정국가산단, 월성전원단지, 지세포자원비축단지, 익산국가산단 등도 지정된 시기이다.

다. 1980년대

1980년대에는 대규모 산업단지를 중심으로 하는 거점개발정책이 지역간 불균형을 초래한다는 인식이 증가하기 시작하고, 대규모 산업단지의 유휴

면적이 증가하자 이에 대한 대안으로 성장의 촉진보다는 산업의 지방분산을 위한 형평성 제고에 초점을 두고, 지방주도 산업단지 개발, 농공단지 개발 등을 추진하였다.

그러나, 1980년 후반 공업용지가 부족해짐에 따라 1986년부터 1990년까지 군산국가산업단지(1987년), 충북 보은국가산업단지(1987년), 대불국가산업단지(1988년), 부산·창원의 명지·녹산지구(1989년), 반월특수지역 시화지구(1989년), 군장국가산업단지(現군산제2국가산업단지, 1989년), 광주첨단산업단지(1990년) 등 대단위 산업단지를 신규로 지정하였다. 이는 동남권 임해 산업단지개발에서 벗어나 대부분 서해안권에 집중되어 있어 서해안 시대를 여는 계기가 되었다.

라. 1990년대~2000년대 초반

1990년대 이후 우리나라의 산업단지 개발은 「산업입지 및 개발에 관한 법률」이 제정됨에 따라 새로운 전기를 맞이하게 되었으나, 1980년대 말 지정한 대규모 국가산업단지의 장기 미분양 등이 문제가 됨에 따라 국가산업단지 신규 지정도 이전에 비해 축소되는 양상을 보였다.

이에 따라, 경기 파주출판문화정보국가산업단지(1997년), 경기 파주탄현영세중소기업전용국가산업단지(1998년), 충북 오송생명과학단지(1997년) 등 중소규모의 국가산업단지가 주로 지정되었고, 원유 비축을 위한 충남 대죽자원비축산업단지(1997년)·전남 삼일자원비축단지(1991년)이 지정되었으며, 기존의 산업단지와 같은 유형의 실질적인 국가산업단지 지정은 충남 석문국가산업단지(1991년)이 유일하게 지정되었다.

이러한 정책기조는 2000년대 초반까지 이어져 MB정부가 들어서기 전까지는 기존의 대덕연구단지를 국가산업단지로 전환한 대덕연구개발특구(2005년)와 첨단산업 유치를 위한 제주첨단과학기술단지(2004년) 외에는 국가산업단지가 지정되지 않았다.

마. 이명박 정부

투자수요의 증가, 「산업단지 인·허가 절차 간소화를 위한 특례법」 제정(2008) 등의 영향으로 산업단지 개발이 활성화됨에 따라 정부도 새로운 국가산업단지 개발을 추진하게 되었다.

이에 대구국가산업단지(2009년), 광주국가산업단지(2009년), 장항국가생태산업단지(2009년), 익산국가식품클러스터 국가산업단지(2012년), 포항블루밸리 국가산업단지(2009년), 구미하이테크밸리 국가산업단지(2009년)를 신규 국가산단으로 지정하였다. MB정부에서 발표한 국가산업단지 6곳은 모두 부지 조성을 완료하고, 산업단지별로 분양을 진행 중에 있다.

바. 박근혜 정부

그간 국가산업단지는 석유화학, 조선, 철강 등 국가적 차원에서 산업육성을 위해 조성되었으나, 지역별 특성을 반영한 특화산업 육성에는 한계가 있었다. 그래서, 정부는 지역의 균형발전과 국가의 미래성장동력을 동시에 확보할 수 있도록 지역별 장점을 최대한 활용한 맞춤형 산업단지 개발을 위해 지역내 집적도가 높은 특화산업을 기반으로 지역특화 국가산업단지 조성을 추진하였다.

이에 따라, 전북 전주탄소소재 국가산업단지(2019년), 경남 진주사천항공 국가산업단지(2017년), 경남 거제해양플랜트 국가산업단지(미지정), 밀양나노융합 국가산업단지(2017년), 제주첨단과학기술단지2단지(2016년), 경기 동두천국가산업단지(2019년) 조성계획을 발표하였고, 거제해양플랜트 국가산업단지를 제외한 나머지 산업단지는 산업단지 지정을 완료하고 정상적으로 조성공사를 진행하고 있다.

사. 문재인정부

문재인 정부는 4차 산업 혁명 등 산업구조 변화와 해당 지역의 산업특징, 연관 기업 및 공공기관 집적도 등을 고려하여 2018년 강원 원주헬프케어 국가산업단지, 충북 충주바이오헬스 국가산업단지, 경북 영주첨단베어링 국가산업단지, 충북 청주오송바이오 국가산업단지, 세종스마트 국가산업단지, 충남논산국방국가산업단지, 전남 나주에너지 국가산업단지 조성계획을 발표하였으며, 현재 4개 산업단지는 지정을 완료하였고 나머지 산업단지는 지정 절차를 진행하고 있다.

아. 윤석열정부

미래첨단산업 발전을 위해 지역의 산업강점에 기반한 특화산업을 육성하여 전 국토를 균형적인 첨단산업기지로 조성하기 위하여 15개 국가산업단지를 조성 추진 중이다.

4. 도시첨단산업단지 조성

〈표 2-2-57〉 도시첨단산업단지(국토부 지정) 개발방향

지역	규모	개발방향	추진현황
경기(성남)	430천㎡	판교테크노밸리와 연계한 첨단산업의 창업생태계 구현	조성중('15~)
1차 지구('14.3. 선정)			
인천	233천㎡	남동공단과 연계하여 기업비즈니스 지원, 서비스업 중심	조성중('17~)
대구	167천㎡	율하신도시 주거지역과 연계하여 교육, 문화 서비스기능 중심	조성중('17~)
광주	486천㎡	연구시설(광주 과기원, 전기연구원)과 연계한 R&D 중심	조성완료('23.11)
2차 지구('15.1. 선정)			
대전	105천㎡	카이스트, 충남대 및 대덕연구단지와 연계한 첨단산단	조성중('21~)
경북(경산)	322천㎡	첨단산업과 R&D가 융합된 창조적 지식·산업 클러스터 조성	추진방향 재검토
전남(순천)	190천㎡	우수한 정주환경을 활용한 연구·비즈니스 지원 중심단지	조성중('17~)
울산	298천㎡	신재생 에너지, 지능형 전력망 사업 중심단지	조성중('21~)
3차 지구('16.1 선정)			
천안	335천㎡	고부가가치 첨단 지식 산업, 지역연계형 산업단지 조성	조성중('20~)
김해	261천㎡	산업, 업무, 연구, 교육, 주거를 연계한 복합산업단지	추진방향 재검토

정부는 현재 선도사업으로 판교테크노밸리와 연계한 첨단산업단지를 조성하여 국내 최대 창업클러스터로 개발중인 '판교 제2테크노밸리'를 조성 중에 있으며, 기업의 투자촉진 및 지역 일자리 창출을 위해 도시첨단산업단지 확대 조성으로 첨단산업기반을 전국으로 확산시켜 나갈 계획이다.

본 사업을 통해 지역에 총 8조원 이상의 신규투자와 12만 명 이상의 고용창출 효과가 예상되며, 각 지역의 창조경제혁신센터, 대학·연구소 등 혁신자원을 활용하여 아이디어 및 기술을 사업화할 수 있는 지역별 창업·혁신거점이 마련될 것으로 기대된다.

한편, 정부 합동(교육부·국토부·중기부)으로 우수한 인재와 기술을 보유한 대학 캠퍼스가 일터와 삶터, 배움터가 결합된 혁신적인 공간과 양질의 청년 일자리를 창출하는 캠퍼스혁신파크 조성방안을 '19.5월 발표하였다. 캠퍼스 혁신파크는 대학 캠퍼스의 유휴 부지를 활용하여 조성되는 도시첨단산업단지로서 기업 입주시설, 창업 지원시설, 주거·문화시설 등을 복합 개발하고, 입주기업은 정부의 산학 협력 프로그램을 종합적으로 지원하는 사업이다.

이를 위하여 '19.4월 3개 부처(교육부·국토부·중기부)가 업무협약을 체결하고 '19.8월 1차사업 3개 대학(강원대, 한남대, 한양대 ERICA), '21.4월 2차사업 2개 대학(경북대, 전남대), '22.6월 3차사업 2개 대학(전북대, 창원대), '23.4월 4차사업 2개 대학(단국대 천안캠퍼스, 부경대)을 선정하여 추진 중이며, 1차사업은 '24년 하반기부터 순차적으로 준공될 예정이다.

향후 캠퍼스 혁신파크가 조성되면 청년층이 선호하는 IT, BT, CT 등 첨단산업의 일자리가 창출되고, 청년층의 기업 선호도가 높아져 일자리 미스매치 현상의 완화 및 창업 후 성장기업(Post BI)의 생존율이 향상될 것으로 전망된다.

〈표 2-2-58〉 캠퍼스 혁신파크 선도사업 추진현황

대학	규모	개발방향	추진현황
강원대	66천㎡	바이오 헬스케어, 에너지 신산업 등 기업·지원공간 R&D 센터 조성	산학연혁신허브 공사중
한남대	30천㎡	기계·금속, 바이오·화학 지식서비스 등 기업 지원기관 유치	산학연혁신허브 공사중
한양대 ERICA	79천㎡	IT 연계 창업기업, 첨단부품소재, 스마트제조 혁신기업 공간조성	산학연혁신허브 공사중
경북대	29천㎡	의료기기, 의약품 제조 등 첨단 제조산업, 컴퓨터 프로그래밍, 시스템 통합 등 첨단 연구산업	산단지정('22.12)
전남대	35천㎡	정보기술(IT)·환경공학기술(ET)·생명공학기술(BT)·문화콘텐츠기술(CT) 등 첨단산업	산단지정('22.12)
전북대	32천㎡	문화콘텐츠, ICT, 바이오 융복합 등 미래 신산업	산단계획 수립중
창원대	21천㎡	스마트 제조, 탄소중립, 지능형방위·항공 분야	산단계획 수립중
단국대 천안	21천㎡	첨단 부품·소재, 바이오헬스케어 업종	사업계획 협의중
부경대	18천㎡	스마트해양수산, 파워반도체, 스마트헬스	사업계획 협의중

자료 : 국토교통부 국토정책관

5. 노후 산업단지 재생사업 추진

가. 추진배경

과거 1980~90년대 이전에 조성된 산업단지는 활발한 생산활동의 중심지 였으나, 조성 후 오랜 기간이 경과하면서 노후화되었고 도로, 주차장, 공원, 녹지 등 공공시설과 지원·편의시설이 부족한 측면이 있으며 기존 도시 확산으로 산업단지가 도시 내부로 편입되어 주거지 등과 인접하면서 주변 도시지역과 환경·교통적으로 부조화를 초래하게 되었다.

〈표 2-2-59〉 노후산업단지 현황 (준공 후 20년 경과, 2023년말 기준)

구분	1960년대			1970년대			1980년대			1990년대			2000년대			단지수	입주기준 업체수
	단지명	개발년도	입주업체	단지명	개발년도	입주업체	단지명	개발년도	입주업체	단지명	개발년도	입주업체	단지명	개발년도	입주업체		
국가산단	여수	69	303	구미1 한국수출 익산1 창원	73 74 74 79	1,652 17,284 307 2,965	옥포 죽도 고정 광양(연관) 보은(1차) 진해(1공구) 남동1단계)	80 85 85 89 89 89 89	1 1 1 189 1 3 2,376	울산·미포 포항(2연관) 남동(2단계) 대덕연구1 시화,반월 온산 군산 구미2,3 북평 남동(3단계) 대불 대덕연구3	91 92 92 92 93 94 95 95 95 97 97 98	1,024 110 5,597 773 20,091 461 212 439 84 0 409 396	아산(부곡) 파주탄현 아산(원정)	00 01 01	131 47 -	27	54,857
일반산단	대구3 [재생] 전주1 [재생] 후평	68 69 69	2,554 104 365	원주우산 인천기계 서울온수 인천 대전1 [재생] 사상 [재생] 대구검단 성남 서대구 [재생] 대전2 [재생] 대전주변지역[재생]	70 71 71 73 73 75 75 76 78 79 79	18 179 197 593 152 2,104 581 2,960 2,595 291 136	양산 정읍1 진주상평 소촌 달성1차 강릉중소 하남(1차) 여수오천 본촌 송암 신평장림(기존) 향남제약 안성1 순천 전주2 반월도금 대구염색 성서1 조치원(1차) 하남(2차) 문평 청주	81 81 81 83 83 83 83 83 83 83 84 85 85 86 87 88 88 88 88 89 89 89	108 7 1,015 55 337 36 274 39 147 63 145 52 47 40 27 104 127 871 5 348 7 720	신평장림(협업) 조치원(2차) 송탄 하남(3차) 문막 신평 조치원(3차) 천안2 상수 성서2 왜관(기존) 안성2 충주1 상봉암 평택 경산1 강화화점 완주 외동 문발1 현도 고령1 정읍2	90 90 91 91 91 92 92 92 92 92 92 93 93 93 93 94 94 94 94 94 94 95 95	550 6 141 451 24 9 6 114 10 1,107 287 54 40 7 64 194 13 80 22 15 4 68 69	삽진 칠괴 동두천 용현 추팔 음성이테크 마천 덕암 전주과학 성서3 여주장안 양문 금산 오창과학 상마 안성3 검준 경주석계 어곡 정읍3	00 00 00 00 00 00 01 01 01 02 02 02 02 02 03 03 03 03 03 03	46 16 46 133 32 21 115 35 229 6901 52 1 170 37 48 56 35 159 54	108	23,721

구분	1960년대			1970년대			1980년대			1990년대			2000년대			단지수	입주기준업체수
	단지명	개발년도	입주업체	단지명	개발년도	입주업체	단지명	개발년도	입주업체	단지명	개발년도	입주업체	단지명	개발년도	입주업체		
										부강	95	12					
										공도	95	5					
										인천서부	95	289					
										건천1	96	6					
										가율	96	3					
										원곡	96	7					
										익산2	96	201					
										동항	96	14					
										천안마정	96	52					
										대풍	96	10					
										미양2	97	6					
										안성덕산	97	11					
										장원1	97	17					
										학운	97	34					
										영주	97	38					
										개진	97	35					
										아산현대모터스밸리	97	1					
										월항	98	14					
										천흥	98	14					
										안성금산	98	15					
										두교	98	8					
										장당	98	5					
										문발2	98	16					
										소정	98	1					
										삼호	98	1					
										김제순동	99	38					
										목동	99	14					
										경산2	99	105					
										어현한산	99	34					
합계	4		3,326	15		32,014	29		7,146	64		33,938	23		2,154	135	78,578

* 개발년도 : 국토교통부 산업입지정보망 산업단지 준공일(부분준공포함) 기준으로 산정(2003년 12월말 이전)
* 입주업체 : 산업통상자원부「전국산업단지현황통계」 2023년 12월말 자료 중 입주계약업체수
* 1990년대 남동(3단계) 준공은 철도부지 준공으로 입주업체 없음

 이러한 노후화된 산업단지들이 새로운 기업 수요 및 도시기능에 맞게 현대화된 산업단지로 재생될 수 있도록 산업기능과 기반시설 등을 시급히 정비할 필요가 있으나, 기반시설의 설치비가 과다하게 소요되어 지자체의 재정 여건상 자체적으로 추진하기는 어려운 편이다.

 이에 정부는 지자체의 재정 여건 등을 감안하여 준공(착공) 후 20년 이상 경과한 노후 산업단지와 공업지역을 대상으로 업종 전환, 기반시설 정비, 지원시설 확충 등을 다각적으로 지원함으로써 첨단 산업단지로의 재정비 및 도시 기능의 종합적인 향상을 도모하는 노후 산업단지 재생 사업을 추진하고 있다.

나. 추진현황

정부는 2009년에 「산업입지 및 개발에 관한 법률」을 개정하여 노후 산업단지 재생사업을 추진할 수 있는 근거를 마련하였으며, 같은 해 9월 시범사업지구 4개소(대전, 대구, 부산, 전주)를 선정하였다. 이후 총 9차에 걸쳐 46개 사업지구를 선정하였으며, 기반시설 개량 및 확충을 위해 2023년까지 국비 약 5,086억 원을 투자하여 재생사업을 추진하고 있다.

2010년 「산업입지 및 개발에 관한 법률」 하위법령을 개정하여 재생사업에 산업단지 주변과 공업지역을 포함할 수 있도록 하고, 신규 산업단지와 같이 재생사업단지도 조세와 부담금을 감면토록 하였으며, 2011년 「산업단지 지원에 관한 운영지침」을 개정하여 국비지원에 관한 구체적인 기준을 마련하여 필수 기반시설 비용의 50%를 국비 지원하게 되었다. 한편, 재생사업의 추진속도를 높이고 민간의 참여를 활성화하기 위해 부분재생사업 도입, 민간공모 재생사업 도입, 용적률 상향 등을 내용으로 하여 2015년 「산업입지 및 개발에 관한 법률」을 개정하였으며, 2018년에는 지방자치단체의 개발경험 및 전문성을 보완하고자 「산업단지 재생사업 계획 가이드라인」을 제정·배포하여 구체적인 계획 기준을 마련하였다.

아울러, 노후된 인프라 확충 뿐만 아니라 각종 문화·편의·지원기능의 필요성이 대폭 증대됨에 따라 복합적인 토지이용을 촉진하기 위해 2016년 「산업입지 및 개발에 관한 법률」을 개정하여 활성화구역 제도를 도입하였으며, 서대구산업단지를 시작으로 현재까지 총 4개 산업단지 내 6곳을 활성화구역으로 지정하여 토지용도를 유연하게 전환 후 각종 산업지원 기능을 집적하고 복합개발하는 등 산업단지 혁신성장을 위한 전진기지로 활용하고 있다.

<표 2-2-60> 산업단지 재생사업 추진 현황

1차지구 ('09년 선정)	부산 사상(일), 대구도심(일), 대전1·2(일), 전주제1(일)
2차지구 ('14년 선정)	안산 반월(국), 춘천 후평(일), 구미제1(국), 진주 상평(일)
3차지구 ('15년 선정)	대구 성서1·2(일), 대구 염색(일), 인천 남동(국), 광주 하남(일), 성남(일), 청주(일), 익산(국), 순천(일), 양산(일)
4차지구 ('17년 선정)	시화(국), 원주 문막(일), 천안제2(일), 여수 오천(일), 창원(국)
5차지구 ('19년 선정)	대구 달성1차(일), 동해 북평(국·일), 충주제1(일), 군산·군산2(국), 정읍제3(일)
6차지구 ('20년 선정)	부평·주안(국), 여수(국), 구미제2(국), 구미제3(국), 칠곡 왜관(일)
7차지구 ('21년 선정)	대구제3(일), 서대구(일), 익산제2(일), 완주 전주과학(일), 사천제1·2(일), 함안 칠서(일)
8차지구 ('22년 선정)	부산사상(일), 대전(일), 청주 오창과학(일), 포항(제2연관)(국)
9차지구 ('23년 선정)	신평·장림(일), 기계·지방(일), 광양(국), 울산·미포(국)

자료 : 국토교통부 국토정책관

또한 국토교통부의 재생사업과 산업통상자원부의 구조고도화사업으로 이원화되어 있던 노후산단 재정비 지원 방안을 통합하기 위하여 2015년 「노후거점산업단지의 활력증진 및 경쟁력강화를 위한 특별법」을 제정·시행하면서 부처별 사업을 연계하여 노후거점산단을 지원하는 경쟁력강화 사업을 도입하였으며, 2019년부터 2024년까지 21곳을 선정하여 기존 노후된 산업단지를 지역산업 혁신거점으로 전환하기 위해 노력하고 있다.

한편, 노후산단 재생사업이 국고보조의 제한적 지원과 공공·민간 투자 수단이 부족하여 활성화가 되지 않는다는 한계를 보완하여 주택도시기금에서 노후산단 재생사업에 필요한 비용을 출·투·융자할 수 있도록 2018년 「주택도시기금법」을 개정하여 기존 공공주도의 사업 이외에 민간이 노후산업단지 재생사업에 투자할 수 있는 여건을 조성하고 2023년까지 지식산업센터 건립 등 7곳에 대하여 3,381억 원 융자 지원하였다.

2024년에는 1~4차 사업지구 중 대전1·2산단, 구미제1산단 등 2개 사업 지구가 준공예정이며, 5~7차 사업지구 중 대구제3산단, 북평산단 등 7개 사업지구는 연내 계획 수립 완료 후 착공될 예정으로, 모든 사업지구가 적기 준공할 수 있도록 사업관리를 지속적으로 강화할 계획이다.

제12절 경제자유구역 추진

1. 추진배경

가. 경제자유구역의 개념

경제자유구역이란 외국인투자기업 및 국내복귀기업의 경영환경과 외국인의 생활여건을 개선함으로써 외국인투자와 기업 유치를 촉진하고 우리 경제의 규제개선을 선도하여 국가경쟁력 강화와 지역 간의 균형발전을 도모하고자 조성된 지역이다.

나. 경제자유구역의 추진배경

세계적인 경제블록화가 가속화되고 자본·인력·기술의 이동이 활발해짐에 따라 글로벌기업 유치 등을 위한 국가간 경쟁이 심화됨에 따라 후발주자들은 선진경제 활성화를 조기에 구축하기 위해 특정지역을 경제특구로 조성하여 경제성장 거점으로 집중 육성하였다.

특히, 동북아지역이 세계3대 경제권으로 급부상함에 따라 동북아 비즈니스 거점을 위한 주변국가간 특구경쟁이 가속화됨에 따라 우리도 '동북아 비즈니스 중심지'를 목표로 '03년부터 경제자유구역(Free Economic Zone ; FEZ) 제도를 도입하여 운영하였다. 이를 통해 '선택과 집중' 전략에 따라 특정지역을 대상으로 선도적인 규제완화와 지원을 통해 글로벌 비즈니스 환경을 조성하고 특히, 규제완화 시험장으로서 실험적인 규제완화를 도입하고 이를 국가차권의 규제완화로 확산하고자하는 취지에서 도입하였다.

다. 그간의 경위

「경제자유구역의 지정 및 운영에 관한 법률」이 2003년 7월 1일 시행되었고, 이를 근거로 2003년 8월부터 10월까지 인천, 부산·진해, 광양만권 경제자유구역이 지정되어 이 지역을 관리하는 인천경제자유구역청, 부산·진해 경제자유구역청, 광양만권 경제자유구역청이 개청되었다. 이후 2008년 5월에는 황해, 새만금·군산, 대구·경북 지역에 경제자유구역이 지정되었으며, 황해경제자유구역청, 새만금·군산경제자유구역청, 대구·경북경제자유구역청을 개청하였다. 2009년 1월에는 「경제자유구역의 지정 및 운영에 관한 특별법」으로 전환되었으며, 2011년 4월 이후 수차례의 개정을 통하여 현재의 법령 체계를 갖추었다. 2013년 2월 동해안권 경제자유구역 및 충북경제자유구역의 추가지정 되었다. 2018년에는 새만금·군산 경제자유구역이 새만금개발청으로 관리가 일원화됨에 따라 경제자유구역에서 해제되었다. 2020년 6월 광주, 울산, 황해(시흥) 지역에 경제자유구역이 지정되고, 황해경제자유구역청은 경기경제자유구역청으로 명칭이 변경되었으며, 2021년 1월 광주경제자유구역청, 울산경제자유구역청이 개청되어 현재 경제자유구역은 9개 구역으로 운영되고 있다.

2. 경제자유구역법 주요내용

외국인투자기업 및 국내복귀기업의 경영환경과 외국인의 생활여건을 개선함으로써 외국인투자와 기업 유치를 촉진하고 나아가 국가경쟁력의 강화와 지역 간의 균형발전을 위해 경제자유구역의 지정·운영에 관한 사항을 규정한다.

가. 지정절차

경제자유구역의 지정을 받기 위해 시·도지사가 산업통상자원부장관에게 지정을 신청하면, 경제자유구역위원회의 심의·의결을 거쳐 산업통상자원부장관이 경제자유구역을 지정할 수 있다. 지정시에는 국내외기업의 입주수요 확보, 외국인 정주환경의 확보 또는 연계, 부지와 기반시설의 확보, 경제성의 요건을 갖추어야 한다. 산업통상자원부장관은 경제자유구역을 지정할 경우에는 이를 관보에 고시하고, 시·도지사에게 통지하여야 한다.

나. 지정의 효과

경제자유구역으로 지정된 경우에는 그 경제자유구역 개발계획의 내용에 따라 「도시개발법」에 따른 도시개발사업계획 수립, 「택지개발촉진법」에 따른 택지개발계획 수립, 「산업입지 및 개발에 관한 법률」에 따른 국가·일반산업단지 및 도시첨단산업단지 지정 등 11개 법률에서 정하는 계획의 수립 및 구역의 지정 등에 대한 효과가 있다.

다. 개발사업 시행자의 지정 및 실시계획 수립

해당 지역 경제자유구역청장은 경제자유구역의 개발을 위하여 국가·지방자치단체, 공공기관 또는 민간을 개발사업시행자로 지정하여야한다. 민간개발사업자의 경우에는 기업신용 평가가 투자적정 등급 이상, 총 사업비의 10%이상의 자기자본(또는 매출총액의 30%), 부채비율 1.5배미만, 2년 이상 당기순이익 발생의 요건 등을 갖추어야 한다. 개발사업시행자는 지정된 날로부터 2년 이내 실시계획을 수립하여 시도지사(해당지역 경자청장)의 승인을 받아야한다. 지정이후 2년이내 실시계획을 신청하지 않을 경우 지정이 취소될 수 있다. 실시계획이 작성되어 승인되는 경우에는 「산지관리법」, 「농지법」, 「초지법」 등에 의한 전용허가 등 총 38개 법률에 의한 허가, 인가, 지정, 승인 등을 받는 것으로 의제 처리된다.

라. 인센티브 지원

국가 및 지방자치단체는 경제자유구역 개발사업을 원활히 시행하기 위해서는 필요한 경우 개발사업시행자에 대하여 「조세특례제한법」, 「관세법」, 「지방세특례제한법」이 정하는 범위내에서 관세, 취득세, 재산세 등의 조세를 감면할 수 있다.

경제자유구역의 외국인투자 촉진 및 외국투자기업의 경영활동을 지원하기 위하여 외국인투자기업에 대해 「조세특례제한법」, 「관세법」, 「지방세특례제한법」이 정하는 바에 따라 국세 및 지방세를 감면할 수 있다. 다만, 내·외국자본 간 과세형평 제고를 위해 「조세특례제한법」이 개정되어 2019년 1월 1일 이후 외국인투자기업에 대한 법인세·소득세 감면은 폐지되었다.

또한 입주외국인투자기업 및 입주국내복귀기업, 비수도권 경제자유구역에 소재한 첨단기술·제품 투자 기업, 핵심전략산업 투자기업에 임대하는 부지의 조성, 토지의 임대료 감면과 임대료 감면에 필요한 자금을 지원할 수 있고, 입주외국인투자기업 및 입주국내복귀기업에 대하여 의료시설·교육시설·연구시설·주택시설 등 기업무 투자 유치와 관련된 편의시설의 설치에 필요한 자금을 지원할 수 있다. 또한 입주외국투자기업 및 입주국내복귀기업에 대해서는 「국가유공자등예우 및 지원에 관한 법률」, 「장애인고용촉진 및 직업재활법」 등 7개 법률 적용으로부터 배제를 받으며, 국가 및 지방자치단체는 경제자유구역 활성화를 위해 도로, 용수 등 기반시설을 설치하는 데 우선적으로 지원하여야 한다.

마. 외국인 생활여건개선

경제자유구역에서는 외국인 생활여건개선을 위해 외국학교법인은 교육부장관의 승인을 얻어 경제자유구역에 외국교육기관을 설립할 수 있으며 외국교육기관의 유치를 위해 자금을 지원할 있도록 명시하고, 외국교육기관뿐만 아니라 외국인학교에 대한 지원근거도 마련하였다. 또한 보건복지부장관의 허가를 받아 의료기관을 개설할 수 있으며, 외국인 전용 약국 개설이 가능하다. 또한 경제자유구역에서는 외국인 전용 카지노업의 영업이 가능하도록 사전허가제도를 두고 있다.

3. 지역별 경제자유구역지정 현황

가. 총 괄

경제자유구역은 2003년 인천, 부산·진해, 광양만권, 2008년 황해(現 경기), 대구·경북, 2013년 동해안권(現 강원), 충북, 2020년 광주, 울산을 지정하여 2020.12월 총 9개 구역 271.4㎢를 운영중에 있다. 9개 지역의 총사업비는 130.4조원이다.

〈표 2-2-61〉 경제자유구역 지정현황

구 분		추진기간	면 적 (㎢)	사업비 (조원)
1차 ('03)	인천	'03 ~ '30년	122.34	82.2
	부산·진해	'03 ~ '27년	49.93	17.8
	광양만권	'03 ~ '30년	57.08	16.3
2차 ('08)	대구·경북	'08 ~ '24년	18.41	5.9
	경기	'08 ~ '27년	5.24	3.2
3차 ('13)	강원	'13 ~ '24년	4.33	0.9
	충북	'13 ~ '23년	4.96	1.3
4차 ('20)	광주	'20 ~ '25년	4.36	1.5
	울산	'20 ~ '23년	4.75	1.2
합 계			271.4	130.3

자료 : 산업통상자원부 경제자유구역기획단

나. 구역별 개발계획 개요

(1) 인천 경제자유구역

인천경제자유구역은 인천시 연수구, 중구, 서구일원의 3개 지구(32개 단위지구) 122.34㎢으로 2003년부터 2030년까지 개발사업을 완료할 예정이다. 현재 32개 단위지구 중 15개 단위지구의 개발이 완료되었고, 11개 단위지구에 대한 개발이 진행 중이며, 나머지 6개 단위지구는 실시계획수립 전이다. 인천경제자유구역의 개발방향은 동북아 경제중심지 건설을 비전으로 인천국제공항 거점 국제 업무 및 지식기반산업 중심지 육성, 관광·레저 및 국제금융업무중심지 조성을 통한 국제도시 건설이 목표이다. 총사업비는 82조 2천억 원이다.

〈표 2-2-62〉 지구별 개발계획

구 분			송도국제도시	영종지역	청라국제도시
위 치			연수구 송도동	중구 영종·용유 일원	서구 경서·연희·원창동 일원
기본현황	면적(㎢)		53.36㎢	51.18㎢	17.8㎢
	사업비(억원)		62조 3,366억 원	13조 3,190억 원	6조 5,895억 원
	사업기간	기간	2003~2030	2003~2022	2003~2024
		단계별	1단계 2003~2009, 2단계 2010~2014, 3단계 2015~2030		
	계획인구(인)		265,611명	179,982명	114,435명
개발사업 시행자			• 인천광역시 • (재)인천테크노파크 • NSIC(송도개발유한회사) • 송도랜드마크시티(유) • 해양수산부, IPA • 송도국제화복합단지개발㈜ • 인천글로벌캠퍼스㈜	• 인천광역시 • 한국토지주택공사 • 인천도시공사 • 인천국제공항공사 • 미단시티개발㈜	• 인천광역시 • 한국토지주택공사 • 한국농어촌공사
주요개발계획			• 국제업무단지 • 지식정보산업단지 • 바이오단지 • 첨단산업클러스터 • 송도랜드마크시티 • 신항물류단지 등	• 인천국제공항 • 영종하늘도시 • 미단시티 등	• 업무(금융)단지 • 테마파크형 골프장 • 화훼단지 • 첨단산업단지 • 로봇테마파크 • 유통산업 등

자료 : 산업통상자원부 경제자유구역기획단

(2) 부산·진해 경제자유구역

부산진해경제자유구역은 부산광역시 강서구와 경상남도 창원시 진해구 일원 22개 단위지구 49.93㎢이다. 사업기간은 2003년도부터 2027년까지이다. 고부가가치 복합물류와 첨단산업을 중심으로 글로벌 비즈니스와 고품격 관광레저가 공존하는 경제특구를 조성하기 위하여, 물류 트라이포트 중심 복합물류 활성화, 미래 주도형 첨단산업 거점화, 글로벌 수준 비즈니스 환경 조성 및 고품격 관광레저 단지 조성을 목표로 하고 있다. 총사업비는 17조 8천억 원이다.

〈표 2-2-63〉 지구별 개발계획

구 분		신항만지역	지사지역	명지지역	웅동지역	두동지역
위 치		진해구 용원동 강서구 송정동, 성북동	강서구 지사동, 미음동, 송정동, 생곡동, 녹산동	강서구 명지동, 신호동, 화전동, 대저2동	진해구 남양동, 남문동, 수도동, 제덕동	진해구 두동 용원동
기본현황	면적(㎢)	10.72㎢	12.79㎢	12.28㎢	9.8㎢	4.34㎢
	사업비(억원)	17조 8,314억원				
	사업기간(년) 총기간	2003 ~ 2027				
	단계별	1-1단계 2003 ~ 2006, 1-2단계 2007 ~ 2015, 2단계 2016 ~ 2027				
	계획인구(인)	185,721명				
개발사업 시행자		• 부산항만공사 • 부산신항만㈜ • 부산항신항컨테이너터미널㈜ • BNCT㈜	• 부산광역시 • LH • 부산도시공사 • 지사융합산업단지개발㈜	• LH • 부산광역시 • 부산도시공사	• LH • 해양수산부 • 부산항만공사, • 경남신항만㈜ • 부산신항웅동개발㈜	• 부진경자청 • ㈜보배산업 • 용원개발㈜
주요개발계획		• 물류·유통	• 첨단산업 • 복합산업물류 • 신재생 에너지	• 국제업무 • 물류·유통 • 첨단산업	• 물류·휴양 • 첨단산업 • 제조 • 주거·상업	• 주거·물류 • 연구·산업 • 여가

자료 : 산업통상자원부 경제자유구역기획단

(3) 광양만권 경제자유구역

광양만권경제자유구역은 전라남도 여수·순천·광양시, 경상남도 하동 일원 17개 단위지구 총 57.08㎢이다. 사업기간은 2003년부터 2030년이다. 동북아시아의 국제물류·생산거점 육성 등을 목표로 하고 있으며 총사업비는 16조 3천억 원이다.

〈표 2-2-64〉지구별 개발계획

□ 지구별 개발방향

구 분		광양지구	율촌지구	신덕지구	화양지구	경도지구	하동지구
위 치		전남 광양시	전남 여수시 전남 순천시 전남 광양시	전남 순천시 전남 광양시	전남 여수시	전남 여수시	경남 하동군
기본현황	면 적(㎢)	12.88㎢	18.03㎢	7.84㎢	6.43㎢	2.2㎢	9.7㎢
	사업비(억원)	6조 7,067억원	2조 8,377억원	1조 8,585억원	1조 524억원	1조 6,300억원	2조 1,876억원
	사업기간(년) 총기간	2003 ~ 2030					
	단계별	1단계 2003 ~ 2010, 2단계 2011 ~ 2015, 3단계 2016 ~ 2030					
	계획인구(인)	3,386명	63,287명	63,564명	57,946명	31,779명	28,181명
개발사업 시행자		• 해수부 • 여수광양항만공사 • 광양시 • ㈜광양지아이 • ㈜포스코터미널 등	• 전라남도 • 율촌제2산업단지개발㈜ • 여수광양항만공사	• 순천에코밸리㈜ • 순천시 • ㈜대우건설 • 세풍산단SPC • 선월하이파크밸리㈜	• ㈜HJ매그놀리아용평디오션호텔앤리조트	• YK디벨롭먼트㈜	• 하동군 • 하동지구개발사업단㈜ • 두우레저개발㈜
주요개발계획		• 컨테이너부두 • 항만배후부지 • 복합물류	• 조선·기계 • 항만개발 • 생산·물류	• 주거지원 • 교육·의료 • 소재산업	• 관광레저 • 해양스포츠, 휴양	• 관광레저 • 해양스포츠, 휴양	• 조선산단 • 연구·교육 • 레저·휴양

자료 : 산업통상자원부 경제자유구역기획단

(4) 경기경제자유구역

경기경제자유구역은 경기도 평택·시흥시 일원 3개 단위지구 총 5.24㎢이다. 사업기간은 2008년도부터 2027년도이며 미래 신산업 혁신성장 거점 조성을 위해 글로벌 4차 산업혁명 소재·부품 제조업의 신산업 혁신생태계 조성을 목표로 하고 있다. 총사업비는 3조 2천억 원이다.

〈표 2-2-65〉 지구별 개발계획

□ 지구별 개발방향

구 분			평택포승(BIX)지구	현덕지구	배곧지구
위 치			경기 평택시 포승읍 희곡리 일원	경기 평택시 현덕면 장수리 일원	경기 시흥시 배곧동 일원
기본현황	면 적(㎢)		2.04㎢	2.32㎢	0.88㎢
	사업비(억원)		7,702억원	7,500억원	1조 6,681억원
	사업기간(년)	총기간	2008 ~ 2020	2008 ~ 2026	2020 ~ 2027
		단계별	-	-	-
	계획인구(인)		3,482명	25,314명	-
개발사업 시행자			경기도시공사 평택도시공사	-	서울대학교 시흥시
주요개발계획			• 자동차부품 • 전자 기계 • 물류·화학 등	• 유통 • 상업 • 주거 • 관광의료 등	• 무인이동체R&D • 교육 • 의료 등

자료 : 산업통상자원부 경제자유구역기획단

(5) 대구·경북 경제자유구역

대구경북경제자유구역은 대구광역시, 경산시, 영천시, 포항시 일원의 8개 단위지구 총 18.41㎢ 이다. 사업기간은 2008년부터 2024년까지이며 지속가능한 글로벌 혁신성장거점 구축을 목표로 하고 있다. 총사업비는 5조 9천억 원이다.

〈표 2-2-66〉 지구별 개발계획

구 분		국제패션디자인지구	신서첨단의료지구	대구테크노폴리스지구	수성알파시티
	위 치	대구 동구 봉무동	대구 동구 신서동	대구 달성군 현풍면, 유가읍	대구 수성구 대흥동
기본현황	면 적(㎢)	1.18㎢	1.05㎢	7.26㎢	0.98㎢
	사업비(억원)	1조 2,500억 원	4,038억 원	1조 7,233억 원	6,226억 원
	사업기간(년) 총기간	2008 ~ 2016	2007 ~ 2015	2006 ~ 2024	2008 ~ 2019
	단계별	1단계	2단계	4단계	1단계
	계획인구(인)	10,439명	2,596명	50,025명	4,648명
개발사업 시행자		㈜이시아폴리스	한국토지주택공사	한국토지주택공사	대구도시공사
주요개발계획		• 패션, 어패럴산업단지 • 미디어산업단지 • 첨단IT지식산업단지 • 주거단지	• 첨단의료복합단지 • 첨단의료클러스터 • 의료연구개발기관 • 의료연구개발지원기관	• 자동차산업단지 • 전기, 전자산업단지 • 바이오산업단지 • 정보통신산업단지	• 의료관광단지 • IT·SW 등 지식기반 서비스산업

구 분		경산지식산업지구	영천첨단부품소재산업지구	영천하이테크파크지구	포항융합기술산업지구
	위 치	경산시 하양읍 대학리, 외촌면 소월리	영천시 채신동, 본촌동, 금호읍	영천시 녹전동, 화산면	포항시 북구 홍해읍
기본현황	면 적(㎢)	3.81㎢	1.46㎢	1.22㎢	1.45㎢
	사업비(억원)	10,586억 원	2,062억 원	2,585억 원	4,078억 원
	사업기간(년) 총기간	2012 ~ 2024	2008 ~ 2013	2008 ~ 2024	2008 ~ 2024
	단계별	1단계(2012~2022) 2단계(2018~2024)	1단계	1단계	1단계
	계획인구(인)	4,757명	-	120명	10,249명
개발사업 시행자		경산지식산업개발㈜	한국토지주택공사	한국토지주택공사	㈜포항융합티앤아이
주요개발계획		• 기계부품특화산업단지 • 첨단메디컬신소재산업단지 • 그린부품소재산업단지	• 첨단산업단지 • 부품소재산업단지	• 자동차부품산업단지 • 항공 부품산업단지	• 바이오, 부품·소재, 그린에너지, R&D 특화단지

자료 : 산업통상자원부 경제자유구역기획단

(6) 강원 경제자유구역

강원 경제자유구역은 강릉시, 동해시 일원의 5개 단위지구 총 4.33㎢이다. 사업기간은 2013년부터 2024년까지이며 고부가가치 첨단소재부품산업의 국가 신성장동력 창출 및 천혜의 해양·지역 관광자원과 연계한 국제수준의 복합 관광도시 육성을 목표로 하고 있다. 총사업비는 8,865억 원이다.

〈표 2-2-67〉 지구별 개발계획

구 분			북평 국제 복합 산업지구	국제복합 관광도시	망상글로벌 리조트 2지구	망상글로벌 리조트 3지구	옥계 첨단소재 융합 산업지구
위 치			동해시 북평동	동해시 망상동	동해시 망상동	동해시 망상동	강릉시 옥계면
기본현황	면 적(㎢)		0.15㎢	3.44㎢	0.22㎢	0.14㎢	0.38㎢
	사업비(억원)		17.6억원	6,674억원	715억원	880억원	578억원
	사업기간(년)	총기간	2013~2024	2013~2024	2013~2024	2013~2024	2013~2024
		단계별	-	-	-	-	-
	계획인구(인)		-	22,814명	-	-	-
개발사업 시행자			강원특별 자치도	강원특별 자치도	엠에스호텔앤 리조트(주)	엠에스글로벌 리조트(주)	강원특별 자치도
주요개발계획			• 수소에너지 산업 혁신 클러스터 조성	• 정주가능한 국제 복합 관광 도시 조성	• 호텔, 아트 뮤지엄 컴플렉스	• 글로벌리조트 컴플렉스	• 첨단소재부품, R&D 및 금속 제조업 관련 산업단지 조성

자료 : 산업통상자원부 경제자유구역기획단

(7) 충북경제자유구역

충북경제자유구역은 충청북도 청주시 일원 4개 단위지구 총 4.96㎢이다. 사업기간은 2013년부터 2024년까지이며 친환경 BIT 융복합 비즈니스 허브를 비전으로 국내 최고 수준의 바이오 클러스터 등 신성장산업 집적지인 충북을 차세대 국가성장동력 산업의 중심축으로 육성하고 중부내륙권 균형발전을 목표로 하고 있다. 총사업비는 1조 3천억 원이다.

〈표 2-2-68〉 지구별 개발계획

구 분			오송 바이오 메디컬지구	오송 바이오 폴리스지구	청주 에어로 폴리스 1지구	청주 에어로 폴리스 2지구
위 치			청주시 흥덕구 오송읍 연제리	청주시 흥덕구 오송읍 봉산리	청주시 청원구 내수읍 입동리, 신안리	청주시 청원구 내수읍 입동리, 신안리
기본현황	면 적(㎢)		1.13㎢	3.28㎢	0.13㎢	0.41㎢
	사업비(억원)		1,057억 원	1조 655억 원	363억 원	804억 원
	사업기간(년)	총기간	2013~2017	2013~2021	2013~2023	2013~2024
		단계별	-	-	-	-
	계획인구(인)		-	31,532명	-	85명
개발사업시행자			• 충청북도지사	• 충북개발공사 • 한국산업단지공단	• 충청북도지사	• 충청북도지사
주요개발계획			• 바이오연구 • 신약 및 의료기기 개발연구	• 바이오산업 • BT, IT, 첨단관련 업종	• 항공운송 및 정비관련 산업	• 항공정비, 부품제조 • 항공교육, 연구시설

※ 고속국도 건설·확장, 민자투자분(국고, 민간) 포함
자료 : 산업통상자원부 경제자유구역기획단

(8) 광주경제자유구역

광주경제자유구역은 광주광역시 남구, 북구, 광산구 일원 4개 단위지구 총 4.36㎢이다. 사업기간은 2020년부터 2025년까지이며 상생과 AI기반 융복합 신산업 허브를 비전으로 AI, 미래형자동차, 스마트에너지, 생체의료를 핵심전략산업으로 혁신성장을 선도하는 글로벌 신산업 거점, 국내외 혁신형 기업 비즈니스 거점, 일자리 친화적 산업생태계 조성을 목표로 총 사업비는 1조 5천억원이다.

〈표 2-2-69〉 지구별 개발계획

<table>
<tr><th colspan="2">구 분</th><th>미래형 자동차 산업지구</th><th>스마트 에너지 산업지구 Ⅰ</th><th>스마트 에너지 산업지구 Ⅱ</th><th>AI융복합지구</th></tr>
<tr><td colspan="2">위 치</td><td>광주광역시 광산구 삼거동, 덕림동, 동호동 일원</td><td>광주광역시 남구 압촌동, 석정동, 지석동, 대지동, 칠석동 일원</td><td>광주광역시 남구 압촌동, 지석동 일원</td><td>광주광역시 북구 오룡동, 대촌동, 월출동, 광산구 비아동</td></tr>
<tr><td rowspan="5">기본현황</td><td>면적(㎢)</td><td>1.84</td><td>0.92</td><td>0.49</td><td>1.11</td></tr>
<tr><td>사업비(억원)</td><td>2,952억원</td><td>2,978억원</td><td>1,332억원</td><td>7,409억원</td></tr>
<tr><td>사업기간(년) 총기간</td><td>2009~2021</td><td>2016~2023</td><td>2015~2022</td><td>2011~2025</td></tr>
<tr><td>단계별</td><td>-</td><td>-</td><td>-</td><td>-</td></tr>
<tr><td>계획인구(인)</td><td>1,409명</td><td>4,613명</td><td>2,685명</td><td>9,323명</td></tr>
<tr><td colspan="2">개발사업시행자</td><td>• 한국토지주택공사</td><td>• 광주도시공사</td><td>• 광주도시공사</td><td>• 광주도시공사</td></tr>
<tr><td colspan="2">주요개발계획</td><td>• 완성차공장가동 (글로벌모터스)
• 연간완성차 70만대 생산기지
• 친환경자동차 부품 인증센터, 자동차 R&D센터 등 클러스터 구축</td><td>• 에너지혁신기업 에너지첨단클러스터
• 전국최초 에너지 융복합단지 지정
• 에너지효율향상과 스마트그리드 분야 특화</td><td>• 에너지연구기관 에너지특화R&D단지
• 전국최초 에너지 융복합단지 지정
• 한국전기연구원 스마트그리드 연구단 등</td><td>• 연구기관, 인공지능중심 산업융합 집적단지, 생체의료
• 전국유일 국가AI 데이터센터 조성
• 인공지능 융합 인재 양성</td></tr>
</table>

자료 : 산업통상자원부 경제자유구역기획단

(9) 울산 경제자유구역

울산경제자유구역은 울산시 남구, 북구, 울주군 일원의 3개 지구(4개 단위지구) 4.75㎢으로 2020년부터 2030년까지 개발사업을 완료할 예정이다. 현재 4개 단위지구 중 2개 단위지구의 개발이 완료되었고, 2개 단위지구에 대한 개발이 진행 중이다. 울산경제자유구역의 개발방향은 동북아 에너지 허브 건설을 비전으로 수소산업 허브화를 통한 동북아 최대 북방경제 에너지 중심도시 육성이 목표이다. 총사업비는 1조 2천억 원이다.

〈표 2-2-70〉 지구별 개발계획

구 분			수소산업거점지구	일렉드로겐오토벨리	R&D 비지니스벨리
위 치			남구 두왕동 일원	북구 중산동 일원	울주군 삼남읍 일원
기본현황	면적(㎢)		1.29㎢	0.69㎢	2.77㎢
	사업비		3,736억 원	903억 원	7,835억 원
	사업기간	기간	2010~2018	2007~2020	2006~2023
		단계별	-	-	-
	계획인구		11,732명	1,706명	39,753명
개발사업 시행자			• 한국산업단지공단 • 울산도시공사	• 울산광역시	• 울산광역시 • 울산도시공사 • UNIST
주요개발계획			• 수소산업실증화 지원기관 육성 • 수소시티 조성 • 수소경제 선도도시 조성	• 수소산업(자동차부품) - 현대모비스(주) - 부품소재관련기업 등	• UNIST R&D기술개발 • 하이테크밸리 일반산업단지 • 울산전시컨벤션 • KTX역세권 개발 • 복합특화단지(스마트 자족도시)

자료 : 산업통상자원부 경제자유구역기획단

제13절 노후계획도시정비 추진

1. 노후계획도시정비 추진배경

정부는 '60~'70년대 급속한 도시화와 이로 인한 도시지역의 시급한 주택난을 해소하기 '80년에 「택지개발촉진법」을 제정하였다. 「택지개발촉진법」은 한국토지주택공사 등 공공시행자로 하여금 주택건설에 필요한 택지의 취득·개발·공급이 용이하도록 하였으며, 이를 계기로 공공이 주도하는 대규모 택지 개발이 시작되었다.

'80년대 말에 이르러, 인구증가 및 핵가족화에 따라 급증하는 주택수요와 주택가격의 급등에 대응하기 위해 정부는 「주택 200만호 건설계획」('88~'92)을 발표하였고, 소위 1기 신도시라 불리는 5개 신도시(분당·일산·평촌·산본·중동)가 건설되었다.

이후로도 주택공급을 목적으로 한 대규모 택지 개발은 2기, 3기 신도시를 비롯하여 수많은 택지개발지구, 보금자리주택지구, 공공주택지구 등으로 이어져 오고 있다. 이렇게 개발된 대규모 택지들은 주택시장 안정에 기여했을 뿐 아니라 도로·공원 등 정주환경이 잘 갖추어진 살기 좋은 '계획도시'로서 지역에서 자리매김 하고 있다.

그러나 1기 신도시에 첫 입주가 이루어진 '91년 이후 어느덧 33년의 시간이 지났고, 1기 신도시를 비롯한 전국의 수많은 계획도시들은 도시기능, 기반시설, 주택 등 다각적인 차원의 노후 문제에 직면하고 있다.

이러한 일명 '노후계획도시'는 토지이용의 경직성, 도시기능의 부족, 노후주택의 급격하고 집단적인 증가 등의 측면에서 자연발생적인 일반도시와 구분되는 특성을 보인다. 그러나 1개 아파트 단지를 단위로 이루어지는 기존의 도시정비·개발 제도들은 이러한 노후계획도시의 특성에 맞추어 도시 전체를 광역적·체계적으로 정비하는데 한계가 있다.

이에 정부는 '22년부터 노후계획도시를 정비하기 위한 방안 마련에 착수하였으며, 그 결과, '23.12월 「노후계획도시 정비 및 지원에 관한 특별법(이하 "노후계획도시특별법")」이 제정되어 '24.4월 본격 시행을 앞두고 있다.

2. 노후계획도시정비 추진경과

< '22년 >
- 공약·국정과제로 1기 신도시를 재정비하여 차세대 명품도시로 재탄생 (「1기 신도시 특별법」 제정, 1기 신도시에 양질의 주택 10만호 공급 기반 구축) 제시
- 이에 따라 「1기 신도시 정비 민관합동TF」 구성·운영 (국토도시실장, 김호철 교수 공동팀장, 총 17인)
- 국토장관 - 1기 신도시 시장 간 회의체 출범(9.8)을 통해 1기 신도시 정비 추진계획 발표 : '24년까지 1기 신도시 정비 마스터플랜 수립 (기본방침^{국토부} + 기본계획$^{각\ 지자체}$), '23.2월 특별법 발의, '24년에 1기 신도시별 1개소 이상 선도지구 지정계획 등

< '23년 >
- 노후계획도시 정비의 제도적 기반으로 「노후계획도시 정비 및 지원에 관한 특별법」을 2.7일 발표, 3.24일 발의, 12.8. 본회의 의결

3. 노후계획도시정비 향후계획

① '24년 4월 특별법 시행 시기에 맞춰 시행령 제정
 - '노후계획도시'의 세부 기준, 공공기여 비율, 안전진단 완화·면제 세부기준 등 규정
② 정부와 지자체가 함께 발표한 주요 정책과제을 계획대로 이행
 - 기본방침과 1기 신도시별 기본계획을 정부와 지자체가 함께 '24년 중 공동 수립, 선도지구도 1기 신도시별 1곳 이상 선정
③ '24년 1월 1일 국토교통부 「도시정비기획준비단」 출범
④ 임시기구였던 「1기 신도시 정비 민관합동 TF」를 「노후계획도시 정비특별위원회」로 확대 개편('24년 초)
 - 특위는 국토부장관을 위원장으로 정부·민간위원 등 총 30명으로 구성, 기존 민관합동 TF의 정책 자문 역할과 함께 기본방침 등 중요 정책사항 심의 업무 등 수행
⑤ 실무지원을 위한 「노후계획도시 정비지원기구*」를 '24년 초 지정, 주민 컨설팅을 위한 상담센터 개소·운영
     * 한국토지주택공사(LH), 주택도시보증공사(HUG), 한국부동산원(REB), 한국국토정보공사(LX), 국토연구원

〈 「노후계획도시 정비 및 지원에 관한 특별법」 주요내용 〉

1 제정방향

주민들의 신속한 정비 요구

배관부식·층간소음·주차난 등 **열악한 주거환경**
정주인구 대비 **부족한 도시서비스**
경제적 자립이 어려운 **도시경제구조**

정부의 도시재창조 목표

주차난, 기반시설 노후화 등 **도시문제 해결**
스마트시티, 미래모빌리티 등 **도시기능 향상**
주거·업무·상업 복합화 등 **자족기능 강화**

계획도시 특성을 고려한 질서있고 체계적인 정비를 위한 특별법 마련

2 법 추진체계 및 핵심내용

노후 계획도시

- ❶ (면적) 100만㎡ 이상인 지역 *인접·연접 택지, 노후 구도심, 유휴부지 포함
- ❷ (노후도) 조성 후 20년 이상 경과
- ❸ (근거법령) 주택공급 등의 목적으로 **택지개발촉진법** 등 관련법령에 따라 계획적으로 조성

▼

기본방침 · 기본계획

- (수립권자) 국토부장관이 **기본방침**, 지자체장이 **기본계획** 수립
- (수립내용) 미래도시로의 전환, **이주대책**, 단계별 정비계획, 특례 및 공공기여 부여, **특별정비구역·선도지구** 지정 등에 관한 사항

▼

특별 정비구역 지정

- (의의) 블록 단위 통합정비를 통한 **자족기능·기반시설 확충**으로 **도시기능 향상**을 도모하는 구역 → 지자체장이 직권, 주민 제안으로 지정
- (특례) 공공성 인정 시 창의적인 도시계획을 위한 **도시·건축특례** 부여
  ❶안전진단 면제·완화, ❷용도지역 변경, ❸용적률 상향, ❹리모델링 세대수 증가, ❺도정법 등 타법상 정비구역 지정 의제, ❻인허가 통합심의 등
- (공공성 인정기준) ❶통합정비 + ❷공공기여 + ❸지방위 심의

▼

사업시행

- (원칙) 재건축, 재개발, 도시개발사업 등 **개별법**에 따라 **사업 시행**
- (필요시) 원활한 정비사업 추진을 위해 총괄사업관리자 제도 운영

▼

공공기여 · 이주대책

- (공공기여) 특례 수준에 따라 적정 수준에서 이익을 환수하여 지역 재투자 → ❶공공주택, ❷자족용지, ❸공공시설·기반시설, ❹기여금 등
- (이주대책) 지자체가 주도하고 **정부가 지원**하는 방식으로 추진
  → ❶이주수요 관리, ❷이주주택 공급, ❸무주택세입자 등 **이주자금 지원**

제3장 도시 및 토지이용정책

제1절 지속가능한 도시관리

1. 도시·군기본계획 수립

가. 도시·군기본계획 수립방향

도시·군기본계획은 아래 표에서 보는 바와 같이 계획기간을 20년으로 하는 장기계획으로서 특별시장·광역시장·특별자치시장·특별자치도지사·시장 또는 군수는 관할구역에 대하여 의무적으로 수립하여야 하나, 수도권에 속하지 아니하고 광역시와 경계를 같이하지 아니한 시·군으로서 인구 10만명 이하인 시 또는 군은 예외적으로 수립하지 않을 수 있다. 도시·군기본계획은 국토의 이용·개발과 보전을 위한 국토관리의 지속가능성을 담보할 수 있는 정책방향을 제시함과 동시에 장기적으로 시·군이 공간적으로 발전하여야 할 구조적 틀을 제시하며, 도시개발방향, 도시지표, 도시기본구상, 인구배분계획, 토지이용계획, 교통계획, 통신계획, 공공시설계획, 산업개발계획, 환경계획, 공원녹지계획, 행·재정계획 등을 포함한 종합계획으로 수립하게 된다. 기본계획의 수립과정에서 공청회를 개최하여 지역주민이나 전문가의 의견을 반영하는 등 계획의 참여도를 높이고 있다.

〈표 2-3-1〉 도시·군기본계획 대상도시와 계획내용

(2023.12.31. 기준)

계획기간	20년간
대상도시	- 160개 시·군 · 수립완료 : 130개 시·군
계획의 내용	- 도시개발의 전략과 방향을 제시하는 장기적 도시기본 골격계획 - 도시계획의 기본이 되는 각 부문별 개발지표의 설정

자료 : 국토교통부 도시정책관

나. 추진현황

2003년 1월 「국토의 계획 및 이용에 관한 법률」의 시행에 따라 특별시장·광역시장·시장 또는 군수는 도시·군기본계획을 수립 또는 변경 시 국토교통부장관의 승인을 받아야 했으나, 2005. 7. 1.부터는 특별시장, 광역시장을 제외한 시장·군수가 수립하는 도시·군기본계획의 승인권이 국토교통부장관으로부터 도지사로 이양되었으며, 추가적으로 특별시·광역시 도시·군기본계획의 승인권한을 폐지하는 내용의 국토계획법 개정안이 공포됨에(2009. 2. 6.) 따라 2009. 8. 7.부터 자율적인 도시·군기본계획수립이 가능해졌다.

이에 따라 도시의 장기적 발전방향을 제시하는 도시·군기본계획 수립에 대한 지방자치단체의 자율성과 책임성이 한층 강화되었다.

또한, 인구가 감소하는 도시의 자생력 강화를 지원하기 위하여 성장형(인구증가), 성숙·안정형(인구 정체)의 2가지로 구분하는 도시 유형에 감소형(인구 감소)을 추가하고, 성숙·안정형 및 감소형의 경우 정주인구가 늘어나지 않더라도 개발 가용지를 확보할 수 있도록 도시·군기본계획수립지침을 개정('23.12.28)하였다.

〈표 2-3-2〉 인구 추세에 따른 도시유형

구분	분류 기준	목표연도 인구추계치 검토기준	용도별 토지수요 별도조정 가능 범위*
성장형	직전 5년간 통계청 인구가 5퍼센트 이상 증가하였거나 향후 5년간 5퍼센트 이상 증가가 예상되는 시·군	통계청 인구추계치의 110퍼센트 이하	ⓐ국가산업단지 등 국가정책사업에 따라 필요한 용도별 토지수요
성숙· 안정형	직전 5년간 통계청 인구가 5퍼센트 미만 증가 또는 감소하였거나 향후 5년간 5퍼센트 미만 증가 또는 감소가 예상되는 시·군	통계청 인구추계치의 105퍼센트 이하	ⓐ+ⓑ산업단지, 농공단지, 물류단지 등 지역발전을 위한 공업용지
감소형	직전 5년간 통계청 인구가 5퍼센트 이상 감소하였거나 향후 5년간 5퍼센트 이상 감소가 예상되는 시·군	통계청 인구추계치의 105퍼센트 이하	ⓐ+ⓑ+ⓒ도시개발사업, 관광단지 등 관할구역내 국지적 토지수요

*ⓑ와 ⓒ에 따라 별도로 고려된 토지수요는 성장유도선 등 계획적 관리방안 마련 필요

2. 토지적성평가 제도

가. 제도도입 배경

토지적성평가는 도시계획법과 국토이용관리법을 통합하여 2002년에 2월에 제정된 「국토의 계획 및 이용에 관한 법률」에 의해 도입되어 2003년부터 시행된 제도이다. 전국토의 "환경 친화적이고 지속가능한 개발"을 보장하고 개발과 보전이 조화되는 "선계획-후개발의 국토관리체계"를 구축하기 위한 것으로, 도시·군관리계획 입안을 위한 기초자료 중 하나로 합리적 근거를 제공하기 위해 도입되었다.

※ 당초 토지적성평가제도 도입목적인 관리지역세분이 완료됨에 따라 기존 Ⅰ·Ⅱ로 구분된 평가방법을 일원화하여 2014년 10월 평가체계 개편

〈그림 2-3-1〉 토지적성평가 제도

자료 : 한국국토정보공사

나. 토지적성평가의 개요

(1) 토지적성평가의 정의

토지적성평가는 각종의 토지이용계획이나 주요시설의 설치에 관한 계획을 입안하고자 하는 경우, 토지의 환경생태적, 물리적, 공간적 특성을 종합적으로 고려하여 개별 토지가 갖는 환경적·사회적 가치를 과학적으로 평가함으로써, 보전할 토지와 개발 가능한 토지를 체계적으로 판단할 수 있도록

계획을 입안하는 단계에서 정량적·체계적인 판단근거를 제공하기 위하여 실시하는 기초조사이다.

(2) 토지적성평가의 범위 및 내용

토지적성평가는 도시·군기본계획을 수립·변경하거나 도시·군관리계획을 입안하는 경우에 활용하여 비시가화지역을 체계적으로 관리·이용할 수 있도록 주거지역, 상업지역, 공업지역과「군사기지 및 군사시설 보호법」제4조 및 제5조에 의해 지정된 민간인통제선 이북지역을 제외한 모든 지역에 대하여 실시한다.

〈표 2-3-3〉 토지적성평가 주요내용

구분	당 초(2002.02~2014.10)	현재(2014.10~)
평가 대상 지역	·평가체계Ⅰ: 관리지역 ·평가체계Ⅱ: 개별 입안구역	주거·상업·공업지역과 민간인통제선 이북지역을 제외한 비시가화지역 전체
평가 주체	·원칙 지자체 ·민간제안사업의 경우 민간부담	·지자체 ·민간에서 평가 불가
평가 지표	지침을 통해 전체 평가지표를 일률적으로 제시	총 12개 지표 중 선택지표 4개는 지역 특성에 따라 선택지표군에서 선정
활용 대상	도시·군관리계획	·도시·군기본계획 ·도시·군관리계획
적용 기준	지침을 통해 입안 가능 기준을 일률적으로 제시	지자체별로 자율적으로 입안 가능한 등급기준 설정
결과 검증	평가결과에 대하여 임의적으로 검증기관을 통한 검증 가능	평가결과의 신뢰도 확보를 위해 검증기관의 검증 의무화

자료 : 국토교통부 도시정책관

(3) 평가결과의 활용

토지적성평가 결과는 도시·군기본계획을 수립·변경하는 경우에 개발과 보전 여부 등을 판단하여 공간구조 등을 설정하고 도시·군관리계획을 입안하는 경우에 입안여부를 판단하는데 적용되거나 토지이용에 관한 계획수립을 위한 기초자료로 활용된다.

〈그림 2-3-2〉 토지적성평가 프로세스

자료 : 한국국토정보공사

3. 도시방재

가. 제도도입 배경

기후변화로 인한 이상기후로 각종 자연재해가 대형화·다양화됨에 따라 국가에서는 「녹색성장 국가전략」 및 「기후변화대응 기본계획」을 마련하여 분야별 대응능력을 강화하고 있다.

도시방재는 이러한 이상기후에 따른 자연재해에 대해 도시계획 단계부터 도시의 방재전략과 대응능력을 높이고자는 제도이다.

나. 추진사항

「국토의 계획 및 이용에 관한 법률」을 개정하여 연안침식관리구역 등 재해취약지역에 대한 방재지구 지정을 의무화('13.7.)하였고, 도시계획

기초조사 항목에 재해취약성분석을 포함하여 도시계획 수립단계에서 기후변화에 대한 재해취약성분석을 의무화('15.1.개정, '15.7.시행)하였다.

또한, 「도시 기후변화 재해취약성분석 및 활용에 관한 지침」을 제정('16.5.)하여 적용대상, 분석방법 및 활용방안 등을 구체화 하였다.

한편, 계속되는 침수피해 및 재해위험 증가 등에 대응하기 위해 도시계획 수립 시 방재계획 강화, 재해취약주택 감축 등을 포함한 도시·주택 재해대응력 강화방안을 발표('23.2.)하였다.

다. 재해취약성분석

(1) 정의

재해에 안전한 도시 조성을 위해서는 도시계획 수립단계부터 재해취약지역을 고려한 토지이용, 기반시설(도로, 공원·녹지 등), 건축 설계 대책 등 계획 수립단계부터 재해를 고려하여야 하며, 이를 위해 기후변화에 따른 재해 취약성을 분석하여 도시계획수립의 기초자료로 활용할 필요가 있다.

재해 취약성 분석 제도는 도시계획을 수립·변경하는 과정에서 기후변화에 따른 폭우, 폭염, 폭설, 가뭄, 강풍, 해수면상승 등 6개 대상유형에 대하여 재해취약성분석을 시행하고 이를 토지이용, 기반시설 등 각 부문별 계획에 반영하는 제도로서, 기후노출과 도시민감도 및 도시 구성요소를 고려하여 현재뿐만 아니라 미래의 취약성까지 평가하는 제도이다.

(2) 범위 및 구분

재해취약성 분석은 도시의 기후변화 재해 취약성을 현재 취약성(Present Vulnerability), 미래 취약성(Future Vulnerability), 도시 종합 재해 취약성(Total Disaster Vulnerability)으로 구분하고, 도시 종합 재해 취약성은 현재 취약성과 미래 취약성 분석에 따른 새로운 취약지역을 고려하며, 현장조사 및 전문가 등의 의견수렴 결과 최종 확정된 재해 취약성으로 나타내게 된다.

〈그림 2-3-3〉 도시의 기후변화 재해 취약성 분석 절차

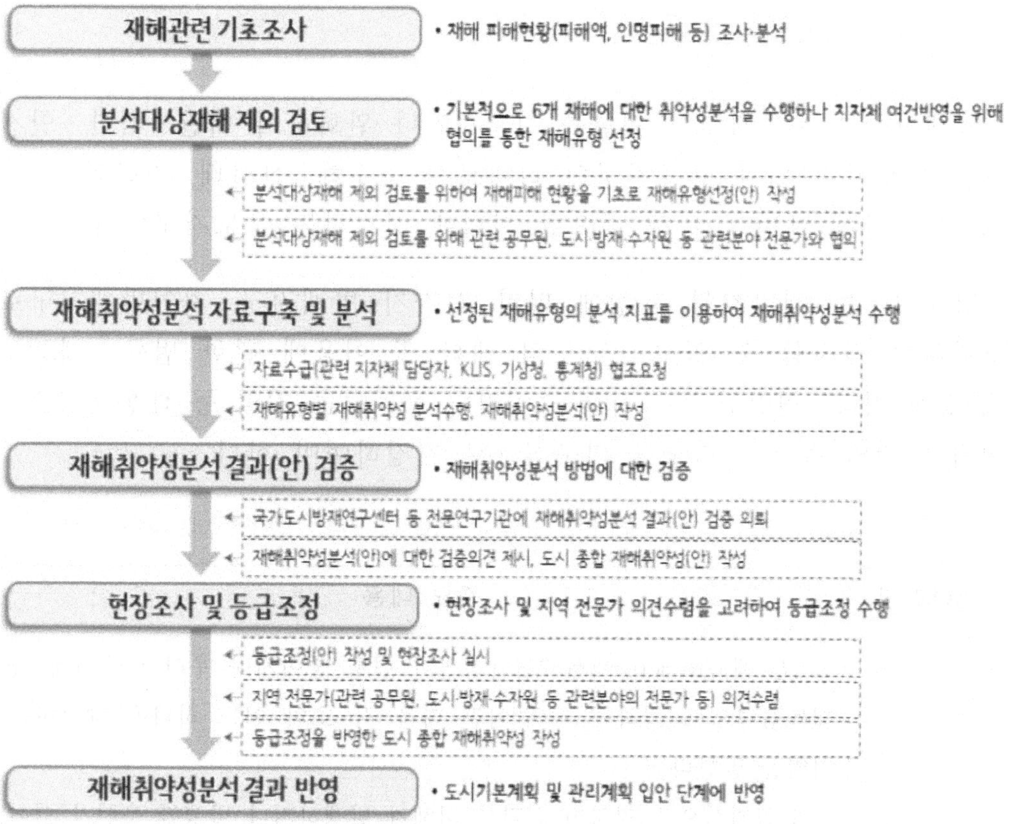

```
┌─────────────────────┐
│  재해관련 기초조사   │ • 재해 피해현황(피해액, 인명피해 등) 조사·분석
└──────────┬──────────┘
           ▼
┌─────────────────────┐
│  분석대상재해 제외 검토 │ • 기본적으로 6개 재해에 대한 취약성분석을 수행하나 지자체 여건반영을 위해
└──────────┬──────────┘   협의를 통한 재해유형 선정
           │      ◄ 분석대상재해 제외 검토를 위하여 재해피해 현황을 기초로 재해유형선정(안) 작성
           │      ◄ 분석대상재해 제외 검토를 위해 관련 공무원, 도시 방재 수자원 등 관련분야 전문가와 협의
           ▼
┌─────────────────────┐
│ 재해취약성분석 자료구축 및 분석 │ • 선정된 재해유형의 분석 지표를 이용하여 재해취약성분석 수행
└──────────┬──────────┘
           │      ◄ 자료수급(관련 지자체 담당자, KLIS, 기상청, 통계청) 협조요청
           │      ◄ 재해유형별 재해취약성 분석수행, 재해취약성분석(안) 작성
           ▼
┌─────────────────────┐
│  재해취약성분석 결과(안) 검증 │ • 재해취약성분석 방법에 대한 검증
└──────────┬──────────┘
           │      ◄ 국가도시방재연구센터 등 전문연구기관에 재해취약성분석 결과(안) 검증 의뢰
           │      ◄ 재해취약성분석(안)에 대한 검증의견 제시, 도시 종합 재해취약성(안) 작성
           ▼
┌─────────────────────┐
│   현장조사 및 등급조정  │ • 현장조사 및 지역 전문가 의견수렴을 고려하여 등급조정 수행
└──────────┬──────────┘
           │      ◄ 등급조정(안) 작성 및 현장조사 실시
           │      ◄ 지역 전문가(관련 공무원, 도시·방재 수자원 등 관련분야의 전문가 등) 의견수렴
           │      ◄ 등급조정을 반영한 도시 종합 재해취약성 작성
           ▼
┌─────────────────────┐
│  재해취약성분석 결과 반영 │ • 도시기본계획 및 관리계획 입안 단계에 반영
└─────────────────────┘
```

(3) 평가결과의 활용

재해취약성 분석 수행을 통해 산출된 분석결과를 바탕으로 해당 시·군의 도시·군기본계획 및 도시·군관리계획 수립을 위한 기초조사로 활용되며, 재해취약 인구가 많거나 잠재취약지역에 해당하여 심각한 피해가 발생할 우려가 있는 경우 도시계획적 대응(토지이용, 기반시설 설치 등) 방안을 제시하게 된다.

- 시가화 유보 또는 개발 억제
- 보전용도의 용도지역 부여
- 방재지구 지정
- 도시·군계획시설 설치 지양 (방재기능을 수행하는 시설 제외)
- 건축물의 건축 제한
- 다른 법률에 따라 수립된 재해 관련계획의 반영

라. 방재지구

(1) 지정 목적 및 기준

방재지구는 용도지역의 제한을 강화하거나 완화하여 미관·경관·안전 등을 도모하기 위한 용도지구의 하나로서 풍수해, 산사태, 지반의 붕괴, 그 밖의 재해 예방을 위해 필요한 지역에 지정하는 용도지구이다.

방재지구는 해당지역 특성에 따라 시가지 방재지구, 자연방재지구로 구분하여 지정할 수 있고, 「국토의 계획 및 이용에 관한 법률」 제37조 제4항에 따라 "연안침식이 진행 중이거나 우려되는 지역 등 대통령령으로 정하는 지역"은 방재지구를 의무적으로 지정하여야 한다.

〈표 2-3-4〉「국토의 계획 및 이용에 관한 법률 시행령」상의 방재지구의 지정

관련조항	주요 내용
영 제31조 (용도지구의 지정)	⑤ 법 제37조제4항에서 "연안침식이 진행 중이거나 우려되는 지역 등 대통령령으로 정하는 지역"이란 다음 각 호의 어느 하나에 해당하는 지역을 말한다. 1. 연안침식으로 인하여 심각한 피해가 발생하거나 발생할 우려가 있어 이를 특별히 관리할 필요가 있는 지역으로서 「연안관리법」 제20조의2에 따른 연안침식관리구역으로 지정된 지역(같은 법 제2조제3호의 연안육역에 한정한다) 2. 풍수해, 산사태 등의 동일한 재해가 최근 10년 이내 2회 이상 발생하여 인명 피해를 입은 지역으로서 향후 동일한 재해 발생 시 상당한 피해가 우려되는 지역

(2) 지정현황

방재지구는 舊 「도시계획법」의 개정('00.7.1.)에 따라 관련 제도 도입 이후, 2001년 5월 3일에 경상남도 거제시 장승포동 일대가 첫 방재지구로 지정되었으며, 2006.6월 「토지이용규제기본법」에 따른 유사용도지구 통합 과정에서 「건축법」에 따른 재해관리구역이 방재지구로 통합되어 2023.12.31. 기준으로 전국에 32개소(5.3㎢)가 지정 관리되고 있다.

<표 2-3-5> 방재지구 지정 현황('23.12월 기준)

지 역		지정 내용	
		개소	면적(㎡)
경기도	고양시	3	96,780
전라남도	소계	27	5,181,178
	목포시	4	2,283,532
	여수시	21	2,695,984
	순천시	1	3,363
	신안군	1	198,299
경상북도	울진군	2	61,785
합 계		32	5,339,743

자료 : 국토교통부 도시정책관

※ 위 자료는 통계공표('24. 9.) 전 잠정치이며 일부 수치가 변경될 수 있음.

(3) 지정절차

<그림 2-3-4> 방재지구 지정 및 도시·군관리계획 결정 절차

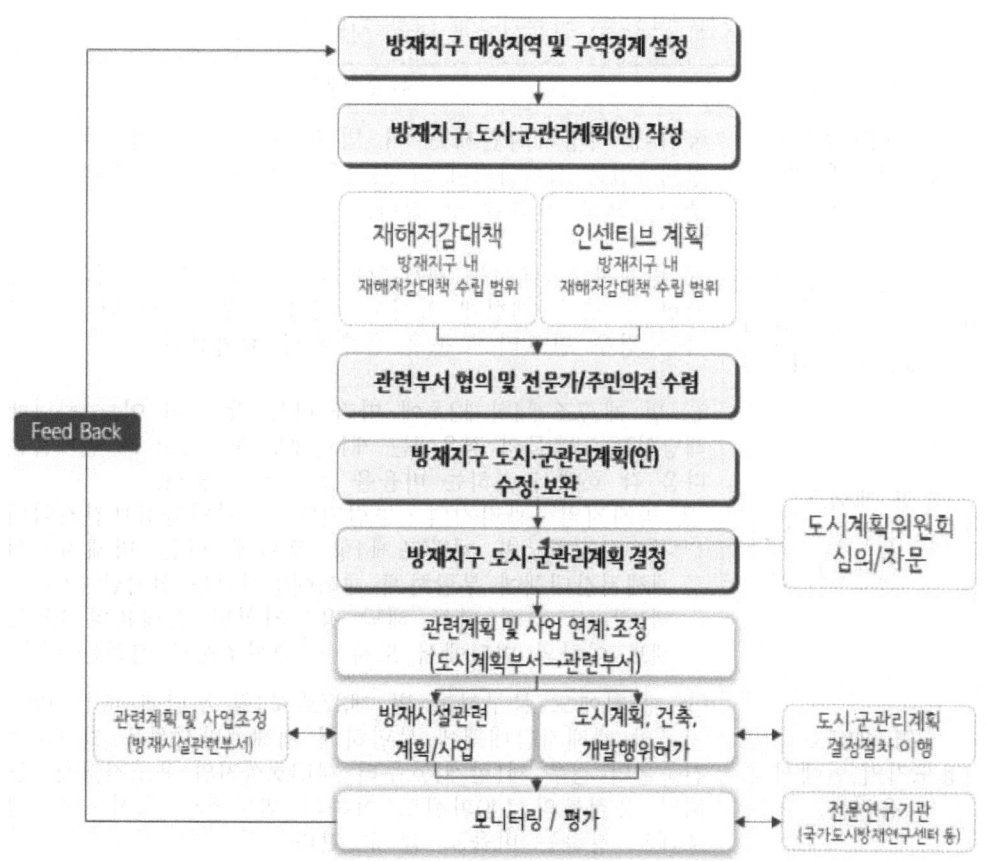

(4) 지정 효과

방재지구에서는 풍수해·산사태·지반붕괴·지진 그 밖에 재해예방에 장애가 된다고 인정되는 건축물을 도시·군계획 조례로 정하여 건축을 제한할 수 있다.(단, 방재지구 지정목적에 위배되지 않는 범위에서 지자체의 도시계획위원회의 심의를 거친 경우에는 허가)

방재지구에서는 국가 또는 지방자치단체에서 방재사업의 우선 시행·지원이 가능하고 재해예방시설을 설치한 건축물에 대해서는 건폐율 및 용적률에 대한 완화가 가능하다.

최근 잦은 기상이변으로 인한 자연재해가 도시의 안전을 위협함에 따라 방재지구 지정을 통해 대응할 수 있도록 방재지구에서의 용적률을 추가적으로 완화하는 내용으로 제도개선을 완료하였다. 또한, 방재지구로 지정된 지역에서는 재개발, 소규모 주택정비사업 등을 활용할 수 있도록 사업구역에 일정 비율(50%) 이상으로 방재지구를 포함하면 정비계획을 입안할 수 있도록 개선하였다.

〈표 2-3-6〉 방재지구에 대한 지원 내용

관련조항	주요 내용
법 제105조의2 (방재지구에 대한 지원)	국가나 지방자치단체는 이 법률 또는 다른 법률에 따라 방재사업을 시행하거나 그 사업을 지원하는 경우 방재지구에 우선적으로 지원할 수 있다.
영 제83조 (용도지역·용도지구 및 용도구역안에서의 건축제한의 예외 등)	⑥ 방재지구안에서는 제71조에 따른 용도지역안에서의 건축제한 중 층수 제한에 있어서는 1층 전부를 필로티 구조로 하는 경우 필로티 부분을 층수에서 제외한다.
영 제84조 (용도지역 안에서의 건폐율)	⑥ 법 제77조제4항제2호에 따라 다음 각 호의 어느 하나에 해당하는 건축물의 경우에는 제1항에도 불구하고 그 건폐율은 다음 각 호에서 정하는 비율을 초과할 수 없다. 2. 녹지지역·관리지역·농림지역 및 자연환경보전지역의 건축물로서 법 제37조제4항 후단에 따른 방재지구의 재해저감대책에 부합하게 재해예방시설을 설치한 건축물: 제1항 각 호에 따른 해당 용도지역별 건폐율의 150퍼센트 이하의 범위에서 도시·군계획조례로 정하는 비율
영 제85조 (용도지역 안에서의 용적률)	⑤ 제1항에도 불구하고 법 제37조제4항 후단에 따른 방재지구의 재해저감대책에 부합하게 재해예방시설을 설치하는 건축물의 경우 제1항제1호부터 제13호까지의 용도지역에서는 해당 용적률의 140퍼센트 이하의 범위에서 도시·군계획 조례로 정하는 비율로 할 수 있다.

제2절 토지이용규제의 합리적 운용

1. 토지이용규제 단순화

토지이용규제의 단순화는 지역·지구등의 신설을 원칙적으로 제한하여 무분별한 토지이용규제 확산을 방지하고, 국민이 관련 규제를 알기 쉽도록 정비하는 것을 목표로 한다. 복잡한 토지이용규제는 국민의 생활과 경제활동을 저해하는 요인으로 작용하기 때문이다.

그간 국토교통부는 다양한 개별법령의 목적에 따라 지정 및 운영 중이던 지역·지구등으로 인한 복잡한 토지이용규제를 개선하여 국민의 토지이용 편의를 향상하기 위해 「토지이용규제 기본법」(이하 토지이용규제법)을 제정(2005. 12. 7.)하고 시행 중에 있다. 토지이용규제법 제정 당시 120개 관계법령에 따른 388개 지역·지구등이 지정 및 운영 중이었으나, 2023년 현재 115개 관계법령에 따른 336개 지역·지구등으로 감소되었다.

토지이용규제법에서는 지역·지구등의 신설을 원칙적으로 제한함으로써 무분별한 규제를 억제하고, 주기적인 평가를 통해 토지이용규제 합리화를 도모하고 있다. 이에 따라 국토교통부 장관을 위원장으로 하는 "토지이용규제심의위원회"를 구성하여 지역·지구등 신설의 적정성을 검토하고 지역·지구등 지정 및 운영 실적과 행위제한 내용 및 절차 등의 타당성을 심의하고 있다. 이러한 노력을 통해 지금까지 663건의 토지이용규제 제도개선 과제를 발굴하였으며, 566건(85.4%)의 제도개선을 완료하였다.

2023년에는 토지이용규제 평가 및 심의를 통해 제도개선이 시급한 50건의 과제를 발굴하는 한편, 소관부처의 과제 이행을 지원하여 총 70건의 과제 이행을 완료 및 조정하는 등의 성과를 거두었다.

향후에도 불필요한 지역·지구등 폐지를 비롯하여 유사한 지역·지구등 통합하거나 지역·지구 간 규제내용 조정하는 등 토지이용규제 단순화를 위한 실효성 있는 개선방안을 모색해 나갈 예정이다.

〈 2023년 신규 제도개선 과제 및 이행실적 〉

구분	제도개선 과제 및 이행여부	주요 내용
신규 과제 (50건)	교육환경보호구역 등(17건)	• 중첩해소 등 정비 필요
	신공항건설예정지역 등(7건)	• 별표 신규 등재 필요
	공공주택지구 등(19건)	• 사업준공 후 해체 근거 명시 등
	중요시설물보호지구 등(7건)	• 조례 위임 명칭 변경
기존 과제 (70건)	이행완료(17건)	• 소관부처에서 제도개선 이행 완료
	과제제외(53건)	• 취지 달성, 내용 불명확 등 제외

2. 토지이용규제 투명화

토지이용규제 투명화는 토지이용규제 사항을 국민에게 투명하게 제공하는 것을 의미한다. 이를 위해서는 국민에게 관련 토지이용규제를 알기 쉽게 공시하는 것이 필요하다.

토지이용규제는 지역·지구등의 지정 등을 통해 행위를 제한하는 진입규제로서 국민의 재산권에 미치는 영향의 크기 때문에「토지이용규제기본법」(이하 토지이용규제법)에 따른 원칙 및 절차를 다른 법률에 우선하여 준수하도록 규정하고 있다.

토지이용규제법 제8조에서는 지역·지구등 지정 시 주민의견을 청취하고 지형도면을 고시함으로써 해당 내용을 국민에게 투명하게 공개하도록 의무화하고 있으며, 같은 법 제9조에서는 필지별로 지역·지구등의 지정 및 행위제한 내용을 국토이용정보체계를 통해 제공하도록 규정하고 있다. 또한,「지역·지구등의 지형도면 작성에 관한 지침(국토교통부고시 제2022-274호, 2022. 5. 18., 일부개정)」등 관련 규정의 지속적 정비를 통해 실제 이행을 위한 구체적 방안을 제시하고 있다.

이를 통해 토지이용규제와 관련한 다양한 정보를 국민에게 알기 쉽게 제공함으로써 국민의 토지이용 편의를 향상하고 알권리를 보장하고 있으며, 품질 높은 토지이용규제 정보의 제공을 통해 정부 정책에 대한 국민의 신뢰를 향상하고 토지이용규제 투명화에 기여하고 있다.

3. 토지이용규제 정보화

토지이용규제 정보화(또는 전산화)는 국토이용정보체계 구축 및 활용을 통해 토지이용규제 관련 업무와 대국민서비스 효율성을 높이는 것을 말한다.

과거에는 하나의 토지에 여러 용도지역・지구가 중첩 지정되어 행위제한 내용을 파악하기 어렵고, 토지이용 및 개발행위의 행정절차가 복잡하여 가능여부를 확인하기 위해 오랜 시간이 소요되는 등의 어려움이 있었다. 예를 들어, 토지소유자가 자신의 토지에서 공장설립, 건축물 건축 등 개발행위가 가능한 지 여부를 확인하려면 일일이 해당 규제를 확인하고 문의하여야 했다.

그러나 국토이용정보체계 구축·활용을 통해, 이제 토지소유자는 토지이용규제정보서비스(인터넷)를 활용해 자신의 토지에서 공장설립, 건축물 건축 등 개발행위가 가능한 지 여부를 확인할 수 있게 되어 민원 만족도와 행정업무 효율성을 높아지게 되었다.

〈그림 2-3-5〉 토지이용규제 정보화를 위한 제도적·기술적 환경

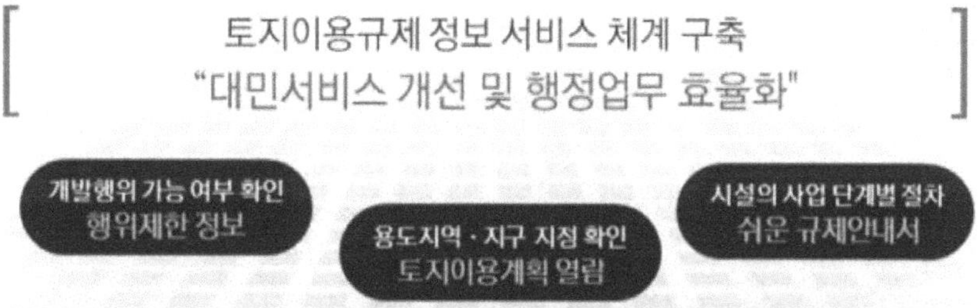

제도적 환경	기술적 환경
• 국민의 토지이용행위 관련 민원 및 문의 증가 • 여러 법률에 의한 행위제한 적용으로 토지의 규제내용 파악 곤란 • 개발행위허가 관련 복합민원의 처리에 장시간 요소	• 토지정보 인프라 확보에 따른 정보화 기반 조성 • 국민의 서비스 요구수준 확대(인터넷서비스) • 전문가시스템 등의 복합적인 정보 서비스 기술 발전

토지이용규제정보서비스는 2006년 11월에 시범운영을 거쳐 2007년 5월부터 국민에게 정식 서비스하였으며, 2011년 8월에는 모바일 앱 서비스를 시작하여 국민 편의성을 향상시켰다.

2021년 2월 토지이용규제정보서비스와 도시계획정보체계(UPIS)의 대민서비스를 통합하여 규제정보와 도시계획 정보를 함께 제공하는 "토지이음"을

구축하였고, 웹 및 모바일앱 서비스를 통해 토지이용·도시계획·고시정보·GIS 기반의 지도 서비스인 이음지도 등을 확대 서비스함으로써 국민의 접근성과 편리성이 한층 향상되었다.

〈그림 2-3-6〉 토지이음 주요서비스

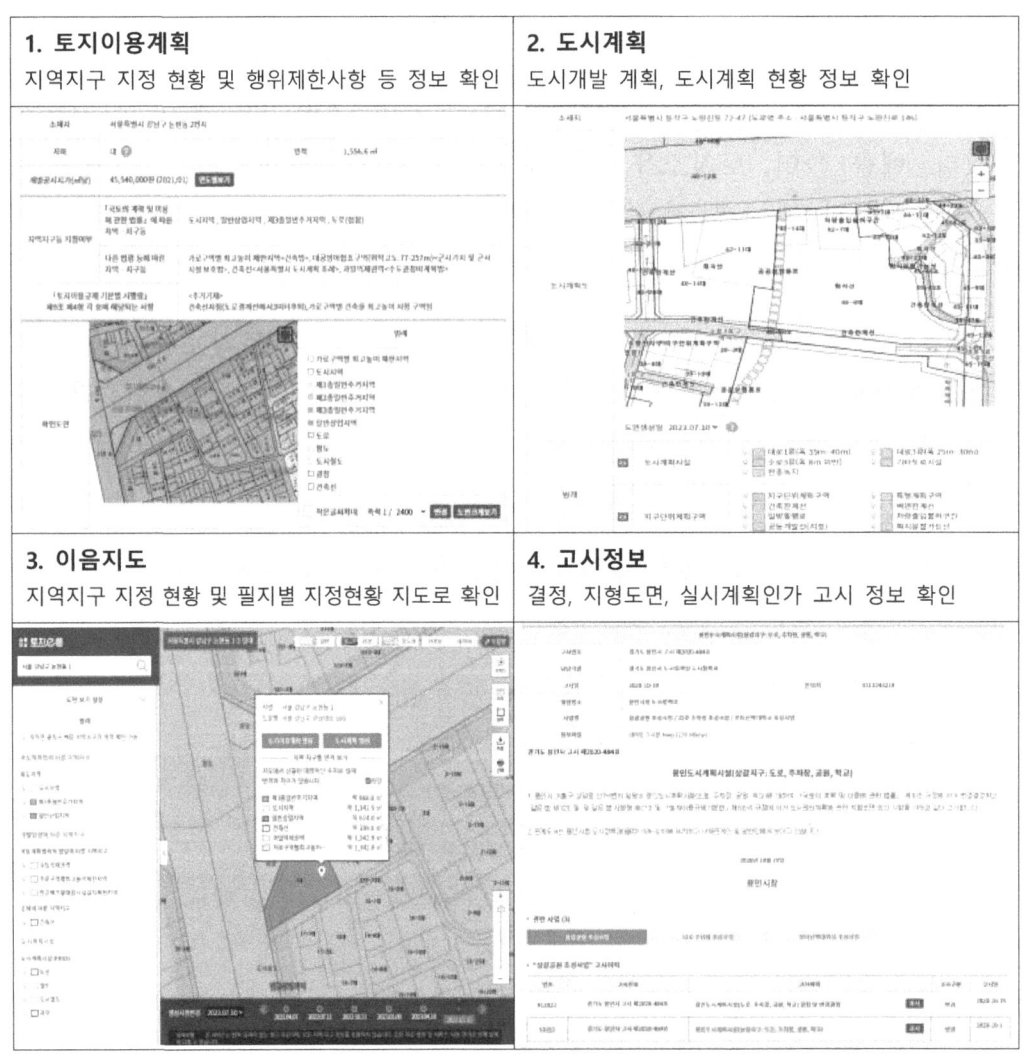

토지이음에서는 「토지이용규제기본법」 등 토지이용 및 개발행위를 규제하는 115개의 법령에서 지정하는 약 335개(조례포함, 7,252개) 지역·지구의 행위제한 사항을 법률 구조관계도*로 DB 구축하여 관련 서비스를 제공하고 있으며, 2023년 한해 24백만 명이 접속(일평균 약 66천 명)하였고, 토지이용계획정보 열람 건수는 일평균 24만 건 이상 이용하고 있다.

※ 구조관계도란 지역·지구상의 행위규제 사항을 단순화하여 시스템에서 비교·검색이 가능하도록 구조화·도식화한 것임

〈그림 2-3-7〉 행위제한 내용 설명 서비스

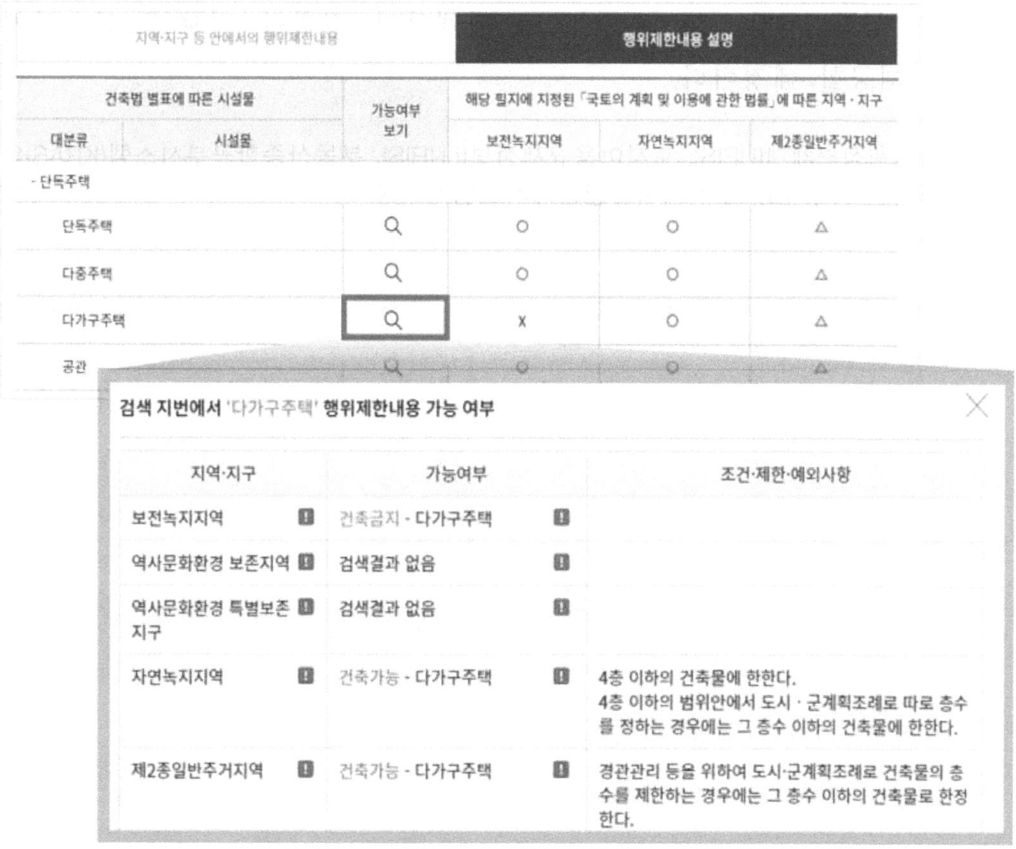

또한 개인이 개발행위를 하고자 할 때 인·허가의 기준, 절차 및 구비서류 등을 체계적이고 종합적으로 안내받을 수 있는 쉬운 규제안내서*와 만화로 보는 인허가 사례를 제공하여 이용자 편의성을 높이고 있다.

* 쉬운 규제안내서 : 국민이 주택·공장 등 시설을 건축하기 위해 필요한 인·허가 기준, 절차 및 구비서류 등을 쉽게 풀이하여 제공하는 서비스

한편, 효율적·체계적인 정보관리, 업무 효율성 제고 등을 위해 기존 분산 운영되던 국토이용정보체계 업무시스템*을 2020년부터 단일운영체계로 통합하는 국토이용정보 통합플랫폼(KLIP) 구축 사업을 시작하여 전국 229곳 지자체 확산을 목표로 단계적 추진 중에 있으며, 2023년까지 1차~4차에 걸쳐 지자체 134곳에 구축 완료하였다.

특히, 공공 및 민간에 도시계획분야 기초자료로 활용되는 도시계획현황 통계의 신뢰성 향상과 검수체계 제고를 위한 시스템 통합이 추진중이며, 「토지이용규제기본법」에 따라 규제하는 지역·지구 등의 고시 정보는 KLIP을 통해 생성, '토지이음'으로 연계하여 정확한 정보를 신속하게 국민에 제공할 예정이다.

* 도시계획정보체계(UPIS), 토지이용규제정보(LURIS), 부동산종합공부시스템(KRAS)의 용도지역·지구 DB, 도시계획현황통계시스템(UPSS)

제3절 개발제한구역 관리

1. 개발제한구역의 지정 및 해제

우리나라는 1960년대 이후 산업사회로 본격 진입함에 따라 인구 및 산업의 도시집중과 이로 이한 도시의 무질서한 확산 및 도로·상하수도와 같은 도시기반시설의 부족 등 각종 도시문제가 야기됨에 따라 정부는 쾌적한 도시환경과 국토의 균형개발이라는 장기적인 비전으로 도시계획법을 개정(1971.1.19)하여 개발제한구역을 지정할 수 있는 근거를 마련하고, 1971년 서울을 시작으로 1977년까지 8차례에 걸쳐 14개 권역에 걸쳐 전·답 등의 농경지와 임야, 대지 및 일부 자연취락 등을 포함하여 국토면적의 5.4%에 해당하는 5,397.1㎢를 개발제한구역으로 지정하게 되었다.

개발제한구역의 긍정적인 역할에도 불구하고, 엄격한 행위제한으로 주민들의 불만이 지속적으로 제기되자 정부는 불합리한 점을 시정하는 등 개발제한구역에 대한 제도개선방안을 마련하기 위해 주민대표, 환경단체 대표, 언론인 및 학계전문가 등으로 「개발제한구역 제도개선협의회」를 구성하여 1998년 11월 제도개선방안 시안을 마련하였으며, 이를 중립적인 시각에서 검토하기 위해 영국의 "도시농촌계획학회(TCPA)"에 의뢰(1998.12~1999.4)하는 등 필요한 절차를 거쳐 1999년 7월 「개발제한구역 제도개선방안」을 마련하게 되었다.

그 결과, 제주(2001.8), 춘천(2001.12), 청주(2002.1), 여수(2003.1), 전주(2003.6), 진주(2003.10), 통영(2003.10) 등 7개 중소도시는 전면 해제되었고, 고리원전 주변지역(2002.1) 등 지정당시 목적을 달성한 곳이 해제되었으며, 7개 대도시권은 주민생활 불편 완화를 위해 20호 이상 집단취락 1,800여 개소를 해제하고, 환경평가 결과 보존가치가 낮은 지역을 대상으로 국민임대주택, 산업·물류단지, 보금자리주택 등을 건설하기 위하여 해제를 추진하는 등 2023년 말까지 총 1,608.6㎢를 해제하여, 2023년말 현재 3,788.6㎢가 남아있다. <자료편 표10 참조>

2. 개발제한구역 제도개선 경과

개발제한구역에서 해제되지 않고 구역으로 존치되는 지역의 합리적인 관리 등을 위해서 기존의 도시계획법령에서 개발제한구역에 관한 사항을 분리하여 「개발제한구역의 지정 및 관리에 관한 특별조치법」을 별도로 제정(2000년)하였으며,

특별법에서는 구역내 행위제한을 합리적으로 조정하고 개발제한구역 행위제한의 근거를 명확히 하였으며 도시계획법령에 복잡하게 규정되어 있던 행위제한을 정비하였다. 또한 구역해제를 추진하는 과정에서 구역으로 존치되는 지역은 환경적으로 양호하고 보전가치가 큰 만큼 이를 철저히 관리하는 것이 중요하다는 점을 인식하여 「개발제한구역 관리계획」 등 새로운 제도를 도입하여 시행하였다.

또한 지역경제 활성화를 통한 고용창출 및 서민 주거복지를 확대하기 위하여 개발제한구역(그린벨트) 일부를 추가 해제하되, 동시에 그린벨트로 계속 존치되는 지역에 대하여는 관리를 한층 강화토록 하는 「개발제한구역 조정 및 관리 계획」을 국무회의에서 심의·의결(2008.9.30)하였다.

「개발제한구역 조정 및 관리 계획」에서는 주요 기반시설이 갖추어진 일부 지역에 대한 추가해제를 허용함으로서 투자를 원하는 기업의 용지수요를 해소하고 지방의 역점사업에 필요한 용지를 적기 확보토록 하여 지역경제 활성화와 국가발전에 기여토록 하였으며,

주택공급에 관하여는 수요가 많은 도심에 중점적으로 공급해 나가되, 도시내 공급만으로는 한계가 있는 점 등을 감안하여, 도심 접근성이 우수하면서도 보전가치가 높지 않은 개발제한구역 중 일부를 해제하여 저렴한 가격으로 주택을 공급하여 서민들의 주거복지를 향상시키도록 하였다.

또한, 개발제한구역으로 존치되는 지역에 대하여는 보다 철저히 관리하기 위하여 개발제한구역 내 각종 공공시설 등 시설 설치를 최소화 하고, 낮은 지가를 이유로 개발제한구역에 쉽게 시설을 설치하려는 유인을 차단하기 위하여 훼손부담금 감면제도를 폐지토록 하였다.

'10년대에는 주민불편해소를 위해 집단취락지역은 입지규제를 완화하고 주민지원을 확대하는 한편, 토지매수를 통해 녹지를 확보하고 보전가치가 높은 지역은 훼손지 복구를 추진하였다.

'22년에는 훼손지 복구 대상지를 건축물·공작물 설치 유무와 관계없이 물건 적치로 실제 훼손된 지역과 생태복원 필요지역 등으로 확대하고, 훼손지 복구계획을 수립하지 않을 경우 납부해야하는 부담금의 요율을 상향(15% → 20%)하여 훼손지 복구사업 활성화를 유도하였다.

'23년에는 실질적 국토 균형발전을 위해 비수도권의 개발제한구역 해제 권한을 100만㎡ 미만까지 확대하여 지역의 개발제한구역 활용도를 제고하는 등 지역투자 활성화를 위한 제도개선을 실시하였다.

3. 개발제한구역의 향후 관리방향

개발제한구역은 '70년대 최초 도입된 이후 지난 반세기 동안 도시의 무질서한 확산을 방지하고 도시주변의 자연환경을 보전하였을 뿐만 아니라 미래의 도시발전에 대비한 공간을 확보하는 역할을 해왔으나, 저성장·인구감소, 국토 균형발전의 필요성 및 급격한 산업화 시대와 다른 도시 확산의 정체 등 사회경제적인 여건 변화를 반영한 관리방향에 대해 고민이 필요한 시점이다.

최근 기후환경 변화에 따라 환경적 가치에 대한 국민 인식이 증가하고, 공원·녹지 등 도시인근 생태공간의 가치가 상승하는 상황에서 탄소중립을 위하여 개발제한구역 역할이 필요한 한편, 비수도권은 지방소멸에 대응하기 위해 신산업 육성 및 정주여건 개선을 통한 삶의 질 제고 등 성장의 기회를 마련하기 위해 개발제한구역 활용 수요가 증가하고 있다.

따라서, 개발제한구역을 체계적으로 관리하여 도시주변의 생태환경적 기능을 강화하고 현시대와 미래세대를 위한 포용적 공간으로서 가치를 향상하는 한편, 제도의 취지를 훼손하지 않는 범위에서 지역별 여건에 맞게 개발제한구역을 활용할 수 있도록 합리적인 개선방안을 마련해나갈 계획이다.

제4절 건축제도의 선진화

1. 추진배경

국민불편 해소, 경기 활성화 등을 위해 건축 규제를 수요자 중심으로 개선하고, 건축물 안전사고를 근본적으로 예방하여 안전한 국민 거주환경을 제공하고자 건축물 안전기준을 정비하였으며, 저탄소 녹색성장 실현 및 국민 복리 향상에 기여하기 위하여 제로에너지건축 활성화를 추진하고, 공공건축 디자인 품격향상 등 국토경관 향상을 위한 기반 마련 및 다양한 건축문화 행사를 개최하는 등 건축문화 진흥을 추진하였다.

2. 2023년 주요 개선내용 및 기대효과

가. 건축제도의 합리적 개선

생활환경의 변화에 따른 국민의 편의를 증진하고, 건축물의 건축 시 부담을 줄이기 위한 건축 규제 개선을 추진하였다.

사회구조 및 세대구성의 변화 등에 따라 부엌·거실 등을 공동으로 이용하는 기숙사 형태의 주거 수요 증가를 뒷받침하기 위하여 건축물의 용도 중 기숙사에 공공주택사업자 등이 임대하는 임대형기숙사를 추가하여 새로운 주거환경에 대응하였다.('23.2.14.)

아울러, 건축물이 건축되는 대지의 북쪽에 위치한 주택 등의 일조 확보를 위하여 건축물의 높이가 제한되나, 쾌적한 주거환경 제공을 위한 설비 확대 등으로 건축물의 층고(層高)가 높아지는 현실을 반영하기 위하여 관련 제한을 완화하였고,

반려동물 양육인구의 지속적인 증가에 따라 동물병원·동물미용실·동물위탁관리 시설 등에 대한 공간적 접근성을 높이기 위해 규모가 작은 동물병원 등의 용도를 제1종근린생활시설로 분류하도록 세분화하였으며,

가설건축물 축조 시 건축주의 편의를 도모하기 위하여 구조 및 피난에 관한 안정성을 인정할 수 있는 서류를 제출하는 경우 지방건축위원회의

관련 심의를 생략할 수 있는 근거를 마련하는 등, 현행 제도의 운영 상 나타난 일부 미비점을 개선·보완하였다.('23.9.12.)

또한 건축위원회 심의 주요결과는 각 지자체가 공개하도록 하고 있어 정보 접근성에 제한이 발생하므로, 국민의 알권리 증진을 위해 건축행정시스템을 통하여 심의 주요결과를 열람할 수 있도록 개선하였다.('23.12.29.)

또한 부엌·거실 등을 공동으로 이용하는 기숙사 형태의 주거수요가 증가함에 따라 이를 뒷받침하기 위하여 건축물의 용도 중 기숙사에 공공주택사업자 등이 임대하는 임대형 기숙사를 신설하였다.('23.2.14.)

나. 건축물 안전 관리기반 마련

건축사보 이중배치를 방지하기 위해 각 주체별 이중배치 확인 의무 등 건축법령을 개정('23.11)하였으며, 화재로 인한 대형 인명사고가 지속적으로 발생함에 따라 화재안전 관련 주요 건축자재에 대한 품질관리를 강화하는 한편, 지방자치단체의 건축 인허가 및 현장관리 강화를 위하여 건축사 등 건축분야 전문가가 배치된 지역건축안전센터를 시·도 및 인구 50만 이상 지자체에 설치를 의무화('22.1)하였고, 광주 학동 해체공사장 붕괴사고('21.6) 이후, 인구가 적은 중·소규모 도시에 대한 건축안전 강화 필요성이 제기되어 기존 의무설치 대상 지자체에 더하여 건축허가 면적 또는 노후 건축물 비율 상위 30% 이상 지자체까지 의무설치 대상을 확대하는 내용으로 건축법을 개정('22.6)하였으며, '23년 말 지역건축안전센터 설치 현황은 전년도(85개소)보다 17개소가 늘어난 102개소로 확대하였다.

사양 중심의 설계의 한계를 극복하고 건축물 화재대응 능력을 제고하기 위해 성능기반설계 도입방안 마련하였으며,「건축물관리법」제정('20.5)으로 건축물 해체 관련 안전기준이 마련되었음에도 불구하고 광주 해체공사장 붕괴사고('21.6)가 발생하는 등 안전사고가 계속됨에 따라「건축물관리법」을 개정('22.8)하여 해체계획서 작성 기준 마련, 변경허가(신고)제 도입, 해체계획서 전문가 작성·검토, 착공 신고 시 등 허가권자 현장점검 의무화, 의무 미이행자에 대한 벌칙 및 과태료 강화, 감리교육 의무화 등의 해체공사장 안전강화 시책을 도입하였다. 아울러 늘어나는 건축물 해체 수요에 대비하고 해체 기술을 고도화하기 위해 해체계획 작성 자동화,

무인·원격 등 해체장비 개발, 다양한 해체공법을 개발(R&D, '23~'27) 중에 있으며, 개발이 완료되면 안전 해체 설계와 압쇄·전도 방식의 해체 공사 패러다임 전환을 통해 보다 안전하고 효율적인 해체공사가 진행될 것으로 기대하고 있다.

강풍 등 기후변화, 드론 등 스마트 건설기술 활용 및 건축물 프리캐스트 콘크리트공사 수요 증가등에 대응하여, 건축공사의 시공성과 안전성을 향상시키기 위하여 건축공사 표준시방서 개정('23.12.) 하였다. 이천 쿠팡 물류센터 화재('21.6월) 등 지속적으로 발생하는 물류창고 화재사고 재발을 방지하기 위해 물품의 단순 보관시설은 방화구획 완화대상에서 제외하고, 창고시설의 방화구획을 완화할 경우 드렌처(수막으로 화재 차단) 또는 화재조기진압용 스프링클러를 설치하도록 기준을 강화('22.4)하였으며, 대피공간의 바닥면적 산정 기준을 정립하고 대피공간에 대체시설 설치 시 바닥면적 제외 기준을 도입하여 안전한 대피공간 설치를 도모하였다.('23.8.)

다. 제로에너지건축 활성화

2050년 탄소중립을 달성하기 위해 건축물의 에너지 소비를 최소화할 수 있도록 단열·기밀 설계하고, 신재생에너지 설비를 설치하여 건축물에서 소요되는 에너지를 최소화하는 제로에너지건축 정책을 본격적으로 활성화하였다.

제로에너지건축물의 기술기준 정립과 보급 활성화 등을 위해 「녹색건축물 조성 지원법」 내 제로에너지건축물 인증제를 신설하여 '17.1월부터 세계 최초로 시행하였으며, 인증을 취득하는 건축물에 대해서는 건축기준 완화 (용적률·건축높이 최대 15% 완화), 취득세 감면(최대 20%), 주택건설사업 기반시설 기부채납 부담수준 완화(최대 15%), 주택도시기금 대출한도 상향(공공임대주택, 행복주택 등 최대 20%), 에너지이용 합리화 자금지원 (3년 거치 5년 분할, 융자), 입찰참가자격사전심사(PQ) 신인도 가점(최대 2점) 등의 인센티브를 마련하였다.

'19년도에 '제로에너지건축 의무화 로드맵'이 최초 수립된 이후, 기후 위기 심각성에 대한 공감대 형성, 건물분야의 에너지성능 강화 필요성이 강조됨에 따라 로드맵을 단계적으로 보완하였다. 본 의무화 로드맵에 따라 공공부문의 경우 '20년부터 1,000㎡ 이상 신축 시 제로에너지건축 인증 의무화를 시행하고 있으며, '23년부터는 500㎡ 이상 건축물로 확대하였고, 30세대 이상 공공 공동주택을 의무대상으로 신설하는 등 그 대상을 확대 시행 중이다. 향후 제로에너지건축을 보다 활성화하기 위해 일부 공공건축물에 대해서는 '25년부터 4등급, '30년부터 3등급으로 최소 의무등급을 상향할 계획이다.

아울러, 민간부문의 경우 '25년부터 에너지 설계기준을 제로에너지건축 수준으로 상향할 예정이다. 그 대상은 1,000㎡ 이상 민간건축물과 30세대 이상 민간 공동주택이며, 향후 '30년에는 500㎡ 이상 민간건축물로 확대·강화해 나갈 예정이다.

끝으로, 제로에너지건축 성공사례 발굴 및 선도적 확산을 위하여 국민이 생활하며 정책효과를 체감할 수 있는 단독(772세대)·공동주택(2,305세대) 시범사업을 완료('19~'24년)하였으며, 현재('24.5월)까지 제로에너지건축 총 인증건수는 5,700여 건이다.

라. 그린리모델링 활성화

'14년부터 시행된 그린리모델링 민간 이자지원사업은 민·관 협업 및 수요자 맞춤형 홍보, 신용카드 연계 이자지원 등으로 참여율이 지속적으로 향상('17년 8,551건 → '18년 9,278건 → '19년 11,428건 → '20년 12,005건 → '21년 11,955건)되다가 전반적인 건설경기 침체 및 리모델링 수요 감소, 금융기관 대출금리 인상 등의 영향으로 사업의 규모가 감소('22년 7,217건 → '23년 8,381건)하였고, '24년부터는 신규 이자지원 사업이 중단되어 민간건축물 그린리모델링의 활성화를 위한 제도개선 방안을 검토하고 있다.

아울러, '20년 추경으로 시작된 '공공건축물 그린리모델링' 사업을 지속 추진하여 전국의 노후된 공공건축물 중 국공립 어린이집, 보건소, 의료시설 2,291동('20년 821동 → '21년 895동 → '22년 575동)을 대상으로 단열보강, 설비교체 및 신재생 보급 등 에너지성능을 개선하는 공사비를 지원했다. 그린리모델링은 건물분야에서 기존건축물에 대한 2050 탄소중립 달성의 핵심 사업으로 국가 탄소중립·녹색성장 기본계획 및 저탄소에너지 정책에 발맞춰 지원대상을 에너지 다소비·다물량 건축물로 확대해 나가는 등 공공에서부터 그린리모델링이 활성화될 수 있도록 선도적인 노력을 지속적으로 기울여 갈 계획이다.

마. 공공건축 디자인 품격향상

공공건축은 지역 주민의 일상에 밀접한 영향을 주는 동시에 국토 경관 향상에 주도적 역할을 하는 정책자산이므로, 내실 있는 공공건축 조성을 도모할 수 있도록 국가적 차원의 지원을 위한 「제2차 건축서비스산업 진흥 기본계획('24~'28년)」을 수립하였으며, 사업 추진에 필요한 행정규칙을 개정하는 등 운영 제도를 보완·강화하였다. 일환으로 설계공모 심사위원 참여 횟수 제한, 심사 진행 실시간 공개, 공모 당선자와의 계약 근거 명확화 등 규정을 「건축 설계공모 운영지침」에 신규 도입('23.4)하여 제도운영의 공정성·효과성을 높이고, '건축 설계공모 정보서비스' 구축('23.12)을 통해 공공건축 사업이 효율적으로 추진될 수 있는 기틀을 마련하였다.

또한, '23년 현재까지 공공건축지원센터('13년 지정)를 통해 5,448건의 공공건축 사업계획서에 대한 사전검토를 지원함으로써 공공건축 사업 초기 단계에서 공공적 가치와 우수 디자인이 건축물 설계에 반영될 수 있도록 유도하여 건축서비스산업 진흥법령에 규정된 기획·심의 등과의 절차적 연계성을 높이고, 결과적으로 공공건축 사업의 품격 제고에 이바지하였다.

바. 국토 경관 향상을 위한 관리방안 수단 마련 및 확산

아름답고 쾌적한 국토경관을 형성하고 우수한 경관을 발굴하여 지원·육성하기 위해 '국민과 함께하는 100년의 국토경관'이라는 비전과 지역 주도 경관관리 기반 확립 및 미래가치 창출 등을 목표로 하는 '제2차 경관정책기본계획(2020~2024)'을 수립(20.1.2)하여 관련 정책들을 추진 중이다.

아울러, '19년부터 지역기반 경관관리 수단 다각화를 위한 노력으로 총괄·공공건축가 운영 등 민간전문가제도(건축기본법 제23조)의 전국적 확산을 도모하고자 선도사례 발굴을 위한 시범 지원사업을 추진하고 있으며,

공모를 통해 선정된 총 39개 지자체(광역 7, 기초 32)에서 설계공모시스템 개선 및 제도개정 등 지역 확산에 필요한 긍정적 효과를 이끌어 내고 있다.

또한, 지역 내 무질서하게 혼재되어 있는 각종 개발사업들을 지역 특성을 반영한 디자인 기준에 따라 통합적으로 관리 가능하도록 '경관통합마스터플랜(공간환경전략계획)' 수립을 지원하는 시범사업을 추진하여 장기적 측면의 지역경관 관리 수단을 마련토록 하고 있다. 이를 통해 계획이 수립된 지역에서는 각종 개발사업들 간의 단순 연계조정을 넘어 지역 정체성이 담긴 우수한 경관을 창출할 수 있을 것으로 기대된다.

사. 건축문화진흥을 위한 다양한 행사 개최

건축이 지니는 문화로서의 의미와 공공성을 널리 알리고 국토경관에서 차지하는 건축의 중요성에 대한 국민적 공감을 이끌어 내기 위하여, 매년 한국건축문화대상, 공공건축상, 한옥공모전, 국토대전 및 건축의 날 등의 행사를 실시해오고 있다.

한국건축문화대상은 우수한 건축물이 피어날 수 있는 여건을 조성하고, 뛰어난 설계자, 작가, 건축주들을 발굴하고 시상함으로써 창작 의욕을 고취하기 위해 '92년부터 개최되어 왔으며, '24년부터는 한옥에 대한 우수성 홍보 및 한옥 건축 활성화와 발전 방향을 모색하고자 한옥 부문을 신설하였다.

'07년부터 실시된 공공건축상은 우수 공공건축을 조성한 발주기관, 설계자, 시공사 및 혁신행정을 이끌어낸 공무원 등을 발굴하고, 이에 대한 노고에 시상함으로써 공공건축의 품격향상에 기여하고 있다.

국토대전은 국토·도시 공간의 품격을 향상하고, 경관 관리의 중요성에 대한 국민 공감대 형성을 위해 경관사업의 시행·설계·시공 및 경관행정 업무 수행에 관여한 지방자치단체·민간단체·건설사 등을 대상으로 우수 사례를 발굴하여 시상하고 있으며, 건축의 날은 건축인의 화합과 단결을 도모하여 미래 건축에 대한 새로운 비전을 제시하고, 건축문화의 창달과 위상 제고를 위하여 '05년부터 개최되고 있다.

제4장 주택정책

제1절 부동산시장 안정 및 선진화

1. 주택 및 택지 공급 현황

가. 주택공급 실적

(1) 개 요

주택부족 문제의 근본적인 해결을 위해, 2003년~2012년 장기주택종합계획에서 10년간 연평균 50만호의 주택공급계획을 수립하였고, 이에 따라 주택공급이 추진되었다.

2003년에는 연평균 공급계획인 50만호보 다 많은 물량이 공급(인허가)되었으나, 난개발 방지 등을 위한 준농림지제도 폐지 및 「국토의 계획 및 이용에 관한 법률」 등의 시행에 따라 민간 택지개발이 위축되어 2004년 46.4만호, 2005년 46.4만호, 2006년 47.0만호가 공급되었다. 2007년 55.6만호로 증가하였으나, 국제금융위기에 따른 주택경기 침체로 2008년 37.1만호로 감소한 후, 보금자리주택 건설 등으로 2009년 38.2만호, 2010년 38.7만호로 소폭 증가하였으며, 이후 중소형주택 건설이 증가하면서 2011년에는 55.0만호, 2012년에는 58.7만호, 2013년에는 44.0만호, 2014년에는 51.5만호, 2015년에는 역대 최대치인 76.5만호가 공급되었다. 이후 2016년에는 72.6만호, 2017년에는 65.3만호, 2018년에는 55.4만호, 2019년에는 48.8만호, 2020년에는 45.8만호로 점차 감소하였으며, 2021년에는 54.5만호, 2022년에는 52.2만호, 2023년에는 42.9만호가 공급되었다.

〈표 2-4-1〉 연도별 주택공급(인허가)실적

(단위 : 천호)

구분	'06	'07	'08	'09	'10	'11	'12	'13	'14	'15	'16	'17	'18	'19	'20	'21	'22	'23
전체	470	556	371	382	387	550	587	440	515	765	726	653	554	488	458	545	522	429
임대	113	118	94	76	73	67	60	72	60	84	92	97	93	77	70	65	42	62
분양	357	438	277	306	314	483	527	368	455	681	634	556	461	411	388	480	480	367

자료 : 국토교통부 주택토지실

(2) 유형별 주택공급 실적

1970년대에는 전체 재고주택에서 단독주택이 95% 이상으로 주된 주택유형이었으나, 단독주택, 연립주택 등의 공급은 계속 줄어들고 아파트가 꾸준히 공급되어 2022년에는 아파트가 전체 재고주택의 55.2%(다가구 구분거처 미반영 시 64.0%)를 차지했다.

아파트는 2000년에 33.2만호가 공급되던 것이 2007년에는 47.6만호로 증가하고, 전체 건설물량에서 차지하는 비중도 2000년 76.5%에서 2007년에는 85.7%까지 증가하였다. 그러나, 2008년 이후 주택경기 침체로 인한 미분양 적체 등의 여파로 공급이 위축되어 2008년 70.8%(26.3만호), 2009년 77.8%(29.7만호), 2010년 71.7%(27.7만호), 2011년 64.9%(35.7만호), 2012년 64.1%(37.6만호), 2013년 63.3%(27.9만호)로 비중이 감소되었으나, 2014년에는 34.8만호(67.5%), 2015년 53.5만호(69.9%), 2016년 50.7만호(69.8%), 2017년 46.8만호(71.6%), 2018년 40.6만호(73.3%), 2019년 37.8만호(77.5%), 2020년 35.2만호(76.9%), 2021년 42.3만호(77.6%), 2022년에는 42.8만호(82.0%), 2023년에는 37.8만호(88.1%)가 공급되면서 아파트 비중은 다시 확대되었다.

(3) 지역별 주택공급 실적

수도권의 경우 2002년 37.6만호를 정점으로 2004년 이후 2007년을 제외하고 20만호 수준을 유지하였고, 보금자리주택 건설이 본격화 된 2009년에 25.5만호, 2010년에는 25.0만호, 2011년 27.2만호, 2012년, 2013년에는 각각 26.9만호, 19.3만호, 2014년에는 24.2만호가 공급되었다. 신규주택시장 호조에 따라 공급이 크게 증가하여 2015년 40.9만호, 2016년 34.1만호, 2017년 32.1만호가 공급되었다. 이후, 2018년 28.0만호, 2019년 27.2만호, 2020년 25.2만호, 2021년 29.1만호가 공급되었으나, 2022년 19.1만호, 2023년에는 20.4만호로 공급이 다소 위축되었다.

지방은 부산, 대구 등 대도시의 경기침체 및 미분양 적체로 인하여 광역시(인천 제외) 전체적으로 2009년에 역대 최저수준인 2.7만호로 감소한 후, 미분양 적체가 점차 해소되고 주택가격도 상승하면서 2011년, 2012년 각각 9.9만호, 9.1만호로 공급이 증가하였다. 이후 2013년 6.7만호, 2014년 6.5만호, 2015년 9.6만호, 2016년 11.2만호, 2017년 12.2만호, 2018년 10.4만호, 2019년 8.8만호, 2020년 8.2만호, 2021년 7.8만호, 2022년 11.4만호로 연평균

9.3만호 수준으로 공급되었으며, 2023년에는 8.1만호가 공급되었다. 기타 지역도 2002년부터 2006년까지 15만호 내외를 공급하였으나, 지방 미분양 주택 증가로 2007년부터 감소 추세로 전환되어 2009년과 2010년에는 각각 10만호까지 줄어들었다. 이후 세종시, 혁신도시 등 택지개발 지구 등에서의 주택건설이 증가하면서 2011년에는 17.9만호로 증가하였고, 2012년에는 22.6만호를 기록하였으나, 2013년에는 대부분 지역에서 주택건설이 감소하면서 18.1만호, 2014년에는 20.8만호가 공급되었으며, 신규주택시장 호조로 2015년 26.1만호, 2016년에는 역대 최대치인 27.2만호가 공급되었고, 2017년 21.0만호, 2018년 17.0만호, 2019년 12.8만호, 2020년에는 12.3만호로 감소하다가, 2021년 17.6만호, 2022년 21.7만호로 공급이 다소 증가하였으나, 지방 미분양 증가로 2023년 14.5만호를 기록하였다.

전국은 2013년에는 4.1대책 등에 따른 제도 개선으로 공공(분양)물량 및 도시형생활주택의 건설 감소 영향으로 44.0만호가 공급되었으나, 2014년에는 2013년 대비 17.1% 증가하여, 2011년~2013년 3년 평균(52.6만호)과 유사한 51.5만호가 공급되었으며, 2015년에는 역대 최대치인 76.5만호가 공급되었다. 이후 2016년에는 72.6만호, 2017년에는 65.3만호, 2018년에는 55.4만호, 2019년에는 48.8만호, 2020년에는 45.8만호로 점차 감소하였으며, 2021년에는 54.5만호, 2022년에는 52.2만호, 2023년에는 42.9만호가 공급되었다.

〈표 2-4-2〉 지역별 주택공급(인허가) 현황

(단위 : 천호)

구분	'06	'07	'08	'09	'10	'11	'12	'13	'14	'15	'16	'17	'18	'19	'20	'21	'22	'23
서울	40	63	48	36	69	88	86	78	65	101	75	113	66	62	58	83	43	39
경기	116	198	116	160	144	148	151	96	163	278	244	186	175	165	165	186	129	136
인천	16	42	34	59	37	36	32	19	14	31	22	23	39	45	29	22	19	29
수도권	172	303	198	255	250	272	269	193	242	409	341	321	280	272	252	291	191	204
부산	49	41	14	6	18	37	42	30	17	34	37	47	34	17	19	23	40	28
대구	28	18	23	7	5	12	13	18	19	27	23	31	35	28	28	25	28	14
광주	23	13	4	5	4	16	19	8	11	15	3	20	15	19	11	5	10	12
대전	10	11	14	2	4	20	7	5	5	8	14	10	7	18	17	14	22	11
울산	13	25	6	7	5	13	10	5	13	12	16	13	13	6	7	11	15	14
광역시	123	108	61	27	36	99	91	66	65	96	112	122	104	88	82	78	114	81
기타	175	145	113	100	100	179	226	181	208	261	272	210	170	128	123	176	217	145

자료 : 국토교통부 주택토지실

나. 주택건설을 위한 공공택지 공급

(1) 추진배경

국토의 계획 및 이용에 관한 법률 시행에 의한 선계획-후개발 체제의 확립, 기성 시가지의 나대지 고갈 등으로 인하여 민간의 택지개발이 축소될 것이라는 전망에 따라 공공택지 공급의 확대를 추진하게 된 것이다. 주택종합계획에 따른 주택의 계획적인 공급을 위해 지역별 택지소요에 따라 2014년부터 2023년까지 84백만㎡를 공공부문에서 공급하여, 수도권에 41백만㎡, 지방에 43백만㎡의 공급을 추진하였다.

(2) 택지공급 실적

최근 10년('14~'23) 간 공공부문에서 연평균 8,443천㎡를 공급하였으나, '11년 이후 부동산 경기침체 등으로 공급량이 줄어든 상황이다.(종전 10년인 '04~'13년 간 공공부문의 연평균 택지공급 실적은 40,644천㎡ 수준)

공공택지 공급자는 주로 택지개발 전문 공기업인 한국토지주택공사이며, 지방공기업법에 의한 지방공사와 지자체인 경우도 있다. 한국토지주택공사(LH)의 택지 공급량은 2004년~2013년에는 333,669천㎡로 82.1%를 차지하였고, 2014년에서 2023년까지는 전체 공급량의 59.2%인 49,963천㎡를 공급했다.

〈표 2-4-3〉 사업주체별 택지공급현황

(단위 : 천㎡)

년도	2014	2015	2016	2017	2018	2019	2020	2021	2022	2023	합계('14~'23)	합계('04~'13)
합계	7,467	13,194	7,915	5,030	7,431	9,455	8,566	8,136	7,976	9,258	84,428	406,435
LH	3,185	2,619	2,793	4,650	5,515	6,447	5,338	7,880	4,630	6,906	49,963	136,151
토공	-	-	-	-	-	-	-	-	-	-	-	109,872
주공	-	-	-	-	-	-	-	-	-	-	-	87,646
지자체	4,282	10,575	5,122	380	1,916	3,008	3,228	256	3,346	2,352	34,465	72,766

자료 : 국토교통부 주택토지실

지역별로 살펴보면, 상대적으로 심각한 주택부족 문제 해소를 위해 2014~2023년 동안 수도권에 48.8%인 41,168천㎡의 택지가 공급되었다. 특히, 경기도에는 2004~2013년 기간에 전체물량의 53.1%가 공급된데 이어 2014~2023년 기간에도 전체의 46.1%인 38,952천㎡로 전국에서 공공택지가 가장 많이 공급되었다.

〈표 2-4-4〉 지역별 택지공급현황

(단위 : 천㎡)

년 도	2014	2015	2016	2017	2018	2019	2020	2021	2022	2023	합계('14~'23)	합계('04~'13)
수도권	4,476	5,986	4,638	1,235	4,948	3,315	2,981	8,028	3,974	1,587	41,168	264,592
지방권	2,991	7,208	3,277	3,795	2,483	6,140	5,585	108	4,002	7,671	43,260	141,843
계	7,467	13,194	7,915	5,030	7,431	9,455	8,566	8,136	7,976	9,258	84,428	406,435
서울시	84	46	-	-	387	-	-	-	10	167	694	24,089
부산시	10	1,239	141	18	-	1,922	-	-	2,086	-	5,416	8,489
대구시	459	1,528	43	362	-	1,184	896	-	-	-	4,472	7,444
인천시	101	499	-	-	-	263	-	659	-	-	1,522	24,830
광주시	-	-	-	-	-	-	943	-	-	1,111	2,054	6,565
대전시	212	-	-	60	60	-	-	20	-	-	352	7,923
울산시	4	219	-	-	-	-	139	-	10	-	372	4,732
경기도	4,291	5,441	4,638	1,235	4,561	3,052	2,981	7,369	3,964	1,420	38,952	215,673
강원도	-	-	28	469	-	-	244	-	550	816	2,107	6,265
충북도	-	179	-	-	459	2,564	117	-	371	2,241	5,931	10,584
충남도(세종포함)	1,239	1,291	2,105	2,886	-	-	1,903	88	757	3,029	13,298	42,468
전북도	757	-	-	-	-	-	382	-	-	152	1,291	10,934
전남도	-	36	-	-	-	-	-	-	-	-	36	14,081
경북도	310	-	893	-	-	108	-	-	15	-	1,326	8,254
경남도	-	2,716	67	-	1,964	362	961	-	213	3	6,286	11,673
제주도	-	-	-	-	-	-	-	-	-	319	319	2,431

자료 : 국토교통부 주택도지실

(3) 택지개발지구 지정

공공택지를 공급하기 위한 선행절차인 택지개발지구 지정현황을 살펴보면, 2014~2023년 기간 동안 연평균 11,334천㎡로 종전('04~'13, 31,630천㎡)보다 감소하였으며, 부동산 경기침체 등에 따라 택지개발지구 지정이 줄어들고 있는 추세다.

〈표 2-4-5〉 사업주체별 택지지정현황

(단위 : 천㎡)

구분	2014	2015	2016	2017	2018	2019	2020	2021	2022	2023	합계 ('14~'23)	합계 ('04~'13)
합계	2,038	553	2,441	1,699	9,753	25,227	16,539	9,493	23,547	22,051	113,341	316,295
LH	39	553	2,441	1,543	9,753	25,227	15,846	3,129	20,250	12,875	91,656	56,122
토공	-	-	-	-	-	-	-	-	-	-	-	137,586
주공	-	-	-	-	-	-	-	-	-	-	-	86,106
지자체	1,999	-	-	156	-	-	693	6,364	3,297	9,176	21,685	36,481

※ 택지개발지구, 공공주택지구 등 지구지정 현황
자료 : 국토교통부 주택토지실

2. 부동산시장 안정화를 위한 제도

가. 투기과열지구 지정제도

(1) 제도 개요

투기과열지구 지정제도는 주택가격상승률이 물가상승률보다 현저히 높은 지역으로서 주택 투기가 성행하거나 성행할 우려가 있는 지역을 주거정책심의위원회의 심의를 거쳐 국토교통부장관 또는 시·도지사가 투기과열지구로 지정·공고함으로써, 투기를 차단하고 시장과열 현상을 완화하기 위한 제도로서,

'02.4월 「주택공급에 관한 규칙」을 개정하여 투기과열지구 지정제도를 처음 도입하였으며, '02.8월 「주택건설촉진법」에 근거를 명문화 하였고, '03.5월 「주택법」 전면 개정으로 투기과열지구 지정제도가 본격 시행되었다.

<표 2-4-6> 투기과열지구 지정제도 주요내용

구 분	주 요 내 용
법적근거	○ 주택법 63조 및 같은법 시행규칙 제25조

지정요건	○ 주택가격상승률이 물가상승률보다 현저히 높은 지역으로서 주택에 대한 투기가 성행하고 있거나 성행할 우려가 있는 지역 중
	
	- 주택공급이 있었던 최근 2개월간 청약경쟁률이 5:1을 초과 또는 국민주택규모 이하 청약경쟁률이 10:1을 초과한 곳
	
	- 다음 어느 하나에 해당하여 주택공급이 위축될 우려가 있는 곳
	  · 주택 분양계획이 전월대비 30%이상 감소한 곳
	  · 주택건설사업계획 승인이나 건축허가 실적이 직전년도보다 급격하게 감소한 곳
	
	- 신도시개발이나 주택의 전매행위 성행 등으로 투기 및 주거불안 우려가 있는 다음 어느 하나에 해당하는 곳
	  · 시도별 주택보급률이 전국평균 이하인 곳
	  · 시도별 자가주택비율이 전국평균 이하인 곳
	  · 주택공급물량이 입주자저축 가입자 중 청약 1순위 자에 비해 현저히 적은 곳

지정절차	○ 의견수렴(국토부장관→시·도지사) 또는 협의(시·도지사→국토부장관) ⇒ 주거정책심의위원회(또는 시·도 주거정책심의위원회) 심의 ⇒ 공고·통보(시·군·구청장)
주요 지정효과	- 일정기간 분양권 전매를 제한 - 청약1순위 자격 제한 및 요건 강화 - 청약 가점제 적용 확대 - 재건축 조합원 당 주택 공급 수 제한 및 지위양도 금지 - 민간택지 분양가상한제 적용 주택의 분양가 공시 - 오피스텔 전매제한 강화 및 거주자 우선분양 적용 - 재개발 등 조합원 분양권 전매제한 - 정비사업 분양(조합원/일반) 재당첨 제한 - 거래 시 자금조달계획, 입주계획 신고 의무화 - LTV·DTI 규제 강화 - 임대사업자 대출 규제 강화 - 그 외 개별 법령에 따라 규정된 사항

(2) 투기과열지구 지정현황

'23.12.31. 기준 서울 4개구(강남·서초·송파·용산) 총 4곳이 투기과열지구로 지정되어 있다.

나. 조정대상지역 지정제도

(1) 제도 개요

조정대상지역 지정제도는 '16.11.3 대책 시 국지적 과열의 확산을 막고, 실수요자 중심의 청약시장 질서를 마련하고자 처음 도입되었으며, 주택 분양 등이 과열되어 있거나 과열될 우려가 있는 지역(과열지역)과 주택의 분양·매매 등 거래가 위축되어 있거나 위축될 우려가 있는 지역(위축지역)을 주거정책심의위원회의 심의를 거쳐 국토교통부장관이 지정·공고할 수 있다.

〈표 2-4-7〉 조정대상지역 지정제도 주요내용

구 분	주 요 내 용
법적근거	○ 주택법 63조의2 및 같은법 시행규칙 제25조의3
지정요건	○ (과열지역) 주택 분양 등이 과열되어 있거나 과열될 우려가 있는 지역 - 최근 3개월간 주택가격상승률이 해당지역이 포함된 시·도 소비자물가 상승률의 1.3배를 초과한 지역 중 다음 어느 하나에 해당하는 지역 · 주택공급이 있었던 최근 2개월간 청약경쟁률이 5:1을 초과 또는 국민주택규모 이하 청약경쟁률이 10:1을 초과한 곳 · 최근 3개월간 분양권 전매거래량이 전년 동기 대비 30% 이상 증가한 지역 · 시도별 주택보급률 또는 자가주택비율이 전국 평균 이하인 지역 ○ (위축지역) 주택의 분양·매매 등 거래가 위축되어 있거나 위축될 우려가 있는 지역 - 최근 6개월간 평균 주택가격상승률이 마이너스 1.0% 이하인 지역 중 다음 어느 하나에 해당하는 지역 · 최근 3개월 연속 주택매매거래량이 전년 동기 대비 20% 이상 감소한 지역 · 최근 3개월간 평균 미분양(입주자 모집을 하였으나 입주자가 선정되지 아니한 주택)주택의 수가 전년 동기 대비 2배 이상인 지역 · 시도별 주택보급률 또는 자가주택비율이 전국 평균을 초과하는 지역
지정절차	○ 의견수렴(국토부장관→시·도지사), 협의(관계기관) ⇒ 주거정책심의위원회 심의 ⇒ 공고·통보(시·군·구청장)

구 분	주 요 내 용
주요 지정효과	- 일정기간 분양권 전매를 제한 - 청약1순위 자격 제한 및 요건 강화 - 청약 가점제 적용 확대 - 오피스텔 전매제한 강화 및 거주자 우선분양 적용 - 다주택자 양도소득세 중과 및 장기보유특별공제 배제 - 1세대 1주택 양도소득세 비과세 요건 강화 - 분양권 전매시 양도소득세 강화 - LTV·DTI 규제 강화 - 다주택자 취득세 중과 - 일시적 2주택 중복보유 허용기간 단축 - 그 외 개별 법령에 따라 규정된 사항

(2) 조정대상지역 지정현황

'23.12.31. 기준 서울 4개구(강남·서초·송파·용산) 총 4곳이 조정대상지역으로 지정되어 있다.

3. 토지은행 제도

가. 토지은행제도 개요

토지는 국민 경제활동의 기반이자 중요한 생산요소이나 토지비용의 지속적 상승이 국가경쟁력의 제고를 가로막는 걸림돌이 되고 있고, 재정부담으로 이어져 사회간접자본의 확충을 더욱 어렵게 하였다. 이에 2009년 장래 필요한 다양한 용도의 토지를 미리 확보하고 효율적으로 활용하기 위한 국가 차원의 토지수급관리시스템인 "토지은행" 제도를 도입하였다.

즉, 토지은행(Land Bank)은 장래 이용, 개발할 수 있는 다양한 토지를 미리 확보·비축하여 공익목적에 적기 활용할 수 있도록 하는 정책수단으로서, SOC 등 공공 개발용지를 원활하고 저렴하게 공급하고, 토지 수급을 통해 토지시장의 안정을 기하기 위하여 마련된 제도이다.

토지은행 운영은 토지 수급조사를 토대로 10년 단위의 공공토지비축종합계획과 1년 단위의 연도별 비축시행계획을 국토교통부장관이 수립하고, 이를 공공토지비축 심의위원회에서 심의·의결하여 확정하게 되면, 토지은행 운영주체인 한국토지주택공사는 비축시행계획에 따라 사업별 비축사업계획을 수립하여 국토교통부장관의 승인을 받은 후 비축토지를 취득·관리·공급하게 된다.

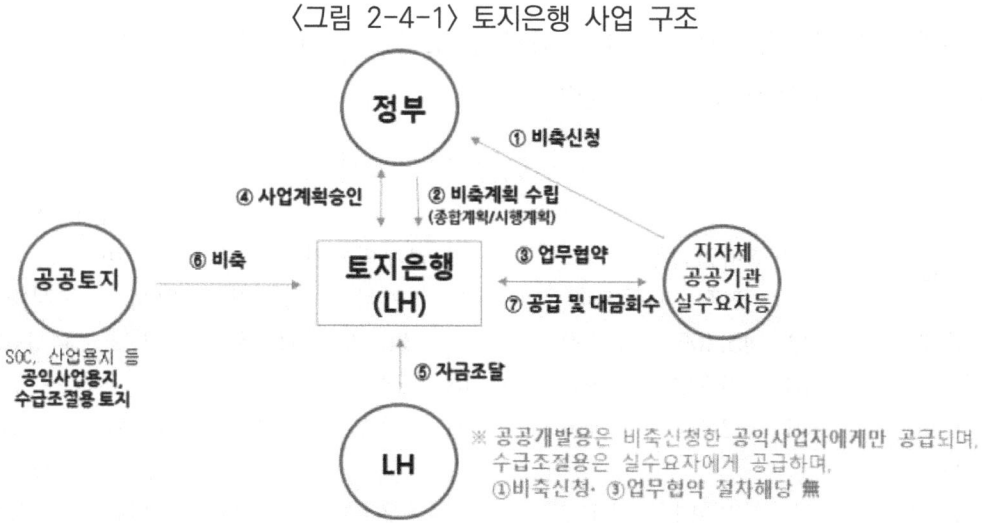

〈그림 2-4-1〉 토지은행 사업 구조

나. 공공토지 비축사업 선정 및 사업계획 승인 현황

2023년까지 공공토지비축심의위원회에서 선정된 총 103개 사업(45,538천㎡, 4조 8,230억원) 중 79개 사업(34,423천㎡, 4조 1,565억원)에 대하여 비축사업계획을 승인하였다.

〈표 2-4-8〉 비축사업 선정현황

(단위 : 천㎡, 억원)

구 분	선 정		승 인	
	면적(천㎡)	용지비(억)	면적(천㎡)	용지비(억)
도 로	11,644	16,601	8,407	16,075
산업단지	26,767	15,816	21,820	13,698
공 원	2,839	3,458	2,526	4,797
공공주택	202	2,555	205	2,632
지역개발	1,344	7,077	798	1,137
기 타	2,743	2,723	667	3,226
합 계	45,538	48,230	34,423	41,565

다. 공공토지 비축 및 공급실적

'23년까지 공공개발용 비축사업계획 승인을 받은 79개 사업(도로 44개, 공원 19개, 산단 6개, 공공주택 1개, 기타 9개)에서 27,122천㎡, 3조 4,342억원 규모의 토지를 비축하고, 25,983천㎡, 2조 9,783억원의 토지를 공급하였고, 수급조절용 비축 사업 계획에 따라 '23년 12월 LH 보유토지 중 총 68필지(420천㎡, 632억원) 선정하여 토지은행으로 전입

투명한 토지비축 재원 관리를 위하여 토지은행 계정을 한국토지주택공사 고유계정과 구분하여 회계 처리

〈표 2-4-9〉 공공토지 비축 실적

(단위: 천㎡, 억원)

구분	비축사업선정			사업계획승인			비축	
	지구수	면적	용지비	지구수	면적	용지비	면적	용지비
합계	92	45,405	47,759	79	34,423	41,565	27,122	34,342
'09년	18	26,532	16,866	18	23,362	17,008	-	15
'10년	6	2,812	2,496	6	2,447	3,293	1,836	2,197
'11년			-				3,120	4,025
'12년	3	3,314	1,122	1	2,326	799	3,936	3,424
'13년				2	637	324	5,994	3,986
'14년			-			-	6,563	2,520
'15년			-				522	786
'16년	2	219	2,705			-	146	298
'17년	3	441	880	2	232	2,941	2,142	3,516
'18년	2	704	1,132			-	501	2,437
'19년	25	2,346	4,931	3	223	1,100	63	390
'20년	15	2,089	3,181	23	1,167	6,442	133	177
'21년	7	2,433	2,639	13	1,095	3,438	559	3,216
'22년	9	1,742	3,292	4	1,983	3,881	558	4,504
'23년	2	2,773	8,515	7	951	2,339	1,048	2,317

* 사업취소지구 제외

라. 향후 추진계획

2024년도에는 용지비 약 2,851억원을 투입하여 총 50개 사업에 대하여 사업지구 내 공사 시급구간부터 순차적으로 비축하고 이를 原 사업시행자의

공사일정에 차질이 없도록 적기에 공급하며, 매매대금을 연차별로 회수할 계획이다.

4. 부동산투자회사 활성화

가. 부동산투자회사 개요

부동산투자회사는 주식을 발행하여 다수의 투자자로부터 자금을 모으고 이를 부동산에 투자하여 수익을 창출하여 투자자인 주주에게 배당하는 상법상의 주식회사이다. 시중에서 부동산투자회사를 리츠(REITs : Real Estate Investment Trusts)라 부르고 있다.

부동산투자회사는 임직원을 상근으로 두고 자산의 투자·운용을 직접 수행하는 실체형 회사인 자기관리부동산투자회사와 자산의 투자·운용을 자산관리회사에 위탁하는 명목형 회사인 위탁관리부동산투자회사 및 기업구조조정부동산투자회사가 있다.

부동산투자회사는 2001년 4월 부동산투자회사법이 제정되어 도입되었다. 부동산투자회사를 도입한 배경을 살펴보면, IMF 외환위기 이후 일반인에게 부동산 투자기회를 제공하고, 부동산시장을 전문화·대형화·선진화하고 부동산 투자·운영관련 전문기관과 전문인력을 양성하여 외국부동산업체와의 경쟁력을 확보하기 위해 도입되었다.

나. 부동산투자회사의 운영성과

그동안의 운영성과를 보면 2001년 부동산투자회사법이 제정된 이후 2023년 12월말 현재 370개사가 운영되고 있다.

〈표 2-4-10〉 부동산 투자회사 현황

연 도	2011년	2012년	2013년	2014년	2015년	2016년	2017년	2018년	2019년	2020년	2021년	2022년	2023년
REITs수 (총자산, 조원)	70개 (8.3)	72개 (9.5)	83개 (12.1)	98개 (15.0)	125개 (18.0)	169개 (25.1)	200개 (34.4)	221개 (43.8)	248개 (51.2)	282개 (61.3)	315개 (75.6)	350개 (87.6)	370개 (93.9)

자료 : 국토교통부 주택토지실

다. 부동산투자회사법 주요 개정 사항

부동산투자회사는 일반국민으로부터 자금을 모집하여 부동산에 투자하는 회사로 부동산시장의 선진화 및 투명성 확보, 일반국민의 부동산에 대한 투자기회 확대 등의 목적을 위해 도입된 제도이나 아직 인지도가 부족하여 일반투자자들의 참여가 미미한 실정이므로, 제도 개선 및 홍보활동 강화 등 경쟁력 제고방안의 마련이 필요한 시점이다.

그동안 부동산투자 활성화를 위해 회사의 자율성을 침해하는 규제를 완화하는 등 제도개선을 추진해 온 바 있으며, 2012년에는 공모의무 기간 연장(6개월에서 1년6개월), 1인당 주식소유한도 확대(위탁리츠 30%에서 50%), 현물출자자율화 등 규제 완화와 함께 리츠시장의 건전성 강화를 위하여 자기관리리츠 설립자본금 상향(5억원에서 10억원), 법인이사 및 감독이사 제도를 도입한 바 있다.

2015년 5월 국회를 통과한 부동산투자회사법 개정안에 따라 민간 임대주택 리츠 추진 시 공모 및 분산의무 면제범위가 확대되었고, 개발사업에 투자하는 비율도 주주총회를 통하여 자율적으로 결정할 수 있도록 하였다. 또한 건전성이 확보된 자기관리리츠의 경우 추가 사업 시 신고제를 도입하여 우량한 부동산투자회사의 대형화 기반을 마련하였다.

2017년 3월 시행 부동산투자회사법 개정법에 따르면 사모 위탁관리리츠와 기업구조조정 리츠 중 비개발형은 투자자의 전문성 및 투자 자산의 안전성 등을 감안하여 등록제를 도입하였고, 리츠 소유의 부동산에서 호텔업, 임대업, 물류업 등을 영위하는 회사 주식을 취득할 경우 리츠의 증권투자제한(10%)의 예외로 적용하도록 하는 등 리츠 진입 및 운영관련 규제완화를 대폭 시행하였다.

2018년 개정된 부동산투자회사법 개정법에서는 부동산투자회사가 영업인가를 받거나 등록을 한 날부터 2년 내 발행하는 주식 총수의 100분의 30 이상을 일반의 청약에 제공하지 않아도 되는 경우를 현행 국민연금공단이나 그 밖에 대통령령으로 정하는 주주가 단독이나 공동으로 인수 또는 매수한 주식의 합계가 부동산 투자회사 주식 총수의 '100분의 30

이상'에서 '100분의 50 이상'으로 상향하여, 일반국민들의 투자기회 확보 및 투자활성화를 제고하고자 하였다.

또한, 리츠의 상장 심사기간 단축, 주택도시기금 앵커투자 활성화, 특정 금전신탁·펀드의 리츠 재투자 규제 완화, 신용등급 평가제도 마련 등의 계획을 포함한 리츠 공모·상장 활성화 방안('18.12)을 발표하여 개인 투자자의 리츠에 대한 투자 접근성을 제고하고, 신뢰성을 확보하고 하고자 하였다.

2019년 개정된 부동산투자회사법 개정법에서는 주주총회 거치는 중요한 계약을 총자산의 30%를 초과하는 자산의 취득·매각 등 대통령령에 정하는 계약으로 명확화하고, 공모·대형 부동산투자회사 등에 대해 신용평가를 받도록 의무화하여 부동산투자회사 운영의 예측가능성 및 투명성을 제고하고자 하였다.

또한, 공모리츠에 우량 신규자산 공급, 국민의 투자유인 확대, 안전한 투자환경 조성, 수익성 개선 등의 계획을 포함한 공모형 부동산간접투자 활성화 방안('19.9)을 발표하여 가계 유동성을 생산적 분야로 흡수하고 나아가 국민의 소득증대에 기여하고자 하였다.

2020년 개정된 부동산투자회사법 개정법에서는 부동산투자회사의 투명성 강화 및 개인투자자 보호를 위해 자산관리회사의 임원에 대한 행위준칙, 겸업제한 등을 규정하였고, 공모리츠 활성화를 위한 공모 부동산집합투자 기구에 대한 정책적 지원근거를 마련하였다.

또한, 자기자본 기준 등 일정한 요건을 충족한 자기관리 부동산투자 회사로부터 투자대상 변경 또는 추가 신고를 받은 경우 20일 이내에 신고 수리 여부를 신고인에게 통지하도록 하여 신고민원의 투명하고 신속한 처리가 이루어질 수 있도록 하였다.

2021년 개정된 부동산투자회사법 개정법에서는 토지보상금이 대토리츠로 원활하게 흡수될 수 있도록 제도를 보완하고, 이를 통해 주택시장의 안정을 도모하기 위해 대토리츠가 일정한 요건을 갖출 경우 대토리츠 구성 및 현물 출자를 대토보상 계약시점에 조기 허용할 수 있도록 특례등록 제도를 마련하였다.

2023년 개정된 부동산투자회사법 개정법에서는 투자자 보호를 위해 청약정보제공 의무를 강화하고, 업무 정지 등 처분을 받은 경우 공시하도록 하며, 이해상충문제를 방지하기 위해 자산관리회사의 부동산투자회사 주식 취득 제한 등의 제도를 마련하였다.

라. 향후계획

2024년에는 국민에게 안정적인 소득을 제공하고, 부동산 산업 선진화를 위하여 '리츠 활성화 방안'을 마련할 계획이다.

먼저 안정적인 자기자본율 아래 개발하고 임대·운영까지 하는 개발사업 특성을 고려한 프로젝트리츠 도입 및 초고령화·AI 등 미래사회에 필요한 핵심자산인 헬스케어, 데이터센터 등을 통해 투자대상을 확대하고, 리츠 설립부터 운영까지 리츠 경쟁력을 저해하는 불합리한 규제를 지원중심으로 개선하며, 국민이 합리적으로 리츠에 대한 판단을 할 수 있도록 투자보고서 및 리츠 정보시스템을 개편하여 리츠 정보에 대한 접근성을 높이는 등 제도개선을 추진하겠다.

제2절 도심주택 공급

1. 재개발·재건축사업의 투명성 강화 등

가. 개 요

정비사업의 투명성을 강화하여 조합집행부에 대한 조합원의 견제·감시를 강화하고, 정비사업 조합에 대한 관리·감독을 강화하기 위해 조합점검을 매년 시행하고 있으며, 또 도심 내 주택공급 확대를 위해 공공지원민간임대 연계형 정비사업을 지속 지원하였다.

나. 정비사업 투명성 강화

시공자 선정을 위한 입찰에 참가하는 건설업자 또는 등록사업자가 토지 등 소유자에게 시공에 관한 정보를 제공할 수 있도록 조합이 합동설명회를 2회 이상 개최하도록 하고, 조합의 정관에 청산인의 보수 등 청산 업무에 필요한 사항을 필수적으로 포함하도록 하며, 조합이 해산을 의결하거나 조합설립인가가 취소된 경우 청산인은 지체 없이 성실하게 청산인의 직무를 수행하도록 하는 한편, 조합임원 선임이나 계약 체결 등과 관련하여 금품이나 향응 등을 제공하거나 제공받는 행위 등을 신고할 수 있는 신고센터를 지자체에 설치할 수 있도록 개선하였다.

다. 정비사업 조합 관리·감독 강화

매년 조합 점검을 통해 제도의 실효성을 높이고, 위법사항을 적발·개선하였다. 그간 서울특별시와 매년 합동점검을 실시하여 왔으나 지방의 정비사업도 점검하기 위하여 지방 지자체와는 2022년 하반기부터 합동점검을 시행하였다. 국토교통부와 지자체는 한국부동산원, 변호사, 회계사 등과 함께 합동점검반을 구성하여 조합 운영실태 전반에 대한 현장점검을 실시하였으며 관련법령 부합여부 검토, 사실관계 확인, 조합의 소명 등을 거쳐 최종적으로 처분 조치를 결정하였다. 아울러, 지자체 자체점검 시 정비사업 지원기구인 한국부동산원의 지원을 통해 전문성을 확보할 수 있도록 하여 지자체 자체점검을 유도하고 조합점검을 전국으로 확산하였다.

라. 공공지원민간임대 연계형 정비사업 지원

장기간 정체된 정비사업의 일반분양분을 공공의 지원을 받는 임대사업자가 일괄 매입하여 공공지원민간임대주택으로 공급하는 사업으로, 신규 선정 구역을 포함한 총 17개 사업구역을 안정적으로 관리하여 장기간 정체된 사업의 재개를 통한 도심 내 주택공급 확대에 기여하였다.

2. 도시재정비사업 지원

가. 기본 방향

구시가지의 낙후된 지역에 대한 주거환경개선과 기반시설의 확충 및 도시기능의 회복을 위해 재개발사업 등 소규모의 정비사업을 광역적으로 계획하고 체계적이고 효율적으로 개발할 수 있도록 재정비촉진사업이 도입되었으며 도시의 균형발전을 도모하고 국민의 삶의 질 향상을 도모하고자 하였다.

나. 재정비촉진사업의 주요내용

재정비촉진지구의 지정은 학교 등 생활권 기반시설 확보와 광역개발 실효성을 감안하여 노후·불량주택과 건축물이 밀집한 지역의 경우 주거지형 50만㎡ 이상, 상업지역·공업지역 등 도심 또는 부도심에 중심지형의 경우 20만㎡ 이상, 주요 역세권·간선도로 교차지 등 고밀복합형의 경우 10만㎡ 이상으로서 노후·불량 단독·연립주택 밀집지역, 역세권지역 등을 우선 지정할 수 있다.

재정비촉진지구 내 재정비촉진사업의 활성화를 위하여 지방세면제·과밀부담금 감면, 특별회계의 설치 등 특례를 부여하였으며 공통된 기반시설의 설치와 개별사업의 종합관리를 위해 LH·지방공사 등 공공기관을 총괄사업관리자로 지정할 수 있다.

다. 추진현황

(1) 재정비촉진지구 지정현황

2023년 1월 기준 전국적으로 총 59곳의 재정비촉진지구가 지정되어 있으며, 이 중 수도권에서 41곳, 비수도권에서 18곳이 지정되어 있으며, 재정비촉진사업이 원활히 추진되어 도심 내 주택공급이 원활하게 이루어질 수 있도록 재정지원 및 지속적인 제도 개선 등을 통해 도시재정비사업 활성화를 유도할 계획이다.

(2) 재정비촉진지구 기반시설 재정지원

재정비촉진지구(일명 뉴타운) 기반시설 설치비 지원에 대한 세부기준 수립을 위한 「도시재정비 촉진을 위한 특별법」 시행령이 개정·공포 (2009.3.31)되어 재정여건이 열악하거나 낙후된 지자체에 기반시설(도로, 공원, 주차장) 설치비의 10~70% 범위내에서 기반시설 설치비를 국고 지원토록 의무화하고 있다.

이에 2009년부터 재정비촉진지구의 기반시설 설치비 일부를 국고로 지원해오고 있으며 2024년 예산으로 53억원을 확보하여 해당 지자체에 지원할 예정이다.

또한, 재정비촉진지구의 활성화를 위해 재정비 촉진지구 지정 요건을 완화 (최소 50만㎡ → 최소 10만㎡)하고 국비 지원비율 확대(최대 50% → 70%) 등 인센티브를 확대하는 등 재정비촉진사업의 활성화를 위한 도시재정비 촉진을 위한 특별법 개정안이 시행('24.4.27)되었고, 향후에도 지속적인 기반 시설 설치비를 지원하여 도시재정비사업 활성화를 유도할 계획이다.

3. 도시형 생활주택 제도 개선

가. 도입배경

저출산과 평균수명의 연장, 만혼 등으로 1~2인 가구가 꾸준히 증가하고 있다. 2005년 1~2인 가구는 전체 가구의 42%인 670만 가구에 달하였으며, 특히 독신과 고령화 등으로 1인 가구가 지속적으로 증가하여 전체 가구의 20% 수준인 317만 가구에 달하였다.

1995년에 1~2인 가구가 전체 가구의 30%인 380만 가구였던 것에 비해 급속히 증가하였으며, 반면, 1~2인 가구가 주로 거주하는 소형주택은 지속적으로 감소하여 65㎡ 이하 소형주택의 재고비율은 1985년 전체 주택의 53%에서 2005년에는 40%까지 감소하였다.

주택건설 인·허가 실적도 2001년에는 85㎡ 이하 주택이 전체의 84%였으나 2007년에는 62.5%까지 감소하는 등 소형주택의 신규건설 비율도 점차 감소하였다.

소형주택의 경우라도 '14.6.10.까지는 20세대 이상으로 건설하는 경우에 주택법에 따른 엄격한 사업승인절차와 분양가상한제가 적용되고, 「주택건설기준 등에 관한 규정」상의 소음보호와 부대·복리시설기준 등 건설기준에 적합하여야 했다.

이에 따라 사업자는 주택법 적용을 받지 않기 위해 19세대 이하 단지로 분할 연접하여 주택단지를 건설하게 되었고, 주거환경이 열악하고 안전성도 낮은 다세대주택 밀집 지역이 나타나게 되었다.

좁은 대지 내에 여유공간 부족으로 주차공간을 확보하기조차 어려운 다세대주택 밀집 지역들은 소형주택에 대한 선호를 감소시켜 오히려 소형주택 공급을 저해하는 요인이 되었다.

한편, 1~2인 가구를 대상으로 한 주택은 주로 근린생활시설, 일반 업무시설, 오피스텔 등을 활용한 고시원이나 레지던스 등 유사주택 형태로 공급되었으며, 주택유형이 제도화되고 체계화되지 않은 채 민간에 의해 자율적으로 공급되었다.

또한, 1~2인 가구 중 고시원 거주자, 대학가 인근 외지학생, 저소득 독거노인 등은 높은 주거비 부담에 시달리고 있음에도, 재정비촉진 사업 등으로 저가의 소형주택이 멸실되어 이들의 주거안정 확보도 필요한 상황이었다.

이에 따라, 도심서민과 1~2인 가구의 증가에 대응하기 위해 수요가 있는 곳에, 필요한 사람에게 소규모 주택공급이 이루어질 수 있도록 도시형 생활주택 제도를 도입하게 되었고, 이를 위해 지난 2009년 2월 3일 주택법을 개정하고, 4월 21일 「주택법 시행령」 및 「주택건설기준 등에 관한 규정」을 개정하여 2009년 5월부터 시행하였다. 이후 도시형생활 주택 활성화를 위해 몇 차례에 걸쳐 제도개선이 이루어졌다.

나. 주요 내용

(1) 도시형 생활주택의 개념

도시형 생활주택이란 「국토의 계획 및 이용에 관한 법률」상의 도시지역에 건설하는 300세대 미만의 국민주택규모(85㎡ 이하)에 해당하는 공동주택을 의미한다.

비도시지역은 기반시설이 부족하여 난개발이 우려되므로 입지지역을 도시지역에 한정하였다.

도시형 생활주택은 단지형 연립주택, 단지형 다세대주택, 소형 주택으로 세분화된다. 단지형 연립 및 다세대주택은 세대당 주거전용면적 85㎡ 이하의 연립 및 다세대주택으로서 건축위원회 심의를 거쳐 1개 층을 추가할 수 있으므로 주거 층을 최대 5층까지 건설할 수 있다.

소형 주택은 세대당 주거전용면적이 60㎡ 이하인 주택으로서 세대별 독립된 주거가 가능하도록 욕실과 부엌을 설치하고 욕실 및 보일러실을 제외한 부분을 하나의 공간(주거전용면적이 30㎡ 이상인 경우 전체 세대수의 1/2까지 3개 이하의 침실과 그 밖의 공간으로 구획 가능)으로 구성된 주택이다.

「건축법」상 건축물의 용도는 단지형 연립주택의 경우 연립주택이고, 단지형 다세대주택의 경우 다세대주택이며, 소형 주택의 경우 건설형태에 따라서 아파트, 연립주택, 다세대주택에 해당한다.

(2) 인·허가 및 분양절차 완화

도시형 생활주택은 건축법의 건축물 용도상 모두 공동주택에 해당하며 30세대 미만은 건축허가를 통해 건설이 가능하고, 30세대(주거전용면적이 30㎡ 이상으로 진입도로 폭이 6m 이상인 단지형 다세대 및 단지형 연립주택은 50세대) 이상은 주택건설사업계획승인을 받아 건설이 가능하다. 그러나, 주택건설사업계획승인을 받는 경우에도 일반 공동주택에 비해 인·허가기준을 완화하고 공급절차를 단순화하여 공급 활성화의 기반을 마련하였다.

일반 공동주택은 주택법 감리가 적용되어 사업계획승인권자가 감리자 모집공고, 적격심사, 세부평가 등을 거쳐 감리업체를 지정하게 되므로 감리업체 지정까지 소요기간이 1~3개월에 이른다.

그러나 도시형 생활주택은 부실시공 방지를 위해 감리는 실시하되, 건축법상 감리제도에 따라 시·도지사가 작성·관리한 건축사 명부에 있는 건축사 중에서 건축주가 감리자를 지정하여 감리계약을 체결하게 되므로 감리업체 지정에 소요되는 기간과 비용을 절감할 수 있게 되었다.

일반 공동주택은 분양가상한제 적용을 받아, 30세대 이상의 공동주택을 분양하여 공급하는 경우에는 분양가심사위원회에서 분양가 사전심의를 의무적으로 받아야 하나, 도시형 생활주택은 분양가 상한제 적용대상에서 제외하여 사업성이 제고될 수 있도록 하였다.

일반 공동주택은 30세대 이상이면 「주택공급에 관한 규칙」에 따라 청약·입주자모집·분양보증·분양 등을 거쳐 공급되나, 도시형 생활주택은 신속하게 공급될 수 있도록 일부 분양절차를 완화하여, 입주자저축, 주택청약자격, 재당첨제한 등 규정은 적용되지 않는다.

다만, 입주자 보호를 위하여 사기분양과 주택건설사업자의 부도 등에 대비하여 분양보증은 적용토록 하였고, 일간신문, 지자체 홈페이지 등재 등을 통한 입주자 공개모집 등의 규정도 적용토록 하였다.

(3) 주차장 등 건설기준 완화

도시형 생활주택은 「주택건설기준 등에 관한 규정」의 주택건설기준 중 소음보호, 도로 등과의 이격, 기준척도 규정은 적용되지 않는다.

다만, 주거환경과 안전, 피난, 소방 등을 고려하여 세대간 경계벽, 층간소음, 승강기, 복도 등 기타규정은 일반 공동주택과 동일하게 적용된다.

또한, 일부 부대시설과 복리시설은 의무설치대상에서 제외하여, 도시형 생활주택에는 안내표지판, 비상급수시설, 주민공동시설(150세대 이상인 단지형 연립·다세대 주택은 제외) 등은 설치하지 않아도 된다.

도시형 생활주택의 가장 큰 특징은 소형 주택에 대해서 주차장 설치 기준을 완화한 것이다.

일반 공동주택은 세대당 1대(전용면적 60㎡ 이하는 0.7대) 이상의 주차장을 확보하여야 하나, 소형 주택은 세대당 0.6대(전용면적 30㎡ 미만은 세대당 0.5대) 이상 확보하도록 하고, 철도역으로부터 반경 500m 이내인 상업 지역 또는 준주거지역에서 소형 주택을 건설하는 경우로서 주차단위구획 총 수의 100분의 20 이상을 승용차 공동이용을 위해 사용하는 경우에는 세대당 주차대수를 0.4대 이상 확보하도록 하였다.

또한 근린생활시설, 노유자시설, 수련시설, 업무시설 또는 숙박시설을 소형 주택으로 용도변경함에 따라 추가적으로 주차장을 설치해야 하는 경우라도 장기공공임대주택·공공지원민간임대주택으로 사용하면서 세대별 전용면적이 30제곱미터 미만, 임대기간 동안 자동차를 소유하지 않을 것을 임차인 자격요건으로 하여 임대하는 경우에는 용도변경하기 전의 용도를 기준으로 부설주차장 설치기준을 적용할 수 있다.

〈표 2-4-11〉 건설기준 · 부대 · 복리시설 중 적용배제 항목

구 분		기존 공동주택	도시형 생활주택
건설 기준	소음보호	외부 65db미만, 내부 45db이하	제외
	배치	외벽은 도로, 주차장과 2m이상 이격	제외
	기준척도	평면 및 높이 5㎝ 단위기준	제외
부대 시설	안내표지판	동번호, 도로표지판, 게시판 등	제외
	비상급수시설	지하양수시설 또는 저수조 설치	제외
복리 시설	주민공동시설	<100세대 이상 설치대상> 세대당 2.5㎡(경로당, 어린이놀이터 등 의무 설치)	제외 <150세대 이상인 단지형 연립·다세대는 적용>

(4) 하나의 단지나 건축물 내 혼합건설

입주민의 주거환경을 보호하고 주민 간 분쟁을 최소화하기 위하여 도시형 생활주택은 일반 공동주택과 하나의 건축물 내에서 복합 건설할 수 없도록 하였으며, 도시형 생활주택 중 단지형 연립주택, 단지형 다세대주택과 소형 주택도 하나의 건축물에 함께 건설할 수 없도록 하였다. 단, 전용면적 85㎡를 초과하는 주택 1세대와 소형 주택은 하나의 건축물에 건설할 수 있도록 하였고, 준주거 또는 상업지역에서 일반 공동주택과 소형 주택을 하나의 건축물에 건설할 수 있도록 하였다.

하나의 단지 내에서는 도시형 생활주택과 일반 공동주택을 별개의 건축물로 건설할 수 있고, 도시형 생활주택 중 단지형 주택과 소형 주택을 동일한 단지에 별개의 건축물로 건설하는 것도 가능하다.

<표 2-4-12> 동일 단지·건축물에 혼합건설허용 여부

구 분	혼 합 유 형	가능여부
동일 건축물	일반 공동주택 + 도시형 생활주택	불가능 (준주거·상업지역 소형+일반, 소형+85㎡ 초과 1세대 가능)
	단지형 주택 + 소형 주택	불가능
동일 단지	일반 공동주택 + 도시형 생활주택	별개 건축물로 건설시 가능
	단지형 주택 + 소형 주택	별개 건축물로 건설시 가능

(5) 주상복합 형태의 도시형 생활주택

주거지역 뿐 아니라 상업지역 또는 준주거지역 내에서도 주상복합 형태의 도시형 생활주택 건설이 가능하다. 이 경우, 도시형 생활주택을 포함하여, 300세대 미만의 주택과 주택 외의 시설을 동일 건축물로 건축하며, 해당 건축물의 연면적에 대한 주택의 연면적 합계의 비율이 90% 미만인 경우 건축허가를 통해 건설이 가능하다.

(6) 관련법령 개정 사항

도시형 생활주택의 공급 활성화를 위해 「국토의 계획 및 이용에 관한 법률 시행령」을 개정하여 단지형 연립주택 및 단지형 다세대주택의 제1종 일반주거지역 내 층수제한을 완화하여 종전 4층에서 5층까지 가능하도록 완화하고, 단지형 연립주택의 1층 전부를 필로티 구조로 하여 주차장으로 사용(단지형 다세대주택은 1층 바닥면적의 2분의 1 이상을 필로티 구조로 하여 주차장으로 사용하고 나머지 부분을 주택 외의 용도로 사용)하는 경우에는 해당 층을 층수에서 제외하도록 하였다. 따라서 단지형 연립주택 및 단지형 다세대주택 1층을 필로티 구조로 하여 주차장으로 사용하는 경우에는 제1종 일반주거지역에 최대 6층까지 건설할 수 있다.

또한, 가로구역의 건축물 높이를 제한하는 규정과 일조확보를 위한 건축물의 높이제한 등의 규정을 건축위원회의 심의를 거쳐 완화할 수 있도록 하고, 동간 이격거리도 일반 건축물은 건축물 높이의 0.5배 이상이나, 도시형 생활주택은 0.25배 이상으로 완화하였다.

다. 기대효과

도시형 생활주택 도입으로 도심내 소형 및 임대주택 공급을 촉진하여 서민과 1~2인 가구의 주거안정에 기여하고 사업자의 부담을 완화할 것으로 기대하고 있다.

아울러, 신축 뿐 아니라 유휴 시설의 개조와 도심내 소규모 자투리 땅 활용 등으로 소규모자본이 주택시장에 유입됨으로써 도심의 주택경기가 활성화되어 관련 산업의 고용을 촉진하여 경제에 활력을 불어넣을 수 있을 것으로 보인다.

또한, 기본적인 안전성과 쾌적성이 확보되면서도 저렴한 비용으로 거주가 가능한 도시형 생활주택이 공급됨으로써 도심내에서 무주택 서민의 주거공간이 대폭 확대되어 주거안전망으로도 작동할 수 있을 것으로 기대된다.

장기적으로는 노인가구가 공동식사나 휴게 등 편리한 공동생활을 누릴 수 있는 고령사회에 대비한 주거유형으로도 발전하고, 전문직 종사자 등 1인가구의 고급수요도 일부 흡수하는 새로운 사업유형으로도 개발되는 등 시대변화에 따라 나타나는 다양한 가구형태에 대응하는 여러 가지 유형으로 발전할 것으로 전망된다.

4. 신도시 개발

우리나라의 경우 인구는 많고 국토는 매우 좁다고들 말한다. 이는 대부분의 땅이 농경지·산림·하천 등이고 겨우 6% 정도의 토지만이 대지·공장용지·도로·철도·학교용지 등 도시적 용도로 사용되고 있기 때문이다.

근래에 들어 산업과 경제의 급속한 발전으로 사람들이 살만한 주택·일터·문화·여가공간과 도로·철도 등을 위한 땅이 지속적으로 필요하게 되었으며, 이를 해결하기 위해 신도시를 개발하기 시작하였다.

〈그림 2-4-2〉 제1기, 제2기 신도시 위치도

【제1기 신도시 개발】

1988년 올림픽 이후 주택난은 부동산 투기와 상승 작용하여 주택가격이 폭등하는 등 심각한 사회문제로 대두되었다. 이에 따라 주택 200만호 건설의 일환으로 수도권에 5개의 신도시를 개발에 착수하여 다음과 같이 신도시를 건설하였다.

〈표 2-4-13〉 수도권 제1기 신도시

구 분	합 계	분 당	일 산	평 촌	산 본	중 동
면 적(ha)	5,014	1,963.9	1,573.6	510.6	420.3	545.6
계획인구(천명)	1,168	390	276	168	168	166
주택(천호) -단독주택 -공동주택	292 11 281	97.6 3.0 94.6	69.0 5.9 63.1	42.0 0.6 41.4	42.0 0.6 41.4	41.4 1.0 40.5
용적률(%)	-	184	169	204	205	226
인구밀도(인/ha)	-	199	175	329	399	304
개발기간	-	'89.8~ '96.12	'90.3~ '95.12	'89.8~ '95.12	'89.8~ '95.1	'90.2~ '96.1

자료 : 국토교통부 주택토지실

〈표 2-4-14〉 제1기 신도시에 대한 평가

긍 정 적 평 가	부 정 적 평 가
· 주택의 대량공급을 통한 주택가격의 안정 · 서울의 과밀한 인구를 도심 외곽으로 분산 · 과잉유동자금 흐름의 원활화	· 수도권으로 인구집중을 유발 · 대규모 신도시건설로 인한 인력·건자재 수급불균형, 물가상승 및 경기과열

【제2기 신도시 개발】

제1기 신도시 개발에 대한 비판으로 소규모 분산적 택지개발과 준농림지 개발허용으로 정책방향을 선회하였으나, 서울 인근 도시들에서의 교통·환경·교육 등 기반시설의 부족과 비용분담문제 등 심각한 사회문제가 야기되었다.

이에 따라 신도시개발에 대한 사회적 공감대가 형성되어 화성동탄, 판교를 시작으로 수도권 제2기 신도시 개발에 본격적으로 착수하였으며, 제1기 신도시보다 녹지율을 높이고 인구밀도를 줄이는 등 친환경적인 도시개발을 목표로 총 139㎢의 택지에 69만호 주택공급을 추진하고 있다.

<표 2-4-15> 제2기 신도시 현황

구분	합계(수도권)	성남 판교	위례	화성 동탄1	화성 동탄2	광교	김포 한강 (장기)	파주 운정	양주 (옥정) (회천)	고덕 국제화	인천 검단	아산	대전 도안
부지면적(㎢)	138.9	8.9	6.8	9.0	24.0	11.3	11.7	16.6	11.2	13.4	11.1	8.8	6.1
주택건설(천호)	689.3	29.3	44.5	41.4	117.3	31.4	61.3	95.8	70.8	61.2	75.8	36.1	24.4
수용인구(천인)	1,759.1	88	111	126	286	78	167	232	178	147	187	90.9	68.2
인구밀도(인/ha)	127	98	164	139	119	69	143	140	159	109	168	101	112
개발기간	'01~'27	'03~'19	'08~'24	'01~'24	'08~'24	'05~'24	'02~'17	'03~'27	'07~'27	'08~'25	'09~'26	'04~'25	'03~'12

【제3기 신도시 개발】

가. 추진배경

서울·수도권 부동산 시장 안정과 지속적인 주택공급 기반 마련을 위해 '수도권 30만호 공급계획('18년)', '대도시권 주택공급 확대 방안('21년)'을 통해 3기 신도시 총 8개 지구 (30.9만호)를 발표하고, 지구 지정 및 지구 계획 승인 등 관련 인허가와 택지 조성절차를 신속하게 추진하고 있다.

<표 2-4-16> 3기 신도시 공급 계획('23.12 기준)

구분	수도권 30만호 공급계획('18년~'19년 발표)				
	남양주왕숙	하남교산	인천계양	고양창릉	부천대장
호수	6.7만호	3.3만호	1.7만호	3.6만호	1.9만호
구분	대도시권 주택공급 확대방안('21년)				
	광명시흥		의왕군포안산		화성진안
호수	6.7만호		4.0만호		3.0만호

자료 : 국토교통부 공공주택추진단

나. 추진 실적

'18~'19년 발표한 3기 신도시 5개 지구는 지구계획 승인과 보상 절차를 대부분 마무리하고 '23년까지 모두 지구 조성공사를 착공하였으며, 이어서 '24년 주택 1만호 착공을 추진 중에 있다. 광명시흥 등 나머지 3개 지구도 조속히 주택공급이 이루어질 수 있도록 지구계획 승인 절차를 조속히 마무리하고 조성을 위한 절차를 차질없이 추진할 예정이다.

다. 3기 신도시 개발 컨셉

① 서울 도심까지 30분내 출퇴근 가능 도시

3기 신도시는 교통 불편이 없는 도시조성을 위해 서울부터 평균 1㎞내 위치에 입지를 선정하고, 입지선정 발표 시부터 지하철 연장, S-BRT 등 광역교통개선대책을 발표 후 대도시권광역교통위원회 심의를 통하여 지구계획 승인 전 교통대책을 조기 확정하였다.

〈표 2-4-17〉 지구별 주요 광역교통대책

지구	주요 교통대책
남양주왕숙	▪서울강동-하남-남양주간 도시철도 건설, 한강교량 신설 등
하남교산	▪하남-송파 도시철도, 서울~양평고속도로 확장 등
인천계양	▪S-BRT 신설, 국도39호선(벌말로) 확장 등
고양창릉	▪고양선 신설, 일산~서오릉 연결도로 신설 등
부천대장	▪S-BRT 신설, 경명대로 신설, 오정로 확장 등

* '21년 발표한 광명시흥 등 3개 신도시는 광역교통개선대책 확정 전

② 일자리를 만드는 도시

3기 신도시를 지속가능한 도시로 조성하기 위해 충분한 자족용지를 확보하고, 스타트업 육성 등을 위해 기업지원허브, 창업지원주택 등도 공급할 계획이다.

③ 자녀 키우기 좋고 친환경적인 도시

100% 국공립 유치원을 설치하고, 전체 면적의 30%이상을 공원 등으로 조성하고, 제로에너지 타운·수소충전소·수소BRT 등을 설치하여 친환경·에너지 자립도시로 조성할 계획이다.

④ 전문가와 지방자치단체가 함께 만드는 도시

지자체는 지방공사를 통해 사업에 참여하고, 신도시 포럼·UCP(Urban Concept Planner)·MP(Master Planner) 등을 통해 전문가의 의견을 수렴할 계획이다. 그리고, 도시건축통합설계를 통해 도시디자인을 높이고, 3기 신도시 개발로 원도심도 혜택을 볼 수 있도록 도시재생사업 공모 지원시 가점을 부여할 계획이다.

제3절 보편적 주거복지 실현

1. 공공주택 공급

가. 추진배경

최근 집값 상승·금리 인상 등으로 내집 마련이 어려운 무주택 서민 등 중산층의 주거 희망을 복원하고, 저소득·주거 취약계층의 주거 안정을 도모하기 위해 공공주택 공급 확대가 필요한 상황이다.

나. 공공주택 공급 계획

정부는 청년·서민 주거안정을 위해 미혼청년 특공 신설 및 일반공급 추첨제 도입 등 공공분양 제도를 개선하고, 향후 5년간 공공주택 100만호(임대 50만호 + 분양 50만호) 계획에 따라 '24년 공공분양주택 9만호, 공공임대주택 12.8만호를 공급할 계획이다.

한편, 장기공공임대주택 재고율('22)이 8.1%(OECD 평균 7.1%)에 도달하는 등 양적 기반이 마련된 만큼 공공임대의 물량 확충 뿐만 아니라 양질의 주거공간·서비스 제공 및 지역사회 개방을 통한 커뮤니티 기반 주거복지 실현 등 공공임대 전반의 질적 개선까지 함께 추진한다.

이를 위해 분양주택 수준의 마감재, 특화설계 공모, 다양한 생활 SOC 확충 등을 추진하고, 공공임대단지를 플랫폼으로 활용하여 육아, 일자리 지원 등 다양한 주거·사회서비스를 제공할 계획이다.

다. 공공주택 공급 실적

공공주택 100만호 공급계획에 따라 공공분양 뉴:홈 도입 이후 약 6.4만호, 공공임대의 경우 '23년 약 7.8만호를 공급하였다. 특히, 공공주택을 차질없이 공급하기 위해 「주택공급 활성화 방안」에 따라 지구계획과 주택사업계획 동시승인, 각종 영향평가 조건부 심의 등의 패스트트랙을 가동하고, 적극적인 공정관리 등을 지속 추진 중에 있다.

라. 향후 정책 방향

무주택 서민의 내 집 마련 지원, 저소득·주거 취약계층의 주거안정 등 촘촘한 주거복지 실현을 목표로, 공공주택 100만호 공급계획을 차질없이 이행하기 위해 지속적인 공정관리 및 관계부처간 긴밀한 협조체계를 지속 유지해나갈 계획이다.

2. 저소득 취약계층 주거지원

가. 추진배경

그간 무주택 서민의 주택문제를 해결하기 위해 주택공급 정책을 지속적으로 추진한 결과 2016년 기준 가구대비 주택보급률이 전국 102.6%에 달하여 주택의 양적 부족문제는 크게 완화되었으며, 최저주거기준을 미달하는 가구도 지속적으로 감소하는 추세에 있다.

그러나 아직도 최저주거수준 미달가수가 약 106만 가구(전체가구의 5.3%, '19년 기준)에 달하고 있으며 단칸방, 쪽방, 판자촌 등 열악한 주거환경에서 생활하는 주거취약계층이 상당수 존재하고 있는 실정이다.

한편 저출산·고령화 등 인구구조가 변화되어 가고 있으며 맞벌이·독신가구가 증가하는 등 새로운 수요패턴에 대응할 필요성이 제기되고 있다.

이에 정부는 '주거복지로드맵('17.12)' 등을 통해 서민층의 주거안정이라는 '능동적 복지'를 구현하고 저출산·고령화 및 청년 일자리 부족 등 사회구조 변화에 대응하여 청년·신혼부부·다자녀가구·고령자 등 수요자 생애단계 및 소득수준별 맞춤형 주거지원을 강화하는 것을 정책방향으로 삼아 차질 없이 추진해 왔다.

특히, 도심내 최저소득층의 주거지원을 보다 강화하기 위해 수요자가 원하는 기존주택을 매입하거나 전세계약을 체결하여 저렴하게 임대하는 다가구 매입임대 및 전세임대 사업을 지속 시행중에 있으며(2024년 9.35만호 수준으로 확대 공급) 주거급여 지원대상도 지속 확대하고 있다.

아울러, 경제위기 상황에 따라 주거수준이 갑자기 열악해진 취약계층을 위한 긴급주거지원을 지속 확대하고, 쪽방·고시원·비닐하우스·여인숙 등 거주자뿐만 아니라 PC·만화방 거주자, 가정폭력 피해자 및 미혼모, 최저주거기준 미달환경에 거주하는 아동가구 등도 공공임대주택에 우선입주 할 수 있도록 지원대상을 확대하는 등 취약계층에 대한 주거안전망을 강화해 나가고 있다.

나. 추진현황

(1) 도심내 다가구 매입 임대주택 공급

도시빈곤층이 현재 생활권에서 거주할 수 있도록 정부가 2004년 기존 다가구주택 503호를 매입하여 기초생활수급자 등에게 시중 시세의 30% 수준(서울지역 50㎡기준, 임대보증금 450만원, 월임대료 8~10만원)으로 임대하는 다가구 매입임대 시범사업을 추진한 이래 2005년부터 물량을 대폭 확대하여 2004~2023년 말까지 244,050호를 매입하였으며, 2024년에는 5.35만호를 매입 추진하고 2024년 이후에도 지속적으로 매입할 계획이다.

대상지역 또한 서울 5개 자치구에서 수도권, 지방 광역시, 인구 8만이상 도시로 확대하고, 보다 많은 주거취약계층이 수혜를 받도록 하기 위하여 입주대상을 기존 기초생활수급자에서 기초생활수급자, 보호대상 한부모 가족, 장애인, 당해세대의 월평균소득이 전년도 도시근로자 가구당 월평균 소득의 50% 이하인 자 등으로 확대하였다.

또한 장애인, 보호아동들을 위한 효과적인 주거지원을 위하여 매입임대 주택내에 그룹홈(공동생활가정)을 운영하여 일반주택에서 공동으로 생활 하면서 사회복지사의 지도 아래 자활지원 프로그램 및 일상생활에 필요한 각종서비스를 지원받으며 정상적인 사회생활에 적응할 수 있는 기회도 제공하고 있다. 2023년말 기준으로 장애인, 가출청소년, 미혼모, 보호아동 등을 위한 공동생활가정을 운영기관을 통해 3,592호 지원중이며, 이를 통해 장애인 등 사회취약계층이 지역사회에 자연스럽게 동화되는 효과를 기대할 수 있다.

이러한 기존주택등 매입임대사업은 2004년 시범사업 503호에 이어, 2005년 4,540호, 2006년 6,339호, 2007년 6,526호, 2008년 7,130호, 2009년 7,580호, 2010년 6,984호, 2011년 5,756호, 2012년 5,639호, 2013년 10,521호, 2014년

9,101호, 2015년 11,740호, 2016년 9,656호, 2017년 11,459호, 2018년 17,744호, 2019년 29,302호. 2020년 28,626호, 2021년 34,778호, 2022년 19,453호, 2023년 10,673호를 공급 중에 있다.

<표 2-4-18> 기존주택등 매입임대사업 추진현황
(2023.12.31. 기준)

구분	계	서울	인천	경기	부산	대구	광주	대전	울산	강원	충북	충남	전북	전남	경북	경남	제주	세종
계	244,050	67,236	23,172	56,621	14,207	13,061	10,721	10,775	4,648	5,506	4,996	3,630	7,581	1,768	6,884	9,933	3,129	182
2004	503	503	-	-	-	-	-	-	-	-	-	-	-	-	-	-	-	-
2005	4,540	1,420	746	1,046	246	249	253	301	125	-	-	-	154	-	-	-	-	-
2006	6,339	1,558	667	1,946	506	445	261	400	133	80	83	-	141	-	-	20	99	-
2007	6,526	1,265	179	2,008	737	564	353	466	37	86	186	29	295	-	108	165	48	-
2008	7,130	1,457	479	1,435	801	563	502	381	202	116	140	-	451	-	259	253	91	-
2009	7,580	2,066	657	1,534	776	516	400	378	163	140	101	33	258	-	212	271	75	-
2010	6,984	1,593	622	1,285	371	727	555	370	221	166	165	-	291	-	158	310	150	-
2011	5,756	1,100	652	1,015	119	562	626	412	64	202	158	-	290	-	156	271	129	-
2012	5,639	1,806	358	1,091	196	362	472	444	30	160	60	-	179	-	130	287	64	-
2013	10,521	3,242	619	1,598	279	610	600	1,074	490	300	242	87	249	56	277	552	246	-
2014	9,101	2,779	505	1,625	432	487	365	554	301	240	214	346	203	5	386	499	160	-
2015	11,740	2,668	715	2,470	452	583	761	620	526	367	415	358	384	-	559	767	66	29
2016	9,656	2,491	954	1,923	359	408	587	371	301	264	256	252	311	-	496	581	102	-
2017	11,459	3,030	912	2,488	531	544	548	617	311	355	324	121	412	113	395	674	84	-
2018	17,744	4,154	1,583	4,369	1,036	1,317	839	732	420	560	441	250	571	266	257	750	199	-
2019	29,302	7,968	2,915	6,944	1,979	1,628	976	720	393	615	624	818	856	380	789	1,434	263	-
2020	28,626	10,405	2,980	5,681	1,573	1,249	990	890	502	452	493	604	546	254	702	949	356	-
2021	34,778	10,279	3,278	9,923	2,101	1,231	947	1,197	259	791	709	210	921	317	941	1,142	462	70
2022	19,453	3,379	2,973	5,969	1,458	715	379	571	108	612	327	299	646	217	778	700	239	83
2023	10,673	4,073	1,378	2,271	255	301	307	277	62	-	58	223	423	160	281	308	296	-

※ '05년 4,540호 (LH공사 4,411, 부산 35, 대구 94)
  '06년 6,339호 (LH공사 6,059, 부산 95, 대구 86, 제주 99)
  '07년 6,526호 (LH공사 6,100, 서울 15, 부산 157, 대구 206, 제주 48)
  '08년 7,130호 (LH공사 6,545, 서울 181, 부산 161, 대구 208, 제주 35)
  '09년 7,580호 (LH공사 6,402, 서울 636, 부산 216, 대구 216, 대전 110)
  '10년 6,984호 (LH공사 5,690, 서울 715, 부산 204, 대구 222, 대전 103, 경기 50)
  '11년 5,756호 (LH공사 4,436, 서울 750, 부산 76, 대구 104, 대전 157, 광주 233)
  '12년 5,639호 (LH공사 3,357, 서울 1,500, 경기 202, 부산 102, 대구 42, 대전 108, 광주 328)
  '13년 10,521호 (LH공사 7,079, 서울 2,500, 경기 180, 부산 109, 대구 203, 대전 108, 광주 292, 제주 50)
  '14년 9,101호 (LH공사 6,383, 서울 2,076 경기 95, 부산 141, 대구 192, 광주 17, 대전 101, 제주 96)
  '15년 11,740호 (LH공사 9,222, 서울 2,000 경기 148, 부산 150, 대구 153, 대전 67)
  '16년 9,656호 (LH공사 7,274, 서울 1,900, 인천 106, 경기 196, 부산 24, 대구 120, 제주 36)

'17년 11,459호 (LH공사 8,641, 서울 2,262, 인천 130, 경기 234, 부산 60, 대구 132)
'18년 17,744호 (LH공사 14,251, 서울 2,501, 인천 250, 경기 350, 부산 80, 대구 153, 대전 29, 제주 130)
'19년 29,302호 (LH공사 23,678, 서울 4,412, 인천 333, 경기 385, 부산 100, 대구 150, 대전 29, 전북 21, 제주 194)
'20년 28,626호 (LH공사 19,890, 서울 7,200, 인천 500, 경기 430, 부산 190, 대구 152, 대전 40, 전북 24, 제주 200)
'21년 34,778호 (LH공사 28,170, 서울 4,651, 인천 691, 경기 516, 부산 200, 대구 137, 대전 40, 전북 24, 제주 190)
'22년 19,453호 (LH공사 16,621, 서울 874, 인천 699, 경기 583, 부산 244, 대구 122, 대전 45, 전북 13, 경북 150, 제주 102)
'23년 10,673호 (LH공사 5,563, 서울 2,886, 인천 772, 경기 587, 부산 200, 대구 117, 대전 154, 전북 24, 경북 200, 경남 10, 제주 160)

자료 : 국토교통부 주거복지정책관

(2) 기존주택을 전세임대주택으로 공급

사회취약계층의 주거안정을 위한 또 다른 방안으로 정부가 기존주택을 전세로 얻은 후 저소득층에게 저렴하게 임대하는 기존주택 전세임대사업을 2005년부터 추진하고 있다. 이는 매입임대 방식에 비하여 상대적으로 재원부담이 적고 지역별 수요에 탄력적으로 대응할 수 있으며, 입주자 측면에서는 입주소요기간이 짧다는 장점이 있다.

특히 입주자를 먼저 선정한 후 원하는 지역과 주택유형을 고려하여 공급한다는 점에서 맞춤형 주거복지사업으로 평가받고 있다. 현재 2005년 654호 시범사업에 이어 2006년부터 물량을 대폭 확대하여 2005~2023년까지 55.4만호를 공급하였고 사업대상지역도 인구 8만 이상 도시로 확대하였으며, 2024년에는 4만호를 공급할 계획이다.

기존주택 전세임대의 입주대상은 매입임대와 동일(생계·의료급여 수급자 및 보호대상 한부모 가족 등)하며, 일반유형의 경우 보증금 300~600만원, 월임대료 10~20만원 수준으로 거주할 수 있다.

또한 2008년 신혼부부 유형, 2011년 청년 유형, 2016년 고령자 유형, 2020년 다자녀 유형, 2023년 신혼·신생아 유형을 신설하여 주거 취약계층에 대한 지원을 강화하였다.

(3) 소년소녀가정 등에 무이자 전세주택 지원

지원대상자는 지역 제한 없이 무주택 소년소녀가정·위탁가정, 교통사고유자녀가정, 자립준비청년, 재난유자녀가정, 청소년복지시설퇴소청소년으로서 20세 이전까지는 무이자로 주거비용 걱정 없이 살 수 있도록 지원 (자립준비청년 및 청소년복지시설퇴소청소년은 22세 이전까지 무상 지원)하며, 전세임대주택에 거주한지 5년이 지나지 아니한 경우에는 저소득 가구 전세자금 대출이자(연1~2%)를 50% 인하하여 적용하며, 이외의 경우에는 이자(연1~2%)를 월임대료로 부담한다. 지원방법은 지자체가 지원대상자를 한국토지주택공사에 추천하면 한국토지주택공사는 이 아동들의 거주 희망 주택 소유주와 전세계약 체결 후 지원하는 방식이다.

2005년 7월부터는 지원 자격을 국민기초생활수급가정에서 전년도 도시근로자 가구당월평균소득 이하인 가정으로 완화하고, 당초 500호, 200억원이었던 지원규모를 2,000호 수준으로 확대하여 2023년까지 총 16,622가정을 지원하였으며, 앞으로도 매년 2,000가구 이상을 지원할 계획이다.

(4) 저출산 고령사회에 대비한 주거지원책 수립

우리나라는 2000년에 노인인구가 전체인구의 7%를 넘어서면서 고령화사회로 진입한 이래 빠르게 고령화가 진행되고 있으며, 2018년에는 노인인구수가 전체인구의 14%에 이르면서 본격적인 고령사회로 진입할 것으로 전망되고 있다. 노인인구의 증가에 반하여 합계출산율은 1960년 6.0명에서 1983년 인구대체수준(2.06명 이하)로 감소 후 2017년 기준 1.03명 수준까지 떨어졌다. 정부에서는 이러한 흐름에 대응하여 저출산 고령사회에 적합한 주거복지를 실현하고 출산율을 높이기 위한 주거지원 노력을 기울이고 있다.

육아에 따른 경제적 부담으로 출산율이 저하되는 현상을 방지하기 위하여 신혼부부 및 다자녀 가구에 대한 주거지원 시책을 강화하였다. 신혼부부 주택 특별공급제도를 통해 저소득 신혼부부를 대상으로 연간 건설되는 분양·임대주택의 일정물량을 특별·우선공급하고 있으며, 특별공급비율을 대폭 확대('17년, 국민주택·공공분양주택 15→30%, 민영주택 10→20%)함과 동시에 국공립 어린이집, 육아나눔터, 어린이 놀이시설 등 신혼부부의 육아부담을 완화할 수 있는 특화시설 공급을 추진하고 있다. 또한, 신혼부부가 기존주택을 구입하거나 임차할 경우 주택기금을 통해 저리로 전세·구입자금을 융자할 수 있도록 하고 있다.

아울러, 3명이상 미성년 자녀를 둔 다자녀 가구가 보다 안정적인 주거환경에서 양육에 힘쓸 수 있도록 일정 소득요건 등 자격요건을 만족하면 주택 공급시 일정 물량을 우선적으로 공급하는 다자녀가구 분양주택 특별공급 및 임대주택 우선공급제도를 시행하고 있다.

한편 고령화시대에 대응하여「장애인·고령자 등 주거약자 지원에 관한 법률」에 따라 국가·지자체·한국토지주택공사 등이 신규로 건설하는 영구·국민임대주택에 고령자 등 주거약자용 편의시설을 갖춘 주거약자용 주택을 8%이상(지방 5%이상) 의무적으로 건설·공급하도록 하고 있다. 아울러 문턱제거, 높낮이 조절 세면대 등 무장애(Barrier-Free)설계를 적용한 어르신 맞춤형 임대주택을 '18년부터 5년간 3만호 공급할 예정이며, 이중 0.4만호는 고령자 전용주택과 복지서비스를 함께 제공하는 고령자복지주택으로 공급한다. 고령자복지주택은 '23년부터 연 2천호 규모로 확대하여 '25년까지 1만호를 공급할 계획이다.

이와 더불어, 독거노인 등 저소득 고령층에게 시세의 30%으로 거주할 수 있는 전세임대주택을 2018년부터 연간 3천호, 매입임대주택을 연간 1천호 공급할 계획이다. 또한 고령자도 정부의 생애주기별 맞춤형 주거지원 정책을 손쉽게 찾아볼 수 있는 원스톱 주거지원 안내시스템을 구축하였다. 마이홈 포털(온라인), 마이홈 상담센터(오프라인), 마이홈 콜센터(전화)를 동시에 운영하여 고령자에게 맞춤형 주거지원 정보를 제공한다.

다. 추진성과

주거복지정책의 가장 큰 특색은 생애단계 및 소득수준별로 지원방안을 보다 세분화하여 사각지대를 해소하고 수요자 중심의 지원체계를 구축하여 효과적인 주거지원 방안을 마련하였다는 점이다. 또한 공공임대주택을 차질 없이 공급함과 동시에 공급수요자 위주의 다양한 임대사업을 시행하여 도심 최저소득계층에게 실질적인 지원이 될 수 있도록 하였다.

특히 기존주택등 매입·전세임대사업의 경우 장애인 등을 위해 공급물량의 일부를 그룹홈으로 제공하였고, 산불·지진 등 재난피해와 경제위기상황에 따른 위기가구 증가에 대응하여 긴급지원대상자에게도 임대주택을 지원하여 서민계층 보호와 중산층의 빈곤추락 방지를 위해 노력하는 등 주거와 사회복지서비스를 연계 지원함으로써 도심 최저소득계층의 생활여건 개선과 자립을 유도했다.

또한, 주거 환경이 극히 열악한 쪽방·비닐하우스·고시원 등 거주자 등에 대하여는 가구 특성과 부담능력을 고려한 무보증금 제도 도입 등 맞춤형 임대주택을 지원하였으며, 국가·지자체·공공기관이 합동으로 찾아가는 상담을 시행하여 공공임대주택 이주수요를 적극 발굴하였다.

이 외에도, PC·만화방 거주자, 가정폭력피해자, 최저주거기준 미달 주거환경에 거주하는 아동가구 등도 지원 대상에 포함하여 공공임대주택에 우선 입주할 수 있도록 하였다.

주거급여의 경우, 4대 급여 최초로 주거급여 부양의무자 기준을 폐지하고('18.10), 지원대상을 지속 확대한 결과 '17년 81만 가구에서 '22년 기준 134.5만 가구까지 지원하였으며, 임대료 지원금액도 지속 인상함으로써 주거안정에 기여하고 있다.

라. 향후 추진계획

기존주택등 매입·전세임대사업의 경우 연간 8만호 규모로 지속적으로 사업을 추진하고, 2006년부터 입주범위를 자활의지 있는 쪽방·비닐하우스 거주자 이외 고시원·여인숙거주자, 아동복지시설 퇴소아동 등 사회취약계층, 긴급지원대상자 등도 입주토록 하였고, 2011년부터는 부랑인시설·노숙인 쉼터거주자까지 입주대상을 확대하여 자활기반으로서의 주거여건을 제공하고, 장애인을 위한 그룹홈도 지속적으로 운영하여 재활을 위한 공동생활공간으로 활용하고 있다.

특히, '20년부터는 쪽방·고시원 등 위험하고 열악한 비주택에서 거주하는 분들이 공공임대주택으로 이주할 수 있도록 지자체가 주거복지센터 등 지역 주거복지역량을 활용하여 이주수요 발굴부터 신청서 작성, 주택물색 등 이주 전 과정을 현장에서 밀착 지원하고, LH는 입주 주택에 주거복지 전문인력을 배치하여 1:1로 상담·관리를 통해 이들의 지역사회 정착을 지원하는 '비주택거주자 주거상향지원사업'을 신규 추진할 계획이다.

주거급여의 경우, 「제3차 기초생활보장 종합계획('24~'26)」을 수립하여 수급가구 대상 확대 및 지원금액 상향을 위한 노력을 지속할 계획이며, 수급자 특성에 맞는 주거지원 강화 등 제도개선을 추진할 계획이다.

또한, 주거복지서비스가 효과적으로 전달될 수 있도록 하기 위하여 온·오프라인 주거복지전달체계를 지속 확충하여 수요자 중심의 맞춤형 주거복지를 보다 촘촘하게 제공할 예정이다. 특히 전국 주거복지센터의 확대를 지속 추진하고, 주거복지센터 및 영구·매입·전세임대주택 등에 주거복지사 등 주거복지 전문인력을 집중적으로 배치·확충하는 등 역량을 강화할 예정이다.

3. 공공지원 민간임대주택 공급 활성화

가. 공공지원 민간임대주택 개요

공공지원 민간임대주택이란 민간이 소유권을 가지고 있으나, 공공의 지원을 받아 초기임대료, 입주자격 등에 있어 공공성을 확보한 임대주택을 말한다.

민간임대사업자가 기금 출·융자, 용적률 완화 등의 지원을 받아 건설 또는 매입하거나, 국·공유지 또는 공공택지에 건설하는 등의 공공지원을 받는 경우 임대기간(10년 이상), 임대료 인상 제한(5% 이하), 초기임대료 (시세 미만), 입주자격 제한(무주택자 우선공급, 정책지원계층 특별공급) 등의 규제를 받게 된다.

나. 공공지원 민간임대주택 추진배경

임대차시장의 구조변화(전세→월세)에 대응하여 중산층이 안정적으로 거주 가능하도록 장기간(8년간) 이사 걱정 없이 거주할 수 있고, 임대료 상승률도 연 5%로 제한되는 기업형 임대주택(뉴스테이) 정책을 추진하였다.

하지만, 민간임대사업자에 대한 다양한 혜택에 비해 높은 임대료, 무주택자나 청년 등 취약계층에 대한 배려 부족 등 공공성이 미흡하다는 비판이 있어, 기업형 임대주택의 공공성을 강화하여 초기임대료 제한,

무주택자 우선공급, 청년 등 정책지원계층 특별공급 등 공공지원 민간임대주택으로 재편하였다.(민간임대주택에 관한 특별법 개정, '18.1.16)

다. 공공지원 민간임대주택 제도개선 주요내용

공공지원 민간임대주택은 청년층과 장기임대를 위해 도심, 역세권, 산업단지, 대학 인근 등 임차수요가 많은 곳에 원룸, 투룸, 셰어하우스 및 소형 주택으로 공급한다.

〈표 2-4-19〉 민간임대주택 체계 개편

유형	규제	지원	유형	규제	지원
기업형 (300세대↑)	8년, 5%	기금 출융자 건축규제완화 세제혜택	공공지원	10년, 5% 초기임대료 입주자격	기금 출융자 건축규제완화 세제혜택
준공공 (300세대↓)			장기임대	10년, 5%	기금융자 세제혜택
단기임대	4년, 5%	기금융자 세제혜택	단기임대	폐지('20.8.)	

임대주택의 공공성을 회복하여 서민 주거안정에 도움이 되도록 공공성을 확보한 사업에만 주택기금, 공공택지 등 공적지원의 내용과 수준을 연계하여 인센티브를 제공한다.

공적지원을 받는 경우, 초기임대료를 시세 미만(시세의 95% 이하)으로 설정하고, 무주택자에게 우선적으로 공급해야 한다.

또한 청년 실업, 저출산 등으로 주거지원이 필요한 청년·신혼부부 등의 정책지원계층에 임대료를 인하하여(시세 85% 이하) 특별공급(20% 이상) 등을 해야 한다.

이에 더하여, 용적률 상향 등의 건축규제를 완화해주는 등 도시계획 인센티브를 부여하는 경우, 증가되는 주택 연면적의 일정비율을 공공임대 등으로 기부채납 해야 한다.

4. 공동주택 주거환경 향상 및 유지관리 강화

가. 배경

소비자 눈높이에 맞도록 주택의 품질수준을 향상시키고, 2025년 제로에너지주택 공급의무화 달성을 위하여 에너지절약형 고성능 공동주택의 보급 확대를 추진하고 있다.

아파트의 공급 비중이 높아지고 있어 입주민 지원, 체계적인 재고 관리에 대한 사회적 요구가 증대함에 따라 주거환경 향상을 위한 제도를 마련하였다.

나. 주요내용

100년 주택을 지향하는 장수명 주택의 보급 확대를 유도하기 위해 장수명 인증제도 운영 과정 중 발견된 인증기준상 미비점을 보완하고 장수명주택 건설 시 제공되는 인센티브의 현실화 및 대상 확대를 위해 장수명 주택 건설·인증 기준 개정을 추진중에 있으며, 공공임대주택(LH)을 대상으로 "양호" 등급 이상의 장수명 공동주택을 공급하고 있다.

또한, 제로에너지건축물 로드맵에 따라 민간 공동주택에 제로에너지 5등급 수준의 에너지 성능을 적용하는 '에너지절약형 친환경주택의 건설기준' 개정(안)을 마련하고 '25년 6월 시행을 목표로 개정을 추진하고 있으며 고층형 공동주택의 제로에너지 3등급 구현을 위해 에너지 혁신 기술 및 최적화 모델 개발 등의 R&D 추진을 준비하고 있다.

다. 향후계획

2014년 12월부터 시행된 장수명주택 제도의 안정적 정착과 공동주택 실내공기질 개선 및 층간소음 분쟁 예방을 위하여 관련 제도개선을 지속적으로 추진하고 있으며, 국가 온실가스 저감목표 및 제로에너지건축물로드맵 달성을 위해 내년 민간 공동주택 제로에너지 및 3등급 공동주택 R&D를 차질없이 시행할 계획이다.

제5장 국토조사 및 국토정보체계

제1절 국토조사

1. 국토지형 기준

우리나라의 현대측량은 일제점령기 토지수탈 및 대륙진출을 목적으로 1910년대 조선총독부내 토지조사국을 설치하여 전국에 걸쳐 축척 1/50,000 지형도를 제작한 것이 시초이다.

평면위치의 기준은 일본 동경을 원점으로 삼각측량방법에 의해 절영도, 거제도를 거쳐 전국 34,447점의 삼각점을 설치하였으며, 높이의 기준이 되는 수준점은 5곳의(청진, 진남포, 인천, 목포, 원산)의 평면해수면을 기점(0m)으로 하여 1,391점을 설치하였다.

이렇게 설치된 삼각점과 수준점은 1980년대 중반까지 사용하였으나, 우리나라의 독립된 국가기준점 체계를 확립하고자 1981년 5월부터 1985년 10월까지 천문측량을 실시, 그해 12월에 대한민국 경위도 원점을 경기도 수원시에 소재한 국토지리정보원내에 설치하고 이를 측량원점 출발점으로 하여 기준점을 재정비하는 기틀을 마련하였다.

국토지리정보원은 위성기준점((구)GPS상시관측소)을 1995년부터 2007년까지 총 14개소를 설치·운영하였다. 또한 2008년 정부조직 개편에 따라 (구)행정자치부의 지적측량용 위성기준점((구)GPS상시관측소) 32개를 이관하여 통합운영 하였다.

수로측량 및 해상항법·운항 등을 위해 설치한 (구)해양수산부의 26개소 GPS상시관측소에 대해서도 성과·고시하였는데, 이중 12개소는 해안지역의 실시간 이동측량 등을 위해 공동 활용 중에 있으며, 현재 92개소의 위성기준점을 운영하고 측량 등에 활용하고 있다.

또한, 군 작전수행 및 군사시설물 관리를 지원하고 남북경협 등에 활용하고자 화천·철원 지역 등 비무장지대 내에 위성기준점을 설치·운영하고 있다.

1995년 한·일 측지기술협력사업의 일환으로 일본 국토지리원과 공동으로 국토지리정보원 내 임시로 측지VLBI(초장기선전파간섭법)를 설치·관측하여 세계측지계전환에 대비하였다. 또한, 보다 정확한 측량데이터의 관측과 제공을 위해서 국내에 측지VLBI 관측국 설치를 위해 노력해왔다. 이에 2008년에 행정중심복합도시건설청과 측지VLBI 관측부지에 관한 양해각서를 체결하였고, 2012년 측지VLBI 관측국을 완공하고 우주측지관측센터로 명하여 본격적인 운영에 들어갔다.

그리고 2002년에는 세계적으로 공통이 되는 세계측지계를 도입하기 위하여 초정밀우주측지기술을 이용하여 세계측지계에 의한 대한민국 경위도 원점의 위치 값을 다시 정의하였다.

또한 우리나라 수준원점은 1963년 12월에 인하공업전문대학 내 원점을 설치하였고 수준원점 높이는 인천만 평균해수면상의 높이로부터 26.6871미터로 결정하였다.

〈표 2-5-1〉 측지원점 비교표

구 분	1910년 ~ 1985년 일본 동경원점	1985년 ~ 2001년 천문측량에 의한 원점	2002년 ~ 현재 세계측지계에 의한 원점	비 고
위 도	북위 35도39분17.5148초	북위 37도16분31.9034초	북위 37도16분33.3659초	
경 도	동경 139도44분40.5020초	동경 127도3분5.1451초	동경 127도3분14.8913초	

자료 : 국토지리정보원

〈표 2-5-2〉 수준원점 비교표

구 분	구 토지조사국 인천수준기점	대한민국 수준원점	비 고
설 치 년 도	1917년	1963년 12월	
표 고	5.477미터	26.6871미터	
설 치 자	토지조사국(조선총독부)	국토지리정보원	

자료 : 국토지리정보원

2. 측량 및 지도화

가. 지도제작

지도는 그간 국토개발·관리 등에 대한 정책수립 및 시행을 위한 기초자료로 널리 활용되어 왔으며, 최근에는 내비게이션, 인터넷 포털, 모바일 지도 등 위치기반서비스(LBS : Location Based Service)의 발전과 함께 그 수요가 날로 증가하고 있다.

이에 국토지리정보원은 전 국토에 대하여 일정 주기로 항공사진을 촬영하고 있으며, 이를 토대로 지도를 제작, 수정, 갱신하고 있다. 그 종류로는 1/5,000 지형도(수치지형도), 1/25,000 지형도(수치지형도), 1/50,000 지형도, 1/250,000 지세도 등이 있으며 그 현황은 아래와 같다.

〈표 2-5-3〉 지형도 제작 및 수정 현황

구 분		합 계	2017 이전	2018	2019	2020	2021	2022	2023
항공사진촬영		1,192,634㎢	779,194㎢	40,100㎢	54,157㎢	39,343㎢	93,280㎢	93,280㎢	93,280㎢
1/5,000 지형도	제작	17,524도엽	17,524도엽	-	-	-	-	-	-
	수정	60,172도엽	60,172도엽	-	-	-	-	-	-
1/10,000 지형도제작		282도엽	282도엽	-	-	-	-	-	-
1/25,000 지형도	제작	810도엽	810도엽	-	-	-	-	-	-
	수정	15,716도엽	10,176도엽	922도엽	922도엽	924도엽	924도엽	924도엽	924도엽
1/50,000 지형도	제작	241도엽	241도엽	-	-	-	-	-	-
	수정	4,285도엽	2,707도엽	263도엽	263도엽	263도엽	263도엽	263도엽	263도엽
1/25,000 토지이용도	제작	720도엽	720도엽	-	-	-	-	-	-
	수정	897도엽	897도엽	-	-	-	-	-	-
1/250,000 지세도	제작	48도엽	48도엽	-	-	-	-	-	-
	수정	358도엽	254도엽	-	-	26도엽	26도엽	26도엽	26도엽

자료 : 국토지리정보원

〈표 2-5-4〉 수치지도 제작 및 수정현황

구 분		합 계	2017 이전	2018	2019	2020	2021	2022	2023
1/1,000 수치지도 제작·수정		91,460도엽	61,044도엽	5,249도엽	4,526도엽	3,697도엽	4,958도엽	6,208도엽	5,778도엽
1/5,000 수치지도	제작	18,073도엽	18,073도엽	-	-	-	-	-	-
	수정	198,543도엽	93,204도엽	17,661도엽	17,661도엽	17,661도엽	17,661도엽	17,661도엽	17,034도엽
1/25,000 수치지도	제작	844도엽	844도엽	-	-	-	-	-	-
	수정	9,530도엽	4,353도엽	867도엽	867도엽	867도엽	867도엽	867도엽	842도엽

자료 : 국토지리정보원

1/5,000 지형도(수치지형도)는 전국 단위로 제작된 지형도 중 규격이 일정하고 정확도가 통일된 것으로서, 「공간정보의 구축 및 관리 등에 관한 법률」에 의거 우리나라의 기본도로 정의되어 있다.

1/25,000지형도(수치지형도) 및 1/50,000지형도는 1/5,000지형도를 축소·편집하는 방법으로 제작되었으며, 1/250,000지세도는 지세 판단을 위해 지표면상의 상황(지형, 도로분포 등)과 행정구역경계 및 주요 지명 등을 표현하여 한반도 전체 26도엽을 국민에게 제공하고 있다.

2018년도에는 여러 종류의 지도 간 일관성 및 갱신 효율성 확보, 다양한 분야에서 융복합 활용이 용이한 지도로의 변화 요구에 부응하여 도엽단위에서 한 단계 발전한 형태인 전국 단위 데이터베이스로써의 국가기본도를 최초로 제작하였다.

아울러, 2018년부터 국가기본도 데이터베이스를 이용하여 수치지형도를 자동으로 생산하는 시스템을 개발하였고, 2019년부터는 국가기본도 데이터베이스를 최신으로 유지갱신하고 지도 자동제작 시스템을 이용하여 수치지형도를 자동으로 생산하고 있다.

나. 체계적인 지도 수정·갱신

지도의 현시성과 효용성을 유지하고 일관성 있는 지도수정체계를 확립하기 위하여 2002년부터 2006년까지는 전국을 5개 권역으로, 2007년부터 2010년까지는 4개 권역으로, 2011년부터 2012년까지는 2개 권역으로 나누어

지도를 수정·갱신하였으며, 2013년부터는 상시수정체계를 도입하여 전국에 대해 항공사진을 이용한 정기수정과 준공도면 및 현지측량을 이용한 수시수정을 동시에 진행하며 신속하게 지도를 수정하였다. 2021년부터는 매년 촬영되는 항공사진을 활용하여 전국에 대한 정기수정이 이루어지고 있다.

〈그림 2-5-1〉 지도수정체계의 변천

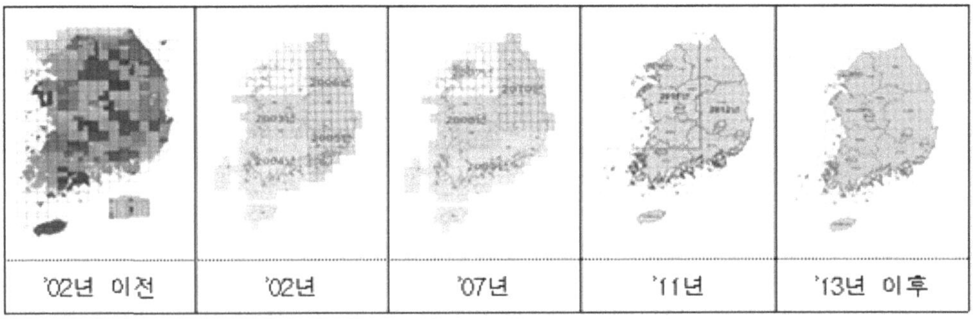

3. 국토 영상정보 DB구축

정부는 국토의 형상을 위치와 높이 정보가 포함된 영상정보를 제공하기 위해 국토공간영상정보 구축사업을 실시하고 있다. 국토공간영상정보는 항공사진, 정사영상, 수치표고모형 등 국토의 형상을 나타내는 영상정보로, 2010년 전국에 대한 디지털 컬러 항공사진을 촬영한 이후 2년 주기로 항공사진 및 정사영상을 제작하였으며, 2021년부터는 제작 주기를 1년으로 단축하여 항공사진촬영 중복을 방지한 원천 데이터의 다목적 활용과 디지털 트윈국토 실현을 효과적으로 지원하고 있다.

항공사진 촬영 및 DB구축사업은 디지털 항공사진을 촬영 후 위치정보를 데이터베이스화하여 국토변화상을 보다 쉽게 파악할 수 있도록 하는 사업으로서 토지이용 및 각종 시설물 등의 변천과정을 신속·정확하게 파악하여 국토변화에 대한 연구, 국토정책계획 및 도시계획의 수립 등 국토 변천의 귀중한 역사적 자료로 사용된다.

또한 정사영상제작사업과 수치표고모형구축사업은 국토의 현황을 입체적으로 한 눈에 파악할 수 있도록 평면좌표가 포함된 영상과 높이 정보의 융합을 통해 3차원으로 볼 수 있는 입체화된 영상정보를 제공함으로써 GIS, LBS, ITS, 스마트시티 등의 활용성을 극대화하고 각종 계획수립 및 설계 등에 유용하게 활용할 수 있다.

〈표 2-5-5〉 국토공간 영상정보DB 구축

구분	연도별	합계	2000~2017	2018	2019	2020	2021	2022	2023
항공사진 DB구축		1,359,970매	614,981매	29,427매	63,203매	36,884매	255,379매	187,756매	172,340매
정사영상지도 제작	1/5만	21도엽	21도엽	-	-	-	-	-	-
	1/5천	141,452도엽	68,958도엽	7,501도엽	10,440도엽	7,215도엽	17,035도엽	17,035도엽	13,268도엽
수치표고 모형구축		67,346도엽	52,617도엽	553도엽	431도엽	335도엽	7,893도엽	3,037도엽	2,480도엽

자료 : 국토지리정보원

4. 국토측량과 지형정보 제공

가. 국토측량

정부에서는 1985년 12월 경기도 수원시 영통구 월드컵로 92 국토지리정보원 구내에 대한민국 경위도원점을 설치하고 이 측량원점을 기준으로 하여 기준점을 재정비하는 기틀을 마련하였고, 위성측지(GNSS)기술이 범세계적으로 보편화됨에 따라 각 국가에서 측지좌표계를 세계단일지구중심측지좌표계(세계측지계)로 전환하는 세계적 추세에 따라 우리나라도 높은 정확도의 국가기준점체계를 확립하고 위성측지기술의 실용화와 세계측지망과의 연계를 통한 측지기술발전을 도모하고자 세계측지계를 도입하였다.

이에 따라 2003.1.1부터 「측량·수로 및 지적에 관한 법률」이 제정된 2009.12.14까지는 기존좌표와 함께 병행 사용하다가 2009.12.14부터 세계측지계를 전면적으로 적용하여 기준점 정비 등 준비를 추진하였다. 이에 따라 기 제작된 지도 등 각종 측량성과를 포함하여 신규로 작성되는 성과는 세계측지계의 기준에 의하여 작성하고 있다.

또한 위성기준점((구)GPS상시관측소)의 관측데이터 제공과 더불어 2004년과 2011년부터 각각 가상기준점(VRS) 및 면보정시스템(FKP)을 도입·구축하여 전국을 대상으로 Network RTK(실시간측량 서비스)를 제공하고 있다.

그리고 지구물리측량으로 우리나라 지자기 요소를 관측하여 자침의 방향각을 설정하는 지자기측량, 국토 전역의 중력장 밀도 변화를 측정하는 중력측량을 실시하고 있다.

〈표 2-5-6〉 국가기준점 설치현황

연도별 구 분	누 계	1975 ~2017	2018	2019	2020	2021	2022	2023
통합기준점	5,590점	4,785점	347점	452점	-18점	3점	19점	2점
삼 각 점	13,488점	16,412점	-	-2,698점	-12점	-2점	-192점	-20점
수 준 점	5,688점	7,300점	-	-685점	-82점	7점	-841점	-11점
중 력 점	16,708점	12,032점	1,352점	1,312점	721점	725점	566점	-
지 자 기 점	15점(반복)	55점	5점	6점	6점	-	-57점	-

자료 : 국토지리정보원

나. 지형정보 제공

국민들의 알권리를 충족시키고 행정기관의 대국민 행정서비스를 제고하기 위하여 종이지도는 '59년부터 공급, 수치지도는 NGIS구축기본계획 1단계사업에 1998년부터 공급하여 왔으며, 국가·지자체에 판매하던 수치지도를 '10년. 4월부터 무상 전환하여 공급하고 있다.

〈표 2-5-7〉 수치지도 공급현황

(단위 : 천 도엽)

년도별	계	'98-'13	2014	2015	2016	2017	2018	2019	2020	2021	2022	2023
공급량	47,801	3,045	598	800	1,680	2,422	2,308	2,853	9,921	8,607	7,873	7,694

그동안 수치지도는 지도판매대행자를 통하여 도엽단위로만 판매하였으나, '11년도에 「전국통합연속수치지도시스템」을 구축하여 도엽, 행정구역, 임의지역 및 도로·건물 등 수요자가 원하는 특정정보 또는 범위만 골라서 직접 On_Line으로 구매할 수 있도록 공급 방식을 다양화함으로써 사용자

중심의 활용성을 획기적으로 개선하였다. 그 뿐만 아니라 항공사진을 지도처럼 볼 수 있는 정사 영상지도를 '12.12.10부터 일반 국민들에게 판매함으로써 일반지도 및 각종 행정정보 등과 융·복합하여 원하는 공간정보로 편집·가공 등 활용할 수 있도록 하였다.

지형정보 제공의 효율화를 위하여 2014년도부터는 유통공급팀을 신설하여 지형정보 제공 및 유통 업무를 전담하게 됨에 따라 생산과 소비 간 선순환 체계 확보에 필요한 조직적 기반을 마련하였다.

국토지리정보원에서 생산한 공간정보를 활용하여 지도 등을 간행·판매 및 배포할 경우에는 지도 등의 간행심사 및 국토지리정보원과 계약을 체결 하도록 되어 있었으나, 2015년 6월에 고객 만족도 향상 및 공간정보 활용 촉진을 위해 간행심사제도, 수수료 등 유통정책을 정비하여 16개 항목으로 되어 있던 간행심사 항목을 4개로 줄여 "국민생활과 밀접한 항목 위주로 간소화"하고, 간행심사 수수료를 개선(50%인하, 수정심사 수수료는 폐지) 하였다. 또한, 2017년 1월에는 공간정보 사업자에 대한 계약 제도를 폐지 하여 공간정보 이용 활성화 및 관련 산업 발전에 기여하였다.

종전에는 지도 등 공간정보 활용이 일부 산업에 국한되어 수익자 부담 원칙을 적용하여 유상정책을 유지하였으나, 교통, 환경, 도시계획 등으로 공간정보의 활용범위가 확대되면서, 공간정보가 정보화 기술 등과 결합하여 부가가치 및 일자리를 창출하는 창조경제의 원동력으로 부상하였다.

이에, 공간정보 산업 활성화 및 일자리 창출 지원을 위해 공간정보를 유상으로 판매하던 체계에서 무상으로 제공하는 체계로 전환하여 '16년 3월 1/5000 수치지도, 정사영상 등 15종의 공간정보를 무상으로 개방하였고, '17년 7월 지방자치단체와 매칭 펀드로 제작한 1/1000 수치지도로 무상개방 대상을 전면 확대하였다.

또한, 2017년 3월 온라인 무상제공 확대 및 오프라인 수수료 대폭 인하 (20,000원→2,000원), 지도 등의 활용 수수료 폐지를 실시한 것에서 더 나아가 2023년 3월에는 온라인 다운로드에 한계가 있는 대용량 공간정보 사용자의 부담완화를 위해 오프라인 제공 수수료를 기존 대비 80% 인하하고 오프라인 무상제공 대상기관을 국가·지자체에서 공공기관으로 확대하여 공간정보 융·복합이 보다 용이해졌다.

〈표 2-5-8〉 공간정보 유통현황

구분	합계	수치지도	항공사진	정사영상	DEM	국가기준점	온맵	구지도	정밀도로지도	통계지도	국토위성
'20년	11,416,140	9,921,790	165,156	791,183	15,277	111,236	275,002	81,535	9,175	45,786	-
'21년	10,565,207	8,607,101	201,905	1,168,583	14,535	118,859	266,168	82,303	8,235	97,518	-
'22년	10,263,583	7,873,660	235,780	1,215,919	20,857	165,470	225,386	332,012	18,412	164,862	11,225
'23년	10,051,773	7,694,022	269,437	1,166,799	26,551	164,764	195,340	207,427	39,863	256,902	30,668

자료 : 국토지리정보원

우리나라 지리문화의 역사적 전통을 계승하기 위하여 한국의 지리문화에 관한 연구와 지지편찬사업을 실시하여 "한국지지 총론", "한국지지 지방편" 4권, "한국지명요람", "지명유래집", "고지도목록", "지도와 지명" 등을 발간하여 지리문화 보급에 기여하고 있다.

그리고 2003년부터는 지도수정·갱신계획과 연계하여 전국을 5개 권역(충청, 전라·제주, 경상, 강원, 수도권)으로 한 한국지리지 및 한글·영문편 총론을 완료하였고, 2010년에는 한국지리지의 발간성과분석 및 발전방안 연구를 추진하였으며, 2011년에 국토의 체계적 관리 및 활용을 위한 지리지 발간 기본계획 수립 및 광역지방자치단체별 지리지제작규정을 마련, 2012년엔 한국지리지 제주편을 시범으로 발간하고, 2013년부터는 매칭사업(국비:지방비를 50:50)으로 광주광역시편을 발간하였으며, 연차별 계획에 따라 2014년에는 대전광역시, 전라남도, 강원도편, 2015년에는 서울·충북편, 2020년에는 DMZ 탄생(6·25 종전) 70주년을 맞이하여 DMZ 비무장지대 지리지를 발간하였다.

이와 함께 지리문화 보급의 일환으로 2008년 한국지명유래집(중부편) 편찬사업을 기점으로 2009년 충청편, 2010년 전라·제주편, 2011년 경상편 및 2012년~2013년에는 북한편을 편찬하였다.

2012년과 2016년에는 유엔지명전문가회의에서 제시된 기준에 따라 국내는 물론 전 세계의 지도와 자료 편집자가 대한민국 지명을 올바르게 이해하고 사용하는데 도움을 주기 위한 목적으로 한국어와 영문으로 제작된 「지명의 국제적 표기지침서」을 편찬하였다. 또한 2016년에는 해당 내용을 보다 이해하기 쉽고 흥미로운 형식으로 풀어낸 영문으로 제작된 「한국의 지명」을 발간하였다.

5. 국토조사 및 지명관리

가. 국토조사 및 국토조사 보고서

국토계획 및 정책결정에 필요한 자료를 수집하여 제공하는 국토조사는 국토의 여건변화와 사회적 수요에 부응하여 국토에 관한 다양한 지표를 지속적으로 구축 및 발전해 오고 있다.(국토기본법 제25조 및 같은 법 시행령 제10조).

- 2004년부터 2011년까지는 쾌적성, 경쟁성, 기반성, 환경성, 개방성 5개의 영역을 토대로 지표를 구축
- 2012년부터는 국토일반현황, 인구와 사회, 경제와 일자리 등 12개 주제 중심으로 세분화하여 지표를 구축
- 2013년부터는 국토지표 내실화를 위해 6개 주제로 통합하고, 국토지표체계를 정비, 격자기반의 세밀한 국토지표 및 국토통계지도 구축
- 2016년부터는 국토종합계획 및 각종 공간계획에 활용도 높은 정책지표를 구축하고 이를 국토모니터링 보고서로 시범 작성
- 2017년부터는 생활인프라 접근성 분석 등 주요정책 수요를 반영한 국토모니터링 보고서 발간 및 국토통계지도 서비스
- 2021년부터는 국토모니터링 보고서를 국토조사 보고서로 명칭 변경

〈표 2-5-9〉 국토조사보고서의 국토지표(격자기반)

인구와 사회	토지와 주택	생활과 복지	국토인프라	환경과 안전
-단위면적당 인구밀도 -인구과소지역 -3년 연속 인구감소지역 -수도권 인구집중도 -최고점 대비 인구감소 비율	-총 건물 수 -노후 건물 수 -노후 건물 비율 -총 주택 수 -노후 주택 수 -노후 주택 비율 -공동주택 수 -공동주택 비율 -노후 공동주택 수 -노후 공동주택 비율 -단독주택 수 -단독주택 비율 -노후 단독주택 수 -노후 단독주택 비율 -토지이용(건물) 압축도 -토지이용(건물) 복합도	-생활권공원 접근성 -주제공원 접근성 -공공체육시설 접근성 -어린이집 접근성 -유치원 접근성 -초등학교 접근성 -도서관 접근성 -국공립도서관 접근성 -작은도서관 접근성 -공연문화시설 접근성 -종합사회복지관 접근성 -노인복지관 접근성 -경로당 접근성 -노인교실 접근성 -노인여가복지시설 접근성 -보건기관 접근성 -의원 접근성 -병원 접근성 -종합병원 접근성 -응급의료시설 접근성 -약국 접근성	-주차장 접근성 -IC 접근성 -고속·고속화철도 접근성	-경찰서 접근성 -소방서 접근성 -지진옥외대피소 접근성

격자기반 국토지표는 기존의 행정구역 통계를 정책지표로 활용하는데 나타나는 한계점 극복을 위해 행정구역 단위보다 상세한 100m, 500m, 1km 등의 격자 단위로 조사 및 가공하여 지표를 생산한다. 이 지표는 중앙정부차원에서 구축한 정보시스템 상의 원천자료(인구정보, 토지정보, 건축행정 등)의 위치정보와 속성정보를 결합하여 격자단위로 생산하는 지표이다.

<그림 2-5-2> 격자 및 행정구역 국토지표 구축 과정

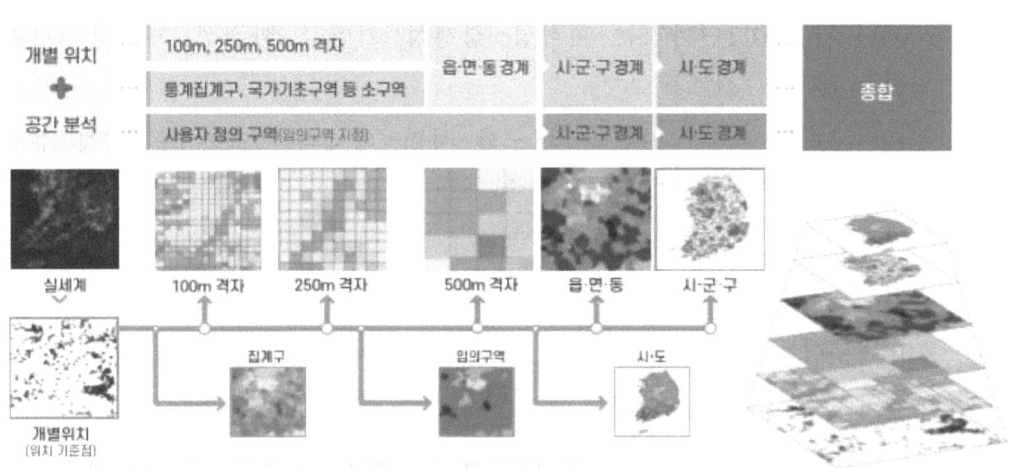

국토조사사업에서 격자기반 국토지표가 생산되면서 기존의 통계표 형식으로 발간해 오던 국토조사연감은 데이터 형태로 공개하고, 2017년부터는 격자기반 국토지표를 분석한 국토모니터링 보고서와 데이터를 공개하기 시작하였고, 2021년 국토모니터링 보고서를 국토조사 보고서로 명칭을 변경하였다. 국토조사 보고서는 국토종합계획, 지역계획, 도시계획 등 공간계획에 적극적으로 이용될 수 있도록 다양한 통계지도, 그래프, 인포그래픽스 등을 수록하여, 전문가뿐만 아니라 일반국민들까지 국토현황을 보다 상세하게 파악하고 쉽게 이해할 수 있도록 하였다.

특히 복지시설·의료시설·주차장시설·체육시설 등 생활 인프라 분야에 대한 물리적인 도로이동거리를 측정한 '생활인프라 접근성지표'는 이전과 다른 형식의 국토조사 보고서로 제작하였고, 국민중심의 생활밀착형 정책개발에 활용될 수 있도록 국토정보플랫폼(map.ngii.go.kr)에서 관련 자료를 다운로드할 수 있도록 서비스하고 있다.

<그림 2-5-3> 생활인프라 접근성 원리 및 도서관 접근성 분석 사례

□ 생활인프라 접근성 지표는 국민이 생활을 영위하는데 기초적으로 필요한 보육, 체육, 문화, 복지, 보건시설 등을 이용할 때 소요되는 이동거리를 측정한 지표로서 국민중심의 생활밀착형 정책 개발에 필요한 응용지표

* 집 주변의 도서관까지 거리가 어느 정도인가? 복지시설이 얼마나 가까이에 있는가? 응급상황에 골든타임 내에 의료센터까지 이동할 수 있는가? 등 주민들의 생활기반시설까지 도로상 평균이동거리를 격자 단위로 측정하고, 거리 내에 거주하는 서비스 가능인구의 비율을 측정한 지표

▶ **생활인프라 접근성지표** 거주지(격자)로부터 가장 가까운 병원, 도서관, 학교, 공원, 주차장 등 생활 필수시설까지 도로상 최단 거리를 측정

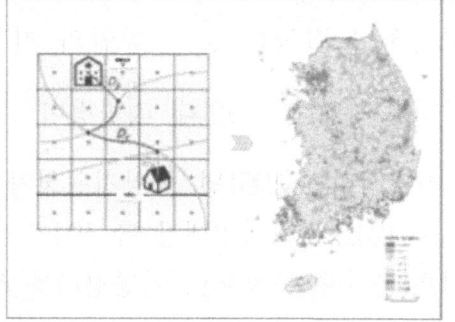

접근성 지표 = Da + Db + Dc [단위: km]
· Da : 격자 중심점으로부터 가장 가까운 도로의 노드까지의 거리
· Db : 시설물로부터 가장 가까운 도로의 노드까지의 거리
· Dc : 두 노드 간 최단 네트워크 거리

앞으로 국토조사는 국토공간정보, 국토빅데이터 등을 기반으로 국토 관련 다양한 정보를 융합하여 국토지표를 구축할 예정이며, 국토정책의 목표와 성과 달성도 수준을 진단하는 기초로 활용할 수 있도록 활성화 할 계획이다. <자료편 표29 참조>

또한 4차 산업혁명을 준비하는 차원에서 격자기반 국토지표의 정확성과 신뢰성을 높여 국토분야 인공지능의 접목, 스마트시티의 기초 인프라로 활용되도록 준비하고 있다. 이러한 격자기반 국토지표는 국토모니터링을 위한 데이터 기반이 되어 ① 공간계획 및 국토정책의 수립과 집행에 필요한 기초현황 정보의 수집·제공, ② 국토정책 및 계획 집행의 결과에 따른 국토상태의 진단 및 정책현안 파악, ③국토의 현황과 변화에 대한 정보를 공유, 함으로써 국토정책 소통을 강화하는 역할을 할 수 있도록 발전해 나갈 예정이다.

나. 체계적인 지명 정비

지명은 역사와 문화의 변천 과정에서 생성·소멸·변형의 과정이 반복되고 있어, 당시의 역사적 사고, 의식구조, 전통과 습관, 문화와 경제 등 사회상을 예측할 수 있는 자료로 기록, 관리 및 보존이 필요하며, 올바른 지명 정비를

통한 정확한 공간정보 제정(국가기본도에 표기 등)으로 대국민 서비스 품질향상을 도모하기 위하여 체계적으로 관리·유지 보존하여야 한다.

또한 현재 사용되고 있는 지명은 우리 고유지명, 한자식 지명 및 일본식 표기 의심 지명이 혼재되어있는 실정이므로 국토지리정보원은 일제강점기에 왜곡된 우리 국토의 지명을 복원하여 역사적·문화적 정통성을 확립하고, 현재 그 지역에서 사용하고 있는 지명의 명칭을 체계적으로 정비추진 중이며, 지형도에 정확히 표기하여 올바른 지명의 사용을 도모하기 위해 꾸준히 노력하는 등 그동안의 지명 정비 추진현황은 다음과 같다.

첫째, 1960~70년대 지명정비

지명정비는 1961년 중앙지원회가 현지·조사된 지명 137,000건을 검토하여 이중 124,000건(지명대장 총 194권)을 확정 고시한 것이 우리나라 지명정비의 시초(군사용 목적으로 지명정비를 추진)

둘째, 1980년대 지명정비

- 지명제도 법적근거 마련, 지명정비 계획 수립, 지명반 구성·운영

셋째, 1990년대 지명정비

- 1993년부터 1997년에는 최초 작성된 194권의 지명대장 원본의 보존과 갱신을 위하여 지명정비 작업을 하였으며, 이것을 총 179권의 지명 대장으로 정비
- 1995년에도 광복 50주년을 맞아 국토지리정보원이 일본식 표기 의심지명을 정비하는 사업을 진행하고 1998년에는 지명 데이터베이스를 구축

넷째, 2000년대 지명정비

- 1993년부터 전국적인 자연지명 재정비작업을 추진하고 있으며, 2002년 까지 광역지자체별로 지명정비를 추진
- 2003년부터는 새로운 지도수정체계인 권역별 지도수정 계획과 연계하여 지명정비를 추진('03~'05년 준비기간)
- 광역적 지명정비를 위해서는 2~3년의 준비기간이 소요되어 '05년 영남권부터 지도수정과 연계한 지명정비 추진

〈표 2-5-10〉 '03~'07 권역별 지도수정 및 지명정비

구분	'03	'04	'05	'06	'07
지도수정	충청권	호남권	영남권	강원권	수도권
지명정비	'05 준비	'06 준비	'07 준비		

자료 : 국토지리정보원

- '07년부터는 지명정비 대상을 1/25,000 지도에서 1/5,000 지도로 확대
- 지명정비와 더불어 법률상 미비한 지명 정의, 관리기관, 업무절차 등을 보완·체계화하는 법률 기초연구(2011)수행 및 가칭 지명법 제정 추진

다섯째, 2010년대 지명정비

- 2015~2020년대 지명업무 활성화를 위한 권역별 지명정비사업 실시
- 고시 지명의 중복, 상충 등 오류를 정비하고 최신화
- 지명 DB에서 중복지명, 관리지명 등을 분리*하여 약 29만여 건의 지명 DB를 구축

* 지명과 국가관심지점(Point of interest, POI)을 분리하고 국가지명으로 관리해야 할 대상을 선별하여, 기초 세부내용 조사표 및 추가 작성을 위한 지자체 배포용 파일 작성

〈그림 2-5-4〉 '15~'19 권역별 지명정비 주요 내용

자료 : 국토지리정보원

- '18~'20년 권역별 지명정비사업 시 지명고시를 위한 지명위원회 개최 협조 지자체 요청

여섯째, 2020년대 지명정비

- 2020년에는 제2차 지명정보 확충 및 중장기('21~'30) 지명업무 발전계획 수립 연구 등 추진
- 2021년부터 중장기('21~'30) 지명업무 발전계획 확정하고 지명의 속성정보 확충 및 지명업무편람 제작

다. 지명 관련 국제협력

국토지리정보원은 관계기관과 함께 '12년 이후 매년 유엔지명총회와 전문가회의에 적극 참여하여 국제사회에 우리의 영향력을 확대하고 인적 네트워크 강화를 위한 유엔지명 실무회의와 지명 워크숍을 한국에서 개최하는 등 국가 위상 제고를 위해 힘쓰고 있다.

* 평가·실행 및 홍보·제정에 관한 실무회의('13.7.4~6 /서울·수원)
* 제20차 UNRCC-AP 총회 지명워크숍('15.10.8~10 /제주국제컨벤션센터)

또한 미주리리역사연구소(Pan American Institute of Geographiy and History, PAIGH) 상임 옵서버국으로 가입('19년)한 이후 지명 및 공간정보 분야 협력을 지속적으로 추진하고 있다.

* 국토지리정보원-미주지리역사연구소 지명분야 웨비나('21.11.11 /서울)
* PAIGH 회원국 대상 역량강화 초청연수 프로그램 개최('22.11.15.~17, 3일간)
* PAIGH 회원국 대상 역량강화 초청연수 프로그램 개최('23.9.12.~15, 4일간)
* PAIGH 제24차 총회 참석('23.11.1.~2, 2일간/ 도미니카공화국)

제2절 해양조사

1. 개 요

해양영토를 둘러싼 주변국의 공세적 움직임 속에 동해 표기, 한·중·일 간 배타적경제수역(EEZ: Exclusive Economic Zone), 대륙붕 해양경계 획정 등 해양 영토관리 임무가 국가적 현안 사항으로 대두되고 있다. 또한 해양관광·산업 및 해양 분야의 종사자 증가 등 국민의 해양 이용이 점차 확대되는 반면, 기후변화에 따른 해수면 상승, 태풍, 너울성 고파(高坡, 너울성 파도), 이안류, 해저지진 등 해양 재난은 점차 다양화·대형화되고 있어 해양 안전에 대한 국민의 관심은 날로 높아지고 있다. 이에 따라 해양에 대한 국가 차원의 체계적이고 정밀한 조사와 과학적 판단에 근거한 정확한 예측, 예방·대응이 어느 때보다도 절실하며, 국토 관리의 기초 자료로서 해양조사 정보의 축적과 활용이 요구되고 있다.

국립해양조사원에서는 2020년, 해양 신산업 창출, 해양의 입체적 관리, 국가해양정보 제공, 해양재난대응 최신 인프라 구축·운영, 해양조사 글로벌 기여 등을 골자로 하는 제3차 해양조사 기본계획(2021~2025)을 수립하고 97개 세부과제를 추진하고 있다. 특히, 새 기본계획에는 해양조사 분야 국가 연구개발(R&D) 사업이 처음으로 반영되었다. 주된 연구개발 과제로는 3차원 해수유동 관측, S-100 표준에 따른 해양 GIS 기술 국산화, 머신러닝 기반의 해저면 특성 분류 기술개발 등이 있다.

육지의 4.4배에 달하는 관할해역 438천km^{2}와 해안선 15,285km('23년 5월 기준, '23년 발표)에 대한 해저지형, 지층, 중력 지자기 등을 조사하고, 조석, 조류, 해류 등 바닷물의 물리적 특성을 관측하여 해양영토의 형상과 특성을 정립하고, 자료를 축적하고 있다. 이렇게 조사된 해양정보는 해도(전자해도 포함), 조석표, 조류표 등 각종 해양정보간행물과 2015년부터 시작된 해양예보 등을 통해 유관기관 및 해양을 이용하는 국민들에게 제공되고 있으며 구체적인 활용 분야는 다음과 같다.

첫째, 해양주권 수호를 위한 국가 인프라 구축

관할해역 국가해양기본조사를 통해 한·중·일 배타적경제수역(EEZ) 및 대륙붕 경계 획정에 필요한 과학적 기준 제시, 관할해역 주권 강화 및 체계적 이용·관리를 위한 해저지형, 중력, 지자기, 천부지층분포 등의 수로측량 정보를 확보한다. 또한, 해산·해저분지·해저산맥 등 해저지형에 우리식 이름을 부여하고 국제해저지명에 등재되어 국제적으로 통용될 수 있도록 힘쓰고 있다.

둘째, 지구 온난화, 해일 등으로 인한 자연재해 예방 지원

해수면 상승으로 인한 해안선 유실·침수 및 범람 등의 재해를 저감할 수 있는 정책수립과 해양의 변화상을 지속적으로 관측하여 태풍·해일·지진 등에 의한 피해 최소화를 지원한다. 또한 해양기상 및 해수의 물리적 변동 상황을 유관기관과 지자체 등에 상시 제공하여 해양재해·재난으로부터 국민의 생명과 재산을 보호할 수 있도록 노력한다.

셋째, 해도 및 항행통보 등 항행정보 제공을 통한 선박 안전항해 확보

해도 및 전자해도, 항해서지, 항행통보 등 항해용 간행물을 간행하고, 긴급·위험상황 발생 시 즉시 항행경보를 발령하여 선박의 항해 안전을 확보하며, 해수유동 예측 정보를 제공하여 선박 사고로 인한 인명·재산·환경피해를 최소화한다.

넷째, 체계적인 연안 개발·관리·보전 정책 지원

해안선을 정밀조사·측량하여 국토의 길이, 형상 및 면적을 정량화하고, 수심·해류 등의 정보 제공으로 준설·파이프라인 설치 등 항만관리와 연륙교와 같은 해상공사 등 해양 이용을 지원한다.

다섯째, 국민의 안전한 해양레저 활동과 군·경 해상작전 지원

해양관광, 낚시 등 해양 레저 수요가 증가함에 따라 물 때, 바다갈라짐 등의 정보를 국립해양조사원 누리집(인터넷, 모바일), 해양예보방송 등을 통해 제공하며, 소형선용 항만안내도 등 다양한 해양정보간행물을 제작·간행하여 제공한다. 또한 군 작전에 필요한 수심·조류·수온 등을 조사하여 제공함으로써 국가안보 및 해양 방위를 지원한다.

여섯째, 해양자원 개발을 위한 기초 해양자료 제공

다양하고 방대한 해양관측자료를 수집·제공하여 조류·파력·온도차 발전 등 대체 에너지 개발자원 확보를 지원하며, 해저 지질 등을 조사·분석하여 광물·석유 등 천연자원 개발을 위한 원시자료를 생산한다.

2. 주요 추진사업

가. 관할해역 국가해양기본조사 극대화

유엔(UN: Uited Nation) 해양법협약 발효 이후 한·중·일 간 EEZ, 대륙붕 해양경계 획정, 자원 확보 등 해양분할 시 우리나라의 협상력 및 해양영토 주권 강화를 위한 기초자료 확보를 위해 1996년부터 2010년까지 동·남·서 관할해역에 대해 해저지형, 중력, 지자기, 천부지층분포 등을 1.5km 간격의 개괄적인 1단계 종합해양지구물리 조사를 완료했다.

관할해역에 대한 1단계 조사 시작 이후 2007년 국정감사 시 한·중·일 해양경계 지역의 해저지형 분포 및 특이지형 발굴 필요성이 지적됨에 따라 2008년부터 2018년까지 1단계 조사에서 미측량 구역이 존재하는 한반도 서·남해역에 대해 2단계 정밀해저지형조사를 완료하였다.

1-2단계 국가해양기본조사를 통해 관할해역에 대한 기초자료를 확보하였고 관할해역의 과학적 관리를 위해서는 자료의 최신성 유지 및 지속적 변화 모니터링의 필요성이 제기되어 2019년 시범 조사를 시작으로 2020년부터 10년 주기로 우리나라 관할해역에 대한 모니터링을 수행하고 있다.

〈표 2-5-11〉 국가해양기본조사 추진실적 및 계획

(단위 : km^2)

단계	총계	2016까지	2017	2018	2019	2020	2021	2022	2023	2024 이후
1	343,000	343,000	-	-	-	-	-	-	-	-
2	242,000	174,300	33,000	34,700	-	-	-	-	-	-
3	248,529	-	-	-	2,100	24,377	19,670	31,406	42,630	128,346

자료 : 국립해양조사원

국가해양기본조사를 통해 산출된 성과는 해양지명 등재, 해상교통안전, 해양영토 방위 지원, 해양환경 보전, 해양개발, 자원탐사 등에서 기초자료로 활용되고 있다.

나. 항만·항로 및 연안해역의 정밀수로측량

주요항만 무역·연안항·국가어항 및 소형 선박의 이용이 많은 연안해역에 대한 해저지형측량, 해저면영상탐사 등 정밀수로측량을 통해 항만공사, 준설, 자연 퇴적·침식 등으로 급변하는 항로의 변화를 파악하여 선박의 안전한 통항과 체계적인 항만·연안 관리에 기여하고 있다.

〈표 2-5-12〉 항만해역 정밀수로측량 추진실적 및 계획

년도	무역항	연안항	국가어항
2020	광양항, 마산항, 고현항, 하동항, 태안항, 보령항, 완도항, 통영항, 옥포항, 장승포항, 삼척항	강구항	대진항, 거진항, 사동항, 대보항, 능포항, 오천항
2021	군산항, 장항항, 삼천포항, 제주항, 서귀포항, 속초항, 평택당진항, 목포항	녹동신항, 거문도항	신수항, 녹동항, 궁촌항, 공현진항, 대포항, 어란진항, 수품항, 초평항, 전장포항
2022	부산항	-	마량항, 도장항, 이목항, 회진항, 사동항, 풍남항, 발포항, 연도항, 오천항, 당목항, 안도항, 돌산항, 낭도항, 초도항, 여서항, 여호항, 보옥항, 소안항, 청산도항, 득암항, 시산항, 거진항, 모슬포항, 위미항
2023	울산항, 포항항, 대산항	성산포항, 화순항	궁평항, 진두항, 장고항, 안흥항, 구시포항, 위도항, 연도항, 말도항, 개야도항, 우이도항, 계마항, 안마항, 송도항, 서망항, 서거차항, 향화도항
2024	동해·묵호항, 속초항, 옥계항, 삼척항, 호산항, 목포항, 완도항, 보령항	대천항, 송공항, 흑산도항, 홍도항, 진도항	궁촌항, 공현진항, 거진항, 남애항, 수산항, 강릉항, 사천진항, 사동항, 구계항, 오산항, 구산항, 양포항, 죽변항, 장호항, 대진항, 덕산항, 아야진항, 대진항, 축산항, 호미곶항, 감포항

자료 : 국립해양조사원

〈표 2-5-13〉 연안해역조사 추진실적 및 계획

구 분	총계	2019까지	2020	2021	2022	2023	2024
사업량(km^2)	34,000	29,000	1,000	1,000	1,000	1,000	1,000

자료 : 국립해양조사원

항만·연안해역의 정밀수로측량은 다중빔 음향측심기, 해저면 영상탐사기 등 최첨단 해양조사 장비를 이용하여 종합적인 조사를 실시하고 있으며, 2024년에는 무역항 8개, 연안항 5개와 국가어항 21개, 연안해역 1,000km^{2}에 대해 조사를 실시할 예정이다.

또한 항만·연안해역의 정밀수로측량 성과는 해도에 반영되어 항만을 이용하는 선박의 항해안전 확보와 해양개발을 위한 기초자료로 활용되고 있다.

다. 해안선 변동조사 실시

해안선은 국토형상을 정립하는 국가기본지리정보로서 국립해양조사원에서는 해안선에 대한 전수조사를 2001년부터 2013년까지 완료하여 2014년에 최초 통계자료를 발표하였다. 최초 통계자료에 따르면 우리나라 해안선은 총 길이 14,962km(자연해안선 9,877km, 인공해안선 5,085km)이다.

해안선은 자연적인 침식이나 퇴적, 인공적인 해양 공사 등으로 계속 변화하므로 해안선 변동조사를 지속적으로 실시하여 최신 해안선 정보를 확보하여야 하며, 이는 국가정책수립의 기초자료로 활용된다. 이에 따라 국립해양조사원에서는 2016년부터 5년 주기의 변화 조사를 목표로 해안선 변동조사를 실시하고 있으며, 2016년부터 2020년까지(5년) 실시한 제1차 해안선 변동조사 결과를 분석하여 2021년 해안선 통계자료를 발표하였다. 2022년부터는 자료 최신화를 통한 국가 통계자료 신뢰성 확보 및 이용 활성화를 위해 성과 제공 주기를 5년에서 1년으로 조정하였다.

새로운 통계자료에 따르면 우리나라 해안선은 총 길이 15,285km(자연해안선 9,730km, 인공해안선 5,555km)로 최초 발표된 2014년 해안선 대비 323km가 증가되었다.

<표 2-5-14> 우리나라 해안선 현황

발표년도	총 계	자연해안선	인공해안선
2014	14,962 km	9,877 km	5,085 km
2021	15,282 km	9,822 km	5,460 km
2022	15,258 km	9,771 km	5,486 km
2023	15,285 km	9,730 km	5,555 km

* (자연해안선) 일정 기간 조석을 관측한 결과, 가장 높은 해수면(약최고고조면)에 이르렀을 때의 해수면이 자연 상태의 육지와 만나는 점들을 연결한 선
(인공해안선) 약최고고조면에 이르렀을 때의 해수면이 건설공사를 통하여 만들어진 시설물과 만나는 점들을 연결한 선. 다만, 해저에 고정되지 않고 부유(浮游)하거나 움직이는 시설물은 제외

자료 : 국립해양조사원

<표 2-5-15> 해안선 변동조사 추진실적 및 계획

(단위 : km)

구 분	2016	2017	2018	2019	2020	2021	2022	2023	2024
1차 변동조사	291	1,577	2,117	1,790	1,977	-	-	-	-
2차 변동조사	-	-	-	-	-	562	3,270	3,068	2,546

* 2020년은 도서부 해안선 7,210km에 대한 원격모니터링도 병행하여 조사

자료 : 국립해양조사원

라. 연안해역 조석관측 정보 실시간 제공

국립해양조사원은 해양사고와 해양개발, 해양레저활동 등의 해양정보 수요 증가에 부응하기 위해 전국 연안 53개 조위관측소를 구축·운영하고 있다(2023년 12월 기준, 해양관측소 포함 시 56개소). 조위관측소에서 생산되는 해수면 관측자료는 해안선 조사측량, 국가해양기본조사, 주요 항만 및 항로의 수로측량을 통해 확보되는 해양지형 정보의 기준 정립과 기후변화에 의한 해수면 상승률 분석, 우리나라의 해양 수직기준높이 결정 등 국가의 주요 정책 결정과 집행에 필요한 기초정보로 매우 중요하다.

조위관측소에서 생산되는 실시간 조석관측 정보와 조석예보, 바다갈라짐 예보 등의 해양정보는 국립해양조사원 누리집(www.khoa.go.kr)과 ARS(1588-9822), 문자 알림서비스(조석예보, 바다갈라짐, 해양예보방송 온바다 방송 정보) 등을 통해 국민들에게 제공되고 있다.

마. 국가해양관측망 운영과 기후변화대응 기반구축

1991년 정부간해양학위원회(IOC) 제16차 총회에서 기후예측 및 해양환경의 변화를 규명하기 위하여 전지구해양관측시스템(Global Ocean Observing System)구축을 결의하고 GOOS 사무국을 프랑스에 설치하였으며, 정부간해양학위원회 서태평양 지역위원회(WESTPAC) 동경회의에서 GOOS의 시범사업으로 동북아시아해양관측시스템(NEAR-GOOS) 구축을 결의하였다.

이러한 국제적인 추세에 발맞춰 해양수산부에서는 2001년 해양의 효율적인 이용 및 보전을 위한 장기적·체계적인 해양관측망을 운영하고 자료를 제공하기 위한 「국가해양관측망 구축 기본계획(실시간 해양관측 계획)」을 수립하였으며, 2007년에는 실시간 해양관측, 자료분석 및 관리, 수치예측 모델링의 종합된 시스템인 운용해양학 시스템 구축계획을 수립하였다.

국립해양조사원에서는 해양조사 기본계획 등에 따라 태풍 및 너울에 의한 해수범람 및 해난사고로 인한 인명 및 재산 피해 예방, 그리고 해양의 상시 감시를 위한 국가해양관측망을 매년 확대 구축하고 있다. 또한, 2007년 1월 이어도 해양과학기지 및 2016년 1월 신안가거초, 옹진소청초 해양과학기지의 관리운영 업무를 한국해양과학기술원(KIOST)으로부터 이관받아 수행하고 있다. 2023년 12월 기준, 현재 국립해양조사원에서 운영하고 있는 국가해양관측망은 총 139개소이다.

〈표 2-5-16〉 국가해양관측망 현황

구분	개수	지점명	관측요소
해양 과학기지	3	이어도, 옹진소청초, 신안가거초	조위, 파랑, 수온, 염분, 기온, 기압, 풍향, 풍속, 대기환경 등
조위관측소	53	백령도, 연평도, 강화대교, 영종대교, 인천, 인천송도, 소무의도, 덕적도, 향화도, 영흥도, 안산, 평택, 대산, 태안, 안흥, 보령, 서천마량, 장항, 어청도, 군산, 위도, 영광, 목포, 흑산도, 진도, 완도, 고흥발포, 여호항, 여수, 거문도, 광양, 추자도, 제주, 서귀포, 모슬포, 성산포, 삼천포, 통영, 거제도, 마산, 진해, 부산항신항, 가덕도, 부산, 울산, 포항, 후포, 울릉도, 동해항, 묵호, 속초, 교동대교, 서거차도	조위, 수온, 염분, 기압, 풍향, 풍속, 기온

구분	개수	지점명	관측요소
해양관측소	3	교본초, 복사초, 왕돌초	조위, 파고, 파주기, 수온, 염분, 기압, 풍향, 풍속, 기온
해수유동 관측소	44	부산항신항(유호리, 연도), 여수해만(향일암, 오동도, 스포츠파크, 홍현리), 대한해협(가덕도, 양지암, 태종태, 장승포), 백령도(용기원산, 대청도, 중화동, 소청도1), 태안·대산해역(구례포, 만대항, 만리포, 대난지도), 울산항(방어진, 간절곶), 경기만서부(소청도2, 소연평도1, 덕적도), 경기만동부(소연평도2, 주문도, 장봉도), 광양항(남해화전, 남해유포), 인천항(대부도, 소무의도, 송도), 동해중부(고성, 속초), 군산항(말도, 야미도, 자치도), 동해남부(영덕, 칠포), 포항항(입암리, 발산리), 목포항내측(달리도, 구림리), 목포항외측(송공리, 매월리)	표층 유향, 유속
해양관측 부이	36	제주남부, 대한해협, 남해동부, 제주해협, 울릉도북동, 울릉도북서, 백령도, 연평도, 경기만북서, 동해중부, 상왕등도, 우이도, 생일도, 경인항, 인천항, 평택당진항, 태안항, 군산항, 완도항, 광양항, 여수항, 통영항, 마산항, 부산항신항, 감천항, 부산항, 해운대해수욕장, 대천해수욕장, 중문해수욕장, 경포대해수욕장, 송정해수욕장, 낙산해수욕장, 임랑해수욕장, 속초해수욕장, 망상해수욕장, 고래불해수욕장	파랑, 유향, 유속, 수온, 염분, 기온, 기압, 풍향, 풍속

자료 : 국립해양조사원

또한, 국립해양조사원은 2009년 북동아시아해양관측시스템의 국가 대표기관(NEAR-GOOS RTDB)으로 지정되어 실시간 해양관측자료의 국제 공유와 공동활용 임무를 수행하는 실시간해양관측정보서비스 웹사이트(Korea Real Time Database for NEAR-GOOS)를 구축·운영하며 관련 업무를 수행하고 있다.

기후변화와 해양재해에 체계적으로 대처하기 위하여 21개 조위관측소를 대상으로 과거 34년간(1989~2022년) 장기 해수면 상승률을 산정하여 발표했다.

2100년까지 우리나라 주변해역의 해수면 상승을 파악하기 위해 지역 해양 기후 수치모델을 구축하여 '정부간 기후변화 협의체(IPCC, Intergovernmental Panel on Climate Change)' 제5차 평가보고서(AR5, 5th Assessment Report)의 기후변화 시나리오 중 대표농도이동경로(RCP, Representative Concentration Pathways) 2.6, 4.5, 8.5 시나리오 기반의 해수면 높이, 수온 등의 전망 자료를 생산하여 발표했다(2021년). 또한, IPCC 6차 보고서 발간에 따른 새로운 기후변화 시나리오인 공통사회 경제경로 (SSP: Shared Socioeconomic Pathways) 1-2.6, 2-4.5, 3-7.0, 5-8.5를 적용한 해수면 높이, 수온 등의 전망정보를 발표했다(2023년).

해수면 상승, 태풍 강화 등 기후변화 영향으로 인한 해안침수 피해위험 증가에 대비하기 위해 가상 태풍 시나리오 기반 폭풍해일 해안침수예상도를 제작(2009~2020년, 총 179개 도엽)하고, 지형변화(해안선, 수심 등)를 반영한 도면을 갱신(2021~2023년, 총 21개 도엽)하여 서·남해안에 위치한 지자체(61개 시·군·구)에 배포하였다. 이 해안침수예상도는 최신 해안선 조사 및 수심측량 결과 등 변화된 지형과 제작 방법을 고도화한 것으로, 지자체에는 2021년부터 연차별 계획을 수립하여 제공하고 있다. 특히 2024년 이후에는 폭풍해일 뿐만 아니라 월파, 내수침수, 연안하천범람 등의 복합적인 요인을 반영한 해안침수예상도를 제작할 계획이다.

이와 함께 우리나라 전 연안에 위치한 지자체(73개 시·군·구)를 대상으로 태풍, 해수면 상승, 침식 등 연안재해에 대한 취약성(Vulnerability)을 평가하기 위해 구축된 연안재해 취약성 평가 체계를 구축하여, 1단계 평가를 완료하였으며, 2년 주기로 평가 결과를 갱신하였다(2021년~). 2009년부터 진행된 연안재해취약성평가는 평가결과와 함께 연안재해에 대한 적응·대응 방안을 지자체별로 제공하여 관련 계획·대책 수립 등을 지원한다. 최근 연안재해위험평가를 규정한 「연안관리법」 개정(2021년 2월)과 변화된 기후변화 평가 프레임(IPCC AR6)에 따라 2023년에 연안재해 위험 평가를 위한 체계를 완성하였고, 2024년부터 매년 전 연안에 대해 위험평가를 진행할 계획이다.

바. 관할해역의 해류 및 조류 관측정보 제공

국립해양조사원은 관할해역에서 군 작전, 해양레저활동 및 선박의 안전운항 등 국민의 생활에 직·간접적으로 필요한 해수순환과 물리적 특성 정보를 수집하기 위하여 한국 근해의 해류 및 조류의 시공간적인 분포를 조사하여 예측자료를 생성·제공함으로써 항해안전 및 해양연구 등에 기여하고 있다.

관할해역 해수유동정보 자료취득을 위해 지속적으로 해류·조류관측을 실시하고 있으며, 동해-독도, 대한해협, 제주해협 등 11개 횡단선에 대한 해류관측과 남·서해안에서 연 10점 이상의 조류관측으로 구분하여 수행하고 있다. 국립해양조사원에서는 누리집을 통해 조석·조류의 관측·예측 정보(조위, 유속·유향, 수치조류도)와 해류정보(인공위성 해수면 고도계 자료를 활용한 표층해류도, 해류모식도) 등을 제공하고 있다.

실시간 해수유동정보 제공을 위해 울릉도북동부에서 제주남부까지 주요 해역과 주요항로 26지점에 대해 해양관측부이를 설치·운영 중에 있으며, 해운대·송정·대천·중문·경포대·낙산·임랑·속초·망상·고래불 해수욕장에 이안류 감시를 위한 이안류 해양관측부이(10개소)를 운영하고 있다.

또한 주요항만의 선박의 안전운항과 항만관리 지원을 위해 넓은 해역을 동시에 관측할 수 있는 해수유동관측소를 설치하여 매시간별 표층해수유동 정보를 생산하여 서비스 하고 있다. '항계안전 해양정보 서비스'는 주요 무역항 인근 10개소를 대상으로 하며, 2013년 울산항, 2014년 부산항, 여수·광양항, 2015년 인천항, 대산항, 부산신항, 2016년 평택·당진항, 군산항, 포항항, 2017년 목포항까지 확대하였다.

이 항계안전 해양정보 서비스는 실시간 및 예측 해수유동, 해양·기상 예측 자료, 실시간 조위자료, 노출암과 간출암 등 항해위험물, 수심 등의 정보를 제공하고 있으며 항만 입·출항 시 필요한 해양정보와 조석을 고려한 해상에서 육지 쪽을 조망한 파노라마 영상을 융합하여 제공하고 있다.

특히, 선박의 항해안전에 큰 영향을 미치는 해무 정보를 제공하기 위해 해무관측소를 구축, 운영함에 따라 실시간 CCTV 영상, 해양·기상 관측 자료를 생산하고 있다. 인공지능 기반의 예측 기술을 개발하여 항만별 예측모델을 순차적으로 구축하였다. 2024년 1월부터 CCTV 영상 등 관측자료를 학습한 해무 예측모델을 이용하여 다음의 해무정보 3종을 누리집을 통해 제공할 예정이다. 현재 바다 위 안개가 있는지 없는지를 알려주는 '판별정보', 현재시간 기준으로 1, 3, 6시간 후 해무가 발생할 확률인 '발생예측정보', 1, 2, 3시간 후 해무가 없어질 확률인 '소산예측정보'에 대한 신뢰성을 높이기 위하여 매년 추가학습을 통하여 예측모델을 개선하고 있다.

이 외에도, 해양정보의 접근·공개·활용을 위해 2015년부터 '바다누리 해양정보 서비스'를 제공하고 있다. 해양관측 및 예측정보를 격자체계로 구축하고 단순한 구역 선택만으로 필요한 해양정보를 확인할 수 있다. 또한, 해양정보 개방의 일환으로 Open API를 제공하여 해양관련 사업 활성화에 기여하고 있다. 이를 통해 다양한 수요자 중심의 실질적 해양정보 가치를 높여주는 오션 허브뱅크의 역할을 할 것으로 기대된다.

사. 해도 및 항행통보 등 항해안전정보의 제공

한국 근해를 항해하는 선박의 안전을 위해 국립해양조사원은 1951년부터 해도 보급을 시작하여 현재(2023년 12월 기준) 항해용 해도(366종), 어업용해도(24종) 등 총 403종의 종이해도를 간행하고 있다. 또한 항해장비의 발전과 함께 디지털 항해가 가능해짐에 따라 해도 정보를 디지털화한 전자해도(Electronic Navigational Chart, ENC)를 1995년부터 제작하기 시작하여 현재 총 790개 셀을 간행하고 있다.

2023년도에는 전년도에 실시한 해양조사 성과를 활용하여 종이해도 및 전자해도를 제작·공급함으로써 선박의 안전운항을 지원하였다. 종이해도는 신간 30종, 개정판 72종 등 총 102종을 간행하였으며, 전자해도는 총 181셀을 개정하여 배포하였다. 아울러 다양한 항해정보 제공을 위해 항로지, 조석표, 조류표, 등대표, 천측력, 해상거리표, 조류도 등 9종의 항해서지를 간행하고 있다.

또한 수시로 변화하는 연안해역에 존재하는 양식장, 정치어망, 해상 부유물 등 소형선의 항해에 위험을 주는 해상시설물들을 고해상도 위성 영상을 활용하여 관측 및 모니터링하고 있으며, 관측된 정보는 모바일 앱 안전海와 국립해양조사원 누리집 등을 통해 제공하고 있다.

해도나 항해참고서인 항해서지는 변경사항이 자주 일어나므로 개정판이 간행될 때까지 이를 수시로 항해자에게 제공하여 관련 자료를 업데이트 하도록 해야 한다. 이를 위해 국립해양조사원에서는 해상사격, 해상훈련, 해상공사 및 항로표지 변경, 항행장애물 등 해상교통안전에 필요한 정보의 변경사항을 항해선박, 지방해양수산청 등 관계기관 및 일반 항해자들에게 제공하기 위하여 매주 1회씩 국·영문으로 항행통보(Notices to Mariners)를 간행하여 국립해양조사원 누리집에 게재하고 있다. 아울러 해상에서의 긴급사항 발생 시 방송사 등 관련기관에 문서, 전자우편을 통한 항행경보(Navigational Warning) 사항을 통보하고 누리집과 해양예보방송(온바다)을 통해 알리고 있다.

또한 「지능형 해상교통정보서비스의 제공 및 이용 활성화에 관한 법률」 시행('21.1.)에 따라 바다내비게이션 서비스 지원을 위한 S-100 표준 기반의 전자해도(1,321셀), 해저지형, 조석정보 및 해수유동 등 5종의 S-100 기반 제품을 제작, 공급하였다.

〈표 2-5-17〉 해도 및 항행통보 등 해양정보 제공실적(최근 3년)

연도\구분	종이해도(매)	수치해도(식)	전자해도(셀)	항해서지(부)	항행통/경보	비고
2021년	60,061	1,570	1,663,582	14,445	1,508건/334호	
2022년	59,267	2,025	1,685,835	12,544	1,644건/399호	
2023년	38,392	827	1,675,727	10,502	1,461건/413호	

자료 : 국립해양조사원

2024년도에는 항해안전을 위해 종이해도 개정 47종, 보정도 35종 등 총 82종 및 전자해도 총 185셀을 제작·관리하고, 한국연안 항로지, 조석표, 등대표, 천측력 등 6종의 항해서지의 개정판을 간행할 예정이다.

이밖에 국립해양조사원은 IHO 회원국들의 차세대 수로정보 표준(S-100) 개발 참여와 도입을 지원하기 위하여 S-100WG 내에서 웹기반 테스트베드 플랫폼을 운영하고 있다. 또한 2021년부터 국내 여러 기관의 S-100 관련 정보 생산과 연계망 구축을 위한 국내 표준개발협의체도 운영하고 있다.

아. 천리안위성 2B호를 이용한 해양환경변화 감시

해양수산부 국립해양조사원은 해양분야 위성정책의 효율적 추진과 대국민 서비스 강화를 위해 2019년 5월에 국가해양위성센터를 신설하였다. 국가해양위성센터에서는 해양관측위성인 천리안위성 2B호('20.2.19. 발사)를 운영·관리 및 해양위성 활용정보 등을 서비스하고 있다.

〈표 2-5-18〉 천리안위성 2B호(GOCI-II) 사양

구분	임무	수명	중량	운영궤도	해상도	관측영역
사양	해양관측	10년	3.4 ton	36,000 km	250 m	동아시아 해역

천리안위성 2B호는 우리나라를 포함하는 동아시아 해역을 매시간별로 촬영(10회/일)하여 영상정보를 지상 기지국으로 전송하고 있다. 국가해양위성센터에서는 취득된 영상정보를 분석하여 생산된 26가지의 기본산출물 정보를 누리집(www.nosc.go.kr)을 통하여 제공하고 있다.

〈표 2-5-19〉 천리안위성 2B호(GOCI-II) 기본산출물

분류	해양정보 산출물
기초	대기분자산란보정반사도, 원격반사도
해양	흡광계수, 후방산란계수, 하향확산감쇠계수, 세키깊이, 엽록소농도, 총부유물질농도, 용존유기물, 부유조류, 해무, 적조지수, 해빙, 해양일차생산력, 해양전선, 표층해류, 저염분수, 어장환경지수
대기	에어로졸광학두께, 에어로졸타입, 황사
육상	육상지표반사도, 육상알베도, 육상식생지수, 개량식생지수, 토지피복

또한, 국가해양위성센터에서는 천리안위성 2B호와 국내외 다종 위성정보를 융합하여 국민생활과 안전에 밀접한 해양위성 활용정보 개발 및 서비스를 추진하고 있다. 2023년 12월 기준으로 우리나라 부근해역의 준실시간 표층수온·해류 정보 서비스와 매년 동중국해에서 유입되고 있는 괭생이모자반, 저염분수 및 적조, 무인도서 해안쓰레기 등 총 9종의 활용산출물을 생산 및 서비스 중이다.

2024년에는 해양환경 모니터링을 위한 엽록소농도와 해상교통안전을 위한 해무탐지 정보에 대해 현업화를 수행하고 있으며, 고품질의 위성정보 제공을 위해 천리안위성 2B호 정확도 향상 연구개발과 품질검증을 지속적으로 추진하고 있다.

3. 종합해양정보시스템 구축

가. 추진배경

과거 해양조사자료는 주로 항해안전에 필요한 해도제작의 기초자료로 활용하였고 기본적인 업무에 사용하는 것 이외에는 활용에 한계가 있었으며, 저장매체를 개별적으로 보관하고 있어 해양자료의 유실문제가 부각되고 공동 활용 및 서비스가 미흡하여 중요한 국가 해양자료의 체계적인 관리와 활용 제고를 위한 필요성이 대두되었다.

최근에는 첨단장비를 이용한 해양조사로 매년 수십TB(Tera Byte) 이상 생산되는 대량의 자료를 체계적으로 통합관리하고, GIS[2]기반의 다양한 활용 및 서비스를 위한 요구가 커지고 있다.

또한 해양은 그 특성상 육안으로 해양 현상을 파악하기 어렵고 기초자료 수집에 많은 시간과 예산이 소요되므로 중복투자 예방 및 국가적 공동 활용을 위한 공유기반 강화 필요성이 크게 제기되고 있는 실정이다.

이와 함께『국가공간정보 기본법』및『국가공간정보정책 기본계획』,『국가정보화기본계획』에 따른 디지털 해양GIS 기반의 해양자료 수집에서 서비스까지 일괄체계 마련을 위하여 종합해양정보시스템(TOIS[3])을 구축하게 되었다.

나. 추진실적

2000년도 1단계 정보화기본계획(ISP[4])을 수립하여 2001년부터 1단계 기반구축을 추진하였다.

이어 2005년도 2단계 정보화기본계획(ISP) 수립 및 로드맵을 마련하여 2008년부터 종합해양정보시스템 구축을 추진하고 있다.

2010년도 3단계 EA[5]기반 정보화전략계획을 수립하여 국가기본공간정보 DB구축, 멀티빔 자료 등 대용량 해양조사자료 처리기반 구축을 위한

---

2) GIS : Geographic Information System
3) TOIS : Total Oceanographic Information System
4) ISP : Information Strategy Planning
5) EA : Enterprise Architecture

분석 등 이용자 맞춤형 고품격 해양정보서비스를 위한 3단계 고도화를 추진하고 있다.

다. 주요 세부사업

2008년부터 추진하고 있는 종합해양정보시스템 구축 사업을 통하여 구축한 해양공간정보 등 국립해양조사원이 보유하고 있는 대부분의 해양정보는 국립해양조사원 내부에서 활용하고 있었으나 해양수산정책을 지원하고, 항만건설 등에 활용할 수 있도록 해양수산부와 그 소속기관으로 서비스 대상을 확대하였다.

이를 위해 2015년에 개발된 해양정보서비스(웹, 해양수산부 내부용)에서는 해저지형, 해양경계, 해도검색, 해양지명, 등대표 검색, 해안선 등이며, 사용자가 원하는 정보를 직접 다운로드 할 수 있도록 하였다.

2017년에는 공개제한 공간정보 제공 승인을 위한 결재 프로그램을 개발하여 연안 해역 측량원도(수심)와 수치조류도 등 공개가 제한되는 공간정보까지 확대 제공하였다.

또, 매년 우리 원에서 발주되는 수로측량, 해도제작 사업 성과물의 객체사전이 사업체별로 상이하게 적용되어 있어 데이터의 일관성을 확보하기 위하여 표준화된 객체사전에 따른 메타데이터 관리프로그램과 공간 객체 검증 프로그램을 개발하였다.

이와 더불어 표준화 및 품질관리 프로그램을 용역사업 수행 성과물에 적용하기 위해 수로측량업체에서 사용할 수 있도록 수행사용 프로그램을 개발하여 배포하여 성과물에 적용하도록 하였다.

또한, 해양조사 사업을 통해 취득한 대용량의 성과물을 관리하는 해양조사자료 관리시스템을 재개발하여 수로측량 성과물에 대한 보관 및 복구 방안을 마련하고 보안기능을 강화하였다.

2023년부터 연차별 계획 수립 후 전자정부 프레임워크 기반의 웹 시스템 1차 전환을 통해 클라우드 전환 기반을 마련하였고, 오픈소스 소프트웨어

(OSS6)) 기반의 시스템 전환을 통해 개방성을 확보하고 사용자의 접근성 제고를 위한 기반을 마련하였다.

라. 데이터베이스 구축 현황

〈표 2-5-20〉 해양공간정보 데이터베이스 구축 현황

(2023. 12. 31. 기준)

대분류	중분류	소분류	구축물량
도엽공간정보DB	원도	측량원도	13,098
		해안선측량원도	3,622
		국가기본원도	268
	해도/기본도	수치해도	566
		전자해도	1,248
		국가해양기본도	82
		항만기본도	568
연속공간정보DB	기본공간정보	항만해저지형	1,898,498
		연안해저지형	7,684,846
		근해 해저지형	661,264
		해안선	165,775
		해양경계	469
	공통베이스수심		146,886,427

※ 출처 : 국립해양조사원, 업무포털시스템

마. 향후 추진계획

2024년부터 오픈소스 기반의 QGIS 및 관련 플러그인 개발, 해양공간 자동구축 기능 웹 전환, 공간정보 DB 갱신등을 추진하여 해양공간정보의 활용성 및 접근성을 지속적으로 개선할 예정이다.

---

6) OSS : Open Source Sofeware

제3절 국가공간정보체계(NSDI) 구축

1. 국가공간정보정책 개요

국가정책의 대부분은 공간정보를 기반으로 하고 있으며, 민간 부문에서도 공간정보를 다양한 영역에서 활용하고 있으므로 공간정보체계의 구축 및 고도화는 그 중요성을 갖는다. 그러나 공간정보체계의 초기 구축에 있어 막대한 비용이 요구되며, 개방 및 공유를 통해 다수의 사람이 이용한다는 공공재적 측면을 가진다는 점에서 국가의 주도적 역할이 필요하다 할 수 있다.

공간정보는 과학기술, ICT, 산업과 산업, 산업과 문화의 융합을 촉진시키는 고부가가치 융합산업의 기반으로서 사용된다. 최근 스마트기기 보편화로 언제, 어디서나, 누구나 공간정보를 활용할 수 있는 환경이 조성되고, 일상생활에 공간정보를 활용함으로써 생활 편의성이 증대하며, 공간정보기반으로 재해·안전정보를 실시간 공유하게 되어 위험요인으로부터 벗어날 수 있는 기회를 제공한다.

공간정보는 모두에게 일정한 정보로 제공되는 것이 아니라 개개인의 대상별, 생애주기별 필요 서비스를 공급해주고, 개방·공유·소통·협력의 기반으로서 역할을 할 수 있게 되는 등 그 활용도는 매우 다양 할 것이라 예상된다.

그 동안의 국가공간정보정책은 공간정보인프라를 구축하는 등의 많은 성과를 거두었으며. 구축된 다양한 분야의 공간정보는 합리적인 의사결정의 수단으로 활용되고 있다.

공공부문을 중심으로 수많은 국가공간정보사업을 추진하고 있으며, 공간정보시장의 창출 및 공간정보 기술개발 지원 등을 통해 공간정보 생태계를 형성하고 있다.

그러나 국가공간정보정책은 공간정보인프라·생태계·활용확산에 한계를 가진다.

- 공간정보 생산은 양적, 질적 확대했으나 최신성, 융복합 수요에는 미흡,
- 유통의 양적인 개방은 증가하였으나 쓸만한 데이터는 부족,
- 활용적으로 민간영역에서는 활발하나 공공분야에서는 저조,
- 공간정보 산업의 시장규모는 커지고 있으나 융복합 산업 비율 저조

따라서, 공간정보 패러다임 변화에 대응한 국가차원의 공간정보정책 방향 정립을 위해 제7차 국가공간정보정책 기본계획을 수립하였다.

〈그림 2-5-5〉 제7차 국가공간정보정책의 비전과 추진전략

비전	모든 데이터가 연결된 디지털트윈 KOREA 실현	
목표	◆ 최신성이 확보된 고정밀 데이터 생산 및 디지털트윈 고도화 　디지털트윈 구현단계: 2 → 4 ; 갱신주기: 0.5~2년 → (준)실시간갱신 ◆ 위치기반 융복합 산업 활성화 　'20: 총매출액 10조 → '27: 15조 [융복합산업인력 46% → 58%] ◆ 공간정보 분야 국가경쟁력 Top10 진입 　'22: 25위(GKI Readiness Index, GW&UNSD) → '27: 10위권 　* GKI : Geospatial Knowledge Infrastructure	
	전략	추진과제
전략 및 추진 과제	① 국가 차원의 디지털트윈 구축 및 활용 체계 마련	• 국가공간정보 디지털트윈체계 구축 • 국가공간정보 디지털트윈 구축을 위한 표준 기반 마련 • 국가공간정보 디지털트윈을 위한 지적정보 고도화
	② 누구나 쉽게 활용할 수 있는 공간정보자원 유통·활용 활성화	• 국가공간정보 디지털트윈을 위한 새로운 유통체계 구축 • 공간정보를 쉽고 빠르게 찾을 수 있도록 유통체계 고도화 • 공간정보 기반 오픈이노베이션 창출을 위한 활용체계 확산
	③ 공간정보 융복합 산업 활성화를 위한 인재양성과 기술개발	• 공간정보 디지털 창의인재 10만 양성 • 고부가가치 창출을 위한 산업구조 개편 • 국토의 디지털 전환(Dx)을 위한 혁신기술 개발 • 협력적 글로벌 공간정보시장 확대 및 기술 선도
	④ 국가공간정보 디지털트윈 생태계를 위한 정책기반 조성	• 국가공간정보 기반 디지털트윈 생산-유통-활용을 위한 제도기반 마련 • 국가공간정보 기반 디지털트윈 생태계 활성화를 위한 거버넌스 구축 및 운영

자료 : 제7차 국가공간정보정책 기본계획, 국토교통부

2. 국가공간정보정책 추진경위 및 주요 추진계획

가. 추진경위

'60년대 초반 캐나다를 비롯한 미국, 유럽, 일본 등 선진국은 정보기술의 발달을 통해 국토의 효율적인 이용·관리를 위한 첨단 IT인 GIS를 도입·활용하였으며, '70년대 GIS관련 이론연구를 진행하고 관련 HW와 SW 기술을 개발하였다. 도형과 속성정보가 연계된 공간정보를 '80년대에 들어 구축하기 시작하였으며, 이후 '90년대부터 국토이용·재해예방·시설물관리·교통대책·환경문제 등의 분야에서 널리 활용하고 있다.

1990년대 초반 우리나라에서는 각 지자체 및 국가기관에서 산발적으로 기본도 데이터베이스 구축을 개별 진행하여 중복투자로 인한 예산낭비 및 호환성에 문제가 발생하였다. 구축된 기본도 데이터베이스를 이용한 활용체계의 개발도 초보적인 수준에 머물러 있었다.

당시 GIS 관련 SW 및 DB Tool 등 관련 핵심기술은 대부분 외국제품에 의존하였으며, 국내에서 기술개발의 시도가 있었으나 성공한 사례는 드물었다. 학계와 일부 연구소에서 GIS관련기술 및 활용 연구를 진행하였으나 본격적인 GIS의 도입이 아닌 신속한 문제 해결의 방편으로 사용되는 정도의 수준이었다.

'94년 5월 '국가지리정보체계 구축방안'이 경제장관회의에 보고되면서 본격적인 국가지리정보체계구축 기본계획이 수립되었다.

〈그림 2-5-6〉 국가지리정보체계구축 기본계획 수립 과정

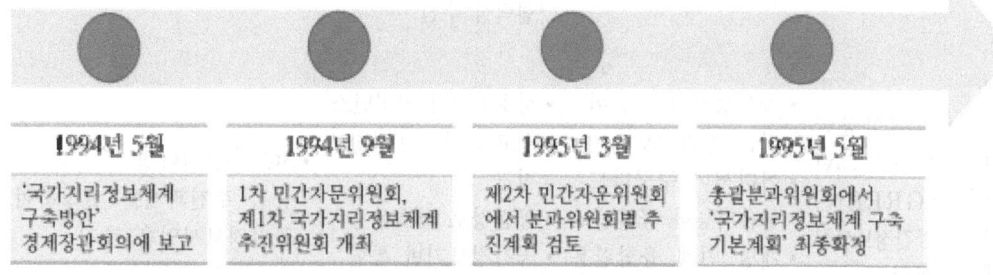

자료 : 제6차 국가공간정보정책 기본계획, 국토교통부

나. 주요 추진계획

'95년 이후 제1~6차 국가공간정보정책 기본계획 추진개요는 다음과 같다.

〈표 2-5-21〉 제1~5차 국가공간정보정책 기본계획의 추진개요

구분	비전	목표	추진전략	중점 추진과제
제1차 기본계획	• 국가경쟁력 강화 및 행정 생산성 제고의 기반이 되는 GIS기반 구축	• 지형도, 주제도, 지하시설물도 수치지도화 • 기본공간정보DB 및 유통을 위한 표준확립 • GIS기반기술 개발 및 전문인력 양성	• 기본공간정보DB 기반구축 • 기술개발 및 인력양성 • 정부차원 GIS 활용체계개발 지원 • 공간정보 관리/유통 극대화 • 법규정비	• 지형도, 주제도, 지하시설물도 수치지도화 및 DB구축 • GIS관련 핵심기술개발과 전문인력 양성지원 • 공간정보DB구축 위한 표준화 • 지하시설물관리체계시범사업, 공공GIS활용체계 개발 • GIS구축사업 지원연구
제2차 추진계획	• 국가공간정보기반을 확충하여 디지털 국토실현	• 국가공간정보기반 확충 • 지리정보유통활성화 • 핵심기술개발과 산업육성 • 표준화, 인력양성, 지원연구 등 기반환경 개선	• 국가공간정보기반 확충 및 유통체계 정비 • 범국가차원 지원 • 국가, 민간, 시스템, 업무 간 상호협력체계 강화 • 국민중심서비스 극대화	• 기본지리정보 구축 • GIS활용체계 구축 • 지리정보유통체계 구축 • 국가GIS기술개발 • GIS산업육성 • 국가GIS표준화 • GIS전문인력양성, 표준화 • 지원연구 및 제도개선
제3차 추진계획	• 유비쿼터스 국토실현을 위한 기반조성	• GIS기반 전자정부 구현 • GIS를 통한 삶의 질 향상도모 • GIS를 이용한 뉴비즈니스 창출	• 국가GIS기반확대 및 내실화 • 국가GIS활용가치 극대화 • 수요자 중심의 공간정보 구축 • 국가정보화사업과의 협력적 추진	• 지리정보구축 확대 및 내실화 • GIS의 활용극대화 • GIS핵심기술개발 추진 • 국가GIS표준체계 확립 • GIS정책의 선진화
제4차 추진계획	• 녹색성장을 위한 그린(GREEN) 공간정보사회 실현	• 녹색성장의 기반이 되는 공간정보 • 어디서나 누구라도 활용가능한 공간정보 • 개방, 연계, 융합활용 공간정보	• 상호협력적 거버넌스 • 쉽고 편리한 공간정보 접근 • 공간정보 상호운용 • 공간정보기반 통합 • 공간정보기술 지능화	• 5대 추진전략별 중점 추진과제를 설정하여 공간정보사업을 추진

구분	비전	목표	추진전략	중점 추진과제
제5차 추진계획	• 공간정보로 실현하는 국민행복과 국가발전	• 공간정보 융복합을 통한 창조경제 활성화 • 공간정보 공유·개방을 통한 정부 3.0 실현	• 고품질 공간정보 구축 및 개방 확대 • 공간정보 융복합산업 활성화 • 공간빅데이터 기반 플랫폼서비스 강화 • 공간정보 융합기술 R&D 추진 • 협력적 공간정보체계 고도화 및 활용 확대 • 공간정보 창의인재 양성 • 융복합 공간정보정책 추진체계 확립	• 7대 추진전략별 중점 추진과제를 설정하여 공간정보사업을 추진
제6차 추진계획	• 공간정보 융복합 르네상스로 살기 좋고 풍요로운 스마트코리아 실현	• [데이터 활용] 국민 누구나 편리하게 사용 가능한 공간정보 생산과 개방 • [신산업 육성] 개방형 공간정보 융합 생태계 조성으로 양질의 일자리 창출 • [국가경영 혁신] 공간정보가 융합된 정책결정으로 스마트한 국가경영 실현	• [전략 1. 기반전략] 가치를 창출하는 공간정보 생산 • [전략 2. 융합전략] 혁신을 공유하는 공간정보 플랫폼 활성화 • [전략 3. 성장전략] 일자리 중심 공간정보산업 육성 • [전략 4. 협력전략] 참여하여 상생하는 정책환경 조성	• 4대 추진전략별 중점 추진과제를 설정하여 공간정보사업을 추진

자료 : 제1차~6차 국가공간정보정책 기본계획, 국토교통부

　제7차 국가공간정보정책 기본계획에서는 디지털트윈과 메타버스 시대가 도래함에 따라 공간정보는 가상과 현실 공간을 연결하고, 위치결정 및 탐색 등 핵심 정보로 역할을 제시하고 있다. 특히, 주소나 지명 등 위치요소를 포함하는 다양한 형태의 데이터가 공간정보를 통해 연결 및 융합되어 새로운 부가가치 창출을 위한 범부처 차원의 계획을 마련하였다.

<표 2-5-22> 공간정보의 현주소와 국가공간정보정책의 추진방향

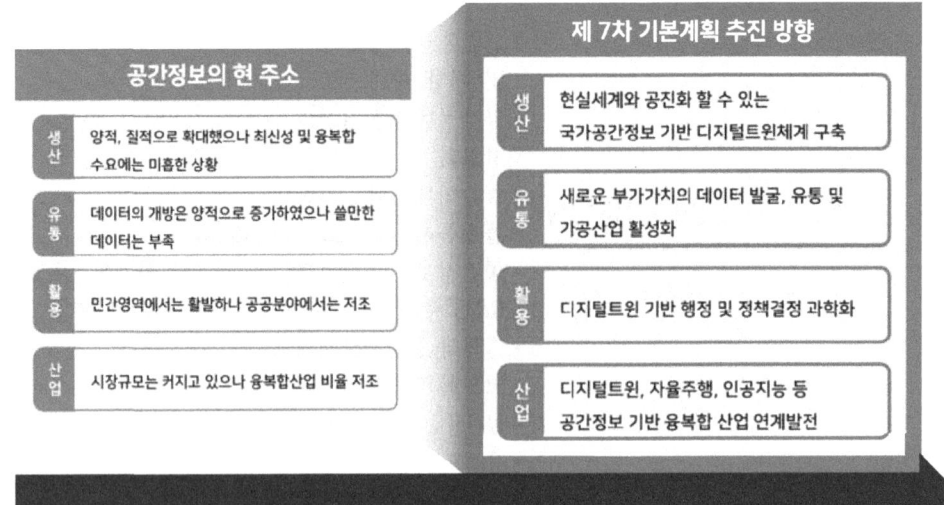

자료 : 제7차 국가공간정보정책 기본계획, 국토교통부

<표 2-5-23> 제7차 국가공간정보정책 기본계획의 전략별 추진과제

구분	추진전략	추진과제
1	국가 차원의 디지털트윈 구축 및 활용 체계 마련	- 국가공간정보 디지털트윈체계 구축 - 국가공간정보 디지털트윈 구축을 위한 표준 기반 마련 - 국가공간정보 디지털트윈을 위한 지적정보 고도화
2	누구나 쉽게 활용할 수 있는 공간정보자원 유통·활용 활성화	- 국가공간정보 디지털트윈을 위한 새로운 유통체계 구축 - 공간정보를 쉽고 빠르게 찾을 수 있도록 유통체계 고도화 - 공간정보 기반 오픈이노베이션 창출을 위한 활용체계 확산
3	공간정보 융복합 산업활성화를 위한 인재양성과 기술개발	- 공간정보 디지털 창의인재 10만 양성 - 고부가가치 창출을 위한 산업구조 개편 - 국토의 디지털 전환(Dx)을 위한 혁신기술 개발 - 협력적 글로벌 공간정보시장 확대 및 기술 선도
4	국가공간정보 디지털트윈 생태계를 위한 정책기반 조성	- 국가공간정보 기반 디지털트윈 생산-유통-활용을 위한 제도 기반 마련 - 국가공간정보 기반 디지털트윈 생태계 활성화를 위한 거버넌스 구축 및 운영

자료 : 제7차 국가공간정보정책 기본계획, 국토교통부

3. 추진성과

가. 기존 성과

국가공간정보체계 구축사업은 1단계 'GIS기반 구축', 2단계 'GIS활용기반확대', 3단계 'GIS 활용확산', 4단계 '공간정보의 연계통합', 5단계 '융합활용', '6단계 가치창출에 목표를 두고 단계별로 추진되었다.

- 1단계(1995~2000) : 기반구축
  - 지형도, 공통주제도, 지하시설물도 및 지적도 등의 수치화와 데이터베이스 구축 사업 등 국가공간정보의 기초가 되는 국가기본도의 전산화 기반 마련 작업이 이루어졌다.

- 2단계(2001~2005) : 기반확대
  - 1단계의 공간정보를 확대 구축하고, 구축된 공간정보를 활용하여 다양한 응용시스템의 구축과 활용에 초점을 맞추었다.

- 3단계(2006~2009) : 활용확산
  - 기관별로 구축된 공간정보와 GIS 시스템의 연계를 통해 행정업무 효율화와 대민서비스 등 공간정보 활용확산에 중점을 두었다.

- 4단계(2010~2012) : 연계통합
  - 상호협력적 거버넌스, 쉽고 편리한 공간정보 접근, 공간정보 공동운용, 공간정보기반통합, 공간정보 기술지능화를 주요 추진전략으로 하여 공간정보인프라 통합 및 융복합 활용에 주력하였다.

-5단계(2013~2017) : 융합활용
  - 공간정보 개방 증대, 표준화, 융합기술 R&D, 창업 및 해외진출 지원 등 공간정보 융합 산업 활성화에 중점을 두었다.

-6단계(2018~2022) : 가치창출
  - 제4차 산업혁명 시대를 맞이하여 공간정보가 미래 사회의 新 성장동력으로 역할하기 위하여 현실과 가상을 연결하는 초연결시대의 사이버 인프라로서 자율주행, 스마트시티, 증강현실, 디지털트윈 등의 기술 발전을 위한 범부처 차원의 계획 마련에 중점을 두었다.

<표 2-5-24> 기존 국가공간정보정책 추진성과

구 분	제1차('95-'00)	제2차('01-'05)	제3차('06-'09)	제4차('10-'12)	제5차('13-'17)	제6차('18-22)
공간정보 구축	· 지형도, 지적도 수치화 · 토지이용현황도 등 주제도 구축 및 전산화	· 도로, 하천, 건물, 문화재 등 부문별 기본지리정보 구축	· 국가해양기본도, 국가기준점, 공간영상 등 구축	· 수치지형도 갱신 · 실내 공간정보 구축	· 지적재조사 추진 · 국가기본도 수정주기 단축	· 국가기본도 최신 현황 수정 · 지적재조사 활성화 추진
응용시스템 구축	· 지하시설물도 구축	· 토지이용, 지하, 환경, 농림, 해양 등 GIS활용체계 구축	· 3차원 공간정보, UPIS, KOPSS, 건물통합 등 활용체계 구축 추진	· 국가공간정보 통합체계 및 KOPSS 확산 · 부동산 행정정보 일원화 추진	· 클라우드 기반 공간정보체계 구축계획 수립 · 클라우드체계 활용서비스 구축	· 바른땅시스템 구축 및 운영 · 블록체인 기반 스마트 컨트랙트 체계 구축
표준화	· 국가기본도, 주제도, 지하시설물도 등 구축에 필요한 표준제정 · 지리정보교환, 유통관련 표준제정	· 기본지리정보 1건, 지리정보 구축13건, 유통 5건, 응용시스템 4건의 표준 제정	· 지리정보표준화, GIS국가표준체계확립 등 사업 추진	· 공간정보참조체계 구축 · 실내공간정보 등 표준화 및 국제표준 주도	· 국제수준 공간정보표준체계 확립 · 민간전문가 국제표준화 활동 지원	· 공간정보 국가표준(KS) 운영 · 지적도면 정비 및 지목체계 개편
기술개발	· 매핑기술, DB Tool, GIS S/W 기술개발	· 3차원 GIS, 고정밀 위성영상처리 등 기술개발	· 지능형국토 정보기술혁신사업을 통한 원천기술 개발	· 차세대 국토해양공간 정보 기술 개발	· 생활안전 공간정보기술 개발 · 신성장동력 공간정보기술 개발	· 공간정보 전용위성 탑재체 개발 및 국토관측 전용위성 확보
인력양성	· 정보화근로사업 통한 인력 양성 · 오프라인 GIS 교육 실시 · GIS 전문인력 양성	· 오프라인 및 온라인 GIS교육 실시 · 교육교재 및 실습프로그램 개발	· 오프라인 및 온라인 GIS교육 실시 · 교육교재 및 실습프로그램 업데이트	· 거점대학 및 특성화대학원 교육·온라인 GIS 교육 · 교육교재 및 실습프로그램 업데이트	· 청년창업지원센터 설치 · 참여형 공간정보 교육플랫폼 구축	· 석·박사 연구인력 양성 강화 · ICT 기반 신기술 교육 및 동아리 연계 시행
유통	· 국가지리정보 유통망 시범사업 추진	· 국가지리정보 유통망 구축 총139종 약70만건 등록	· 국가지리정보 유통망 기능개선 및 유지관리 사업 추진	· 국가공간정보 유통체계 개선 · 국가공간정보센터 및 브이월드 구축	· 수치지형도 등 무상제공	· 공간정보Dream 플랫폼 활용 및 공유 확산 · 공간 빅데이터 체계 구축
지원연구	· 국가GIS구축사업의 원활한 추진을 위한 지원연구과제 수행	· 국가GIS 현안과제 및 중장기 정책지원과제 수행	· '07년까지 국가GIS 현안과제 수행 · '08년 변화된 정책 환경 지원을 위한 지정과제 수행	· 공간정보산업 진흥 및 해외진출 연구 · 공간정보오픈플랫폼 글로벌화 전략 연구	· 공간정보 융합기술 R&D 추진	· 공간정보 품질 진단 기준 개선 · 미래성장동력 확보를 위한 선도기술 연구
투입예산*	2,787억 원	4,550억 원	7,274억 원	8,753억 원	13,038억 원	15,011억 원

* (제1차~제5차) '21년 국토의 계획 및 이용에 관한 연차보고서,
  (제6차) '18~'22년 국가공간정보정책 연차보고서 및 '23년 국가공간정보정책 시행계획

자료 : 국토교통부 국토정보정책관

나. 2023년 국가공간정보정책의 성과

2023년도 국가공간정보정책은 '제7차 국가공간정보정책 기본계획(2023~2027)'의 4대 전략에 따라 1) 국가 차원의 디지털트윈 구축 및 활용체계 마련, 2) 누구나 쉽게 활용할 수 있는 공간정보자원 유통·활용 활성화, 3) 공간정보 융복합산업 활성화를 위한 인재양성과 기술개발, 4) 공간정보 디지털트윈 생태계를 위한 정책기반조성을 달성하기 위해 다양한 사업들이 추진되었다.

(1) 국가 차원의 디지털트윈 구축 및 활용 체계 마련

국가차원의 디지털트윈의 구축과 활용체계 마련을 위해 추진된 주요 사업은 국토교통, 과학기술, 농림, 통계, 해양, 환경으로 범주를 구분하여 볼 수 있다.

- 국토교통부문
  - 국토교통 부문에서는 국가기본도 수정, 국가기준점 관리, 국가공간영상정보 구축, 국가기준점 관리, 접근불능지역 공간정보 구축 등의 사업을 추진하였다.
  - 국가기본도 수정 사업에서는 전 국토 1:5,000 수치지형도 17,661 도엽에 대해 모두 수정을 완료하였다.
  - 국가기준점 관리사업을 통하여 국가기준점 높이측량(2,056km), SAR 위성영상 모니터링(약 2,000㎢), 위성기준점 유지관리(92개소), 글로벌 VLBI 공동관측(실적 70회/ 계획 70회)을 실시하였다.
  - 국가공간영상정보 구축사업을 실시하여 전 국토(도시지역 12cm 및 비도시지역 25cm)에 대해 항공사진 촬영과 정사영상·수치표고모델 제작을 완료하였다.
  - 접근불능지역 공간정보 구축사업을 통해 북한지역은 도로(사리원~신천 등) 18도엽, 철도(회령~나선 등) 131도엽, 댐(임남댐 등) 66도엽 등 총 215도엽(1,149㎢)을 구축하였으며, 접경지역은 서부권역(인천, 경기) 1/5k 382도엽(DMZ제외) 및 1/25k 18도엽 수치지형도 갱신을 완료하고 2,619㎢의 신규영상을 확보하였으며, 동부권역(강원권) 2,839㎢에 대한 신규영상을 확보하였다.

- 1/1000 수치지형도 제작 사업에서는 서울특별시 등 33개 지자체의 주요 도심지 약 1,404㎢에 대한 1/1000 수치지형도를 최신으로 갱신하였다.

- 표준개발협력기관 지원사업을 통해 국가표준 제·개정안을 작성(8종)하였고 위원회 운영(14회), 국제표준총회 개최(5월), 표준교육(2회) 및 적합성 검토(166건) 등을 완료하였다.

- 3차원 공간정보 수치표고모형(DEM) 구축 사업을 통해 전라, 경상 등 도시지역 13,640㎢에 대해 수치표고모형(1m급) 제작을 모두 완료하였다.

- 국토조사 및 DB 구축 사업을 통해 3대 부문(생활과 복지, 국토인프라, 환경과 안전)에 대한 국토지표 148종을 생산하였으며, 읍·면·동은 250m, 시·군·구는 500m 격자를 기반으로 한 국토지표를 생산하였다. 생활인프라 접근성 지표는 250m, 500m 격자 단위로 생산(안정적 산출을 위해 민간도로망도 활용)하였다.

- 과학기술부문

- 기반시설 디지털 트윈 확산사업을 추진하여 풍력발전 부문에서 풍력발전기 발전량 예측 시뮬레이션의 오차율 9%를 달성하였으며, 전력거래소 '재생에너지 발전량 예측 제도' 참여를 위한 시험 참여를 신청하였다. 또한, 특수교량 부문에서는 3D 디지털 모델과 유지관리 정보, 계측 DB 정보 연동율 90%, 교량 디지털 트윈 시각화 표현 속도 30fps를 달성하였다.

- 디지털트윈 기반 스마트시티랩 실증단지 조성사업을 통해 성과계획서 상 '23년 성과지표 2종(데이터플랫폼 테스트베드 구축·활용, 스마트시티 서비스 R&D 실증) 목표를 모두 달성하였다. 이 사업은 스마트시티 서비스를 실제 도시에 구현하기 전 테스트베드 역할과 서비스 R&D 실증을 위한 플로그인 형태로 신기술 개발·실증의 마중물 역할을 수행할 것으로 기대된다.

- 농림부문

  - 농업부문에서는 팜ICT 융복합 및 농림행정통계체계 구축(팜맵 사업), 토양환경 공간정보서비스 유지관리 사업이 추진되었다.

  - 팜ICT 융복합 및 농림행정통계체계 구축(팜맵 사업) 사업을 통해 전국 단위 농경지 면적, 속성정보(논, 밭, 과수, 시설, 인삼 등) 등 공간정보와 행정·통계자료를 시각화하여 제공함으로써 데이터 기반 과학적 농업 관련 데이터 수집을 지원하고, 드론 활용 농경지 점검 등 지자체·민간에서의 팜맵 활용을 지원하였다.

  - 토양환경 공간정보서비스 유지관리 사업으로 토양환경 공간DB 현행화(토양화학성(1,770점), 물리성(367점), 취약농경지(1,200점), 수질(500점), 비료 사용실태조사(913) 등)를 완료하였으며, 공간정보 품질관리 수준을 평가(오류 0건)하였다.

  - 산림부분은 디지털 숲가꾸기, 산림생태지도 제작, 산림토양물지도 제작 등이 추진되었다.

  - 디지털 숲가꾸기는 2022년도 전국 지자체 공·사유림 산림경영활동 데이터의 디지털화를 진행하는 사업으로, 산림사업 공간정보 등록률 목표치(81%)를 달성하였고, 청년 일자리 창출 목표치(18명)를 달성하였다.

  - 산림생태지도 제작사업은 산림생태지도의 차별성, 환경 및 현황 분석, 제작 목적 및 기대효과, 제작 절차 표준화, 이행계획 수립 등 기본구상 연구로 추진되었다. 기본구상을 추진한 결과, 전국 산림대상 생태지도 제작 시, 16,480도엽(1:5,000)의 제작 규모가 필요함을 도출하였다. 산림생물종 분포 공간정보와 산림재해 정보 등을 융합하고 체계적·효율적인 산림정책 추진이 가능하도록 산림경영·관리·보호 달성을 위한 산림생태지도 제작 기반을 마련하였다.

  - 산림토양물지도 제작사업을 통해 산림입지토양도를 기반으로 토양의 수분 분포를 조사하여 산림의 수원함양 기능을 나타낸 7종 산림물지도 등을 제작하였다.

- 통계부문

  • 통계부문에서는 원격탐사를 활용한 남북한 농업면적 조사, S-GIS DB 구축, 2023년 인구주택 및 농림어업총조사 2차 시험조사용 조사지도 구축사업, 2023년 표본조사용 조사구모집단 구축 등이 추진되었다.

  • 원격탐사 활용 남북한 농업면적 조사 사업에서는 2019년 표본설계로 도출된 북한지역 15,470개 표본조사구 지역에 대해 벼 재배유무를 확인하기 위한 원격탐사를 실시하고 있다. 아울러 남북한 표본지역의 영상판독을 통해 경지면적과 벼재배면적의 결과를 산출하고 있다. '23년 사업에서는 남한 10,271개, 북한 15,470개의 표본조사구를 대상으로 원격탐사를 실시하고 북한의 벼 재배면적과 남한의 경지 면적을 조사하였다. 이를 통해 원격탐사기술로 기존 농업통계 조사 업무를 대체·보완하여 통계생산의 과학화, 정확도 향상, 예산절감 등을 달성하였다.

  • 통계지리정보서비스(S-GIS) DB 구축 사업을 추진하여, SGIS 이용 건수가 작년 대비 19.3% 증가(('22)12,960천건 → ('23)15,467천건) 하였으며, 자료제공 건수도 작년 대비 40.9%가 증가(('22)9,028건 → ('23)12,717건)하였다. 이를 통해 공간통계정보 콘텐츠 구축과 고도화를 수행하고 최신 경계 기준의 인구·사업체 공간DB 구축을 통해 이용자 중심의 통계지리정보 이용 활성화가 이루어질 것으로 예상된다.

- 해양부문

  • 해양부문에서는 2023년 해도제작, 연안해역조사, 국가해양 기본조사가 실시되었다.

  • 2023년 해도제작 사업은 항박도, 항해도 등 항해목적에 따른 축척별 종이해도(403종) 및 전자해도(774셀) DB 관리, 종이해도 132여종 (개정, 재인쇄 등) 및 전자해도 181셀 제작 갱신, 매주 항행통보 반영 및 해도정보를 최신화하고자 하였다. 통합해도정보시스템

(HPD) DB(774셀) 업데이트, 종이해도 132종, 전자해도 181셀 개정을 완료하였다.

- 연안해역조사 사업을 통해 인천 연안, 부산 및 울산 등 영해 내측 해역 조사를 완료하였으며(1,000㎢), 골재채취해역 7개소 조사 또한 완료(326㎢)하였다.

- 국가해양기본조사 사업으로 관할해역(42,620㎢)조사를 완료하였으며, 이는 항해안전을 위한 해도제작, 해양경계 설정, 해양자원 개발, 해양구조물 건설, 해양관련 연구 등의 기초자료로 활용된다.

- 환경부문

- 환경부문에서는 2023년 자연환경종합 GIS-DB 구축, 지능형 토지피복지도 현행화, 환경영향평가 정보지원스템 유지관리, 지하수 기초조사 사업이 추진되었다.

- 자연환경종합 GIS-DB 구축 사업으로 구축 대상(제5차 전국자연환경조사('22년) 및 각종 생태계정밀조사(백두대간 생태계 조사 등 11개 분야) 전 분류군 조사 결과 GIS-DB 구축) 전체 DB 구축을 완료하였으며, 생태·자연도 DB의 공공측량 성과심사 적합 판정 획득으로 목표를 모두 달성하였다.

- 지능형 토지피복지도 현행화 사업으로 전국 토지피복지도를 현행화(중분류 898도엽, 세분류 18,538도엽)하였으며, 지능형 토지피복지도의 분류정확도 87.22%를 달성하였다. 환경공간정보 4개 시스템 공유을 공유하고 2개 시스템 인터페이스를 개선하는 등 환경공간정보시스템의 통합유지관리(정보시스템 4개)도 추진하였다.

- 환경영향평가 정보지원시스템 유지관리 사업을 통해 환경영향평가등 관련 정보를 수집·공개하여 사회적 갈등을 예방하고 친환경적인 개발을 유도하고자 하였으며, 2022년에 수집된 환경영향평가서 공간정보(사업지 경계) 133건(면형사업 98건, 선형사업 25건, 점형사업 10건)에 대한 구축을 완료하였다.

- 지하수 기초조사 사업을 통해 전국 6개 지역(서울, 가평, 화천, 진안, 진도, 봉화)에 대해 지하수지도 6종 공간정보(수문지질도, 지하수 수질현황도, 선형구조분포도, 지하수 심도분포도, 지하수 유동체계도, 지하수 오염취약성도 등 지하수지도) 구축을 완료하였다.

(2) 누구나 쉽게 활용할 수 있는 공간정보자원 유통·활용 활성화

누구나 쉽게 활용할 수 있는 공간정보자원 유통·활용 활성화 전략 부문에서는 국가공간정보통합플랫폼(K-GeoPlatform), 국가공간정보포털, 공간빅데이터 분석플랫폼, 국토공간정보시스템(GEOFRA), 국토정보플랫폼, 공간정보 오픈플랫폼, 지하정보통합체계 사업 등이 추진되었다.

국가공간정보통합플랫폼(K-GeoPlatform) 유지관리 및 운영지원 사업은 클라우드 환경 기반으로 국가·공공에서 생산된 공간정보를 생산·수집·가공·제공하고, 공간정보 융·복합 활용을 지원하는 사업이다. 이를 통하여 중앙부처·지자체·공공기관의 행정업무 및 정책수립 지원을 위한 공간정보(부동산, 토지 등) 수집·제공체계를 마련하고 K-Geo플랫폼을 통해 내토지찾기, 조상땅찾기 등 대국민 서비스를 제공하고 있다. 온라인 조상땅찾기 신청자는 '14년 293,397명에서 '23년 500,414명이 신청하여 최근 10년간 1.7배 증가하였으며, '23년 63개 기관 131종 시스템으로 연계되었다.

국가공간정보포털 유지관리 및 운영지원 사업을 통해 국가공간정보포털 시스템, 공간카페, 오픈마켓, 활용서비스, 관리기능 및 추가 개발 기능에 대한 유지관리를 수행하였다. 공간정보 서비스 창구 일원화를 위한 시스템 통합(브이월드)으로 2023년을 끝으로 운영·유지관리가 종료되었으며, 시스템 통합 사업 추진 기간인 '23년 방문자수는 약 346만 건, 데이터 다운로드 건수는 약 203만 건으로 집계되었다.

국토공간정보시스템(GEOFRA)는 국토지리정보원 소관 국가 공간정보의 안정적 운영·관리 및 유통 지원을 위한 시스템으로, 연간 접속자 수는 32,818명, 연간 공간정보 관리 수량은 4,327 천 매이다. 국토정보플랫폼과 연계하여 국토지리정보원 공간정보의 대민서비스도 지원하고 있다.

국토정보플랫폼은 2015년부터 국토지리정보원의 흩어진 개별 서비스 채널을 하나로 통합하여 수치지도, 항공사진, 국가기준점, 정밀도로지도 등 국토지리정보원이 생산하는 공간정보를 누구나 쉽게 활용할 수 있는 공간정보 통합서비스이다. 국가공간정보 서비스를 안정적으로 제공·운영 하였으며, 장애대응 등 유지보수를 수행하였다. 연간 접속자 수 4,244천명, 연간 정보 제공 10,051천매, OpenAPI 120개 웹 서비스를 연계하고 있다.

공간정보 오픈플랫폼(V-world)은 국가공간정보포털에서 제공 중인 Open-API를 브이월드로 통합·제공하고 있으며, 사용자 참여형 3D 모델링 공모전 수상작과 청와대 개방 등 이슈지역 등에 대한 공간정보를 적기에 수집하여 가공·탑재하고 있다. 공간정보 오픈플랫폼(브이월드) 서비스 및 기능을 개선하여 안정적인 서비스를 제공하였다. 수집된 공간정보 데이터를 가공 및 탑재하여 최신의 공간정보 데이터 제공 등 정보자원의 최적화 관리, 응용 SW 유지관리, 공간정보 최신화 등의 사업추진이 이루어 졌으며, 국가 기반공간정보(6종), 행정공간정보(949종)를 제공하고, 신규 Open-API 67종을 연계·제공하는 등 공간정보 활용확산에 적극 기여하였다.

(3) 공간정보융복합산업 활성화를 위한 인재양성과 기술개발

공간정보융복합산업 활성화를 위한 인재양성과 기술개발 부문에서는 공간정보 창업지원센터 운영, 공간정보산업조사, 국토공간정보 인력양성 사업, 스마트국토엑스포 등이 추진되었으며 기술개발 사업으로는 디지털트윈 기반 재난안전관리 플랫폼 기술개발, 공간지식추론 엔진 기술개발, 디지털 국토정보 기술개발사업, 지하공간통합지도 갱신 자동화 및 굴착현장 안전 관리지원 기술개발 사업 등인 추진되었다.

먼저 공간정보 창업기업의 성공률 및 경쟁력 강화를 지원하기 위해 공간정보 활용 융복합 예비 또는 초기 창업기업을 대상으로 창업컨설팅, 시장성 TEST, 법률자문 등을 지원하였다. 23년에는 컨설팅(9개 기업, 45회, 90H), 시장성 TEST(10개 기업, TEST기회 10회 제공), 법률자문 (20개 기업, 20회, 40H) 등 총 39개 기업을 지원하였다. 이를 통해 기업의 성장과 시장진출 기반 마련에 기여하였다.

공간정보산업의 육성 등 관련 정책의 적기 개발 지원을 위해 공간정보 사업체를 대상으로 공간정보산업조사를 실시하여 산업 현황 파악 및 시장 분석을 수행하였다. 2022년 말일 기준으로 공간정보사업을 영위하고 있는 사업체 5,871개(표본 1,800개)를 대상으로 매출액, 종사자 수 등을 조사하였다. 조사 결과 2022년도 공간정보산업의 사업체 수는 5,871개, 매출액은 11조 123억 원, 종사자 수 72,486명으로 나타났다.

공간정보 전문인력 양성을 위한 국토공간정보 인력양성 사업을 통해 23년 공간정보 특성화고교 5개교, 전문대 4개교를 지정·지원하고, 대학원 12개교를 지정하여 소속 장학생을 지원하였다. 또한 공간정보 온라인 교육포털(SPACEIN)을 운영하면서 신규 교육 콘텐츠 4개(정밀도로지도, 공간영상처리 등)를 개발하고 서비스하였다.

스마트국토엑스포는 디지털 경제의 핵심인 메타버스·플랫폼·데이터·AI·UAM 등 혁신 기술 전시, 창업기업 육성, 해외 고위급 정책결정자 초청, 해외 판로 개척 컨설팅, 민간·행정 분야의 공간정보 기술 활용촉진 등을 위하여 매년 국토부 주최로 열리는 행사이다. 23년 스마트국토엑스포는 고양시 킨텍스 전문전시장에서 2023년 11월 8일부터 3일간 진행하였다. 개막행사, 첨단기술 전시관 기획, 컨퍼런스, 해외바이어 초청, 혁신 인재 양성 및 일자리 창출 프로그램 등을 진행하였으며 전시 참여기업 135개(9% 증가), 참관객 13,200명(5% 증가)이 참여하였다.

주요 기반시설이 집중된 지하 공간(공동구)에 대한 다양한 재난정보를 디지털 트윈으로 통합관리할 수 있는 재난안전관리 통합플랫폼 기술을 개발하는 사업인 디지털트윈 기반 재난안전관리 플랫폼 기술개발을 통해 충북 지하 공동구 1,890m 구간을 대상으로 디지털트윈공간솔루션(Digital Twin Space Solution, DTSS) 상용화 모델을 개발하였다. '23년 사업을 통해 특허 출원 및 등록, 표준화 채택, 이상상황감지 정확도 확보, 재난안전관리 모델과 서비스 도출 등 목표를 100% 달성하였다.

공간정보에 특화된 공간 지식추론 엔진(공간AI)을 개발하여 공공정보 시스템 고도화 및 공간정보 스타트업 육성 기반 마련하는 사업(공간지식 추론 엔진기술개발 사업)을 추진하였다. 이를 통해 공간 AI 프레임워크,

공간 빅데이터 전주기 기술, 3차원 도시모델 공간분석과 표현에 대한 기술개발을 하였다. 공간 지식추론 엔진의 Level 6(Commercial Product) 달성으로 기술 선진국 대비 99% 수준의 공간 AI 원천기술과 응용시스템 기술력을 확보하였다.

디지털 국토정보 기술개발사업을 통해 23년 국가 측위 인프라 고도화 및 실내외 고정밀 모바일 적용기술 개발, 크라우드 소싱 기반 국토정보 자동갱신을 통한 국가공간정보 구축 효율화 기술 개발, 비공간, 비정형 정보의 국토정보 자동 맵핑을 통한 국가공간정보 고도화 기술 개발, 고정 및 이동플랫폼 기반 동적 주제도 구축 기술 개발 등을 추진하였으며 사업 계획 대비 100%를 달성하였다.

'23년 지하공간통합지도 갱신 자동화 및 굴착현장 안전관리지원 기술 개발 사업을 추진하여 지하공간통합지도 갱신 자동화 프로그램, 지하시설물 정밀탐사시스템, 모바일 지하공간통합지도 전송·보안기술을 개발하고 변동된 지하시설물 정보를 탐지하여 지하공간통합지도에 자동으로 반영 되도록 하였다. 변동된 지하시설물 정보를 탐지하여 지하공간통합지도에 반영함으로서 최신화된 지하공간통합지도 구축에 기여하였으며 각종 도로공사 등 굴착 공사시 정밀탐사시스템, 모바일 지하공간통합지도 전송·보안기술을 개발하여 업무를 효과적으로 수행할 수 있도록 지원 하였다.

(4) 국가공간정보 디지털트윈 생태계를 위한 정책기반조성

국가공간정보 디지털트윈 생태계를 위한 정책기반조성 부문에서는 국가 공간정보정책 통합관리사업, 공간정보품질관리원 정보화전략계획 수립, 산림공간 디지털플랫폼 추진전략 사업을 진행하였다.

국가공간정보정책 통합관리사업은 공간정보구축과 공간정보사업의 중복 방지, 투자 효율성 증대와 국가공간정보정책 방향에 맞는 공간정보사업 추진을 지원하는 사업이다. '24년 시행계획 1,018개 사업 취합 및 분석, '22년 집행실적 918개 사업 평가, 집행실적 우수사업 중앙부처 및 지자체 각 3건 선정, 연차보고서 작성 및 62개 기관 배포, 중복투자여부 등 검토

83건 사업을 접수하고 처리하였다. 아울러 공간정보 정책 워크숍 등 홍보를 통해 국가공간정보 정책에 대한 소개 및 우수사업 사례를 공유하고 소통 및 교류의 기회를 제공하였다.

산림청은 산림공간 디지털 플랫폼 추진전략을 추진하였다. 기후변화 대응 및 디지털정부 전환 추진에 따라 데이터 기반의 탄소흡수원 관리와 산림관리 디지털 전환을 위한 법·제도 근거를 마련하고 사회문제해결과 가치창출을 위한 '디지털 산림 플랫폼' 구현을 위한 추진계획을 마련하고자 하는 사업이다. 주요 내용은 산림공간 디지털 플랫폼 추진전략의 상세 이행계획 수립, 플랫폼의 구축과 운영 및 위탁을 위한 법적 근거 마련, 범정부 디지털플랫폼 정부 추진 로드맵과 연계한 산림청 디지털 추진 전략을 마련하는 것이다. 계획에 맞게 4대 추진 전략과 16대 세부 추진 과제가 도출되었으며 산림공간 디지털플랫폼 기반 구축을 위한 법적 근거를 마련하였다.

4. 공간정보산업육성정책

가. 공간정보산업정책 추진방향

(1) 공간정보 융·복합을 위한 공간정보 오픈플랫폼의 역할 강화

오늘날의 공간정보는 IT·모바일기술의 발달 및 사회·경제·문화적 변화로 인해 다양한 산업분야에서 핵심 기반정보로 활용되며 분야별 기술과 융합된 콘텐츠 개발 및 서비스 중심의 고부가가치를 창출하는 산업구조로 변하고 있다.

이와 같이 공간정보가 타 분야의 정보와 융·복합하여 새로운 가치 창출이 가능하도록 관련 산업을 발전시키기 위해서 정부는 공간정보 오픈 플랫폼을 구축하여 운영하고 있다. 공간정보 오픈플랫폼에서 제공하는 다양한 국가공간정보를 활용하여 환경, 재난, 범죄, 복지, 게임 등의 다양한 분야의 융·복합 산업 기반을 마련하고 새로운 비즈니스의 창출 지원이 가능해질 것으로 예상된다.

현재 공간정보 오픈플랫폼은 디지털 전환 가속화에 맞춰 가상공간의 첨단기술을 활용한 미래형 공간정보 서비스 제공을 위한 방안을 연차별로 기획·추진하고, 민간지원 서비스 확대를 위한 클라우드 환경 조성, 국가 지도서비스 통합 등 대민용 공간정보 통합플랫폼을 구축할 예정이며, 3차원 공간정보가 기반이 되는 디지털 트윈, 스마트시티, 자율주행자동차, VR/AR/MR, 드론 등 4차 산업 신기술 분야의 수요를 충족하기 위한 플랫폼 고도화를 지속적으로 추진할 계획이다.

(2) 미래 공간정보산업을 선도할 공간정보전문가 육성

공간정보 분야는 4차 산업혁명의 핵심 기술로서 5G, Iot, AL 등의 산업 기술과 융·복합하고 고도화 될 수 있도록 선제적 대응이 필요하다. 이에 따라 일반적인 IT기술에 대한 지식 뿐 아니라 공간정보의 특성을 이해할 수 있는 전문 인력이 요구된다. 급변하는 공간정보 융복합 시장에서 자율주행, 드론, 빅데이터 등 첨단 신기술의 발전은 공간정보 전문 인력에 대한 수요를 증가시키고 있다. 그러나 현재 공간정보 산업계에는 단순 DB구축 및 시스템 개발인력이 대다수이며, 타 분야의 기술과 접목하여 융복합 공간정보를 생산하거나 다양한 정보를 분석하여 의미 있는 성과물을 찾아낼 수 있는 고급인력의 수는 부족한 실정이다.

공간정보시장은 전통적 시장(측량, 항공지도 제작 등 DB구축)과 융·복합 활용시장(SW 개발 등)이 혼재되고 있는 특성상 전통적인 DB 구축 분야에 지속적으로 인력을 공급하되, 공간정보 융복합 분야의 정체 현상을 해소하고 우리나라의 공간정보산업이 미래의 핵심 성장산업으로 역할을 하기 위해서 다음과 같은 인력양성 정책이 필요하다.

첫째, 기존의 단순공간정보 구축과 같은 업무 수행의 인력양성에서 벗어나 변화하는 산업 환경에 대응할 수 있는 능력을 갖춘 공간정보 전문가의 양성이 필요하다. 구체적으로는 클라우드 컴퓨팅, 빅 데이터 등 변화하는 정보기술에 대처하고, 타 분야와 융·복합하여 새로운 산업을 창출할 수 있도록 공간정보 전문 인력을 육성해야 한다.

둘째, 미래의 공간정보산업을 이끌어갈 학생들에게 공간정보의 적절한 활용법을 교육하고, 공간정보의 관련 분야에 흥미를 가질 수 있는 체계적인 인력양성 정책이 마련되어야 한다. 공간정보가 다양한 정보와 융·복합되어 우리의 생활 전반에 널리 활용될 수 있음을 교육하고, 어려서부터 공간정보를 다룰 수 있는 능력을 배양함으로써 공간문제에 대한 이해와 해결력을 높여야 한다.

셋째, 공간정보 분야의 특수성과 전문성을 고려한 적절한 인건비 책정이 요구된다. 공간정보 분야는 특수성과 전문성이 필요하지만 이를 감안하지 않은 '소프트웨어사업 대가의 기준'과 '엔지니어링사업 대가의 기준'을 활용하여 인건비가 산정되고 있는 현실이다. 이로 인한 영세한 공간정보 기업이 증가하고, 우수인력들이 타 산업으로 빠져나가는 문제점이 발생한다. 공간정보 융·복합 시장이 발달하면서 타 분야로 진출할 수 있는 가능성은 점점 더 증가하고 있어 이와 같은 현상이 지속된다면 공간정보 분야의 인력난은 점점 심화될 것으로 예상된다. 2022년 공간정보산업 조사결과 매출액 기준으로 10억 미만의 사업체가 전체의 69.5%(4,080개)이며, 전반적으로 소규모 사업체가 많은 것으로 조사되었다. 정부는 공간정보사업 인력의 처우를 개선하기 위해 공간정보의 특성을 반영한 대가 산정가이드를 구축하려 하고 있다. 또한, 공간정보산업 기술자격 인증제도 도입을 추진하여 공간분야 전문가를 육성하기 위해 노력하고 있다.

(3) 공간정보산업 해외진출 지원 확대

개도국도 국내와 마찬가지로 정보화시대를 지나 4차 산업 시대를 살고 있다. 그러나 대부분의 아프리카, 동남아시아, 남미 국가들은, 정책은 있으나 이를 실행해 옮길 수 있는 인력·자원·기술력이 부족하다. 전후, 세계경제 하위권 국가가 60년만에 세계 경제 규모 10위로 우뚝 선 나라는 세계에서 유일하게 한국뿐 이다. 한국의 지적제도 개선, 토지정보화사업, 통합시스템 구축은 한국의 경제 발전과 비례하여 이루어졌다. 해외에서도 한국의 공간정보 정책·기술 발전이 국가발전을 이루는 데에 큰 역할을 함에 공감하고 있다.

이에 우리 정부는 이를 기회로 삼고 K-공간정보 수출에 힘쓰고 있다.

- (원조사업 실시)

국내 공공기관 및 민간기업이(공동수급방식 또는 단독) 국토교통부 등 국내 유무상 원조자금 및 다자개발은행 등의 자금을 활용하여 한국의 선진 공간정보, 토지행정 시스템의 구축·컨설팅·기술 공유 및 역량강화 사업을 실시하였다. 한국국토정보공사에서 14개 사업(에티오피아, 키르기스스탄, 아르메니아 등) 및 초청연수 9개국 10회(라오스 2회, 인도네시아 1회, 콜롬비아 1회 등) 실시하였고, 공간정보사업진흥원에서도 2개 사업(인도, 아제르바이잔 등) 및 초청연수 5회(키르기스스탄, 우즈베키스탄, 타지키스탄 등)를 실시하였다.

- (해외 판로개척을 위한 민간 해외진출 지원)

공간정보 해외시장 판로개척 및 민간기업 해외 마케팅 지원 활동의 일환인 '공간정보 해외진출 로드쇼'를 13년부터 매년 진행해 오고 있다(9개국가 및 온라인 1회 실시, 149개 기업, 2,255명 참가). 23년도에는 인도네시아 자카르타에서 개최하였으며, 국내 기업 20개사가 기술세미나, 홍보부스 운영, 비즈니스 미팅 등을 통해 현지 공간정보 정부 관계자와 협력 사업을 논의할 수 있도록 자리를 마련해주었다.

또한, 진출국가에 대한 정보 수집과 분석, 해외시장 동향 파악, 입찰 정보 확인 등 기업이 해외진출에 필요한 맞춤형 정보를 '공간정보산업 해외진출지원센터 홈페이지' 운영을 통해 제공하고 있다.(gisc.lx.or.kr)

- (공간정보 분야 국가 위상 제고, 국제협력)

세계 공간정보정책·기술 교류 및 해외 네트워킹 강화를 위해 국제협력 또한 활발하게 이어 오고 있다. UN-GGIM(세계 공간정보관리) 전문가 위원회 참석 및 AP(아시아태평양) 2분과(지적 및 토지관리) 의장 활동 수행, FIG(국제측량사연맹) 회원으로 총회 및 7분과(지적) 연례회의 참석(논문발표) 등이 있다.

나아가 공간정보 산업 활성화 및 K-공간정보의 해외 진출 확대를 위해 新 시장개척에 힘쓰고 있으며, 특히 농업, 문화재 등 다부처 공간정보 융복합 사업을 발굴하여 공간정보 분야에서 한국의 위상을 드높이고 있다. (24년 우즈베키스탄 2건 사업 착수 예정)

한편, 국토정보지리원과 공간정보산업진흥원은 2015년부터 유라시아 국가(키르기스스탄, 우즈베키스탄, 타지키스탄, 카자흐스탄, 벨라루스, 몽골 등)들과 유라시아 공간정보인프라 협의체(이하 ESDI 협의체)를 구축하고, 매년 공간정보인프라 활성화를 위한 컨퍼런스를 개최하고 있다. 특히, 2022년 타지키스탄에서 개최된 제8차 ESDI 컨퍼런스에서는 진흥원이 ESDI 협의체의 공식 사무국으로 지정되어, 한국의 공간정보 위상강화 및 국가 간 교류 활성화의 중추역할을 수행하고 있다.

나. 추진성과

(1) 스마트국토엑스포 개최

스마트국토엑스포는 디지털플랫폼정부 시대에 4차 산업혁명을 선도하는 첨단 공간정보 융합 기술의 교류·확산과 스마트 공간정보산업의 발전·활용을 촉진하는 국내외 비즈니스 기회 창출의 장이다.

국토교통부가 주최하고 총 7개 기관[한국국토정보공사(총괄), 한국토지주택공사, 국토연구원, 공간정보산업진흥원, 공간정보품질관리원, 한국공간정보산업협회, 한국공간정보산업협동조합]이 공동 주관하는 제15회 스마트국토엑스포('23.11.08.~11.10.)는 경기도 고양 킨텍스에서 개최됐다.

'23년 스마트국토엑스포는 '디지털 지구, 모두를 위한 더 나은 삶'이라는 주제 아래 디지털트윈, Geo-AI 등의 첨단기술 전시, 한-우크라이나 재건 협력포럼 등의 컨퍼런스, 국내 및 해외 비즈니스 프로그램으로 진행됐다.

- 15회째를 맞이한 2023년 스마트국토엑스포는 역대 최대규모인 135개 기업, 256개 부스, 참관객 13,200명이 참여했다. 또한, 메타, 에픽게임즈 등의 글로벌 기업 참여과 우크라이나, 콜롬비아 등의 세계 20여개국 100여명의 해외 전문가들이 참여해 1:1 비즈니스 미팅, 워크숍, 사업설명회 등을 통해 국내 기업들의 해외진출을 지원했다.

2023년 스마트국토엑스포 행사의 추진성과는 다음과 같다.

- (국제인증) 공공기관 행사 최초로 이벤트 지속가능성 경영시스템 인증(ISO20121, ESG 인증)을 취득해서 행사의 국제적 위상을 높였다.

- (전시) 역대 최대규모인 135개 기업이 참여하여 도심모빌리티(UAM)·디지털플랫폼·빅데이터·드론·AI 등 공간정보 기반의 미래 핵심기술을 전시했으며, 13,200명의 관람객('22년 12,110명 대비 9%↑)이 전시관을 찾아주었다. 특히 UAM 기술 전시, 3D 프린팅, 비행시뮬레이션, 영화 콘텐츠 등의 부스가 인기를 끌었다.

- (글로벌, 비즈니스) 아시아-태평양지역 젊은 측량사 워크숍(FIG) 개최, 한-우크라이나 재건 협력포럼, UN·WB 등 국제기구 전문가 컨설팅, ODA 중점 협력국(에티오피아 등)-국내기업 미팅, 9개국이 참여하는 라운드테이블 회의 등 약 20개국 100여명의 잠재적 투자자와 해외 정책결정자가 참여하여 총 86건의 비즈니스 성과를 창출할 수 있었다.

- (컨퍼런스) 기술, 융합, 정책, 학술 등 4개의 세션으로 구성하여 역대 최대의 국내외 38개 컨퍼런스가 개최되어 공간정보 공유의 장을 마련했다. 올해는 최초로 17개의 특성화교 학생이 참여한 공간정보 골든벨 퀴즈, 국제기구 및 LG 등의 대기업 담당자가 참여한 일자리 콘서트 등 인재육성 프로그램이 인기를 끌었다.

- (홍보) 조선일보, MBN, 한국경제 TV 등 국내 주요 매체뿐만 아니라, GIM International, GEO Spatial World 등 공간정보 관련 주요 외신 보도가 있었다. '3차원 세상에서 문제해결, 아시아 최대규모 스마트 국토엑스포 개최' 등 203건의 국내외 언론 보도를 전했다.

(2) 공간정보 창업지원 사업

국토교통부는 2014년부터 공간정보 창업지원 사업을 추진해오고 있으며, 매년 창업지원 프로그램에 대한 개선사항을 도출하여 공간정보 활용 융·복합 창업기업들에게 보다 다양한 지원 내용을 추가하여 제공하고 있다.

2023년 공간정보 창업지원 사업 주요내용은 다음과 같다.

- '공간정보 창업기업 컨설팅'은 LX공간드림센터 내 보육기업을 대상(랜드맵스, 아티스트래블, 조베이스, 샤이닝패스, 하우테리어, 딥빌드, (SH)²with life, 브로즈, 데이터운 등 9개 기업)으로 기업별 맞춤 컨설팅을 통한 사업의 조속한 초기 안정과 창업성공률 제고 지원을 목적으로 비즈니스모델 개선·고도화, 투자유치 방안, IR덱 검토·개선, 세무·노무, 마케팅, 투자사 미팅 등을 포함한 관련 분야에 대해 1:1 컨설팅(총 45회, 90H)을 제공하였다.

- '공간정보 창업기업 시장성 TEST'는 공간정보 활용 융·복합 창업기업 대상(일제곱킬로미터, 인넥트, 쿠무코, 허니아케이드, 충전지킴이, 트랜스파머, 컨워스, 나인와트, 담비키퍼, 히어 등 10개 기업)으로 온라인 설문조사·고객 심층인터뷰 방법을 통해 각 기업의 신기술·아이디어·제품·서비스 분야에 대한 잠재 고객을 기업별 타겟팅하여 시장성 검증 테스트를 지원(총 10회 기회 제공) 하였다.

- '공간정보 창업기업 법률자문 지원'은 창업기업의 지식재산권 출원·등록, 규제샌드박스, 계약관련 사항, 전자상거래, 개인정보 등 각종 법률문제 해결 지원을 목적으로 진행되었으며, 공간정보 활용 융·복합 창업기업 대상(더보나스, 라이프스케이프, 진심, 게릴라즈, 스테이세이지, 아이비리거, 이응히웅, 부루펜랩, 카멜레온홀딩스, 스퀘어제로, 알에이에이피, 피카소, 아티코디자인, 일제곱킬로미터, 디프리, 아이미, 어나더어스, 넘버트랙, 벨류드테이스트, 가자고 등 20개 기업)의 법률적 애로사항을 해결 및 지원(총 20회, 40H)하였다.

- '공간정보 창업활성화 자문단'은 '24년 공간정보 창업지원 프로그램 강화 및 공간정보 창업 활성화를 위해 공공·민간 창업분야의 전문가로 구성되었으며, '23년 공간정보 창업지원 프로그램 개선사항, 향후 추진 방향 검토 등을 위해 자문단 회의는 연 1회(하반기) 운영하였다.

(3) 공간정보 전문인력 양성

국토교통부는 공간정보산업의 급속한 변화와 선진화된 기술 요구에 대응하기 위해 국토부 '공간정보 전문인력 양성사업'('14~)과 교육부 부처 협업형 인재양성사업의 일환으로 '공간정보 혁신인재 양성사업'('22~'24)을 운영하고 있다. 이를 통해 공간정보 특성화고, 전문대학, 대학교, 대학원에 이르는 단계적인 교육지원 체계를 구축하고 대국민 온라인 교육포털을 운영함으로써 공간정보 분야의 핵심인력 양성과 산업발전을 지원 중에 있다. 본 사업의 주요내용은 다음과 같다.

첫째, '공간정보 특성화고 육성사업'은 공간정보 기반의 첨단산업이 발전함에 따라 이에 필요한 공간정보 구축, 가공, 활용능력을 갖춘 초급 기술인력 양성을 목적으로 공간정보 특성화고를 선정 및 지원하여 인재를 양성하는 사업이다. 특성화고 5개교를 선정하여 특성화 교육과정 운영, 진로지도·취업 지원 프로그램 운영, 교육환경 개선 및 행·재정적 지원을 진행 중이다. 또한 '23년 특성화고 학생들의 취업경쟁력 강화를 위한 원데이 취업캠프, 공간정보융합기능사 실기특강, 스마트국토엑스포 특별세션(선배와의 대화, GEO골든벨 등)을 개최하였으며 각 학교별 전문가 특강, 교내 공모전 등 다양한 프로그램이 실시되었다. '23년 2월에 졸업한 공간정보 특성화고 2개교(서울디지텍고, 울산기술공고) 졸업생은 63명으로 진학·취업률은 68.3%(진학 22.2% 포함)을 달성하였으며 공간정보 분야 진학·취업률은 38.1%(진학 15.9% 포함)을 달성하였다. 특성화고의 연간 사업계획 이행 실적 및 사업 성과를 점검하는 연차평가는 예년과 동일하게 실시되어 평가결과 연차평가 대상 3개교(서울디지텍고, 수원공고, 여수공고)의 '계속 지원'이 결정되었다. 3년간의 사업실적 및 성과에 대한 검증과 '계속 지정' 여부를 결정하는 자격심사가 사업 3년차를 맞은 특성화고 2개교(여수공고, 인덕과학기술고)를 대상으로 실시되었으며 심사 결과 2개교 모두 '계속 지정'이 결정되었다.

<그림 2-5-7> 공간정보 특성화고 주요수행 실적

둘째 '공간정보 특성화전문대학 육성사업'은 4차 산업혁명 시대 공간정보 융복합 산업계에서 필요한 실무중심의 기술인재 양성을 위해 특성화전문대학을 선정 및 지원하는 사업으로 기존에 선정된 4개 전문대학(대구과학대, 신구대, 인하공전, 전주비전대)을 지원 중이다. '23년 학생들의 취업역량을 강화하기 위해 공간정보 특성화대학 취업박람회를 개최하였으며 산업계에 필요한 실무기술 및 아이디어 습득과 공유·확산의 장을 마련하기 위해 캡스톤디자인 경진대회를 개최하였다. 또한 각 학교별로 교내 경진대회, 해외연수, 취업특강 등 다양한 프로그램이 다채롭게 진행되었다. '23년 2월에 졸업한 공간정보 특성화전문대학 4개교 졸업생(298명)의 진학·취업률은 54.2%(진학 11.8% 포함)을 달성하였으며 공간정보 분야의 진학·취업률은 46.8%(진학 11.1% 포함)을 달성하였다. '24년 2월 특성화전문대학 3개교(대구과학대, 인하공전, 전주비전대)의 연간 사업성과 및 실적을 점검하는 연차평가를 진행하였고 3개교 모두 '계속 지원'이 결정되었으며 사업 3년차를 맞은 신구대학교를 대상으로 최근 3년간 사업 실적 평가를 통한 계속 지정 여부를 결정하는 자격심사가 진행되어 심사 결과 '계속 지정'이 결정되었다.

<그림 2-5-8> 공간정보 특성화전문대학 주요수행 실적

　셋째 부처 협업형 공간정보 혁신인재 양성사업은 공간정보 분야 4년제 대학을 지원하여 ICT기술과 연계된 공간정보 융합교육이 가능한 환경을 구축하고 미래산업을 선도할 혁신인재를 양성하기 위해 '22년부터 교육부와 함께 부처 협업형 인재양성 사업의 일환으로 운영 중인 사업이다. '22년 지정심사를 거쳐 선정된 8개의 4년제 대학교(경북대, 경희대, 남서울대, 서울시립대, 안양대, 인하대, 전북대, 청주대)를 대상으로 교육 프로그램 개발·운영, 장학금 등에 관한 행·재정적 지원을 진행 중이다. 학생들의 전문성과 취업역량을 제고하고자 학술대회(대학지리학회 연계), 취업박람회, 학생 대표 간담회 등을 공동행사로 진행하였으며 또한 각 학교들은 학술제, 외부 전문가 특강, 현장견학, 해외탐방 등 다양한 프로그램을 운영하였다. '23년 2월에 졸업한 공간정보 특성화대학교 8개교 졸업생(209명)의 진학·취업률은 49.2%(진학 18.5% 포함)을 달성하였으며 공간정보 분야의 진학·취업률은 34.9%(진학 16.4% 포함)을 달성하였다. '24년 2월 특성화대학교 8개교의 연간 사업성과 및 실적을 점검하는 연차평가를 진행하였고 8개교 모두 '계속 지원'이 결정되었다.

<그림 2-5-9> 공간정보 특성화대학교 주요수행 실적

 넷째 '공간정보 융복합 핵심인재 양성사업'은 공간정보 융복합 산업을 선도할 첨단 신기술(IoT, AI 등) 역량을 갖춘 핵심인재 양성을 목적으로 선정된 공간정보 특성화대학원의 석박사 장학생을 지원하여 양성하는 사업이다. 기존 공간정보 특성화대학원으로 지정된 총 12개교 중 연구계획 평가를 통해 선발된 신규 장학생 16명을 포함하여 '23년 총 33명 (기선발 장학생 17명 포함)의 학생들에게 장학금 및 학교지원금을 지원하였다. 또한 공동추계학술대회(대한지리학회 연계), 장학생 워크숍을 개최하여 우수한 연구성과를 보인 학생들에게 국토부장관상을 시상하는 등 연구를 지원하고 학술성과를 공유·확산하였다. '23년 2월에 졸업한 공간정보 장학생 10명의 진학·취업률은 50%을 달성하였으며 공간정보 분야의 진학·취업률은 33.3%을 달성하였다. 사업 3년차를 맞은 특성화대학원 2개교(동국대, 인하대)의 3년간 사업성과 및 실적을 점검하는 자격심사가 진행되었으며 심사 결과 '계속 지정'이 결정되었다.

<그림 2-5-10> 공간정보 특성화대학원 주요수행 실적

다섯째 '공간정보 온라인 교육사업'은 현재 77종 온라인교육 콘텐츠를 보유 중으로 '23년 학습자 수요를 바탕으로 기 개발된 콘텐츠의 리뉴얼(2식)과 관련 신기술(1식), 공간정보융합 기술자격 필기교육(1식)을 제작하였다. 또한, 공간정보 학습관리시스템의 학습자 개인정보가 안전하게 관리될 수 있도록 개인정보보호 우수 웹사이트 인증 심사(개인정보보호협회)를 통해 「개인정보보호법」 등 관련 법규 준수 여부, 개인정보 수집 장치 관리 등 3개 영역 25개 분야 항목 이행 여부 심사 결과 관리·물리·기술적 보호조치 상태 우수로 인증마크를 취득하였다. 또한 학습자 편의 개선을 위해 학습 통계 대시보드를 개발 및 서비스하여 자기주도적 학습을 지원하고, 챗봇 개발 및 서비스를 통해 사용자 편의성을 확보하였으며 관리자의 편의 개선을 위해 시스템 운영에 필요한 현황을 파악할 수 있는 대시보드를 개발하였다.

〈그림 2-5-11〉 공간정보 온라인교육 주요수행 실적

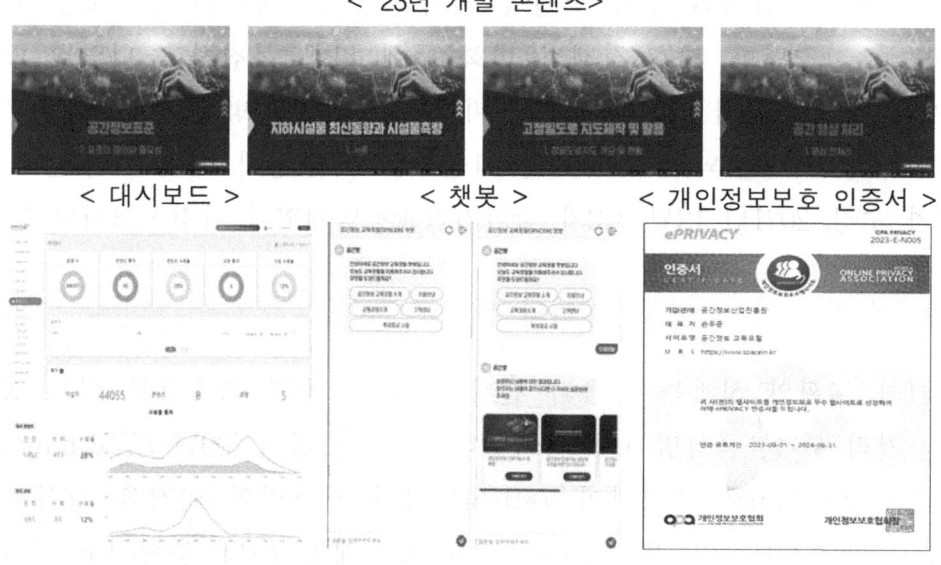

제6장 교통·물류정책

제1절 효율적인 교통체계 구축

1. 제2차 국가기간교통망계획(2021~2040)

가. 국가기간교통망계획의 개요

국가기간교통망계획은 국가통합교통체계효율화법 제4조에 따른 20년 단위 교통 분야 최상위 법정계획이자 장기·종합 계획이다. 육상·해상·항공 교통정책 및 관련 교통시설계획의 기초가 되고, 국가교통체계의 효율적인 구축과 도로, 철도, 공항, 항만 교통시설계획을 종합 조정하는 장기적이고 종합적인 투자 방향을 제시한다. 동 계획은 국토교통 여건, 기후 등 환경변화, 사회·경제적 변화 등에 따른 복잡하고 다양한 교통 문제에 대해 효율적으로 대응하고, 미래 국가교통의 방향 설정 등을 위해 '99년 최초로 수립되었고 2007년 11월 제1차 수정에 이어 2010년 12월 제2차 수정, 2021년 12월 제2차 국가기간교통망계획이 확정·고시되었다.

나. 제1차 국가기간교통망계획의 성과

제1차 계획의 성과는 다음과 같다. 첫째, 교통망 확충으로 국토 공간 시간·거리 단축, 균형발전에 기여했다. 도로 연장이 '99년 87,534km에서 '20년 112,977km로 증가하여 7×9+6R 국가 간선망의 골격을 형성하고, 경부고속철도('04, '10) 및 호남고속철도('15) 개통, SRT 운행('16), 강릉선 KTX 운행('17) 등으로 전국 반나절 생활권화 기여했다. 둘째, 국가 관문 공항·항만 개항 등으로 동북아 교통거점으로 도약했다. 인천공항('01, '08) 및 무안 공항('07) 개항, 김해공항 확장('07), 부산항 신항('06), 인천 신항 1-1단계('17) 등 개장으로 여객 및 화물 처리능력이 대폭 증대되었다. 셋째, 교통 사망자 수가 약 67% 감소(9,353명('99) → 3,081명('19))해 국민 안전과 생명을 보장하는 교통복지국가의 초석을 마련했다. 넷째, 세계

최고 수준의 교통 이용 시스템 구축·활용 및 K-city 등 첨단 자율주행 자동차 기반을 조성했다. 다섯째, 버스 준공영제 등 교통의 공공성 강화 및 친환경차 및 인프라 보급 확대 등을 통한 친환경 교통환경을 조성했다. 일곱째, 물류산업 혁신을 통한 물류 경쟁력 강화 및 글로벌 네트워크 구축을 실현했다.

다. 우리나라 교통체계의 문제점

이러한 성과에도 불구하고 국제 경쟁력·국가 균형발전의 차원에서 교통 인프라는 아직 부족하다. 그간의 투자로 도로·철도망 골격은 형성되었으나, 국제 경쟁력은 여전히 낮은 수준(세계경제포럼(WEF) 국가경쟁력 보고서 ('19) : 도로 혼잡도(26위), 철도 밀도(23위))이다. 그리고 경제성 위주의 투자지침에 따라 교통시설 공급에 지역 간 격차가 발생하고, 균형발전 지원에 한계가 있다. 교통사고 사망자는 매년 감소 추세이나, 보행자 사망자는 OECD 하위 수준(10만 명당 보행 중 사망자 수('17년) : 한국 3.3명으로 29개국 중 28위)으로 교통안전 정책 내실화가 필요하다. 친환경, 자율차 등 미래 교통수단과 교통운영 투자가 미흡하고, 국민의 교통기본권 보장을 위한 종합계획 수립이 필요하다.

라. 제2차 국가기간교통망계획의 비전, 목표, 추진전략

제2차 국가기간교통망계획은 "이동의 자유, 안전하고 지속가능한 모빌리티"를 비전으로, ①차별 없는 이동권 보장, ②안전하고 지속가능한 교통, ③일상 속의 자율교통, ④글로벌 교통공동체 실현을 4대 목표로 선정하였다. 비전과 목표의 효과적 추진을 위해 5대 추진전략과 16대 과제를 제시하였다.

<표 2-6-1> 제2차 국가기간교통망계획의 5대 추진전략과 16대 과제

5대 추진전략	과제
국토균형발전을 위한 교통망 완성	고속 국가 철도망 완성
	국가 간선도로망 완성
	경제성장을 지원하는 공항인프라 구축
	국가 수출입 관문 항만 경쟁력 강화
언제 어디서나 접근가능한 대중교통 환경 조성	대중교통의 공공성 강화
	대중교통 수단·서비스 다양화
	복합환승센터 확대 구축
친환경 첨단 모빌리티의 일상화	친환경 모빌리티 보급 확대
	친환경 교통 인프라 확대
	첨단 교통수단의 개발 및 보급 지원
	교통·물류의 스마트화
안전하고 차별없는 교통사회 실현	사람 중심의 도로 교통 체계로 개편
	노후교통시설 생애주기 관리
	교통약자에 대한 복지체계 강화
글로벌 교통 공동체 기반 마련	남북간 교통인프라 연결 및 현대화
	유라시아 대륙과 한반도 연결성 강화

(1) 국토균형발전을 위한 교통망 완성

전국 대부분의 도시를 2시간대에 이동할 수 있도록 지역 간 고속·광역급행 철도망을 연결하고, 국가 간선도로망 계획을 과거 (7×9+6R)에서 (10×10+6R2)으로 개편*하여 지역 간 고속도로망과 광역권 순환 방사형 고속망을 완성한다. 한편, 신공항 개발(동남권, 새만금 등)과 함께 지역공항의 효율성 제고, 소형공항·배후단지 개발 등 경제성장을 위한 균형 있는 공항 인프라를 확충한다. 그리고 신부산항 진해 신항개발을 통한 동북아 물류 중심 위상 공고화, 권역별(서해권, 동해권) 특색을 살린 항만 육성을 추진하여 공항·항만 인프라(기반시설)의 경쟁력을 강화하고, 균형 있는 공항·항만 인프라를 확충한다.

* (7×9+6R) 남북방향의 7개축, 동서 방향의 9개축으로 구성된 격자망과 대도시권역의 6개(수도권 2, 대전·충주권, 광주·호남권, 대구·경북권, 부산·경남권) 순환망

* (10×10+6R²) 남북방향의 10개축, 동서 방향의 10개축으로 구성된 격자망과 주변 도시와 중심부를 직결하는 방사축을 도입한 6개의 방사형 순환망 (6 Radial Ring)

- **2시간대 이동 가능 인구 비율** : 52.8%('20년) → 64.2%('30년) → 79.9%('40년)
- **30분내 IC 접근 가능 시군 비율** : 88.8%('20년) → 89.9%('30년) → 98.1%('40년)
- **지방공항 이용객수** : 일 4.9만통행('20년) → 9.7만통행('30년) → 11.2만통행('40년)
- **국제 물류 성과지수 경쟁력** : 20위권('20년) → 10위권('30년) → 10위권 이내('40년)

(2) 언제 어디서나 접근가능한 대중교통 환경 조성

벽지 노선·준공영제·수요응답형 교통 등을 통해 교통 소외지역을 해소하고, 대중교통 서비스를 개선해 대중교통의 공공성을 확보한다. 그리고 M버스· BRT·BTX*·트램 등 다양한 교통수단의 공급과 함께 공유교통·통합교통서비스 플랫폼 등 대중교통 서비스의 다양화 제공을 추진한다. 주요 철도역·터미널·공항 등 광역교통 거점지에 환승센터 확대 구축하고, GTX 환승 역사 등을 통한 환승 시간 단축 등의 기대효과를 제시한다.

* Bus Transit eXpress : 지상부 고속 전용차로, 종점부 지하차도, 환승센터 설치로 기존 BRT보다 30% 이상 속도 향상

- **대중교통 최소기준* 확보지역 비율** : 32%('20년) → 50%('30년) → 70%('40년)
- **BTX · BRT 노선** : 4개 노선('20년) → 50개('30년) → 70개('40년)
- **출퇴근 시간** : 40분대('20년) → 30분 후반('30년) → 30분 초반('40년)
* 한국교통안전공단에서 연단위, 시·군단위로 대중교통 접근성, 운행횟수 등을 평가

(3) 친환경 첨단 모빌리티의 일상화

기후변화, 4차산업혁명 등 급변하는 교통환경에 대응하여, 전기차·수소차 등 친환경차, 자율차·드론·도심 항공 등 미래 첨단 모빌리티 확대 보급 및 인프라 확충을 위한 투자를 확대하고, 다양한 정책을 발굴·시행한다. 친환경 교통수단의 경우, 사업용 자동차에 대한 보조금·공공분야 구매목표제 등을 통한 전기·수소차 확대 보급, 수소 열차·친환경 선박 등을 제안하고, 친환경 교통 전용 주차장, 전기 충전기, 수소충전소 등을 확대한다. 나아가, 인공지능(AI), 빅데이터 등 첨단 기술을 도로, 공항, 항만, 물류 시설 등 교통

인프라에 접목하여 ITS, BIS 확대 보급을 통한 도로의 지능화, 공항 출입국 서비스 고도화, 디지털 항만, 스마트 물류, 무인 자율 배송 등 교통혁신을 촉진한다.

- **전기·수소차 보급대수** : 14만대('20년) → 450만대('30년) → 978만대('40년)
- **수소 충전소 접근 가능 시간** : 1시간 내('20년) → 30분 내('30년) → 10분 내('40년)
- **신차 중 자율차 판매 비율** : 0%('20년) → 54%('30년) → 80%('40년)
- **AI 신호시스템 운영 시군 비율** : 0%('20년) → 10%('30년) → 100%('40년)

(4) 안전하고 차별없는 교통사회 실현

도심부 속도 하향·보행공간 구조 전환 등 사람을 최우선으로 하는 교통환경으로 전환하고, 사람 중심의 차사고 사망자 제로화를 달성한다. 급속히 노후화되고 있는 교통시설에 대한 중장기 관리계획, 생애주기 관리체계 등을 구축한다. 그리고 안전한 교통환경 조성과 함께, 장애물 없는 교통환경 조성을 추진한다. 장애인·어린이·고령자 등 교통약자의 이동권 보장을 위한 맞춤형 교통정책을 수립하고, 저상버스·특별교통수단 확대 등 장벽 없는 교통체계를 구축 및 확대한다.

- **인구10만명당 교통사고 사망자** : 5.9명('20년) → 2.7명('30년) → 0.4명('40년)
- **시설 노후 관련 사고 건수** : 0건('20년) → 0건('30년) → 0건('40년)
- **시내버스 저상버스 보급율** : 28.4%('20년) → 100%('30년) → 100%('40년)

(5) 글로벌 교통 공동체 기반 마련

한반도 중심의 대륙연결형 네트워크 구축을 위해 남북한 교통로를 연결하고, TCR(중국횡단철도), TSR(시베리아횡단철도) 등과 철도 인프라 연결, 서남권·환동해권 특화 거점 항만 집중 육성을 통해 신남방·신북방 진출 전진기지로 활용할 계획이다. 남북한 연결을 위해 경의선·동해선 등 철도·도로 및 공항·항만을 연결하고, 북한지역 노후 교통시설 현대화 및 남한지역 연계구간 용량을 확대한다. 그리고 국제철도협력기구(OSJD) 등 철도 네트워크를 기반으로 동아시아, 유럽연합과 동아시아철도공동체 구성 등을 통해 글로벌 교통공동체 기반을 마련한다.

- **남북간 연결 도로·철도망 수** : 0개소('20년) → 2개소('30년) → 5개소('40년)
- **대륙연결 철도 연간 운행횟수** : 0회('20년) → 0회('30년) → 1천회('40년)

마. 2040 국가교통 미래상

3가지 영역(기술 발전, 친환경 교통, 사회구조 변화에 따른 미래)에서 교통의 미래 변화상에 대한 20명의 전문가 대상 설문을 통해 2040 국가교통 미래상을 구성했다. 정부 부처·지자체·민간·해외자료 등에서 발간한 다양한 교통 관련 자료들을 수집하여 47개 시나리오를 구성하고, 47개 시나리오에 대해 20명의 교통·환경 분야 산·학·연 전문가를 대상으로 중요도 및 실현 가능성을 5점 척도로 설문조사(조사 기간: 2020년 8월~9월)를 실시하였다. 중요도 및 실현 가능성 모두 3점 이상인 시나리오를 대상으로 종합하여 영역별 Time line으로 미래 시나리오를 작성했다. 주요 미래상으로는 2022년 레벨3 자율주행 자동차 상용화, 2025년 도심항공교통서비스(UAM) 상용화, 2030년 모든 시내버스가 교통약자를 위한 저상버스로 운영, 2034년 반경 75km 이내 친환경차 충전 가능, 2040년 인구 10만 이상 주요 도시 간 2시간대 이동 가능이다.

- 2022 레벨3 자율주행차가 상용화 된다.
- 2025 도심항공교통서비스(UAM)이 대도시에서 상용화 된다.
- 2026 교통사고 사망자수가 적은 나라로 OECD 10위권 이내에 진입한다.
- 2027 레벨4 자율주행차가 상용화된다.
- 2027 광역급행철도 개통으로 수도권 통근이 30분대로 가능해진다
- 2030 모든 시내버스가 교통약자를 위한 저상버스로 운영된다.
- 2032 친환경 철도차량으로 수소열차가 상용화 된다.
- 2034 친환경차 충전소가 확충되어 반경 75km 내에서 언제나 충전 가능하다.
- 2037 세계 최초로 육해공 통합관제가 우리나라 주요 대도시에서 실시된다.
- 2039 판매되는 신차 비중에서 자율주행차가 80%를 차지한다.
- 2040 철도를 이용해 남북간 그리고 유라시아 대륙간 이동이 가능하다.

바. 투자 및 재원확보 방안

동 계획은 ①균형발전, 교통 소외지역 해소를 위한 고속철도·도로망 공급, ②노후 교통시설의 유지·보수 및 교통안전에 대한 투자, ③탄소배출량 제로화를 위한 친환경 교통인프라 구축 및 운영 효율화를 기본 방향으로 국가기간교통망 완성 및 미래 대비 교통환경 조성을 위해 제1차 계획기간 동안의 투자 규모를 고려하여, 적정 투자 규모를 유지한다.

도로·철도의 경우, 주요 간선 도로망 구축이 완료되는 한편, 온실가스 배출이 없고 대량 수송이 가능한 광역급행철도 등 철도 공급이 중요할 것으로 예상되므로, 철도 분야에 대한 투자를 우선적으로 검토한다. 공항·항만의 경우, 가덕도 신공항, 인천공항 확장, 소형공항개발 등을 위해 공항 분야에 대한 투자를 우선 검토하고, 1차 계획기간 중 상당 부분 투자하여 지속 감소세에 있는 항만 분야에 대한 투자를 조정한다. 물류 등 기타의 경우, 향후 첨단차, UAM 등 새로운 교통수단 활성화를 위한 투자가 중요할 것으로 예상되므로, 새로운 모빌리티 인프라, 교통 분야 R&D 등에 투자를 확대한다. 그리고 70년대부터 본격적으로 공급되기 시작한 교통시설이 점차 노후화됨에 따라 교통시설의 안전성을 확보할 수 있도록 유지·보수에 대한 투자를 지속적으로 확대해 나갈 필요가 있다. 교통시설 투자비 중 유지·보수비는 지속적으로 증가하는 추세로 향후 약 40% 수준까지 확대할 필요가 있을 것으로 예상한다. 재원확보 방안으로는 국민의 보편적인 권리인 이동권의 실질적인 보장을 위한 교통의 공공성 강화를 위해 교통SOC 투자분야에 있어 국고 역할을 기본으로 하되, 개별 사업의 특성에 따라 지자체, 공기업, 민간 재원 활용을 강화한다. 전기·수소차 등 친환경차 보급 확산에 따른 교통시설 특별회계 세수 부족분 해소방안 마련이 필요하다. 그리고 한정된 국고의 효율적 투자를 위해 투자 효과가 특정 지자체에 한정되는 사업은 지방비 매칭 비율 확대 등 지자체의 책임 및 역할 강화 검토가 필요하고, 수익자 부담원칙에 따른 민간 투자 활성화를 통해 시중의 풍부한 유동성 자금을 교통시설 투자에 적극 활용이 필요하다.

사. 미래 교통 분야 주요 지표 변화

동 계획을 통해 2020년 대비 2040년 교통시설 용량은 기존 도로(고속국도) 기존 4,848km에서 6,750km로 총연장 1,902km 추가 공급, 철도 기존 5,366km에서 7,599km로 총연장 2,233km 추가 공급, 공항 기존 연간 2,268천회에서 2,276천회로 8천회 증가, 항만 기존 연간 2,988만TEU에서 5,343만TEU로 2,355만TEU 증가할 것으로 예상된다. 도시 간 이동의 경우 2시간대 전국 이동 가능한 인구 2020년 52.8%에서 2040년 79.9%로 증가, 출퇴근 시간 전국 평균 통근 시간 '20년 40분대에서 '40년 30분 초반대로 단축될 예정이다. 교통사고의 경우 인구 10만 명당 사망자 수 '20년 6명에서 '40년 0.4명으로 감축, 친환경차의 경우, 신차 판매량 중 친환경차 비율 '20년 2.76%에서 '40년 80% 이상으로 확대될 것이다. 온실가스 배출량은 2050 탄소중립 시나리오 및 2030 국가 온실가스 감축 목표(NDC)에 따라 수송부문 배출량 2018년 대비 2030년 37.8% 감축될 예정이다.

2. 국가교통DB 구축

가. 사업개요

교통량·통행실태조사 자료 등 교통수요 예측을 위한 교통DB는 교통정책 수립 및 교통시설투자의 타당성 검증에 필수적으로 사용되는 기초자료이나, 기관별·사업별로 조사시기 및 방법 등이 상이하여 신뢰도가 낮고, 교통정책 수립 및 투자평가사업에 활용하기 어려움이 있었다.

이에 국가차원에서 중복조사 및 예산낭비를 방지하고, 이용자에게 일관성 있고, 신뢰도 높은 국가교통DB를 구축하여 제공하는 사업이다.

교통 SOC사업의 수요 예측과 각종 교통정책 수립 시 필수적으로 사용되는 핵심 기초자료 제공을 위해 국가교통조사를 수행하고, 조사자료를 수집·분석·가공하여 일반 국민들에게 제공하는 국가교통DB를 구축·운영(www.ktdb.go.rk)하고 있으며, 교통수단별 여객·화물 기종점통행량, 교통수단별 이용현황 및 교통수단·시설별 공급·운영실태 등을 포함한 교통통계 및 국가교통DB를 제공하고 있다.

본 사업은 1998년 공공근로사업인 전국 지역간 교통량조사 사업으로 시작하였으며, 「국가통합교통체계효율화법(舊 교통체계효율화법)」이 2001년 1월 개정됨에 따라 국가교통조사의 법적 기반을 마련하였다. 동법에 따라 5년 단위의 국가교통조사계획을 수립하여 매년단위로 사업을 추진하고 있으며, 전국을 대상으로 실시하는 여객·화물 정기조사는 5년마다 실시하고 있다.

1998년부터 2002년까지의 5년간(1단계) 국가교통DB의 기반을 조성하였고, 기본적인 교통DB제공 서비스가 시작되었다. 초기에는 교통투자평가 등 교통수요 분석에 필요한 DB를 중심으로 수집, 구축하였다.

이후 2003년부터 2007년까지를 2단계로 설정하여 교통DB의 수집·집계 체계 개선, 이용자 중심의 인터넷 서비스 설계, 교통정보 유통의 확장 및 활성화, 교통DB의 활용분석 강화, 그리고 교통조사 및 교통자료 등에 대한 유관기관간의 협력체계 개선 등을 통해 국가교통DB의 확장 및 서비스의 고도화를 추진하였다.

이후 '제1차 국가교통조사 계획(2009~2013)'에 따라 국가교통조사·분석 표준화 및 국가교통DB시스템 구축 기반을 마련하였고, '제2차 국가교통조사 계획(2014~2018)'에 따라 빅데이터를 활용하고 이용자분석 시스템을 구축하기 시작하였으며, '제3차 국가교통조사 계획(2019~2023)'에 따라 빅데이터를 활용한 시스템 확장 및 고도화 기반을 마련하였다. 현재는 '제4차 국가교통조사계획(2024~2028)을 수립 중에 있다.

나. 국가교통DB 구축 주요내용

국가교통DB 구축사업은 여객 및 화물통행에 대한 실태를 조사하고 기종점 통행량 자료를 현행화하여 갱신하며 교통수요(여객·화물)를 예측하는 '여객·화물 교통조사 및 분석', 차량 GPS 및 모바일통신 등 교통 빅데이터를 활용하여 교통DB 및 지표를 구축하는 '국가교통빅데이터 구축 및 활용', 국내외 국가교통통계DB 및 교통접근성지표를 구축하고 특별교통대책기간 통행실태조사를 통해 대책마련을 지원하는 '국가교통통계조사 및 분석' 등의 부문으로 구분하여 추진하고 있다.

<그림 2-6-1> 국가교통DB 사업 추진체계

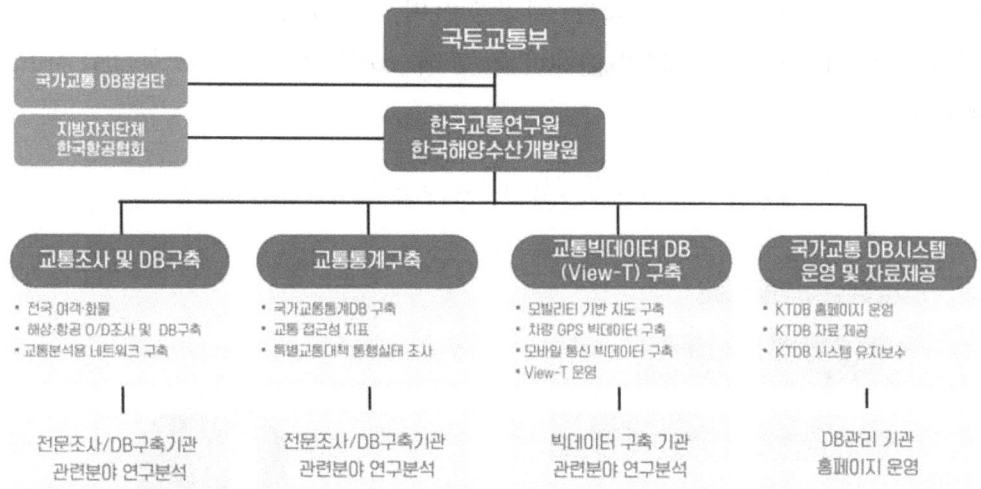

5년마다 전국을 대상으로 실시하는 정기조사와 관련하여, 2021년에는 전국 여객 기종점통행량조사를 수행하였고, 2022년에는 전국 화물기종점통행량조사를 수행하였다. 특히, 여객조사는 지방자치단체의 개별교통조사와 중복방지 등을 위해 지방자치단체와 공동조사를 실시하고, 이후 전수화 및 연차별 보완갱신 역시 공동수행체계를 유지하고 있다.

<표 2-6-2> 국가교통조사 분야별 세부사업

분야	주요 세부사업
여객교통조사 및 분석	• 전국 여객 기종점통행량(O/D)조사 • 전국 여객 O/D 전수화 및 장래수요예측 • 전국 여객 O/D 보완갱신 • 교통분석용 네트워크 구축
화물교통조사 및 분석	• 전국 화물 기종점통행량(O/D) 조사 • 전국 화물 O/D 전수화 및 장래수요예측 • 전국 화물 O/D 보완갱신 • 물류거점화물실태조사
국가교통 빅데이터 구축 및 활용	• KTDB 모빌리티 기반지도 구축 • 차량 GPS 빅데이터 구축 • 모바일통신 빅데이터 구축
국가교통 통계조사 및 분석	• 국가교통통계DB 구축 • 특별교통대책기간 통행실태조사 • 교통접근성지표 구축 • 교통유발원단위조사
기타	• 사업운영관리 및 홍보 • 국가교통DB점검단 운영 • 국가교통 DB시스템 구축 및 홈페이지 운영

2023년 기준 국가교통DB 구축사업으로 117개의 교통통계 항목을 갱신하였고, 43,159개의 문헌자료를 제공중이며, '23년 12월말 기준으로 국가교통DB 웹사이트(www.ktdb.go.kr)를 통해 5,850건의 국가교통DB 자료를 제공하였다.

〈그림 2-6-2〉 최근 5년간 국가교통DB 자료제공 실적

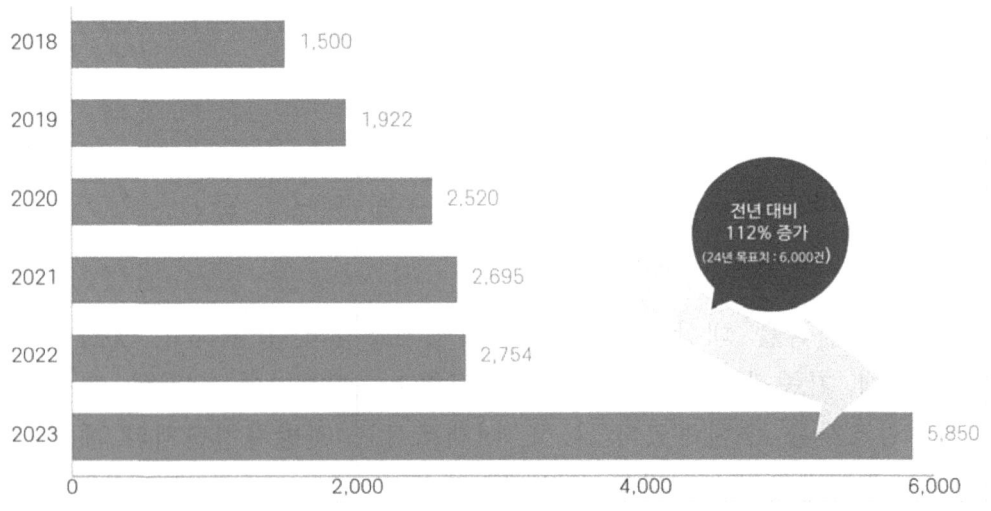

〈그림 2-6-3〉 국가교통DB 홈페이지

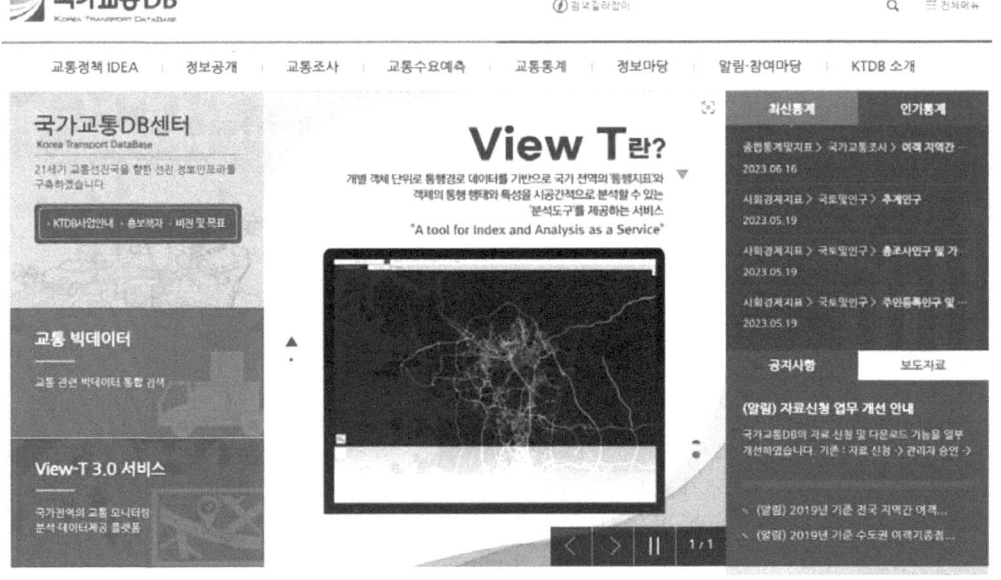

〈표 2-6-3〉 국가교통조사 DB 구축 현황

조사/부문명	구축DB 내용
여객·화물교통 조사 및 분석	• 현재년도 수단별/목적별 여객·화물 기종점통행량 • 장래년도 수단별/목적별 여객·화물 기종점통행량 예측치 • 주요 간선도로의 개별 교통량 • 수단별 화물수송실적 • 사업체 물류현황 및 물류거점시설 현황 • 교통분석용 네트워크 DB(도로·철도)
교통빅데이터 부문	• 모빌리티 기반지도(차량·사람) • GPS 기반 교통혼잡지표, 속도분포데이터, 차량주행거리 • 모바일 데이터 기반 통행시간, 통근통학지표, 여가통행특성
교통통계부문	• 여객·화물 수송실적 보고 및 주요 통행지표 • 교통부문 국내외 통계 자료 • 설·하계·추석 특별교통대책 통행실태 • 교통접근성지표 및 대중교통 운행시각표

3. 첨단교통기술의 개발 및 실용화

가. 추진배경

교통문제를 해결하는 방법에는 크게 인프라·시설을 구축하는 하드웨어적인 방법과 기존 시설의 이용효율성 증대, 수요관리 등을 통한 소프트웨어적인 방법이 있다. 급증하는 교통수요를 대비하여 교통 인프라를 무한정 늘리는 것은 현실적으로 한계가 있으므로 교통의 효율성 제고를 위해 여러 정책을 추진 중에 있으며, 이러한 정책수단을 뒷받침하기 위해서는 첨단교통기술 개발이 필요하다.

국토교통부는 국토교통과학기술육성법에 따라 국토교통 분야 미래유망 기술을 발굴하고 투자전략을 마련하기 위하여 10년 단위의 국토교통과학 기술 연구개발 종합계획을 수립하고 있다. 2023년에는 2차 국토교통과학 기술 연구개발 종합계획(2023~2032)을 발표하였으며, 첨단교통기술 브랜드 과제로는 자율협력 주행, 도심항공교통(UAM), 초고속 하이퍼튜브, 이용자 중심 모빌리티, 디지털 물류체계 등이 선정되었다.

나. 선진국 대비 교통기술 수준

우리나라의 교통기술 수준은 선진국 대비 평균 85.2%, 기술격차는 3.7년 정도이며, 도로교통관리 기술분야와 철도교통 관리 분야가 선진국 대비 기술수준이 90.0%로 가장 높고, 물류 인프라 기술분야는 선진국과의 기술 격차가 1.8년으로 12대 분야 중 가장 작다.

〈표 2-6-4〉 선진국 대비 교통기술 수준

분야	최고기술보유국		한국	
	국가	기술수준(%)	기술수준(%)	기술격차(년)
자동차	독일	100.0	85.0	2.0
도로교통 인프라	미국	100.0	85.0	3.0
도로교통 관리	독일	100.0	90.0	3.0
철도차량	독일	100.0	89.0	3.0
철도교통 인프라	독일	100.0	89.5	3.0
철도교통 관리	일본	100.0	90.0	3.0
항공기	미국	100.0	75.0	10.0
항공교통 인프라	미국	100.0	80.0	5.0
항공교통 관리	미국	100.0	82.5	5.0
운송	미국	100.0	85.0	3.0
물류 인프라	미국	100.0	85.0	1.8
물류 관리	미국	100.0	86.5	2.0
평균**	-	-	85.21	3.65

자료 : 2021 국토교통 기술수준조사 보고서(국토교통과학기술진흥원)

다. 첨단교통기술 분야 연구현황

2023년 첨단교통기술 분야 연구는 지능형 모빌리티, 탄소중립 모빌리티, 안전한 모빌리티 등 3개 분야에 대해 집중투자하고 있다.

지능형 모빌리티 분야에서는 자율주행차, UAM 등 첨단 지능형 모빌리티를 실현하기 위하여 자율주행기술 개발 혁신사업, 고부가가치 융복합 물류 배송·인프라 혁신기술 개발 및 도심항공모빌리티 감시정보 획득기술 개발 등을 수행하고 있다.

탄소중립 모빌리티 분야에서는 수소와 저탄소 기술을 활용한 신재생 에너지 기반의 교통·물류 체계를 구축하기 위해 한국형 Green NCAP 평가기술 개발, 전기자동차 안전성 평가 및 통합 안전기술 개발 및 해외 수소 기반 대중교통 인프라 기술 개발을 추진하고 있다.

 안전한 모빌리티 분야에서는 다양한 계층별 이용자의 안전을 위한 CASE 기반의 교통시스템을 구축하고 맞춤형 서비스를 지원하기 위하여 저상 좌석버스 표준모델, AI 진단 기반 항공기 로봇 검사 및 다목적 복수 저고도 드론교통관리시스템을 개발하고 있다.

제2절 물류산업 육성기반 마련

1. 제3자물류 전환 컨설팅 지원

가. 추진배경

우리나라의 3자물류 활용률은 2010년 52.1%에서 2023년 71.4%로 향상되어 기업들의 3자물류에 대한 인지도 및 활용률이 높아진 것을 볼 수 있다. 그러나 국내 화주기업의 3자물류 중요성에 대한 인식 저조, 정보 부족 등으로 선진국보다는 아직 낮은 수준으로 나타나고 있다.

물류 전문기업은 여러 기업의 물류활동, 물동량을 모아 처리함으로써 규모의 경제를 통하여 원가를 절감하고 축적된 노하우를 통해 전문적인 서비스를 제공할 수 있다.

그러나 우리나라의 상당수의 화주기업들은 물류업무의 일부나 전부를 물류전문기업에 위탁하여 운송하는 3자물류 보다는 자가, 자회사 물류를 선호하는 경향이 있다. 3자물류를 이용하지 않는 이유로는 '고객요구에 즉각 대응의 어려움(24.4%)'이 가장 높게 나타났고, '직접적인 통제력 약화(19.4%)', '물류비 절감의 불확실성(17.8%)' 및 '현행 자가물류 및 자회사물류에 만족(13.9%)' 등의 순으로 나타났다.

〈그림 2-6-4〉 3자물류 미활용 이유

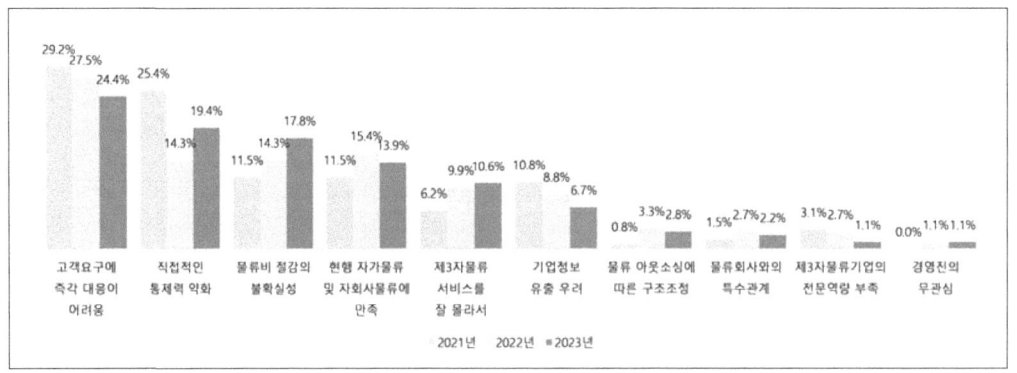

이와같이 화주기업이 자가물류를 선호하는 현상으로 인해 물류 전문기업의 육성이 어렵고, 물류산업 경쟁력 저하로 이어지는 악순환을 타개하고, 3자물류 활성화를 통해 물류시장 확대와 물류 전문기업의 성장으로 이어지는 선순환 구조를 만들어 내기 위한 정책 지원이 필요한 상황이다.

<그림 2-6-5> 물류시장 개선방향

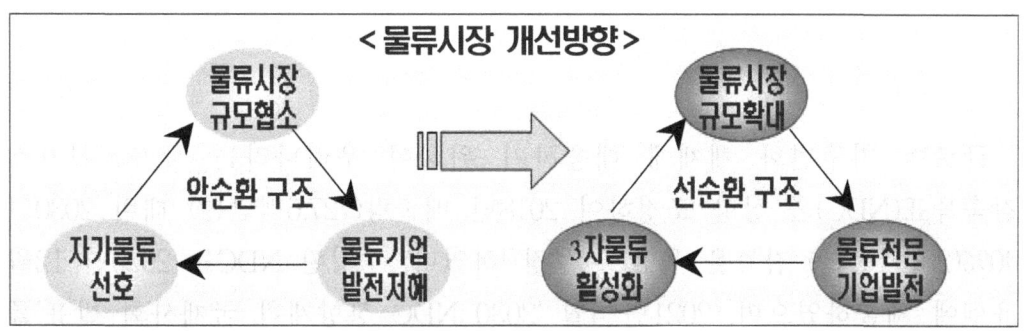

나. 주요내용

3자물류 컨설팅 지원사업('24년부터 3자·스마트·공동물류 컨설팅 지원사업으로 통합)은 전문물류기업 활용을 유도하기 위해 자가 또는 자회사물류를 수행하는 화주기업을 대상으로 3자물류 전환을 위한 컨설팅 소요 비용의 일부(50%)를 보조하는 사업이다.

이 사업을 통해 컨설팅 수행기관인 물류기업은 화주기업을 대상으로 조직, 인력, 장비, 정보 등 물류 진단을 통해 문제점을 도출하고 종합적인 개선 방안을 제시해 화주기업의 3자물류 전환을 유도하게 된다.

<그림 2-6-6> 연도별 3자물류 활용률(%)

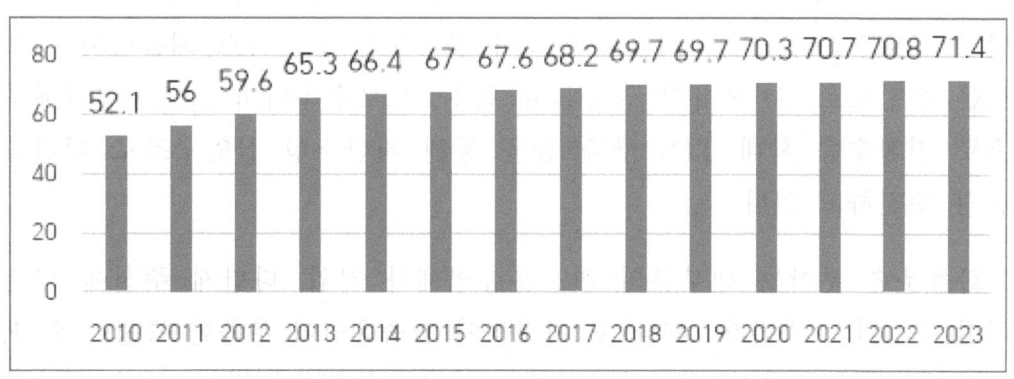

그 간 2008년부터 2023년까지 총 75.3억원의 예산을 투입하여 화주·물류기업을 대상으로 총 269건의 컨설팅(종합진단)을 지원하여 물류비 663.7억원을 절감(절감률 12.9%)하였으며, 3자물류 활용률도 2010년 52.1%에서 2023년 71.4%로 19.3%의 대폭 상승 효과를 거두었다.

2. 녹색물류 확산

가. 추진배경

글로벌 기후변화 체제에 대응하기 위하여 우리나라는 국가온실가스 감축목표(NDC)를 상향 조정하여 2018년 배출량(727.6백만톤) 대비 2030년 40%(291백만톤) 감축을 목표로 설정[7]하였다. 수정된 NDC는 2020년 12월 유엔에 제출하였으며, 2021년 4월 '2030 NDC 상향계획 국제사회 발표'를 통해 주요국 대비 도전적인 목표(4.17%/년)를 설정하여 기후변화 대응에 대한 강력한 의지를 표출하였다.

2030년까지 정부가 목표로 하고 있는 온실가스 감축목표 중 수송부문의 감축목표는 2018년 98.1백만톤에서 37.8% 감축한 61.0백만톤으로 전환수송 및 도로운송 효율화를 통해 온실가스를 감축해 나갈 계획이다. 특히, 화물분야 수송분담률이 가장 높은 도로운송의 경우 물류분야 에너지 사용량의 82%, 온실가스 배출량의 91%를 차지하는 등 에너지 소비량이 많아 저탄소 물류체계로의 전환이 시급한 실정이다.

나. 주요내용

우리나라는 EU, 일본 등 선진국과는 달리 3자물류 활용률('23. 71.4%)이 낮고 도로수송비율('22. 74.9%)이 높아 물류부문 온실가스 배출량이 매우 높은 실정으로, 3자물류와 공동물류 촉진, 도로수송에서 철도·연안해운으로 전환수송 확대, ITS 구축 등을 통해 저탄소형 산업구조로 개편을 본격 추진하고 있다.

화물운송 분야는 대부분의 화물운송업체가 지입, 다단계 주선에 의존하여 온실가스 관리가 취약하고 자발적인 감축유인이 부족한 특성이 있다. 따라서, 기업이 온실가스 관리기반 구축과 자발적인 감축 역량을 강화하기 위하여 에너지사용량 계측단말기, 물류에너지 관리시스템, 온실가스 산정 가이드라인을 보급하고 이와 관련된 전문인력양성 등을 지원한다.

---

[7] NDC 상향안(△40%)은 ('18년 총배출량 – '30년 순배출량) 적용 시 감축률이며, ('18년 순배출량 – '30년 순배출량) 적용 시 NDC 상향안의 감축률은 △36.4%

2011년부터는 기업의 자발적인 온실가스 감축여건을 조성하기 위해 정부와 기업간의 자발적 협약 체결을 통해 온실가스 감축목표를 설정·이행 관리하는 물류에너지목표관리제를 시행중에 있다. 대상은 화물차 1대 이상인 물류기업과 연간에너지사용량이 5toe이상인 화주기업으로 현재 한진, 현대글로비스, CJ대한통운 등 405개 기업이 참여중이다. '25년까지 참여기업을 450개사 이상으로 확대하여 물류산업 체질을 온실가스 감축형으로 개선해 나갈 계획이다.

또한 화물운송업계의 친환경 물류활동을 촉진하기 위하여 정부는 2011년도부터 기업의 에너지효율화나 온실가스 감축사업에 대하여 사업비의 50%이내를 지원하는 녹색물류전환사업을 시행하고 있고, 2020년 10월에는 물류정책기본법 개정을 통해 지원 대상을 개인운송사업자까지 확대하였다. 이를 통해, 기업과 개인사업자의 무시동히터, 무시동에어컨, 에어스포일러, 무시동전기냉동기, 친환경 포장재 등을 지원중이다.

2013년 8월에는 우수녹색물류실천기업 지정을 위한 제도적 기반을 마련하였다. 물류에너지 목표관리제에 참여하고 있는 기업 중에서 물류에너지나 온실가스 감축효과가 우수한 기업을 우수녹색물류실천기업으로 지정하여 지원하기 위함이다. 우수녹색물류실천기업에 지정된 업체는 자사차량이나 자사제품 등에 인증마크를 부착하여 홍보하도록 함으로서 기업의 이미지를 제고하고 사회적 기업으로 홍보효과를 극대화할 수 있도록 하였다. 또한 2021년 4월에는 물류정책기본법 시행규칙 개정을 통해 중소·중견 물류기업의 지정제도 참여를 확대하기 위해 지정기준을 완화하여 운영하고 있다. 현재 우수녹색물류실천기업으로 주원통운, 용마로지스, 고려택배, CJ대한통운, 판토스, 현대글로비스, 포스코플로우 등 28개사가 지정되어 녹색물류를 적극 실천하고 있다.

3. 우수물류기업 육성

가. 추진배경

우리나라의 자가물류 위주의 시장구조는 수요변동에 대응하기 어렵고 물류시장의 발전을 어렵게 하여 전문물류기업의 성장을 저해한다.

전문물류기업은 여러 기업의 물동량을 모아 처리함으로써 규모의 경제를 실현하여 원가를 절감하고, 축적된 노하우를 통해 전문적인 서비스를 제공할 수 있다.

전문물류기업 육성을 위해 정부는 종합물류기업인증을 필두로 우수화물운수사업자인증, 우수물류창고업체인증, 우수국제물류주선업체인증, 우수화물정보망인증 등 업종별 인증제를 시행하여 왔으나, 개별인증 간의 중복 인증획득에 따른 기업의 자원 및 인력 낭비 등의 개선요인이 발생하였다.

종합물류기업 인증은 물류기업 전체를 대상으로 마련된 제도이지만 실질적으로 복수의 업종별 서비스를 종합적으로 제공하는 상위권 물류기업 중심으로 운영하였다. 그 외 인증제도(우수화물운수사업자인증, 우수물류창고업체인증, 우수국제물류주선업체인증, 우수화물정보망인증 등)는 당초 해당 업종에서 전문성을 갖춘 중소·중견 물류기업을 대상으로 기획되어 운영하였다.

그러나 인증제도간의 유기적 연계미흡으로 대형기업은 종합물류기업인증 외에도 업종별 인증을 모두 취득해야 하는 등 인증 참여를 위한 부담이 증가하였고, 중소·중견기업은 규모적 속성이 부족하여 종합물류인증제에의 참여가 어려운 상황이었다.

이에 정부는 개별법에 따라 업종별로 각각 운영하던 물류기업에 관한 인증제도를 「우수물류기업 인증제」로 통합하는 법적근거(우수물류기업 「물류정책기본법」 제38조 개정(2015.06.22.) 마련하고 '15.12.23일자로 시행하였다.

〈표 2-6-5〉 물류기업 관련 인증제도 개편

《종 전》 6개 인증

인증명	심사기관(5)
종합물류기업인증	한국교통연구원
우수화물운송업인증	능률협회
우수물류창고업인증	통합물류협회
우수국제주선업인증	국제주선협회
우수화물정보망인증	한국교통연구원
우수녹색물류실천기업지정	교통안전공단

⇨

《개 편》 2개 인증

인증명	심사기관(2)
우수물류기업인증	한국교통연구원 한국해양수산개발원
우수녹색물류실천기업지정	교통안전공단

나. 주요내용

구분	인증대상 물류기업	인증기준
주요 선정 기준	1. 화물 자동차 운송 기업	다음 각 목의 요건을 모두 갖출 것 가. 「화물자동차 운수사업법」 제3조제1항에 따른 화물자동차 운송사업의 허가를 받은 자일 것 나. 화물운송에 관한 정보를 화주에게 원활하게 제공할 수 있도록 화물운송에 관한 정보시스템을 갖출 것 다. 교통사고로 인한 피해의 예방체계 등을 갖출 것 라. 안정적인 운송서비스 제공이 가능한 경영상태를 유지할 것 마. 그 밖에 국토교통부장관과 해양수산부장관이 공동으로 정하여 고시하는 기준을 충족할 것
	2. 물류 창고 기업	다음 각 목의 요건을 모두 갖출 것 가. 「물류시설의 개발 및 운영에 관한 법률」 제21조의2제1항에 따른 물류창고업의 등록을 한 자일 것 나. 화물의 안전한 보관을 위하여 화재보험 가입 등 화재예방 및 화재대응 매뉴얼을 갖출 것 다. 창고 운영을 위한 정보시스템 및 운영 매뉴얼을 갖출 것 라. 국내외 화물의 보관 실적 및 고용창출 실적이 우수할 것 마. 그 밖에 국토교통부장관과 해양수산부장관이 공동으로 정하여 고시하는 기준을 충족할 것
	3. 국제 물류 주선 기업	다음 각 목의 요건을 모두 갖출 것 가. 법 제43조제1항에 따른 국제물류주선업의 등록을 한 자일 것 나. 총매출액 중 제3자물류의 매출액 비율이 50퍼센트 이상일 것 다. 자기 명의로 발행하는 선하증권 및 항공화물 운송장이 연간 3천 건 이상일 것 라. 거래하는 수출 또는 수입 화물이 도착하는 국가가 연간 5개국 이상일 것 마. 그 밖에 국토교통부장관과 해양수산부장관이 공동으로 정하여 고시하는 기준을 충족할 것
	4. 화물 정보망 기업	다음 각 목의 요건을 모두 갖출 것 가. 화물운송 거래정보 관리체계가 우수할 것 나. 화물정보망 운영의 안정성 및 보안관리가 양호할 것 다. 화물정보망의 이용 및 거래 실적이 적정할 것 라. 화물운송거래의 투명화 및 서비스 개선을 위한 실적이 양호할 것 마. 그 밖에 국토교통부장관과 해양수산부장관이 공동으로 정하여 고시하는 기준을 충족할 것

구분	인증 대상 물류기업	인증기준
	5. 종합 물류 서비스 기업	다음 각 목의 요건의 어느 하나에 해당하는 자일 것 　가. 제1호부터 제3호까지의 인증을 모두 받거나, 제1호, 제2호 및 제4호의 인증을 모두 받은 자일 것 　나. 다음의 요건을 모두 갖춘 자일 것 　　1) 영 별표 1에 따른 대분류(종합물류서비스업은 제외한다)별 세분류에 해당하는 물류사업을 각각 1개 이상씩 영위할 것 　　2) 영위하는 1개 물류사업의 매출액이 각각 전체 물류사업 총매출액의 3퍼센트 이상 또는 30억원 이상일 것 　　3) 전체 물류사업 총매출액 중 제3자물류의 매출액 비율이 40퍼센트 이상일 것 　　4) 그 밖에 국토교통부장관과 해양수산부장관이 공동으로 정하여 고시하는 기준을 충족할 것
주요 인센 티브		• 국가 또는 지자체가 공급하는 화물터미널, 유통단지, 등 물류시설 우선 입주 • 물류시설 확충, 물류정보화·표준화 또는 공동화, 첨단물류기술 개발 및 적용, 환경친화적 물류활동, 해외시장 개척 등에 소요되는 자금 융자 등 우선적 재정지원 • 운송사업자가 인증 받은 화물정보망을 이용하여 운송을 위탁할 시 직접 운송한 것으로 인정

다. 주요성과

2023년 12월 기준으로 인증 받은 기업은 종합물류서비스기업 16개사, 화물자동차운송기업 37개사, 물류창고기업 20개사, 국제물류주선기업 22개사, 화물정보망기업 4개사로 총 99개에 이른다.

개별인증제의 개선을 위해 정부는 2015년 6월 22일 물류정책기본법을 개정하여 인증제도의 통합운영을 위한 법적근거를 마련하고 2015년 12월 23일자로 시행에 들어갔다.

이어 우수물류기업 인증제 심사업무 대행기관을 통해 인증위원회를 개최하여 우수물류기업인증위원회 운영에 관한 규정과, 사업계획, 세부규정, 인증심사위원그룹, 심사수당 지급 규정 등을 심의하여 의결 처리하였다.

그리고 매년 우수물류기업 선정을 위해 모집공고 및 설명회 등을 실시하였으며, 2016년부터 2023년까지 21개 기업이 신청하여 총 19개 기업이 인증을 취득하였다. 인증 취득(인증제 통합이전 포함) 후, 정기점검 대상인 196개 인증에 대해 심사를 수행하여 99개 인증(89개 기업)이 유지 중이다.

2024년에는 우수물류기업 신청기업 확대를 위한 인증기업에 대한 추가 혜택 발굴 및 홍보강화, 인증기업간 상호 소통할 수 있는 교류의 장인 설명회 개최와 더불어 신청 편의성을 확보하여 지원하고, 기존 인증기업 및 전문가 의견수렴을 통한 제도 개선방안을 도출할 예정이다. 또한 99개 인증(89개 기업) 중 2024년 정기점검 대상인 33개 기업에 대해서 심사를 수행할 예정이다.

우수물류기업 인증제도는 물류기업의 안정화, 규모화, 종합화, 글로벌화라는 장기적 발전비전을 제시함으로써 글로벌기업으로서의 성장을 견인하는 제도로 정착할 것으로 기대된다.

4. 5대 권역별 내륙물류기지 건설

가. 추진배경

1990년대 초 경제성장으로 인하여 국내·외 수출입물량이 증가하면서 공항, 항만의 적체현상과 국도·고속도로의 혼잡으로 국가물류비가 급격히 증가하는 비효율이 부각되었다. 이러한 화물유통체계 전반에 나타난 문제점을 근본적으로 해결하기 위하여 전국 주요 거점별로 화물의 연계수송체계를 구축하고자 1994년 7월 수립된 「화물유통체제개선 기본계획」에 따라, 수도권·부산권·중부권·영남권·호남권 등 전국 5개 거점에 복합물류터미널과 내륙컨테이너기지로 구성된 내륙물류기지 건설을 추진하고 있다.

국가경제활동의 증가는 곧 화물물동량의 지속적인 증가를 유발하여 기존의 개별기업 차원의 재래식 창고 또는 소규모 물류터미널로서는 늘어나는 물류수용에 적절히 대응하기 어려워졌다. 물류시설의 부족은 운송, 보관, 포장 등 각 물류단계에서 독립, 분절된 업무체계를 형성하여 물류비의 상승요인으로 작용하였다. 따라서 고속철도와 기존의 철도, 고속도로 등 주요 간선교통망이 교차하는 지점 등 연계수송의 거점에 해당하는 물류 결절점에 국가 광역권별로 허브역할을 할 수 있는 대규모 물류거점을 건설할 필요성이 대두되었다.

정부는 이렇게 건설되는 내륙물류기지 안에 복합물류터미널과 내륙컨테이너기지를 각각 30만㎡ 이상의 대규모로 배치하고, 특히 내륙컨테이너기지에는 철도를 연결하여 부산, 인천, 광양, 평택 등 주요 항만에서 유입되는 컨테이너화물의 복합일관운송체계의 구축이 가능하도록 하는 내륙화물운송의 네트워크화를 개발방향으로 하여 추진하고 있다.

〈표 2-6-6〉 전국 5대권역 내륙물류기지 추진현황

(2023. 12. 31일 기준)

구 분		사업명	위 치	면 적 (천㎡)	사업비 (억원) (민간+국비)	사업기간	비고
1단계	수도권	군포 IFT 의왕 ICD	경기 군포 경기 의왕	381 753	2,477 476	'92~'98 '92~'96	운영
	부산권	양산 IFT 양산 ICD	경남 양산 〃	291 981	2,543 2,829	'92~'10 '92~'10	운영
2단계	호남권	호남권 IFT&ICD	전남 장성	521	4,226	'99~	부분운영
	중부권	중부권 IFT&ICD	세종시	480	2,563	'05~'10, '17	운영
	영남권	영남권 IFT&ICD	경북 칠곡	457	2,911	'05~'10	운영
	수도권 (확장)	군포 IFT 확장	경기 군포	321	5,973	'06~'12	운영

※ IFT (Integrated Freight Terminal) : 복합물류터미널
　ICD (Inland Container Depot) : 내륙컨테이너기지
자료 : 국토교통부 교통물류실

복합물류터미널(IFT, Integrated Freight Terminal)은 도로, 철도 등 2가지 이상의 운송수단간의 연계수송을 할 수 있는 규모 및 시설을 갖춘 물류터미널로서, 일반물류터미널과 비교하면 통상 철도운송연계가 가능하도록 철도화물취급장이 있고 전산정보체계, 화물자동분류설비를 갖추고 있는 점이 다르다. 복합물류터미널은 연계수송 외에도 화물의 집하 및 배송, 보관 및 재고관리, 배송 및 납품대행, 화물운송 주선 및 수출입화물의 내륙통관 등의 종합적인 기능을 수행한다.

내륙컨테이너기지(ICD, Inland Container Depot)는 해상컨테이너화물이 항만물류터미널을 떠나 내륙으로 이동되어 내륙운송수단(도로, 철도)과 연계되는 장소로서, 해상컨테이너운송이 확대됨에 따라 그 중요성이 증가하고 있다. 항만내에서 이루어져야 할 선적, 양하, 선적대기기능을 제외한 장치보관기능, 집화분류기능, 통관기능을 가지고 있어서 대리점, 포워더, 하역회사, 관세사, 트럭회사, 포장회사 등이 입주하여 물류활동을 수행한다.

〈그림 2-6-7〉 전국 5대권역 내륙물류기지 위치도

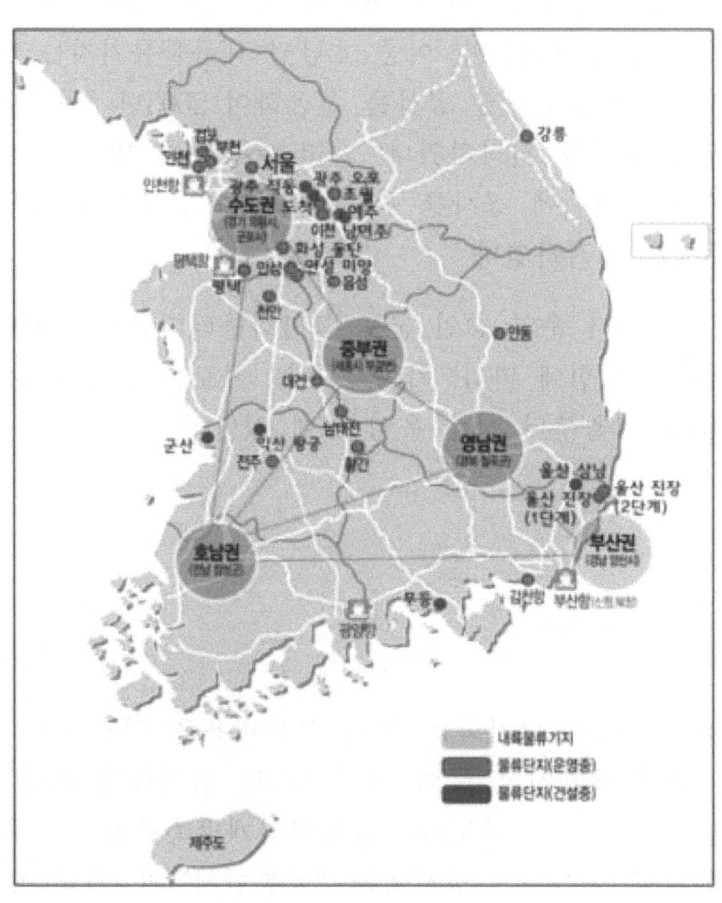

자료 : 국토교통부 교통물류실

내륙물류기지는 복합물류터미널(화물취급장, 화물자동차 정류장), 내륙컨테이너기지(CY, CFS)를 포함하여 창고, 집배송센터, 운송수단간 연계시설(철송장), 화물정보센터 등을 모두 수용하여, 내륙의 대규모 종합물류거점 및 항만의 배후시설로서의 역할은 물론 해당 도시의 화물유통기지로서의 역할을 하게 된다.

나. 운영 및 건설추진 현황

5대 권역별 내륙물류기지 추진현황을 살펴보면, 우선 1단계로 수도권과 부산권에 1994년 11월부터 총 240만㎡ 규모의 복합물류터미널과 ICD 건설을 추진하여 수도권 2개소는 1998년 말에 완공하여 운영 중에 있고, 부산권은 1999년부터 일부시설을 준공하여 부분운영 하면서 2010년에 최종 준공하여 정상 운영 중에 있다.

2단계로 군포 복합물류터미널 확장과 호남권·중부권·영남권을 총 178만㎡ 규모로 조성하였으며. 이중 호남권 내륙물류기지는 1999년 사업시행자가 지정되고 2002년말 공사를 착공하여 2005년 3월 1단계 공사를 완료하고 부분 운영을 시작하였다. 그리고 중부권 및 영남권 내륙물류기지는 2007년 상반기에 공사를 착수하여 2010년 6월과 11월에 공사를 완료하고 운영을 시작하였다.

아울러 1998년부터 운영 중인 군포 복합화물터미널은 2001년부터 시설용량이 한계에 도달함에 따라, 기존 터미널 규모를 38만㎡에서 70만㎡로 확장하여 2013년 1월부터 정상 운영 중에 있다.

5. 물류단지 조성

가. 추진배경

물류시설의 집단화·단지화를 통해 물류비용을 절감하고 물류처리를 효율화하는 한편 물류시설 등이 개별적으로 입지함에 따라 발생할 수 있는 비효율을 줄일 수 있도록 「유통단지개발촉진법」을 제정(1995.12, 1996.6 시행)하여 물류단지(당시에는 "유통단지")의 개념 및 개발절차 등을 도입하고, 이후 물류시설의 합리적 배치·공급·운영을 위한 정책을 보다 체계적으로 추진할 수 있도록 「화물유통촉진법」과 「유통단지개발촉진법」을 통합·개편하여 「물류시설의 개발 및 운영에 관한 법률(약칭 : "물류시설법")」로 전면 개정(2007.8, 2008.2 시행) 하여 현재에 이르고 있다.

물류단지는 광역권 거점역할을 하는 내륙물류기지와 함께 내륙 물류거점시설의 지역별 중추로서, 도시간 화물운송의 거점으로 내륙 물류네트워크의 한 축을 형성하게 된다. 물류단지개발에 따르는 경제·사회적 편익을 보면 첫째, 물류단지까지는 대형화물차로, 물류단지로부터 도심지 등 상품소비지까지는 소형화물차로 운송하는 권역별 연계수송(inter-modal transportation)이 가능해짐에 따라 중복·교차·중계수송을 감소시켜 시간적·금전적 물류비의 절약이 가능하다.

둘째, 규모의 경제효과로서, 먼저 공동수배송이 촉진됨으로써 공차율 감소, 중복운행 방지, 도심교통체증 원활화 등의 이점이 파생된다. 그리고 동종·유사 업종의 물류시설을 단지화하여 공동구매, 협업화 사업 여건 조성, 공동가공 처리, 공동 수·배송 실시가 가능하므로 유통업의 생산성이 증가한다.

셋째, 물류산업진흥의 효과로서 도소매기능, 농수축산물의 도소매기능, 공동집배송기능 등 상류시설과 화물하역·운송기능, 차고지 기능, 창고 기능 등 물류시설이 복합적으로 갖추어지는 물류산업시설의 집적화로 물류산업의 아웃소싱 증가, 물류기업체의 대형화, 물류시설의 기계화, 정보화가 촉진된다.

넷째, 물류구조 개선효과로서 낙후된 도매기능의 강화 및 유통경로 단축으로 물류비용이 절감된다.

다섯째, 토지이용의 합리화 효과로서 구도심권 등에 산재되어 있는 유통물류업 시설의 집단화 및 도심부적격시설의 교외 배치로 도시재개발 효과 및 물류단지 자체로서 지역경제의 중심거점시설로 특성화된 토지 이용에 따른 부가가치 증대효과를 얻게 된다.

나. 물류시설개발종합계획의 수립

물류시설개발종합계획은 상위계획인 국토종합계획에 의거하여 수립하는 물류시설개발에 관한 종합계획이다. 본 계획은 급변하는 물류환경에 능동적으로 대처하기 위해 물류거점시설인 물류단지의 계획적인 개발을 유도하여 중복투자를 방지하고 물류체계의 효율성을 높이기 위한 정책 방향을 제시하여 왔다.

제1차 유통단지개발종합계획 기간(1997~2001) 중에는 전국 9개 권역 28개 물류거점에 2,810만㎡의 물류단지를 공급할 계획이었으나 외환위기 등 경제여건의 악화로 248만㎡ 지정에 그쳤으며, 제2차 유통단지개발종합계획(2002~2006)에서는 변화된 경제여건 등을 감안하여 전국 16개 시·도를 경제권·생활권을 고려하여 10개 권역으로 구분하고 권역별로 물동량을 예측하여 제1차 계획기간 중 지정한 248만㎡을 포함하여 총 1,215만㎡의 물류단지 공급계획을 수립하였다.

「물류시설의 개발 및 운영에 관한 법률」로 전면 개정한(2007.8) 후 수립한 제1차 물류시설개발종합계획(2008~2012)에서는 지자체의 외자유치 노력과 추진의지, 물류업계의 의견을 적극 반영하고 목표연도 물류단지 수요면적은 전국 시도를 6개 권역별로 구분하고 권역별 물동량 등을 고려하여 1,223만㎡의 물류단지 공급으로 물류거점망을 구축한다는 계획을 제시하였다.

제2차 물류시설개발종합계획(2013~2017)에서는 제1차 계획 이후 표출된 국가·경제·사회의 다양한 변화 및 상황을 반영하고, 기존 계획의 추진 실적에 대한 정확한 평가 및 분석을 통해 향후 5년간 추진해야 할 물류시설정책에 대한 기본 방향을 재정비하고, 목표연도 물류단지 수요면적을 전국 6개 권역별로 구분하고 물동량 등을 고려하여 1,730만㎡의 물류단지 공급으로 물류거점망을 구축한다는 계획을 제시하였다.

제3차 물류시설개발 종합계획(2018~2022)에서는 물류단지 시·도별 총량제가 지역별 물류단지 수요를 정확히 반영하는데 한계가 있고 민간투자 활성화를 제약한다는 지적을 수용하여 총량제를 폐지하고, 실수요 검증제도를 도입(2014.9)하였다. 물류단지 사업별로 실수요만 인정받으면 원하는 곳에 물류단지를 건설할 수 있게 되었으며, 전자상거래 활성화 등으로 수요가 증가하는 물류시설을 민간기업이 보다 쉽게 건설할 수 있게 되었다. 또한, 첨단물류시설과 상류시설, 지원시설을 복합개발하는 도시첨단물류단지 제도의 도입(2016.7)을 통해 도시권 생활물류 수요의 증가에 대응하여 체계적이고 집단화된 도시물류시설 확보를 위한 추진기반을 마련하였다.

제4차 물류시설개발 종합계획(2023~2027)에서는 도시 물류인프라 확충, 기존 물류시설의 재정비·개선, 지역간 격차 없는 물류서비스 기반 제공, 물류시설의 스마트화, 친환경적이고 안전한 물류체계 구축, 국제물류허브 기반 조성 등 6개 전략을 제시하고, 특히 물류단지에 관하여는 도시첨단

물류단지 개발 활성화를 위한 제도개선, 세제지원 등의 지원책 추진과 급변하는 물류환경을 반영하여 실수요 검증제도를 개선·현실화하는 등의 과제를 제시하여 추진 중이다.

다. 지원현황

물류단지 개발사업을 활성화하기 위하여 1995년 유통단지개발촉진법 제정 시부터 각종 지원책을 마련하였다. 먼저 물류단지 지정고시가 있을 때에는 토지보상법상의 사업인정고시가 있는 것으로 간주되어 토지수용권이 부여된다. 또한 물류단지개발에 관한 실시계획승인을 받으면 도시관리계획의 결정 등 관계 법률에 의한 각종 인·허가를 받은 것으로 의제처리되어 인·허가에 따른 시간을 단축하고 절차를 간소화하였다.

세제 면에서도 혜택이 부여되는데, 시행자가 일반물류단지를 개발하기 위해 취득하는 부동산에 대해서는 취득세가 35%, 현재 사업에 직접 사용하는 부동산에 대해서는 재산세가 25% 감면되며, 도시첨단물류단지의 경우 시행자가 도시첨단물류단지를 개발하기 위해 취득하는 부동산에 대한 취득세가 15% 감면된다.

최근(2024.2)에는 도시첨단물류단지 등 개발 시 기존 토지소유자가 다수인 경우 등을 고려하여 시행자가 물류단지시설 뿐만 아니라 지원시설로도 토지소유자에게 환지(換地)하여 줄 수 있도록 「물류시설법」 및 하위법령을 개정하였다.

라. 물류단지 총량제 폐지 및 실수요 검증제 시행

'14.6.27 제2차 물류시설개발종합계획을 변경·고시하여 물류단지 시도별 총량제를 폐지하고 실수요만 인정받으면 원하는 곳에 물류단지를 건설할 수 있게 하였다.

그간 국토교통부는 지역별 거점물류단지의 육성을 위하여 「물류시설개발 종합계획」을 통해 전국의 각 시도별 물류단지 공급 계획을 수립하여 공급면적을 제한하고, 시·도는 이 계획의 범위내에서 실수요 검증 후 사업을 추진해왔다.

그러나, 물류단지의 지역별 거점화를 위한 공급상한이 오히려 물류시설이 추가로 필요한 일부 지역에 물류단지가 들어설 수 없게 하여 지역경제 활성화를 가로막는다는 지적이 제기되어 왔다.

이에 따라 국토교통부는 일자리 창출과 규제개혁의 차원에서 전격적으로 물류단지 총량제를 폐지하기로 결정하고, 물류단지를 건설하고자 하는 경우 물류단지의 실수요만 인정받으면 공급량과 무관하게 원하는 곳에 물류단지를 건설할 수 있게 되었다.

마. 도시첨단물류단지 제도 도입

최근 전자상거래, O2O(Online to Offline) 서비스의 확산으로 '온라인으로 구매한 후 택배로 상품을 수령'하는 새로운 유통 트렌드가 일반화되고 있다. 온라인쇼핑몰의 매출규모는 대형마트, 슈퍼마켓 등 전통적인 유통 채널의 매출규모를 앞질렀다. 이에 따라 택배 등 도시 물류의 수요가 급증하고 있으며 물류서비스를 기반으로 하는 유통·물류·정보통신산업 등 산업간 융합의 필요성이 대두되고 있다.

이러한 추세에 맞추어 국토교통부는 「물류시설의 개발 및 운영에 관한 법률」을 일부 개정(2015.12, 2016.6 시행)하여 도시첨단물류단지 제도를 도입하였다. 도시첨단물류단지의 대상지는 도시 내부에 위치한 노후화된 일반물류터미널, 유통업무설비와 같은 물류유통시설이다. 민간은 이 제도를 통해서 화물차정류장 등 도시계획시설로 지정되어 재개발이 곤란했던 시설을 재정비하여, 물류·유통시설과 IT시설 등 첨단시설이 함께 입주 가능한 융복합형 물류단지로 개발할 수 있다.

도시 내부에 도시첨단물류단지가 확충되면, 운송거리 단축으로 물류비가 절감되며, 운송시간 단축, IT인프라 활용에 따라 반일배송 서비스, 배송시각 예측서비스, Drive-thru 서비스 등 택배서비스 향상이 가능해질 것으로 기대된다. 또한, 유통망 다변화로 직거래가 활성화되는 등 유통구조도 일부 개선될 것으로 기대된다.

##〈표 2-6-7〉 일반물류단지 개발사업 추진현황

(2023.12.31. 기준)

구 분	사 업 명	위 치	규 모(㎡)	사업비 (억원)	사업 기간	비고
	합 계	44개소	17,169,569	71,862		
운영중	서울 동남권	서울 송파구 문정동	560,694	8,410	'04~'19	
	부산 감천항	부산 서 구 암남동	206,408	3,761	'91~'09	
	경인아라뱃길 인천	인선 서 구 오류동	1,145,026	3,270	'10~'14	
	대전 종합	대전 유성구 대정동	463,887	1,590	'98~'03	
	남대전 종합	대전 동 구 구도동	558,868	1,568	'08~'13	
	울산 진장(1단계)	울산 북 구 진장동	453,436	1,102	'00~'07	
	울산 진장(2단계)	울산 북 구 진장동	206,429	1,071	'11~'18	
	울산 삼남	울산 울주군 삼남면	137,299	1,650	'14~'21	
	평택 종합	경기 평택시 도일동	486,062	724	'03~'08	
	여주 첼시	경기 여주군 여주읍	264,242	478	'99~'10	
	광주 도척	경기 광주시 도척면	278,016	593	'03~'09	
	김포 고촌	경기 김포시 고촌면	894,454	4,432	'10~'13	
	안성 원곡	경기 안성시 원곡면	682,398	2,107	'09~'14	
	광주 초월	경기 광주시 초월읍	264,529	1,383	'09~'14	
	부천 오정	경기 부천시 오정동	458,024	2,496	'08~'20	
	화성 동탄	경기 화성시 동탄면	460,670	2,957	'10~'17	
	안성 미양	경기 안성시 미양면	136,554	1,035	'14~'18	
	이천 패션	경기 이천시 마장면	796,706	2,459	'09~'13	
	강릉 종합	강원 강릉시 구정면	174,236	552	'99~'18	
	음 성	충북 음성군 대소면	283,934	382	'98~'07	
	영동 황간	충북 영동군 황간면	263,179	240	'09~'15	
	천 안	충남 천안시 백석동	451,182	1,518	'00~'11	
	전주 장동	전북 전주시 덕진구 장동	189,151	258	'04~'07	
	안동 종합	경북 안동시 풍산읍	225,411	196	'05~'07	
	김해 관광유통단지	경남 김해시 신문동	878,128	3,193	'98~'13	
	소 계	25개소	10,918,923	47,425		
공사중	무 등	경남 고성군 거류면	278,692	397	'13~'25	
	군 산	전북 군산시 개사동	329,452	838	'14~'24	
	광주 직동	경기 광주시 직 동	571,410	2,310	'16~'23	
	광주 오포	경기 광주시 오포읍	191,500	1,134	'17~'24	
	남여주	경기 여주시 연라동	202,577	469	'16~'23	
	용인 포곡스마트	경기 용인시 포곡읍	170,991	1,378	'19~'23	
	이천 BPO	경기 이천시 마장면	141,530	318	'15~'23	
	이천 마장(IMLC)	경기 이천시 마장면	298,501	879	'19~'24	
	용인 국제물류4.0	경기 용인시 처인구	948,410	4,530	'19~'24	
	익산 왕궁	전북 익산시 왕궁면	447,604	1,017	'13~'24	
	익산 정족	전북 익산시 정족동	357,141	1,194	'15~'25	
	당진 송악	충남 당진시 송악읍	695,700	1,933	'16~'24	
	동고령IC	경북 고령군 성산면	113,695	500	'18~'24	
	김해 상동	경남 김해시 상동면	97,745	420	'18~'23	
	김해 죽곡일반	경남 김해시 진영읍	95,600	798	'21~'24	
	세종 전동물류단지	세종 전동면 석곡리	783,114	2,485	'22~'25	
	김해 풍유 일반물류단지	경남 김해시 풍유동	323,490	2,700	'21~'24	
	울산 상천 물류단지	울산 울주군 상천리	123,326	803	'22~'27	
	김포 감정물류단지	경기 김포시 감정동	80,168	334	'17~'24	
	소 계	19개소	6,250,646	24,437		

자료 : 국토교통부 교통물류실

제3절 도로망 확충

1. 도로정책 여건 및 방향

가. 도로현황

우리나라의 도로망은 전국 주요 도시 및 물류거점을 연결하는 고속국도와 일반국도가 기본 골격을 이루는 간선망을 형성하고, 지역 간을 연결하는 지방도, 군도, 시가지내 도로망이 상호 연계되어 유기적인 교통체계를 유지하고 있다.

2023년 12월말 기준으로 우리나라 도로 연장은 총 115,878km이며, 도로 등급별로는 고속국도 4,973km, 일반국도 14,220km, 특별·광역시도 5,281km, 지방도 18,349km, 시·군·구도 73,055km로 이루어져 있다. 도로 포장률은 현재 운영 중인 도로(개통도) 연장(107,149km) 대비 95.4%이며, 2000년 81.6%에서 13.8%p 증가하였다.

〈표 2-6-8〉 전국 도로현황

(2023.12.31. 기준)

구 분	도로연장(km)			포장률(%)	관 리 청	도 로 성 격
	전체	개통도*	포장			
고속국도	4,973	4,973	4,973	100.0	국토부 (한국도로공사)	거점간 신속한 이동
국도(시관내)	14,220 (2,107)	14,124 (2,099)	14,091 (2,099)	99.8	국토부(시장)	〃
지방도 등	96,685	88,052	83,141	94.4	지자체	접근 편이성

* 개통도 : 도로법 제39조에 따라 사용·개시 공고를 하고 현재 운영 중인 도로연장(포장+미포장)
(자료 : 국토교통부 도로국)

현재 도로는 국내 여객·화물 수송량의 80% 이상을 분담하는 국가교통망의 중추적 역할을 수행하고 있다. 그러나 지속적인 도로여건 개선에도 불구하고 급격한 경제성장으로 자동차 보유대수가 급증함에 따라 교통 혼잡은 더욱 가중되고 있는 실정이다.

자동차보유대수는 1970년 12.7만대에서 2023년(12월) 2,595만대로 204.3배 증가하였고, 전체 간선망의 혼잡구간도 1,943㎞(2023년 기준)로 증가하였다. 혼잡비용은 연간 65.2조원(2021년 기준)으로 지속적인 증가추세를 보이고 있다.

특히, 국토면적과 인구규모 등을 고려한 도로연장이 선진국의 1/2~1/3 수준에 불과하여 국가경쟁력 강화를 위해서는 지속적인 도로망 확충이 필요하고, 한정된 재원 등을 감안하여 효율적인 도로투자와 합리적 운영·관리를 통해 기존 시설을 최대한 활용할 수 있는 방안이 요구되고 있다.

<표 2-6-9> 도로연장의 나라별 비교('21년 기준)

구 분	한국	미국	영국	독일	프랑스	일본
도로연장(㎞)	113,405	6,739,031	398,839	642,401	1,104,743	1,229,239
국토면적(천㎢)	100.41	9,831.51	243.61	357.59	549.09	377.97
인구(천명)	51,639	336,998	67,281	83,409	64,531	124,613
국토계수당 도로밀도 (㎞/√㎢*천인)	1.57	3.70	3.12	3.72	5.87	5.66

주: 해외자료 : IRF(world road statistic 2023), 국내자료 : 통계청(국제통계연감 2023자료)

나. 도로정책 방향 및 성과

지난 40년간 도로는 산업입지지원 등 경제성장에 주도적 역할을 담당하여 왔다. 산업입지 패턴을 철도역 중심에서 고속국도 IC주변으로 변화시키는 등 제조업 성장 및 거점도시 성장에 크게 기여하였으며, 국토공간상의 시간, 거리 단축으로 전국의 1일 생활권화를 실현하였다.

다만, 양적인 확충에 중심을 둔 기존 도로정책으로는 다양한 국민 요구를 대응하는데에는 한계가 있었다. 이에 따라 2000년대부터 공급 위주 도로정책에서 운영·관리 중심으로 근본적 패러다임 전환에 노력을 기울이고 있다.

(1) 간선도로망 확충 및 이용자 편의 증진

2023년(12월)까지 국가간선도로망(10×10+6R^2, 7,785km)의 63.9%인 4,973km의 고속도로를 개통하였으며, 특히 2023년에는 아산 지역을 경부선에 연결하는 최초의 고속도로인 아산-천안 고속도로(20.6km)와 수도권제2순환선 화도-양평 고속도로의 조안-양평 구간(12.7km)을 추가 개통하였고, 국도의 경우 상패-청산, 북일-남일2, 청도-밀양2 등 20개 구간 109.9km를 개통하여 지역 간 이동여건을 개선하였으나, 전체 간선도로의 10.1%(1,943km)가 혼잡(서비스 수준 E~F)하고, 특히 주말이나 연휴 등 교통량 집중 시 정체가 반복되고 있어 간선기능 도로인 국도, 국가지원지방도의 역할과 기능 강화가 필요한 실정이다.

또한, 대도시권에 대한 정부 투자 체계 미흡으로 광역 교통난 해소를 위한 적기 투자에 한계가 있으며, 완공 위주의 집중투자 미흡으로 공사기간·공사비 증가 초래 및 지자체, 지방청 등 행정구역 위주의 사업시행으로 단절구간, 차로수 불균형 등 네트워크의 연속성 저해가 발생하는 문제가 있어 이에 대한 개선이 필요한 실정이다.

(2) 지역발전 및 경제성장 기여

코로나바이러스감염증-19 대응 기간을 제외하고 설·추석 연휴 3일간 고속도로 통행료 면제, 예산 조기집행 등을 통해 지역경제 활성화와 내수경기 진작을 유도하였고, 고속도로·일반국도 등 간선도로의 확충을 통해 주요 산업단지와 물류 거점 등을 연결하여 원활히 물류를 수송할 수 있도록 하였다.

그간 지속적인 도로 인프라 구축으로 간선도로망(고속도로, 국도)은 상당 수준 축척되었음에도, OECD 주요 선진국 대비 부족한* 실정이며, 향후 안전·노후시설 개량 등 운영·관리 수요가 증가될 것으로 전망됨에 따라 전반적인 운영시스템의 개선과 효율적 관리가 중요해 질것으로 보인다.

* 도로연장은 OECD 37개국 중 하위권, 간선도로(고속국도+일반국도) 연장은 중위권 수준

(3) 도로안전 강화

1970년대의 경제성장 과정에서 확충된 기반시설이 급속히 노후화되고, 최근 경주지진 등 재해·재난과 대형 교통사고로 인해 안전에 대한 불안감이 확대되고 있으며 교통사고 사망자수가 여전히 높고 교통약자에 대한 보호 대책이 부족하여 계속적인 보완이 필요하다.

따라서 지난 5년간 약 9조 8천억원을 집중 투자하여 교량 및 터널 등의 노후시설을 보수하고 위험구간을 개선하였으며, 사고예방 시설을 확충했고 안전투자 규모*를 5년 연속 증가 시켰다.

* (안전예산) '19년 17,231억원 → '20년 18,075억원 → '21년 19,718억원 → '22년 21,276억원 → '23년 21,392억원

또한, 고속도로·국도상 모든 교량·터널의 내진보강을 완료했으며, 마을 주민 보호구간 설치, 사고 잦은 곳 개선 등 생활밀착형 사업을 추진하였다. 아울러, 도로관리 작업자의 안전대책 수립, 도로솟음(폭염)·도로파임(폭우) 및 보행자 안전 강화를 위한 교통정온화 설계기준 제정 등 제도개선을 통해 도로안전을 강화하였다.

(4) 민자 고속도로 공공성 강화를 위한 기반 마련

민자고속도로의 공공성 강화를 위해 2018년 상반기 서울외곽 북부구간을 시작으로 2020년까지 서울-춘천, 수원-광명 등 6개 민자고속도로 구간의 통행료를 인하하였다. 또한, 2018. 8월 민자고속도로의 통행료 관리 방안과 관리체계 구축계획을 담은 「민자고속도로 통행료 관리 로드맵」을 발표했으며, 이에 따라 2018년 재정고속도로 대비 1.43배 수준이었던 민자고속도로의 통행료 수준은 2023년 현재 1.24배로 낮추는 성과를 달성하였다.

통행료 인하와 더불어 2018. 1월 개정된 「유료도로법('19.1.17 시행)」의 차질 없는 시행을 위해 같은 법 시행령 및 시행규칙을 개정하고 「민자도로의 유지관리 및 운영 기준」과 「민자도로의 운영평가 기준」을 제정하였다. 개정 유료도로법에 따라 국토부는 민자고속도로의 안전 및 서비스수준 강화를 위해 운영 중인 민자고속도로에 대한 평가를 실시하여야 하며, 유지·관리 및 운영 기준을 위반한 사업자에 대해서는 국토부가 공익처분에 갈음하는 과징금을 부과할 수 있게 되어 민자고속도로에 대한 안전·서비스품질 관리가 더욱 강화될 것으로 보인다.

(5) 「하드웨어 → 소프트웨어」중심의 미래형 도로로의 전환

삶의 질 향상으로 서비스 요구수준이 다양해지고 자율주행, 빅데이터 등 첨단기술이 미래를 주도할 것이며 기후변화, 미세먼지 및 에너지 문제 등에 대응할 수 있는 친환경 차량 보급 확대가 시급한 실정이다. 이에 따라 전기·수소차의 장거리 이동을 지원하기 위해 고속도로 휴게소 등 주요 교통거점에 전기·수소차 충전소 보급을 추진하여 2023년(12월) 현재 전국 고속도로에 전기·수소차 충전기 1,401기가 설치, 운영되고 있다.

또한, 교통정보를 활용하여 교통혼잡을 개선하기 위해 스마트 도로 서비스를 확대(교통예보, 신호체계 개선, 감응식 신호체계 시스템 등)하였고, 향후 첨단기술 사회를 견인할 스마트 도로 구축을 위해 3차원 입체설계 모델인 BIM(Building Information Modeling)을 적용하고 있다.

이러한 스마트건설기술을 현장에 실용화하기 위해서는 도로분야에 특화된 스마트건설기술 선별하여 현장실용화에 중점을 두고 적용·확산시킬 필요가 있다.

(6) 세계적 도로망 연계, 기술교류 등 국제협력 강화

국토교통부에서는 도로분야의 기술협력, 정보교류를 통한 기술 발전과 협력 국가와의 우호 증진을 위해 도로협력 회의를 개최하고 있으며, 타 국가에서 개최하는 회의에도 적극 참여하고 있다.

도로협력회의는 미국, 일본, 중국, 인도네시아, 베트남, 독일 등 6개국과 매년, 격년제 상호방문을 통해 회의를 운영하고 있으며, 매년 4~5건의 주제발표를 통해 각국의 관심사항에 대한 정보를 교환하고 있다.

아울러, 주요 수주대상국 중 하나인 사우디아라비아의 교통물류부장관 방한 시 우리 기업의 사우디 도로사업 수주 여건 조성 등을 위해 한-사우디 도로 협력 양해각서를 체결('23.5)하여 협력관계를 구축하였다.

21C 세계화, 개방화 추세에 적극 대처하고 도로기술 분야의 국제경쟁력을 강화하기 위하여 세계도로협회(PIARC : Permanent International Association of Road Congress), 아시아·대양주 도로기술협회(REAAA : Road Engineering Association of Asia and Australasia), 국제도로연맹(IRF : International Road Federation), 교통연구

협의회(TRB : Transportation Research Board), 아시아태평양경제사회위원회 (UN ESCAP : UN Economic and Social Commission for Asia and the Pacific) 등 전 세계적인 도로관련 기구에 가입하여 도로기술 및 정보교환을 통해 우리나라의 도로기술 수준 제고에 노력하고 있다.

이와 같이 지속적인 도로분야 국제기구와의 협력 활동을 통해 우리나라는 지난 2015년 11월에 세계도로협회 주관 제25회 서울 세계도로대회를 성공적으로 개최하였으며 2023년 10월 체코 프라하에서 개최된 제27회 세계도로대회에 참가하여, 한국관 운영 등 우리나라의 우수한 도로분야 기술 및 정책을 전 세계에 전파하고 해외의 도로 기술 및 정책 동향을 파악하는 등의 활동을 펼쳤다. 이를 통해 우리나라의 도로분야 기술력이 한 단계 도약했을 뿐 아니라, 우리나라의 위상을 제고하여 우리 업체의 해외진출에도 많은 도움이 되고 있다. 아울러, 우리나라는 아시아 대양주 도로기술협회 회장국으로서 2025년 10월 고양시 킨텍스에서 2025 고양 아시아·대양주 도로대회를 개최할 예정이다.

지능형교통체계(ITS) 분야에서는 매년 'ITS 로드쇼'를 개최하여 국내 ITS 기업들의 해외 수출을 적극 지원하고, ITS 컨설팅 사업을 발굴하여 국내 기업들이 국외 발주 사업에 참여할 수 있는 기회를 제공하였다. 또한, 세계 90여개 국가 2만여명이 참가하는 ITS 분야의 최대 전시, 학술행사인 'ITS 세계총회'를 1998년 서울, 2010년 부산에서 성공적으로 개최함으로써 우리나라의 첨단 기술력을 세계에 홍보하였고, 세 번째로 2026 ITS 세계총회를 강릉에 유치하였다('22년 9월 표결). 더불어, 아태지역 20여개 국가가 참가하는 'ITS 아태총회'를 2002년 서울에 이어 두 번째로 2025년 수원에 유치하였다('23년 4월 표결). 2년 연속 개최되는 ITS 국제행사를 통해 한국형 ITS가 전세계적으로 홍보되고 우리 기업의 해외진출이 활력을 받을 것으로 기대된다.

또한, 최근 중남미, 동남아 지역 등에서도 교통정체 증가, 교통사고 절감 등을 위해 신규도로 건설 및 ITS 도입 등 교통 인프라 개선작업을 적극적으로 추진될 것으로 예상됨에 따라, 우리나라 ITS 기업의 기술 및 시스템의 우수성을 홍보하고 이를 기반으로 해외사업 수주확대를 위해 ITS 수출지원단을 지속적으로 파견하고 있으며, 우수한 제품 및 기술력을 보유한 도로 안전/부대시설 분야도 국제도로연맹과 아시아대양주 도로기술협회의 네트워크를 활용하여 해외진출을 적극 지원하고 있다.

앞으로도 세계시장에서 경쟁력 있는 우수한 우리나라의 도로기술을 발굴하여 지속적으로 우리기업의 해외진출을 지원할 예정이다.

(7) 지하고속도로 건설 추진

국토교통부는 상습 정체구간의 교통난 해소를 위해 주요 고속도로 하부에 대심도 지하고속도로 건설을 추진하고 있다.

지하고속도로는 재정 사업의 경우 지난 '22년 1월 발표된 제2차 고속도로 건설계획(2021~2025)에 경부선(용인-서울), 경인선(인천-서울)등, 제1순환선(구리-성남) 등 중점사업 3개 노선, 일반사업으로 영동선(용인-과천) 1개 노선이 지하고속도로 사업이 최초로 반영되었다. 현재 경부·경인선, 제1순환선(구리-성남)은 사업화를 위한 예비타당성조사가 진행 중에 있으며, 영동선(용인-과천)은 사전타당성 검토 후 순차적으로 예비타당성조사, 설계 등 필요한 행정절차가 진행될 예정이다. 민간투자 도로사업 또한 수도권을 중심으로 양재-고양, 서창-김포, 성남-강남, 성남-서초 등 다수의 사업이 제안되어 민자적격성 조사 및 전략환경평가 또는 실시협약 등 본격적인 사업화 단계에 있다.

향후 본격적으로 추진될 지하고속도로 사업을 통해 다양한 효과를 기대할 수 있다. 우선적으로 교통용량 확충을 통해 교통정체의 근본적 해소가 가능하다. 지하고속도로는 지상 도로와는 별도의 도로로 구축되므로 지상 도로의 교통 체증 문제를 완화할 수 있다. 차량들이 지하로 들어가면서 지상 도로의 차량 밀도를 감소시키고, 도로 용량을 증가시켜 차량 이동 속도를 향상시킬 수 있다. 일례로 경인(인천-서울) 지하고속도로 사업 추진 시, 상습정체구간인 남청라-여의도 구간이 23분 단축(40분→17분), 기흥-양재 구간이 30분(50분→20분) 단축될 것으로 예상된다.

2. 도로망 확충·정비

가. 동북아 물류중심 구축을 위한 국가간선도로망(10×10) 확충

(1) 국가간선도로망 건설현황

우리나라는 제2차 국가도로망종합계획(2021~2030)을 통해 기존 국가도로망 체계를 개편(7×9 + 6R → 10×10 + 6R^2, '21.9월) 하였으며, 총 7,785㎞의 국가간선도로망 구축을 추진 중이다. 2023년(12월)까지 총 5,216㎞를 건설하여 공용중이며, 그 중 고속국도가 4,939㎞, 이외에 국도 등 자동차전용도로가 277㎞이다.

(2) 고속국도 건설현황(건설과)

세부적으로 살펴보면 1970년대에 경부고속국도, 호남고속국도, 남해고속국도, 영동고속국도 등을 건설했고, 1980년대에는 88올림픽고속국도(182.9㎞)와 중부고속국도(117.8㎞)를, 1990년대에는 수도권 교통난 완화를 위해 퇴계원~판교~장수~일산간(92.9㎞), 제2경인(15.8㎞), 서울~안산(14.3㎞)고속국도를 신설했고, 대도시권의 교통난을 해소하고 지역간 균형개발을 이루기 위해서 서해안, 중앙, 대전~통영, 중부내륙, 대전남부순환, 평택~음성, 천안~논산, 인천국제공항고속국도를 건설했다

2000년대에는 진주~통영, 대구~포항, 대구~부산, 김천~현풍, 익산~장수, 고창~담양, 청원~상주, 무안~광주, 부산~울산, 평택-음성, 용인~서울, 당진~대전, 공주~서천, 서울~춘천, 춘천~동홍천, 전주~광양, 목포~광양, 여주~양평, 음성~제천 고속국도 등이 건설되었고, 주문진~속초, 동홍천~양양, 상주~영덕, 동해~삼척, 부산외곽순환, 화도~양평, 대구외곽순환, 아산~천안 등 새로운 고속국도 건설과 기존 고속국도의 확장을 추진하여, 날로 증가하는 산업물동량의 원활한 수송과 도로이용자의 접근성 및 이동성 개선을 위해 적극적인 투자 확대가 필요하다.

〈표 2-6-10〉 재정 고속국도에 대한 투자실적

(단위: 억원)

구 분	2012	2013	2014	2015	2016	2017	2018	2019	2020	2021	2022	2023
전체 투자규모	25,415	28,416	29,908	36,744	32,217	22,750	18,547	29,070	35,730	40,851	45,863	33,963
○ 국고 지원(출자)	13,724	15,355	14,094	16,957	13,705	13,512	11,904	14,325	16,359	20,161	23,695	16,388
○ 도공 자체	11,691	13,061	15,814	19,787	18,512	9,238	6,643	14,745	19,371	20,690	22,168	17,548

자료 : 국토교통부 도로국

〈그림 2-6-8〉 2023년 고속도로 노선도

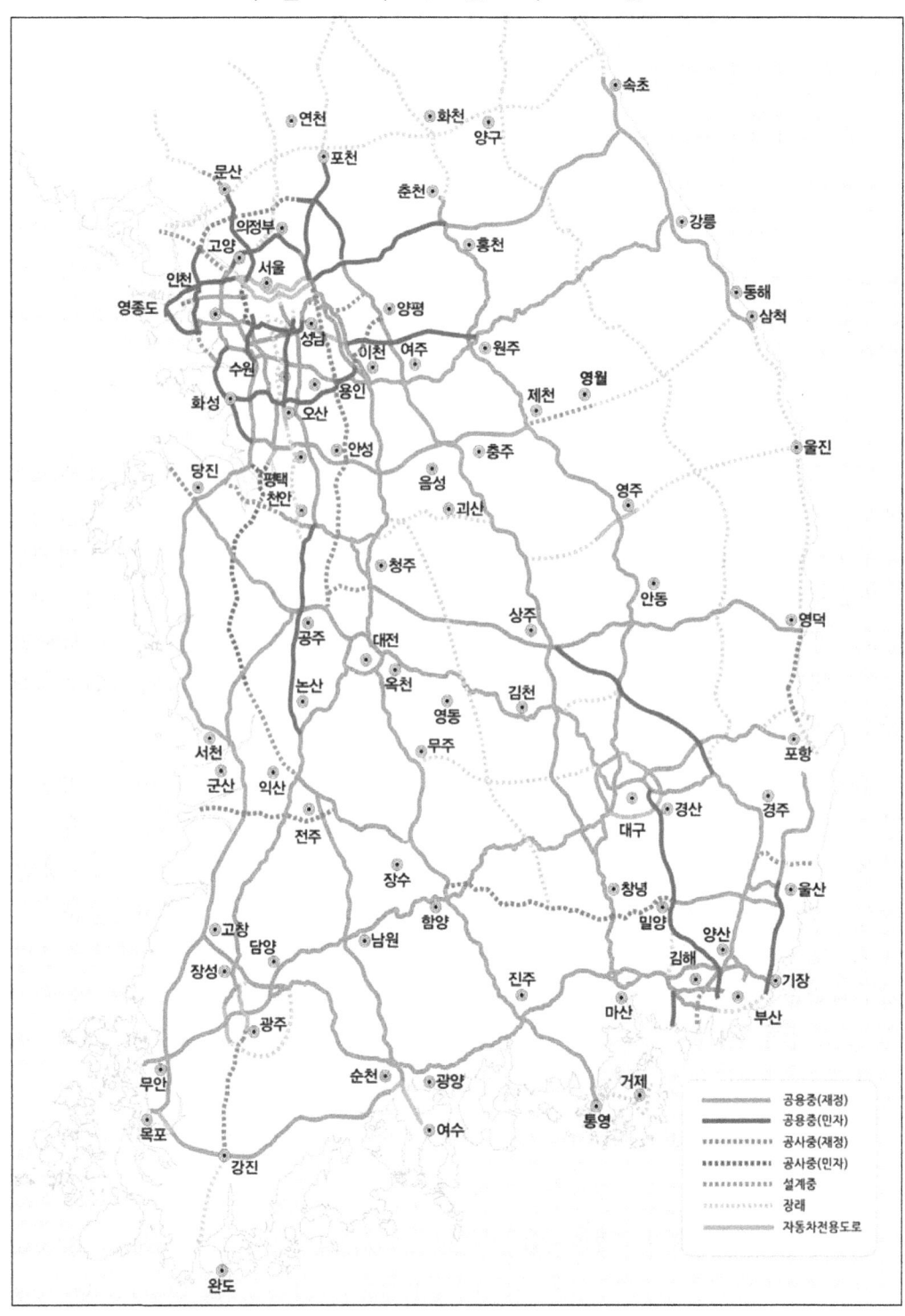

자료 : 국토교통부 도로국

(3) 대도시권에서의 고속국도 건설

우리나라의 대도시권(수도권, 대전충청권, 광주호남권, 대구경북권, 부산경남권)은 인구, 산업, 자동차 등 교통유발 요인이 집중되어 교통 혼잡이 심각한 상황으로 출퇴근과 물류 수송 등 이동에 많은 시간이 소요됨에 따라 이를 개선하기 위해 고속국도망 확충을 적극 추진하고 있다.

수도권의 주요 사업으로는 수도권 제1순환선의 판교~퇴계원 구간(34.3㎞)을 8차로로 확장('02), 퇴계원~일산 구간(36.3km)을 8차로로 신설하여 개통('07)하였고, 수도권 제2순환(260.5km), 세종~구리(128.1km), 평택-부여-익산(137.7km) 등을 추진 중에 있다.

대구경북권 지역은 중앙선 대구~안동 구간을 4차로로 확장 개통('00)하였고, 경부선 구미~동대구 구간 8차로 확장을 완료('02)하였으며, 익산~포항 고속국도 중 대구~포항 구간을 2004년에, 익산~장수 구간을 2007년에 각각 신설하였다. 또한, 중부내륙지선고속도로 금호~서대구 구간을 6차로로 확장 개통('03)하였으며, 중부내륙선 현풍~김천 구간이 2007년 개통되었고, 대구외곽순환 고속도로(32.5km)는 2022년 3월 개통하였다.

부산경남권 지역은 남해선 내서~냉정 구간을 8차로로 확장 개통('01)하였고, 2005년에는 경부선 언양-부산 구간을 6차로로 확장 개통하였으며, 대구~부산 간이 2006년 개통되었고, 2006년 민자전환사업으로 추진한 부산-울산 고속국도(47.2km)를 2008년 12월 개통 완료하였다. 현재 사상-해운대 민자 고속도로 건설 사업이 추진 중이며 향후 부산, 경북, 경남지역의 교통수요에 효율적으로 대처할 수 있을 것으로 기대된다.

나. 국가경쟁력 강화 및 지역균형 발전을 위한 국도 확충

(1) 사업개요

국도는 전국의 주요 도시를 네트워크로 연결해 지역 간 교통량을 효율적으로 처리함으로써 국가 경쟁력 향상은 물론, 지역개발과 경제발전의 견인차 역할을 수행하고 있다.

국도건설 사업은 1960~1970년대에는 부족한 정부 재정을 보충하기 위해 해외 공공차관(ADB, IBRD 등)에 의존하여 신작로 수준의 도로포장

사업을 시행하였으며, 1992년까지 해외 공공차관을 활용하여 국도를 확충했고, 1993년 부터는 국내 자본만으로 사업을 시행하였다.

1980년대에는 산업도로 용량 초과 및 교통사고 빈발 등에 따라 도시지역 산업도로의 확·포장, 지방지역 포장·개수 사업을 주로 추진하였으며, 1988년의 도로사업특별회계법(이후 1993년 교통시설특별회계법으로 변경) 이후, 1990년대에는 교통애로구간 해소를 위한 국도 확장사업과 우회도로 건설사업을 본격적으로 추진하였으며, 1997년까지 한강 이북의 접경지역에 대한 국도 포장을 완료하였다.

1999년 10월에는 국도사업의 체계적이고 효율적인 추진을 위하여 혼잡도(V/C), 지역개발 잠재력, 도로중요도, 도로연계성 및 지역의견 등을 감안하여 「국도건설 5개년(2001~2005) 계획」을 수립하고 이에 따라 사업을 추진하였다. 이후 2006년 6월에는 「제2차 국도건설 5개년(2006-2010) 계획」을 수립 시행하였고, 2012년 2월에는 조사연구용역, 지자체 및 지방국토관리청 의견수렴 등을 거쳐 「제3차 국도건설 5개년(2011-2015) 계획」을 수립하여 추진하였다. 2016년 8월 도로안전 강화, 투자 효율화, 지역경제 지원을 목표로 「제4차 국도건설 5개년(2016-2020)계획」을 수립 시행하였고, 2021년 9월에는 균형발전 촉진, 안전성 강화, 연계성 제고, 혼잡구간 개선을 추진전략으로 양질의 맞춤형 이동서비스 제공을 위한 「제5차 국도 건설계획(2021-2025)」을 수립하여 시행중에 있다.

(2) 교통애로구간 해소를 위한 국도확장사업

1997년 말 당시 국도 12,459km 중에서 4차로 이상 도로는 전체의 24.4%인 3,040km에 불과하여 자동차의 급증과 급격한 도시화 추세로 인한 교통정체가 많이 발생하고 있는 실정이었다. 특히 1990년 이후 자동차 보유대수의 급증으로 인한 국도의 교통정체는 더욱 심화되어 교통량이 도로소통능력을 초과하는 교통애로구간 연장이 2012년에는 전체 국도의 8.1%인 1,124km에 달하였다.

이에 따라 산업단지와 주요 물류 거점, 지역 간 이동성 보장을 위해 도로에 중점 투자하는 등 제조업의 경쟁력 강화와 국민의 생활불편 해소를 위한 국도확장 사업을 지속적으로 추진하였다.

2018년-2023년 기간에는 총 2조 1,441억원을 국도확장 사업에 투자하여 4차로 이상 국도의 연장이 2018년 말 8,187km에서 2023년 말 8,614km으로 증가했다.

향후 교통혼잡 구간을 해소하고 산업지원 기능을 강화하기 위한 국도 4차로 확장사업을 지속적으로 투자할 필요가 있다.

〈표 2-6-11〉 국도확장에 대한 투자실적

구 분	계	'18	'19	'20	'21	'22	'23
사업량 (km)	887	238	141	154	168	6	180
사업비 (억원)	21,441	2,484	3,791	2,919	2,708	5,302	4,237

※ 사업량은 당해 연도에 준공된 국도 물량기준임
자료 : 국토교통부 도로국

(3) 계속비 사업

도로사업은 통상적으로 5년 이상의 공사기간이 소요되어 사업기간 중 재원의 안정적인 확보가 필요하므로, 일부 사업을 계속비 사업으로 편성하여 시행하고 있다. 계속비 사업은 공단, 항만 등을 연결하는 산업 물동량이 많은 구간 또는 국토의 균형개발 측면에서 골격이 되는 노선 중에서 장거리 구간을 선정하여 추진하였다.

〈표 2-6-12〉 국도 계속비 사업 현황

사 업 명	사 업 량(km)	사업비(억원)	사업기간
기간국도 1차	신설 및 확장 451.1(27개 공구)	8,095	'90~'94
기간국도 2차	신설 및 확장 317.8(22개 공구)	12,205	'93~'96
기간국도 3차	신설 및 확장 303.0(23개 공구)	13,852	'94~'98
기간국도 4차	신설 및 확장 240.7(18개 공구)	15,735	'95~'99
기간국도 5차	신설 및 확장 252.8(20개 공구)	20,722	'96~'01
산업지원국도	신설 및 확장 306.4(27개 공구)	29,289	'97~'03
기간국도 6차	신설 및 확장 159.4(15개 공구)	28,847	'98~'05
기간국도 7차	신설 및 확장 254.9(25개 공구)	33,602	'00~'06
기간국도 8차	신설 및 확장 382.1(30개 공구)	46,522	'01~'06
기간국도 9차	신설 및 확장 187.1(19개 공구)	22,196	'02~'06
기간국도10차	신설 및 확장 193.4(21개 공구)	24,359	'03~'08
지역간선국도	신설 및 확장 181.7(20개 공구)	21,483	'05~'12
지역간선 2차	신설 및 확장 153.9(19개 공구)	23,894	'06~'12
지역간선 3차	신설 및 확장 258.0(27개 공구)	29,291	'07~'16
지역간선 4차	신설 및 확장 194.5(20개 공구)	26,568	'08~'17
지역간선 5차	신설 및 확장 363.8(40개 공구)	46,285	'09~'18
물류간선 1차	신설 및 신설 216.4(27개 공구)	30,202	'09~'18
지역간선 6차	신설 및 확장 127.0(15개 공구)	21,984	'10~'19
지역간선 7차	신설 및 확장 159.3(15개 공구)	18,316	'12~'18
지역간선 8차	신설 및 확장 105.6(14개 공구)	15,792	'13~'22

자료 : 국토교통부 도로국

다. 도시부 교통혼잡 해소를 위한 도로망 정비

(1) 사업 개요

최근 10년간의 교통혼잡비용 추이를 보면 전국의 교통혼잡비용은 2011년 29조 969억원에서 2021년 65조 2,240억원으로 지속적인 증가 추세를 나타내고 있다.

〈표 2-6-13〉 전국 교통혼잡비용 발생추이

(단위 : 억원)

구분	'11	'12	'13	'14	'15	'16	'17	'18	'19	'20	'21
계	290,969	303,146	314,199	323,846	333,496	558,595	596,193	677,629	706,194	576,352	652,240
전년대비(%)	2.1	4.2	3.6	3.1	3.0	67.5	6.7	13.7	4.2	-18.4	13.2
지역간 (%)	107,419 (36.9)	111,296 (36.7)	114,181 (36.3)	117,373 (36.2)	120,567 (36.2)	154,079 (27.6)	163,256 (27.4)	183,682 (27.1)	193,339 (27.4)	196,580 (34.1)	230,499 (35.3)
도시부 (%)	183,550 (63.1)	191,850 (63.3)	200,018 (63.7)	206,473 (63.8)	212,929 (63.8)	208,448 (37.3)	223,495 (37.5)	253,765 (37.4)	260,270 (36.9)	201,429 (34.9)	227,628 (34.9)
시군도 (%)	- (-)	- (-)	- (-)	- (-)	- (-)	196,067 (35.1)	209,442 (35.1)	240,183 (35.4)	252,585 (35.8)	178,343 (30.9)	194,116 (29.8)

주1) 도시부: 도시고속도로, 특별광역시도, 지역간: 고속도로, 일반국도, 지방도, 국지도
주2) '16년부터 시군도 교통혼잡비용 추가
자료1) 한국교통연구원 보도자료('14.4.22), 「2015년 교통혼잡비용 33조 4천억 원(GDP의 2.16%)으로 예측」 ('08~'15년)
자료2) 한국교통연구원('23.12), 『2023 국가 교통정책평가지표 조사사업-제3권 교통혼잡비용(2021)』
자료3) 한국교통연구원('24.02), 『2023 국가 교통정책평가지표 조사사업-2021년 교통혼잡비용산정결과』

그러나, 도로법에는 각 도로관리청이 소관 도로에 대한 시설투자와 운영비용을 부담하도록 규정하고 있어 국비 투자가 제한된다.

이에 따라 정부에서는 도시부 도로의 혼잡을 완화할 목적으로 1995년에 도로법을 개정하여 국도대체우회도로 건설사업을 추진하고 있으며, 2004년에 도로법시행령을 개정하여 6개 광역대도시권에 대한 혼잡도로 개선사업을 추진하고 있다.

2006년 제1차 대도시권 교통혼잡도로 개선사업계획, 2010년 제2차 대도시권 교통혼잡도로 개선사업계획, 2016년 제3차 대도시권 교통혼잡도로 개선사업, 2021년 제4차 대도시권 교통혼잡도로 개선사업 계획을 수립하여 21개 사업을 완료했고, 현재 17개 사업(83.2km)을 추진하고 있다.

(2) 국도대체우회도로 건설사업

일반국도 주변으로 많은 개발사업이 진행됨에 따라 지역 간을 이동하는 장거리 교통 수요와 시내 단거리 이동 수요가 혼재되어 발생되는 지정체로 인해 물류비용 증가 등 많은 사회비용이 발생하게 되었다.

이에 따라 시가지 구간 국도의 병목현상을 해소하고자 시외곽으로 우회도로(Ring-road 또는 By-pass 형태)를 건설하기 위해 「국도대체우회도로 기본계획 조사용역('96.9~'97.4, 국토연구원)」을 시행하고, 이를 토대로 「국도대체우회도로 중·장기 사업계획('97.9)」을 수립하였다.

1997년 9월 수립된 「국도대체우회도로 중·장기 사업계획」은 전국 72개 일반 중소도시 중 56개 시를 대상으로 주로 환상형도로(Ring road) 또는 우회도로(By pass) 형태의 전체 182개 구간(1,358km, 19조 7,447억원[지방비 4조원 포함])에 대한 투자계획이었다. 2006년 6월 수립된 『제2차 국도건설 5개년(2006-2010) 계획』은 중장기 계획 대상 구간 중 국대도 32개 구간(243km, 51,885억원)에 대한 투자 계획이며, 2012년 2월 수립된 『제3차 국도건설 5개년(2011-2015) 계획』은 국대도 13개 구간(85.9km, 20,734억원)에 대한 투자 계획이다. 2016년 8월 수립된 「제4차 국도건설 5개년(2016-2020)계획」에서는 국대도 6개 구간(42.9km, 8,850억원)에 대한 투자계획을 수립하여 추진 중에 있으며, 2021년 9월에 수립된 「제5차 국도건설 5개년(2021-2025)계획」에서는 4개 구간(30.9km, 9,686억원)에 대한 투자계획을 수립하여 추진 중에 있다.

〈표 2-6-14〉 연차별 국도대체 우회도로 예산투자현황

(단위 : 억원)

구 분 (사업기간)	'13	'14	'15	'16	'17	'18	'19	'20	'21	'22	'23
국도대체 우회도로	2,434	1,774	2,273	2,990	3,180	2,273	3,202	3,641	3,772	3,820	3,505

자료 : 국토교통부 도로국

국도대체우회도로의 재원조달 방식을 살펴보면, 2015년 12월 도로법 개정을 통해 洞 지역의 용지비는 해당 지자체에서 부담하고 공사비는 100% 국가에서 보조하는 형식을 도입하였다. 이후 2010년 9월 도로법 시행령이 개정되어 洞지역의 보상비가 관할 지자체 구역에 개설되는 구간의 도로 건설에 드는 비용 중 보상비가 30%를 초과하는 경우에는 국고에서 보조할 수 있도록 하였다.

국도대체우회도로 사업은 2010년까지 43개소 297.9㎞를 준공한 이후, 22년까지 89개소 626.8km를 준공하였고, 2023년 전국에 걸쳐 13건의 사업을 시행중에 있다.

(3) 대도시권 교통혼잡도로 개선

도로법에 따라 광역대도시권내 도로는 대부분 지방자치단체의 장이 비용을 부담하여 시설을 설치하는 것이 원칙이지만, 특성상 도로투자 비용이 과다하고 지자체의 재정여건상 시설물의 적기 투자에 어려움이 있는 것이 사실이다.

이에 따라 정부에서는 지자체 소관의 도로라고 하더라도 국가 차원의 물류비용 절감을 위해 투자가 필요한 구간은 국비로 보조할 수 있도록 2004년 7월 도로법 시행령을 개정하고, 교통연구원의 조사연구용역과 지자체의 의견수렴을 거쳐 대도시권 교통혼잡도로 개선사업 기본계획을 마련하여 2006년부터 본격적으로 사업을 추진하고 있다.

동 기본계획에는 10여개의 민자고속도로 사업 추진계획으로 있는 수도권을 제외하고 부산, 광주, 대구, 대전, 인천, 울산 등 6대 대도시권역에 대하여 2024년을 목표로 도시부의 내부 또는 외부 순환도로, 도시부와 주변지역을 연결하는 방사상 도로 등을 대상으로 2006년부터 사업을 연차적으로 추진하겠다고 명시하고 있다.

제1차~제4차 대도시권 교통혼잡도로 기본계획에 포함된 총 55개소(210.1km) 중 2023년까지 21개소(75.7km)를 완료하였고, 17개소(83.2km)를 착수하였으며 17개구간(51.2km)은 미착수 상태이나 재정여건 및 지역적인 형평성 등을 종합적으로 고려하여 추진할 예정이다.

〈표 2-6-15〉 대도시권 교통혼잡도로 개선사업 현황

(단위 : 억원)

구 분	연장(km)	총사업비	국비	비 고
총 55건	210.1	105,600	33,174	
완 료(21건)	75.7	30,575	8,035	민자 3건(24.4km)
추진중(17건)	83.2	48,412	18,101	
미착수(17건)	51.2	26,613	7,038	

자료 : 국토교통부 대도시권광역교통위원회

향후 대도시권 교통혼잡도로 개선사업이 계획대로 충실하게 추진된다면, 대도시권의 교통혼잡 해소에 따른 국가차원의 교통혼잡 비용 감소효과는 물론, 국가 물류경쟁력 향상에 따른 동북아 물류중심국가로의 도약에도 크게 기여할 수 있을 것으로 기대된다.

(4) 광역도로 등 광역권 교통개선 추진

대도시권 권역에 해당하는 시·도간 경계지역의 병목을 해소하고자 광역도로를 지정한 후 총사업비의 50%에 해당하는 비용을 국고를 지원하여 건설을 추진하고 있다.

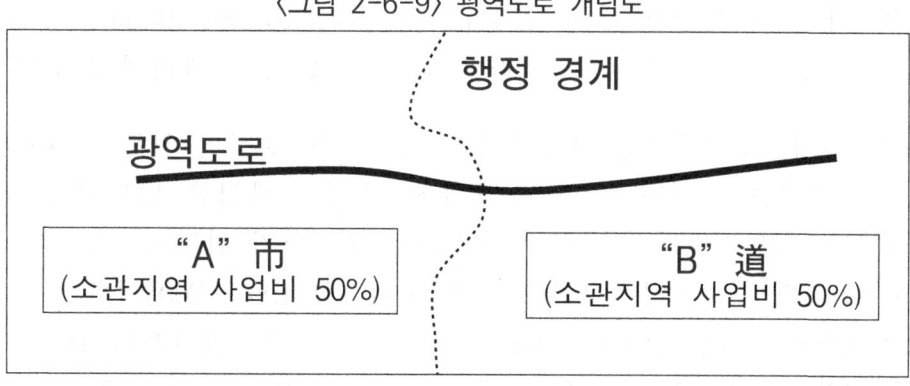

〈그림 2-6-9〉 광역도로 개념도

제1차~제4차 대도시권 광역교통시행계획에 포함된 총 71개소(342.2km) 중 2023 까지 50개소(217.7km)를 완료하였고, 11개소(71.3km)를 착수하였으며 10개 구간(53.2km)은 미착수 상태이나 재정여건 및 지역적인 형평성 등을 종합적으로 고려하여 추진할 예정이다.

〈표 2-6-16〉 광역도로 건설사업 현황

(단위 : 억원)

구 분	연장(km)	총사업비	국비	비 고
총 71건	342.2	77,144	33,907	
완 료(50건)	217.7	47,289	21,635	
추진중(11건)	71.3	16,722	5,865	
미착수(10건)	53.2	13,133	6,407	

자료 : 국토교통부 대도시권광역교통위원회

라. 주요 지방간선도로에 대한 국가지원(건설과)

1990년대 들어서면서 자동차의 수량이 급격히 증가하고 도로망이 발전되어 생활권의 범위가 넓어짐에 따라 지방도로의 기능 또한 종전의 지역내 교통처리에서 간선망 또는 간선망을 보조하는 역할로 변화하여 국가와 지방자치단체가 역할을 분담하여 개발하는 방식의 「국가지원지방도」 제도를 1995년 12월 도입하였다.

「국가지원지방도」는 지방도 중에서 중요도시, 공항, 항만, 공업단지, 주요도서, 관광지 등 주요교통시설 유발지역을 연결하며, 고속국도와 일반국도로 이루어진 국가간선망을 보조하는 도로로서 대통령령으로 그 노선을 '96.7월 최초 지정(29개 노선 3,512km)하였고, '01.8월, '08.11월, '16.4월, '21.6월 각각 변경 지정해 현재 30개 노선 3,926km를 관리하고 있다.

국가지원지방도사업은 국가에서 조사·설계 및 공사비 일부를 지원하고, 지방자치단체는 용지보상 및 공사시행 및 유지관리를 담당하고 있다. 이러한 국가지원지방도 건설을 체계적으로 추진하기 위하여 1997년 6월에 「국가지원지방도 중·장기사업계획」을 수립하여 1997~2005년까지 사업을 시행하였으며, 이후 2006년 6월 「제2차 국지도 건설계획(2006-2010)」, 2012년 2월 「제3차 국지도 건설계획(2011-2015)」, 2016년 8월 「제4차 국지도 건설계획(2016-2020)」을 수립하여 시행하였으며, 2021년 9월 「제5차 국지도 건설계획(2021-2025)」을 수립하여 추진 중에 있다.

또한, 국가지원지방도 사업비는 1997년부터 교통시설특별회계에서 지원하였으나, 2005년부터 국가균형발전특별회계, 2010년부터 광역발전특별회계 광역계정, 2014년부터 지역발전특별회계 경제발전계정, 2017년부터는 균형발전특별회계 지역지원계정으로 변경되었다.

〈표 2-6-17〉 국가지원지방도 건설사업 투자현황(지자체별)

(단위 : 억원)

총투자액 ('96-'23)	경기	강원	충북	충남	전북	전남	경북	경남	제주
11조 3,180억	21,355	9,263	8,008	8,460	7,718	18,221	15,395	20,872	3,888

※ 광역시의 경우 해당 도 투자액에 포함(인천→경기도, 대전→충남, 광주→전남, 대구→경북, 부산·울산→경남에 포함), 설계비 미포함
자료 : 국토교통부 도로국

<표 2-6-18> 국가지원지방도 건설사업 투자현황(연도별)

(국비기준, 단위 : 억원)

사업명	'13	'14	'15	'16	'17	'18	'19	'20	'21	'22	'23
국가지원 지방도건설	6,404	5442	5,450	4,951	4,697	3,667	2,508	2,576	2,569	2,982	3,076

자료 : 국토교통부 도로국

마. 투자재원 다변화에 따른 민자도로 건설

(1) 도로사업에 대한 민간자본유치

국가재정이 한정되어 있으므로 사회간접자본시설에 대하여 비교적 수익성 있는 사업은 민간자본으로 건설·운영함으로써 민간의 창의와 효율을 활용하여 조기에 SOC 시설을 확충하는 데에 민자사업 추진의 목적이 있다.

도로부문 민자사업의 추진방식은 그 특성상 준공과 동시에 소유권이 국가에 귀속되며 일정기간의 시설관리 운영권을 민자사업자가 인정받아 사용료 징수로 투자비를 회수하는 BTO 방식으로, 정부가 고시하는 사업과 민간이 제안하는 사업으로 구분된다.

(2) 민자도로사업의 시행

도로부문의 민자사업 추진방식은 크게 정부고시사업과 민간제안사업으로 대별할 수 있는 바, 민자사업 초기에는 정부가 국가간선도로망(7×9) 체계에 있는 노선을 대상으로 지정·고시하여 추진하는 정부고시사업 중심으로 민자사업을 추진하였으며, 이후에는 민간이 교통수요·수익성 등이 있는 노선을 정부에 제안하여 추진하는 민간제안 방식으로 추진되고 있다.

민간투자법에 의한 최초의 민자유치사업인 인천공항 고속도로 38.2km를 2000년 개통하였고, 2002년에는 천안-논산 고속도로 81.0km, 2006년에는 대구-부산 고속도로 82.1km, 2007년에는 서울외곽순환(일산-퇴계원) 고속도로 36.3km, 2008년에는 부산-울산 고속도로 47.2km, 2009년에는 서울-춘천, 용인-서울, 인천대교, 서수원-평택 고속도로 135.1km, 2013년에는 평택-시흥 고속도로 42.6km, 2016년에는 수원-광명 고속도로 27.4km, 광주-원주 고속도로 57.0km, 2017년에는 부산항신항제2배후 15.3km, 인천-

김포 고속도로 28.9km, 상주-영천 고속도로 93.9km, 구리-포천 고속도로 50.6km, 안양-성남 고속도로 21.9km, 2018년에는 옥산-오창 고속도로 12.1km, 2020년에는 서울-문산 고속도로 35.2km, 2021년에는 봉담-송산 고속도로 18.3km, 2022년에는 이천-오산 고속도로 31.2km를 개통 완료 하였다.

〈표 2-6-19〉 도로부문 민자사업 추진현황

구 간	연장(km)	차로수	사업비(억원)	사업기간	준 공
인천국제공항 고속도로	38.2	6~8	17,440	'95~'00	'00. 11.
천안-논산 고속도로	81.0	4	17,297	'97~'02	'02. 12.
대구-부산 고속도로	82.1	4	27,477	'01~'06	'06. 02.
서울외곽순환(일산-퇴계원)	36.3	8	22,792	'01~'07	'07. 12.
부산-울산 고속도로	47.2	4~6	14,778	'01~'08	'08. 12.
서울-춘천 고속도로	61.4	4~8	21,696	'04~'09	'09. 08.
용인-서울 고속도로	22.9	4~6	15,256	'05~'09	'09. 06.
인천대교	12.3	6	15,201	'05~'09	'09. 10.
서수원-평택 고속도로	38.5	4~6	16,396	'05~'09	'09. 10.
평택-시흥 고속도로	42.6	4~6	13,019	'08~'13	'13. 03.
수원-광명 고속도로	27.4	4~6	17,374	'11~'16	'16. 04.
광주-원주 고속도로	57.0	4	15,337	'11~'16	'16. 11.
부산항신항제2배후도로	15.3	4	5,784	'12~'17	'17. 01.
인천-김포 고속도로	28.9	4~6	17,381	'12~'17	'17. 03.
상주-영천 고속도로	93.9	4~6	20,236	'12~'17	'17. 06.
구리-포천 고속도로	50.6	4~6	27,753	'12~'17	'17. 06.
안양-성남 고속도로	21.9	4~6	10,679	'12~'17	'17. 09.
옥산-오창 고속도로	12.1	4	3,480	'14~'18	'18. 01.
서울-문산 고속도로	35.2	2~6	21,003	'15~'20	'20. 11.
봉담-송산 고속도로	18.3	4	13,253	'17~'21	'21. 04.
이천-오산 고속도로	31.2	4	14,957	'17~'22	'22. 05.

자료 : 국토교통부 도로국

또한, 포천-화도는 2018년 12월, 광명-서울은 2019년 3월, 평택-부여-익산은 2019년 12월에 착공하여 추진중이다.

(3) 민간투자사업 추진의 활성화

정부는 부족한 재정여력을 보완하고, 풍부한 민간자금을 활용하여 경제활성화를 도모하기 위하여 2015년 4월 '민간투자사업 활성화 방안'을 발표하였다. 정부와 민간이 사업위험을 분담하여 민간 투자를 유인할 수 있는 새로운 사업방식인 위험분담형(BTO-rs), 손익공유형(BTO-a) 방식을 도입하였으며, 민간투자사업 추진 과정의 여러 제약요인들도 완화하였다.

이에 따라, 서창-김포, 오산-용인 고속도로 사업 등이 새로운 방식으로 제안되었으며, 기존의 BTO 방식으로는 추진이 어려웠던 많은 사업들이 새로운 사업방식으로 활발하게 검토되고 있다.

〈표 2-6-20〉 고속국도 민간투자사업 추진현황

(2023. 12. 31. 기준)

○ 운영 21개, 건설 3개, 협상 3개

구 분	연장(km)	총투자비(억원)	민간자본(억원)	비고
합계(26)	1,097.8	485,143	290,737	
운영(21)	854.3	348,589	209,240	인천공항, 천안논산 등
건설 (3)	186.3	80,507	46,057	포천화도, 광명서울 등
협상 (3)	57.2	56,047	35,440	서창김포, 오산용인 등

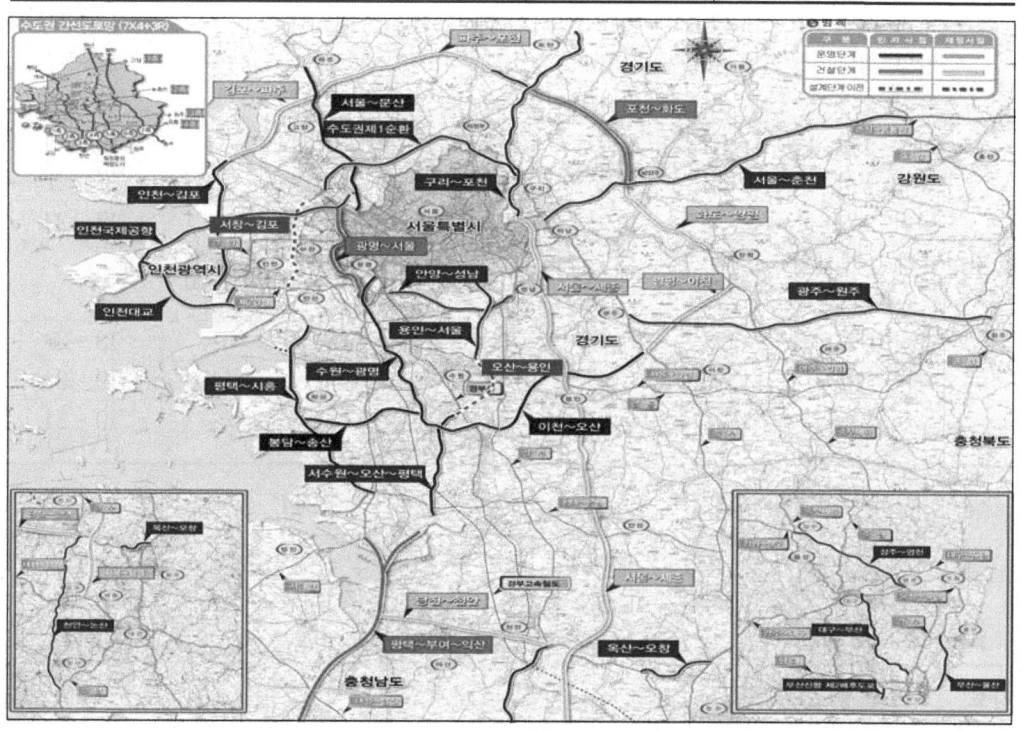

(2023. 12. 31. 기준)

구 분	연장(km)	투자비(억원)					공사기간
		계	민자	국고		기타	
				보조	보상	보상	
계	1,097.8	485,183	290,737	71,378	120,968	2,100	
운영단계 (21개사업) 도로명	854.3	348,589	209,240	50,059	89,290	-	
인천국제공항	38.2	17,440	14,602	1,232	1,606	-	'95~'00
천안-논산	81.0	17,297	11,589	4,364	1,344	-	'97~'02
대구-부산	82.1	27,477	17,960	6,812	2,705	-	'01~'06
서울외곽(일산-퇴계원)	36.3	22,792	14,848	5,003	2,941	-	'01~'07
부산-울산	47.2	14,778	9,188	3,472	2,118	-	'01~'08
서울-춘천	61.4	21,696	12,264	4,919	4,513	-	'04~'09
용인-서울	22.9	15,256	5,548	4,181	5,527	-	'05~'09
인천대교	12.3	15,201	7,739	7,462	-	-	'05~'09
서수원-평택	38.5	16,396	7,782	2,936	5,678	-	'05~'09
평택-시흥	42.6	13,019	8,605	-	4,414	-	'08~'13
수원-광명	27.4	17,374	10,897	1,789	4,688	-	'11~'16
광주-원주	57.0	15,337	11,551	217	3,569	-	'11~'16
부산항신항제2배후	15.3	5,784	3,885	944	955	-	'12~'17
인천-김포	28.9	17,381	10,935	1,482	4,964	-	'12~'17
상주-영천	93.9	20,236	16,067	2,031	2,138	-	'12~'17
구리-포천	50.6	27,753	14,844	267	12,642	-	'12~'17
안양-성남	21.9	10,679	6,875	-	3,804	-	'12~'17
옥산-오창	12.1	3,480	2,290	283	907	-	'14~'18
서울-문산	35.2	21,003	8,578	1,578	10,847	-	'15~'20
봉담-송산	18.3	13,253	5,951	252	7,050	-	'17~'21
이천-오산	31.2	14,957	7,242	835	6,880	-	'17~'22
건설단계 (3개사업) 도로명	186.3	80,507	46,057	7,916	24,434	2,100	
포천-화도	28.7	14,757	5,838	1,219	7,700	-	'18~'23
광명-서울	20.2	19,462	12,412	-	4,950	2,100	'19~'24
평택-부여-익산	137.4	46,288	27,807	6,697	11,784	-	'19~'24 (1단계)
협상단계 (3개사업) 도로명	57.2	56,087	35,440	13,403	7,244	-	
서창-김포	18.3	9,886	6,572	2,612	702	-	60개월
오산-용인	17.2	12,574	7,734	3,085	1,755	-	60개월
사상-해운대	21.7	33,627	21,134	7,706	4,787	-	66개월

자료 : 국토교통부 도로국

3. 안전한 도로환경 조성

가. 사고예방에 중점을 두고 도로안전 강화

전국 시단위 68개 지자체에 민간의 소통정보를 제공하여 효율적인 교통관리 지원, 경찰에도 제공하여 신호운영체계 개선 지원, 빅데이터 등 객관적인 데이터로 사고위험이 높은 구간을 분석하는 위험도 평가기법을 개발하여 과학적으로 정비하고 있으며, 국도상 마을 통과구간 안전시설 보강, 횡단보도 조명시설, 역주행 방지시설 설치 등 안전사업을 지속 추진하고 있다.

나. 시설물 재난능력 완비

당초 '20년까지 고속국도·일반국도 내진보강 완료 목표로 추진하였으나 경주지진('16.9) 및 포항지진('17.11)이후 급증하는 지진위험에 대비하여 '17~'18까지 998억원을 집중 투자하여 '18년도말 기준 국토교통부 관리 고속국도·일반국도 교량(18,501개소)에 대하여 모두 내진보강을 완료하였으며 전국 특수교의 피뢰설비를 '22년까지 보강하고 인력과 예산이 상대적으로 부족한 지자체에 국가첨단 교량관리시스템을 무상 제공하고 있다.

또한, 오송 궁평2지하차도 침수사고('23.7월)를 계기로, 지하차도 침수 안전성 강화를 위해 침수위험 지하차도에 대해 진입차단시설 설치, 침수시 대응계획을 수립하는 등의 내용을 담은 '도로터널 방재지침'을 개정('24.4월)하였다.

다. 보행자 안전을 위한 차량속도 저감유도 기법 확산추진

보행안전을 위해 차량의 속도를 억제하기 위한 수단으로 교통정온화 기법(Traffic Calming)을 생활권 이면도로 정비사업 등에 지속 추진하고 있으나, 각 사업별 안전시설 설계지침 및 각종 매뉴얼로 인해 교통정온화 관련 내용이 상이하며, 정온화 시설에 대한 명확한 규정이 없어 체계적인 교통정온화 기준 마련이 필요하였다.

이에 국토교통부는 도로 설계단계에서부터 기존도로 개선사업까지 교통안전 강화 일환으로 도심 내 차량의 저속 운행 등을 위한 정온화 시설의 도입·확산을 위해 「교통정온화 시설 설치 및 관리지침(국토교통부 예규, '19.2.1)」을 제정하였으며, 지침 제정 이후 교통정온화시설 적용 우수사례 공모전(안심도로 공모전) 등을 매년 개최하여 교통정온화 시설의 설치·적용 방안 등을 적극적으로 홍보하고 있다.

라. 도로시설 노후화 및 기후환경 변화에 선제적으로 대응

현재 도로는 시설물 노후화에 대비해야 하고, 기후변화(폭염, 폭우, 결빙)로 인한 도로건설 및 유지관리 환경이 변화함에 따라 기존의 공사 설계기준, 표준시방서 등의 개선, 효과적인 유지보수 공법 적용 등을 검토해야 할 시점이다. 그러나 도로인프라 관련 신기술 및 공법을 개발해도 현장 적용 검증 기회 등의 한계로 새로운 기술 및 기준이 실제 도로현장에 상용화되는데 걸림돌이 되고 있다. 이를 위해 정부는 효과적인 도로 신기술 검증 및 시험·평가 활성화를 위한 실규모 성능시험시설인 '도로인프라 국가성능시험장' 구축계획을 수립하였고, 기획재정부 사업계획 적정성 재검토를 받아 '25년 완공을 목표로 사업을 추진 중이다.

'도로인프라 국가성능시험장'은 경기도 연천군 연천읍에 위치한 SOC 실증연구센터(한국건설기술연구원 관리 중) 내에 부지면적 85,486㎡ 규모로 '도로포장' 및 '지반구조물' 분야 성능평가시험장 등 2개 시험시설을 구축할 예정이다.

'도로포장 성능평가시설'은 608m 길이의 포장성능 평가 트랙을 건설하고 자동주행 트럭의 운행시스템을 구축하여 도로포장 신재료 및 공법의 성능을 실재 도로환경 조건에서 평가할 수 있는 야외 시험장 시설이며, '지반구조물 성능평가시설'은 도로 주변의 인공비탈면 등 지반구조물의 보호 및 보강 기술과 공법의 성능을 실제 강우·지표수흐름·하중 조건에서 평가할 수 있는 실내 시험장 시설로 구축할 예정이다.

도로인프라 국가성능시험장이 건설되면 노후화와 기후변화 등으로 급변하는 도로환경에 선제적으로 대응하여 도로의 안전성과 편의성이 증대되고 도로 유지관리 분야의 기술력이 향상될 것이다.

마. 세계 ITS 첨단도로 시장 선점 지원

2026년 강릉 ITS 세계총회 및 2025년 수원 ITS 아태총회를 연달아 유치에 성공하여 한국의 ITS와 관련 기업의 국제적인 인지도를 상승시킬 수 있는 기회를 마련하였으며, 세계ITS 시장 선점을 위해 우리기업 진출 가능성이 높은 국가를 중심으로 맞춤형 수출전략을 추진하고 국내 업체들이 국제표준에 맞는 기술개발과 상호 호환성을 확보할 수 있는 지원체계를 구축하고 있다.

바. 졸음쉼터

자칫 대형사고로 이어지기 쉬운 졸음운전을 방지하고, 운전자에게 휴식공간을 제공하기 위하여 매년 졸음쉼터 신설 및 기존 쉼터 개선을 추진 중에 있으며 일반국도는 '간선도로 휴게시설 중장기 계획(2022.12.)'에 따라, 재정 및 민자고속도로는 관리 주체별 기본계획을 수립하여 연차별로 확충 추진 중에 있다.

사. 생태통로

도로건설로 인한 생태계 단절을 최소화하기 위해 백두대간, DMZ 일원 등 국토 내 생태계 연결성의 근간이 되는 생태축의 보전과 관리를 지속하고 있으며, 한반도 생태축 연결·복원 추진계획을 수립('23.12, 환경부·국토부·산림청)하고 기본계획(3단계, '24~'28년)에 따라 일반국도 구간에 15개소의 생태통로 설치를 추진하고 있다.

제4절 철도망 확충

1. 철도산업 발전전략 및 운영체계 개선

우리나라 철도는 1970년대까지 국가 중추교통수단으로 핵심적인 역할을 수행하였다. 그러나 경부고속도로 개통(1970) 등 도로교통의 발달과 경제성장에 따른 자동차 보유의 일반화에 따라 도로교통 중심으로 재편되면서 철도의 수송분담률이 지속적으로 하락하였으며, 1976년 이후 철도청의 적자 경영이 지속되게 되었다.

* 철도 수송분담률(여객) : 53%('61)→42.5%('71)→22.4%('81)→18.9%('91)→13.1%('99)
* 영업손익(억원) : 11('64)→92('70)→△34('76)→△524('80)→△650('91)→△5,468('99)

정부에서는 철도의 경쟁력을 회복하기 위해 다양한 방안을 검토하였으며, 1989년 「한국철도공사법」을 제정하여 철도의 건설·관리와 철도운영을 동시에 수행하는 공사화를 추진하였으나, 철도노조 반대 등으로 시행시기가 연기되면서 백지화되기에 이르렀다.

이후 1996년 철도청 체제를 유지하면서 건설부문과 운영부문의 회계를 분리하고 철도청의 독립 경영을 보장하는 내용의 「국유철도의 운영에 관한 특례법」을 제정하고, 누적 부채 1.5조원을 탕감함과 함께 건설 및 운영비의 일부를 지원하는 등 국영 철도하에서 철도의 경영개선을 추진하였지만 철도운영의 적자와 부채는 지속적으로 증가하는 결과를 낳았다.

2000년대 들어서 철도산업의 구조적 개혁이 추진되었다. 2001년 국민의 정부에서는 철도의 건설부문과 운영부문을 분리하고, 철도운영부문을 민영화하는 내용의 개혁을 추진하였으나, 철도노조의 반대로 무산되었다. 2003년 참여정부에서는 국회, 시민단체, 노조 등 사회적 공감대를 바탕으로 「철도산업발전기본법」과 「철도사업법」 등을 제정하고, 철도청의 건설부문과 운영부문을 분리하여 수행할 철도시설공단과 철도공사를 설립(2005)하면서, 철도공사의 흑자경영을 지원하기 위하여 누적된 운영부채 1조5천억원을 국가재정으로 탕감하는 조치를 취하였다.

철도공사는 민영화하는 대신 공기업체제에서 경영개선을 추진하고, 2006년도부터 신규노선이나 독자운영이 가능한 노선 등에 철도공사 외의 운영자를 선정하여 경쟁하게 하는 경쟁체제를 도입하여 철도운영의 체질을 개선하도록 하는 내용의 '철도구조개혁 기본계획'을 수립(2004년)하였다.

그러나, 철도공사는 출범 이후 연간 5천억원 이상의 적자가 이어졌으며, 부채는 2005년 5.8조원에서 2014년 15조원으로 급증하였다. 철도공사의 운영 부실로 인해 건설부채도 2004년 5.6조원에서 2014년 19조원으로 늘어나는 등 철도시설의 투자 확대가 부채누적으로 연결되는 악순환이 계속되었다.

정부와 철도공사는 기본계획에 따라 철도공사 경영개선을 위한 다각적인 방안을 마련하여 추진하였으며, 2012년에 이르러 2016년 신규로 개통된 수서발 고속철도 개통을 계기로 기본계획에서 제시한 민간경쟁을 도입하고자 추진하였으나, 철도노조를 중심으로 한 민영화 및 대기업 특혜 논란 등이 있어 새로운 방안을 모색하기에 이르렀다.

2013년 6월 정부는 계속되는 철도분야의 문제를 해소하고자 '철도산업 발전방안'을 마련하였다. 이 방안의 핵심내용은 철도공사의 구조를 개편하여 경영효율성을 높이고, 철도운송 시장의 경쟁 환경을 조성해 철도산업의 경쟁력을 강화하는 것이다. 철도산업 발전방안은 2004년 철도구조개혁 기본계획과 기본 방향은 같으나 보다 실천력을 확보한 방안이었다.

2013년 12월 정부는 철도산업 발전방안의 내용을 바탕으로 수서발 고속철도의 운영회사인 주식회사 SR을 설립하였다. 주식회사 SR은 철도공사, 사학연금 등 100% 공적자금으로 구성된 회사로서, 2016년 12월 수서발 고속철도인 SRT의 운영을 개시하였다.

최근 정부는 2022년 4월 인구·국토공간 기술 등 대외여건 변화를 고려하여 제4차 철도산업발전 기본계획을 수립하고, 2023년 4월 제2차 철도물류산업 육성계획 수립을 통한 철도수송분담률 제고 방안을 마련하는 등 국내 철도산업 체질 개선을 통한 산업 경쟁력 강화, 철도 중심의 대중교통체계 구현을 통한 이용 활성화, 지역과 융합되는 철도 건설, 이용자·근로자가 안심할 수 있는 철도환경 조성 등 주요 정책을 마련하고 적극 추진 중이다.

2. 고속철도 개통

가. 경부고속철도 건설 추진

(1) 사업준비에서 개통까지의 추진과정

1970년대부터 경부축의 교통문제 해결대안으로서 고속철도 건설, 기존 경부선의 복선전철화, 고속도로 건설 등 여러 가지 대안이 검토되었는데, 타당성 조사 등을 거쳐 "경부고속철도건설 추진방침"이 1989년 5월에 결정되었다. 그 해 7월 기술조사를 실시하여 1990년 사업계획 및 노선을 확정하고, 1992년 6월 천안~대전간 시험선 구간을 착공하였다.

그리고 고속철도 건설의 가장 핵심과제 중 하나인 차량 형식을 바퀴식으로 결정하고 1994년 6월 마침내 우선협상대상자인 GEC-Alsthom(프랑스 TGV의 제작사)과 차량 도입계약이 체결되었다. 1998년에는 IMF 등 당시의 어려운 경제상황 등을 고려하여 사업의 기본 틀을 그대로 유지하되, 단계별로 나누어 건설하기로 건설기본계획을 변경하였다.

1단계 고속철도 건설공사가 마무리 단계에 이르자, 본격적인 고속철도 개통 준비를 위하여 2001년 말부터 운영준비 전담팀을 구성·운영하였으며, 고속철도 역명 및 개통일 확정, 개통 대비 각종 운행상황 점검 등을 차질 없이 추진하여 2004.4.1 역사적인 고속철도를 개통하여 운영하고 있다.

(2) 경부고속철도 건설기본계획의 변경

고속철도의 노선과 정차장, 설계기준, 차량형식 선정, 사업비와 사업기간, 재원조달방안 등에 대한 내용을 담고 있는 기본계획은 전문기관의 조사연구를 거쳐 1990년 6월에 최초 수립된 이래, 1993년, 1998년, 2006년, 2007년, 2009년 등 총 5차례에 걸쳐 기본계획을 변경하였다.

경부고속철도의 노반 설계속도는 350㎞/h, 차량의 최고운행속도를 300㎞/h로 정하였으며, 차량형식은 수송능력과 기술적인 안전성 검증, 건설비용 등에서 유리한 것으로 검토된 바퀴식으로 결정되었다.

경부고속철도의 사업노선은 전문기관의 기술조사와 사업성 분석에 따라 서울~천안~대전~대구~경주~부산으로 1990년 6월에 기본계획을 최초로 수립하면서 확정되었다. 그리고 중간 정차역의 선정에 대해서는 4개 이내로 중간역을 유지하는 것이 효율성을 최적화하는 것으로 분석되어 건설비와 운행시간 비용 등을 검토하여 4개 지역이 적합한 위치로 선정되었다.

사업기간에 대해서 살펴보면, 최초 수립된 기본계획에서는 1998년 8월에 사업을 완료하는 것으로 계획하였으나, 1993년(1차) 기본계획 변경 시에는 완공시기가 2002년으로 변경되었다. 그리고 1998년(2차) 변경된 기본계획에서는 당시의 어려운 경제상황으로 인해 단계적인 건설계획으로 변경되었는데, 1단계로 2004년 4월까지 서울~대구 구간의 신선을 건설하고, 2단계로 2010년까지 대구~부산 구간 및 대전·대구 도심구간 신선을 건설하는 것으로 구분하였다.

또한, 신선 철도를 건설하는 범위에 있어서도 사업비 절감 등을 이유로 일부 구간에서 기존 철도와 역을 개량하여 활용하는 것으로 변경되었으며, 이에 따라 대전·대구 도심구간 및 대구~부산 구간 등 기존 철도를 전철화하는 사업(4개)과 서울역 구내개량 등 철도시설정비사업(20개)이 2004년 4월 완공되었다.

2단계 사업은 2002년 6월 대구~부산 구간에 대해 착공하였으며, 고속철도 효과를 극대화하고 지역주민의 편익제공을 하고자 2006년 기본계획 변경(제3차)시 추가 중간역 3개소(오송, 김천(구미), 울산)와 그 동안 논란이 된 대전·대구 도심구간을 지상노선으로 결정하였다. 또한, 2006년 12월 국회 예산결산소위원회의 부대의견에서 제안한 향후 부전역 신설에 대비하여 부전역 하부구간 터널을 확장하는 것으로 2007년 기본계획을 변경(제4차)하였으며, 2015년 대전·대구 도심구간을 개통하였다.

재원조달계획과 관련해서는, 1단계 사업에 소요되는 재원은 12조 7,377억원으로서 그 중 45%인 5조 7,320억원은 국고에서 출연금(35%)과 재정융자(10%)로 지원되고 55%는 (구)고속철도건설공단에서 조달하도록 하였으며, 2006년(3차) 기본계획 변경시 철도공사의 사업정상화를 위해 2007년부터는 국고 지원 비율을 50%로 상향 조정하였다.

이와 같이 기본계획이 수차례 변경되면서 초기 사업추진이 부진하였다. 그 원인을 살펴보면 사전준비가 충분하지 못한 상태에서 사업이 추진되었고, 그 과정에서 세부노선 변경이 필요하였으며, 전문인력과 경험부족으로 인해 체계적인 사업관리능력 미숙, 공사 감리능력 부족, 차량형식 선정 이전의 노반설계 등의 문제점이 발생되었다.

또한 사업지원체계가 미비된 상황에서 지역주민의 과다한 민원, 관계부처와의 협의지연 등으로 인해 사업시행이 많이 지체되었다. 이러한 사업부진 문제에 대해서는 그동안 공사의 품질과 안전확보대책을 철저하게 시행하고 사업관리에 외국전문업체를 활용하는 한편, 1996년 12월에는 고속철도건설촉진법을 제정하여 각종 행정절차를 간소화하는 등 사업추진을 정상화하는 기반을 마련하기도 하였다.

〈표 2-6-21〉 "경부고속철도 건설사업 기본계획" 주요 변경내용

구 분	기본계획 수립 ('90.6.14)	1차 변경 ('93.6.14)	2차 변경 (1단계 사업) ('98.7.31)	3차 변경 (2단계 사업) ('06.8.23)	4차 변경 (2단계 사업) ('07.10.26)	5차 변경 (2단계 사업) ('09.6.18)
거 리	409km	430.7km	412km (409.8km)	418.7km (167.2km)	418.7km (167.2km)	417.5km (169.5km)
사업기간	'91.8~'98.8	'92.6~'01.12	'92.6~'10.12 ('92.6~'04.4)	'92.6~'10.12 ('02.6.~'10.12)	'02.6~'10.12	'02.6~'14.12
사 업 비	5조8,462억원	10조7,400억원	18조4,358억원 (12조7,377억원)	19조9,277억원 (7조1,900억원)	7조2,136억원	7조5,562억원
운행시간 (2역 정차기준)	101분	124분	116분 (160분)	130분 (130분)	130분	130분

자료 : 국토교통부 철도국

(3) 재원조달

고속철도 건설사업의 안정적 추진을 위하여 정부 출연금과 (구)고속철도건설공단의 자체 조달금이 적기에 조달될 수 있도록 재정계획을 수립하여 안정적으로 지원되었는데, 경부고속철도 사업비 투자현황을 정리하면 아래와 같다.

<표 2-6-22> 경부고속철도 사업비 투자현황

('23.12.31 기준, 단위 : 억원)

총사업비	'10까지	'11년	'12년	'13년	'14년	'15년	'16년	'17년	'18년	'19년	'20년	'21년	'22년	'23년	'24년
206,437	185,944	3,199	3,230	5,000	4,025	1,748	733	487	342	194	84	412	494	361	184

자료 : 국토교통부 철도국

(4) 고속철도역 건설

고속철도역은 고속철도 이용의 편리성, 접근성, 환승체계, 도시교통 중심 기능 강화, 도시공간 구조의 재편성, 상징성 부여 등에 목표를 두고 건설되었다. 그 동안의 주요 추진과정을 정리하면 다음과 같다.

첫째, 1990년 6월 최초 수립된 건설기본계획에 출발역은 서울, 부산역으로 하고 중간역은 4개역(천안, 대전, 대구, 경주)으로 계획되어 있었다. 그 이후 1993년 6월 1차 기본계획 수정시 한강이남의 승객이용 편의를 위하여 남서울역(현재 광명역)을 신설 검토하기로 함으로써 출발역은 서울·용산·광명·부산역이 되었고, 중간역은 천안·대전·대구·경주역이 되었다.

둘째, 1998년 7월 2차 기본계획 변경시에는 대전·대구·부산역은 기존 역사를 확장하여 이용하고 수도권 중앙역으로 서울역과 용산역을 민자유치 방식으로 확장하여 고속철도 역사로 사용하도록 결정하였다.

셋째, 그 동안 고양, 평택, 김천(구미), 오송, 울산, 부산 부전 등 6개 지역에서 중간역을 신설하여 줄 것을 정부에 지속적으로 건의하여 왔었다. 이에 따라, 2003년 초부터 중간역 문제를 본격적으로 검토한 결과 고속철도 투자효과를 여러 지역으로 확대하여 수혜범위를 넓히고 지역경제를 활성화하기 위해서는 3개 중간역을 추가 설치하는 것이 바람직하다는 결론에 이르렀다.

따라서 2003년 11월 경제장관간담회에서 오송, 김천(구미), 울산지역에 중간역을 추가로 신설하는 것으로 결정을 내렸다. 중간역 추가 신설로 인하여 고속철도역간 평균거리가 82.4km에서 48.8km으로 단축되고 중간역이 4개에서 7개로 증가하게 되었으나, 격역 열차운행방식 등으로 다양하게 운행하면 운행시간이나 사업비 등 당초 계획된 고속철도 사업성에는 큰 영향을 미치지는 않는 것으로 분석되었다. 고속철도역 건설현황은 다음과 같다.

〈표 2-6-23〉 경부고속철도역 현황

('23.12.31 기준)

구 분		서 울	용 산	광 명	천안 아산	대 전	
						1단계	2단계
위 치		서울시 중구	서울시 용산구	경기 광명시	충남 아산시	대전시 동구	
부지(㎡)		67,659	126,930	264,131	87,704	195,927	
규모 (㎡)	홈수	6홈19선	7홈17선	4홈8선	2홈6선	4홈 10선	6홈 18선
	층수	지하2 지상5	지하3 지상9	지하2 지상2	지하1 지상4	지상4	
	면적 (전체)	15,992 (69,102)	26,428 (272,154)	78,495	34,778	9,463	7,610
공사기간		'01.1~'03.12	'01.3~'03.12	'99.12~'04.3	'96.7~'04.3	'01.1~ '04.5	'15.4~ '18.1
구 분		동대구		신경주	부 산		오송	김천· 구미	울산
		1단계	2단계		1단계	2단계			
위 치		대구시 동 구		경 북 경주시	부산시 동 구		충북 청원	경북 김천	울산 언양
부지(㎡)		91,120	62,307	109,679	211,536	2,829	101,412	27,564	67,013
규모 (㎡)	홈수	6홈15선		4홈8선	5홈13선		4홈 8선	2홈 4선	2홈 5선
	층수	지하1 지상5		지하1 지상2	지하1 지상5		지하1 지상3	지하1 지상2	지하1 지상3
	면적 (전체)	26,700	4,949	36,197	36,498	18,477	20,076	7,101	8,578
공사기간		'01.1~ '04.4	'09.5~ '12.12	'07.8~ '10.11	'01.1~ '04.3	'08.7~ '10.11	'08.6~ '10.11	'08.6~ '10.11	'08.8~ '10.11

자료 : 국토교통부 철도국

나. 고속철도 차량

(1) 고속열차 제작 및 시험

경부고속철도에 투입되는 차량은 총 46편성으로 이중 국외(프랑스)분이 12편성이고 나머지 34편성은 국내에서 제작되었다. 국외분 12편성은 1999년 10월 1호차가 반입되었고, 2000년 5월까지 전부 반입되었다. 반입된 차량은 2년여 동안 각종 차량 시스템에 대한 시험을 거친 후, 2003년 5월 인수시험을 완료하였다.

국내분 34편성은 1994년 6월 프랑스 알스톰사와 경부고속철도 차량공급 계약 및 기술이전 계약체결에 따라 우리나라 최초로 국내 기술진에 의해 제작되었다. 2002년 4월 국산 1호(KTX* 13호)가 출고되었고, 국산 마지막 차량 34호(KTX 46호)가 2003년 11월 출고됨으로써 차량제작을 5년여 만에 모두 완료하였다.(KTX* : Korea Train eXpress)

그리고, 철도시설공단에 반입된 모든 차량은 1999년부터 약 52개월에 걸쳐 각기 1만km에서 4만km에 이르는 시험 운행을 하고 시속 300km까지 단계별로 증속시키면서 차량조정시험, 차량성능시험, 인수 및 종합시험 등 총 180여종의 시험을 통해 기술성과 안정성을 최종 확인하는 과정을 거쳐 안전과 성능을 확보한 후 운행하게 되었다.

(2) 고속철도 기술이전과 국산화 추진

고속열차의 독자적 차량제작 기반구축과 해외시장 진출을 위해 1994년 6월 프랑스 알스톰사(한국 TGV 컨소시움)의 우수한 성능을 지닌 고속 열차 도입과 함께 알스톰사가 보유한 모든 기술을 국내업체에 이전하도록 차량공급계약 및 기술이전 계약시 규정하였다.

1단계 기술이전은 2001년 12월 시제차 2편성(KTX 1, KTX 2)을 국내 도입하여 편성조립 등 기술 습득을 하였고, 2단계로 고속열차 10편성 (KTX 3~KTX 12)을 동력차와 동력객차 연결 등을 같은 해 12월에 완료 하였다. 3단계로 국내 전수 업체별로 이전 기술을 전수받아 2003년 12월 국산화 최종 편성인 KTX 46호가 출고됨으로써 차량부문 국산화가 완료 되었다. 국산화율은 2003년말 기준 55.4%를 달성(누적 진도 110.8%)

함으로써 계약조건인 50%를 초과 달성하였다. 기술이전 추진현황과 단계별 국산화 추진을 정리하여 보면 다음과 같다.

〈표 2-6-24〉 단계별 국산화 추진

단계별	국산화 범위
1단계	시제2편성(KTX1, 2호) 한국내에서 조립, 시험 및 시운전
2단계	양산차 10편성(KTX3~12호)의 한국내 조립, 시험 및 시운전, 관절링 국내제작(KTX5~12호)
3단계	양산차 34편성(KTX13~46호)의 한국내 제작, 조립, 시험, 시운전

자료 : 국토교통부 철도국

경부고속철도 사업에서 프랑스 고속철도 TGV가 선정되어 프랑스 알스톰사로부터 차량기술 이전을 받았으나, KTX는 외국의 모델과 기술을 이전받은 것이었기 때문에 현실적으로 적지 않은 제약이 따를 수밖에 없었다. 기술 이전에는 모터 등 핵심부품에 대한 내용은 빠져있었던 데다 이 기술까지 도입한다고 하더라도 외국기술 기반으로서 차량의 해외수출은 불가능했다. 이로 인해 국내 실정에 맞는 한국형 고속철도 차량의 독자 모델 개발이 절실히 요구되었다. 정부는 기존 TGV의 기술들을 완전히 국산화한 한국형 고속철도 차량을 개발하기로 하고, 과학기술을 선진 7개국 수준으로 끌어올리겠다는 G7 선도기술개발사업 프로젝트의 연구과제 중 하나로 1996년부터 한국형 고속철도 개발 과제를 선정하여 기술개발에 착수하였다.

1996년부터 2002년까지 6년 동안 한국철도기술연구원·한국기계연구원 등 국책연구소 18개와 로템, 유진기공 등 철도 관련 기업 82개, 서울대·한국과학기술원(KAIST) 등 29개 대학의 연구원이 참여하였으며 연구비만 2,558억 원, 6,600여 명의 연구개발인원이 투입되었다. 이러한 노력으로 한국형 고속열차 시제차량인 HSR-350X가 개발되었으며 2002년 12월 16일 경부고속철도 천안아산~대전 구간에서 당시 국내 최고속도인 시속 352.4㎞의 시험 주행에 성공, 한국 철도역사의 새 기록을 세웠다.

이후 HSR-350X 시제차량의 다양한 연구성과를 기반으로 KTX-산천이 도입되었고 2010년 3월 KTX-산천 상업운행이 개시되었다. 기존 KTX-1은 프랑스 알스톰사가 설계를 했지만, KTX-산천은 추진, 운행, 제동 기술부문에 있어서 설계에서 제작까지 전 과정을 우리의 기술로 해냈고, 국내 시장성 문제 및 국제 표준품 채택 등으로 국산화가 곤란한 부품 일부를 제외하고 부품 국산화율을 58%에서 95%로 높였다. KTX-산천 개발을 통해 우리나라는 일본, 프랑스, 독일에 이어 세계 네 번째로 시속 300km 이상의 고속열차를 독자적으로 제작하고 운영할 수 있는 명실상부한 고속열차 기술국 반열에 오르게 되었다.

KTX-산천은 유선형 설계로 공기저항을 최소화하고 알루미늄 합금소재 사용을 통해 차체를 경량화하여, 강재골조와강판을 사용한 기존 KTX-1 대비 에너지효율을 향상시켰다(공차중량 기준 KTX-1 694.1t, KTX-산천 403t). 또한 창유리의 두께도 기존 KTX-1은 29mm 3겹이지만 KTX-산천은 38mm 4겹으로 두꺼워 소음 차단효과와 타격물로부터 승객보호기능이 우수해 졌으며 중대사고시 연쇄사고를 막을 수 있는 열차무선방호장치 등도 기존 KTX-1에는 없지만 KTX-산천에는 기본으로 설치됐다. 또한 1편성에 최소 20량 단위로 운영할 수밖에 없었던 KTX-1과 달리 KTX-산천은 승객 수요에 따라 10량 또는 20량으로 탄력적으로 운행할 수 있어 운영의 효율성을 높였다. 객실 좌석 앞뒤 간격도 98cm로서 KTX-1 대비 5cm 넓어졌으며, 전 좌석 회전시스템을 채택해 승객이 열차 진행방향으로든 일행과 마주볼 수 있도록 역방향으로든 마음대로 좌석을 조절할 수 있어서 보다 안락한 고속열차 서비스를 제공할 수 있게 되었다.

한편 2000년대 이후로 세계 고속철도 차량 시장은 동력 편성방식에 있어서 동력집중식보다 동력분산식이 활성화되고 있는 추세이다. 정부는 그간 고속열차 국산화 기술개발 실적을 바탕으로 해외 철도시장에서 요구하는 최신 트렌드를 따라가기 위해 2007년부터 차세대 고속열차 개발 프로젝트에 착수하였다. 한국철도기술연구원 등 50여개 기관으로 구성된 해무개발사업단을 조직하여 사업비 1,138억원이 투입되었다. 5년간의 연구개발 과제 수행을 통하여 견인전동기, 제동시스템, 주회로 차단장치 등 14종의 핵심기술을 개발 적용한 차세대 고속열차 시제차량인 HEMU-430X가 개발되었으며 2013년 3월 31일 시험운행에서는 시속 421.4km를 기록한 바, 우리나라는 프랑스(시속 574.8km), 중국(487.3km), 일본(443km)에 이어 세계에서 네 번째로 자국의 순수 기술로 시속 400km대 고속열차를 개발한 국가가 되었다.

HEMU-430X 시제차량을 기반으로 최고영업속도 260km/h의 준고속 노선 투입차량인 KTX-이음이 2021년 1월 중앙선 청량리~안동 구간에서 상업운행을 개시했으며, 최고영업속도 320km/h로 현존하는 KTX 중 가장 빠르게 달릴 수 있는 KTX-청룡이 2024년 4월 경부고속선·호남고속선에서 상업운행을 개시하였다. KTX-청룡은 기존 KTX와 달리 동력차를 객차로 대체함으로써 상대적으로 가벼우면서도 한번에 더 많은 승객이 이용할 수 있는 장점이 있으며, 동력이 여러 차량에 분산되어 있어 가·감속성능이 우수하다. 동력 엔진을 객차에 분산 배치하면 선로와의 점착력이 늘어나 가속과 감속 성능이 향상된다. 또, 앞뒤로 별도의 기관차가 필요했던 기존 고속열차와 달리 전체를 객실로 이용할 수 있어 더 많은 인원을 태울 수 있다. 또 엔진이 분산된 만큼 일부 객차에 문제가 생기더라도 다른 객차의 동력으로 운행할 수 있기 때문에 신속히 수리지점으로 이동하거나 다음역까지 운행해 조치를 받을 수 있다. 또한 저상 플랫폼에만 승하차 대응이 가능하던 기존 KTX에 비해 KTX-청룡은 고상·저상플랫폼 겸용 승강장치를 적용하여 승강장 높이가 다른 노선에서도 자유롭게 운행할 수 있도록 하였고, 2인 1창 구조였던 기존 KTX에 비해 각 좌석열에 맞춰 창문을 설계해 개인 조망권을 높였다. 이러한 다양한 장점 덕분에 보다 많은 국민들이 빠르고 안전한 철도서비스를 이용할 수 있게 되었다.

다. 고속철도 개통·운영

(1) 경부선·호남선 고속열차 동시 개통 운영

고속열차 종합시운전 등 개통준비를 철저하게 추진한 결과, 계획대로 2004.4.1 경부선·호남선 고속열차를 성공적으로 동시 개통하였다. 일본, 프랑스, 독일에 이어 세계 5번째 고속철도 보유국이 되었으며, 우리나라 철도역사 100여년 만에 철도 르네상스 시대가 열린 것이다. 개통 초기 1개월간 정시운행률 97.8%을 달성하여 선진국 사례보다 우수한 운행안정화를 조기에 달성하였다.

※ 프랑스 TGV 지중해선('01) : 초기 75%(2004년 95%)

또한, 개통초기 이용객 불편사항 등을 점검하여 KTX 서비스 개선, 운행시각 조정 등 종합개선대책을 조기에 마련하여 시행하였으며, 철도이용객은 꾸준히 증가하여 개통전보다 62.2% 증가하였다. 고속철도 개통 전후 철도이용객 변화를 비교하여 보면 다음과 같다.

〈표 2-6-25〉 고속철도 개통전후 철도이용객 비교

(단위 : 천명)

구 분	KTX 개통이전 ('03.4~ '04.3)	KTX 개통이후								KTX개통이전 대비 증감	
		'08년도	'09년도	'10년도	'11년도	'12년도	'13년도	'14년도	'15년도		
계	80,581	106,213	103,745	110,839	121,025	125,543	130,942	133,737	134,974	54,393	67.5%
KTX	-	38,016	37,477	41,349	50,309	52,830	54,744	56,917	60,535	60,535	순증
새마을	14,409	10,814	10,933	10,925	10,206	9,380	9,035	9,862	10,038	△4,371	△30.3%
무궁화	66,172	57,383	55,335	58,565	60,510	63,333	67,163	66,958	64,401	△1,771	△2.7%

※ 전철 및 통근열차 제외, 자료 : 국토교통부 철도국

경부고속철도 개통('04.4.1) 이후 개통 초기년도인 2004년도 KTX 수송실적은 1,988만명 수준이었으나, 이후 꾸준히 증가하여 2006년 3,649만명, 2015년도에는 6,053만명, 2023년도에는 7,610만명이 이용하고 있다.

〈표 2-6-26〉 KTX 수송실적

(단위 : 천명)

구 분	2004	2005	2006	2007	2008	2009	2010	2011	2012	2013	2014	2015
계	19,882	32,370	36,490	37,315	38,016	37,477	41,349	50,309	52,830	54,744	56,917	60,535
경부선	16,698	26,853	30,191	31,006	31,534	31,029	34,365	39,060	39,924	41,901	43,622	41,701
호남선	3,184	5,517	6,299	6,309	6,483	6,448	6,864	7,313	6,967	6,798	6,626	8,675
경전선							119	3,627	4,168	4,084	4,425	4,617
전라선								309	1,771	1,961	2,244	3,147
동해선												2,395

구 분	2016	2017	2018	2019	2020	2021	2022	2023
계	64,617	59,669	62,417	66,128	40,254	45,446	63,821	76,105
경부선	41,443	33,805	34,550	36,022	20,909	23,188	33,150	40,187
호남선	10,283	9,221	10,123	10,863	6,889	7,669	10,384	12,103
경전선	3,971	5,855	6,465	6,967	4,674	5,455	7,521	8,828
전라선	4,972	5,755	6,198	6,631	4,273	4,949	6,981	8,116
동해선	3,948	5,032	5,082	5,645	3,509	4,185	5,783	6,871

※ 2004년도는 경부고속철도 개통일 4.1부터 12월말까지의 실적
자료 : 국토교통부 철도국

(2) 고속철도 개통효과

경부고속철도가 성공적으로 개통되어 중장기적으로 국가교통체계의 개선, 지역개발, 동북아 물류중심 실현 등에 혁신적인 효과를 줄 것으로 기대된다.

첫째, 경부선·호남선 고속열차 동시개통 운영으로 철도 서비스가 대폭 개선되었다. 지역간 이동시간이 대폭 감축되고 여객 수송능력이 대폭 늘어났다. 이에 반해 항공실적은 크게 감소하고 승용차 통행과 고속버스도 중장거리 통행을 중심으로 감소하고 있다. 화물수송체계도 개선되어 국가기간교통망 체계가 재편될 것이며, 이를 통해 중장기적으로 산업경쟁력이 향상될 것으로 예상된다.

둘째, 고속철도 운행으로 인한 중장기적인 지역개발 효과가 기대된다. 일본 신간선(新幹線)의 정차역은 대표적인 상업도시로 성장했으며, 독일 이체(ICE)의 정차역은 독일 전역의 균형발전에 도움이 된 것으로 일반적으로 평가되고 있다. 앞으로 건설중인 호남고속철도도(오송~광주송정 구간은 '15.4개통) 고속철도역을 중심으로 역세권 개발을 추진중에 있어서 지역간 균형개발의 효과가 더욱 커질 것으로 기대된다.

셋째, 고속철도 기술개발사업과 건설경험을 통해 그 동안 축적된 노하우와 기술력을 바탕으로 해외의 고속철도 건설사업과의 협력을 추진하는 것도 매우 중요한 과제라고 생각된다. 철도의 고속화 추세에 따라 각국에서는 고속철도를 건설하는 방안을 검토 또는 추진하고 있는데, 특히 중국 철도건설사업의 공사감리분야에 국가철도공단이 진출하여 용역수행 중에 있다. 중장기적으로는 우리나라 고속철도 기술개발사업을 통해 해외 고속철도사업의 진출도 가능할 것이다.

3. 경부고속철도 2단계사업 추진

가. 2단계 건설사업 추진

(1) 대구~부산구간 신선 건설

2001년 11월 정부에서는 2단계사업에 대한 착공을 당초 2004년 계획보다 2년 앞당긴 2002년 6월에 착공한다는 계획을 확정·발표하였다. 외환위기로 발생된 어려운 경제상황이 상당히 회복되었다는 점과 건설장비·인력 등의 효율적인 운영이 그 배경이 되었다.

2002년 6월 노반 공사를 착수하였으나, 토지보상 및 인·허가 행정협의 지연, 노선반대 민원 등으로 원활한 공사 추진에 어려움이 많았다.

그렇지만 국내 최장터널인 금정터널(L=20.3km), 단층대 연약구간인 복안터널(L=3.32km)과 환경단체의 노선반대에 공사가 중지되었던 천성산 원효터널(13.28km) 등에 대한 철저한 공정관리 및 관계기관과의 긴밀한 협조체계를 통해 대구~부산 구간의 노반공사를 적기에 완료하였다.

이에 따라 대구~부산 구간은 2010년 5월까지 궤도, 전력, 신호, 통신 등 모든 공사를 완료한 후 2010년 6월 1일부터 KTX 열차를 투입하여 시설물 검증 및 증속 시험, 영업시운전 등의 종합시험운행을 거쳐 2010년 11월 개통하였다.

(2) 대전·대구 도심구간 신선 건설

경부고속철도 대전·대구도심 통과방안은 1990년 6월 기본계획시 지하화로 계획한 후 1993년 6월 투자비 절감을 위해 지상화로 계획을 수정하였으나, 1995년 4월 소음·진동 등 환경문제에 따른 지역주민 반발로 인해 지하화로 계획을 재수정 하였다. 이후 터널방재 및 안전, 이용객 불편 등 지하화 단점이 지적되고 관련 지자체에서 철로변 정비사업 전제조건으로 지상화를 건의함에 따라, 2006.8.23 SOC건설추진위원회의 심의 의결을 거쳐 현재 지상노선으로 계획을 변경하여 사업을 추진하고 있다. 대전·대구 도심구간은 관계기관 협의를 거쳐 2007년 12월 실시계획을 승인하고, 2008년 12월부터 공사를 착공하여 2015년 8월 개통하였다.

나. 경부고속철도 2단계사업 기본계획변경

1998년 7월 기본계획 변경 후의 대전·대구 도심구간 통과방식 재검토, 중간역 추가 신설에 따른 사업내용 변경 및 총사업비 조정 등을 위해 2004년 하반기부터 (구)건설교통부와 (구)철도시설공단 합동으로 기본계획변경 T/F팀을 구성·운영한 결과 2004년 11월 기본계획변경(안)이 마련되어 기획예산처와 사전협의에 착수하였다.

철도변 정비사업 시행범위를 결정하기 위해 2005년 7월 현지실사를 하였으나, 지자체 등 관계기관과의 사업범위가 합의되지 않아, 2006년 7월 (구)기예처, (구)건교부, 지자체 합동으로 다시 현지실사를 실시하여 사업범위를 확정하였으며,

중간역인 오송역, 김천(구미)역, 울산역의 역사 건설에 대한 사업비 분담방안도 2005년 9월 관련지자체와 협의를 완료한 후 SOC건설추진위원회의 심의를 거쳐 2006년 8월 23일 경부고속철도 2단계 기본계획을 변경하였다.

그리고 2006년 12월 국회 예산결산소위원회의 "장래 부전역 신설에 대비하여 분기시설 설치를 위한 기본계획을 변경한다."는 부대의견에 따라 2007년 10월 26일 사업비를 반영하여 기본계획을 변경하였으며,

대전·대구도심구간 절대공기를 감안한 사업기간을 2014년까지 연장하는 것으로 2009년 6월 24일 경부고속철도 2단계 사업의 기본계획을 변경·고시하였다.

다. 2단계 건설사업 투자계획

경부고속철도 총 사업비는 20조 9,810억원으로 1단계 12조 7,377억원, 2단계 8조 2,478억원이며, 2단계 사업은 2010년까지 대구~부산 구간 및 오송역, 김천(구미)역, 신경주역, 울산역을 완공하고, 2015년까지 대전·대구도심 구간을 완공하는데 지장이 없도록 연도별 투자계획을 수립하였다.

라. 향후 추진계획

경부고속선 마지막 구간(임시선 개통 구간)인 경부고속선 안전취약개소(대전 북연결선) 건설사업을 2023년 본격 추진할 예정이다.

마. 2단계사업 추진효과

경부고속철도 전 구간이 완전 개통됨에 따라 서울~부산간 운행시간이 2시간 40분에서 2시간 10분으로 약 30분 단축되어 전국 반나절 생활권이

실현이 가능하게 되어 정치·경제·사회·문화적 측면에서 일대변혁을 가져오고 있다.

고속철도는 빠른 속도뿐만 아니라 정시성과 안락한 공간제공 등의 장점을 가지고 있어 철도이용객이 점차 증가되고 있는데 이로 인한 철도 수송실적 및 운송수익 증대, 에너지 비용 감소 등으로 철도운영자의 경영개선과 대표적인 녹색 교통수단인 철도의 수송분담률이 점차 늘어나고 있어 물류·환경 비용 절감, 지역발전 등 국가경쟁력 제고에도 크게 기여할 것이다.

4. 호남고속철도 건설

가. 호남고속철도 건설 배경

우리나라는 그 동안 사회 모든 분야의 주요시설이 수도권과 경부축에 집중되어 있어, 이들 지역에서는 인구와 산업의 과밀현상을 겪고 있는데 비해 호남축은 상대적으로 낙후되어 지역간 불균형 문제를 야기하고 있었다.

지리적으로도 충청지역과 호남지역은 중국과 근접해 있어 중국과의 교역의 배후도시로서의 역할과 21세기 서해안 시대를 대비한 중추적인 역할을 수행하여야 하는 측면에서도 고속철도 건설은 필수적이라 할 수 있다.

또한 호남축이 경부축과 함께 우리나라의 양대 교통축으로서 지니고 있는 역할과 중요성에 맞게 2020년까지의 국토의 이용과 보전에 대한 장기적인 계획을 담고 있는 '제4차 국토종합계획'과 '국가기간 교통망계획'에서도 서해안 개발에 따른 수송수요 증가에 대응하기 위해 호남고속철도 건설을 추진하고 기존 철도망을 복선전철화·개량하고 이를 고속철도의 지선으로 활용하는 장기적인 계획을 담고 있다.

나. 호남고속철도 건설의 파급효과

호남권의 늘어나는 교통수요를 쾌적하고 안전한 고속철도가 담당함으로써 교통서비스에 대한 질을 향상시킬 수 있고 기존의 경부고속철도와의 연계가 가능해져 전국이 반나절 생활권에 진입하게 된다.

또한 호남고속철도는 낙후된 지역경제를 활성화시키는 견인차 역할을 수행할 것이다. 고속철도 건설사업은 토목, 건축, 궤도, 전차선, 신호, 통신 등 다양한 분야의 사회 기간산업으로 구성되어 있고 생산, 임금, 고용 등의 광범위한 분야에서 파급효과가 발생한다. 따라서 호남고속철도 건설의 경제적 파급효과는 아래와 같이 관련분야 기술력 향상과 지역사회의 경기 활성화에 기여하는 효과가 크다고 할 수 있다.

〈표 2-6-27〉 호남고속철도 건설 경제적 파급효과

구 분	항 목	경제적 효과	비 고
건설단계	생산유발효과	20.7조원	고용유발 17.2만명
	임금유발효과	4.2조원	
운영단계	중간투입변화에 따른 생산유발효과	480억원	
	최종수요변화에 따른 생산유발효과	290억원	

※ 호남고속철도건설 기본계획 조사연구 보완용역(2005, 국토연구원)
자료 : 국토교통부 철도국

또한 호남고속철도 건설이 완료되면 물류와 경제활동 분야에 있어서도 많은 변화가 있을 것으로 예상된다. 호남고속철도를 통해 여객의 신속한 이동이 가능해지고 기존 철도망은 컨테이너 등의 대량의 물류 수송이 가능해져 물류분야에 경쟁력 확보가 가능해짐으로써 호남지역의 혁신·기업도시 건설을 실질적으로 뒷받침할 수 있게 된다. 나아가 정차역을 중심으로 광역도시권이 형성되어 배후 산업도시와 농어촌을 연결하는 효율적인 물류와 교통축이 형성되어 지역발전에 크게 기여할 것이다.

다. 그 간의 추진경위

호남고속철도의 노선과 정차장, 설계기준, 차량형식 선정, 사업비와 사업기간, 재원 조달방안 등에 대한 내용을 담고 있는 기본계획을 수립하기 위한 논의는 경부고속철도 건설계획이 구체화되던 1990년을 전후하여 시작되었으며, 그동안 타당성 조사, 기본계획 수립조사, 사업성 검토 등이 추진되어 왔다.

그 동안의 추진내용을 살펴보면, 우선 1990년에 국토개발연구원에서 '호남선 고속전철화 사업 타당성 조사'를 수행하였다. 이를 통해 호남선의 현대화를 위한 호남축 철도체계의 고속화 방안을 본격적으로 검토하는 계기가 되었다. 다음으로 1997년에 교통개발연구원에서 수행한 '호남고속철도 기본계획 수립 조사'에서는 호남고속철도의 노선대안을 검토하였다. 그 후 1999년에 교통개발연구원에서 수행한 '호남고속철도사업 사업성 검토는 기본계획 검토노선 대안을 중심으로 단계적인 건설방안에 대한 사업성 분석이 이루어졌다.

그러나, IMF 외환위기 이후의 사회경제상황의 변화, 호남선 전철화 사업등 대·내외적인 여건변화에 따라 수요 및 사업성 분석 전반에 걸쳐 재검토가 필요하였다. 또한 호남·경부고속철도의 분기점 선정과 관련하여 이해당사자 및 전문가들의 합의를 바탕으로 한 객관적이고 신뢰성 있는 평가 요구가 제시되었다.

이러한 점에서 기존 조사연구의 재검토가 필요하여 교통개발연구원을 주관 연구기관으로 한 '호남고속철도건설 기본계획조사 연구용역'을 2001년 5월부터 2003년 11월까지 수행하게 되었다. 그러나 최종 공청회 단계에서 분기역과 관련된 지자체 주민들이 회의장을 점거하여 공청회가 무산됨으로써 호남고속철도 건설사업은 추후로 미루어지게 되었다.

경부고속철도 개통 이후 호남고속철도 건설에 대한 필요성이 다시 제기되면서 세종시 건설에 따른 사회·경제적 변동요인을 반영하고 분기역 선정 등을 보완하는 '호남고속철도건설 기본계획 조사연구 보완용역'을 2004년 10월부터 2005년 12월까지 시행하였다. 그 용역결과를 중앙공청회, 지역순회설명회, 관련기관 등의 의견 등을 수렴하여 검토·반영하였으며, 그 결과를 SOC건설추진위원회 상정·심의를 거쳐 건설기본계획을 최종 확정(2006.8.23)하였다. 건설기본계획결과 오송에서 광주까지 2015년까지 완공하고 광주에서 목포까지는 2017년까지 완공하는 것으로 확정하였다.

기본계획 수립·고시(2006.8.23) 이후 2006년 11월 기본설계에 착수하여 2008년 11월 기본설계 완료 및 실시설계를 착수하였으며, 2009년 11월 실시설계를 완료하였다.

오송~광주송정 구간 노반공사는 2009년 5월 22일 턴키공사 2개공구(오송역, 익산역) 착공을 시작으로 2009년 9월 30일 기타공사 5개공구, 2009년 11월 24일 기타공사 8개공구, 2009년 12월 28일 대안입찰공사 4개공구 등 총 19개공구를 착공하였다.

2007년 12월 호남고속철도 전구간(오송~목포)을 임기내 완공하겠다는 대통령 공약사항과 전라남도 및 호남지역 국회의원들의 조기 완공 건의에 따라 오송에서 광주송정까지 2014년까지 조기 완공(1년 단축)하는 기본계획을 변경하여 고시(2009.4.16)하였으며, 조기완공을 위해 노반분야 사업실시계획을 승인·고시하고 용지보상을 착수하였다. 그러나, 광주에서 목포까지는 전라남도의 무안공항 경유노선 건의로 우선 기존선을 활용하고 무안국제공항 활성화 등 여건 성숙 시 신설하는 것으로 기본계획을 변경하여 고시(2012.8.3.)하였다.

2015.4월 호남고속철도 개통이후 잔여 사업구간(광주송정~목포)은 노선안이 결정되지 않아 사업추진이 지연되고 있으나, 조속한 사업추진을 위해 이견이 없는 광주송정~고막원 구간을 우선추진 하기로 하고 나머지 구간은 지속적으로 논의하기로 관계기관과 협의 후 기본계획을 변경 고시(2015.9.7.) 하였다.

2017년 11월 나머지구간인 고막원~목포의 공사추진을 위하여 사업계획 적정성 재검토(KDI, 2016.8.~2017.11.) 결과와 그간 관계기관 협의를 통해 호남고속철도 2단계 구간을 무안공항 경유노선으로 기본계획을 변경 고시(2018.8.6.) 하였다.

2021년 5월 고막원~목포의 노반분야 실시계획(2018.11.~2020.12.)과 관계기관 협의의견을 반영한 사업실시계획 승인, 고시(2021.5.12.)하여 본격적인 공사를 추진하였다.

라. 호남고속철도 분기역 선정

호남고속철도의 분기역과 관련하여 관련 지자체인 충청남도, 충청북도, 대전시에서 분기역 유치를 서로 희망하여 지자체간의 의견이 첨예하게 대립되었다. 2003년 7월 호남고속철도 건설 기본계획 수립을 위한 용역

중 공청회를 개최하였으나, 분기역 선정관련 지자체 주민들이 공청회를 강제로 무산시킴으로써 호남고속철도 건설은 또 다시 원점으로 되돌아가게 되었다.

2004년 4월 경부고속철도의 개통 이후, 그 동안 호남고속철도 건설의 가장 큰 걸림돌인 분기역을 결정해야 호남고속철도 건설이 가능하다는 인식에 따라 해당 지자체 모두가 동의하고 합의를 이끌어 낼 수 있는 방안을 모색하게 되었다. 먼저 2005년 1월 관련지자체의 국장급 회의를 개최하여 분기역 선정을 2004년 신행정수도 후보지 평가방식을 준용하여 전문가 집단에 의해 평가와 선정을 할 것과 합의된 선정 틀에 의하여 결정된 사항에 대하여는 관련 지자체가 수용한다는 기본원칙에 합의를 이끌어 내었다.

그 결과, 분기역 평가 추진위원회를 관련 지자체와 관련 학회에서 추천한 전문가 총 12명으로 구성되었으며, 분기역 평가기준선정위원회는 학회에서 추천한 전문가를 추진위원회에서 선정토록 하였고, 분기역 선정을 위한 평가를 수행하는 분기역 평가단은 제주도를 제외한 15개 지자체에서 추천한 75명으로 평가단을 구성하였다. 분기역 선정 평가 항목은 국가 및 지역발전효과, 교통성, 사업성, 환경성, 건설의 용이성으로 5개 분과로 나누어 평가가 진행되었고, 5개 분야 모두에서 오송역이 최고점수를 얻어 분기역으로 선정되었다.

〈표 2-6-28〉 호남고속철도 분기역 평가 결과

평가항목 \ 후보지	천안아산역	오송역	대전역
합 계	65.94	87.18	70.19
국가 및 지역발전효과	22.90	29.40	22.99
교 통 성	18.94	23.69	20.65
사 업 성	7.67	9.85	9.73
환 경 성	11.36	17.64	12.61
건설의 용이성	5.07	6.60	4.21

자료 : 국토교통부 철도국

마. 계룡산 통과구간 환경갈등 해소 추진

2005년 6월 오송 분기역이 선정되자 오송에서 목포까지 최적의 노선에 대한 검토를 수행하였다. 그 결과 오송에서 분기하여 세종시를 우회한 후 계룡산 끝자락을 지하 터널로 통과하는 노선이 환경성, 시공성, 경제성에서 우수한 것으로 나타나 관련 단체에 이해와 협조를 요청하였다.

그러나 환경단체에서는 공청회를 방해하며 고속철도 노선이 계룡산 자락을 통과할 수 없음을 주장하였고, 계룡산 주변의 동학사, 갑사, 신원사 등의 종교단체도 환경단체와 결합하여 세력화하는 양상을 보였다. 제2의 천성산 사태로 치닫지 않도록 모든 대화의 노력을 노선 선정단계에서부터 지속적으로 시도하였다.

대화와 타협을 통한 문제를 해결하기 위해 과거의 관행에서 벗어나 먼저 관련 단체를 찾아가서 호남고속철도 건설사업의 필요성을 알리고 홍보하는 노력을 시도하였다. 일회성의 형식적인 공청회에서 벗어나서 실질적인 의견이 수렴될 수 있도록 8개 시도를 방문하여 현지 공청회 및 설명회를 수차례 개최하였으며, 환경 및 종교단체도 직접 방문하여 의견을 청취하고 사업에 협조를 구하는 절차를 지속적으로 추진하였다.

또한 공청회와 의견수렴 결과를 기본계획 수립과정에도 반영할 수 있도록 기존에 시행하지 않았던 '의견검토위원회'를 구성하여 이해당사자들의 합의를 도출하도록 유도함으로써 많은 부분에서 타협과 공통분모를 이끌어 내었으며, 별도로, 환경 및 종교단체 등과 수차례 협의회를 개최하여 환경 생태공동조사 시행 방안에 합의를 하고 세부사항 협의를 거쳐 조사단 운영협약체결을 하고 2007년 1월부터 12월까지 1년간 공동조사를 실시한 결과, 현 노선으로 추진하되, 설계 및 건설과정에서 모니터링하는 방안이 제시되어 2008년 3월부터 공사 완료시기인 2009년 6월까지 환경단체와 공동으로 환경생태모니터링위원회를 구성·운영하여 추가 민원을 방지하는 등 갈등 예방을 도모하여 개통시기를 준수하였다.

5. 수도권고속철도 건설 추진

가. 수도권고속철도 건설 추진배경

경부고속철도 개통 이후 국가교통체계가 빠른 속도로 고속철도 중심으로 변화되고 고속철도 수요는 지속적으로 증가하고 있으나, 경부선 서울~시흥 구간은 고속·일반·화물열차 및 수도권 전철이 선로를 공동으로 사용하여 선로용량(열차가 다닐 수 있는 횟수)이 한계에 도달하게 되었다.

이로 인해, 경부고속철도 2단계 대구~부산 구간(2010년) 및 대전·대구 도심구간(2014년), 경전선, 전라선, 장항선 2단계 및 호남고속철도가 개통되면 KTX를 추가 투입하여 고속철도 수혜지역을 전국으로 확산하여야 함에도 열차 투입을 할 수 없게 되고 열차의 안전운행에도 심각한 문제를 야기할 것으로 전망된다.

이에 정부에서는 수서~평택 구간 고속철도 신선을 건설하여 증가하는 고속철도 수요에 발맞추어 고속철도망을 확충하고, 수도권 지역 시·종착역을 수서역으로 분산하여 철도운영의 다양화 계기를 마련하였다.

나. 수도권고속철도 건설 파급효과

수도권고속철도를 건설함으로써 고속철도 수요가 1일 10만4천명(2009년)에서 20만3천명(2016년)으로 2배정도 늘어남에 따라 연평균 2,700억원의 추가 수익이 발생하여 철도공사의 경영개선 도움을 줄 것으로 기대되며, 특히 수서역은 복합환승센터 건설 및 장래 중부권 및 강원권 철도의 출발역 및 철도교통의 새로운 요충지로서 역할하게 될 것으로 전망된다.

수도권고속철도가 완공되면 주변을 지나는 분당선, 신분당선, 지하철 3호선 등과 네트워크를 구성하여 동탄·판교 신도시 및 분당, 기흥지역 등에 고속철도 서비스 및 광역교통서비스를 동시에 제공하여 수도권 교통난 해소에도 크게 기여할 것이다.

또한 수도권고속철도를 건설함으로써 9조 5천억원의 생산유발효과와 1조원의 임금유발효과, 7만 6천명의 고용유발 효과를 가져올 것으로 분석되었다.

다. 그간의 추진경위

1998년 4월 경부고속철도사업에 대한 감사원 감사결과 경부고속철도가 기본안대로 완공되더라도 광명역에서 서울역 구간은 기존선을 이용하여 고속열차, 일반열차, 화물열차가 선로를 공동으로 사용하여 선로용량에 한계가 있으니 추가적인 투자가 필요함을 지적하였다.

또한, 2001년 감사원의 국가물류체계 구축사업 추진실태에 대한 감사에서 2004년 4월 경부고속철도 1단계 개통후 2008년경부터 서울~시흥구간의 선로용량이 부족 현상이 나타날 것으로 예상하고 도심구간의 지형적 여건을 고려하여 병목구간 해소를 위한 여러 대안을 강구토록 하였다.

이에 따라 당시 건교부에서는 수도권 중앙역사 입지 및 고속철도 연계망 구축연구, 호남고속철도 기본계획 연구, 호남고속철도 기본계획조사 연구 보완용역에서 서울~시흥구간 구간의 선로용량 해소방안을 지속적으로 검토하였다.

2007년 12월 시행한 수도권 철도망 개선방안 연구용역에서 서울~시흥 구간 구간과 수서~평택 구간을 동시에 시행하였을 때 사업의 효과가 제일 큰 것으로 검토되어 예비타당성조사를 시행(KDI, 2008.7~2009.8)한 결과 서울~시흥 구간과 수서~평택 구간을 동시에 시행하는 것은 경제성을 확보하지 못하고, 수서~평택 노선을 수도권광역급행철도와 공유하는 것으로 하여 우선 건설하는 것이 타당한 것으로 분석되었다.

이후 국토교통부는 관계기관간의 협의를 거친 후 2009년 12월에 수도권 고속철도 수서~평택 노선에 대한 기본계획을 수립·고시하였고, 2010년 8월 경기도에서 지제역 추가를 요구하여 사업 타당성검토를 한 결과, 경제적 타당성이 확보되어 지제역을 추가 건설하는 것으로 2012년 2월에 기본계획을 변경하여 고시하였다.

2010년 4월에 기본 및 실시설계를 착수하여 2011.7월에 완료하였으며, 경부고속철도 2단계 및 호남고속철도 사업이 완료되는 2014년에 동시에 완료하기 위해 공사가 어려운 2개 공구를 설계시공 일괄입찰방식(턴키)으로 추진하여 2011년 5월에 착공하였다.

전체 노반공사 12개 공구 중 2011년 5월에 착공한 2개 공구를 제외한 잔여 10개 공구를 2012년 1월에 착공하였으며, 본격적으로 사업을 추진하여 2016년 12월 9일 개통하였다.

2013년 4월에는 수도권고속철도와 삼성~동탄 광역급행철도 동시시공 구간에 대한 철도산업위원회 심의의결을 거쳐 정부정책을 결정하고 동시 시공하는 것으로 결정하였으며, 사업비분담은 동탄2 광역교통개선대책 분담금을 우선 사용하는 것으로 LH와 협의 후 진행하고 있다.

라. 향후 추진계획

수도권고속철도와 삼성~동탄 광역급행철도 병행구간에 설치예정인 동탄역은 2016년 개통 시 동측출입구(#1, #1) 2개소를 개시하였으며, 서측 출입구(#3, #4) 2개소는 2024년 개시목표로 공사중이다.

6. 수도권광역급행철도 건설 추진

가. 수도권광역급행철도 건설 추진배경

수도권 인구가 2천만 명을 초과하면서 수도권은 교통 문제에 직면하게 되었다. 특히, 수도권 외곽지역 인구 증가와 함께 수도권 내 1시간 이상 통근자가 지속 증가하면서 출퇴근난 해소 필요성이 증가하였다. 주요 통근 수단인 수도권 전철은 역 간 거리가 짧고 많은 정차역을 경유하면서 표정속도가 40km/h에 불과하고 잦은 환승에 따른 불편함이 제기되었다.

이에, 수도권 교통 문제에 대한 근본적인 대책으로 수도권 외곽지역과 서울 도심을 30분대로 빠르게 연결하는 수도권광역급행철도(GTX, Great Train eXpress) 도입이 추진되었다.

나. 그간의 추진경위

2012년 제2차 국가철도망 구축계획에 최초로 일산~수서(동탄), 송도~청량리, 의정부~금정 등 수도권광역급행철도 3개 사업이 반영되었다.

수도권광역급행철도 A노선(파주 운정~화성 동탄)은 일산~수서(동탄) 노선에서 수도권고속철도와 수서~동탄 구간을 공용하고 파주 운정까지 연장하는 것으로 확정되었다. 수서~동탄 구간은 2016년에 착공하여 2024년 3월 개통 예정이며, 파주 운정~서울역 구간은 2019년에 착공하여 2024년말 개통 목표로 공사 진행 중에 있다.

수도권광역급행철도 B노선(인천대입구~남양주 마석)은 송도~청량리 구간을 남양주 마석까지 연장하여 민자 사업으로 추진하고, 그 중 용산~상봉 구간은 선로용량이 포화 상태인 중앙선 복복선화 사업과 연계하여 재정 사업으로 추진하고 있다. 민자 구간은 2023년 1월 우선협상대상자(대우건설 컨소시엄)를 선정하여 협상 중이며, 재정 구간은 2023년 12월 4공구 일부 착공을 시작으로 순차적으로 착공할 계획이다.

수도권광역급행철도 C노선(양주 덕정~수원)은 의정부~금정 구간을 북쪽으로는 양주 덕정, 남쪽으로는 수원까지 연장하는 것으로 확정되어 전 구간 민자 사업으로 추진하고 있다. 2021년 6월 우선협상대상자(현대건설 컨소시엄)를 선정하였으며, 협상을 거쳐 2023년 8월 실시협약을 체결하고 2023년 12월 실시계획 승인하였다.

기존 수도권광역급행철도 A·B·C 노선을 연장하고 D, E, F 노선을 신설하는 수도권광역급행철도 확충사업은 2022년 6월 기획연구에 착수하여 최적노선을 검토하고 있다.

다. 향후 추진계획

수도권광역급행철도 A노선은 2024년 3월 수서~동탄 구간을 개통하고, 2024년말 파주 운정~서울역 구간을 추가 개통할 예정이다. B노선과 C노선은 착공 이후 사업 초기부터 공정관리를 철저히하여 B노선은 2030년, C노선은 2028년 개통할 계획이다.

확충 노선 중 연장 노선은 지자체 부담방식을 우선적으로 협의하여 추진하고, 신설 노선은 기획연구 결과를 제5차 국가철도망 계획에 반영하고 예비타당성조사 신청 등 후속절차를 추진할 계획이다.

7. 일반 및 광역철도 건설

가. 개요

철도는 중추적인 국가기간 교통수단으로서 경제성장과 지역발전의 핵심적 역할을 담당해 왔다. 근대부터 선진국들은 철도의 가능성에 주목하고 국가 차원에서 철도망에 투자를 해왔고, 현대에 들어 철도망은 국가 경쟁력의 중요한 요소로 자리 잡게 되었다. 철도는 안전성, 정시성 및 에너지효율 측면에서 다른 교통수단보다 유리하고 장거리·대용량 수송에서 비교우위를 점하고 있어 세계 각국에서 수송수단으로서 큰 비중을 차지하고 있다.

우리의 경우 대부분 일제시대 건설된 철도노선을 그대로 사용하고 있는 실정이었으나, 최근 극심한 교통난과 뒤따르는 물류비용 및 도로혼잡비용 증가 등으로 인해 효율적이고 경제성 있는 교통수단으로의 전환이 필요하다는 인식아래 친환경적이고 수송효율이 뛰어난 철도에 대한 투자의 필요성이 점증되고 있다.

〈표 2-6-29〉 철도 연장 및 복선화율, 전철화율

(단위 : km)

구간	총 연장	복선거리	전철거리	영업거리	
				여객	화물
총 114개 노선	4,307.3 (고속 657.4) (일반·광역 3,649.9)	3,039.3 (70.6%)	3,388.2 (78.7%)	3,924.1	3,104.5

자료 : 국토교통부 철도국, 한국철도공사 (주)SR (도시철도 제외)

최근 들어 일반철도 건설사업은 주요 간선선로용량 확대를 통한 물류비용 절감, 교통혼잡 완화를 위한 연계 전철망 구축, 고속철도 운영효율 극대화 등에 역점을 두고 추진하고 있다. 장기적으로는 노선 중심에서 네트워크 중심의 철도건설로 국토의 균형발전 기반을 조성하는데 주안점을 두고 있다. 구체적으로는 고속화된 철도망의 확충, 수송애로 구간 시설확충, 철도 미연결 구간의 Network 구성, 철도 수송능력 향상과 국가 균형발전을 위한 수송망 정비 등 효율적인 철도망 구축을 추진하고 있다.

<표 2-6-30> 철도시설 규모 및 수송실적 현황

구 분	철 도 시 설 규 모			수 송 실 적	
	철도거리(km)	복선화율(%)	전철화율(%)	여객(백만인/년)	화물(백만톤/년)
1980	3,156.7	22.8	13.6		
1990	3,091.3	27.4	17.0	644	57.9
2000	3,123.0	28.9	21.4	837	45.2
2001	3,125.3	30.9	21.4	851	45.1
2002	3,129.0	30.9	21.4	852	45.7
2003	3,140.3	31.5	21.7	895	47.1
2004	3,374.1	38.0	47.1	921	44.5
2005	3,392.0	39.0	49.2	950	41.6
2006	3,392.0	40.6	53.6	969	43.3
2007	3,440.2	41.9	54.0	989	44.6
2008	3,432.3	42.8	54.9	1,015	46.8
2009	3,419.0	44.6	56.5	1,020	38.9
2010	3,618.3	50.3	61.0	1,061	39.2
2011	3,637.2	53.3	67.0	1,119	40.0
2012	3,650.1	56.4	69.1	1,152	40.3
2013	3,668.6	56.8	69.0	1,230	39.8
2014	3,668.3	56.8	69.1	1,270	37.4
2015	3,951.8	59.6	71.0	1,276	37.1
2016	4,071.0	63.0	72.8	1,293	32.6
2017	4,238.9	64.4	73.0	1,313	31.7
2018	4,261.1	64.6	73.2	1,522	30.9
2019	4,274.2	64.4	72.9	1,570	28.7
2020	4,281.1	65.9	74.0	1,122	26.3
2021	4,307.3	70.6	78.7	1,170	26.8

자료 : 국토교통부 철도국, 한국철도공사 (공항철도 포함, 도시철도 제외)

나. 주요 완공사업

〈표 2-6-31〉 주요 완공사업 현황(2004-2023년)

완공 년도별	사 업 명	연장	사 업 내 용	총사업비 (국고)	사업 기간	비고
2004	충북선 전철화	115.0km	충북선 조치원~봉양간 115km 복선→전철화	2,758	'97~'04	'04.12.31 개통
2004	호남선 전철화	256.3km	호남선 대전~목포간 256.3km복선→전철화	8,994	'01~'04	'04.3.24 개통
2004	전라선 개량	122.6km	전라선 신리~동순천간 122.6km, 단선→복선화	10,882	'88~'04	'04.8.30 개통
2004	분당선 복선전철	25.1km	분당선 선릉~오리간 25.1km, 복선전철 신설	13,463 (1,648)	'90~'04	'03.9.3 개통
2005	동부전동차사무소 건설	-	이문차량기지 건설	2,179	'96~'05	'05년 완공
2005	동해~강릉 전철화	45.1km	영동선 동해~강릉간 45.1km복선→전철화	830	'01~'05	'05.9.8 개통
2005	경인 2복선전철	27.0km	경인선 구로~인천간 27km복선→2복선전철	6,674 (6,140)	'91~'05	'05.12.21 개통
2006	대구선 화물중계역 건설	-	대구선 고모~금강간 화물중계역건설	482	'03~'06	'06완공
2006	수원~천안 2복선전철	55.6km	수원~천안간 55.6km 복선 → 2복선 전철화	12,001 (11,517)	'90~'06	'05.1.20 개통
2007	인천국제공항 활주로구간 철도건설	0.55km	공항2단계 활주로구간 0.55km 복선철도 신설	356	'04~'07	'07완공
2008	조치원~대구 전철화	158.0km	경부선 조치원~대구간 158km 복선→전철화	7,329	'01~'08	'06.12.8 개통
2008	온양온천~신창 복선전철	5.2km	장항선 온양온천~신창 5.2km 단선→복선전철화	248	'06~'08	'08.12.15 개통
2009	천안~온양온천 복선전철	16.5km	장항선 천안~온양온천간 16.5km, 단선→복선전철화	5,269 (4,997)	'97~'09	'08.12.15 개통
2009	장항선 개량	92.7km	장항선 온양온천~장항 72.0km 단선개량, 군산~ 장항간 17.1km 철도연결	15,542	'97~'09	'08.12.15 개통
2011	제천~도담 복선전철	17.4km	중앙선 제천~도담 17.4km 단선→복선전철화	3,007	'01~'11	'11.03.31 개통
2011	순천~여수 복선전철	32.4km	순천~여수간 32.4km 단선→ 복선전철화	7,448	'01~'11	'11.10.05 개통
2011	전라선복선전철화	144.6km	전라선 익산~순천간 144.6km 복선→전철화	5,026	'02~'11	'11.10.05 개통
2011	부산신항배후철도	21.3km	진례~부산신항간 21.3km 복선전철 신설	9,361	'01~'11	'11.11.01 개통

완공년도별	사 업 명	연장	사 업 내 용	총사업비(국고)	사업기간	비고
2012	경춘선 복선전철	64.2㎞	경춘선 금곡~춘천 64.2㎞ 단선→복선전철화	20,822	'97~'12	'10.12.21 개통
2012	동순천~광양 복선전철	10.9㎞	동순천~광양간 10.9㎞ 단선→복선전철화	4,031	'01~'12	'12.6 개통
2012	영동선 철도이설	17.8㎞	영동선 동백산~도계간 17.8㎞ 철도이설	5,368	'98~'12	'12.6 개통
2012	덕소~원주 복선전철	70.1㎞	중앙선 덕소~원주간 70.1㎞ 단선→복선전철화	20,454	'93~'12	'12.9 개통
2012	신탄리~철원 철도복원	5.6㎞	경원선 신탄리~철원간 5.6㎞ 철도복원	497	'06~'12	'12.12 개통
2013	제천~쌍용 복선전철	14.3㎞	제천~입석리간 14.3㎞ 단선→복선전철화	3,687	'02~'13	'13.11.14 개통
2014	공항철도연계시설 확충	2.2㎞	수색~인천공항간 2.2㎞ 신설 및 시설개량	3,149	'11~'14	'14.6.30 개통
2015	포승~평택 철도건설(숙성~평택)	30.3㎞	포승~평택간 30.3㎞ 단선철도건설	7,161	'04~'24	'15.2.24 부분개통
2016	진주~광양 복선화	51.5㎞	경전선 진주~광양간 51.5㎞ 복선화	10,854	'03~'18	'16.7.15 개통
2016	성남~여주 복선전철	57.0㎞	성남~여주간 57.0㎞ 복선전철건설	19,485	'02~'17	'16.9.24 개통
2017	원주~강릉 복선전철	120.7㎞	원주~강릉간 120.7㎞ 복선전철	36,714	'97~'23	'17.12.21 개통
2018	포항~삼척 철도건설	44.1㎞	포항~삼척간 166.3㎞	34,289	'02~'24	'18.1.26 부분개통
2018	소사~원시 복선전철	23.3㎞	부천 소사~안산 원시 23.3㎞	17,883 (2,388)	'11~'18	'18.6.15 개통
2019	철도종합시험선로	13.0㎞	서창~오송~오송기지 종합시험선로 13.0㎞	239,860	'10~'18	'19.3.15 개통
2019	포항영일만신항인입철도	9.3㎞	포항영일만신항 인입철도 11.3㎞ 건설	1,685	'10~'20	'19.12.18 개통
2020	문산~도라산 전철화(문산~임진강)	9.7㎞	경의선 문산~임진강~도라산 9.7㎞ 단선 전철화	38,782	'16~'21	'20.3.28 부분개통
2020	울산신항인입철도	9.3㎞	울산신항만 철도인입선 9.3㎞ 단선철도 건설	2,225	'10~'24	'20.9.15 개통
2020	익산~대야 복선전철	14.3㎞	군산선 익산~대야 11.0㎞ 단선→14.3㎞ 복선전철화	4,662	'05~'23	'20.12.10 개통
2020	군장산단인입철도	28.3㎞	군산선 대야~군장국가산업단지 28.3㎞ 단선철도 건설	6,170	'05~'24	'20.12 개통
2020	장항선 개량 2단계(남포~간치)	33.0㎞	신성~주포, 남포~간치 34.9㎞ 단선비전철→33.0㎞ 단선비전철 직선화 개량	9,947	'10~'27	'20.12 부분개통

완공 년도별	사 업 명	연장	사 업 내 용	총사업비 (국고)	사업 기간	비고
2021	울산~포항 복선전철	76.5km	울산~포항간 76.5km	26,784	'03~'24	'21.12 개통
2021	부산~울산 복선전철	65.7km	부산~울산간 65.7km	28,270	'03~'24	'21.12 개통
2021	대구선(동대구~영천) 복선전철	38.6km	대구선 동대구~영천 44.1km 단선→ 38.6km 복선전철화	7,552	'11~'23	'21.12. 개통
2021	원주~제천 복선전철	44.1km	원주~제천간 58.2km 단선 → 복선전철 44.1km	12,109	'03~'23	'21.1 개통
2021	중앙선(영천~신경주) 복선전철	20.4km	중앙선 영천~신경주간 25.5km 단선→ 20.4km 복선전철화	5,603	'15~'24	'21.12 개통
2021	이천~문경 단선 전철 (이천~충주)	54.0km	중부내륙선 이천~문경간 93.2km (이천~충주 54.0km)	25,504	'05~'25	'21.12 개통
2023	동두천~연천 복선전철	20.9km	동두천~연천간 복선전제 단선전철 20.9km	4,986	'10~'24	'21.12 개통
2023	서해선(대곡~소사) 복선전철	18.36km	고양 대곡~ 부천 소사 간 18.36km	15,557	'16~'23	'23.07.01 개통

자료 : 국토교통부 철도국

다. 고속철도 서비스 수혜확대 사업

〈표 2-6-32〉 고속철도 서비스 수혜사업

구 간	사업량 (km)	사업내용	사업비 (억원)	비 고
삼랑진-진주	95.5	단선→복선전철화	18,254	'10.12 삼랑진~마산 KTX 개통 '12.12 마산~진주 KTX 개통
익산-여수	180.3	단선→복선전철화	29,010	'11.10 익산~여수 KTX 개통
울산-포항	76.5	단선→복선전철화	26,784	'15.4 신경주~포항 KTX 개통
호남고속 철도	182.3	고속선 건설	81,191	'15.4 오송~광주송정 KTX 개통
경부고속철도 2단계	169.5	고속선 연결선 건설	82,475	'10.11 경부고속철도2단계 대구~부산 개통 '15.8 대전, 대구도심구간 KTX 개통
수도권 고속철도	61.1	고속선 건설	30,583	'16.12 수서~평택 KTX 개통
호남고속철도2단계 (광주송정~고막원)	26.4	기존선 고속화	1,882	'19.6 광주송정~고막원 고속화 사용개시
호남고속철도2단계 (고막원~목포)	44.6	고속선 건설	25,981	'20.12 노반공사 착공

자료 : 국토교통부 철도국

라. 기간철도망 지속건설 및 현대화 사업

〈표 2-6-33〉 기간철도망 건설 및 현대화

구 간	사업량 (km)	사업내용	총사업비 (억원)	비 고 (착 공)
포항-삼척	166.3	철도건설(단선비전철)	34,289	'08. 3
보성-임성리	82.5	단선전철 건설	16,453	'15.2 재착수
부전-마산	32.7	복선전철 건설	15,484	'14. 6
이천-문경	93.2	단선전철 건설	25,504	'14.11
구로차량기지이전	9.4	기지1식, 인입선 및 정거장	9,368	예타완료(미선정)
포승-평택	30.3	철도건설(단선)	7,091	'10.11
서해선(홍성-송산)	90.0	복선전철 건설	40,937	'15. 4
장항선 개량 2단계	32.4	직선화 개량	9,947	'14.11
동두천-연천	20.8	단선→복선전철화	4,986s	'14. 9
도담-영천	145.1	단선→복선전철화	43,352	'13.11
인덕원-동탄	37.1	복선전철 건설	42,030	'21.4
월곶-판교	34.2	복선전철 건설	29,479	'21.10
천안-청주공항	57.0	복선전철 건설	5,122	설계 중
여주-원주	22.0	복전진철 긴설	9,309	설계 중
춘천-속초	93.7	단선전철 건설	25,235	'21.12
문산-도라산 전철화	9.7	단선전철 건설	388	'18.9
장항선 복선전철	118.6	단선→복선전철화	8,921	'19.12
포항-동해 전철화	172.8	단선→단선전철화	4,382	'20.12
강릉-제진	111.7	철도건설(단선)	28,569	'21.11
남부내륙	177.9	단선전철 건설	49,438	설계 중
수서-광주	19.4	복선전철 건설	11,103	설계 중
대구산업선	36.2	단선전철 건설	15,511	설계 중
석문산단	31.2	단선전철 건설	10,719	설계 중
충북선 고속화	85.5	직선화 개량	19,057	기본계획 완료
광주송정-순천 전철화	121.5	단선전철 건설	21,520	설계 중

자료 : 국토교통부 철도국

마. 기존선 고속화 추진

고속철도 소외지역 국민의 교통복지 향상 및 지역의 균형발전 차원에서 일반철도 고속화로 고속서비스 수혜지역 확대 및 기존 일반철도의 운행속도 향상 및 통행시간 단축 등을 통한 경쟁력 제고 방안을 마련 중에 있다.

계획·건설중인 노선은 준고속열차 운행을 기본으로 추진, 연계·운행중인 노선은 시설개량, 기준완화 등을 통해 고속화 추진 중에 있다.

〈표 2-6-34〉 주요 6대 노선축 표정속도 및 통행시간 비교

구 분	항 목	서해선축	중앙선축	경전선축	원강선축	중부내륙선축	경강선축
고속화사업	연장(km)	235.4	427.6	358.8	280.5	221.3	205.4
	시설수준(km/h)	120~250	120~250	120~200	150~250	120~200	120~200
표정속도 (km/h)	고속화전	77.4	117.6	60.9	147.2	80.8	137.3
	고속화후	132.0	139.4	117.8	166.1	105.9	142.7
	속도향상	54.6	21.8	56.9	18.9	25.1	5.4
통행시간(분)	고속화전	179.8	221.0	385.5	84.5	163.2	90.0
	고속화후	105.4	186.4	192.5	74.9	124.4	86.6
	시간단축	74.4	34.6	193.0	9.6	38.8	3.4

자료 : 국토교통부 철도국

바. 광역철도망 확충사업

광역철도는 2개 이상의 특별시·광역시·특별자치시 또는 도 시·도 간의 일상적인 교통수요를 대량으로 신속하게 처리하기 위한 도시철도 또는 철도이거나 이를 연결하는 도시철도 또는 철도로서 국토교통부장관이나 시·도지사가 대도시권광역교통위원회의 심의를 거쳐 지정·고시한 구간의 철도를 말한다.

신도시 개발 등으로 대도시 생활권이 확대됨에 따라 교통수요가 지속적으로 증가하여 교통체증이 심화되는 등 대도시권 광역교통문제가 발생하고 있다. 이를 해소하기 위한 체계적이고 지속가능한 장기 종합계획의 필요성이 있었다.

아울러, 수도권에 비해 지방권은 광역철도망이 미비하여 지역의 단일 경제·생활권 형성에 제약이 되고 있어, 보다 효과적인 균형발전을 위해 지방의 대도시권 내 주요 거점들을 연결하는 광역철도망 구축이 필요한 상황이다.

이에 따라 우리 부에서는 대도시권 교통난을 해소하기 위하여 빠르고 편리한 철도서비스를 확충할 계획으로 방사·순환형 광역전철망 및 지방권 광역철도망 구축을 추진 중에 있으며, 이를 위하여 1차 수도권광역교통 5개년 계획(1999~2003), 제2차 수도권광역교통 5개년 계획('04~'08)에 이어 대도시권 광역교통기본계획(2007~2026), 대도시권 광역교통기본계획 변경(2013~2020), 대도시권광역교통시행계획(2007~2011), 제2차 광역교통시행계획(2012~2016), 제3차 광역교통시행계획(2017~2020), 제4차 광역교통시행계획(2021~2025)을 각각 수립하여 추진하고 있다.

대도시권 교통난 해소를 위해 추진하는 광역철도의 지원대상은 수도권, 부산·울산권, 대구권, 광주권, 대전권 등 대도시권의 주민이며 대도시권광역교통위원회의 심의를 거쳐 광역교통시행계획에서 지정하며 사업별 기본계획에 따라 연차별로 투자가 이루어지고 있다.

균형발전 및 지방 권역별 메가시티 조성을 위한 핵심 교통축 역할을 담당하는 광역철도 지정기준이 주요 거점들을 빠르게 연결하는 핵심기능 중심으로 개선되도록, 「대도시권 광역교통 관리에 관한 특별법 시행령」을 2022년 12월 6일 개정하였다.

이에, 제4차 국가철도망 구축계획에 반영된 광역철도 신규사업 중 기존 지정기준을 충족하지 못하는 대구~경북 광역철도, 용문~홍천 광역철도 등 일부 사업들도 광역철도로 지정이 가능하게 되었다. 아울러, 지정기준 개선으로 GTX-A·B·C 연장, D·E·F 신설 등 GTX 확충을 위한 최적노선을 발굴할 수 있는 제도적 기반이 마련된다.

<표 2-6-35> 광역철도 제도개선 주요내용

구 분	기 존	개 선
대도시권 범위	수도권, 부산·울산권, 대구권, 광주권, 대전권	< 좌 동 >
권역별 중심지	서울시청·강남역, 부산시청, 울산시청, 대구시청, 광주시청, 대전시청	< 삭 제 >
거리반경	40km 이내	< 삭 제 >
표정속도	50km/h 이상 (도시철도 연장형 40km/h 이상)	< 좌 동 >
대도시권 연계	없 음	국토부장관 인정시 지정 可

자료 : 국토교통부 철도국

앞으로도 광역철도는 단계별로 수도권 및 지방 대도시 주변의 광역철도망을 구축하여 철도의 수송분담률을 향상시킴으로써 신도시 개발 등으로 인하여 심화된 교통체증을 해소 하는데 큰 역할을 할 것으로 기대된다.

현재 광역철도로 지정된 사업은 중앙선(청량리-덕소) 등 (42개) 사업으로, 수도권의 교통난 해소와 지방 소멸위기를 겪고 있는 지방 대도시의 경쟁력 확보를 위해 광역철도 사업을 추진 중에 있다.

<표 2-6-36> 광역철도망 확충

구 간	사업량 (km)	사업내용	총사업비 (억원)	비고
청량리-덕소	18.0	단선→복선 전철화	7,494	'05.12 개통
의정부-동안	22.3	〃	8,566	'06.12 개통
용산-문산	48.6	〃	24,432	'14.12 전구간 개통
망우-금곡	18.8	〃	6,205	'10.12 개통
왕십리-선릉	6.8	신설	7,428	'12.10 개통
오리-수원	19.5	〃	13,768	'13.11 전구간 개통
신분당선(강남-정자)	18.5	〃	17,542	'11.12 개통(민자)
신분당선(정자-광교)	12.8	〃	15,383	'16.1 개통(민자)
수인선(수원~인천)	52.8	〃	20,201	'20.9 전구간 개통
신분당선(광교~호매실)	9.9	〃	10,916	설계중
신분당선(용산~강남)	7.8	〃	16,470	공사 중(민자) (1단계 신사-강남 2.5km 개통)

구 간	사업량 (km)	사업내용	총사업비 (억원)	비고
신안산선	44.9	〃	43,055	공사 중(민자)
수도권광역급행철도	239.6	신설	136,879	A노선 공사 중('19.6~) B노선 협상·설계 중('23.1~) C노선 협상·설계 중('21.6~)
별내선	12.9	〃	13,916	'24.8 개통
진접선	14.9	〃	15,479	'22.3 개통
하남선	7.7	〃	9,810	'21.3 개통
삼성-동탄광역급행철도	39.5	신설	21,148	공사중
대구권광역철도	61.9	기존선 개량	2,089	공사중
안심~하양	8.7	신설	3,728	공사중
경산 하양역~영천시	5.0	신설	2,341	기본계획중
충청권광역철도 1단계	35.4	기존선 개량	2,599	공사중
대전~옥천 광역철도	20.1	기존선 개량	490	설계중
도봉산~옥정	15.1	신설	7,377	공사중
옥정~포천	17.1	신설	14,874	설계중
강동~하남~남양주	18.1	신설	21,032	기본계획중
새절~고양시청	13.9	신설	14,100	기본계획중
오금~하남시청	12.0	신설	14,163	기본계획중
태화강~송정	9.7	기존선 개량	262	설계중
대장~홍대선	20.1	신설	21,287	협상중
위례~과천선	28.5	〃	31,876	민자적격성조사 중
부산~양산~울산	48.8	〃	30,424	예비타당성조사 중
광주~나주	26.5	〃	15,192	예비타당성조사 중
대전~세종~충북	60.8	〃	42,211	예비타당성조사 대상 선정
수도권 서남부 광역철도	46.97	〃	52,580	민자적격성조사 중
용문~홍천	34.1	〃	8,537	예비타당성조사 신청
대구~경북	61.3	〃	20,444	사전타당성조사 중
분당선 연장(기흥~오산)	16.9	〃	16,015	사전타당성조사 중
동탄~청주공항	78.8	〃	22,466	사전타당성조사 중
진영~울산(동남권순환)	51.4	〃	19,354	사전타당성조사 중
분당선 연장(왕십리~청량리)	1.0	〃	820	사전타당성조사 중
충청권 광역철도 2단계	22.6	기존선 개량	364	사전타당성조사 중
대구권 광역철도 2단계	22.9	기존선 개량	458	사전타당성조사 중
충청권 광역철도 3단계	40.7	기존선 개량	511	사전타당성조사 중

자료 : 국토교통부 철도국

광역철도 사업은 1993년 처음 기본계획을 수립하여 지난 2005년 12월 개통한 중앙선(청량리~덕소, 18.0km)을 시작으로 2006년 12월 경원선(의정부~동안, 22.3km)을 개통하여 경기 동북부 지역인 동두천, 남양주, 양주시 권역을 전철 통근지역으로 넓혀 나갔다.

2009년 7월에는 용산~문산 복선전철 DMC~문산 구간(40.6km)을 우선 개통하여 파주, 고양시의 광역교통 편의를 제공하였고, 2010년 10월에는 수도권 동부지역인 경춘선 망우~금곡(17.9km)구간을 개통하였다.

2011년 12월에는 오리~수원 복선전철 사업 죽전~기흥 구간(5.9km) 및 신분당선(강남~정자) 등을 개통하여 분당, 용인, 수원지역까지 광역교통 서비스를 제공할 수 있는 광역철도망을 구축하였다.

2012년에는 수인선 복선전철 오이도~송도구간(13.1km) 및 왕십리~선릉 복선전철(6.8km), 오리~수원 복선전철 사업의 기흥~망포(7.4km), 용산~문산 복선전철의 DMC~공덕구간(6.1km)을 각각 개통하였다. 2013년 12월에는 오리~수원 복선전철의 망포~수원구간(5.2km)을 개통하여 분당선 전 구간을 개통하였으며, 2014년 12월에는 용산~문산 복선전철의 용산~공덕구간(1.9km)을 개통하였고, 2016년 1월에는 신분당선(정자~광교) 복선전철 정자역~광교역(12.8km)을 2020년 9월에는 수원~인천 복선전철(52.8km), 2022년 3월에는 진접선(14.9km), 2022년 5월에는 신분당선 용산~강남 구간 중 1단계(신사~강남) 구간(2.5km)을 개통하였다.

또한, 지방권 첫 광역철도인 대구권 광역철도 1단계(구미~경산)도 '24년말 개통을 목표로 차질없이 사업 추진 중이다.

8. 유라시아 및 남북철도 연결

가. 개요

정부는 중장기적인 관점에서 남북철도(TKR)와 유라시아 철도(TSR, TCR 등)를 연계하는 철도 네트워크 구상을 추진 중이다.

남북철도 연결사업은 1982년 대통령의 국정연설을 계기로 대북시범사업으로 복구계획이 수립되었으나, 1983년 10월 버마 아웅산 사건으로 잠시 중단된 이후 1984년도 남북경제회담시 경의선 철도연결 공동제의에 따라 1985년도에 문산~임진각 구간 철도연결 계획을 수립하여 임진강 교량 보수 등을 실시하였다. 이후 1991년에 남북고위급회담에서 남북기본합의서가 채택되고 1992년에 UN ESCAP 제48차 총회에서 아시아/유럽대륙간 수송체계구축을 위한 ALTID(Asian Land Transport Infrastructure Development)사업 추진을 결의하였다.

이러한 시대적 요청에 따라 정부는 민간경협 차원에서 추진되던 경제교류 부분을 남북 당국간 협력차원에서 추진하게 되었으며, 대통령의 베를린 4대원칙 선언(2000.3.9)시 남북 당국자간 대화 제의를 시작으로 정부는 2000.6.15 남북공동선언을 기본으로 제1차 남북장관급회담에서 경의선 철도복원을 합의하여 추진하게 되었다.

우리측은 2000년 9월 경의선 착공후 2001년에 임진강까지 개통하고 2002년 4월에는 도라산까지 열차운행을 개시하였으나, 북측은 2년여 공백기간을 거쳐 2002년 9월 경의선과 동해선을 동시에 착공하였으며, 2003년 6월 비무장지대 군사분계선상에서 남북간 공동으로 궤도연결식을 거행함으로써 본격적인 남북철도 연결사업을 추진하게 되었다.

나. 남북간 철도단절 현황

경의선은 남으로 경부선과 접속되고 북으로 압록강을 건너 단봉(단동~봉천)철도와 연결되는 한반도 서북부지역의 종단철도 노선으로 과거 일본이 러·일 전쟁중에 499㎞ 연장의 군용철도로 부설하였다.

1902년에 착공하여 1906년에 완공된 경의선 철도는 1943년 복선으로 개량되었으며, 개통후 40년만인 1945년 9월 남북간 마지막 열차를 끝으로 운행 중단되었다. 1950년 11월부터 1951년 6월까지 전쟁 중 서울~대동강 구간에 잠시 운행되었다가 현재까지 운행이 중단되고 있다. 현재, 남측은 서울역에서 도라산역까지 운행하고 있으며, 북측은 개성에서 신의주까지 운행중이고, 경의선 남북철도 연결이전까지 문산~개성간 27.3㎞ 구간이 단절 상태에 있었다.

동해북부선은 경원선의 안변역에서 동해안을 따라 삼척까지를 말하며, 동해중부선(삼척-포항)과 동해남부선(포항-부산진)을 연결하여 북측의 함경선과 연결되는 한반도의 동부축 종단노선으로 1928년 착공하여 1929년 9월에 안변-흡곡간(31㎞)을 개통하여 운행하면서 단계적으로 1937년 12월 양양까지 192.6㎞를 개통하였다.

양양 이남의 공사는 1937년 5월부터 강릉-묵호간의 공사를 추진하여 1942년 6월에 완공 되었으며, 양양-강릉간은 노반공사를 대부분 완료하였으나 2차대전 말기의 자재확보 곤란으로 주요교량의 거더와 궤도공사를 눈앞에 두고 종전으로 인해 공사를 시행치 못하였다.

해방이후 남측은 강릉까지만 열차가 운행하였으며, 북측은 양양까지 열차를 운행하였다. 그 후, 동란이 끝나고 제진까지 노반은 확보하였으나 남측의 경제난으로 선로복구가 어려웠으며, 전쟁으로 손실된 북평-강릉간을 포함하여 1960년 북평-간성간 철도건설 계획을 수립하였으며 경포대까지 1962년 11월 개통하고, 강릉-경포대 구간을 1979년 4월 폐선한 후 현재까지 그 이북지역을 복구하지 못하고 있다.

〈그림 2-6-10〉 한반도 남북철도 노선현황도

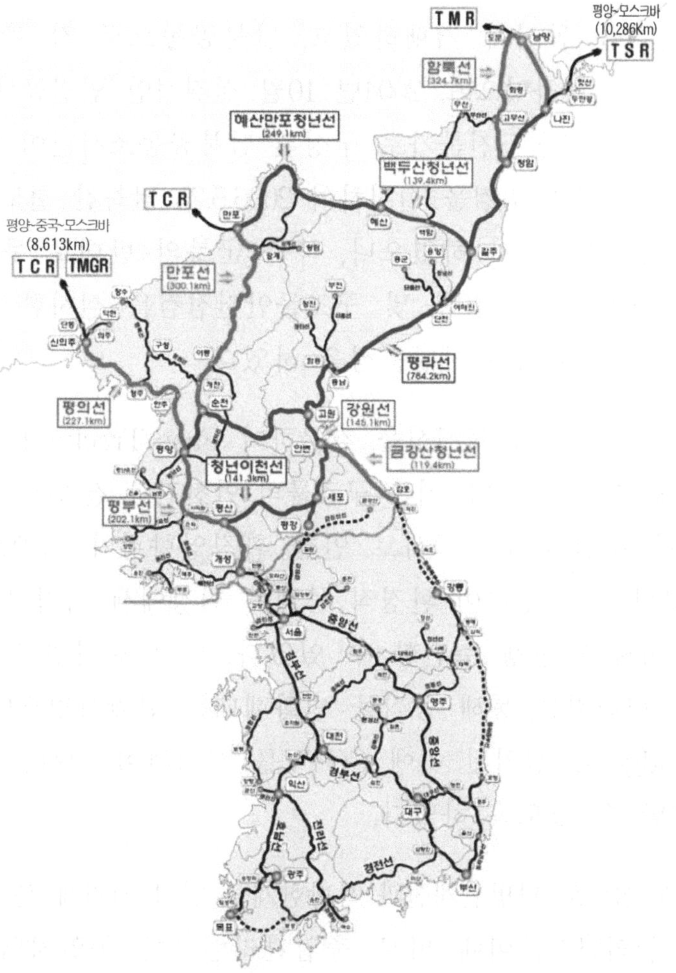

자료 : 국토교통부 철도국

〈표 2-6-37〉 단절노선 현황

노　선　별	남측 단절 구간	북측 단절 구간
경원선(서울~원산)	백마고지~군사분계선(11.7km)	군사분계선~평강(14.8km)
금강산선(서울~금강산)	철원~군사분계선(32.5km)	군사분계선~내금강(84.1km)
동해북부선(강릉~원산)	강릉~제진(111.7km)	-

자료 : 국토교통부 철도국

그 이후 남북 공동선언('00. 6. 15) 이후 남북관계 진전으로 통일 이후를 대비한 남북 철도연결 등 철도분야 협력사업 추진되었다.

2003년 6월에는 경의선과 동해선 비무장지대 군사분계선상에서 남북간 철도궤도연결식을 동시에 거행하였고, 남북공동으로 각 측의 군인들이 공사실태점검을 시행하였으며, 2004년 10월 실질적인 연결공사를 완료하고, 2005년 8월에는 남북철도전문가로 구성된 남북공동조사단이 남북철도연결구간에 대한 공사실태 점검을 실시하여 2006.5.25 남북간 철도연결구간에서 열차시험운행을 추진코자 하였으나, 북측 군부의 반대로 무산되고 그 후 1년여의 실무접촉과 궤도검측 및 구조물안전점검을 실시한 후 2007.5.17 경의선과 동해선에서 열차시험운행을 하였다.

특히 우리측은 공사의 적시성을 감안하여 Fast-Track 방식으로 설계·시공을 동시에 추진하였으며, 기존 구조물의 안전진단 결과에 따른 구조물의 활용 및 개량 추진과 건설공사로 인한 환경영향평가 대책으로 "환경·생태공동조사단"을 구성하여 환경적 문제를 현장에서 직접 토론하고 계획하여 설계·시공을 병행 추진할 수 있었다. 또한 공사완료 후에도 일정 기간 사후 모니터링을 통해 동식물 변화행태를 관찰하였으며, 동물 생태교량(Eco-Bridge)이 설치된 곳에 CCTV를 설치하여 24시간 동물의 이동 상황을 관찰할 수 있도록 하였다.

또한 북측과 협의로 남방한계선과 북방한계선 인접 지역에 분계역(국경역)을 설치하기로 합의하고, 이에 따른 출입관리업무를 동일지역에서 시행할 수 있도록 출입관리시설(CIQ) 공사를 병행 추진하게 되었다.

우리측 CIQ에는 12개 정부기관이 근무하게 되었으며, 출입사무소 운영은 통일부에서 주관하기로 하였다. 분계역에는 남북간 차량인수도 업무를 수행할 수 있도록 양측의 철도인수도 요원이 파견되어 근무를 한 적이 있다.

아래 표는 남북철도 연결사업 관련 주요 공사내용이다.

〈표 2-6-38〉 남북철도 연결사업 개요

사업내용	경의선	동해북부선	비고
위　　　치	경기도 파주시 문산시, 장단면	강원도 고성군 현내면, 송현진리	
구　　　간	문산-장단(군사분계선)	제진-초구(군사분계선)	
연장 및 폭원	L=12.0㎞, 단선일반철도	L=6.6㎞, 단선일반철도	
주요 구조물	교량8개소, 통관역(CIQ)1개소	교량8개소, 통관역(CIQ)1개소	
공 사 기 간	2000.9.4~2003.12.31	2002.9.18~2005.12.31	
사　업　비	71,172백만원	109,255백만원	
시 공 회 사	현대, 삼성, 대우, 구산, 세양, 한동	현대, 삼성, 대우, 현대아산	
육　　　군	제1건설단	제2건설단	
설　계　사	토목(유신), 건축(혜원까치)	유신, 도화	
감　리　사	유신, 평화	유신, 도화	

자료 : 국토교통부 철도국

다. 사업추진 내용

정부는 「담대한 구상」의 프로세스에 맞추어 북한 비핵화 진전 단계에 따라 남북철도 연결 및 현대화사업을 추진할 예정이다.

우선, 현재 추진 중인 남북간 단절되어있는 철도연결구간에 대해서 연결사업을 추진해 나갈 예정이다. 경원선 복원사업은 '15.5.26 국무회의 및 6.25 '남북교류협력추진협의회' 의결을 거쳐서 '15.8월에 우리측 구간인 백마고지역~군사분계선(11.7Km)까지 복원사업을 착수하였으나, 남북관계 경색으로 인해 '16.5월부터 공사가 중지된 상태로 북한 비핵화 진전 단계 등 여건 변화에 따라 사업 재개방안을 검토할 예정이다.

또한, 동해북부선 강릉~제진 철도건설 사업은 '20.4.23 '남북교류협력 추진협의회'에서 남북교류협력사업으로 인정받아 '20.4.24 예비타당성조사 면제가 결정되었으며 '20.12.15 기본계획을 수립하여 '27년말 개통을 목표로 추진 중에 있다.

한편, 남북철도를 넘어 대륙으로 진출하기 위한 기반을 마련하기 위해 국제적인 협력도 강화해 나가고 있다.

또한 유라시아 철도에 영향력이 큰 중국('14.1월, '15.12월, '16.5월, '18.9월, '19.5월, '21.11월, '23.6월), 러시아('14.7월, '15.9월, '16.7월, '17.11월, '19.6월, 21.11월) 등과 철도협력회의를 개최하여 남북철도와 유라시아 철도 연결을 위한 방안을 논의하였다. 뿐만 아니라 유라시아 철도 운송 규칙을 담당하는 국제철도협력기구(OSJD)의 정회원으로 가입('18.6월)하고 국제철도 운송협정에 가입 승인('23.6월)받는 등 하여 대륙철도 진출을 위한 노력을 지속적으로 전개할 예정이다.

〈표 2-6-39〉 OSJD 기구현황

명 칭	국제철도협력기구 (OSJD) * Organization for Cooperation of Railways
본 부	폴란드 바르샤바 소재
설 립	1956. 6월
회 원 국	○ 정회원국(OSJD 회원국 : 30개국) - 아제르바이잔, 아프카니스탄, 벨라루스, 불가리아, 헝가리, 베트남, 조지아, 이란, 카자흐스탄, 키르기스탄, 중국, 북한, **대한민국**, 라트비아, 리투아니아, 몰도바, 몽골, 폴란드, 러시아, 루마니아, 슬로바키아, 타지크스탄, 투르크메니스탄, 우즈베키스탄, 우크라이나, 체코, 에스토니아, 알바니아, 쿠바
	○ 이외에도 제휴회원 37개 및 옵서버 5개
기 능	○ 동유럽-아시아간 철도복합운송실현을 위한 국가간 협조 ○ 국제철도여객·화물운송협정(SMPS, SMGS) 및 국제철도여객·화물운임(MTT, ETT) 관장
주요조직	○ 장관회의(최고의결기관) ○ 철도사장단회의 ○ OSJD위원회(OSJD 사무국 역할 수행)

라. 향후 추진방향

경원선 복원사업 등 중단한 남북철도 연결사업은 북한 비핵화 진전 단계 등 여건 변화에 따라 중장기적으로 추진하고, 강릉~제진 철도건설 사업 등 추진 중인 사업은 적기 개통을 목표로 추진할 계획이다.

또한 정부는 장래 유라시아철도와 연계운행을 위해 연계노선국가들과 지속적인 협력체계를 구축하는 한편, 국제철도협력기구(OSJD)를 통해 국제열차운영을 위한 제도적 준비를 충실히 해나갈 필요가 있다.

제5절 대중교통 편의 증진

1. 수도권 광역급행버스(M-Bus) 운행 확대

가. 광역급행버스 도입배경

 수도권 외곽 신도시 개발 등으로 인해 수도권 주민들의 광역교통수요가 급증하고 있으나, 대중교통수단의 공급이 수요를 충족시키지 못해 주민의 불편이 가중되고 있었다.

 또한 기존 광역버스는 관할기관 분절(서울시, 경기도, 인천시)로 인해 지자체 간의 이해 충돌(서울시의 광역버스 도심 진입 반대 등)로 주민 편의 향상대책이 시행되지 못하고, 기존 광역버스는 굴곡노선, 정류장 과다 정차 등으로 인해 급행서비스를 제공하지 못하고 있었다.

 광역버스의 문제점에 대한 대책으로 수도권 주민의 교통난을 해소하고, 대중교통 서비스의 공급 증대 및 서비스 수준을 높이기 위해 '09년 광역급행버스를 도입하였다.

나. 광역급행버스 개요

 광역급행버스는 2개 시·도에 걸쳐 간선축을 통해 운행하는 고급형 급행 대중교통서비스로서 주로 고속국도, 도시고속도로 또는 주간선도로를 이용하여 기종점으로부터 5㎞ 이내의 지점에 위치한 4개 이내의 정류소에 정차(관할관청 인정 시 7.5㎞ 이내 6개 정류소, 기점 부분은 최대 8개 정류소)하고, 그 외의 지점에는 정차하지 않으면서 운행하는 버스이다.

다. 광역급행버스 도입성과

 광역급행버스는 정차 횟수 감소, 입석운행 금지, 차내 공기청정기 비치, 무선인터넷 서비스를 제공하여 보다 쾌적하고 안전한 고급 버스, 자가용 보다 빠르고 편리한 대중교통을 지향하였다.

 2009년 9월 운행 개시 후 2023년 12월 현재 총 43개 노선 546대 2.851회, 일일 평균 약 77,000명이 이용하고 있다.

2. 광역버스 준공영제 도입

가. 광역버스 준공영제 도입배경

광역버스는 대도시권내 2개 이상의 시·도를 넘나드는 광역급행형 시내버스와 직행좌석형 시내버스를 일컫는데, 주52시간제 등으로 인한 비용상승 대응 등을 위하여 「버스공공성 및 안전강화 대책」(국정현안조정회의, '18.12), 「국민교통복지 향상을 위한 버스분야 발전방안」(국토부·경기도 합동, '19.5)을 발표함에 따라, 직행좌석버스(경기도)의 면허권한이 국가로 전환되고, 광역급행버스를 포함하여 준공영제를 도입하기로 결정되었다.

나. 광역버스 준공영제 개요 및 추진현황

광역버스 준공영제 사업은 정부가 광역버스 노선을 관리하고 재정을 지원하여 안정적으로 운행되도록 하는 사업으로서, 노선 입찰을 통해 광역버스 운영의 효율성과 공공성을 확보하고, 서비스 평가를 통해 광역버스 서비스 수준을 크게 개선하는 사업이다.

'20년 광역급행버스 3개 노선에 준공영제 도입을 시작으로, '23.12월 기준 광역급행버스 20개 노선 및 직행좌석버스 122개 노선을 준공영제 노선으로 운행하고 있다.

다. 광역버스 준공영제 도입 성과

'23년 대광위 준공영제로 전환되어 운행 중인 광역버스 노선의 운행현황을 분석한 결과 이전 2,289회(39개 노선, 475대) 대비 7,190회(142개 노선, 1,479대)로 운행횟수가 214% 증가하는 등 광역버스 이용편의가 크게 향상된 것으로 나타났으며, 또한 광역버스 차량에 공기 질을 자동으로 관리하는 스마트 환기 시스템, 무료 와이파이 제공, 승객석 USB 충전포트 등 다양한 편의시설을 갖춰 이용객 편의성을 제고하였다.

3. 고속버스 환승휴게소 도입

가. 고속버스 환승휴게소 도입배경

고속버스는 연간 1,919만명('23년 기준, 전국고속버스운송사업조합) 가량이 이용하는 대표적인 지역 간 교통수단이지만, 고속버스 노선의 대부분이 대도시를 중심으로 형성되어 있어 중소도시에 거주하는 시민들이 고속버스를 이용하는데 다소 불편함이 있는 상황이다. 즉, 중소도시민은 주변 대도시로 이동하여 고속버스를 타야 하기 때문에 대도시민에 비해 더 많은 비용과 시간을 들일 수밖에 없었다.

이와 같은 중소도시민의 불편을 해소하고 교통편의를 제고하기 위해 고속버스 환승제도를 도입하였다.

나. 고속버스 환승휴게소 개요

고속버스 환승제도는 노선이 교차되는 고속도로휴게소에서 고속버스를 바꿔 탈 수 있도록 환승정류소 설치하는 제도이다.

다. 도입 과정

전체 고속버스 노선과 휴게소 위치 등에 대한 면밀히 분석을 거쳐 환승효과를 최대한 끌어 낼 수 있는 곳으로 **호남축에는 정안휴게소, 영동축에는 횡성휴게소, 경부축에는 선산휴게소**를 환승정류소로 선정하였다.

이어서 도로공사의 협조를 받아 환승정류소 시설을 마련하고, 고속버스 전산망을 개선하여 환승정류소에서 매표・예약이 가능하도록 하여, 2009년 11월 2일 정안휴게소와 횡성휴게소 2곳에서 시범적으로 서비스를 시작하였다.

고속버스 환승제도에 대해 이용객들은 상당한 만족감을 표시했고, 이에 따라 4개월 후인 2010년 3월에는 선산휴게소, 2011년 5월에 중부축 인삼랜드 휴게소, 2018년 1월 **남부측 섬진강 휴게소**, 2019년 4월 낙동강 휴게소 등 6곳의 환승정류소가 운영 중에 있다.

〈표 2-6-40〉 고속버스 환승운행 현황(2022.12 기준)

운행지역(출발, 도착)	휴게소	운행지역(출발, 도착)
서울(호남), 동서울, 고양, 상봉 성남, 수원, 안성, 용인 의정부, 인천, 천안(11)	정안 (호남선)	광양, 광주, 군산, 남원, 녹동, 목포, 보성, 순천, 여수, 연무대, 영광, 완도, 익산, 전주, 정읍, 진도(16)
서울(경부), 동서울, 대전(3)	횡성 (영동선)	강릉, 동해, 삼척(3)
서울(경부), 동서울, 성남, 수원 용인, 의정부, 인천, 인천공항, 청주(9)	선산 (경부선)	김해, 대구, 대구서부, 마산, 서부산, 진해, 창원(7)
서울(경부), 서울(남부), 동서울 성남, 수원, 인천, 부천(7)	인삼랜드 (중부선)	진주, 진주혁신도시, 통영, 고현(4)
광주, 순천(2)	섬진강 휴게소 (남부선)	부산, 서부산, 울산(3)
서울(경부), 성남, 청주, 인천공항, 용인, 인천, 동서울(7)	낙동강 휴게소 (경부선)	영천, 울산, 포항, 부산, 양산, 경주(6)

자료 : 국토교통부 종합교통정책관

〈표 2-6-41〉 고속버스 환승이용 현황

구분	정안 총인원	일평균	횡성 총인원	일평균	선산 총인원	일평균	인삼랜드 총인원	일평균	섬진강 총인원	일평균	낙동강 총인원	일평균	합계 총인원	일평균
'14년	205,813	579	32,176	91	84,899	239	20,186	57					343,074	965
'15년	198,686	561	35,137	99	85,583	242	18,189	51					337,595	953
'16년	201,533	571	31,264	89	81,434	231	14,961	42					329,192	933
'17년	179,197	513	26,245	75	57,828	166	12,848	37					276,118	790
'18년	180,766	511	18,836	53	45,522	129	12,509	35	6,276	18			263,909	746
'19년	164,901	466	17,769	50	37,077	105	12,200	34	7,016	20	4,448	17	243,411	692
'20년	91,988	259	9,127	26	15,271	43	7,063	20	4,980	14	4,131	12	132,560	373
'21년	74,922	212	9,751	28	12,281	35	5,850	17	4,464	13	3,350	9	110,618	312
'22년	76,691	217	11,522	33	13,822	39	7,659	22	5,355	15	5,092	14	120,141	339
'23년	93,059	264	13,771	39	16,885	48	9,507	27	6,376	18	7,063	20	146,661	416
합계	1,467,556	415	205,598	58	450,602	128	120,972	34	34,467	16	24,084	14	2,303,279	665

자료 : 국토교통부 종합교통정책관

라. 도입 성과

고속버스 환승제도의 도입으로 버스를 이용한 지역간 이동거리가 평균 33㎞ 가량 단축되었고, 이동시간 역시 50분 짧아졌으며, 버스요금 역시 평균 3,400원이 절감되는 효과를 거두었으며, 고속버스의 실시간 운행·도착 시간 정보 제공, 신용카드 또는 후불 교통카드로 버스를 탑승할 수 있도록 다기능 통합단말기를 설치하여 고속버스의 환승 이용 정착을 도모하고 있다.

4. 수요응답형 교통서비스 제공

가. 도입 배경

그간 우리나라의 교통은 공급자 중심의 획일적인 서비스 제공에 그치고 있었다.

대도시에서는 차내 혼잡이 심각하여 이용객의 불편과 안전문제가 지속적으로 제기 되었고, 농어촌에서는 지속적인 인구감소로 인해 운송업체의 버스 운행 감축뿐만 아니라 서비스 질 저하로 지역주민의 이동성을 확보하기가 어려워지고 있었다.

나. 수요응답형 교통서비스 개요

공급자 중심의 교통서비스 제공에 따른 문제를 해소하기 위해 각 지역의 특성에 맞는 새로운 교통서비스 제공을 추진하였다.

차내 혼잡이 심각한 도심지에서는 정기이용권(1개월 이상)을 구매한 승객을 대상으로 출퇴근 시간대에만 좌석제로 운행하고 기·종점 외의 중간 경유지는 이용자에 맞춰 탄력적으로 운행하는 정기이용권 버스를 도입하였다. 이는 수요응답형 교통서비스 도입의 시초가 되었다.

농어촌은 지속적인 인구감소와 고령화에 따라 정류소가 멀고 탑승이 불편한 대중교통 수요가 감소하고, 운송업체의 노선운행 기피로 인해 전반적으로 대중교통 이용이 불편한 환경이다.

이에 수요응답형 여객운송사업은 농어촌을 기·종점으로 하여 이용객이 원하는 시간에 원하는 구간을 운행할 수 있고, 이용자가 전화나 인터넷 등으로 원하는 이용시간과 가고자 하는 목적지를 말하면 그에 맞추어 차가 이용자를 운송하는 형태로 이용객의 대중교통 이용이 불편한 농어촌 지역 주민들에게 편리한 교통서비스를 제공한다.

기존 농어촌을 기·종점으로 한 경우로 한정되어 있던 수요응답형 여객운송사업의 운행가능한 범위를 도시지역 내 도심외각 산단 등 대중교통 현황조사에서 대중교통이 부족하다고 인정되는 지역을 운행하는 경우까지 확대하였다(2018년 12월 27일부터 시행). 또한, 스마트시티 규제샌드박스 실증사업 등의 규제특례 사업을 통해 교통서비스 수요가 다양한 도심 지역에도 시범사업을 진행하여 수요응답형 교통 서비스의 확대를 추진하고 있다.

이에 더하여, 수요응답형 교통서비스는 신도시, 심야시간대 등 교통불편이 발생하는 경우와 스마트도시법 등에 따라 규제특례를 받아 운행 등 실증과정을 거친 지역까지 운행조건을 확대하였다.(2023년 10월 19일 시행)

다. 기대 효과

수요응답형 교통서비스 도입을 통해 정기적인 대중교통서비스가 취약한 농어촌 지역 및 신도시, 심야시간대 등에 주민들에게 편리하고 안전하며 구체적인 교통서비스 제공방안을 강구함으로써 이동권 보장을 증대시키고, 지역간 형평성을 확보할 수 있는 방안을 마련하여, 대중교통 활성화에 기여할 것으로 기대하고 있다.

제6절 공항개발

1. 공항개발 방향

정부는 개별 공항의 개발사업을 체계적으로 추진하고, 사회·경제적 변화를 적기에 반영함으로써 효율적인 국가 공항 체계를 구축하기 위해 5년 마다 공항개발 중장기 종합계획을 수립하여 공항시설 확충·정비, 운영 효율화를 추진하고 있다. 1994년 제1차 계획 수립을 시작으로 현재는 제6차 공항개발 종합계획(계획기간 : 2021~2025)이 수립되어 있다.

제6차 공항개발 중장기 종합계획(계획기간 : 2021~2025)에서는 그간의 항공산업 여건과 여객의 이용패턴 변화 등을 반영하여 '포용과 혁신으로 도약하는 사람 중심 공항 구현'이라는 정책비전을 설정하고, 이를 달성하기 위해 4가지 추진전략을 설정하였다.

가. 포용적 공항 생태계 조성

공항과 관련된 환경이슈에 체계적·효율적으로 대응할 수 있도록 '탄소중립 공항 2050 로드맵'을 마련하여 친환경 공항의 표준모델을 제시하는 등 이슈를 선도할 계획이며, 공항소음의 체계적 관리, 고도제한의 효율적 운영 등 제도 개선을 추진할 계획이다.

나. 국가와 지역경제 성장 견인

공항과 주변지역 간의 유기적인 연계개발을 추진하여 주민들의 삶의 질 개선에 기여하도록 하고, 해외공항 수출 경쟁력 확보를 통해 새로운 항공시장을 개척하는 동시에 신공항 개발을 통한 지역 균형발전을 지원할 계획이다.

다. 혁신성장 동력 확보로 미래를 대비

공항의 전문인력 양성, 미래 공항·공항기술의 발전방향 등 미래 공항의 이슈를 반영한 공항정책의 장기비전을 마련할 계획이며, 생체 정보를 활용한 비대면 출입국 수속 확대, 원격관제시스템 기술개발 등을 통해 스마트 공항을 구축하는 한편 미래 수요에 대비한 항공 인프라 혁신을 추진할 계획이다.

라. 안전을 최우선으로 공항을 관리

세계 7번째로 한국형 정밀 GPS 위치보정시스템(한국형 항공위성시스템, KASS)를 구축하여 최고수준의 안전을 확보하고, 노후화된 항행안전시설의 현대화, 안심할 수 있는 공항 이용·근로 환경의 조성, 공항시설의 체계적인 유지관리·성능개선 등을 추진할 계획이다.

2. 공항개발 현황

가. 인천공항 4단계

인천공항은 경제적인 건설과 환경변화에 능동적으로 대응하기 위하여 단계적으로 건설 중에 있으며, 1단계(1992년~2001년), 2단계(2002년~2008년), 3단계(2009년~2017년) 건설을 통해 운항 50만회, 여객 7,700만 명과 화물 500만 톤을 처리할 수 있는 시설을 갖추게 되었다.

항공수요의 급속한 성장과 항공자유화의 영향으로 아·태지역의 높은 성장이 전망되고 있는 가운데, 21세기 동북아 허브공항으로 주변공항과의 허브화 경쟁에서 우위를 선점하고 공항수용능력 극대화를 통해 시설 포화에 적기 대응하는 등 여객 1억 명 시대를 대비한 준비가 필요하다.

인천공항은 '10년 이후 '19년까지 최근 9년간 연 8.7%의 성장을 이루어 왔다. 최근 코로나19 영향으로 항공수요가 급감한 바 있으나 앞으로도 세계 항공수요의 성장세(2025년부터 2042년까지 연평균 4.1%, 아태지역은 5.6% 지속 성장 전망 *ACI, 2024)에 따라 수요가 지속 성장할 것으로 전망되며, 인천공항의 국제선 여객은 '45년까지('25~'45) 연평균 3.3% 성장이 예상되고 있다.

이러한 전망을 배경으로 인천공항은 수요증가에 대응하고, 주변공항의 공격적인 시설 확충전략에 대응할 수 있도록 3단계 건설사업 완료와 동시에 4단계 건설사업에 착수하였다.

4단계 건설사업은 약 4.8조원의 총사업비가 투입되어 제2여객터미널 확장(29백만 명), 제4활주로 신설(3,750m), 여객·화물계류장 및 장·단기

주차장 확장 등 공항 인프라를 단계적으로 건설하여 총 1억 명 이상의 여객을 처리할 수 있는 안정적인 시설능력을 확보할 예정이다.

〈표 2-6-42〉 인천공항 여객처리능력

구 분	1, 2단계	3단계	4단계	비 고
여객처리능력	54백만명	23백만명	**29백만명**	106백만명

자료 : 국토교통부 항공정책실

특히, 세계최초 5G보다 빠른 초고속 Wi-Fi 네트워크 도입을 통해 현장 정보와 영상을 실시간 공유할 수 있는 모바일 기반의 공항운영 환경과 수하물설비(BHS) 등 주요지역에 대한 실시간 모니터링 시스템 및 실시한 여객 탐지가 가능한 AI 지능형 CCTV를 구축하고 AR·VR 기술을 이용하여 시공현장 모델링 결과 데이터를 통한 시공오류 수정 및 관리가 가능한 스마트 에어포트를 구현할 계획이다.

인천공항 4단계 사업은 3단계 사업 완료 이전인 2017년부터 설계에 착수하여, 1, 2, 3단계 확장사업과 마찬가지로 설계와 시공을 병행하는 Fast-Track 방식으로 진행되며, 항공수요 증가에 대비한 공항시설 적기 확충을 통해 여객 편의 증진, 허브경쟁력 강화, 일자리 창출 및 국가 경제 발전에 기여할 것(취업유발 58,570명, 생산유발 93,131억 원, 부가가치유발 33,109억 원)이다.

〈표 2-6-43〉 인천공항 단계별 건설 현황

구 분		3단계까지	4단계	합 계
활 주 로		3본	1본	4본
여객터미널(T2)		387 천㎡	347 천㎡	734 천㎡
여 객 계 류 장		163개소 (접현111)	62개소 (접현34)	225개소 (접현145)
화 물 계 류 장		47개소	13개소	60개소
B H S		141km	43km	184km
제 2 교 통 센 터		184 천㎡	87천㎡	271 천㎡
T2 주차장	단 기	3,722면	1,806면	5,528면
	장기(승용)	3,743면	10,214면	13,957면

자료 : 국토교통부 항공정책실

4단계 건설사업의 핵심은 제4활주로 신설 및 제2여객터미널의 확장으로 수요 증가에 대비한 안정적인 공항운영을 위해 기 조성된 부지에 제4활주로를 신설하고, 제2여객터미널 및 계류장 등의 시설 확장을 통해 공항 수용능력을 향상시킬 것이다.

여객계류장은 장래 항공기 변화에 대비하여 환경변화에 탄력적으로 대응할 수 있도록 총 62개소가 건설될 예정이며, 제2여객터미널 접근도로 확폭, 장·단기 주차장 확장, 터미널 간 연결기능 강화를 위한 연결도로 단축노선 계획 등 여객 이용 편의성을 대폭 향상시킬 것으로 기대된다.

사업이 완료되면 인천공항의 연간처리능력은 운항 60만 회(증 10만회), 여객 1억 6백만 명(증 29백만 명), 화물 630만 톤(증 130만 톤)으로 크게 증대될 예정이며, 4단계 건설과 병행하여 주변지역과의 균형성 있는 개발을 통해 공항기능 강화 및 에어시티 활성화 계획을 수립하여 허브공항의 면모를 갖추어나갈 것이다.

나. 제주 제2공항 건설

1968년 제주국제공항의 개항으로 제주도와 서울, 부산, 대구, 광주 등을 연결하는 국내선 및 일본, 중국, 태국 등을 연결하는 국제선이 개설되어 운영 중으로 국내에서 인천국제공항, 김포국제공항 등 항공 수요가 많은 대표적인 공항으로 발전하였다.

저가 항공사의 성장, 국내·외 관광객 증가로 인하여 급속도로 증가하는 제주지역의 항공수요를 처리하기 위해, 국토교통부는 '11년 '제4차 공항개발 중장기 종합계획'에서 제주국제공항의 인프라 확충에 대한 필요성을 제시하였고, 객관적인 수요 분석과 대책을 마련하기 위해 '13년 제주 항공수요조사 연구, '14년 제주 공항인프라 확충 사업 사전타당성검토 연구 등의 용역을 실시하였다.

객관적이고 과학적인 검토를 거쳐 제주도 항공수요 처리를 위한 근본적인 대책으로 서귀포시 성산읍 일원에 '제주 제2공항'을 건설하는 방안을 '15년 11월에 확정하고, '16년 12월 예비타당성 조사를 통해 사업의 경제적·정책적 타당성을 확보(KDI, B/C=1.23, AHP=0.663)하고 본격적인 사업 추진이 가능하게 되었다.

그러나 동 공항 건설을 반대하는 지역 주민들이 입지선정과 관련한 의혹을 제기함에 따라 국책사업 유례없이 2018년 6월 입지선정 타당성 재조사 실시하였고, 검토위원회 구성·운영을 병행하여 제주 제2공항 건설 사업의 입지선정에 문제가 없다는 결론을 도출하고 항공정책위원회 심의를 거쳐 2018년 12월 동 사업에 대한 기본계획 용역이 착수되었으며, '23년 12월 현재까지 기본계획 수립 절차가 진행되고 있다.

'19년 6월부터 '23년 3월까지 국토교통부는 기본계획 수립 과정에 필요한 관계기관 협의 절차 중 하나인 환경부 전략환경영향평가 협의를 완료하였다.

제주 제2공항은 기본계획(안) 기준으로 166만평(현 제주공항 110만평)의 부지에 6.67조원을 투입하여 3,200m급 활주로 1본과 국내·국제선 여객 터미널 건설 등을 확충하는 사업으로서 목표연도 '55년 기준 연간 1,992만 명의 국내·외 여객을 처리할 수 있어 제주도 방문 교통편의 증진 및 제주 지역 경제 활성화에도 크게 기여할 것으로 기대하고 있다.

제주 제2공항은 기본계획 수립 이후 약 2년의 설계와 5년의 공사기간을 거쳐 개항하는 것을 목표로 추진중에 있으며 특히, 안전하면서도 제주도의 용암동굴, 오름 등 자연 환경 보존이 가능한 제주 제2공항 건설에 주안점을 두고 있다.

다. 대구경북통합신공항 건설

대구경북통합신공항은 「대구경북통합신공항 건설을 위한 특별법」('23.4.25. 제정, '23.8.26 시행) 및 제6차 공항개발종합계획('21.9.24. 고시)에 따라 현재 대구 도심에 위치하고 있는 대구 군공항(K-2)과 민간공항을 통합 이전하는 사업이다.

국방부는 군공항 이전부지를 공동후보지인 '군위군 소보면, 의성군 비안면'으로 확정('20.8)하고, 이에 따라 군공항 이전 기본계획을 수립('22.8)하였다.

국토교통부는 터미널·계류장 등 민항 건설을 위한 사전타당성조사 결과 발표('23.8) 이후, 국무회의를 거쳐 예비타당성조사를 면제하고('23.10), 민항 기본계획 수립 용역에 착수('23.12)하였다.

대구경북통합신공항은 민·군 공항이 함께 이전하는 최초의 사례로, 현재 대구국제공항이 위치한 대구광역시 도심으로부터 직선거리로 47km 정도 떨어져 있다. 군공항은 군공항 이전 기본계획에 따르면, 부지면적 약 512만평 규모로 활주로 2본을 포함한 군부대 시설을 설치하는 것으로 계획하고 있으며, 민간공항은 국토교통부 사전타당성조사 결과에 따르면, 부지면적 약 28만평 규모로 '60년 기준 여객 1,226만명, 화물 21.8만톤 처리가 가능한 시설을 갖추게 되고, 3,500m 규모의 활주로를 갖춰 중·장거리 노선 취항도 가능해진다.

신공항 예정지역은 산지에 위치함에 따라 대구 도심지보다 소음에 대한 피해와 고도 제한으로 인한 재산권 침해는 상대적으로 적을 것으로 예상되며, 중남부권 미래 항공수요를 대비한 충분한 규모의 활주로 등 거점공항 건설과 도로·철도 등 연계교통망 구축을 통해 국토의 균형발전과 지역경제 성장을 견인할 것으로 전망된다.

'24년 말까지 대구경북통합신공항 건설사업에 대한 기본계획을 수립 후, 공항설계 등 후속 절차를 추진할 계획이다.

라. 가덕도신공항 건설

가덕도신공항 건설 사업은 「가덕도신공항 건설을 위한 특별법」('21.3.16. 제정, '21.9.17 시행) 및 제6차 공항개발종합계획('21.9.24. 고시)에 따라 추진되는 사업이다.

가덕도신공항 건설에 관한 절차, 국가의 행정·재정적 지원, 예비타당성 조사 면제, 신공항 건립추진단 신설 등을 규정하는 「가덕도신공항 건설을 위한 특별법」이 제정되어, 가덕도신공항 건설을 위한 법적 근거가 마련되었다.

특별법 제정 이후 국토교통부는 가덕도신공항 건설을 위한 사전타당성 검토 연구용역('21.5~'22.4, 한국항공대학교 컨소시엄)을 추진하였으며, 사전타당성조사결과 제시된 가덕도신공항건설사업 추진계획에 대한 국무회의 의결, 예비타당성조사 면제('22.4)절차를 거쳐 '22.8월부터 가덕도신공항 기본계획 수립 용역(~'24.4, 유신컨소시움)을 시행하여 '23.12.29 가덕도신공항 기본계획을 수립·고시 하였다.

가덕도신공항 기본계획 수립 결과 부지면적은 약 667만㎡이며, 3,500m 활주로 1본과 국제선 여객 및 화물 터미널, 접근도로 및 철도 등을 건설하는 것으로 계획하였다. 목표년도인 2065년에는 2,327만명의 국제선 여객과 33.5만톤의 국제선 화물이 가덕도신공항을 이용할 것으로 예측되었다.

가덕도신공항 건설사업의 신속하고 원활한 추진을 위하여 「가덕도신공항건설공단법」('23.10.24 제정, '24.4.25) 시행일에 맞춰 가덕도신공항건설공단을 설립하였다.

현재 '가덕도신공항 여객터미널 국제설계공모'('24.3.14~6.13) 개최 결과에 따라 당선자(1,2등)들과 여객터미널 및 부대건물 등 건축공사 기본 및 실시설계 용역 계약을 추진 할 계획이며, 가덕도신공항 부지조성공사도 입찰 절차를 추진하고 있다.

앞으로 '24.7월말까지 가덕도신공항 여객터미널 등 건축공사 기본 및 실시설계 용역을 착수하고, '25년 하반기 본격적인 건설공사에 착수할 예정이다.

마. 김해신공항 건설

그간 국토교통부는 영남지역 항공수요조사 연구용역('13.8~'14.8) 후 영남권신공항 사전타당성 검토 연구용역('15.6~'16.6, ADPi)을 거쳐 김해신공항을 영남권신공항 최적대안으로 선정하고, 예비타당성조사 및 기본계획을 통해 김해신공항의 시설규모를 검토하였다.

그러나 부산·울산·경남지역 단체장은 김해신공항 계획은 동남권 관문공항 기능이 불가하다며 김해신공항 추진 계획 백지화 및 전면적 재검토를 요구하고 이를 수용하지 않을 경우 국무총리에게 최종 판정 해줄 것을 요청하겠다는 공동 입장문을 발표('19.1)하였다.

이에 따라 국토부는 부울경 단체장과 동남권 관문공항으로서 김해신공항의 적정성에 대해 총리실에서 논의하기로 합의('19.6.20.)하였고, 총리실 산하에 김해신공항 검증위원회가 구성·출범('19.12.6.)하였다.

김해신공항 검증위원회는 약 11개월간 활동한 끝에, 김해신공항 계획(안)은 상당부분 보완이 필요하고 확장성 등 미래 변화에 대응하기 어려우므로 김해신공항 추진은 근본적인 검토가 필요하다는 결론을 발표('20.11.17.)하였다.

이에 국토교통부는 '19년 6월 부울경 3개 단체장과 합의한 합의문에 따라 검증위 검증결과를 수용하고, 향후 총리실 등 관계기관과 긴밀한 협의를 통해 후속조치 방안을 마련할 예정이었다.

그러나 국민의힘과 더불어민주당이 각각 발의한 부산가덕도신공항특별법('20.11.20. 박수영 의원 대표발의)과 「가덕도신공항건설촉진법」('20.11.26. 한정애 의원 대표 발의)이 국회 논의를 거친 후 대체 입법된 「가덕도신공항 건설을 위한 특별법」이 국회 본회의를 통과('21.2.26.)하였다.('21.3.16. 공포, '21.9.17. 시행)

이에 따라 김해신공항 건설 사업을 대체하여 가덕도신공항 건설 사업이 추진됨으로써 김해신공항 건설 사업은 종료되었다.

바. 도서지역 소형공항 건설

도서지역 주민 응급구호 지원, 해양영토 관리지원 및 방문객의 교통편의 제고와 지역 경제 활성화 등을 위하여 울릉도와 흑산도, 백령도에 소형공항 건설을 추진중에 있다.

이들 공항에는 중소형 항공기 취항이 가능한 1,200m급 활주로와 여객터미널 등의 공항시설이 건설될 계획으로, 울릉, 흑산공항은 '13년 예비타당성조사를 완료하여(울릉 : B/C 1.19, AHP 0.655, 흑산 : B/C 4.38, AHP 0.814) 사업타당성을 확보하고, '15년 국토교통부에서 기본계획을 수립하여 고시하였다. 백령공항은 '22년 예비타당성조사(백령:B/C 0.91, AHP: 0.605)를 완료하여 '23년부터 기본계획 수립(안)을 마련하고 있다.

울릉공항은 경상북도 울릉군 사동항 일원에 '20.11월 착공하여 공사 중에 있으며, 흑산공항은 전남 신안군 흑산면 예리 일원에 '27년 준공을 목표로, 백령공항은 인천광역시 옹진군 백령면 일원에 '29년 준공을 목표로 사업을 추진하고 있다.

3. 공항복합도시 건설

가. 추진배경

과거의 공항은 여객 및 물류 수송을 위한 단순한 교통시설이었다면 현대의 공항은 여객과 화물이 집결하는 특성을 활용하여 다양한 부가가치를 창출하는 복합공간으로 변화중이다. 인천공항은 건설 단계부터 동북아 중심지에 위치한 지정학적 조건과 여객터미널의 대규모 집객 시설의 이점을 적극 활용하여 허브공항 목표를 달성하고 공항과 시너지를 창출할 수 있도록 공항주변에 신개념 공항복합도시(Air City)를 개발 중에 있다.

나. 사업개요

공항복합도시는 공항주변을 IBC(국제업무단지)-I, IBC-II, IBC-III로 구분하여 공항 내에 업무·숙박·판매·위락·운동·물류·관광휴게·문화·집회 시설 등을 민간투자 개발 사업으로 시행하여 공항주변지역의 체계적 개발을 추진중에 있고 개항 이래 현재까지 약 6.3조원 국내외 투자유치를 성공적으로 완료한 단계이다.

〈표 2-6-44〉 공항복합도시 개발 현황

지 역		면적(천㎡)	사업비(억원)	개발현황
지원	IBC-I (1단계)	165	5,851	개발완료(호텔3·오피스4·병원1·상업1)
	IBC-II	159	940	기반시설 완료('18.3, 호텔4·업무4·레지던스3) 민간사업자 유치 중
여객 창출	IBC-I (2단계)	330	22,000	파라다이스시티호텔 개발 완료 (2차 부지내 어트랙션 시설 유치 완료)
	IBC-III	4,367 (전체)	31,000 (1단계)	인스파이어복합리조트 (1A단계 운영 중, '23.11월 운영개시)
	기 타	4,785	3,340	클럽72(72홀 골프장), 오렌지듄스영종(18홀 골프장), BMW드라이빙센터, 경정훈련원, 호텔1
합 계		9,806	63,711	

자료 : 국토교통부 항공정책실

현재 IBC-I 지역은 인천공항 여행객을 위한 하얏트호텔, 베스트웨스턴 호텔과 공항 상주 회사를 위한 오피스 4동, 병원, 상업시설을 개발 완료하여 공항 지원기능을 충실히 수행 중에 있다. 또한 제2여객터미널을 이용하는 여객 및 상주직원을 위해 IBC-Ⅱ지역에 이비스호텔을 개발 완료하였으며, 추후 오피스 등 공항 지원시설을 적기 개발하여 허브공항 지원에 일조할 계획이다.

그리고 국내 유일의 경정훈련원과 주변 남측유수지를 배경으로 370여실의 네스트호텔이 비즈니스 여객 및 관광객을 맞이하고 있다. 공항 진입지역에 위치한 클럽72(72홀 골프장), IBC-I 남단 지역에 위치한 오렌지듄스영종 18홀 골프장과 더불어 2014년 8월 개장한 BMW드라이빙센터는 아시아 최초 개장한 자동차 관련 복합문화공간으로 기존에 없던 이채로운 공항 복합도시 한 부분으로 빛나고 있다.

다. 복합위락단지 개발

인천공항은 제2의 도약을 통해 신규 항공수요를 창출하고 국가경제 및 관광산업 발전의 요충지로 발전하기 위하여 공항복합도시내 대중지향적 복합위락단지 개발을 약 10여년에 걸쳐 추진해 왔다.

그 첫 번째 성공사례가 IBC-I 2단계에 위치한 파라다이스시티이다. 약 2.2조원을 투자하여 국내 최초의 한국형 복합리조트 컨셉을 설정하였고, 약 10만 평의 부지에 700실 이상 규모의 5성급 호텔, 국내 최대 규모의 외국인 전용 카지노, 컨벤션, 플라자, 스파, 실내테마파크 등 여러 시설을 개발 완료하였다. 호텔, 카지노, 컨벤션 등 핵심시설이 포함된 1단계 1차 사업을 2017년 4월 20일 운영 개시한 후 그 외 부대시설은 2018년 9월 운영 개시하였으며, 현재 성공적이고 안정적인 운영을 바탕으로 인천공항 복합도시 내 핵심 앵커시설 역할을 하고 있다.

두 번째로 IBC-Ⅲ지역에 인스파이어 복합리조트를 개발 중에 있으며 전체 4,367천㎡의 부지에 미화 총 50억불을 투자할 예정이다. 1단계 중 1A단계에 약 1.9조원을 투자하여 461천㎡ 면적의 부지에 5성급 호텔 3개동과 식음료 상업시설, 외국인 전용 카지노, 1.5만석 규모의 실내 전문공연시설 아레나, 실내워터파크 스플래쉬 베이, MICE산업의 중심이 될 컨벤션시설 등을 개발 완료하였다. 세계적 수준의 복합리조트를 목표로 하는 인스파이어복합리조트는 2023년 11월 부분 운영개시 후, 2024년 2월에 카지노 영업권 획득 후 정식 개장할 예정이며, 추후 1B단계 개발에 착수할 예정이다.

이렇게 인천공항은 일련의 공항주변지역 내 클러스터 개발을 통하여 세계 공항들 간 치열한 경쟁에 대비하고 있으며, 공항을 중심으로 관광 문화 산업이 집적화된 인천공항 공항경제권(Aircity Economic Zone)을 형성하고자 노력하고 있다. 이는 전세계 새로운 패러다임을 리딩하는 매력적인 공항복합도시로서 지역사회 및 국가 경제 활성화에 큰 기여를 할 것으로 기대된다.

제7절 항만개발

1. 현 황

우리나라는 지리적으로 삼면이 바다로 둘러싸여 있어 전체 수출입 물동량의 99.7%가 해상을 통해서 처리되고 있으며, 항만은 우리나라의 수출입 경쟁력과 직결되는 중요한 SOC 시설로서 항만시설의 체계적인 확충과 물류 서비스의 효율화를 통해 수출입 경제에 크게 이바지해 왔다.

이에 따라, 지속적인 항만개발 투자 및 항만시설 확보를 통하여 체선·체화, 물류비용·시간 증가 등의 손실액을 2006년도 7,141억원에서 2010년도 3,993억원으로 규모로 축소하였으며, 해양수산부에서는 수출입 화물의 원활한 처리와 물류비 절감을 위한 「제4차(2021~2030) 전국 항만기본계획」을 2020년 12월에 고시하였다.

〈표 2-6-45〉 항만물동량처리실적

(단위 : 천톤/년)

구 분	2010	2011	2012	2013	2014	2015	2016
총 물동량	1,204,068	1,311,190	1,338,589	1,358,925	1,415,904	1,463,055	1,509,479
시설소요	858,027	928,791	946,775	969,629	1,026,553	1,029,090	1,048,388
하역능력	800,533	915,430	943,900	1,017,190	1,024,977	1,109,669	1,140,917
시설확보율(%)	93.3	98.6	99.7	104.9	99.8	107.8	108.8
구 분	2017	2018	2019	2020	2021	2022	2023
총 물동량	1,574,341	1,624,655	1,643,966	1,499,254	1,582,826	1,551,707	1,551,133
시설소요	1,122,736	1,164,499	1,170,618	1,050,070	1,118,780	1,084,030	1,087,985
하역능력	1,140,799	1,164,452	1,188,206	1,199,814	1,294,998	1,296,818	1,342,821
시설확보율(%)	101.6	100.0	101.5	114.3	115.8	119.6	123.4

※ 시설소요는 총 물동량에서 유류화물량을 제외한 것임(하역능력은 전년도 실적치임)
자료 : 해양수산부 항만국

<표 2-6-46> 컨테이너 물동량 처리실적

(단위 : 천TEU/년)

구 분	2010	2011	2012	2013	2014	2015	2016
컨테이너화물 총 물동량	19,369	21,611	22,550	23,469	24,798	25,119	26,005
컨테이너부두 하역능력	21,268	23,260	22,960	24,237	24,237	27,869	28,547
시설확보율(%)	109.8	107.6	101.8	103.3	97.7	110.9	109.8
구 분	2017	2018	2019	2020	2021	2022	2023
컨테이너화물 총 물동량	27,468	28,970	29,226	29,101	30,038	28,822	30,147
컨테이너부두 하역능력	29,805	29,805	29,805	29,888	28,705	30,179	32,129
시설확보율(%)	108.5	102.9	102.0	102.7	95.6	104.7	106.5

자료 : 해양수산부 항만국

2. 개발방향

향후 해상물동량의 증가, 선박의 대형화, 물류산업의 고부가가치화 등 국제 물류여건 변화에 능동적으로 대처하기 위해서는 단순 화물처리 뿐만 아니라 보관, 포장, 운송, 가공, 통관, 검역, 정보처리 등 종합적인 화물 처리 기능이 요구된다.

이에 따라 향후 항만 연관 산업이 집적되어 업종간의 시너지 효과를 낼 수 있는 클러스터(해운기업, 터미널운영사, 부가가치서비스 제공업체 등)의 개념을 항만에 도입하고자 대규모 항만 배후단지 등을 조성·공급하고, 글로벌 물류기업을 유치하고 있다.

또한, 국토종합계획 및 인근 도시계획 등과 연계한 배후수송체계의 구축, 친환경적인 해양 공간 조성, 저탄소 녹색성장 등 미래지향적인 항만 개발을 통해 물류경쟁력과 도시공간으로서의 경쟁력도 높이고자 항만재개발, 마리나 사업도 추진중에 있다.

3. 주요 항만개발계획

현재 우리나라의 항만개발의 기본방향은 우리나라 항만의 고부가가치 물류허브화를 위하여 부산항을 동북아 컨테이너 허브항으로, 광양항을 복합 물류허브항으로 울산항을 동북아 오일허브항으로 육성하는 한편, 배후권역, 잠재력 등을 감안한 항만별 특성화 전략추진으로 권역별 거점항만조성을 통해 국가경제성장 동력으로 활용하는 것이다. 이를 위한 세부 추진 계획은 다음과 같다.

첫째, 컨테이너 환적 허브로서는 부산항을 집중 육성하고, 광양항은 국가기간산업을 지원하는 복합물류허브, 울산항은 오일허브로 육성하는 등 우리나라 항만을 고부가가치 물류허브로 육성할 계획으로,

특히, 부산항 신항에는 총 53선석의 컨테이너부두 운영(현재 24선석)을 통해 중국항만과 경쟁하여 동북아 허브항만으로서의 위상을 끌어 올릴 예정이다.

둘째, 제철, 석유화학, 자동차 등 국가기간 산업 발전을 지원하는 권역별 거점항만도 특화 육성하여 수출입 물류비를 최소화하고 국내 기업의 글로벌 경쟁력 확보를 지원할 계획이다.

셋째, 크루즈 및 마리나 인프라 개발을 통해 항만을 해양관광산업 거점화하고, 시설 활용도가 낮거나 도심기능과 마찰이 있는 시설은 고부가가치 친수공간으로 전환을 추진한다.

* 제4차(2021~2030) 전국 항만기본계획에 따라 '30년까지 전국 22개 항만에 335만㎡의 항만내 친수공간을 추가 확보하고, 4개 항만에 크루즈 전용부두 운영 추진

넷째, 주요 낙후 및 연안도서항 육성을 통해 도서지역의 주민생활개선은 물론, 해양영토 수호활동 기능도 강화할 계획이다.

* 제4차(2021~2030) 전국 항만기본계획에 따라 '30년까지 해경의 선박 증강 계획과 연계하여 전국 14개 항만에 해경전용부두 확충

다섯째, 도로 위주의 내륙 수송체계를 철송과 연안해송으로 전환하기 위해 주요항만에 대한 인입철도 및 연안전용부두 확충을 추진하고, 육상전원공급시설(AMP) 확대 설치를 통해 항만을 탄소절감 거점으로 육성할 계획이며,

이밖에 운영 효율성 제고와 글로벌 운영사 육성을 위한 항만관리·운영체계 선진화, 항만산업의 적극적 해외진출 지원 등도 추진할 계획이다.

〈표 2-6-47〉 항만별 물동량 전망

(단위 : 천톤(RT))

구 분	2019	2020	2025	2030	비고
전 국	1,643,966	1,499,254	1,793,608	1,956,577	
부산항	468,761	410,954	522,761	615,691	
광양항	309,707	273,321	324,713	343,515	
울산항	202,383	187,941	226,879	246,367	
인천항	157,452	151,871	172,718	185,384	

자료 : 해양수산부 항만국, 제4차(2021~2030) 전국 항만기본계획, 2020.12.

〈표 2-6-48〉 항만별 컨테이너물동량 전망

(단위 : 천TEU)

구 분	2019	2020	2025	2030	비고
전 국	29,226	29,101	33,582	39,716	
부산항	21,992	21,824	25,452	30,120	
광양항	2,378	2,159	2,684	3,195	
인천항	3,092	3,272	3,573	4,224	

자료 : 해양수산부 항만국, 제4차(2021~2030) 전국 항만기본계획, 2020.12.

〈표 2-6-49〉 화물부두 확충 계획

(단위 : 선석, 만톤/년 '20년12월 기준)

구 분	현재 시설		'21~'30 확충계획		'30년 목표		공사 중	
	선석	하역능력	선석	하역능력	선석	하역능력	선석	하역능력
총 합	825	125,697	120	39,503	898	172,983	19	11,825
부산항	117	40,089	26	28,359	136	65,038	8	10,270
광양항	104	19,518	17	1,767	118	21,437	2	98
울산항	116	7,811	18	1,320	133	8,974	-	-
인천항	100	13,308	4	2,251	101	14,894	-	-
평택·당진항	62	9,977	7	468	69	10,445	-	-
포항항	47	9,557	5	709	50	10,173	-	-
군산항	37	2,974	-	-	31	2,701	-	-
목포항	26	2,018	3	589	25	2,441	1	76
동해·묵호항	21	3,237	7	1,672	23	4,491	-	-
마산항	29	2,074	1	103	29	2,178	-	-
제주항	8	266	2	193	4	266	-	-
그 외 무역항	117	14,206	26	1,949	137	16,245	8	1,381
연안항	41	662	4	123	42	891	-	-

자료 : 해양수산부 항만국, 제4차(2021~2030) 전국 항만기본계획, 2020.12. / 2030년 목표 선석은 현재시설에 확충계획을 포함하며 기능폐쇄가 고려된 선석수임

4. 항만개발

가. 투자현황

동북아 경제시대를 맞아 주변 경쟁항만과의 우위를 선점하여 동북아 물류중심 항만으로 육성하기 위한 항만시설 투자비는 2023년 1조 4,341억원으로 동북아 물류중심항으로 컨테이너 전용항만인 부산항 신항 및 광양항에 3,598억원, 주요 신항만에 4,703억원, 그 외 주요항 및 일반항 건설에 2,718억원, 유지보수 등 기타사업에 3,322억원을 투자하여 항만시설 확보율 제고에 노력하고 있으며, 동북아 물류중심항만으로의 우위를 조기에 확보하기 위해서는 항만 부문에 대한 SOC 투자비중의 지속적인 확대가 필요하다.

나. 국제물류 비즈니스항만으로서 부산·광양항 인프라 개선

세계 해운항만의 환경 변화에 적극 대처하면서 동북아 물류중심기지로 부상하기 위해 세계 해운의 주항로(Main Trunk)상에 위치하고 있는 부산항 신항 등을 동북아 컨테이너 중심항만(Hub Port)으로 개발하고 있다.

(1) 부산항 신항(진해신항) 개발

부산항 신항 및 진해신항을 동북아 국제물류, 비즈니스 중심 항만으로 개발하기 위하여 1995년부터 2040년까지 총 30조 9,293억원(재정 11조 5,320억원/민자 19조 3,973억원)을 투자, 방파제 6.09㎞, 컨테이너부두 53선석, 자동차부두 1선석, 잡화 4선석, 양곡부두 1선석, LNG 벙커링 터미널 및 수리조선단지 등을 건설하여 연간 컨테이너 3,505만TEU의 처리능력을 확보할 계획이다.

2023년까지 13조 2,208억원(재정 6조 8,621억원, 민자 6조 3,587억원)을 투입하여 컨테이너부두 24선석, 자동차 부두 1선석, 항만배후단지 419만㎡, 배후수송시설인 철도 49.12km 및 도로 63.26Km 등을 완공·운영 중이며, 2040년까지 컨테이너부두 등 59선석, 항만배후단지 827만㎡, 항만 인입철도 등 배후수송망을 구축하게 되면 선박 대형화 및 4차 산업혁명 기술에 대비한 동아시아 최첨단 물류 허브 항만의 위용을 갖출 것으로 기대된다.

(2) 광양항 개발

광양항의 수출입 물동량 확보를 위한 인프라 확충과 석유화학·제철 산업의 지원 기능 강화를 위하여 1987년부터 2040년까지 12조 1,412억원(재정 4조 4,064억원, 민자 7조 7,348억원)을 투자, 컨테이너부두 12선석, 일반부두 12선석, 배후도로 33.1㎞(확포장 2.05km는 제외), 인입철도 9.6㎞, 호안 59.17㎞, 항만배후단지 1,195만㎡ 등을 건설하여 연간 7,799만RT톤(3,840천TEU 포함)의 처리능력을 확보할 계획이다.

2023년까지 총 5조 2,833억원(재정 3조 4,501억원, 민자 1조 8,332억원)을 투자하여 컨테이너부두 12선석, 일반부두 48선석, 자동차부두 4선석, 배후도로 30.3㎞와 인입철도 9.6㎞, 항만배후단지 388만㎡ 등을 완공·운영중에 있다.

2040년까지 컨테이너부두 등 24선석과 항만배후단지 1,195만㎡를 구축하여 글로벌 물류기업을 유치하고, 제철·석유화학 등 광양항 배후산업, 자동차 환적, 컨테이너 화물 처리, 항만물류 R&D 연구를 지원하는 복합물류 중심 허브항으로 육성할 계획이다.

다. 지역별 물류거점항만 개발

(1) 인천북항 및 신항 개발

인천북항 및 신항은 대중국, 동남아 교역증대를 대비한 거점항만으로서 환황해권지역의 국제물류 중심항만으로 개발코자 1996년부터 2040년까지 총 5조 1,916억원(재정 3조 1,219억원, 민자 2조 697억원)을 투자하여 컨테이너부두 11선석, 잡화부두 11선석, 목재 3선석, 철재 3, 배후단지 8,788천㎡ 등을 건설하여 연간 8,598천RT톤(컨테이너 440만TEU/년)의 하역능력을 확보할 계획으로 추진중에 있다.

인천북항은 1995년부터 2023년까지 총 1조 9,992억원(재정 1조 1,147억원, 민자 8,845억원)을 투자하여 최대 5만톤급 17선석, 도로 5.8km, 준설 및 부지조성 등을 건설하여 현재 정상 운영 중에 있으며,

인천신항은 2005년부터 2023년까지 총 1조 8,655억원(재정 9,902억원, 민자 8,753억원)을 투자하여 최대 3천TEU급 컨테이너부두 6선석, 호안 8.95km, 진입도로 9.29km, 관리부두 등을 건설함으로써 대중국 수도권 산업경쟁력 강화 및 물류 지원을 위한 환황해 수도권 관문 항만으로 육성 중에 있다.

(2) 평택·당진항 개발

평택·당진항은 1989년부터 2040년까지 총 5조 9,159억원(재정 2조 5,148억원, 민자 3조 4,012억원)을 투자하여 안벽 5만톤급 등 73선석, 임항 교통시설 26.8km 등을 단계적으로 건설, 연간 하역능력 12,000만RT톤 규모의 수도권화물 분산 처리 및 중·서부 산업단지 지원항으로 개발 중에 있다.

이를 위해 2023년까지 총 3조 4,340억원(재정 1조 5,586억원, 민자 1조 8,754억원)을 투자하여 컨테이너부두 등 64선석, 항만배후도로 10.45Km, 항만배후단지 1,420천㎡을 완공·운영 중에 있으며, 평택·당진항을 자동차· 잡화·양곡·제철 등 배후산단 지원 및 대중국 수출·입 화물 처리를 위한 환황해권 거점 항만으로 육성할 계획이다.

(3) 목포신항 개발

목포신항은 대중국을 중심으로 한 대외교역 전진기지로 육성하고 인근 대불 및 삼호산업단지 지원항만으로 개발하고자 1993년부터 2040년까지 총 1조 4,519억원(재정 8,642억원, 민자 5,877억원)을 투자하여 안벽 10선석, 도로 7.358km, 배후단지 1,061천㎡ 등을 건설하여 연간 하역능력 16,642천RT톤을 확보하는 계획으로 추진중에 있다.

2023년까지 8,900억원(재정 6,312억원, 민자 2,588억원)을 투입하여 다목적 부두 3선석과 철재부두 1선석, 양곡부두 1선석, 시멘트부두 1선석, 준설토 투기장 및 안벽(자동차 및 석탄부두 등)을 완공·운영중이며, 목포신항을 조선·철강·자동차 등 지역 핵심산업을 지원하는 서남권 거점항만으로 육성할 계획이다.

(4) 울산신항 개발

울산신항은 장래 석유의 비축·트레이딩·환적 등을 위한 오일허브로서의 기능과 울산지역 항만 물동량의 원활한 처리를 위해 개발되고 있는 산업항만으로서, 배후 교통망 정비·확충, 항만배후단지 개발로 고부가가치 유류 및 물류 인프라로 육성 중에 있다.

울산신항은 1995년부터 2040년까지 총 9조 6,408억원(재정 3조 2,808억원, 민자 6조 3,600억원)을 투자하여 안벽 최대 20만톤급 등 40선석, 방파제 11.64㎞ 및 호안 7.5㎞ 등을 확보할 계획이다.

2023년까지 5조 8,577억원(재정 2조 6,725억원, 민자 3조 1,852억원)을 투입하여 최대 5만톤급 부두 22선석, 방파제 7.79Km, 배후도로 2.49Km를 완공·운영중이며, 울산신항을 북방지역 에너지 물류(원유-천연가스) 거래 활성화에 대비한 동북아 오일·가스 에너지 허브 항만으로 구축할 계획이다.

(5) 포항영일만항 개발

대북방 교역에 대비한 환동해권의 국제물류 거점항만으로 개발하고자 1992년부터 2040년까지 총 2조 8,463억원(재정 2조 3,799억원, 민자 4,664억원)을 투자하여 안벽 최대 5만톤급 17선석, 방파제 8.7㎞, 배후도로 9.76㎞, 철도 11.3㎞, 어항 및 기타시설 1식 등을 단계적으로 추진중에 있다. 포항영일만항 개발이 완료될 경우, 연간 하역능력 1,296RT톤을 확보하게 된다.

2023년까지 총 1조 7,188억원을 투자(재정 1조 5,220억원, 민자 1,968억원)하여 컨테이너 부두 2선석, 잡화부두 4선석, 국제여객 부두 1선석, 방파제 등 외곽시설 6.76Km, 배후도로 9.68Km, 철도 11.3Km를 완공 운영 중에 있으며, 포항영일만항을 배후 제철산업 지원 및 환동해권 대북방 물류·관광거점 항만으로 육성할 계획이다.

5. 항만재개발

가. 추진배경

항만과 배후도시의 성장, 선박의 대형화 및 화물의 컨테이너화 등의 물류환경 변화는 자연스럽게 신항만 건설을 유도하고 기존 항만의 기능적 노후화 및 유휴화를 가속화시키게 되었다.

반면 국민소득의 지속적 향상, 주5일 근무제 확산 등으로 국민들의 여가 활동과 쾌적한 환경에 대한 수요가 크게 증대하면서 이러한 기존 노후·유휴 항만의 적절한 개발과 활용에 대한 요구도 더욱 증가하게 되었다.

이에 정부는 노후 항만과 그 주변지역의 동반 성장을 유도하고 증가하는 레저 및 관광 수요에 부합하는 대규모 워터프론트(Waterfront) 개발을 추진하고자 항만재개발 사업을 추진하고 있다. 이를 통해 노후 항만이 주변도심의 발전을 저해하는 요소에서 지역 성장을 견인하는 경제거점으로 기능하도록 하고, 접근이 제한적이었던 수변공간을 시민의 친수 여가 공간으로 제공하는 등 항만 지역의 지속적 발전에 기여할 수 있도록 하고자 한 것이다.

더불어 각종 항만공사로 인하여 새로이 조성되는 준설토 투기장의 경우에도 배후도시와 연계하여 산업, 주거, 상업, 관광 등 도시기능을 갖춘 단지로 개발하여 지역 경제 활성화에 기여하고자 항만재개발 사업의 일환으로 추진하게 되었다.

나. 항만재개발 기본계획 수립 등 정책 추진 기반 조성

정부는 노후·유휴 항만을 지속적으로 관리하고 항만재개발을 효율적으로 추진하기 위해 '항만과 그 주변지역의 개발 및 이용에 관한 법률'을 제정('07.5)하고, 10년 주기 법정계획인 '제1차 항만재개발 기본계획'을 수립·고시('07.10)하였다.

이후 '09년 6월에는 민간투자 활성화를 위한 민간공모 제도 등을 반영하기 위한 법 개정을 추진하면서 항만개발과 재개발을 효율적으로 관리하기 위해 유사법령인 「항만법」과 통합하게 되었다.

'07년 고시된 제1차 항만재개발 기본계획에서는 항만시설의 노후 및 유휴정도, 대체항만 유무, 개발시기, 도시계획적 잠재력, 정책과의 연관성 및 개발 후 파급효과 등을 종합적으로 검토하여 10개 항 11개소의 항만재개발 예정구역을 결정·고시하였으며, 이후 지자체 요청에 따라 1개 항만(고현항)을 '09년 4월 추가 고시하였다.

또한 '07년에 최초 수립된 항만재개발 기본계획에 대해 그 타당성을 재검토하고 노후·유휴한 항만시설과 준설토 투기를 통해 새로이 조성된 항만부지에 대한 항만재개발사업을 활성화하기 위하여 '제1차 항만재개발 기본계획 수정계획'을 '12년에 수립·고시하였으며, 재개발대상 예정지구를 총 12개 항만 16개소로 확대하였고, 항만재개발 사업구역에 대한 토지이용계획 수립 시 포괄적 지구단위 개념을 도입하였다.

그러나 이후 세계 경제위기 여파에 따른 민간PF 침체 등 항만재개발 사업의 모멘텀이 약화되면서 대다수의 예정지역이 실질적인 사업시행의 단계에 이르지 못하고 전반적으로 부진을 면치 못하였다.

이에 민간 참여를 보다 활성화하고 1차 항만재개발 기본계획 수정계획에 반영되지 않은 지역 중 지자체·주민의 지속적인 재개발 요구를 검토·수용하여 '16년 10월 '제2차 항만재개발 기본계획'을 수립하였다.

제2차 항만재개발 기본계획에서는 기존의 제1차 항만재개발 기본계획 수정계획상 토지이용계획에서 도입한 포괄적 지구개념을 도입하되 기존 계획에서 일부 대상구역의 입지여건이나 개발방향, 공공시설 정비 대상과 부합되지 않는 지구계획이 있는 것으로 판단되어 토지이용계획을 변경하였고 광역교통 거점도시와 연계한 새로운 성장축 구축방안과 정부의 '지역행복생활권'을 고려한 지역밀착형 사업방안을 모색하였다.

또한, 기존 12개 항만 16개소에 광양항 3단계 투기장, 구룡포항 투기장 등을 추가하여 총 13개항 19개 대상지가 선정되었으며, 총 개발면적이 18,963천㎡, 상부 건축비를 제외한 총사업비는 7조 30억원 규모였다.

2020년에는 항만과 그 주변지역을 체계적·효율적으로 개발할 필요성이 증대됨에 따라, 복합시설용지 제도를 도입하고 지리적으로 연접하지 아니한 둘 이상의 항만구역과 주변지역을 결합하여 하나의 사업구역으로 지정할 수 있도록 하는 등 항만 재개발 사업의 추진 및 지원체계를 강화하고, 항만과 그 주변지역의 경쟁력을 제고하기 위하여 「항만법」에서 항만 재개발 관련 내용을 분리하여 「항만 재개발 및 주변지역 발전에 관한 법률」을 제정('20.1.29., 시행 '20.7.30.)하였다.

또한, 제3차 항만재개발 기본계획을 수립('20.12 고시)하면서 그간의 과도한 수익성 추가와 공공성 훼손 논란 등을 고려하여 공공성 강화를 위한 원칙과 사업별 가이드라인, 사업자 선정 원칙, 지역참여 촉진을 위한 구체적인 방안과 다양한 제도개선 내용을 담았다. 대상 사업은 기존 13개항 19개 대상지에서 현지 여건 등으로 사업 추진이 곤란한 군산항 내항, 서귀포항 2개소와 완료된 동해·묵호항 묵호지구 1단계 등 3개 대상지를 제외하고 장항항, 군산항 금란도 투기장, 울산항 매암동 등 3개소를 신규 반영하여 14개 항만 19개 대상지를 선정하였으며, 총 개발면적은 2,121만㎡, 투자 규모(상부시설 제외)는 6조 8천억 원이다.

〈표 2-6-50〉 제3차 항만재개발 기본계획 대상지(2020.12 고시)

대상 항만	대상지	면적(천㎡)	총사업비(억원)	비고
인천항	영종도 투기장	3,327	4,076	공사중
	내항 1·8부두	453	5,003	추진중
대천항	대천항	331	3,653	-
장항항	장항항	58	275	-
군산항	금란도 투기장	2,022	4,344	-
목포항	내항	27	183	-
	남항 투기장	380	1,835	-
제주항	내항	389	2,125	-
광양항	묘도 투기장	3,121	2,528	공사중
	3단계 투기장	4,331	7,190	추진중
여수항	신항	798	5,669	완료
고현항	고현항	833	6,965	공사중
부산항	북항 1단계	1,533	24,221	공사중
	북항 2단계	2,199	25,113	추진중
	용호부두	40	303	-
울산항	매암동	99	327	-
포항항	구항	174	1,336	-
구룡포항	구룡포항 투기장	39	153	-
동해·묵호항	동해·묵호항(2단계)	1,056	1,415	-
합계		21,210	68,276 (96,714)	(기 투자 28,438 포함)

자료 : 해양수산부 항만국

〈그림 2-6-11〉 항만재개발 대상구역 위치도

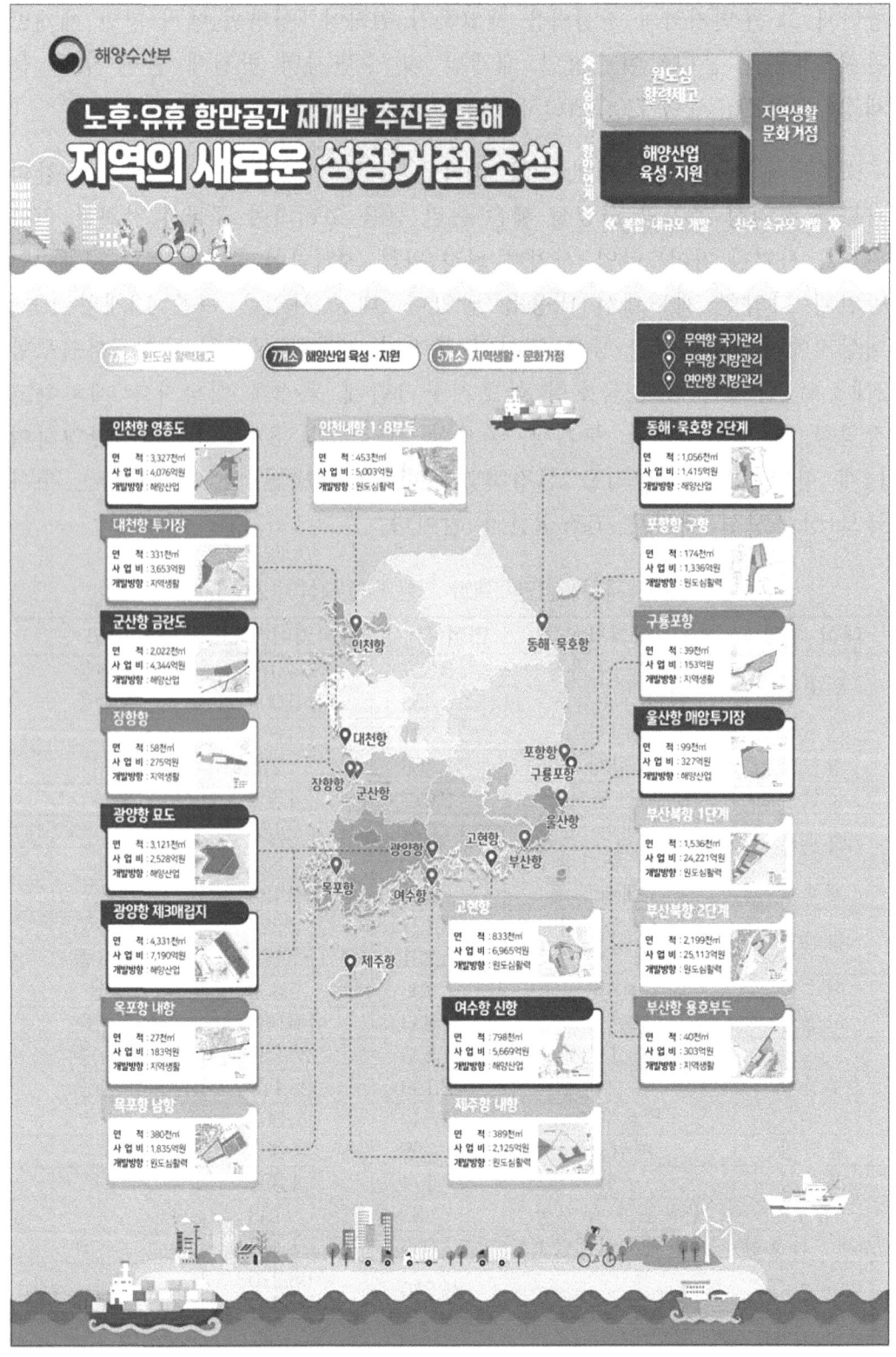

다. 부산북항재개발 사업 추진 활성화

항만재개발 사업 중 가장 선도적으로 추진되고 있는 부산북항 재개발 사업은 1단계사업, 2단계사업 및 장래사업으로 구분하여 시행중이다. 1단계 사업은 노후화되고 기능이 저하된 기존 1~4부두, 중앙부두 지역을 국제적인 해양관광거점이자 비즈니스·물류거점으로 재개발하고, 2단계 사업은 북항 일대의 항만·철도·배후부지를 결합 개발하여 금융, 비즈니스 및 R&D가 특화된 국제교류 중심지로 재개발함으로써 지역경제발전의 신성장동력을 확보하고자 하는 사업이다.

〈표 2-6-51〉 부산북항 재개발 사업 개요 (2023년말 기준)

```
<1단계>
◇ 사업목적 : 친수공간 및 국제 해양관광, 비즈니스·물류거점 조성
◇ 사업기간 : 2008 ~ 2027
◇ 사 업 비 : 약 2조 8,970억원(정부, BPA, 부산시)
◇ 사업구역 : 북항 1~4부두 및 중앙부두, 여객부두
◇ 사업규모 : 155만㎡(육상 102만㎡, 해상 53만㎡)

<2단계>
◇ 사업목적 : 금융, 비즈니스 및 R&D가 특화된 국제교류 중심지 조성
◇ 사업기간 : 2020 ~ 2030
◇ 사 업 비 : 약 4조 636억원(예타결과)
◇ 사업구역 : 북항 자성대부두, 부산역 조차장, 부산진역 CY, 배후부지
◇ 사업규모 : 228만㎡(육상구역 157만㎡, 해상구역 71만㎡)
```

〈그림 2-6-12〉 부산항 북항 재개발사업 구분

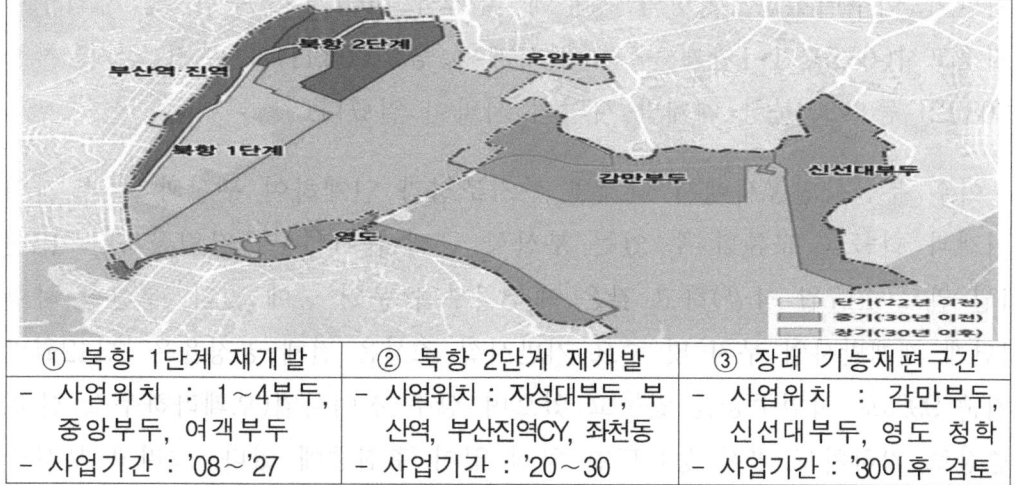

① 북항 1단계 재개발	② 북항 2단계 재개발	③ 장래 기능재편구간
- 사업위치 : 1~4부두, 중앙부두, 여객부두	- 사업위치 : 자성대부두, 부산역, 부산진역CY, 좌천동	- 사업위치 : 감만부두, 신선대부두, 영도 청학
- 사업기간 : '08~'27	- 사업기간 : '20~30	- 사업기간 : '30이후 검토

무엇보다 부산북항 재개발사업은 우리나라 항만역사상 최초로 시도되는 항만재개발사업으로 그 의의가 매우 큰 사업이며 향후 추진될 항만재개발사업의 모델로서도 그 의미가 크다고 하겠다.

부산북항의 재개발 필요성에 대하여는 오래전부터 논의가 있어왔는데 특히 '95년부터 도시 외곽지역인 가덕도 북측지역에 부산항 신항이 개발되기 시작함에 따라 시설이 노후되고 경쟁력이 떨어지는 부산북항 재래부두의 기능을 신항으로 이전하고 재개발을 하여야 한다는 의견이 대두되기 시작했다.

〈그림 2-6-13〉 부산북항재개발 사업구역 시행전 현황 (2008. 기준)

1단계 사업은 '04년 노무현 정부 출범시부터 본격적인 논의를 거쳐 마스터플랜 수립('07.7), 항만재개발 기본계획 반영('07.10) 등 사업 시행 기반이 이루어졌고, 이명박 정부에 들어서 사업계획 수립 및 사업구역 지정고시('08.5), 1-1단계 구간 실시계획 승인('08.11)과 부지 공사 착공('08.12) 등으로 북항 재개발 사업의 서막이 열렸다.

이후 부산항만공사에서 단계별 부지조성과 연계하여 부산과 일본 간의 여객과 화물을 교류할 수 있는 부산항 국제여객터미널 건립공사를 '15년 1월 완료('12.7월 착공)하고 같은 해 8월부터 운영 중에 있다. 부산항 북항 1단계 재개발사업 부지 및 주요 기반시설 조성은 전체 공정율은 '23.12월말 기준 99%로 사업준공을 앞두고 있으며 상부 잔여사업(오페라하우스 신축, 충장로 지하차도 공사 등) 또한 차질 없이 추진중에 있다. 그리고 부산항

북항 1단계 재개발사업의 가시적 성과를 국민들이 체감할 수 있도록 문화공원 26천㎡ 등을 '21.12월 우선 개방 하였으며, '22년 5월 문화공원 잔여 구간 115천㎡, 경관수로 1.25㎞ 등도 2차 개방하여 시민들의 많은 호응을 이끌었다.

〈그림 2-6-14〉 부산북항재개발 1단계 사업 국민개방 구역도

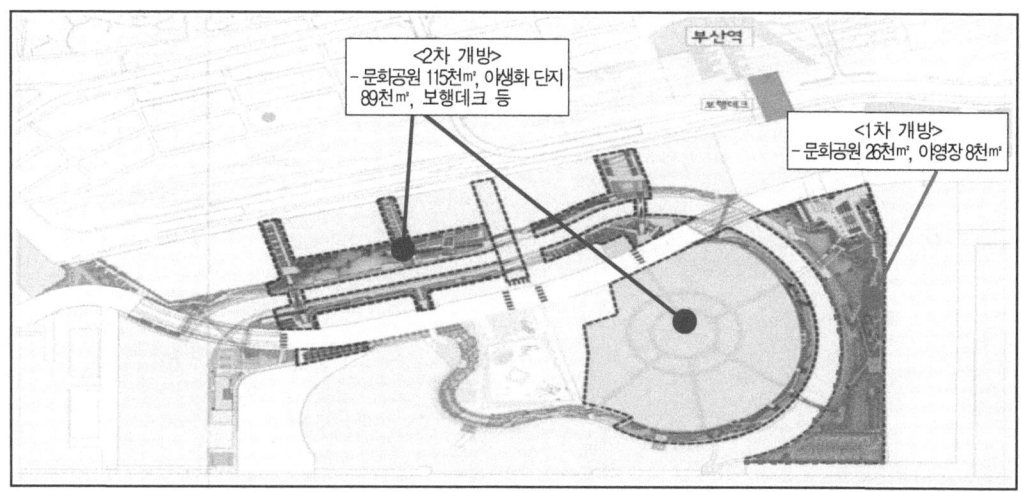

또한 정부재정지원이 당초에는 외곽시설 호안축조공사에 한정되었으나, '08년 12월에 침체된 경기부양을 위해 추진된 국토해양부의 한국형 뉴딜 프로젝트 10개 사업에 본 사업이 포함된 이후 국제여객부두('14.11월 준공)와 충장로 지하차도('19.10월 착공)까지 재정지원이 확대되면서 사업이 더욱 활성화되는 계기가 되었다.

〈그림 2-6-15〉 부산북항 1단계 재개발 사업시행 조감도 (2023. 기준)

부산항 북항 1단계 사업구역 내 상부시설 개발 계획은 민간사업자 공모가 경기 침체 등으로 유찰('09.9)되는 등 사업 추진이 지연되기도 하였으나, 이후 IT영상전시지구('15.12.), 환승센터('16.12.) 및 상업업무지구('18.12.) 민간사업자가 유치되었으며, 생활형숙박시설인 협성마리나G7이 '21.5월에 준공하는 등 재개발 사업 지역 활성화 단계에 들어섰다.

<그림 2-6-16> 부산북항재개발 사업계획 토지이용계획(2023.12)

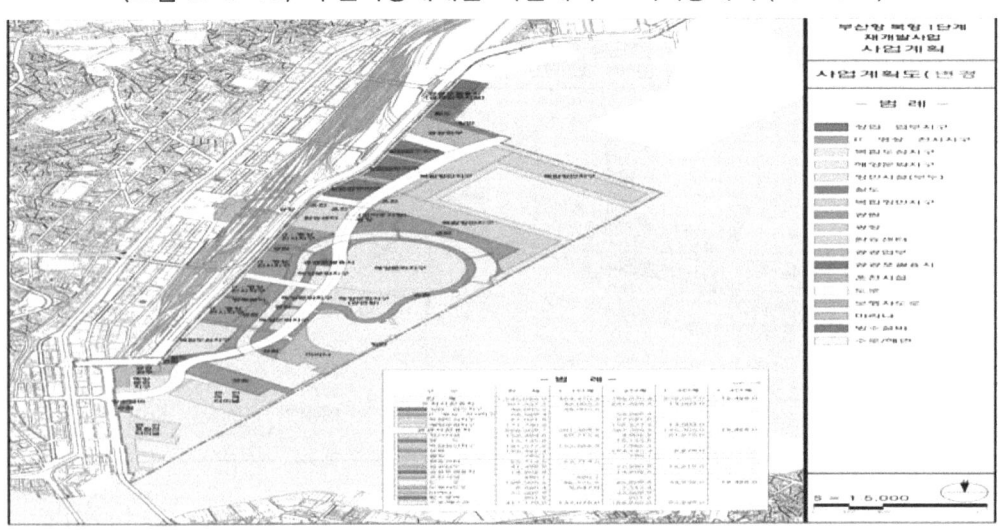

향후 정부와 부산시 및 부산항만공사(사업시행자)는 잔여 부지와 기반시설(도로, 공원, 트램 등), 상부 집객시설(마리나, 오페라하우스, 환승센터) 설치 등을 내용으로 북항 1단계 재개발 사업을 추진할 계획이다.

북항 2단계 사업의 추진 전략은 ⅰ) 글로벌 경쟁력을 갖춘 국제교류 중심지 육성, ⅱ) 신해양산업 육성을 위한 컴팩트 복합도심 조성, ⅲ) 원도심과 연계 및 상생발전 도모, ⅳ) 더불어 사는 문화허브 및 정주공간 마련, ⅴ) 지속가능한 친환경 생태도시 조성이다. 북항 1단계와 연계하여 원도심 재생을 위해 기본구상 수립('17.12) 및 기본계획을 고시('19.2) 후 사업시행자 공모(1차 '19.10., 2차 '20.2.) 및 우선협상대상자를 선정('20.7.)하고 협상을 완료('20.12.) 하였다. 이어 북항 2단계 사업은 정부 예비타당성조사 대상사업으로 선정('21.8.)되어 약 1여년만에 최종 통과('22.10.)하였으며, 면적은 228만㎡으로 (육상구역 157만㎡, 해상구역 71만㎡) 사업비 약 4조 4천억 원을 투입하여 부지조성 및 기반시설을 2027년까지 완료하고 상부의 주요 시설들도 단계적으로 유치해나갈 계획이다.

〈그림 2-6-17〉 부산북항 2단계 조감도

〈그림 2-6-18〉 부산북항 2단계 토지이용계획(부산시컨소시엄(안), '20.5.)

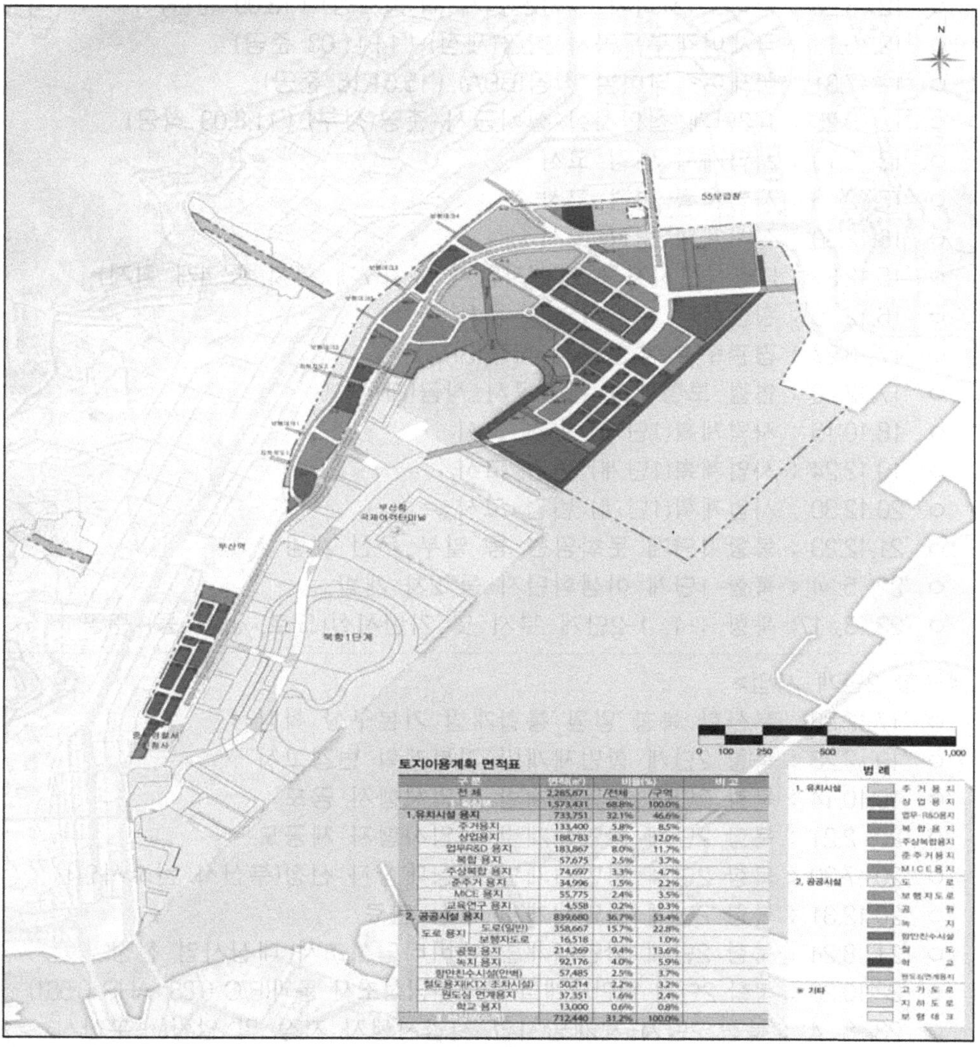

〈표 2-6-52〉 북항 재개발사업 주요 추진경위 ('08~'23)

<북항 1단계 사업>
- '08. 4.17 : 도시관리계획결정(중도위 원안의결)
- '08. 5.19 : 사업계획수립 및 사업구역지정 고시
- '08.11. : 실시계획승인(1-1단계)
- '08.12. : 작업장조성공사 착공(BPA)
- '09. 2.23 : 외곽시설축조 공사 착공(재정) ('15.12.31 준공)
- '10. 1.20 : 1-1단계 부지조성공사 착공(BPA) ('16.12.29 준공)
- '11. 1.31 : 1-2단계 부지조성공사 착공(BPA) ('15.02.16 준공)
- '11. 5. : 국제여객부두 축조공사 발주(착공 8월, 재정)
- '11. 6. : 국제여객터미널 건축공사 일괄입찰 공고(BPA)
- '11.12.29 : 국제여객터미널 건축공사 실시설계 적격자 선정
- '12. 2.20 : 국제여객부두 2단계 공사 발주(착공 6월, 재정)
- '12. 3.27 : 충장로 지하차도 기본설계 착수(재정) ('13.09 준공)
- '12. 5.18 : 국제여객부두공사 착공(재정) ('14.11.03 준공)
- '12. 7.31 : 국제여객터미널 착공(BPA) ('15.01.16 준공)
- '12. 9.25 : 1-2단계 접안시설 설치공사 준공(정부) ('11.8.03 착공)
- '13. 9.10 : 사업계획 변경 고시
- '15. 2. 5 : 사업계획 변경 고시
- '15.12.30 : 실시계획 변경 고시
- '15.12.31 : IT영상전시지구 개발사업자 유치(7개 획지 중 4개 획지)
- '16.12.29 : 환승센터 개발사업자 유치
- '17. 3.27 : 경관수로 호안공사 착공(BPA)
- '17.12.20 : 연결 보행데크 건설공사 착공(BPA)
- '18.10.15 : 사업계획(1단계) 변경 고시
- '19.12.24 : 사업계획(1단계) 변경 고시
- '20.12.30 : 사업계획(1단계) 변경 고시
- '21.12.23 : 북항 1단계 문화공원 등 일부 우선 개방
- '22. 5. 4 : 북항 1단계 야생화단지 등 2차 개방
- '23. 3. 17: 북항 1-1, 1-2단계 부지 및 기반시설(도로, 공원 등) 준공

<북항 2단계 사업>
- '17.12.28 : 부산항 북항 일원 통합개발 기본구상 확정
- '19. 2.28 : 북항 2단계 항만재개발 기본계획 변경고시
- '19.10.14 : 북항 2단계 항만재개발 사업시행자 공모
- '20. 2.21 : 북항 2단계 항만재개발 사업시행자 재공모
- '20. 7.30 : 북항 2단계 항만재개발 협상대상자 선정(부산시 컨소시엄)
- '20.12.31 : 북항 2단계 항만재개발 협상 완료
- '21. 8.24 : 북항 2단계 항만재개발 예비타당성조사 대상사업 선정
- '22.10.26 : 북항 2단계 항만재개발 예비타당성조사 통과(B/C 0.88, AHP 0.561)
- '23. 8. 4. : 북항 2단계 재개발사업 사업시행자 지정 및 알림(→부산시)

라. 기타 항만재개발 추진

'제1차 항만재개발 기본계획 수정계획(2012.4)'에서는 12개 항만 16개소가 재개발 대상지역으로 선정되었으며, 그 중 여수엑스포가 개최되었던 여수항 재개발 사업이 완료되었고, 부산북항 1단계와 고현항 2곳이 착공되었으며, 영종도 투기장 및 묘도 투기장, 동해·묵호항 묵호지구 1단계 항만재개발 사업을 제외한 나머지 사업구역은 기존 시설의 이전 등 항만기능 재배치와 사업 여건이 열악하여 민간 참여가 다소 저조한 상황이었다.

이에 노후·유휴 항만의 재개발을 통해 정부의 지역특화 발전정책 가시화는 물론 배후 도시의 성장수요를 능동적으로 수용하기 위하여 제2차 항만재개발 기본계획을 통해 항만별 여건을 고려한 차별화된 계획을 부여하고 토지이용계획의 융통성을 부여하는 등 사업 활성화를 위해 지속적으로 노력하였다.

특히, 제1차 항만재개발 기본계획 수정계획에서 제시한 항만별 재개발 계획이 지역실정에 걸맞는 토지이용구상 등이 제대로 반영되지 않은 채 친수·관광형 해양도시 일변도의 토지이용계획으로 수립되어 항만과 그 주변지역의 노후화 및 슬럼화, 항만과 도시간 상충 등의 문제점이 야기되었다.

이에 따라 원도심과 주변지역의 갈등해소 및 지역적 특성과 연계하는 재개발 사업 추진 등 기존 기본계획에서 발생한 문제점과 해결책을 제시하기 위한 제2차 항만재개발 기본계획을 수립하고 이에 따른 기타 항만의 재개발도 활성화 될 수 있는 계기를 마련하였다.

현재 "제3차(2021~2030) 항만재개발 기본계획"에 따라 부산항 북항 1단계를 포함하여 14개 항만 19개 사업을 대상으로 재개발 사업이 활발히 진행되고 있는 상황으로 지금까지 진행되고 있는 항만재개발 대상 항만별 추진상황은 다음과 같다.

인천내항 1·8부두 재개발은 '13년 8월부터 사업계획 수립을 위한 설계 용역을 시행하여 '15년 3월 사업계획을 고시하고 '15년 4월과 '16년 4월 사업시행자 공모를 시행하였으나, 낮은 사업성 등으로 인하여 민간 참여 업체가 나타나지 않아 공공개발 방식으로 추진하기 위하여 인천광역시, 한국토지주택공사, 인천항만공사가 사업에 참여하도록 추진하여 '16년 12월 기본업무협약을 체결하였으며, 인천내항 마스터플랜수립용역을 '18년 12월 완료하였다. LH가 사업성 이유로 참여 포기('19.7)하면서 IPA 단독 추진 결정('20.1) 및 사업계획(안) 제출('20.9)에 따라 제3자 공모('21.3~6)를 시행하였으나, 추가 제안자가 없어 IPA가 제출한 사업계획서를 바탕으로 실시협약을 체결하여 예비타당성조사 중 인천시(인천도시공사 포함) 사업 참여에 따라 예비타당성조사를 철회하고, 새로운 공동사업시행자(IPA-인천시-인천도시공사)의 사업계획서 제안('23.12)에 따라 '25년 착공 목표로 사업시행자 지정, 사업계획 마련 등 행정절차를 진행할 예정이다.

인천 영종도 준설토 투기장의 경우 '12년 9월 민간 기업으로부터 총 면적 3,161천㎡의 부지에 약 2조 4백억원의 사업비를 투자하여 종합관광·레저단지 및 친환경 해양공간으로 조성하기 위해 최초 제안되었으며, '14년 7월 사업시행자를 지정하고 '14년 12월 사업계획을 수립하였으나, 교통체계 개선 등이 필요함에 따라 관계기관 협의 등을 거쳐 '16년 4월 사업계획을 변경하였으며, '17년 12월 실시계획을 승인하고 '19.03월 착공하여 공사 진행중에 있다. 상부시설 투자유치를 위해 전략적인 홍보를 적극적으로 추진하고 있다. '21년 12월 1단계 부지조성을 완료하였으며, '23년 7월 2단계 부지 조성을 완료하였다.

광양항 묘도 준설토 투기장은 여수국가산단 진입도로 개통('13.2)으로 충분한 부지면적과 접근성이 대폭 개선되어 민간기업 등의 투자관심이 고조되고 광양만권의 산업단지와 연계한 개발 잠재력이 풍부한 것으로 평가받고 있다. 이로 인해 개발선점을 위한 공공기관 간 과다경쟁 및 가격이 저렴한 이점을 활용한 토지매각 요구 등 관심이 높아짐에 따라 민간 등 사업시행자에게 균등한 참여기회를 제공하기 위하여 정부에서 직접 공모('13.10~'14.3)하여 사업시행자를 선정하고 실시협약을 체결('15.2)하였으며, 사업계획 수립('16.2) 및 실시계획 승인('16.12)을 거쳐 '18년 4월 본격적인 공사를 착공하여 추진 중에 있다. 착공 이후 탈석탄·친환경 정책기조에 따라 상부시설 계획을 석탄발전 및 유류저장에서 LNG 발전 및 저장으로 변경('19.7)하여, 상부시설로 LNG 탱크(20만㎘ 2기)를 투자 유치하여 '20년 10월 및 '21년 1월 각각 착공하였으며, 산업부로부터 집단에너지 공급사업을 위한 집단에너지 공급대상지역으로 지정('20.12) 받았다. '21년 LNG 탱크(20만㎘ 2기) 추가 설치를 위한 공사계획 승인('21.9), 및

LNG부두(10만톤급 1선석) 신설을 위한 비관리청항만공사 시행허가('21.8)를 완료하였으며, 집단에너지 사업허가 신청('21.4) 등 상부시설의 사업을 위한 인·허가를 추진 중에 있다. 또한, 기계약된 발전부지의 준공 전 사용 및 개발행위허가를 승인('22.4)하여 공사가 진행중이며, '22년 공사공정률 41.8%로 사업 추진 중에 있다.

거제 고현항 재개발은 거제의 새로운 경제 거점 도시 조성을 위해 민간 기업에서 '13년 6월 14일 사업제안서가 제출되어 총 833천㎡의 사업 면적에 총사업비 약 7,000억원을 투자하여 '25년까지 완료를 목표로 추진 중에 있으며, 사업협상 및 사업계획 수립('14.8) 등을 완료하고 '15년 9월 착공하여 18.6월 1단계, '20.6월 2단계 준공을 하고 '19.12월 3단계 사업을 착공하여 '24.1월 준공예정이다.

광양항 3단계 준설토 투기장은 광양만권의 부족한 사업용지 공급 및 고부가가치 글로벌 해양산업 거점단지 조성을 위하여 준설토 투기장 433만㎡ 중 '21년 준설토 투기가 완료되는 33만㎡에 대해 항만재개발을 우선 추진하기로 하고, 사업시행자 공모('18.7), 우선협상대상자 지정('18.12), 실시협약 체결('19.7) 및 예비타당성 조사('20.8)를 거쳐 사업계획을 수립('20.12)하여 '23.7월 착공하여 정상 추진 중에 있다.

6. 마리나항만

가. 마리나항만 기본계획

해양수산부는 제1차 마리나항만 기본계획을 2010년 1월, 기본계획 수정계획을 2015년 7월, 마리나항만 개발수요 추정 및 예정구역 선정, 마리나항만 중장기 정책방향을 제시한 제2차 마리나항만 기본계획을 2020년 5월 수립·고시하였다.

마리나항만 기본계획은 '마리나항만의 조성 및 관리 등에 관한 법률('09.12.10 시행)' 제4조에 근거하여 마리나 항만의 합리적인 개발 및 이용을 위해서 해양수산부장관이 10년 단위로 수립토록 한 국가 계획이다.

2020년부터 2029년까지 적용되는 제2차 마리나항만 기본계획은 마리나항만의 중·장기 정책방향에 관한 사항, 마리나항만 입지지표 등 마리나항만구역 선정기준 및 개발 수요 등에 관한 사항, 마리나항만의 지정·변경 및 해제에 관한 사항, 마리나 관련 산업의 육성에 관한 사항(마리나항만 예정구역의 위치)을 담고 있다.

제2차 마리나항만 기본계획에서는 운영 중이거나 거점형 마리나항만으로 개발이 진행되고 있는 8개소를 마리나항만 구역으로, 권역별 후보지에 대하여 평가지표에 따른 개발 우선순위를 검토하여 70개소의 마리나항만 예정구역을 선정하였다.

기본계획 고시(2020.5.) 이후 거점형 마리나항만 개발을 위해 안산 방아머리 마리나항만구역을 추가 지정·고시(2022.06.)하여 현재 10개소의 마리나항만 구역이 지정되어 있으며, 마리나항만 개발수요에 따라 추가 마리나항만 구역을 지정할 계획이다.

마리나항만 예정구역은 사업계획 수립 시 사업사업자가 창의적으로 도입 시설 및 배치계획 등을 구상할 수 있도록 그 위치만을 고시하였고, 향후 민간·지자체 등 마리나항만을 개발하고자하는 사업자가 사업성 있는 구역을 직접 선정할 수 있도록 할 계획이다.

마리나항만을 개발하기 위해서 필요한 사업비는 사업시행자 자체 조달을 원칙으로 하고, 국가 또는 지자체는 '마리나항만의 조성 및 관리 등에 관한 법률'에서 규정하고 있는 방파제, 도로 등 주요 기반시설에 대해 일부 지원이 가능하다.

마리나 항만별 총사업비 및 국비 등의 지원 규모는 사업계획 수립시 세부적인 검토와 타당성 분석을 통해서 최종 확정될 계획이다.

기본계획은 10년마다 마리나항만의 합리적인 개발과 이용을 위해 중장기 개발방향을 수립하며, 수립된 기본계획을 5년 단위로 타당성을 검토한다. 항만별 구체적인 개발계획은 사업계획에서 마련하며 중앙부처 또는 시도지사가 여건변화 등을 이유로 기본계획 변경을 요청할 경우 법적 절차를 거쳐 변경하도록 되어있다.

나. 마리나항만 개발사업

마리나항만 개발사업의 사업계획은 해양수산부장관이 직접 수립하거나 지방자치단체, 공기업, 일정 요건을 갖춘 민간투자자 등이 사업계획(안)을 작성하여 해양수산부장관에게 제안할 수 있다. 제안의 경우 제3자 공모 등 적법한 절차를 완료하고 해양수산부장관의 승인을 거쳐야 한다.

2013년부터 정부는 동해·서해·남해 주요 거점지역에 CIQ(세관, 출입국, 검역) 기능을 갖춘 국제적 수준의 거점형 마리나항만 개발사업을 추진하고 있다. 거점형 마리나항만 개발사업은 지방자치단체나 민간사업자가 사업시행자가 되고, 국가는 방파제, 호안 등 기반시설 조성에 대해 재정지원을 한다(개소당 300억원 미만). 전국 5개소(울진 후포, 안산 방아머리, 여수 웅천, 창원 진해명동, 부산 해운대)에서 사업이 진행 중에 있으며, 2015년 10월에 실시협약을 체결한 울진 후포는 2016년 6월 가장 먼저 사업을 착공하였으며, 2019년 11월 1단계 사업(기반시설)을 완공하고 2022년 8월 2단계 사업(계류시설, 건축물 등) 준공하였다. 그리고 안산 방아머리, 여수 웅천 2개소는 2016년 2월 실시협약 체결 후 각 2020년 4월, 6월 사업계획을 승인하였고, 창원 진해명동은 2016년 11월 실시협약 후 2018년 10월 사업계획 및 마리나항만구역 지정 고시되어 2020년 3월 착공하였다. 부산 해운대는 2016년 11월 실시협약을 체결하고 2019년 12월 해양수산부에 사업계획 승인을 요청하였다.

한편, 마리나항만 개발사업 활성화를 위하여 마리나항만구역 내 주택 분양이 가능하도록 마리나시설에 주거시설 추가, ('12.10 시행령 개정공포) 공유수면 점사용료 감면(100% 감면, 2020.12.31.까지) 확대(2015.3. 시행령 개정시행), 공유수면매립기본계획 의제처리(2015.5 법 개정시행), 선수금 제도 도입(2017. 6. 시행령 개정시행) 등 제도개선을 추진하였다. 향후에도 마리나항만 투자여건 개선을 위한 법적 근거 마련 등 해양레저스포츠 문화정착 및 활성화 지원 정책을 지속 추진할 계획이다.

〈그림 2-6-19〉 전국 마리나항만 개발 예정구역

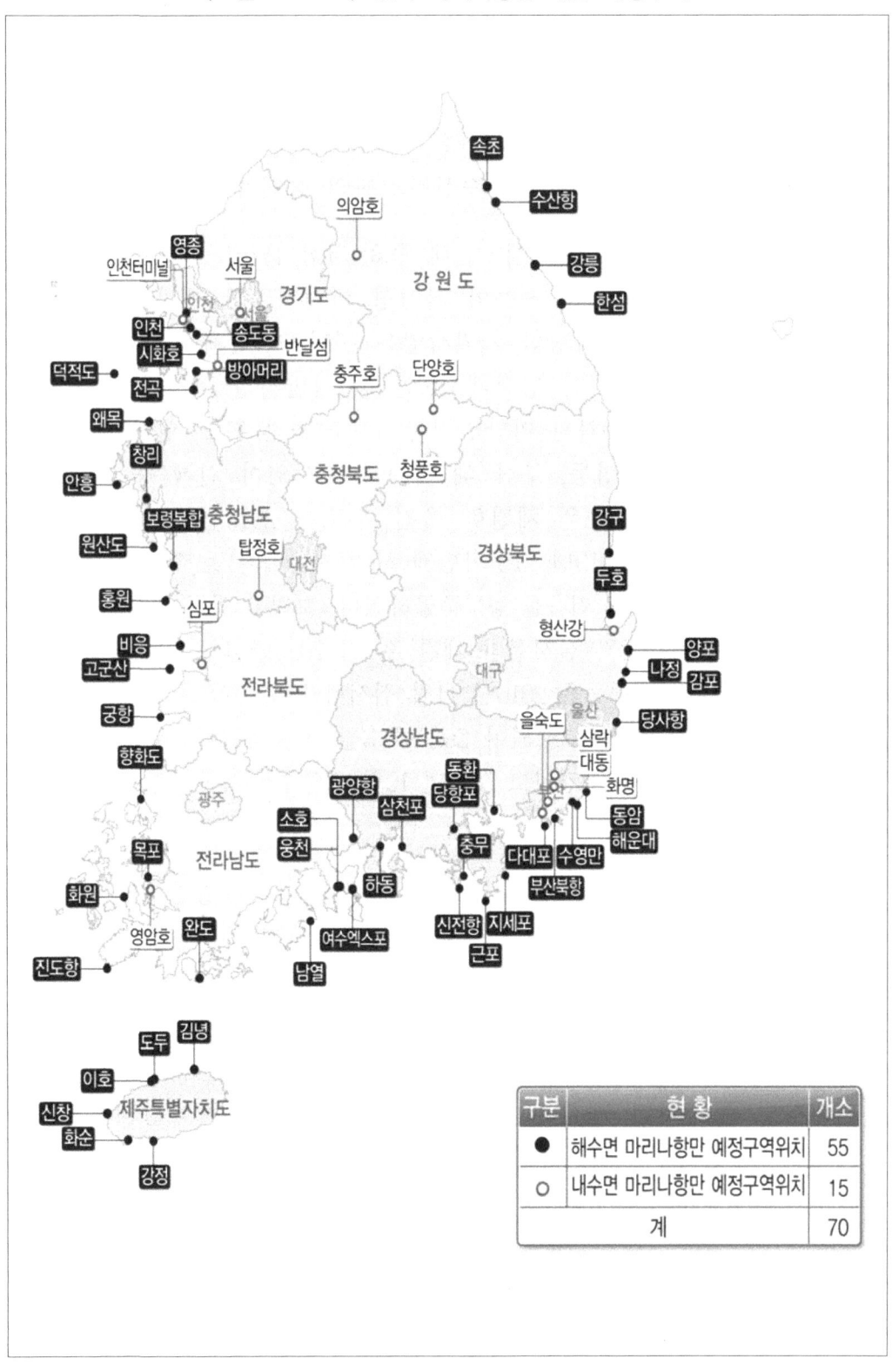

제7장 물관리정책

제1절 수자원장기수급계획

1. 수자원 현황

가. 강수량

우리나라는 기후구분 기준에 의하면 아시아 몬순지대에 속하며, 계절별, 지역별, 연도별 편차가 큰 특성을 가지고 있다.

연평균(1989~2018년) 강수량은 1,252㎜으로 55.4%(693.9mm)가 여름에 집중되며, 홍수기의 변동으로 연간 강수량 변동성도 큰 편이다.

또한, 고위도로 갈수록 강수가 감소하는 경향을 보이고 있으며, 남해안에서 최대강수 발생한다.

〈그림 2-7-1〉 주요 강우지점의 연강수량 편차 비교

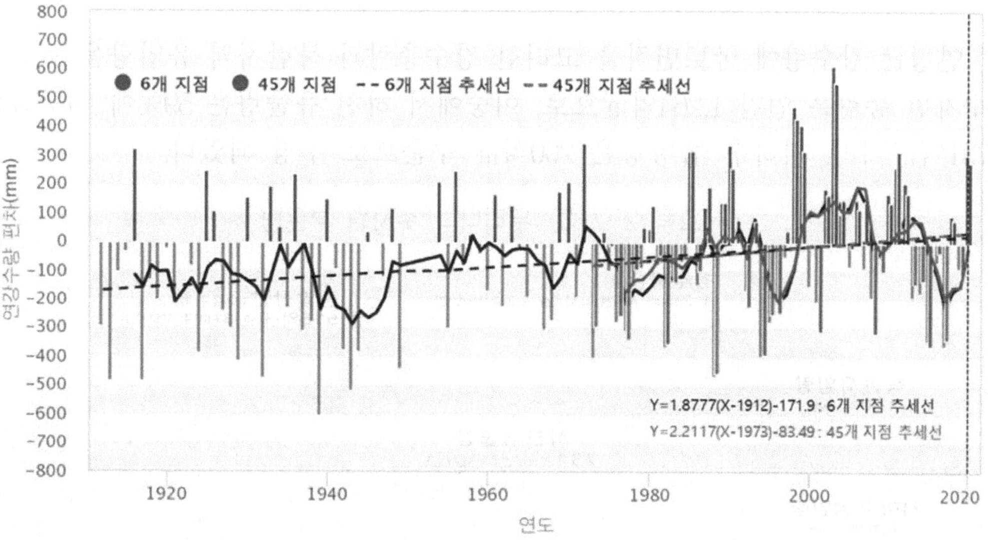

6개지점 : 서울, 인천, 강릉, 대구, 부산, 목포(1912년~)
45개지점 : 기상청 전국 통계 대표지점(1973년~)
자료 : 제1차 국가물관리기본계획(2021~2030)(변경)(2023.09)

나. 유출량

우리나라의 연 유출량(도서지역 중 제주도 및 울릉도 제외한 내륙지역) 분석 결과, 약 731억㎥으로 수자원 총량의 59% 수준이다.

유출량의 대부분이 홍수기(6월~9월)에 편중되어 물관리가 매우 어려운 여건이며, 연 최저 유출량은 '88년 406억㎥, 최고는 '03년 1,293㎥으로 연도별 변화폭이 큰 것으로 분석되었다.

권역별 연평균 유출량은 한강 304억㎥, 낙동강 200억㎥, 금강 132억㎥, 섬진강 74억㎥, 영산강 60억㎥으로 한강권역이 가장 큰 것으로 나타났다.

〈그림 2-7-2〉 우리나라 연평균 유출량 추이(1967~2019년)

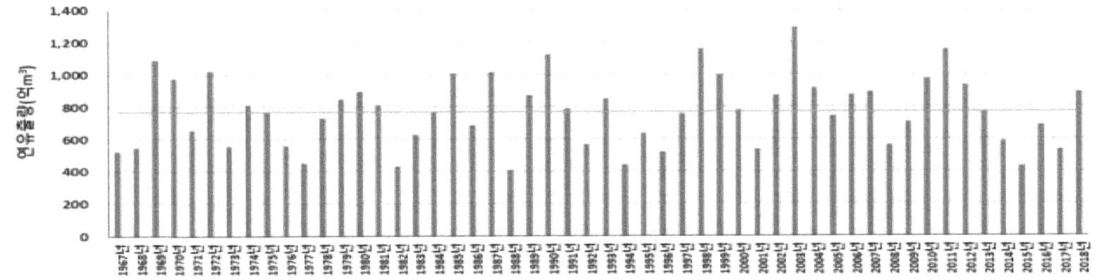

자료 : 국가물관리기본계획(2021~2030) 수립 연구(2020.12)

다. 수자원 부존량 및 이용현황

연평균 강수량에 국토면적을 고려한 강수총량과 북한지역 유입량을 포함한 수자원 총량은 연간 1,264억㎥으로, 이중에서 하천 유출량은 59%에 해당하는 731억㎥이며, 지하수 함양량은 200억㎥ 수준으로 추정 되었다.

〈그림 2-7-3〉 우리나라 수자원 부존량

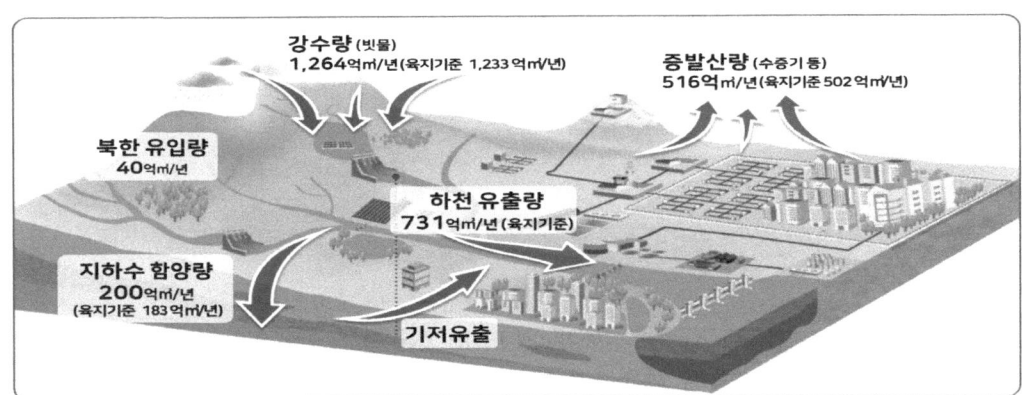

자료 : 제1차 국가물관리기본계획(2021~2030)(변경)(2023.09)

2. 물 수급 전망

가. 물이용의 현안

2018년 기준 연간 물 이용량은 총 366억㎥으로 추정되며, 생활·공업·농업 등 용수 이용은 244억㎥(67%), 하천유지유량은 122억㎥(33%)으로 조사되었다.

〈표 2-7-1〉 수원별 물이용 현황

(단위 : 억㎥/년)

구분	댐	하천수	지하수	하수재이용	중수도	빗물	해수담수화	합계
이용량	203.9	133.2	29.1	11.1	3.6	0.08	0.03	381.0
비율(%)	53.52	34.96	7.64	2.91	0.94	0.02	0.01	100.0

자료 : 제1차 국가물관리기본계획(2021~2030)(변경)(2023.09)

용도별 용수이용량은 총 244억㎥이며, 생활용수 74억㎥(30%), 공업용수 16억㎥(7%), 농업용수 154억㎥(63%)을 사용하는 것으로 나타났다.

〈표 2-7-2〉 용도별 물이용 현황

(단위 : 억㎥)

이용량	'65년	'80년	'90년	'03년	'07년	'14년	'18년
총 이용량	51	128	213	262	259	251	244
생활용수	2	19	42	76	77	76	74
공업용수	4	7	24	26	28	23	16
농업용수	45	102	147	160	154	152	154

자료 : 제1차 국가물관리기본계획(2021~2030)(변경)(2023.09)

나. 물 수요 전망

「제1차 국가물관리기본계획(2021~2030)(변경)」에서 2030년 기준, 용수 수요 전망은 아래와 같다.

생활·공업용수는 인구의 소폭 증가 및 계획산업단지에 따른 산업계 수요증가로 2020년 93.7억㎥/년, 2025년 97.8억㎥/년, 2030년 98.1억㎥/년의 증가 경향을 보일 것으로 전망되었다.

농업용수는 쌀수급 여건변화(수요감소, 초과공급)에 따른 경지면적의 감소로 2020년 154.6억㎥/년, 2025년 150.2억㎥/년, 2030년 145.5억㎥/년의 감소 경향을 보일 것으로 전망되었다.

〈표 2-7-3〉 2030년 기준 물수요 전망

(단위 : 억㎥/년)

용수별 \ 연도별	2020	2025	2030	증가량 (2020 → 2030)
용수수요량	248.3	248.0	243.6	-4.7
·생활·공업용수	93.7	97.8	98.1	+4.4
·농업용수	154.6	150.2	145.5	-9.1

자료 : 제1차 국가물관리기본계획(2021~2030)(변경)(2023.09)

다. 물 부족 전망

물 부족량은 물이동의 현실성을 고려한 각 권역별 물 부족량을 합한 수량으로, 가뭄정도에 따라 2030년 기준 104.2백만㎥(10년빈도)에서 최대 256.9백만㎥(과거 최대가뭄)의 물 부족이 발생할 전망이다.

물 부족의 전망에 대한 결과는 그간, 물인프라 확충에 따른 물 공급 능력 증대 등의 영향으로 대도시 지역의 생활·공업용수의 물부족 문제는 없을 것으로 예상된다.

또한, 지역, 권역, 용도별 편차가 우려되며, 특히, 도서·해안지역 및 일부 산간지역 등 취약지역 중심으로 물부족이 우려된다.

〈표 2-7-4〉 2030년 기준 가뭄빈도별 물 부족량 전망

(단위 : 백만㎥/년)

물 부족량 \ 가뭄빈도	10년 빈도	25년 빈도	과거 최대가뭄시 (약 50년빈도)
물 부족 총량	104.2	174.0	256.9
·생활·공업용수	0.7	9.0	6.6
·농업용수	103.5	165.0	250.3

자료 : 제1차 국가물관리기본계획(2021~2030)(변경)(2023.09)

3. 수자원 정책추진

가. 제1차 국가물관리기본계획 수립

「물관리기본법」 제27조에 의하여 수립되는 국가물관리기본계획은 국가의 물관리 비전과 기본원칙을 정립하고 이를 이행하기 위한 주요 정책방향 및 이행평가 체계를 구체화하는 물 관련 국가 최상위 계획이며, 물 관련 관계기관이 모두 참여하여 수립하는 통합형 계획으로, 각 분야별 물관리 정책 현안들을 반영하여 2021년 06월에 수립하였다. 이후, 제1차 국가물관리기본계획(2021~2030)(변경)이 2023년 9월에 국가물관리위원회에서 의결되었다.

물 관련 최상위 계획으로써 하위계획들의 구심점 역할을 수행 하고, 타 분야의 최상위 계획과 대등한 위계에서 물관리 정책방향을 제시하였다.

〈그림 2-7-4〉 국가물관리계획 통합물관리 3대 혁신 정책

나. 댐관리기본계획 수립

댐관리기본계획은 기존댐의 안정적인 유지관리와 효율적인 댐 운영의 중요성 증대에 따라 2021년 "댐 건설·관리 및 주변지역 지원 등에 관한 법률"(이하 "댐건설관리법")의 개정과 더불어 도입된 댐관리 분야의 전략 계획으로, 댐건설관리법 제4조에 따라 높이 15m 이상의 댐을 대상으로 2024년에 최초계획을 수립하였다.

제1차 댐관리기본계획은 지속가능하고 효율적인 댐 관리를 위해 수량·수질·수생태를 포괄하는 종합적인 댐 관리 비전을 마련하였으며, 댐관리에

대한 기본방침 및 시설관리 계획, 댐 저수의 운영, 물환경 및 댐 주변지역의 보전 등에 대한 정책 방향을 제시하고 있다.

다. 댐건설

지구온난화로 인한 기후변화로 국지성 집중호우 등 강우패턴의 변화에 따른 이상홍수로부터 유역내 주민들의 생명과 재산을 보호하고, 가뭄 등 물부족 사태에 대비한 생활·공업·농업용수를 사전에 확보하여 국가 경제발전의 기틀을 마련하고, 평시에는 하천내에 다량의 맑은물을 확보하여 하천의 건전한 수생태계를 조성·유지하기 위해 정부는 1960년대부터 지속적으로 다목적댐 건설을 추진하였다. 급격한 경제 발전과 함께 급증하는 용수수요에 대처하고자 1980년대까지 대규모 다목적댐 건설이 이루어졌으며, 1990년대에는 환경과의 조화를 고려한 중규모 다목적댐 건설 추진하였다. 2000년대 이후로는 극한 기후현상이 빈번하게 발생함에 따라 기후대응을 위한 댐 계획과 동시에 주민의견을 고려하여 지역건의 중심의 댐건설정책을 추진중에 있다.

현재까지 아래 표에서 보는 바와 같이 소양강댐 등 20개의 다목적댐을 준공하여 홍수조절용량 23.0억톤, 연간 용수공급능력 112.8억톤, 연간발전량 23.5억kWh를 확보하는 등 利·治水에서 실질적인 큰 역할을 담당하고 있다.

또한 평화의댐, 군남홍수조절지, 한탄강홍수조절댐 등 3개의 홍수조절용 댐을 준공하여 홍수조절용량 총 29.7억톤을 확보하였고, '19년 원주천댐, 봉화댐 등의 2개의 홍수조절용 댐을 추가로 착공하여 '24~'26년에 완공을 계획하고 있으며, 완공시 총 3.82백만톤의 홍수조절용량을 추가로 확보할 예정이다.

〈표 2-7-5〉 다목적댐 현황

| 수계명 | 댐명 | 제원 | | 총저수량 (백만㎥) | 유효 저수용량 (백만㎥) | 발전시설 용량 (천kW) | 사업효과 | | 사 업 기 간 |
		높이 (m)	길이 (m)				홍수조절 (백만㎥)	용수공급 (백만㎥/년)	
합 계				12,923	9,170	1,056.3	2,294	11,282	
한강	소양강	123	530	2,900	1,900	200	500	1,213	'67-'73
	충주	97.5	447	2,750	1,789	412	616	3,380	'78-'86
	횡성	48.5	205	86.9	73.4	1.3	9.5	119.5	'90-'02
낙동강	안동	83	612	1,248	1,000	91.5	110	926	'71-'77
	임하	73	515	595	424	51.1	80	615.3	'84-'93
	합천	96	472	790	560	101.2	80	599	'82-'89
	남강	34	1,126	309.2	299.7	18	270	573.3	'89-'03
	밀양	89.5	535	73.6	69.8	1.3	6	73	'90-'02
	성덕	58.5	274	27.9	24.8	0.2	4.2	20.6	'02-'22
	영주	55.5	400	181.1	160.4	5.0	75.0	203.3	'09-'23
	군위	45	390	48.7	40.1	0.5	3.1	38.3	'00-'12
	김천부항	64	472	54.3	42.6	0.6	12.3	36.3	'02-'16
	보현산	58.5	250	22.1	17.9	0.2	3.5	14.9	'10-'15
금강	대청	72	495	1,490	790	90.8	250	1,649	'75-'81
	용담	70	498	815	672	26.5	137	650.4	'90-'06
섬진강	섬진강	64	344.2	466	429	36.5	30.3	435	'61-'65
	주암	58	330	457	352	1.4	60	270.1	'84-'92
	주암 조절지*	99.9	562.6	250	210	22.5	20	218.7	'84-'92
부안(직소천)		50	282	50.3	35.6	0.2	9.3	35.1	'90-'96
보령(웅천천)		50	291	116.9	108.7	0.7	10	106.6	'90-'00
장흥(탐진강)		53	403	191	171	0.8	8	127.8	'96-'07

자료 : 환경부 수자원정책관실

〈그림 2-7-5〉 다목적댐 및 홍수조절댐 현황

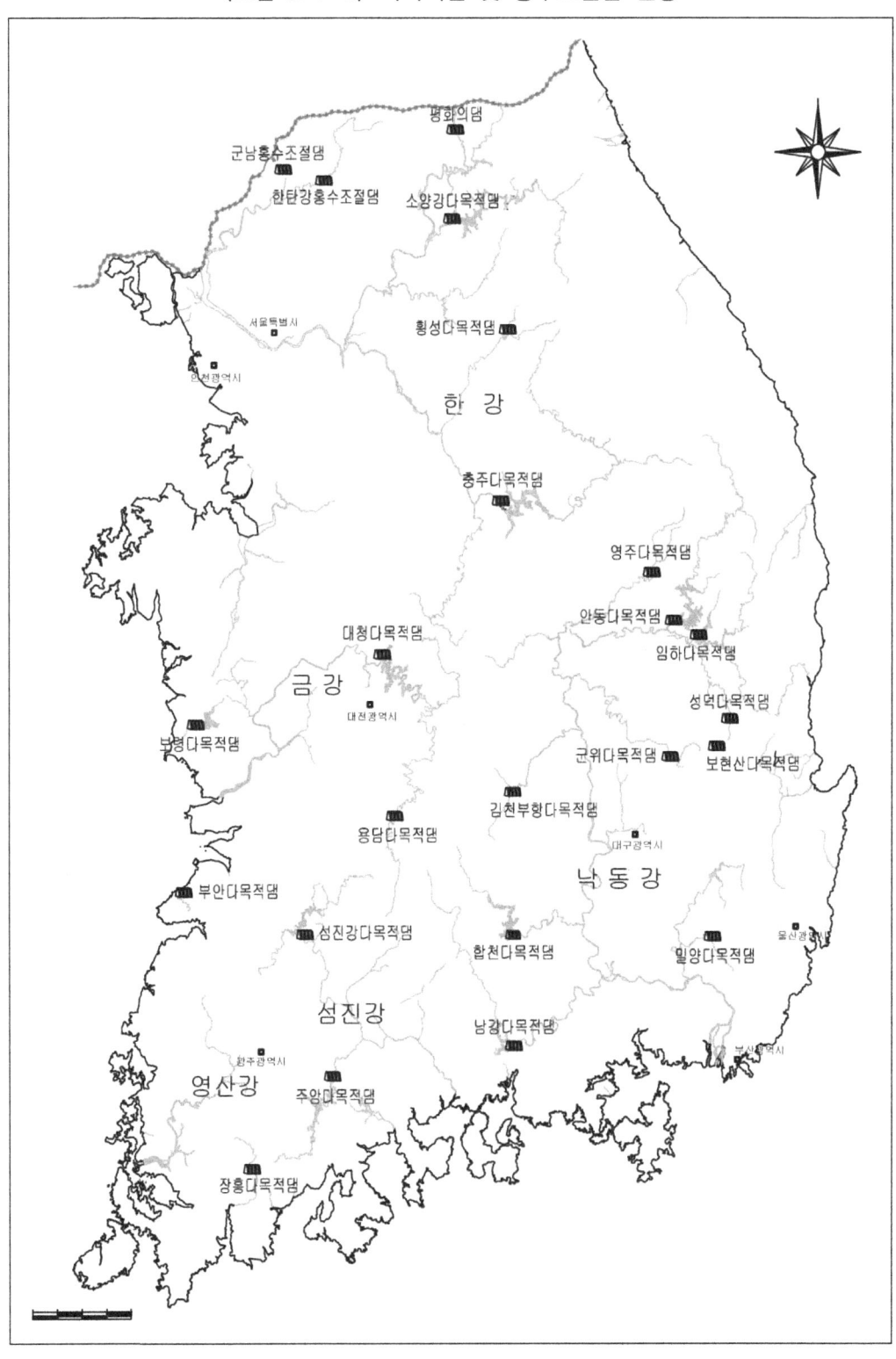

라. 치수능력증대

2002년 태풍 "RUSA" 등 최근 기후변화에 따른 집중호우가 증가함에 따라 설계홍수량에 대한 댐 설계기준을 빈도별 홍수량에서 가능최대홍수량으로 강화하였다.

변경된 설계기준을 바탕으로 기존댐에 대한 수문학적 안정성을 검토하였으며, 댐체 월류 등 안전성 확보가 곤란한 기존댐에 대한 치수능력증대사업 추진을 결정하였다.

댐체 월류 등 안전성 확보가 곤란하여 안전대책이 필요한 24개 댐에 대하여 2003년 소양강댐을 시작으로 시급성에 따라 2023년 현재 24개 댐에 대하여 치수능력증대 사업을 추진하고 있다. 소양강댐 등 19개 댐을 완료하고, 충주댐 등 5개 댐에 대해 보조여수로 설치 등 치수능력증대 사업을 추진하고 있다.

〈표 2-7-6〉 기존댐 치수능력증대사업 현황

완공(19)	달방·영천·광동·구천·수어·연초·대암·소양강·보령·합천·부안·밀양·임하·대청·안동·섬진강·주암·운문댐·평화의댐
추진중(5)	충주·남강댐·안계댐·선암·사연댐

자료 : 환경부 수자원정책관실

마. 댐 안전성 강화 대책

1968년 완공 이후 50년이 된 미국의 오로빌댐 붕괴 사고(2017), 2016년 관측 이래 최대 규모인 5.8의 경주 지진 발생 등 시설노후화 및 지진 등의 댐 안전위협요인 증가에 대비하여 그간 댐 설계기준을 개정·강화하였다.

변경된 설계기준을 바탕으로 일상적 유지보수가 아닌 장기적인 관점에서 시설물의 안전성 강화 및 성능개선을 위한 대규모 시설개선의 댐 안전성 강화사업 추진을 결정하였다.

댐 비상상황 발생 시 저수된 물을 빠른 시간내 안전하게 배수하기 위한 비상방류시설 설치 의무화, 안전한 물사용을 위한 취수탑 내진보강 및 노후화에 따른 댐 심벽보강, 계측기기 설치 등 안전대책이 필요한 24개 댐에 대하여 안전성 강화사업을 추진하고 있다. 이 중 노후화가 심한 14개의 용수댐에 대해 2018년도부터 우선 착수하였고, 다목적댐 10개에 대해서는 2021년부터 단계별로 사업을 추진 중이다.

〈표 2-7-7〉 댐 안전성강화사업 추진현황

구 분	1단계(14개 용수댐)	2단계(10개 다목적댐)
추 진 현 황	· ('14.12.) 마스터플랜 수립 · ('16. 8.) 정부 예타면제(재해예방사업) · ('17. 8.) 사업계획 적정성 검토 완료 · ('24.현재.) 6개댐 준공, 7개댐 공사, 1개댐 설계 등 추진 중	· ('19.12) 다목적댐통 MP수립 · ('20. 5) 정부 예타면제(재해예방사업) · ('21. 8) 사업계획 적정성 검토 완료 · ('24.현재.) 3개댐 공사, 4개댐 설계, 3개댐 기본계획 등 추진 중
총 사 업 비	3,694억원(국고 100%)	5,088억원(국고 100%)
기 간	'18년 ~ '27년	'21년 ~ '30년

자료 : 환경부 수자원정책관실

바. 기후변화에 대비한 수자원 관리대책

(1) 기후변화가 홍수관리에 미치는 영향

기후변화에 의한 강수량과 강도의 증가는 댐과 같은 수공구조물에 막대한 영향을 미치게 된다. 기후변화는 수공시설물을 설계하는 데 있어 가장 중요한 변수인 극한 수문사상을 변화시키기 때문에 수공 관련 기반시설물을 계획하는데 있어 기후변화를 고려해야 한다는 것은 이제 현실이 되고 있다.

또한, 기후변화로 인한 수문과정의 점진적 변화 영향은 수공관련기반시설물의 설계연한 기간 동안 첨두 홍수량의 규모와 빈도를 변화 시킬 것으로 예상하고 있다. 미래 강우강도의 잠재적 변화는 수공관련 기반시설의 서비스 수준을 변화시킬 것이며 수공구조물설계를 위한 계획에 이용되는 설계방법론의 변화를 필요로 한다.

(2) 기후변화가 가뭄 관리에 미치는 영향

기후변화는 물 순환 요소의 양의 변화에 영향을 미칠 뿐만 아니라, 각 물 순환 요소의 시공간적 특성에도 영향을 미칠 수 있다. 예를 들어 겨울철 최저기온의 상승은 적설량 및 융설 시기를 변화시키며, 이는 봄 가뭄을 유발할 수도 있다.

또한, 많은 연구에서도 기후변화의 영향으로 유출량의 변화와 더불어 유출시기의 변화가 발생할 것으로 예측하고 있다. 가뭄의 경우 그 위험성을 직접적으로 인지하기는 어려우나 가뭄으로 실제 물 부족으로 인해 고통받고 있는 세계 각국이 증가하고 있으며, 위생급수를 공급받지 못해 수인성 질병 등으로 사망하는 외국사례도 빈번히 발표되고 있다.

이제는 물이 무한한 천연재가 아니라 희소한 경제재로 자리바꿈한 것이다. 이러한 절대 용수의 부족은 물 분쟁의 발생가능성을 높이게 될 것이며, 이러한 분쟁은 주로 후진국을 중심으로 발생하게 될 가능성이 크다고 할 수 있다.

현재 우리나라 수자원 시스템 및 정책은 수자원 공급에서의 취약성을 고려할 수 있는 체계적인 대책 수립이 필요하며 예상되는 극치사상의 증가와 수자원의 시공간적 불균형은 더욱 취약성을 약화시킬 것으로 판단된다.

또한, 기후변화는 생활 및 공업용수의 수요에도 변화를 가져올 수 있다. 강수량과 증발산량의 변화는 관개수량과 회귀수량에 영향을 미칠 것이다. 안정적인 수자원의 공급 및 확보를 위해서는 장기적이고 효율적인 수자원 계획이 요구되지만, 기후변화로 인한 수자원 부존량과 수요량의 변동성이 커지게 된다면 수자원확보에 대한 불확실성도 커질 것이다.

〈그림 2-7-6〉 기후변화로 인한 하천유량 저하로 발생가능한 문제

(3) 기후변화가 수질 관리에 미치는 영향

기후변화로 인한 이상기온 현상은 해수면 온도 상승, 강우량 증가 또는 강우 발생 기간 및 일조시간의 변화 등 과거와는 다른 양상의 기상패턴으로 나타나고 있다. 그리고 이러한 변화는 홍수와 가뭄을 유발하고 수량 뿐 아니라 수생 생태계와 수질 전반에 영향을 미칠 수 있다.

평균기온의 상승으로 인해 식물과 토양의 증발산량을 증가시켜 갈수기의 하천유량을 더욱 더 감소시킬 수 있으며 이는 도시화와 식생변화에 따른 토지피복변화로 더욱 악화될 수 있다. 또한, 하천수위의 저하와 수온상승은 수질을 악화시킬 수 있으며, 이로 인해 수중생태계가 파괴될 수 있다.

잦은 홍수의 발생으로 인해 쓰레기 난입과 수자원 부존량의 감소는 계절적 수질 문제를 발생시키며 기온 상승과 대기가 건조해짐에 따라 농업, 가정 및 산업분야의 물 수요는 증가할 것이고 수요와 공급의 불균형에 따른 수질의 변화가 예상된다.

(4) 기후변화로 인한 외력 증가와 재해방어 패러다임의 변화

일반적으로 물 관련 재해의 위험성은 재해가 발생확률을 나타내는 재해위험성(Hazard), 재해위험지역에 있는 경제적 자산이나 인명의 노출성(Exposure), 그리고 방어능력의 부족을 의미하는 취약성(Vulnerability)의 세 가지 요소들을 곱함으로써 위험(Risk)을 표현 할 수 있다. 최근 기후변화로 인한 이상홍수의 규모의 빈도의 증가, 도시화로 인한 노출성의 증가는 물 관련 재해의 패러다임의 변화를 요구하고 있다.

〈그림 2-7-7〉 물 재해 위험성 관련 요소

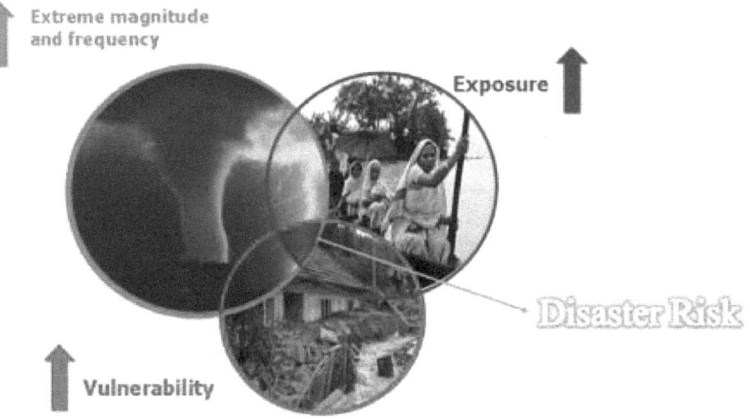

우리나라는 앞에서 언급한 바와 같이 강우강도의 빈발 및 계획 빈도 이상의 홍수가 자주 발생하고 있고 지속적으로 실시된 하천 및 수계 정비 사업으로 인하여 침수면적과 인명피해는 감소하고 있으나, 생산과 생활의 영위를 위해서 우리의 생활공간이 하천으로 더욱 더 가까워지고, 도시화 등으로 인한 지형적인 변화로 홍수위험에 대한 취약성은 증가할 것으로 전망된다.

이는 현재의 홍수방어대책 만으로는 한계가 있음을 의미하는 것으로 지난 30-40년 동안의 댐과 제방에 의한 치수대책으로는 기본적인 치수 안전도 확보만 가능하고 최근과 같이 돌발홍수 및 이상홍수와 같은 현상에 대응하기 위해서는 새로운 치수대책이 필요함을 나타내는 것이다.

최근 하천중심의 선에서 유역 중심의 면의 개념으로 홍수방어 대책이 수립했던 패러다임이 이제는 면에서 지역 또는 지구 단위의 치수대책으로 전환이 필요하다. 이는 현행 치수대책이 수방시설물인 제방 중심으로 이루어지고 있는 것을 하천주변의 피해가능지역 중심의 치수대책으로 전환해야 함을 의미한다. 하천중심의 제방 축조로는 치수대책 다양화에 한계가 있으므로 지역의 특성을 기상학적, 지형학적, 사회·경제학적 전반에 걸쳐 고려할 수 있는 피해가능 지역별 대책에 대한 필요성이 대두되고 있다.

(5) 수자원에 대한 기후변화 영향의 극복과 대응 방향

정부는 기후변화에 대처하기 위한 폭 넓은 기후조건 하에서 능동적인 수자원 관리 및 계획을 수립하기 위하여 다양한 방안을 마련중으로 하천의 홍수방어능력 제고, 기존 댐 안정성 확보, 도시 침수방지 시스템 도입으로 돌발홍수에 대비, 인공지능 홍수예보 시스템 구축, 이상가뭄 대처능력 확보 등 기후변화 예측기술 개발 및 물관련 R&D 투자확대로 체계적인 대응 시스템을 구축할 필요가 있다.

사. 수자원정보화

수자원정보화는 물관련 기관 간 협의를 통해 구축한 공통유역도를 기반으로 기초자료를 수집하여 데이터베이스화하고 공유시스템을 이용하여 각 기관별로 구축한 물관련 자료를 공동 활용하여 각종 수문분석, 용수예측 등 분석

단계를 거쳐 신속하고 합리적으로 치수관리, 이수관리, 환경관리, 가뭄관리 등을 하기 위한 정책결정지원시스템을 구축함으로서 상류에서 하류까지 물과 관련된 모든 자료를 통합 관리하는 체계이다.

그동안 수자원정보는 환경부, 행정안전부, 농림축산식품부 등 각 부처에서 사용목적과 용도에 따라 개별적으로 수집·관리를 하였으며, 이로 인해 기관 간 자료가 원활하게 공유되지 않아 검색 및 활용이 불편하여 물관리정보 공유와 정보제공창구 단일화의 필요성이 제기되었고, 이에 따라 수자원정보화를 추진하게 되었다.

〈그림 2-7-8〉 수자원 정보화 체계

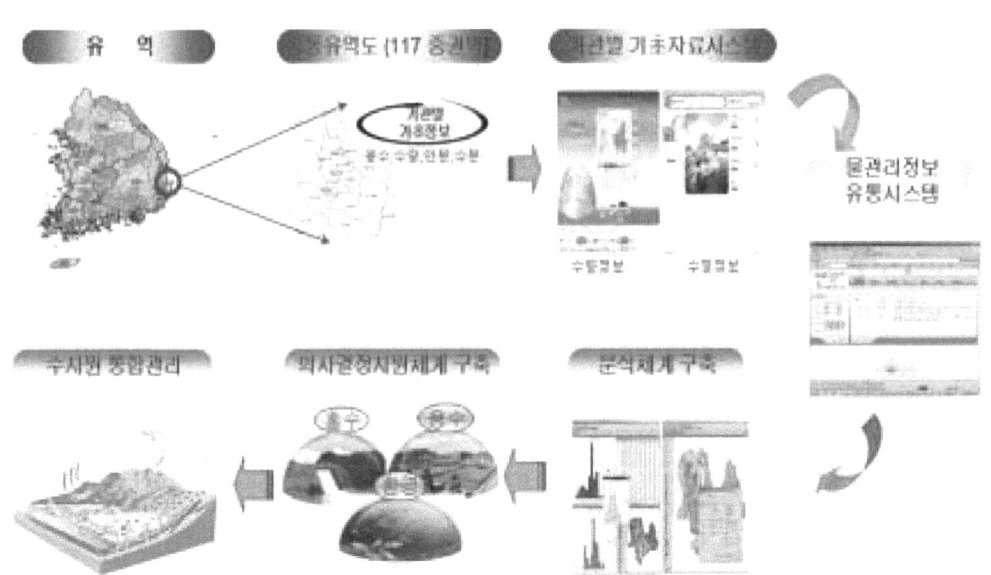

기관별로 자료의 생성 및 관리단위를 통일시키기 위하여 하천을 중심으로 전국을 21개 대권역과 117개 중권역 및 850개 표준유역으로 구분한 공통유역도를 제작함으로서 수자원정보망의 기본틀을 마련하였으며, 이를 바탕으로 자료의 일관성 유지 및 공동활용을 촉진하기 위하여 공통유역도 유역분할, 업무, 코드, 운영체계 등 4개 분야로 구성된 물관리정보 표준(2004)을 물관련 기관 협의체(국무총리실)에서 제정하였다.

<그림 2-7-9> 수자원정보망

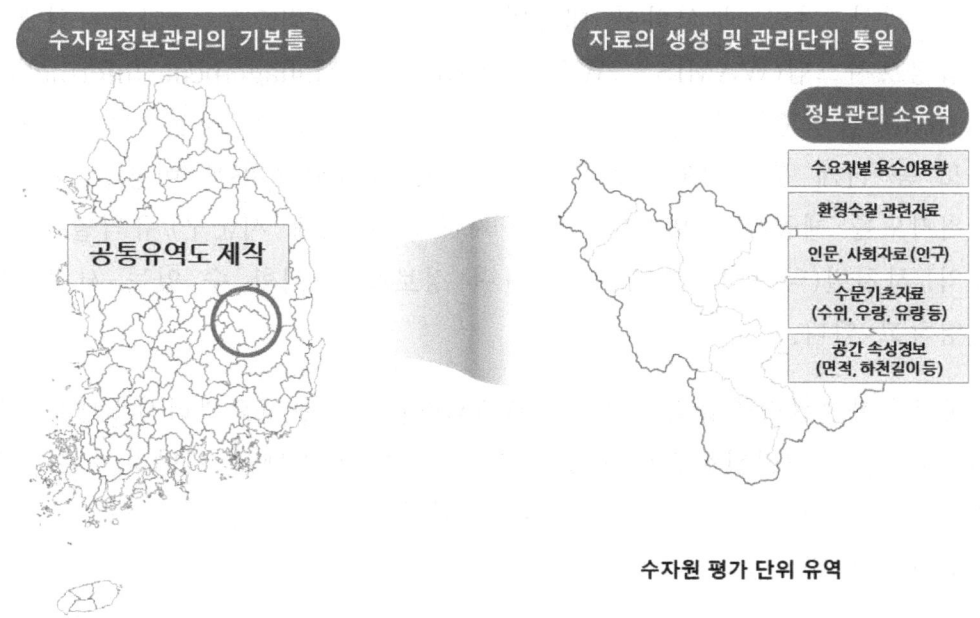

이를 기반으로 환경부, 행정안전부, 농림축산식품부 등 6개 부처 2개 시도 15개 물관련 기관에서 생성되는 자료를 온라인으로 공동활용할 수 있는 물관리정보유통시스템(WINS : Water Management Information Networking System)을 구축하여 수문, 기상, 하천, 공간, 가뭄정보 등 85종의 물관련 정보를 공유하고 있다.

<그림 2-7-10> 물관리정보유통시스템(WINS)

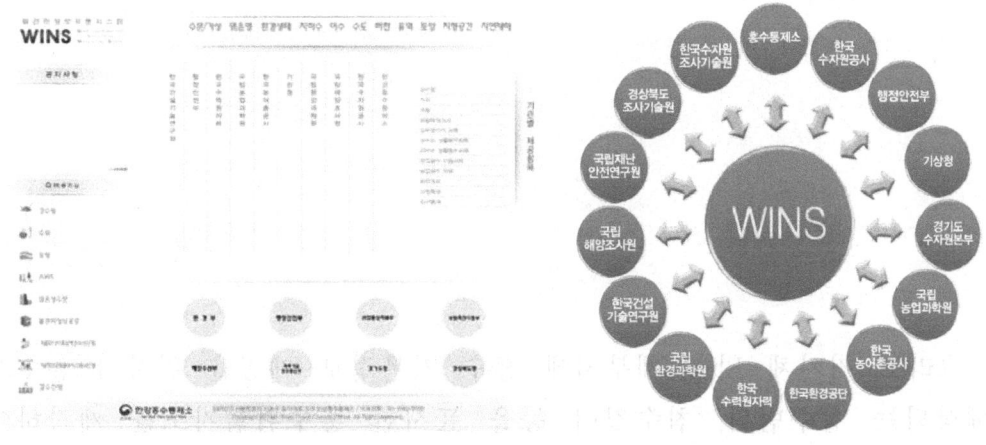

또한, 물관련 기관을 대상으로 산재되어 있는 수자원정보를 과학적으로 수집, 생성, 가공, 분석하여 대국민 서비스를 목적으로 국가수자원관리종합정보시스템(WAMIS : WAter resources Management Information System)을 구축하여 운영하고 있다. 수문기상, 유역, 하천, 댐, 지하수, 수도 등 11개 분야 260여종의 다양한 기초자료와 GIS를 이용한 수자원 단위지도를 제공하고 있으며, 전국 지자체별(250개 시군구)/유역별(117개 유역)/하천별(국가 및 지방)로 물관련 정보를 검색할 수 있는 서비스를 운영하고 있다.

국가수자원관리종합정보시스템(WAMIS)은 기초자료관리시스템, 분석시스템 및 정책지원시스템의 3개 분야로 세부시스템을 개발하여 수자원 관련 분야의 모든 정보를 종합적이고 체계적으로 관리하는 것을 목표로 추진하고 있다.

〈그림 2-7-11〉 국가수자원관리종합정보시스템(WAMIS)

그리고 지자체 및 관계부처에 홍수 기본정보 제공을 위하여 홍수시 예상되는 침수범위, 침수깊이 등을 표시한 홍수위험지도를 제작하여 배포함으로써 효율적인 방재대책 수립에 활용토록 지원하고 있다.

아. 물관리일원화

1991년 발생한 낙동강 페놀 오염사고 등으로 인해 1994년 건설부의 상·하수도 기능이 환경부로 일부 이관된 이후 물관리는 큰 틀에서 환경부가 수질관리, 국토부가 수량관리를 각각 맡아왔으며, 그간 물관리 중복, 분산에 따른 물관리 일원화 요구가 지속되어 왔다.

2018년 하천관리를 제외한 수량, 수질, 재해예방 등 대부분의 물관리 기능이 환경부로 일원화하는 정부조직법 개정이 국회에서 의결됨에 따라, 분산화된 물관리 일정부분을 일원화하는 정부조직법이 시행 공포('18.6월) 되었으며, 이를 계기로 하천관리를 제외한 수량, 수질, 재해예방 등 대부분의 물관리 기능이 환경부로 일원화되었다.

동일 시기에 물관리기본법도 제정·공포되어, 지속가능한 물관리 체계 확립을 위한 물관리의 기본이념 및 원칙, 국가·유역물관리위원회의 설치와 국가물관리기본계획 및 유역물관리종합계획의 수립 근거 등이 마련됨으로써 국가·유역단위의 통합물관리 체계로 나아가기 위한 기틀을 마련하게 되었다.

2022년 1월 하천관리 업무까지 환경부로 이관되어 오면서 하천공간과 시설물을 포함하여 물·환경 전반(수량-수질-수생태계)을 연계한 수자원의 효율적 이용 및 지속가능한 물관리를 위한 다양한 정책을 추진하고 있다.

4. 맑은 물 공급

가. 광역상수도 개요

광역상수도는 국가, 지방자치단체, 한국수자원공사 또는 환경부장관이 인정하는 자가 2개 이상의 지자체에 원수 또는 정수를 공급하는 일반수도 (수도법 제3조 제7호)를 말하며, 한정된 수자원의 효율적 활용을 위해 2개 이상의 지자체에 물을 공급하는 간선 및 분배기능을 수행한다.

<그림 2-7-12> 상수도 관리체계 모식도

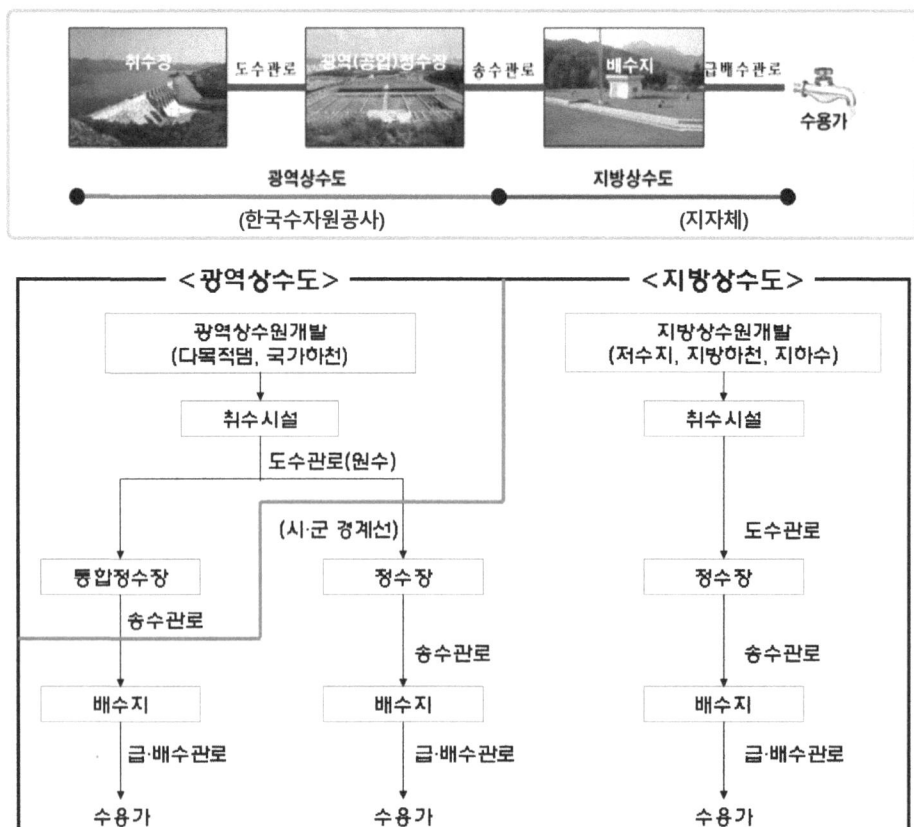

광역상수도는 수자원의 안정적인 용수공급을 위해 기존 시설의 미사용량을 부족지역에 공급하기 위한 급수체계조정사업과 신규 광역상수도 및 공업용수도 사업을 추진하고 있는데, 한정된 수자원의 효율적 이용을 도모하고 지역간 용수수급 불균형 해소와 용수공급의 안정성을 확보하여 국민들에게 고품질의 수돗물을 공급하기 위하여 장기적이고 종합적인 대책을 수립하여 추진하고 있다.

이에 대한 대책의 일환으로, 국가수도기본계획에서는(2022.10)에서는 한정된 수자원을 효율적으로 활용하고 수원부족, 시설사고에도 안정적인 용수공급을 위하여 광역상수도간 연계시설 7개소 및 광역상수도와 지방상수도간 연계시설 8개소를 추가로 확충하는 계획을 수립하였다.

이에 따라 안정화사업 등을 통한 연계시설을 설치중이며, 광역상수도간 연계 188개소, 광역상수도와 지방상수도간 연계 38개소를 운영중에 있다.

아울러 취수원 다변화 등 대체수원을 통한 수량의 안정성을 도모하고 이와 더불어 수질의 안전성 확보 및 수돗물 불안감 해소를 위하여 청정수원 확보와 함께 기존 정수장에 대한 고도정수처리시설 확대 도입 등 맛·냄새 제거 및 미량유해물질 제거를 위한 수도시설 고도화 사업을 추진하고 있다.

나. 국가수도기본계획(2022.10)

한정된 수자원의 효율적 이용 및 수돗물의 안정적인 공급을 위하여 수도법 제4조에 따라 「국가수도기본계획」을 매 10년 주기로 수립하고 있으며, 5년이 경과되는 시점에서 타당성 여부를 재검토하여 이를 반영하고 있다. 2018년 6월 물관리일원화에 따라, 전국수도종합계획과 광역상수도 및 공업용수도 수도정비기본계획을 통합한 "국가수도기본계획"을 2022년 10월 최초로 수립하였으며 그 주요 내용은 다음과 같다.

미급수지역에 대한 상수도 보급 확대, 각종 공단 및 신도시 개발계획 등으로 인해 현재보다 용수수요량이 증가되어도 현행 및 건설중인 수도시설을 감안할 경우 지역별로 발생하는 시설 여유량의 합계는 2035년에 1일 731만㎥ 정도가 될 것으로 전망되나, 지역별 수급 불균형으로 인하여 2035년 기준 74개 시·군은 1일 222만㎥의 용수부족이 나타날 것으로 전망된다.

〈표 2-7-8〉 장래 전국 용수수급 전망

(단위 : 만㎥/일)

구 분	2025	2030	2035	2040
수 요 량	3,004.3	3,122.3	3,145.2	3,125.4
공급능력	3,649.3	3,654.8	3,654.8	3,654.8
과부족량	645.0	532.5	509.6	529.4

자료 : 국가수도기본계획(2022.10, 환경부)

〈표 2-7-9〉 2035년 지역별 용수부족 현황

(단위 : 만㎥/일)

구 분	전 국	한강권	금강권	영산강·섬진강권	낙동강권
계	221.6	130.2	54.0	26.4	11.1
생활용수	96.3	59.4	21.5	4.4	11.1
공업용수	125.3	70.8	32.5	22.0	-
부족지역	74개	25개	17개	13개	19개

자료 : 국가수도기본계획(2022.10, 환경부)

용수 부족지역에 대하여는 우선적으로, 기존 시설을 최대한으로 활용하는 급수체계조정사업을 계획(10개 사업, 1,169천㎥/일)하였으며, 급수체계 조정으로도 용수부족 문제를 해결 할 수 없는 지역에 대하여는 신규 광역상수도 및 공업용수도 사업개발(3개 사업, 264천㎥/일)을 통하여 지역 간 용수수급 불균형 해소는 물론 국민 모두가 상수도혜택을 고르게 받고 국토가 균형적으로 발전할 수 있도록 수립한 계획이다.

특히, 이번 국가수도기본계획은 수돗물 생산 전과정 위생관리를 식품 수준으로 높였으며, 반도체 등 최근 급성장하고 있는 국가 핵심사업에 필요한 공업용수도 확보에도 선제적으로 대응하기 위해 재이용수 활용을 확대하고 반도체 공정에 필요한 초순수는 댐용수에서 안정적으로 공급할 수 있도록 하였다. 이번 국가수도기본계획은 국민 누구나 안전하게 물복지를 누릴 수 있도록 하기 위한 정부의 밑그림이다.

<표 2-7-10> 광역 및 공업용수도 급수체계조정 추진계획

(단위 : 억원, 천㎥/일)

구 분		사업량(천㎥/일)			사업 기간	총 사업비 (억원)	급 수 지 역
		계	시설 계획	배분량 조정			
총 계		1,168.7	399.9	768.8		6,073.0	
한강 유역	소계	497.0	95.0	402.0		3,539.0	
	한강하류(5차)	77.0	31.0	46.0	'25~'30	944.0	파주, 고양, 김포
	한강하류(6차)	420.0	64.0	356.0	'23~'30	1,616.0	화성, 평택, 안성, 광주
	남한강(3차)	(122.6)	(30.0)	(92.6)	'22~'25	925.0	괴산, 음성, 안성, 진천
낙동 강유 역	소계	67.0	51.0	16.0		1,395.8	
	낙동강중부3차	40.0	29.0	11.0	'23~'25	604.6	김천, 구미, 칠곡
	금호강1차	3.0	2.0	1.0	'23~'25	109.8	대구광역시, 경산, 영천, 청도
	남강권1차	24.0	20.0	4.0	'23~'30	586.4	진주, 통영, 사천, 거제, 고성, 남해, 하동
금강 유역	소계	332.5	224.5	108.0		1,003.5	
	대청댐계통	203.0	118.0	85.0	'23~'25	71.0	대전, 세종, 청주, 천안, 예산
	금강북부3차	61.5	38.5	23.0	'23~'25	495.6	세종, 보령, 당진, 청양, 예산, 태안, 부여, 서산, 홍성
	금강남부3차	68.0	68.0	-	'23~'25	436.9	서천, 전주, 군산, 익산, 김제, 완주, 부안, 고창
영섬 유역	소계	29.4	29.4			134.7	
	영산강(3차)	29.4	29.4	-	'23~'25	134.7	목포, 장흥, 강진, 해남, 영암, 무안, 완도, 진도, 신안

자료 : 국가수도기본계획(2022.10, 환경부)

<표 2-7-11> 광역상수도 및 공업용수도 개발사업 개요

(단위 : 억원, 천㎥/일)

구　분	사업량 (천㎥/일)	수 원	사업 기간	총사업비 (억원)	급 수 지 역
계 (3개 사업)	263.5			8,453.0	
광역상수도(2개)	128.5			5,404.3	
충주댐 III단계	115.0	충주댐	'24~'30	4,510.0	괴산, 음성, 안성, 진천
금산무주권 광역상수도(II단계)	13.5	용담댐	'22~'27	894.3	금산, 진안
공업용수도(1개)	135.0			3,048.7	
광양공업(IV)	135.0	주암댐	'23~'30	2,899.7	여수, 광양
(동두천국가산단)	(1.8)	팔당댐	'22~'25	54.0	동두천
(창원국가산단)	(1.2)	낙동강	'24	20.0	창원
(밀양나노융합 국가산단)	(7.8)	밀양댐	'24	33.0	밀양
(경남항공 국가산단)	(3.4)	남강댐	'22	42.0	진주, 사천

자료 : 국가수도기본계획(2022.10, 환경부)
※ ( )는 합계에서 제외

또한 상습가뭄 발생 및 농어촌지역 등 물사용 취약지역에 대한 물복지 향상을 위해 광역상수도 인근 미급수지역 직접공급, 분산형용수공급시스템, 지하수저류지 설치 확대 등을 통해 안정적인 공급대책을 수립하였다.

다. 광역상수도 및 공업용수도 시설현황

댐 건설을 통해 확보된 물을 도시·산업단지계획 등 국토개발과 연계하여 지역적으로 고르게 공급하는 광역상수도는 가뭄이나 수질사고에도 불구하고 맑은 물을 안정적으로 공급할 수 있는 최선의 방안이다. 이에 따라 1979년 수도권 I 단계 광역상수도를 건설·통수한데 이어 그 동안 37개 광역상수도를 완공하여 14,711.9천㎥/일의 공급능력을 확보하고 있다.

〈표 2-7-12〉 광역상수도 시설현황

(단위 : 억원, 천㎥/일)

사 업 명	시 설 명	사업비	시설용량	사업기간(공사기간)	급 수 지 역	
25개	37개	71,364	14,711.9			
수도권광역	I 단계	441	1,200	'72~'79	고양, 인천, 파주 등	5개시
수도권광역	II 단계	402	1,400	'77~'81	서울, 수원 등	8개시
금강광역	금강계통	892	100	'76~'84	군산, 김제	2개시군
구미권광역	I 단계	142	200	'80~'83	구미시, 칠곡군	2개시군
대청댐광역	I 단계	421	250	'80~'88	청주, 천안 등	4개시
수도권광역	III단계	1,887	1,330	'84~'89	인천, 의정부 등	13개시
남강광역	I 단계	598	121	'85~'89	사천, 통영시, 고성군	3개시군
태백권광역	광동계통	369	70	'85~'89	태백, 정선 등	3개시군
태백권광역	달방계통	212	40	'86~'90	동해시	1개시
섬진강광역	섬진강계통	648	90	'88~'96	정읍, 김제	2개시
수도권광역	IV단계	2,384	1,525	'89~'94	인천, 부천 등	16개시
금호강광역	금호강계통	1,490	376	'85~'96	대구, 영천, 경산, 청도	4개시군
주암댐광역	I 단계	1,621	480	'89~'94	광주, 나주, 목포, 화순	4개시군
구미권광역	II 단계	774	200	'92~'97	구미, 김천	2개시군
부안댐광역	부안댐계통	530	87	'94~'98	부안, 고창	2개군
보령댐광역	보령댐계통	4,286	285.2	'92~'98	보령, 서산 등	8개시군
주암댐광역	II 단계	349	116	'94~'00	광주, 나주, 화순	3개시군
수도권광역	V 단계	10,290	2,200	'94~'99	인천, 의정부 등	16개시군
충주댐광역	충주댐광역	1,544	250	'94~'01	충주, 안성, 진천, 음성 등	7개시군
포항권광역	포항권광역	962	161.2	'96~'01	포항, 경주	2개시
밀양댐광역	밀양댐계통	1,736	150	'95~'01	밀양, 양산, 창녕	3개시군
동화댐광역	동화댐계통	845	52	'96~'02	남원, 임실, 곡성 등	5개시군
전주권광역	전주권계통	2,733	700	'92~'04	군산, 전주, 익산 등	6개시군
대청댐광역	II 단계	4,849	760	'96~'03	청주, 천안 등	4개시군
일산권광역	일산상수도	1,924	250	'89~'96	고양, 파주, 서울	3개시
원주권광역	원주권광역	1,140	120	'99~'03	원주, 횡성	2개시군
남강광역	II 단계	2,948	204	'96~'05	사천, 진주, 통영, 거제 등	7개시군
울산광역	울산광역	2,790	220	'99~'07	울산	1개시
수도권광역	VI단계	2,615	630	'99~'04	안양, 양주 등	4개시군
영남내륙권광역	영남내륙권광역	1,231	66	'04~'08	대구, 성주, 고령, 창녕	4개시군
감포댐광역	감포댐계통	226	4.5	'02~'08	경주	1개시
전남서부권광역	전남서부권광역	1,966	30	'01~'10	장성, 함평, 영광, 담양	4개군
전남남부권광역	전남남부권광역	3,454	200	'01~'08	목포, 장흥, 해남, 무안 등	10개시군
충남중부권광역	충남중부권광역	1,928	163	'04~'09	공주, 논산, 부여	3개시군
금산무주권광역	금산무주권광역	677	27	'08~'12	금산, 진안	2개군
충주댐광역	II 단계	3,404	180	'12~'22	이천, 충주 등	6개시군
대청댐광역	III단계	6,656	474	'11~'21	청주, 천안, 아산 등	7개시군

자료 : 환경부 물이용정책관

주요 산업지역에 저렴한 가격의 공업용수를 적기에 공급하여, 국가 산업 경쟁력 확보에 기여하고 있으며, 지속적인 공업용수도 건설을 통해 창원공업 등 13개 시설에 3,848.5천㎥/일의 공급능력을 확보하고 있다.

〈표 2-7-13〉 공업용수도 시설현황

(단위 : 억원, 천㎥/일)

사업명	시설명	사업비	시설용량	사업기간(공사기간)	급 수 지 역	
9개	13개	8,723	3,848.5			
울산공업	I단계	207	500	'62~'80	울산, 온산공단	2개공단
창원공업	창원공업	80	285	'66~'81	창원공단, 차룡단지 등	3개공단
포항공업	포항공업	174	295	'68~'80	포항, 포항제철	1개공단
여천공업	I단계	257	325	'74~'78	광양시, 광양제철 등	4개공단
거제공업	거제공업	293	42	'77~'87	삼성중공업, 대우조선	2개공단
여천공업	II단계	1,264	540	'88~'98	율촌공단	1개공단
군산공업	군산공업	370	130	'89~'95	군산지방공단, 군산국가산단	2개공단
대불공업	대불공업	349	57.5	'90~'94	대불산단, 화원산단	2개공단
울산공업	II단계	1,652	825	'90~'96	울산, 양산, 울산·온산공단	2개공단
아산공업	I단계	2,172	350	'94~'99	현대제철, 아산테크노밸리 등	11개공단
아산공업	II단계	475	220	'99~'02	아산, 당진, 예산	3개시군
구미공업	구미공업	421	64	'01~'06	구미국가공단 4단지	2개시군공단
여천공업	III단계	1,009	215	'01~'08	광양만 일원	10개시군공단

자료 : 환경부 물이용정책관

라. 광역상수도 및 공업용수도 건설사업 현황

각종 개발계획에 따른 용수공급과 지역간 물수급 불균형 해소 및 극한 가뭄 등으로부터 안정적 용수공급을 위해 충남서부권 광역상수도사업 등 5개 광역상수도 확충 및 급수체계조정 사업을 추진중에 있다.

〈표 2-7-14〉 광역상수도사업 건설현황

(단위 : 억원, 천㎥/일)

사 업 명	총사업비	시설용량	사업기간	급 수 지 역
건 설 중(5)	6,714	614.5(505.0)		
충남서부권 광역	2,763	96.0	'18~'26	서산시 등 5개 시·군
한강하류권(4차) 급수	1,864	(280.4)	'19~'26	파주시 등 5개 시
금강남부권(2차) 급수	334	(103.4)	'20~'25	군산시 등 3개 시·군
남한강(3차) 급수	835	(121.2)	'22~'25	괴산군, 음성군, 안성시, 진안군
금산무주권(Ⅱ) 광역	918	13.5	'23~'27	금산군, 무주군

※ ( )는 급수체계 조정물량으로 시설용량에서 제외
자료 : 환경부 물이용정책관

각종 산업단지 개발 등으로 공업용수 수요가 급증이 예상되는 지역에 조속한 용수공급 대책 마련을 위해 광양산단 비상공급시설 등 4개 공업용수도 사업을 추진 중에 있다.

〈표 2-7-15〉 공업용수도사업 건설현황

(단위 : 억원, 천㎥/일)

사 업 명	총사업비	시설용량	사업기간	급 수 지 역
건설중(4)	4,577	296.5		
대산임해산업지역 공업용수도(해수담수화)	3,079	100.0	'19~'25	대산임해산업지역 8개 社
국가산단 용수분기설치	174	15.5	'22~'26	동두천 국가산단 등 6개 산단
광양산단 비상공급시설	445	160.0	'24~'28	광양시, 여수시, 광양국가산단
포항블루밸리 국가산단 용수공급(2차)	879	21.0	'24~'30	포항블루밸리 국가산업단지

자료 : 환경부 물이용정책관

사고 위험성이 높은 노후관 개량 및 관로복선화, 고도정수처리시설 도입을 통해 국민의 생활안전을 확보하고자 울산공업용수도 노후관개량사업 등 22개 안정화사업을 추진 중에 있다.

〈표 2-7-16〉 안정화사업 건설현황

(단위 : 억원, 천㎥/일)

사 업 명	총사업비	사업기간	급 수 지 역
건설중(22)	30,013		
울산공업 노후관개량(3차)	860	'17~'25	울산시, 양산시, 온산공단
광양(Ⅰ)공업 노후관 개량	1,713	'18~'25	광양시 등 3개 시, 여수국가산단
광양(Ⅰ)공업 신·구계통 노후관 개량	697	'21~'26	광양시, 광양제철 등
군산공업 노후관 개량	731	'22~'27	군산국가산업단지 등
아산공업(Ⅱ) 복선화	551	'23~'28	아산시, 당진시
울산공업 노후관개량(4차)	499	'24~'29	울산시, 양산시, 울산국가산단 등
금강광역 노후관 개량(2차)	302	'19~'25	전주시, 군산시
수도권(Ⅰ) 노후관 개량(2차)	546	'20~'26	인천시 등 4개 시
남강댐(Ⅰ) 노후관 개량	2,177	'21~'27	통영시 등 3개 시·군
대청댐광역 노후관 개량	1,935	'21~'27	아산시 등 4개 시
태백 광동계통 노후관 개량	803	'21~'27	태백시 등 4개 시·군
수도권(Ⅳ)광역 복선화	632	'18~'26	시흥시, 안산시
동화댐광역 복선화	434	'20~'25	남원시 등 5개 시·군
포항광역 복선화	614	'20~'26	포항시, 경주시, 영천시
전남남부 복선화(1차)	871	'21~'27	목포시 등 10개 시·군
경기북부 복선화(1차)	852	'22~'28	포천시, 동두천시, 양주시
고도정수 설치(광역)	4,775	'20~'26	12개 정수장
수도권(Ⅴ)(인천평택) 복선화	1,856	'23~'29	군포시, 안산시 등 10개 시·군
전주권광역 복선화	3,381	'23~'29	전주시, 익산시 등 6개 시·군
수도권(Ⅲ) 노후관 개량	4,664	'24~'29	인천시, 수원시, 성남시 등 17개 시
보령댐광역 노후관 개량(1차)	925	'24~'29	태안군, 서산시, 당진시
수도권(Ⅳ) 노후관 개량(1차)	195	'24~'29	시흥시, 안산시

자료 : 환경부 물이용정책관

마. 광역상수도 시설 및 운영관리 개선

깨끗하고 안전한 물을 넘어 건강한 물까지 수돗물에 대한 높아지는 국민적 요구를 만족시키기 위해 수돗물 공급 전 과정의 엄격한 수질 관리 및 안정적인 공급 시스템 구축을 추진 중에 있다.

기후변화에 따른 조류·냄새 등 이상 수질에도 안정적인 수돗물 공급을 위하여 원수 수질 변동에 대한 실시간 감시체계 구축 및 고도정수처리 공정도입 등 정수처리 시스템을 지속 강화 중이다.

고도정수처리 공정은 기존 정수처리 공정으로는 완전히 제거가 어려운 맛·냄새물질, 미량의 유해물질 등을 오존, 활성탄 공정, 자외선 처리, 고도산화 등의 고도정수처리공정을 도입하여 처리함으로써 국민의 기대에 부합하는 고품질의 수돗물을 생산하는 공정이다.

광역상수도 생활정수장 39개소 中 창원 반송, 경북 고령 등 한강(8개) 및 낙동강(4개) 수계 중심으로 12개 정수장에 고도정수처리시설이 '06년부터 기도입 되어 운영 중에 있으며,

'20년부터 고도정수처리시설 추가 도입을 추진 중이다. 일산정수장은 공사 완료, 수지, 천안 2개 정수장은 공사 시행중으로 '24년까지 공사가 진행된다. 또한 청주 등 9개 정수장은 설계를 시행 중에 있어 '25년까지 총 12개 정수장에 고도정수처리시설 도입을 완료할 예정이다.

아울러, 광역상수도 이송과정에서의 수질 저하를 방지하고 누수로 인한 손실 및 급수 중단으로 인한 피해를 저감하고자 총 5,809㎞에 달하는 광역상수도관 가운데 30년 이상 경과한 관로(21.4% 차지) 및 진단이 필요하다고 판단되는 관로에 대하여 매년 관 노후도 진단을 실시하고 있으며,

정밀안전진단, 관로예방점검 및 과거 사고이력 등을 종합적으로 고려하여 중장기투자계획을 수립, 시설개선을 추진 중에 있다.

국가수도기본계획(2022.10)에 따라 2040년까지 노후관 개량(2,575㎞), 관로 복선화(731㎞) 및 수도시설 간 비상 연결관로 설치 등 수도시설 안정화 사업을 차질없이 추진하여 중단 없는 광역상수도 공급체계를 구축할 계획이며, '23년까지 노후관 개량 366km와 관로 복선화 71km를 완료하였다.

최근에는 수자원의 효율적 활용 및 수질에 대한 관심과 더불어 경제적 관점에 바탕을 둔 최소의 원가로 최대의 서비스 제공 요구가 증대됨에 따라 수도시설에 있어서도 효율적 운영이 요구되고 있다.

수도시설 운영 효율화를 위해 첨단 AI, ICT 기술 기반의 상수도 全 과정 스마트관리체계 구축을 추진 중으로 수돗물 안전관리를 강화하고 친환경 저탄소 수돗물 생산·공급체계를 구현할 계획이다.

이를 위해, '20년부터 광역상수도 스마트관리체계 구축사업을 추진 중이며, 세부사업으로는 취수원 실시간 수질감시체계 구축, 정수처리공정 자율운영이 가능한 AI 기반 스마트 정수장 구현, 관로의 실시간 수질·수압 감시가 가능한 스마트 관망관리 시스템 구축 및 체계적 시설관리를 위한 자산관리 시스템 구축이 있다.

'24년까지 광역상수도 스마트 관리체계 구축이 완료되면 스마트 지방 사업과 연계되어 전국 상수도관망의 스마트관리가 가능해져 사고예방 및 신속한 사고 대응으로 중단없는 물 공급을 실현하며, 국민이 믿고 마실 수 있는 더욱 안전한 수돗물을 공급하게 된다.

〈그림 2-7-13〉 상수도 스마트관리체계 구축 모식도

자료 : 환경부 물이용정책관

제2절 자연친화적 하천관리

1. 현 황

하천은 인류 문명이 태동한 이래 역사상 정치·사회의 최우선 과제중의 하나로 하천관리를 하여 왔다. 선진국들은 하천을 중심으로 정치·경제·문화를 발전시켜 왔으며, 또한 많은 도시들이 형성되었고, 하천 및 도시가 그 나라의 대표 브랜드로 인식되고 있다.

우리나라의 경우에도 1960년대 이후 산업화, 도시화가 급속히 진행되면서 홍수피해 예방을 위해 자연 상태의 하천은 하천개수사업 등 치수사업 위주로 정비되어 왔으며, 1990년대 이후 하천환경에 대한 중요성이 부각되면서 자연하천으로의 생태적 복원 등 하천환경정비사업이 시행되고 있다.

최근에는 국민들의 생활수준이 향상되고, 하천에 대한 국민들의 의식이 변화되어 지역특성을 반영한 하천정비사업의 필요성이 증대되고 있다. 따라서, 기존의 이·치수 중심의 하천정비 사업을 하천 생태의 복원과 보존을 기반으로 하여 역사·문화가 어우러진 테마 하천으로의 전환이 필요한 실정이다.

국내 하천정비사업은 1964년 세계식량기구지원(WFP) 치수사업을 중심으로 '78년 낙동강 연안개발사업, '82년 일반하천 개수사업 및 수해상습지 개선사업, '90년 수계치수 사업 등 홍수피해 방지를 위한 치수사업위주로 시행되었다.

이후 '82년 한강종합개발사업을 통해 하천변 고수부지내 주차장, 운동경기장, 위락시설 설치 등 친수개발이 시작되었으며, '90년 이후 하천환경의 중요성이 부각되면서 하천생태계 복원을 위해 양재천을 시작으로 하천환경정비사업, 생태하천조성사업 등의 명칭으로 시행되었다.

'20년 8월 집중호우로 인한 수해피해 이후 기후위기에 대응한 홍수방어 대책 등 홍수방어 위주의 하천정비가 이루어 지고 있으며, 22년 포항 냉천 수해, 23년 중부지방 홍수피해 등을 계기로 홍수시 국가하천 수위에 영향을 받는 배수영향구간 정비, 국가하천 승격('24, '5) 추진 등 홍수에 취약한 지방하천의 지원을 위해 국가 역할을 강화하고 있다.

〈그림 2-7-14〉 국내 하천정비사업 변천 현황

구 분	시기	주요내용	대표사업	비 고
자 연 하 천	1960년 이전	• 자연 그대로의 하천으로 환경기능 양호	• 하천개수사업	
방 재 하 천	1960년 이후	• 치수 목적으로 정비된 하천 • 이·치수 기능은 양호하나, 환경 기능 미흡	• 하천개수사업 • 낙동강 연안개발 사업 등	
공 원 하 천	1983년 이후	• 친수성을 강조하여 조경시설 및 운동시설 위주로 정비	• 한강종합개발 사업 등	
자연형 하 천	1990년 이후	• 생물서식처를 강조하여 복원된 하천 • 이·치수 안전성을 확보하고 생물 서식처 보존	• 양재천, 경안천, 오산천 하천환경 정비사업 등	
다목적 하 천	2000년 이후	• 유역단위 치수 및 생태·친수 기반 조성 • 하천법 개정(2001)을 통해 유역방어계획 도입 • 4대강 살리기 마스터플랜 수립	• 한강 등 12대강 유역종합치수계획 도입 • 하도정비, 홍수조절 용량 증대	
생태· 문화 하 천	2010년 이후	• 국가하천 및 지방하천 종합정비계획(MP) 수립	• 4대강 외 국가하천 및 지방하천 종합 계획 수립 • 국가·지방하천 종합정비계획 수립	
분권형 하 천	2020년 이후	• 지방하천 정비사업 지자체 권한 이양(재정분권, '20) • 국가하천 배수영향구간 정비 및 승격 등 국가 책임 강화	• 배수영향구간 정비사업 • 국가하천 승격	

자료 : 환경부 수자원정책관

2. 하천관리 정책 방향 및 제도개선

가. 하천관리 정책 방향

① 하천홍수 및 도시침수 방어능력 강화

2022년 하천관리 일원화 등 새로운 하천체계의 도입으로 기후위기를 극복하고 지역 균형발전을 위하여 하천 관리 및 정책에 기후변화 대응, 수생태환경 보전 등과 같은 통합물관리 개념을 반영하여 치수·이수·생태·환경·친수(문화)를 유기적으로 연계하여 하천을 통합·관리토록 하천법을 개정('22.12)하고 체계적 하천 정비를 위하여 지류-본부 합류부 개선, 홍수취약지구 해소, 수생태계 개선 등을 종합적으로 고려한 "국가하천종합정비계획"을 수립('23.5.)하였다.

아울러, 국가하천 시설물의 효율적인 관리를 위하여 배수시설 자동·원격 제어시스템을 구축하여 배수시설을 현장 직접제어에서 상황실 원격 제어 방식 전환을 통해 홍수 등 재해로부터 신속한 대응으로 피해 예방을 추진중이다.

② 하천정비에 대한 국가책임 강화

최근 전례 없는 국지적 집중호우 등 극한 기상현상 빈발로 인해 지방 하천에 피해가 가중됨에 따라 하천정비에 대한 국가책임을 보다 강화하였다.

지류·지천의 정비를 본격적으로 시행하기 위해 국가하천의 배수 영향을 받는 지방하천 구간인 '배수영향구간'을 정비할 수 있도록 「하천법」을 개정('23.8월)해 법적 근거를 마련하였다. '배수영향구간'은 국가하천과 지방하천의 합류부로서, 국가하천의 수위 상승으로 인해 홍수 피해가 빈발하여 피해도가 높은 지방하천 구역으로, 개정된 하천법에 따라 홍수 위험도가 높은 국가하천과 지방하천의 합류부를 국가가 직접 정비해 나갈 계획이다.

또한 홍수방어 인프라를 획기적으로 확대하기 위해 유역면적이 크거나 홍수대응이 시급한 주요 지방하천(20곳, 467㎞)을 국가하천으로 승격시켜 국가가 직접 관리하는 방안을 제1차 국가수자원관리위원회에서 심의 의결을 통해 결정하고, 향후 2년('24~'25년)에 걸쳐 매년 각 10개소의 지방하천을 국가하천으로 차례로 승격할 계획이다.

나. 하천관리 제도개선

① 하천관리 제도개선 추진 현황

우리나라의 자연친화적 하천 관리 제도는 1980년대 말 하천환경 개념을 도입하였으며, 1996년까지 하천환경관리기법에 대한 국외 기술을 소개하고 이후, 1998년 양재천 등을 시작으로 하천환경정비 시범사업을 추진하였다.

이후 1999년 하천법 개정을 통해 하천환경의 정비·보전에 관한 사항을 추가하였으며, 2005년 국가하천 도시구간 내 50개 지구에 대해 생태하천 조성사업을 본격 추진하였으며, 2009년 지방하천으로 사업을 확대하여 추진하였다.

2011년 4대강외 국가하천 및 지방하천 종합정비계획을 수립하여 지구단위 사업으로 순차적 진행하고 있으며, 2016년 국가 및 지방하천 종합계획을 수립하여 국가하천 및 지방하천에 대한 치수대책을 지구단위로 단계적 추진하였다. 2020년대에 들어 지방분권 기조에 따라 지방하천 정비사업에 대한 지방이양을 진행했다. 그동안 국고보조사업으로 추진되었던 지방하천 정비사업은 지방재정 자립 및 재정분권 추진을 위해 지방사무로 이양되었다. 지방하천 정비사업의 지방이양 과정에서 국가의 역할이 꼭 필요한 부분은 배수영향구간 정비사업, 국가하천 승격 등을 새롭게 추진해 빈틈없는 치수사업을 추진하고 있다.

2024년부터 국가하천 수위상승에 영향을 받는 지방하천 구간(배수영향구간)은 국가가 직접 정비사업을 추진할 계획이며, 기존의 완성제방에 대한 지반조사를 실시하고, 조사결과를 바탕으로 침투, 활동 등의 안정성을 평가하여 노후 제방에 대한 정비사업도 순차적으로 추진할 계획이다.

〈표 2-7-17〉 자연친화적 하천관리 제도정비 현황

사업시기	주요내용
1980년대 말	• 하천환경 개념 도입
1989~1994년	• 한일 하천환경기술협력회의(건설부와 일본 건설성)
1991~1996년	• 하천환경관리기법, 자연형 하천공법 ⇒ 국외 기술소개
1998~	• 하천환경정비 시범사업 추진
1999년 8월	• 하천법 개정 : 하천환경의 정비·보전에 관한 사항 추가
2005~	• 국가하천 생태하천조성 사업 본격 추진(50개소) ⇒ '08년 12월 4대강 살리기 사업의 주요 사업으로 발전
2009~	• 지방하천정비(생태하천) 사업 확대 추진
2011~	• 4대강 외 국가하천 및 지방하천 종합계획 수립 ⇒ 지류하천 홍수대책마련 순차적 진행 ⇒ 지구단위 순차적 진행
2016~	• 국가·지방하천 종합정비계획 수립 ⇒ 국가하천 및 지류하천에 대한 치수대책 수립 ⇒ 지구단위 단계적 추진중
2021~	• 국가하천 종합정비계획('21~'30) 수립 ⇒ 국가하천 및 지류하천 배수영향구간에 대한 치수대책 수립
2024~	• 국가하천 종합정비계획('21~'30) 보완 수립 중 ⇒ 국가하천 승격구간 치수대책 수립 및 제방안전성 평가결과 등을 반영

〈표 2-7-18〉 하천사업 추진 현황

국가하천		지방하천	
구분	주요사업내용	구분	주요사업내용
'70년대 이전	• 일반하천 정비사업	'82년 ~'11년	• 수해상습지 개선사업 • 89년 이후 수계치수업사업(국가하천 제1지류) • 08년 이후 하천재해예방사업 (수해상습지+수계치수사업 통합) • 유형별 지방하천정비 사업계획 (생태하천조성사업, 고향의 강 정비사업, 물순환형하천정비 등)
'72년 ~'99년	• 일반하천 관리사업 (현 국가하천 정비사업)		
'02년 ~'11년	• 국가하천 하천환경정비사업 (오산천 등 7개 시업사업) • 국가하천 정비사업통합 (일반하천, 특수지역 하천사업통합)		
'09년 ~'13년	• 4대강 살리기 사업 • '11년 이후 국가하천 종합정비계획 수립(4대강 제외) → 단계적 하천정비사업 추진	'11년 ~'16년	• 지방하천정비사업 종합계획을 수립하여 단계적 하천사업 추진 (하천재해예방사업과 유형별 지방하천사업 통합 추진)
'16년 ~'20년	• 국가하천 종합정비계획(보완) 수립 → 지구단위 종합정비계획으로 효율적으로 하천사업 추진	'16년 ~'20년	• 지방하천 종합정비계획 수립 → 지구단위 종합정비계획으로 하천사업 추진(국비지원)
'20년 ~현재	• 여건변화에 따른 국가하천 종합정비계획 보완 수립 추진	'20년 ~현재	• 지방하천 정비사업 지차체 이양 → 지방재정 자립, 재정분권

② 하천의 지구별 관리계획 수립

2008년 하천법 개정을 통해 하천공사 시 자연친화적인 공법을 사용하고, 자연친화적 하천조성을 위한 보전, 복원, 친수지구 지정 등 자연친화적 하천관리를 위한 하천법령을 정비하였다.

하천의 보전, 복원, 친수지구는 하천환경 조사 및 분석을 기초로 하천환경을 평가하여 지구로 구분하여 하천관리계획을 수립하고 있으며, 보전지구는 인위적인 정비 없이 일상적인 유지관리가 필요한 지구이고, 복원지구는 직강화 등 하천정비로 파괴된 하천환경을 복원하는 지구이며, 친수지구는 인구밀집 지역 및 도심지에 인접한 구간으로 지역 주민의 친수활동을 제공할 수 있는 지구로 구분하고 있다.

〈지구의 구분〉

〈표 2-7-19〉 보전 · 복원 · 친수지구

구역명	주요 내용
보전지구	이용보다는 보전 중심으로 관리하는 지구로 인공적 정비와 인간의 활동은 최소화하고 자연상태로 유지하는 지구
복원지구	직강화, 콘크리트호안, 복개 등으로 인해 파괴된 생태계, 역사·문화, 경관의 복원 또는 개선이 중점적으로 필요한 지구
친수지구	자연과 인간이 조화를 이루는 곳으로 시민들의 접근이 용이하여 주민을 위한 휴식·레저공간 등으로 이용하는 지구

3. 하천정비 현황

가. 자연친화적 하천정비 사업 추진 현황

'90년도부터 하천환경의 보전 및 복원을 위한 하천환경관리 계획을 조사하여 그 시행 방향을 지속적으로 검토하여 왔다. '94년 이후 자연형하천 설계기법 개발, 자연형 공법 개발 및 적용, 오염하천정화사업의 시행 등 기초 기술 축적을 위한 연구조사 사업 위주로 진행되어 왔다. '97년 이후 이 기술을 하천에 적용하여 적합성을 검증하고 구체화하기 위해 '98년부터 자연형 호안, 수생식물의 서식처, 수변녹지 및 산책로 조성 등 하천 생태계를 보전하고 여가 공간 확충 등 삶의 질 향상을 도모하기 위한 자연친화적 하천 정비 시범사업을 오산천(경기 오산) 등 7개 하천에 대하여 시행하였다. 그리고 시범사업의 결과를 바탕으로 2002년에는 전국 주요하천에 대한 하천환경정비 기본조사를 실시하였고 2004년에 도시하천 환경개선 계획을 수립하였다.

2008년에는 「하천법」 전면개정을 통해 보전·복원·친수지구 개념이 도입되었으며, 2010년대 지구단위 종합정비계획을 통해 하천의 생태기능 보전 및 복원, 친수공간 조성, 하천과 지역의 역사·문화 연계성 강화 등 하천의 다양한 기능들이 조화롭고 균형감 있게 정비·관리되도록 제도적으로 개선되었다.

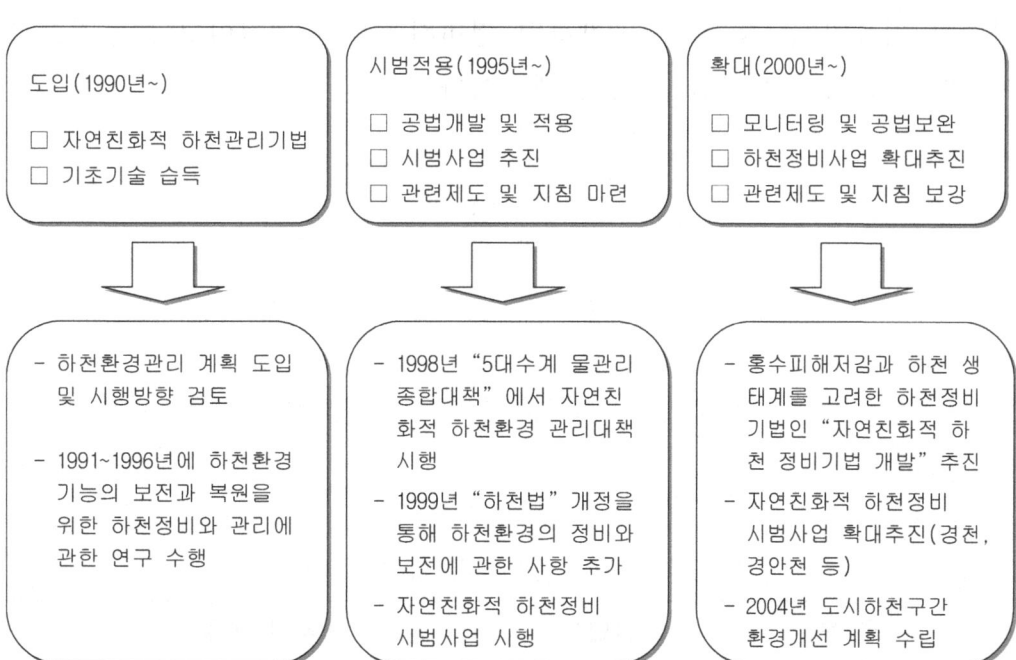

〈그림 2-7-15〉 자연친화적 하천정비의 흐름

나. 국가하천 종합정비계획(2021~2030) 주요 사업내용

치수안전도 확보를 기본으로 이수, 하천환경, 친수, 문화, 지역 발전전략 등이 복합·연계된 형태로 국가하천에 대한 종합정비계획을 수립하여 단계적으로 추진하고 있다.

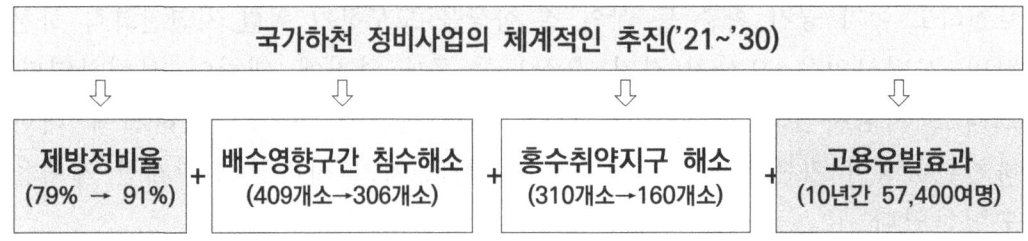

하천을 홍수에 안전하면서도 건강하고 다양한 생태·문화·친수 공간, 치수적, 환경적 요소 등이 적소에 반영된 종합정비계획을 수립을 위한 지자체 의견 수렴을 거쳐 연 4,510억원 규모의 국가하천정비사업 재정투자를 통해 홍수피해 예상지역에 대한 하천정비를 시행하여 치수안전성 확보할 계획이며, 중장기적으로 제방정비 등이 다소 취약하였던 국가하천 승격구간에 대한 치수대책 마련·정비와 대규모 하천인프라 투자(목감천, 원주천 저류지 등)를 통해 국가하천 정비사업을 체계적이고 효율적으로 이끌어가기 위한 노력을 병행할 계획이다.

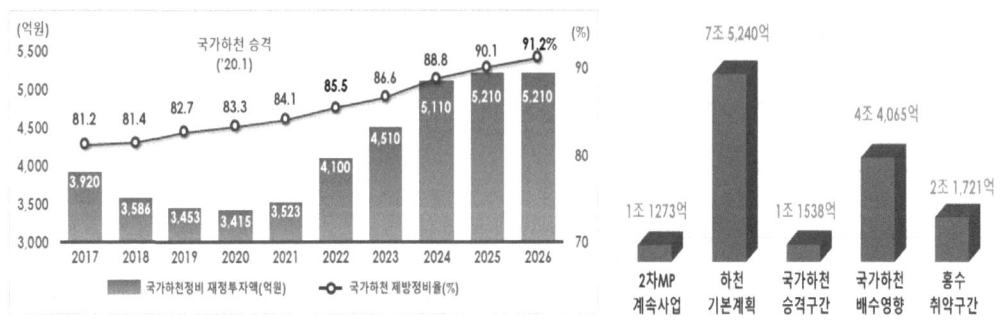

〈표 2-7-20〉 종합정비계획 추진경위

구 분		수립년도	계획의 내용
국가하천	❏ 국가하천 도시구간 하천환경정비사업 기본계획	2004	• 국가하천 도시구간에 대한 도시별 테마가 있는 생태하천 조성사업 추진계획을 수립
	❏ 4대강 살리기 마스터플랜	2009	• 강 중심의 국토재창조를 위한 종합프로젝트
	❏ 4대강 외 국가하천 종합정비계획	2011	• 4대강 살리기 사업으로 마련된 녹색국토 기반을 전국으로 확대·발전시키기 위한 지류하천 종합정비계획

구 분		수립년도	계획의 내용
	❏ 국가하천 종합정비계획	2016	• 기후변화에 대비한 국토의 홍수 대응능력 향상 및 여건변화에 유연하게 대처할 수 있는 先투자 개념의 종합정비계획
	❏ 국가하천종합 정비계획(21~30)	2023	• 재수립된 하천기본계획과 지류-본부 합류부 개선, 수생태계 개선 등을 종합적으로 고려
지방하천	❏ 수해상습지 개선사업(Ⅰ~Ⅳ)	1982, 1988, 1999, 2006	• 전국의 수해상습지를 조기에 해소하여 홍수피해를 사전에 예방하고 국민생활 안정에 기여하기 위한 지방하천 정비계획
	❏ 수계치수사업(Ⅰ~Ⅱ)	1989, 2002	• 본류와 이에 합류되는 주요 지류를 일괄적으로 개수하여 효율성을 증대시키고 홍수피해를 방지하기 위한 종합계획
지방하천	❏ 전국 하도개선 및 유지관리사업	2002	• 하천특성을 고려한 하도개선 및 환경정비 계획을 수립하여 하천의 효율적 관리방안을 제고하기 위한 계획
	❏ 하천재해 예방사업	2008	• 기존의 지방하천사업을 검토하고 신규 치수사업을 발굴하여 단일 지방하천정비 기본계획으로 통합
	❏ 생태하천 조성사업	2009	• 홍수에 안전하면서도 생태적으로 건강한 자연친화적 하천환경 정비계획의 수립
	❏ 물순환형 하천정비사업	2010	• 국가하천 본류의 유량을 인근 도시하천의 유지용수로 활용하여 하천환경 기능을 개선
	❏ 고향의 강 정비사업	2011	• 하천정비사업에 문화적인 요소(스토리텔링 등)를 적극 도입하여 강을 매개로 한 지역의 랜드마크를 조성
	❏ 지방하천 정비사업 종합계획	2011	• 사업유형별 추진 중인 지방하천 정비사업을 단일 종합계획으로 완성하기 위해 하천별로 통합
	❏ 지방하천 종합정비계획	2016	• 기후변화, 연건변화 등 홍수에 유연하게 대응할 수 있는 예방차원의 선투자 개념

제3절 물산업 육성 및 해외진출 추진

1. 현 황

　물산업이란 일반적으로 식수와 산업용수의 공급·처리 및 이와 관련된 산업을 말한다. 하지만, 물산업의 정의와 범위는 각 국가가 처한 물환경과 그에 따른 이슈 그리고 환경에 따라 국가별로 조금씩 상이하게 정의되고 있는 것이 현실로, 국내의 경우 2018년 제정된 「물관리기술 발전 및 물산업 진흥에 관한 법률(약칭 : 물산업진흥법)」에 따라 그 범위가 확정되어 있다.

　최근에는 물산업에 대한 정의 역시 범위와 내용이 달라지고 있다. 기존의 물산업에 대한 정의는 상·하수도를 중심으로 공업용수, 생수, 설비시장 등의 관점에서 한정되어왔으나 기후변화에 따른 가뭄·홍수에 대한 대응, 삶의 질 개선 등을 포함한 보다 광의의 개념(물 순환 전 과정을 포함)으로써 물산업의 정의가 확장되고 있다.

　기존 상·하수도 시장 중심에서 벗어나 수자원개발·관리와 친수·생태사업을 포함하는 통합물관리(IWRM), 즉 물순환 체계 전 과정을 인간과 자연이 공유하는 지속가능한 물자원 관리로 기후변화에 따른 물문제 해결과 동시에 신성장동력으로서의 그 기능이 확장되고 있다.

　물산업은 과거와 달리 시장의 범위를 새롭게 인식하여 상하수도는 물론 대체수자원 개발 그리고 이수와 치수, 생태를 포함한 유역종합개발사업 등 포괄적 관점에서의 접근이 요구된다. 또한, 물산업의 가치사슬은 제조, 건설, 운영서비스 단계로 구성된다.

　이와 같이 물산업의 범위와 정의는 변화하고 있으며, 매년 글로벌 물시장을 조사하여 정보를 제공하는 글로벌 물관련 전문 리서치 기관인 GWI(Global Water Intelligence)의 WaterData에 따르면 글로벌 물시장은 2022년 기준 약 9,089억 달러(약1,117조원)로 추정되며, 2026년까지 연평균 4.0%대로 성장할 전망이다. 글로벌 물시장의 성장 속도는 그 규모나 범위에 있어서 여타 산업을 능가하고 있다.

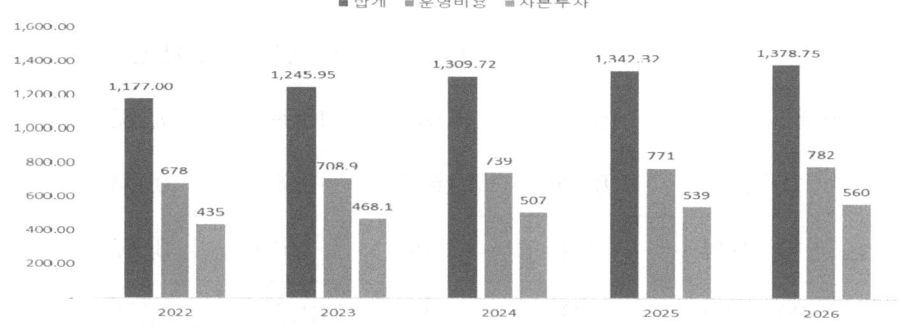

<그림 2-7-16> '22년 글로벌 물시장 규모 전망

자료: GWI, Waterdata, 2023.12.28. (환율 1$≒1,295, 2023.12.28.)

최근에는 물관리 분야에서 디지털 기술이 더욱 주목받고 있다. 원격·자동 운영 등에 대한 수요가 빠르게 증가함에 따라 글로벌 디지털 물시장은 2022년 기준 379.3억 달러(약49.1조원)의 시장을 형성하고 있으며, 2026년까지 연평균 7.2%씩 성장하여 65조원 규모의 시장으로 성장할 것으로 전망된다.

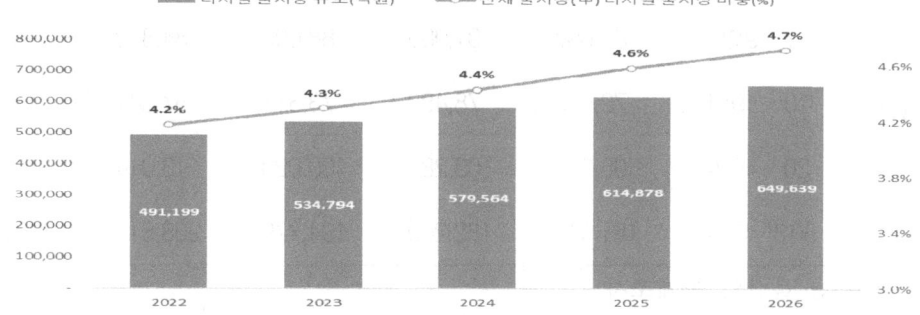

<그림 2-7-17> '22년 글로벌 디지털 물시장 전망

한편, 2022년 기준 국내 물산업 분야 총 매출액은 약 49조 7천억 원으로 국내 총생산량(GDP)의 약 2.3%로 추산된다. 국내 물산업 사업체 수는 1만 7,553개, 물산업 분야 종사자 수는 총 20만 7천여명으로 조사되었다.

다만, 해외진출 사업체는 전체 물기업의 약 2.6%를 차지하며, 연구개발(R&D) 활동기업은 전체 물기업 중 약 20.2%로 추산되어 산업의 경쟁력을 높이기 위해서는 물기업의 해외진출 및 연구개발 확대 등의 노력이 필요한 것으로 조사되었다.

또한, 국내 물기업은 '22년 기준 약 79.4%가 20인 미만 소기업으로 사업구조가 영세한 것으로 나타났다.

<표 2-7-21> 물산업 분야 사업체 추이

(단위: 개사)

구 분		2018년	2019년	2020년	2021년	2022년
전체		15,473	16,540	16,990	17,283	17,553
사업체수 규모	1~9인	8,926	9,647	9,953	10,144	10,590
	10~19인	3295	3,480	3,510	3,582	3,348
	20~49인	2,093	2,188	2,277	2,330	2,391
	50인 이상	1,159	1,225	1,250	1,227	1,224

자료 : 2023년 물산업 통계조사

<표 2-7-22> 물산업 분야 매출액 추이

(단위: 억원)

구 분		2018년	2019년	2020년	2021년	2022년
전체		432,506	462,017	465,726	474,220	496,902
매출액 규모	1~9인	81,697	91,989	88,606	84,849	101,158
	10~19인	72,522	78,483	73,317	67,541	75,411
	20~49인	96,374	109,285	109,023	113,014	110,428
	50인 이상	181,913	182,260	194,779	208,817	209,904

자료 : 2023년 물산업 통계조사

<표 2-7-23> 물산업 분야 종사자 수 추이

(단위: 명)

구 분		2018년	2019년	2020년	2021년	2022년
전체		183,793	193,480	197,862	200,650	207,774
종사자 규모	1~9인	41,014	37,564	31,895	32,721	33,195
	10~19인	29,649	33,396	29,393	29,074	26,739
	20~49인	38,693	44,323	43,255	40,614	44,311
	50인 이상	74,436	78,197	93,319	98,241	103,529

자료 : 2023년 물산업 통계조사

<표 2-7-24> '22년 글로벌 물시장 국가별 규모

구 분	1위	2위	3위	4위	5위	6위	7위	8위	9위	10위	전세계
국 가	미국	중국	일본	독일	프랑스	인도	영국	브라질	한국	호주	-
규모(억$) [비중, %]	2,190 [24.1]	1,630 [17.9]	879 [9.7]	387	363	302	216	210	174 [1.9]	156	9,089 [100]

자료 : GWI, Water Data(2023)

정부는 물산업의 중요성과 국내 물산업의 열악한 현실을 인식하고 물산업을 미래전략산업으로 집중 육성하기 위해 2006년 2월 환경부 등 관계부처 합동으로 '물산업 육성방안'을 수립하고, 2012년에는 물산업 육성 및 해외 진출 활성화방안을 수립하였다.

물산업 육성계획이 구체화되면서 2009년부터 물산업 분야의 국내외 물관련 프로젝트 수주 및 개발 등을 담당하는 기초인력 양성사업을 매년 추진하고 있으며, 국내 물기업에 대한 정확한 통계 조사·분석을 통해 물산업 육성정책에 활용하고자 2012년부터 물산업 통계조사를 실시해 오고 있다.

이후, 국내 물기업의 해외진출 플랫폼으로서 국내 물기업의 해외진출 지원 및 물산업 집중 육성을 위해 산·학·연·관이 결집한 '한국물산업협의회(KWP)'를 발족('15.4)하였고, 환경부, 특·광역시, 한국환경공단, 한국수자원공사 등 13개 물관련 공공기관이 상호협력하여 물산업 기반강화, 관련 중소기업 육성 지원, 국민 물복지 향상 도모하기 위한 협의기구로 '물산업기술발전협의회'를 발족('16.12)하였다.

또한, 제7차 세계 물포럼('15.4.12~17, 대구·경주)을 계기로 물산업 네트워크 형성을 위한 특별세션을 개최하여 대구시, 밀워키시, 미국 물위원회, 한국물산업협의회(KWP) 간 물산업 협력 MOU를 체결함으로써 물산업 활성화 및 지원 기반을 마련하였다.

2016년 11월에는 관계부처 합동으로 '스마트 물산업 육성전략'을 수립하여 글로벌 물산업 강국으로 도약을 위한 물기업 기술경쟁력 강화, 물 신시장 창출, 물산업 혁신 기반 조성 전략을 마련하였다.

<표 2-7-25> 그간의 국내 물산업 육성정책

대책명(시기)	추진 전략
물산업 육성방안 ('06. 국무회의), 부처합동(환경부)	◆ 상하수도 서비스업 구조 개편, 민간사업자 진출 확대 ◆ 핵심기술 고도화 및 우수인력 양성 ◆ 물산업 수출역량 강화(해외진출 지원, 수출마케팅 등)
물산업 육성 및 해외 진출 활성화방안 ('12), 부처합동(환경부)	◆ 핵심 신기술 개발 및 적용 확대 ◆ 물기업 육성(물산업단지 구축) 및 연관산업 활성화 ◆ 해외진출 기반 강화와 전략적 진출
스마트 물산업 육성전략 ('16), 부처합동(환경부)	◆ 물기업 기술경쟁력 강화 및 해외진출 지원 ◆ 신시장 창출(재이용, 스마트인프라, 대체수자원 등) ◆ 물산업 진흥을 위한 법령 및 전담기관 등 마련

또한 물관리 일원화를 통해 국토부, 환경부에서 각각 추진하던 정책들을 통합 추진할 수 있게 되었으며, 「물관리기술 발전 및 물산업 진흥에 관한 법률」을 제정('18.6.12 공포)하여 물관리기술 개발 및 사업화 촉진, 물기업 해외진출 지원 등 물산업 진흥 정책의 실행력이 강화되었다.

<그림 2-7-18> 물관리 일원화 이후 물산업 정책방향

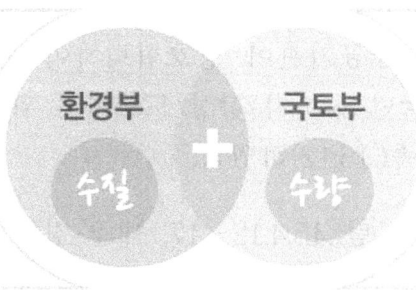

- [법 · 제 도] 물산업 육성을 위한 근거법률 '물산업기술법' 제정
- [물 산 업 정 보] 수질·수량의 통합된 산업정보 시스템 구축 및 제공
- [구 조 적 통 합] 물분야 기술 표준화 및 검 · 인증 지원체계 통합 구축

2. 추진전략

환경부는 「물산업진흥법」 제정('18.6.) 이후, "글로벌 물산업 5대 강국으로 도약"을 비전으로 물산업 진흥의 기본방향 등을 담은 "제1차 물산업 진흥 기본계획(2019~2023)"을 수립('19.6)하였다.

제1차 물산업 진흥 기본계획(2019~2023)은 「물관리기술 발전 및 물산업 진흥에 관한 법률」에 따라, 5년마다 수립하는 것으로 제1차 기본계획은 물기술 혁신 역량 강화, 신시장 확대 및 해외진출 활성화, 물관리 전문인력 양성 및 일자리 창출, 물산업 진흥 전략 지원체계 마련 등 4대 전략과제를 마련하여 추진하였다.

특히, 2019년 6월 국가물산업클러스터의 준공으로 연구개발부터 성능 인·검증, 국내 사업화, 해외진출에 이르는 물산업 전주기 One-stop 지원 서비스 제공이 가능하게 되었다. 운영위탁기관인 한국환경공단과의 긴밀한 협력을 바탕으로 하여 새싹기업 창업화 및 강소기업 기술·제품 개발 지원, 국내 사업화 및 해외 판로개척 지원 등 기업간 공동 연구개발 및 사업화 지원을 통해 물산업 진흥기반 마련 및 글로벌 물시장 진출을 위한 지원 사업을 적극적으로 추진하고 있다.

〈그림 2-7-19〉 국가물산업클러스터 전주기 지원 체계

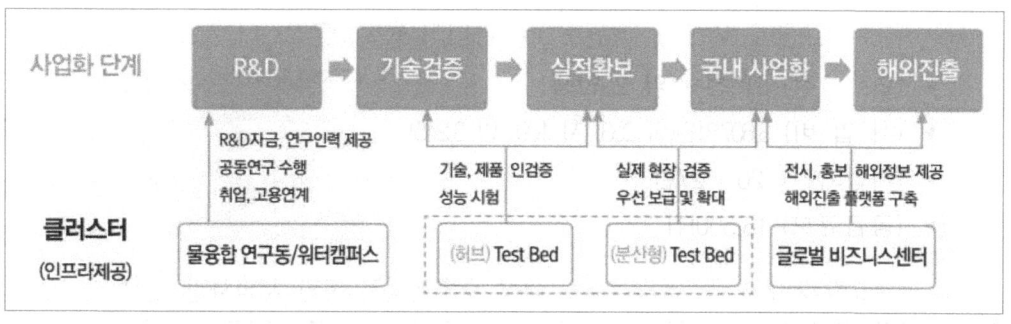

이와 함께, 물기술 인·검증 전문기관인 '한국물기술인증원'이 2019년 11월부터 운영함에 따라 물산업클러스터의 인·검증 인프라와 인증원의 전문성이 결합하여 물기업의 사업화 지원에 시너지 효과도 기대해 볼 수 있게 되었다.

2020년에는 물 분야 민·관 전문가가 참여하는 '전문가포럼'을 구성하여 전략적인 국제협력 체계를 구축·운영하고 있다. 이를 통해 우리나라의 물 분야 대표 의제를 발굴하여 전략적인 국제협력을 꾀하고 있다. 향후 물 관련 국제회의나 행사에서 우리 정부의 일관된 메시지를 전달함으로써 국가 위상을 제고하고, 물 산업 해외 진출에 이바지할 것으로 기대된다.

국제개발협력사업(ODA)을 통해서도 우리나라 물 기업의 해외 진출 지원을 확대하고 있다. 국가별 수요와 우리나라의 강점을 고려하여 사업 지역과 주제를 선정하고 있으며, 국내 물 기업을 참여시켜 해외 물 시장 진출 기반을 마련하고 있다. 이러한 ODA 사업을 활용하여 투자사업, 재정사업, 민관협력사업 등 다양한 후속 사업과 연계함으로써 향후 국내 물 기업의 해외 진출이 더욱 확대될 것으로 기대된다.

2020년 6월에는 '친환경 수열에너지 활성화 방안(국무회의)'을 마련하여 물이 가진 열에너지를 활용하는 사업들을 추진하고 있다. 소양강댐의 심층수를 데이터센터 등의 냉방에 활용하는 강원도 수열클러스터 조성사업을 추진 중이다. 2020년부터 공공기관 수열 시범사업을 시작으로 민간 및 지자체를 대상으로 보급·지원 시범사업('22~)을 추진하고 있다. 시범사업 기간 동안 수열에너지 설치·운영 안내서 제작 등 수열에너지 보급 기반을 마련하고 수열에너지 보급이 확산되도록 정책을 추진할 계획이다. 이를 통해 2030년까지 수열에너지 1GW 도입을 목표로 추진하여 건축물 분야 탄소중립에 기여할 계획이다.

〈그림 2-7-20〉 강원도 수열에너지 융복합클러스터 개요

- (면   적) 816천 ㎡(약 25만평)
- (사 업 비) 3,607억원(국 253, 지 109, 민 3,245)
- (사업기간) '20~'27년
- (공급규모) 16,500RT

〈그림 2-7-21〉 공공건축물 대상 수열에너지 도입 시범사업 개요

시설명	준공	용량(RT)	비고
한강물환경연구소	'21.6월	60RT	
한강홍수통제소	'21.4월	100RT	

아울러, 2024년 3월 "미래 핵심 물관리기술 선점을 통한 물산업 강국 실현"을 비전으로 물산업 진흥의 기본방향 등을 담은 "제2차 물산업 진흥 기본계획(2024~2028)"을 수립하였다. 제2차 기본계획은 물관리기술 혁신, 물기업 경쟁력 향상, 전략적 해외진출 활성화, 전문인재 양성 및 물산업 진흥기반 체계화 등 4대 전략과제(12개 세부과제)를 제시하고 물산업 진흥 및 물기업 육성을 위한 정책을 추진하고 있으며, 구체적인 내용은 아래와 같다.

〈표 2-7-26〉 제2차 물산업 진흥 기본계획 전략과제 및 세부과제

4대 전략과제	12대 세부과제
1. 물관리기술 혁신	1.1 미래 핵심 물관리기술 선점 1.2 우수 물관리기술 개발·적용 기반 마련 1.3 유망 물관리기술 사업화
2. 물기업 경쟁력 향상	2.1 물산업 체계적 육성 2.2 강소 물기업 경쟁력 강화 2.3 물산업 실증 인프라 활용성 제고
3. 전략적 해외진출 활성화	3.1 국제 네트워크 강화 및 실효성 제고 3.2 해외진출 전략적 지원 3.3 해외진출 인프라 강화
4. 전문인재 양성 및 물산업 진흥기반 체계화	4.1 수요 맞춤형 인력 양성 및 활용 강화 4.2 물산업 혁신 거버넌스 확립 4.3 물산업 지원제도 및 체계 정비

또한, 정부는 물관리기술 촉진을 통해 물산업 진흥 및 해외 진출을 위한 기반을 탄탄히 다지고 있다. 2007년부터 해수담수화 플랜트 건설 사업에 요구되는 핵심공정 개발, 기본설계 및 실증 기술개발을 지속 추진 중이다. 이를 기반으로 중동지역 등 해수담수화 기술수요에 적극 대응하는 한편 국내 물부족 해소를 위한 대체수자원 확보에도 기여하고 있다. 2025년에는 충남 대산임해산업지역에 국내 최대 규모인 10만㎥/일 용량의 해수담수화시설이 설치될 예정으로 담수 수원 부족으로 어려움을 겪고

있던 산업지역에 항구적이고 안정적인 공업용수 공급이 가능해 질 것으로 예상된다.

최근에는 반도체 표면 세정작업에 사용되는 초순수 생산기술 국산화를 R&D('21~'25)를 통해 추진하고 있다. 반도체 제조 공정에서는 반도체 표면 세정작업 등을 위해 많은 양의 초순수를 사용하는데 생산기술 대부분을 해외에 의존하고 있어 무역분쟁 등 리스크에 취약한 상황이다. 초순수 생산기술의 국산화가 완료되면 생산기술 자립으로 수출규제 등에 선제적으로 대응이 가능하여 반도체의 안정적 생산 기반이 마련될 뿐만 아니라 경제안보도 확보될 것으로 기대된다.

3. 기대효과

우리 정부는 물산업 육성 정책 이행을 통한 정책효과로 ① 4차 산업혁명 기반 융합기술 등 유망 물관리기술에 대한 R&D 등 선도적 투자로 혁신 성장 도모 및 물기술 혁신 역량 강화, ② 新시장 창출을 통한 포화된 내수시장 극복과 국내 물기업의 유망 해외시장 진출 확대, ③ 물기업 수요에 부합하는 글로벌 물산업 전문인력 양성과 양질의 신규 일자리 창출 등을 기대하고 있다.

제8장 환경정책

제1절 자연환경보전

1. 자연환경의 여건 및 전망

가. 자연환경 관리실태 및 문제점

(1) 성장위주의 국토정책 추진에 의한 자연환경문제 심화

우리나라는 지난 50년간 국토를 이용·관리함에 있어 생태적 계획에 입각한 지속 가능한 보전·관리보다는 효율성과 경제성에 입각한 공급위주의 국토개발정책을 추진하여 왔다.

이로 인해 단기간에 고도의 경제성장과 국가발전의 기틀은 마련하였으나 산림·녹지·갯벌의 감소, 자연생태계의 단절, 자연경관의 훼손 등 자연환경훼손 문제를 초래하게 되었다.

특히 생태적 순환과 연속성을 고려하지 않은 도시지역 확산 및 도시개발로 도시지역 내부 또는 주변지역간의 생태·녹지축이 심하게 단절되었고, 백두대간과 같이 생태적 가치가 높은 지역에서도 도로, 석산개발, 관광지 등과 같은 각종 개발사업이 무분별하게 이루어져 생태계의 단절과 훼손이 가중되고 있는 실정이다.

자연환경 훼손과 자연생태계에 대한 위협요인은 앞으로도 당분간 지속될 것으로 예측되며, 이에 따라 국토의 생태적 건전성 향상과 자연친화적인 삶의 터전을 조성·발전시켜 나가기 위한 정책을 더욱 강화할 필요가 있다.

(2) 생물다양성 감소 및 자연생태계 훼손 심화

생물다양성은 자연생태계의 지속가능한 기능을 유지하기 위한 필수불가결한 요인임에도 불구하고 이를 고려하지 않은 대규모의 산림벌채 및 개발행위, 야생동식물의 남획과 밀렵 성행, 인위적·자연적 요인으로 인한 외래 생물종의 유입 확산 등으로 인해 생물다양성이 감소하는 등 생태계의 기능과 균형의 파괴가 우려되는 상황이다.

이에 따라 많은 야생생물들이 멸종위기에 처하게 되었는바, 이 땅에서 사라져가는 야생생물의 보전을 위한 노력, 자연과 인간의 조화로운 공존을 위한 노력이 절실하다고 하겠다.

나. 자연환경 여건 및 전망

(1) 지속적인 개발수요 증가에 따른 자연환경보전 여건 악화

우리의 자연생태계는 1960년대부터 시작된 산업화와 인구의 도시집중, 대단위 택지개발, 공장부지 확충, 도로건설, 해안매립을 통한 간척사업, 골프장 건설 등 위락시설 건설 등의 개발행위와 대기·수질오염물질, 생활·산업폐기물로 인하여 그 균형과 질서가 크게 흔들리게 되었으며, 지금도 전국 방방곡곡에서는 우리의 생태계를 보전하기 위한 노력보다는 이용하기 위한 각종 개발사업이 진행되고 있어 자연생태계를 포함한 국토의 훼손이 지속적으로 이루어질 예정이다.

(2) 자연환경 우수지역 등에 대한 관광지 및 레저 개발 압력 증가

주 5일 근무 및 생활여건 개선 등에 따라 산지, 해안, 하천변, 도심 외곽의 자연경관이 수려한 지역 등을 중심으로 각종 관광·레저 분야에 대한 개발수요가 크게 늘고 있으며, 관광패턴도 유원지, 극장 등 위락시설 중심에서 트레킹, 래프팅, 역사유적지 탐방 등 자연과 문화를 즐기는 관광으로 변화될 것으로 전망하고 있다.

또한 국립공원에 대한 탐방객 증가와 함께 쾌적하고 편리한 공원보전 및 이용에 대한 국민적 기대도 더욱 높아질 것으로 전망된다.

(3) 접경지역의 개발수요 증대

비무장지대(DMZ)와 민간인 통제지역은 그동안 인간활동에 의한 간섭이 타 지역에 비해 적어 자연환경이 잘 보전되어왔다. 그러나 향후에는 「접경지역법」에 의한 접경지역 발전종합계획(2011~2030, 행정자치부), 한반도 생태평화벨트 조성계획(2012~2021, 문화체육관광부), DMZ 평화의 길 조성계획(2019~2022, 통일부, 국방부, 행정안전부, 문화체육관광부, 환경부) 등 DMZ 일원을 대상으로 정부기관별 각종 이용계획 등이 수립·시행되고 있어 생태계 훼손이 우려되고 있다.

(4) 국가생물주권 확보 경쟁 가속화

국제적으로 생명공학산업의 발달에 따라 생물다양성 협약이후 각국의 고유생물자원 보전에 대한 중요성이 증대되면서 유전자변형생물체(LMOs)의 국가간 이동 규제, 유전자원의 접근 규제 및 이익공유 의무화 등 각국의 고유 생물자원 보전을 위한 국가생물주권 확보 노력은 더욱 치열해질 것으로 전망된다. 특히 2010년 채택된 "생물다양성협약 부속 유전자원에 대한 접근 및 그 이용으로부터 발생하는 이익의 공정하고 공평한 공유에 관한 나고야 의정서(이하 '나고야 의정서')"가 발효되면서 생물자원에 대한 접근과 이용에도 세심한 주의가 필요하다. 우리나라도 2017년에 '유전자원의 접근·이용 및 이익 공유에 관한 법률'을 제정·시행하여 국가생물주권 확보를 위한 제도적 기반을 마련하였다.

2. 자연환경보전정책 발전방향

가. 자연환경보전 정책목표

국민의 소득증대에 따라 쾌적한 삶의 질에 대한 국민의 요구가 증가되면서 지속가능한 발전과 함께 자연과 조화로운 생활공간 확보에 대한 국민적 기대는 더욱 높아지고 있는 상황이다.

따라서 21세기를 향한 자연환경보전 정책목표의 중심은 「인간과 자연이 더불어 사는 생명공동체」로 요약할 수 있으며, 이는 한반도의 자연환경을 서로 유기적으로 연결함으로써 인간과 자연이 더불어 함께 살아가는 생명력 있는 한반도의 생명공동체를 구현하는 것이다.

나. 정책 추진방안

정부에서는 위와 같은 21세기의 자연환경보전정책 추진방향 및 분야별 정책목표를 달성하기 위하여 다음과 같은 정책을 중점적으로 추진할 계획이다.

첫째 한반도의 생태계를 통합하여 보전하고 모든 개발과정에서 자연환경이 배려되도록 하는 전방위 자연환경보전·관리기반 구축,

둘째 자연환경우수지역에 대한 지속 가능한 보전이용체계 정립,

셋째 우리나라 고유의 생물자원·자연자산 및 생물다양성 확보 유지 체계 강화,

넷째 자연환경보전을 위한 남북한 및 국제 협력 증진,

다섯째 선진화되고 과학적인 자연환경보전 추진체계 구축,

여섯째 과학적인 토양환경보전 관리 기반 조성,

일곱째 자연환경보전 홍보·교육 강화 및 대국민 참여 활성화를 추진하는 것이다.

3. 자연환경보전 세부추진계획

가. 자연환경조사

(1) 자연환경 조사체계

생물종 및 서식지 보전, 보호지역 지정 등 생물다양성 및 생태계 우수지역 보전시책들은 정확한 자연환경현황을 토대로 이루어져야 하므로 자연환경조사는 가장 중요한 자연환경정책의 한 분야이다.

현행 자연환경조사는 크게 자연환경 전반에 대한 기초조사 개념의 전국자연환경조사와 정밀조사 개념의 우수생태계 정밀조사, 멸종위기 야생생물 분포조사 등으로 나누어져 시행되고 있다.

(2) 전국자연환경조사

정부에서는 전국의 자연환경현황(지형, 식생, 동·식물상 등)을 조사하여 국가 생물다양성의 효율적인 관리체계 구축 및 국토 보전과 개발계획 수립의 기초자료를 제공하기 위한 목적으로 자연환경보전법에 따라 5년마다 수행하고 있다. 조사결과는 자연환경종합 GIS-DB 구축 및 생태·자연도(축척 1/25,000)의 작성·갱신을 통해 환경정책에 활용하고 있다.

전국자연환경조사는 제1차 조사(1986~1990년), 제2차 조사(1997~2005년), 제3차 조사(2006~2013년), 제4차 조사(2014~2018년) 및 제5차 조사(2019~2023년)가 완료되었고, 제6차 조사는 2024년부터 2028년까지 5년간 연차적으로 추진을 계획하고 있다.

제1차 조사는 행정구역을 중심으로 이루어졌는데, 식물은 식물상, 현존식생도 및 녹지자연도를, 동물은 포유류·조류·양서류·파충류·곤충류로 구분하여 조사하였으며, 일부 분류군에 대해서는 지역별 분포상황을 포함하였다.

또한, 207개 호소에 대한 물리적 개황을 조사하고 주요 하천의 경우 담수어류, 수서곤충, 저서생물 및 수중생물 등의 생물상을 조사하였다. 제1차 조사는 전 국토를 대상으로 실시된 최초의 조사였다는 점에서 의의가 있다.

1997년부터 실시한 제2차 조사는 제1차 조사에서의 미흡한 점을 보완하여 추진되었다.

제1차 조사는 행정구역 중심으로 조사권역을 구분하였으나, 제2차 조사에서는 지형 및 생태권을 중심으로 권역별로 구분하여 실시하였다.

즉, 육지부는 산을 중심으로 6개 대권역 206개 소권역, 해안선은 6개 대권역 145개 소권역(소지역)으로 각각 구분하고, 각 소권역은 자연환경의 절대적 가치 및 상대적 가치에 따라 우선조사권역 및 일반조사권역으로 차등 구분하였다. 제2차 조사결과를 활용하여 GIS-DB를 구축하고, 2007년도에 생태·자연도 고시가 최초로 이루어졌다.

제3차 조사(2006~2013년)는 제1차 및 제2차 조사와는 달리 자연환경정보의 효율적인 관리를 위하여 도엽(1/25,000축척) 중심으로 조사를 하였고, 2013년에는 제3차 조사에 대한 미비점을 보완하고, 제4차 조사(2014~2018년)를 대비하기 위한 예비조사 실시하였다. 수집된 자료는 GIS-DB 구축 및 생태·자연도 갱신자료로 활용하였다.

제4차 조사(2014~2018년)는 3차 조사와 동일한 도엽(1/25,000축척)단위 조사방법을 바탕으로 전국 824개 도엽(식생은 811개 평가단위)의 자연환경 현황조사를 완료하였다. 수집된 자료는 GIS-DB 구축 및 생태·자연도 갱신자료로 활용 하였다.

제5차 조사(2019~2023년)는 대국민 생태정보 서비스의 질을 향상하기 위하여 생태계 우수지역(생태·자연도 1등급)의 현존식생도 기본축척을 1:25,000에서 1:5,000으로 향상하였다. 지형 및 동·식물상은 1:25,000축척의 도엽을 기본으로 하는 조사법은 3, 4차 조사와 동일하지만, 드론, 무인센서카메라 등의 도입으로 조사 정밀도를 제고하였다. 또한 기존 전문가 중심의 조사에서 벗어나 시민이 참여하는 조사(citizen science)를 신규 도입하였다. 시민의 참여는 조사 면적의 확대에 따른 조사 사각지대 해소와 대국민 자연환경보전 의식 함량의 기회를 제공할 것으로 기대된다.

제6차 조사(2024~2028년)는 제3차 조사와 동일한 목적(생태계 우수지역 확보 및 생태계 현황 파악 등)으로 추진하고 지형, 식생, 동·식물상 모두 5차 조사와 동일한 1:5,000 및 1:25,000 축척 도엽을 기본으로 분야별 조사법을 개선·적용할 예정이다. 원격탐사(GIS/RS), 드론, 무인센서카메라 등의 확대 도입으로 조사 정밀도를 제고하고, 생태·자연도 2·3등급 권역 중 보전등급 상향 예상 지역을 대상으로 식생 조사를 실시하여 생태계 우수지역을 확보하고자 한다. 시민참여 조사는 지속적으로 확대·운영하는 등 기존 전문가 중심 조사의 한계를 보완하고, 지역별 대표 모니터링 지점을 선정하여 체계적인 중·장기 생태정보 확보 및 활용의 기반을 마련하고자 한다.

〈표 2-8-1〉 제1~5차 전국자연환경조사 비교

구 분	제1차 전국조사	제2차 전국조사	제3차 전국조사	제4차 전국조사	제5차 전국조사
조사기간	1986~1990년(5년간)	1997~2005년(9년간)	2006~2013년(8년간)	2014~2018년(5년간)	2019~2023년(5년간)
조사예산	20억 원	146억 원	405억 원	383억 원	355억 원
조사방법	행정구역(군)별 조사	권역별 조사	도엽별 조사	도엽별 조사 *'15~'16년은 생태자연도 1등급, 멸종위기종 중심 조사	도엽별 조사 *동식물상은 1:25,000 축척, 식생은 1:5,000축척
조사인원	240명/년(중앙중심)	400명/년(지역우선)	500명/년(격자중심)	600명/년(격자중심)	560명/년(격자중심)
표 본	표본 미확보	표본 확보	표본 확보	표본 일부 확보	표본 일부 확보
결과활용	녹지자연도 작성	생태·자연도 작성, 자연환경 종합GIS-DB구축	생태·자연도 갱신, 지속적인 자연환경 종합GIS-DB 구축	생태·자연도 갱신, 지속적인 자연환경 종합GIS-DB 구축	생태·자연도 갱신, 지속적인 자연환경 종합GIS-DB 구축

자료 : 환경부 국립환경과학원 및 국립생태원

〈표 2-8-2〉 전국자연환경조사 연차별 도엽조사

구분	제4차 전국자연환경조사						제5차 전국자연환경조사					
	계	'14	'15	'16	'17	'18	계	'19	'20	'21	'22	'23
도엽	824	144	160	170	175	175	780*	160	133	163	164	160

* 전체 824개 도엽 중 조사불가능 도엽(해양, 접근불가지역 등)과 DMZ, 국립공원 및 백두대간보호지역을 제외한 780개 도엽 조사 실시
자료 : 환경부 국립환경과학원 및 국립생태원

(3) 분야별 자연환경조사

분야별 조사는 비무장지대 및 일원, 습지, 해안사구, 하구역, 무인도서, 동굴 등과 같이 특정지역의 생태계 보전 및 복원 등을 목적으로 이루어지는 조사를 말하며, 이 조사는 그 성격상 정밀한 조사를 필요로 한다.

가) 비무장지대 및 일원지역 생태계조사

2005년 8월 국무회의에서 의결된 「비무장지대 일원 생태계보전대책」에서 제시된 습지 및 생태·경관 우수지역 후보지 33개소를 보호지역으로 지정하기 위하여 2007년에 15개소, 2008년에 10개소, 2009년에는 나머지 8개소를 대상으로 생태계 정밀조사를 실시하였다.

2008년부터 2009년까지 유엔군사령부(UNC)의 출입허가를 얻어 DMZ 내부에 대한 생태계조사를 실시하였다. 2008년 DMZ 서부지역 조사결과, 대규모 묵논습지와 말똥가리 등 총 347종의 서식을 확인하였고, 2009년 DMZ 중부지역 조사결과, 대규모 물억새군락과 삵 등 총 642종의 생물이 발견되어 세계적 생태계의 보고임을 다시 한번 확인하였다. 2010년에 동부지역을 조사할 예정이었으나 천안함 사건 이후 남북관계 경색으로 조사가 중단되었고, 이후 2021년에 유엔군사령부의 협조를 통해 DMZ 조사가 재개되었다. 2021년 DMZ 동부지역 조사결과, 신갈나무 군락과 반달가슴곰 등 총 900종의 서식을 확인하였다.

2012년부터는 DMZ와 별도로 민통선이북지역(민북지역)에 대한 생태조사를 추진하고 있다. 2012년 동부권(양구, 인제, 고성) 민북지역 조사결과, 사향노루 등 멸종위기종 30종을 포함한 2,017종의 서식을 확인

하였고, 2013년 중부권(철원, 화천) 민북지역에서는 멸종위기종 28종을 포함한 총 1,533종이, 2014년 서부권(파주, 연천) 민북지역에서는 멸종위기종 28종을 포함한 총 1,730종이 서식하는 것을 확인하였다.

2015년부터는 DMZ 일원을 5개 생태권역으로 구분하여 5년을 주기로 생태계 현황을 파악하고 있다. 2015년 동부해안권역(인제, 고성) 민북지역 조사결과, 멸종위기종 22종을 포함하여 총 1,415종이, 2016년 동부산악권역(양구) 민북지역에서는 멸종위기종 14종을 포함하여 총 1,421종이, 2017년 서부평야권역(연천,철원) 민북지역에서는 멸종위기종 28종을 포함하여 총 2,424종이, 2018년 중부산악권역(철원, 화천) 민북지역에서는 멸종위기종 20종을 포함하여 총 2,090종이 서식하는 것을 확인하였으며, 2019년 서부임진강하구권역(파주, 연천) 민북지역에서는 멸종위기종 29종을 포함하여 1,839종이 서식하는 것을 확인하였다.

특히, 2017년 DMZ 일원의 생물다양성을 종합하고자 1974년부터 2014년까지의 DMZ 일원 생태계조사 보고서를 정리하여 멸종위기종 91종을 포함한 4,873종의 종목록을 정리한 종합보고서를 발간하였고,

2021년에는 지난 6년간(2015~2020) 수행된 DMZ 일원의 민통선 이북지역 5개 권역(동부해안, 동부산악, 중부산악, 서부평야, 서부임진강하구)의 39개 경로를 따라 이루어진 생태계조사 내용을 종합정리한 보고서를 발간하였다. 동 보고서에 따르면 멸종위기종 44종을 포함하여 총 4,315종이 서식하는 것을 확인하였고, 조사된 39개 조사경로 중 38개 경로에서 생태계가 우수 또는 양호한 것으로 평가되었다. 동시에 군부대(수색대대) 협조를 통해 DMZ 내부에 설치한 무인센서카메라(100대)를 활용해 산양, 삵, 담비 등 총 15종의 포유류를 확인하였다.

2022년부터는 DMZ를 대상으로 5년 주기의 생태계 현황을 파악하고 있다. 2022년 서부임진강하구권역(파주, 연천) DMZ에서는 멸종위기종 21종을 포함하여 총 1,391종이 서식하는 것을 확인하였으며, 2023년 서부평야권역(연천, 철원) DMZ에서는 멸종위기종 12종을 포함하여 1,246종이 서식하는 것을 확인하였다.

이러한 DMZ 및 민통선이북지역 생태계조사를 토대로 DMZ 일원을 유네스코 생물권보전지역 지정하는 등 한반도 핵심생태축인 동시에 생태계의 보고인 DMZ를 효율적으로 보전·관리해 나갈 계획이다.

나) 전국내륙습지조사

전국내륙습지조사는 「습지보전법」 제4조를 근거로 지난 2000년부터 매 5년 단위로 수행하는 법정조사로 기초조사와 정밀조사로 구분해 추진하고 있다. 기초조사는 새로운 습지를 발굴하고 생물서식 현황 등을 조사하는 것으로 습지 보전정책의 기초자료로 활용된다. 정밀조사는 기초조사의 결과를 바탕으로 평가된 생태적 보전 가치가 뛰어난 습지와 습지보호지역을 대상으로 체계적으로 보전하고 관리하기 위해 1년 동안 계절에 따른 분야별 조사를 수행하고 있다.

'내륙습지 기초조사'는 전국에 분포하는 습지의 분포현황 파악을 목적으로 2000년부터 권역별 조사를 수행하고 있다. 그 결과 2013년에 최초로 1,916곳에 대한 내륙습지 목록을 구축하였으며, 이후 2017년에 내륙습지의 경계가 포함된 2,499곳(734.6㎢)의 내륙습지 목록이 구축되었다. 이후 내륙습지 목록에 대한 이력 관리 조사를 수행하여 습지를 현행화하고 그간 조사된 하구 습지에 대한 정보 및 습지보호지역 법적 고시 경계 동일화 등을 종합하여 2022년에 2,704곳(1,154.4㎢)에 대한 내륙습지 목록을 구축하였다. 2022년부터는 위성영상과 수치지도를 기반으로 만들어진 내륙습지 기초지도를 토대로 미발굴된 습지를 목록화하고 현존식생도를 작성하고 있다. 또한, 습지 내 토지 이용변화 파악을 위한 기초자료를 수집하고 있다. 2022년부터 2023년까지 금강권역(763.6㎢) 및 한강권역(728.1㎢)에 대한 현존식생도 작성 결과, 금강권역(631.6㎢) 및 한강권역(475.1㎢)의 내륙습지가 목록화되었으며 2024년에 병합 및 오류 수정 등을 진행할 예정이다. 더불어 신규로 목록화된 주요 습지에 대해 서식 생물 현황조사(식물, 저서성 대형무척추동물, 양서·파충류, 조류, 어류)를 수행하여 연 2만여 건의 생물정보를 구축 중이다.

'내륙습지 정밀조사'는 기초조사 결과 생태우수습지로 평가된 습지의 보호지역 지정 및 람사르습지 등재를 위한 생태적 근거자료 마련을 목적으로 한 우수습지 정밀조사와 습지보호지역에 대해 5년 주기로 생태계 정밀조사를 실시하고 보전·관리방안 수립 시 근거자료로 활용하는 습지보호지역 정밀조사로 나누어 수행하고 있다. 2023년에는 생태우수습지 2개소(안동 단천교습지, 횡성 포동습지)와 습지보호지역 5개소(고창 인천강하구, 두웅습지, 제주 동백동산습지, 물영아리오름, 한강하구)에서 10개 분야의 생물상(지형·지질·퇴적물, 수리·수문·수질, 식생, 식물, 육상곤충, 양서·파충류, 어류, 조류, 포유류, 저서성대형무척추동물)을 조사하였다. 조사 결과 생태우수습지의 보전가치(생물다양성, 멸종위기 야생생물·희귀종, 지형적 가치)를 확인하였고 습지보호지역의 서식지 특성과 위협요인을 고려한 관리방안을 도출하였다.

다) 전국 해안사구 자연환경조사

해안사구는 희귀 동·식물의 서식처이며, 태풍이나 해일 발생 시 해안의 침식을 완화시켜주는 역할을 하여 고환경 정보가 담겨있는 중요한 자원이다. 또한 모래땅에 적응해 살아가는 독특한 생물종들이 다수 분포하는 등 생물다양성 측면에서 보전가치가 높다.

이에 환경부는 기후변화와 해수면 상승, 개발압력으로부터 해안사구의 주요 기능과 생태계 가치를 유지·보전하기 위한 체계적인 조사와 연구를 수행하고 있다.

2001년 환경부는 무인도서 및 다리가 연결되지 않은 유인도서를 제외한 전국 해안사구 133개를 수록한 '우리나라 해안사구 목록' 보고서를 발간하였다.

이후 해안의 무분별한 개발로부터 해안사구를 보전·관리하기 위해 2003년부터 제1차 전국 해안사구 정밀조사(2003~2012년)를 수행하였고, 신양사구 등 36개 지역을 조사하였다.

2017년까지 제2차 전국 해안사구 정밀조사(2013~2017년)를 수행하였고, 금일명사, 송정사구 등 13개(제1차 조사와 3개소 중복, 우이도, 옥죽동, 지두리 사구)을 조사 완료하였다. 그리고 조사결과를 토대로 2개 지역(소황사구, 하시동·안인사구)을 생태·경관보전지역으로 지정하였다.

2016년에 국내 목록화 되어 있는 207개 해안사구(무인도서 내 사구 제외) 전체에 대한 지형, 식생 및 관리현황을 조사하고, 189개 해안사구에 대한 현황을 업데이트하여 우리나라 해안사구 목록을 발간하였다.

특히, 2017년에는 일반현황 결과를 기반으로 우리나라 해안사구 보전 및 관리를 위한 개선방안 마련 연구가 수행되었다. 연구결과 보전을 위한 우수사구 93개가 제시되었고, 그 중 보호지역으로 지정되지 않은 73개 해안사구에 대해 2018년부터 권역별로 순차적으로 전국해안사구 자연환경조사(2018~2023년)를 수행중이다. 2018년에는 충남Ⅰ, 전남Ⅰ권역의 14개 사구, 2019년에는 전남Ⅱ권역 7개 사구, 2020년에는 제주도 권역 7개 사구, 2021년에는 인천권역 11개 사구, 2022년에는 경상도 및 부산권역 10개 사구, 2023년에는 강원권역 8개 사구를 조사완료하였다. 이러한 전국 해안사구 자연환경조사를 토대로 생태계 우수지역을 발굴하여 생태·경관보전지역 등 보호지역 지정과 관리를 지속적으로 추진할 계획이다.

라) 하구 생태계 조사

우리나라 서·남해안의 하구역은 큰 조차로 인해 담수와 염수가 섞이는 기수역이 넓게 분포하는 것이 특징이다. 그리고 하구역은 염도변화에 따라 다양한 생물종이 서식하며, 멸종위기에 처한 주요 철새의 서식 및 도래지로서 보전가치가 매우 높다.

이에 따라 환경부는 멸종위기 야생생물의 서식처로 중요한 기능을 수행하는 하구역의 보전가치를 부각시키고 각종 개발압력으로부터 하구역을 보전하기 위한 조사를 2004년부터 수행하고 있으며, 2015년부터 2020년까지 진행된 하구역 생태계 정밀조사는 전국의 모든 하구역 생태계 현황을 개략적으로 조사하는 현황조사와 생물상 및 서식지 환경특성 등에 대해 조사하는 정밀조사로 구분하여 수행하였다. 2021년부터는 "하구 생태계 조사"로 개편하여 기 구축된 444개 하구습지를 대상으로 이력관리를 추진하는 기초조사와 생태우수 하구습지 대상 생태계 및 생물다양성 현황을 파악하는 정밀조사로 구분하여 진행하고 있다. 2023년에는 남해 및 서해권역 하구습지 80개소를 대상으로 기초조사를 수행하여 멸종위기 야생생물 28종 (Ⅰ급 5종, Ⅱ급 23종) 포함 총 204과 587종의 서식을 확인하였다. 정밀조사는 사천의 곤양천하구습지를 대상으로 수행하여 습지보호지역으로서의 지정가치를 검토하였다.

마) 전국 무인도서 자연환경조사

현재 전국 2,876개 무인도서 중 많은 무인도서가 식생이 우수하고 철새 등 희귀 동·식물의 서식지로서 중요하나, 그간 희귀 동·식물의 남획, 염소 방목에 의한 식생 훼손, 낚시꾼·관광객 등에 의한 오염 등으로 생태계가 급격히 훼손되고 있다.

이에 따라, 환경부에서는 자연경관이 우수하고 희귀 동·식물이 서식하고 있는 무인도서를 체계적으로 보전·관리하기 위해 1998년부터 20221년까지 생태계가 우수한 1,447개 무인도서의 자연환경을 조사하고 이 중 자연환경이 우수한 257개 도서를「독도 등 도서지역의 생태계 보전에 관한 특별법」에 의한「특정도서」로 지정·관리하고 있다.

바) 생태·경관우수지역 발굴조사

2007년까지 이루어진 생태계 정밀조사들은 해안사구, 하구역, 무인도서 등 특정 유형의 생태계에 치우쳐 있어서 산림, 유인도서, 수변 등의 생태계 우수지역이나 지형 또는 경관 우수지역의 발굴이 상대적으로 미흡하였다. 이러한 단점을 보완하고자 2008년에 생태계우수지역 발굴조사를 시작하였으며, 2009년에는 생태·경관우수지역 발굴조사로 확대 개편하였다. 2014년까지 32개소의 생태·경관우수지역을 조사하여 운장산, 단양 측백나무군락, 덕산기 계곡, 천내습지 등 생태계 우수지역을 발굴하였다. 2018년에는 생태·경관우수지역 발굴조사(경북 내성천 일대)를 '18.6월부터 수행하여 '19.6월에 완료하였다.

사) 보호지역 정밀조사

환경부에서는 보호지역 발굴을 위한 자연환경 정밀조사 외에도 기지정된 보호지역의 생태계 변화를 파악하고 효율적으로 보전하기 위한 방안 마련을 위해 여러 가지 보호지역 정밀조사를 실시하고 있다. 이러한 조사로는 독도생태계정밀조사, 특정도서정밀조사, 백두대간보호지역 생태계조사, 생태·경관보전지역 정밀조사, 습지보호지역 정밀조사 등이 있다.

독도생태계정밀조사는 2005~2006년에 시작하여 5년 주기로 실시하며, 2020년 제4차 정밀조사를 완료하였다.

특정도서 정밀조사는 제1차 기본계획에 따라 129개 도서를 대상으로 정밀조사(2005~2014년)를 완료하였으며, 현재 제2차 특정도서 기본계획을 수립하여 196개 도서를 대상으로 정밀조사(2015~2024년)를 실시하고 있다. 2020년 특정도서 정밀조사는 완도Ⅱ권역 10개 도서 대상으로 정밀조사를 완료하였으며, 2021년에는 완도Ⅲ, 여수권역 22개 도서를 대상으로 정밀조사를 완료하였다. 2022년에는 남해·하동·사천·고성권역 22개 도서, 2023년에는 통영, 거제, 창원, 마산, 부산권역 21개 도서를 대상으로 정밀조사를 완료하였다. 2024년에는 제주, 해남, 진도, 강화권역 27개 도서를 대상으로 정밀조사를 수행할 계획이다.

백두대간보호지역 정밀조사는 1단계 조사(2007~2010년)를 완료하였으며, 완료 후 종합보고서를 발간하였다. 2007년부터 2010년도까지의 조사 결과를 종합한 결과, 멸종위기종 50종을 포함하여 총 4,671종의 서식을 확인하였다. 2012~2014년까지는 응복산과 구룡산에 고정조사구를 선정하여 모니터링을 실시하였고, 2단계 조사(2015~2019년)를 완료하였으며, 완료 후 종합보고서를 발간하였다. 2015년도부터 2019년도까지의 조사 결과를 종합한 결과, 멸종위기종 46종을 포함하여 총 5,857종의 서식을 확인하였다. 3단계 조사는 2021년도부터 2028년도까지 수행하는 계획이며, 중점모니터링 구간을 선정하여 수행하고 있다.

환경부 지정 생태·경관보전지역 정밀조사는 2012년부터 순차적으로 시작하여, 9개소(지리산, 섬진강 수달서식지, 고산봉 붉은박쥐서식지, 동강유역, 왕피천유역, 소황사구, 하시동·안인사구, 운문산, 거금도 적대봉)에 대한 1차 정밀조사(2012~2016년)를 완료하였다. 2차 정밀조사(2017~2021년)부터 중점조사구역을 설정하여 장기간 생태계 변화상을 관찰할 수 있는 조사체계를 마련하였다. 3차 정밀조사는 2022년 왕피천유역과 고산봉 붉은박쥐서식지 정밀조사를 시작으로, 2023년에 동강유역, 소황사구 정밀조사를 완료하였고, 2024년에는 섬진강 수달서식지, 지리산 정밀조사를 수행하고, 2025년 운문산, 2026년 거금도 적대봉과 하시동·안인사구 정밀조사를 수행할 계획이다.

습지보호지역 정밀조사는 「습지보전법」 제4조 및 습지보전기본계획에 따라 5년마다 실시하여 1차 조사(2006~2010년), 2차 조사(2011~2015년),

3차 조사(2016~2020년)를 완료하였다. 2021년부터는 한반도습지(영월), 운곡습지(고창), 화엄늪(양산), 물장오리오름(제주), 침실습지(곡성) 등 5개소에 대해 4차 조사를 시작하여, 2022년에는 낙동강하구(부산), 무제치늪(울산), 화포천(김해), 담양하천습지(담양), 공검지(상주) 등 5개소에, 2023년에는 한강하구, 인천강하구(고창), 두웅습지(태안), 동백동산습지(제주), 물영아리오름(제주) 5개소에 대해 정밀조사를 실시하였다.

(4) 멸종위기 야생생물 분포조사

멸종위기 야생생물의 보전을 위해 전국 분포 개체군의 변동 경향을 지속적으로 파악할 필요가 있으며, 이를 위해 환경부에서는 2001년부터 멸종위기 야생생물의 종별 서식 현황 및 개체수 변화 상황 등을 파악하기 위한 서식 실태 조사를 하고 있다.

멸종위기 야생생물은 '89년에 양서·파충류, 곤충류, 식물류 등 3개 분류군, 총 92종이 "특정야생동·식물"로 최초 지정·관리되기 시작하였다.

이후 '93년에 179종으로 확대되었고 '98년에는 포유류, 어류 등을 추가하여 멸종위기 및 보호 야생동·식물 194종이 지정되었다. '05년 야생동·식물보호법이 제정되면서 멸종위기 야생생물의 관리법이 기존의 자연환경보전법에서 변경되었으며, 이때 해조류를 포함하여 멸종위기 야생동·식물 221종으로 확대되었다.

현재의 멸종위기 야생생물 분류군인 포유류, 조류, 양서·파충류, 어류, 곤충, 무척추동물, 육상식물, 해조류, 고등균류로 완성된 것은 '12년 총 246종의 멸종위기 야생생물을 지정하면서부터이며, '17년에는 총 267종, '22년에는 총 282종의 멸종위기 야생생물을 지정·관리하고 있다.

분포조사는 전 종을 대상으로 단계별로(지정종 전체의 조사가 완료되는 시점이 하나의 단계) 조사를 하고 있다. 즉, 1단계('01~'06년), 2단계('07~'11년), 3단계('12~'14년), 4단계('15~'17년), 5단계('18~'21년)를 거쳐 현재는 6단계('22~'26년) 조사가 진행 중이다.

환경부는 멸종위기 야생생물 분포조사 결과를 근거로 야생생물 보호 기본계획 수립, 야생생물 (특별)보호구역 지정·관리 등 환경정책 마련을 위해 노력하고 있다.

나. 전국 생태네트워크 구축

한반도 생태공동체를 구현하기 위해 자연환경이 우수한 핵심 생태지역을 보존하고 이들을 상호 유기적으로 연결하는 국토 생태네트워크 구축을 추진하고 있다.

생태네트워크는 단편화되고 단절된 생태계 및 우수한 핵심 생태지역을 유기적으로 연결하고 또한 훼손된 지역을 복원·연결함으로써 생태계를 보전·유지하고자 하는 것이다.

환경부에서는 2007년에 "광역생태축 구축을 위한 연구용역"을 통하여 5대 대권역별로 생태축 구축이 필요한 관리대상지역 선정 및 지역별 관리방안 등이 포함된 「광역생태축 구축 기본계획」을 수립하였다.

2010년에는 자연생태적 요소와 인간 생활권 측면 등을 함께 고려하여 '한반도 생태축 구축방안'('10.11)을 정부합동으로 수립하여 입지제한, 훼손지 복원사업 등 중장기 보전대책 추진, 광역생태권과 핵심생태축간 연결지점 보전·복원 등 '산~강~바다'로 이어지는 한반도 생태네트워크 구축 대책을 추진하였다.

2013년 8월에는 그간 생태축 구축사업 추진과정의 문제점을 보완하여 '한반도 핵심 생태축 연결·복원 추진계획(2013~2017)'을 수립하였고, 동 계획에 따라 복원대상지 40개소에 대해 환경부, 국토교통부, 산림청과 함께 생태통로 설치사업을 추진하였다.

2018년 12월에는 생태축 연결·복원사업 2단계로 '한반도 핵심 생태축 보전·복원 추진계획(2019~2023)'을 수립하였고, 동 계획에 따라 복원이 시급한 대상지 60개소에 대해 환경부, 국토교통부, 산림청과 함께 생태통로 설치 및 서식지 복원사업을 추진하였다.

또한, 2023년 12월에는 생태축 연결·복원사업 3단계로 백두대간 및 정맥중심의 복원에서 기맥·지맥 등 세부 산줄기까지 복원대상지역을 확대하는 '한반도 생태축 보전·복원 추진계획(2024~2028)'을 수립하여, 환경부, 국토교통부, 산림청과 함께 복원이 시급한 훼손·단절지역 44개소를 선정하여 생태통로 조성, 폐도 복원사업 등을 추진 중에 있다.

제3차 자연환경보전기본계획(2106~2025)에서 수생태축을 포함하여 4대 핵심생태축으로 확대하고, 핵심생태축, 광역생태축, 도시·생활공간생태축을 유기적으로 연결·복원하기로 하였다.

〈그림 2-8-1〉 주요생태축별 개념 및 관리방안

구분	국가핵심 생태축	광역 생태축	도시·생활공간 생태축
대상	DMZ, 백두대간, 도서연안, 5대강 수생태축	권역별 생태축(정맥), 수생태축(지방하천), 생태거점(서식처 등)	생활공간(도시·마을), 생활공간 주변자연
개념도		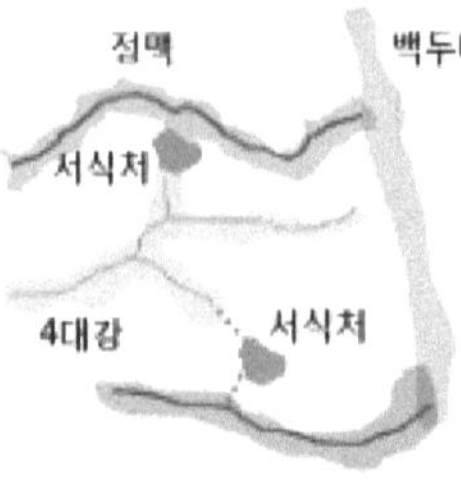	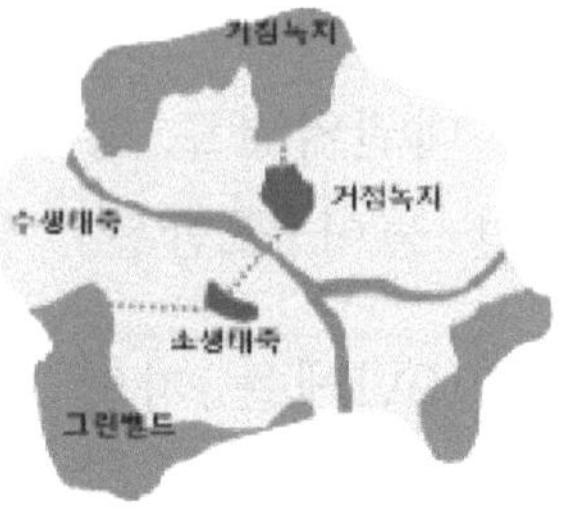
관리방안	동북아 및 한반도 생태축과의 연계성을 중심으로 관리	핵심생태축과 연결되는 생태축(정맥), 수생태축, 생태거점을 중점 관리	생활공간 거점녹지(도시공원 등)와 마을주변 자연공간 (개발제한구역 등) 관리

다. 도시생태 네트워크 복원

도시생태축을 토대로 자연환경 보전 및 생태적 건전성 확보, 녹지 단절 및 파편화 예방, 생태적 특성과 기능의 복원 및 발전 등을 위한 중장기적 계획을 수립함으로써 도시 토지의 생태적 이용을 촉진하고 공간환경 관리의 효율성을 제고하여 지속가능하고 살기 좋은 생태도시를 구현할 계획이다.

도시생태축은 규모에 따라 주축과 부축으로 구분되며 산림녹지축, 하천습지축, 연안갯벌축, 자연경관축, 가로녹지축 등의 유형을 설정할 수 있다. 자세한 개념 및 기능은 다음과 같다.

〈표 2-8-3〉 도시생태축 현황

생태축구분		개 념	기능 및 주요내용
규모	구조		
주축 (핵심지역 +연결지역)	산림녹지축	·불완전한 생태적 구조로 일부 생물의 서식 및 이동이 가능하며, 도시생태 연결체계 형성 ·시각적으로 도시내 우세경관 형성 ·주로 핵심지역을 연결하여 구축된 체계 형성	·도시내 지방2급 하천 이상 규모의 유역권을 형성하는 대규모 산림을 연결하여 야생동물 서식 및 이동 유도
	하천습지축		·도시내 지방2급 하천 이상의 대규모 하천으로 야생동물 서식 및 이동기능 수행
	연안갯벌축		·도시내 갯벌 및 사구, 기수역 하천 등의 연안지역을 연결
	자연경관축		·도시내 자연 중 시각적인 우세경관 형성
부축 (거점지역 +연결지역)	산림녹지축	·도시내 소규모 산림과 공원 녹지 연결체계	·도시내 소하천 유역권을 형성하는 소규모 산림과 도시 공원, 녹지를 연결하여 소규모 생물 이동 및 휴양기능
	하천습지축	·도시내 소규모 하천 및 실개천을 이용한 연결체계	·소규모 생물이동 및 휴양기능
	가로녹지축	·도심내 선형의 녹지 연결 체계	·도심지역 가로 및 녹도로서 도시민이 휴양기능 수행

환경부에서는 2005년부터 신도시 및 기존 도시의 생태적 건전성 확보를 위해 일정비율 이상 생태면적률을 확보하도록 하고 있고, 2006년에는 도시계획 수립, 도시생태 복원 및 개발사업 등 도시의 환경친화적 개발 및 관리에 활용할 수 있도록 도시지역의 상세한 생태·자연도인 도시생태현황지도(비오톱지도)를 작성할 수 있도록 하였으며, 2018년부터는 '시' 이상 지자체에서 단계적으로 도시생태현황지도를 작성하도록 하고 있다.

아울러, 도시내 유휴부지 등 단절·훼손된 생태계를 연결·복원하는 도시생태축 복원사업을 '20년부터 시작하여 점차 확대해 나가고 있어 도심속 생태연결성을 높이고, 국민들의 일상에서 가까운 생태휴식공간을 조성하고 있다.

'22년 1월에는 자연환경보전법이 개정·시행됨에 따라 야생동물 서식지 복원사업, 생태통로 설치사업, 도시생태복원사업 등 개별적으로 추진되던 복원사업이 자연환경복원사업으로 통합되었고, 계획수립부터 사업실적 평가, 모니터링까지 전과정에 걸친 체계적 추진기반이 마련되었다.

또한, 2024년부터 도시의 무질서한 확산을 방지하고, 도시주변의 자연환경 보전을 위해 개발제한구역내 백두대간 또는 정맥의 주요 생태축의 훼손지 복원사업을 추진할 계획이다.

향후에는. 과학기반의 전 국토 체계적 조사 진단에 따른 훼손지를 발굴하여 자연환경복원사업을 체계적으로 추진하고, ICT기반의 자연환경복원 전과정의 복원기술을 개발함은 물론 자연환경복원 통합정보시스템을 구축하여 운영할 계획이며, 자연환경복원사업 시행에 대해 전문기관에 위탁할 수 있는 근거를 마련하여 전문성·효율성을 강화할 예정이다.

라. 자연환경우수지역 보전대책 추진

(1) 백두대간 보전대책

가) 백두대간의 생태적 의의

한반도 핵심축 중의 하나인 백두대간은 다양한 생물종을 보유한 자연환경의 보고이며, 생명력이 시작되고 이어지는 원천지로서 생태적으로 큰 의미를 갖고 있다.

첫째, 백두대간은 한반도 야생동식물의 핵심서식지이며 생태계 연결통로이다. 백두대간은 수령이 40년 이상(5영급 이상)인 수목이 약 62.8% 분포하는 등 자연생태계가 매우 우수한 지역이며, 생태계 유형이 다양함에 따라 분포하는 식물 종 다양성이 높아 야생동물에게 서식지와 먹이를 충분히 제공하고 있다.

험준한 지리·지형적 특성으로 인위적 간섭이 적어 야생동식물의 서식조건으로 최적일 뿐 아니라, 백두산, 금강산, 설악산, 태백산, 지리산 등 명산들과 고산초원지대 및 습지들로 이루어진 생태계가 연속적으로 이어져 야생동식물의 서식과 이동에 중요한 지역이다.

둘째, 생물다양성의 공급원이다. 백두대간에 분포하는 생물종은 7,483종이고(관속식물 1,825종, 포유류 37종, 조류 158종, 육상곤충 4,499종, 양서·파충류 34종, 어류 141종, 저서성대형무척추동물 397종, 선태식물 265종, 지의류 127종), 멸종위기야생생물은 67종(Ⅰ급 8종, Ⅱ급 59종)으로 우리나라 일부지역의 고유종(섬시호 등)을 제외한 대부분의 종이 서식하고 있어 야생동식물의 중요한 서식처이자 보금자리의 역할을 하고 있다.

셋째, 생물지리학적 특성에 따른 보전적 가치의 우수성이다. 백두대간은 한반도의 북쪽에서부터 남쪽까지 길게 이어져 있고, 고도에 따른 온도차에 따라 수평적 및 수직적으로 다양한 식생이 관찰된다. 지리·지형적 특성에 의해 북방계와 남방계의 식물대가 교차하는 등 서식환경에 대한 지표로 활용이 가능하며, 기후변화가 심화되고 있어 북방계 식물의 피난처가 될 수 있다.

나) 백두대간의 훼손실태

1960년대부터 시작된 공급위주의 국토개발정책 추진으로 자연환경의 보고인 백두대간에도 각종 관통도로, 관광리조트, 댐, 석회석 광산, 송전탑 등 크고 작은 개발사업 시행으로 산줄기와 생태축이 끊어지고 고유한 자연생태 및 경관이 파괴됨은 물론 생물서식지가 파괴되어 각종 생물종이 멸실되는 등 자연환경 훼손 문제가 심각한 실정이다.

산맥과 도로망 지도를 중첩하여 분석한 결과, 백두대간에는 고속도로 14개, 일반도로 22개, 지방도 35개, 철도 6개 등 총 77개의 단절지역이 분포하였다. 도로, 철도 등 선형 개발사업으로 야생동식물의 이동 등 생태계 연결성이 단절되었으며, 서식지가 파괴되거나 훼손된 상태이다. 백두대간 보호지역에 설치된 생태통로는 총 45개이다.

다) 백두대간 보전대책

백두대간의 무분별한 개발행위로 인한 훼손을 방지함으로써 국토를 건전하게 보전하고 쾌적한 자연환경을 조성하기 위하여 「백두대간 보호에 관한 법률」이 환경부와 농림수산식품부(산림청) 공동소관 법령으로 2003.12.31일에 제정·공포되었으며, 같은 법 시행령이 2004.12.30일에 제정·공포되어 2005.1.1일부터 시행되었다.

동법 제4조의 규정에 근거하여 2006년부터 10년마다 백두대간 보호 기본계획을 수립하여 제2차 기본계획('16~'25년)을 시행 중이며, 매년 산림청은 환경부와 협의를 거쳐 백두대간 보호 시행계획을 수립함으로써 무분별한 개발로 인한 백두대간의 훼손을 방지할 수 있는 제도적 체계를 완비하였다. 아울러, 2013년부터 '한반도 핵심 생태축 연결·복원 추진계획'에 따라 환경부, 국토교통부, 산림청 등 정부합동으로 추진하고 있는 생태통로 설치 및 훼손지 복원사업은 2023년까지 100개소 사업을 완료하였다.

아울러, 환경부와 국토부 등의 관련부처는 '한반도 핵심 생태축 보전·복원 추진계획'을 수립하고 생태축 단절·훼손구간 82개소를 선정하여 생태통로 설치 및 훼손지를 복원하는 사업을 2019년부터 추진 중이다. 2023년에는 국토교통부, 산림청 등 관계부처와 합동으로 3단계 '한반도 핵심 생태축 보전·복원 추진계획(2024~2028)'을 수립하여 백두대간부터 주요 정맥·기맥·지맥, DMZ 등 핵심생태축을 연결·복원해 나갈 예정이다.

백두대간보호지역은 핵심구역과 완충구역으로 지정·고시되었는 바, 구체적 내용은 다음과 같다.

〈표 2-8-4〉 백두대간보호지역

(단위 : km², %)

- 지 정 일 : 2023.5.11.
- 관련 근거 : 「백두대간 보호에 관한 법률」 제6조
- 면적 : 2,776.45km²(핵심구역 1,810.64km²(65%), 완충구역 965.81km²(35%))
- 위치 : 향로봉(강원 고성)~지리산 천왕봉(경남 산청)
- 소유형태 : 국공유지 87.9%, 사유지 12.1%
- 토지이용 현황 : 임야 99.6%, 도로 0.2%, 기타 0.2%
- 범위 : 6개도, 32개 시·군(12개 시, 20개 군), 108개 읍·면·동

구 분	계 면적	계 %	핵심구역	% (핵심/전체)	완충구역	% (완충/전체)
계	2,777	100.0	1,811	65.2	966	34.8
강 원 도	1,453	52.3	1,052	72.4	401	27.6
충청북도	376	13.5	120	32.0	256	68.2
전라북도	182	6.5	143	78.9	38	21.1
전라남도	52	1.9	34	65.3	18	34.7
경상북도	482	17.4	320	66.4	162	33.6
경상남도	231	8.3	141	61.0	90	39.0

※ 8개 국립공원, 1개 도립공원 포함

백두대간보호지역에 대해서는 행위제한이 엄격하게 이루어져 일부 도로·철도·에너지사업(풍력발전) 등 불가피한 개발사업을 제외하고는 개발사업의 상당부분이 제한되고 있다. 아울러 이를 위해 국토이용계획 변경, 환경영향평가 및 소규모환경영향평가 등이 더욱 강화될 전망이다.

(2) 비무장지대(DMZ) 및 접경지역 보전대책

한국전쟁 이후 1953년에 체결된 정전 협정에 의해 비무장지대(DMZ, Demilitarized Zone)와 그 일원의 군사분계선 및 민간인통제선이 설치되었다. 이로 인해 개발 등의 인간 활동이 엄격하게 제한됨에 따라 지난 70여 년 간 자연생태계가 잘 보전되고 훼손된 생태계는 스스로 복원되고 있으며, 생물다양성이 높은 것으로 보고되고 있다. 비무장지대 일원의 생태계 조사를 종합한 결과, 현재 멸종위기 야생생물 108종(Ⅰ급: 20종, Ⅱ급: 88종), 6,789종의 생물종(식물 2,045종, 포유류 51종, 조류 286종, 육상곤충 3,392종, 양서·파충류 34종, 어류 131종, 저서성대형무척추동물 474종, 거미 376종, 해안무척추동물, 해조류, 염생식물 등 해안생물 및 균류 제외)이 서식하고 있는 것으로 알려져 있다(환경백서 2023). 특히, 세계적인 희귀종으로 국제적인 보호와 관심을 받고 있는 포유류(반달가슴곰, 사향노루, 산양)와 조류(두루미, 저어새)등의 서식지가 비무장지대 일원에 분포하고 있어 국제적인 관심 또한 높다.

그러나 2000년 6월 남북정상회담 이후 한반도 문제가 국내외적인 관심사항으로 부각되고 남북교류협력 증진에 따른 개발수요의 증대와 「접경지역지원법」 제정('00.1월) 및 접경지역 발전종합계획('11~'30)의 수립·시행으로 이 지역의 자연환경 훼손이 우려되고 있다.

또한 2007년 12월 국방부에서 제정한 「군사기지 및 군사시설 보호법」에 따라 군사시설 보호구역 중 군사분계선 인접지역의 민통선은 군사분계선으로부터 15km 이내에서 10km 이내로 축소되고, 이로 인해 여의도 면적의 75배에 이르는 224.79k㎡가 통제보호구역에서 제한보호구역으로 변경됨에 따라 주택의 신축 등이 가능해져 축소지역의 생태계 훼손과 보호지역 지정에 어려움이 예상되고 있다.

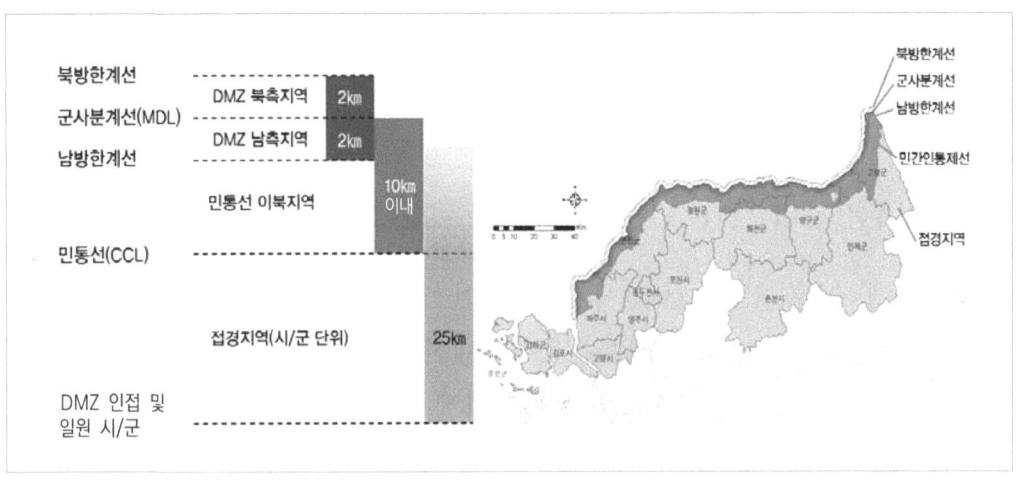

〈그림 2-8-2〉 비무장지대·민통선지역·접경지역 현황

현행 「자연환경보전법」 제2조 제13호에 따라 비무장지대는 관할권이 대한민국에 속하는 날부터 2년간 자연유보지역으로 지정하여 관리하도록 규정되어 있다.

정부에서는 비무장지대를 체계적으로 보전·관리하기 위하여 DMZ 및 민통선지역 일원을 한반도 4대 핵심 생태축으로 설정하는 한편, 자연생태계조사 실시 및 생태자연도 조사자료 등을 토대로 개발사업에 대한 환경영향평가를 강화해 나가고 있다.

또한, 2005년 8월 국무회의에서 확정한 '비무장지대 일원 생태계보전대책'에서 제시된 생태우수지역의 생태계조사와 DMZ 생태계의 우수성에 대한 대국민 교육·홍보를 적극 추진하는 등 DMZ를 미래 통일국가의 생태학습장 및 평화의 상징지역으로 조성하기 위해 여러 사업을 추진 중이다.

이를 위해 2008년부터 2009년까지 유엔군사령부(UNC)의 출입허가를 얻어 DMZ에 대한 생태계조사를 실시하였다. 2012년부터는 2020년까지는 DMZ와 별도로 민통선이북(민북)지역의 생태계 현황을 파악하고자 국방부의 협조를 얻어 민통선이북지역에 대한 생태조사를 추진하였으며, 2021년부터 다시 유엔군사령부의 출입허가를 얻어 동부지역 DMZ에 대한 생태계 조사를 수행하였고, 이후 2022년부터 5개 생태권역별(동부해안, 동부산악, 중부산악, 서부평야, 서부임진강하구) 생태계조사를 수행하고 있다.

또한 DMZ 일원에 평화의 길 10개 노선(강화, 김포, 고양, 파주, 연천, 철원, 화천, 양구, 인제, 고양)을 개방하였는데, 2018년도부터 개방으로 인한 생태계 영향(동식물상 변화, 훼손 및 교란 현황)을 모니터링하고 있다.

한편, 생태계가 우수하고 역사적, 평화적 상징성이 큰 철원지역에 생태·평화공원을 조성하여 세계적인 관광명소로 발전시켜 나갈 계획이다. 철원 DMZ생태평화공원은 2012년부터 탐방노선을 발굴하고 탐방지원시설 등을 설치하였으며 관계기관 협의를 거쳐 2015년 조성을 완료하여 운영 중이다. 또한, DMZ의 생태적 가치를 국제적으로 널리 알리고 지역사회 발전을 연계하기 위하여 2011년 9월 유네스코(UNESCO)에 DMZ 생물권보전지역(Biosphere Reserve) 지정 신청을 하였으나, 철원지역 용도구역에 대한 보완이 필요하여 2012년 7월 지정이 한차례 유보된 이후, 2019년 6월 비무장지대(DMZ) 인접지역인 강원도 접경지역과 경기도 연천군 등 일대가 유네스코 생물권보전지역으로 지정됐다.

환경부는 DMZ 생태계보전 및 현명한 이용을 위해 보전과 개발지역 구분을 위한 체계적 조사 및 관리를 통해 보전이 필요한 지역에 대해서는 국립공원, 유네스코생물권보전지역 등 국내·외 보호지역으로 지정하고 생태관광 등 환경 부담을 최소화하는 방향으로 DMZ 보전·이용대책을 추진해 나갈 예정이다.

(3) 자연생태계 우수지역 보호대책

자연생태계가 우수한 지역을 근원적으로 보전관리하기 위해 「자연환경보전법」 및 「습지보전법」 등에 의하여 생태·경관보전지역 및 습지보호지역 등 보전용도지역으로 지정하고, 그 지정목적에 위배되는 행위를 엄격히 규제하고 있다. 또한 생태계보전지역과 습지보호지역은 종합적이고 체계적인 보전관리를 위해 관리기본계획 및 습지보전계획을 수립·시행토록 하고 있다.

가) 생태·경관보전지역

생태·경관보전지역은 「자연환경보전법」에 의하여 ① 자연상태가 원시성을 유지하거나 생물다양성이 풍부하여 보전 및 학술적 가치가 큰 지역, ② 지형 또는 지질이 특이하여 학술적 연구 또는 자연경관의 유지를 위하여 보전이 필요한 지역 ③ 다양한 생태계를 대표할 수 있는 지역 또는 생태계의 표본지역 ④ 그 밖에 하천·산간계곡 등 자연경관이 수려하여 특별히 보전할 필요가 있는 지역으로서 대통령령이 정하는 지역을 환경부장관이 지정하며, 시·도지사는 생태·경관보전지역에 준하여 보전할 필요가 있다고 인정되는 지역을 「시·도생태·경관보전지역」으로 지정한다. 2023년 12월 기준 전체 생태·경관보전지역은 동강유역 등 32개(285.934㎢), 이중 시·도 생태·경관보전지역은 한강 밤섬 등 23개(37.905㎢)이다. <자료편 표22 참조>

나) 습지보호지역

습지보호지역은 「습지보전법」에 의하여 ① 자연상태가 원시성을 유지하고 있거나 생물다양성이 풍부한 지역, ② 희귀하거나 멸종위기에 처한 야생생물이 서식·도래하는 지역, ③ 특이한 경관적·지형적 또는 지질학적 가치를 지닌 지역에 대하여 환경부장관, 해양수산부장관 또는 시·도지사가 지정한다.

2023년 12월까지 낙동강하구 등 32개소(137.696㎢)를 환경부장관이 지정하였고, 무안갯벌 등 16개소(1,494.82㎢)를 해양수산부장관이 습지보호지역으로 지정하여 관리하고 있으며, 대구달성하천습지 등 7개소(8.254㎢)를 지자체에서 지정·관리하고 있다. 앞으로도 관련부처 및 시·도의 의견을 수렴하여 계속 지정해 나갈 계획이다. <자료편 표 23 참조>

다) 특정도서

특정도서는 「독도 등 도서지역의 생태계보전에 관한 특별법」에 의하여 사람이 거주하지 아니하거나 극히 제한된 지역에만 거주하는 섬으로서, ① 화산·기생화산·계곡·하천·호소·폭포·해안·연안·용암동굴 등 자연경관이 뛰어난 도서, ② 수자원·화석, 희귀 동·식물·멸종위기동·식물 그 밖에 우리나라 고유의 생물종의 보존을 위하여 필요한 도서, ③ 야생동물의 서식지 또는 도래지로서 보전할 가치가 있다고 인정되는 도서, ④ 자연림 지역으로서 생태학적으로 중요한 도서, ⑤ 지형 또는 지질이 특이하여 학술적 연구 또는 보전이 필요한 도서, ⑥ 그 밖에 자연생태계 등의 보전을 위하여 광역시장, 도지사 또는 특별자치도지사가 추천하는 도서와 환경부장관이 필요하다고 인정하는 도서를 지정하도록 하고 있다.

1998년부터 2022년도까지 무인도서 1,447개소의 자연환경을 조사하여 이중 도서생태계가 우수한 257개소(13.79㎢)에 대하여 특정도서로 지정하였으며, 앞으로도 관련부처와 시·도의 의견을 수렴하여 계속 지정해 나갈 계획이다. <자료편 표 24 참조>

마. 국가생물자원 보전 및 야생생물 보호

(1) 국가생물자원 보전

1992년 리우환경회의에서 채택된 생물다양성협약에 의해 생물자원 주권이 인정됨에 따라 세계 각국은 자국의 생물자원 보호, 무분별한 해외 유출 방지 등 생물자원에 대한 관리를 강화하고 있다. 이에 따라 우리나라에서도 자연환경보전법을 개정(1997년)하여 환경부장관이 고시하는 생물자원을 국외로 반출하고자 하는 경우 유역(지방)환경청장의 승인을 얻도록 하였다.

이에 따라, 2000년 4월 각시붕어 등 201종(어류 11종, 식물 190종)을 국외반출시 승인이 필요한 생물자원으로 고시하였고, 2002년 1월에는 도마뱀 등 총 359종(파충류 7종, 양서류 4종, 어류 44종, 곤충류 54종, 식물 250종)으로 확대 고시하였으며, 2005년 2월 야생동식물보호법이 시행되면서 종전의 고시종중 멸종위기 야생생물 등으로 지정된 종을 제외하고 국외반출 승인대상 생물자원은 총 333종(파충류 1종, 어류 37종, 곤충류 53종, 식물 242종)을 고시하였고, 2009년 1,137종, 2010년 1,534종, 2014년 3,079종, 2016년 4,813종, 2019년 5,814종으로 확대하였다. 또한 우리나라 고유생물종을 보호·관리하기 위하여 매년 국내외 연구를 반영하여 고유생물종 목록을 갱신하고 있으며, 국가 생물자원을 체계적으로 수집·관리할 수 있는 국립생물자원관('07년 개관), 국립낙동강생물자원관('15년 개관), 멸종위기종복원센터('18년 개관), 국립호남권생물자원관('21년 개관) 건립을 완료하여 생물자원의 관리조직 신설 및 관련 전문인력의 확보를 추진하였다.

(2) 멸종위기 야생생물 보호

정부는 1997년 「자연환경보전법」을 개정하여 멸종위기 및 보호 야생생물을 지정·관리하고, 이들을 불법적으로 포획·채취할 경우 최고 5년 이하의 징역, 3천만원 이하의 벌금 등 벌칙을 대폭 강화함으로써 야생동식물보호를 위한 법적체계를 마련하였다.

2004년 2월에는 「자연환경보전법」과 「조수보호 및 수렵에 관한법률」에서 각각 규정하고 있는 야생동식물 관련 규정을 통합하여 「야생동식물보호법」을 제정하여 2005년 2월부터 시행하고 있다. 특히, 「야생동식물보호법」을 「야생생물 보호 및 관리에 관한 법률」로 개정·시행('12. 7)하여 생물자원에 대한 보호·관리 체계를 전면적으로 개편하고, 강력한 정책실현을 위한 기반을 마련하였다.

멸종위기야생생물 보호를 위해 2005년 종전의 멸종위기 및 보호 야생생물을 멸종위기 야생생물 Ⅰ급과 Ⅱ급으로 조정하여 총 221종을 지정하고, 이들의 서식·번식·생육지에 대한 보호 강화, 불법 포획·채취 판매행위 단속, 대국민 홍보활동 및 지역 민간보호단체의 육성·지원을 지속적으로 추진해오고 있다.

2010년 멸종위기 야생생물 목록 개정 필요성 제기에 따라 개정작업에 착수하여 국립생물자원관이 수행한 멸종위기 야생생물 서식실태 조사자료를 토대로 개정안 목록을 마련하고, 공청회 등의 대국민 의견수렴 절차를 거쳐 2012년 5월 246종의 멸종위기 야생생물 목록을 지정하였으며, 최초로 균류(버섯 등), 지의류, 박테리아 등 미생물 분류군까지 목록을 확대하였다.

2014년에 야생생물의 보호와 멸종 방지를 위하여 5년마다 멸종위기 야생생물을 재검토하여 갱신하도록 법령을 개정하고, 2017년 멸종위기 야생생물 목록을 개정하였다. 개정 내용은 2012년보다 21종이 늘어난 Ⅰ급 60종, Ⅱ급 207종 등 총 267종으로 포유류 20종, 조류 63종, 양서·파충류 8종, 어류 27종, 곤충류 26종, 무척추동물 32종, 육상식물 88종, 해조류 2종, 고등균류 1종 등이다.

한편, 2018년 10월 「멸종위기 야생생물 보전 종합계획('18~'27)」을 수립하여 멸종위기 야생생물의 서식지 보전과 주요 종에 대한 증식·복원 등 적극적인 보전대책을 마련하였다. 같은 해 국립생물자원관에서 수행하던 멸종위기종 연구사업과 멸종위기종 복원사업에 관한 체계적 업무 수행을 위해 국립생태원 멸종위기종복원센터가 신설 되었다.

2000년부터는 기존 서식지에서의 멸종위기 야생 동·식물 보전과 별도로 서식지 외에서 보다 효과적으로 보호·관리하기 위해 서식지외보전기관을 지정하였다. 멸종위기 야생생물의 복원기술 등 연구기반 확보와 인공증식을 통한 자연으로의 복원을 추진하기 위해 2000년 최초로 서울대공원과 제주 한라수목원을 서식지외보전기관으로 지정하였으며, 2001년에는 한택식물원, 한국교원대학교황새복원연구센터(현 황새생태연구원), 남부내수면연구소 (현 국립수산과학원 중앙내수면연구소), 2003년에 제주 여미지식물원, 삼성 에버랜드, 2004년에 기청산식물원과 한국자생식물원, 2005년에 홀로세생태 보존연구소, 2006년에 한국산양·사향노루종보존회와 천리포수목원, 2007년 곤충자연생태연구센터, 2008년 함평자연생태공원, 2009년 평강식물원, 2010년 신구대학식물원, 우포따오기복원센터, 경북대 조류생태환경연구소, 고운 식물원, 강원도자연환경연구소, 2011년 한국도로공사수목원, 제주테크노 파크, 2013년 순천향대학교 멸종위기어류복원센터, 2014년 청주랜드, 2017년 화천 한국수달연구센터, 2018년 국립낙동강생물자원관, 2021년 경북 농업자원관리원 잠사곤충사업장, 2022년 생물다양성연구소 등 2023년 현재 총 28개 기관이 멸종위기종의 보전·복원사업을 수행하고 있다.

이와 함께 야생동물 보호에 대한 국민적 공감대 형성과 의식전환을 위해 TV 등 방송매체와 전광판, 포스터 등 전철·시내버스 등 다양한 홍보매체를 통하여 야생동물 보호 캠페인을 벌여오고 있다. 이러한 노력의 결과로 전국적으로 성행하던 밀렵이 상당부분 위축되고 있으며, 국민전반에 야생동물 보호의식을 일깨우는 계기가 되고 있다.

(3) 국제협력

국제적 멸종위기 야생생물의 보호를 위한 국제협약으로는 CITES (Convention on International Trade in Endangered Species of Wild Fauna and Flora)가 있으며, 이는 국제적으로 멸종위기에 처한 야생생물을

국제 상거래로부터 보호하기 위한 것으로, 동 협약의 부속서에 열거된 야생동식물(가공품 포함)을 수출·입하고자 할 때에는 관리 당국이 발급한 증명서를 제출해야 통관이 가능하다.

'22년 말 기준 동 협약의 가입국은 184개국으로 우리나라도 1993년 7월 동 협약 사무국에 가입서를 기탁하여 같은 해 10월 발효됨에 따라 야생 동식물 보호를 위한 국제적인 활동에 적극 동참하게 되었다.

〈표 2-8-5〉 수출입 규제대상 국제적멸종위기종 품목

관리당국	법률명	관리품목	비고
환경부	야생생물 보호 및 관리에 관한 법률	조류, 포유류, 양서·파충류, 곤충, 식물, 수산생물(어류, 고래 등)	약 40,909종 지정고시
식품의약품안전처	약사법	의약품 관련 동식물	웅담, 사향, 구척 약재

자료 : 환경부 자연보전국

또한, 우리나라에 보고된 조류(총 548종) 중에서 철새가 차지하는 비중이 약 90%로 러시아와는 380종, 일본과는 281종, 중국과는 337종, 호주와는 54종의 철새목록을 작성하여 공유하고 있으며, 아·태지역 철새보호 협력을 위하여 1994년에 러시아, 2006년에 호주, 2007년에 중국과 철새보호협정을 체결하여, 철새서식지 보호대책, 이동경로 공동조사 및 기술협력, 정보 공유 및 공동협력방안 마련 등 국가 간 공동 협력활동을 지속적으로 추진하고 있다.

이와 관련하여, 2015년 12월 한-호주 철새보호 협정의 부속서(철새목록) 개정을 완료하고, 한-일 철새보호 협정 체결을 위한 양자 간 검토가 진행 중이다. 2022년에 한국에서 개최된 양자협정 회의에서는 한, 중, 일, 호 4개국의 철새보호 정책 현황 및 협력 방안을 논의하였다.

또한, 2008년 12월에는 동아시아-대양주 철새파트너십(EAAFP) 사무국을 우리나라 인천광역시에 유치하고, 2009년 5월 양해각서를 체결, 2019년 5월에 이를 개정하였으며, 지속적인 파트너십 총회 참석(MOP1~10)과 지원을 하고 있다. 특히 제3차와 제4차 파트너십 총회를 인천에서 개최하는 등

파트너십 유치국으로서 동아시아에서 대양주에 걸친 철새이동경로상의 철새보호에 주도적인 역할을 하고 있다.

2023년 3월, 호주 브리스번에서 개최된 제11차 파트너십 총회에서는 39개 파트너 및 관계 전문가가 참여하여 파트너간 동아시아-대양주 철새이동경로상의 철새와 그 서식지 보호 및 파트너십의 지속가능한 발전을 위한 다양한 논의가 활발히 전개되었다.

아울러 우리나라는 국가 주도의 철새연구 및 탐조관광을 통한 지역경제 활성화 및 국제적 평화거점 개발을 위해 소청도에 국가철새연구센터를 건립하여 '19년 상반기 개관하였으며, 이후 철새보호 관련 국제협력이 활발해질 것으로 기대하고 있다.

이밖에 생물다양성 보전을 위한 선진국과 개도국간 과학기술 협력을 활성화하기 위해 제12차 생물다양성협약 당사국총회('14.10, 평창)에서 채택되어 환경부가 재정지원을 해 온 '바이오브릿지 이니셔티브(BBI)'의 1차 협정기간(2016-2020) 종료에 따라 2차 협정(2021-2025)이 체결되어 진행 중이고, 이를 통해 제15차 생물다양성협약 당사국총회('22, 캐나다 몬트리올)에서 채택된 쿤밍-몬트리올 글로벌 생물다양성 프레임워크의 국제적 이행에 크게 기여할 것으로 기대하고 있다.

그리고, 바이오업계의 연구개발의 대상이 되는 유전자원에 관하여 새로운 레짐을 형성하는 "유전자원에 대한 접근과 그 이용으로부터 발생하는 이익의 공정하고 공평한 공유에 관한 나고야의정서"가 채택·발효되었다. 나고야의정서는 과거 각 국가 영토 내에 서식하는 다양한 생물의 유전자원에 대하여 "인류 공동의 유산"(Common Heritage of Mankind)으로 인식하던 것에서 전환하여 자국의 유전자원에 대해 국가의 주권이 미치는 것으로 규정하였다. 나고야의정서는 2010년 제10차 생물다양성협약 당사국총회에서 채택되었으며, 2014년 10월 12일에 발효되어 당해 강원도 평창에서 제1차 나고야의정서 당사국회의를 개최하였다. 나고야의정서의 발효로 유전자원에 대한 연구개발을 수행하려는 경우에는 해당 유전자원을 제공하는 국가로부터 사전통고승인(PIC; Prior Informed Consent)을 받고, 유전자원 제공국 또는 토착민지역공동체(IPLC; Indigenous Peoples and Local

Communities)와 유전자원의 이용으로부터 발생하는 이익을 공유하기 위한 계약 등의 상호합의조건(MAT; Mutually Agreed Terms)을 체결하는 것을 주요 골자로 하는 "접근 및 이익공유 체계"(ABS; Access and Benefit Sharing)가 확립되었다. 우리나라도 2017년 8월 17일 자로 나고야의정서 당사국이 되었으며, 같은 해 나고야의정서의 이행과 국내 유전자원의 이용 관리를 목적으로 「유전자원에 대한 접근·이용 및 이익 공유에 관한 법률」을 시행하였다.

그리고, 2022년 12월 몬트리올에서 개최된 제15차 생물다양성협약 당사국총회 및 제4차 나고야의정서 당사국회의에서는 유전자원에 관한 디지털 염기서열 정보(DSI; Digital Sequence Information)에 대해 ABS를 적용하고, 특히 DSI의 이용으로부터 발생하는 이익의 공유에 대해서는 다자간 방식으로 하려는 결정문이 채택되었다.

DSI에 대한 결정문의 채택으로 실물 유전자원뿐만 아니라 유전자원의 DNA, RNA 등을 디지털화한 유전자 염기서열 정보에 대해서도 그 이용으로 발생하는 이익을 공정하게 공유해야 한다.

하지만, DSI의 개념, 법적 지위, 구체적인 이익공유 방식 등 여러 사안에 관하여 당사국 간의 견해가 대립하고 있어, 쟁점사항에 관하여 논의하기 위한 특별 작업반을 설치하였다. 우리나라는 유전자원에 대한 새로운 국제체제의 도입을 앞두고, 국내 바이오 산업계에 미칠 영향과 생물다양성 및 유전자원 관련 정책에 대한 영향을 고려하여 지속적인 대응 활동을 하고 있다. 특히 특별 작업반 회의와 당사국총회와 같은 국제협상에 적극적으로 대응하기 위하여 환경부와 관계부처 담당자로 구성된 "DSI 실무협의체"를 운영하여, 다양한 이해관계자의 의견을 수렴하고 대응 전략을 논의해 나가고 있다.

제2절 자연공원 관리

1. 자연공원 지정현황

자연공원은 자연생태계와 수려한 자연경관, 문화유적 등을 보호하고 지속적으로 이용할 수 있도록 하여 자연환경의 보전, 국민의 여가와 휴양 및 정서생활의 향상을 기하기 위하여 지정한 일정구역으로서 국립공원, 도립공원, 군립공원, 지질공원으로 구분된다.

2023년 12월말 우리나라의 자연공원은 총 96개소(총면적 8,169㎢, 지질공원 제외)로, 이 중 국립공원이 23개소, 도립공원이 30개소, 군립공원이 28개소, 지질공원이 15개소이다. <자료편 표 25 참조>

가. 국립공원

국립공원은 우리나라를 대표할 만한 자연생태계보유지역 또는 수려한 자연경관지로서 환경부장관이 지정한 곳이다. 1967년 12월 지리산국립공원 지정을 최초로 현재(2023년) 23개소가 지정되어 있으며, 총면적은 6,888㎢에 이른다.

이중 육지면적은 4,106㎢, 해면면적은 2,782㎢이며, 해면이 포함된 공원으로는 다도해해상국립공원(해면 2,276㎢), 한려해상국립공원(해면 537㎢), 태안해안국립공원(해면 388㎢), 변산반도국립공원(해면 154㎢)이 있다.

나. 도립공원

도립공원은 특별시·광역시·도의 자연경관을 대표할 만한 국립공원 이외의 수려한 자연경관지로서, 1970년 6월 경상북도의 금오산도립공원을 최초로 현재(2023년) 30개소가 지정되었으며, 총면적은 1,027㎢에 이른다.

이들 도립공원은 남한산성과 같은 도시형 공원과 경포와 무안갯벌과 같은 해안형 공원, 기타 명산 등을 위주로 한 산악형 공원으로 구성되어 있다.

다. 군립공원

군립공원은 시·군의 자연경관을 대표할 만한 국립공원 및 도립공원 이외의 수려한 자연경관지로서, 1981년 1월 전라북도 순창군의 강천산 군립공원을 최초로 현재(2023년) 28개소에 걸쳐 총면적 254㎢가 군립공원으로 지정되어 있다.

라. 지질공원

지질공원은 지구과학적으로 중요하고 경관이 우수한 지역으로서 이를 보전하고 교육·관광 사업 등에 활용하기 위한 공원으로서, '23년 6월에 고군산군도 국가지질공원과 의성 국가지질공원이 추가로 인증되어 2023년말 기준 15개소, 총면적 14,436.68㎢에 이른다.

이들 지질공원은 보호를 최우선으로 하는 다른 보호제도와 달리 보호와 활용을 조화시키는 제도로서 인식되고 있다. 특히 천연기념물, 습지보호지역 등 기존의 보호대상은 행위제한이 있어서 지역주민이 거부감을 갖는 경우가 많지만, 지질공원은 핵심 관심 대상을 지오사이트(geosite)로 지정하고 별도로 용도지구를 설정하지 않으므로 지역주민의 재산권 행사에 아무런 제약이 없는 것이 특징이다.

2. 국립공원 관리기반 확립

자연공원법 제15조제2항에 공원관리청은 10년마다 지역주민, 전문가, 그 밖의 이해관계인의 의견을 수렴하여 공원계획(공원구역 포함)의 타당성 유무를 검토하고 그 결과를 공원계획에 반영하도록 규정하고 있다.

이에 따라 제1차 타당성조사를 통하여 2001년 10월에 용도지구를 2003년 8월에 공원구역을 조정하였고, 2011년 1월 제2차 공원구역 조정을 완료하였으며, 제3차 공원계획변경을 위하여 2018년부터 2019년 2월까지「제3차 국립공원 타당성조사 기준안」을 마련하여 22개 국립공원별 타당성조사를 추진하였다.

2023년 상반기까지 주민설명회 및 공청회 개최, 지방자치단체 의견청취, 관계 중앙행정기관 협의, 국립공원위원회 심의를 거쳐 제3차 국립공원계획변경(공원구역 포함) 고시를 완료('23.5)하였다.

가. 공원구역 조정

우리나라는 생물다양성협약(CBD) 가입국으로서 생물다양성 증진은 물론 국제사회의 권고사항인 쿤밍-몬트리올 글로벌 생물다양성 프레임워크(GBF) 실천목표(Targets) 3번[7]을 달성하기 위하여 보호지역을 지속적으로 확대하고 있다.

이에 따라 생물다양성의 보고이자 대표적인 보호지역인 국립공원을 제3차 국립공원 타당성조사에서 생태기반평가와 적합성평가를 통하여 국립공원과 지형적·생태적으로 연결되며, 생태·경관·문화자원의 보존가치가 우수한 지역 등을 적극적으로 편입하고, 자연자원으로 보전가치가 낮고, 공원의 이용목적에 적합하지 않은 지역 등은 해제하였다.

나. 용도지구 조정

공원구역 내 보전과 지속가능한 이용의 목표에 따라 용도지구를 구분하여 공원관리의 효과성과 합리성을 도모하는데 있고, 용도지구는 생태기반평가 및 용도지구적합성평가와 각 용도지구별 별도기준, 이해관계자의 의견수렴 등을 종합적으로 평가하여 결정한다.

다. 공원시설 조정

기존의 공원시설과 신규로 도입하는 공원시설의 적정성 평가를 실시하여 자연훼손 및 경관 등을 저해하지 않는 범위내에서 공원시설계획 검토·반영을 추진하여 쾌적한 공원시설 환경 조성을 위한 기틀을 마련한다.

---

[7] 쿤밍-몬트리올 GBF Target 3 : 2022년 제15차 생물다양성협약 당사국 총회에서 채택. 2030년까지 육상 30%, 해양 30%이상 보호지역 확대 권고

3. 국립공원 관리방향

우리나라 국립공원은 외국에 비해 국립공원 면적이 좁고 산악형 위주로 이용형태도 등산 등 유흥·위락 위주로 이용되고 있으며, 사유지 비율이 높고 이미 개발된 지역이 다수 포함되어 있다. 따라서 생태계 보전 강화와 환경친화적 탐방객 관리를 위해 국립공원의 관리방향은 자연생태계 및 경관, 사적을 보전하면서 국민들이 쾌적한 환경에서 보전된 자연을 즐길 수 있도록 자원 관리 및 이용편익 서비스를 제공하는데 있다고 하겠다.

가. 공원자원 조사 및 연구

공원자원 조사 및 연구는 자연공원의 지정·보전 및 관리를 위한 자연생태계와 자연 및 문화자원, 경관자원 등을 보전하고 지속가능한 이용을 도모를 목적으로 수행한다. 관련 조사 및 연구결과는 자연공원법이 정한 국립공원의 용도지구 조정, 시설계획 변경, 훼손지 복원, 동·식물 군락 보호, 생태계 우수지역에 대한 특별관리, 공원 내 인허가 등 제반 업무의 방향이나 기본계획을 수립하는 자료로 활용된다. 국립공원공단에서 시행하고 있는 연구사업의 추진현황은 아래 표와 같다. (근거 자연공원법 제1조 등)

〈표 2-8-6〉 연구사업 추진현황(최근 10년)

구 분	사업량 (건)	사업비 (백만원)	사 업 내 용
계	482	86,995	
2011	10	2,345	제2차 공원기본계획 수립을 위한 연구, 국립공원 추가 지정 타당성 연구, 국립공원 생태지도 제작·관리 등
2012	8	438	지질공원 기본계획 및 인증기준 수립 연구용역, 국립공원시설 유니버설디자인 가이드라인 마련 연구용역 등
2013	53	4,397	공원시설 설치 기준 개발 연구, 유무인도서 및 특정도서 조사, 공원 산사태 위험지구 조사 등
2014	52	5,300	고령화 시대의 공원관리 방안 연구 등
2015	54	4,905	국립공원 탐방문화 개선방안 연구 등

구 분	사업량(건)	사업비(백만원)	사 업 내 용
2016	38	5,271	국립공원 훼손지 복원사업 평가 연구, 기후변화에 따른 국립공원 자연재해 대응방안 연구 등
2017	44	8,216	국립공원 지진 대응방안 마련 연구, 공원시설계획 적정성 검증 및 개선방안 연구, 나이테를 활용한 상록침엽수 생장변동 연구 등
2018	46	8,846	국립공원 생태계서비스 가치평가 연구, 국립공원 핵심 유전자원 보전 연구, 탐방로 안전성 평가 연구 등
2019	36	9,876	국립공원 해양생태축 기본조사, 국립공원 병해충 관리방안 연구 등
2020	36	9,892	국립공원 자연자원조사, 조류조사·연구, 정밀식생도 제작, 생태계서비스 가치평가 연구 등
2021	34	9,651	국립공원 자연자원조사, 해양생태권역 기본조사, 탄소저장량 평가, 공원시설 개선방안 연구 등
2022	35	9,805	국립공원 자연자원조사, 해양생태권역 기본조사, 탄소저장량 평가, 국립공원 ASF 대응을 위한 멧돼지 서식실태조사 등
2023	36	8,053	국립공원 자연자원조사, 해양생태권역 기본조사, 탄소저장량 평가, 국립공원 내륙습지 보전방안 연구, 국립공원 탐방예약제 효과성 분석연구 등

자료 : 환경부(국립공원공단)

공원자원 조사는 크게 2종류로 나눌 수 있는데, 첫째는 개괄적 수준에서 동·식물 분포 및 서식실태 등 생태조사와 역사·문화자원 등을 5년마다 조사하는 '자연자원조사'가 있고, 둘째는 대상 서식지 및 종에 대한 장기간의 관찰·감시를 요하는 '모니터링' 및 구체적인 항목을 조사하는 '정밀조사'로 구분된다. 자원조사는 1991년 설악산, 북한산, 한라산을 시작으로 매년 2~3개 공원에 대한 조사를 시행하여 1998년 변산반도까지 모든 공원을 조사 완료하고, 2000년부터 설악산, 북한산을 시작으로 2기 조사에 착수하여 2009년도 20개 공원에 대한 조사를 완료하였으며, 2010년도 설악산, 북한산을 시작으로 3기 조사에 착수하여 22개 공원에 대한 조사를 완료하였다. 2019년도부터 자연공원법 개정에 따라 자연자원조사가 5년 주기로 단축되어 매년 4~5개 공원에 대한 조사를 수행하고 있다.

모니터링 및 정밀조사는 1997년 지리산 왕등재 습지조사, 노고단 식생복원 조사, 구천동 계류생태계 조사를 시작으로 현재까지 각종 정밀조사결과에 따라 모니터링계획을 수립하여 시행하고 있으며, 앞으로도 지속적으로 실시할 계획이다.

〈표 2-8-7〉 자연자원조사 추진현황(최근 10년)

구 분	사업량 (건)	사업비 (백만원)	사 업 내 용
2010	2	930	설악산, 북한산
2011	2	930	지리산, 속리산
2012	3	930	덕유산, 계룡산, 공원편입지역(점봉산・팔영산・계방산)
2013	3	1,800	내장산, 오대산, 무등산
2014	2	1,200	한려해상, 태안해안
2015	2	1,200	치악산, 월악산
2016	2	1,200	가야산, 소백산
2017	4	2,270	경주, 주왕산, 다도해해상, 태백산
2018	3	1,576	다도해해상, 변산반도, 월출산
2019	4	4,664	지리산, 북한산, 속리산, 한려해상 (통영, 거제)
2020	4	4,445	설악산, 월악산, 덕유산, 한려해상 (남해, 사천)
2021	4	3,988	오대산, 계룡산, 내장산, 다도해 (완도, 거문도)
2022	5	3,896	치악산, 소백산, 가야산, 무등산, 다도해해상(흑산도, 진도)
2023	6	3,700	태백산, 경주, 주왕산, 월출산, 태안해안, 변산반도

자료 : 환경부 자연보전국

나. 훼손지 복원

자연훼손은 과도(다)한 탐방객으로 인한 탐방로 노면유실 및 산정상·대피소 주변에서의 야영으로 인한 나지발생 등 인위적 요인과 기상이변, 고산지대 특유의 이상기후 등에 의한 탐방로 세굴 및 토사유실, 이로 인한 지피식물 훼손, 수목뿌리 노출 등 자연적 요인에 의하여 발생한다.

국립공원내 훼손지 복원은 1994년 지리산 노고단, 세석지구 훼손지 복구를 시작으로 소백산 연화봉, 비로봉을 비롯한 수많은 훼손지에 대하여 자연생태계 복원을 추진하였다. 훼손지 복원 공사는 생태계의 원상복원 개념보다는 자연이 스스로 회복할 수 있도록 기반을 조성하는 사업으로서 대상지에 대한 면밀한 생태조사, 훼손원인 및 영향요인 분석, 토양공급 및 개량, 사면안정화, 자생종 식재, 복원과정 모니터링 등의 단계적 과정을 거쳐 시행된다.

최근 사유지 매수 등 사회적 여건변화 및 기상이변에 의한 국지적 집중 폭우, 태풍 등으로 인한 훼손지에 대해 23개 국립공원에 대한 실태 조사, 기존의 중장기 관리계획을 수정, 보완함으로써 체계적인 훼손지 관리의 기틀을 마련하였으며 이를 기반으로 국립공원의 자연자원보전과 건전하고 지속가능한 이용의 조화를 도모하고자 노력하고 있다. <자료편 표26 참조>

다. 동·식물 보호사업

국립공원내 주요 동식물 서식지에 대하여 1994년부터 뿌리보호시설, 보호펜스 설치 등 동식물 보호사업을 실시하고 있다. 멸종위기 야생동·식물을 중심으로 주요 야생동·식물 서식지를 「국립공원특별보호구역」으로 지정하여 보호하고 있으며, 환경부 「멸종위기 야생생물 보전 종합계획('18~'27)」에 따라 연차적으로 멸종위기종 복원사업을 추진하고 있다. 소백산, 속리산, 설악산 등 17개 국립공원에 멸종위기종 보전을 위한 시설 및 홍보·교육용 자생식물 관찰원 및 증식장을 설치하였다. 또한, 국가생물다양성 보전 및 유전자원 확보를 위해 2011년에 덕유산에 식물보전센터를 개소하여 국립공원 내 멸종위기 식물보전 및 훼손지 복원용 식물 증식을 통한 식생복원사업의 기틀을 마련하는 계기가 되었다.

또한, 지리산 국립공원에는 기존 야생 반달가슴곰을 최소존속개체군으로 증식하기 위하여 외부 이입 및 개체관리를 하는 '반달가슴곰복원사업'을 추진하고 있다. 백두대간을 비롯하여 우수한 생태계를 유지하고 있는 국립공원을 멸종위기종 복원 메카로 육성해 나갈 계획이다. 2002~2004년까지 시험방사를 통해 2004년부터 본격적으로 추진한 지리산국립공원 반달가슴곰 복원사업은 2004년 10월 연해주산 6마리를 시작으로 총 51마리를 방사하였으며, 야생에서 약 69마리의 새끼를 출산하여 2023년 12월 약 85마리가 자연에서 활동 중이다. 또한 백두대간 산양생태축 복원을 위해 설악산, 오대산 등 산양 주요서식지에 대한 조사를 시행하고 있으며, 2007년부터 월악산 산양복원사업 등을 추진하여. 2023년 12월 약 106개체가 활동 중이다. 뿐만 아니라 2012년부터 소백산에서 여우복원사업을 추진하여 2023년 12월 약 95마리가 야생에서 활동 중이다.

이와 같이 각 국립공원별 생태특성에 적합한 멸종위기 야생 동·식물종을 선정하여 적극적인 복원사업을 추진함으로써 고유생물자원을 보전하고, 생물종 다양성을 제고하여 우리 생태계의 건강성을 회복하기 위해 노력할 것이다.

라. 국립공원 특별보호구역 제도 시행현황

국립공원 내 보호가치가 높거나 인위적·자연적 훼손으로부터 보호 필요성이 있는 야생동물서식지, 야생식물군락지, 고산습지, 계곡 등 주요자원 분포지역에 대하여 보호구역으로 지정하여 사람의 출입이나 공원이용을 엄격한 수준으로 통제하는 제도이다. 국립공원 자연생태계의 보전·관리 효율을 높이기 위해 1991년부터 2006년까지 시행되던 "자연휴식년제도"를 개선하여 2007년부터 도입한 제도로서 2011년에 자연공원법에 "특별보호구역"을 지정하는 제도적 기반을 마련(자연공원법 제28조)하고 2023년까지 지리산 왕등재 고산습지, 설악산 산양 서식지 등 21개 공원 213개소(334.3㎢)가 지정되어 관리되고 있다.

자연·인위적인 위협요인으로 인해 보호관리가 필요한 멸종위기종 등 법적보호종의 서식지, 습지, 계곡, 자연휴식제구간(훼손된 탐방로 및 훼손지)의 지정효과 분석 및 장기적인 생태계 변화관찰을 시행중이며, 시행지역의 자원정보를 체계적으로 통합 보전 및 관리하는데 유용한 공간적 정보로의 활용과 생태계의 복원 및 체계적인 보전방안을 마련하고 있다.

마. 핵심지역 보전사업(사유지 매수·국유화)

국립공원내 특별히 보호할 가치가 높은 핵심지역의 사유지를 매수하여 국유화함으로써 해당 지역 생태계의 보전과 관리 효율성을 높이고 있다.

「제3차 자연공원 기본계획(2023~2032, 환경부)」 및 「핵심지역 보전사업 중·장기계획(2022~2031)」에 따라, 특별보호구역, 멸종위기종 서식지 등 국립공원 내 보호할 가치가 높은 핵심지역 사유지 80.6㎢('23년 말)를 매수하여 공원자원 보전 및 사유재산권 제한 해소 등 자연생태계 훼손 사전예방에 기여하고 있다.

바. 자연학습탐방시설의 조성

환경부와 국립공원공단에서는 국립공원을 전 국민의 자연학습의 장으로 활용할 수 있도록 시설과 프로그램을 확충하고 있다. 이러한 노력의 일환으로 지난 1994년 지리산국립공원에 탐방안내소를 건립한 이래 주왕산, 내장산, 북한산, 계룡산, 설악산에 탐방안내소를 지속적으로 설치하여 2023년 13개 공원에 19개소를 운영중이며, 또한, 지리산, 설악산 등 22개 공원에 75개소의 자연관찰로를 조성하여 생태 및 경관에 대한 해설판을 설치하였고, 관찰로 변의 수목에 표찰을 부착하여 탐방객의 자연환경에 대한 이해를 증진시키고 자연보호의식을 고취시키는 등 건전한 탐방문화가 정착될 수 있도록 노력하고 있다.

또한 1999년 10월에 도입된 탐방프로그램을 22개 국립공원에 269개 프로그램으로 확대·실시하여 2023년에 80만명이 참여하였으며, 해설분야도 생태분야에서 역사, 사찰 등 다양한 분야로 확대하여 시행하고 있다.

제3절 환경질 관리

1. 대기질

가. 대기환경기준의 개요

대기환경기준에 포함되는 오염물질의 종류와 농도는 대기오염 현황, 인체에 미치는 영향 및 세계보건기구(WHO)의 권장기준 등을 고려하여 설정한다. 우리나라는 1978년 2월 아황산가스에 대한 대기환경기준을 최초로 도입하였고, 1983년 일산화탄소, 이산화질소, 총먼지, 오존 및 탄화수소에 대한 기준을, 1991년 2월 납에 대한 기준을, 1995년 미세먼지 PM_{10}에 대한 기준을 마련하였다. 2010년에는 벤젠에 대한 기준을 도입했으며, 2011년 3월 $PM_{2.5}$ 미세먼지 환경기준을 추가로 설정('15년부터 적용)하였다. 이중, 일부 항목은 환경기준을 달성함에 따라 아황산가스는 1995년, 2001년, 일산화탄소는 1995년, 미세먼지 PM_{10}은 2001, 2007년, 그리고, 이산화질소는 2007년에 환경기준을 단계적으로 강화하였으며, 2018년 3월 미세먼지 $PM_{2.5}$ 환경기준을 추가로 강화하였다.

현재 시행 중인 대기환경기준은 <표 2-8-8>과 같다.

<표 2-8-8> 대기환경기준

항 목	기	준
아황산가스(SO_2)	· 연간평균치 0.02 ppm 이하 · 1시간평균치 0.15 ppm 이하	· 24시간평균치 0.05 ppm 이하
일산화탄소(CO)	· 8시간평균치 9 ppm 이하	· 1시간평균치 25 ppm 이하
이산화질소(NO_2)	· 연간평균치 0.03 ppm 이하 · 1시간평균치 0.10ppm 이하	· 24시간평균치 0.06 ppm 이하
미세먼지(PM-10)	· 연간평균치 50$\mu g/m^3$ 이하	· 24시간평균치 100$\mu g/m^3$ 이하
미세먼지(PM-2.5)	· 연간평균치 15$\mu g/m^3$ 이하	· 24시간평균치 35$\mu g/m^3$ 이하
오 존(O_3)	· 8시간평균치 0.06ppm 이하	· 1시간평균치 0.1ppm 이하
납(Pb)	· 연간평균치 0.5$\mu g/m^3$ 이하	
벤 젠	· 연간평균치 5$\mu g/m^3$ 이하	

주 : 1. 1시간 평균치는 999천분위수(千分位數)의 값이 그 기준을 초과해서는 안 되고, 8시간 및 24시간 평균치는 99백분위수의 값이 그 기준을 초과해서는 안 된다.
2. 미세먼지(PM-10)는 입자의 크기가 10μm 이하인 먼지를 말한다.
3. 미세먼지(PM-2.5)는 입자의 크기가 2.5μm 이하인 먼지를 말한다.

나. 대기환경 현황

수도권 대기질 개선 추진('05.11~), 저황유와 LNG 등 청정연료의 공급확대, 배출 규제 강화 등 정부의 대기질 개선 대책 추진으로 SO_2, PM_{10}, Pb의 농도는 지속적으로 감소하는 추세이며, 자동차 등록대수 증가 등으로 NO_2의 농도는 개선이 더딘 실정이다. 또한 기후변화에 따른 기온상승 등으로 인하여 O_3농도는 증가추세를 보이고 있다.

또한 미세먼지(PM_{10}) 오염도는 수도권 지역을 중심으로 지속적으로 감소하고 있으나 여전히 선진국에 비해 높은 수준이며, 특히 2013년부터 기상 및 국외 영향 등으로 다시 정체하는 추세를 보이고 있다.

고농도 미세먼지 발생은 대기정체 하에서 오염물질이 축적되고 국외 유입이 더해지면서 농도가 상승하는 경우가 다수이며, 국외 유입에 따른 국내 대기오염 기여도는 통상 절반 수준이나 계절, 기상조건에 따라 상이하며 고농도 사례별로도 다르다. 중국 등 주변국의 오염물질 배출량을 단기간 내 줄이기 어려운 점, 대기정체 등 기상상황을 고려할 때 당분간은 자주 발생할 가능성이 높을 것으로 예상된다.

〈그림 2-8-3〉 대기오염도 연간 변화 추이

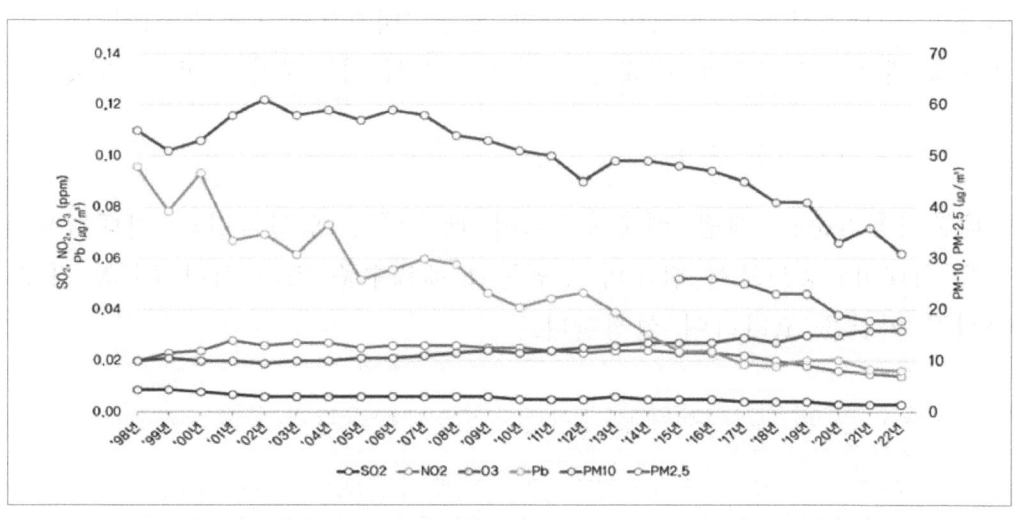

※ Pb의 경우 2012년까지 총부유먼지(TSP)를 채취하여 농도를 분석하였으나 '13년부터 PM10을 채취하여 분석함.
※ PM-2.5는 '15.1.1.부터 대기환경기준이 시행됨.

다. 대기환경 보전정책 추진체계

(1) 대기오염물질 지정

환경부는 위해성 중심의 체계적인 대기오염물질 관리를 위해 「대기환경보전법」을 개정('17.1.26.)하여 대기오염물질 분류체계를 61종 '대기오염물질'과 35종의 '특정대기유해물질'에서 '대기오염물질[8]', '유해성대기감시물질[9]' 및 '특정대기유해물질[10]'로 세분화하였다. 또한, 국립환경과학원에 대기오염물질 심사·평가위원회를 구성하여 매년 물질독성, 생태계에 미치는 영향, 대기 중 배출량, 오염도 등 대기오염물질의 위해성을 심사·평가하여 신규 물질 지정 및 재분류 하도록 하는 등 지정·관리를 체계화하였다.

미규제 대상 오염물질 중 국내 배출량, 위해성, 모니터링 가능여부 등을 고려하여 아세트산비닐, 비스(2-에틸헥실)프탈레이트, 디메틸포름아미드 3종을 추가하여 '대기오염물질'을 64종으로 확대하였으며, 대기오염물질 중 지속적인 감시·관찰이 필요한 43종을 '유해성대기감시물질'로 신규 지정하였다.

아울러, 「대기오염물질 심사·평가위원회 운영, 절차 및 지정 등에 관한 규정」(국립환경과학원고시 제2016-25호)을 개정하여 미규제 대상이나 위해성이 있고 대기 배출원에서 배출 가능성이 있어 실태조사가 필요하다고 인정되는 물질에 대한 '대기오염후보물질' 목록('22년말, 98종)을 마련하여 연차별 실태조사를 실시하여 필요한 경우 '대기오염물질'로 지정하는 등 미규제 대상 오염물질에 대해서도 정례적 심사·평가체계를 마련하였다.

(2) 배출허용기준 설정

배출허용기준은 개별 배출시설에서 배출되는 오염물질의 최대허용치 혹은 최대허용농도로서 현재의 오염물질 배출수준 또는 처리기술과 경제·사회적 여건을 고려하여 설정한다.

---

8) 대기 중에 존재하는 물질 중 위해성 심사·평가 결과 대기오염의 원인으로 인정된 가스·입자상 물질, 먼지 등 64개 물질
9) 대기오염물질 중 위해성 심사·평가 결과 사람의 건강이나 동식물의 생육에 위해를 끼칠 수 있어 지속적인 측정이나 감시·관찰 등이 필요하다고 인정된 물질, 카드뮴 및 그 화합물 등 43개 물질
10) 유해성대기감시물질 중 위해성 심사·평가 결과 저농도에서도 장기적인 섭취나 노출에 의하여 사람의 건강이나 동식물의 생육에 직접 또는 간접으로 위해를 끼칠 수 있어 대기 배출에 대한 관리가 필요하다고 인정된 물질, 카드뮴 및 그 화합물 등 35개 물질

우리나라는 황산화물 등 45개 대기오염물질에 대해 배출허용기준을 설정하고 있다. 배출허용기준은 환경오염 현황, 산업계의 방지기술 및 대처능력을 감안하여 단계적으로 강화하고 있으며, 1991년 예고제를 도입한 이후, 5차례(1단계 : '95.1.1～'98.12.31, 2단계 : '99.1.1～'04.12.31, 3단계 : '05.1.1～'09.12.31, 4단계 : '10.1.1～'14.12.31, 5단계 : '15.1.1～'19.12.31, 6단계 : '20.1.1～)에 걸쳐 강화하였으며, 미세먼지 오염이 심화됨에 따라 미세먼지 다량배출업종인 석탄발전, 제철업의 소결로, 석유정제업의 가열로, 시멘트업의 소성로의 먼지 및 미세먼지 원인물질(SO_x, NO_x)에 대하여 '19.1.1부터 강화하여 적용하고, 「대기환경보전법 시행규칙」을 개정('19.5.2)하여 6단계의 강화된 배출허용기준을 '20.1.1.부터 적용하고 있다.

또한, 위해성이 커 소량으로도 사람이나 동식물에 직·간접으로 영향을 끼칠 수 있는 특정대기유해물질인 아닐린, 프로필렌옥사이드 등 8종에 대한 배출허용기준을 추가하였다.

한편, 대기오염이 심각하여 '대기보전특별대책지역'이나 '대기관리권역'으로 지정된 지역에 대해서는 강화된 배출허용기준을 적용할 수 있다. 특히, 대기보전특별대책지역으로 지정된 지역에 이미 설치된 배출시설에는 '엄격배출허용기준'을, 새로이 설치되는 배출시설에는 '특별배출허용기준'을 적용할 수 있다. 현재 울산·미포 및 온산 특별대책지역과 여수특별대책지역에 대하여 엄격 및 특별배출허용기준이 적용되고 있다.

또한, 단일한 특정대기유해물질을 연간 10톤 이상 배출하는 사업장에 대하여는 해당 특정대기유해물질의 배출기준을 최대 2.1배 강화하여 적용하고 있다.

(3) 연료를 통한 대기질 관리

가) 저황유 사용 의무

서울 등 수도권 및 주요 도시의 아황산가스 농도를 줄이기 위해 1981년도부터 연료유의 황함유 기준을 강화(경유 : 1.0→0.4% 이하, 중유 : 4.0→1.6% 이하)하기 시작했다.

1997년 7월부터 경유는 전국 모두 황함유기준 0.1% 이하인 제품을 공급·사용하도록 하고 있다. 중유는 서울, 부산 등 7개 특·광역시, 제주도 전역 및 수원 등 50개 시·군을 포함한 총 58개 지자체에 황함유량 0.3% 이하, 세종특별자치시 전역 및 안성·포천 등 104개 시·군에는 0.5% 이하를 공급·사용하도록 하고 있다.

나) 고체연료 사용 금지

1970년대 석유파동 이후 석탄사용이 권장되어 대도시 지역 대기오염이 심각해짐에 따라, 1985년부터 환경기준을 초과하거나 초과할 우려가 있는 지역에 대해 석탄류, 코크스, 땔나무와 숯 등의 고체연료 사용을 제한하고 있다.

현재는 서울 및 6대 광역시, 경기도 13개 시 등 총 20개 지역을 고체연료 사용제한지역으로 정하고 있다.

다) 청정연료 사용 의무

저황유 공급이나 고체연료 사용제한에도 불구하고 대도시의 대기오염이 개선되지 않자, 1988년에 서울시 지역 내 업무용보일러 및 인천화력에 사용하는 연료를 LNG(또는 경유)로 대체 사용하도록 의무화하였다.

현재는 7개 특별·광역시 및 28개시의 일정규모 이상 업무용보일러, 공동주택, 지역냉난방시설 및 발전시설에 대하여 청정연료 사용의무를 부여하고 있다.

라. 도시 대기질 관리

(1) 수도권지역 대기질 개선 대책 추진

1) 그간의 추진경위

환경부는 '수도권대기질 개선 추진기획단'을 발족('02.4)하여 수도권 대기환경 개선의 기본방향을 설정한 '수도권 대기개선 특별대책'을 마련하고('02.12), 「수도권 대기환경개선에 관한 특별법」('03.12) 및 동법 하위법령을 제정('04.12)하여 수도권지역 대기질 개선 특별대책 추진의 법적 근거를 마련하였다.

특별법 및 하위법령 제정 시 각종 위원회, 공청회, 세미나, 협의회 등 190여 회에 걸친 토론과 논의가 이루어졌으며, 쟁점사항에 대하여는 관계부처·산업계·시민단체가 참여하는 합동 T/F를 구성하여 합의를 도출하였다.

이렇듯 사회적 합의를 통해 마련된 「수도권 대기환경개선에 관한 특별법」은 2005년 1월부터 서울특별시, 인천시, 경기도 등 수도권지역을 대상으로 시행되었다. 이중 특히 대기오염의 심각성이 인정된 지역을 대기관리권역으로 정하고 대기환경개선을 위한 10년 단위의 범정부 종합계획인 '수도권 대기환경관리 기본계획'을 수립('05.11)하였다.

2010년도에는 동 기본계획의 대기오염물질 전망배출량과 삭감목표량을 재산정하고, 지역 배출허용총량 조정 및 오염원별 신규 저감대책 등을 추가·보완하여 기본계획을 변경('10.12)하였으며, 이에 따라 2014년까지 미세먼지(PM_{10}), 이산화질소(NO_2) 등 대기질 개선을 목표로 사업장, 자동차 등 주요 오염원에 대한 관리대책을 추진하였다.

2) 1차 수도권 대기환경관리 기본계획('05~'14)의 주요내용과 성과

1차 수도권 대기환경관리 기본계획은 자동차 배출가스 저감 등 자동차 관리대책, 대형사업장 총량관리제 등 사업장 관리대책, 환경친화적 에너지·도시 관리 등 오염저감대책을 통해 대기오염물질 배출량을 2014년까지 2001년 대비 절반 수준으로 줄여 미세먼지 및 이산화질소 농도를 선진국 수준으로 개선하는 것을 목표로 하였으며, 이에 대한 그간의 주요 추진내용은 다음과 같다.

신차에 대한 배출허용기준을 지속적으로 강화하여 오염물질 저감 및 자동차 산업 경쟁력 제고에 기여하는 한편, 하이브리드 자동차 및 전기자동차 등 저공해 자동차를 보급하고 시장형성 기반을 마련하였다. 또한 운행 중인 차량의 오염물질 저감을 위해 배출가스 저감장치 부착, 저공해 엔진 개조, 노후차 조기폐차 등을 추진하고, 배출가스 황함량 기준 강화 등의 관리대책을 도입하였다.

2008년 1월부터 질소산화물 및 황산화물 배출량이 각각 30톤, 20톤을 초과하는 대형사업장(대기 1종)에 연도별 배출허용총량을 할당하고 할당량

이내로 대기오염물질을 배출하도록 하는 '사업장 총량관리제'를 시행하였다. 2010년 1월부터는 1·2종 사업장 중 질소산화물 또는 황산화물 배출량이 4톤을 초과하는 사업장까지 총량관리 대상을 확대하여, 2015년 12월 말 기준 270개소(배출구 1,523개)*의 사업장을 대상으로 총량관리제를 시행하였다.

* 2018년 12월 말 기준 사업장 407개소(배출구 2,708개)

휘발성유기화합물(VOCs) 저감을 위해 도료 중 휘발성유기화합물(VOCs) 함유기준을 단계적으로 강화('05, '07, '10, '15, '20년)하고, 주유소 유증기 회수설비 설치 의무화 등을 추진하였으며, 도로 중 비산먼지 저감을 위해 진공제거차량 지원 등 다양한 대기오염저감대책을 추진하였다. 또한, 중·소 사업장에 대해서는 일반 버너를 저녹스 버너로 교체 시 설치비용 및 방지시설 운영 기술을 지원하는 등 질소산화물 저감대책을 추진하였다.

〈표 2-8-9〉 서울시 대기오염도 개선 현황

오염물질	2005	2007	2009	2011	2013	2015
미세먼지($\mu g/m^3$)	56	58	51	44	44	41
이산화질소(ppb)	34	38	35	33	33	32

※ 미세먼지 농도는 황사일을 제외한 미세먼지 농도임
자료 : 환경부 대기환경정책관

이를 위해 2005년부터 2014년까지 약 3조원을 투자하여 서울시 미세먼지의 경우 2004년 59$\mu g/m^3$에서 2015년 41$\mu g/m^3$로 크게 개선되었고, 이산화질소도 2008년 38ppb에서 2015년 32ppb로 점차 개선되고 있다.

3) 2차 수도권 대기환경관리 기본계획('15~'24) 수립·시행

2014년 1차 수도권 대기환경관리 기본계획이 종료됨에 따라 2024년까지 인체 위해성 관리 강화를 주요내용으로 하는 2차 기본계획('15~'24)을 수립('13.12)하였고, 2차 기본계획에 제시된 연차별 대기환경 개선목표를 달성하기 위해 배출원별 오염물질 배출량 현황과 장래 배출량을 예측하여 삭감목표량 달성을 위한 5년 단위의 구체적 시행계획('15~'19)을 수립('14.12)하였다.

2차 계획은 인체위해성이 큰 초미세먼지($PM_{2.5}$), 오존(O_3)을 관리대상 오염물질로 추가 설정하였으며, 자동차 관리, 배출시설 관리, 생활주변 오염원 관리, 과학적 관리기반 구축 등 4대 분야별 62개 관리대책을 추진한다.

〈표 2-8-10〉 관리대상 오염물질

1차 계획	2차 계획
PM_{10}, NOx, SOx, VOCs	PM_{10}, $PM_{2.5}$, SOx, NOx, VOCs, O_3

제2차 기본계획의 저감대책을 성공적으로 수행할 경우 2024년 서울시의 미세먼지(PM_{10}) 연평균 농도가 $30\mu g/m^3$으로 낮아져 2010년보다 약 38% 개선되는 등 주요 선진국 주요 도시 수준으로 개선될 것으로 전망되며, 이에 따라, 대기오염(미세먼지)으로 인한 조기 사망자 수는 1만 9,958명에서 1만 366명으로 약 48%가 감소하여, 약 5조 9,000억 원의 사회적 피해비용 저감 효과가 나타날 것으로 예측된다.

2018년부터는 그간 시행을 유보하고 있던 먼지에 대하여 연간 배출량 0.2톤 이상인 공통연소시설을 대상으로 먼지 총량제를 시행하였다. 먼지는 측정자료의 신뢰성 확보 곤란, 할당계수 산정 어려움 등으로 먼지를 배출하는 모든 시설에 당장 적용하기는 어려우므로 우선 굴뚝자동측정기기 부착률이 높고 업종별 배출수준이 유사한 공통연소시설(발전·소각, 보일러, 고체연료)의 최적방지시설(BACT) 기준을 강화하여 적용하고, 공정연소시설이나 비연소 시설은 배출계수 개발 등을 거쳐 단계적으로 도입할 예정이다.

(2) 수도권 외 오염심화지역 대기질 개선 대책 추진

1) 특별대책지역 지정·관리

「환경정책기본법」 제38조에 따라 환경부장관은 환경오염·환경훼손 또는 자연생태계의 변화가 현저하거나 현저하게 될 우려가 있는 지역을 특별대책지역으로 지정·고시하고, 특별대책지역 내의 환경개선을 위하여 필요한 경우에는 토지이용과 시설설치를 제한할 수 있다.

대기환경 보전을 위해 지정된 특별대책지역은 대규모 배출시설이 밀집되어 있는 울산·미포 및 온산국가산업단지와 여수·여천국가산업단지 및 확장단지의 2개 지역이다. 특별대책지역의 대기환경은 엄격·특별배출허용 기준 등을 규정하고 있는 「대기보전특별대책지역 지정 및 동 지역 내 대기오염 저감을 위한 종합대책」(환경부고시 제2018-23호, '18.2.9.)에 따라 관리된다.

2) 대기관리권역 지정·관리

수도권 외 지역에 대하여 특별대책지역과 대기환경규제지역으로 관리하여 왔으나, 지자체 전문성 미흡, 지자체별 대책수립 → 이행 → 평가하는 단절적인 추진체계 및 외부영향이 고려되지 못한 배출원 관리 한계 등으로 수도권 외 지역의 대기질이 악화됨에 따라, 대기 특성을 고려한 광역적 관리를 위하여 수도권에만 시행되던 '대기관리권역' 지정제도를 수도권 외 지역까지 확대하는 내용을 주요 골자로 「대기관리권역의 대기환경개선에 관한 특별법」이 제정(2019.4.2.)되어 2020년 4월 3일부터 대기환경규제지역이 폐지되고 대기관리권역이 전국으로 확대·시행되었다.

대기오염이 심각하다고 인정되는 지역과 대기오염물질 배출량이 많아 다른 지역의 대기오염에 크게 영향을 미친다고 인정되는 지역을 대기관리권역으로 지정함으로서, 인접 시·도 등 광역적 영향범위를 고려한 대기개선대책을 마련할 수 있으며, 사업장 총량제, 건설기계·선박 등 비도로 이동오염원 관리가 강화되는 등 지역별 맞춤형 개선대책을 추진할 기반이 마련되었다.

대기관리권역은 해당 권역의 대기환경개선을 위하여 중앙정부가 기본계획을 5년 단위로 수립하고 해당 권역에 포함된 시·도는 시행계획을 수립·이행하여야 한다. 시행계획 실적에 대해서는 매년 평가를 통해 시행계획 목표를 미달성한 시·도에 대해서는 환경부장관이 개선계획 제출을 요구하고 제출된 개선계획에 대해서는 환경부장관의 승인을 받아야 함으로서 대기환경개선의 실효성이 높아질 것으로 기대된다.

대기관리권역으로 지정된 지역에 위치하고 있는 대기 1~3종 사업장 중 연간배출량이 황산화물 4톤, 질소산화물 4톤, 먼지 0.2톤을 초과하는 사업장에 대해서는 오염물질 총량관리제가 시행된다. 권역별 대기환경관리 기본계획을 통해 지역별 배출허용총량을 할당하고 지역별 배출허용총량 범위 내에서 사업장이 매년 배출 가능한 사업장별 배출허용총량을 매년 단계적으로 축소 할당하여 점진적인 배출저감을 유도하며, 총량관리 대상 사업장은 배출량 측정을 위해 굴뚝자동측정기기(TMS)를 부착하여야 한다.

또한, 대기관리권역 내에서는 특정경유차에 대한 저공해 조치 의무화 및 저공해 조치 미이행 차량의 상시 운행제한과 어린이 통학버스와 택배 화물차를 신차 구매할 경우에는 경유차 사용을 제한하는 등 자동차부문과, 친환경 기준에 맞는 가정용 보일러만 제조·판매하여야 하며, 항만·선박 및 공항에서의 대기오염물질 저감 대책 수립 하고 생활주변 소규모 배출원에 대하여 행위의 제한이나 방지시설 설치를 하여야 하는 등 지역별로 배출원 특성에 맞는 개선대책을 수립할 수 있게 된다.

〈표 2-8-11〉 대기관리권역 지정현황

권역	지역 구분	지역범위
수도권	서울특별시	전 지역
	인천광역시	옹진군(옹진군 영흥면은 제외한다)을 제외한 전 지역
	경기도	수원시, 고양시, 성남시, 용인시, 부천시, 안산시, 남양주시, 안양시, 화성시, 평택시, 의정부시, 시흥시, 파주시, 김포시, 광명시, 광주시, 군포시, 오산시, 이천시, 양주시, 안성시, 구리시, 포천시, 의왕시, 하남시, 여주시, 동두천시, 과천시
중부권	대전광역시	전 지역
	세종특별자치시	전 지역
	충청북도	청주시, 충주시, 제천시, 진천군, 음성군, 단양군
	충청남도	천안시, 공주시, 보령시, 아산시, 서산시, 논산시, 계룡시, 당진시, 부여군, 서천군, 청양군, 홍성군, 예산군, 태안군
남부권	전북특별자치도	전주시, 군산시, 익산시
	광주광역시	전 지역
	전라남도	목포시, 여수시, 순천시, 나주시, 광양시, 영암군
동남권	부산광역시	전 지역
	대구광역시	군위군을 제외한 전 지역
	울산광역시	전 지역
	경상북도	포항시, 경주시, 구미시, 영천시, 경산시, 칠곡군
	경상남도	창원시, 진주시, 김해시, 양산시, 고성군, 하동군

자료 : 환경부 대기환경정책관

마. 대기오염물질 배출사업장 관리

(1) 배출시설 관리체계

현재 대기관리의 기본법인 「대기환경보전법」은 1990년 8월 제정되었으며, 이에 따른 주된 배출시설 관리수단은 다음과 같다.

첫째, 대기오염물질배출시설의 설치 및 변경에 대한 허가·신고제도의 운영이다. 특정대기유해물질을 일정 기준농도 이상으로 배출하거나 대기보전특별대책지역에 설치하는 배출시설은 허가를, 그 밖에 시설은 신고를 득하도록 하고 있다.

〈표 2-8-12〉 대기오염물질 배출사업장 현황('23.12월 말 기준)

구분	총계	1종	2종	3종	4종	5종
사업장수	67,300	1,845	1,750	2,269	21,852	39,584

자료 : 환경부 대기환경정책관

둘째, 배출허용기준의 단계적 강화 및 예고제 시행이다. 현재 배출허용기준이 설정되어 있는 물질은 먼지 등 45개 물질이다. 배출허용기준 강화 시 3~5년 단위로 배출허용기준을 미리 알려주는 예고제를 운영하고 있으며, 현재 2020년 1월 1일부터 배출허용기준이 강화되어 적용되고 있다.

셋째, 사업장에 대한 지도·점검을 지속적으로 실시하고 이동측정차량 및 무인항공기(드론) 등 최신기술을 활용한 점검을 통하여 사업자의 배출시설 및 방지시설 적정 운영을 유도하고 있다.

1) 대기오염물질 배출시설 분류

2020년부터는 2015년부터 개정·시행되고 있는 대기오염물질 배출시설 분류체계를 산업분류체계에 적합하도록 세분하여 종전의 27개의 배출시설 분류를 37개로 조정하고, 도서지역의 발전소, 업무용 빌딩 등에 설치되는 흡수식 냉·온수기 및 동물 화장시설이 대기오염물질 배출시설로 추가되었다.

〈표 2-8-13〉 대기오염물질 배출시설 분류체계 변화

종전 27개 시설('15~'19까지 적용)	개정 37개 시설('20년부터 적용)
1. 섬유제품 제조 시설	1. 섬유제품 제조 시설
2. 가죽, 모피가공 및 모피제품, 신발 제조시설	2. 가죽, 모피가공 및 모피제품, 신발 제조시설
3. 펄프, 종이 및 종이제품 제조시설과 인쇄 및 각종기록매체 제조(복제)시설	3. 펄프, 종이 및 판지 제조시설
	4. 기타 종이 및 판지 제품 제조시설
	5. 인쇄 및 각종 기록 매체 제조(복제)시설
4. 코크스 제조시설 및 관련제품 저장시설	6. 코크스 제조시설 및 관련제품 저장시설
5. 석유정제품 제조시설 및 관련 제품 저장시설	7. 석유정제품 제조시설 및 관련 제품 저장시설
6. 기초유기화합물제조시설 및 가스제조시설	8. 기초유기화합물 제조시설
	9. 가스 제조시설
7. 기초무기화합물 제조시설	10. 기초무기화합물 제조시설
8. 무기안료·염료·유연제·기타 착색제 제조시설	11. 무기안료 기타 금속산화물 제조시설
	12. 합성염료, 유연제 및 기타 착색제 제조시설
9. 화학비료 및 질소화합물 제조 시설	13. 비료 및 질소화합물 제조시설
10. 의료용 물질 및 의약품 제조 시설	14. 의료용 물질 및 의약품 제조시설
11. 기타 화학제품 제조 시설 및 탄화시설	15. 그 밖의 화학제품 제조시설
	16. 탄화시설
12. 화학섬유 제조시설	17. 화학섬유 제조시설
13. 고무 및 고무제품 제조시설	18. 고무 및 고무제품 제조시설
14. 합성고무, 플라스틱물질 및 플라스틱 제품 제조시설	19. 합성고무 및 플라스틱물질 제조시설
	20. 플라스틱제품 제조시설
15. 비금속광물제품 제조시설	21. 비금속광물제품 제조시설
16. 제1차 금속 제조시설	22. 1차 철강 제조시설
	23. 1차 비철금속 제조시설
17. 금속가공제품·기계·기기·장비·운송장비·가구 제조시설	24. 금속가공제품·기계·기기·장비·운송장비·가구 제조시설
18. 전자부품·컴퓨터·영상·음향·통신장비 및 전기장비 제조시설	25. 자동차 부품 제조시설
	26. 컴퓨터·영상·음향·통신장비 및 전기장비 제조시설
	27. 전자부품 제조시설(반도체 제조시설은 제외한다)
	28. 반도체 제조시설

종전 27개 시설('15~'19까지 적용)	개정 37개 시설('20년부터 적용)
19. 발전시설(수력, 원자력 발전시설은 제외한다)	29. 발전시설(수력, 원자력 발전시설은 제외한다)
20. 폐수·폐기물·폐가스소각시설(소각보일러를 포함한다)	30. 폐수·폐기물·폐가스소각시설·동물장묘시설(소각보일러를 포함한다)
21. 폐수·폐기물처리시설	31. 폐수·폐기물 처리시설
22. 보일러	32. 보일러·흡수식 냉·온수기 및 가스열펌프
23. 고형연료·기타연료 제품 제조·사용시설 및 관련시설	33. 고형연료·기타연료 제품 제조·사용시설 및 관련시설
24. 화장로 시설	34. 화장로 시설
25. 도장시설	35. 도장시설
26. 입자상물질 및 가스상물질 발생시설	36. 입자상물질 및 가스상물질 발생시설
27. 기타시설	37. 그 밖의 시설

2) 대기오염물질 배출허용기준 강화

2020년 1월 1일부터 적용되는 현행 대기오염물질 배출허용기준은 미세먼지(PM_{10}) 및 초미세먼지($PM_{2.5}$) 관리강화를 위해 발전시설과 소각시설 등 대형배출시설의 먼지, 질소산화물 등에 대한 배출허용기준을 강화하고, 특정대기유해물질을 연간 10톤 이상 배출하는 다량배출시설에 대해서는 보다 엄격한 기준(소량 배출사업장의 50% 수준)을 적용하고 있다.

또한, 미세먼지 관리 종합대책 후속조치로 미세먼지 다량배출 4개 업종(석탄발전, 제철업, 석유정제업, 시멘트제조업)의 먼지, 질소산화물, 황산화물에 대해서는 최대 2배 강화한 배출허용기준을 2019년 1월 1일부터 적용하고 있다.

한편, 그간 먼지, 황산화물 등의 오염물질에만 부과되던 대기배출 부과금을 2020년부터는 질소산화물에도 부과한다. 질소산화물에 부과되는 기본 부과금은 산업계의 의견수렴 결과와 오염물질 처리비용 등을 감안하여 '20년까지는 사업장의 반기별 평균 배출농도가 배출허용기준의 70% 이상일 경우 1kg당 1,490원을 부과하고, '21년까지는 배출허용기준의 50% 이상일 경우 1kg당 1,810원을 부과하며 '22년 부터는 배출허용기준의 30% 이상일 경우 1kg당 2,130원을 부과하는 등 단계적으로 도입하여 사업장이 질소산화물 부과금 제도에 대응하도록 고려하고 있다.

3) 사업장 지도·점검 선진화

2023년 말 기준으로 우리나라의 대기오염물질 배출업체는 67,300개소가 있으며, 소규모업체는 약 91.3%인 61,436개소에 이르며, 이들 소규모업체는 업체 수 대비 단속인력 부족 등으로 불법배출 현장 적발에 한계가 있는 등 관리의 사각지대로 인식되어왔다. 이에 환경부는 지상에서는 대기질 분석장비를 장착한 이동측정차량이 사업장 밖에서 운행하면서 실시간으로 고농도 배출지역을 추적하고, 하늘에서는 오염물질 측정 센서를 부착한 드론(무인항공기)으로 대기오염도를 실시간 측정하여 오염물질 고농도 배출사업장을 찾아내 점검인력을 신속히 투입하여 불법행위를 적발하는 새로운 지도점검 체계를 2018년부터 시범 적용하였다.

최신 지도점검 체계는 2019년부터 사업장 밀집지역인 수도권과 부울경 지역에 우선 적용하고 점차적으로 전국으로 확대하고 있다. 최신기술인 드론 등을 활용한 단속은 소수의 단속인력으로도 수백 여 개의 배출 사업장을 신속·정확하게 탐색하여 고농도 배출업체를 효율적으로 단속할 수 있고, 사각지대로 여겨졌던 소규모 배출사업장을 언제든 암행 감시할 수 있다는 경각심을 주어 불법배출 행위에 대한 사전 예방 효과도 기대된다.

(2) 굴뚝 원격감시 체계 구축을 통한 대형배출사업장 관리

굴뚝원격감시체계는 대형배출사업장에서 배출되는 대기오염물질을 상시 측정하여 오염사고 예방 및 신속한 대처, 공정개선을 통한 오염물질 배출량 감소 등 대기질 개선을 목적으로 한다.

굴뚝에 설치된 자동측정기기는 7종의 대기오염물질(먼지, SO_2, NO_x, NH_3, HCl, HF, CO)을 5분 간격으로 연속 측정하여 30분마다 측정데이터를 생산한다. 1988년 7월에 경상남도지사가 울산·온산특별대책지역의 31개 업소에 설치명령을 함으로써 처음으로 부착하기 시작하였다. 자동측정기의 측정 자료를 수집·관리하기 위한 전산망인 관제센터는 1998년 호남권을 시작으로 영남권(1999년) 수도권(2001년) 중부권(2002년)에 권역별로 1개소씩 총 4개소가 구축 완료되어 전국적인 관리가 가능하게 되었고, 그 전송자료는 배출부과금, 행정처분 등의 행정자료로도 활용된다.

2023년 12월말 기준 전국 943개 대형배출사업장(1~3종) 3,383개 굴뚝에 굴뚝자동측정기기를 부착하여 배출시설에서 나오는 오염물질을 상시 실시간으로 측정·관리하고 있다.

(3) 비산먼지 발생사업장 관리

1) 비산먼지 발생사업장 현황

비산먼지를 발생시키는 사업을 하려는 자는 「대기환경보전법」 제43조에 따라 지자체에 신고하여야 한다. 2023년말 현재 신고된 비산먼지 발생사업장은 46,356개소로 2022년말 47,540개소보다 약 2.5% 감소하였다.

〈표 2-8-14〉 비산먼지 발생사업장 신고현황

(단위 : 업소수)

연도	계	시멘트, 석회 관련 제품 제조·가공업	비금속 물질 제조· 가공업	제1차 금속 제조업	비료 및 사료제품 제조업	건설업	운송 장비 제조업	금속제품 제조· 가공업	기타
2023	46,356	2,322	3,471	571	863	36,304	456	2,109	263
2022	47,540	2,191	3,228	550	790	38,207	413	1,918	243
2021	50,212	2,124	3,409	443	661	41,411	444	1,479	241
2020	45,522	1,956	2,916	498	654	37,523	417	1,311	247
2019	44,544	2,051	3,113	595	643	35,446	402	2,021	273

자료 : 환경부 대기환경정책관

2) 비산먼지 발생사업장 지도·점검

비산먼지 발생사업장은 방진시설의 설치 등 필요한 조치를 해야 한다. 이를 준수하지 않을 경우 위반사항에 따라 조치이행명령 등 행정처분과 함께 과태료 부과 또는 고발조치를 받게 되며, 벌금형 등을 받은 건설업체는 관급건설공사의 입찰참가자격 사전심사(Pre Qualification)나 적격심사 시 신인도 심사에서 감점을 받도록 하고 있다.

건설공사 등 산업활동이 활발해지고 날씨가 건조하여 비산먼지가 많이 발생하는 봄철, 가을철에는 매년 전국적으로 비산먼지 발생사업장에 대하여 특별점검을 실시하고 있으며, 2023년 비산먼지 발생사업장 지도·점검 실적을 보면 총 35,897개 사업장을 점검하여 3,579건의 위반사항을 적발·조치하였다.

〈표 2-8-15〉 비산먼지 발생사업장 점검실적

(단위 : 개소, 만원)

연도	점검건수	위반건수	위 반 내 역			조 치 내 역				과태료	고발
			시설기준부적정	신고미이행	기타	개선명령	경고	사용중지	조치이행명령		
2023	35,897	3,597	1,627	1,821	176	1,185	1,640	142	560	63,545	20,295
2022	37,840	3,762	1,995	1,731	109	1,298	1,567	125	741	97,249	832
2021	38,049	4,166	2,243	1,766	157	1,529	1,723	155	727	104,244	1,138
2020	35,686	3,863	2,075	1,780	227	1,469	1,662	182	706	143,333	1,010
2019	36,718	4,363	2,559	1,614	190	1,739	1,579	165	855	94,913	1,053
2018	36,642	3,607	2,217	1,360	30	1,272	1,339	110	880	71,667	1,013

자료 : 환경부 대기환경정책관

3) 비산먼지 발생사업장 신고대상 신고 확대

2019년 7월 16일 대기환경보전법 시행규칙 개정을 통해 주거지 인근 비산먼지 관리를 강화하였다. 주거지 인근에 비산먼지를 쉽게 발생시킬 수 있는 도장공사[11], 대수선 공사, 농지조성[12] 및 농지정리[13]를 비산먼지 발생 사업 신고대상으로 포함(41개 → 45개) 하였다.

특히 병원, 학교, 어린이집 등 생활 시설 부지경계선으로부터 50미터 이내의 건축물축조공사장에서 도장 작업을 할 때에는 반드시 붓이나 롤러 방식으로 하도록 기준을 강화하였으며, 도장공사의 경우 2021년부터 비산먼지 발생 사업에 포함하여 도장작업 시 롤러방식(붓칠 방식 포함) 또는 환경부 장관이 인정하는 친환경방식으로만 도장공사를 시행하도록 하였다.

---

11) 도장공사 : 「공동주택관리법」에 따라 장기수선계획을 수립하는 공동주택에서 시행하는 건물외부 도장공사
12) 농지조성 : 간척매립지 및 미간지를 개간하여 농지로 조성하는 공사
13) 농지정리 : 영농에 편리하도록 농지의 구획을 정리하는 공사

<그림 2-8-4> 비산먼지 발생사업장 관리체계

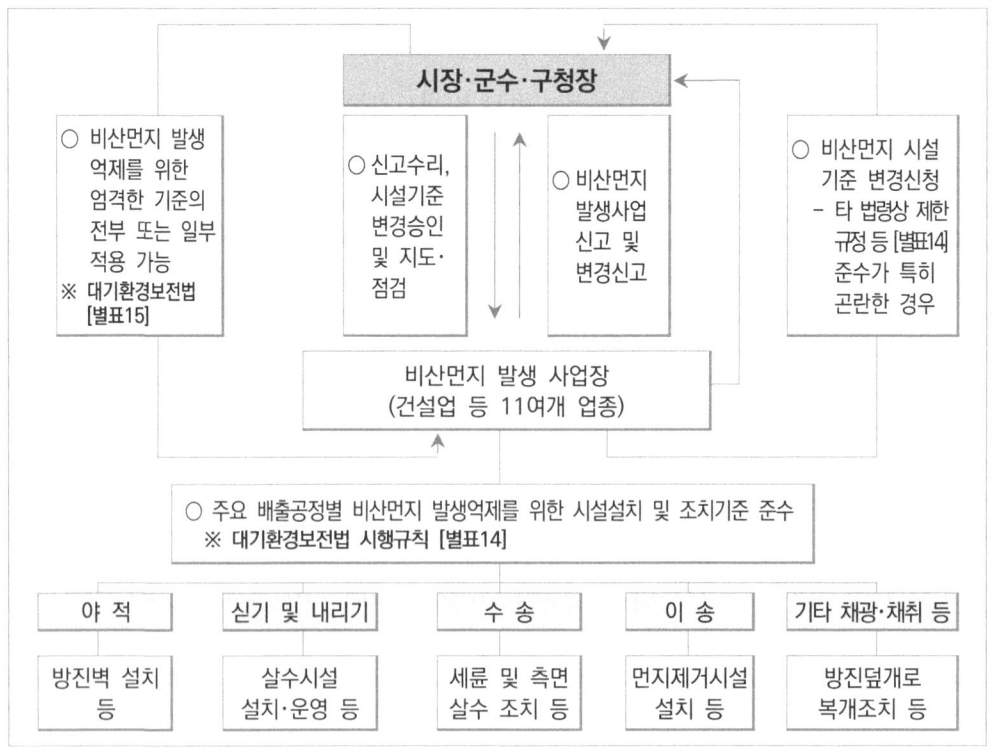

(4) 교통환경 관리

1) 자동차 오염물질 현황

우리나라의 자동차 등록대수는 1970년대에는 13만 대에 불과했으나, 급속한 경제성장에 따라 높은 증가율을 보여 1997년 말 1천만 대를 넘어선 이래 2023년 말을 기준으로 2,595만 대가 등록되었다.

<표 2-8-16> 연도별 자동차 등록 현황

(단위 : 만대, %)

연 도	2008	2009	2010	2011	2012	2013	2014	2015	2016	2017	2018	2019	2020	2021	2022	2023
등록대수 (만대)	1,679	1,733	1,794	1,844	1,887	1,940	2,012	2,099	2,180	2,253	2,320	2,368	2,436	2,491	2,550	2,595
전년대비 증가대수 (만대)	36.6	53.1	61.6	49.6	43.3	53.0	71.7	87.2	81.3	72.5	67.4	47.5	68.8	54.5	59.2	45
전년대비 증감비 (%)	2.2	3.2	3.5	2.8	2.3	2.8	3.6	4.3	3.9	3.3	3.0	2.0	2.9	2.2	2.4	1.8

자료 : 국토교통 통계누리(2023년 12월말)

2020년 기준 전국 대기오염배출량 중 일산화탄소(CO)의 21.3%, 질소산화물(NOx)의 33.3%, 미세먼지($PM_{2.5}$)의 6.4%가 자동차에서 배출되고 있다. 특히 수도권은 자동차가 차지하는 오염물질 배출비중이 전국 평균에 비해 더 높게 나타난다. 이러한 현상은 전 세계 대도시에서 동일하게 나타나는 현상으로 대도시에서 도로이동오염원 관리의 중요성을 방증하는 사례이다.

〈표 2-8-17〉 자동차에서 나오는 오염물질 현황(전국, 수도권, '21년)

(단위 : 천톤/년)

구 분		$PM_{2.5}$	SOx	NOx	VOCs	NH_3	CO
전국	배출량 합계	57.3	161.0	884.5	1,002.8	262.0	694.8
	도로이동 오염원 배출량(비중)	3.2 (5.6%)	0.2 (0.2%)	287.3 (32.5%)	29.5 (2.9%)	1.7 (0.7%)	134.6 (19.4%)
수도권	배출량 합계	13.8	12.6	248.7	300.5	44.7	174.6
	도로이동 오염원 배출량(비중)	1.2 (8.4%)	0.1 (0.8%)	113.5 (45.6%)	14.2 (4.7%)	0.7 (1.5%)	57.6 (33.0%)

자료 : 2021년 CAPSS 자료(국가미세먼지정보센터)

2) 저공해자동차 보급

세계 각국은 저공해차 위주로 재편되고 있는 시장 환경에 적응함과 동시에 본격적인 성장 국면에서 시장 선점을 위해 노력하고 있다. 연비와 배출가스, CO_2 규제를 강화하는 한편, 전기차, 하이브리드차 등 저공해차 생산·보급을 확대하기 위해 정부 주도로 보조금 지급, 세제 감면 등의 혜택을 제공하고 있다.

〈그림 2-8-5〉 주요 각국의 저공해차 보급정책

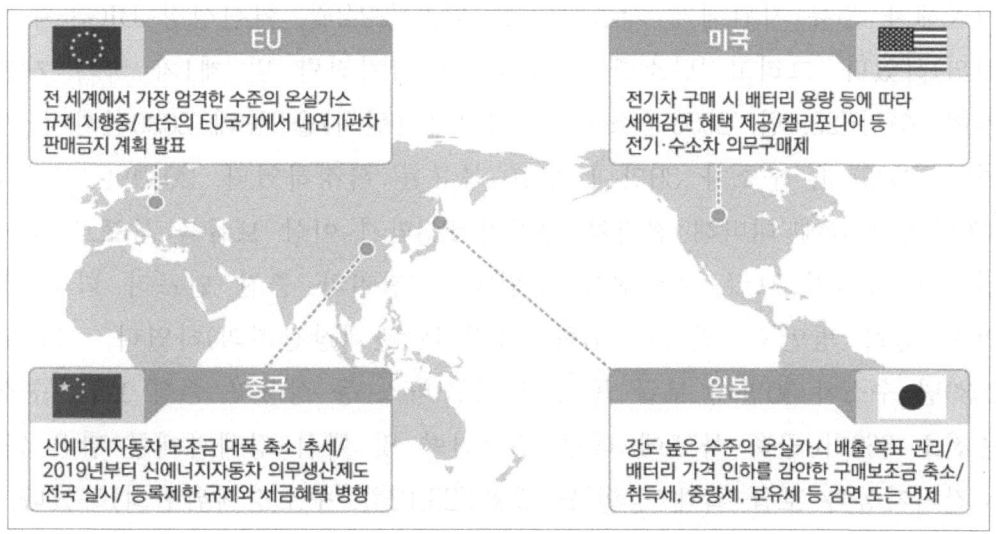

미국은 재정적 지원 정책 외에 자동차 업계가 무공해자동차를 일정 규모 이상 판매하도록 의무화하는 법을 캘리포니아주를 중심으로 2005년부터 시행하여 2018년부터 대폭 강화하였으며, 중국의 경우에도 이와 비슷한 '신에너지 자동차 의무생산제도'를 2019년부터 전국적으로 실시하고 있다.

우리나라도 저공해자동차 기술개발 및 보급의 중요성을 인식하여 전기차(EV), 플러그인 하이브리드차(PHEV), 하이브리드차(HEV), 수소차(FCEV) 등 연비가 우수하고 저공해 기준을 충족하는 저공해자동차의 보급 확대를 위해 '세계 4강 도약을 위한 그린카 발전전략 및 과제'를 발표('10.12월, 제10차 녹색성장위원회)하고, 이후 관계부처 합동으로 '제3차 환경친화적자동차 개발 및 보급 기본계획'을 발표('15.12월)하였다. 이에 따라, 전기자동차 보급('11년~) 및 수소차 보급('13년~) 사업을 추진해오고 있으며, 2020년부터는 세계 추세에 발맞추어 연평균 판매수량 4.5천대 이상 자동차 판매사에 일정 비율('20년 15%) 이상의 저공해차를 판매하도록 의무를 부과하는 '저공해자동차 보급 목표제'를 시행하고 있다.

또한 국제사회의 기후위기 대응 강화에 발맞춰 '2030 국가 온실가스 감축목표(NDC) 상향안'을 발표('21.10월, 관계부처 합동)하여 수송부문 무공해차 450만대 보급 목표를 수립하였다. 자동차 보급환경이 점차 개선됨에 따라 저공해차 범위와 지원정책을 합리적으로 개편하는 '무공해차 중심 저공해차 분류·지원체계 개편방안'을 발표('22.2월, 혁신성장 BIG3 추진회의)하였다. 그리고 '탄소중립 녹색성장 국가전략 및 제1차 국가 기본계획' 수립('23.4월, 2050탄소중립녹색성장위원회)을 통해 2030년까지 전기차 420만대, 수소차 30만대 보급 목표를 확정하였다. 2030년 전기차 420만대 보급에 대비해 전기차 충전기 123만기 이상 보급을 목표로 하는 전기차 충전기 보급 로드맵을 수립하고 '전기차 충전 인프라 확충 및 안전 강화 방안'을 발표('23.6월, 국정현안관계장관회의)하였다. 그리고 2030년 수소차 30만대 보급 목표 및 수소버스 등 상용차 중심 보급, 수소충전소 660기 구축 목표에 대한 추진전략 및 핵심 정책과제를 담은 '수소전기자동차 보급 확대 방안'을 발표('23.12월, 수소경제위원회)하였다.

2. 수 질

가. 수질현황

4대강 상수원의 수질은 환경기초시설의 확충, 수변구역관리를 위한 4대강 특별법 제정·시행 등 유역관리체제가 본격 시행됨에 따라 안정적으로 관리되고 있다.

전년('22년) 대비 '23년 한강수계 팔당댐의 수질은 Ia(매우좋음)→Ib(좋음) 으로 하락, 노량진 지점의 수질은 Ib(좋음)→Ⅱ(좋음)으로 등급이 하락 하였다.

〈그림 2-8-6〉 한강 수계 대표 측정지점 수질변화 추이('23)

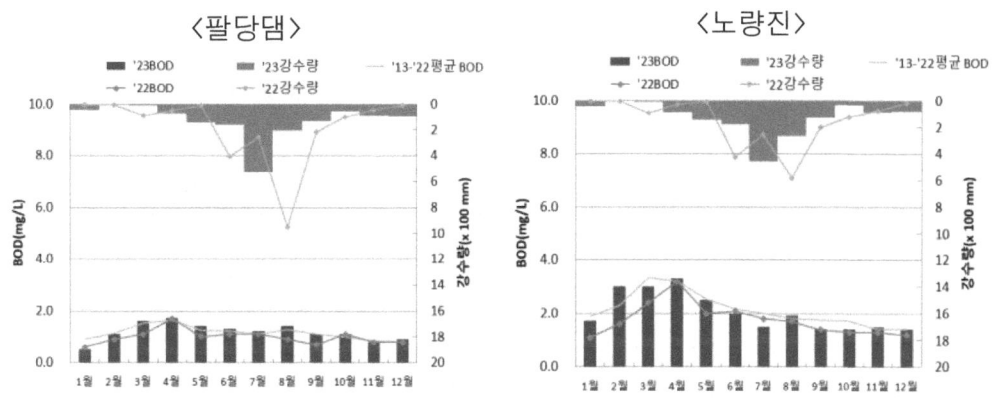

낙동강수계 안동1 지점의 수질은 전년과 동일한 Ia(매우좋음), 왜관 및 고령 지점 수질은 Ib(좋음)으로 전년과 동일, 물금(Ib) 지점의 수질은 Ⅱ(약간좋음) → Ib(좋음)으로 전년대비 상승하였다.

〈그림 2-8-7〉 낙동강 수계 대표 측정지점 수질변화 추이('23)

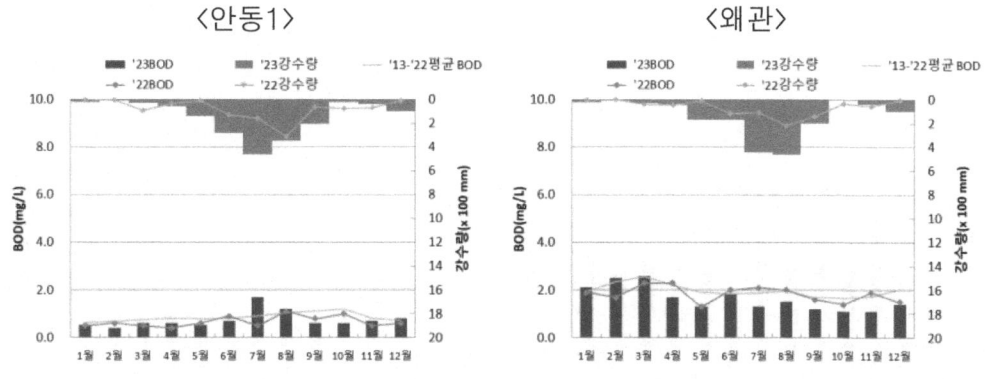

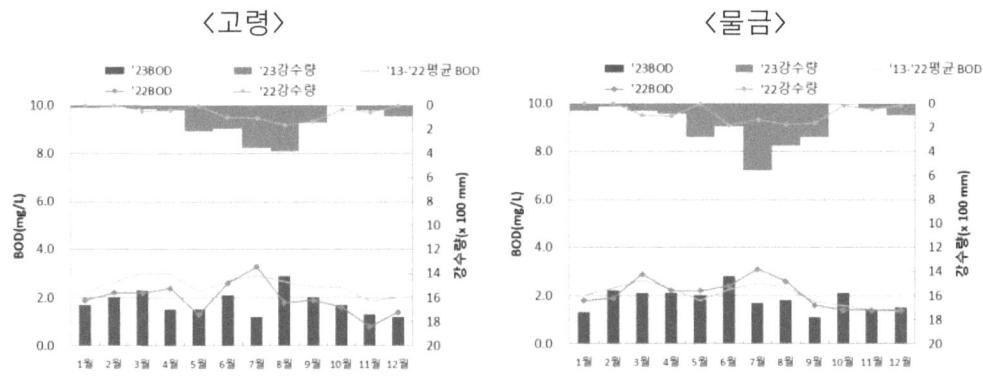

또한, 금강수계의 대청호 지점 수질은 Ia(매우좋음) 등급, 부여1 지점의 수질은 II(약간좋음) 등급으로 전년과 동일하였다.

<그림 2-8-8> 금강 수계 대표 측정지점 수질변화 추이('23)

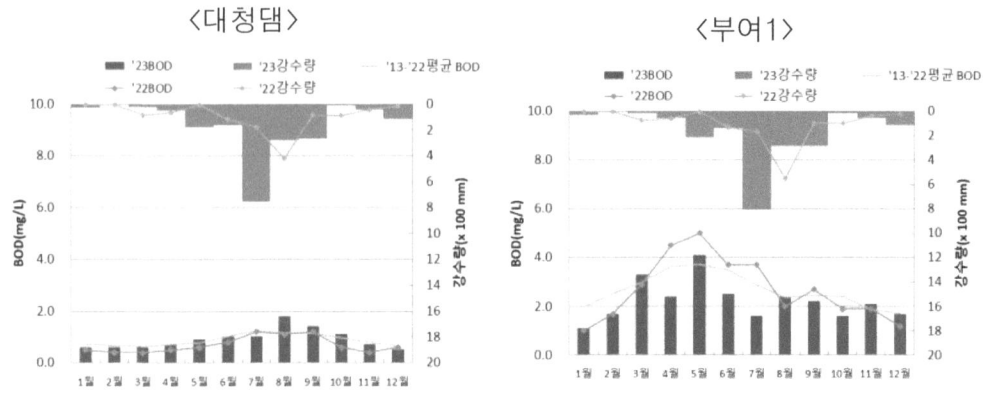

영산강·섬진강 수계 중 나주지점의 수질은 IV(약간 나쁨), 주암댐 지점 수질은 Ib(좋음) 등급으로 전년과 동일하였다.

<그림 2-8-9> 영산강·섬진강 수계 대표 측정지점 수질변화 추이('23)

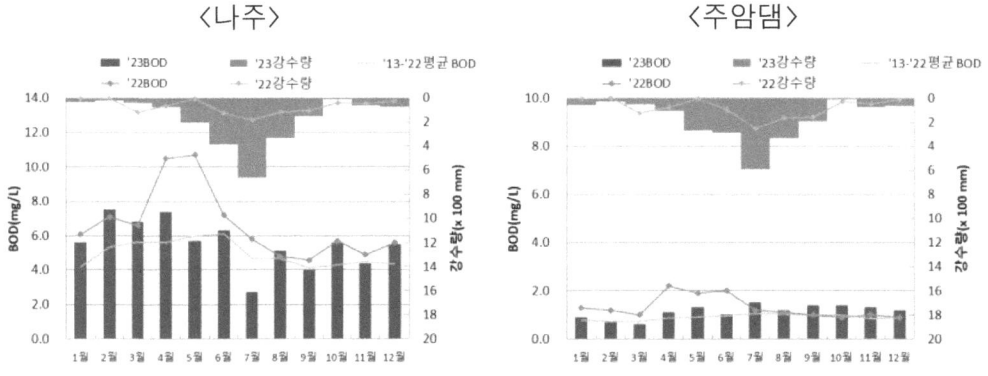

<표 2-8-18> 4대강 유역의 연도별 수질 현황

(본류) (단위 : BOD, ㎎/L)

연도별 지점	'01	'02	'03	'04	'05	'06	'07	'08	'09	'10	'11	'12	'13	'14	'15	'16	'17	'18	'19	'20	'21	'22	'23
한강(팔당)	1.3	1.4	1.3	1.3	1.1	1.2	1.2	1.3	1.3	1.2	1.1	1.1	1.1	1.2	1.3	1.3	1.1	1.2	1.2	1.1	1.1	1.0	1.2
낙동강(물금)	3.0	2.6	2.1	2.6	2.6	2.7	2.6	2.4	2.8	2.4	1.5	2.4	2.3	2.3	2.2	2.0	2.0	2.0	1.9	1.7	1.9	2.1	1.8
금강(대청)	1.0	1.0	1.1	1.0	1.1	1.1	1.0	1.0	1.0	1.0	1.0	1.0	1.0	0.9	0.8	0.9	0.8	0.9	0.9	0.8	0.8	0.7	0.9
영산강(주암)	0.7	0.9	1.2	1.0	0.9	1.1	0.8	0.6	0.8	1.0	1.0	0.8	0.8	0.7	0.9	0.9	0.8	0.9	0.9	0.8	1.0	1.3	1.1

(지천) (단위 : BOD, ㎎/L)

연도별 지점	'01	'02	'03	'04	'05	'06	'07	'08	'09	'10	'11	'12	'13	'14	'15	'16	'17	'18	'19	'20	'21	'22	'23
중랑천6 (중랑천4)	16.0	14.3	14.3	8.9	9.1	13.7	15.7	9.9	10.7	8.8	4.5	5.8	14.1	8.1	7.0	6.7	5.9	5.6	4.2	1.8	2.6	3.3	1.8
금호강8 (금호강6)	5.0	4.1	3.3	3.7	4.0	3.9	3.8	3.6	3.9	3.0	3.3	3.1	3.8	3.6	4.3	3.7	3.8	3.0	3.1	2.3	2.6	2.4	2.2
갑 천6 (갑천5)	8.0	7.1	6.6	6.9	6.0	7.0	6.2	5.9	5.9	4.6	5.0	4.4	4.4	3.0	3.0	2.9	2.6	2.7	3.3	2.2	2.6	2.5	2.7
광주천2	11.1	11.6	7.1	12.1	11.3	14.7	8.9	9.2	8.0	4.8	5.0	4.3	5.1	4.1	3.8	3.5	4.9	4.6	4.5	4.5	4.5	5.5	6.4

나. 물환경 보전대책

(1) 물환경정책의 추진경과

1989년 「맑은물 공급종합대책」을 시초로 「4대강 물관리 종합대책(1998~2005)」과 물환경관리기본계획(2006~2015)에 이르기까지 총 8차례 정부차원의 물관리 종합대책을 수립·추진하였다. 1990년대 초반까지는 주로 대형오염사고 후속조치의 일환으로 물관리 대책이 수립되었다. 유역특성에 대한 분석과 수질예측기법을 활용한 과학적인 대책을 수립한 것은 1998년 '한강대책'과 1999년 '낙동강대책'이 시초이다.

1990년대 후반 들어 시화호 문제, 새만금호 문제, 4대강 식수원 오염문제 등 환경현안은 끊이질 않았고, 수도권 식수원인 팔당호를 비롯하여 4대강의 수질은 개선될 기미를 보이지 않았다. 이에 따라 정부는 1998년부터 2002년까지 5년 동안 지역주민, 시민단체, 전문가 및 자치단체 등과 총 420여회의 각종 토론회 및 공청회 등을 거쳐 우리나라 환경정책사에 큰 획을 긋는 4대강 물관리종합대책을 완성하였다.

4대강 물관리종합대책은 그 간의 수질관리대책에 대한 철저한 자기반성을 통해 상하류 공영(win-win)정신을 바탕으로 수립되었다. 이는 지속가능한 유역공동체 건설을 궁극적인 목표로 하여 오염총량제, 수변구역제도, 물이용부담금제, 상수원지역 지원 및 토지매수제 등 강력하고 선진적인 물관리 정책을 도입하였다.

"4대강 물관리 종합대책" 등은 생태적으로 건강하고 유해물질로부터 안전한 물 환경 조성을 원하는 국민들의 변화된 욕구를 충분히 반영하지 못하고 있는 한계가 있어 이를 보완할 필요성이 제기되어왔다.

이에 따라, 기존 BOD 등 오염물질 관리 위주의 물환경 정책에서 탈피하여 "생태적으로 건강한 하천과 유해물질로부터 안전한 물환경 조성"을 목표로 향후 10년간(2006~2015)의 정책방향을 설정한 "물환경관리 기본계획"을 수립(2006.9)하였다. 동 계획은 정부의 물환경관리 최상위 계획으로서, 구체적으로는 4대강 물관리종합대책의 유역관리정책을 강화 하고 물환경 정책의 범위를 수질 및 수생태계 보호·보전으로 확대하는 내용 등을 담고 있다.

"물환경관리 기본계획" 추진을 통해, 수생태계 중심의 물환경관리체계를 확립하였고, 수생태계 건강성 복원사업을 강화하였다. 또한, 수질오염총량관리제도를 확대하여 유역중심의 수질관리체계를 강화하는 한편, 비점오염원 설치 신고 제도를 도입하고 관계부처 합동 "제3차 비점오염원관리 종합대책('20.12)"을 수립·추진하는 등 비점오염원 관리 방안을 확대하였다. 환경기준 등급을 5등급에서 7등급으로 세분화하고 COD, T-P, TOC 항목을 추가하는 등 위해성 관리를 강화하였으며, 물순환 구조개선을 추진하는 한편, 노후수도관 개량, 물절약 등 물수요 관리의 기반을 마련하였다.

(2) 그간 대책의 주요 추진현황

가) 수질오염총량관리제

오염총량관리제는 과학적 근거를 바탕으로 하천구간별 목표수질을 정하고, 그 목표수질을 달성하기 위한 오염물질의 배출총량을 산정하여 유역에

속한 지방자치단체별로 할당함으로써 각 구간 내에서 배출되는 오염물질의 총량을 허용총량 이내로 관리하는 제도이다.

각종 개발사업의 지속적인 증가로 하천에 유입되는 오염물질 총량이 증가함에 따라, 그간 농도중심의 오염원 관리방식으로는 수질개선에 한계가 있어 오염총량관리제를 도입하게 되었으며, 4대강수계법 제정 등을 통해 제도적인 기반을 구축하고, 2004년 7월 5일 한강수계의 경기도 광주시 등 팔당지역 7개 지자체 임의제 시행을 시작으로 2020년말까지 전국 124개 지자체에서 오염총량관리제를 실시하고 있다.

오염총량관리제의 이행을 위해 매년 단위유역별로 할당된 오염부하량의 초과여부를 평가하고 있으며 최종년도에는 할당된 오염부하량을 초과한 지역에 대해 신규 개발사업 승인·허가 등 제한조치를 하고 있다. 또한, 오염물질 배출량이 많은 시설에 대해서는 오염부하량을 별도로 할당하여 관리하고, 정기적으로 시설을 점검하여 오염부하량을 초과하는 경우에는 오염총량초과과징금을 부과하고 있다.

한강수계의 경우, 당초 경기도 내 7개 지자체를 대상으로 임의제(2004년~2012년, BOD)를 추진하여 오염물질배출량을 당초보다 27.5% 저감하는 등 제도시행 효과를 거두었고, 2013년 6월부터는 서울·인천·경기지역에 대해 의무제(2013년~2020년, BOD·T-P)를 실시하였으며 2021년 1월부터 강원·충북·경북지역으로 확대 시행 중이다.

낙동강, 금강, 영산강·섬진강 수계에서는 2004년 8월부터 순차적으로 의무제를 시행하여 2010년까지 BOD만 대상으로 1단계 오염총량관리제를 시행하였고, 1단계 평가 결과 오염배출량을 시행 전 대비 약 39.6% 저감하였다. 2011년부터 2015년까지 시행된 제2단계 오염총량관리제는 BOD뿐만 아니라 T-P까지 대상물질을 확대하였으며, 2단계 평가 결과 오염배출량은 할당 대비 BOD는 약 25.3%, T-P는 약 30% 저감하였다. 2016년부터 시작된 제3단계 오염총량관리제는 2020년말 완료되었으며, 3단계 평가 결과 오염배출량은 할당 대비 BOD 17.2%, T-P 30.0% 저감하였다. 현재는 4단계 오염총량관리계획(2021~2030)을 수립하여 이행중에 있다.

4대강 수계에 포함되지 않은 기타수계에서도 수질개선이 필요한 하천에 대해서 지자체와 협의를 거쳐 제도를 시행하고 있다. 최초로 진위천수계 8개 지자체(수원시, 화성시, 오산시, 의왕시, 군포시, 평택시, 안성시, 용인시)를 대상으로 2012년부터 오염총량관리제(BOD)를 실시하고 있으며, 삽교호 수계(천안시, 아산시, 당진시)로도 확대 시행하고자 2017년 12월 목표수질을 고시하였고, 2019년 1월부터 오염총량관리제(BOD)를 시행 중에 있다.

아울러, 환경부는 난분해성 유기물질 관리지표인 TOC(총유기탄소)도 오염총량관리제에 따라 관리될 수 있도록, 낙동강의 금호강·남강 유역을 대상으로 TOC 맞춤형 총량제 시범사업을 2023년 10월부터 추진하는 등 2031년 TOC 총량제 도입을 위한 청사진을 마련해 나갈 계획이다.

오염총량관리제가 시행되면서 각종 개발사업으로 인한 발생부하량은 증가하였음에도 불구하고 하천으로 유입되는 배출부하량은 크게 감소하였다. 이는 오염총량관리제의 도입에 따른 적극적인 오염물질 저감기술의 개발과 적용, 오염물질 저감시설 설치 및 방류수질 개선, 친환경 개발 유도 및 장려 등에 의한 결실로 평가할 수 있다.

나) 수변구역제도

하천에 인접한 지역에서 발생되는 오염물질은 자정작용을 거치지 않고 바로 유입되기 때문에 수질을 악화시킬 우려가 크다. 따라서 하천으로부터 주변 일정구간을 수변구역(Riparian Buffer Zone)으로 설정, 음식점, 숙박시설, 목욕탕, 공장, 축사 등의 고농도 수질오염원의 신규입지를 제한[14]하여 집중관리하고 있다. 현재 수변구역으로 지정된 4대강수계의 토지는 총 1,195.5㎢로 한강수계 185.0㎢, 낙동강수계 338.3㎢, 금강수계 372.6㎢, 영산강수계 299.4㎢가 수변구역으로 지정되어 있다.

다) 물이용부담금 및 수계관리기금

상수원 보호를 위해 주민 및 자치단체의 물이용부담금을 재원으로 4대강 수계별로 수계관리기금을 설치하였으며, 수계관리기금은 수계관리위원회가 관리하고 수질개선 및 상수원 보호를 위해 상수원 상류지역 지방자치단체의

---

[14] 다세대주택, 노인복지주택, 노인양로·요양시설, 청소년수련시설, 공장 등 입지제한 시설추가 ('14.7.29 시행)

수질개선사업비 지원, 규제지역 주민지원사업, 수변구역 토지매수 등에 쓰여진다. 물이용부담금은 '사용자부담원칙(The User Pays Principile)'에 따라 공공수역으로부터 취수된 원수의 최종사용자에게 물사용량에 비례하여 부과한다. 물이용부담금의 톤당 부과율은 수계관리위원회에서 2년 주기로 조정·결정한다. 2023년 기준 수계별 물이용부담금은 한강, 낙동강, 금강, 영산강·섬진강수계 공통 톤당 170원이며, 한강수계에서 4,788억원, 낙동강수계에서 2,349억원, 금강수계에서 1,275억원, 영산강·섬진강 수계에서 903억원 등 총 9,315억원 징수되었다.

이러한 물이용부담금을 재원으로 하는 수계관리기금은 1999년 8월 한강수계에서 최초로 설치되었고 2002년 7월 3대강에도 기금이 설치됨으로써 2003년부터 본격적으로 수계관리기금에 의한 수질개선사업과 주민지원사업이 시행되었다. 기금은 수질개선 및 상수원 보호를 위한 상수원 상류지역 지방자치단체의 수질개선사업비, 규제지역 주민지원사업, 수변구역 토지매수 등에 사용한다.

1999년부터 2023년까지 주민지원사업 2조 9,741억 원, 환경기초시설 설치·운영사업 8조 4,858억원, 토지매수 및 수변구역관리사업 3조 7,898억원, 기타수질개선사업 1조 3,597억원, 오염총량관리 3,808억원, 친환경청정사업 3,539억원, 기금운영비 2,973억원 등 총 17조 6,414억원의 수계관리기금이 운용되었다.

라) 토지매수제도

토지매수제도는 수변구역 지정 등 행위제한으로 불이익을 받는 주민들의 재산권 회복과 수질개선을 위해서 수계관리기금을 이용하여 수변구역 등 상수원 수질영향이 큰 지역과 수변생태계 복원에 필요한 지역의 토지나 건축물[15]을 매수하는 제도이다. 매수 토지는 기존 건축물 등 오염원을 없애고 생물서식지, 습지, 식생호안, 수림대 조성 등 하천생태계와 육상생태계를 연결하는 완충지대인 수변녹지(Riparian Buffer Forest)로 복원하여 맑은 물과 건강한 하천생태계를 보전하는데 이용된다.

---

15) 매수 대상은 「한강 등 4대강수계 물관리 및 주민지원 등에 관한 법률」에 따라 상수원보호구역, 수변구역 및 상수원 수질보전을 위해 필요한 지역의 토지와 부착시설

마) 상수원지역 지원제도

상수원관리지역에 대한 지원은 주민지원과 지방자치단체 지원으로 구분된다. 주민지원제도는 상수원관리지역에서 각종 규제로 불이익을 받는 지역주민들의 생활환경을 개선하고 소득수준을 향상시킴으로써 규제에 따른 불이익을 최소화하는 한편 상수원 수질보호에 적극적인 협조와 참여를 유도하기 위해 도입되었다.

주민지원사업은 소득증대사업, 육영사업, 복지증진사업 등 일반지원사업, 공공요금 납부지원 등 직접지원사업으로 구분하되, 수계관리위원회가 토지면적, 행위제한정도, 주민 수 등에 따라 사업비를 배분한다. 지난 10여 년간 실시해온 주민지원사업의 문제점을 개선하기 위하여 직접지원비 배분방식 변경, 특별지원비율 확대, 일반지원사업 광역사업 확대 등 지원방식을 지속적으로 개선 추진 중이다.

한편, 상수원지역 지방자치단체 지원책으로 환경기초시설 설치·운영비 중 일부를 수계관리기금에서 지원하는데, 이는 환경개선특별회계에서 지원하는 하수처리시설, 고도처리시설, 하수관거 등의 시설설치·운영사업 지방비 부담분의 일부를 수계관리기금으로 지원함으로써 자치단체의 재정부담 완화와 환경기초시설의 설치·운영 촉진을 통해 상수원 수질개선을 도모한다. 수계관리기금의 지원정도는 시설 설치비의 경우 지방비 분담분의 10~90%, 시설운영비는 전체 운영비의 30~97%를 수계별로 차등 지원한다.

바) 수계관리위원회

수계관리위원회는 4대강 유역관리를 위한 대표적 의사결정기구로서 다수의 자치단체에 걸치는 유역의 효율적 관리를 위해 수계별로 설치되어 있다. 환경부차관을 위원장으로, 수계별 관계 시·도의 부시장·부지사, 한국수자원공사 사장 등 물관련 기관의 장을 위원으로 구성된 공법인으로서, 물이용부담금의 부과·징수, 기금의 운용·관리, 토지매수, 주민지원사업 계획 등 주요 유역관리정책에 대하여 유역 주민들의 합리적인 의사가 반영되도록 합의·조정하는 역할을 수행한다.

상수원관리를 위한 수계기금 용도와 배분 등 민감한 문제를 「Shared Water, Shared Responsibility」정신을 바탕으로 지속적인 대화와 타협을 통해 "갈등의 강"을 "상생의 강, 화합의 강"으로 변화시키는데 기여하였다.

(3) 물환경관리기본계획

가) 물환경관리 기본계획의 의의

물환경관리 기본계획은 물환경 조성·수생태계 보전을 위한 정부 최상위 계획으로서 10년간의 정책방향을 담은 "물환경정책의 청사진"을 제시하였다. 그간 추진해 온 1차 물환경관리기본계획(2006~2015)의 추진성과 및 물환경 여건 변화를 분석하여 수립한 제2차 물환경관리기본계획(2016~2025)에는 "건강한 물순환 체계 확립", "유역통합관리로 깨끗한 물 확보" 등 5개 전략을 핵심으로 한 주요 정책방향을 담고 있다.

나) 물환경정책의 기본방향

물환경관리 기본계획(2006~2015)에서는 2015년까지 "수생태 복원과 위해성 관리"에 초점을 둔 물환경 정책을 추진하기 위해 상수원 상류의 수변구역 매수토지를 수변생태 벨트로 조성하는 등 "수생태 건강성 복원사업"을 향후 10년간 핵심사업으로 추진하고, 유해물질로부터 안전한 물환경 조성을 위해 생태독성 관리제도(WET: Whole Effluent Toxicity)와 업종별 배출허용기준 설정 체계를 구축하는 것이 주요 과제였다.

2016년부터 추진 중인 "제2차 물환경관리 기본계획(2016~2025)"에서는 "물환경관리 기본계획(2006~2015)"을 확대 발전시키고, 자연과 인간의 상생, 환경과 경제의 선순환, 환경정의 세 가지의 핵심가치를 기반으로 하여 5대 핵심전략과 3대 기반강화전략을 설정하였다.

다) 물환경정책의 주요내용

제2차 물환경관리기본계획의 비전은 "방방곡곡 건강한 물이 있어 모두가 행복한 세상"으로, 그 내용을 살펴보면 다음과 같다.

〈그림 2-8-10〉 제2차 물환경관리기본계획의 체계

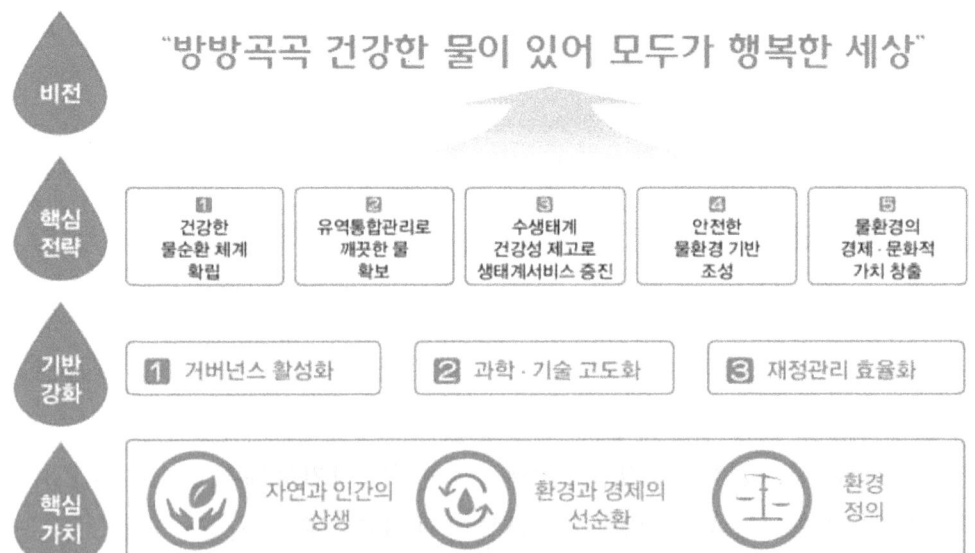

① 건강한 물순환 체계 확립

환경생태유량을 산정하여 이를 하천유지유량에 반영하는 등 수질 및 수생태계를 위한 수량확보를 제도화하고, 갈수기 기저유출에 의한 지표수의 영향을 파악하는 모니터링 체계를 구축하여 지표수·지하수 연계관리를 추진할 계획이다. 또한, 물순환 선도도시를 선정하여 지원하고, '물발자국'이 낮은 제품을 지원하는 등 물 수요 관리에 경제적 유인책을 도입할 예정이며, 이를 위한 관계부처 협업도 강화해나갈 것이다.

② 유역통합관리로 깨끗한 물 확보

제2차 기본계획의 핵심적인 방향성은 기본계획 목표를 달성할 수 있는 수준으로 총량목표를 강화하여 기본계획과 오염총량제를 통합해나가는 것이다. 수질개선의 핵심수단인 오염총량제로 지역 현안물질을 관리하기 위해 지류총량제를 현재 시범 도입 중이다. 환경부는 목표수질을 설정하고 유역(지방)환경청은 목표 달성을 위한 지류·지천 중심 수질개선 대책을 수립하여 통합집중형 투자를 추진하는 방식으로 목표수질을 달성하는 방안을 추진할 계획이다. 이는 유역특성을 반영한 지류·지천 중심 수질관리에 유역(지방)환경청과 지자체의 권한과 책임을 강화하기 위한 것이다.

이와 함께 농·축산업 분야를 중점적으로 관리할 계획이다. 양분관리제(질소, 인 등)를 도입하여 초과발생된 가축분뇨 중 일정량은 공공처리를 확대해나가고, 기업형 농가의 가축분뇨 관리를 단계적으로 강화할 예정이다. 또한, 최적영농기법 적용 시 보조금을 지급하는 교차준수제도를 '21년부터 도입하여 비점오염관리를 위한 경제적 유인책을 적용하고 있으며, 비구조적 비점관리방안(친환경농법, 도로청소 등)도 총량 삭감량으로 인정하는 방식도 검토 중이다. 또한, 농업용호소의 이용목적 변화에 따라 용도별로 목표를 차등화(주민친화형은 Ⅱ등급, 농업용+주민친화형은 Ⅲ등급)하여 주민 물 서비스 향상을 도모하고, 인공하구호(새만금, 화옹호)는 관계부처와 협력하여 수질관리 대책을 추진하는 한편, 하구의 생태환경조사 및 생태복원을 위한 관계부처 협업체계를 마련할 계획이다.

③ 수생태계 건강성 제고로 생태계 서비스 증진

수질 및 수생태계를 위한 수량확보를 제도화하여 환경생태유량을 산정하고 이를 하천유지유량에 반영할 수 있도록 「물환경보전법」을 개정·시행하였다. 전국 수체의 수생태 건강성 평가(5등급)·환류체계를 마련함으로써 수생태계 건강성 훼손이 심각한 지역에 대하여는 복원사업을 추진 할 수 있도록 제도를 마련하였다. 연속성 측면에서는 하천구조물 철거·개선으로 생물 등이 이동할 수 있도록 수생태계 연속성을 조사하고, 관계부처와 협의하여 연속성 확보 조치 추진 또는 협조 요청할 수 있도록 「물환경보전법」을 개정하였으며, 이에 대한 세부적인 조사방법과 절차, 연속성 판단 기준 등을 마련하였다. 멸종위기종 서식처 보호·복원 등 생물다양성 보전 방안도 지속적으로 추진할 계획이다.

④ 안전한 물환경 기반 조성

수질오염물질 외에 위해 우려가 있는 물질을 '우선순위물질'로 지정하여 공공수역 배출현황 등을 관리할 계획이다. 또한, 환경영향을 고려한 배출기준을 설정하고, 각 사업장별 허가 시 배출허용기준을 승인하여 검토하는 등 통합환경관리체계의 사업장별 맞춤형 규제로 전환해나간다. 업종별 오염물질 배출목록 작성, 최적가용기법(BAT) 적용 가이드라인을 마련하는 등 제도적 기반도 구축할 계획이다. 한편, 수질오염사고 감시 및 미량화학물질 모니터링 고도화를 위한 집중측정센터를 설치하여 오염사고에 대한 대응력을 강화해 나갈 예정이다. 영양물질 유입차단 및 적정유속 확보 등 녹조 발생을 사전예방하고 녹조 발생 시 조류제거조치 범위를 하천까지 확대(수질법 개정 중)하고, 실시간 녹조발생상황 공개 및 친수경보제 운영으로 소통을 강화하는 등 통제 가능한 수준으로 녹조를 관리할 계획이다. 이와 함께 기후변화에 대비하여 기후변화 취약성 평가 및 지도 작성, 환경기초시설별 관리 매뉴얼 제작 및 실시간 제어시스템 도입도 추진할 예정이다.

⑤ 물환경의 경제·문화적 가치 창출

물산업 활성화를 위해 부품, 소재 부문 R&D를 강화하여 중견·중소기업의 수출경쟁력을 제고할 수 있도록 하고, 환경기초시설 자산관리제를 시범 도입할 계획이다. 또한, 친수활동(물놀이, 수상레저, 낚시 등) 지역과 관련 시설의 수질 정보를 공개하고, 수질 기준 및 가이드라인을 마련하여 친수활동 안전 및 쾌적함을 확보하기 위한 기반을 구축해 나갈 예정이다. 또한, 물의 생태적·문화적 가치와 지역경제 활성화가 융합된 에코도시 하천을 시범 조성하는 등 물문화 체험 공간을 확대하는 방안도 검토 중이다.

⑥ 기반 및 역량 강화

5대 핵심전략을 추진하기 위한 기반 및 역량을 강화하기 위해 거버넌스 활성화, 과학기술 고도화, 재정관리 효율화의 3대 전략을 추진할 계획이다. 수계관리위원회의 기능을 강화하고, 지역주민의 의사결정과정 참여와 정보공개를 확대해 나감으로써 유역거버넌스를 확립해나간다. 이와 더불어, 하천 목표기준에도 TOC를 적용하여 하천·호소 수질환경기준의 통합 기틀을 마련하고 건강보호항목 확대(20→30개) 및 수생생물보호기준 신규 도입을 추진하는 등 환경기준을 강화하는 한편, 물순환 등 신규 분야 R&D와 정부합동 융합연구를 확대할 계획이다. 성과분석을 체계화하고 투자 우선순위를 재정립하며, 비용부담의 원칙을 확립하여 재정관리 또한 효율화해 나갈 예정이다.

3. 폐기물

가. 폐기물 발생

(1) 폐기물 발생

폐기물의 종류별 발생량 변화추이를 살펴보면 생활계폐기물 발생량은 종량제를 시행하기 전인 1994년에 1.3kg/일·인이었으나, 종량제의 시행으로 감소하여 1997년 이후부터는 0.94kg/일·인~1.05kg/일·인 사이에서 소폭 증감을 반복하고 있다. 2022년 발생량은 1.20kg/일·인으로, 2021년 1.18kg/일·인 대비 약 1.7% 증가하였으며, OECD 국가의 평균 발생량('16년 기준, 1.19kg/일·인)과 유사한 수준을 유지하고 있다. 이는 종량제의 시행, 재활용품 및 음식물류폐기물 분리배출 정책에 기인하는 것으로 보고 있다.

반면, 사업장폐기물은 지속적으로 증가하는 경향을 보이며, 우리나라의 경제성장 정도를 반영하고 있다. 특히 1990년 말부터 2000년 말까지의 건설경기를 반영하여 건설폐기물의 발생량이 크게 증가하였으며, 경제 규모에 대응하여 사업장배출시설계 및 지정폐기물의 발생량도 증가추세를 보였다. 2011년부터는 건설경기의 침체로 건설폐기물의 발생량이 그다지 증가하지 않은 반면, 산업생산의 증가로 인한 사업장배출시설계폐기물의 발생량이 지속적으로 증가하는 경향을 보인다. 지정폐기물 또한 관련 산업의 성장에 따라 지속적으로 증가하고 있는 추세이다.

〈표 2-8-19〉 생활 및 사업장폐기물 발생현황

(단위 : 톤/일)

구 분		2011	2012	2013	2014	2015	2016	2017	2018	2019	2020	2021	2022
생활폐기물		48,934	48,990	48,728	49,915	51,247	53,772	53,490	56,035	57,961	61,597	62,178	63,119
사업장 폐기물	계	334,399	345,506	344,388	351,743	366,967	375,356	376,041	390,067	439,277	472,458	478,602	447,723
	배출 시설계	137,961	146,390	148,443	153,189	155,305	162,129	164,874	167,727	202,619	220,951	232,603	222,086
	지정	10,021	12,487	12,407	13,172	13,402	13,783	14,905	15,389	15,556	15,324	16,381	16,915
	건설	186,417	186,629	183,538	185,382	198,260	199,444	196,262	206,951	221,102	236,183	229,618	208,721

자료출처 : 2022 전국 폐기물 발생 및 처리현황(2023, 환경부)

(2) 폐기물 처리현황

2022년 기준으로 생활 및 사업장을 포함하는 전체 폐기물의 5.3%가 매립, 5.0%가 소각, 86.9%가 재활용, 2.8%가 기타의 방법으로 처리되었다. 재활용 비율은 증가하는 추세인 반면 소각과 매립은 감소하는 추세이다.

생활폐기물 매립처리 비율은 지속적으로 낮아지다 2021년에는 2020년 대비 1.1% 증가하였으며, 소각처리 비율은 증감을 반복하면서 감소하는 추세로 2021년에는 24.9%를 소각처리하였으며, 56.7%를 재활용하였다. 그간 쓰레기종량제 실시, 재활용정책 및 폐자원에너지화 등 정책에 힘입어 폐기물 처리구조가 단순 매립 위주에서 폐자원을 선순환시키는 자원순환형으로 전환되고 있다.

〈표 2-8-20〉 생활폐기물 처리방법의 연도별 변화추이

(단위 : 톤/일)

구 분	2011	2012	2013	2014	2015	2016	2017	2018	2019	2020	2021	2022
계	48,934	48,990	48,728	49,915	51,247	53,772	53,490	56,035	57,961	61,597	62,178	63,119
매 립	8,391	7,778	7,613	7,813	7,719	7,909	7,240	7,525	7,336	7,247	7,995	6,456
소 각	11,604	12,261	12,331	12,648	13,176	13,610	13,318	13,763	14,919	15,721	15,453	15,151
재활용	28,939	28,951	28,784	29,454	30,352	32,253	32,932	34,747	34,613	36,663	35,247	37,771
기타*	-	-	-	-	-	-	-	-	1,093	1,966	3,483	3,742

자료출처 : 2022 전국 폐기물 발생 및 처리현황(2023, 환경부)

사업장폐기물의 매립처리는 2016년 이후 감소 추세에 있으며, 재활용은 증가 추세를 보이고 있다. 2022년 사업장폐기물의 종류별 처리현황을 보면 건설폐기물의 99.7%가 재활용, 0.2%가 소각, 0.1%가 매립되었으며, 사업장배출시설계폐기물은 재활용 84.1%, 매립 7.4%, 소각 4.0%, 기타 4.4%, 지정폐기물은 재활용 65.0%, 소각 13.1%, 매립 15.4%, 기타(보관) 6.5%로 처리되었다.

〈표 2-8-21〉 사업장배출시설계 폐기물 처리현황

(단위 : 톤/일)

구 분	'17	%	'18	%	'19	%	'20	%	'21	%	'22	%
계	164,874	100	167,727	100	202,619	100	220,951	100	232,603	100	222,086	100
매 립	22,092	13.4	21,060	12.6	18,576	9.2	15,458	7.0	16,891	7.3	16,516	7.4
소 각	9,859	6.0	9,715	5.8	8,183	4.0	9,510	4.3	8,788	3.8	8,981	4.0
재활용	132,875	80.6	136,910	81.6	167,299	82.6	186,359	84.3	196,337	84.4	186,717	84.1
기 타*	48	0	42	0	8,561	4.2	9,624	4.4	10,587	4.5	9,872	4.4

자료출처 : 2022 전국 폐기물 발생 및 처리현황(2023, 환경부)

〈표 2-8-22〉 건설폐기물 처리현황

(단위 : 톤/일)

구 분	'17	%	'18	%	'19	%	'20	%	'21	%	'22	%
계	196,262	100	206,951	100	221,102	100	236,183	100	229,618	100	208,721	100
매 립	2,937	1.5	2,948	1.4	1,767	0.8	1,986	0.8	1,349	0.6	293	0.1
소 각	861	0.4	654	0.3	621	0.3	418	0.2	372	0.2	400	0.2
재활용	192,464	98.1	203,349	98.3	218,714	98.9	233,779	99.0	227,897	99.2	208,028	99.7

자료출처 : 2022 전국 폐기물 발생 및 처리현황(2023, 환경부)

〈표 2-8-23〉 지정폐기물 처리현황

(단위 : 톤/일)

구 분	'17	%	'18	%	'19	%	'20	%	'21	%	'22	%
합 계	14,905	100	15,389	100	15,556	100	15,324	100	16,381	100	16,915	100
매 립	3,255	21.8	3,115	20.2	2,835	18.2	2,692	17.6	2,416	14.7	2,602	15.4
소 각	2,252	15.1	2,272	14.8	2,261	14.5	2,077	13.6	2,206	13.5	2,222	13.1
재활용	8,379	56.2	9,231	60.0	9,719	62.5	9,766	63.7	10,694	65.3	10,996	65.0
기 타*	1,019	6.9	771	5.0	741	4.8	789	5.1	1,065	6.5	1,095	6.5

자료출처 : 2022 전국 폐기물 발생 및 처리현황(2023, 환경부)

나. 폐기물관리대책

폐기물관리정책은 1986년 이전에는 「오물청소법」과 「환경보전법」에서 생활폐기물과 사업폐기물로 이원화 관리되었으나, 1986년에 「폐기물관리법」 제정으로 관리체계가 일원화되고, 다양한 정책 및 제도가 실시되었다. 1986년부터 1992년까지 「폐기물관리법」에서 발생억제, 예치금제도, 광역관리, 사후관리개념이 적용되었다.

1992년부터 「자원의 절약과 재활용촉진에 관한 법률」(이하 "자원재활용법")이 발효되면서 포장재 발생억제, 1회용품규제, 폐기물예치금 및 폐기물부담금 제도, 재활용산업 육성 등의 재활용에 관한 제도 및 정책이 시행되었다. 2003년부터는 예치금제도가 생산자책임 재활용제도로 전환되고, 「건설폐기물의 재활용촉진에 관한 법률」이 새롭게 제정되면서 건설폐기물의 재활용 및 재활용제품의 수요기반을 마련하였다. 이러한 정책과 함께 종량제('95), 음식물쓰레기 직매립금지('05)제도 등이 실시되면서 폐기물의 발생억제를 통한 감량화와 자원화를 도입하였다.

1995년에는 「폐기물처리시설 설치촉진 및 주변 지역 지원 등에 관한 법률」이 제정되어 소각시설 등의 설치에 따른 님비현상을 사전에 예방하고, 주변영향지역 주민 지원사업을 추진하는 등 사회적 갈등을 해소하고 조정하는 역할을 하였다. 2000년 중반부터는 전기전자제품, 자동차 등에 대한 유해물질, 재활용 등이 사회 문제로 제기되면서 「전기·전자제품 및 자동차의 자원순환에 관한 법률」이 제정('07)되어 환경성보장제도가 실시되었다.

또한 2000년 말부터는 자원 및 에너지의 가격급등, 지구온난화 등으로 온실가스감축이 요구되었으며, 특히 폐기물로부터 자원 및 에너지의 회수 필요성이 제기되었다.

이에, 2008년 폐자원 및 바이오매스 에너지대책을 수립하여 지역별 폐자원 에너지타운 조성사업을 추진하고 있으며, 2009년에는 폐금속자원 재활용대책을 수립하여 폐금속자원에 대한 재활용 정책을 강화하였다. 2012년에 하수슬러지 및 가축분뇨, 2013년에 음폐수 등의 해양배출이

금지되면서 육상처리와 동시에 자원화를 실시, 하수슬러지는 건조하여 화력발전소의 에너지원으로 사용하고, 음폐수 등은 바이오가스화에 의한 에너지화 등이 진행되고 있다.

경제성장에 따라 자원소비 및 폐기물 발생은 지속적으로 증가하여 폐기물 처리 중심의 정책만으로는 한계가 있었다. 2018년에 자원의 효율적 이용과 발생된 폐기물의 순환이용을 촉진하는 자원순환정책을 추진하기 위해 「자원순환기본법」이 시행되어 폐기물처분부담금, 자원순환 성과관리, 순환자원 인정, 제품 등의 유해성 및 순환이용성평가 제도 등이 도입되었다.

이와 함께, 플라스틱 폐기물, 불법폐기물 등 사회적 현안에 대해서는 관계부처 합동으로 종합계획을 수립·시행하였다. 2018년 5월에는 수도권 폐비닐 수거중단 사태를 계기로 플라스틱 폐기물의 감량과 재활용 촉진을 위한 전 과정 개선 대책으로 '재활용 폐기물 관리 종합대책'을 수립·시행하였다.

또한, 2019년 2월에는 불법·방치폐기물 등을 신속하게 처리하고 재발을 방지하기 위해 '불법폐기물 관리 강화대책'을 수립하였다. 동 대책에는 전수조사를 통해 확인된 전국 120만톤의 불법폐기물을 최대한 조속히 처리하여 주민 불편과 환경피해를 최소화하고, 국가의 권역별 공공 처리 시설 등 사회 안전망을 확보하는 한편, 불법행위 근절을 위한 폐기물관리법 개정 등 다양한 제도 개선 사항이 포함되었다.

2020년 9월에는 폐기물의 발생부터 처리까지 자원순환 전 과정 패러다임 개선을 위한 '자원순환 대전환' 계획을 수립하였으며, 폐기물 수거 중단 등 국민 불편 없는 안정적인 자원순환 체계로의 전환을 추진한다. 한편, 코로나19 이후 늘어난 플라스틱 폐기물 문제 해결을 위해 2020년 12월 '생활폐기물 탈플라스틱 대책'을 수립하여, 폐기물 발생의 원천적인 감량과 발생한 폐플라스틱의 재활용 확대를 위한 제도개선을 추진 중에 있다.

2021년 12월에는 2050 탄소중립을 위한 한국형(K)-순환경제 이행계획을 수립하여 생산·유통·소비·재활용 전 과정에 자원의 효율적 이용, 폐기물 감량과 순환성 강화를 통해 순환경제사회로의 전환을 위한 방향성을 제시하였으며,

관련 제도 개선 및 「순환경제사회 전환 촉진법」 등을 추진하여 기반 마련을 위한 노력을 지속하고 있다.

2022년 10월에는 코로나 시대를 극복하고, 탈플라스틱 기반을 구축하기 위한 '전주기 탈플라스틱 대책'을 관계부처 합동으로 마련하여 2024년 이후 본격화될 Post-플라스틱 시대를 준비하는 로드맵을 수립하였다. 또한, 사업장폐기물의 배출·운반·처리 전 과정의 현장정보(계량값, 위치정보, 영상정보 등)를 모니터링할 수 있는 지능형 폐기물 안전처리 관리체계를 구축하여 '폐기물처리 현장정보 전송제도'를 도입하였으며, 2022년 10월에는 건설폐기물을, 2023년 10월에는 지정폐기물(의료폐기물 제외)을 대상으로 시행되었다. 폐기물처리 현장정보는 한국환경공단이 운영하는 폐기물처리 현장정보 관리시스템으로 자동 전송되며, 데이터 분석모델을 통해 폐기물 운반 경로 이상, 불법투기 등 의심행위를 선별하는 데 활용된다.

2022년 12월에는 「자원순환기본법」을 전면 개정한 「순환경제사회 전환 촉진법」이 제정되어 생산-소비-유통-재활용 전 주기의 순환체계 구축을 위한 제도적 기반을 마련했다. 이를 통해 생산부터 재사용·재활용까지 이어지는 전 주기적인 순환이용을 도모하고, 사용된 자원의 지속적 활용으로 자원 고갈을 막는 순환경제로의 전환을 위한 일련의 정책을 탄력적으로 추진할 계획이다. 예를 들어, 생산 단계의 순환원료 사용 촉진, 제품 단계의 순환이용성 제고, 유통 단계의 포장재 재사용, 소비 단계의 수리권 보장 등 단계별 순환경제 이행 제도를 추진하고, 순환경제 분야의 신기술과 시장 창출을 도모하기 위해 순환경제 분야 규제 특례(샌드박스) 제도 등을 새로이 신설하여 운영한다.

(1) 생활쓰레기 관리대책

폐기물이 발생되면 보관·수집·운반·중간처리·최종처리의 단계를 거치게 되는데, 이러한 생활쓰레기의 처리책임은 시장·군수·구청장에게 있다. 시장·군수·구청장은 관할 구역 내에서 발생되는 폐기물을 직접 처리하거나 전문처리업체로 하여금 대행처리토록 하여야 하며, 이에 소요되는 비용을 시·군·구의 조례가 정하는 바에 따라 징수할 수 있다. 1995년 1월부터 시·군·구가 징수하는 폐기물처리수수료를 폐기물배출량에 따라 차등 부과하는 종량제를 시행함으로써 주민 스스로 폐기물배출량을 줄이고 재활용품 분리배출을 촉진하도록 하고 있다.

아울러 폐기물의 발생억제 및 자원화를 촉진하기 위하여 쓰레기분리수거제도의 추진을 1차적으로 지방자치단체에서 담당하도록 하고, 민간에서 처리를 기피하는 영농폐기물(폐비닐·폐농약용기류)에 대해서는 한국환경공단이 수거하여 재활용처리토록 수거·처리체계를 개선하고, 시·군·구의 재활용품 집하선별시설과 한국환경공단의 재활용처리시설 및 비축시설 등을 확충해 나가도록 하고 있다.

한편, 폐기물을 매립하는 대신 최대한 순환이용 할 수 있는 여건을 마련하기 위해, 생활폐기물 직매립 금지 조치가 시행된다. 산간·오지·도서 지역에서 발생한 폐기물 등을 제외하고는, 소각이나 재활용 과정을 거친 후 발생한 협잡물(挾雜物) 또는 불연성 잔재물만을 매립할 수 있게 한 것이다. 이와 같은 내용을 담은 폐기물관리법 시행규칙 개정안이 2022년 1월 공포되었으며, 서울 등 수도권 지역은 2026년부터, 그 외 지역은 2030년부터 개정규정의 적용을 받게 된다.

(2) 사업장폐기물 관리대책

사업장에서 발생되는 폐기물은 사업자가 스스로 처리하거나 전문처리업체에 위탁하여 처리해야 한다. 인체 및 환경에 대한 유해성이 큰 지정폐기물의 수집·운반·처리 과정은 국가에서 직접 관리하고 있으며, 그 밖의 사업장일반폐기물은 지방자치단체에서 관리하여 왔다.

그리고 1991년 3월 「폐기물관리법」을 개정하여 인체 및 환경에 유해성이 큰 폐기물 이외에 대해서는 그 발생량 신고, 처리 등을 지방자치단체의 장이 받아 관리토록 개선함으로써 지방화시대에 맞는 폐기물 행정서비스를 향상시키고, 지역 내 폐기물 문제에 대한 지역주민들의 자아의식을 높여 나가며, 지방자치단체의 장으로 하여금 그 관할구역 내의 산업시설에서 발생하는 폐기물에 대하여도 관심을 갖도록 하였다.

지정폐기물은 부식성·감염성·용출독성의 특성을 가짐으로써 방치할 경우 인체 및 환경에 직접적인 악영향을 주는 폐기물로서, 폐산·폐알카리·폐유·폐유기용제와 중금속 등 유해물질을 함유한 광재·분진 등이 지정되어 있다.

제품생산 공정 등 발생원에서부터의 폐기물 발생 원천억제 및 재활용 확대를 통하여 폐기물 발생과 최종 처분량 등을 줄이기 위한 사업장 스스로 자발적인 폐기물 감량노력을 유도하고, 사업자의 폐기물 감량화 실적 분석·평가와 기술진단·지도 등을 통해 이를 지원하는 사업장폐기물 성과관리 제도를 운영하고 있다. 또한, 처리시설의 확충 및 관리강화를 위하여 폐기물을 다량으로 배출하는 일정규모 이상의 신규 산업단지 또는 공장을 조성하거나 설립하는 경우에는 자체처리장을 확보하도록 하고 있다.

이와 아울러 폐기물배출사업자 등이 보다 용이하게 처리시설을 설치할 수 있도록 입지제한 규정을 합리화하고, 적정규모의 처리시설의 설치유도 및 설치절차 간소화, 설치비용 융자확대 등 지원방안을 강구해오고 있으며, 처리시설의 설치 및 관리기준도 현실에 맞게 개정하여 설치·운영과정에서 환경피해가 발생하지 않도록 하며, 매립시설은 사용종료 후에도 지속적으로 관리하도록 사후관리이행 보증금 등을 활용하여 환경오염을 적극 방지해 나가고 있다.

한편, 사업장폐기물의 배출에서부터 처리까지의 폐기물의 인계·인수 등 전 과정을 전자로 관리할 수 있는 전자정보처리프로그램(올바로시스템)을 구축·운영하고, 불법행위를 예방하기 위해 폐기물 처리 시 그 내용을 증빙하는 자료로써 폐기물처리 현장정보(계량값, 위치정보, 영상정보) 전송의무화 제도를 마련하여 2022년 10월부터 건설폐기물을 시작으로 순차적으로 적용할 예정이다.

또한, 유해폐기물을 취급하는 과정에서 화재, 폭발 및 유독가스 발생 등의 사고가 빈번하게 발생함에 따라 폐기물의 안전한 처리를 위하여 2018년 4월부터 지정폐기물 등 유해 폐기물 배출자가 해당 폐기물의 유해성 정보자료를 작성, 폐기물 처리자에게 그 정보를 제공·공유하도록 하고 있다.

제4절 해양환경관리

1. 해양환경관리 인프라 구축

가. 해역별 해수수질 현황

해양수산부는 1997년부터 환경부의 해양오염측정망과 수산청의 어장환경오염조사를 통합하여 해양환경측정망을 구성·운영하고 있다. 해양환경측정망의 조사 매질에는 해수, 해양생물 및 해저퇴적물 등이 포함되며, 2004년도부터 항만, 연근해, 환경관리해역 환경측정망으로 세분화하였으며, 2006년에는 하구역 환경측정망을 추가하였다. 또한 2017년부터 전국 연안 및 영해의 해양환경 관리구역(관리해역 및 관리유역)을 설정하고, 관리해역의 환경기준 및 해역별 관리목표(안)을 제시하기 위해 측정망을 재세분화(항만환경측정망, 하천영향 및 반폐쇄성해역환경측정망, 연안해역환경측정망)하여 운영하고, 기존 66개 해역을 31개 해역으로 구분하였다(해양수산부고시 제2019-37호).

해양수산부는 2013년부터는 연근해에서 총 425개 정점에 대해 해양환경측정망을 운영하고 있으며, 조사결과는 해양환경정보포털(www.meis.go.kr)을 통해 공개하고 있으며, 매년 차기년도에 한국해양환경 조사연보를 발간하고 있다.

해양 수질은 표층 용존무기질소, 용존무기인, 클로로필 a 농도, 투명도, 저층산소포화도 항목을 이용하여 수질평가지수(WQI, Water Quality Index)로 환산 후, 수질을 Ⅰ~Ⅴ등급으로 평가한다(해양수산부 고시 제2018-10호). 최근 5년간(2019~2023년) 수질은 Ⅰ, Ⅱ등급 비율이 76% 이상이었고, Ⅳ, Ⅴ등급은 약 2~5% 범위였다. 2020년에 수질 Ⅰ, Ⅱ등급의 비율이 76%로 가장 낮았으며, Ⅳ, Ⅴ등급은 4.5%로 높았다(표 2-8-24). 이는 대한해협생태구(진해만 및 섬진강하구 등)의 높은 클로로필 a 농도, 낮은 투명도 및 저층산소포화도, 서해중부생태구(금강 및 한강하구)의 높은 용존무기질소(DIN), 용존무기인(DIP) 및 클로로필 a 농도, 낮은 투명도 수치가 수질 평가에 영향을 미친 것으로 판단된다. 특히, 2020년 8월에는 50여 일의 기록적 장마로 인해 강수량이 전년대비 약 4배 증가(141→402mm)하여 육상기인 오염부하량이 증가하여 해양수질에 직·간접적인 영향을 미친 것으로 추측된다.

⟨표 2-8-24⟩ 해역별 수질등급

구 분	평가결과					
	Ⅰ등급	Ⅱ등급	Ⅲ등급	Ⅳ등급	Ⅴ등급	소계
2023년	201	143	66	12	3	425
2022년	183	162	68	10	2	425
2021년	214	136	57	16	2	425
2020년	162	160	84	17	2	425
2019년	222	124	63	12	4	425

자료 : 해양수산부 해양환경정책과

나. 해양환경기준 개선 및 정도관리

(1) 해양환경기준 설정

해양수산부는 66개 해역으로 구분하여 관리하고 있는 기존의 해역을 각 해역의 지리적·환경적 특성을 고려하여 총 31개 해역으로 재구분하고 해역별 목표수질 성격의 해역별 해양환경기준을 반영하여 「해양환경기준」(해양수산부 고시 제2018-10호, 2018.1.23.)을 개정·고시하였다. 개정된 기준에서는 담수 영향, 지형적 특성(반폐쇄성 해역), 조석 및 해수유동 특성 등을 고려하여 담수영향해역 14개소, 반폐쇄성 해역 7개소, 일반해역 10개소 등 전체 해역을 총 31개 해역으로 재분류하여 해역별 특성을 고려한 해양환경개선 조치를 시행하도록 하였다. 또한 해역별로 2026년까지 달성해야 할 목표수질 성격의 해역별 환경기준을 설정하는 등 해역의 특성을 고려한 해양환경정책을 시행하기 위한 기반을 확립하였다.

〈표 2-8-25〉 해역별 수질기준

목표등급 (WQI)	적용해역	
	구 분	대 상 해 역
Ⅰ등급 (16개소)	담수영향해역 (3개소)	①섬진강하구해역, ②낙동강하구해역, ③태화강하구해역
	반폐쇄성해역 (4개소)	①함평만, ②도암만, ③득량만, ④가막만
	일반해역 (9개소)	①서해중부 외해역, ②서남해 연안해역, ③서남해 외해역, ④제주 연안해역, ⑤제주 외해역, ⑥대한해협 연안해역, ⑦대한해협 외해역, ⑧동해연안해역, ⑨동해 외해역
Ⅱ등급 (15개소)	담수영향해역 (10개소)	①경기만(한강하구해역), ②천수만, ③금강하구해역, ④영산강하구해역, ⑤여자만, ⑥영덕오십천하구해역, ⑦왕피천하구해역, ⑧삼척오십천하구해역, ⑨강릉남대천하구해역, ⑩양양남대천하구해역
	반폐쇄성해역 (4개소)	①가로림만, ②진주만, ③진해만, ④영일만
	일반해역 (1개소)	①서해중부 연안해역

자료 : 해양수산부 해양환경정책과

(2) 해양환경자료의 품질보정 및 관리(QA/QC, 정도관리)

체계적·종합적 해양환경 기준 설정과 이를 통한 과학적·장기적 해양환경 정책 수립을 위해서는 현 해양환경 및 문제점을 과학적으로 진단할 수 있는 자료 확보가 매우 중요하다. 이에 따라 해양환경 자료의 조사·분석방법을 표준화하고, 분석자료의 품질향상과 관리(QA/QC, Quality Assurance/Quality Control)를 위해 품질관리 인증제도(이하 '정도관리'라 함)를 도입하여 추진하고 있다. 정도관리 제도는 측정·분석능력을 평가하는 숙련도 시험과 숙련도 시험에 합격한 기관에 대한 현장평가로 이루어진다. 품질관리 인증제도와 관련된 모든 절차는 해양환경정보포털(www.meis.go.kr)로 운영되고 있다.

해양환경분야 정도관리제도는 2010년 해수수질 5개 항목으로 시작하여 2016년까지 해수수질 8개 항목과 해저퇴적물 13개 항목으로 지속적인 확대가 이루어졌으며, 2017년부터 해수 미량금속 11개 항목을 확대하여 정도관리제도를 시행하였다.

2023년까지 측정분석능력 인증 신청 건수는 총 334건(누적기준)에 이르며, 이 중 240건의 인증서가 발급되었고 현재까지 유효한 인증서는 47건이다.

〈그림 2-8-11〉 측정·분석능력 인증제도 시행절차

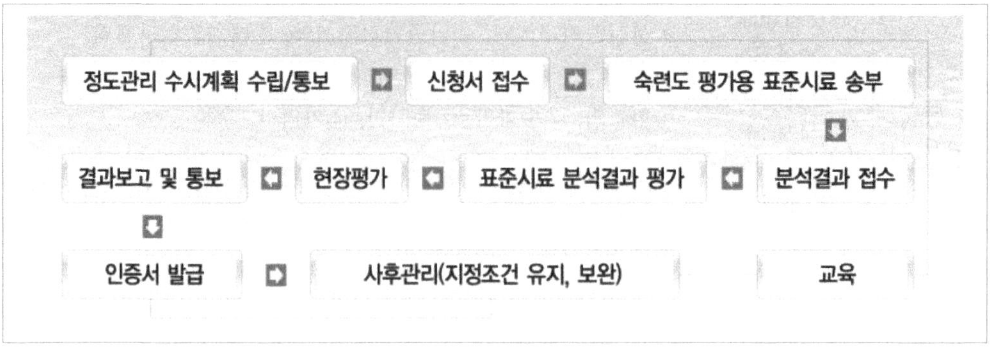

정도관리 수시계획 수립/통보 ▷ 신청서 접수 ▷ 숙련도 평가용 표준시료 송부 ▽
결과보고 및 통보 ◁ 현장평가 ◁ 표준시료 분석결과 평가 ◁ 분석결과 접수
▽
인증서 발급 ▷ 사후관리(지정조건 유지, 보완)   교육

다. 환경관리해역 지정·관리

해양수산부에서는 『해양환경관리법』에 따라 전국 연안해역 중 오염상태가 심각한 5개 해역(시화호-인천연안, 광양만, 마산만, 부산연안, 울산연안)을 '특별관리해역'으로, 환경상태가 양호하고 보전가치가 높은 4개 해역(함평만, 완도-도암만, 득량만, 가막만)을 '환경보전해역'으로 지정·관리하는 것을 골자로 한 환경관리해역 제도를 운용하고 있다.

환경관리해역제도는 오염원의 집중관리가 요구되는 특별관리해역에 대해서는 육상기인 오염물질을 실질적으로 관리할 수 있도록 해면부와 육지부를 통합한 환경관리단위로 유역통합관리체제를 구축하고 연안지역 개발사업 추진 시 해양환경 수용력을 고려하여 사업시행이 이루어질 수 있도록 사전환경성 평가를 실질적으로 시행할 수 있는 근거를 제공하였다.

환경관리해역제도의 실효성을 확보하기 위해 2000년 '환경관리해역 관리기본계획'을 수립하였고, 이에 따라 해역별 관리기본계획을 수립·시행하고 있다.

이 기본계획은 환경관리해역의 관리목표를 "지속가능한 해양수산기반 조성, 해양친화적 수변공간 창조"로 설정하고, 관리목표 달성을 위해 '지속가능성의 원칙, 생태계 중심관리의 원칙, 사전예방적 관리의 원칙, 통합관리의 원칙, 의견수렴 및 동반자적 협력관리의 원칙' 등을 5대 기본 원칙으로 제시하고 있다.

환경관리해역제도의 합리적 운용과 제도의 정책실효성 제고를 위해 시화호 연안에 대해서 2001년 8월 해양환경관리기본계획을 수립한 것을 시작으로 마산만(2004년), 광양만 및 완도-도암만(2005년), 가막만(2006년), 득량만(2007년)에 대한 관리기본계획을 수립하였으며, 2008년도에는 울산연안을, 2009년에는 부산연안 특별관리해역 관리기본계획을 수립하였다.

관리계획 수립과정에서 지방자치단체를 포함하여 지역사회 구성원 등 다양한 이해당사자가 시행계획 수립에 참여하도록 함으로써 '협력과 참여의 환경관리 행정'을 구현하기 위한 토대를 마련하였다.

또한, 2011년 해양환경관리법 개정으로 5년마다 환경관리해역 관리기본계획 및 해역별 관리계획을 수립할 수 있는 법적근거를 마련함으로써 환경관리해역 환경관리 강화를 위한 기반을 구축하였으며, 2013년에 제2차 환경관리해역 기본계획을, 2014년에는 해역별 관리계획을 수립하였고, 매년 해역별 관리계획의 전년도 추진실적 및 이행실태를 평가·관리하였다.

한편, 환경관리해역 기본계획 및 해역별 관리계획의 실행력 강화를 위하여 「환경관리해역 기본계획 및 해역별 관리계획 이행실태의 평가 및 관리에 관한 규정(해양수산부고시 제2016-25호, 2016.2.15.)」을 제정하였으며, 이에 따라, 이행실태 평가는 해역별 관리계획에서 제시한 목표와 추진과제에 대한 해당연도 이행사항을 매년 평가하는 '연차별 이행평가'와 환경관리해역 기본계획에서 제시한 목표와 추진과제의 최종 이행사항을 평가하는 '종합 이행평가'로 실시하고 있다.

2024년에는 제4차 환경관리해역 기본계획과 이에 따른 해역별 관리계획 수립하였으며, 환경관리해역의 지속적인 관리를 통하여 해양환경의 개선 및 보전에 기여할 계획이다.

라. 연안오염총량관리제

유엔환경계획(United Nations Environment Programme, UNEP)의 해양환경보호를 위한 전문가 그룹(Group for Experts on the Scientific Aspects of Marine Pollution, GESAMP)의 보고서에서는 해양환경에 영향을 미치는 오염물질을 발생지별로 분류하였으며, 육상기인 오염물질이 해양오염 원인물질의 약 77%에 달한다고 보고하였다.

이에 따라, 해양수산부는 해양환경기준의 유지가 곤란한 해역 또는 해양환경 및 생태계의 보전에 현저한 장애가 있는 해역을 2000년부터 특별관리해역으로 지정하여 관리하고 있으며, 특별관리해역에 포함된 해역은 부산 연안, 울산 연안, 광양만, 마산만, 시화호·인천 연안 등 총 5개 해역이다. 한편, 우리부는 특별관리해역의 수질개선을 위해 연안오염총량관리제를 도입·시행하기 위한 법적근거(해양환경관리법 시행령 제12조)를 마련하였으며, 2008년 마산만 특별관리해역에 처음 도입하여 2013년 시화호, 2015년 부산 수영만, 2018년 울산연안으로 연안오염총량관리제를 확대하여 시행중에 있다.

연안오염총량관리제는 해역의 환경관리 목표기준을 설정하고, 목표기준의 유지·달성을 위해 해역으로 유입되는 오염물질의 허용부하량을 산정하여 유역에서 배출하는 오염물질의 총량을 허용부하량 이내에서 관리하는 제도이다. 우리부는 2008년 2월 마산만 연안오염총량관리 제1차 기본계획을 수립하였으며, 해당 지자체(창원시, 마산시, 진해시)들은 기본계획상의 삭감부하량에 따른 시행계획을 수립하여 경상남도에서 2008년 10월 해당 지자체별 시행계획을 승인하였다. 이에 따라 국내 최초의 지역협력형 사업인 연안오염총량관리제도를 마산만에 시범적으로 도입하였고, 매년 시행계획에 대한 전년도 이행평가를 실시하였다. 그 결과 제도 시행 이후 마산만의 수질은 지속적으로 개선되고 있는 것으로 확인되었으며, 1단계 시행 종합평가 결과 목표수질을 초과 달성(1.85mg/L)한 것으로 나타났다. 특히 환경부 지정 멸종위기 동식물 2급으로 알려진 붉은발 말똥게가 출현한 것 외에도 우럭조개, 바지락 등이 대량서식하고 있음이 추가로 확인되었다.

마산만 연안오염총량관리제의 성공을 바탕으로 대상지역을 확대해 나가고 있다. 시화호는 2012년도에 연안오염총량관리 기본계획을 수립하고, 2013년도에 관리계획을 수립하여 동 제도를 도입·시행하였으며, 부산연안은 수질 개선이 시급한 수영만을 대상으로 2015년부터 연안오염총량관리제도 도입·시행하고 있다. 2016년에는 연안오염총량관리제도의 운영 효율화를 위하여 해역별로 유사한 내용의 관련 지침·규정을 통일·일원화하여 「관리해역 연안오염총량관리 기본방침」(해양수산부훈령 제355호)을 제정하였다. 또한, 2018년에는 울산연안에 중금속 항목에 대해 국내 최초로 연안오염총량관리제를 도입하는 성과를 거뒀다.

마. 해역이용협의 및 평가

최초의 해역이용협의 제도는 특별관리해역에서의 행위제한 규제를 위하여 「해양오염방지법」에서 운용되어 오다가 2008년 「해양오염방지법」이 「해양환경관리법」으로 전면 개정되면서 공유수면 등 해양에서 이뤄지는 개발 및 이용행위의 해역이용적정성과 해양환경영향을 사전에 검토하는 제도로 변천되었다.

개발 및 이용행위의 규모가 일정 수준 이상이거나 사업시행으로 인한 해양환경영향이 많을 것으로 예상되는 일부 사업의 경우에는 해역이용협의보다 강화된 개념의 해역이용영향평가를 받도록 하여 해양과 관련된 개발행위로 인하여 해양환경이 훼손, 오염되는 것을 사전에 예방할 수 있도록 하는 등 해양부문의 특성화된 평가체계를 마련하였다.

이와 함께 해역이용협의 또는 해역이용영향평가 당시에는 예측하지 못한 영향이 사업의 착공 이후에 발생할 경우에 대비하여 해양환경영향조사 결과 해양환경에 피해가 발생하는 것으로 인정되는 경우에는, 필요한 조치를 할 수 있도록 하여 해역이용협의 등의 사후관리도 강화하였다.

또한, 사업자가 제출한 해역이용협의서와 해역이용영향평가서를 전문적으로 검토하기 위한 전문검토기관(해역이용영향평가센터)을 설치하여 해역이용협의서와 해역이용영향평가서의 과학적 검토가 가능하도록 하여 협의의견의 신뢰성을 높이고 제도의 실효성을 확보할 수 있도록 하였다.

한편, 해양수산부에서는 동 제도가 개발행위에 대한 해양환경보전의 중요한 견제수단으로써 효율적으로 기능할 수 있도록 여러 연구사업의 추진과 교육·홍보 실시 등의 노력을 기울이고 있다.

다양한 해역이용행위별 특성을 고려한 평가항목과 검토기준 등을 개발하기 위하여 "해역이용행위 유형별 평가기준 개발 연구('08~'10)" 및 해양환경영향 예측의 신뢰성을 확보하기 위한 R&D 사업('08~'13)을 실시하였고, 협의대상 사업의 체계적인 관리와 관련 정보의 이해관계자 제공 등을 위한 정보화 사업을 '10년부터 추진 중에 있다.

특히, 점차 다양화·대형화하는 해양 이용 및 개발에 따라 과학적 근거를 기반으로 해역이용의 적정성을 진단하고 평가하는 기술 개발을 위해 해역별·

유형별 진단·평가기술개발, 예측기술개발, 평가기준개발 및 통합 DB시스템 구축을 주요 골자로 2021년부터 2025년까지 "과학기술기반 해양환경영향평가 기술개발"의 국가 R&D사업을 추진하고 있다. 이번 연구개발을 통해 해역이용협의 제도의 진단·평가·예측 기술을 고도화하여 평가 신뢰성을 제고할 수 있을 것으로 기대된다.

한편, 해양수산부에서는 해양이용·개발 건수 증가에 따라, 다양화·대규모화 되는 해역이용협의제도를 더욱 체계적이고 면밀하게 검토하기 위하여 기존 제도를 전면 개편하여 해역이용협의제도만을 단독으로 규정하는 2024년 1월 「해양이용영향평가법」을 제정하였다.

먼저, 기존 해역이용협의·영향평가에서 해양이용협의·영향평가로 제도 명칭을 변경하고 평가 절차 및 내용을 체계적으로 규정하였으며, 해양이용협의 및 영향평가 대상사업의 재구조화, 사업자의 사후관리를 강화하였다.

또한, 평가의 전문성·공정성 확보를 위한 평가대행자 선정 위탁제도, 평가항목 사전에 결정하는 스코핑(scoping), 정보지원시스템 구축, 전문인력 양성기관 지정 등의 내용을 신규로 규정하였으며, 하위법안 제정을 통해 2025년 1월부터 해양이용영향평가 제도가 본격 시행될 예정이다.

2023년 해역이용협의 실적을 분석한 결과, 전국에서 3,086건의 해양개발·이용 행위가 이뤄졌다. 해역이용협의는 대상 사업의 규모에 따라 ①간이해역이용협의, ②일반해역이용협의, ③해역이용영향평가의 세 종류로 나뉘며, 2023년은 간이해역이용협의 2,824건, 일반해역이용협의 257건, 해역이용영향평가 5건으로 총 3,086건이다.

사업 유형별로 살펴보면 부두·방파제 등 '인공구조물 신·증축공사'가 1,951건(63.2%)으로 가장 많았고, '공작물 설치 및 인·배서 등 여러 행위가 복합적으로 이루어진 경우'가 467건(15.1%), '해수 인·배수'가 452건(14.6%)로 그 뒤를 이었다. 이 외에도 공유수면의 바닥을 준설하거나 굴착하는 행위(57건), 특별관리해역에서의 어업면허(47건) 등이 있었다. 해역별로는 목포지방해양수산청 관할 해역 689건(22.3%), 마산지방해양수산청 관할 해역 647건(21.0%), 동해지방해양수산청 관할 해역 301건(9.8%), 여수지방해양수산청 관할 해역 268건(8.7%) 순으로 나타났다.

2. 해양환경 개선사업

가. 해양쓰레기 정화사업

해양폐기물은 수산자원 및 해양생태계에 심각한 피해를 끼치며 해안의 심미적 가치를 훼손하여 해양관광레저산업에 타격을 주고, 폐로프 및 어구는 선박의 안전운항을 위협하기도 한다.

해양폐기물은 육상기인 쓰레기와 해양기인 쓰레기로 구분되는데 약 70%가 육상에서 기인된 쓰레기인 것으로 추정되며, 해양에 유입된 쓰레기의 처리비용은 해양유입 전 육상에서의 처리비용보다 2~3배가 높다.

이에 정부는 해양 쓰레기의 발생의 최소화, 수거처리능력 강화 등을 주요 내용으로 하는 '제1차 해양쓰레기 관리 기본계획'(2009-2013년) 수립(2008년 12월)을 시작으로 해양 쓰레기에 대한 사전 예방적 접근을 강화한 '제3차 해양쓰레기 관리 기본계획(2019-2023)을 수립(2018년 12월)하였다.

2021년 5월에는 2020년 12월에 시행된 「해양폐기물 및 해양오염퇴적물 관리법」 제5조에 따라 10년 단위 법정계획인 "제1차 해양폐기물 및 해양오염퇴적물 관리 기본계획"을 수립하였다. 본 계획은 해양폐기물에 대응하기 위한 비전과 목표, 추진전략 등 2021년부터 2030년까지의 해양폐기물 관리의 기본 정책방향을 제시하고 있으며, 발생예방, 수거·운반체계 개선, 처리·재활용 촉진, 관리기반 강화, 국민인식 제고 등 5개 전략 16개 추진과제, 40개 세부사업으로 구성되어 있다.

비전으로 '깨끗한 해양환경 조성으로 다 함께 누리는 건강한 미래'(Clean Ocean, Healthy Future)를, 목표로 2030년까지 해양플라스틱폐기물의 발생량 60% 감축 및 2050년 제로화를 제시하였다. 이를 위한 추진전략으로 발생예방, 수거·운반체계 개선, 처리·재활용촉진, 관리강화 및 국민인식 제고 등 해양폐기물의 생애 전주기에 걸친 관리를 제시하였다.

〈 해양폐기물관리 기본계획 비전, 목표 및 추진전략 〉

23년 4월에는 '해양쓰레기 제로화로 청정한 바다실현'이라는 비전을 앞세운 「해양쓰레기 저감 혁신 대책」을 수립하였다. 본 대책의 목표는 발생량보다 수거량이 많은 '해양쓰레기 네거티브' 달성으로서, 이를 위해 공간별 상시 수거체계 강화, 관리 사각지대 일제수거. 인프라 확충 및 재활용 체계 구축, 발생원 집중관리 및 거버넌스 활성화라는 4대 추진전략 및 각 추진전략 하위의 세부 추진과제를 설정하였다.

또한, 23년 5월부터 10월까지 해양환경 보호를 위한 국민들의 자발적 참여를 유도하고자 민간참여형 해양쓰레기 정화활동 캠페인인 '알줍 캠페인'을 실시하였다. 본 캠페인을 통해 전국 24개 해변에서 2,061명이 참가하여 2.7톤의 해안쓰레기를 수거하였으며 특히, 23년 9월에는 국제연안정화의 날 기념식과 캠페인을 연계하여 내빈과 지역주민이 함께 참여하는 연안정화 활동을 진행하였고 행사 주간(9.11~9.22) 동안 전국 7개 지역에서 총498명이 참여하여 약 15톤의 해안쓰레기를 수거하였다.

2023년 지자체, 공공기관(해양환경공단, 어촌어항공단) 등에서 수거한 해양쓰레기는 약 13.2만톤 수준이다.

특히, 해안쓰레기 상시수거인력인 바다환경지킴이를 전국 60개 연안 시군구에 1.2천명을 배치하여 약 2.8만톤의 해양쓰레기를 수거하였으며, 주요 항만 및 환경관리해역 등을 대상으로 침적쓰레기 수거사업을 실시하여 약 6,697톤의 해양쓰레기를 수거하였다. 또한, 청항선 관리 및 선박폐유 수거·처리사업의 경우 2023년에 국고 160억원을 투입하여 항만의 부유쓰레기 5,396톤과 오염물질(선박폐유 등) 8,616톤을 수거하였다.

나. 육상폐기물 해양배출 관리

해양에서 쉽게 확산·분해되는 유기성 폐기물 등의 일정해역 배출허용 여부를 심의하는 폐기물 해양배출제도가 1988년부터 운영되고 있다. 이 제도의 목적은 해양환경에 미치는 영향이 경미하고 육지에서 처리가 곤란한 폐기물을 적정한 처리방법 및 기준에 따라 지정된 해역에 배출토록 허용함으로써 매립지 확보의 곤란을 해소하고 연안오염도를 경감시키는 것이다.

그러나 육상에서 발생한 폐기물은 원칙적으로 육상에서 처리되어야 하며 예외적인 경우에만 해양배출허용심의 대상품목으로 삼아야 한다. 이러한 원칙은 육상폐기물의 해양배출을 기본적으로 금지하고 해양배출 허용심의 대상품목을 엄격히 제한하는 런던협약(폐기물 및 기타 물질의 처분에 의한 해양오염방지에 관한 협약, 1972년)및 동 협약에 따른 1996년 의정서의 채택취지와 국제적 동향에도 부합한다. 따라서 육상에서 발생한 폐기물의 육상처리를 유도하여 해양배출을 억제하고, 불가피하게 해양에 배출하는 경우에도 해양환경에 미치는 영향이 최소화될 수 있도록 노력해야 할 것이다.

이와 관련하여 해양수산부는 육상에서 발생한 폐기물 중 해양에 배출 가능한 폐기물의 품목을 점진적으로 축소해 왔으며, 하수오니·가축분뇨는 2012년, 음식물류 폐기물폐수, 분뇨·분뇨오니는 2013년, 폐수·폐수오니는 2014년부터 해양배출을 금지하였다. 다만, 폐수·폐수오니의 경우 육상처리가 곤란한 경우에 한하여 최대 2년간 해양배출을 허용하여 2016.1.1일부터는 해양배출이 전면 금지되었다.

현재('23년 기준)는 젓갈류 폐기물, 수산가공잔재물 등 「해양폐기물 및 해양오염퇴적물 관리법」 시행규칙 별표1에서 규정한 폐기물 중 육상처리가 곤란한 경우에만 해양배출을 허용하고 있으며, 최근 남해안 일대에서 방치되고 있던 굴패각의 해양배출 처리로 인해 2019년 이후 부터 해양배출량이 증가하고 있는 추세를 보인다.

구분	연 간 해 양 배 출 량																	
	'05	'06	'07	'08	'09	'10	'11	'12	'13	'14	'15	'16	'17	'18	'19	'20	'21	'22	'23
계	9,929	8,812	7,451	6,173	4,785	4,478	3,972	2,288	1,160	491	259	34.5	28.9	26.9	59.2	115.9	166.1	116.6	70.9
서해병	2,383	2,160	1,878	1,587	1,286	1,363	1,342	1,041	580	211	98	12.1	6.3	-	2.1	-	1	-	2.7
동해병	5,883	5,475	4,483	3,767	2,864	2,669	2,350	1,247	579	280	161	22.4	22.6	26.9	30.1	25.3	23.4	24.9	14.8
동해정	1,663	1,177	1,090	819	635	446	280	-	1	-	-	-	-	-	27	90.6	141.7	91.7	53.4

주) 서해병해역 : 군산서방 약 200㎞, 수심 80m내외
　동해병해역 : 포항동방 약 125㎞, 수심 1,500m내외
　동해정해역 : 울산남동방 63㎞, 수심 150m내외
자료 : 해양수산부 해양환경정책관

다. 해양오염퇴적물 정화·복원

정부는 반폐쇄성 해역으로서 해수교환율이 낮고 육상으로부터 유입되는 각종 오염물질이 해저에 장기간 퇴적되어 오염도가 매우 높아 국민 건강에 악 영향을 줄 수 있는 해역의 해저 퇴적물을 정화·복원하여 해양생태계를 회복시키고 국민들에게 쾌적한 해양환경을 제공하기 위해 오염퇴적물 정화·복원사업을 실시하고 있다.

1980년대 초반부터 시작된 범시민적인 마산만 살리기 운동의 일환으로 1988년부터 1995년까지 마산만의 오염퇴적물(2,111천㎥)을 수거한 바 있다. 이후 2006년까지 지자체 사업으로 수행하였던 본 사업은 2007년에 국가사업으로 이관되었고, 2008년부터 현재까지 해양환경공단이 위탁수행 중이다. 해양오염퇴적물 정화·복원 사업은 아래와 같이 실태조사, 실시설계, 수거·처리, 사후관리의 단계를 거쳐 실시된다.

◆ 오염퇴적물 정화·복원 사업 절차

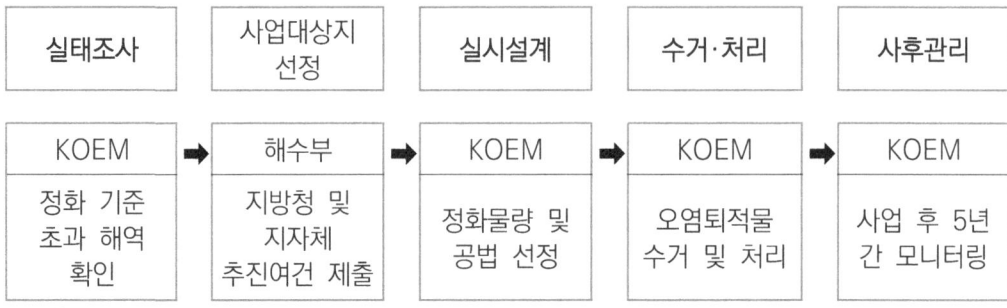

* '24년 실태조사 1개소, 수거·처리 3개소, 사업 후 모니터링 7개소 실시 중

2009년부터 정부는 부산 남항 및 용호만 오염퇴적물 정화사업을 추진하여 용호만 사업은 2011년에 완료(68천m^3)하였고 남항사업은 2014년에 완료(277천m^3)하였다. 해양환경관리법에 의거 2008년 8월부터 해양오염퇴적물의 해양배출이 제한됨에 따라 부산 남항 및 용호만 정화·복원사업시 발생한 오염준설토는 해양에 배출하지 않고 중간처리를 통해 오염도를 낮추어 부산신항 배후지에 매립재로 활용하였다.

아울러, 2012년 여수세계박람회의 성공적 개최 지원을 위하여 여수신항 오염퇴적물 정화복원 사업을 2011년부터 실시(85천m^3)하였고, 울산 방어진항은 2011년 실시설계를 완료한 후 2013년에 완료(93천m^3)하였다.

2013년부터는 해역의 오염도, 오염원 차단 여부, 해역의 중요도 등을 고려하여 정화사업의 대상지를 선정하고 있으며 2015년부터 2017년까지 진해 행암만 정화·복원사업(312천m^3)을, 2016년부터 2017년까지 부산 다대포항 정화·복원사업(124천m^3)을, 2015년부터 2019년까지 울산 장생포항 정화·복원사업(242천m^3)을, 2017년부터 2019년까지 포항 동빈내항(71천m^3)을 완료하였다.

2017년부터 2020년까지는 여수구항에서 114,327m^3, 2019년부터 2021년까지는 부산 감천항에서 174,681m^3, 2020년부터 2021년까지 통영 강구안항에서 37,343m^3, 통영 동호항 등에서 39,902m^3의 오염퇴적물을 수거를 완료하였으며, 2021년에는 부산 북항에서 오염퇴적물 수거사업을 시작하여, 2023년까지 293,994m^3의 오염퇴적물을 수거하였다.

2021년에는 해양폐기물 및 해양오염퇴적물 관리법에 따라 법정계획으로 해양오염퇴적물 관리 기본계획을 수립하여 2030년까지 오염퇴적물 현존량을 현재의 50%인 590만m^3까지 감축하는 목표를 제시하였다.

3. 해양생태계 보전 및 복원

가. 추진경과

그동안 해양생태계는 해양의 특성이 적절히 고려되지 못한 상태로 육상 생태계와 함께 관리되어 왔다. 그러나 해양생태계의 체계적이고 종합적인 보전 및 관리를 위하여 지난 2004년에「자연환경보전법」에서 해양부분을 분리, 보완, 입법키로 환경부와 협의한 이래 2006년 10월에 해양만의 독자적 법률인「해양생태계의 보전 및 관리에 관한 법률」을 제정하였고, 2015년 4월에는 국립해양생물자원관을 개관, 2018년 4월에「해양공간계획 및 관리에 관한 법률」을 제정하고, 2019년 1월「갯벌 및 그 주변지역의 지속가능한 관리와 복원에 관한 법률」을 제정하는 등 해양생태계의 지속가능한 이용과 쾌적하고 건강한 해양환경을 만들어 나가기 위해 노력하고 있다.

나. 국가해양생태계종합조사

해양수산부는 우리나라 해양생태계의 과거-현재-미래를 비교·판단·예측할 수 있는 과학적 시계열 자료를 축적하기 위해 전 연안·갯벌·암반 생태계를 조사하는 국가해양생태계종합조사를 2015년부터 실시하고 있다.

우리나라 해역을 서해·남해서부, 동해·남해동부·제주의 2개 권역으로 나누어 매년 1개 권역의 해양생태계 현황을 파악하고, 주요하구 및 해역, 주요갯벌, 아열대화 지역 등은 매년 조사함으로써 해양환경 변화에 반응하는 해양생태계 변화를 모니터링하고 있다. 또한 사회적 이슈, 해양보호구역 지정 요청 등 조사 수요 및 긴급현안 발생 시 긴급조사를 수행하고 있으며, 확보한 시계열 자료의 진단·평가를 통해 우리나라 해양생태계의 현황 및 장·단기 변동 특성을 파악하여 해양생태계 보전 및 관리 정책에 활용하고 있다.

국가해양생태계종합조사를 통해 우리나라 해역의 생물다양성과 생태계 우수성을 확인 할 수 있었다. '22년까지의 조사결과를 기준으로 국가해양생태계종합조사를 통해 실제 확인된 해양생물종은 총 8,887종으로, 해역별로는 남해가 5,631종으로 가장 많았으며, 서해 4,572종, 동해 4,700종, 제주가 3,683종 순이었다.

'23년까지 9년간 조사결과에서 기후변화에 따라 우리바다도 변동하고 있음을 확인할 수 있었다. 전국 연안의 빈영양화와 해수온 상승에 따라 크기가 큰 규조류의 비율은 감소하고 크기가 작은 미소플랑크톤의 비율이 증가하는 것으로 나타났다. 또한, 동물플랑크톤도 소형화되고 있어, 우리 바다의 기초 생산력 감소와 생태계 구조 변화를 야기될 수 있는 가능성이 감지되었다. 암반생태계에서는 온대성 해조류인 갈조류(미역, 다시마)가

주로 분포하는 우리바다에 상대적으로 따뜻한 바다에서 서식하는 홍조류(김, 우뭇가사리) 출현비중이 점차 증가하는 것으로 나타났으며, 지난 10여 년 간 소라는 약 342 km를, 유해해양생물인 분홍멍게는 기존 예상보다 79년이나 빠르게 북상한 것으로 확인되었다. 갯벌에서도 이러한 변화가 관찰되어, 기수갈고둥은 6년 간 약 20 km를 북상하였고, 여름철새이자 해양보호생물인 저어새의 국내 월동지도 북상한 것으로 관찰되었다. 최근에는 해양생물을 통한 해양생태계 기후변화를 감지하기 위해, 그 간의 조사결과를 바탕으로 해양생태계 기후변화 지표종 23종을 지정·고시하였으며, 이 중 4종의 분포범위 및 생물지리적 분포특성을 파악하기 위한 시범조사를 실시하고 있다.

이와 함께 '22년부터는 조사 결과의 진단·평가 분야를 강화하여, 연안생태계 조사결과의 분석·평가를 통해 해역별, 조사항목별, 계절별 이상 기준범위를 설정하고, 기준을 벗어나는 해역에 대해서는 그 원인을 분석하여 관리방안을 제시하고 있다. 아울러, 갯벌생태계 및 바닷새 조사결과를 바탕으로 해양생태계 복원 후보지를 도출하여, 갯벌의 보전·복원 및 지속가능한 이용에 기여할 예정이다.

<표 2-8-26> 국가 해양생태계 종합조사 실시 현황

년 도	2015	2016	2017	2018	2019	2020	2021	2022	2023
예산 (백만원)	4,525	4,828	6,391	6,396	6,396	6,396	6,596	6,824	6,824
기본조사 해역	서해· 남해서부	남해동부· 동해·제주	서해·남해· 동해·제주	남해동부· 동해·제주	서해· 남해서부	남해동부· 동해·제주	서해· 남해서부	남해동부· 동해·제주	서해· 남해서부
중점조사 해역	연안 주요해역, 우리나라 주요갯벌, 아열대화 지역 등								
조사정점 (당해년도)	469	431	633	522	598	678	787	672	782
연구내용	서해·남해서부 및 중점조사해역 생태계 현황 파악	남해동부·동해·제주 생태계 현황 파악	서해·남해·동해·제주해역 생태계 현황 파악	남해동부·동해·제주 생태계 현황 파악	서해·남해서부 생태계 현황 파악	남해동부·동해·제주 생태계 현황 파악	서해·남해서부 생태계 현황 파악	남해동부·동해·제주 생태계 현황 파악	서해·남해서부 생태계 현황 파악
	연안 주요해역, 주요갯벌, 아열대화 지역 생태계 현황파악, 해양보호구역 후보지 검토, 해양생태계 진단·평가								

다. 해양오염영향조사

해양수산부는 유류오염 사고 발생시 선박 또는 해양시설에서 대통령령이 정하는 규모 이상의 오염물질이 해양에 배출되는 경우, 그 선박 또는 해양시설의 소유자는 해양오염영향조사기관('21.8 기준 한국해양과학기술원 등 6개 인증기관)을 통하여 해양오염영향조사(해양환경관리법 제77조)를 실시하게 함으로써 오염의 영향정도를 파악하고 있다.

해양오염영향조사는 사고 발생일로부터 3개월 이내에 조사사업을 계약(해양환경관리법 시행령 제58조 제2항)하여 1차 현장조사를 완료하여야 하며 총 5계절 현장조사를 실시하도록 되어 있다. 또한, 조사항목(해양환경관리법 시행령 제59조)은 자연환경, 생활환경 및 사회/경제환경 분야에 대해 유류오염 피해의 과학적 평가와 유류오염 피해지역 생태계 복원을 위한 기초자료 확보를 위한 항목으로 구성되어 있다.

'07.12.7 크레인선 삼성1호와 원유운반선 허베이스피리트호와 충돌하여 3종의 중동산 원유 총 12,547kℓ가 해상에 유출되는 대규모 해양오염사고가 충청남도 태안군에서 발생하여 충남도서와 전라도 해안 및 도서 지역 등을 광범위하게 오염시키는 사고 사례가 있었다. 이에 따라, 해양수산부는 사고 직후 해양오염영향조사(주관연구기관 한국해양연구원(현 해양과학기술원))를 실시하였으며, 동 조사에는 유류오염 평가분야(해수, 해양퇴적물, 어패류 내 유류오염), 생물독성분야(유류오염에 따른 어류 수정란의 사망률 및 부화율 등), 해양생태계 분야(주요 생물의 종다양성, 개체수, 서식밀도 등) 등이 포함되었다.

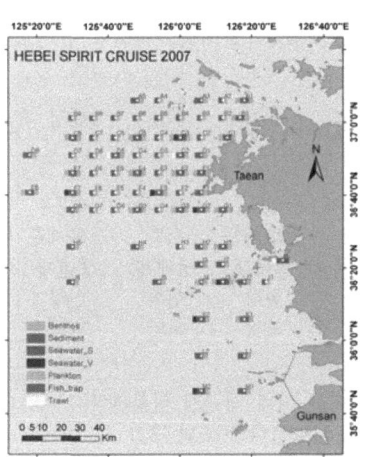 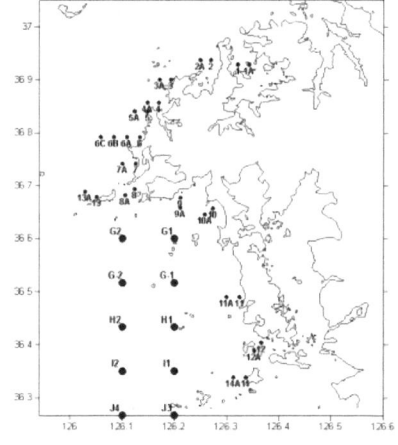

〈그림 2-8-12〉 허베이스피리트호 사고   〈그림 2-8-13〉 해양오염영향조사

그 이후, 해양오염영향조사를 실시하도록 하는 규모의 해양오염사고가 '14년에는 3건 '15년에 1건이 발생하여 여러 조사기관에서 해양오염영향조사를 실시하고 있다.

먼저, '14.1.31 여수 낙포2부두에서 싱가폴 유조선 우이산호가 GS 칼텍스 원유이송 송유관과 접촉하여 송유관내 원유 등이 약 926.3kℓ~1025.3kℓ ('14.5.9, 검찰발표) 정도 유출되는 사고가 발생하여 전남대학교 수산과학연구소에서 해양오염영향조사를 실시하고 있으며, '14.2.15 부산 남외항에 정박중이던 라이베리아국적 벌크선 캡틴 반젤리스 L호와 우리나라 급유선 그린 플러스호가 급유중 높은 너울로 인해 상호 접촉하여 벌크선 선체 일부가 절개되어 벙커 C유 237kℓ가 유출되는 사고가 발생되었으며, 같은 해 12.28 부산 태종대 인근 해상에서 화물선 107 대양호와 컨테이너선 현대브릿지호가 충돌하여 브릿지호의 연료 벙커 C유가 335.2kℓ 유출되는 사고에 대한 해양오염영향조사를 한국해양대학교 해양과학기술연구소에서 진행했다.

최근 '15.1.11에는 울산항 4부두에 정박중인 한양에이스호가 화물탱크에 혼산(질산8, 황산2) 적재 작업중 원인미상 폭발사고가 발생하여 혼산 198kℓ가 유출되는 사고가 발생하여 해양환경공단에서 영향평가를 실시했다.

라. 연안습지보호지역 및 해양보호구역 지정·관리

해양에서의 생물다양성이 풍부하거나, 지질학적, 생태학적 가치가 높은 주요 생태계의 지속적인 보전·관리를 위하여 2001년부터 (연안)습지보호지역과 해양보호구역을 지정해 오고 있다.

습지보호지역은 2023년 12월 제주 오조리벌을 신규지정하여 17개소, 약 1,500.23㎢을, 해양보호구역은 2022년 11월 울진 나곡리를 추가 지정함에 따라 19개소, 약 364.692㎢를 지정·고시하였다. 각 보호구역에서는 지역별 특성을 고려하여 주민인식증진, 보전시설 설치 등 다양한 보호구역관리 사업을 실시하고 있다.

앞으로도 지역별 해양생태계 실정에 적합한 보호구역을 지정을 통하여 보전가치가 높은 중요 해양생태계의 지속가능한 이용을 도모할 수 있을 것이다.

마. 미래가치 창출을 위한 갯벌복원사업 실시

갯벌은 생물서식처 제공, 수산물 생산, 기후변화조절, 오염정화작용 및 생태관광자원 등 중요한 기능을 수행해 오고 있음에도 불구, 그동안 매립 등 개발로 인하여 훼손되어 왔으나 최근 선진국에서는 갯벌복원사업을 활발히 진행 중이며 우리나라에서도 지자체로부터 훼손된 갯벌에 대한 복원 요구가 증가하고 있는 실정이다.

따라서 해양수산부에서는 경제적 목적을 위해 불가피한 갯벌의 이용은 최소한으로 하고, 폐염전·폐양식장 등 경제적 가치 상실로 훼손·오염·방치되어 있는 옛 갯벌지역을 다시 자연갯벌로 복원하는 사업을 추진하고 있다. 2015년 갯벌복원와 생태관광 갯벌어업 등의 연계 방안 마련을 위한 「갯벌 자원화 종합계획」을 수립하였고 2016년 갯벌복원사업의 효율적 추진을 위한 「갯벌생태계 복원사업 지침」을 제정하였다. 또한 2018년 「갯벌생태계 복원 중기 추진계획」 수립 등 갯벌복원사업의 장기적 목표 수립과 제도적 장치를 마련하였고, 갯벌의 지속가능한 이용과 갯벌의 보전·복원을 위하여 2019년 1월 「갯벌 및 그 주변지역의 지속가능한 관리와 복원에 관한 법률」(약칭 갯벌법)을 제정하였다. 갯벌법 시행에 따라 갯벌의 보전과 복원에 관한 최상위 계획인 「제1차 갯벌 관리·복원 기본계획」을 수립하여 점진적으로 갯벌복원사업을 확대 시행 중이며 2022년까지 15개 사업을 완료하였고 2023년 13개 사업을 진행 중이다.

이와 함께 최근 갯벌이 생태관광지로 각광을 받고 있어 복원지역을 생태관광자원으로 활용하고 복원사업을 통해 지역의 새로운 일자리를 창출하는 등 지역경제 활성화를 유도하고 갯벌복원사업을 갯벌생태계 보전 및 현명한 이용(Wise use)을 위한 성공모델로 발전시킬 예정이다.

4. 해양오염사고 방제

가. 해양오염 사고 발생 현황

우리나라에서는 최근 5년간('19년~'23년) 총 1,288건의 해양오염 사고가 발생해 오염물질 1,680.6㎘가 유출됐다. 사고 발생 건수로는 해상 종사자의 부주의가 35.1%, 유출량으로는 선박 좌초·충돌 등 해양사고가 83.7%로 가장 큰 비율을 차지한다.

2007년 12월 7일 태안에서는 허베이스피리트호(유조선, 146,848톤)와 크레인 바지가 충돌해 원유 12,547kℓ가 유출됐다. 국내에서 발생한 가장 큰 규모의 오염 사고로 해경 함정 등 총 19,864척의 선박과 자원봉사자 등 총 2,132천 명이 참여해 약 7개월 만에 방제를 마쳤다.

이러한 재난형 해양오염 사고는 해양 환경에 미치는 영향뿐만 아니라 사회·경제적 파급 효과가 커 국가 차원의 대비·대응이 요구된다.

특히, 우리나라는 동북아 물류 중심지로 매년 36만 척 이상의 선박이 통항하고 있으며, '22년 기준 세계 5위 원유 수입국으로 해상 기름 물동량은 세계 최상위다. 선박 항해 장비와 관제 기술의 발달로 해양오염 사고 건수는 줄어들 것으로 전망되나, 탄소저감을 위한 국제해사기구(IMO)의 대기 오염 규제가 강화됨에 따라 친환경 선박 등의 증가로 화재와 폭발 등을 동반한 복합 해양오염 사고 발생 위험성은 더욱 커지고 있다.

〈표 2-8-27〉 최근 5년간 해양오염사고 원인별 현황

구분		계	해양사고	부주의	고의	파손	기타
계	건 수	1,288	414	452	58	330	34
	유출량(kℓ)	1,680.6	1,406	80.5	28.6	163	2.5
'19	건 수	296	93	102	12	85	4
	유출량(kℓ)	147.9	100.5	7.7	7.1	32.2	0.4
'20	건 수	254	89	81	10	69	5
	유출량(kℓ)	770.3	709.5	11.3	3.0	45.6	0.9
'21	건 수	247	71	95	6	66	9
	유출량(kℓ)	312.8	199.8	37.5	0.9	74.4	0.2
'22	건 수	206	60	86	10	43	7
	유출량(kℓ)	314.5	296.7	6.3	4.3	6.4	0.8
'23	건 수	285	101	88	20	67	9
	유출량(kℓ)	135.1	99.5	17.7	13.3	4.4	0.2

자료 : 해양경찰청

나. 해양오염사고 대비·대응

1995년 여수 씨프린스호 해양오염 사고를 계기로 '기름오염 대비·대응에 관한 국제협약(OPRC 협약)'에서 요구하는 수준의 국가방제기본계획을 수립(2000.1.)했다. 허베이스피리트호 해양오염사고 수습 과정에서 지휘체계 혼선 등의 문제점이 나타남에 따라 국가긴급방제계획(구, 국가방제기본계획)에 관계 기관의 역할과 임무를 명확히 규정하고 방제 대응 절차를 구체화했다.

전국 5개 지방해양경찰청 및 20개 해양경찰서에서는 방제대책본부 설치·운영, 방제 방법 및 절차, 해양오염사고 대비·대응계획 등을 규정한 광역·지역긴급방제실행계획을 수립하여 해양오염사고 방제 대비·대응에 활용하고 있다.

대형 정유사가 위치해 있거나, 선박 통항량이 많아 해양오염 발생 위험성이 큰 광양·대산·울산에 광역방제지원센터를 운영하여 재난적 해양오염사고 시 전국에 방제물품을 신속하고 안정적으로 공급할 수 있는 체계를 구축하고 있다.

전국 해역에 150~500톤급 방제함정 총 23척, 여수, 울산에 화학방제함정 총 2척, 저수심, 연안 해역 방제가 가능한 10톤급 소형방제정 총 18척, 유회수기 총 92대 등의 방제자원을 분산·배치하여, 대형 해양오염 사고에 대비하고 있다.

최근 해상 사고 위험성이 높아지고 있는 유해화학물질(HNS) 사고에 대응하기 위하여 사고 대응 매뉴얼과 대응 정보 시스템을 구축해서 활용하고 있으며, 복합사고 대응력 확보를 위하여, 선박 화학물질 화재 진압에 효과적인 내알콜포 등을 지속 확충하고 있다.

전국 해안 유형과 특성 등에 대한 방제정보 조사를 주기적으로 실시하고, 해안구획별 권장 방제기술 등이 포함되어 있는 방제통합시스템을 구축·운영 중이며, 해안오염조사팀과 해양자율방제대를 구성하여 해안방제를 지원하고 있다.

방제대책본부 도상 훈련 등 총 5종의 방제 훈련을 해양경찰서 주관으로 지역 유관기관 등과 실시하고 있으며, 화학사고 등 복합 재난 대응력 향상을 위한 자체 경진대회를 추진하고 있다. 방제 요원의 역할 수행능력 향상을 위한 전문 교육을 운영하고 외부 전문기관 위탁교육을 통해 역량을 강화하고 있다.

다. 해양오염 방제 국내외 협력 체계 구축

해양경찰청은 우리나라 주변 해역에서 발생하는 해양오염 사고 시 인접국(한·중·일·러)간 공동 대응 체계 구축을 위하여 북서태평양보전 실천계획(NOWPAP, Northwest Pacific Action Plan)의 실무 당국자 간 회의에 참여하고 있다.

NOPWAP 회원국 간에는 북서태평양지역의 해양환경 보호 및 인접국가 간 방제 지원과 협력 체계 강화를 위하여 매 2년마다 방제책임 기관 전문가 회의를 개최하고 있으며, 한국-중국, 러시아-일본의 순서로 방제선, 방제 인력 등 방제자원을 동원하여 방제훈련을 실시하고 있다.

국제해사기구(IMO)의 선박 대기오염 규제 강화에 따라 새로운 대체 연료를 사용하거나 신기술을 탑재한 친환경 선박의 수요는 크게 증가할 것으로 예상된다. 친환경 연료 추진 선박 사고 대응을 위해 방제 전략 및 해상 보험 등 6개 분야 35명의 산·학·연 전문가로 구성된 방제기술 지원협의회를 운영하여 새로운 해양오염 위협에 대응할 계획이다.

급변하는 해양 환경 정책은 각국 정부와 전문가들의 합의와 논의를 거쳐 결정된 후 국제해사기구(IMO)의 가이드라인과 규칙에 의해 수용되기 때문에 국제적 동향을 파악하여 대응하는 일은 매우 중요하다. 해양경찰청에서는 해양오염 방제 관련 주요 세계학회 및 국제기구와의 교류를 통해 선진 방제정책을 수용하고 국제 협력을 강화해 나갈 계획이다.

라. 해양오염 예방활동

해양경찰청은 깨끗한 해양환경을 만들기 위하여 선박·해양시설 지도 점검, 항·포구 순찰, 드론, 항공기를 이용한 광역 감시활동 등 입체적인 예방 활동을 실시하고 있다.

육상에서는 해양환경감시원이 선박이나 해양시설 등을 지도점검, 오염물질의 불법 배출 등을 감시하고 있으며, 국민의 관심이 많은 대기오염물질 배출, 해양 쓰레기 불법 투기 등의 점검을 강화하고 있다. 해상에서는 방제함정과 무인 비행기를 활용하여 선박들의 불법 배출을 예방하고 있다. 최근 5년간 해양경찰청에서 실시한 선박·해양시설 출입검사 실적은 아래 표와 같다.

〈표 2-8-28〉 선박·해양시설 출입검사 실적

구분	계	선 박 (척)					시 설 (개소)				무인비행기(회)
		소계	유조선	화물선	어 선	기타선	소계	해양시설	관리업	기타	
계	19,867	1,2483	2432	697	4012	5342	5726	5340	379	7	1,658
'19	4,100	2,813	521	146	798	1,348	1,287	1,202	78	7	-
'20	3,664	2,296	453	130	803	910	1,090	1,015	75	-	278
'21	3,730	2,233	482	143	702	906	1,153	1,079	74	-	344
'22	4,109	2,501	501	135	845	1,020	1,084	1,014	70	-	524
'23	4,264	2,640	475	143	864	1,158	1,112	1,030	82	-	512

자료 : 해양경찰청

대규모 해양오염사고 위험성이 높은 기름·유해액체물질 저장 해양시설과 하역시설로부터 해양오염 사고를 예방하고자 '대한민국 안전대전환, 집중안전점검'을 실시하여 오염 위험요소를 제거하고 방제 대비·대응 태세를 점검하고 있다.

미세플라스틱, 유령어업 등 해양쓰레기 문제가 부각됨에 따라, 국민의 적극적인 참여와 인식 개선을 위해 선박 기인 해양쓰레기 감시·단속, 교육·홍보 및 수거 활동을 추진하고 있다. 해양쓰레기 관리 체계 구축을 위해 해양수산부-해양경찰청-해군 정책협의회를 구성('19.9월)하여, 체계적인 해양쓰레기 관리 및 해양환경 보전을 위한 공조 기반을 마련했다.

국민과 함께하는 해양오염 예방정책 추진을 위하여 해양오염 예방 콘텐츠 공모전 개최 및 SNS를 활용한 홍보활동과 비치코밍(해안둘레길에서 관광하며 쓰레기도 줍는 프로그램) 등 국민 참여 캠페인을 추진하고 있다. 어선 오염물질의 수거 확대 및 적법 처리를 유도하기 위하여 윤활유 용기실명제를 추진하고 항포구에 수거 용기를 설치하는 등 예방관리를 강화하고 있다.

한편, 불명오염사고(오염원을 알 수 없거나 오염물질을 불법 배출하고 도주)에 대해서는 해상 유출유와 혐의 오염원의 시료를 감식·분석하여 행위자를 색출하고 있으며, 불명오염사고 행위자 적발률 향상을 위해 해역별 광역조사지원팀 구성·운영하고 불명오염사고 조사훈련을 강화하고 있다.

제3편
자 료 편

〈표 1〉 국토의 위치

구 분	경도 및 위도상의 극점(GRS 80좌표)	
	지 명	극 점
극 동	경상북도 울릉군 울릉읍 독도 동도 동단	동경: 131° 52′ 22″
극 서	평안북도 신도군 비단섬 서단	동경: 124° 10′ 51″
극 남	제주특별자치도 서귀포시 대정읍 마라도 남단	북위: 33° 06′ 45″
극 북	함경북도 온성군 유포면 풍서리 북단	북위: 43° 00′ 33″

주) 본 자료는 1/50,000 지형도에서 독취한 것으로 ±5초의 오차를 포함하고 있음
자료 : 국토지리정보원

<표 1-1> 독도의 위치

□ 독도 일반현황

  ○ **행정구역** : 경상북도 울릉군 독도이사부길(동도), 독도안용복길(서도)

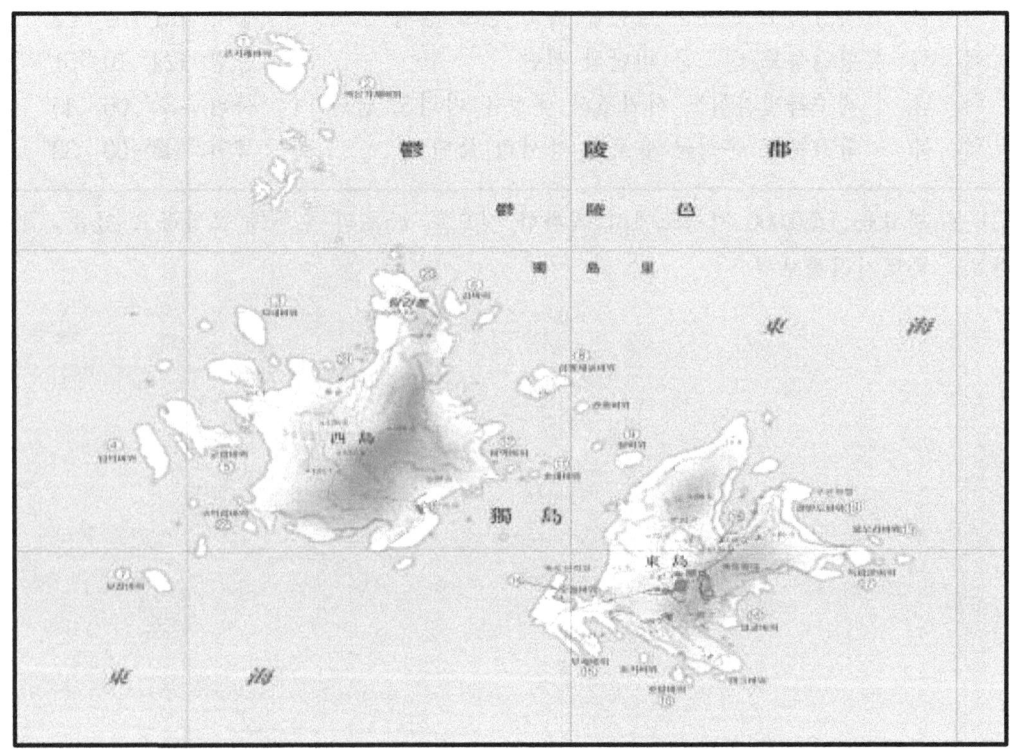

□ 구성 및 면적

  ○ 동도, 서도 그리고 89개의 부속도서로 구성 (총면적 187,554㎡)

구 분	면 적	높이 (둘레)	주요시설 (별첨 참조)
동도(東島)	73,297㎡	98.6m (2.8㎞)	・접안시설 500톤급 1선석 ・독도등대 1개소 ・독도경비대 숙소 1동(658㎡)
서도(西島)	88,740㎡	168.5m (2.6㎞)	・독도주민 숙소 1동(373㎡) ・선가장 1개소

  ○ 기타 부속도서(89개) : 25,517㎡
  ○ 공시지가 : 9,080백만원(2023년 기준)

□ 법적지위

○ 「국유재산법」 제6조에 의한 "행정재산"(관리청 : 해양수산부 포항지방해양수산청)

○ 「자연유산법」 제11조에 의한 "독도천연보호구역" 지정(문화재청 고시 제1999-25호, 1999.12.10.)

　　※ 1982.11.16. '천연기념물 제336호 독도해조류번식지'로 최초 지정

○ 「독도 등 도서지역의 생태계보전에 관한 특별법」 제4조에 의한 "특정도서"

　　※ 2000. 9. 5. 환경부 고시(제2000-109호)로 지정

○ 「국토계획 및 이용에 관한법률」에 의한 "자연환경보전지역"

　　※ 1990. 8. 6. 건설부 고시(제487호)로 지정

○ 「자연공원법」에 의한 "울릉도·독도 국가지질공원"

　　※ 2012.12.27. 환경부 고시(제2012-249호)로 지정

□ 지리적 여건

○ 북위 : 37도 14분 26.8초, 동경 : 131도 52분 10.4초
○ 울릉도 동남향 87.4km에 위치

<표 1-2> 독도기점 주요지점 간의 거리

주요항	울릉도	동해	죽변	포항	부산	오끼섬
거리(km)	87.4	243.8	216.8	258.3	348.4	157.5

<독도의 위치 및 울릉도와의 거리>

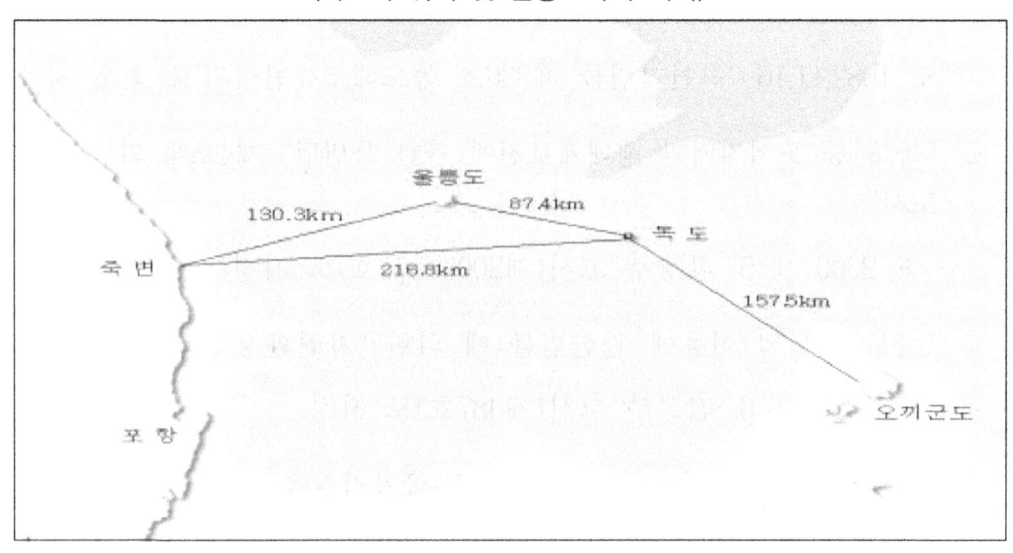

□ 자연현황

형 성	460만년전~250만년전에 화산분출로 형성 ※ 울릉도 : 250만~1만년전, 제주도 : 120만~1만년전
구 성	동도, 서도, 기타 부속도서
환 경	가파른 절벽과 암초로 형성
지 질	현무암, 조면암류, 응회암류
물	서도의 물골, 급수, 담수시설
식 물	섬괴불나무, 해송, 왕거미풀 등
수산동식물	오징어, 전복, 소라, 해삼, 문어, 미역 등
조 류	괭이갈매기, 슴새, 바다제비 번식지

□ 기후현황

   ○ 난류의 영향을 많이 받는 전형적인 해양성 기후로 연평균 기온이 12℃이며 1월 평균 1℃, 8월 평균 23℃로 비교적 온난

   ○ 안개가 잦고 연중 흐린 날이 160일 이상, 강우일수는 150일

   ○ 연평균 강수량은 약 1,240mm, 겨울철 강수는 대부분 적설의 형태

   ○ 서도의 동북쪽 해안에 있는 약5미터 높이 동굴에서 용출수(물골) 발견(1일 1,000리터)

□ 거주현황

   ○ 2023년(12월말) 현재, 독도경비대와 등대관리원, 독도관리사무소 및 중앙 119구조본부 직원 등 약 27명이 근무

   - 독도경비대 : 경북경찰청 소속 경찰 20명(30일씩 순환근무)

   - 등대관리원 : 포항지방해양수산청 직원 3명 근무(30일 단위로 총 6명이 순환근무)

   - 독도 행정관리 : 울릉군 독도관리사무소 직원 2명 근무(10일 단위로 총 6명이 순환근무)

   - 독도 현지119 : 중앙119구조본부 직원 2명(총 4명 15일씩 순환근무, 2021.5.15.~)

   ○ 주민은 1965. 3월 울릉도 주민인 故 최종덕씨가 최초 거주, 이후 김신열씨(故 김성도씨 부인)가 1991.11월에 서도 주민숙소로 주민등록 (현재 독도미거주, 2020.8~, 울릉군 제공)

   - 주민등록은 34세대 34명(2023.12월말 기준)

   ○ 1999년 일본인 호적등재 보도 이후 '범국민 독도 호적 옮기기 운동'이 전개되어 현재 4,415명이 가족관계등록부에 등재(2023.12월말 기준)

<표 2> 인구추이

연 도	인 구 (천 명)	인구성장률 (%)	밀 도 (명/km²)
1970	32,241	2.21	328
1971	32,883	1.99	336
1972	33,505	1.89	363
1973	34,103	1.78	347
1974	34,692	1.73	363
1975	35,281	1.70	369
1976	35,849	1.61	373
1977	36,412	1.57	374
1978	36,969	1.53	379
1979	37,534	1.53	384
1980	38,124	1.57	389
1981	38,723	1.57	395
1982	39,326	1.56	401
1983	39,910	1.49	406
1984	40,406	1.24	411
1985	40,806	0.99	415
1986	41,214	1.00	419
1987	41,622	0.99	423
1988	42,031	0.98	426
1989	42,449	0.99	430
1990	42,869	0.99	434
1991	43,296	0.99	437
1992	43,748	1.04	442
1993	44,195	1.02	446
1994	44,642	1.01	450
1995	45,093	1.01	454
1996	45,525	0.96	458
1997	45,954	0.94	462
1998	46,287	0.72	466
1999	46,617	0.71	469
2000	47,008	0.84	473
2001	47,370	0.77	476
2002	47,645	0.58	478
2003	47,892	0.52	481
2004	48,083	0.40	483
2005	48,185	0.21	484
2006	48,438	0.53	486
2007	48,684	0.51	488
2008	49,055	0.76	491
2009	49,308	0.52	494
2010	49,554	0.50	495
2011	49,937	0.77	499
2012	50,200	0.53	501
2013	50,429	0.46	503
2014	50,747	0.63	506
2015	51,015	0.53	509
2016	51,218	0.40	510
2017	51,362	0.28	512
2018	51,585	0.43	514
2019	51,765	0.35	516
2020	51,836	0.14	516
2021	51,770	-0.13	515
2022	51,673	-0.19	514
2023	51,713	0.08	515

자료 : 통계청(2023), 「장래인구추계: 2022-2072」, 국토교통부(2023), 지적통계

<표 3> 지역별 인구분포 변화 추이

(단위 : 천 명, %)

	1990		2000		2010		2020		2023	
	인구	구성비	인구	구성비	인구	구성비	인구	구성비	인구	구성비
전 국	42,869	100.0	47,008	100.0	49,554	100.0	51,836	100.0	51,713	100.0
서 울	10,473	24.4	10,078	21.4	10,089	20.4	9,618	18.6	9,400	18.2
부 산	3,803	8.9	3,733	7.9	3,477	7.0	3,356	6.5	3,284	6.4
대 구	2,293	5.4	2,529	5.4	2,480	5.0	2,414	4.7	2,360	4.6
인 천	1,897	4.4	2,522	5.4	2,723	5.5	2,951	5.7	3,009	5.8
광 주	1,125	2.6	1,382	2.9	1,494	3.0	1,480	2.9	1,463	2.8
대 전	1,036	2.4	1,397	3.0	1,515	3.1	1,492	2.9	1,474	2.9
울 산	794	1.9	1,036	2.2	1,099	2.2	1,139	2.2	1,106	2.1
세 종	-	-	-	-	-	-	348	0.7	387	0.7
경 기	5,972	13.9	9,146	19.5	11,619	23.4	13,452	26.0	13,781	26.6
강 원	1,562	3.6	1,516	3.2	1,489	3.0	1,519	2.9	1,525	2.9
충 북	1,374	3.2	1,494	3.2	1,524	3.1	1,631	3.1	1,627	3.1
충 남	1,992	4.7	1,879	4.0	2,078	4.2	2,177	4.2	2,204	4.3
전 북	2,047	4.8	1,927	4.1	1,796	3.6	1,806	3.5	1,768	3.4
전 남	2,480	5.8	2,035	4.3	1,777	3.6	1,793	3.5	1,768	3.4
경 북	2,736	6.4	2,773	5.9	2,630	5.3	2,652	5.1	2,611	5.0
경 남	2,776	6.5	3,036	6.5	3,217	6.5	3,340	6.4	3,267	6.3
제 주	509	1.2	524	1.1	548	1.1	669	1.3	677	1.3
수도권[1]	18,342	42.8	21,747	46.3	24,431	49.3	26,021	50.2	26,190	50.6
특·광역시[2]	21,421	50.0	22,677	48.2	22,876	46.2	22,798	44.0	22,484	43.5

1) 수도권 : 서울, 인천, 경기
2) 특·광역시 : 서울, 부산, 대구, 인천, 광주, 대전, 울산, 세종(12년 7월 출범)
자료 : 통계청(2024), 「장래인구추계 시도편 : 2022-2052」

〈표 4〉 2023년 연령별(전국) 추계인구

구 분	추계인구(천 명)			구성비(%)			성비 (여자100명당 남자수)
	계	남 자	여 자	계	남자	여자	
계	51,713	25,860	25,853	100.0	100.0	100.0	100.0
0-4세	1,388	711	677	2.7	2.7	2.6	105.1
5-9세	2,028	1,039	988	3.9	4.0	3.8	105.1
10-14세	2,290	1,177	1,113	4.4	4.6	4.3	105.8
15-19세	2,301	1,188	1,113	4.4	4.6	4.3	106.8
20-24세	2,954	1,548	1,405	5.7	6.0	5.4	110.2
25-29세	3,595	1,915	1,680	7.0	7.4	6.5	114.0
30-34세	3,525	1,884	1,641	6.8	7.3	6.3	114.8
35-39세	3,350	1,750	1,599	6.5	6.8	6.2	109.4
40-44세	4,066	2,087	1,979	7.9	8.1	7.7	105.4
45-49세	3,927	1,995	1,932	7.6	7.7	7.5	103.3
50-54세	4,526	2,281	2,244	8.8	8.8	8.7	101.7
55-59세	4,071	2,034	2,036	7.9	7.9	7.9	99.9
60-64세	4,258	2,102	2,156	8.2	8.1	8.3	97.5
65-69세	3,274	1,585	1,689	6.3	6.1	6.5	93.8
70-74세	2,235	1,045	1,189	4.3	4.0	4.6	87.9
75-79세	1,637	723	914	3.2	2.8	3.5	79.0
80-84세	1,312	511	801	2.5	2.0	3.1	63.8
85-89세	686	218	468	1.3	0.8	1.8	46.5
90-94세	236	55	181	0.5	0.2	0.7	30.4
95-99세	49	9	40	0.1	0.0	0.2	21.5
100세이상	8	1	7	0.0	0.0	0.0	18.5

자료 : 통계청(2023), 「장래인구추계: 2022-2072」

전국 행정구역현황

〈표 5〉 전국 행정구역 현황

구분 시·도별	시·군·구				행정시·자치구가 아닌 구		읍·면·동				출장소			
	계	시	군	구	시	구	계	읍	면	동	계	시도	시군구	읍면
계(17)	226	75	82	69	2	32	3,533	234	1,177	2,122	84	10	12	62
서울특별시	25	-	-	25	-	-	426	-	-	426	-	-	-	-
부산광역시	16	-	1	15	-	-	205	4	1	200	1	-	1	-
대구광역시	9	-	2	7	-	-	150	7	10	133	2	-	-	2
인천광역시	10	-	2	8	-	-	155	1	19	135	6	1	1	4
광주광역시	5	-	-	5	-	-	97	-	-	97	1	1	-	-
대전광역시	5	-	-	5	-	-	82	-	-	82	-	-	-	-
울산광역시	5	-	1	4	-	-	56	6	6	44	1	1	-	-
세종특별자치시	-	-	-	-	-	-	24	1	9	14	-	-	-	-
경기도	31	28	3	-	-	17	574	37	102	435	7	1	4	2
강원특별자치도	18	7	11	-	-	-	193	24	95	74	8	2	-	6
충청북도	11	3	8	-	-	4	153	16	86	51	5	3	-	2
충청남도	15	8	7	-	-	2	208	25	136	47	5	1	1	3
전북특별자치도	14	6	8	-	-	2	243	15	144	84	-	-	-	-
전라남도	22	5	17	-	-	-	297	33	196	68	27	-	1	26
경상북도	22	10	12	-	-	2	322	37	193	92	14	-	1	13
경상남도	18	8	10	-	-	5	305	21	175	109	7	-	3	4
제주특별자치도	-	-	-	-	2	-	43	7	5	31	-	-	-	-

주: 특별시(1), 광역시(6), 특별자치시(1), 도(6), 특별자치도(3)
 * 전북특별자치도('24.1.18. 시행)

(2023.12.31. 현재)

통·리			반			인구 (명)	면적 (km²)	세대수
계	통	리	계	동	읍·면			
101,773	63,706	38,067	523,367	388,386	134,981	51,325,329	100,449.36	23,914,851
12,900	12,900	-	96,199	96,199	-	9,386,034	605.20	4,469,417
4,695	4,507	188	28,237	26,230	2,007	3,293,362	771.31	1,564,588
4,027	3,514	513	26,223	22,850	3,373	2,374,960	1,499.47	1,094,148
4,978	4,712	266	24,373	22,845	1,528	2,997,410	1,067.09	1,350,912
2,496	2,496	-	12,249	12,249	-	1,419,237	500.97	655,433
2,655	2,655	-	15,058	15,058	-	1,442,216	539.78	680,261
1,652	1,268	384	11,549	9,436	2,113	1,103,661	1,062.83	490,690
587	330	257	3,307	2,005	1,302	386,525	464.96	160,835
18,146	13,899	4,247	102,061	84,070	17,991	13,630,821	10,199.73	5,978,724
4,477	2,181	2,296	23,778	13,015	10,763	1,527,807	16,830.84	760,635
5,102	2,013	3,089	20,593	9,862	10,731	1,593,469	7,407.01	779,967
5,897	1,423	4,474	25,784	7,692	18,092	2,130,119	8,247.54	1,035,449
8,326	3,016	5,310	25,002	14,045	10,957	1,754,757	8,073.34	861,193
8,772	1,855	6,917	25,551	9,814	15,737	1,804,217	12,362.33	911,442
7,944	2,840	5,104	41,899	17,778	24,121	2,554,324	18,424.14	1,282,500
8,360	3,510	4,850	35,890	21,836	14,054	3,251,158	10,542.53	1,525,502
759	587	172	5,614	3,402	2,212	675,252	1,850.27	313,155

⟨표 6⟩ 시·도별 용도지역 지정 현황

(2023. 12. 31. 현재)

행정 구역명	행정구역 면적	고시면적	육							농림 지역
			계	도시 지역	관리지역				
					계	계획	생산	보전	
전국	100,449.4	106,585.3	100,856.8	17,024.1	27,318.5	12,062.3	5,025.7	10,230.5	49,252.8
서울특별시	605.2	605.7	605.7	605.7	-	-	-	-	-
부산광역시	771.3	993.5	780.0	780.0	-	-	-	-	-
대구광역시	1,499.5	1,499.5	1,499.5	808.2	165.0	87.9	10.8	66.4	454.8
인천광역시	1,067.1	1,115.1	1,092.1	509.2	316.2	154.8	28.4	133.0	260.4
광주광역시	501.0	501.0	501.0	479.8	17.6	5.9	5.5	6.2	3.5
대전광역시	539.8	539.7	539.7	496.1	9.4	2.3	0.9	6.1	27.7
울산광역시	1,062.8	1,144.6	1,144.6	671.6	62.3	8.9	12.8	40.5	283.1
세종특별 자치시	465.0	465.5	465.5	141.8	175.3	77.1	19.9	78.3	144.8
경기도	10,199.7	10,724.7	10,353.2	3,370.8	2,966.5	1,405.7	413.4	1,147.5	3,601.0
강원특별 자치도	16,830.8	16,862.7	16,828.3	994.8	3,282.2	1,737.4	514.6	1,030.1	10,868.4
충청북도	7,407.0	7,410.4	7,410.4	745.2	2,268.3	881.3	400.2	986.7	3,565.4
충청남도	8,247.5	8,765.7	8,244.8	865.8	3,155.1	1,553.6	628.1	973.4	3,987.3
전북특별 자치도	8,073.3	8,128.5	8,054.6	811.1	2,574.4	894.7	729.3	950.3	3,986.8
전라남도	12,362.3	15,447.9	12,413.2	1,554.4	3,488.3	1,287.5	776.6	1,424.2	6,320.9
경상북도	18,424.1	18,514.5	18,513.8	1,870.3	4,844.1	2,183.5	701.9	1,958.7	10,691.9
경상남도	10,542.5	11,815.7	10,561.3	1,866.1	2,907.8	1,146.5	535.0	1,226.3	4,948.8
제주특별 자치도	1,850.3	2,050.7	1,849.1	453.0	1,086.2	635.2	248.2	202.8	107.9

주) 관리지역 중 미세분 관리지역은 보전관리지역에 포함함
자료 : 국토교통부 도시정책관, 행정구역면적은 지적통계
※ 위 자료는 통계공표('24. 9.) 전 잠정치이며 일부 수치가 변경될 수 있음.

(단위 : km²)

| 지 | | 해면 | | | | | | | | | 비고 |
| 자연환경보전지역 | 미지정지역 | 계 | 도시지역 | 관리지역 | | | | 농림지역 | 자연환경보전지역 | 미지정지역 | |
				계	계획	생산	보전				
6,995.5	265.9	5,728.6	584.9	7.4	0.3	-	7.1	-	4,875.2	261.0	
-	-	-	-	-	-	-	-	-	-	-	
-	-	213.5	160.8	-	-	-	-	-	52.7	-	
71.5	-	-	-	-	-	-	-	-	-	-	
0.1	6.2	23.0	23.0	-	-	-	-	-	-	-	
-	-	-	-	-	-	-	-	-	-	-	
6.6	-	-	-	-	-	-	-	-	-	-	
43.6	83.9	-	-	-	-	-	-	-	-	-	
2.0	1.5	-	-	-	-	-	-	-	-	-	
317.3	97.6	371.5	-	-	-	-	-	-	128.4	243.2	
1,682.5	0.4	34.4	10.0	6.6	-	-	6.6	-	-	17.8	
831.5	-	-	-	-	-	-	-	-	-	-	
223.9	12.8	520.9	55.4	-	-	-	-	-	465.5	-	
682.3	-	73.9	73.3	0.5	-	-	0.5	-	-	-	
987.2	62.4	3,034.7	101.5	0.2	0.2	-	-	-	2,933.0	-	
1,106.4	1.1	0.7	0.7	-	-	-	-	-	-	-	
838.6	-	1,254.5	143.5	0.1	0.1	-	-	-	1,110.9	-	
202.1	-	201.6	16.8	-	-	-	-	-	184.8	-	

<표 7> 도시·군관리계획상 용도지역 변경현황

(2023.1.1.~2023.12.31) (단위 : ㎢)

구분	계	도시지역	관리지역					농림지역	자연환경보전지역	미지정면적
			소계	계획관리지역	생산관리지역	보전관리지역	미세분지역			
계	353.131	△182.730	22.300	△18.037	12.192	23.776	4.369	8.405	△0.319	505.475
서울	0.001	0.001	-	-	-	-	-	-	-	-
부산	△0.020	△0.020	-	-	-	-	-	-	-	-
대구	614.251	7.162	165.025	87.852	10.753	66.419	-	418.875	23.189	-
인천	4.457	4.349	0.266	0.094	0.091	0.081	-	△0.266	-	0.109
광주	△0.052	△0.052	-	-	-	-	-	-	-	-
대전	-	-	-	-	-	-	-	-	-	-
울산	△3.196	△92.564	△2.123	△0.005	△0.858	△1.259	-	7.455	0.135	83.900
세종	-	-	-	-	-	-	-	-	-	-
경기	340.643	△16.071	△1.358	1.347	△1.551	△1.150	△0.004	17.348	-	340.724
강원	0.248	△25.270	7.093	△0.293	-	△0.213	7.599	0.230	△0.089	18.283
충북	3.949	7.123	△1.368	△20.350	0.209	18.773	-	△1.806	-	-
충남	0.054	2.059	1.559	0.069	2.355	△0.840	△0.025	△3.662	0.003	0.094
전북	0.005	△0.154	0.750	△0.203	1.062	△0.625	0.517	△0.592	-	-
전남	5.721	△64.596	6.501	1.132	6.684	2.240	△3.554	1.646	△0.240	62.410
경북	△614.156	△6.736	△160.070	△87.165	△9.229	△63.675	-	△424.160	△23.189	-
경남	1.241	2.038	6.024	△0.516	2.678	4.026	△0.164	△6.663	△0.112	△0.046
제주	△0.015	-	-	-	-	-	-	-	△0.015	-

자료 : 국토교통부 도시정책관
※ 위 자료는 통계공표('24. 9.) 전 잠정치이며 일부 수치가 변경될 수 있음.

시 · 도별 용도 지구 현황

〈표 8〉 시·도별 용도지구 현황

(2023.12.31 현재)

행정구역명	계	개소	경관지구	개소	고도지구	개소	방화지구	개소	방재지구	개소	보호지구	개소
전 국	2,492.910	25,339	599.679	2,199	242.071	859	99.835	593	5.340	32	246.533	601
서울특별시	92.981	212	16.749	54	9.222	10	3.485	107	-	-	60.106	8
부산광역시	30.332	182	0.934	13	1.430	31	20.547	93	-	-	5.597	2
대구광역시	68.325	484	3.470	108	43.465	90	13.029	94	-	-	0.229	16
인천광역시	52.124	169	2.796	54	1.709	6	7.437	14	-	-	33.073	6
광주광역시	16.259	178	7.152	82	-	-	7.523	24	-	-	0.055	15
대전광역시	11.482	553	1.778	308	-	-	3.333	27	-	-	0.281	2
울산광역시	16.620	323	2.107	34	1.241	8	0.270	3	-	-	3.555	37
세종특별자치시	19.841	229	10.598	20	-	-	-	-	-	-	-	-
경 기 도	409.252	2,910	55.795	444	75.426	41	10.574	40	0.097	3	49.237	48
강원특별자치도	313.317	847	170.967	132	5.890	117	3.657	22	-	-	5.115	27
충 청 북 도	238.472	1,504	136.254	70	3.109	26	2.936	24	-	-	17.220	23
충 청 남 도	123.577	1,278	26.494	120	1.287	11	1.835	15	-	-	10.175	92
전북특별자치도	183.664	3,706	23.470	205	13.231	74	8.491	37	-	-	5.475	16
전 라 남 도	386.277	6,321	74.088	111	11.319	51	5.004	28	5.181	27	17.224	61
경 상 북 도	204.151	2,430	25.451	108	13.342	83	0.525	7	0.062	2	24.260	194
경 상 남 도	189.698	2,899	19.248	110	6.044	44	3.844	13	-	-	14.465	41
제주특별자치도	136.538	1,114	22.326	226	55.356	267	7.344	45	-	-	0.467	13

자료 : 국토교통부 도시정책관
※ 위 자료는 통계공표('24. 9.) 전 잠정치이며 일부 수치가 변경될 수 있음.

(단위 : km²)

취락지구	개소	개발진흥지구	개소	특정용도제한지구	개소	복합용도지구	개소	조례로 정하는 지구	개소	비고
716.291	18,480	577.036	2,458	3.851	82	0.082	5	2.193	30	
0.456	24	2.962	9	-	-	-	-	-	-	
0.423	15	-	-	-	-	-	-	1.401	28	
3.738	137	4.394	39	-	-	-	-	-	-	
4.093	77	2.471	10	-	-	0.008	1	0.537	1	
1.528	57	-	-	-	-	-	-	-	-	
5.010	190	-	-	0.826	25	-	-	0.254	1	
9.448	241	-	-	-	-	-	-	-	-	
5.389	185	3.854	24	-	-	-	-	-	-	
91.191	1,892	125.525	399	1.332	39	0.074	4	-	-	
22.849	378	104.541	170	0.298	1	-	-	-	-	
31.766	959	47.149	401	0.037	1	-	-	-	-	
14.385	635	69.366	404	0.035	1	-	-	-	-	
105.290	3,220	27.443	153	0.264	1	-	-	-	-	
210.431	5,839	63.030	204	-	-	-	-	-	-	
72.165	1,708	68.346	328	-	-	-	-	-	-	
92.869	2,375	52.325	303	0.903	13	-	-	-	-	
45.262	548	5.629	14	0.154	1	-	-	-	-	

〈표 9〉 도시·군관리계획상(도시지역) 용도지역 현황

(2023.12.31 현재)

시 도 별	도시지역					미세분 지 역
	계	주거지역	상업지역	공업지역	녹지지역	
2023 계	17,609.025	2,760.754	344.313	1,264.400	12,548.478	691.080
서 울 특 별 시	605.674	326.159	25.750	19.959	233.806	0.000
부 산 광 역 시	940.825	145.261	25.959	65.415	543.391	160.799
대 구 광 역 시	808.196	122.718	18.604	41.291	625.583	0.000
인 천 광 역 시	532.204	123.959	24.497	65.974	294.861	22.913
광 주 광 역 시	479.838	88.585	9.069	25.605	356.579	0.000
대 전 광 역 시	496.124	70.822	8.887	17.082	399.333	0.000
울 산 광 역 시	671.649	69.325	7.812	83.863	510.647	0.002
세종특별자치시	141.833	29.552	5.242	9.618	97.420	0.000
경 기 도	3,370.828	602.466	66.511	141.563	2,555.859	4.428

※ 위 자료는 통계공표('24. 9.) 전 잠정치이며 일부 수치가 변경될 수 있음.

(단위 : ㎢)

시 도 별	도시지역					
	계	주거지역	상업지역	공업지역	녹지지역	미세분 지 역
강원특별차지도	1,004.739	142.113	18.554	39.232	793.265	11.575
충 청 북 도	745.235	98.518	12.810	75.029	558.878	-
충 청 남 도	921.189	135.971	15.702	130.319	581.081	58.115
전북특별자치도	884.488	127.206	17.097	67.429	599.408	73.349
전 라 남 도	1,655.893	181.842	23.462	169.958	1,175.173	105.458
경 상 북 도	1,870.997	217.730	27.651	156.853	1,367.891	100.871
경 상 남 도	2,009.577	224.953	30.053	149.833	1,467.356	137.382
제주특별자치도	469.737	53.574	6.651	5.377	387.946	16.189

자료 : 국토교통부 도시정책관

⟨표 10⟩ 개발제한구역 지정현황

(2023.12.31 현재) (단위 : ㎢)

권역	구역	조정현황			최초지정일
		당초지정	해제면적	현재면적	
전체	**총계**	5,397.1	1,608.6	3,788.6	
대도시	계	4,294.0	505.5	3,788.6	
수도권	서울, 인천, 경기 21개 시군	1,566.8	202.7	1,364.1	'71.7.30~ '76.12.4
부산권	부산, 김해(일부), 양산, 울산(일부)	597.1	187.2	409.9	'71.12.29
대구권	대구, 경산, 고령, 칠곡	536.5	21.8	514.7	'72.8.25
광주권	광주, 나주, 담양, 장성, 화순	554.7	43.1	511.6	'73.1.17
대전권	대전, 옥천, 청주, 세종, 공주, 금산, 계룡	441.1	17.9	423.2	'73.6.27
울산권	울산	283.6	15.1	268.5	'73.6.27
창원권	창원, 함안, 김해 일부	314.2	17.7	296.5	'73.6.27
중소도시	계	1,103.1	1,103.1	-	
춘천권	춘천, 홍천	294.4	294.4	-	'73.6.27
청주권	청주, 청원(일부)	180.1	180.1	-	'73.6.27
전주권	전주, 김제, 완주	225.4	225.4	-	'73.6.27
여수권	여수	203.0	203.0	-	'77.4.18
진주권	진주, 사천	87.6	87.6	-	'73.6.27
통영권	통영	30.0	30.0	-	'73.6.27
제주권	제주	82.6	82.6	-	'73.3.5

지목별 토지이용 현황

⟨표 11⟩ 지목별 토지이용 현황

(2023.12.31 현재)

연도별 지목	2009	2010	2011	2012	2013	2014	2015
전 국	99,897,411,055 (100)	100,033,075,827 (100)	100,148,218,044 (100)	100,188,083,290 (100)	100,266,245,030 (100)	100,283,945,001 (100)	100,295,350,806 (100)
1. 농경지	20,844,564,982 (20.9)	20,744,608,262 (20.8)	20,745,602,271 (20.7)	20,666,605,889 (20.6)	20,553,712,414 (20.5)	20,401,761,670 (20.4)	20,273,540,153 (20.2)
농 지	20,261,920,584 (20.3)	20,164,053,215 (20.2)	20,163,813,065 (20.1)	20,086,415,102 (20.0)	19,975,923,539 (19.9)	19,828,849,371 (19.8)	19,703,350,638 (19.6)
목장용지	582,644,399 (0.6)	580,555,047 (0.6)	581,789,206 (0.6)	580,190,787 (0.6)	577,788,875 (0.6)	572,912,299 (0.6)	570,189,515 (0.6)
2. 임 야	64,471,988,636 (64.5)	64,504,380,772 (64.5)	64,336,666,634 (64.3)	64,216,388,223 (64.1)	64,175,703,689 (64.0)	64,080,691,335 (63.9)	64,002,722,621 (63.8)
3. 대 지	2,705,755,824 (2.7)	2,743,526,675 (2.7)	2,784,671,338 (2.8)	2,826,572,630 (2.8)	2,872,100,311 (2.9)	2,929,543,520 (2.9)	2,983,050,703 (3.0)
4. 공장용지	719,935,580 (0.7)	749,282,694 (0.7)	781,380,278 (0.8)	813,782,025 (0.8)	847,346,230 (0.8)	896,432,835 (0.9)	923,673,032 (0.9)
5. 공공용지	6,168,062,074 (6.2)	6,235,508,097 (6.2)	6,315,112,008 (6.3)	6,401,291,375 (6.4)	6,479,433,942 (6.5)	6,581,120,203 (6.6)	6,655,895,266 (6.6)
학교용지	282,187,800 (0.3)	287,710,960 (0.3)	290,498,486 (0.3)	292,485,336 (0.3)	295,399,461 (0.3)	299,577,957 (0.3)	302,368,502 (0.3)
도 로	2,807,476,688 (2.8)	2,858,235,349 (2.9)	2,914,754,389 (2.9)	2,976,490,175 (3.0)	3,039,118,688 (3.0)	3,093,058,405 (3.1)	3,144,112,477 (3.1)
철도용지	122,532,849 (0.1)	123,186,223 (0.1)	124,714,659 (0.1)	129,614,778 (0.1)	129,552,636 (0.1)	139,466,640 (0.1)	140,602,111 (0.1)
하 천	2,837,268,938 (2.8)	2,833,442,962 (2.8)	2,840,617,938 (2.8)	2,842,187,260 (2.8)	2,840,343,946 (2.8)	2,849,326,196 (2.8)	2,849,981,195 (2.8)
공 원	118,595,799 (0.1)	132,932,603 (0.1)	144,526,536 (0.1)	160,513,826 (0.2)	175,019,209 (0.2)	199,691,005 (0.2)	218,830,981 (0.2)
6. 기 타	4,987,103,959 (5.0)	5,055,769,327 (5.1)	5,184,785,515 (5.2)	5,263,443,147 (5.3)	5,337,948,441 (5.3)	5,394,395,438 (5.4)	5,456,469,030 (5.4)

주) 농지는 전, 답, 과수원
자료 : 국토교통부 공간정보제도과

(단위 : ㎡, %)

2016	2017	2018	2019	2020	2021	2022	2023
100,339,486,194	100,363,715,034	100,377,668,318	100,401,285,000	100,412,598,711	100,431,849,364	100,443,553,475	100,449,356,102
(100)	(100)	(100)	(100)	(100)	(100)	(100)	(100)
20,157,075,510	20,056,210,238	20,007,912,973	19,916,324,983	19,825,475,005	19,738,050,221	19,653,364,814	19,575,732,332
(20.1)	(20.0)	(19.9)	(19.8)	(19.7)	(19.7)	(19.6)	(19.5)
19,589,095,179	19,491,678,367	19,445,431,647	19,354,974,658	19,263,459,812	19,177,418,614	19,093,590,355	19,017,972,924
(19.5)	(19.4)	(19.4)	(19.3)	(19.2)	(19.1)	(19.0)	(18.9)
567,980,331	564,531,871	562,481,326	561,350,326	562,015,193	560,631,607	559,774,459	557,759,409
(0.6)	(0.6)	(0.6)	(0.6)	(0.6)	(0.6)	(0.6)	(0.6)
63,918,388,504	63.834.414.168	63,710,517,598	63,635,490,717	63,558,296,646	63,488,337,177	63,427,357,383	63,369,784,315
(63.7)	(63.6)	(63.5)	(63.4)	(63.3)	(63.2)	(63.1)	(63.1)
3,040,603,686	3,093,504,064	3,143,013,432	3,195,788,319	3,243,161,521	3,291,133,346	3,342,654,203	3,382,643,054
(3.0)	(3.1)	(3.1)	(3.2)	(3.2)	(3.3)	(3.3)	(3.4)
959,280,503	991,334,736	1,012,678,194	1,032,599,496	1,048,597,692	1,069,562,119	1,086,707,417	1,101,398,873
(1.0)	(1.0)	(1.0)	(1.0)	(1.0)	(1.1)	(1.1)	(1.1)
6,734,135,115	6,813,364,081	6,883,798,915	6,940,235,616	6,994,239,843	7,045,171,125	7,094,722,772	7,128,365,769
(6.7)	(6.8)	(6.9)	(6.9)	(7.0)	(7.0)	(7.1)	(7.1)
304,646,301	306,071,875	308,444,470	310,961,171	312,106,366	313,139,996	314,357,289	315,279,384
(0.3)	(0.3)	(0.3)	(0.3)	(0.3)	(0.3)	(0.3)	(0.3)
3,198,681,613	3,251,492,761	3,306,941,544	3,346,262,041	3,386,295,931	3,421,663,314	3,453,154,565	3,479,654,357
(3.2)	(3.2)	(3.3)	(3.3)	(3.4)	(3.4)	(3.4)	(3.5)
140,773,006	14,2784,695	142,937,593	143,266,913	144,250,334	144,340,864	144,419,854	145,460,077
(0.1)	(0.1)	(0.1)	(0.1)	(0.1)	(0.1)	(0.1)	(0.1)
2,851,204,763	2,859,881,829	2,859,567,313	2,860,700,864	2,861,985,895	2,865,856,026	2,871,334,885	2,867,934,769
(2.8)	(2.8)	(2.8)	(2.8)	(2.9)	(2.9)	(2.9)	(2.9)
238,829,431	253,132,921	265,907,996	279,044,626	289,601,317	300,170,925	311,456,179	320,037,182
(0.2)	(0.3)	(0.3)	(0.3)	(0.3)	(0.3)	(0.3)	(0.3)
5,530,002,876	5,574,887,747	5,619,747,205	5,680,845,869	5,742,828,005	5,799,595,376	5,838,746,886	5,891,431,758
(5.5)	(5.6)	(5.6)	(5.7)	(5.7)	(5.8)	(5.8)	(5.9)

〈표 12〉 국유지 현황

(2023.12.31 현재)   (단위 : ㎢)

연 도 별	행정재산	보존재산	일반재산	계
1986	10,588 (10,053)	773 (756)	2,754 (2,417)	14,115 (13,226)
1987	10,628 (10,032)	650 (633)	2,881 (2,527)	14,159 (13,242)
1988	10,552 (9,990)	703 (689)	2,924 (2,617)	14,179 (13,296)
1989	10,625 (10,043)	700 (685)	2,939 (2,624)	14,264 (13,352)
1990	10,736 (10,144)	703 (688)	2,920 (2,611)	14,359 (13,443)
1991	10,955 (10,354)	686 (674)	2,903 (2,590)	14,544 (13,618)
1992	11,092 (10,475)	642 (530)	2,903 (2,584)	14,637 (13,589)
1993	11,180 (10,552)	638 (525)	2,872 (2,546)	14,690 (13,623)
1994	11,266 (10,631)	639 (527)	2,847 (2,508)	14,752 (13,666)
1995	11,362 (10,718)	639 (626)	2,877 (2,519)	14,878 (13,863)
1996	11,598 (10,944)	637 (624)	2,870 (2,489)	15,105 (14,057)
1997	11,803 (11,127)	641 (627)	2,798 (2,415)	15,242 (14,169)
1998	12,162 (11,486)	728 (715)	2,395 (2,014)	15,285 (14,215)
1999	12,328 (11,486)	751 (739)	2,318 (1,897)	15,397 (14,305)
2000	12,467 (11,811)	748 (736)	2,284 (1,826)	15,499 (14,373)
2001	12,627 (11,954)	785 (773)	2,147 (1,730)	15,559 (14,457)
2002	12,854 (12,201)	796 (783)	1,966 (1,551)	15,616 (14,535)
2003	13,078 (12,424)	823 (809)	1,809 (1,400)	15,710 (14,633)
2004	13,259 (12,578)	870 (854)	1,713 (1,296)	15,842 (14,728)
2005	13,496 (12,810)	927 (912)	1,580 (1,172)	16,003 (14,894)

연 도 별	행정재산	보존재산	일반재산	계
2006	13,722	1,015	1,428	16,166
	(13,016)	(1,001)	(1,016)	(15,033)
2007	13,886	1,099	1,331	16,316
	(13,151)	(1,084)	(920)	(15,155)
2008	14,066	1,159	1,194	16,419
	(12,599)	(1,143)	(843)	(14,585)
2009	15,431	-	1,123	16,554
	(14,657)	-	(708)	(15,365)
2010	15,585	-	1,075	16,660
	(14,812)	-	(663)	(15,475)
2011	23,031	-	993	24,024
	(15,130)	-	(646)	(15,776)
2012	23,129	-	927	24,057
	(14,922)	-	(533)	(15,456)
2013	23,359	-	877	24,236
	(15,161)	-	(482)	(15,643)
2014	23,668	-	853	24,521
	(15,363)	-	(453)	(15,816)
2015	23,875	-	843	24,718
	(15,470)	-	(436)	(15,906)
2016	24,109	-	831	24,940
	(15,914)	-	(474)	(16,388)
2017	24,193	-	803	24,996
	(15,690)	-	(384)	(16,074)
2018	24,276	-	786	25,062
	(15,742)	-	(373)	(16,115)
2019	24,370	-	788	25,158
	(15,874)	-	(357)	(16,231)
2020	24,426	-	813	25,239
	(15,861)	-	(354)	(16,215)
2021	24,543	-	812	25,355
	(15,894)	-	(350)	(16,244)
2022	24,617	-	784	25,401
	(15,965)	-	(327)	(16,292)
2023	24,687	-	769	25,455
	(16,029)	-	(310)	(16,339)

주) 1. ( )는 임야면적임
   2. 도로·하천 등 공공용 재산은 '11년부터 포함됨
   3. 2009년부터 분류체계 변경으로 보존재산이 행정재산에 편입됨
자료 : 2023회계연도 국유재산관리운용총보고서(d-Brain 기준), 기획재정부

〈표 13〉 공유지 증감현황

(2023.12.31 현재, 단위 : ㎢)

시도별	2022			2023		
	계	행정	일반	계	행정	일반
합 계	9,355	7,995	1,360	9,368	7,990	1,378
서 울	151	149	2	154	152	2
부 산	206	203	3	117	115	3
대 구	108	107	1	149	119	30
인 천	133	117	16	133	118	15
광 주	70	69	1	71	70	1
대 전	55	55	1	55	55	1
울 산	69	67	3	72	69	3
세 종	25	24	-	25	24	1
경 기	912	894	18	919	902	17
강 원	1,255	1,166	89	1,274	1,185	88
충 북	1,281	972	309	1,290	982	308
충 남	519	487	32	463	430	33
전 북	569	548	21	573	554	19
전 남	1,037	935	102	945	822	124
경 북	1,979	1,344	634	2,057	1,451	606
경 남	828	754	74	848	773	74
제 주	158	104	55	221	167	54

<표 14> 연도별 공유지 현황

(2023.12.31 현재, 단위 : 천㎡, 백만원)

연 도 별	필 지 수	면 적	가 액
1999	2,379,492	6,420,090	98,362,645
2000	2,576,425	6,647,892	104,123,832
2001	2,753,550	6,757,766	105,244,387
2002	2,923,385	6,781,758	108,817,011
2003	3,102,003	7,326,327	112,867,637
2004	3,310,427	6,845,437	122,911,960
2005	3,471,974	6,835,876	187,544,435
2006	3,619,054	6,954,456	205,292,651
2007	3,932,320	7,048,985	267,030,357
2008	4,083,682	9,713,823	280,118,451
2009	4,236,530	8,688,755	297,440,863
2010	4,318,978	8,178,702	314,665,301
2011	4,385,189	8,586,539	324,069,297
2012	4,442,384	8,517,662	334,298,415
2013	4,501,575	8,579,994	343,225,081
2014	4,553,860	8,328,371	350,733,875
2015	4,621,695	8,699,831	369,538,133
2016	4,694,272	8,633,556	389,128,392
2017	4,784,451	8,855,384	401,290,530
2018	4,864,703	8,412,924	414,505,346
2019	4,957,376	8,880,969	432,062,249
2020	5,062,823	8,896,426	450,768,388
2021	5,149,141	9,235,367	474,623,897
2022	5,232,516	9,354,886	489,642,087
2023	5,318,719	9,367,874	507,624,036

<표 15> 사업별 공공용지취득 및 손실보상 현황

(2023.12.31 현재, 단위 : 천㎡, 백만원)

구 분		합 계	도 로	주택·택지	공업·산업단지	공원·댐	기 타
합 계	면 적	2,425,307	904,005	437,801	182,525	67,462	833,514
	금 액	300,416,818	65,570,629	144,533,590	21,313,951	7,830,747	61,167,901
2004	면 적	155,931	51,493	36,562	3,126	2,699	62,051
	금 액	14,058,325	2,901,483	8,296,866	132,155	21,866	2,705,955
2005	면 적	137,274	47,738	25,868	7,865	580	55,223
	금 액	15,142,525	3,176,308	7,139,562	1,190,604	9,127	3,626,924
2006	면 적	393,012	218,491	54,748	15,014	3,104	101,655
	금 액	26,847,723	3,588,601	15,201,300	1,581,581	93,920	6,382,321
2007	면 적	159,842	49,016	40,168	5,097	2,775	62,786
	금 액	22,368,842	3,387,449	10,935,475	367,224	74,229	7,604,465
2008	면 적	164,428	47,359	43,509	20,313	3,959	49,288
	금 액	17,745,373	4,527,177	6,944,412	2,375,661	212,471	3,685,652
2009	면 적	216,547	82,892	50,956	14,469	2,525	65,705
	금 액	29,705,125	5,222,592	16,639,373	1,669,287	76,543	6,097,330
2010	면 적	150,780	39,322	31,069	17,868	3,860	58,661
	금 액	20,839,350	3,126,148	9,959,716	3,144,206	99,672	4,509,608
2011	면 적	120,089	28,667	24,489	12,066	4,864	50,003
	금 액	14,530,955	2,338,859	7,593,553	1,185,347	143,671	3,269,525
2012	면 적	91,182	28,410	17,148	12,152	2,761	30,711
	금 액	12,157,824	2,662,058	6,550,764	595,725	41,374	2,307,903
2013	면 적	113,009	45,275	15,997	13,029	642	38,066
	금 액	10,660,019	2,855,921	4,445,965	856,729	7,198	2,494,206
2014	면 적	94,289	36,202	10,137	12,676	524	34,750
	금 액	8,643,494	2,574,667	3,255,796	1,170,854	7,270	1,634,907
2015	면 적	82,408	38,465	7,607	9,407	270	26,659
	금 액	8,481,603	2,776,482	2,534,886	1,194,130	3,706	1,972,399
2016	면 적	73,417	26,279	10,326	4,992	1,146	30,674
	금 액	9,269,154	2,753,384	3,874,238	529,682	36,537	2,075,313
2017	면 적	73,484	26,445	7,417	1,937	240	37,445
	금 액	7,787,917	3,382,546	1,457,562	351,000	5,109	2,591,700
2018	면 적	65,683	30,221	4,876	5,375	2,668	22,543
	금 액	8,521,969	3,605,936	1,752,962	830,353	376,735	1,955,983
2019	면 적	74,247	26,949	6,001	6,124	6,356	28,817
	금 액	10,346,754	4,266,835	2,403,214	1,145,108	873,788	1,657,809
2020	면 적	71,306	20,773	10,500	4,410	7,327	28,296
	금 액	13,807,395	3,374,619	6,044,168	996,169	1,628,202	1,764,237
2021	면 적	67,289	25,934	11,244	4,793	6,424	18,894
	금 액	15,035,095	3,522,774	7,766,176	762,851	1,473,678	1,509,616
2022	면 적	60,218	17,589	15,929	5,098	6,330	15,272
	금 액	17,669,706	2,898,523	11,461,812	506,715	1,288,148	1,514,508
2023	면 적	60,872	16,485	13,250	6,714	8,408	16,015
	금 액	16,797,670	2,628,267	10,275,790	728,570	1,357,503	1,807,540

자료 : 국토교통부 주택토지실

〈표 16〉 보상대상별 손실보상 현황

(2023.12.31 현재, 단위 : 백만원)

구 분		합 계	토 지	지장물	영업보상	농업보상	어업보상	이주대책	기 타
합계	금액	349,409,787	300,416,818	37,821,675	3,381,044	3,204,782	632,693	1,026,852	2,925,920
	비율	100%	85.98%	10.82%	0.97%	0.92%	0.18%	0.29%	0.84%
2004	금액	16,184,992	14,058,325	1,497,627	184,187	176,606	25,537	52,783	189,927
	비율	100%	86.9 %	9.2%	1.1%	1.1%	0.2%	0.3%	1.2%
2005	금액	17,261,531	15,142,525	1,532,597	165,717	161,786	24,113	42,036	192,757
	비율	100%	87.7%	8.9%	1%	0.9%	0.1%	0.3%	1.1%
2006	금액	29,918,528	26,847,723	2,271,317	292,045	203,257	37,998	55,550	210,638
	비율	100%	89.7%	7.6%	1%	0.7%	0.1%	0.2%	0.7%
2007	금액	25,174,121	22,368,842	2,057,086	251,891	238,668	11,380	37,282	208,971
	비율	100%	88.85%	8.17%	1%	0.95%	0.05%	0.15%	0.83%
2008	금액	22,498,040	17,745,373	3,826,497	291,489	247,236	28,299	50,356	308,790
	비율	100%	78.88%	17.01%	1.3%	1.09%	0.12%	0.22%	1.38%
2009	금액	34,855,467	29,705,125	3,915,936	374,676	340,631	50,561	53,565	414,973
	비율	100%	85.22%	11.23%	1.07%	0.98%	0.15%	0.15%	1.19%
2010	금액	25,437,272	20,839,350	3,727,981	151,107	355,759	98,666	39,958	224,451
	비율	100%	81.92%	14.66%	0.59%	1.4%	0.39%	0.16%	0.88%
2011	금액	17,265,449	14,530,955	2,016,896	127,393	324,925	55,170	50,368	159,742
	비율	100%	84.16%	11.68%	0.74%	1.88%	0.32%	0.29%	0.93%
2012	금액	14,978,078	12,157,824	2,207,970	206,992	135,398	41,502	34,587	193,805
	비율	100%	81.17%	14.74%	1.38%	0.91%	0.28%	0.23%	1.29%
2013	금액	13,074,626	10,660,019	1,801,705	218,451	154,488	38,344	51,524	150,095
	비율	100%	81.53%	13.79%	1.67%	1.18%	0.29%	0.75%	0.79%
2014	금액	11,151,140	8,643,494	2,102,250	101,321	130,735	30,158	26,262	116,920
	비율	100%	77.51%	18.85%	0.91%	1.17%	0.27%	0.24%	1.05%
2015	금액	9,988,909	8,481,603	1,110,576	95,686	107,663	75,064	20,254	98,061
	비율	100%	84.91%	11.12%	0.96%	1.08%	0.75%	0.2%	0.98%
2016	금액	10,588,253	9,269,154	999,991	86,595	105,865	9,208	17,383	100,057
	비율	100%	87.54%	9.44%	0.82%	1%	0.09%	0.16%	0.95%
2017	금액	8,943,239	7,787,917	798,144	93,021	71,664	19,399	123,399	49,695
	비율	100%	87.08%	8.92%	1.04%	0.8%	0.22%	1.38%	0.56%
2018	금액	9,982,626	8,521,969	1,128,761	107,591	84,015	5,050	80,365	54,875
	비율	100%	85.37%	11.3%	1.08%	0.84%	0.05%	0.81%	0.55%
2019	금액	11,648,010	10,346,754	972,038	101,499	78,378	11,227	63,395	74,719
	비율	100%	88.83%	8.35%	0.87%	0.67%	0.10%	0.54%	0.64%
2020	금액	15,422,288	13,807,395	1,294,554	112,902	69,156	5,117	74,426	58,738
	비율	100%	89.53%	8.39%	0.73%	0.45%	0.03%	0.48%	0.38%
2021	금액	16,509,109	15,035,095	1,158,702	98,902	66,074	61,745	51,021	37,570
	비율	100%	91.07%	7.02%	0.60%	0.40%	0.37%	0.31%	0.23%
2022	금액	19,570,703	17,669,706	1,578,192	159,100	66,434	993	50,652	45,626
	비율	100%	90.29%	8.06%	0.81%	0.34%	0.01%	0.26%	0.23%
2023	금액	18,957,406	16,797,670	1,822,855	160,479	86,044	3,162	51,686	35,510
	비율	100%	88.61%	9.62%	0.85%	0.45%	0.02%	0.27%	0.19%

자료 : 국토교통부 주택토지실

<표 17> 토지거래계약허가구역 지정현황

(2023.12.31. 기준) (단위 : ㎢)

구분	합계	국토부*	지자체	지정사유
합계	1,571.4	455.0	1,116.4	
서울	55.8	3.0	52.9	국제교류복합지구, 공공재개발, 신속통합기획 등
부산	49.5	5.5	44.0	공공주택지구, 제2에코델타시티, 가덕도 신공항 조성 등
대구	626.4	-	626.4	대구경북통합신공항이전, 대구미래스마트기술 국가산단 등
인천	20.8	6.9	13.9	구월2 공공주택지구, 검암역세권, 대장지구 등
광주	8.2	3.5	4.7	광주 미래자동차 국가산단 예정지, 광주의료특화 산단 조성 등
대전	25.4	5.6	19.7	안산국방산업단지, 도심융합특구지구, 대전상서공공주택지구 등
울산	12.2	3.3	9.0	강동관광단지, 복합특화단지, 울산선바위공공주택지구 등
세종	50.2	9.0	41.2	규제구역지정, 제3차 공공주택지구 등
경기	453.8	381.2	72.6	제3차 공공주택지구, 기획부동산 투기대책 등
강원	12.9	-	12.9	동서고속화철도 역세권지역, 동계올림픽 특구지역 등
충북	18.8	6.9	11.9	청주분평2 공공주택지구, 오송 제3생명과학 국가산단 등

구분	합계	국토부*	지자체	지정사유
충남	7.4	-	7.4	국방국가산업단지, 도시개발사업지역 등
전북	3.7	-	3.7	신규 국가산업단지 후보지
전남	24.5	-	24.5	율촌지구개발사업, 나주한전에너지공대연구소 및 클러스터 후보지 등
경북	47.8	-	47.8	국가산업단지, 신경주역세권 투자선도지구 예정지 등
경남	23.7	7.5	16.2	진주문산 공공주택지구 등
제주	121.9	14.3	107.6	제주 제2공항 개발사업 예정지, 제주화북2 공공주택지구 등

※ 전국 토지거래허가구역 변동('13.1.1.~'23.12.31.)

(단위 : km^2), 국토면적(남한) : 100,433.6km^2

구분	'13년	'14년	'15년	'16년	'17년	'18년	'19년	'20년	'21년	'22년	'23년
국토부	482	149	110	45	45	126	197	198	241	253	455
지자체	553	317	362	377	353	344	465	743	839	646	1,116
합계	1,035	467	472	422	398	470	653	941	1,080	899	1,571
비중(%)	1.0	0.5	0.5	0.4	0.4	0.5	0.7	0.9	1.1	0.9	1.6

자료 : 국토교통부 주택토지실

〈표 18〉 전국 도로현황

(2023.12.31. 기준, 단위 : km, %)

구 분	2014	2015	2016	2017	2018	2019	2020	2021	2022	2023
총 계 (비 율)	105,673 (100)	107,527 (100)	108,780 (100)	110,091 (100)	110,714 (100)	111,314 (100)	112,977 (100)	113,405 (100)	114,314 (100)	115,878 (100)
고속국도	4,139 (3.9)	4,193 (3.9)	4,438 (4.1)	4,717 (4.3)	4,767 (4.3)	4,767 (4.3)	4,848 (4.3)	4,866 (4.3)	4,939 (4.3)	4,973 (4.3)
일반국도	13,950 (13.2)	13,948 (13.0)	13,977 (12.8)	13,983 (12.7)	13,983 (12.6)	14,030 (12.6)	14,098 (12.5)	14,175 (12.5)	14,200 (12.4)	1,4220 (12.3)
특별· 광역시도	20,154 (19.1)	20,314 (18.9)	20,581 (18.9)	20,906 (19.0)	21,075 (19.0)	21,387 (19.2)	21,675 (19.2)	21,707 (19.1)	22,102 (19.3)	22,160 (19.1)
지방도	18,058 (17.1)	18,087 (16.8)	18,121 (16.7)	18,055 (16.4)	18,075 (16.3)	18,047 (16.2)	18,201 (16.1)	18,286 (16.1)	18,316 (16.0)	18,349 (5.8)
시 도	27,170 (25.7)	28,348 (26.4)	28,867 (26.5)	29,441 (26.7)	30,028 (27.1)	30,307 (27.2)	31,575 (27.9)	31,752 (28.0)	32,636 (28.6)	33,935 (29.3)
군 도	22,202 (21.0)	22,637 (21.0)	22,796 (21.0)	22,989 (20.9)	22,786 (20.6)	22,776 (20.5)	22,580 (20.0)	22,619 (20.0)	22,121 (19.4)	22,241 (19.2)

* 특별광역시도에는 구도가 포함됨
자료 : 국토교통부 도로국

〈표 19〉 고속국도 노선별 현황

(2023.12.31. 기준)

연번	노선번호	노선명	기 점	종 점	연장(km)
총계 : 43개 노선		<공용중 노선 기준, 건설중 노선 등 제외>			4,972.53
1	제 1 호	경부선	부산 금정구	서울 서초구	415.34
2	제 10 호	남해선	전남 영암군	부산 북구	273.20
3	제 12 호	무안~광주선, 광주대구선	광주 북구	대구 달성군	212.88
4	제 14 호	함양울산선	경남 함양군	울산 울주군	44.98
5	제 15 호	서해안선	전남 무안군	서울 금천구	336.09
6	제 16 호	울산선	울산 울주군	울산 남구	14.30
7	제 17 호	평택~화성선, 수원~광명선	경기 평택시	경기 광명시	54.07
		서울~문산선	경기 고양시	경기 파주시	35.20
8	제 20 호	새만금포항선	전북 완주군	경북 포항시	105.86
9	제 25 호	호남선, 논산~천안선	전남 순천시	충남 논산시	276.26
10	제 27 호	순천~완주선	전남 순천시	전북 완주군	117.78
11	제 29 호	세종포천선	경기 구리시	경기 포천시	50.60
12	제 30 호	당진~영덕선	충남 당진시	경북 영덕군	278.90
13	제 32 호	아산청주선	충남 아산시	충북 청주시	32.67
14	제 35 호	통영~대전선, 중부선	경남 통영시	경기 하남시	332.48
15	제 37 호	제2중부선	경기 이천시	경기 하남시	31.08
16	제 40 호	평택~제천선	경기 평택시	충북 제천시	126.91
17	제 45 호	중부내륙선	경남 창원시	경기 양평군	302.03
18	제 50 호	영동선	인천 남동구	강원 강릉시	234.40
19	제 52 호	광주원주선	경기 광주시	강원 원주시	56.95
20	제 55 호	중앙선	부산 사상구	강원 춘천시	370.76
21	제 60 호	서울~양양선	서울 강동구	강원 양양군	151.07

연번	노선번호	노선명	기 점	종 점	연장(km)
22	제 65 호	동해선	부산 해운대구	강원 속초시	222.63
23	제 100 호	수도권제1순환선	경기 성남시	경기 성남시	128.02
24	제 102 호	남해제1지선	경남 함안군	경남 창원시	17.88
25	제 104 호	남해제2지선	경남 김해시	부산 사상구	20.25
26	제 105 호	남해제3지선(부산항신항선)	경남 창원시	경남 김해시	15.26
27	제 110 호	제2경인선	인천 중구	경기 성남시	69.98
28	제 120 호	경인선	인천 서구	서울 양천구	13.44
29	제 130 호	인천국제공항선	인천 중구	경기 고양시	36.55
30	제 151 호	서천~공주선	충남 서천군	충남 공주시	61.36
31	제 153 호	평택~시흥선	경기 평택시	경기 시흥시	40.30
32	제 171 호	오산~화성선, 용인~서울선	경기 오산시	서울 서초구	25.45
33	제 204 호	새만금포항선의지선	전북 익산시	전북 완주군	24.49
34	제 251 호	호남선의지선	충남 논산시	대전 대덕구	53.97
35	제 253 호	고창~담양선	전북 고창군	전남 담양군	42.50
36	제 300 호	대전남부순환선	대전 유성구	대전 동구	13.28
37	제 301 호	상주영천선	경북 상주시	경북 영천시	94.00
38	제 400 호	수도권제2순환선(인천김포)	인천 중구	경기 김포시	28.88
		수도권제2순환선(봉담동탄)	경기 화성시	경기 화성시	9.26
		수도권제2순환선(봉담송산)	경기 화성시	경기 화성시	49.47
		수도권제2순환선(시화MTV)	경기 안산시	경기 시흥시	0.23
		수도권제2순환선(화도-조안)	경기 남양주시	경기 양평군	12.69
39	제 451 호	중부내륙선의지선	대구 달성군	대구 북구	30.00
40	제 500 호	광주외곽순환선	광주 광산구	전남 장성군	9.70
41	제 551 호	중앙선의지선	경남 김해시	경남 양산시	17.42
42	제 600 호	부산외곽순환선	경남 김해시	부산 기장군	48.80
43	제 700 호	대구외곽순환선	대구 달서구	대구 동구	32.91

자료 : 국토교통부 도로국

<표 20> 고속국도 건설 현황

○ 신 설　　　　　　　　　　　　　　　　　　　　　　　　　　(2023.12.31 기준)

연번	노선번호	노선명	연장(km)	공사기간	건설비(억원)	비고
총계		43개 노선	4,972.5		846,099	
1	1	경부선	415.3	'68. 2 ~ '70. 7	430	
2	10	남해선	273.2	'72. 11 ~ '73. 11	222	순천~부산
				'02. 12 ~ '12. 6	22,931	영암~순천
3	12	광주대구선	212.9	'81. 10 ~ '84. 8	2,040	88올림픽
				'02. 12 ~ '07. 12	4,071	무안~나주
		무안광주선		'02. 12 ~ '08. 5	2,036	나주~광주
4	14	함양울산선	44.9	'14. 03 ~ '20. 12	21,465	밀양~울산
5	15	서해안선	336.6	'90. 12 ~ '01. 12	50,351	
6	16	울산선	14.3	'69. 6 ~ '69. 12	18	
7	17	평택화성선	26.7	'05. 6 ~ '09. 10	6,297	
		수원광명선	27.4	'11. 4 ~ '16. 4	17,374	
		서울문산선	35.2	'15. 11 ~ '20. 11	811	
8	20	새만금포항선	105.9	'01. 9 ~ '07. 12	7,825	완주~장수
				'98. 4 ~ '04. 12	19,950	대구~포항
9	25	호남선	194.2	'70. 4 ~ '73. 11	210	
		천안논산선	82.0	'97. 12 ~ '02. 12	17,297	천안~논산
10	27	순천완주선	117.8	'04. 12 ~ '10. 12	10,626	전주~남원
				'05. 03 ~ '11. 10	11,501	남원~순천
11	29	세종포천선	50.6	'12. 6 ~ '17. 12	27,753	구리~포천
12	30	당진영덕선	278.9	'01. 9 ~ '07. 12	14,148	청원~상주
				'01. 12 ~ '09. 12	17,376	당진~대전
				'09. 12 ~ '16. 12	27,513	상주~영덕
13	32	옥산오창선	12.1	'14. 01 ~ '18. 01	3,480	옥산~오창
		당진천안선	20.6	'15. 12 ~ '23. 12	15,101	당진~천안
14	35	중부선	332.5	'85. 4 ~ '87. 12	3,926	하남~호법
		대전통영선		'92. 3 ~ '01. 11	23,294	대전~진주
				'97. 5 ~ '05. 12	10,809	진주~통영

연번	노선번호	노선명	연장(km)	공사기간	건설비(억원)	비고
15	37	제2중부선	31.1	'97. 4 ~ '01. 11	6,779	
16	40	평택제천선	126.9	'97. 12 ~ '02. 12	5,564	평택~서안성
				'02. 12 ~ '07. 8	1,325	서안성~남안성
				'07. 8 ~ '14. 12	9,665	음성~충주
				'09. 7 ~ '15 .07	7,873	충주~제천
17	45	중부내륙선	302.0	'76. 7 ~ '77. 12	156	마산~현풍
				'01. 12 ~ '07. 12	10,471	현풍~김천
				'96. 10 ~ '01. 9	4,216	김천~상주
				'97. 10 ~ '04. 12	17,162	상주~충주
				'96. 11 ~ '02. 12	5,622	충주~여주
				'02. 12 ~ '12. 12	8,070	여주~양평
18	50	영동선	234.4	'90. 12 ~ '94. 11	2,848	인천~안산
				'88. 2 ~ '91. 12	1,829	안산~신갈
				'71. 3 ~ '71. 12	95	신갈~새말
				'74. 3 ~ '75. 10	135	새말~강릉
19	52	광주원주선	56.9	'11. 11 ~ '16. 11	15,337	광주~원주
20	55	중앙선	288.7	'89. 10 ~ '01, 12	29,857	춘천~대구
			82.0	'01. 2 ~ '06, 2	27,477	대구~부산
21	60	서울양양선	151.1	'04. 8 ~ '09. 8	21,696	서울~춘천
				'04. 3 ~ '09, 12	4,588	춘천~동홍천
				'08. 12 ~ '17. 6	23,783	동홍천~양양
22	65	동해선	222.6	'09. 12 ~ '16. 12	6,019	삼척~동해
				'74. 3 ~ '75. 10	288	동해~강릉
				~ '01. 12	2,720	강릉~주문진
				'04. 12 ~ '16. 12	9,669	주문진~속초
				'01. 11 ~ '08. 12	14,778	부산~울산
				'09. 12 ~ '16. 6	12,630	울산~포항
23	100	수도권제1순환선	91.7	'88. 2 ~ '01. 9	27,711	일산~판교~퇴계원
			36.3	'01. 6 ~ '07. 12	22,792	일산~퇴계원

연번	노선번호	노선명	연장(km)	공사기간	건설비(억원)	비고
24	102	남해제1지선	17.9	'96. 3 ~ '01. 11	3,822	산인~창원
25	104	남해제2지선	20.3	'78. 5 ~ '81. 9	664	냉정~사상
26	105	부산신항제2배후	15.2	'12. 7 ~ '17. 1	17,458	김해~진례
27	110	제2경인선	26.7	'90. 12 ~ '94. 7	1,568	인천~서창
				'90. 12 ~ '94. 7	1,052	서창~안양
			21.9	'12. ~ '17. 9	10,919	안양~성남
			12.3	'05. 7 ~ '09. 10	15,201	인천대교
			9.1	'05. 12 ~ '09. 10	8,652	인천대교연결
28	120	경인선	13.4	'67. 3 ~ '68. 12	31	
29	130	인천국제공항선	36.5	'95. 11 ~ '00. 11	14,766	
30	151	서천공주선	61.4	'01. 12 ~ '09. 12	9,365	서천~공주
31	153	평택시흥선	40.3	'08. 3 ~ '13. 3	13,019	평택~시흥
32	171	용인서울선, 오산화성선	22.9	'05. 10 ~ '09. 6	15,256	용인~서울
			2.6	'05 6 ~ '09. 10	590	오산~화성
33	204	새만금포항선지선	24.5	'01. 9 ~ '07. 12	5,252	익산~완주
34	251	호남선지선	54.0	'70. 4 ~ '73. 11	49	
35	253	고창담양선	42.5	'01. 5 ~ '06. 12	5,144	장성~담양
				'02. 12 ~ '07. 12	3,542	고창~장성
36	300	대전남부순환선	13.3	'93. 12 ~ '99. 9	4,271	
37	301	상주영천선	94.0	'12. ~ '17. 6	20,236	
38	400	수도권제2순환선	9.3	'05 6 ~ '09. 10	11,703	봉담~동탄
			28.9	'12. 3 ~ '17. 3	17,365	인천~김포
			49.4	'17. 4 ~ '21. 4	13,253	봉담~송산
			0.2	'18. 6 ~ '23. 12	1,226	시화MTV
			12.7	'14.05 ~ '23. 12	7,858	화도-조안
39	451	중부내륙선지선	30.0	'76. 7 ~ '77. 12	88	현풍~대구
40		광주외곽순환선	9.7	'15. 12 ~ '22.12	3,739	남광산~남장성
41	551	중앙선지선	17.4	'91. 7 ~ '96. 6	1,463	
42	600	부산외곽순환선	48.8	'10. 12 ~ '18. 2	5,482	노포~기장
43	700	대구외곽순환선	32.5	'14. 3 ~ '22. 3	15,710	달서~상매

자료 : 국토교통부 도로국

<표 21> 일반물류단지 개발사업 추진현황

(2023.12.31. 기준)

구 분	사 업 명	위 치	규 모(㎡)	사업비(억원)	사업기간	비고
	합 계	44개소	17,169,569	71,862		
운영중	서울 동남권	서울 송파구 문정동	560,694	8,410	'04~'19	
	부산 감천항	부산 서 구 암남동	206,408	3,761	'91~'09	
	경인아라뱃길 인천	인천 서 구 오류동	1,145,026	3,270	'10~'14	
	대전 종합	대전 유성구 대정동	463,887	1,590	'98~'03	
	남대전 종합	대전 동 구 구도동	558,868	1,568	'08~'13	
	울산 진장(1단계)	울산 북 구 진장동	453,436	1,102	'00~'07	
	울산 진장(2단계)	울산 북 구 진장동	206,429	1,071	'11~'18	
	울산 삼남	울산 울주군 삼남면	137,299	1,650	'14~'21	
	평택 종합	경기 평택시 도일동	486,062	724	'03~'08	
	여주 첼시	경기 여주군 여주읍	264,242	478	'99~'10	
	광주 도척	경기 광주시 도척면	278,016	593	'03~'09	
	김포 고촌	경기 김포시 고촌면	894,454	4,432	'10~'13	
	안성 원곡	경기 안성시 원곡면	682,398	2,107	'09~'14	
	광주 초월	경기 광주시 초월읍	264,529	1,383	'09~'14	
	부천 오정	경기 부천시 오정동	458,024	2,496	'08~'20	
	화성 동탄	경기 화성시 동탄면	460,670	2,957	'10~'17	
	안성 미양	경기 안성시 미양면	136,554	1,035	'14~'18	
	이천 패션	경기 이천시 마장면	796,706	2,459	'09~'13	
	강릉 종합	강원 강릉시 구정면	174,236	552	'99~'18	
	음 성	충북 음성군 대소면	283,934	382	'98~'07	
	영동 황간	충북 영동군 황간면	263,179	240	'09~'15	
	천 안	충남 천안시 백석동	451,182	1,518	'00~'11	
	전주 장동	전북 전주시 덕진구 장동	189,151	258	'04~'07	
	안동 종합	경북 안동시 풍산읍	225,411	196	'05~'07	
	김해 관광유통단지	경남 김해시 신문동	878,128	3,193	'98~'13	
	소 계	25개소	10,918,923	47,425		
공사중	무 등	경남 고성군 거류면	278,692	397	'13~'25	
	군 산	전북 군산시 개사동	329,452	838	'14~'24	
	광주 직동	경기 광주시 직 동	571,410	2,310	'16~'23	
	광주 오포	경기 광주시 오포읍	191,500	1,134	'17~'24	
	남여주	경기 여주시 연라동	202,577	469	'16~'23	
	용인 포곡스마트	경기 용인시 포곡읍	170,991	1,378	'19~'23	
	이천 BPO	경기 이천시 마장면	141,530	318	'15~'23	
	이천 마장(IMLC)	경기 이천시 마장면	298,501	879	'19~'24	
	용인 국제물류4.0	경기 용인시 처인구	948,410	4,530	'19~'24	
	익산 왕궁	전북 익산시 왕궁면	447,604	1,017	'13~'24	
	익산 정족	전북 익산시 정족동	357,141	1,194	'15~'25	
	당진 송악	충남 당진시 송악읍	695,700	1,933	'16~'24	
	동고령IC	경북 고령군 성산면	113,695	500	'18~'24	
	김해 상동	경남 김해시 상동면	97,745	420	'18~'23	
	김해 죽곡일반	경남 김해시 진영읍	95,600	798	'21~'24	
	세종 전동물류단지	세종 전동면 석곡리	783,114	2,485	'22~'25	
	김해 풍유 일반물류단지	경남 김해시 풍유동	323,490	2,700	'21~'24	
	울산 상천 물류단지	울산 울주군 상천리	123,326	803	'22~'27	
	김포 감정물류단지	경기 김포시 감정동	80,168	334	'17~'24	
	소 계	19개소	6,250,646	24,437		

자료 : 국토교통부 교통물류실

⟨표 22⟩ 생태·경관보전지역 지정현황

(2023.12.31 기준)

지역명	위 치	넓이 (km²)	특 징	지정일자
환경부 지정 : 9개소, 248.029km²				
지리산	전남 구례군 산동면 심원계곡 및 토지면 피아골 일원	20.20	극상원시림 (구상나무 등)	1989.12.29
섬진강 수달 서식지	전남 구례군 문척면, 간전면, 토지면 일원	1.834	멸종위기동물인 수달의 서식지	2001.12.1
고산봉 붉은박쥐 서식지	전남 함평군 대동면 일원	8.78	멸종위기동물인 붉은박쥐의 서식지	2002.5.1
동강유역	강원 영월군 영월읍, 정선군 정선·신동읍, 평창군 미탄면 일원	79.258	지형·경관 우수 희귀야생동·식물 서식	2002.8.9 ('18.04.30) ('19.12.23)
왕피천 유역	경북 울진군 서면, 근남면 일원	102.841	지형·경관 우수 희귀 야생동식물 서식	2005.10.14 ('13.07.17)
소황사구	충남 보령시 웅천읍 소황리, 독산리 일원	0.121	해안사구 희귀야생동·식물 서식	2005.10.28
하시동 안인사구	강원도 강릉시 강동면 하시동리 일원	0.234	사구의 지형·경관 우수	2008.12.17
운문산	경북 청도군 운문면 일원	26.395	경관 및 수달, 하늘다람쥐, 담비 등 멸종위기종 서식	2010.9.9
거금도 적대봉	전남 고흥군 거금도 적대봉 일원	8.365	멸종위기종과 특정야생동식물 서식	2011.1.7

시·도지사 지정 : 23개소, 37.905km²					
시도	지역명	위 치	면적(km²)	특 징	지정일자
서울	한강밤섬	서울 영등포구 여의도동 84-4 및 마포구 당인동 314	0.279	철새도래지, 서식지	'99.8.10
	둔촌동 자연습지	서울 강동구 둔촌동 211	0.030	도시지역의 자연습지	'00.3.6 ('13.7.4 확대)
	방이동습지	서울 송파구 방이동 439-2 일대	0.059	도시지역의 습지	'02.4.15 ('05.11.24 확대)
	탄천	서울 송파구 가락동 및 강남구 수서동	1.151	도심속의 철새도래지	'02.4.15
	진관 내동습지	서울 은평구 진관내동 78번지 일대	0.017	도시지역의 자연습지	'02.12.30
	암사동습지	서울 강동구 624-1 일대	0.270	도시지역의 하천습지	'02.12.30. ('21.12.30확대)
	고덕동	서울 강동구 고덕동 396 일대 서울 강동구 강일동 661일대 (고덕수변 생태복원지~하남시계)	0.320	다양한 자생종 번성 제비, 물총새 등 보호종을 비롯한 다양한 조류서식	'04.10.20 ('07.12.27 확대)
	청계산 원터골	서울 서초구 원지동 산4-15번지 일대	0.146	갈참나무를 중심으로 낙엽활엽수군집 분포	'04.10.20
	헌인릉 오리나무	서울 서초구 내곡동 산13-1 일대	0.057	다양한 자생종 번성	'05.11.24
	남산	서울 중구 예장동 산5-6 일대 서울 용산구 이태원동 산1-5일대	0.705	신갈나무군집 발달 남산 소나무림 지역	'06.7.27 ('07.12.27 확대)
	불암산 삼유대	서울 노원구 공능동 산223-1일대	0.204	서어나무군집 발달	'06.7.27
	창덕궁 후원	서울시 종로구 와룡동 2-71일대	0.441	갈참나무군집 발달	〃
	봉산 팥배나무림	서울시 은평구 신사동 산93-16	0.073	팥배나무림 군락지	'07.12.27
	인왕산 자연경관	서대문구 홍제동 산1-1일대	0.258	기암과소나무가 잘 어우러지는 수려한 자연경관	〃
	성내천하류	송파구 방이동 88-6 일대	0.700	도심속 자연하천	'09.11.26
	관악산	관악구 신림동 산56-2 일대	0.7482	회양목군락 자생지	〃
	백사실 계곡	종로구 부암동 산 115-1 일대	0.133	생물다양성 풍부	〃
울산	태화강	울산시 태화강 하류 일원	0.983	철새 등 야생동·식물 서식지	'08.12.24
강원	소한계곡	강원도 삼척시 근덕면 초당리, 하맹방리 일원	0.104	국내유일 민물김 서식지	'12.10.5
전남	광양백운산	전남 광양군 옥룡면, 진상면, 다압면	9.74	자연경관수려 및 원시자연림	'93.4.26
경기	조종천상류 명지산·청계산	경기 가평군, 포천군	22.06	희귀곤충상 및 식물상이 다양하고 풍부한 지역	'93.9.1
부산	석은덤계곡	부산 기장군 정관면 병산리 산101-1	0.02	희귀야생식물 집단서식	'15.06.10
	장산습지	부산 해운대구 반송동 산51-188	0.037	산지습지로써 희귀야생식물 서식	'17.08.09

자료 : 환경부

<표 23> 습지보호지역 지정현황
(2023.12.31 기준)

지역명	위 치	면적(km²)	특 징	지정일자 (람사르등록)
환경부 지정(32개소, 137.696km²)				
낙동강 하구	부산 사하구 신평, 장림, 다대동 일원 해면 및 강서구 명지동 하단 해면	37.718	철새도래지	1999.08.09
대암산 용늪	강원 인제군 서화면 대암산의 큰용늪과 작은용늪 일원	1.36	우리나라 유일의 고층습원	1999.08.09 ('97.03.28)
우포늪	경남 창녕군 대합면, 이방면, 유어면, 대지면 일원	8.652 (개:0.105)	우리나라 最古의 원시자연늪	1999.08.09 ('98.03.02)
무제치늪	울산시 울주군 삼동면 조일리 일원	0.184	산지습지	1999.8.9 ('07.12.20)
물영아리 오름	제주 서귀포시 남원읍 수망리	0.309	기생화산구	2000.12.5 ('06.10.18)
화엄늪	경남 양산시 하북면 용연리	0.124	산지습지	2002.02.01
두웅습지	충남 태안군 원북면 신두리	0.067	신두리사구의 배후습지 희귀야생동·식물 서식	2002.11.1 ('07.12.20)
신불산 고산습지	경남 양산시 원동면 대리 산92-2일원	0.308	희귀야생동·식물이 서식하는 산지습지	2004.02.20
담양 하천습지	전남 담양군 대전면, 수북면, 황금면, 광주광역시 북구 용강동 일원	0.981	멸종위기 및 보호야생동·식물이 서식하는 하천습지	2004.07.08
신안 장도 산지습지	전남 신안군 흑산면 비리 산109-1~3번지 일원	0.090	도서지역 최초의 산지습지	2004.8.31 ('05.03.30)
한강하구 습지	김포대교 남단~강화군 송해면 숭뢰리 사이 하천제방과 철책선 안쪽(수면부 포함)	60.668	자연하구로 생물다양성이 풍부하여 다양한 생태계 발달	2006.04.17
재약산 고산습지	경남 밀양시 단장면 구천리 산1	0.587	절경이 뛰어나고 이탄층 발달, 멸종위기종 삵 등 서식	2006.12.28
제주1100 고지습지	서귀포시 색달동, 중문동 및 제주시 광령리	0.126	산지습지로 멸종위기종 및 희귀야생동식물 서식	2009.10.01 ('09.10.12)
제주물장오리 오름습지	제주 제주시 봉개동	0.610	산정화구호의 특이지형, 희귀야생동식물 서식	2009.10.01 ('08.10.13)
제주동백동 산습지	제주 제주시 조천읍 선흘리 일원	0.590	지하수함양률이 높고, 생물다양성이 풍부한 곶자왈지역	2010.11.12 ('11.03.14)
고창 운곡습지	전북 고창군 아산면 운곡리 일원	1.930 (개:0.133)	생물다양성이 풍부하고 멸종위기종 수달 등 서식	2011.03.14 ('11.04.07)
상주 공검지	경북 상주시 공검면	0.264	말똥가리, 잿빛개구리매, 수리부엉이, 등 멸종위기종	2011.06.29
한반도 습지	강원도 영월군 한반도면	2.772 (주:0857)	수달, 돌상어, 묵납자루 등 8종의 보호종 서식	2012.01.13

지역명	위 치	면적(km²)	특 징	지정일자 (람사르등록)
정읍 월영습지	전북 정읍시 쌍암동 일원	0.375	생물다양성 풍부하고 구렁이, 말똥가리 등 멸종위기종 6종 서식	2014.07.24
제주 숨은물뱅듸	제주 제주시 애월읍 광령리	1.175 (주:0.875)	생물다양성 풍부하고 자주땅귀개, 새호리기 등 법정보호종 다수 분포	2015.07.01. ('15.05.13)
순천 동천하구	전남 순천시 교량동, 도사동, 해룡면, 별량면 일원	5.656 (개:0.263)	국제적으로 중요한 이동물새 서식지이며, 생물다양성이 풍부하고 멸종위기종 상당수 분포	2015.12.24. ('16.01.20)
섬진강 침실습지	전남 곡성군 곡성읍·고달면·오곡면, 전북 남원시 송동면 섬진강 일원	2.037	수달, 남생이 등 법적보호종이 다수분포하고 생물다양성이 풍부	2016.11.07.
문경 돌리네	경북 문경시 산북면 우곡리 일원	0.494	멸종위기종이 다수분포하고 국내유일의 돌리네 습지	2017.06.15
김해 화포천	경남 김해시 한림면, 진영읍 일원	1.298	황새 등 법정보호종이 다수분포하고 생물다양성이 풍부	2017.11.23. 2022.08.12(확대)
고창 인천강하구	고창군 아산면, 심원면, 부안면 일원	0.722	생물다양성이 풍부한 열린하구로서 노랑부리백로 등 법적보호종이 다수 서식	2018.10.24
광주광역시 장록	광주광역시 광산구 일원	2.735 (개:0.031)	생물다양성이 풍부하며, 습지원형이 잘 보전된 도심 내 하천습지	2020.12.08. 2022.08.12(확대)
철원 용양보	강원도 철원군 김화읍 일원	0.519	장기간 보전되어 자연성이 뛰어나며 다양한 서식환경을 지녀 생물다양성 풍부	2020.12.08
충주 비내섬	충북 충주시 앙성면, 소태면 일원	0.920	자연성 높은 하천경관 보유한 하천습지로 다수 멸종위기종 서식 등 생물다양성 우수	2021.11.30
경남 고성 마동호	경남 고성군 마암면, 거류면 일원	1.079	저어새 등 법정보호종이 다수 분포하고, 생물다양성이 풍부	2022.02.03
순천 와룡 산지습지	전남 순천 와룡동 산277번지 일원	0.899	폐경작(廢耕作) 이후 자연적 천이에 의해 습지원형으로 복원된 생물다양성 높은 산지습지	2022.12.30
대전 갑천	대전 서구 정림·월평·도안동, 유성구 원신흥동 일원	0.901	하천퇴적층 발달하여 자연상태의 원시성 유지, 멸종위기종 포함 생물다양성 풍부	2023.06.05
철원 이길리	강원특별자치도 철원군 이길리 일대	1.390	하천의 자연성 우수하며, 철새 주요 월동지로서 생물다양성 풍부	2023.12.29

지역명	위 치	면적(km²)	특 징	지정일자 (람사르등록)
해양수산부 지정(16개소, 1,494.82km²)				
무안갯벌	전남 무안군 해제면, 현경면 일대	42.0	생물다양성 풍부 지질학적 보전가치	2001.12.28 ('08.01.14)
진도갯벌	전남 진도군 군내면 고군면 일원(신동지역)	1.44	수려한 경관 및 생물다양성 풍부, 철새도래지	2002.12.28
순천만 갯벌	전남 순천시 별양면, 해룡면, 도사동 일대	28.0	흑두루미 서식·도래 및 수려한 자연경관	2003.12.31 ('06.01.20)
보성벌교 갯벌	전남 보성군 벌교읍 일원	31.85	자연성 우수 및 다양한 수산자원	2018.9.03 ('06.01.20)
	보성군 벌교읍 장양리·영등리·장좌리	2.07		2020.12.31
옹진 장봉도갯벌	인천 옹진군 장봉리 일대	68.4	희귀철새 도래·서식 및 생물다양성 우수	2003.12.31
부안 줄포만갯벌	전북 부안군 줄포면·보안면일원	4.9	자연성 우수 및 도요새 등 희귀철새 도래·서식	2006.12.15 ('10.02.01)
고창갯벌	전북 고창군 부안면, 심원면 및 해리면 일원	64.66	자연상태의 원시성유지 및 생물다양성 풍부	2018.09.03 ('10.02.01)
서천갯벌	충남 서천군 서면, 비인면, 마서면, 종천면 및 장항읍 일원	68.09	검은머리물떼새 서식, 빼어난 자연경관	2018.09.03 ('09.12.02)
신안갯벌	전남 신안군 일원	1,100.86	우수한 경관과 생태계를 보유하고 생물다양성 풍부	2018.09.03 ('11.07.29)
마산만 봉암 갯벌	창원시 마산 회원구 봉암동	0.1	도심습지, 희귀 멸종위기종서식	2011.12.16
시흥갯벌	경기도 시흥시 장곡동	0.71	내만형 갯벌, 희귀·멸종위기 야생동물 서식·도래지역	2012.02.17
대부도 갯벌	경기 안산시 단원구 연안갯벌	4.53	멸종위기종인 저어새, 노랑부리백로, 알락꼬리마도요 서식, 생물다양성 풍부함	2017.03.22. ('18.10.25.)
화성 매향리 갯벌	경기 화성시 우정읍 매향리 일원	14.08	대형저서동물 등 생물다양성이 풍부	2021.7.20
고흥갯벌	전남 고흥군 여자만 주변지역 갯벌	59.43	멸종위기 철새의 서식지 및 대형 저서동물 등 생물다양성 풍부한 갯벌	2022.12.29
사천 광포만 갯벌	경남 사천시 광포만 주변지역 갯벌	3.46	넓은 염생식물 군락 및 대형 저서동물 등 생물다양성 풍부	2023.10.23
제주 오조리갯벌	제주특별자치도 서귀포시 성산읍 오조리 주변지역 갯벌	0.24	물수리, 노랑부리저어새 등 멸종위기종 서식지로 생물다양성 풍부	2023.12.21

지역명	위 치	면적(km²)	특 징	지정일자 (람사르등록)
지자체 지정(7개소, 8.254km²)				
대구 달성하천 습지	대구광역시 달서구 호림동, 달성군 화원읍	0.178	흑두루미, 재두루미 등 철새도래지, 노랑어리연, 기생초 등 습지식물 발달	2007.05.25
대청호 추동습지	대전광역시 동구 추동 91번지	0.346	수달, 말똥가리, 흰목물떼새, 청딱따구리 등 희귀 동물서식	2008.12.26
송도갯벌	인천광역시 연수구 송도동 일원	6.110	저어새, 검은머리갈매기, 말똥가리, 알락꼬리도요 등 동아시아 철새이동경로	2009.12.31. ('14.07.10.)
경포호· 가시연습지	강원도 강릉시 운정동, 안현동, 초당동, 저동일원	1.314 (주:0.007)	동해안 대표 석호 및 철새 도래지, 멸종위기종 가시연 서식	2016.11.15.
순포호	강원도 강릉시 사천면 산대월리 일원	0.133	멸종위기종 Ⅱ급 순채서식, 철새도래지이며 생물다양성 풍부	2016.11.15.
쌍호	강원도 양양군 손양면 오산리 일원	0.139 (주:0.012)	사구위에 형성된 소규모 석호, 통발서식	2016.11.15.
가평리 습지	강원도 양양군 손양면 가평리 일원	0.034	해안충적지에 발달한 담수화된 석호로 꽃창포, 부채붓꽃, 털부처꽃 서식	2016.11.15.

자료 : 환경부, 해양수산부

〈표 24〉 특정도서 지정현황

(2023.12.31 기준)

구 분	도서수	넓이(천㎡)	도 서 명
계	257	13.793	
1차지정 ('00.9.5)	47	3.410	울릉[독도], 강화[우도, 비도, 석도, 수리봉, 수시도, 분지도, 소송도, 대송도], 옹진[신도, 어평도, 뭉퉁도, 소초지도, 할미염, 항도, 갈흘도, 통각 흘도, 소통각흘도, 부도, 토끼섬, 광대도, 상바지섬, 중바지섬, 하바지섬, 명애섬], 통영[홍도, 어유도, 소지도, 좌사리도(자라리도), 외부지도, 소매물도(등대도)], 남해[세존도, 소치도, 사도, 죽암도(미도), 목도(부도), 고도, 마안도], 진도[병풍도, 행금도, 변도(탄항도), 납태기도(서대기도), 백야도], 고흥[목도, 대항도, 곡두도]
2차지정 ('02.5.1)	38	2.604	보령[나무섬(상목도), 납작도, 대길산도, 대청도, 오도, 추도(기름암포함), 횡견도], 완도[진섬, 혈도, 갈마도, 불근도, 섬어두지(어두도), 원도2(두룡섬), 다라지도(낙타섬), 대병풍도, 소다랑도, 대칠기도, 중칠기도, 소칠기도, 비도, 송도, 소사도(거북섬), 대사도, 재도, 중화도, 소화도], 해남[소연포초도, 송도, 갈도], 하동[채도, 악도(장구섬), 혈도, 마도, 소마도, 오동도, 장도, 토도(토끼섬), 소첨도]
3차지정 ('02.8.8)	41	2.993	신안[오도, 두리도, 죽도, 원도, 진목도, 왼섬, 소정섬, 대정섬, 역도, 소허사도, 매섬, 부남섬, 대섬, 호감섬, 갈매섬, 밖다리섬, 법고섬], 군산[보농도, 소횡경도, 횡경도], 부안[내조도, 달루도판달래섬, 대형제도, 판정금도, 외치도(큰판치도)], 거제[소병대도, 대병대도, 소다포도, 송도, 갈도(갈곳도)], 사천[솔섬(악도), 학섬(학도), 우무섬(우무도), 향기도], 서산[흑어도, 옥도, 묘도], 태안[북격렬비도, 곳도(화창도), 묘도(토끼섬), 솔섬]
4차지정 ('03.7.18)	9	0.477	옹진군[서만도], 신안[하도, 족도, 개린도], 남해[상장도, 소목과도, 막도], 북제주군[흑검도, 청도]
5차지정 ('04.1.7)	18	0.594	부산[남형제섬, 북형제섬, 주전자섬], 진도[골도, 각흘도, 대삼도], 여수[부도, 장구도, 고여, 죽도, 소송도, 안목섬, 밖목섬], 고성[상비사도, 하비사도, 윗대호섬, 문래섬], 마산[곰섬]
6차지정 ('07.11.21)	5	0.140	완도(잠도, 장구섬, 문어북도, 문어남도, 가덕도)
7차지정 ('08.10.21)	4	0.298	군산(십이동파도1, 십이동파도2, 십이동파도4, 십이동파도9)
8차지정 ('09.6.11)	5	0.084	충남 보령시(외횡견도, 무명도, 변도, 오도, 석도)
9차지정 ('10.3.17)	3	0.015	전남 고흥군(아랫돈배섬, 내매물도, 진지외도)

구 분	도서수	넓이(천㎡)	도 서 명
10차지정 ('11.7.13)	7	0.137	전남 여수시(지마도, 토도, 보든아기섬, 소평여도, 가덕도), 보성군(해1도, 해2도)
11차지정 ('12.10.19)	6	0.085	전남 신안군(구도, 저도, 다라도, 대술개도, 외엽산도, 국홀섬)
12차지정 ('14.1.6)	23	0.937	신안(육각도, 바람막이도, 둔북섬, 불무기도), 완도(안매도, 대마도, 형제도, 형제도1, 송도, 매물도, 소덕우도, 구도), 진도(중갈매기섬, 밀매도, 갈매시섬, 중방고도, 하방고도, 상방고도, 솔섬), 제주(직구도, 수령섬, 보론섬, 염섬)
13차지정 ('14.12.30)	13	0.084	경남 통영(대구을비도, 딴독섬, 샛개끝, 대호도, 돌거칠리도, 소구을비도, 녹운도, 갈도쌍여, 네바위), 경남 거제(갈산도2, 백산도, 갈산도1, 소치섬)
14차지정 ('15.12.23)	11	0.380	경남 통영(소초도, 적도), 인천 옹진(대가덕도, 낭각홀도, 소낭각홀도, 서삭홀도), 경기 안산(말육도), 경기 화성(매박섬), 충남 서천(오력도), 전북 부안(외조도, 세항도)
15차 지정 ('16.12.22)	15	0.892	인천 옹진군(구지도), 충남 태안군(석도, 동·서격렬비도), 전남 완도군(횐여도, 복생도), 전남 영광군(육산도), 경남 통영시(농가도, 안거칠리도, 하서도, 솔여도, 자라리제도, 대혈도, 소덕도, 춘복도)
16차 지정 ('17.12.22)	4	0.142	충남 보령시(중수도, 소길산도), 전북 군산시(십이동파도6(병풍도)), 전남 영광군(각거도)
17차 지정 ('18.12.4)	6	0.266	전북 군산시(석도), 충남 보령시(무명도2, 질마도, 아랫노랑이섬, 윗노랑이섬, 나무섬)
18차 지정 ('19.12.23)	2	0.255	전남 여수시(중결도, 고여)

자료 : 환경부

<표 25> 자연공원 지정현황

○ 국립공원

(2023.12.31. 기준)

공원명	위치	면적(km²)	지정일자
합 계	23개소	6,888.394 (해면 2,782.375)	-
지 리 산	전남·북, 경남	485.647	'67.12.29
경 주	경북	137.418	'68.12.31
계 룡 산	충남, 대전	64.176	'68.12.31
한 려 해 상	전남, 경남	537.479	'68.12.31
설 악 산	강원	400.027	'70.03.24
속 리 산	충북, 경북	278.921	'70.03.24
한 라 산	제주	153.444	'70.03.24
내 장 산	전남·북	80.138	'71.11.17
가 야 산	경남·북	76.792	'72.10.13
덕 유 산	전북, 경남	228.919	'75.02.01
오 대 산	강원	327.904	'75.02.01
주 왕 산	경북	106.114	'76.03.30
태 안 해 안	충남	388.604	'78.10.20
다 도 해 상	전남	2276.209	'81.12.23
북 한 산	서울, 경기	176.567	'83.04.02
치 악 산	강원	288.140	'84.12.31
월 악 산	충북, 경북	77.334	'84.12.31
소 백 산	충북, 경북	321.264	'87.12.14
변 산 반 도	전북	154.957	'88.06.11
월 출 산	전남	56.526	'88.06.11
무 등 산	광주, 전남	75.721	'13.03.04
태 백 산	강원, 경북	70.036	'16.08.22
팔 공 산	대구, 경북	126.058	'23.12.31

자료 : 환경부

○ 도립공원
(2023.12.31. 기준)

공 원 명	위 치	면 적(km²)	지정일자
합 계	30개소	1,026.765	
금 오 산	경북 구미, 칠곡, 김천	37.262	'70. 6. 1
남 한 산 성	경기 광주, 하남, 성남	35.139	'71. 3.17
모 악 산	전북 김제, 완주, 전주	43.309	'71.12. 2
덕 산	충남 예산, 서산	19.859	'73. 3. 6
칠 갑 산	충남 청양	31.068	'73. 3. 6
대 둔 산	전북 완주, 충남 논산, 금산	59.996	'77. 3.23
마 이 산	전북 진안	17.220	'79.10.16
가 지 산	울산, 경남 양산, 밀양	104.345	'79.11. 5
조 계 산	전남 순천	26.750	'79.12.26
두 륜 산	전남 해남	32.910	'79.12.26
선 운 산	전북 고창	43.683	'79.12.27
문 경 새 재	경북 문경	5.478	'81. 6. 4
경 포	강원 강릉	1.689	'82. 6.26
청 량 산	경북 봉화	49.509	'82. 8.21
연 화 산	경남 고성	21.847	'83. 9.29
고 복	세종특별자치시	1.949	'91. 1.17
천 관 산	전남 장흥	7.940	'98.10.13
연 인 산	경기 가평	37.691	'05. 9.12
신 안 갯 벌	전남 신안	162.000	'08. 6. 5
무 안 갯 벌	전남 무안	37.122	'08. 6. 5
마 라 해 양	제주도 서귀포시	49.755	'08. 9.19
성산일출해양	제주도 서귀포시	16.156	'08. 9.19
서 귀 포 해 양	제주도 서귀포시	19.540	'08. 9.19
추 자	제주도 제주시	95.292	'08. 9.19
우 도 해 양	제주도 제주시	25.863	'08. 9.19
수 리 산	경기 안양, 안산, 군포	7.035	'09. 7.16
제 주 곶 자 왈	제주도 서귀포시	1.547	'11.12.30
벌 교 갯 벌	전라남도 보성군	23.068	'16. 1.28
불 갑 산	전라남도 영광군	7.004	'19. 1.10
철원DMZ성재산	강원 철원군	4.739	'23. 7.21

자료 : 환경부

○ 군립공원

(2023.12.31. 기준)

공 원 명	위 치	면 적(km²)	지정일자
합 계	28개소	254.515	
강 천 산	전북 순창군 팔덕면	15.812	'81.01.07.
천 마 산	경기 남양주시 화도읍, 진천면, 호평면	12.375	'83.08.29.
보 경 사	경북 포항시 송라면	8.511	'83.10.01.
불영계곡	경북 울진군 울진읍, 서면, 근남면	25.595	'83.10.05.
덕 구 온 천	경북 울진군 북면	6.275	'83.10.05.
상 족 암	경남 고성군 하일면, 하이면	5.094	'83.11.10.
호 구 산	경남 남해군 이동면	2.839	'83.11.12.
고 소 성	경남 하동군 악양면, 화개면	3.035	'83.11.14.
봉 명 산	경남 사천시 곤양면, 곤명면	2.645	'83.11.14.
거 열 산 성	경남 거창군 거창읍, 마리면	3.271	'83.11.17.
기 백 산	경남 함양군 안의면	2.013	'83.11.18.
황 매 산	경남 합천군 대명면, 가회면	21.784	'83.11.18.
웅 석 봉	경남 산청군 산청읍, 금서·삼장·단성	17.960	'83.11.23.
신 불 산	울산 울주군 상북면, 삼남면	11.690	'83.12.02.
운 문 산	경북 청도군 운문면	16.173	'83.12.29.
화 왕 산	경남 창녕군 창녕읍	31.258	'84.01.11.
구 천 계 곡	경남 거제시 신현읍, 동부면	5.868	'84.02.04.
입 곡	경남 함안군 산인면	0.961	'85.01.28.
비 슬 산	대구 달성군 옥포면, 유가면	13.382	'86.02.22.
장 안 산	전북 장수군 장수읍	6.187	'86.08.18.
빙 계 계 곡	경북 의성군 춘산면	0.890	'87.09.25.
아 미 산	강원 인제군 인제읍	3.160	'90.02.23.
명 지 산	경기 가평군 북면	14.024	'91.10.09.
방 어 산	경남 진주시 지수면	2.588	'93.12.16.
대 이 리	강원 삼척시 신기면	3.664	'96.10.25.
월 성 계 곡	경남 거창군 북상면	0.650	'02.04.25.
병 방 산	강원 정선군 정선읍	0.469	'11.09.30.
장 산	부산 해운대구	16.342	'21.09.15.

자료 : 환경부

○ 지질공원

(2023.12.31. 기준)

순번	공 원 명	위 치	면 적(km²)	인증일자
	합 계	총 15개소	14,436.68	
1	울릉도·독도	경상북도 울릉군	127.90	'12.12.27.
2	제 주 도	제주특별자치도 전체	1,864.40	'12.12.27.
3	부 산	부산시 14개 자치구·군	296.98	'13.12.06.
4	청 송	경상북도 청송군	845.71	'14.04.11.
5	강원평화지역	강원도 DMZ 접경 4개군	1,829.10	'14.04.11.
6	무 등 산 권	광주광역시 동구, 북구, 전라남도 화순군, 담양군	246.31	'14.12.10.
7	한 탄 강	경기도 포천시, 연천군 강원도 철원군	1,164.74	'15.12.31.
8	강 원 고 생 대	강원도 태백시, 영월군, 평창군, 정선군	1,990.01	'17.01.05.
9	경 북 동 해 안	경상북도 울진군, 영덕군, 포항시, 경주시	2,261.00	'17.09.13.
10	전북서해안권	전라북도 고창군, 부안군	520.30	'17.09.13.
11	백령·대청	인천광역시 옹진군	66.86	'19.07.10.
12	진안·무주	전라북도 진안군, 무주군	1,154.62	'19.07.10.
13	단양	충청북도 단양군	781.06	'20.07.27.
14	고군산군도	전라북도 고군산구도와 주변 해역	113.01	'23.06.21.
15	의성	경상북도 의성군 전 지역	1,174.68	'23.06.21.

〈표 26〉 국립공원 훼손지 복원 추진현황

(2022.12.31 기준)

구분	사업량 (개소)	사업비 (백만원)	사업내용		
			산정상부	침식지	탐방로
'07	39	6,857	소백산 비로봉 정상부	지리산 일출봉하단 산사태복구	지리산 연하천-천왕봉, 계룡산 병사골-큰배재, 주왕산 대전사-주봉 등
'08	44	5,600	-	-	지리산 연하천-천왕봉, 속리산 법주사지구 등
'09	52	11,545	지리산 천왕봉, 노고단	한려해상 학동, 대매물도 등	연하천-세석, 세심정-문장대, 상원사-상왕봉 등
'10	29	2,151	지리산 천왕봉, 노고단	경주남산 샛길, 월악산 마골치 등	천황사-이왕재, 죽령-연화봉, 중산리-천왕봉 등
'11	26	2,800	-	-	가야산 홍류동탐방로, 북한산 대남문일원 등
'12	38	4,920	설악산 대청봉, 지리산 천왕봉 등	북한산 대남문 등	반선-화개재, 소공원-울산바위, 냉골-칼바위, 격포-닭이봉 등
'13	31	6,500	지리산 촛대봉, 속리산 문장대 등	북한산 도봉 등	백무동-두지동, 육담폭포 일원 등
'14	63	10,100	설악산 대청봉, 지리산 촛대봉 등	-	법계교-법계사 등
'15	33	16,286	지리산 영신봉 일원 등	-	지리산 화엄사-연기암 등
'16	37	17,500	덕유산 향적봉, 설악산 대청봉 일원 등	-	계룡산 신원사 - 연청봉, 한려해상 두모계곡 - 부소암 등
'17	72	17,705	지리산 중봉, 속리산 문장대 등	-	경주 남산지구, 북한산 구기분소-대남문 등
'18	75	17,715	덕유산 동엽령, 내장산 백학봉 등	설악산 울산바위 서봉, 소백산 연화봉 등	지리산 추성동-천왕봉, 오대산 상원사-두로령 등
'19	126	20,100	설악산 미시령 등	북한산 칼바위 능선 등	지리산 도마마을-삼불사, 속리산 세심정-문장대 등
'20	33	4,326	설악산 상봉 등	북한산 형제봉능선 등	치악산 선녀탕-비로봉 설악산 한계령-점봉산 등
'21	48	4,326	지리산 바래봉 등	태안해안 기지포 경주 암곡초지 등	소백산 연화봉-제2연화봉 대피소 하단 북한산 원효사교 등
'22	47	4,326	지리산 바래봉 등	설악산 미시령, 다도해 목기미, 시목해변 등	북한산 대남암-대남문-대성문 가야산 마장-작은가야산 등

자료 : 환경부

〈표 27〉 산업단지 지정현황

2023.12.31 현재 (단위 : 천㎡)

단지명	시군구		지정면적	산업시설용지				지정일자
				분양대상면적	분양공고면적	분양	미분양	
총 1,306개			1,448,201	713,402	619,233	603,673	15,559	
국가 50개			785,505	302,976	277,183	272,956	4,227	
한국수출	서울	구로구	3,708	2,881	2,881	2,881	0	1964-04-15
◇한국수출(서울디지털)	서울	구로구	1,922	1,429	1,429	1,429	0	1964-04-15
◇한국수출(부평)	인천	부평구	609	522	522	522	0	1965-06-16
◇한국수출(주안)	인천	서구	1,177	930	930	930	0	1969-08-05
명지·녹산	부산	강서구	10,516	4,112	4,112	4,112	0	1989-10-20
◇명지·녹산(녹산)	부산	강서구	8,673	4,112	4,112	4,112	0	1989-10-20
▷녹산(산업)	부산	강서구	6,998	4,112	4,112	4,112	0	1989-10-20
▷녹산(주거)	경남	창원시	1,675	0	0	0	0	1989-10-20
◇명지·녹산(명지)	부산	강서구	1,843	0	0	0	0	1989-10-20
대구	대구	달성군	8,559	4,911	3,583	3,129	454	2009-09-30
남동	인천	남동구	9,504	5,913	5,913	5,913	0	1980-09-02
광주첨단	광주	북구	9,992	2,458	2,458	2,458	0	1990-07-21
◇광주첨단(1단계)	광주	북구	7,931	1,715	1,715	1,715	0	1990-07-21
◇광주첨단(2단계)	광주	북구	2,060	743	743	743	0	1990-07-21
빛그린	전남	함평군	4,074	2,717	1,848	1,414	434	2009-09-30
◇빛그린(광주)	광주	광산구	1,845	1,215	1,103	935	169	2009-09-30
◇빛그린(전남)	전남	함평군	2,229	1,503	745	480	265	2009-09-30
대덕연구개발특구	대전	유성구	49,684	23,732	23,703	23,391	311	2005-07-28
◇대덕연구(1지구)	대전	유성구	27,781	14,112	14,112	14,112	0	1977-12-08
◇대덕연구(2지구)	대전	유성구	4,270	1,357	1,357	1,357	0	1991-12-05
◇대덕연구(3지구)	대전	대덕구	3,195	2,188	2,188	2,188	0	1988-12-31
◇대덕연구(4지구)	대전	유성구	10,478	2,115	2,086	1,775	311	2005-07-28
◇대덕연구(5지구)	대전	유성구	3,960	3,960	3,960	3,960	0	2005-07-28
온산	울산	울주군	25,939	16,470	16,055	16,055	0	1974-04-01
울산·미포	울산	북구	48,468	34,673	34,453	34,453	0	1975-06-23
세종스마트	세종	세종시	2,753	1,387	0	0	0	2023-10-30
반월특수	경기	안산시	150,064	22,008	20,687	20,687	0	1977-04-22
◇반월특수(시화)	경기	시흥시	135,424	14,104	12,783	12,783	0	1986-09-27
▷시화(2단계송산)	경기	화성시	55,635	1,321	0	0	0	2008-03-14
▷시화(유보지)	경기	시흥시	50,960	0	0	0	0	1998-11-14
▷시화(MTV 시흥)	경기	시흥시	6,122	1,426	1,426	1,426	0	2001-08-29
▷시화(MTV 안산)	경기	안산시	3,858	1,204	1,204	1,204	0	2001-08-29
▷시화(1단계 시흥)	경기	시흥시	14,535	7,204	7,204	7,204	0	1986-09-27
▷시화(1단계 안산)	경기	안산시	4,315	2,949	2,949	2,949	0	1986-09-27
◇반월특수(안산신도시)	경기	안산시	14,640	7,904	7,904	7,904	0	1977-04-22
아산	경기	평택시	26,348	11,868	11,868	11,868	0	1979-12-14
◇아산(고대)	충남	당진시	3,036	2,343	2,343	2,343	0	1979-12-14
◇아산(부곡)	충남	당진시	3,119	1,598	1,598	1,598	0	1979-12-14
◇아산(포승)	경기	평택시	8,078	3,290	3,290	3,290	0	1979-12-14
◇아산(우정)	경기	화성시	3,528	2,786	2,786	2,786	0	1979-12-14

2023.12.31 현재 (단위 : 천㎡)

단지명	시군구		지정면적	산업시설용지				지정일자
				분양대상면적	분양공고면적	분양	미분양	
◇아산(원정)	경기	평택시	8,587	1,851	1,851	1,851	0	1979-12-14
파주출판	경기	파주시	1,562	587	587	587	0	1997-03-26
파주탄현	경기	파주시	80	44	44	44	0	1998-02-24
동두천	경기	동두천시	267	184	14	0	14	2019-09-05
북평	강원	동해시	4,030	702	702	702	0	1975-12-22
보은	충북	보은군	4,178	1,155	1,139	1,139	0	1987-08-17
오송생명	충북	청주시	4,833	2,491	2,491	2,491	0	1997-09-23
충주바이오헬스	충북	충주시	2,241	1,065	0	0	0	2023-10-30
고정	충남	보령시	6,304	3,040	3,040	3,040	0	1978-03-03
대죽자원비축	충남	서산시	912	391	391	391	0	1997-03-26
석문	충남	당진시	12,012	4,913	4,913	3,604	1,310	1991-12-31
장항	충남	서천군	2,751	1,496	720	518	202	2009-01-06
군산2	전북	군산시	50,459	8,161	8,161	8,161	0	1989-08-10
군산	전북	군산시	13,702	4,787	4,787	4,787	0	1987-08-17
익산	전북	익산시	1,336	1,059	1,059	1,059	0	1970-03-24
국가식품클러스터	전북	익산시	2,322	1,493	1,493	1,192	300	2012-06-29
◇국가식품(산업)	전북	익산시	2,206	1,377	1,377	1,076	300	2012-06-29
◇국가식품(외국인)	전북	익산시	116	116	116	116	0	2015-10-12
새만금	전북	군산시	18,465	8,465	3,566	3,106	460	2019-08-02
전주탄소소재	전북	전주시	656	379	0	0	0	2019-09-05
광양	전남	광양시	96,405	21,912	19,133	19,133	0	1982-04-02
대불	전남	영암군	20,852	6,574	6,574	6,574	0	1988-07-12
◇대불(공업)	전남	영암군	17,434	4,626	4,626	4,626	0	1988-07-12
◇대불(외국인)	전남	영암군	1,614	1,602	1,602	1,602	0	1998-08-29
◇대불(주거)	전남	영암군	1,803	346	346	346	0	1988-07-12
삼일자원비축	전남	여수시	4,157	3,442	3,442	3,442	0	1991-08-03
여수	전남	여수시	51,229	23,499	23,031	22,993	38	1974-04-01
구미(1단지)	경북	구미시	10,089	7,800	7,800	7,800	0	1969-03-04
구미(2·3·4·확장)	경북	구미시	16,652	8,313	8,313	8,222	91	1977-04-22
◇구미(2·3단지)	경북	구미시	7,410	4,878	4,878	4,878	0	1977-04-22
◇구미(4단지)	경북	구미시	6,766	3,332	3,332	3,332	0	1996-06-11
▷구미4(산업)	경북	구미시	5,175	1,741	1,741	1,741	0	1996-06-11
▷구미4(구미외국인)	경북	구미시	1,591	1,591	1,591	1,591	0	2002-11-06
◇구미(확장)	경북	구미시	2,476	103	103	11	91	2008-12-03
월성	경북	경주시	3,690	1,329	1,329	1,329	0	1976-12-31
포항	경북	포항시	28,755	16,058	15,353	15,353	0	1975-06-23
포항블루밸리	경북	포항시	6,079	3,604	993	672	321	2009-09-30
구미하이테크밸리	경북	구미시	9,325	4,625	2,065	2,030	35	2009-09-30
영주첨단베어링	경북	영주시	1,186	701	0	0	0	2023-08-25
안정	경남	통영시	3,864	3,001	3,001	3,001	0	1974-04-01
옥포	경남	거제시	5,986	3,012	3,012	3,012	0	1974-04-01
죽도	경남	거제시	4,181	2,776	2,337	2,337	0	1974-04-01

2023.12.31 현재 (단위 : 천㎡)

단지명	시군구		지정면적	산업시설용지				지정일자
				분양대상면적	분양공고면적	분양	미분양	
진해	경남	창원시	3,269	1,641	977	977	0	1982-08-02
지세포자원비축	경남	거제시	2,942	880	880	880	0	1974-09-20
창원	경남	창원시	35,869	17,528	17,195	17,195	0	1974-04-01
경남항공	경남	사천시	1,655	1,021	173	30	143	2017-05-02
◇경남항공(진주)	경남	진주시	835	479	103	30	73	2017-05-02
◇경남항공(사천)	경남	사천시	820	541	70	0	70	2017-05-02
밀양나노	경남	밀양시	1,656	964	492	377	116	2017-07-05
제주첨단	제주	제주시	1,099	415	415	415	0	2004-10-23
제주첨단2	제주	제주시	848	339	0	0	0	2016-12-26
일반 731개			573,293	346,535	281,943	272,711	9,232	
서울온수	서울	구로구	158	123	123	123	0	1970-11-25
마곡	서울	강서구	1,124	729	654	603	51	2008-12-30
서울강동	서울	강동구	78	27	0	0	0	2020-11-12
부산과학	부산	강서구	1,967	1,029	1,029	1,010	19	1991-12-21
◇부산과학(산업)	부산	강서구	1,670	732	732	732	0	1991-12-21
◇부산과학(외국인)	부산	강서구	297	297	297	278	19	2005-11-30
신호	부산	강서구	3,121	1,713	1,713	1,713	0	1994-01-27
신평·장림	부산	사하구	2,815	1,749	1,749	1,749	0	1980-09-22
◇신평.장림(기존)	부산	사하구	885	604	604	604	0	1980-09-22
◇신평.장림(협업)	부산	사하구	1,930	1,145	1,145	1,145	0	1988-12-31
센텀시티	부산	해운대구	1,178	210	210	210	0	1997-08-01
정관	부산	기장군	1,209	479	479	479	0	2001-10-25
기룡	부산	기장군	83	58	58	58	0	2005-11-02
부산장안	부산	기장군	1,301	771	771	771	0	2005-11-16
화전	부산	강서구	2,448	1,424	1,424	1,424	0	2003-10-30
미음	부산	강서구	3,549	1,927	1,927	1,849	78	2007-05-30
◇미음(산업)	부산	강서구	3,249	1,627	1,627	1,549	78	2007-05-30
◇미음(외국인)	부산	강서구	300	300	300	300	0	2011-12-28
기룡2	부산	기장군	46	33	33	33	0	2007-08-29
명례	부산	기장군	1,566	880	880	880	0	2008-12-03
성우	부산	강서구	63	33	33	33	0	2009-06-24
산양	부산	사하구	52	24	19	19	0	2009-12-30
부산신항배후(1단계)	부산	강서구	5,708	3,186	2,387	2,387	0	2010-03-03
생곡	부산	강서구	539	333	333	333	0	2009-07-31
동부산E-PARK	부산	기장군	344	270	236	236	0	2010-05-04
강서보고	부산	강서구	104	50	50	50	0	2010-05-04
정관코리	부산	기장군	84	59	59	59	0	2010-10-20
풍상	부산	강서구	61	52	52	52	0	2011-03-09
부산명동	부산	강서구	506	325	199	155	44	2009-07-31
지사2	부산	강서구	99	49	49	49	0	2012-02-29
동남권방사선	부산	기장군	1,479	726	550	334	216	2012-06-27
부산신소재	부산	기장군	255	168	168	168	0	2013-01-16

2023.12.31 현재 (단위 : 천㎡)

단지명	시군구		지정면적	산업시설용지				지정일자
				분양대상면적	분양공고면적	분양	미분양	
반룡	부산	기장군	547	334	334	334	0	2013-05-22
오리	부산	기장군	608	394	394	296	98	2013-07-31
에코장안	부산	기장군	201	128	128	128	0	2014-06-25
정주	부산	강서구	97	40	40	40	0	2014-11-26
사상	부산	사상구	3,021	1,009	1,009	1,009	0	2015-04-08
지사글로벌	부산	강서구	417	197	59	54	5	2017-02-15
강서해성	부산	강서구	105	70	3	3	0	2017-07-12
부산명서	부산	강서구	121	59	0	0	0	2023-11-01
부산연구개발특구첨단복합	부산	강서구	1,744	522	0	0	0	2023-12-06
성서1	대구	달서구	2,687	1,886	1,886	1,886	0	1965-02-02
성서2	대구	달서구	4,701	2,996	2,996	2,996	0	1984-04-18
성서3	대구	달서구	3,329	1,574	1,574	1,574	0	1991-12-27
달성2	대구	달성군	2,705	1,425	1,378	1,378	0	1991-07-10
◇달성2(산업)	대구	달성군	2,601	1,320	1,274	1,274	0	1991-07-10
◇달성2(외국인)	대구	달성군	104	104	104	104	0	2008-09-10
달성1	대구	달성군	4,079	2,518	2,518	2,518	0	1979-03-22
대구검단	대구	북구	782	570	570	570	0	1965-02-02
대구염색	대구	서구	879	590	590	590	0	1980-11-28
성서4	대구	달서구	433	231	231	231	0	2002-12-07
대구이시아폴리스	대구	동구	1,176	169	169	169	0	2001-10-30
성서5	대구	달성군	1,470	684	684	684	0	2007-01-30
대구테크노폴리스	대구	달성군	7,259	2,930	2,178	2,139	39	2006-12-29
대구출판	대구	달서구	243	94	94	94	0	2010-01-11
대구3	대구	북구	1,685	1,271	1,271	1,271	0	2013-12-30
서대구	대구	서구	2,662	1,285	1,285	1,285	0	2013-12-30
대성	대구	달성군	57	40	39	28	11	2015-12-30
금호워터폴리스	대구	북구	1,186	346	99	68	31	2016-11-10
강화하점	인천	강화군	59	43	43	43	0	1992-08-06
인천기계	인천	미추홀구	350	293	293	293	0	1967-11-23
인천	인천	미추홀구	1,136	1,001	1,001	1,001	0	1973-04-01
인천서부	인천	서구	939	769	769	769	0	1992-07-29
청라1	인천	서구	194	129	129	129	0	1997-08-06
송도지식	인천	연수구	2,402	802	802	785	17	2000-09-18
뷰티풀파크	인천	서구	2,251	1,381	1,381	1,347	34	2006-12-26
강화	인천	강화군	462	319	319	319	0	2012-08-03
서운	인천	계양구	525	315	315	315	0	2015-02-09
인천서부자원순환	인천	서구	56	38	38	38	0	2015-06-01
I-Food Park	인천	서구	283	172	172	172	0	2017-06-05
영종항공	인천	중구	495	320	0	0	0	2018-11-22
계양	인천	계양구	243	133	0	0	0	2023-04-10
인천검단2	인천	서구	770	442	0	0	0	2023-08-31
소촌	광주	광산구	190	107	107	107	0	1979-05-16

2023.12.31 현재 (단위 : 천㎡)

단지명	시군구		지정면적	산업시설용지				지정일자
				분양대상면적	분양공고면적	분양	미분양	
평동	광주	광산구	4,951	3,274	3,274	3,274	0	1991-07-05
◇평동(산업)	광주	광산구	4,852	3,175	3,175	3,175	0	1991-07-05
◇평동(외국인)	광주	광산구	99	99	99	99	0	2013-05-15
본촌	광주	북구	878	763	763	763	0	1979-07-04
송암	광주	남구	415	272	272	272	0	1979-07-04
광주하남	광주	광산구	5,922	4,451	4,451	4,451	0	1982-09-20
진곡	광주	광산구	1,846	998	998	998	0	2007-03-30
평동3차(1단계)	광주	광산구	1,175	652	652	652	0	2016-10-01
광주에너지밸리	광주	남구	918	345	345	222	123	2017-12-01
광주연구개발특구첨단3	광주	북구	3,629	1,060	0	0	0	2020-06-25
◇광주연구개발특구첨단3(광주)	광주	북구	1,111	180	0	0	0	2020-06-25
◇광주연구개발특구첨단3(장성)	전남	장성군	2,518	880	0	0	0	2020-06-25
하소친환경	대전	동구	307	152	152	152	0	2012-05-11
대전	대전	대덕구	2,317	1,643	1,643	1,643	0	1968-12-16
◇대전(1단지)	대전	대덕구	470	400	400	400	0	1968-12-16
◇대전(2단지)	대전	대덕구	735	649	649	649	0	1968-12-16
◇대전(주변지역)	대전	대덕구	1,112	594	594	594	0	2012-09-28
평촌	대전	서구	859	482	0	0	0	2016-12-16
매곡	울산	북구	565	384	374	374	0	2000-10-09
모듈화	울산	북구	863	493	493	493	0	2005-03-17
신	울산	울주군	2,423	1,170	1,170	1,170	0	2005-06-09
길천	울산	울주군	1,515	893	893	782	110	2005-08-18
중산	울산	북구	128	69	69	69	0	2006-05-11
울산 High Tech Valley	울산	울주군	2,061	1,478	1,251	1,251	0	2007-05-11
이화	울산	북구	694	271	271	271	0	2008-01-17
봉계	울산	울주군	255	174	174	174	0	2008-07-10
KCC울산	울산	울주군	1,165	856	856	821	35	2009-03-05
전읍	울산	울주군	72	52	52	52	0	2010-02-18
와지	울산	울주군	126	99	99	99	0	2010-04-08
반천	울산	울주군	1,373	853	853	853	0	2010-09-16
작동	울산	울주군	150	125	72	72	0	2010-09-02
매곡2	울산	북구	77	45	45	45	0	2010-12-30
매곡3	울산	북구	158	118	118	118	0	2010-12-30
중산2	울산	북구	364	223	223	223	0	2010-12-30
울산테크노	울산	남구	1,287	670	670	670	0	2013-06-20
GW	울산	울주군	454	337	337	237	100	2014-03-20
모바일테크밸리	울산	북구	315	169	169	169	0	2016-02-04
에너지융합	울산	울주군	1,021	576	576	408	168	2016-09-01
울산청양	울산	울주군	201	135	0	0	0	2018-12-13
머거본	울산	울주군	56	37	0	0	0	2022-11-03
울산도하	울산	울주군	423	163	0	0	0	2023-05-04
울산KTX역세권	울산	울주군	421	125	0	0	0	2023-07-13

2023.12.31 현재 (단위 : 천㎡)

단지명	시군구		지정면적	산업시설용지				지정일자
				분양대상면적	분양공고면적	분양	미분양	
대대	울산	울주군	115	59	0	0	0	2023-12-21
조치원	세종	세종시	941	754	754	754	0	1985-05-20
◇조치원(1공구)	세종	세종시	295	195	195	195	0	1985-05-20
◇조치원(2공구)	세종	세종시	170	139	139	139	0	1985-05-20
◇조치원(3공구)	세종	세종시	476	420	420	420	0	1988-12-31
부강	세종	세종시	562	399	399	399	0	1990-02-08
소정	세종	세종시	272	193	193	193	0	1993-06-09
전의	세종	세종시	481	344	344	344	0	1994-05-06
월산	세종	세종시	1,380	955	955	955	0	1994-09-16
전의2	세종	세종시	867	591	591	591	0	2006-07-04
명학	세종	세종시	838	565	565	565	0	2011-03-18
세종첨단	세종	세종시	664	444	444	444	0	2013-12-02
세종미래	세종	세종시	560	386	386	386	0	2014-03-10
세종벤처밸리	세종	세종시	611	319	233	208	25	2017-12-28
세종스마트그린	세종	세종시	845	497	348	348	0	2017-12-28
전동	세종	세종시	140	87	57	18	39	2019-10-10
세종복합	세종	세종시	829	472	0	0	0	2021-06-30
목동	경기	가평군	60	48	48	48	0	1994-03-26
상마	경기	김포시	79	63	63	63	0	1996-09-12
율생	경기	김포시	49	34	34	34	0	1995-06-21
학운	경기	김포시	56	40	40	40	0	1993-06-17
상봉암	경기	동두천시	55	46	46	46	0	1995-02-14
동두천	경기	동두천시	262	151	151	151	0	1994-10-01
성남	경기	성남시	1,513	1,162	1,162	1,162	0	1968-05-07
송탄	경기	평택시	1,086	787	787	787	0	1991-07-31
반월도금	경기	안산시	162	144	144	144	0	1988-02-16
미양2	경기	안성시	160	144	144	144	0	1994-01-03
가율	경기	안성시	58	50	50	50	0	1993-10-09
공도	경기	안성시	69	63	63	63	0	1994-01-29
안성금산	경기	안성시	58	34	34	34	0	1993-10-09
안성덕산	경기	안성시	59	48	48	48	0	1992-05-20
동항	경기	안성시	57	41	41	41	0	1993-10-09
두교	경기	안성시	56	48	48	48	0	1994-01-29
원곡	경기	안성시	100	79	79	79	0	1994-08-19
장원1	경기	안성시	60	47	47	47	0	1994-01-29
안성1	경기	안성시	668	549	549	549	0	1978-07-19
안성2	경기	안성시	716	549	549	549	0	1987-07-15
안성3	경기	안성시	397	285	285	285	0	1998-03-23
양주도하	경기	양주시	67	57	57	57	0	1994-07-16
상수	경기	양주시	59	48	48	48	0	1995-02-14
여주장안	경기	여주시	59	45	45	45	0	1997-08-22
용현	경기	의정부시	346	210	210	210	0	1995-11-28

2023.12.31 현재 (단위 : 천㎡)

단지명	시군구		지정면적	산업시설용지				지정일자
				분양대상면적	분양공고면적	분양	미분양	
문발1	경기	파주시	50	31	31	31	0	1991-12-10
문발2	경기	파주시	206	164	164	164	0	1995-02-09
오산	경기	파주시	232	171	171	171	0	1998-02-02
어연한산	경기	평택시	683	438	438	438	0	1993-12-18
장당	경기	평택시	150	142	142	142	0	1995-02-20
평택	경기	평택시	535	407	407	407	0	1991-11-30
추팔	경기	평택시	610	414	414	414	0	1993-11-12
칠괴	경기	평택시	641	495	495	495	0	1995-03-04
현곡	경기	평택시	723	501	501	501	0	1993-12-28
신평	경기	포천시	57	43	43	43	0	1995-02-14
양문	경기	포천시	180	106	106	97	9	1994-03-29
장안첨단1	경기	화성시	602	443	443	443	0	1995-11-28
마도	경기	화성시	929	587	587	587	0	1994-05-17
발안	경기	화성시	1,839	1,268	1,268	1,268	0	1997-08-23
화성	경기	화성시	963	562	562	562	0	1997-11-13
향남제약	경기	화성시	648	464	464	464	0	1985-05-14
검준	경기	양주시	145	88	88	88	0	1999-04-01
금파	경기	파주시	78	50	50	50	0	1999-10-29
용월	경기	안성시	59	41	41	41	0	2000-12-04
탄현	경기	파주시	123	84	84	84	0	2000-12-19
화남	경기	화성시	149	110	110	110	0	2002-06-26
구암	경기	양주시	46	39	39	39	0	2003-06-25
수원델타플렉스1	경기	수원시	287	154	154	154	0	2003-04-28
금곡	경기	남양주시	130	72	72	72	0	2002-09-16
가장	경기	오산시	513	332	332	332	0	2003-08-04
◇가장(1공구)	경기	오산시	189	95	95	95	0	2003-08-04
◇가장(2공구)	경기	오산시	324	237	237	237	0	2003-08-04
파주LCD	경기	파주시	1,741	1,120	1,120	1,120	0	2003-07-31
오정	경기	부천시	291	129	129	129	0	2004-09-13
양촌	경기	김포시	1,687	939	939	939	0	2004-09-15
진위	경기	평택시	486	260	260	260	0	2004-09-17
당동	경기	파주시	641	239	239	239	0	2004-11-11
선유	경기	파주시	1,313	696	696	696	0	2004-11-11
장안첨단2	경기	화성시	613	330	330	330	0	2005-03-31
동두천2	경기	동두천시	186	130	130	130	0	2005-09-20
김포항공	경기	김포시	336	202	202	202	0	2005-11-07
오성	경기	평택시	601	354	354	354	0	2005-11-07
양주남면	경기	양주시	207	148	148	148	0	2005-12-30
광릉테크노밸리	경기	남양주시	210	107	107	107	0	2006-07-20
백학	경기	연천군	467	274	274	274	0	2006-07-31
월롱	경기	파주시	837	574	574	574	0	2006-12-20
수원델타플렉스2	경기	수원시	123	71	71	71	0	2006-05-15

2023.12.31 현재 (단위 : 천㎡)

단지명	시군구		지정면적	산업시설용지				지정일자
				분양대상면적	분양공고면적	분양	미분양	
개정	경기	안성시	209	155	155	155	0	2007-07-16
신촌	경기	파주시	190	120	120	120	0	2007-10-01
축현	경기	파주시	298	186	186	186	0	2007-10-29
통진	경기	김포시	34	29	29	29	0	2007-11-05
팔탄	경기	화성시	81	59	59	59	0	2007-12-24
장호원	경기	이천시	60	44	44	44	0	2007-10-29
홍죽	경기	양주시	586	352	352	352	0	2008-03-25
가장2	경기	오산시	595	401	401	401	0	2008-05-14
용인테크노밸리	경기	용인시	840	376	376	376	0	2008-06-12
포승2	경기	평택시	627	420	420	409	12	2008-05-02
고덕	경기	평택시	3,906	2,839	2,839	2,839	0	2008-05-30
진관	경기	남양주시	142	98	98	98	0	2008-07-28
강천	경기	여주시	58	38	38	38	0	2008-09-12
월정	경기	안성시	59	42	42	42	0	2008-08-20
장원2	경기	안성시	60	40	40	40	0	2008-08-27
법원1	경기	파주시	305	164	0	0	0	2008-12-03
학운2	경기	김포시	634	402	402	402	0	2008-12-18
수원델타플렉스3	경기	수원시	847	577	577	577	0	2008-12-26
안성4	경기	안성시	811	517	517	517	0	2009-02-04
전곡해양	경기	화성시	1,617	975	975	975	0	2009-05-26
방초	경기	안성시	60	42	42	42	0	2009-05-25
동탄	경기	화성시	1,974	946	946	946	0	2009-07-31
장남	경기	연천군	86	62	62	62	0	2009-10-30
평택브레인시티	경기	평택시	4,823	1,654	521	184	337	2010-03-15
법원2	경기	파주시	330	208	208	208	0	2010-03-19
청산대전	경기	연천군	188	122	122	122	0	2010-09-03
장자	경기	포천시	484	268	268	204	64	2010-12-27
대월	경기	이천시	60	44	44	44	0	2011-01-07
모가	경기	이천시	60	43	43	43	0	2011-01-07
설성	경기	이천시	48	33	33	33	0	2011-01-07
삼교	경기	여주시	56	37	37	37	0	2011-04-18
지문	경기	안성시	177	142	142	142	0	2011-04-26
학운4	경기	김포시	492	326	326	326	0	2011-06-27
적성	경기	파주시	602	423	423	423	0	2011-12-16
한강시네폴리스	경기	김포시	1,117	285	12	0	12	2011-12-23
신둔	경기	이천시	39	26	26	26	0	2012-03-28
용정	경기	포천시	947	631	631	631	0	2012-06-12
고렴	경기	평택시	265	196	196	196	0	2012-06-11
LG Digital Park	경기	평택시	125	99	99	99	0	2012-04-26
경기화성바이오밸리	경기	화성시	1,740	1,133	1,133	1,133	0	2012-07-04
안녕	경기	화성시	50	25	20	20	0	2013-02-08
학운3	경기	김포시	958	584	584	584	0	2013-04-08

2023.12.31 현재 (단위 : 천㎡)

단지명	시군구		지정면적	산업시설용지				지정일자
				분양대상면적	분양공고면적	분양	미분양	
매화	경기	시흥시	376	199	199	199	0	2013-10-29
진위2	경기	평택시	951	644	644	644	0	2013-12-05
군포	경기	군포시	288	160	160	160	0	2013-12-27
원삼	경기	용인시	109	88	80	80	0	2013-12-23
파주스튜디오시티	경기	파주시	119	75	0	0	0	2014-10-22
제일바이오	경기	용인시	60	51	51	51	0	2014-07-16
백학통구	경기	연천군	84	66	66	66	0	2014-07-14
도암	경기	이천시	60	47	47	47	0	2014-12-05
도드람	경기	이천시	52	41	26	26	0	2014-12-22
화성주곡	경기	화성시	200	141	141	141	0	2014-12-26
남여주	경기	여주시	56	40	40	40	0	2015-01-08
팔곡	경기	안산시	141	65	65	65	0	2015-01-16
농서	경기	용인시	54	46	46	46	0	2015-02-25
완장	경기	용인시	124	93	93	93	0	2015-05-07
신갈	경기	이천시	60	48	48	48	0	2015-07-15
안성마정	경기	안성시	61	44	44	44	0	2015-09-08
볼빅	경기	안성시	71	43	0	0	0	2015-09-16
평택드림테크	경기	평택시	1,330	908	908	908	0	2015-10-15
진위3	경기	평택시	833	529	519	519	0	2015-10-15
금현	경기	포천시	140	93	93	93	0	2015-11-17
세마	경기	오산시	92	79	79	79	0	2015-11-26
정남	경기	화성시	569	386	386	386	0	2015-12-15
마산	경기	안성시	75	61	61	61	0	2015-12-16
통삼	경기	용인시	49	37	37	37	0	2016-01-22
서울우유	경기	양주시	196	111	111	111	0	2016-01-18
원	경기	양주시	121	78	24	24	0	2016-02-01
강문	경기	안성시	88	65	46	46	0	2016-02-03
지곡	경기	용인시	71	46	41	41	0	2016-05-19
한컴	경기	용인시	59	49	49	49	0	2016-07-07
동항2	경기	안성시	150	104	104	104	0	2016-07-27
관리	경기	이천시	40	33	33	33	0	2016-07-29
용인SG패션밸리	경기	용인시	50	35	4	4	0	2016-08-01
용인패키징	경기	용인시	60	49	49	49	0	2016-08-16
은남	경기	양주시	992	715	0	0	0	2016-11-18
대포	경기	김포시	250	171	171	171	0	2016-12-26
화성송산테크노파크	경기	화성시	529	365	365	365	0	2016-12-26
의왕테크노파크	경기	의왕시	159	79	79	79	0	2016-12-28
동방	경기	화성시	119	73	15	15	0	2017-02-01
가유	경기	안성시	114	79	0	0	0	2017-04-10
학운6	경기	김포시	565	345	345	319	26	2017-06-02
동문	경기	안성시	78	57	54	54	0	2017-04-21
영진바이오	경기	화성시	45	36	36	36	0	2017-08-08

2023.12.31 현재 (단위 : 천㎡)

단지명	시군구		지정면적	산업시설용지				지정일자
				분양대상면적	분양공고면적	분양	미분양	
학운4-1	경기	김포시	137	79	79	79	0	2017-08-23
에코그린	경기	포천시	308	234	234	180	54	2017-09-08
연천BIX(은통)	경기	연천군	600	391	101	101	0	2017-09-28
진목	경기	포천시	90	68	41	41	0	2017-12-08
마산2	경기	안성시	127	78	0	0	0	2018-01-30
축현2	경기	파주시	70	37	37	37	0	2018-01-17
북좌	경기	안성시	43	36	0	0	0	2018-02-08
파주센트럴밸리	경기	파주시	493	301	301	301	0	2018-11-13
서탄	경기	평택시	280	193	85	85	0	2018-11-23
광명시흥	경기	시흥시	975	467	0	0	0	2018-12-28
평택포승BIX	경기	평택시	1,040	782	454	441	13	2018-11-21
◇평택포승BIX(산업)	경기	평택시	701	443	398	385	13	2018-11-21
◇평택포승BIX(외국인)	경기	평택시	339	339	56	56	0	2018-11-21
안성5	경기	안성시	709	400	0	0	0	2019-05-21
제일	경기	용인시	56	47	33	33	0	2019-07-01
안성하이랜드	경기	안성시	293	208	72	72	0	2019-07-15
학운5	경기	김포시	893	535	417	219	197	2019-11-25
동진	경기	화성시	183	131	26	26	0	2019-11-04
학운7	경기	김포시	187	118	0	0	0	2019-12-11
파주콘텐츠월드	경기	파주시	595	387	0	0	0	2020-05-15
오산가장3	경기	오산시	164	104	104	104	0	2020-07-17
남이천	경기	이천시	55	46	46	46	0	2020-10-22
용인반도체클러스터	경기	용인시	4,156	2,667	133	133	0	2021-03-29
안성테크노밸리	경기	안성시	765	451	243	240	3	2021-04-09
백암	경기	용인시	50	35	13	13	0	2021-05-28
이천유산	경기	이천시	50	36	31	31	0	2021-11-08
제2용인테크노밸리	경기	용인시	272	146	0	0	0	2022-07-29
학운3-1	경기	김포시	120	55	0	0	0	2022-12-30
H-테크노밸리	경기	화성시	736	414	0	0	0	2023-06-14
강릉과학	강원	강릉시	1,487	867	867	867	0	1993-12-15
강릉중소	강원	강릉시	164	78	78	78	0	1980-04-05
문막	강원	원주시	396	330	330	330	0	1979-11-26
우산	강원	원주시	346	288	288	288	0	1973-05-03
후평	강원	춘천시	483	263	263	263	0	1968-08-22
홍천북방	강원	홍천군	525	433	433	433	0	1995-07-03
동화	강원	원주시	409	277	277	277	0	2003-11-29
춘천남면	강원	춘천시	65	31	31	31	0	2006-04-21
문막반계	강원	원주시	423	282	282	259	23	2008-02-01
◇문막반계(산업)	강원	원주시	339	198	198	190	8	2008-02-01
◇문막반계(외국인)	강원	원주시	84	84	84	69	15	2013-12-10
송정	강원	동해시	323	268	268	268	0	2008-06-05
부론	강원	원주시	609	370	0	0	0	2008-09-12

2023.12.31 현재 (단위 : 천㎡)

단지명	시군구		지정면적	산업시설용지				지정일자
				분양대상면적	분양공고면적	분양	미분양	
원주자동차부품	강원	원주시	93	78	78	78	0	2008-07-10
우천	강원	횡성군	756	510	510	493	17	2009-05-29
춘천전력IT	강원	춘천시	354	102	102	102	0	2009-06-05
호산LNG	강원	삼척시	982	723	723	723	0	2010-03-19
플라즈마	강원	철원군	315	208	208	0	208	2010-03-19
강릉옥계	강원	강릉시	482	382	350	350	0	2010-07-30
삼척종합발전	강원	삼척시	2,582	1,727	1,724	1,724	0	2010-12-31
동춘천	강원	춘천시	539	314	314	280	35	2012-03-09
남춘천	강원	춘천시	1,453	844	193	193	0	2013-10-11
북평2	강원	동해시	594	310	310	88	222	2013-10-14
동점	강원	태백시	216	115	115	103	11	2014-10-02
문막포진	강원	원주시	96	67	37	0	37	2015-12-18
옥계첨단소재융합	강원	강릉시	383	201	134	0	134	2022-03-04
철암고터실	강원	태백시	200	127	0	0	0	2023-10-26
금왕	충북	음성군	571	414	414	414	0	1994-12-13
대풍	충북	음성군	439	328	328	328	0	1992-02-28
맹동	충북	음성군	419	274	274	274	0	1996-11-27
음성하이텍	충북	음성군	397	313	313	313	0	1992-08-18
음성이테크	충북	음성군	135	81	81	81	0	1993-06-08
제천	충북	제천시	1,473	729	729	729	0	1994-12-13
오창과학	충북	청주시	9,597	4,032	4,032	4,032	0	1992-07-15
◇오창(산업)	충북	청주시	8,792	3,226	3,226	3,226	0	1992-07-15
◇오창(외국인)	충북	청주시	806	806	806	806	0	2002-11-06
현도	충북	청주시	719	415	415	415	0	1991-12-19
청주	충북	청주시	4,098	2,906	2,906	2,906	0	1969-03-29
중원	충북	충주시	375	204	204	204	0	1997-06-25
충주1	충북	충주시	1,270	817	817	817	0	1979-11-26
이월	충북	진천군	300	213	213	213	0	2000-05-03
충주첨단	충북	충주시	1,992	972	972	972	0	2003-02-07
증평	충북	증평군	682	507	507	507	0	2005-01-05
상우	충북	음성군	574	379	379	379	0	2005-02-14
단양	충북	단양군	351	190	190	171	19	2005-08-03
제천2	충북	제천시	1,307	788	788	788	0	2007-02-02
괴산첨단	충북	괴산군	469	294	294	294	0	2007-12-28
오창2	충북	청주시	1,390	520	520	520	0	2008-01-11
신척	충북	진천군	1,536	1,026	1,026	1,026	0	2008-02-27
청산	충북	옥천군	353	256	256	256	0	2008-05-23
원남	충북	음성군	1,113	794	794	794	0	2008-05-09
영동	충북	영동군	999	594	594	579	14	2008-05-09
청주테크노폴리스	충북	청주시	3,804	1,341	582	582	0	2008-08-08
보은동부	충북	보은군	688	358	358	358	0	2008-09-26
괴산대제	충북	괴산군	849	554	554	554	0	2008-11-11

2023.12.31 현재 (단위 : 천㎡)

단지명	시군구		지정면적	산업시설용지				지정일자
				분양대상 면적	분양공고 면적	분양	미분양	
중부	충북	음성군	148	125	125	125	0	2008-08-29
문백태흥	충북	진천군	97	75	75	75	0	2008-09-12
문백금성	충북	진천군	118	70	70	70	0	2009-04-01
옥산	충북	청주시	1,392	768	768	768	0	2009-01-23
영동주곡	충북	영동군	149	81	0	0	0	2009-04-20
보은	충북	보은군	1,275	800	800	766	34	2009-05-15
초평은암	충북	진천군	611	265	265	265	0	2009-10-08
증평2	충북	증평군	703	516	516	516	0	2009-11-20
충주4	충북	충주시	176	156	156	156	0	2009-12-18
충주특화기술	충북	충주시	201	93	90	90	0	2009-12-18
충주3	충북	충주시	129	103	103	103	0	2008-06-10
충주DH	충북	충주시	77	73	73	73	0	2009-10-20
만정	충북	충주시	50	46	46	46	0	2010-02-05
산수	충북	진천군	1,305	877	877	877	0	2010-06-25
◇산수(산업)	충북	진천군	1,196	768	768	768	0	2010-06-25
◇산수(외국인)	충북	진천군	108	108	108	108	0	2014-08-20
육령	충북	음성군	63	40	40	40	0	2009-12-31
오송2생명	충북	청주시	3,284	1,127	1,127	1,125	2	2010-10-15
문백정밀기계	충북	진천군	400	143	143	143	0	2011-03-04
괴산자연드림파크	충북	괴산군	805	180	180	180	0	2011-02-25
리노삼봉	충북	음성군	246	180	128	128	0	2011-11-18
대신	충북	충주시	47	28	28	28	0	2011-10-28
오창3	충북	청주시	576	365	365	365	0	2012-05-25
KGC예본	충북	충주시	87	60	60	60	0	2012-08-31
충주메가폴리스	충북	충주시	1,784	1,236	1,236	1,236	0	2013-02-15
◇충주메가폴리스(산업)	충북	충주시	1,449	901	901	901	0	2013-02-15
◇충주메가폴리스(외국인)	충북	충주시	335	335	335	335	0	2016-07-29
생극	충북	음성군	457	313	313	313	0	2013-04-19
덕유	충북	증평군	60	40	40	40	0	2013-04-26
죽현	충북	진천군	145	119	119	119	0	2013-07-18
오선	충북	음성군	459	346	346	346	0	2014-04-11
강내	충북	청주시	67	54	54	54	0	2014-04-16
유촌	충북	음성군	413	284	284	284	0	2014-09-05
청주에어로폴리스2	충북	청주시	409	221	0	0	0	2013-02-14
충주5	충북	충주시	295	218	218	218	0	2015-03-20
제천3	충북	제천시	1,088	699	699	675	24	2015-12-31
충주인프라시티	충북	충주시	149	60	58	58	0	2016-01-15
옥천테크노밸리	충북	옥천군	358	236	236	225	11	2016-04-29
성본	충북	음성군	1,997	781	781	781	0	2016-07-01
◇성본(산업)	충북	음성군	1,832	616	616	616	0	2016-07-01
◇성본(외국인)	충북	음성군	165	165	165	165	0	2021-07-08
케이푸드밸리	충북	진천군	832	655	655	655	0	2016-07-08

2023.12.31 현재 (단위 : 천㎡)

단지명	시군구		지정면적	산업시설용지				지정일자
				분양대상면적	분양공고면적	분양	미분양	
에스폼	충북	진천군	416	275	275	275	0	2016-09-23
충청북도수산식품	충북	괴산군	75	25	25	20	5	2015-08-28
성안	충북	음성군	137	70	69	69	0	2017-03-24
금왕테크노밸리	충북	음성군	1,083	739	721	721	0	2017-06-09
청주센트럴밸리	충북	청주시	958	505	226	226	0	2017-11-01
화석	충북	충주시	71	42	42	42	0	2017-11-03
오창테크노폴리스	충북	청주시	1,996	1,271	606	343	263	2017-11-24
동충주	충북	충주시	1,404	860	839	385	453	2018-06-08
인곡	충북	음성군	1,730	905	0	0	0	2019-05-31
성안2	충북	음성군	302	186	56	56	0	2019-10-04
산척	충북	충주시	132	88	14	14	0	2019-12-27
남청주현도	충북	청주시	1,052	356	175	129	46	2020-01-31
용산	충북	음성군	1,041	631	218	218	0	2020-08-28
서오창테크노밸리	충북	청주시	904	470	101	62	38	2020-08-28
오송화장품	충북	청주시	797	339	0	0	0	2020-11-13
청주하이테크밸리	충북	청주시	1,007	668	34	16	18	2020-11-20
청주그린스마트밸리	충북	청주시	1,003	613	0	0	0	2020-12-11
제천봉양	충북	제천시	133	92	92	92	0	2021-09-24
충주드림파크	충북	충주시	1,698	1,064	0	0	0	2021-09-10
청주한국전통공예촌	충북	청주시	303	59	0	0	0	2021-10-22
진천테크노폴리스	충북	진천군	806	590	148	148	0	2021-11-12
충주비즈코어시티	충북	충주시	274	155	0	0	0	2022-07-29
음성테크노폴리스	충북	음성군	653	444	0	0	0	2022-10-07
문백	충북	진천군	299	172	0	0	0	2022-12-30
오송바이오	충북	청주시	283	200	0	0	0	2022-12-09
진천스마트	충북	진천군	1,135	763	0	0	0	2023-03-03
진천메가폴리스	충북	진천군	1,460	852	0	0	0	2023-08-18
금산	충남	금산군	920	718	718	718	0	1992-07-29
논산	충남	논산시	253	165	165	165	0	1997-10-24
관창	충남	보령시	2,442	1,255	1,255	1,255	0	1992-02-08
서산오토밸리	충남	서산시	3,990	2,698	2,698	2,698	0	1997-01-24
대죽	충남	서산시	2,101	1,547	1,547	1,547	0	1991-12-06
아산디스플레이1	충남	아산시	2,534	1,561	1,561	1,561	0	1995-11-22
인주	충남	아산시	3,529	2,555	2,555	2,555	0	1993-06-02
◇인주1	충남	아산시	1,717	1,141	1,141	1,141	0	1993-06-02
▷인주1(산업)	충남	아산시	1,553	981	981	981		1993-06-02
▷인주1(외국인)	충남	아산시	165	159	159	159	0	2004-12-21
◇아산현대모터스	충남	아산시	1,812	1,414	1,414	1,414	0	1993-06-02
천흥	충남	천안시	651	426	426	426	0	1991-01-12
천안마정	충남	천안시	150	99	99	99	0	1994-05-23
천안2	충남	천안시	828	567	567	567	0	1990-02-08
천안3	충남	천안시	2,134	1,386	1,386	1,386	0	1993-06-09

2023.12.31 현재 (단위 : 천㎡)

단지명	시군구		지정면적	산업시설용지				지정일자
				분양대상면적	분양공고면적	분양	미분양	
◇천안3(산업)	충남	천안시	1,641	912	912	912	0	1993-06-09
◇천안3(외국인)	충남	천안시	493	474	474	474	0	1994-10-13
천안산업기술	충남	천안시	183	130	130	130	0	1999-03-31
계룡1	충남	계룡시	323	156	156	156	0	1999-10-13
천안4	충남	천안시	1,006	629	629	629	0	2001-11-29
아산디스플레이2	충남	아산시	2,095	688	578	578	0	2004-07-30
아산테크노밸리	충남	아산시	2,984	1,374	1,374	1,374	0	2006-03-23
현대제철	충남	당진시	5,825	4,394	4,281	4,281	0	2006-01-23
대산	충남	서산시	1,103	863	863	863	0	2006-06-30
합덕	충남	당진시	970	577	577	569	8	2006-11-24
탄천	충남	공주시	997	652	652	652	0	2007-07-23
영보	충남	보령시	1,251	695	596	596	0	2007-09-21
천안5	충남	천안시	1,996	1,213	1,113	1,113	0	2007-11-22
◇천안5(산업)	충남	천안시	1,660	880	780	780	0	2007-11-22
◇천안5(외국인)	충남	천안시	337	333	333	333	0	2012-12-21
논산2	충남	논산시	509	388	388	388	0	2008-03-28
서산테크노밸리	충남	서산시	1,986	683	683	683	0	2008-01-22
서산인더스밸리	충남	서산시	812	606	606	606	0	2008-05-08
풍세	충남	천안시	1,645	823	823	823	0	2008-05-28
유구자카드	충남	공주시	96	61	61	61	0	2008-07-08
예산	충남	예산군	1,507	1,030	1,030	1,030	0	2008-12-03
송산2	충남	당진시	4,288	2,133	2,133	2,069	64	2009-01-05
◇송산2(산업)	충남	당진시	3,871	1,715	1,715	1,651	64	2009-01-05
◇송산2(외국인)	충남	당진시	417	417	417	417	0	2015-10-12
홍성	충남	홍성군	1,135	772	772	772	0	2009-01-28
동산	충남	논산시	729	477	477	477	0	2009-11-30
운용	충남	아산시	74	64	64	64	0	2009-12-04
예당	충남	예산군	1,043	666	666	666	0	2010-06-14
◇예당(1공구)	충남	예산군	995	666	666	666	0	2010-06-14
◇예당(2공구)	충남	예산군	48	0	0	0	0	2013-12-27
세종	충남	공주시	664	447	0	0	0	2010-09-09
아산2테크노밸리	충남	아산시	1,200	775	775	775	0	2010-12-28
예산신소재	충남	예산군	1,040	702	315	315	0	2011-06-16
대산컴플렉스	충남	서산시	649	478	478	478	0	2011-06-29
웅천	충남	보령시	685	482	482	198	284	2011-07-15
합덕인더스파크	충남	당진시	641	469	469	393	77	2011-09-22
당진1철강	충남	당진시	2,065	1,709	1,659	1,659	0	2012-02-28
서산남부	충남	서산시	878	588	0	0	0	2012-04-09
아산디지털	충남	아산시	356	237	237	237	0	2013-09-02
현대대죽	충남	서산시	672	610	610	610	0	2013-07-11
대산3	충남	서산시	540	453	453	453	0	2014-04-16
남공주	충남	공주시	733	508	400	343	57	2014-09-02

2023.12.31 현재 (단위 : 천㎡)

단지명	시군구		지정면적	산업시설용지				지정일자
				분양대상면적	분양공고면적	분양	미분양	
천안LG생활건강	충남	천안시	388	139	139	139	0	2015-06-01
천안동부바이오	충남	천안시	335	232	16	16	0	2015-06-26
씨지앤대산전력	충남	서산시	184	169	169	169	0	2015-07-08
탕정테크노	충남	아산시	685	202	124	70	54	2015-11-27
탕정	충남	아산시	506	100	100	100	0	2016-01-18
◇탕정(산업)	충남	아산시	420	15	15	15	0	2016-01-18
◇탕정(외국인)	충남	아산시	85	85	85	85	0	2021-09-10
아산스마트밸리	충남	아산시	598	254	183	183	0	2017-07-10
쌍신	충남	공주시	227	138	0	0	0	2018-08-16
염치	충남	아산시	381	263	99	92	7	2018-12-31
천안북부BIT	충남	천안시	875	528	115	115	0	2019-10-16
인주(3공구)	충남	아산시	1,817	822	0	0	0	2019-11-14
동현	충남	공주시	301	205	0	0	0	2019-12-20
성거	충남	천안시	306	211	211	211	0	2020-06-11
예산2	충남	예산군	1,120	676	162	87	76	2020-09-21
천안테크노파크	충남	천안시	918	616	0	0	0	2020-11-30
아산음봉	충남	아산시	419	227	63	4	59	2020-12-30
풍세2	충남	천안시	345	233	0	0	0	2021-08-23
천안6	충남	천안시	967	609	0	0	0	2021-11-26
현대대죽2	충남	서산시	681	573	0	0	0	2022-01-10
예당2	충남	예산군	719	506	0	0	0	2022-03-21
부여	충남	부여군	466	305	0	0	0	2022-09-13
송선	충남	공주시	317	223	0	0	0	2023-01-20
대산그린컴플렉스	충남	서산시	2,261	1,429	0	0	0	2023-07-20
천안에코밸리	충남	천안시	349	220	0	0	0	2023-10-13
천안신사	충남	천안시	632	395	0	0	0	2023-11-21
케이밸리아산	충남	아산시	567	265	0	0	0	2023-12-18
아산신창	충남	아산시	484	351	0	0	0	2023-12-18
대산충의	충남	서산시	121	69	0	0	0	2023-12-26
청양	충남	청양군	732	487	0	0	0	2023-12-29
대산3(확장)	충남	서산시	778	563	0	0	0	2023-12-29
군산	전북	군산시	5,641	3,631	3,631	3,631	0	1976-03-12
김제순동	전북	김제시	262	186	186	186	0	1995-07-08
전주과학	전북	완주군	3,074	1,798	1,798	1,798	0	1991-12-05
완주	전북	완주군	3,359	2,578	2,578	2,578	0	1988-07-07
익산2	전북	익산시	3,274	2,565	2,565	2,565	0	1978-08-30
전주1	전북	전주시	1,806	1,218	1,218	1,218	0	1966-06-20
전주2	전북	전주시	687	531	531	531	0	1984-03-14
정읍1	전북	정읍시	185	158	158	158	0	1979-10-04
정읍2	전북	정읍시	999	644	644	644	0	1991-04-18
정읍3	전북	정읍시	1,025	757	757	757	0	1991-04-18
정읍첨단(RFT)	전북	정읍시	896	417	417	322	96	2007-06-29

2023.12.31 현재 (단위 : 천㎡)

단지명	시군구		지정면적	산업시설용지				지정일자
				분양대상면적	분양공고면적	분양	미분양	
부안신·재생에너지	전북	부안군	354	154	154	121	34	2007-12-21
전주친환경첨단(1단계)	전북	전주시	291	157	157	157	0	2008-01-31
익산4	전북	익산시	503	300	300	300	0	2008-03-14
익산3	전북	익산시	2,794	1,587	1,587	1,549	38	2008-04-25
◇익산3(산업)	전북	익산시	2,622	1,417	1,417	1,379	38	2008-04-25
◇익산3(외국인)	전북	익산시	172	170	170	170	0	2010-03-12
지평선	전북	김제시	2,978	1,934	1,934	1,934	0	2008-09-05
전주자원순환	전북	전주시	80	48	48	48	0	2010-05-18
고창신활력	전북	고창군	837	611	587	68	519	2010-09-24
완주테크노밸리	전북	완주군	1,311	971	971	971	0	2010-12-31
전주친환경첨단(3-1단계)	전북	전주시	284	183	183	183	0	2011-12-01
완주테크노밸리2	전북	완주군	2,111	1,190	1,190	988	203	2014-12-26
남원	전북	남원시	776	586	554	107	448	2015-05-01
백구	전북	김제시	336	258	0	0	0	2020-10-16
문평	전남	나주시	323	246	246	246	0	1979-10-04
나주	전남	나주시	549	402	402	402	0	1994-02-02
삽진	전남	목포시	217	170	170	170	0	1995-04-25
순천	전남	순천시	576	448	448	448	0	1977-04-29
해룡	전남	순천시	1,593	1,039	638	638	0	1998-04-22
여수오천	전남	여수시	181	128	128	128	0	1979-06-14
율촌1	전남	여수시	9,107	5,972	5,972	5,933	39	1992-05-13
율촌2	전남	여수시	3,793	2,336	0	0	0	1997-10-09
삼호	전남	영암군	2,971	2,153	2,153	2,153	0	1991-04-30
화순생물의약	전남	화순군	755	388	383	383	0	2006-01-27
황금	전남	광양시	1,116	688	391	214	177	2003-10-30
군내	전남	진도군	686	532	382	382	0	2006-11-01
장성나노기술	전남	장성군	901	480	480	480	0	2007-09-20
화원조선	전남	해남군	2,056	1,397	150	150	0	2007-07-20
신금	전남	광양시	398	223	223	204	19	2008-03-27
나주혁신	전남	나주시	1,789	1,231	1,213	1,184	29	2008-07-11
광양익신	전남	광양시	474	348	348	206	142	2008-07-11
강진	전남	강진군	655	410	410	410	0	2008-12-12
장흥바이오	전남	장흥군	2,892	1,206	1,206	784	422	2008-12-12
대양	전남	목포시	1,545	848	848	843	5	2009-02-05
대마전기자동차	전남	영광군	1,889	1,164	1,092	892	201	2009-05-20
◇대마전기자동차(1단계)	전남	영광군	1,652	1,092	1,092	892	201	2009-05-20
◇대마전기자동차(2단계)	전남	영광군	237	72	0	0	0	2023-06-15
세라믹	전남	목포시	116	81	81	30	50	2009-06-05
나주신도	전남	나주시	298	224	224	213	11	2011-05-02
세풍	전남	광양시	2,427	1,487	526	520	7	2011-09-02
◇세풍(산업)	전남	광양시	2,344	1,405	444	437	7	2011-09-02
◇세풍(외국인)	전남	광양시	83	83	83	83	0	2017-11-02

2023.12.31 현재 (단위 : 천㎡)

단지명	시군구		지정면적	산업시설용지				지정일자
				분양대상면적	분양공고면적	분양	미분양	
묘도녹색	전남	여수시	368	240	0	0	0	2012-10-19
동함평	전남	함평군	739	489	489	438	51	2013-05-20
영암용당	전남	영암군	351	281	0	0	0	2013-05-27
에코하이테크담양	전남	담양군	581	338	338	338	0	2013-11-28
운남	전남	무안군	85	42	25	25	0	2015-02-03
무안항공	전남	무안군	351	273	0	0	0	2020-06-30
화순생물의약2	전남	화순군	308	195	0	0	0	2022-12-29
경산2	경북	경산시	489	336	336	336	0	1994-08-05
경산1	경북	경산시	1,577	1,150	1,150	1,150	0	1990-12-10
건천1	경북	경주시	147	114	114	114	0	1993-07-28
건천2	경북	경주시	990	763	763	763	0	1995-06-16
경주석계	경북	경주시	146	116	116	116	0	1998-01-12
외동	경북	경주시	142	116	116	116	0	1993-07-28
화산	경북	경주시	150	120	120	120	0	1998-07-06
개진	경북	고령군	148	87	87	87	0	1994-08-11
고령1	경북	고령군	637	449	449	449	0	1990-12-10
성산	경북	고령군	113	64	42	42	0	1994-08-11
상주청리	경북	상주시	1,295	1,002	1,002	1,002	0	1995-11-16
월항	경북	성주군	78	52	52	52	0	1993-07-28
영주	경북	영주시	178	127	127	127	0	1993-08-25
왜관	경북	칠곡군	2,540	1,707	1,707	1,707	0	1979-11-26
◇왜관(기존)	경북	칠곡군	1,668	1,123	1,123	1,123	0	1979-11-26
◇왜관(추가)	경북	칠곡군	872	583	583	583	0	2001-04-06
포항4	경북	포항시	2,047	1,394	1,394	1,394	0	2002-01-24
고령2	경북	고령군	766	512	512	512	0	2003-09-08
외동2	경북	경주시	603	412	412	412	0	2003-12-08
경북바이오	경북	안동시	862	452	452	452	0	2004-07-05
천북	경북	경주시	1,862	1,285	1,271	1,271	0	2004-07-08
경산3	경북	경산시	1,497	1,011	1,011	1,011	0	2005-05-09
상주한방	경북	상주시	766	382	382	371	11	2005-06-13
영일만	경북	포항시	963	658	658	658	0	2004-01-26
◇영일만(산업)	경북	포항시	698	393	393	393	0	2004-01-26
◇영일만(외국인)	경북	포항시	265	265	265	265	0	2009-09-03
영일만2	경북	포항시	720	582	582	582	0	2005-10-17
영천	경북	영천시	1,461	1,000	1,000	1,000	0	2006-06-29
신기	경북	문경시	126	83	83	83	0	2006-10-30
문산	경북	경주시	315	218	218	178	40	2008-01-03
성주	경북	성주군	851	581	581	581	0	2008-05-26
김천1	경북	김천시	2,199	1,506	1,506	1,506	0	2008-08-04
◇김천1(1단계)	경북	김천시	804	564	564	564	0	2008-08-04
◇김천1(2단계)	경북	김천시	1,395	942	942	942	0	2008-08-04
SK스페셜티	경북	영주시	171	125	125	125	0	2008-09-10

2023.12.31 현재 (단위 : 천㎡)

단지명	시군구		지정면적	산업시설용지				지정일자
				분양대상면적	분양공고면적	분양	미분양	
왜관3	경북	칠곡군	744	506	506	506	0	2008-10-20
경주석계2	경북	경주시	122	99	99	99	0	2008-10-03
두전	경북	영주시	55	40	40	36	4	2009-01-02
경산1-1	경북	경산시	76	24	24	15	9	2009-01-12
고경	경북	영천시	1,565	1,046	103	103	0	2009-12-24
신흥	경북	포항시	112	74	52	0	52	2010-06-01
경주강동	경북	경주시	992	642	596	591	5	2010-04-22
명계2	경북	경주시	104	64	64	21	42	2010-08-02
신기2	경북	문경시	440	288	288	277	11	2010-08-23
광명	경북	포항시	734	517	517	517	0	2010-10-05
영일만3	경북	포항시	195	155	155	87	68	2010-11-19
영일만4	경북	포항시	2,589	1,295	758	758	0	2010-11-08
가흥	경북	영주시	231	178	178	178	0	2010-11-12
모화	경북	경주시	374	302	302	302	0	2010-12-06
경산4	경북	경산시	2,397	1,066	1,066	958	108	2011-02-17
갈산	경북	영주시	149	101	101	87	13	2011-03-09
제내2	경북	경주시	84	59	49	46	3	2011-08-18
구어2	경북	경주시	829	543	543	543	0	2011-09-15
서동	경북	경주시	270	197	197	197	0	2011-09-30
석포	경북	봉화군	185	101	0	0	0	2012-01-12
건천용명	경북	경주시	117	87	87	87	0	2012-01-26
천북2	경북	경주시	104	77	66	7	60	2012-03-08
녹동	경북	경주시	141	100	96	96	0	2012-03-08
연화	경북	칠곡군	52	35	35	35	0	2012-03-19
성주2	경북	성주군	958	657	657	657	0	2012-08-13
건천3	경북	경주시	149	116	0	0	0	2012-12-03
나아	경북	경주시	120	82	30	30	0	2013-01-10
동고령	경북	고령군	749	434	434	434	0	2013-03-11
제내5	경북	경주시	137	95	33	33	0	2013-06-12
그린	경북	포항시	870	584	0	0	0	2013-12-24
문산2	경북	경주시	836	532	532	532	0	2013-12-19
경주검단	경북	경주시	932	580	327	327	0	2014-09-15
양남	경북	경주시	1,739	1,092	0	0	0	2014-12-22
경주석계4	경북	경주시	115	83	83	83	0	2014-12-29
열뫼	경북	고령군	221	125	50	50	0	2014-12-29
월성	경북	고령군	668	406	122	122	0	2015-06-15
경북바이오2	경북	안동시	575	395	277	277	0	2016-02-29
명계3	경북	경주시	823	505	505	505	0	2016-12-12
건천4	경북	경주시	629	407	0	0	0	2016-12-29
김천1(3단계)	경북	김천시	1,151	832	832	832	0	2017-11-09
대곡2	경북	경주시	242	155	0	0	0	2017-12-11
송곡	경북	고령군	262	176	0	0	0	2018-10-11

2023.12.31 현재 (단위 : 천㎡)

단지명	시군구		지정면적	산업시설용지				지정일자
				분양대상면적	분양공고면적	분양	미분양	
상주	경북	상주시	393	238	201	150	51	2020-11-12
외동3	경북	경주시	110	63	3	3	0	2021-06-21
혁신원자력	경북	경주시	2,200	808	40	40	0	2021-06-28
대창	경북	영천시	460	324	0	0	0	2021-11-11
경산화장품	경북	경산시	146	83	50	9	41	2022-03-23
영천금호	경북	영천시	282	163	0	0	0	2022-06-09
의성바이오밸리	경북	의성군	226	134	0	0	0	2023-01-30
경산상림재활산업	경북	경산시	541	202	0	0	0	2023-04-21
덕암	경남	김해시	156	106	106	106	0	1997-04-10
사천1	경남	사천시	2,356	1,846	1,846	1,846	0	1991-12-28
◇사천1(산업)	경남	사천시	1,860	1,350	1,350	1,350	0	1991-12-28
◇사천1(외국인)	경남	사천시	496	496	496	496	0	2001-08-17
사천2	경남	사천시	1,616	987	987	987	0	1997-02-05
양산	경남	양산시	1,847	1,391	1,391	1,391	0	1978-03-15
어곡	경남	양산시	1,244	623	623	623	0	1991-09-07
진주상평	경남	진주시	2,058	1,567	1,567	1,567	0	1978-03-15
마천	경남	창원시	611	479	479	479	0	1992-08-22
칠서	경남	함안군	3,052	1,866	1,866	1,866	0	1979-11-26
진주(사봉)	경남	진주시	810	342	342	342	0	1999-11-05
오비	경남	거제시	196	129	129	129	0	2003-10-16
진북	경남	창원시	875	542	542	542	0	2004-04-01
사포	경남	밀양시	746	455	455	455	0	2004-12-16
정촌	경남	진주시	1,712	645	645	645	0	2005-11-07
창원죽곡	경남	창원시	138	107	107	107	0	2006-04-06
대송	경남	하동군	1,372	810	777	63	715	2003-10-30
남양	경남	창원시	293	133	133	133	0	2003-10-30
갈사만조선	경남	하동군	5,613	3,586	0	0	0	2003-10-30
함양	경남	함양군	738	357	357	322	35	2007-02-08
창원	경남	창원시	478	232	232	232	0	2007-05-25
산막	경남	양산시	1,277	740	652	652	0	2007-07-03
거창	경남	거창군	741	465	465	465	0	2007-07-05
김해GoldenRoot	경남	김해시	1,519	846	846	846	0	2007-08-02
대합	경남	창녕군	949	623	623	623	0	2008-01-31
매촌	경남	산청군	98	72	72	72	0	2008-03-27
함안	경남	함안군	1,780	1,218	1,218	1,218	0	2008-06-10
휴천	경남	함양군	83	43	43	43	0	2008-08-01
봉암동원	경남	고성군	299	183	183	135	48	2008-10-17
용전	경남	밀양시	634	361	361	361	0	2008-12-04
내산	경남	고성군	523	374	299	299	0	2008-11-17
대독	경남	고성군	266	156	141	141	0	2009-04-17
매촌2	경남	산청군	75	52	52	52	0	2009-06-08
밀양하남	경남	밀양시	1,020	642	642	642	0	2009-09-17

2023.12.31 현재 (단위 : 천㎡)

단지명	시군구		지정면적	산업시설용지				지정일자
				분양대상면적	분양공고면적	분양	미분양	
덕계	경남	양산시	360	221	221	221	0	2009-11-19
흥사	경남	사천시	673	470	56	56	0	2009-12-17
억만	경남	창녕군	82	64	64	64	0	2009-12-24
진전평암	경남	창원시	80	56	56	56	0	2010-01-08
안정	경남	통영시	1,305	869	13	13	0	2010-01-08
덕포	경남	통영시	1,017	712	0	0	0	2010-03-18
양산유산	경남	양산시	118	79	79	79	0	2010-03-24
주호	경남	김해시	117	87	87	87	0	2010-04-01
법송동원	경남	통영시	621	372	267	0	267	2010-04-08
장좌	경남	고성군	695	421	400	400	0	2010-04-01
법수우거	경남	함안군	124	85	85	85	0	2010-04-15
군북월촌	경남	함안군	188	137	137	137	0	2010-06-17
넥센	경남	창녕군	593	468	411	411	0	2010-05-06
진주가산	경남	진주시	296	220	185	135	50	2010-05-13
수곡	경남	창원시	80	46	46	46	0	2010-05-20
나전	경남	김해시	68	48	46	46	0	2010-06-03
율대	경남	고성군	182	138	138	138	0	2010-07-08
대가룡	경남	고성군	74	58	58	58	0	2010-09-02
김해명동	경남	김해시	263	183	183	166	16	2010-07-29
대사	경남	함안군	294	205	205	205	0	2010-11-10
덕계경동스마트밸리	경남	양산시	442	245	208	0	208	2011-02-17
천선	경남	창원시	110	60	60	60	0	2011-01-17
법수강주	경남	함안군	136	90	90	90	0	2011-01-28
어곡2	경남	양산시	330	207	32	32	0	2011-04-07
나전2	경남	김해시	122	79	79	56	22	2011-06-02
오척	경남	김해시	149	100	100	100	0	2011-07-14
지수	경남	진주시	123	95	95	95	0	2011-08-25
모사	경남	거제시	634	513	501	501	0	2012-03-08
하리	경남	창녕군	222	155	0	0	0	2012-07-26
축동	경남	사천시	248	158	13	13	0	2012-09-13
대동	경남	사천시	102	71	68	68	0	2012-09-13
창곡	경남	창원시	63	36	36	36	0	2012-09-13
장지	경남	함안군	292	177	177	177	0	2012-11-15
김해테크노밸리	경남	김해시	1,644	1,068	1,068	1,068	0	2012-08-01
대의	경남	의령군	298	171	60	60	0	2013-01-15
서김해	경남	김해시	449	276	276	270	6	2013-01-17
정곡백곡	경남	의령군	147	94	0	0	0	2013-04-04
김해가산	경남	김해시	97	73	73	73	0	2013-06-13
이노비즈밸리	경남	김해시	213	135	135	135	0	2013-08-29
덕암2	경남	김해시	49	33	31	31	0	2013-09-26
김해사이언스파크	경남	김해시	850	464	126	40	87	2013-10-31
칠북영동	경남	함안군	258	162	162	162	0	2013-11-11

2023.12.31 현재 (단위 : 천㎡)

단지명	시군구		지정면적	산업시설용지				지정일자
				분양대상면적	분양공고면적	분양	미분양	
사내	경남	함안군	292	203	85	85	0	2014-01-16
신천	경남	김해시	245	168	164	164	0	2014-03-20
종포	경남	사천시	368	264	264	264	0	2014-04-24
토정	경남	양산시	309	156	0	0	0	2014-06-05
동전	경남	창원시	499	239	239	185	54	2014-08-21
가연	경남	함안군	37	23	23	23	0	2014-09-15
오비2	경남	거제시	109	60	0	0	0	2014-09-05
양산용당	경남	양산시	269	175	175	175	0	2014-09-04
병동	경남	김해시	296	208	137	137	0	2014-11-06
덕곡	경남	거제시	150	77	23	23	0	2014-11-21
안골	경남	창원시	240	145	43	43	0	2014-12-04
서창	경남	양산시	276	190	190	190	0	2014-12-18
양산석계2	경남	양산시	999	444	444	444	0	2015-01-29
법송2	경남	통영시	86	50	50	50	0	2015-02-12
진주뿌리	경남	진주시	962	494	494	342	152	2015-05-28
화천	경남	함안군	295	178	0	0	0	2015-07-29
대진	경남	사천시	248	150	7	7	0	2015-07-30
금진	경남	사천시	298	188	0	0	0	2015-07-30
칠원용산	경남	함안군	189	127	122	122	0	2015-11-30
본산	경남	김해시	59	38	0	0	0	2015-11-26
창원죽곡2	경남	창원시	251	137	0	0	0	2015-12-03
용전3	경남	밀양시	252	153	0	0	0	2015-12-24
상복	경남	창원시	116	43	18	18	0	2015-12-28
이지(Eco-Zone)	경남	김해시	306	161	160	160	0	2016-02-04
AM하이테크	경남	김해시	162	107	107	107	0	2016-03-17
향촌2	경남	사천시	69	43	43	0	43	2016-07-28
산청한방항노화	경남	산청군	159	94	94	0	94	2016-10-18
영남	경남	창녕군	1,410	743	0	0	0	2017-01-05
김해대동첨단	경남	김해시	2,804	1,119	1,084	1,074	9	2017-06-29
양산가산	경남	양산시	671	272	228	79	148	2017-07-06
부목2	경남	함안군	133	70	3	3	0	2017-08-16
원지	경남	김해시	219	153	0	0	0	2017-12-28
군북유현	경남	함안군	75	49	0	0	0	2018-08-23
용당(항공MRO)	경남	사천시	300	207	0	0	0	2018-12-13
대성하이스코	경남	창녕군	72	54	43	43	0	2018-12-27
이당	경남	고성군	131	69	59	59	0	2019-09-19
평성	경남	창원시	696	270	0	0	0	2019-12-31
창원덕산	경남	창원시	251	143	0	0	0	2020-09-29
부림	경남	의령군	353	184	0	0	0	2021-02-25
군북	경남	함안군	824	481	0	0	0	2021-03-04
하계	경남	김해시	262	190	0	0	0	2021-10-22
사천서부	경남	사천시	314	183	0	0	0	2022-12-29

2023.12.31 현재 (단위 : 천㎡)

단지명	시군구		지정면적	산업시설용지				지정일자
				분양대상면적	분양공고면적	분양	미분양	
거창첨단	경남	거창군	304	192	0	0	0	2022-12-29
고성양촌·용정	경남	고성군	1,574	959	0	0	0	2023-10-19
용암해수	제주	제주시	198	88	88	88	0	2009-12-09
도시첨단 44개			11,373	4,903	2,869	2,600	269	
회동·석대	부산	해운대구	229	127	127	127	0	2008-08-27
모라	부산	사상구	11	6	6	6	0	2012-04-11
부산에코델타시티	부산	강서구	659	306	28	28	0	2015-12-30
금곡	부산	북구	46	17	0	0	0	2020-03-18
센텀2	부산	해운대구	1,912	284	0	0	0	2022-11-30
대구신서	대구	동구	149	98	46	25	21	2014-12-29
율하	대구	동구	167	59	0	0	0	2017-12-29
경북대캠퍼스혁신파크	대구	북구	29	6	0	0	0	2022-12-26
IHP	인천	서구	1,169	645	530	530	0	2011-08-01
인천남동	인천	남동구	233	79	0	0	0	2017-12-29
남구	광주	남구	486	221	184	166	18	2015-12-30
전남대캠퍼스혁신파크	광주	북구	35	21	0	0	0	2022-12-26
한남대캠퍼스혁신파크	대전	대덕구	30	19	0	0	0	2020-10-27
대전장대	대전	유성구	73	24	0	0	0	2021-12-31
울산장현	울산	중구	317	133	0	0	0	2021-08-25
행정중심복합4-2	세종	세종시	822	520	440	433	8	2015-06-08
안양평촌스마트스퀘어	경기	안양시	255	111	111	111	0	2012-04-03
동탄	경기	화성시	149	95	95	95	0	2014-02-28
판교제2테크노밸리	경기	성남시	430	130	111	111	0	2015-11-30
용인기흥힉스	경기	용인시	77	27	21	21	0	2016-08-25
회천	경기	양주시	104	63	0	0	0	2016-11-11
용인기흥ICT밸리	경기	용인시	42	17	17	17	0	2017-01-13
용인일양히포	경기	용인시	66	26	0	0	0	2017-12-22
광명시흥	경기	광명시	493	134	0	0	0	2019-04-30
한양대에리카캠퍼스혁신파크	경기	안산시	79	49	47	32	15	2020-10-27
고양일산	경기	고양시	100	70	0	0	0	2021-08-31
경기양주테크노밸리	경기	양주시	218	103	0	0	0	2021-12-27
춘천도시첨단문화	강원	춘천시	187	27	27	27	0	2008-01-25
춘천도시첨단정보	강원	춘천시	25	14	14	14	0	2010-04-30
네이버	강원	춘천시	101	53	53	53	0	2011-10-14
삼성SDS	강원	춘천시	40	30	30	30	0	2017-06-01
강원대캠퍼스혁신파크	강원	춘천시	66	28	0	0	0	2021-01-11
홍천	강원	홍천군	46	24	0	0	0	2022-02-24
청주도시첨단문화	충북	청주시	49	31	31	31	0	2002-03-25
충북진천·음성	충북	음성군	224	158	158	158	0	2014-12-29
충북진천·음성2	충북	음성군	104	59	0	0	0	2023-06-08
태안	충남	태안군	39	31	31	31	0	2011-11-21
내포	충남	홍성군	1,260	640	640	432	208	2015-06-26

2023.12.31 현재 (단위 : 천㎡)

단지명	시군구		지정면적	산업시설용지				지정일자
				분양대상면적	분양공고면적	분양	미분양	
천안직산	충남	천안시	334	200	0	0	0	2020-03-27
전주	전북	전주시	110	39	39	39	0	2004-09-08
순천	전남	순천시	190	58	0	0	0	2017-12-29
경북김천혁신도시	경북	김천시	39	16	0	0	0	2023-11-23
창원덴소	경남	창원시	145	83	83	83	0	2005-11-10
해양신도시	경남	창원시	33	21	0	0	0	2023-12-11
농공 481개			78,029	58,988	57,237	55,406	1,831	
정관	부산	기장군	258	189	189	189	0	1987-02-25
구지	대구	달성군	193	160	160	160	0	1989-10-23
옥포	대구	달성군	162	130	130	130	0	1988-04-07
군위	대구	군위군	301	223	223	223	0	1990-01-24
효령	대구	군위군	113	100	100	100	0	1987-10-13
소촌	광주	광산구	324	257	257	257	0	1987-08-13
달천	울산	북구	260	194	194	194	0	1997-03-11
두동	울산	울주군	70	55	55	55	0	1993-12-16
두서	울산	울주군	123	101	101	101	0	1990-02-02
상북	울산	울주군	138	107	107	107	0	1986-12-08
노장	세종	세종시	162	136	136	136	0	1986-09-16
부용	세종	세종시	202	146	146	146	0	1987-01-28
청송	세종	세종시	85	66	66	66	0	1987-05-28
응암	세종	세종시	117	94	94	94	0	1987-07-20
미양	경기	안성시	117	96	96	96	0	1987-01-28
주문진	강원	강릉시	143	100	100	100	0	1988-08-16
근덕	강원	삼척시	130	79	79	79	0	1989-01-30
도계	강원	삼척시	71	59	59	59	0	1993-08-04
대포1	강원	속초시	178	140	140	140	0	1989-12-30
문막	강원	원주시	501	409	409	409	0	1987-06-03
태장	강원	원주시	298	243	243	243	0	1988-08-16
당림	강원	춘천시	53	43	43	43	0	1990-12-27
창촌	강원	춘천시	114	104	104	104	0	1986-08-27
퇴계	강원	춘천시	341	240	240	240	0	1989-12-06
철암	강원	태백시	127	100	100	100	0	1990-12-11
향목	강원	고성군	34	29	29	29	0	1987-07-01
포월	강원	양양군	117	85	85	85	0	1991-11-12
영월	강원	영월군	114	92	92	92	0	1990-12-30
증산	강원	정선군	118	91	91	91	0	1990-12-11
함백	강원	정선군	100	98	98	98	0	1993-08-04
갈말	강원	철원군	125	66	66	66	0	1988-05-16
김화	강원	철원군	146	114	114	114	0	1991-12-27
평창	강원	평창군	106	83	83	83	0	1989-04-19
상오안	강원	홍천군	122	92	92	92	0	1990-02-05
양덕원	강원	홍천군	41	39	39	39	0	1986-11-05

2023.12.31 현재 (단위 : 천㎡)

단지명	시군구		지정면적	산업시설용지				지정일자
				분양대상면적	분양공고면적	분양	미분양	
원천	강원	화천군	112	80	80	80	0	1990-12-28
묵계	강원	횡성군	176	138	138	138	0	1985-03-11
우천	강원	횡성군	173	145	145	145	0	1988-05-19
원주동화	강원	원주시	332	259	259	259	0	2001-10-08
공근	강원	횡성군	329	227	227	227	0	2003-09-29
장성	강원	태백시	137	81	81	81	0	2003-11-20
팔괴	강원	영월군	143	109	109	109	0	2004-06-09
거두	강원	춘천시	296	206	206	206	0	2004-06-11
화전	강원	홍천군	268	141	141	141	0	2004-06-05
대포2	강원	속초시	106	66	66	66	0	2007-12-28
원통	강원	인제군	144	90	90	90	0	2008-05-21
우천2	강원	횡성군	329	235	235	235	0	2008-07-29
춘천수동	강원	춘천시	77	31	31	31	0	2008-10-24
고성해양심층수	강원	고성군	101	71	66	66	0	2009-05-13
예미	강원	정선군	107	73	73	69	4	2009-09-09
하리	강원	양구군	143	90	90	90	0	2010-03-18
영월3	강원	영월군	259	161	161	161	0	2010-05-06
방림	강원	평창군	61	39	39	39	0	2010-04-02
대포3	강원	속초시	162	109	107	107	0	2011-05-03
동송	강원	철원군	164	103	103	86	17	2012-05-01
양양2그린	강원	양양군	103	61	61	61	0	2012-06-22
주문진2	강원	강릉시	158	104	104	104	0	2012-06-22
귀둔	강원	인제군	54	34	34	9	25	2015-12-31
북방	강원	홍천군	101	72	0	0	0	2018-01-09
퇴계2	강원	춘천시	93	59	59	59	0	2020-10-29
고성2	강원	고성군	130	83	0	0	0	2023-05-17
양양친환경스마트육상연어	강원	양양군	106	85	0	0	0	2023-05-25
강저테크노빌	충북	제천시	126	108	108	108	0	1987-09-22
고암테크노빌	충북	제천시	174	152	152	152	0	1989-12-12
금성테크노빌	충북	제천시	85	73	73	73	0	1988-11-19
송학테크노빌	충북	제천시	89	78	78	78	0	1989-11-15
중앙탑	충북	충주시	223	199	199	199	0	1988-06-29
가주	충북	충주시	132	100	100	100	0	1987-04-17
용탄	충북	충주시	192	161	161	161	0	1989-11-25
주덕	충북	충주시	159	140	140	140	0	1986-08-12
괴산	충북	괴산군	55	43	43	43	0	1988-04-25
도안테크노밸리	충북	증평군	93	83	83	83	0	1986-11-14
사리	충북	괴산군	113	95	95	95	0	1987-06-09
증평테크노밸리	충북	증평군	88	85	85	85	0	1987-07-16
대강	충북	단양군	82	67	67	67	0	1989-03-04
적성	충북	단양군	124	98	98	98	0	1991-01-01
보은	충북	보은군	70	53	53	53	0	1988-04-20

2023.12.31 현재 (단위 : 천㎡)

단지명	시군구		지정면적	산업시설용지				지정일자
				분양대상면적	분양공고면적	분양	미분양	
삼승	충북	보은군	142	104	104	104	0	1994-12-17
장안	충북	보은군	281	242	242	242	0	1990-12-18
영동	충북	영동군	74	63	63	63	0	1986-08-02
법화	충북	영동군	123	92	92	92	0	1996-04-29
용산	충북	영동군	262	243	243	243	0	1987-01-28
동이	충북	옥천군	161	144	144	144	0	1987-05-30
옥천	충북	옥천군	282	267	267	267	0	1989-01-07
구일	충북	옥천군	133	102	102	102	0	1997-06-30
이원	충북	옥천군	142	129	129	129	0	1991-12-05
청산	충북	옥천군	65	59	59	59	0	1988-06-29
금왕	충북	음성군	141	115	115	115	0	1988-05-04
삼성	충북	음성군	165	142	142	142	0	1986-09-11
음성	충북	음성군	66	54	54	54	0	1986-08-02
덕산	충북	진천군	90	82	82	82	0	1987-02-25
광혜원	충북	진천군	86	81	81	81	0	1987-09-24
진천	충북	진천군	58	48	48	48	0	1984-08-29
이월	충북	진천군	127	109	109	109	0	1995-09-30
초평	충북	진천군	139	122	122	122	0	1987-07-06
내수	충북	청주시	107	98	98	98	0	1987-04-27
현도	충북	청주시	72	53	53	53	0	1987-08-22
문백전기·전자	충북	진천군	124	111	111	111	0	2001-01-10
이월전기·전자	충북	진천군	329	214	214	214	0	2004-08-24
매포자원순환	충북	단양군	150	94	94	94	0	2005-12-29
옥천의료기기	충북	옥천군	143	106	106	99	7	2007-07-09
양화테크노빌	충북	제천시	149	97	97	97	0	2009-09-04
괴산발효식품	충북	괴산군	321	196	196	196	0	2009-12-11
광혜원2	충북	진천군	335	241	241	241	0	2014-08-29
도안2테크노밸리	충북	증평군	133	102	102	76	26	2020-12-04
옥천2	충북	옥천군	78	56	0	0	0	2023-09-15
검상	충남	공주시	449	355	330	330	0	1990-01-04
계룡	충남	공주시	50	47	47	47	0	1988-04-06
유구	충남	공주시	278	184	184	184	0	1989-12-26
장기	충남	공주시	92	74	74	74	0	1984-09-07
정안1	충남	공주시	159	131	131	131	0	1987-12-31
가야곡	충남	논산시	186	145	145	145	0	1987-12-05
연무	충남	논산시	124	88	88	88	0	1997-04-21
연산	충남	논산시	81	59	59	59	0	1987-07-25
은진	충남	논산시	77	69	69	69	0	1987-05-02
웅천석재	충남	보령시	149	104	104	104	0	1995-12-30
요암	충남	보령시	101	87	87	87	0	1990-01-09
웅천	충남	보령시	229	171	171	171	0	1990-08-21
주산	충남	보령시	152	110	110	110	0	1992-02-06

2023.12.31 현재 (단위 : 천㎡)

단지명	시군구		지정면적	산업시설용지				지정일자
				분양대상면적	분양공고면적	분양	미분양	
주포	충남	보령시	165	136	136	136	0	1989-08-19
고북	충남	서산시	122	94	94	94	0	1990-02-03
성연	충남	서산시	776	596	596	596	0	1989-11-01
수석	충남	서산시	231	185	185	185	0	1992-02-26
둔포	충남	아산시	74	69	69	69	0	1987-09-21
득산	충남	아산시	216	167	167	167	0	1988-07-07
배미	충남	아산시	75	63	63	63	0	1988-09-05
신인	충남	아산시	64	54	54	54	0	1990-02-12
신창	충남	아산시	56	43	43	43	0	1987-08-20
영인	충남	아산시	154	141	141	141	0	1987-09-23
탕정	충남	아산시	93	88	88	88	0	1986-12-15
천안동면	충남	천안시	69	49	49	49	0	1986-11-26
목천	충남	천안시	105	67	67	67	0	1986-11-26
백석	충남	천안시	350	297	297	297	0	1987-08-24
직산	충남	천안시	172	138	138	138	0	1986-07-16
금산금성	충남	금산군	222	169	169	169	0	1990-02-02
복수	충남	금산군	118	96	96	96	0	1986-11-06
당진	충남	당진시	85	54	54	54	0	1987-12-29
면천	충남	당진시	139	105	105	105	0	1989-11-15
석문	충남	당진시	215	162	162	162	0	1990-07-15
당진신평	충남	당진시	138	104	104	104	0	1990-01-24
합덕	충남	당진시	106	72	72	72	0	1988-07-11
은산	충남	부여군	123	92	92	92	0	1990-01-05
임천	충남	부여군	166	142	142	142	0	1990-05-17
부여장암	충남	부여군	158	133	133	133	0	1994-05-20
홍산	충남	부여군	128	105	105	105	0	1994-12-07
장항원수	충남	서천군	481	362	362	362	0	1988-12-30
종천	충남	서천군	250	209	209	209	0	1990-01-03
고덕	충남	예산군	160	136	136	136	0	1993-12-09
충남동물약품	충남	예산군	153	125	125	125	0	1990-03-02
예덕	충남	예산군	205	153	153	153	0	1995-12-04
예산	충남	예산군	189	154	154	154	0	1987-06-08
응봉	충남	예산군	151	131	131	131	0	1993-03-29
비봉	충남	청양군	156	113	113	113	0	1991-10-16
청양운곡	충남	청양군	149	94	94	94	0	1996-12-23
정산	충남	청양군	273	220	220	220	0	1989-02-28
화성	충남	청양군	144	111	111	111	0	1991-10-16
학당	충남	청양군	130	91	91	91	0	1998-05-04
태안	충남	태안군	105	80	80	80	0	1990-12-30
광천	충남	홍성군	145	105	105	105	0	1989-11-24
구항	충남	홍성군	167	124	124	124	0	1988-11-28
은하	충남	홍성군	109	91	91	91	0	1999-01-15

2023.12.31 현재 (단위 : 천㎡)

단지명	시군구		지정면적	산업시설용지				지정일자
				분양대상면적	분양공고면적	분양	미분양	
송악	충남	당진시	171	122	122	122	0	2001-07-12
우성전문	충남	공주시	142	116	116	116	0	2002-12-27
추부	충남	금산군	245	165	165	165	0	2002-10-14
관작전문	충남	예산군	145	119	119	119	0	2002-10-29
명천자동차	충남	서산시	143	100	100	100	0	2003-07-21
은하전문	충남	홍성군	95	72	72	72	0	2003-02-27
보물	충남	공주시	135	112	112	112	0	2003-08-25
결성전문	충남	홍성군	141	108	108	108	0	2003-09-19
한진	충남	당진시	143	115	115	115	0	2002-10-14
양지	충남	논산시	117	88	88	88	0	2003-03-20
삽교전문	충남	예산군	147	114	114	114	0	2004-12-21
갈산전문	충남	홍성군	122	91	91	91	0	2006-02-28
둔포2	충남	아산시	116	106	106	106	0	2006-05-24
도고	충남	아산시	198	139	139	139	0	2006-07-11
동산	충남	논산시	83	77	77	77	0	2007-12-12
서천	충남	서천군	79	47	46	33	12	2007-09-14
정안2	충남	공주시	288	213	213	213	0	2008-04-15
광천김	충남	홍성군	57	46	46	46	0	2008-05-30
은산패션	충남	부여군	56	42	42	42	0	2008-04-25
주포2	충남	보령시	143	98	98	98	0	2008-03-31
월미1스마트	충남	공주시	150	119	119	119	0	2008-11-20
의당복합	충남	공주시	147	68	68	68	0	2009-02-04
갈산2전문	충남	홍성군	136	102	12	12	0	2009-04-15
양지2	충남	논산시	137	104	104	104	0	2009-04-08
인삼약초	충남	금산군	115	69	69	69	0	2009-08-10
증곡전문	충남	예산군	145	94	94	94	0	2009-11-19
청소	충남	보령시	147	102	102	102	0	2009-05-06
은산2	충남	부여군	227	140	140	140	0	2010-08-19
종천2	충남	서천군	197	118	118	79	39	2010-06-10
청양운곡2	충남	청양군	146	87	87	87	0	2010-12-10
월미2스마트	충남	공주시	69	56	56	56	0	2012-03-26
계룡2	충남	계룡시	192	123	123	106	17	2012-10-17
강경	충남	논산시	130	91	91	91	0	2012-12-24
노성	충남	논산시	175	117	117	110	7	2015-02-11
가야곡2	충남	논산시	308	220	0	0	0	2015-04-15
정산2	충남	청양군	187	124	0	0	0	2018-12-21
청라	충남	보령시	67	44	44	9	36	2019-08-09
제이팜스	충남	공주시	45	30	0	0	0	2021-09-01
태안2	충남	태안군	89	50	0	0	0	2023-12-13
서수	전북	군산시	287	239	239	239	0	1989-10-26
성산	전북	군산시	142	126	126	126	0	1987-07-01
옥구	전북	군산시	140	103	103	103	0	1993-10-29

2023.12.31 현재 (단위 : 천㎡)

단지명	시군구		지정면적	산업시설용지				지정일자
				분양대상면적	분양공고면적	분양	미분양	
만경	전북	김제시	215	181	181	181	0	1990-01-24
김제봉황	전북	김제시	233	206	206	206	0	1989-12-14
서흥	전북	김제시	278	237	237	237	0	1988-04-20
월촌	전북	김제시	145	133	133	133	0	1991-10-21
황산	전북	김제시	73	56	56	56	0	1986-11-17
광치1	전북	남원시	147	117	117	117	0	1990-12-07
광치2	전북	남원시	111	94	94	94	0	1994-10-22
인월	전북	남원시	48	39	39	39	0	1984-09-20
어현	전북	남원시	113	93	93	93	0	1990-12-07
낭산	전북	익산시	129	109	109	109	0	1992-10-16
삼기	전북	익산시	132	113	113	113	0	1987-01-16
황등	전북	익산시	147	119	119	119	0	1990-09-20
고부	전북	정읍시	151	128	128	128	0	1991-10-28
농소	전북	정읍시	186	176	176	176	0	1987-04-30
북면	전북	정읍시	211	174	174	174	0	1988-08-29
신태인	전북	정읍시	150	120	120	120	0	1997-11-24
고수	전북	고창군	106	83	83	81	3	1989-07-27
아산	전북	고창군	140	111	111	111	0	1991-10-24
안성	전북	무주군	94	79	79	79	0	1991-12-31
부안	전북	부안군	149	123	123	123	0	1996-07-26
줄포	전북	부안군	89	69	69	69	0	1989-01-07
가남	전북	순창군	83	62	62	62	0	1987-08-22
이서특별	전북	완주군	398	389	389	389	0	1988-07-07
임실신평	전북	임실군	53	49	49	49	0	1986-07-24
오수	전북	임실군	132	93	93	93	0	1989-12-18
천천	전북	장수군	57	50	50	50	0	1989-11-17
진안연장	전북	진안군	53	45	45	45	0	1988-07-01
진안2	전북	진안군	146	105	105	105	0	1999-12-28
노암	전북	남원시	149	103	103	103	0	2002-05-20
장계	전북	장수군	290	204	204	204	0	2001-09-11
임실	전북	임실군	147	133	133	133	0	2003-08-16
대동	전북	김제시	331	252	252	252	0	2003-04-14
순창풍산	전북	순창군	138	112	112	100	11	2004-01-07
신용전문	전북	정읍시	143	105	105	105	0	2004-03-25
왕궁	전북	익산시	330	246	246	246	0	2005-06-24
홍덕	전북	고창군	315	240	240	240	0	2006-10-04
무주	전북	무주군	147	120	120	120	0	2007-12-10
인계	전북	순창군	149	122	122	122	0	2007-09-11
부안2	전북	부안군	344	251	251	251	0	2008-03-14
노암2	전북	남원시	180	126	126	126	0	2008-06-17
태인	전북	정읍시	247	170	170	170	0	2008-10-23
진안홍삼	전북	진안군	265	192	192	192	0	2009-04-01

2023.12.31 현재 (단위 : 천㎡)

단지명	시군구		지정면적	산업시설용지				지정일자
				분양대상면적	분양공고면적	분양	미분양	
복분자	전북	고창군	196	126	126	108	19	2010-05-31
무주2	전북	무주군	98	80	80	80	0	2010-07-23
쌍암	전북	순창군	121	67	67	67	0	2010-08-25
노암3	전북	남원시	325	209	209	187	22	2011-05-20
장수	전북	장수군	140	103	103	79	24	2011-07-25
임피	전북	군산시	239	176	176	153	23	2011-06-20
임실2	전북	임실군	338	236	236	236	0	2013-05-31
백구	전북	김제시	329	242	242	242	0	2013-07-26
순창풍산2	전북	순창군	170	124	124	109	15	2013-09-16
소성	전북	정읍시	231	164	164	102	62	2013-11-25
부안3	전북	부안군	327	229	229	46	183	2014-03-26
함열	전북	익산시	328	216	216	54	161	2014-07-30
정읍철도산업	전북	정읍시	221	142	142	82	60	2018-03-16
완주	전북	완주군	298	233	233	141	92	2018-11-22
오수2	전북	임실군	171	110	110	22	87	2021-05-07
동수	전남	나주시	209	179	179	179	0	1986-12-24
나주봉황	전남	나주시	100	84	84	84	0	1989-05-13
오량	전남	나주시	245	207	207	207	0	1990-10-23
산정	전남	목포시	530	445	445	445	0	1987-04-01
주암	전남	순천시	106	81	81	81	0	1989-12-30
마량	전남	강진군	56	44	44	44	0	1988-01-27
풍양	전남	고흥군	55	39	39	39	0	1989-06-08
겸면	전남	곡성군	301	245	245	245	0	1990-02-03
석곡	전남	곡성군	126	91	91	91	0	1991-12-31
입면	전남	곡성군	522	504	504	504	0	1987-05-30
간전	전남	구례군	102	82	82	82	0	1990-07-03
담양금성	전남	담양군	233	192	192	192	0	1990-10-23
무정	전남	담양군	181	152	152	152	0	1988-01-27
삼향	전남	무안군	223	166	166	166	0	1987-04-03
일로	전남	무안군	164	130	130	130	0	1990-12-26
청계	전남	무안군	312	251	251	251	0	1989-12-15
미력	전남	보성군	106	79	79	79	0	1991-01-12
벌교	전남	보성군	140	106	106	106	0	1988-04-19
화양	전남	여수시	119	96	96	96	0	1990-12-28
영암군서	전남	영암군	128	102	102	102	0	1990-07-13
영광군서	전남	영광군	118	96	96	96	0	1990-07-03
신북	전남	영암군	145	118	118	118	0	1986-08-02
완도	전남	완도군	323	216	216	216	0	1993-07-19
죽청	전남	완도군	223	160	160	160	0	1995-04-26
장성동화	전남	장성군	120	96	96	96	0	1986-12-24
삼계	전남	장성군	88	68	68	68	0	1989-10-23
장평	전남	장흥군	103	78	78	78	0	1990-12-26

2023.12.31 현재 (단위 : 천㎡)

단지명	시군구		지정면적	산업시설용지				지정일자
				분양대상면적	분양공고면적	분양	미분양	
고군	전남	진도군	101	69	69	69	0	1993-12-28
학교	전남	함평군	171	142	142	142	0	1984-09-07
함평	전남	함평군	102	93	93	93	0	1990-07-13
해남옥천	전남	해남군	106	84	84	84	0	1989-07-14
능주	전남	화순군	102	81	81	81	0	1988-09-08
도곡	전남	화순군	170	145	145	145	0	1990-02-16
화순동면	전남	화순군	259	215	215	215	0	1991-12-26
이양	전남	화순군	151	121	121	121	0	1994-12-27
청계2	전남	무안군	304	220	220	220	0	2005-04-16
화원조선	전남	해남군	153	110	110	110	0	2005-08-17
금천	전남	나주시	103	53	53	53	0	2005-09-07
에코-하이테크	전남	담양군	329	230	230	230	0	2005-09-29
지도	전남	신안군	272	205	205	205	0	2005-12-02
동화전자	전남	장성군	284	176	176	176	0	2006-02-02
문평	전남	나주시	69	56	56	56	0	2007-11-16
칠곡	전남	영광군	149	62	62	62	0	2008-03-20
청정식품	전남	고흥군	145	98	98	98	0	2008-09-18
노안	전남	나주시	125	88	88	88	0	2009-05-06
칠량	전남	강진군	149	105	105	105	0	2009-09-16
구례자연드림파크	전남	구례군	144	71	71	71	0	2009-10-22
조성	전남	보성군	146	97	97	97	0	2009-11-24
군내	전남	진도군	260	171	171	40	131	2010-04-23
송림그린테크	전남	영광군	144	97	97	97	0	2011-05-04
장흥	전남	장흥군	150	98	98	20	78	2011-05-04
남평	전남	나주시	112	69	0	0	0	2011-12-13
해보	전남	함평군	245	171	171	171	0	2012-02-27
영광식품	전남	영광군	109	44	0	0	0	2012-08-27
장평2	전남	장흥군	47	37	37	37	0	2012-09-20
땅끝해남식품	전남	해남군	143	89	89	89	0	2012-08-20
완도해양생물	전남	완도군	110	71	71	71	0	2012-10-19
영암	전남	영암군	116	81	81	81	0	2014-02-20
화순동면2	전남	화순군	147	106	106	106	0	2013-03-21
학교명암축산	전남	함평군	319	195	96	9	87	2014-12-11
화순식품	전남	화순군	136	65	65	65	0	2015-01-02
화양한옥	전남	여수시	34	15	4	4	0	2015-08-17
대서	전남	고흥군	150	90	0	0	0	2015-12-14
동강	전남	고흥군	298	205	0	0	0	2015-12-14
해룡선월	전남	순천시	144	105	99	99	0	2016-04-14
구례자연드림파크2	전남	구례군	49	29	29	29	0	2016-05-18
곡성운곡	전남	곡성군	183	107	0	0	0	2016-07-05
몽탄	전남	무안군	90	45	45	8	37	2016-11-30
묘량	전남	영광군	214	123	0	0	0	2021-01-28

2023.12.31 현재 (단위 : 천㎡)

단지명	시군구		지정면적	산업시설용지				지정일자
				분양대상면적	분양공고면적	분양	미분양	
고흥무인항공	전남	고흥군	137	92	0	0	0	2023-04-27
건천	경북	경주시	102	86	86	86	0	1988-01-28
내남	경북	경주시	90	73	73	73	0	1988-09-26
서면	경북	경주시	113	95	95	95	0	1993-01-01
안강	경북	경주시	150	113	113	113	0	1987-04-02
외동	경북	경주시	109	92	92	92	0	1987-05-30
고아	경북	구미시	206	159	159	159	0	1987-07-05
산동	경북	구미시	69	53	53	53	0	1990-01-31
해평	경북	구미시	60	43	43	43	0	1987-07-01
감문	경북	김천시	105	80	80	80	0	1991-09-13
대광	경북	김천시	552	362	362	362	0	1988-04-09
아포	경북	김천시	190	135	135	135	0	1996-07-18
지례	경북	김천시	57	44	44	44	0	1989-04-17
가은	경북	문경시	82	67	67	67	0	1995-08-24
마성	경북	문경시	264	214	214	214	0	1990-12-29
산양	경북	문경시	172	141	141	141	0	1988-01-27
영순	경북	문경시	84	63	63	63	0	1998-02-12
공성	경북	상주시	113	78	78	78	0	1989-04-17
외답	경북	상주시	235	193	193	193	0	1986-12-04
함창	경북	상주시	119	102	102	102	0	1993-05-25
화동	경북	상주시	95	68	68	68	0	1989-09-13
화서	경북	상주시	105	82	82	82	0	1991-09-13
남선	경북	안동시	67	61	61	61	0	1986-11-03
남후	경북	안동시	288	201	201	201	0	1997-06-30
안동풍산	경북	안동시	215	191	191	191	0	1991-09-13
봉현	경북	영주시	110	77	77	77	0	1988-06-27
영주장수	경북	영주시	224	164	164	164	0	1990-12-29
적서	경북	영주시	308	288	288	288	0	1990-09-14
휴천	경북	영주시	253	196	196	196	0	1993-09-02
고경	경북	영천시	57	49	49	49	0	1984-09-07
도남	경북	영천시	345	269	269	269	0	1988-12-30
본촌	경북	영천시	152	132	132	132	0	1988-02-19
북안	경북	영천시	157	134	134	134	0	1988-04-18
화산	경북	영천시	118	103	103	103	0	1987-03-16
청하	경북	포항시	195	139	139	139	0	1989-11-21
개진	경북	고령군	139	119	119	119	0	1990-12-26
쌍림	경북	고령군	255	218	218	218	0	1988-06-27
봉화	경북	봉화군	149	117	117	117	0	1990-12-29
봉화2	경북	봉화군	137	111	111	111	0	1996-12-05
선남	경북	성주군	73	56	56	56	0	1986-12-24
성주	경북	성주군	146	107	107	107	0	1989-11-15
월항	경북	성주군	258	205	205	205	0	1991-09-13

2023.12.31 현재 (단위 : 천㎡)

단지명	시군구		지정면적	산업시설용지				지정일자
				분양대상면적	분양공고면적	분양	미분양	
영덕	경북	영덕군	150	126	126	126	0	1996-10-10
예천	경북	예천군	129	99	99	99	0	1989-01-13
울진	경북	울진군	126	93	93	93	0	1991-09-13
다인	경북	의성군	206	182	182	182	0	1990-06-14
봉양	경북	의성군	195	162	162	162	0	1991-12-30
의성	경북	의성군	166	139	139	139	0	1988-08-24
청도	경북	청도군	139	108	108	108	0	1989-04-20
풍각	경북	청도군	252	200	200	200	0	1990-12-29
기산	경북	칠곡군	176	137	137	137	0	1989-12-28
문수	경북	영주시	149	107	107	107	0	2003-11-11
영순2	경북	문경시	152	122	122	119	3	2008-03-17
단밀	경북	의성군	144	105	105	105	0	2008-04-10
화서2	경북	상주시	140	101	101	89	12	2008-11-27
함창2	경북	상주시	126	93	93	93	0	2008-12-03
가은2	경북	문경시	78	57	57	57	0	2010-06-22
반구전문	경북	영주시	428	309	258	258	0	2010-08-03
산양2	경북	문경시	134	91	91	77	14	2010-11-22
평해	경북	울진군	150	94	94	61	33	2010-09-30
유곡	경북	봉화군	248	134	134	76	58	2011-02-23
영덕2	경북	영덕군	327	195	195	49	146	2012-05-21
영덕로하스	경북	영덕군	148	101	101	101	0	2012-06-18
예천2	경북	예천군	257	184	184	167	16	2012-11-27
칠곡농기계	경북	칠곡군	245	180	180	180	0	2013-03-21
남영양	경북	영양군	30	14	14	11	3	2013-11-29
죽변	경북	울진군	149	83	83	14	70	2011-06-22
고아2	경북	구미시	263	165	154	12	142	2015-12-28
나전	경남	김해시	144	94	94	94	0	1993-12-14
봉림	경남	김해시	93	66	66	66	0	1995-10-31
내삼	경남	김해시	113	91	91	91	0	1996-07-11
진영죽곡	경남	김해시	405	346	346	346	0	1989-03-10
병동	경남	김해시	149	96	96	96	0	1997-12-31
진북	경남	창원시	133	111	111	111	0	1989-12-15
부북특별	경남	밀양시	161	145	145	145	0	1986-07-11
상남특별	경남	밀양시	84	76	76	76	0	1988-11-28
초동특별	경남	밀양시	327	274	274	274	0	1989-04-19
하남	경남	밀양시	179	153	153	153	0	1989-04-19
곤양	경남	사천시	84	58	58	58	0	1988-11-28
사남	경남	사천시	568	481	481	481	0	1989-01-10
송포	경남	사천시	104	83	83	83	0	1989-12-15
웅상	경남	양산시	85	73	73	73	0	1987-11-25
대곡	경남	진주시	133	95	95	95	0	1996-12-27
사봉	경남	진주시	148	109	109	109	0	1996-12-27

2023.12.31 현재 (단위 : 천㎡)

단지명	시군구		지정면적	산업시설용지				지정일자
				분양대상면적	분양공고면적	분양	미분양	
이반성	경남	진주시	141	111	111	111	0	1993-07-19
진성	경남	진주시	86	60	60	60	0	1988-05-17
석강	경남	거창군	152	127	127	127	0	1995-12-23
남산	경남	거창군	154	120	120	120	0	1994-12-29
당산	경남	거창군	103	82	82	82	0	1991-10-01
정장	경남	거창군	52	45	45	45	0	1988-03-25
율대	경남	고성군	105	82	82	82	0	1988-05-20
회화	경남	고성군	92	74	74	74	0	1992-04-27
고현	경남	남해군	54	43	43	43	0	1989-01-14
금서	경남	산청군	156	118	118	118	0	1992-04-28
산청	경남	산청군	112	85	85	85	0	1989-09-04
동동	경남	의령군	291	225	225	225	0	1987-06-05
봉수	경남	의령군	317	275	275	275	0	1992-07-14
부림	경남	의령군	147	119	119	119	0	1991-07-01
정곡	경남	의령군	62	47	47	47	0	1989-07-08
남지	경남	창녕군	44	39	39	39	0	1987-04-14
대합	경남	창녕군	86	75	75	75	0	1988-03-09
고전	경남	하동군	76	57	57	57	0	1988-12-02
적량	경남	하동군	65	48	48	48	0	1990-01-04
가야	경남	함안군	77	66	66	66	0	1992-07-09
군북	경남	함안군	99	78	78	78	0	1987-05-29
법수	경남	함안군	226	177	177	177	0	1989-09-09
산인	경남	함안군	129	103	103	103	0	1989-09-09
파수	경남	함안군	166	146	146	146	0	1989-09-09
함양수동	경남	함양군	106	87	87	87	0	1991-07-01
이은	경남	함양군	40	34	34	34	0	1984-11-15
야로	경남	합천군	115	96	96	96	0	1990-05-21
율곡	경남	합천군	235	190	190	190	0	1987-02-02
적중	경남	합천군	93	79	79	79	0	1993-12-16
서울우유	경남	거창군	93	49	49	49	0	2002-11-19
원평	경남	함양군	136	106	106	106	0	2004-03-29
안하	경남	김해시	127	99	99	99	0	2004-06-07
대지	경남	창녕군	64	44	44	44	0	2004-12-28
두량전문	경남	사천시	118	90	90	90	0	2004-06-10
진교	경남	하동군	138	96	96	96	0	2004-11-30
세송	경남	고성군	150	117	117	117	0	2005-01-11
본산	경남	김해시	131	104	104	104	0	2005-10-20
황사	경남	함안군	146	128	128	128	0	2005-09-20
모로	경남	함안군	92	77	77	77	0	2005-11-18
안의	경남	함양군	147	110	110	110	0	2006-01-25
생물산업전문	경남	진주시	147	87	87	87	0	2006-03-15
한내조선특화	경남	거제시	278	217	217	217	0	2007-08-13

2023.12.31 현재 (단위 : 천㎡)

단지명	시군구		지정면적	산업시설용지				지정일자
				분양대상면적	분양공고면적	분양	미분양	
실크융복합전문	경남	진주시	133	75	75	75	0	2007-06-29
마동	경남	고성군	288	202	202	202	0	2007-08-06
제대	경남	밀양시	192	99	99	99	0	2007-10-05
하계	경남	김해시	137	99	99	99	0	2007-09-20
축동구호	경남	사천시	106	81	81	81	0	2007-12-18
안의2전문	경남	함양군	275	204	204	204	0	2008-01-14
금서2	경남	산청군	197	155	155	155	0	2008-04-08
칠원용산	경남	함안군	100	74	74	74	0	2008-04-28
춘화	경남	밀양시	212	143	143	143	0	2008-07-02
향촌삽재	경남	사천시	92	64	64	64	0	2008-07-02
송진전문	경남	창녕군	274	196	196	196	0	2008-10-13
서리전문	경남	창녕군	198	156	156	156	0	2008-10-17
석강2	경남	거창군	42	34	34	34	0	2008-10-22
금성조선	경남	하동군	145	108	108	108	0	2009-12-07
칠원운서	경남	함안군	95	72	72	72	0	2010-04-15
미전	경남	밀양시	166	110	110	110	0	2010-09-09
대산장암	경남	함안군	145	91	91	60	31	2010-07-27
대미	경남	밀양시	65	43	43	43	0	2010-12-23
함양중방	경남	함양군	99	61	61	61	0	2010-09-08
제일	경남	고성군	45	28	28	28	0	2011-04-12
승강기전문	경남	거창군	308	188	188	188	0	2011-08-19
화현	경남	산청군	85	60	60	44	16	2013-04-04
인산죽염	경남	함양군	207	89	89	89	0	2017-07-21
대정	제주	서귀포시	115	94	94	94	0	1990-01-12
구좌	제주	제주시	67	50	50	50	0	1988-08-03
금능	제주	제주시	130	97	97	97	0	1992-11-11

<표 28> 공간정보 유통현황

구분	합계	수치지도	항공사진	정사영상	DEM	국가기준점	온맵	구지도	정밀도로지도	통계지도	국토위성
'19년	3,677,292	2,853,784	132,798	452,161	13,367	73,160	57,159	68,626	6,084	20,153	-
'20년	11,416,140	9,921,790	165,156	791,183	15,277	111,236	275,002	81,535	9,175	45,786	-
'21년	10,565,207	8,607,101	201,905	1,168,583	14,535	118,859	266,168	82,303	8,235	97,518	-
'22년	10,263,583	7,873,660	235,780	1,215,919	20,857	165,470	225,386	332,012	18,412	164,862	11,225
'23년	10,051,773	7,694,022	269,437	1,166,799	26,551	164,764	195,340	207,427	39,863	256,902	30,668

자료 : 국토지리정보원

<표 29> 2023 국토지표 생산 목록

대분류	국토지표
인구와 사회	고령인구비율
인구와 사회	노령화지수
인구와 사회	부양비
인구와 사회	유소년인구 비율
인구와 사회	단위면적당 인구밀도
인구와 사회	인구과소지역
인구와 사회	인구과소지역 비율
인구와 사회	3년 연속 인구감소지역
인구와 사회	3년 연속 인구감소지역 비율
인구와 사회	수도권 인구집중도
인구와 사회	최고점 대비 인구감소 비율
토지와 주택	자연보호지역 비율
토지와 주택	산림률
토지와 주택	도시계획시설 결정 면적
토지와 주택	도시계획시설 미집행 면적
토지와 주택	도시계획시설 미집행 면적비율
토지와 주택	장기미집행 도시계획시설 면적
토지와 주택	장기미집행 도시계획시설 면적비율
토지와 주택	행정구역별 면적
토지와 주택	재생용지비율
토지와 주택	갯벌 면적비율
토지와 주택	토지 개별공시지가 평균
토지와 주택	총 건물 수
토지와 주택	노후 건물 수
토지와 주택	노후 건물 비율
토지와 주택	총 주택 수
토지와 주택	노후 주택 수
토지와 주택	노후 주택 비율
토지와 주택	공동주택 수
토지와 주택	공동주택 비율
토지와 주택	노후 공동주택 수
토지와 주택	노후 공동주택 비율
토지와 주택	단독주택 수
토지와 주택	단독주택 비율
토지와 주택	노후 단독주택 수
토지와 주택	노후 단독주택 비율
토지와 주택	토지이용(건물) 압축도
토지와 주택	토지이용(건물) 복합도
토지와 주택	임대주택 재고 비율
토지와 주택	최저주거기준미달가구
토지와 주택	소득대비주택가격비율(PIR)

대분류	국토지표
경제와 일자리	노후 산업단지 수
경제와 일자리	노후 산업단지 비율
경제와 일자리	노후 산업시설용지 개발면적 비율
경제와 일자리	1인당 국내총생산(GDP)
경제와 일자리	국내총생산(GDP)대비 연구개발비지출 비율
경제와 일자리	백명당 사업체 종사자 수
경제와 일자리	지역내총생산(GRDP)
경제와 일자리	지역내총생산(GRDP)의 비수도권 비율
경제와 일자리	지역내총생산(GRDP) 지니계수
경제와 일자리	재정력지수
경제와 일자리	재정자주도
경제와 일자리	재정자립도
경제와 일자리	10년간 최고점 대비 사업체감소 비율
경제와 일자리	3년 연속 사업체 감소 지역
경제와 일자리	고용률
경제와 일자리	실업률
경제와 일자리	신규사업자
경제와 일자리	폐업사업자
경제와 일자리	가동사업자
경제와 일자리	폐업률
생활과 복지	유치원 수
생활과 복지	유치원 접근성
생활과 복지	유치원 서비스권역 내 유아인구수
생활과 복지	유치원 서비스권역 내 유아인구비율
생활과 복지	초등학교 수
생활과 복지	초등학교 접근성
생활과 복지	초등학교 서비스권역 내 초등학령인구수
생활과 복지	초등학교 서비스권역 내 초등학령인구비율
생활과 복지	온종일 돌봄센터 접근성
생활과 복지	도서관 수
생활과 복지	도서관 접근성
생활과 복지	도서관 서비스권역 내 인구수
생활과 복지	도서관 서비스권역 내 인구비율
생활과 복지	국공립도서관 수
생활과 복지	국공립도서관 접근성
생활과 복지	국공립도서관 서비스권역 내 인구수
생활과 복지	국공립도서관 서비스권역 내 인구비율
생활과 복지	작은도서관 수
생활과 복지	작은도서관 접근성
생활과 복지	작은도서관 서비스권역 내 인구수
생활과 복지	작은도서관 서비스권역 내 인구비율
생활과 복지	공연문화시설 수
생활과 복지	공연문화시설 접근성

대분류	국토지표
생활과 복지	공연문화시설 서비스권역 내 인구수
생활과 복지	공연문화시설 서비스권역 내 인구비율
생활과 복지	십만명당 문화기반시설 수
생활과 복지	십만명당 사회복지시설 수
생활과 복지	종합사회복지관 수
생활과 복지	종합사회복지관 접근성
생활과 복지	종합사회복지관 서비스권역 내 인구 수
생활과 복지	종합사회복지관 서비스권역 내 인구 비율
생활과 복지	노인복지관 수
생활과 복지	노인복지관 접근성
생활과 복지	노인복지관 서비스권역 내 고령인구수
생활과 복지	노인복지관 서비스권역 내 고령인구비율
생활과 복지	경로당 수
생활과 복지	경로당 접근성
생활과 복지	경로당 서비스권역 내 고령인구수
생활과 복지	경로당 서비스권역 내 고령인구비율
생활과 복지	노인교실 수
생활과 복지	노인교실 접근성
생활과 복지	노인교실 서비스권역 내 고령인구수
생활과 복지	노인교실 서비스권역 내 고령인구비율
생활과 복지	도시공원 결정면적
생활과 복지	도시공원 조성면적
생활과 복지	도시공원 결정면적 비율
생활과 복지	도시공원 조성면적 비율
생활과 복지	1인당 도시공원 결정면적
생활과 복지	1인당 도시공원 조성면적
생활과 복지	생활권공원 수
생활과 복지	생활권공원 접근성
생활과 복지	생활권공원 서비스권역 내 인구수
생활과 복지	생활권공원 서비스권역 내 인구비율
생활과 복지	주제공원 수
생활과 복지	주제공원 접근성
생활과 복지	주제공원 서비스권역 내 인구수
생활과 복지	주제공원 서비스권역 내 인구비율
생활과 복지	공공체육시설 수
생활과 복지	공공체육시설 접근성
생활과 복지	공공체육시설 서비스권역 내 인구수
생활과 복지	공공체육시설 서비스권역 내 인구비율
생활과 복지	어린이집(보육시설) 수
생활과 복지	어린이집 접근성
생활과 복지	어린이집 서비스권역 내 유아인구수
생활과 복지	어린이집 서비스권역 내 유아인구비율

대분류	국토지표
생활과 복지	노인여가복지시설 수
생활과 복지	노인여가복지시설 접근성
생활과 복지	노인여가복지시설 서비스권역 내 고령인구수
생활과 복지	노인여가복지시설 서비스권역 내 고령인구비율
생활과 복지	보건기관 수
생활과 복지	보건기관 접근성
생활과 복지	보건기관 서비스권역 내 인구수
생활과 복지	보건기관 서비스권역 내 인구비율
생활과 복지	보건기관 서비스권역 외 의료취약인구 수
생활과 복지	보건기관 서비스권역 외 의료취약인구 비율
생활과 복지	의원 수
생활과 복지	의원 접근성
생활과 복지	의원 서비스권역 내 인구수
생활과 복지	의원 서비스권역 내 인구비율
생활과 복지	의원 서비스권역 외 의료취약인구 수
생활과 복지	의원 서비스권역 외 의료취약인구 비율
생활과 복지	병원 수
생활과 복지	병원 접근성
생활과 복지	병원 서비스권역 내 인구수
생활과 복지	병원 서비스권역 내 인구비율
생활과 복지	병원 서비스권역 외 의료취약인구 수
생활과 복지	병원 서비스권역 외 의료취약인구 비율
생활과 복지	종합병원 수
생활과 복지	종합병원 접근성
생활과 복지	종합병원 서비스권역 내 인구수
생활과 복지	종합병원 서비스권역 내 인구비율
생활과 복지	종합병원 서비스권역 외 의료취약인구 수
생활과 복지	종합병원 서비스권역 외 의료취약인구 비율
생활과 복지	응급의료시설 수
생활과 복지	응급의료시설 수
생활과 복지	응급의료시설 접근성
생활과 복지	응급의료시설 서비스권역 내 인구수
생활과 복지	응급의료시설 서비스권역 내 인구비율
생활과 복지	응급의료시설 서비스권역 외 취약인구수
생활과 복지	응급의료시설 서비스권역 외 의료취약인구 비율
생활과 복지	약국 수
생활과 복지	약국 접근성
생활과 복지	약국 서비스권역 내 인구수
생활과 복지	약국 서비스권역 내 인구비율
생활과 복지	약국 서비스권역 외 취약인구수
생활과 복지	천명당 의사 수
생활과 복지	천명당 병상 수

대분류	국토지표
국토인프라	도로포장비율
국토인프라	대중교통수송분담률
국토인프라	직주근접성(평균통근시간)
국토인프라	상수도보급률
국토인프라	하수도보급률
국토인프라	1인당 1일 물사용량
국토인프라	노후 운송시설물 수
국토인프라	노후 운송시설물 비율
국토인프라	노후 수자원시설물 수
국토인프라	노후 수자원시설물 비율
국토인프라	주차장 수
국토인프라	주차장 접근성
국토인프라	주차장 서비스권역 내 인구수
국토인프라	주차장 서비스권역 내 인구비율
국토인프라	IC 접근성
국토인프라	고속·고속화철도 접근성
국토인프라	전기차 충전소 접근성
국토인프라	전기차 충전소 서비스권역 내 인구수
국토인프라	전기차 충전소 서비스권역 내 인구 비율
국토인프라	수소충전소 접근성
환경과 안전	주요하천수질
환경과 안전	대기오염도
환경과 안전	1인당 온실가스 배출량
환경과 안전	폐기물 재활용비율
환경과 안전	신재생에너지보급률
환경과 안전	국가생물종수
환경과 안전	자동차 천대당 교통사고 발생건수
환경과 안전	천명당 범죄 발생건수
환경과 안전	자연재해 피해액
환경과 안전	인적재난 발생건수
환경과 안전	인적재난 인명피해
환경과 안전	방재시설 수
환경과 안전	방재설비 면적
환경과 안전	경찰서 수
환경과 안전	경찰서 접근성
환경과 안전	소방서 수
환경과 안전	소방서 접근성
환경과 안전	지진옥외대피소 수
환경과 안전	지진옥외대피소 접근성
환경과 안전	지진옥외대피소 서비스권역 내 인구수
환경과 안전	지진옥외대피소 서비스권역 내 인구비율

자료 : 국토지리정보원

〈표 30〉 연대별 국가지명위원회 운영실적

연 도	계	제정	변경	폐지
총 계	118,164	112,873	4,602	689
1961년	85,810	85,810		
1983년	10	10		
1984년	2	2		
1985년	2	2		
1987년	2,761	2,761		
1989년	4,380	4,380		
1991년	478	478		
1994년	1,952	1,952		
1995년	35	5	29	1
1997년	2		2	
1998년	4,324	3,884	440	
1999년	758	153	602	3
2000년	5,507	3,812	1,484	211
2001년	18	18		
2002년	2,926	1,954	835	137
2003년	3,739	2,863	746	130
2004년	346	273	60	13
2006년	540	293	194	53
2007년	13	7	6	
2008년	1		1	
2009년	28	19	8	1
2010년	1	1		
2011년	49	23	26	
2012년	24	20	4	
2013년	12	4	8	
2014년	16	10	6	
2015년	131	125	6	
2016년	237	236	1	
2017년	263	262	1	
2018년	72	69	3	
2019년	685	680	5	
2020년	572	550	8	14
2021년	1,252	1,215	18	19
2022년	501	444	17	40
2023년	717	558	92	67

자료 : 국토지리정보원

표 목 차

제 1 편 국토현황 ·· 1

〈표 1-1-1〉 2023년 인구밀도 비교 ··· 7
〈표 1-1-2〉 총인구 및 인구성장률 추이 ··· 8
〈표 1-1-3〉 연령계층별 인구 및 구성비 추이 ·· 9
〈표 1-1-4〉 부양비 및 노령화지수 추이 ··· 10
〈표 1-1-5〉 전국 행정구역 현황 ··· 16
〈표 1-1-6〉 경제성장과 산업별 구조변화 ··· 20
〈표 1-2-1〉 용도지역 지정현황 ··· 23
〈표 1-2-2〉 용도지역 변경현황 ··· 25
〈표 1-2-3〉 주요 지목별 면적변동 추세 ··· 26
〈표 1-2-4〉 국유지 현황 ··· 27
〈표 1-2-5〉 공유지 현황 ··· 28
〈표 1-2-6〉 기관별 공공용지취득 및 손실보상 현황 ·························· 29
〈표 1-2-7〉 농지면적 감소 추이 ··· 30
〈표 1-2-8〉 연도별 농지증감 현황 ··· 31
〈표 1-2-9〉 간척농지 조성실적 ··· 32
〈표 1-2-10〉 연도별 산지면적 추이 ··· 33
〈표 1-2-11〉 공유수면 매립현황 ··· 38
〈표 1-2-12〉 연도별 토지거래 현황 ··· 40
〈표 1-2-13〉 행정구역별 토지거래 현황 ··· 41
〈표 1-2-14〉 용도지역별 토지거래 현황 ··· 41
〈표 1-2-15〉 토지거래계약허가 신청 현황 ··· 45

제2편 국토의 계획 및 이용에 관한 사항 ········· 47

〈표 2-1-1〉 국토계획의 시대적 배경에 따른 변화 추이 ············· 53
〈표 2-1-2〉 제4차 및 제5차 국토종합계획 비교 ························ 54
〈표 2-1-3〉 국토종합계획의 변천 ··· 55
〈표 2-1-4〉 도종합계획 수립 현황 ·· 61
〈표 2-1-5〉 국토계획평가 대상 계획 ··· 63
〈표 2-1-6〉 연도별 국토계획평가 실적 ······································ 64
〈표 2-1-7〉 2023년 국토계획평가 완료 계획(15건) ···················· 64
〈표 2-1-8〉 해안권 및 내륙권의 범위 ······································· 67
〈표 2-1-9〉 동·서·남해안 및 내륙권 발전특별법 연혁 및 주요내용 ······· 70
〈표 2-1-10〉 권역별 발전종합계획 수립(변경) 현황 ···················· 75
〈표 2-1-11〉 발전종합계획 권역별 추진현황 ······························ 75
〈표 2-2-1〉 수도권정비시책 전개 ·· 79
〈표 2-2-2〉 수도권정비권역 현황 ·· 91
〈표 2-2-3〉 3개 권역내 행위제한 주요내용 ······························· 92
〈표 2-2-4〉 연도별 과밀부담금 징수실적 ·································· 93
〈표 2-2-5〉 연도별 공장건축 총량설정 및 집행실적 ·················· 94
〈표 2-2-6〉 수도권내 대학 입학정원 현황 ································ 95
〈표 2-2-7〉 행정중심복합도시 예정지역 및 세종특별자치시 관할구역 ···· 99
〈표 2-2-8〉 세종특별자치시 출범 후 주요지표 변화 ················ 106
〈표 2-2-9〉 이전대상 공공기관 현황 ······································· 109
〈표 2-2-10〉 시·도별 이전기관 배치결과(전체 153개 기관) ········ 109
〈표 2-2-11〉 혁신도시 지정현황 ·· 111
〈표 2-2-12〉 혁신도시별 개발방향 ··· 112
〈표 2-2-13〉 혁신도시 개발예정지구 지정 현황 ······················· 114
〈표 2-2-14〉 혁신도시 현황 ·· 115

〈표 2-2-15〉 시간별 정책 여건 비교 ·· 119
〈표 2-2-16〉 유형별 주된 기능 및 최소면적 등 ···································· 125
〈표 2-2-17〉 국세(법인세·소득세) 감면내용 ·· 128
〈표 2-2-18〉 부담금 감면내용 ·· 128
〈표 2-2-19〉 선택적 규제특례 내용 ·· 129
〈표 2-2-20〉 7대 선도 프로젝트 ·· 144
〈표 2-2-21〉 제1차, 제2차 제주국제자유도시개발센터 시행계획 비교 ··· 145
〈표 2-2-22〉 사업 재정의 및 재분류 ·· 146
〈표 2-2-23〉 제3차 시행계획 추진전략별 추진사업 ····························· 147
〈표 2-2-24〉 단계별 개발계획 목표치 ·· 152
〈표 2-2-25〉 새만금 토지이용계획 구상안 ·· 155
〈표 2-2-26〉 단계별 개발규모 ·· 158
〈표 2-2-27〉 지역개발지원법 시행('15.1.1) 이전 지역개발제도 ············ 160
〈표 2-2-28〉 7개도 지역개발계획 개요 ·· 166
〈표 2-2-29〉 시·군·구 생활권 개요 ·· 168
〈표 2-2-30〉 성장촉진지역 시·군 현황 ··· 169
〈표 2-2-31〉 '23년도 지역수요맞춤지원 사업 선정사업 ······················· 171
〈표 2-2-32〉 성장촉진지역 내 섬현황(제4차 도서종합개발계획) ·········· 172
〈표 2-2-33〉 지역활성화지역 선정지표 ··· 174
〈표 2-2-34〉 지역활성화지역 지정 현황 ··· 174
〈표 2-2-35〉 농가수 및 농가인구 ··· 176
〈표 2-2-36〉 어가수 및 어가인구 ··· 177
〈표 2-2-37〉 일반농산어촌 123개 시·군(2023년 기준) ······················· 181
〈표 2-2-38〉 어촌종합개발사업 사업개요 ··· 182
〈표 2-2-39〉 어촌분야 일반농산어촌개발사업 사업개요 ······················ 183
〈표 2-2-40〉 어촌분야 일반농산어촌개발사업지역 ······························ 183
〈표 2-2-41〉 어촌관광 활성화 지원사업 ··· 184

〈표 2-2-42〉 어항 지정 현황 ·· 185
〈표 2-2-43〉 자연휴양림 조성현황 ·· 186
〈표 2-2-44〉 자연휴양림 이용객 추이 ··· 187
〈표 2-2-45〉 산림욕장 조성현황 ·· 187
〈표 2-2-46〉 숲속야영장 조성현황 ·· 187
〈표 2-2-47〉 투자선도지구 유형별 요건 및 혜택 ······························· 193
〈표 2-2-48〉 투자선도지구 선정 사업(2015년~2023년) ····················· 194
〈표 2-2-49〉 도시재생사업 유형별 개요 ··· 199
〈표 2-2-50〉 '16년~'22년 주택도시기금 리츠사업 현황 ···················· 208
〈표 2-2-51〉 산업단지 지정현황(2023년 12월 기준) ························· 220
〈표 2-2-52〉 산업단지 신규 지정현황(2023년 12월 기준) ················ 221
〈표 2-2-53〉 연간 산업단지 증감현황(2023년 12월 기준) ················ 221
〈표 2-2-54〉 연도별 산업단지 분양현황(2023년 12월 기준) ············ 221
〈표 2-2-55〉 산업단지내 기업의 생산·고용 추이(2023년 12월 기준) ··· 223
〈표 2-2-56〉 산업단지 진입도로 연차별 투자비(국고) 현황 ············· 223
〈표 2-2-57〉 도시첨단산업단지(국토부 지정) 개발방향 ····················· 227
〈표 2-2-58〉 캠퍼스 혁신파크 선도사업 추진현황 ···························· 228
〈표 2-2-59〉 노후산업단지 현황(준공 후 20년 경과, 2023년말 기준) ·· 229
〈표 2-2-60〉 산업단지 재생사업 추진 현황 ······································· 232
〈표 2-2-61〉 경제자유구역 지정현황 ·· 236
〈표 2-2-62〉 지구별 개발계획 ··· 237
〈표 2-2-63〉 지구별 개발계획 ··· 238
〈표 2-2-64〉 지구별 개발계획 ··· 239
〈표 2-2-65〉 지구별 개발계획 ··· 240
〈표 2-2-66〉 지구별 개발계획 ··· 241
〈표 2-2-67〉 지구별 개발계획 ··· 242
〈표 2-2-68〉 지구별 개발계획 ··· 243

〈표 2-2-69〉 지구별 개발계획 ·· 244
〈표 2-2-70〉 지구별 개발계획 ·· 245
〈표 2-3-1〉 도시·군기본계획 대상도시와 계획내용 ·· 249
〈표 2-3-2〉 인구 추세에 따른 도시유형 ·· 250
〈표 2-3-3〉 토지적성평가 주요내용 ·· 252
〈표 2-3-4〉 「국토의 계획 및 이용에 관한 법률 시행령」 상의
　　　　　　방재지구의 지정 ··· 256
〈표 2-3-5〉 방재지구 지정 현황('23.12월 기준) ··· 257
〈표 2-3-6〉 방재지구에 대한 지원 내용 ·· 258
〈표 2-4-1〉 연도별 주택공급(인허가)실적 ··· 274
〈표 2-4-2〉 지역별 주택공급(인허가) 현황 ··· 276
〈표 2-4-3〉 사업주체별 택지공급현황 ·· 277
〈표 2-4-4〉 지역별 택지공급현황 ·· 278
〈표 2-4-5〉 사업주체별 택지지정현황 ·· 279
〈표 2-4-6〉 투기과열지구 지정제도 주요내용 ·· 280
〈표 2-4-7〉 조정대상지역 지정제도 주요내용 ·· 281
〈표 2-4-8〉 비축사업 선정현황 ·· 283
〈표 2-4-9〉 공공토지 비축 실적 ·· 284
〈표 2-4-10〉 부동산 투자회사 현황 ·· 285
〈표 2-4-11〉 건설기준·부대·복리시설 중 적용배제 항목 ······························· 295
〈표 2-4-12〉 동일 단지·건축물에 혼합건설허용 여부 ····································· 296
〈표 2-4-13〉 수도권 제1기 신도시 ··· 299
〈표 2-4-14〉 제1기 신도시에 대한 평가 ··· 299
〈표 2-4-15〉 제2기 신도시 현황 ··· 300
〈표 2-4-16〉 3기 신도시 공급 계획('23.12 기준) ·· 300
〈표 2-4-17〉 지구별 주요 광역교통대책 ·· 301
〈표 2-4-18〉 기존주택등 매입임대사업 추진현황 ·· 306

〈표 2-4-19〉 민간임대주택 체계 개편 ·· 312
〈표 2-5-1〉 측지원점 비교표 ··· 315
〈표 2-5-2〉 수준원점 비교표 ··· 315
〈표 2-5-3〉 지형도 제작 및 수정 현황 ·· 316
〈표 2-5-4〉 수치지도 제작 및 수정현황 ·· 317
〈표 2-5-5〉 국토공간 영상정보DB 구축 ·· 319
〈표 2-5-6〉 국가기준점 설치현황 ·· 320
〈표 2-5-7〉 수치지도 공급현황 ··· 320
〈표 2-5-8〉 공간정보 유통현황 ··· 322
〈표 2-5-9〉 국토조사보고서의 국토지표(격자기반) ······························ 323
〈표 2-5-10〉 '03~'07 권역별 지도수정 및 지명정비 ··························· 327
〈표 2-5-11〉 국가해양기본조사 추진실적 및 계획 ······························· 331
〈표 2-5-12〉 항만해역 정밀수로측량 추진실적 및 계획 ······················ 332
〈표 2-5-13〉 연안해역조사 추진실적 및 계획 ····································· 333
〈표 2-5-14〉 우리나라 해안선 현황 ·· 334
〈표 2-5-15〉 해안선 변동조사 추진실적 및 계획 ······························· 334
〈표 2-5-16〉 국가해양관측망 현황 ·· 335
〈표 2-5-17〉 해도 및 항행통보 등 해양정보 제공실적(최근 3년) ········ 340
〈표 2-5-18〉 천리안위성 2B호(GOCI-Ⅱ) 사양 ··································· 341
〈표 2-5-19〉 천리안위성 2B호(GOCI-Ⅱ) 기본산출물 ························· 341
〈표 2-5-20〉 해양공간정보 데이터베이스 구축 현황 ··························· 344
〈표 2-5-21〉 제1~5차 국가공간정보정책 기본계획의 추진개요 ·········· 348
〈표 2-5-22〉 공간정보의 현주소와 국가공간정보정책의 추진방향 ······· 350
〈표 2-5-23〉 제7차 국가공간정보정책 기본계획의 전략별 추진과제 ····· 350
〈표 2-5-24〉 기존 국가공간정보정책 추진성과 ··································· 352
〈표 2-6-1〉 제2차 국가기간교통망계획의 5대 추진전략과 16대 과제 ·· 376
〈표 2-6-2〉 국가교통조사 분야별 세부사업 ··· 383

〈표 2-6-3〉 국가교통조사 DB 구축 현황 ·· 385
〈표 2-6-4〉 선진국 대비 교통기술 수준 ·· 386
〈표 2-6-5〉 물류기업 관련 인증제도 개편 ····································· 392
〈표 2-6-6〉 전국 5대권역 내륙물류기지 추진현황 ························ 396
〈표 2-6-7〉 일반물류단지 개발사업 추진현황 ······························ 403
〈표 2-6-8〉 전국 도로현황 ·· 404
〈표 2-6-9〉 도로연장의 나라별 비교('21년 기준) ························ 405
〈표 2-6-10〉 재정 고속국도에 대한 투자실적 ······························ 411
〈표 2-6-11〉 국도확장에 대한 투자실적 ······································ 415
〈표 2-6-12〉 국도 계속비 사업 현황 ·· 415
〈표 2-6-13〉 전국 교통혼잡비용 발생추이 ···································· 416
〈표 2-6-14〉 연차별 국도대체 우회도로 예산투자현황 ················ 417
〈표 2-6-15〉 대도시권 교통혼잡도로 개선사업 현황 ···················· 418
〈표 2-6-16〉 광역도로 건설사업 현황 ·· 419
〈표 2-6-17〉 국가지원지방도 건설사업 투자현황(지자체별) ········ 420
〈표 2-6-18〉 국가지원지방도 건설사업 투자현황(연도별) ············ 421
〈표 2-6-19〉 도로부문 민자사업 추진현황 ···································· 422
〈표 2-6-20〉 고속국도 민간투자사업 추진현황 ···························· 423
〈표 2-6-21〉 "경부고속철도 건설사업 기본계획" 주요 변경내용 ········· 432
〈표 2-6-22〉 경부고속철도 사업비 투자현황 ································ 433
〈표 2-6-23〉 경부고속철도역 현황 ·· 434
〈표 2-6-24〉 단계별 국산화 추진 ·· 436
〈표 2-6-25〉 고속철도 개통전후 철도이용객 비교 ························ 439
〈표 2-6-26〉 KTX 수송실적 ·· 439
〈표 2-6-27〉 호남고속철도 건설 경제적 파급효과 ························ 444
〈표 2-6-28〉 호남고속철도 분기역 평가 결과 ······························ 447
〈표 2-6-29〉 철도 연장 및 복선화율, 전철화율 ·························· 453

〈표 2-6-30〉 철도시설 규모 및 수송실적 현황 ·································· 454
〈표 2-6-31〉 주요 완공사업 현황(2004-2023년) ···································· 455
〈표 2-6-32〉 고속철도 서비스 수혜사업 ·· 457
〈표 2-6-33〉 기간철도망 건설 및 현대화 ·· 458
〈표 2-6-34〉 주요 6대 노선축 표정속도 및 통행시간 비교 ················ 459
〈표 2-6-35〉 광역철도 제도개선 주요내용 ·· 461
〈표 2-6-36〉 광역철도망 확충 ·· 461
〈표 2-6-37〉 단절노선 현황 ·· 466
〈표 2-6-38〉 남북철도 연결사업 개요 ·· 467
〈표 2-6-39〉 OSJD 기구현황 ··· 468
〈표 2-6-40〉 고속버스 환승운행 현황(2022.12 기준) ·························· 473
〈표 2-6-41〉 고속버스 환승이용 현황 ·· 473
〈표 2-6-42〉 인천공항 여객처리능력 ·· 478
〈표 2-6-43〉 인천공항 단계별 건설 현황 ·· 478
〈표 2-6-44〉 공항복합도시 개발 현황 ·· 484
〈표 2-6-45〉 항만물동량처리실적 ·· 487
〈표 2-6-46〉 컨테이너 물동량 처리실적 ·· 488
〈표 2-6-47〉 항만별 물동량 전망 ·· 490
〈표 2-6-48〉 항만별 컨테이너물동량 전망 ·· 490
〈표 2-6-49〉 화물부두 확충 계획 ·· 490
〈표 2-6-50〉 제3차 항만재개발 기본계획 대상지(2020.12 고시) ········ 497
〈표 2-6-51〉 부산북항 재개발 사업 개요(2023년말 기준) ···················· 499
〈표 2-6-52〉 북항 재개발사업 주요 추진경위('08~'23) ······················· 504
〈표 2-7-1〉 수원별 물이용 현황 ·· 513
〈표 2-7-2〉 용도별 물이용 현황 ·· 513
〈표 2-7-3〉 2030년 기준 물수요 전망 ·· 514
〈표 2-7-4〉 2030년 기준 가뭄빈도별 물 부족량 전망 ························· 514

〈표 2-7-5〉 다목적댐 현황 ·· 517
〈표 2-7-6〉 기존댐 치수능력증대사업 현황 ·· 519
〈표 2-7-7〉 댐 안전성강화사업 추진현황 ·· 520
〈표 2-7-8〉 장래 전국 용수수급 전망 ·· 529
〈표 2-7-9〉 2035년 지역별 용수부족 현황 ·· 530
〈표 2-7-10〉 광역 및 공업용수도 급수체계조정 추진계획 ················ 531
〈표 2-7-11〉 광역상수도 및 공업용수도 개발사업 개요 ···················· 532
〈표 2-7-12〉 광역상수도 시설현황 ··· 533
〈표 2-7-13〉 공업용수도 시설현황 ··· 534
〈표 2-7-14〉 광역상수도사업 건설현황 ··· 535
〈표 2-7-15〉 공업용수도사업 건설현황 ··· 535
〈표 2-7-16〉 안정화사업 건설현황 ··· 536
〈표 2-7-17〉 자연친화적 하천관리 제도정비 현황 ···························· 543
〈표 2-7-18〉 하천사업 추진 현황 ··· 543
〈표 2-7-19〉 보전·복원·친수지구 ··· 544
〈표 2-7-20〉 종합정비계획 추진경위 ··· 546
〈표 2-7-21〉 물산업 분야 사업체 추이 ··· 550
〈표 2-7-22〉 물산업 분야 매출액 추이 ··· 550
〈표 2-7-23〉 물산업 분야 종사자 수 추이 ··· 550
〈표 2-7-24〉 '22년 글로벌 물시장 국가별 규모 ································· 551
〈표 2-7-25〉 그간의 국내 물산업 육성정책 ······································· 552
〈표 2-7-26〉 제2차 물산업 진흥 기본계획 전략과제 및 세부과제 ········ 555
〈표 2-8-1〉 제1~5차 전국자연환경조사 비교 ····································· 562
〈표 2-8-2〉 전국자연환경조사 연차별 도엽조사 ································ 563
〈표 2-8-3〉 도시생태축 현황 ··· 573
〈표 2-8-4〉 백두대간보호지역 ··· 576
〈표 2-8-5〉 수출입 규제대상 국제적멸종위기종 품목 ······················ 584

〈표 2-8-6〉 연구사업 추진현황(최근 10년) ·· 590
〈표 2-8-7〉 자연자원조사 추진현황(최근 10년) ·· 592
〈표 2-8-8〉 대기환경기준 ·· 596
〈표 2-8-9〉 서울시 대기오염도 개선 현황 ·· 602
〈표 2-8-10〉 관리대상 오염물질 ·· 603
〈표 2-8-11〉 대기관리권역 지정현황 ·· 605
〈표 2-8-12〉 대기오염물질 배출사업장 현황('23.12월 말 기준) ············ 606
〈표 2-8-13〉 대기오염물질 배출시설 분류체계 변화 ································ 607
〈표 2-8-14〉 비산먼지 발생사업장 신고현황 ·· 610
〈표 2-8-15〉 비산먼지 발생사업장 점검실적 ·· 611
〈표 2-8-16〉 연도별 자동차 등록 현황 ·· 612
〈표 2-8-17〉 자동차에서 나오는 오염물질 현황(전국, 수도권, '21년) ···· 613
〈표 2-8-18〉 4대강 유역의 연도별 수질 현황 ··· 617
〈표 2-8-19〉 생활 및 사업장폐기물 발생현황 ·· 627
〈표 2-8-20〉 생활폐기물 처리방법의 연도별 변화추이 ···························· 628
〈표 2-8-21〉 사업장배출시설계 폐기물 처리현황 ······································ 629
〈표 2-8-22〉 건설폐기물 처리현황 ·· 629
〈표 2-8-23〉 지정폐기물 처리현황 ·· 629
〈표 2-8-24〉 해역별 수질등급 ·· 636
〈표 2-8-25〉 해역별 수질기준 ·· 637
〈표 2-8-26〉 국가 해양생태계 종합조사 실시 현황 ·································· 649
〈표 2-8-27〉 최근 5년간 해양오염사고 원인별 현황 ································ 653
〈표 2-8-28〉 선박·해양시설 출입검사 실적 ·· 656

제3편 자료편 ··· 659

〈표 1〉 국토의 위치 ··· 661
〈표 1-1〉 독도의 위치 ·· 662
〈표 1-2〉 독도기점 주요지점 간의 거리 ·· 664
〈표 2〉 인구추이 ·· 666
〈표 3〉 지역별 인구분포 변화 추이 ··· 667
〈표 4〉 2023년 연령별(전국) 추계인구 ·· 668
〈표 5〉 전국 행정구역 현황 ··· 670
〈표 6〉 시·도별 용도지역 지정 현황 ··· 672
〈표 7〉 도시·군관리계획상 용도지역 변경현황 ·· 674
〈표 8〉 시·도별 용도지구 현황 ·· 676
〈표 9〉 도시·군관리계획상(도시지역) 용도지역 현황 ······························· 678
〈표 10〉 개발제한구역 지정현황 ·· 680
〈표 11〉 지목별 토지이용 현황 ·· 682
〈표 12〉 국유지 현황 ··· 684
〈표 13〉 공유지 증감현황 ·· 686
〈표 14〉 연도별 공유지 현황 ··· 687
〈표 15〉 사업별 공공용지취득 및 손실보상 현황 ···································· 688
〈표 16〉 보상대상별 손실보상 현황 ··· 689
〈표 17〉 토지거래계약허가구역 지정현황 ·· 690
〈표 18〉 전국 도로현황 ·· 692
〈표 19〉 고속국도 노선별 현황 ·· 693
〈표 20〉 고속국도 건설 현황 ··· 695
〈표 21〉 일반물류단지 개발사업 추진현황 ·· 698
〈표 22〉 생태·경관보전지역 지정현황 ··· 699
〈표 23〉 습지보호지역 지정현황 ·· 701

〈표 24〉 특정도서 지정현황 ··· 705
〈표 25〉 자연공원 지정현황 ··· 707
〈표 26〉 국립공원 훼손지 복원 추진현황 ····························· 711
〈표 27〉 산업단지 지정현황 ··· 712
〈표 28〉 공간정보 유통현황 ··· 746
〈표 29〉 2023 국토지표 생산 목록 ······································ 747
〈표 30〉 연대별 국가지명위원회 운영실적 ···························· 752

그 림 목 차

제 1 편 국토현황 ·· 1

〈그림 1-1-1〉 2023년 인구 피라미드 ·· 6
〈그림 1-1-2〉 연령계층별 인구구성비 변화 추이 ·· 10
〈그림 1-1-3〉 행정구역체계 ·· 15
〈그림 1-1-4〉 도시지역 인구비율현황 ·· 18
〈그림 1-2-1〉 국토이용계획 체계 ·· 21
〈그림 1-2-2〉 산지구분 현황 ·· 35

제 2 편 국토의 계획 및 이용에 관한 사항 ························ 47

〈그림 2-1-1〉 국토종합계획의 위상과 다른 계획과의 관계 ···························· 49
〈그림 2-1-2〉 계획의 기조: 비전, 목표, 전략 ·· 57
〈그림 2-1-3〉 국내 평가제도와 평가대상 및 평가범위 비교 ························ 63
〈그림 2-1-4〉 권역별 주요 구상도 ·· 66
〈그림 2-2-1〉 세종특별자치시 관할구역 및 행정중심복합도시 위치도 ···· 99
〈그림 2-2-2〉 광역교통체계 및 도시교통체계도 ·· 101
〈그림 2-2-3〉 기업도시의 특징 ·· 123
〈그림 2-2-4〉 기업도시 시범사업 지역 ·· 131
〈그림 2-2-5〉 충주기업도시(지식기반형) ·· 131
〈그림 2-2-6〉 원주기업도시(지식기반형) ·· 132
〈그림 2-2-7〉 태안기업도시(관광레저형) ·· 132
〈그림 2-2-8〉 영암·해남기업도시(관광레저형) ·· 133

〈그림 2-2-9〉 지역발전권역별 핵심기능 ································ 139
〈그림 2-2-10〉 단계별 개발에 따른 토지이용 구상도 ···················· 153
〈그림 2-2-11〉 새만금 권역별 용지계획도 ······························· 155
〈그림 2-2-12〉 주요 기반시설 계획도 ··································· 157
〈그림 2-2-13〉 지역개발지원법 제정에 따른 지역개발제도 변경 ·········· 161
〈그림 2-2-14〉 지역개발계획 수립절차 ································· 165
〈그림 2-2-15〉 지역개발사업 추진절차 ································· 166
〈그림 2-2-16〉 지역개발계획 변경절차 ································· 167
〈그림 2-2-17〉 자연휴양림 전경 ······································· 186
〈그림 2-2-18〉 도시활력증진사업 유형 연도별 변화과정 ················· 188
〈그림 2-2-19〉 사업유형 개편내용 ····································· 196
〈그림 2-2-20〉 새정부 도시재생 추진방안 ······························ 197
〈그림 2-2-21〉 도시재생특별법 계획수립 및 사업시행 체계도 ············ 200
〈그림 2-2-22〉 주택도시기금 도시재생지원 심사체계 ···················· 206
〈그림 2-2-23〉 연도별 산업단지 분양현황(2023년 12월 기준) ············ 222
〈그림 2-2-24〉 시도별 산업단지 분양현황(2023년 12월 기준) ············ 222
〈그림 2-3-1〉 토지적성평가 제도 ······································ 251
〈그림 2-3-2〉 토지적성평가 프로세스 ·································· 253
〈그림 2-3-3〉 도시의 기후변화 재해 취약성 분석 절차 ·················· 255
〈그림 2-3-4〉 방재지구 지정 및 도시·군관리계획 결정 절차 ············· 257
〈그림 2-3-5〉 토지이용규제 정보화를 위한 제도적·기술적 환경 ·········· 261
〈그림 2-3-6〉 토지이음 주요서비스 ···································· 262
〈그림 2-3-7〉 행위제한 내용 설명 서비스 ······························ 263
〈그림 2-4-1〉 토지은행 사업 구조 ····································· 283
〈그림 2-4-2〉 제1기, 제2기 신도시 위치도 ······························ 298
〈그림 2-5-1〉 지도수정체계의 변천 ···································· 318
〈그림 2-5-2〉 격자 및 행정구역 국토지표 구축 과정 ···················· 324

〈그림 2-5-3〉 생활인프라 접근성 원리 및 도서관 접근성 분석 사례 … 325
〈그림 2-5-4〉 '15~'19 권역별 지명정비 주요 내용 …………………… 327
〈그림 2-5-5〉 제7차 국가공간정보정책의 비전과 추진전략 …………… 346
〈그림 2-5-6〉 국가지리정보체계구축 기본계획 수립 과정 …………… 347
〈그림 2-5-7〉 공간정보 특성화고 주요수행 실적 ……………………… 370
〈그림 2-5-8〉 공간정보 특성화전문대학 주요수행 실적 ……………… 371
〈그림 2-5-9〉 공간정보 특성화대학교 주요수행 실적 ………………… 372
〈그림 2-5-10〉 공간정보 특성화대학원 주요수행 실적 ……………… 372
〈그림 2-5-11〉 공간정보 온라인교육 주요수행 실적 ………………… 373
〈그림 2-6-1〉 국가교통DB 사업 추진체계 …………………………… 383
〈그림 2-6-2〉 최근 5년간 국가교통DB 자료제공 실적 ……………… 384
〈그림 2-6-3〉 국가교통DB 홈페이지 ………………………………… 384
〈그림 2-6-4〉 3자물류 미활용 이유 …………………………………… 388
〈그림 2-6-5〉 물류시장 개선방향 ……………………………………… 389
〈그림 2-6-6〉 연도별 3자물류 활용률(%) ……………………………… 389
〈그림 2-6-7〉 전국 5대권역 내륙물류기지 위치도 …………………… 397
〈그림 2-6-8〉 2023년 고속도로 노선도 ……………………………… 412
〈그림 2-6-9〉 광역도로 개념도 ………………………………………… 419
〈그림 2-6-10〉 한반도 남북철도 노선현황도 ………………………… 465
〈그림 2-6-11〉 항만재개발 대상구역 위치도 ………………………… 498
〈그림 2-6-12〉 부산항 북항 재개발사업 구분 ………………………… 499
〈그림 2-6-13〉 부산북항재개발 사업구역 시행전 현황(2008. 기준) …… 500
〈그림 2-6-14〉 부산북항재개발 1단계 사업 국민개방 구역도 ……… 501
〈그림 2-6-15〉 부산북항 1단계 재개발 사업시행 조감도(2023. 기준) … 501
〈그림 2-6-16〉 부산북항재개발 사업계획 토지이용계획(2023.12) …… 502
〈그림 2-6-17〉 부산북항 2단계 조감도 ……………………………… 503
〈그림 2-6-18〉 부산북항 2단계 토지이용계획(부산시컨소시엄(안), '20.5.) · 503

〈그림 2-6-19〉 전국 마리나항만 개발 예정구역 ·· 510
〈그림 2-7-1〉 주요 강우지점의 연강수량 편차 비교 ·· 511
〈그림 2-7-2〉 우리나라 연평균 유출량 추이(1967~2019년) ···························· 512
〈그림 2-7-3〉 우리나라 수자원 부존량 ··· 512
〈그림 2-7-4〉 국가물관리계획 통합물관리 3대 혁신 정책 ······························ 515
〈그림 2-7-5〉 다목적댐 및 홍수조절댐 현황 ··· 518
〈그림 2-7-6〉 기후변화로 인한 하천유량 저하로 발생가능한 문제 ·············· 521
〈그림 2-7-7〉 물 재해 위험성 관련 요소 ··· 522
〈그림 2-7-8〉 수자원 정보화 체계 ··· 524
〈그림 2-7-9〉 수자원정보망 ·· 525
〈그림 2-7-10〉 물관리정보유통시스템(WINS) ·· 525
〈그림 2-7-11〉 국가수자원관리종합정보시스템(WAMIS) ·································· 526
〈그림 2-7-12〉 상수도 관리체계 모식도 ··· 528
〈그림 2-7-13〉 상수도 스마트관리체계 구축 모식도 ······································· 538
〈그림 2-7-14〉 국내 하천정비사업 변천 현황 ··· 540
〈그림 2-7-15〉 자연친화적 하천정비의 흐름 ··· 545
〈그림 2-7-16〉 '22년 글로벌 물시장 규모 전망 ·· 549
〈그림 2-7-17〉 '22년 글로벌 디지털 물시장 전망 ·· 549
〈그림 2-7-18〉 물관리 일원화 이후 물산업 정책방향 ····································· 552
〈그림 2-7-19〉 국가물산업클러스터 전주기 지원 체계 ···································· 553
〈그림 2-7-20〉 강원도 수열에너지 융복합클러스터 개요 ································ 554
〈그림 2-7-21〉 공공건축물 대상 수열에너지 도입 시범사업 개요 ··········· 554
〈그림 2-8-1〉 주요생태축별 개념 및 관리방안 ··· 572
〈그림 2-8-2〉 비무장지대·민통선지역·접경지역 현황 ······································ 578
〈그림 2-8-3〉 대기오염도 연간 변화 추이 ··· 597
〈그림 2-8-4〉 비산먼지 발생사업장 관리체계 ··· 612
〈그림 2-8-5〉 주요 각국의 저공해차 보급정책 ··· 613

〈그림 2-8-6〉 한강 수계 대표 측정지점 수질변화 추이('23) ·············· 615
〈그림 2-8-7〉 낙동강 수계 대표 측정지점 수질변화 추이('23) ············ 615
〈그림 2-8-8〉 금강 수계 대표 측정지점 수질변화 추이('23) ·············· 616
〈그림 2-8-9〉 영산강·섬진강 수계 대표 측정지점 수질변화 추이('23) ···· 616
〈그림 2-8-10〉 제2차 물환경관리기본계획의 체계 ························· 624
〈그림 2-8-11〉 측정·분석능력 인증제도 시행절차 ························· 638
〈그림 2-8-12〉 허베이스피리트호 사고 ····································· 650
〈그림 2-8-13〉 해양오염영향조사 ··· 650

2024년도
국토의 계획 및 이용에 관한 연차보고서

초판 인쇄 2024년 11월 19일
초판 발행 2024년 11월 22일

저 자 국토교통부
발행인 김갑용

발행처 진한엠앤비
주소 서울시 서대문구 독립문로 14길 66 205호(냉천동 260)
전화 02) 364 - 8491(대) / 팩스 02) 319 - 3537
홈페이지주소 http://www.jinhanbook.co.kr
등록번호 제25100-2016-000019호 (등록일자 : 1993년 05월 25일)
ⓒ2024 jinhan M&B INC, Printed in Korea

ISBN 979-11-290-5688-7   (93500)   [정가 68,000원]

☞ 이 책에 담긴 내용의 무단 전재 및 복제 행위를 금합니다.
☞ 잘못 만들어진 책자는 구입처에서 교환해 드립니다.
☞ 본 저작물은 국토교통부에서 공공누리 3유형으로 개방한
   "2024 국토의 계획 및 이용에 관한 연차보고서"(국토교통부)를 이용하였으며,
   해당저작물은 국토교통부 홈페이지(www.molit.go.kr)에서 무료로 다운받으실 수 있습니다.